JN272028

音響キーワードブック

日本音響学会 編

コロナ社

まえがき

　本書は，物理現象としての音や，ヒトの生理や心理としての音，社会の中での音の問題や役割，音楽，また，音声認識をはじめとする音に関する最新の技術，信号処理，聞こえない音である超音波，動物と音など，音のさまざまな側面についてのキーワードを厳選し，日本音響学会が編集した解説集です。どのキーワードも見開き2ページでまとめ，内容をつかみやすいように工夫しています。事典のような使い方もできますし，気の向くままにページをめくって，音の世界の広がりや面白さを感じていただくこともできます。例えば，大学でこれから音に関する卒業論文のテーマを探そうとしている学生などにもお薦めの一冊となることを，本書の目的の一つにしています。

　音は，私たちの暮らしの至るところで，大切な役割を果たしています。音楽の形で私たちの生活を豊かにし，音声の形で私たちのコミュニケーションを支えています。その一方，騒音として厄介なものになることもあります。

　音はピタゴラスの時代，あるいはさらに古くから，人々の興味を集め，そして学問の対象となってきました。しかし，17世紀になるまで，音は物理現象として捉えられてはいませんでした。17世紀以降の物理学の発展とともに，音は空気中を伝わる波動であることが明らかになり，音への理解が進みました。そして，18〜19世紀には，数学の進歩ともあいまって，弦を伝搬する波動，振動体の運動法則，弾性体の理論などが体系化され，物理学としての音響学が次第に確立されていきました。

　その後，物理現象としての音のみならず，音や音声が伝える意味内容という観点からの研究も発展していきました。20世紀半ばになると，情報学が確固たる学術分野として確立し，その中で音が情報を伝える媒体（メディア）であることが意識され，音響学は工学と情報学の融合領域としてさらに発展しました。その結果，音声の知覚や生成，さらには工学的な自動音声認識や音声合成などの技術が，音響学の重要な分野を占めるようになってきました。また，1960年代以降，コンピュータの発達により，音信号をディジタル化して取り扱う技術が急速に発展しました。いまや，音のディジタル信号処理は，音響学のどの分野にも欠かせない基盤技術となっています。

　現在では，音響学は，医学，生理学，心理学など，さまざまな学問と関わりを持つ，たいへん広い領域に学際的な学問として発展しています。例えば，通信や電子，機械，建築，化学などの工学，情報学，耳鼻科などの医学や生理学，心理学，音楽学，教育学など，いろいろな分野で研究されています。また，これらの分野を横断した形の音響学の研究も盛んになっています。現代の音響学は実に多様であるといえます。

　このような音響学を担う学会である日本音響学会は，1936年（昭和11年）4月15日に創立されました。創立から80年を経た現在，日本音響学会は4500名の会員で構成される，米国音響学会についで世界で2番目に大きい音響に関する学会となっています。

まえがき

　日本音響学会では，学際的な音響学をカバーするように，音響学各分野の研究を促進し成果の普及と発展に寄与するための八つの研究委員会（音声，聴覚，電気音響，音楽音響，騒音・振動，建築音響，超音波，アコースティックイメージング）を設けています．さらに，分野を横断した特定の課題や委託による課題について調査研究を行うための時限の八つの調査研究委員会（音響教育，音バリアフリー，道路交通騒音，熱音響技術，音のデザイン，災害等非常時屋外拡声システムのあり方に関する技術，軟骨伝導，生物音響）を設置しています．

　本書では，これらの広範な音に関する研究分野のさまざまなキーワードから200以上の項目を選び，解説しました．各項目は50音順に並べ，ページ上部に，どの研究分野に関連したトピックであるかを表示しています．

　日本音響学会の発行図書には，すでに『音響用語辞典』があり，これはまさに「辞典」として音に関する用語を網羅し，それぞれに簡潔な説明を与えています．一方，本書では辞典のように用語を漏れなく拾うのではなく，基礎項目に加えて，おもしろい技術，有望な技術（現在そしてこれから10年間話題となる研究テーマ）という観点から，より魅力ある項目を選ぶことをねらいました．

　各キーワードは，その研究をけん引する研究者に執筆を依頼しており，日本音響学会や関連学会を舞台に音に関してアクティブに研究を行っている200名を超える研究者の名鑑と見ることもできると思います．そのため，音の技術などに関する研究者を探すのにも利用できます．本書を手掛かりに音の世界に興味を持たれた読者は，日本音響学会編の豊富な図書群，「音響入門シリーズ」，「音響サイエンスシリーズ」，「音響テクノロジーシリーズ」，「音響工学講座」を参照し，音に関する知識をより深めていただければと思います．

　本書をまとめるために，日本音響学会の各研究分野から分野担当幹事を選び，項目や執筆者の選定，内容の吟味などの作業を行いました．総括は，中村健太郎（主査），赤木正人，坂本慎一，苣木禎史の4名による編集幹事会が行いました．各項目の執筆者にこの場を借りて改めてお礼を申し上げます．日本音響学会が発足してから80年目の節目に本書を発刊できることを喜びたく思います．

2016年1月

編集幹事一同

編集委員会

役　職	分　野	氏　名	所　属
編集幹事（主査）		中村健太郎	東京工業大学
編集幹事		赤木正人	北陸先端科学技術大学院大学
編集幹事		坂本慎一	東京大学
編集幹事		苣木禎史	熊本大学
分野幹事	共通・基礎	中村健太郎	東京工業大学
分野幹事	音声	北岡教英	徳島大学
分野幹事	音声	鈴木基之	大阪工業大学
分野幹事	音声	戸田智基	名古屋大学
分野幹事	音声	河井　恒	情報通信研究機構
分野幹事	聴覚	蘆原　郁	産業技術総合研究所
分野幹事	騒音・振動	岡田恭明	名城大学
分野幹事	建築音響	佐藤史明	千葉工業大学
分野幹事	電気音響	岩谷幸雄	東北学院大学
分野幹事	音楽音響	西村　明	東京情報大学
分野幹事	超音波	崔　博坤	明治大学
分野幹事	超音波	松川真美	同志社大学
分野幹事	アコースティックイメージング	及川靖広	早稲田大学
分野幹事	音響教育	佐藤史明	千葉工業大学
分野幹事	音バリアフリー	上田麻理	航空環境研究センター
分野幹事	音のデザイン	岩宮眞一郎	九州大学

2016年1月現在

執筆者一覧

青木亜美	赤尾慎吾	秋田祐哉	秋葉友良	秋山いわき
阿久津真理子	朝倉 巧	浅田隆昭	阿瀬見典昭	荒井隆行
荒川元孝	有本泰子	安藤珠希	池田雄介	石河睦生
石渡智秋	伊藤一仁	岩瀬昭雄	岩宮眞一郎	岩谷幸雄
上田和夫	上田麻理	上野佳奈子	鵜木祐史	江村伯夫
及川靖広	大石康智	大内康裕	大浦圭一郎	大久保寛
大隅 歩	大田健紘	太田達也	大谷 真	大谷大和
大富浩一	大庭隆伸	大屋正晴	岡田恭明	小川哲司
荻 博次	小野一穂	小野順貴	尾本 章	垣尾省司
梶川嘉延	柏野牧夫	勝本道哲	加藤充美	鎌本 優
亀岡弘和	亀川 徹	川上 央	川瀬康彰	河原一彦
木谷俊介	北原鉄朗	木下慶介	金 基弘	桐山伸也
久保陽太郎	古賀貴士	小塚晃透	後藤真孝	小林知尋
小林まおり	小森智康	小山大介	近藤和弘	近藤 淳
西條献児	齋藤大輔	阪上公博	坂本修一	坂本慎一
坂本眞一	佐久間哲哉	佐藤逸人	佐藤 洋	佐藤史明
佐野泰之	鮫島俊哉	猿渡 洋	篠﨑隆宏	司馬義英
島内末廣	清水 寧	白石君男	菅野禎盛	杉江 聡
杉本俊二	杉本岳大	須田直樹	須田宇宙	高田正幸
瀧 宏文	武岡成人	竹島久志	武田真樹	立入 哉
橘 誠	田中 哲	田中雄介	田原麻梨江	田村哲嗣
田村英樹	苣木禎史	辻 俊宏	土田義郎	土屋隆生
土屋健伸	角田直隆	戸井武司	土肥哲也	陶 良
徳弘一路	戸田智基	富来礼次	冨田隆太	豊田政弘
中市健志	中川 博	中澤真司	中臺一博	長谷芳樹
中村健太郎	南條浩輝	西口磯春	西田 究	西田昌史
西野隆典	西村 明	西村竜一	能勢 隆	野村俊之

野村英之	蓮尾絵美	長谷川英之	畑中信一	蜂屋弘之
羽入敏樹	濱田幸雄	坂野秀樹	平栗靖浩	平田慎之介
平野太一	平原達也	平松友孝	飛龍志津子	廣江正明
廣谷定男	深山 覚	福島昭則	藤崎和香	藤本雅清
船場ひさお	古本淳一	古家賢一	星 和磨	星芝貴行
細川 篤	程島奈緒	堀 貴明	堀 智織	本地由和
本多明生	牧 勝弘	増田 潔	増田斐那子	松川真美
松田 理	松谷晃宏	松本さゆり	松本じゅん子	松本敏雄
松本泰尚	丸井淳史	三浦雅展	水野勝紀	水町光徳
美谷周二朗	宮内良太	宮川雅充	宮崎秀生	麦谷綾子
持田岳美	森 太郎	森 大毅	森川大輔	森勢将雅
森原 崇	森本隆司	森本洋太	安 啓一	安井久一
安井希子	安田洋介	矢田部浩平	柳澤秀吉	柳田益造
柳谷隆彦	藪謙一郎	山内勝也	山川 誠	山口 匡
山崎 徹	山本 健	横田考俊	横山 栄	横山博史
吉井和佳	吉澤 晋	吉田憲司	李 晃伸	若槻尚斗
和田有司	渡部晋治	Graham Neubig		

項目名とその英語表記

この項目が属する分野（複数分野の場合もあります）

項目内でのキーワード。本文中または見出しでの強調語句。重要語句は索引から検索することも可能。

|共通・基礎|音声|聴覚|騒音・振動|建築音響|電気音響|音楽音響|超音波|アコースティックイメージング|音響教育|ホスピタリティー|音のデザイン|

46

重要語句　マイクロホンアレイ，音響テレビ，信号強調

音空間情報／音源情報の把握
[英] grasp of sound spatial information / sound source information

人間は二つの耳を巧みに利用して，音の到来方向や音源の種類を把握している。機械の場合も同様であり，複数のマイクロホンを用いることにより，直接音や反射音の到来方向などの音の空間情報を，また，複数の音源があれば，それぞれを分離することにより音源の位置や性質などの情報を把握することができる。

A. 音空間情報の把握
音の到来方向などの音空間情報の把握は，一般にマイクロホンアレイを用いて行われる。以下に，2個のマイクロホンを利用して音空間情報を把握する例を示す。

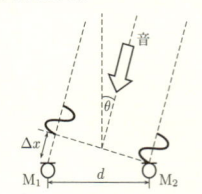

マイクロホンに到来する音が1方向のみの場合，二つのマイクロホンを利用することで音の到来方向を把握することが可能となる。上図に示すように二つのマイクロホン間の距離を d [m]，音の到来方向を θ とし，音速 c [m/s] とすると，二つのマイクロホン間の音の到来時間差 Δt と θ は，以下の関係式で表される。

$$\Delta t = \frac{\Delta x}{c} = \frac{d}{c}\sin\theta$$

この関係式からマイクロホン間の到来時間差を求めることにより，音の到来方向が求められる。しかし，実際の音空間では音源は一つとは限らない。また，反射音も存在し，音空間は複雑になる。そのような状況に対応するべく，2個より多いマイクロホンを用いた測定手法，信号処理手法が提案されている。それらの手法として，同一平面上にない四つのマイクロホンを用いる近接4点法（⇒p.170）や，電気的機械的機能を集積した非常に小型なデバイスを基板上に多数配置するMEMSマイクロホンアレイ（⇒p.194）などがある。また，これらの手法は多数のマイクロホンを空間

に配置することにより，音空間に少なからず影響を与えてしまうことから，マイクロホンを空間に配置しないレーザーによる音場計測（⇒p.426）も提案されている。

B. 音源情報の把握
複数の音源や反射音が存在する環境においてある音源の情報を把握するには，信号処理による音源分離（⇒p.386）や，マイクロホン指向性制御による音源強調（⇒p.400）といった処理が必要となる。下図に複数のマイクロホンを利用した例を示す。

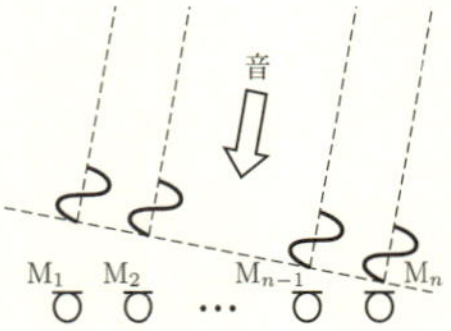

マイクロホンアレイの各マイクロホンに到来する音は，各マイクロホンの配置により到来時刻に差が生じる。各マイクロホンから出力される信号へ音源方向に合わせた遅延を加え，各信号を合成することで，目的方向の音を強調し，音源情報を把握することが可能となる。また，各マイクロホンに入射する音のわずかな時間構造を利用することにより，音源の位置を把握することもできる。処理方法の一つとして，前述した近接4点法を用いるものがある。

C. 音響テレビ
マイクロホンアレイを用いて音空間情報や音源情報を把握する例として，**音響テレビ**を紹介する。音響テレビは直径1.2mのパラボラ反射板と，その焦点近傍に設置された192個（16×12）の2次元マイクロホンアレイを組み合わせた音響可視化装置である。

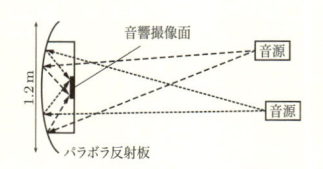

参照ページに関連した内容が記述されていることを示す

執筆者名

（大内康裕）

マイクロホンアレイはパラボラ反射板と相対する位置に設置されている．パラボラ反射板に入射した音は反射板により反射され，光と同様にその焦点付近に集音される．焦点付近に集められた音は，そこに配置されたマイクロホンアレイにより集音される．正面からの入射であればマイクロホンアレイの中央部に集音され，斜め方向であれば中央部からずれた位置に集音される．光学カメラの像と同様に，マイクロホンアレイ基板上の集音位置は上下左右反対となる．さらに，音響テレビ正面に取り付けられているCCDカメラからの映像と合成して出力することもできる．画面に表示された明るさは，マイクロホンで集音した音の強度を表す．また，周波数はカラー成分により表現される（🔴1〜5）．CCDカメラからの映像と重ね合わせて表示することで，音源の位置，分布，音源の動きをテレビ画面上にリアルタイムで表示できるので，音源位置と音源情報を直感的に把握できる．音源が複数ある場合もそれぞれの音源について把握でき，また，直接音と反射音も同時に観測できる．

次図に，音響テレビによる三つの観測例を示す．図(a)は，スピーカから正弦波（8 kHz）を出力し，音響テレビで観察した結果である．CCDカメラの映像のスピーカの位置に合わせて明るくなっており，スピーカの位置が音源であることが確認できる．図(b)では，スピーカの右横にコンクリート壁が来るようにスピーカを配置してある．コンクリート壁のように音をよく反射する壁は光における鏡と同様であり，音響テレビによりコンクリート壁面上に反射音が観察される．図(c)は，二つのスピーカから出力した音声を観測した結果である．図中左の音源1には男声，音源2には女声を使用している．それぞれの位置に相当する音響テレビのマイクロホンの出力を収録することにより，所望の位置における音源の信号強調をすることができる．

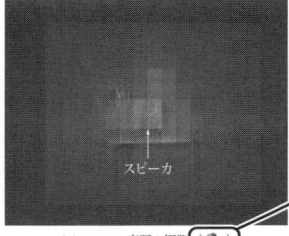

(a) 一つの音源の観測（🔴1）

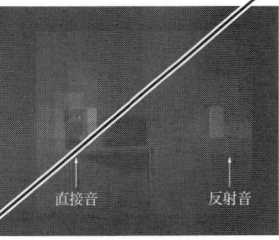

付録DVDに関連コンテンツがあることを示す

(b) 直接音と反射音の観測（🔴2）

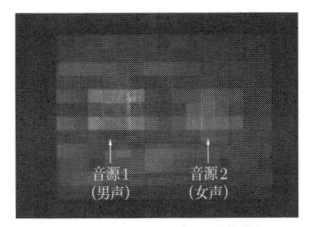

(c) 複数音源の観測と音源の選択強調
（🔴3：混合，4：女声強調，5：男声強調）

◆ もっと詳しく！
及川靖広，大内康裕，山崎芳男，田中正人：音響テレビを用いた音源情報の可視化，騒音制御，**35**, 6, pp. 445–451 (2011)

より深く知りたい読者のための文献

付録DVDについて

1. はじめに
　付録DVDには，本書で紹介された静止画（カラー），動画，音源，PDFなどが収められています。本書の内容を読みながら，視聴していただくことにより，解説をより良く理解できます。

　音の再生には，十分に優れた特性を持つスピーカをお使いください。特にノートパソコンの内蔵スピーカや，ディスプレイの内蔵スピーカでは，再生可能な周波数範囲が不足していることが多く，デモンストレーションの一部が聴き取れない場合があるので（低い周波数の音が十分に再生されないことがあります），ステレオ用のヘッドフォンまたはイヤホンをお使いになることをお勧めします。

　本書中では，DVD内のファイル名を簡略化して表しています。例えば，DVDにある「p.046-1.mp4」というファイルは，本書 p.46（〜p.47）において「🔘1」と表記しています。ファイル名は項目内での連番となっています。

2. 使い方
(1) 付録DVDをコンピュータにセットします。DVDドライブのAKB_dvdをダブルクリックして開きます。

(2) AKB_dvdの中の，index(.html)というファイルをダブルクリックすると，ブラウザが開き，付録一覧を見ることができます。

(3) ブラウザが開かないときは，適当なブラウザを立ち上げてから，このDVDのindex(.html)を読み込んでください。

3. 再生時の音量に関する注意
　音量を上げすぎると，耳や再生装置に悪影響を与えるおそれがあります。最初は音量を小さくし，試し聞きをしながら徐々に適切な音量に調節してください。

4. 著作権に関する注意
　付録DVDに収録されたすべての内容の著作権は，日本音響学会および執筆者に帰属します。これらの内容は著作権法によって保護され，その利用は個人の範囲に限られます。特に，このDVDに収録された動画・画像・音声ファイルのネットワークへのアップロードや他人への譲渡，販売，コピー，改変などを行うことは一切禁じます。

5. 収録内容を使用した結果に関する責任
　このDVDに収録された内容を使用した結果に対して，コロナ社，日本音響学会，執筆者は一切の責任を負いません。

本編

| 重要語句 | 制御理論，フィードフォワード制御，フィードバック制御，有限要素法，固有モード |

アクティブノイズコントロール
[英] active noise control

スピーカなどの電気音響機器を利用して，望みの音場を合成するアクティブ音場制御という技術がある。アクティブノイズコントロール（ANC）は，その応用例の一つであり，音場内のある範囲における音圧を小さくすることを目的としたものである。

A. ANCのアイデアの原点

（1）P. Luegの特許 アクティブノイズコントロールのアイデアの原点は，P. Luegが1936年にアメリカで得た特許である。下図は，その特許に示されているシステムの一つを表したものであり，騒音源から放射される音波S_1と，スピーカから放射される音波S_2が描かれている。マイクロホンでS_1を検知し，制御器Vを通してスピーカが駆動される。その際，スピーカの位置でS_1とS_2が逆位相となるように制御器Vが設定される。これにより，スピーカの右側において音圧が小さくなる。

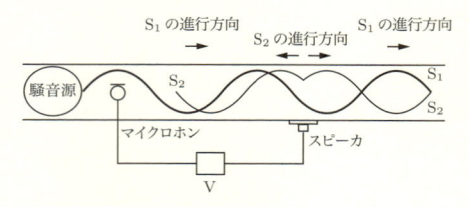

（2）H. F. Olsonらの論文 H. F. Olsonらは1953，1956年のThe Journal of the Acoustical Society of Americaに，P. Luegとは異なる観点によるANCのシステムを発表している。下図はそのシステムを表したものである。マイクロホンをスピーカの直前に設置し，そのマイクロホン位置における音圧を電気音響変換器系へと負帰還させることで，マイクロホン位置付近で局所的に音圧を減衰させる。

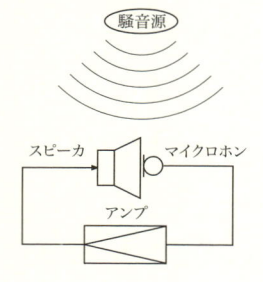

B. ANCの原理

高等学校の物理の教科書にも，ANCの原理といえる波の現象を説明した図面が掲載されている。下図は，二つの波源S_1，S_2から放射された波の干渉を示したものであり，波が重なり合って弱め合う場所，すなわち音圧が0となる場所ができていることが明確にわかる。

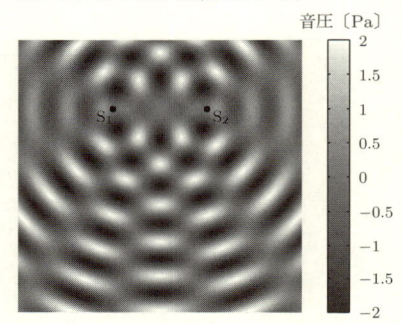

端的にいえば，ANCシステムを設計することは，最初に音圧を小さくしたい場所を設定し，それを実現するためには音源をどこに置き，どのような振幅と位相で音波を放射させればよいのかを設計することである。現実の騒音制御問題は，騒音の周波数特性や音場の伝達特性により複雑化するため，ANCシステムは**制御理論**（control theory）に立脚して設計することになる。

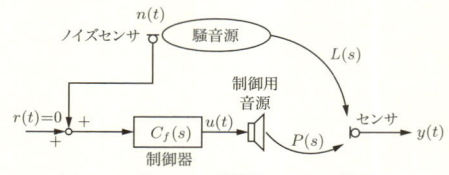

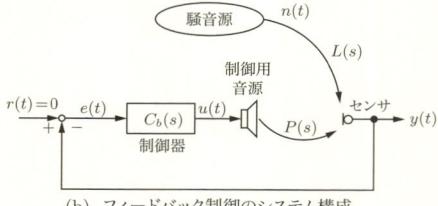

上図は，ANCを**フィードフォワード制御**（feedforward control），または**フィードバック制御**（feedback control）で実現する場合のシステム構成を示したものである。フィードフォワード制御では，ノイズセンサを騒音源の近傍に

設置して，騒音信号 $n(t)$ を検知する必要がある。一方，フィードバック制御では，$n(t)$ を検知する必要はないが，音場内の任意の場所に置いたセンサの出力 $y(t)$ を，制御器 $C_b(s)$ へ戻す（フィードバックする）システム構成となる。先の P. Lueg の ANC システムはフィードフォワード制御，H. F. Olson らの ANC システムはフィードバック制御に対応したものであることがわかる。

フィードフォワード制御では，$y(t)$ のラプラス変換は，$Y(s) = P(s)C_f(s)N(s) + L(s)N(s)$ と表される。ただし，$N(s)$ は $n(t)$ のラプラス変換を表している。これより，$Y(s)$ を 0 にするためには，$C_f(s) = -L(s)/P(s)$ とすればよい。フィードバック制御では，$Y(s) = L(s)N(s)/\{1 + P(s)C_b(s)\}$ と表されるので，$Y(s)$ を小さくするためには，システムの安定性を保ちつつ，$P(s)C_b(s)$ のゲインを大きくすればよい。

C. ANC の実例

室内音場全体（⇒p.222）を制御対象 $P(s)$ として扱うことで，その音場全体における音圧を小さくすることも可能である。例えば，下図に示す閉空間の音場を，**有限要素法**（finite element method, ⇒p.446）によってモデル化し，制御対象として扱って，その閉空間内の全音響エネルギーを小さくするような制御器を設計することができる。その制御を施したときの，(1,1,0) モードの固有周波数 187 Hz における音圧分布を右段の図 (a)～(c) に示す。なお，フィードバック制御では，制御用音源の近傍における音圧をフィードバックしている。

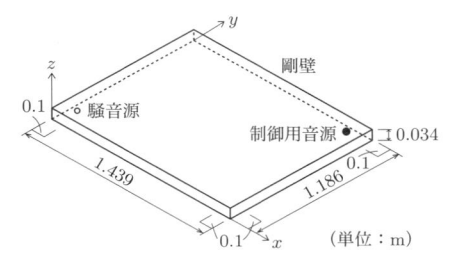

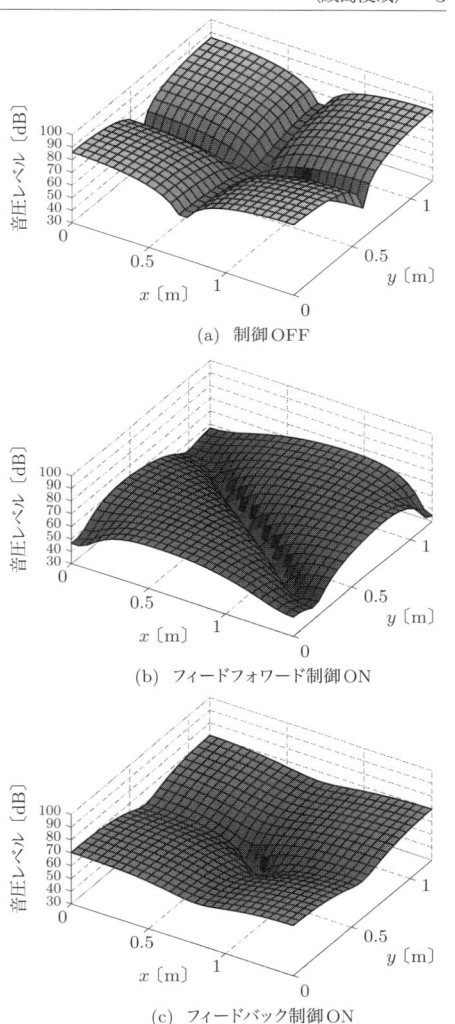

(a) 制御 OFF

(b) フィードフォワード制御 ON

(c) フィードバック制御 ON

フィードフォワード制御，フィードバック制御のいずれでも，音圧レベルが全体的に大幅に下がることは同じである。しかし，フィードフォワード制御は，制御対象の伝達関数 $P(s)$ に零点を付加することによって制御を行うため，制御 ON の音圧分布の形状は，制御 OFF とは大きく異なるものとなる。一方，フィードバック制御は，$P(s)$ の極を変更する。特にこの実例においては音場の制動係数（極の実部に対応する）を大きくすることで制御を行うため，音圧分布の形状の概略はそれほど変化せず，**固有モード**（natural mode）の節と腹の差が小さくなるというような，壁面の吸音処理で得られる効果と同様の効果が生じるのみである。

◆ もっと詳しく！
西村正治，宇佐川毅，伊勢史郎：アクティブノイズコントロール，コロナ社 (2006)

重要語句 超音波診断装置，パルスエコー法，ビームフォーミング，ビームステアリング，パルスドプラ法，超音波顕微鏡，ソーナー

アコースティックイメージング
[英] acoustic imaging

音波を使って物理量の2次元または3次元分布を画像化・可視化する技術。物理量としては音圧や粒子速度など音波を表す量を含む。おもな応用として，医療における生体内部の映像化装置，海洋における海中・海底探査装置，非破壊検査における探傷装置が挙げられる。また，騒音振動分野における空気中の音波の可視化技術も重要度を増している。

A. アコースティックイメージングの分類
アコースティックイメージングは，音波の伝搬媒質によって，つぎのように分類される。

生体組織 生体内部を超音波によってイメージングする。医療においては超音波診断装置として普及している (⇒ p.184, p.192)。

水 海洋や河川，湖沼における水中の魚群や構造物，海底，湖底などのイメージング。ソーナーという (⇒ p.248, p.250)。

固体 非破壊検査の分野においては，鉄などの金属の探傷が超音波で行われている。最近はコンクリート構造物の非破壊検査が重要になっている (⇒ p.378)。

空気 道路騒音などにおいては，騒音源を特定し，音源からの音波の伝搬の様子を可視化することが重要である (⇒ p.160, p.332, p.364)。

B. アコースティックイメージングの基本原理
（1）パルスエコー法 パルス波を送波してからその反射波を受波するまでの時間を測定して，反射源までの距離を特定するレーダの根幹をなす技術である (⇒ p.370)。パルス波の往復伝搬時間 T と反射源までの距離 L は，音波の音速 c が一様であれば，次式で与えられる。

$$L = \frac{cT}{2}$$

距離の方向はレンジ方向といい，その分解能はパルス波の空間的な幅で決められるので，なるべく短い幅のパルス波を送波することが重要である。

（2）ビームフォーミング 振動子を走査しながらパルスエコー法を適用することによって，2次元画像を形成できる。振動子の走査方向を方位方向という。方位方向の分解能は超音波ビームの空間的な幅で決まるので，幅の狭い超音波ビームを形成する必要がある。

円形平面開口の振動子から送波される超音波ビームは，近距離場（フレネル領域）と遠距離場（フラウンホーファ領域）に分類される。その境界はレイリー距離と呼ばれ，$\pi a^2/\lambda$ で表される。ここで，a は開口の半径，λ は波長である。近距離場ではほぼ振動子の直径と同じビーム幅が形成され，遠距離場ではビームは広がっていき，無限遠で点音源と見なされる。イメージングに利用できる細いビームが形成される領域は，レイリー距離までということになる。方位方向の分解能を向上させるために振動子の直径を短くすると，レイリー距離も短くなるので，波長を短くしてレイリー距離が短くならないようにする必要がある。

一方，生体組織や水の超音波減衰（吸収）は周波数とともに増大する特性があり，波長を短くすると周波数が増大して，減衰が大きくなる。つまり，遠方からのエコーの信号対雑音比が低下する。

集束ビームを用いれば，この問題が解決される。一般に凹面形状の振動子が形成するビームは，その凹面形状の焦点がレイリー距離以内であれば集束する。振動子開口の半径と焦点距離を制御すれば，波長程度までビーム幅を集束させることができるので，方位方向の分解能が波長程度まで向上する。

凹面形状振動子では焦点が固定されているので，焦点から外れる領域の分解能が低下する。そのため，小さい短冊状の振動子を多数配列したアレイ型振動子でビームを形成する。超音波パルスを送波するために要素振動子に加えられる電気信号のタイミングを少しずつ遅らせることによって，円弧形状の波面を形成する。円弧波面はその中心に向かって集束するため，凹面形状振動子から送波される超音波と同じようなビームを形成する。このとき，i 番目の要素振動子に与えられる遅延時間 τ_i は次式で表せる。

$$\tau_i \approx \frac{(i - n/2)^2 \Delta x^2}{2cl_f}$$

ここで，l_f は焦点距離，Δx は要素振動子間の距離，c は音速，n はビーム形成に用いられる要素振動子の数である。

この技術は，エコー受波時にも分解能向上に用いることができる。受波時には時間 t から音速 c によって換算される距離 $ct/2$ が仮想焦点距離と等しくなるようにするため，i 番目の要素振動子の遅延時間 $\tau_i(t)$ は，次式で与えられる。

$$\tau_i(t) = \frac{(i - n/2)^2 \Delta x^2}{c^2 t}$$

このような技術を総称してビームフォーミングという。

（3）ビームステアリング（ビーム偏向）
方位方向の距離情報を得るために振動子を走査させると走査時間が無視できないことがある。直線的に配列したリニアアレイ型の場合は，マルチプレクサでビーム形成のための要素振動子のセットを切り替えて制御すれば，ビームは方位方向に移動し，シングル型振動子を機械的に走査することと等価となる。この方式を電子走査という。また，狭い領域から遠方の視野を広くイメージングする場合は，フェーズドアレイ方式を用いる。この方式では，アレイ型の要素振動子に次式で表される遅延時間を与えることによって，セクタ状にビームを偏向することができる。

$$\tau_i = (i - n/2)\Delta x \cos\theta$$

ここで，θ はビーム偏向角度である。フェーズドアレイによる電子セクタ方式を用いると，肋間の狭い隙間から心臓をイメージングすることができる。

C. アコースティックイメージングのおもな実用化例

（1）流速分布のイメージング 流体中に音波の反射源が存在し，その反射源が流体と同じ速度ベクトルで流れていれば，流体中へ送波した超音波のエコーから流速を測定できる。速度 V で流れている反射源からのエコーの周波数 f_R は，次式で与えられる。

$$f_R \cong f_0 + \frac{2Vf_0}{c}\cos\theta$$

ここで，f_0 は送波した超音波の周波数，c は音速，θ は速度ベクトルと超音波進行方向のなす角である。$f_R - f_0$ をドプラ周波数という。したがって，ドプラ周波数 f_d と流速 V の関係は，次式で表される。

$$V = \frac{cf_d}{2f_0\cos\theta}$$

パルスエコー法とドプラ法を組み合わせて位置と速度を同時に測定する手法を**パルスドプラ法**という。位置を特定するために，エコー信号にはレンジゲートをかけて，ドプラ周波数を推定する。流速が遅くてドプラ周波数が小さい場合は，パルスを繰り返し送波して得られた複数のエコーから離散的な位相変化を測定し，ドプラ周波数を推定する。この場合，測定可能な流速には，次式で与えられる上限がある。

$$|V| < \frac{cf_p}{4f_0\cos\theta}$$

ここで，f_p はパルス繰り返し周波数である。

ビームステアリングとパルスドプラ法の組合せによって，流速分布のイメージングが可能となる。

（2）超音波顕微鏡 これは高周波の凹面型振動子を高速に2次元走査しながら，数十 MHz 以上の集束超音波を送受波して焦点位置での試料断面をイメージングする。10 MHz を超える超音波では，媒質の減衰係数が大きくなり，伝搬可能な距離は非常に短くなるため，対象試料を薄く切る必要がある。音速や減衰係数分布，音響特性インピーダンス分布のイメージングが実用化されている（⇒ p.294）。

（3）弾性係数分布のイメージング ずり波の伝搬速度 c_s は，ずり弾性係数 μ と次式の関係がある。

$$\mu = \rho c_s^2$$

ここで，ρ は密度である。超音波によってずり波速度を測定することで，弾性係数分布をイメージングできる。音響放射力インパルスを用いてずり波を生体内部で発生させる方式と，体表面から加振してずり波を伝搬させる方式が，臨床診断の分野で実用化されている。また，体表面から静圧で圧迫したときに発生する生体内部の組織変位分布を測定するストレインイメージングも，組織の弾性係数分布に近い画像が取得できる（⇒ p.272）。

（4）海洋におけるイメージング 音波を用いて水深，海中浮遊生物・物体の距離，位置，速度などの測定，物体の探知などを行う技術およびその機器をソーナーという。音波の周波数は距離に依存して用いられており，10 kHz から1 MHz の範囲の周波数が用いられている。音響測深機は海上の船舶から鉛直下方の水深を測定し，魚群探知機は船舶から魚群の分布をパルスエコー法によって映像化する。音波を船舶の進行方向に直角な横方向にビーム偏向するサイドスキャンソーナーは，広い範囲の海底面を探査できる。海洋音響トモグラフィは，数十 km から数百 km の広い海域の温度，流速分布を映像化する手法である（⇒ p.90）。

◆ もっと詳しく！
秋山いわき 編著：アコースティックイメージング，コロナ社 (2010)

重要語句　圧電定数，電気機械結合係数，Q値，弾性表面波（SAW）フィルタ

圧電材料
[英] piezoelectric material

応力を加えると電気分極が発生する材料を圧電材料と呼ぶ．圧電材料では逆に電界を印加するとひずみが生じる．交流的な応力，すなわち超音波を入射させると電気的な交流信号に変換することができ，交流信号を超音波に変換することもできる．

A. 圧電材料の種類と特徴
圧電材料の用途は

- 超音波の送波・受波を目的としたもの（おもに計測・センサ用途）
- 機械共振を用いた電気信号処理デバイス（おもに共振子，周波数フィルタ用途）

に大きく分けられる．

通常，圧電性は結晶にしか存在せず，32種類ある結晶のうち20種類が圧電性を有する．圧電性の大きさは**圧電定数** d〔C/N〕で表すことができる．しかし，材料が軟らかくなる，もしくは誘電率が高くなると，実用的な意味で圧電効果が大きくなっていないにもかかわらず，非常に大きな圧電定数 d に見積もられる．そのため，圧電材料の工学的性能評価には，電気エネルギーと機械エネルギーの変換の良さを表す**電気機械結合係数** k が用いられる．k^2 は $d/\varepsilon^T s^E$ で表すことができ，d を軟らかさ（s^E：弾性コンプライアンス）と誘電率（ε^T）で規格化したものと考えてもよいだろう．

圧電材料の種類はおもに，セラミックス，単結晶板，薄膜，ポリマーに分けることができ，用途によって使い分けられる．それぞれの一般的な特徴を下表にまとめる．

圧電材料種類	セラミックス	単結晶板	薄膜	ポリマー
代表的材料	PZT	SiO$_2$	ZnO	PVDF
	BaTiO$_3$	LiNbO$_3$	AlN	P(VDF-TrFE)
	リラクサ	リラクサ	ScAlN	ポリ尿素
圧電性の大きさ	◎	○	△	△
音響減衰（Q値）	○	◎	◎	×
曲面加工	○	×	△	○
水との整合	○	△	△	◎
超高周波	×	△	◎	△

B. 圧電セラミックス
おもには多結晶体からなる強誘電体材料で，PZT（PbTiO$_3$-PbZrO$_3$ 固溶体）がその大きな圧電性と相境界の温度安定性から，最も広く使われている．用途は，医用超音波プローブ，非破壊検査用探触子，魚群探知機，圧電トランス，中間周波数帯フィルタなど幅広い．

強誘電体セラミックスは，多結晶の一粒一粒の中にさらに小さなドメインと呼ばれる領域を持つ．ドメイン内の自発分極は一方向であり，セラミックス内全体でその向きが揃っている（偏っている）場合に，圧電効果を取り出せる．この材料に電界を印加すると

- 純粋な圧電性による格子ひずみ

のほかに

- ドメイン壁（境界）の移動によるひずみ

も生じる．

後者の効果を大きくするために，ドーピングにより酸素欠陥を減らし，ドメイン壁を移動しやすくしたものをソフト系と呼び，大きなひずみが必要なアクチュエータなどに使われる．一方，超音波を励振する用途では，共振周波数（固有振動数）で駆動される．その際ソフト系では，ドメイン壁が動いてしまうことによって，鋭く共振できず，逆に変位量（ひずみ量）は稼ぎにくくなる．そのため，超音波励振用では，積極的に酸素欠陥を増やしてドメイン壁を動かなくしたハード系が使われる．つまり，直流や低周波数帯ではソフト系のほうが変位量が大きいが，超音波駆動周波数（共振周波数）ではハード系のほうが大きな変位が得られる．

近年では，人体に有害な鉛を使わない非鉛圧電セラミックスの研究も活発に進んでおり，PZTに遜色ない特性が報告されている．

C. 圧電単結晶
電気素子のRLC共振などに比べて，超音波の機械的固有振動のほうが**Q値**（共振の鋭さ）が高く，圧電性を介せば電気的な共振子として動作する．共振子，周波数フィルタなどの信号処理デバイスの市場は非常に大きく，現状のスマートフォンには10〜20個の部品が搭載されている．帯域通過フィルタでは，圧電材料の電気機械結合係数の大きさでバンド幅が決まり，音響減衰の小ささでフィルタの肩の急峻性が決まる．これらのデバイス応用では，圧電性が大きいことより，むしろ音響減衰と誘電損失が小さいことのほうが重要であることが多い．最も音響減衰が小さい水晶（SiO$_2$）が，圧電性は非常に小さいにもかかわらず，よく実用化されていることからもうかがえる．

上述のセラミックスは多結晶体であり，粒界によって音波が散乱されるため，音響減衰が大

きい。そのため，信号処理デバイスには，高価ではあるが音響減衰の小さい圧電単結晶が使われることが多い。圧電性が大きいわりに音響減衰が小さい材料として，$LiNbO_3$と$LiTaO_3$単結晶がある。広帯域な帯域通過フィルタ（弾性表面波フィルタ）を作るためには欠かせない材料であり，水晶と並んで移動体通信機器に広く搭載されている。

ところで，結晶における圧電性や音速，音響減衰，周波数温度安定性（弾性の温度安定性）は，方向によって大きく変化する。所望の特性や用途に合わせて，単結晶を切り出す角度を調整するのが一般的である。周波数温度安定性の良いATカット水晶や，圧電性の大きい128°Yカット$LiNbO_3$板などがよく知られている。

最近では，超音波の送受波の用途にも圧電単結晶が注目されている。PZTよりはるかに圧電性の大きいリラクサ単結晶（代表的なものではPb$(Mg_{1/3}Nb_{2/3})O_3$，略称PMN）の大型育成技術が進み，超音波計測や強力超音波技術への応用が期待されている。実際に，医用超音波診断装置用のプローブでは，従来のPZTセラミックスからリラクサ単結晶への置き換えが急速に進んでいる（ちなみに，PZTは単結晶が育成できないことが知られている）。

D．圧電ポリマー

PVDF（ポリフッ化ビニリデン）に代表される圧電ポリマーは，上述の無機圧電材料に比べて，音響インピーダンスがはるかに小さいことが最大の特長である。そのため，水や生体材料に対する音波透過率が高くなる。さらに，曲げ伸ばしできることもポリマー独特の特長である。PVDFは，河合により初めて発見された誇るべき国産圧電材料である。PVDFより圧電性が大きいP(VDF-TrFE)では，後述のZnO薄膜と同程度の電気機械結合係数を持つ。圧電ポリマーの音響減衰は非常に大きく，共振子用に使うことはできない。応用は超音波の送受波やセンサを目的としたものに限られる。

E．圧電薄膜

通常，超音波を発生させるには，圧電材料を厚み縦共振させる場合がほとんどで，その共振周波数（固有振動数）は圧電材料の厚みに比例する。圧電材料の両面が自由端とすると，次図のように，厚みがちょうど半波長と一致する周波数で，最も効率良く音波を励振する。そのため，100 MHz以上の高周波超音波を励振するには，例えば圧電材料の音速をかりに5 000 m/sとすると，厚さ25 μm以下に薄膜化しなければならないことがわかる。

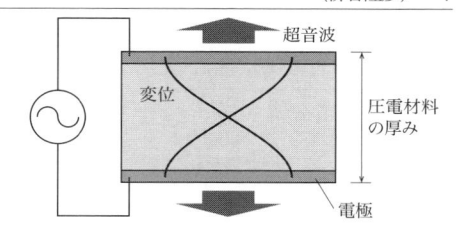

しかしながら，PZTやリラクサを薄膜化すると，本来の圧電性に比べて劣化することが多い。また，これらの材料は誘電率が非常に高いため，駆動電源とインピーダンス整合しようとすると，音波放射面積が極端に小さくなる問題もある。水晶，$LiNbO_3$，$LiTaO_3$も，薄膜成長させるよりは，むしろ機械研磨で薄片化するほうが技術的に簡単である。

そこで，100 MHz～10 GHzの超音波送受波によく使われるのが，ZnO薄膜である。スパッタ成膜によって簡単に配向した薄膜が得られる。2 GHz程度の携帯電話周波数帯用フィルタには，より音響減衰の小さいAlN薄膜が使われる。現状，この周波数領域では，$LiTaO_3$単結晶を使った**弾性表面波（SAW）フィルタ**（⇒p.286）のほうが薄膜共振子（FBAR）フィルタより優勢だが，10 GHzに近づいてくると，AlN薄膜のフィルタのほうが優勢になるといわれている。

F．圧電材料のまとめ

圧電材料全体を眺めてみると，物性上，一般的に圧電性の大きい材料は誘電率が大きく，弾性定数が小さく，音響減衰，誘電損失が大きく，周波数温度安定性が悪い傾向にある。これらはトレードオフの関係にあり，圧電性が小さい場合は逆になる。圧電材料の研究は，このトレードオフを打ち破るもの，バランスを変更するもの，両極端を開発するものを中心に行われている。

◆ **もっと詳しく！**

1) 超音波便覧, pp.112–132, 丸善 (1999)
2) 川端　昭：やさしい超音波工学—拡がる新応用の開拓, 工業調査会 (1998)
3) 柳谷隆彦, 鈴木雅視, 高柳真司：非破壊検査用の高分解能超音波プローブ, 日本音響学会誌, **71**, 5, pp. 230–238 (2015)

重要語句 ローゼン型圧電トランス，積層一体焼結構造，共振スイッチング

圧電トランス
[英] piezoelectric transformer

電気回路または電子回路に用いられる変圧器の一種。圧電性を持つ結晶もしくはセラミックスによる振動部，振動部を機械的に保持する機構部，入出力端子からなる。

A. 原理

圧電トランスの基本構成は，圧電材料に電気入力端子対と電気出力端子対を設けたものである。入力端子対に電気エネルギー（電圧，電流）が印加されると圧電逆効果によって機械エネルギーに変換され，出力端子対においては，機械エネルギーが圧電正効果によって再び電気エネルギーへと変換される。圧電材料は有限の大きさを持つため，励起された機械振動は固有の周波数で共振する。そのため，この付近の周波数の交流で駆動すれば，振幅が極大となる。

入出力の変圧比は負荷依存性を持つ。電力伝送効率が最大となる整合負荷抵抗が接続された場合には，入力側の電気機械結合係数と出力側の電気機械結合係数の比に比例した変圧比となる。負荷抵抗値が開放に近い大きな値となる場合には，機械エネルギーの蓄積が増大し，振動レベルは機械共振の鋭さ Qm に依存するため，Qm の高い材料を用いれば大きな昇圧比が得られる。

実際のデバイスにおいては，上記の振動体を機械的に保持し，電極を外部回路と接続するための端子を備えた実装構造が必要となる。

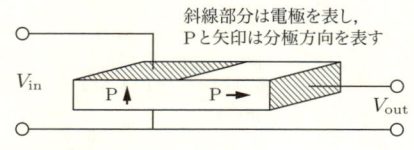

斜線部分は電極を表し，Pと矢印は分極方向を表す

V_{in}　P↑　P→　V_{out}

B. 種類

（1） 単板ローゼン型　最も代表的な圧電トランスの構造である。矩形板状圧電セラミックス板の長手方向の約半分の上下面に電極を製膜して厚み方向に分極し，残る半分の長手方向の端面に電極を設けて先ほどの電極との間で長手方向に分極した構造である。厚み方向分極部は圧電横効果，長手方向分極部は圧電縦効果を用いる。厚み方向分極部を入力とし長手方向分極部を出力とすると昇圧動作となり，逆に結線すれば降圧動作となる。昇圧比は素子長さに比例し，素子厚みに反比例する。

長手方向に共振させた場合の基本モード（2分の1波長モード）では，長手方向の中央部がノードとなるため，この部分で圧電材料を保持することが可能となる。ノード点以外で保持すると，振動が漏洩し，効率が悪化する要因となる。また，基本モードの2倍の周波数で駆動すると，2次モード（1波長モード）が励振され，ノード点が2か所になるため，保持が比較的容易になる。

ローゼン型圧電トランスについてはさまざまな変形例が報告されており，矩形板状のものでは，長手方向に複数の区間を設けて各区間の分極方向を厚みもしくは長手方向に個々に設計したものが多数ある。また，矩形に限らず，円盤や円筒形など形状を変えた構造も提案されている。

ローゼン型圧電トランスにおいては縦効果と横効果の両方を用いるので，適した材料はPZT（$PbTiO_3$-$PbZrO_3$ 固溶体）であり，単板，積層とも，基本的にはこの材料を用いる。PZTを基本とし，大振幅における損失が小さい材料が種々研究され実用化されている。

なお，$LiNbO_3$ の回転Y板など，単結晶材料を用いてローゼン型圧電トランスを構成することも可能である。

（2） 積層ローゼン型　ローゼン型圧電トランスの設計は，用途に応じて周波数や大きさなどの制約を受けるため，単板では原理上昇圧比が不足する場合がある。これを補うため，厚み方向分極部を多層構造とした積層ローゼン型圧電トランスが開発され実用化された。積層構造は単板を貼り合わせて作製することも可能ではあるが，接着層による機械的損失の増加があり，実用的ではない。そこで，白金や銀パラジウム合金などの内部電極と圧電セラミックスを層状に積層した**積層一体焼結構造**が採用された。

昇圧比は積層数に比例するため，目的に応じた昇圧比の設計が容易になった。

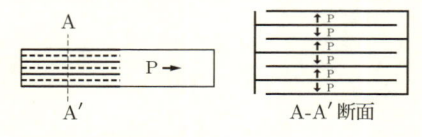

A　　　　　　　　　　　↑P
　　　　　　　　　　　↑P
―――――　P→　　　↓P
―――――　　　　　　↑P
A'　　　　　　　　　　↓P
　　　　　　　　　　　A-A'断面

（3） 積層縦効果型　積層セラミックス構造を応用し，電気機械結合係数が大きい縦効果のみを用いた構造である。次図のように断面構造は積層ローゼン型の積層部分と同様であるが，厚み方向の中央を境に内部電極距離を変えてあり，これにより機械振動との結合係数を変化させて昇降圧比を得ている。ローゼン型の実用的

外観　　　　　　　断面

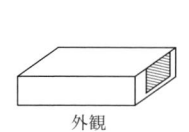

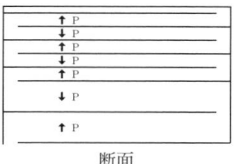

な周波数は，数十ないし数百kHz程度の範囲であるが，積層縦効果型の場合には，数百kHzないし数MHz帯となる。

（4）その他　　上述したローゼン型，積層縦効果型のほかにも，すだれ状電極を用いた幅滑り振動型，円形や矩形といった圧電音片型など，種々のものが提案されている。電気エネルギーの変換を機械エネルギーが仲立ちするという点では，圧電セラミックスフィルタやSAWフィルタなども圧電トランスと考えることができる。

C. 応用

（1）液晶バックライトインバータ　　ノートパソコンやビデオカメラなどは，その普及期には液晶ディスプレイのバックライトに冷陰極管が用いられていた。冷陰極管の点灯には，リチウムイオンバッテリなどの直流電圧から数十kHz，数kVの交流電圧に変換するインバータが必要となり，その中の昇圧素子として積層ローゼン型圧電トランスが用いられた。また，仕様によっては，電磁型トランスと単板圧電トランスの併用も実用された。

圧電トランスは電磁型トランスに比べて薄く構成でき，液晶の特徴である薄型筐体に良好に適合した。また，圧電材料からは磁束の発生がなく，インダクタと組み合わせた**共振スイッチング回路**を用いて駆動すれば，90％以上の電力効率が得られる。昇圧比は周波数に強く依存するため，スイッチング周波数を負荷電流に応じて制御することにより，安定な電力供給が可能となる。また，昇圧比は無負荷時で100倍以上，定格負荷時で数十倍程度と負荷依存性が大きいため，冷陰極管点灯に必要なバラスト（安定化）コンデンサが不要となり，発煙・発火の危険も著しく低減された。以上の利点から一時は広く量産品に採用されたが，光源が白色LEDに置き換わることにより，需要は縮小した。

（2）高圧電源　　ローゼン型圧電トランスは高圧電圧の発生が容易であるという特徴から，上記インバータ用途以外に，集塵機，複写機などの帯電用，イオン発生器，オゾン発生器などの用途にも検討されている。発生電圧は交流であるが，高圧ダイオードとの組合せで直流高圧電源の構成も可能である。

（3）DC-DCコンバータ，ACコンバータ　電力伝送に限れば，圧電トランスを高い周波数で駆動し，エネルギー密度を高めることが有効である。積層縦効果型はこのような設計思想で開発された。MHz帯での駆動が可能で，小型薄型のDC-DCコンバータやACコンバータが提案されている。

（4）実用上の課題　　圧電トランス実用上の課題の一つは，製造にかかるコストが高いことである。特に一体焼結の積層型の場合は，白金やパラジウムなどの貴金属を内部電極材料に使用する必要がある上，製造工程が長い。このため，類似の仕様の電磁型トランスとの比較において高コストとなりやすい。

もう一つの課題は信頼性である。圧電トランスは機械振動による共振を用いるため，入力電圧に応じて応力やひずみが増加するほかに，負荷との整合状態によっても振動レベルが大きく変化する。取り扱うエネルギーが大きくなると，応力過多による破断と，おもに摩擦損失による発熱に起因する熱暴走の二つの故障リスクが大きくなるため，設計にあたっては，電力，負荷特性，形状，放熱および周囲温度などを考慮に入れた十分な冗長度が必要となる。また，製造時のばらつきにより微小な欠陥が内在することも考えられ，最悪の場合，クラックが進展して破断故障に至る。有害な微小欠陥を内在するものを除去し，故障を未然に防ぐスクリーニング技術も重要である。

（5）今後の展開　　圧電トランスは積層構造を用いることで，電磁型トランスと比較して高効率で小型であることなど，性能面で大きな優位性が得られるが，逆に，生産数量がまとまらない場合には製造コストが比較的高い。

スマートフォンやウェアラブル機器など，小型・高性能で数量規模が期待できる市場で用途が開拓できれば，今後広く普及することが期待できる。

◆もっと詳しく！

A. Rosen: "Ceramic Transformers and Filters", *Proceedings of Electronic Component Symposium*, p.205 (1956)

重要語句 偶然性，グイード・ダレッツォ，グイードの手，コンポニウム，カデンツ，イリアック組曲，ドロップボイシング，ツーファイブ

アルゴリズミック作編曲
［英］algorithmic composition

音楽の楽曲を作編曲する方法の一つで，コンピュータアルゴリズムなどのなんらかの手続き型フローとして表すことのできる作曲または編曲の方法．アルゴリズムにおいて，決定的または非決定的に分岐を決定するフローチャートで書くのが一般的である．

A. 考え方

（1）アルゴリズミックとは ある手続きがアルゴリズミックであるためには，入力，出力，有限性（フローに書かれていない処理があってはならない），および再現性（同じ入力に対して同じ出力が必ず得られなければならない）を有さなければならない．一方，音楽の作曲は作曲者のアイデアや感性に依存し，上記で述べたアルゴリズミックの要件を一見満たさないようである．しかし，アルゴリズミックに議論するアプローチは，高名な作曲家による作曲過程を明確にすることで作曲を科学的に解明できるという点で有益である．コンピュータを用いた一連の処理は，一般的にはアルゴリズミックであるため，フランスのIRCAMで開発されたUPICやMax/MSPといった作曲支援システムは，コンピュータを用いている点から，広義にはアルゴリズミックであるといえる．なお，創作の意味での作曲は，その音楽の作り方を表すので，アルゴリズムそのものが作曲であるという見方もある．

（2）乱数と偶然性 アルゴリズミックな作曲では，その流れにおいて，例えば「どちらの音高を後続音として配置するのか」のような条件分岐がある．その際，確定的（決定的）に定める方法と，乱数などの別の確率的（非決定的）要因を用いる手法がある．決定的な場面では特に迷いは生じないが，非決定的に定めるにはいくつかの方法がある．乱数の生成には，サイコロや壺のボールの取り出しだけでなく，釘の打ち付け，紙へのインクの吹きかけ，風の流れ，植物の生体信号，インターネット上でのパケットの流れなどが用いられる．用いた手法によって，その音楽作品に対する意味付けが行われる場合もある（例えば「風の音楽」のように）．乱数を用いることで，**偶然性**を音楽に取り入れることができる．この偶然性には，例えばジャズの即興演奏のように，奏者が自発的・即時的に行うことも含まれ，音楽を楽しむ重要な要因となる．また，都会のビルの凹凸やナイル川の満ち潮に基づいた作曲もある．この場合，ランダムというよりも，自然現象に含まれる偶然性を用いた作曲といえる．ただし，偶然性をどのように作品にもたらすかは作曲者の腕の見せどころであり，アルゴリズムの設計に影響する．

B. 歴史

（1）グイードの手 11世紀にドレミの名付け親としても知られる**グイード・ダレッツォ**は，アルゴリズミックな作曲法を最初に考案した．グイードはラテン語で書かれた文字列の母音を3通りの音高に対応付ける方法を考案した．グレゴリオ聖歌におけるオルガヌムという多声音楽を対象とし，入力文章から音高列を生成する手法である．音高の決定では3通りからの選択という非決定的な手法であったため，さまざまな音高列の生成が可能であった．グイードのそのラテン語と音名の対応は，手のひら上に配置された文字によって表され，その配置図は**グイードの手**と呼ばれる．

（2）サイコロ音楽 1757年にキルンベルガーによって示されたサイコロ音楽は，あらかじめ作曲された短い旋律の断片を複数用意し，サイコロを振って出た目の値によって選択した断片を連結させる遊びである．人間が真面目に取り組む作曲というよりもむしろ遊びに近いものであり，モーツァルト，ハイドン，バッハといった作曲家が愛したといわれている．その後，19世紀には，ヴィンケルにより**コンポニウム**と呼ばれるドラム式の回転体からなる作曲システムが発明された．2台のドラムが組み合わさることで，組合せ爆発の原理によりさまざまな組合せがその場で完成する．コンポニウムはサイコロ技法に基づいた機械式作曲システムである．このようにして，さまざまな音楽を作曲する可能性が見出された．

（3）マルコフ連鎖 例えば調性音楽に限定して考えると，和音進行に**カデンツ**という制約があるように，音楽においては，時間軸上での流れに対する制約がいくつかある．マルコフ連鎖では，ある状態から別の状態への遷移をモデルとして表し，かつその遷移の可能性を表す確率を与えることで，対象とする信号の遷移全体システムを表すことができる．また，既存の楽曲を入力とし，マルコフ連鎖の形でその分析結果を表すことができる．1952年にオルソ

ンは，フォスターの楽曲と類似した楽曲を作曲するために，マルコフ連鎖を用いた．また，1959年にヒラーとアイザックソンはマルコフ連鎖を用いて，コンピュータによる世界最初の自動作曲による作品「**イリアック組曲**」を作曲した．

（4）ペトリネット　マルコフ連鎖では，時間による制御を詳しく書くことができないという問題があった．具体的には，ある状態から別の状態に遷移するためにある一定の時間遅延を伴うといったモデルである．このようなネットワークのモデルは，1979年にペトリが考案したペトリネットを用いて表すことができる．ペトリネットでは，決定的および非決定的のどちらのモデルも扱うことができる．ペトリネットは，プレース，トランジション，アーク，トークンで構成され，時間の流れに依存するネットワークの振る舞いを表現できる．特に時制論理と呼ばれる時間とともに変化する状態のモデルを構築できる．

（5）アイゲンミュージック　さまざまな音楽を分析およびモデル化し，そのモデルに従って自動作曲システムを構築しても，音楽として人間が納得するレベルにはなかなか到達しない状況がある．また，近年，ビッグデータ分析の時代に入り，大量の音楽データを分析し，その統計的性質を作曲や音楽分析に用いる研究（⇒p.138）が進められている．2011年に提案されたアイゲンミュージック法は，大量の音楽データから主成分分析によってその統計的性質を取得し，その特徴量を用いて楽曲の分析や合成を行う手法である．ここで用いられるのは，アイゲンパフォーマンス，アイゲンフレーズなどであり，これらはいずれも大量の音楽データから取得された主成分である．顔画像の研究で用いられるアイゲンフェイスの音楽バージョンである．例えば，ポピュラー音楽のベースパート自動生成，ドラム譜の推定，ピアノ（⇒p.374）演奏の分析などにも用いられている．

C. システム例

1986年にエブギオールは，バッハコラールの和声付けを自動的に行うプログラムを開発した．これは，特にシェンカーによって示された一般的な和声ルールに基づいてルールを実装し，さらにそれらのルールに優先順位を設定することで，さまざまなバッハ風のコラールを自動生成するプログラムである．このプログラムからバッハのコラールと同じものが生成されたという報告もある．

2000年に三浦らは，和声法におけるバス課題を解くプログラム "BDS"（Basse Donnée System）を開発した．BDSは，池内らによって書かれた和声理論の教科書の理論を計算機に実装した．BDSは，与えられた単一のバス課題（バスパート）に対して，和声法の禁則に違反しない上三声（ソプラノ，アルト，テノール）を配置することができる．和音数が増えることで数十万を超える解が生成されることが報告されている．BDSでは，これらの組合せに対して高位音や和音進行などによって絞り込みができるものの，それらのうちどの解が音楽的に美しいのかについては出力できない．しかし，2003年に開発されたMAESTROでは，その出力を行うことができる．BDSは2004年にソプラノ課題システムSDSへと発展し，その後，2005年にポピュラー音楽向けの和声付与システムAMORが開発された．BDSのシステム画面を下図に示す．

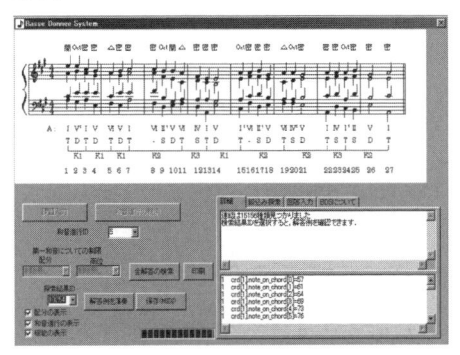

2007年に江村らによって開発されたジャズ編曲システムは，AMORをジャズ風に発展させ，**ドロップボイシング**，**ツーファイブ**など，ジャズ即興ではよく知られた技法を，アルゴリズムの形で実装した．旋律と和音進行（⇒p.318）が入力されると，それをジャズ風の和音進行に変更し，かつ，和音名から音符配置（ボイシング）をジャズ風に生成することで，単純なメロディがおしゃれなジャズ風に自動編曲される．

◆ もっと詳しく！

Gareth Loy: *Musimathics 1*, The MIT Press (2006)

重要語句 熱音，不思議音の発生原因，擬音語，探査

異音や不思議音
[英] abnormal noise, strange sound

「異音」は建物や建物付帯の設備機器などが発する通常の使用状態では生じない異常な音をいい，「不思議音」は発生原因の特定が困難な音，また特定が困難であった音をいう。異音や不思議音に関する測定および評価方法は，規格・規準などとしていまだ定まっておらず，原因究明も個々の機関が工夫して行っている。

A. 異音・不思議音

「異音」は，音声学で使われる意味とは異なり，建築音響分野では，建物や建物付帯の設備機器などが発する通常の使用状態では生じない異常な音のことをいう。また，「不思議音」は，1999年7月に日本騒音制御工学会研究部会遮音分科会の中に設けられた不思議音WGが，建物で生じる発生原因の特定が困難な音，また，特定が困難であった音，と初めて定義したものである。建物は熱や風などおもに天候を要因とするものや，建物に組み込まれた諸設備を要因とするもの，人の行為を要因とするものなど，さまざまな要因が発生源となって音を生じる。発生頻度や衝撃音から定常音まで音の時間特性もさまざまであり，これらの音の中には，調査を行っても容易には発生原因が特定できないものがある。それらの音を総称して「不思議音」と呼ぶ。なお，可聴域を外れる超低周波音は，基本的には不思議音として扱うことはない。

異音や不思議音に関する測定・評価方法はいまだ規格・規準などとして定まっておらず，原因の究明も個々の機関が工夫して行っている。前述した不思議音WGでは，不思議音の発生状況や現在一般に行われている原因究明方法，不思議音のたとえに用いられる擬音語による発生源・発生部位推定の可能性，**熱音**（温熱変化によって熱膨張率の異なる部材間に相対変位が生じ，その相対変位が部材間の摩擦力を超えたときに発生する衝撃的な音）など衝撃性不思議音の発生源探査方法などを分類・整理している。

B. 不思議音の発生状況

2000年に不思議音WGによって実施された，ゼネコンの技術研究所など17の機関を対象としたアンケートの調査結果[1]を次図に示す。

不思議音の発生原因と推定されたものは，熱収縮が37%と最も多く，ついで設備機器，風による共鳴・共振音の順となっている。解決に要した期間は，数か月が最も多く，ついで数年，数日の順であり，未解決の事例も25%ある。

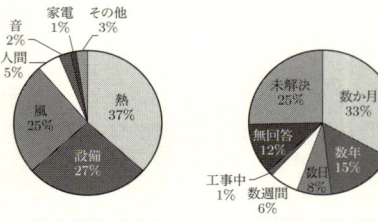

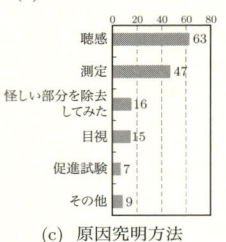

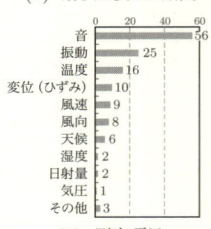

発生原因の究明方法は，"聴感"が最も多く，ついで"測定"，"怪しい部分を除去してみる"の順になっている。"聴感"は問題となっている不思議音を実際に聞いてみることであり，発生原因の究明のための基本といえる。これにより周波数特性や時間パターン，発生状況や頻度などがある程度確認できるが，発生頻度が稀な衝撃性の音の場合などは，現地で聞くことすら困難な場合が多い。また，不思議音が固体音の場合は，天井や壁，床などの部材の放射特性がそれぞれ異なることから，音の聞こえてくる方向は必ずしも発生源の位置とならないことが多い。「測定した項目」に対する回答は，"音"が56件で最も多く，ついで"振動"が25件となっている。振動の測定は，不思議音が固体音であることが多いことから，原因究明の手段としても多用されることを示している。

C. 擬音語による発生源推定の可能性

アンケートの回答の中で不思議音のたとえに用いられた**擬音語**と発生源の関係より，風がイメージされる擬音語（A群：ゴー，ビュー，ピュー，ヒュー）に加え，グァー，ガガ，ウーウーなどの擬音語が選択された場合は，風が発生源となる確率が，また，物の衝突や打撃などをイメージする衝撃性の擬音語（B群：ドーン，ドン，ゴン，コン，トン，バシ，パキ，ピシ）に加え，「バーン」や「バキッ」などの擬音語が選択された場合は，熱が発生源となる確率が高い。風をイメー

ジする擬音語が不思議音のたとえに使われた場合は，60％以上の確率で発生源は風であり，衝突や打撃などをイメージする衝撃性の擬音語が使われた場合は，発生源が熱である不思議音が80％以上になっている。したがってこれらの擬音語が不思議音のたとえに使われる場合は，発生源の推定が比較的容易に行える可能性が高い。

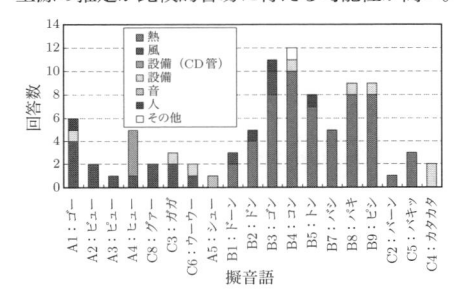

D．不思議音事例

発生要因が特定された比較的発生件数の多い不思議音の事例を以下に示す。

（1）給湯管地下ピット内躯体貫通部の熱伸縮 寒冷地に立つRC造15階建集合住宅の1階住戸で，「コン」「コンコン」「コンコンコン」というリズミカルな音（🎵1）が入居当初から生じていた事例である。この事例は，1階住戸直下ピット内の給湯管壁貫通部の熱伸縮に伴う擦れが原因であった（下図）。

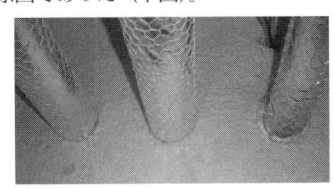

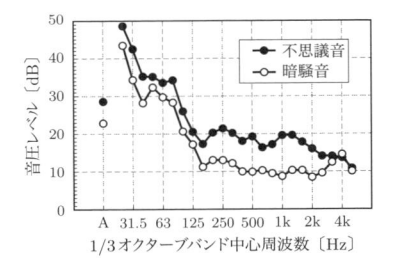

（2）CD管（電線管）の笛吹き音 「台所や浴室の換気扇を使うとリビングルームのバルコニーに面する掃き出し窓上部壁面で"聴力検査のような音"（🎵2）がする」との相談が寄せられた事例である。この事例は，RC造の壁を跨いで天井スラブに埋設された火災報知器のCD管端部に隙間があり，台所や浴室の換気扇を動かすと室間の空気の圧力バランスが崩れ，CD管を通して空気が流通して，笛吹き音が発生したものである（下図）。

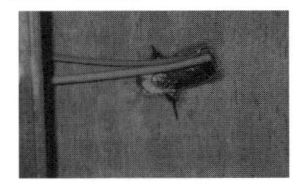

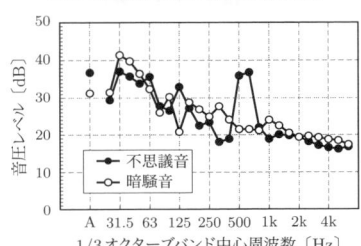

E．不思議音の発生源探査方法

熱音など衝撃性不思議音の発生源を探査する方法として代表的なものに，複数の点に振動ピックアップを設置し，振動の到来時刻やその大きさを比較して発生源を推定する方法がある。この方法は，複数の位置に振動ピックアップを取り付け，不思議音発生時に各点で生じる加速度応答を多チャンネルのデータレコーダーなどに同時に収録し，最も早く加速度応答が到来する部位を収録波形から特定するものであり，振動ピックアップの取り付け位置を狭めながら測定を繰り返すことによって，予想される発生部位の範囲をかなりの精度で絞り込むことができる。

ただし，この方法は，振動ピックアップの取り付け位置を梁や柱近傍に統一するなどの配慮が必要で，取り付け位置の統一が不十分な場合は，振幅が異なるだけでなく，到来時刻にも差が生じることがあるので注意が必要である。振動ピックアップの設置位置に制限を受ける場合などに有効な手段として，瞬時振動インテンシティやウィグナー分布，全方向の音源探査システムを用いる方法などがある。

◆ もっと詳しく！

1) 不思議音—発生原因が解りにくい音，日本騒音制御工学会研究部会 技術レポート第25号「最近の音環境問題の実態把握と現状分析」，pp.37-62 (2001.6)

重要語句 ハイレゾリューションオーディオ，量子化雑音，ディザ，高速標本化1bit信号処理，ΔΣ変調，ノイズシェーピング

1ビットオーディオ
[英] 1 bit audio

標本化周波数を高くする代わりに量子化ビット数を1bitにしてAD変換する高速標本化1bit信号処理が，さまざまなところで用いられている．1ビットオーディオは，その技術をオーディオ分野に適用したものである．近年では，5.6MHzから22.6MHz程度の標本化周波数が用いられる．非常に単純な回路で，高品質な音の記録が可能である．

A．標本化周波数と量子化ビット数

アナログ信号（時間方向，振幅方向に連続な信号）をディジタル信号（時間方向，振幅方向ともに離散的な信号）に変換することをAD変換という．さまざまなAD変換方式が提案されているが，どれもなんらかの方法で時間方向の離散化である標本化と，振幅方向の離散化である量子化が行われる．PCM（パルス符号変調）方式が広く用いられており，例えばCDでは，44.1kHzで標本化され16bitで量子化されている．最近ではCDを超える品質を持つフォーマットの普及が加速しており，それらは**ハイレゾリューションオーディオ**と呼ばれている．

ディジタル化する際には，元のアナログ信号に戻ることが求められるのが通常である（⇒p.292）．そのようなことの実現を考えると，AD変換の際にいくつか気をつけておくべき事項がある．

まず，標本化については，信号の帯域の2倍以上の周波数で標本化を行えば，完全に元の連続信号を得ることができる．これを標本化定理といい，その証明にはナイキスト，シャノン，染谷が大きく貢献した．高い標本化周波数を用いれば，広帯域な信号の記録が可能となる．

つぎに，量子化については，標本化された値を振幅方向に離散化するので誤差が必ず含まれ，量子化された値から元の値を得ることは不可能である．量子化の際に生じる誤差（加わる雑音）を，量子化誤差（**量子化雑音**）という．量子化ビット数を多くすれば量子化ステップΔを小さくすることができるので，細かい値の違いまで表すことが可能となり，量子化雑音を少なくすることができる．

以上のようなことから，AD変換の際の標本化周波数と帯域，量子化ビット数と量子化雑音の間には非常に密接な関係があり，標本化周波数が帯域を決め，量子化ビット数がダイナミックレンジを決めると思われがちであるが，必ずしもそれだけではない．適切な**ディザ**が加えられていれば，量子化雑音は全帯域に一様に分布し，量子化雑音の総電力は$\Delta^2/12$となる．したがって，標本化周波数を高くすれば，全体の帯域は広がり，信号帯域内の量子化雑音電力を減らすことができる．つまり，量子化ビット数を増やすだけではなく，標本化周波数を増やすことでも広いダイナミックレンジを得ることができる．以上の考えに基づき，量子化ビット数を1bitとする代わりに非常に高速な標本化を行い，結果として十分広いダイナミックレンジを得るのが，**高速標本化1bit信号処理**である．

B．ΔΣ変調

1bit量子化に関しては，いくつかの方式が提案されている．近年は，**ΔΣ変調**と呼ばれる変換方式が広く用いられている．これは，1960年代初めに安田靖彦により提案され，山﨑芳男により音響信号処理分野に広く適用されてきた．

ΔΣ変調はΔ変調における復調側での積分器を変調側に移動し，Δ変調に積分機能を導入したものと考えることができる．つまり，ΔΣ変調回路は差分器と帰還ループ内のフィードフォワードパスに設置された積分器，比較器（量子化器）により構成される．1次（積分器が1個）のΔΣ変調器を下図に示す．

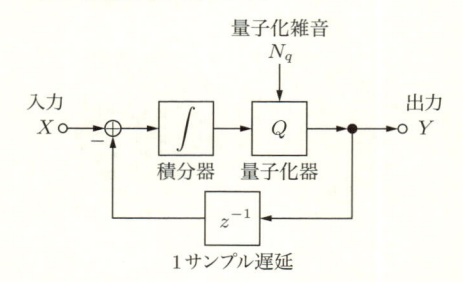

この回路では，入力信号と出力パルス列の差の積分値が零となるように，つねにフィードバック制御される．積分器をディジタル遅延器を使って構成すると，入力X，量子化雑音N_q，出力Yの関係は

$$Y = X + (1-z^{-1})N_q$$

となる．量子化雑音には$(1-z^{-1})$の伝達関数がかかるので，次図に示すように量子化雑音は高域上がりの特性を持つ．この動作を**ノイズシェーピング**と呼んでおり，信号帯域の量子化雑音を減らすことが可能である．この回路は出力パル

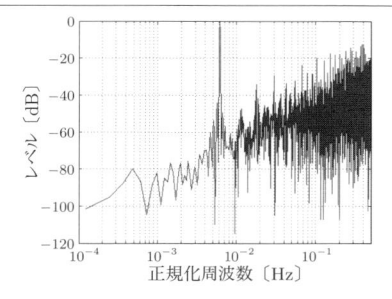

スを信号振幅の瞬時値に追随する密度で発生し，復調に際しては Δ 変調で必要であった積分操作は必要なく，低域通過フィルタを通過させるだけでアナログ信号を得ることができる．

C. オーディオへの応用

1 bit ΔΣ 変調の特徴として，回路構成が単純であることや，回路素子の精度の影響を受けにくく高精度化が容易であること，ディジタルフィルタを組み合わせて他の形式のディジタル信号に容易に変換できること，ディジタル信号でありながらアナログ信号のスペクトルを保存していることなどが挙げられる．現在では，マルチビット PCM 信号を扱う AD 変換器や DA 変換器の内部でも，1 bit ΔΣ 変調器が使われることが非常に多く，この技術はさまざまなところで基盤となっている．AD, DA 変換器のみならず，録音再生機，ディジタルアンプ，ヘッドホンアンプ，ネットワークオーディオなど，非常に幅広い応用がなされている．これらの研究は以前から行われてきたが，近年の半導体技術の進歩，記録容量や伝送容量の増加など環境も整い，目覚ましい速さでその実用化がなされている．実用化されているシステムでは 2.8 MHz（CD の 64 倍）から 22.6 MHz（CD の 512 倍）程度の標本化周波数が採用されている．ハイレゾリューション音源としての配信も広がり，ベルリン・フィルハーモニー管弦楽団の演奏などのライブストリーミングの試みも行われた．1 ビットオーディオ研究会などで，研究成果などの発表会が行われている．

D. 1 bit 直接量子化

的確なディザ処理が行われている場合，標本化周波数を非常に高くすれば信号帯域内に分布する量子化雑音が減少し，原理的には ΔΣ 変調を用いることなく 1 bit 量子化で十分なダイナミックレンジを確保することが可能である．特に高域に集中したディザを加算した上で量子化すると，減算しなくとも，ディザを加算していない帯域においても量子化雑音を白色化できる．音源信号にディザを加え FPGA のディジタル入力端子に入力（1 bit 量子化）するだけの非常に簡単な構成で，200 MHz で標本化，1 bit 量子化したものを SSD に記録，再生するシステムも構築されている．記録された 1 bit 直接量子化信号のスペクトルを下図に示す．ディザを加えることにより量子化雑音が一様に分布していることがわかる．より高速な標本化周波数を用いれば，さらにダイナミックレンジを広げることができる．音場の記録への応用が期待できる．

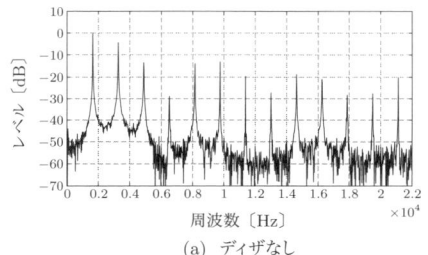

(a) ディザなし

(b) ディザあり

MEMS マイクロホン（⇒ p.198）では，1 bit 信号そのものを出力するものも生産されている．それらを高密度に配置したマイクロホンアレイが提案されている．標本化周波数が非常に高速であるので，高精度の遅延和アレイを容易に構成することができる．また，大規模なマイクロホンアレイでは，信号の伝送が単純な 1 bit 技術は非常に有用であり，LSI 間のインタフェースとしても 1 bit 信号が用いられることが多い（⇒ p.194, p.400）．

さらに，音響のみならず電波の分野においても，1 bit 技術を導入しシステムの単純化を目指す試みがある．

◆ もっと詳しく！
山﨑芳男, 金田 豊 編著：音・音場のディジタル処理, コロナ社 (2002)

| 重要語句 | 畳み込み積分，フーリエ変換，逆フィルタ，時不変性，同期加算，屋外伝搬，M系列信号，Swept-Sine法，MLS法 |

インパルス応答
［英］impulse response

　線形時不変システム（系）を完全に特徴付けられるもので，系にインパルスを入力したときのその系の応答（その系からの出力）である。システム関数あるいは重み関数とも呼称される。

A．インパルス応答から得られる情報
　スピーカやマイクロホンをはじめとした各種音響機器の周波数特性（振幅ならびに位相特性）が，インパルス応答から求められる。建築音響分野では，エコーダイアグラム（反射音の時間構造）や残響時間，各種室内音響指標などが求められる。以下，室内インパルス応答を中心に話を進める。

B．時間軸と周波数軸による表現
　インパルス応答が $h(t)$ である線形時不変系への入力を $x(t)$ とすると，その系からの出力 $y(t)$ は，次式のように $h(t)$ と $x(t)$ の**畳み込み積分**で与えられる。

$$y(t) = \int_0^\infty h(\tau)\,x(t-\tau)\,d\tau$$

これは，$*$ を畳み込み演算子として

$$y(t) = h(t) * x(t)$$

と表される。フーリエ変換（$F\{\}$ で表示）により，$Y(f) = F\{y(t)\}$，$H(f) = F\{h(t)\}$，$X(f) = F\{x(t)\}$ として周波数軸で表現すると，$Y(f)$ は $H(f)$ と $X(f)$ の積となる。

$$Y(f) = H(f) \cdot X(f)$$

$H(f)$ は周波数応答関数（frequency response function）と呼称され，複素数である。

$$H(f) = F\{h(t)\} = \int_{-\infty}^\infty h(t) e^{-j2\pi ft} dt$$

これを $H(f) = |H(f)| e^{-j\phi(f)}$ と表したとき，$|H(f)|$ が周波数振幅特性，$\phi(f)$ が周波数位相特性となる。

　測定法についての詳細は後述するが，周波数特性（振幅，位相ともに）を求めるのであれば，測定した $h(t)$ を**フーリエ変換**（⇒ p.382）しても，$x(t)$ として振幅を一定に周波数を掃引させた正弦波を用いて $H(f)$ を直接的に求めても，結果は同じである。

C．室内インパルス応答
　（1）いろいろな系　　音源と受音の位置を定めれば，コンサートホールなどの部屋も一つの系である。ここで，スピーカからインパルス音を再生して受音信号を録音するときを考えてみる。再生機器，スピーカの駆動アンプ，スピーカ，室（空間伝達系），マイクロホン，マイクロホンアンプ，録音機器のみならず，機器を構成しているパーツに至るまで，数え切れないほどの系の連結（時間軸では畳み込み積分）となっている。測定の目的により無視できる系も多いが，スピーカやマイクロホンの特性は無視できない場合が多く，その影響をキャンセルしたい場合には逆フィルタリングの処理（後述）が必要となる。ある帯域に着目して室の特性を確認したい場合（例えばエコーダイアグラムの帯域別の確認など）は，室のインパルス応答に帯域フィルタリングの処理を施して band limited impulse response を求めるが，このとき，そのフィルタも一つの系であり，その種類によって異なるインパルス応答となっている。

　（2）逆フィルタリング処理　　$h(t) * h^{-1}(t) = 1$ となる $h^{-1}(t)$ が，その系の**逆フィルタ**である。周波数軸での表現は $H(f) \cdot H^{-1}(f) = 1$ であり，逆フーリエ変換（$F^{-1}\{\}$ で表示）を用いると

$$h^{-1}(t) = F^{-1}\{H^{-1}(f)\} = F^{-1}\{1/H(f)\}$$

のように，周波数応答関数 $H(f)$ の逆数（複素数での割り算）の逆フーリエ変換で求められる。これは一つの簡便法であり，$H(f)$ がある周波数で 0 のときに割り算で値が発散するので，注意が必要である。

D．直接的な測定法
　（1）直接法　　インパルス音をそのまま用いることができれば，最も直接的にインパルス応答測定が可能である。しかし，室のインパルス応答測定となるとインパルス音はエネルギーが小さく，外来雑音（主として音場の暗騒音）の影響をたぶんに受ける。そこで，ピストル発火音や風船の破裂音が使われることもある。しかしながら，これらは理想的なインパルス音源ではなく（周波数特性が平坦ではなく，また帯域も限られている），さらには再現性の確保の点においても難がある。測定用途を限った簡易音源として，折り紙インパルス音源も開発されている。いずれにせよ瞬間的に高い波高値となるので，測定にはサチュレーションに十分注意を払う必要がある。

　（2）同期加算（平均）　　電気信号によるインパルス音は，そのエネルギーは小さいが再現性は高いので，系の**時不変性**が仮定できれば，**同期加算**によって SN 比の改善が可能となる。確定的な信号（$h(t)$ そのもの）は，同期をとって 2 回の測定結果を加算すると +6 dB となる。そのときノイズ成分も加算されるが，たがいに無

相関なノイズの足し算は +3 dB となり，後述の相関の原理と同様である（加算平均で考えると，±0 dB と −3 dB）。

E．相関を利用した測定法

系へ入力する信号のエネルギーを増大できれば，その分得られる応答のSN比は改善する。しかしながら，スピーカの振れ幅に限界がある以上，単純に信号を増幅するわけにはいかない。そこで，継続時間の長い信号を用いて入力信号のエネルギーの増大を図る方法がある。信号の再生中にはSN比の改善は図られていないが，インパルス応答を得るための処理過程において相関の原理が働く。

（1）直接相関法 ホワイトノイズの自己相関関数はインパルスであるので，これを音源信号として用いて系の入出力の相互相関関数を求めると，インパルス応答が得られる。測定に外来雑音が混入しても，入力信号と外来雑音が無相関であれば，両者の相互相関関数は長時間平均によって0に近づく。音源信号であるホワイトノイズの自己相関関数をインパルス化するためにも，長時間平均（原理的には無限時間）を要し，後述の時変性の影響を受けやすい。

（2）クロススペクトル法 FFTのアルゴリズムの発表により，フーリエ変換の高速処理が可能となった。また，相互相関関数とクロスパワースペクトルがフーリエ変換対の関係にあるという性質を利用し，相関の計算を周波数軸上で処理する方法が，クロススペクトル法である。入出力信号のクロスパワースペクトルを入力信号のオートパワースペクトルで除すことにより，入力信号の周波数特性が正規化され，音源信号として必ずしもホワイトノイズを使用する必要はなく，楽音を音源信号とした研究もある。また最近では，屋外防災放送のアナウンス音を音源信号として使用し，**屋外伝搬**のエコーダイアグラムの測定を行っている研究もある。

（3）MLS法 音源信号にM系列信号と呼ばれる疑似ランダム信号を使うことによって，相互相関の計算にアダマール変換を用いることができ，非常に高速にインパルス応答を得ることができる。M系列信号は確定的な信号で，ホワイトノイズのように無限長を想定することなく，有限長（1周期）でその自己相関関数は完全なインパルスとなる。実際的には，系の応答よりも十分に長い（1周期当り）信号を2周期以上連続再生し，2周期目以降が同期加算される。たとえ同期加算手法を併用しなくても，相関の計算によってインパルス応答を得る過程は多数回の同期加算を行っているのと等価であり，音場の時変性の影響に注意を払う必要がある。また，非線形の影響を応答全体にわたって受けることも弱点と考えられるが，その性質を逆手にとり，系の非線形ひずみの測定に利用できるとの考えもある。

（4）Swept-Sine法 インパルスを時間軸上で引き伸ばした信号を音源信号として使用する手法である。かつてはTSP（time stretched pulse）法と呼ばれていたが，だんだんその伸張の程度も増大し，呼称も変更された。Swept-Sine信号とその時間反転信号（逆Swept-Sine信号）の畳み込み積分の結果はインパルスとなるので，測定されたSwept-Sine応答（同期加算手法も併用できる）に逆Swept-Sine信号を畳み込む（時間伸張した信号を圧縮する）ことで，インパルス応答が得られる。この処理過程は前述までの相関法と式の上では等価であるが，実際的処理は同期加算ではなく単位周波数応答の重ね合わせであり，その相異が時変や非線形の影響の受け方の相異と関連している。**Swept-Sine法**は，音源信号をピンク特性にしたり，時間伸張の方法を暗騒音の関数としたり，非常に長い信号を使って遮音測定に応用したりと，さまざまな研究がある。

F．非線形性と時変性

インパルス応答測定に関わる比較的最近のトピックは，非線形性と時変性であろう。前者については，系への入力が一見正常（線形性が成立している）と考えられる範囲であっても油断できず，測定には線形性の確保について十分な配慮を払う必要があるとの指摘がある。また，その影響も測定法によって異なり，Swept-Sine法の場合には（低域から高域に掃引した場合），その影響は直接音より前の時間に現れる。後者については，空調の運転，測定中の非常にわずかな温度変化も時不変の仮定を崩す要因となっており（空調機が停止していても時不変な系となっている保証もない），不用意な同期加算には注意を払うべきである。時変の影響は測定法によって異なり，MLS法の場合には測定に使用するDAコンバータとADコンバータの厳格な同期の確保も重要である。

◆ もっと詳しく！

1) 橘　秀樹，矢野博夫：改訂 環境騒音・建築音響の測定，コロナ社 (2012)
2) 佐藤史明：はじめてのインパルス応答計測，日本音響学会誌，**67**, 4, pp.155–162 (2011) 🔵1

重要語句　擦弦楽器，スティック−スリップ運動，ヘルムホルツ，共鳴，光弾性，音色

ヴァイオリン
[英] violin

最もよく知られている擦弦楽器。その音色は人々を魅了する。楽器の構造，周波数特性，モーダル解析などの物理は古くから研究されている。演奏者が興味を示す，弓毛，松脂，弦の振動と共鳴，駒，楽器と演奏者の適合性なども，可視化することにより物理現象として理解できる。

A．弓毛と松脂

ヴァイオリンは弓で弦を擦って演奏する**擦弦楽器**である。弓はスティックと毛から構成されるが，毛（hair）は馬の尻尾の毛が使われる。下図に，新品の弓毛の表面の走査型電子顕微鏡（SEM）写真を示す。表面に，ヒトの髪の毛と同様の鱗（scale）のような構造を見ることができる。

この微細構造で弦を引っ掻くことで弦を振動させていると考えている人も多いが，実際は，弓毛に松脂（rosin）を付けないと，弦を擦っても音はほとんど出ない。ということは，この松脂が弦の振動に関与していることになる。松脂を塗った状態を顕微鏡で観察してみると，実際には松脂は粒子として存在していることがわかる。この松脂粒子が弦に付着して**スティック−スリップ**（stick and slip）運動をすることが，弦振動の原理となる。下図に，さまざまな種類の松脂粒子の弓毛表面上の分布状態を示す。

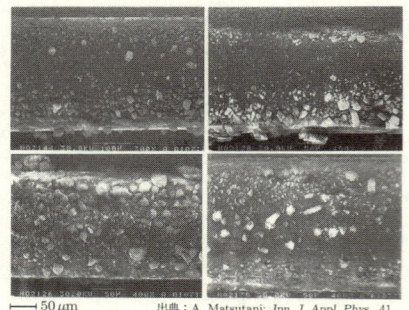

→ 50μm　出典：A. Matsutani: *Jpn. J. Appl. Phys.*, 41, pp.1618-1619 (2002)

松脂の種類はたいへん数多く，演奏者は，弦や楽器との組合せをいろいろ試して好みの音色を探し求めるのが一般的である。松脂の種類が異なると，弓毛上の粒子の大きさと分布が異なり，摩擦係数も異なるので，最終的にはこれらの相乗効果で音色が変化する。また，粒子として分布するのは弓毛表面に構造があるためで，これは半導体プロセス技術を用いて弓毛表面と類似の構造を半導体基板上に製作し，松脂を塗布してみると検証することができる。

B．弦の振動と共鳴

スティック−スリップ運動が振動の起源であるということは，言い換えれば，ヴァイオリンの擦弦振動は正弦波ではないということである。ヴァイオリンの演奏中の弦は，スティック−スリップ運動をする自励振動の一種であり，**ヘルムホルツ**は擦弦振動について振動顕微鏡を用いて観察し，その振動は正弦波ではなく交点で鋭く曲がった2本の直線に近い形をしており，この角が振動の周期で回っていることを示した。弦の振動の様子は，写真の撮り方を工夫すると観察することができる。下図は，D弦のG音の位置を押さえて擦弦したときの弦の振動の様子である（露出中にストロボ発光により弦振動と包絡線を同時に撮影し，ボウイングの方向に拡大した。ボウイング動作は筆者による）。

出典：A. Matsutani: *Jpn. J. Appl. Phys.*, 52, 108003 (2013)

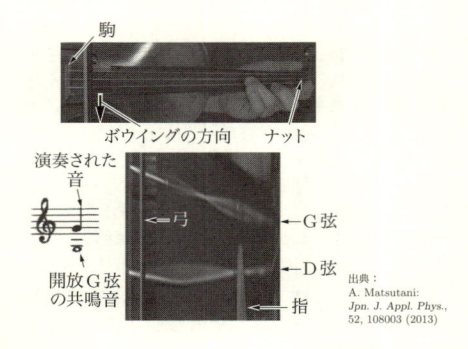

図から，ヘルムホルツ波の角が明瞭に観測されていることがわかる。ちなみに，ヘルムホルツ波の包絡線は放物線となる。一方，共鳴によって振動する弦は，写真のG弦の振動のように正弦波となる（D弦のG音はG弦の開放弦の1オクターブ高い音である）。したがって，ヴァイオリンの演奏中の音色はヘルムホルツ波と正弦波が重畳された響きとなるわけであり，共鳴は音色に大きく関与することになる。

C. 駒の応力状態

ヴァイオリンの4本の弦は，駒（bridge）で支えられている。弓毛で擦られた弦の振動は，駒を経てヴァイオリンの胴体に伝わり音として放射される。駒の振動の様子は，有限要素法解析やホログラムを用いて観察された例があるが，ここでは，いろいろな形状の駒の応力状態を，**光弾性**を利用して可視化した結果を紹介する。

観察には，エポキシ樹脂で製作した駒を使用した。これは，木製の駒をシリコンゴムで型取りし，エポキシ樹脂を流し込んで製作したものであり，機械加工による応力の発生もなく忠実に実物を反映している。この樹脂製の駒に4本の弦を張り，2枚の偏光板による直交偏光を利用して観察すると，下図のように応力状態を観察することができる（🔴1）。現代の標準的な駒（左上），穴のない駒（右上），ハート形の穴のみの駒（左下），ハート形の穴のない駒（右下）の応力状態がよくわかる。

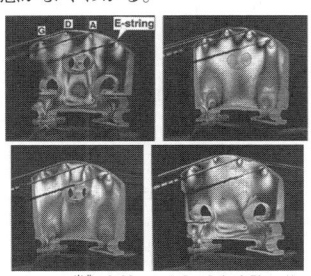

出典：A. Matsutani: Jpn. J. Appl. Phys., 41, pp.6291–6292 (2002)

440 Hzを基準にして調弦したときの現代の標準的な駒の形状の光弾性写真からは，A弦の下に比較的大きなひずみが生じていることがわかる。通常の駒はE弦側が低いが，全体的に見ると，これを反映して応力状態も非対称となる。

ハート形の穴がないときにはE弦とG弦からの力が直下の両足にかかっているが，ハート形の穴の効果で力を穴周辺に集められることや，切り欠きにより駒に加わる力は上下に分散されることがわかる。現代の標準的な形状の駒のひずみは，これらを組み合わせたものと考えると理解しやすいだろう。

このように，光弾性観察を利用すると，弓で弾くときに駒に加わる力の方向なども観察できる。美しい音で演奏されているときと，弓を押し付けてギーギーと不快な音で演奏されているときでは，駒に加わる力の方向や応力状態が異なることも観測できる。

D. 楽器と演奏者の適合性

ある演奏者がいろいろなヴァイオリンを弾くと，さまざまな**音色**（⇒ p.54）が得られる。また，あるヴァイオリンをいろいろな演奏者が弾くと，異なる音色となる。この現象は，一般的に演奏される楽器だけではなく，名器といわれる楽器でも同様である。言い換えると，演奏者と楽器の相性（適合性）があるということである。

演奏者自身の音楽を表現するには，この相性（適合性）がたいへん重要である。演奏した音色は右手のボウイング動作によって変わることはよく知られており，これが演奏する人によって同じ楽器でも音色が違う理由である。弓を持つ右手の各指の力の分布と演奏された音色について，圧力測定フィルムによる可視化の実験を行うと，1回のボウイングストローク動作中に加わったすべての力の履歴が含まれた各指の力の分布状態を測定することができる。アマチュアのオーケストラに所属する複数の演奏者を被験者としてこの測定を行った例では，弓を持つ力の分布状態として，指の力の最大値と最小値の差が小さいものと，大きいものの2種類に分類されている。さらに，ボウイング動作中に加わった力の履歴が，人差し指から小指までほぼ均等に分布している場合，中指の力が小さく小指の力が最も大きい場合，小指の力が最も小さい場合，人差し指と小指の力が中指と薬指より大きい場合，小指の力が最も大きい場合，人差し指の力が最も大きい場合の6種類に細分される。

音色の特徴は演奏音のスペクトル包絡で表すことができる。演奏音のスペクトル包絡は弓の持ち方のタイプごとに異なる。この実験で分類された演奏者に音響特性の異なる複数の楽器を弾いてもらい，それらの楽器が自分に合っているかどうかを基準に相性（適合性）の良い楽器を選択してもらうと，演奏者と楽器の相性が弓の持ち方や音の好みと関係していることがわかる。楽器と演奏者の相性（適合性）はコンサートホール（⇒ p.206）での演奏音の伝搬にも関係し，相性（適合性）の良い楽器で演奏すると減衰が少ないことが，小規模のホールにおける実験で確認されている。

◆ もっと詳しく！

Fletcher and Rossing: *The Physics of Musical Instruments*, Springer (1998)

重要語句　音声記号，音声素片，伸ばし音，スペクトル包絡，基本周波数，HMM音声合成，声質変換

歌声合成
[英] singing voice synthesis

歌詞と音符（またはそれに相当する情報）をもとに歌声を合成する技術。近年，VOCALOIDエンジンを使用したクリプトン・フューチャー・メディアの「初音ミク」をはじめ，歌声合成ソフトウェアを駆使して作成された楽曲がビデオ共有サイトで人気となり，大手レコード会社からCD化されたり，カラオケで配信されランキングで上位になるなど，関心が高まっている。

A. 歌声合成技術の歴史

世界初のコンピュータによる歌声合成は，1962年にベル研究所のケリーらによって発表されたものである。そのときにマックス・マシューズによって作られた "Daisy, daisy ···" という歌声は，1968年に公開された映画「2001年宇宙の旅」の最後のシーンでコンピュータHAL9000が停止する直前に歌う場面にも影響を与えたといわれる。滑らかに管の直径を変化させるという簡単な形で声道を表現した，音響管モデル（acoustic tube model）と呼ばれるモデルが使用されている。

クラットらが1980年に発表したMITalk（のちのDecTalk）は，もともとはテキスト音声合成のための技術であるが，これを応用した歌声合成もよく知られている。パルスとホワイトノイズを励起音源として，2次IIRフィルタ群を並列および直列に構成してフォルマントを再現している。

1997年にはメイコンらによって，音声サンプルを接続することで歌声を合成する方法が提案されている。これは，正弦波モデル（sinusoidal modeling）により音声のスペクトルをモデリングし，それを用いて音声サンプルを滑らかに接続することで合成を行うものである。

商用の歌声合成技術を応用した製品，サービスも提案されている。1997年にヤマハから発売されたPLG-100SGというMIDI音源用の拡張プラグインボードは，FM音源をベースとし，一つのフォルマントに対応する波形を足し合わせて歌声を作り出す。

1999年には，Macintosh用の歌声合成ソフトウェアVocalWriterがKAE Labs（カナダ）から発売された。また，2000年に正弦波重畳により歌声を合成するHORN法がNTTより発表され，これを用いたワンダーホルンという歌声合成ソフトウェアおよびサービスがNTTアドバンステクノロジより提供されている。ほかにも，市販のテキスト音声合成ソフトウェアで歌える機能を持つものも発売されている。

B. VOCALOIDの概要

VOCALOIDは，ヤマハが開発した歌声合成システムである。2003年に技術発表を行い，2004年に最初の製品が発売され，以来バージョンアップを重ね，2007年にVOCALOID2, 2011年にVOCALOID3, 2014年にVOCALOID4を発表している。

VOCALOIDは，実際の音楽制作シーンで使用されることを目標に，以下を重要な3条件と位置付けている。

了解性　合成された歌声の歌詞が聞き取れる
自然性　揺らぎや息の成分などを含む，できるだけ人間の声に近い歌声である
操作性　システム全体として容易に操作できる

VOCALOID全体の構成図を以下に示す。

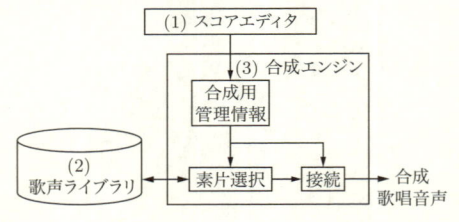

（1）スコアエディタ　スコアエディタ（VOCALOID Editor）は，音符と歌詞を入力して楽曲を制作するためのインタフェースである。

図の左下の部分は，音符と歌詞の入力部分である（Musical Editor）。音符はピアノロール形式（音符の位置を縦に音階，横に時間軸で表したもの）で表現する。歌詞は音符の上に入力することができ，日本語の場合，ひらがな，カタカナ，ローマ字で入力すると，**音声記号**に変換される。英語の場合は，約12万語の語彙を持つ発音辞書によって，音節区切りの情報を考慮しな

がら複数の音符にまたがって音声記号が割り当てられる。ほかにも，スペイン語，韓国語（ハングル入力），中国語（ピンイン，注音符号入力）などに対応している。

歌詞，音符以外にも，音符のアタックや前の音符からのポルタメントの程度，子音の長さなどを調整したり，声の高さや音量の時間変化，声の太さや明るさなどを操作したりすることができる。ビブラートなどの表現も，エディタ上のアイコンを操作することによって簡単に指定できる。

(2) 歌声ライブラリ　歌声ライブラリは，実際の歌唱データから取り出した**音声素片**を集めたものである。素片はCV（子音-母音），VC（母音-子音）とV（母音）の**伸ばし音**を基本としている。歌声では，伸ばし音が頻繁に出現し，その合成の自然さが合成結果全体のクオリティに直結することから，母音の伸ばし音を素片として持っているところが，歌声合成ならではの特徴となっている。なお，必要に応じてVCVやCCVなどの素片も持つことができる。

声域による歌声の音色変化を再現するには，多数の声の高さで収録を行うことが望ましいが，声の提供者（歌手や声優）への肉体的，精神的負担を考慮し，代表的ないくつかの音高での発声を収録し，それらの中間の音色は合成エンジン内で音色を補間してカバーしている。

(3) 合成エンジン　合成エンジンは，必要な音声素片を歌声ライブラリから取り出し，接続して合成する。その際，伴奏などと合わせた場合に発音タイミングが遅れて感じられないよう，音節中の母音のタイミングと音符の位置を合わせる必要がある。そこで，CV素片のVの開始位置と音符開始のタイミングが合うように，位置の調整を行う。

素片連結時には，素片間の音色の違いを目立たなくするために，音符の長さが短いときには，CV素片のVの最後の部分とVCのVの最初の部分で音色をスムージングする。音符の長さが十分長い場合には，隣り合うCVの最後の部分の**スペクトル包絡**（音色）を引きずりながら，ある部分から徐々にVCの最初のスペクトル包絡に補間することで，音色の合わせ込みを行っている。このとき，スペクトルの微細構造は伸ばし音の音声素片のものを使用する。また，伸ばし音の素片からは**基本周波数**の微妙な揺らぎも抽出し，合成音に反映する。

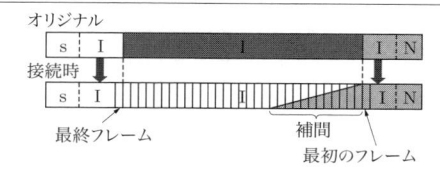

これらのスペクトル包絡の調整および合成する所望の音高への基本周波数の変換は，周波数領域で処理される。

C. 最近の動向

歌声合成の認知度の高まりに伴い，さまざまな歌声合成関連の研究やソフトウェアの発表が活発に行われてきている。例えば，人間の実際の歌唱に合うように歌声合成システムのパラメータ（例えばピッチベンドやダイナミクス）を自動的に調整するVocaListenerというシステムが提案されており，ユーザーが表情付けのために作り込む労力を軽減し，簡単に高品質な歌声が得られるツールとして期待されている。一方で，テキスト音声合成の分野で注目されている**HMM音声合成**（⇒p.450）を歌声に応用したSinsyが，オンライン上の歌声合成サービスなどで提供されている。この手法は，音響モデルのパラメータを適切に変換することで，話者やスタイルの多様な表現を可能（⇒p.106）にするものであり，幅広い応用範囲が考えられる。また，音声を波形ベースで接続していくことによって歌声を作り出す，UTAUというツールも発表されている。録音した音声をまとめたもの（音声ライブラリ）を作成するためのツールも提供されており，さまざまな声質の音声ライブラリがユーザーの協力により自発的に生まれてきている。

VOCALOIDにおいても，統計的手法による**声質変換**（⇒p.260）を応用して，亡くなった植木 等さんやhideさんの歌声を，残された録音から再現する試みが行われている。一方，1チップの半導体上で動作するよう演算量・メモリ使用量を削減し，時間領域で歌声合成を行うeVocaloidが発表され，これを用いたガジェットなどが発売されている。また，2014年に発表されたVOCALOID4では，これまで再現が難しかったノンモーダルな声質の一つであるグロウルを付与する機能や，異なる歌声ライブラリ間で音色を補間するクロスシンセシス機能により，表現力の向上を図っている。

◆ もっと詳しく！

剱持秀紀，藤本 健：ボーカロイド技術論，ヤマハミュージックメディア (2014)

重要語句 サイレント映画，トーキー映画，サウンドトラック，構造的調和，意味的調和，変化パターンの調和

映像メディアにおける音
[英] sound in audiovisual media

映像メディアにおける音全般。映画やテレビなどにおいて映像表現を高めるために選択し，秩序を立てて使われる各種の音。大きく分けて「音声」「音楽」「効果音」がある。一般に，音声は物語の進行を，音楽は場面の雰囲気の設定を，効果音は多様な演出を担うものとして用いられる。

映像作品の良し悪しは，音と映像の調和度と強い相関があり，評価の良い映像コンテンツを制作するための定石は，音と映像の「主観的調和」を図ることである。

A．サイレント映画における音

映画の誕生（1895）からすでに1世紀以上が経つが，歴史的に，映像メディアの始まりがサイレント映画の登場であることに疑いはない。

通常，**サイレント映画**（silent film）は，音が存在しない映像のみの「無声映画」のことを意味する。しかし，サイレント映画といっても，もともとこの世にサイレント映画は存在していなかったと思われる。なぜなら，映画が最初に公開されたときも，手回し映写機からの騒音をマスク（⇒p.402）するとともに，初めて体験する映像への不安を和らげる機能を，音楽が担っていたといわれているからである。

その後，サイレント映画の上映の際に，その場で音楽や効果音を付けるために「フォトプレーヤー」（photoplayer）という演奏装置が用いられたり，映画の内容を語りで表現して解説を行う「活動弁士」が活躍したりするなど，映画の初期から音が映像と緊密な関係を持っていたことは明らかである。サイレント期の映画の様子は，フランス映画の『沈黙は金』（1947）において詳細に表現されている。

B．映像に音が付いたトーキー映画

サイレント映画の登場から30年以上の時を経て，世界で初めての長編トーキー映画『ジャズ・シンガー』（1927）が公開された。**トーキー映画**（talkie）は，映像と音（音声）が同期した「発声映画」のことをいう。『ジャズ・シンガー』では「ヴァイタフォン方式」によって，上映中に映像と音を機械的に同期させている。映画の興行収入も記録的なものとなり，サイレント映画から，映像に音が付いたトーキー映画の制作へと完全移行するきっかけとなった。

翌年，「サウンドトラック方式」を採用して光学的に音と映像を同期させたディズニー制作の『蒸気船ウィリー』（1928）が公開された。**サウンドトラック**（soundtrack）とは，映画のフィルムにおいて映像を記録する区画の横側の音が記録されている部分を指し，この方式がその後のトーキー映画の主流となった。トーキー映画の確立は，音と映像の同時性に基づく作品制作の道を開き，ついに音と映像は有機的な関係下でさまざまな効果を発揮するものとなる。

C．映画の世界の音

映像メディアの始まりは映画であり，映画の音について触れることは，映像メディアにおける音を理解する上でも非常に役に立つものと考えられる。

映画理論の世界で音について語る際に，基本的な用語として，以下のものが知られている。この分類は，映画の画面と音源の位置関係に基づいている。

ダイジェティックサウンド（diegetic sound）：映画の物語の内側から発生する音で，映像に属する音である。一般に，登場人物の台詞や画面に映っている物が立てた物音などである。この音は，登場人物と観客の両方が聞くことができる。

ノンダイジェティックサウンド（non-diegetic sound）：映画の物語の外側から発生する音で，映像に属さない音である。一般に，ナレーションや背景音楽，場面を強調するような効果音などである。この音は，登場人物には聞こえないが，観客は聞くことができる。

このように，映画の世界の音は，映像に表現された対象から発せられるものだけではなく，映像の中の世界に存在しない各種の音楽や効果音が，映像表現を高めるために用いられている。

D．映像メディアにおける音の分類と役割

一般に，映画やテレビのような映像メディアは，映像だけでは成り立たない。必ずいってよいほど音を伴っている。映像表現における音の効果は多岐にわたっており，登場人物の気持ちを伝えたり，場面の雰囲気を強調したりするなど，さまざまな役割を担っている。以下に，映像メディアにおける音の分類と役割について概観する。

（1）**音声**　物語の進行において最も重要な音である。登場人物による台詞や画面に現れない人物が内容や状況などについて解説をするナレーションがある。

映画やドラマの台詞は基本的に映像の撮影時に同時録音（同録という）するが，ナレーションは撮影後の映像に合わせて別途録音される。な

お，アニメーション作品では，先に録音しておいた音声に合わせて動画を作成することもある。

（2）音楽　純粋な鑑賞の対象となる「芸術音楽」と異なり，映像に特化して使われる「機能音楽」が一般的である。おもに場面の雰囲気の設定や強化を担うが，物語の展開の予想や解釈，記憶などにも大きな影響を与える。概して，歌詞や歌唱のある曲と演奏のみの曲に分類することができる。

テーマ曲のように「聞かされること」（能動的聴取）を目的とするものと，背景音楽のように「聞かされないこと」（受動的聴取）を目的とするものがある。基本的に，映像専用に作曲を行うが，既存の楽曲を用いる場合も多い。

（3）効果音　各種の演出効果のために付加される音をいう。制作手段としては，駅構内のざわめきなどの実音を録音して編集する方法や，シンセサイザーなどの電子楽器（⇒p.338）で人工音を生成する方法，「波ざる」などの音具で実音と似た擬音（生音という）を作る方法がある。また，市販されている効果音素材集を用いる場合もある。

場面の状況や場所，時間などを設定する環境音，また，登場人物の感情や象徴的な表現，場面転換や動きを強調するためのイメージ音や誇張音などがある。さらに，高揚した映像の音を消去して緊張感を生み出す，無音もある。

E. 映像メディアにおける視聴覚統合

大きな感動をもたらす映像作品を制作するためには，一般に，音と映像の主観的調和を図ることが重要である。音と映像の主観的調和の存在については，狼の社会的行動を表す実写映像とジングルのような歌詞なしの短い音楽を実験刺激として用いた Bolivar, et al. (1994)の研究によって初めて確認されている。

映像コンテンツの評価（良し悪し）は，音と映像の調和度と強い相関があり，音と映像の調和感（心内での視覚情報と聴覚情報の融合の良さ）を得るためのメカニズムとして，以下のようなものが示されている。

（1）構造的調和　音と映像の**構造的調和**（formal congruency）は，聴覚的アクセントと視覚的アクセントが同期することによって形成される。音と映像の同期は，映像メディアにおける視聴覚統合の最も基本的な要因といえる。それは，音と映像が時間軸上で成り立つものだからである。音と映像のアクセントの同期を検知して生まれる構造的調和は，短時間で形成され，安定して感じられるものである。

こうした音と映像の同期の手法は，ディズニーのアニメーションで多用されたことから，アニメの主人公の名前を借りて「ミッキーマウシング」（Mickey Mousing）と呼ばれる。ミッキーマウシングは，クラシック音楽に映像を付けた作品集『ファンタジア』（1940）などで体験することができる。

（2）意味的調和　音と映像の**意味的調和**（semantic congruency）は，悲しい映像の場面に悲しい音楽を組み合わせるなど，視覚的印象と聴覚的印象を一致させることによって形成される。構造的調和の場合と比べると，意味的調和の形成過程では音の印象と映像の印象を感知し，音と映像それぞれの印象を比較した上で調和感を得ることになる。そのため，調和感の形成に必要な時間は，構造的調和の場合よりも長くなる。

音と映像の印象が調和するものの例は，ほとんどすべての映像メディアで数多く見ることができる。もちろん，黒澤 明監督（1910～1998）の作品のように，悲しい映像の場面に明るい音楽を付加してわざと競合的関係を作り出すことで，調和的関係よりも格段に強い効果を発揮できる場合もある。このような手法は「音と画の対位法」と呼ばれており，『酔いどれ天使』（1948）などで見ることができる。

（3）変化パターンの調和　音と映像の**変化パターンの調和**（congruence between changing patterns）とは，なにかが上昇する映像に上昇する音高系列を組み合わせた場合などに得られる，自然な調和感である。

テレビ番組などで場面を転換するとき，「ワイプ」などの切り替えパターンと音高の変化パターンが用いられる例がしばしば見られる。その際に，両者の間には音と映像の調和感を生み出すさまざまな組合せが存在する。変化パターンの調和の形成過程においては，音と映像の構造的調和と意味的調和の効果の両面がある。変化パターンの調和そのものは，上下方向の一致（例えば，上方向への場面転換と音高の上昇や下方向への場面転換と音高の下降など）のように，現象面から捉えれば構造的な調和とも考えられる。一方，視覚と聴覚で捉えた感覚からは，上昇感，下降感の一致による意味的な調和とも考えられる。

◆ **もっと詳しく！**

岩宮眞一郎 編著：視聴覚融合の科学, pp.62-135, コロナ社 (2014)

重要語句　表面張力，ラプラス圧，表面張力波，光てこ法（オプティカルレバー法），リプロン

液体表面の振動
[英] oscillation of liquid surface

　液体の表面振動は2次元的に伝搬するため，バルク中を伝搬する波とは異なる分散関係を持つ。表面であるため，その振動を光学的に観察することは比較的容易であり，振動伝搬から液体の物性測定が可能である。また，ラングミュア膜など，液体表面に特有の構造を観察する際にも，表面振動は利用される。

A. 液体表面の物性
　一般に液体の表面とは，気体と液体の接する部分，すなわち気液界面のことを指す。この部分では物質の不連続があるため，エネルギー的な不安定性が生じている。このことが，液体表面に**表面張力**がある原因となっている。また，液体表面には，エネルギー的不安定性を減らすように，すなわち表面積をなるべく小さくするように，つねに力が作用している。これを**ラプラス圧**と呼び，その大きさは表面の平均曲率 H と表面張力 σ の積として $2\sigma H$ で表される。そのほかに，液体表面の運動を特徴付ける物性として粘度や表面弾性などがある。

（1）表面張力　　張力という名が付いているが，正確には単位面積当りの表面自由エネルギーのことである。単位は mN/m がおもに使用され，蒸留水 72.75 mN/m，エタノール 22.55 mN/m，水銀 476 mN/m など（すべて 20°C）である。異なる液体が接している界面には同様に界面張力がある。前述のように，ラプラス圧は表面張力が大きいほど，また表面の曲率が大きいほど，大きくなる。

（2）粘度　　粘性係数，粘性率とも呼ばれる。液体が流れるときに働く粘性抵抗力と速度勾配との比例係数で，液体表面に局在したものではない。いわゆる「ねばさ」の指標で，単位は Pa·s や P が用いられる。20°C の蒸留水で 1 mPa·s，蜂蜜で 1 300 mPa·s 程度である。この粘度を密度で割ったものを動粘度と呼ぶ。

（3）表面弾性係数　　バルクの弾性係数とは異なり，液体表面に不溶性単分子膜などの弾性膜が存在するときに考慮する必要がある。表面縦波弾性係数，表面面積弾性係数，表面ずり弾性係数があり，面積弾性係数は表面積を変化させた際の表面圧から知ることができる。

B. 液体表面波
　機械的な揺れや風，熱揺らぎなど，さまざまな要因により液体表面は局所的に変形（盛り上がり，凹み）する。ひとたび変形すると，その変形は重力やラプラス圧によって元に戻ろうとするため，振動となり，波となって伝搬する。いわゆる表面波である。表面波の伝搬を特徴付ける分散関係は，表面という境界条件により，バルク中とは異なる分散関係となる。非圧縮で非粘性な液体では，波の振幅が波長より十分に小さいという条件のもとで，つぎのように表される。

$$\omega^2 = gk + \frac{\sigma}{\rho}k^3$$

ω は角周波数，g は重力加速度，k は波数，ρ は密度を表す。右辺第1項を重力波成分，第2項を**表面張力波**成分と呼び，それぞれ周波数が低い場合，高い場合に支配的となる。蒸留水の場合では，その境目は 15 Hz 程度である。粘性がある液体では表面波は減衰を示す。時間減衰率は，粘性が小さい場合には下記のように近似される。

$$\Gamma = \frac{2\eta k^2}{\rho}$$

ここで，Γ は時間減衰率，η は粘度を表す。表面に弾性膜があると表面波の分散関係は前述の表面弾性係数を含めた複雑な式となる。

　波の分散関係が明らかであれば，表面波の伝搬を観察することで，液体表面の物性を知ることができる。具体的には，特定の周波数もしくは波数に対して波数分布や周波数の分布を測定し，分散関係から表面張力を，減衰から粘性を求める。例えば，励振法では特定の周波数で機械的に励振した表面波の波数と減衰を測定し，分散関係から表面張力と粘性を求め，リプロン光散乱法では特定の波数に対して周波数スペクトルを測定し物性値を求める。これらの測定法に関してつぎに詳しく述べる。いずれも波の観察にレーザーを用いており表面波を乱さずに観察できる手法となっている。

C. 表面波による物性測定
　表面張力など，液体表面に特有な物性を調べることで液体の効率的なハンドリングや効果的な材料設計が可能となるが，例えば単分子膜などが乗った表面など，構造が脆弱な場合には直接測定が難しい。表面波を利用すれば非接触での測定も可能であり，デリケートな表面でも物性測定が可能となる。代表的な二つの手法をつぎに述べる。

（1）励振法　　液体表面波を特定の周波数で外部から励振し，その位相速度と空間減衰率を測定する手法である。励振手段としては，機械的振動や音波，レーザー光などがある。つぎ

に述べるリプロンと異なり，振幅を大きく励振することができるため，比較的低い周波数帯を観察しやすい。励振した表面波は，レーザー光を用いて光てこ法（**オプティカルレバー法**）により観察する。励振源と観測点の距離を変えて位相と振幅を測定し，伝搬距離による位相変化から位相速度 v_p を，振幅変化から空間減衰率 α を求め，そこから物性値を得る。

$$v_p = \left(\frac{\sigma\omega}{\rho}\right)^{1/3}, \quad \alpha = \frac{4\omega\eta}{3\sigma}$$

伝搬距離の測定が誤差要因になるなど，測定上の短所もあるが，装置が比較的簡便であり，1 kHz 以下の周波数で数 mm より大きい構造を観察する際には利便性が高い。

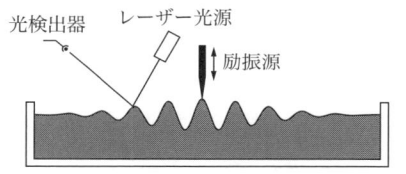

（2）リプロン光散乱法 表面波のうち特に表面張力を復元力として伝搬するものを，表面張力波と呼んでいる。さらに熱揺らぎによって発生したものを**リプロン**と呼ぶ。リプロンは振幅がオングストローム程度と非常に微小であり，ランダムに発生・伝搬している波であるため，波として直接観察することは困難であるが，微小であることを利用して，光散乱により観察することができる。リプロン伝搬の分散関係は表面張力波成分が支配的となるため，光散乱でリプロンの周波数スペクトルを測定することで表面張力と表面粘弾性を求めることができる。これがリプロンスペクトロスコピーである。レーザー光（波数 K，周波数 ω_i）を液体表面に垂直に入射させると，リプロンによりあらゆる方向に散乱される。このとき，角度 θ への散乱光は，入射レーザー光の波数の $\sin\theta$ 倍のリプロンによる散乱光である。したがって，観察する散乱光の角度を決めれば，リプロンの波数 k を固定して周波数スペクトルを測定することができる。

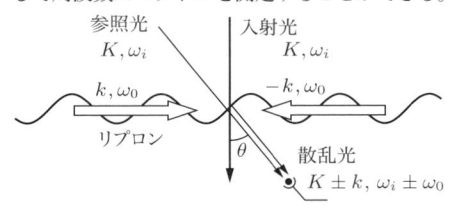

散乱光を光学的分光により周波数分析せずに，上図のように，参照光のレーザーを散乱光と合わせた光ヘテロダイン系を用いるほうが，高精度で簡単である。散乱光はリプロンによりドプラ変調を受けているため，ヘテロダインによりその変調分のみが検出でき，下図のようなリプロンスペクトルが得られる。

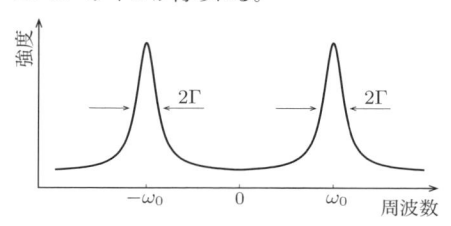

$\pm\omega_0$ はリプロンの中心周波数であり，波数 k に対して分散関係を満たす。この値から表面張力を知ることができる。周波数ピークの半値幅はリプロンの減衰を表し，粘度に依存する。周波数の低いピークをストークス成分，高いものをアンチストークス成分と呼ぶ。均一な表面では，ストークス成分とアンチストークス成分は同じ強度（高さ）となるが，表面の流れや不均一構造などがあると，これらのピークが変化する。例えば，下のグラフは水の上に 15 μm のシリコンオイル膜があるときのスペクトルである。ピークが分裂していることから油膜の振動モードが 2 種類あることがわかる。逆に，このようなピークが現れた場合に，そこから膜厚を推定することが可能であり，構造を破壊せずに液体薄膜の膜厚測定を実現できる。

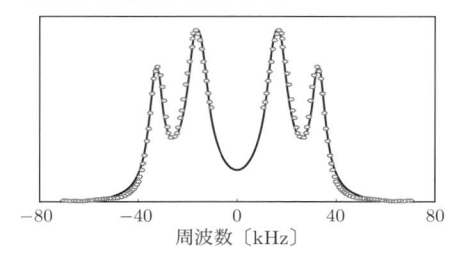

◆ **もっと詳しく！**
古賀俊行, 美谷周二朗, 酒井啓司：リプロン光散乱法による液体表面物性の測定, 超音波TECHNO, 2015年7，8月号 (2015)

|重要語句| ダブルトーク，適応フィルタ，疑似エコー，エコー経路，インパルス応答，学習同定法，NLMSアルゴリズム，アフィン射影アルゴリズム，高速フーリエ変換

エコーキャンセラ
［英］echo canceller

音声通話において，送話器を通して送出される発話音声が，通信回線や中継装置，接続相手の通信端末を経由して，再び自端末の受話器にエコーとして戻る現象を回避するための一手段。中継装置などの電気回路内での信号の折り返しに由来する回線エコーを低減する回線エコーキャンセラと，通信端末の受話器と送話器との間の音響的な結合に由来する音響エコーを低減する音響エコーキャンセラとがある。

A．エコーの低減手段

通話時のエコーを低減させる手段として，エコーの混入した信号全体を減衰させるものと，信号中のエコー成分のみを低減させるものとがある。エコーの混入した信号全体を減衰させる損失制御技術は，音声スイッチやエコーサプレッサと呼ばれる。これらは，送信路と受信路の信号を比較し，どちらか一方の通信路の信号を減衰させるため，双方の通話者による同時通話（ダブルトーク）を阻害する。

一方，信号中のエコー成分のみを低減させるために考案されたのが，エコーキャンセラである。エコーキャンセラは，**適応フィルタ**[1]の理論に基づき生成されるエコーの模擬信号（**疑似エコー**）を用いてエコー成分のみを低減するように動作し，ダブルトークの状況であっても双方の発話音声を減衰させることなく相互の音声伝達を可能とする。なお，広義では，適応フィルタと損失制御技術を統合した手段全体をエコーキャンセラと呼ぶこともある。

B．エコーキャンセラの基本動作

エコーキャンセラは，エコーが混入した入力信号 $y(n)$ に対し，エコーの低減処理を行い，出力信号 $e(n)$ を生成する。この際，エコーを発生させる信号の折り返し経路（**エコー経路**）に入力されるのと同じ信号を参照信号 $x(n)$ としてエコーキャンセラにも取り込む。参照信号 $x(n)$ を適応フィルタに与えてエコーの模擬信号（疑似エコー）$d(n)$ を生成し，これをエコーが混入した入力信号 $y(n)$ から差し引くことで，エコーの低減処理が達成される。ここで，n は離散時間を表す。適応フィルタは，FIR (finite impulse response) 型の構成が採用されることが多く，この場合，エコー経路のインパルス応答（⇒p.16）がフィルタ係数の系列として同定される。下図に，エコーキャンセラの基本構成を示す。

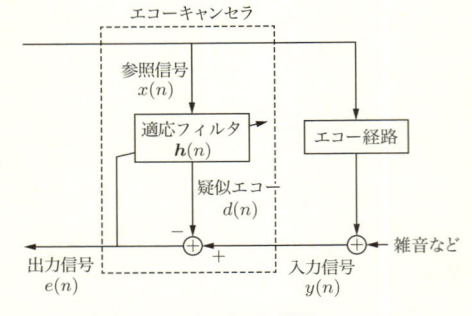

C．適応フィルタの処理手順

適応フィルタの処理手順（適応アルゴリズム）は，フィルタリング過程と適応過程とに分けられる。ここでは，通信端末に実装される音響エコーキャンセラの場合を例に説明する。同定対象のエコー経路は，端末が受信した受話信号が受話器（またはスピーカ）から再生され，送話器（またはマイクロホン）へと回り込んで集音されるまでの経路である。適応フィルタは，L タップの FIR 型とし，その係数を要素とする L 次元ベクトルを $\boldsymbol{h}(n)$ と表記する。L の値は，同定すべきエコー経路のインパルス応答長をあらかじめ見積もることで固定的に与えることが多い。例えば，回線エコー経路は数十 ms，音響エコー経路は数百 ms のオーダーに対応するように，信号の標本化周波数に応じて選定される。

（1）フィルタリング過程　前述の受話信号を参照信号 $x(n)$ とし，エコー経路の特性を模擬する適応フィルタに入力することで，疑似エコー $d(n)$ が

$$d(n) = \boldsymbol{x}(n)^T \boldsymbol{h}(n)$$

と得られる。参照信号はベクトル形式で

$$\boldsymbol{x}(n) = [x(n), x(n-1), \cdots, x(n-L+1)]^T$$

と表記した。ベクトルの内積演算は参照信号とフィルタ係数との畳み込み演算に相当する。集音器から得られるエコーキャンセラへの入力信号 $y(n)$ と疑似エコー $d(n)$ との残差として，エコーが低減された出力信号

$$e(n) = y(n) - d(n)$$

が得られる。

(2) 適応過程 フィルタ係数ベクトル $\boldsymbol{h}(n)$ は，更新ベクトル $\Delta\boldsymbol{h}(n)$ を用いて
$$\boldsymbol{h}(n+1) = \boldsymbol{h}(n) + \mu\Delta\boldsymbol{h}(n)$$
と逐次的に更新される．ここで，μ はステップサイズと呼ばれる更新量の調整係数である．更新後の $\boldsymbol{h}(n+1)$ は，時刻 $n+1$ におけるフィルタリング過程で疑似エコー $d(n+1)$ の生成に用いる．更新ベクトル $\Delta\boldsymbol{h}(n)$ の与え方にはさまざまな選択肢がある．以下に，基本的かつ代表的な適応アルゴリズムで用いられる更新ベクトルの例を挙げる．

a) 学習同定法 学習同定法または **NLMS** (normalized least mean square) アルゴリズムと呼ばれる適応アルゴリズムでは，更新ベクトル $\Delta\boldsymbol{h}(n)$ を
$$\Delta\boldsymbol{h}(n) = \frac{\boldsymbol{x}(n)e(n)}{\boldsymbol{x}(n)^T\boldsymbol{x}(n) + \delta}$$
と与える．ただし，δ は，数値安定化のために別途与えられる正の定数である．この更新ベクトルの特徴は，音声のような非定常な参照信号を与えた場合でも，その振幅の変化が分母と分子の両方に現れて相殺されるため，同定速度が参照信号の非定常性の影響を受けにくい点と，さらに，実装が比較的容易な点にある．この更新ベクトルは，以下のように導出できる．まず，$\mu=1$ として，更新後の $\boldsymbol{h}(n+1)$ について
$$y(n) = \boldsymbol{x}(n)^T\boldsymbol{h}(n+1) = \boldsymbol{x}(n)^T(\boldsymbol{h}(n) + \Delta\boldsymbol{h}(n))$$
を満足させることを考える．この関係式から，$\Delta\boldsymbol{h}(n)$ についての不定方程式
$$e(n) = \boldsymbol{x}(n)^T\Delta\boldsymbol{h}(n)$$
が得られる．この方程式の最小ノルム解として，前述の更新ベクトル $\Delta\boldsymbol{h}(n)$ が導かれる．

b) アフィン射影アルゴリズム 学習同定法では，時刻 n の 1 サンプルの入力信号の値に着目し
$$y(n) = \boldsymbol{x}(n)^T\boldsymbol{h}(n+1)$$
を満足するように $\Delta\boldsymbol{h}(n)$ が導出されたのに対し，**アフィン射影アルゴリズム**では，これを拡張し，時刻 n から $n-P+1$ まで過去に遡ることで，P サンプルの入力信号の値に着目し
$$\boldsymbol{y}(n) = \boldsymbol{X}(n)^T\boldsymbol{h}(n+1)$$
を満足させる以下の更新ベクトルを用いる．
$$\Delta\boldsymbol{h}(n) = \boldsymbol{X}(n)\left(\boldsymbol{X}(n)^T\boldsymbol{X}(n) + \delta\boldsymbol{I}\right)^{-1}\boldsymbol{e}(n)$$
ここで
$$\boldsymbol{y}(n) = [y(n), y(n-1), \cdots, y(n-P+1)]^T$$
$$\boldsymbol{X}(n) = [\boldsymbol{x}(n), \boldsymbol{x}(n-1), \cdots, \boldsymbol{x}(n-P+1)]$$
$$\boldsymbol{e}(n) = \boldsymbol{y}(n) - \boldsymbol{X}(n)^T\boldsymbol{h}(n)$$
であり，P は 1 以上 L 以下の整数で射影次数と呼ばれ，$P=1$ のとき学習同定法と一致する．また，$\boldsymbol{I}$ は単位行列である．この更新ベクトルの特徴は，学習同定法と同様に参照信号の非定常性の影響を受けにくい点に加え，音声の周期性（自己相関）に依存して同定速度が低下する学習同定法の問題を克服し，射影次数 P の値を大きくするほど参照信号の自己相関の影響を低減し，同定速度を改善できる点にある．射影次数 P の値に応じて処理演算量も増加するが，比較的演算量の少ない高速算法も提案されている．

D. 実用のための制御・実装技術
エコーキャンセラの実用化にあたっては，処理の頑健性や，実装の効率性も要求される．

（1）ダブルトークと雑音に対するロバスト制御 前述のとおり，多くの適応アルゴリズムでは，入力信号と疑似エコーとが一致するように，その残差を最小化するフィルタ係数を算出する．しかし，ダブルトークの状況や，エコー以外に大きな雑音が混入する状況においては，残差を最小化することで逆にフィルタ係数が乱れ，エコーの低減性能が損なわれることがある．このため，ダブルトーク検出器や雑音レベル推定器などを併用し，これらの情報に基づいたステップサイズの動的制御など，ロバスト性を高めるための対策も講じられている．

（2）ブロック処理による演算の効率化
前述の適応アルゴリズムでは，フィルタリング過程と適応過程とを離散時間 1 サンプル単位で逐次実行している．しかし，処理結果の出力に多少の遅延が許容される場合は，数十から数百サンプルの信号をブロック単位でまとめて処理することで演算効率を高めることが可能となる．ブロック化された信号に対して，**高速フーリエ変換**（⇒ p.188）などを用いた周波数領域変換処理と組み合わせた適応アルゴリズムも提案されており，演算の効率化に加え，信号の周波数特性に応じてより柔軟な制御を施すことも可能となっている．

◆ もっと詳しく！
1) 山﨑芳男，金田 豊，東山三樹夫，宇佐川毅：音・音場のディジタル処理, pp.154–204, コロナ社 (2002)

重要語句　ソーナー，生物ソーナー，超音波，ドプラ効果，ドプラシフト補償

エコーロケーション
［英］echo location

反響定位。発射した信号（おもに超音波）とそのエコー（反響音）とを比べて，物体の存在や，位置などの情報を得ること。光の届かない水中に生息するイルカや，暗闇で狩りをするコウモリなどが行う。

A. 生物ソーナー

エコーロケーションと似た意味の言葉として，船舶や潜水艦に搭載され，水中で物体を探知，測距する**ソーナー**（SONAR; sound navigation and ranging）がある。エコーロケーションは，生物が自ら音を発して行うソーナー行動を指すことが多い。イルカやコウモリは，視覚の代わりにエコーロケーションによって周囲の状況を把握する能力を有しており，**生物ソーナー**（biosonar）と呼ばれる。

エコーロケーションを行うコウモリは，声帯の振動によって生じた**超音波**（⇒p.290）を，口または鼻孔から放射し，周囲からのエコーを左右の耳で聞く。鼻孔から超音波を放射するコウモリは，鼻孔の周囲に鼻葉と呼ばれる「ひだ」があり，超音波の指向性や放射方向の調整を行っていると考えられている。一方イルカは，前頭部にある脂肪組織（メロン体）を通じて超音波を放射し，エコーは下顎の骨を通じて鼓膜に届く（イルカの外耳道は耳垢で塞がれている）。イルカの発声機構の詳細は，いまもまだ議論が続いている。コウモリとイルカのエコーロケーションを下図に示す。

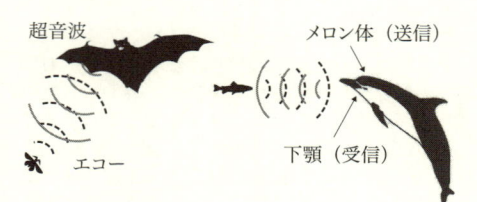

超音波を発声してからエコーを聴取するまでの時間（エコー遅延）は，物体までの距離情報を反映している（⇒p.172）。コウモリの脳内には，特定のエコー遅延に同調する神経細胞が存在し，物体までの距離情報をコーディングしていることがわかっている。また，両耳に届くエコーの音圧差からは，物体の方向定位も可能である。さらに，動く物体からのエコーは，ドプラ効果によって周波数が変動する。コウモリは獲物となる昆虫の羽ばたきによって生じるドプラシフト（周波数の変化）を手掛かりに，獲物を検知している。

B. エコーロケーション音声

一般に，送信信号の波長が短いほど空間分解能が高く，より緻密な物体の情報を得ることができる。しかし，高い周波数の信号は，特に空気中では伝搬による減衰が大きい。一方，時間（距離）分解能を重視するならば，信号長が短く，さらに周波数定常（constant frequency; CF）信号よりも周波数変調（frequency modulation; FM）信号を用いるほうがよい。

国内で最もよく見かけるアブラコウモリ（*Pipistrellus abramus*）は，状況に応じてじつに柔軟にエコーロケーション音声を変化させる。例えば，獲物を探索する際には遠くまで届くように，40 kHz を中心とする 10 ms 長ほどの CF 音に似た超音波を用いる。獲物を発見し捕食のために接近する際は，80 kHz 付近から 40 kHz まで時間的に降下する 2〜3 ms 長の短い FM 音に切り替え，距離の計測精度を上昇させる。また，超音波を放射する間隔は，探索したい広さや注目する獲物との距離が遠い場合は長く，一方，獲物を捕食する直前は毎秒 100〜200 回程度にまで放射頻度を上昇させ，情報更新の頻度を高めている。このように状況に応じて送信信号の特徴を瞬時に変化させる点に，生物によるエコーロケーションの大きな特徴が挙げられる。アブラコウモリのエコーロケーション音声を下図に示す。

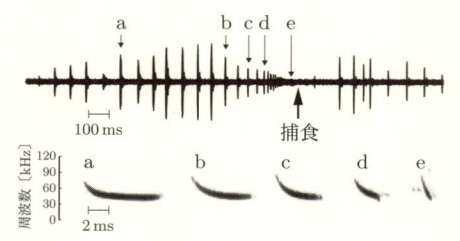

アブラコウモリのようにエコーロケーション音声としておもにFM音を用いる種をFMコウモリと呼ぶ。一方，キクガシラコウモリ（*Rhinolophus ferrumequinum*）などは，CF音とFM音を組み合わせたエコーロケーション音声を用いることから，CF-FMコウモリと呼ばれる。種によってエコーロケーション音声が異なる理由

は，採餌を行う環境の違いにそれぞれ適応した結果と考えられている。FMコウモリは障害物の比較的少ない田畑の上空など開けた空間で，また，CF-FMコウモリは雑木が生い茂る山の中で，採餌を行うことが多い。キクガシラコウモリ（CF-FMコウモリ）の超音波音声を下図に示す。

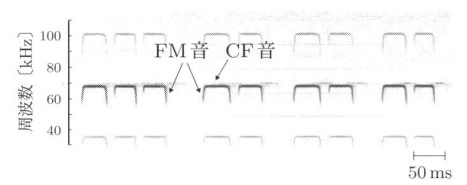

数は，つねに一定に維持される。飛行中のキクガシラコウモリの超音波とエコーの周波数変化（第2倍音付近）を下図に示す。

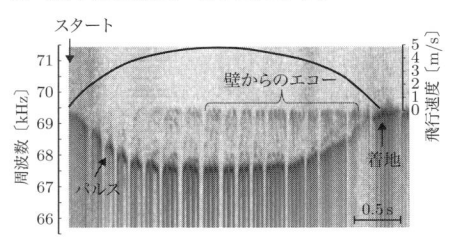

このようなドプラシフト補償を行うコウモリの聴覚系は，その末梢から中枢にかけて，CF成分の周波数にきわめて鋭く同調する神経細胞が多く密集している。よって，エコーを自らの聴覚感度の高い周波数領域につねに維持し，昆虫の羽ばたきによるわずかな周波数変動を高い精度で検出することが可能である。

現在，障害物探知用として車に搭載されるバックソーナーにも，偶然，アブラコウモリと同じ40 kHz付近の超音波が広く使用されている。空気中の音速を340 m/sとすると，波長は8.5 mmとなる。エコーロケーションを行うコウモリの多くは，約20〜80 kHzほどの超音波をおもに用いるが，その波長は獲物となる飛翔昆虫の大きさ程度またはそれ以下である。さらに行動実験では，コウモリが500 nsの時間差検出を行えることが報告されているが，その根拠となる神経基盤は不明である。

一方，イルカがエコーロケーションに用いる超音波をクリック音と呼ぶ。例えばバンドウイルカ（*Tursiops truncatus*）のクリック音は，110〜130 kHz付近を中心周波数とする数十 μsときわめて短い広帯域信号である。まさに，インパルス応答を聞くことで，周囲の状況を知覚している。クリック音を発する間隔は，イルカもコウモリと同様に，標的までの距離に応じて調節している。

このような「補償」の考え方は，生物ソーナーによるエコーロケーション特有のものであり，音圧の制御に関してはイルカとコウモリの双方に見られる（エコー音圧補償）。すなわち，標的までの距離に応じて放射する超音波の音圧を調整し，エコー音圧を安定させることで高い周波数分析能を支えていると考えられる。

C. 補償行動

コウモリのエコーロケーションで見られる特徴的な行動に**ドプラシフト補償**がある。コウモリは飛行しながら超音波を発することから，コウモリに届く周囲からのエコーには，ドプラ効果による周波数の変動（ドプラシフト）が生じる。例えば，飛行するコウモリの正面からのエコーは，コウモリの飛行速度に応じて周波数が上昇する。CF-FMコウモリは，このドプラシフトを打ち消すように，放射する超音波のCF音の周波数を低下させることが知られている。その結果，コウモリに届くエコーのCF成分の周

D. その他の生物によるエコーロケーション

果食性のオオコウモリは視覚による認知を行うが，中でもルーセットオオコウモリ属はエコーロケーションと視覚を併用している。また，鳥類でも，アブラヨタカ（*Steatornis caripensis*）とアナツバメ族の一部など，少なくとも16種の鳥でエコーロケーションを行うことが確認されている。しかし，周波数は，例えばアブラヨタカの場合は約1〜15 kHzにわたる1 msほどの短いクリック音で，コウモリと比べてエコーロケーションの精度は劣る。一方，一部の盲人でも，舌打ちなどのクリック音を用いてエコーロケーションを行い，周囲の状況の把握や移動を行う能力が報告されている。ヒトのエコーロケーションに関する研究からは，視覚障害者に対する支援技術など，福祉工学への応用研究も進められている。

◆ もっと詳しく！
J・D・オルトリンガム 著, 松村澄子 訳：コウモリ—進化・生態・行動, 八坂書房 (1998)

重要語句　END，戦略的騒音マップ，CNOSSOS-EU，ISO 17534

欧州の環境騒音事情
［英］environmental noise situation in Europe

　欧州では現在，欧州議会および理事会で策定された環境騒音政策に基づいて各国が環境騒音行政を行っている。ここでは，欧州の環境騒音政策の背景と現在の動きを述べる。

A. END

　1996年，欧州委員会は "Green Paper on Future Noise Policy" を発表し，当時の EC（欧州共同体）加盟国の総人口の約20％にあたる約800万人が，交通インフラなどによる騒音の睡眠や健康への悪影響に悩まされており，将来の騒音低減のための政策実施が急務である，という提言を行った。この提言の中では，騒音暴露を評価するための統一的な手法および情報公開手段や，騒音の閾値に関する OECD（経済協力開発機構）による報告，WHO（世界保健機関）が提唱する騒音レベルのガイドラインを参考とした騒音低減目標策定の必要性，将来の騒音低減に向けた具体的な提案が述べられている。

　その後，2002年に欧州議会および理事会において，EU 指令 2002/49/EC "Relating to the assessment and management of environmental noise"，いわゆる **END**（Environmental Noise Directive）が採択された。これは，EU 加盟国内の住民の騒音暴露量を調査し，騒音低減が必要とされる地域に対して優先的に騒音低減対策を計画（action plan）・実施するための政策であり，現在は，人口10万人以上の都市を対象に，交通量300万台/年以上の道路，運行回数3万回/年以上の鉄道，離着陸回数5万回/年以上の空港，および工場・事業場などから発生する騒音の分布と暴露人口を示す**戦略的騒音マップ**（Strategic Noise Mapping，以下「騒音マップ」）の作成が行われている。騒音マップ，および action plan の作成，報告，住民への公開は，5年ごとに行われる。

　道路騒音を対象に作成された騒音マップの例を次図に示す（◎1, 2）。騒音マップは，測定結果で作成する方法のほか，END において推奨された騒音伝搬予測手法を用いて推計により作成することも可能であり，図は END で推奨されている予測手法が組み込まれた市販の騒音予測ソフトウェアで作成されたものである。昼，夕方，夜を通した24時間の騒音評価指標 L_{den} と，夜間の騒音評価指標 L_{night} の2通りのマップを作成し，5 dB ごとの暴露人口を集計する。さらに，建物において騒音が最大となる壁面での騒音の大きさに対して 20 dB 小さい壁面がある場合，これを "Quiet Facade" と称し，Quiet Facade を持つ建物に住む住民数についても集計を行う。

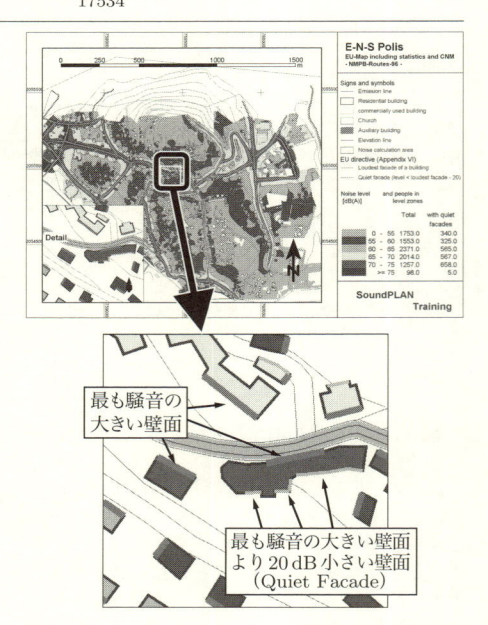

　このような調査結果は，GIS（geographic information system; 地理情報システム，⇒p.322）を援用したインターネットの Web サイトを通して公開されることが多い。騒音マップをソフトウェアによる推計で求める場合，地形や建物などの形状や高さのデータが必要となる。近年はこれらのディジタルデータが GIS 用として普及しており，騒音予測ソフトウェアでも，これらのデータを読み込んで，計算結果を GIS 用データとして出力するといった連携が可能なソフトウェアも多い。

B. EU における環境騒音への意識

　END は現在 EU 各国で国内法制化されている。そのほかに，騒音の予測手法や測定方法，交通騒音の具体的な低減方法，騒音の健康被害に関する研究，さらに，騒音低減がもたらす経済効果の調査など，さまざまなプロジェクトが同時並行で進んでいるが，これらのほとんどはトップダウンで行われており，各プロジェクトの研究成果が分野横断で共有される体制が敷かれている。

EUはなぜ，騒音問題についてEUをあげての行政や研究を行うことができるのだろうか。例えば，前述の騒音マップは「○○さんの家は何dB」という調査結果が公開されるわけであるが，日本の場合，これが市民にスムーズに受け入れられるとは考えにくい。これは，EUにおいて古くから行われてきた環境教育および環境行政の賜物ということができる。例えば，自動車に限らず，鉄道や船舶についても，公共輸送・交通システムの新規導入に民間会社が参入する際，騒音低減効果の提示が必要である場合が多い。また，市民の間では，騒音の大きい場所は土地の価格が安く，もともとの騒音規制値も大きいことは，当然のごとく認識されている。さらに，市街中心地への車両乗入規制が広く導入されており，市街地での走行速度制限は騒音低減のためでもある，というように，環境騒音への意識が高い。前述のENDも，行政ですべて行うことが目的ではない。より良い社会を実現するためには，市民に騒音の情報を正しく伝えて，騒音に対する市民の学習意識や認識を高め，市民の意見を反映した街づくりを行うこと，さらには社会が変わることで新たな便益が得られることを市民に理解させる必要があり，ENDはこのような理念をもって実施されている。

C. CNOSSOS-EU

ENDでは，共通の騒音伝搬予測手法を各国に使用させることを目的として手法の推薦をしつつも，環境影響評価のために各国が従来使用してきた騒音伝搬予測手法の暫定的な使用を認めていた。ところが，2007年までのEND第1ラウンドの実施の結果，各国で採用された予測手法や，騒音源の入力データの取り扱い方法などが異なっていたため，国ごとの調査結果を比較することが困難であることが浮き彫りになった。

この問題を解消するため，欧州委員会は2008年より，騒音伝搬予測手法や騒音源データの整備，騒音暴露量に対する人口の算出方法・報告形態などの統一を図り，END実施へのサポートを強化するための新たな枠組みとするべく，**CNOSSOS-EU**（**C**ommon **NO**ise a**SS**essment meth**O**d**S**）の作成を開始した。この作成には，騒音の専門家や行政関係者だけでなく，ソフトウェアメーカーの技術者も多く参加した。作成の進行は，Phase Aが2010～2012年，Phase Bが2012～2015年と2段階で進められ，Phase Aの成果報告がJRC Reference Reportsにおいて2012年に発表された。作成にあたっては，従来のいくつかの予測手法を調査（日本の予測手法も含む）した上で，ENDにふさわしい技術的内容が採用された。CNOSSOS-EUは2017年以降のEND第3ラウンドからの使用を目標としている。現在は，ENDにおいてCNOSSOS-EUの使用を義務付けるための法制化が進められている。

D. 気象の影響を考慮した騒音予測技術

ENDでは1年間というレベルの長期平均の騒音暴露の調査が求められており，季節による気象の変化，特に風向，風速，温度勾配などによって生じる音波の屈折（⇒p.32）を考慮した調査が必要となる。CNOSSOS-EUでは，安定した大気状態における伝搬と，順風で騒音が伝搬しやすい場合に生じる音の屈折を考慮した伝搬の両者について予測計算を行い，それらの出現頻度を考慮して長期平均レベルを求める方法を記載している。そのほかに，欧州では気象の影響を考慮できる予測手法があり，風の影響を大きく受ける風車音（⇒p.380）の予測計算などに適用されている。また，ENDとの関連が深い，環境騒音の測定・評価方法を規定したISO 1996においても，気象条件による音の伝搬の変化を推計する方法の記載が検討されている。

E. ISO 17534に基づく騒音予測ソフトウェアの品質保証

ENDに限らず，従来の環境影響評価における騒音予測においても，さまざまな予測手法が導入された市販のソフトウェアが利用されてきた。しかし，予測手法中の曖昧な記述に対する解釈の違いや計算パラメータの取り扱いの違いなどによって，同じ予測手法で行われた計算にもかかわらず，得られる結果が異なるという事態が生じていた。このような事態を改善するべく，現在**ISO 17534**（Quality assurance of noise calculation methods implemented in software）による品質保証が検討されている。ISO 17534は，ソフトウェアに対する要求だけではなく，予測手法に対しても，だれもが正しく解釈・計算できるように要求している。CNOSSOS-EUにおいても，ISO 17534の要求に準拠した品質保証を考慮した検討がPhase Bで行われている。

◆ もっと詳しく！
JRC Reference Reports: *Common Noise Assessment Methods in Europe (CNOSSOS-EU)* (2012)

重要語句　屈折現象，音速の高度分布，音速プロファイル，PE法，FDTD法

屋外の伝搬と気象
[英] meteorological effect on outdoor sound propagation

冬の夜，しんと静まった住宅地で遠くの電車の音が聞こえる。風向きによって飛行機の音が聞こえる。このような，天気や季節の違いによって音の聞こえ方が変わることは，多くの人が体感していることと思われる。これは，**気象条件によって音の伝わり方が変化する**ことがおもな原因であり，その基本的なメカニズムはおおむね解明されてきている。現在，その定量的な予測方法について研究が進められている。

A. 音波の屈折

気象条件によって，音が大きくあるいは小さく聞こえる現象は，おもに音波の**屈折現象**に起因する。音波の屈折は，ある媒質から異なる媒質へ音波が入射した際に，その伝搬方向が変化する現象であり，媒質間で「音速」が異なる場合に生じる。屋外のある位置における音速（実効音速）は，以下の式で表される。

$$c = \sqrt{\frac{\gamma RT}{M}} + U\cos\theta$$

ここで，cは（実効）音速 [m/s]，γは比熱比，Rは気体定数，Mは分子量 [kg/mol]，Tは絶対温度 [K]，Uは風速 [m/s]，θは音の伝搬方向と風の流れの向きとのなす角度 [°] を意味する。

屋外では，音波は空気という一つの媒質中を伝搬するが，空気中の音速は高度の違いによる温度の変化や風の影響を受け，気象条件によって変化する。その結果，音波は「連続的に音速が変化する媒質」を通過することとなり，屈折現象が生じる。そのため，気象条件によって音の伝搬方向が変化し，音が届きやすい場所と届きにくい場所が生じる。

B. 気象条件と音の伝わり方

音波の屈折の仕方は**音速の高度分布**に依存するため，気温と風速の高度分布が重要となる。

（1）気温の高度分布と音の伝わり方　気温の高度分布は，大きく3種類に分類される。上空ほど気温が低い状態を「逓減状態」，上空ほど気温が高い状態を「逆転状態」という。また，高度による気温の変化がない状態を「等温状態」という。日中，日が差して地表面が暖められると逓減状態となる。この場合，上空ほど音速が小さくなり，音は連続的に上方へ屈折し，地上付近では音は伝わりにくくなる。一方，夜間に放射冷却などで地表面が冷やされると逆転状態となる。この場合，上空ほど音速が大きくなり，音は連続的に下方へ屈折し，地上付近では音が遠くまでよく伝わる。下図に，気象条件と音の伝わり方をまとめる。

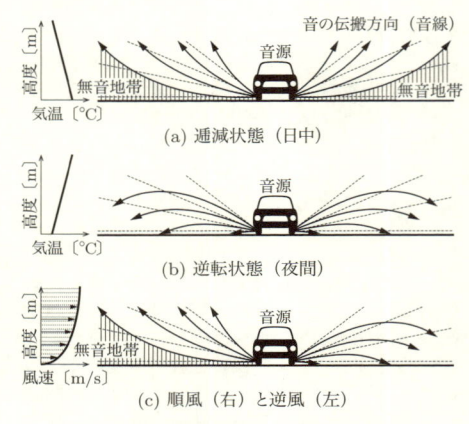

(a) 逓減状態（日中）

(b) 逆転状態（夜間）

(c) 順風（右）と逆風（左）

（2）風速の高度分布と音の伝わり方　一般的には，地表面の摩擦の影響を受け，風速は地表面近くほど小さく，上空ほど大きくなる。そのため，音源が風上側にある場合（順風条件），上空ほど音速が大きくなり，音は連続的に下方に屈折して地上付近では音が遠くまでよく伝わる。一方，音源が風下側にある場合（逆風条件），上空ほど音速が小さくなり，音は連続的に上方へ屈折して地上付近では音が伝わりにくくなる。上図は，左から右に風が吹いている状態を示しており，音源より右側は順風，左側は逆風の伝搬条件を意味する。ただし，風速の高度分布は，実際には気温の高度分布と密接に関係して変化し，また，都市域などでは建物の影響により複雑に変化するため，音の伝わり方も複雑に変化する。

C. 気象条件を考慮した騒音の伝搬予測

気象条件を考慮した騒音の伝搬予測では，音速の高度分布（**音速プロファイル**）が必要不可欠となる。

気象観測技術の進歩により，高度な観測技術（RADAR, LIDAR, SODARなど）を用いれば，風速の高度分布を詳細に計測することが可能である。また，ラジオゾンデと呼ばれる気象観測装置をゴム気球で飛ばす高層気象観測では，温度，湿度，大気圧，風向，風速などの高度分布を計測することが可能である。このような観

測により気温と風速の高度分布が直接得られる場合には，その結果に基づき音速プロファイルを設定して予測計算に用いることができる。一方，これらの観測技術を用いることができない場合には，地上での気象観測結果から，理論的仮定のもと，上空の気温と風速を推定して音速プロファイルを設定する。

音速プロファイルに基づく伝搬計算手法は，波動数値解析による方法と幾何音響理論に基づく実用的手法の大きく二つに分類される。

（1）波動数値解析に基づく詳細な予測手法 気象の影響を考慮できる波動数値解析手法としては，現在，**PE法**（parabolic equation method）が広く用いられている。波動方程式の音速項に音速プロファイルに基づいて各位置の音速を入力することで，気象の影響を考慮した解析が可能となる。任意の音速分布を詳細に考慮できる一方，計算規模は大きくなる。より適用性が広い解析手法として，**FDTD法**（⇒p.444）により気温と風速のそれぞれの高度分布を考慮できる解析手法もある。

（2）幾何音響理論に基づく実用的な予測手法 音源から受音点までの音の伝搬経路（直達経路，地面反射等の反射経路など）について，音速プロファイルに従って屈折による音線の曲がりを考慮して伝搬経路を算出し，伝搬経路ごとに各種の補正量（⇒p.34, p.36, p.38）を加味して受音点における音圧レベルを予測する手法である。実用的な予測手法として，おもにヨーロッパで用いられている（⇒p.30）。順風条件を仮定した伝搬経路の例を下図に示す。

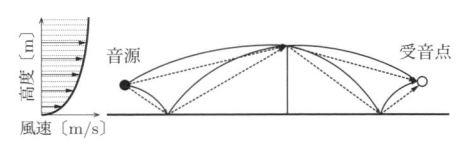

D. 伝搬予測の例と気象の影響による音圧レベルの変化の特徴

次図に，PE法により風の影響を考慮した屋外における音の伝搬の計算例を示す。各図は，無風，順風，逆風の各条件における音圧レベルの空間分布である。音圧レベルの変化は，おもに音源から距離が離れた地面に近いエリアで生じている。そのエリアでは，無風時に比べて順風時に音圧レベルの増加が見られ，また，逆風時には音圧レベルが大きく減少する様子が見て取れる。

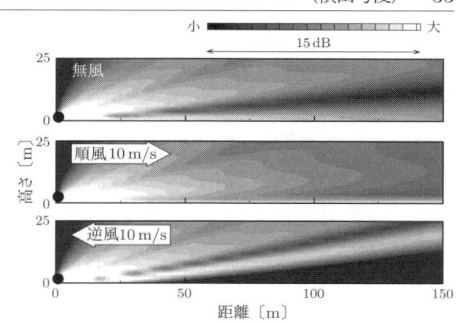

気象の影響による地面付近での音圧レベルの変化の特徴を整理すると，つぎのとおりである。

1. 伝搬距離が長くなるほど，音圧レベルの変化が大きくなる。
2. 周波数が高いほど，短い伝搬距離で音圧レベルの変化が生じ始め，伝搬距離が同じ場合，高い周波数ほど変化が大きい。
3. 音源が地上に近いほど，音圧レベルの変化が顕著に表れる。
4. 順風条件での音圧レベルの増加量と逆風条件での音圧レベルの減少量では，風速が同じ場合，逆風条件での減少量のほうが大きい。

E. 今後の展開

気象条件の違いによる音の伝わり方の変化について，技術的には詳細な気象条件を設定した予測計算が可能な状況となってきている。しかしながら，地上から上空100m程度までの人が暮らしている環境について，局所的な気象条件（温度と風速の空間分布）を詳細に把握し，予測計算において設定することは非常に難しい。

今後は，これまでにも一部適用例が見られる，都市気象学で進められている高度なシミュレーション（LESなどの乱流解析）と連携した音の伝搬シミュレーションのニーズが高まると考えられる。

また近年では，騒音の伝搬に限らず，屋外防災拡声の音の伝わり方（⇒p.40）などへの気象影響についても研究・予測のニーズが高まっている。コンピュータおよび気象観測技術の向上に伴い，屋外における音の伝搬予測は新たなステップに入ったと考えられる。

◆ **もっと詳しく！**

日本建築学会 編：音環境の数値シミュレーション―波動音響解析の技法と応用, 日本建築学会 (2011)

重要語句 減衰係数, 周波数, 温度, 相対湿度, 気圧, METAR

屋外の伝搬と空気の音響吸収
[英] effect of atmospheric absorption on outdoor sound propagation

音波が空気を媒質として伝搬する際に，媒質の粒子が運動することにより受けるエネルギーの吸収。空気吸収とも呼ばれる。空気の音響吸収による音の減衰は，均一な大気中において定義されるもので，その程度は温度，相対湿度および気圧に依存し，音の周波数によって大きく変化する。なお，気圧による減衰の変化はわずかである。

A. 空気の音響吸収の表示方法

空気吸収（air absorption）による音の減衰は，音圧 p_i [Pa] の平面音波が s [m] 進む間に指数的に減衰し，音圧が p_t [Pa] になるとして表される。

$$p_t = p_i \exp(-0.1151\alpha s)$$

ここで，α は純音の減衰係数で，単位長さ当りの減衰量 [dB/m] で表示される。式中の係数 0.0151 は $1/(10\log e^2)$ である。この減衰係数を用いると，音波が s [m] の距離を伝搬するときの減衰量 ΔL_{air} [dB] は

$$\Delta L_{\mathrm{air}} = 10\log\left(\frac{p_i^2}{p_t^2}\right) = \alpha s$$

となる。また，空気吸収は音の強さ I_0 の平面波が s [m] 進行して，その強さが $I = I_0 \exp(-ms)$ になるとして，単位長さ当りの音の強さの減衰係数 m [1/m] で表されることも多い。この場合，二つの係数 m と α は，つぎの関係になる。

$$m = \frac{\alpha}{10\log e} \simeq \frac{\alpha}{4.34}$$

B. 空気の音響吸収のメカニズム

空気吸収の減衰係数 α は，つぎの4項の和で表される。

$$\alpha = \alpha_{\mathrm{cl}} + \alpha_{\mathrm{rot}} + \alpha_{\mathrm{vib,O}} + \alpha_{\mathrm{vib,N}}$$

ここで，α_{cl} は空気の粘性や熱伝導に起因する古典吸収，α_{rot} は分子の回転緩和現象に起因する吸収，$\alpha_{\mathrm{vib,O}}$ と $\alpha_{\mathrm{vib,N}}$ は，それぞれ酸素分子 O_2 と窒素分子 N_2 の振動緩和現象に起因する吸収である。温度20℃，相対湿度60%，1気圧の減衰係数を次図に示す。図からわかるように，古典吸収と回転緩和に起因する吸収の和（$\alpha_{\mathrm{cl}} + \alpha_{\mathrm{rot}}$）は，音の周波数の2乗に比例して増加し，酸素と窒素の振動緩和現象に起因する分子吸収（$\alpha_{\mathrm{vib,O}}, \alpha_{\mathrm{vib,N}}$）は，可聴周波数領域では古典吸収などよりも優勢である。

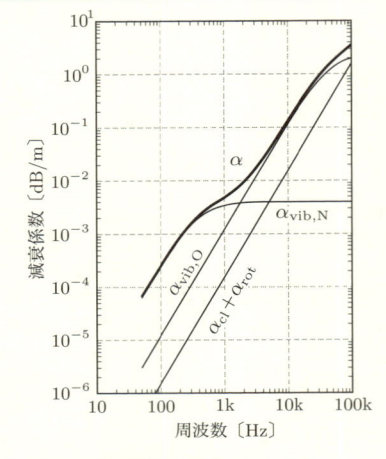

C. 音の減衰係数の計算方法

周波数 f [Hz] の純音の減衰係数 α [dB/m] は，大気中の温度 T [K] (=273.15+℃)，相対湿度 hr [%] および気圧 p_a [kPa] を用いて求められる（JIS Z 8731による計算方法）。

$$\alpha = 8.686 f^2 \left[1.84\times 10^{-11}\left(\frac{p_a}{p_r}\right)^{-1}\left(\frac{T}{T_0}\right)^{\frac{1}{2}} \right.$$

$$+ \left(\frac{T}{T_0}\right)^{-\frac{5}{2}}\left\{ 0.01275 \exp\left(\frac{-2239.1}{T}\right)\right.$$

$$\times \left(f_{rO} + \frac{f^2}{f_{rO}}\right)^{-1} + 0.1068 \exp\left(\frac{-3352.0}{T}\right)$$

$$\left.\left.\times \left(f_{rN} + \frac{f^2}{f_{rN}}\right)^{-1}\right\}\right]$$

$$f_{rO} = \frac{p_a}{p_r}\left(24 + 4.04\times 10^4 h \frac{0.02+h}{0.391+h}\right)$$

$$f_{rN} = \frac{p_a}{p_r}\left(\frac{T}{T_0}\right)^{-\frac{1}{2}}\left[9 + 280h\right.$$

$$\left.\times \exp\left\{-4.170\left(\left(\frac{T}{T_0}\right)^{-\frac{1}{3}}-1\right)\right\}\right]$$

$$h = h_r \left(\frac{p_{\mathrm{sat}}}{p_r}\right)\bigg/\left(\frac{p_a}{p_r}\right)$$

$$\frac{p_{\mathrm{sat}}}{p_r} = 10^C,\ C = -6.8346\,(T_{01}/T)^{1.261} + 4.6151$$

なお，p_r, T_0 はそれぞれ基準の気圧（101.325 kPa）と温度（293.15 K），f_{rO}, f_{rN} は，酸素と窒素の緩和周波数 [Hz]，h は相対湿度から求められる水蒸気モル濃度 [%]，p_{sat} は飽和水蒸気圧 [kPa]，T_{01} は水の3重点（273.16 K）である。

D. 音の減衰係数の温湿度依存性

下図は，1気圧における周波数250 Hz，1 kHz，4 kHzの純音に対する空気吸収の減衰係数 α〔dB/km〕の温湿度依存性を計算した例である（JIS Z 8731の規格にならい1 km当りの減衰係数〔dB/km〕として表記）。減衰係数は，250 Hzでは約1 dB/km，1 kHzでは6 dB/km，4 kHzでは30 dB/km程度と，周波数とともに急激に大きくなる。すなわち，屋外を伝搬する音は，空気吸収の影響によって距離とともに高音成分が大きく低下し，低音から中音成分の音が支配的になる。例えば，高度数kmの上空を飛行する航空機の音（⇒p.180）を地上で聞いたとき，航空機特有のキーンという高音成分が聞き取れないのは，空気吸収の影響にほかならない。

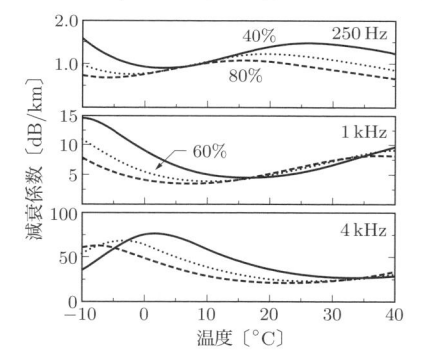

また，空気吸収は相対湿度が低い場合に全体的に大きくなるが，中音域である1 kHzの場合には，20～30°C程度の範囲では逆の傾向が現れるなど，その温湿度依存性は周波数で異なる。

E. 現実の気象条件下での空気吸収

現実の温湿度は時々刻々と変動し，その程度は地域によってさまざまである。一例として世界各地の空港で観測された2002年の温度，相対湿度，気圧のデータを用いて空気吸収の減衰係数を計算した結果を紹介する。気象データは，各空港で30分間あるいは1時間ごとに観測されている**METAR**であり，WMO（世界気象機関）などのホームページでも公開されている。対象とした8都市の空港における2002年の年間，夏季（7,8月），冬季（1,2月）の温湿度の平均値を下図に示す。季節あるいは年間の温湿度分布には，地域による違いが見られる。

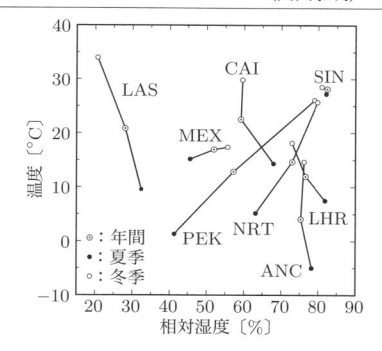

気象データから計算した周波数1 kHzの空気吸収の減衰係数を下図に示す。例えば温湿度の季節変化が大きい北京（PEK）や乾燥地域であるラスベガス（LAS）などでの空気吸収は，他の地域に比べて大きく変動し，シンガポール（SIN）では極端に変動が小さいことがわかる。

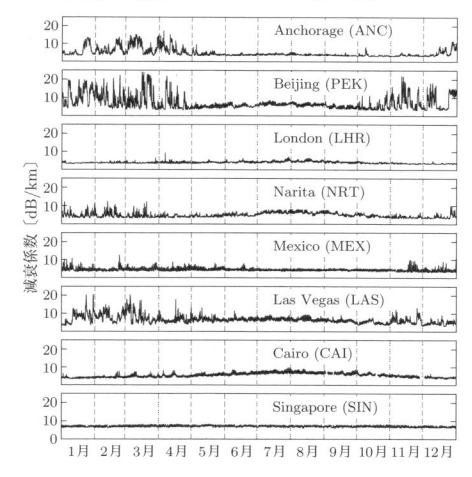

このように，空気吸収は各地の気象条件下で複雑に変化する。また，その影響の程度は，音の発生源の周波数特性によっても異なるので注意すべきである。また，地球規模の気候変動に伴う温湿度の変化によって，空気吸収がどのように変わっていくのかなど，検討すべき課題は少なくない。

◆ もっと詳しく！

騒音制御工学会 編：地域の音環境計画，技報堂出版 (1997)

重要語句 逆2乗則，遮音壁，透過損失，ホイヘンスの原理，フレネルゾーン，前川チャート

屋外の伝搬と遮音壁
[英] outdoor sound propagation over barrier

音波は屋外を伝搬する際に、さまざまな要因で減衰する。騒音の制御という観点からは、この減衰は大きいほうがよい。では、具体的にどれくらいの減衰が得られるのだろうか。遮音壁によって減衰を得るための基本的な概念と、その効果の見積もり方は、図表を用いると理解しやすい。

A. 音波の幾何的な広がりと減衰

音波は屋外を伝搬する際にさまざまな要因によって減衰する。まず、基本的なものとして、小さめの音源から幾何的に球面状に広がって伝搬することによる距離減衰がある。これは、球の表面積が時々刻々広がっていきエネルギーが薄まっていくことで生じている。球の表面積が半径の2乗に比例していることからもイメージできるように、この法則は**逆2乗則**として知られている。音源からの距離が倍になると、音圧レベルが6dB低下する減衰である。

もちろん、この法則は音波の伝搬を阻害するものがない自由な音場で、小さな音源から音波が球面状に広がる場合に成立するものである。音源が無視できない大きさを持つ場合や、地面での反射や、その他障害物の存在などで幾何的な伝搬が乱されると変動する。特に音波が障害物などにぶつかるときに生じる散乱によって、単なる幾何的な減衰より大きいレベルの低減を得ることが可能になる。これは騒音の制御においては有効である。この性質を利用する装置の代表は、**遮音壁**である。

B. 音の回折と遮音壁

音が伝搬する経路に壁を建てることで、エネルギーの伝搬は阻害できる。しかし、すべてを防ぐことはできず、音の一部は裏側に回り込む。このように、音源が見えないのにあたかも音が回り込んできたように聞こえる現象を回折と呼ぶ。この現象の解析は主として光学の分野で行われてきたが、波動的な性質が共通である音響学においても、その理論は適用可能である。

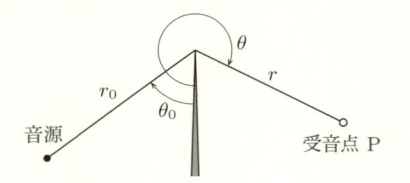

ごく簡単にまとめると、前図に示すように、非常に薄いが十分な**透過損失**（⇒p.228）を持つ壁を乗り越えていく音波、つまり回折場の速度ポテンシャル ϕ は、遮音壁のエッジを音源とする円筒波の形式で表すことができる。

$$\phi(\mathrm{P}) \sim A \frac{e^{-jkr}}{\sqrt{kr}} \frac{\cos\theta_0/2 \cdot \cos\theta/2}{\cos\theta_0 + \cos\theta}$$

ここで A は振幅、k は波数である。これは、エッジが回折場に対してあたかも仮想的な音源として振る舞うことを示している。この性質を利用して、仮想的な音源、あるいは特異な点であるエッジの音圧を吸音により低下させることや、粒子速度の変化を抵抗材によって抑えることで、通常の遮音壁よりも大きな減衰を得る試みが多く行われている。また、逆位相の音と干渉させることでエッジの音圧を消去するアクティブノイズコントロール（⇒p.2）の試みもある。

C. 遮音壁の減衰量：フレネルゾーン

騒音制御装置として設計するためには、壁を設置することで、どの程度のレベル低減が達成されるのか、定量的に知る必要がある。この入口としては、**ホイヘンスの原理**をもとにした**フレネルゾーン**の考え方が有効である。

まず、音源と受音点を結ぶ直線を考える。当然この直線の長さは音源と受音点の最短距離である。遮音壁を含む平面上に点を考え、音源からこの点を通って受音点に至る経路が、最短距離より半波長分長くなるようにする。この条件を満たす点を集めると、平面上に円あるいは楕円を描く。同様に、1波長分長い点、1.5波長分長い点など、半波長ごとに長い点を集めると、下図のように同心のゾーン群が描かれることになる。これを内側から第1フレネルゾーン、第2フレネルゾーン、…と称する（以下、省略して単にゾーンと呼ぶ）。

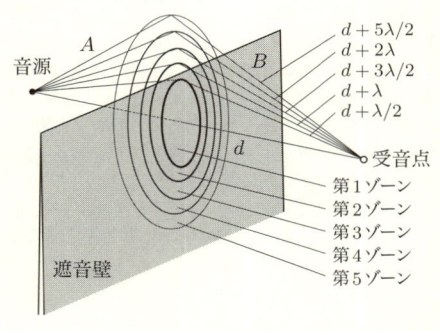

ホイヘンスの原理によると、波の影響は現在の波面からの要素波の影響を集めることで記述できる。数学的には微小な点からの要素波を定義して、その積分を行えばよいことになる。この積分を行う代わりに、各ゾーンからの影響を足し合わせる近似計算を行う。積分を区分求積で近似することと同じである。

演算の詳細は省くが、この計算を行うと、隣接するゾーンからの寄与は、それぞれ半波長ずれた波なので干渉し、たがいに打ち消し合うことになる。ゾーン全体が打ち消し合うには面積が広すぎるため、隣接するゾーンの内側と外側が半分ずつ消去されるという説明がしばしば行われる。当然遮音壁で隠された部分の影響は小さく、中途半端に残る部分が生じる。この大きさが、回折していく音波の振幅と位相を決めることになる。

D. 遮音壁の減衰量：前川チャート

遮音壁でゾーンがいくつ隠れるかによって遮音量が変わることから、このゾーンの数をパラメータにして、減衰量を表すと便利である。図中の経路の差を半波長で割った以下の値を、フレネル数と呼ぶ。

$$N = \frac{A + B - d}{\lambda/2}$$

この値を横軸に、減衰量を縦軸にプロットしたチャートは、下図に示す**前川チャート**として知られている。数値計算と多くの実験によって得られたチャートであり、騒音対策の現場でも手軽に適用できる手軽さから、広く用いられている。

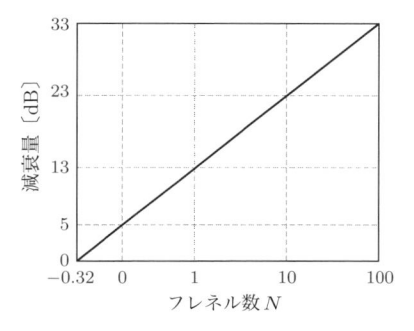

現在では、このチャートの値を計算機で演算可能な形式で表すことが試みられ、騒音制御で一般的な $N > 1$ の範囲では、以下の式で減衰量 R〔dB〕を算出している。

$$R = 10 \log_{10} N + 13$$

基本的には、N が大きいほど減衰量も大きい。つまり、音源と受音点の直接の距離と、壁を乗り越える距離との差が大きいほど減衰が大きい。チャートの横軸には負の値もあるが、これは音源が受音点から見える場合に対応している。$N = 0$ の場合、つまりちょうど見えるか見えないかという境界にある場合、5 dB ほどの減衰が見込めることになる。

このチャートは半無限障壁、つまり無限に長い遮音壁が地面の影響（⇒ p.38）も考えない空間に浮かんでいる場合の減衰量を表している。地面や遮音壁が有限の場合は、鏡像をとるなど、付加的な計算結果をエネルギー的に加算して算出する必要がある。

E. 遮音壁を用いる場合の注意

最後に、遮音壁を用いた騒音制御に関する留意点をまとめておく。

- 遮音壁は、受音点から音源が直接見えないように設置することが大前提である。見えている場合、効果は期待できない。
- フレネル数を大きくするために、壁を高くすることは有効であるが、壁を支えるための荷重や、その他の要因も含めて合理的な高さを決めることが重要である。
- 先端に吸音材料や各種抵抗材料を設置した遮音壁は、高さだけで想定される性能よりも大きな減衰が得られる場合がある。
- 遮音壁の表面を吸音性にすることで、想定よりも大きめの遮音量を得ることができる。
- 遮音壁の材料自体の遮音性能も重要である。回折による減衰が得られても、壁を振動させて音が透過してしまっては想定の性能は得られない。
- 同様に、遮音壁に隙間があると、想定している性能が得られない。
- 遮音壁の厚みは、遮音量向上のために有効に働く。

以上、騒音の屋外での伝搬を遮音壁で減衰させる方法について、覚えておくと便利な内容の概説である。

◆ **もっと詳しく！**

前川純一, 森本政之, 阪上公博：建築・環境音響学 第3版, 共立出版 (2011)

重要語句　ローカルリアクティブ，音響インピーダンス，音響アドミッタンス，排水性舗装，伝達関数，フーリエ変換，可聴化

屋外の伝搬と地表面
[英] outdoor sound propagation along ground surface

屋外の伝搬では，音源や受音点は地表面上のある高さにあり，受音点に到達する音の強さは，直接空気中を伝わる音波の成分と地表面からの反射波の成分の合成によって決まる。地表面からの反射の寄与は，音の周波数に依存するだけでなく，地面の種類のほかに，表面の凹凸やその近傍での風や気温（音速）の変化によっても異なる。

A．地表面の伝搬への影響と超過減衰

屋外での音の伝搬に及ぼす地表面の影響を下図のように幾何音響学的に捉えると，音源Sあるいは受音点Pが地表面近傍にある場合には，地表面が大きな反射面として作用する。

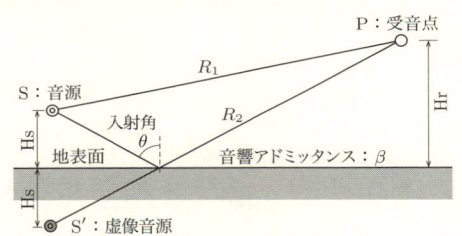

このような場合，音源から距離 R_1 隔てた受音点に直接伝搬する成分に，地表面を鏡面と見なした虚像音源 S' から距離 R_2 を経て到達する成分が地表面での反射率 Q を考慮して重畳する次式が提示されている。

$$\phi = \frac{e^{ikR_1}}{R_1} + Q\frac{e^{ikR_2}}{R_2} \quad (1)$$

ただし，i は虚数単位，k は波長定数である。地表面を音響的な剛な面（アスファルト舗装路面など）と想定すると，反射音の時間遅れのみを扱うことも可能である。しかしながら，実際の地表面は必ずしも剛ではなく，どのような反射現象が生じるかが重要となる。すなわち，行路長の違い（$R_2 - R_1$）による時間遅れのほかに，音波が斜め入射した場合の反射率や位相遅れも考慮する必要がある。例えば，鏡の表面（地表面）の曇り具合，平滑度によって虚像の見え方が変わることからも，地面の種類で反射波の寄与が違ってくることが容易に想像できるであろう。柔らかな地表面の場合，吸音的な減衰と時間遅れが生じることを考慮するモデルが多く提案されている。一例として，反射率 Q に関して

地表面での吸音は鉛直成分のみ寄与する**ローカルリアクティブ**を仮定して，音源と受音点との幾何学的位置関係と垂直入射時の**音響インピーダンス**あるいは逆数の**音響アドミッタンス** β を与えることで音響伝搬特性を計算する川井の式

$$Q = V(\theta) + \{1 - V(\theta)\}\frac{2a(1+\beta\cos\theta)}{(\cos\theta + \beta)^2}F(\sqrt{ikR_2a}) \quad (2)$$

$$V(\theta) = (\cos\theta - \beta)/(\cos\theta + \beta) \quad (3)$$

$$a = 1 + \beta\cos\theta - \sqrt{1-\beta^2}\sin\theta \quad (4)$$

がある。わが国の道路交通騒音予測法（⇒ p.346）では，この式が引用されている。式(2)中の $F(\sqrt{ikR_2a})$ は誤差関数ではあるが，これらの式は初等関数で構成されるわかりやすい式で，実際の音響伝搬現象とも比較的良く対応する。

下図は，サッカー場の芝生上の音響伝搬特性を実際に測定した結果と，地表面の音響インピーダンスの測定値から逆に伝搬特性を予測した結果を比較したものである。

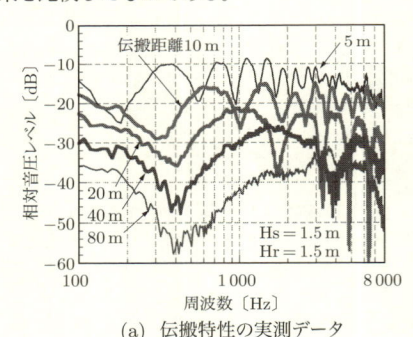

(a) 伝搬特性の実測データ

(b) 音響インピーダンスから予測した伝搬特性

計算値と測定値の減衰特性はほぼ一致している。また，地表面による影響は，多くの周波数で減衰が大きくなる鋭いディップが生じているが，距離とともにそのディップの幅が広がり，伝

搬音のレベルも低下していることがわかる。このように地表面の反射・吸音特性により、音は伝搬距離や周波数で大きく変化する。道路交通騒音の予測法でも、自動車走行音の代表的な周波数特性と騒音の評価量であるA特性の聴感補正特性（⇒p.344）を考慮して、地表面の影響を予測する実用的な計算法を提案している。

$$\Delta L_{\text{grnd}} = -K \log(r/r_c) \quad (5)$$

式中の K は、地表面による減衰に関する係数、r_c は減衰が生じ始める距離〔m〕、r は音源から受音点までの伝搬距離〔m〕である。なお、K, r_c は地面の種類と音源と受音点の高さで異なり、固い地面の場合には K は8〜18の値をとる。

下図は、市街地の一般道路でも敷設されるようになった**排水性舗装路面**の吸音特性の実測例である。この舗装は、雨天時の安全走行性に配慮して開発されたものであるが、表層の空隙による走行音の低減効果が確認されたこともあり、その予測方法の研究が現在も進められている。

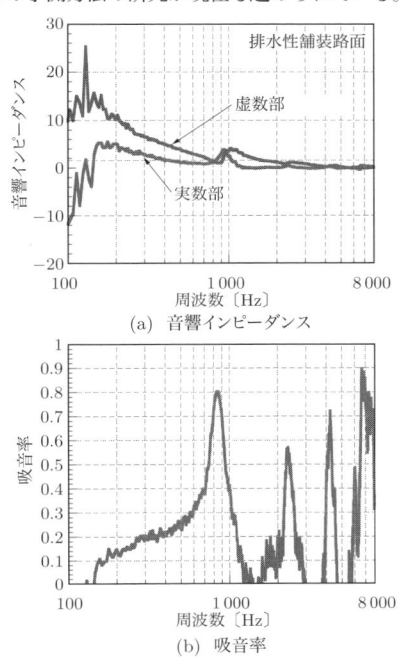

(a) 音響インピーダンス

(b) 吸音率

B. 可聴化シミュレーションへの利用

線形系を仮定すると、上述した音響伝搬特性には、音源から受音点までの音場内での音響伝搬に関わるすべてが含まれている。他の分野でもよく紹介されているとおり、これはディジタル信号分野では**伝達関数**あるいは**周波数応答関数**と呼ばれる。これを周波数領域から時間領域へ**フーリエ変換**（⇒p.382）するとインパルス応答（⇒p.16）が得られ、音の伝搬を予測する最も基本的なデータとなる。すなわち、音源の時間信号が定まれば、インパルス応答との畳み込み演算により屋外伝搬における地表面の反射・吸音特性が反映された**可聴化**が実現されることになり、実際もこの手法は広く普及している。さらに逐次の伝搬特性の計算を行えば、移動する音源（航空機、鉄道など）の可聴化シミュレーションによる騒音の心理実験も可能となる。

ただし、計算に用いる音響インピーダンスのデータにわずかな不具合な値が含まれていると、計算上は問題がないほどのレベル変化であっても、高音域の領域では、それが聴感的に異音として認識されることがある。これは地表面と測定点との位置関係により複素数で表される音響インピーダンスの実数部と虚数部が変化するため、それが異音の発生に繋がるためである。少々難しい測定ではあるが、可聴化シミュレーションは、騒音レベルの予測には留まらない重要な技術であり、今後の発展を期待したい。

C. 地表面の吸音とその他の要因との関係

屋外の音響伝搬特性は、気象の影響（⇒p.32）を大きく受ける。これは風や温度に依存する音速分布の変化に伴う音の屈折現象であり、音の進行経路が変化することになる。すなわち、地表面での音波の吸収の影響は、気象によって、ここで記述した効果よりも顕著に現れる場合がある。さらに、地表面近傍での風速や温度は局所的な影響を受けて大きく変化するため、それら相互作用は非常に複雑である。このような相互影響は、地表面と遮音壁（⇒p.36）の間でも、気象と遮音壁の間でも生じる。すべての要因を統合的に扱うことが理想ではあるが、実際の計算ではどちらかの要因を単純に固定化して、着目する要因について検討する場合がほとんどである。しかしながら、音の屋外伝搬に及ぼす各要因の影響の度合いを知っておくことは、たいへん役に立つ。各要因について感度解析されることをお勧めしたい。

◆ もっと詳しく！

騒音制御工学会 編：地域の音環境計画, 技報堂出版 (1997)

重要語句　屋外拡声システム，親局，子局，カバーエリア，ロングパスエコー

屋外防災拡声
[英] outdoor mass notification system to cope with disaster

　防災行政無線は，市町村が「地域防災計画」に基づき，それぞれの地域における防災，応急救助，災害復旧に関する業務に使用することをおもな目的として設置される。
　このシステムには，同報系あるいは固定系と呼ばれるものと移動系と呼ばれるものがある。前者は，市町村と屋外拡声器や家庭内の戸別受信機を結び，市町村役場から地域住民への災害情報の伝達に活用され，後者は，災害現場から市町村役場までの現地災害情報の伝達のほか，広報車による地域住民への情報伝達に活用される。屋外防災拡声とは，同報系の屋外拡声器を通して，また移動系の広報車に設置された車載拡声器を通して，音声情報を伝達する拡声である。以下では，複数の屋外拡声器により構成される同報系屋外拡声システムに焦点を絞り，「災害等非常時屋外拡声システムのあり方に関する技術調査研究委員会」における議論を中心に紹介する。

A. 防災行政無線システムと情報の流れ
　同報系防災行政無線システムは，市町村役場の親局から伝送された情報を，市街地や集落などに分散配置された子局に伝送し，子局の一部を構成する屋外拡声器を介して，住民などに対して直接かつ同時に防災情報や行政情報を伝える機能を持つ。
　この機能により緊急時の情報伝達が実現される。伝達される情報は，通常都道府県から伝達される。都道府県は国レベルの情報源から情報を受信する。最近では，情報のディジタル化により，センシングデータの多様化とマルチメディア化といった高機能化が進んでいる。屋外拡声システムの屋外拡声器，および防災行政無線の情報伝達経路を下図に示す。

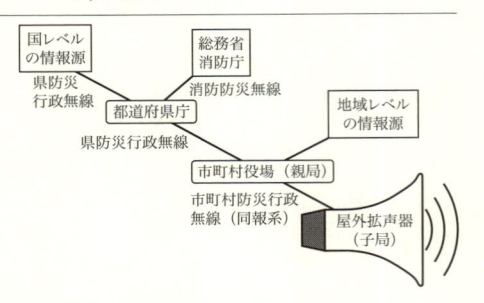

B. 同報系市町村防災行政無線
　屋外拡声システムを音響学の立場から見るとき，音源系，信号伝送系，音響出力系，音響伝搬系という四つの系から構成されるとすると理解しやすい（下図）。

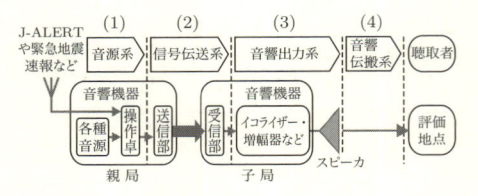

それぞれについて以下に概説する。

（1）**音源系**　屋外拡声システムを構成する四つの系の第1の系であり，親局の各種音源から操作卓出力端までの系。信号伝送系の入口である親局の送信部入力端に，各種の音源を供給する。つまり，親局の音源出力に関わる音響機器群からなる系である。情報源としては，J-ALERT（全国瞬時警報システム）の音声，緊急地震速報，定型放送（音声ファイル装置，PC，CD，カセットテープなどの記録媒体からの音声再生），音声合成による音声，マイクロホン入力（アナウンサーがリアルタイムに発話），事前録音音声（アナウンサーが放送に先立って録音したもの）などがある。

（2）**信号伝送系**　親局の送信部入力端から子局の受信部出力端までの系。無線やIPネットワークなどにより拡声する信号を親局から子局へ伝送する。つまり，親局から子局へ信号を伝送する系である。

（3）**音響出力系**　子局の受信部出力端から屋外スピーカ出力までの系。親局から伝送されてきた信号を音として拡声する。言い換えれば，子局で受信した信号を音として出力する音響機器群からなる系である。

（4） 音響伝搬系　スピーカ出力が聴取者に届くまでの系。地形や建造物による反射，暗騒音，気象などの影響を受ける系である。

C. 音響伝搬系の諸因子

屋外拡声システムによる情報伝達に影響を及ぼす要素には，音源としてのスピーカの特性，そのスピーカから提示する音声情報，スピーカから受音点までの伝搬特性，そして聴力あるいは聴取時の状態などの聞き手の特性などがある。それぞれの要因の影響を把握するには，音響計測技術，音場シミュレーション技術（⇒p.342），聴覚・言語に関する評価技術など，さまざまな研究が必要となる。ここでは，スピーカの特性および音響伝搬系の諸因子について言及する。

（1） **スピーカの特性**　スピーカの性能を表現する通常のパラメータはもちろん重要であるが，屋外拡声システムにおいて特に重要なのは，それぞれの箇所に設置される屋外拡声システムの指向性に基づいて設定される**カバーエリア**である。後述する音響伝搬系の諸因子により，カバーエリアを受け持つ屋外拡声システム以外からの音が聴き取りを妨害することがある。なお，聞き取りにくいからといって音量を単に増加させても，以下に述べる音響伝搬系の諸因子の影響により，聞き取りやすくなるとは限らないことに注意が必要である。

（2） **ロングパスエコー**　遠方に設置される屋外拡声システムからの時間遅れを伴った到達音，高層ビルや山岳部からの反射音などにより生じるエコーのこと。**ロングパスエコー**の存在により，音声情報は聞き取りにくくなる。また，エコーの数や相互の遅れ時間，エコーの到来方向などの空間的特徴によって，聞き取りにくくなる程度が異なることが知られている。屋外拡声器の配置計画により，拡声システム起因のロングパスエコーの影響を小さくすることができる。

（3） **騒音**　住民が音声情報を聴取する際には，スピーカからの直接音，エコーなどの反射音のほか，道路や工場などの周辺環境からの騒音も同時に受聴することになる。音声聴取に対する騒音の影響は，音声と騒音の音圧比，つまりSN比により説明できる。普段から馴染みのある単語を聴き取る場合には，SN比が0 dBを下回ると聴き取り間違いが生じ始めることがわかっている。

（4） **気象の影響**　伝搬距離が長いほど，気温と風を要因とする音波の屈折，温湿度と気圧に関係する空気吸収，降雨や風による暗騒音の増加などの気象条件の影響が拡大し，音響伝搬系の特性は大きく変化する（⇒p.32）。過去の気象データと建物などの配置から音響伝搬系の変動の大きさを予測することは，将来的にある程度可能になると考えられるが，音源の設置高さを高くしたり，隣り合うスピーカの発声タイミングを調整したりするなど，運用上の対応も大きなポイントとなる。

下図に，音響伝搬系の外乱因子をまとめる。

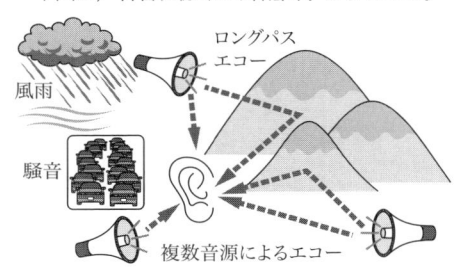

D. 屋外防災拡声と避難

防災行政無線システムの整備進展により，住民に対して緊急時の情報伝達を行うインフラストラクチャは整いつつあるといえよう。これを効果的に活用するためには，運用主体となる地方自治体や情報を受信する住民側の日常からの意識や訓練が重要である。それがあってこそ，屋外防災拡声による情報伝達の目的，すなわち，緊急時に避難行動など適切な行動を住民に促す情報供給が達成できると考えられる。

地方自治体により，さまざまな工夫が実施されている。例えば，緊急放送時の内容ととるべき行動をセットにして避難訓練を実施する，エコーが聴き取りを阻害しないように地域内のスピーカの駆動タイミングを設定して放送を行う，聞き取りにくいと感じる住民の存在を想定して無料電話サービスを実施する，などである。

音響技術はシステムの使い手のニーズを把握した上で，十分に活用され，市民生活の安全・安心を供給できる屋外拡声システムの構築に貢献するべきであり，そのための研究開発が望まれている。

◆ もっと詳しく！
1) 日本音響学会災害等非常時屋外拡声システムのあり方に関する技術調査研究委員会：http://asj-disaster-prevention.acoustics.jp (2015.3)
2) 特集 安全安心な社会の構築に役立つ音響技術, 騒音制御, **38**, 2 (2014)

重要語句 音のデザイン，サウンドスケープデザイン，サウンドスケープ，音環境，音環境デザインコーディネーター，ユニバーサルデザイン

音環境デザイン
[英] sound environmental design

音のデザインを行うとき，その音がどのような環境においてだれに聞かれるのか，どういった意味を持ち，実際にどのように聞こえるのかをあらかじめ考えることは非常に重要である。特にそれが不特定多数の人々が利用する公共空間において行われる場合，単に個別の音をデザインしたのでは役立つデザインにはならない。周辺の環境とともに「音環境」として捉えて全体をデザインする必要がある。そして音だけでなく，環境を構成するさまざまな要素との連携も大切にしながらデザインしなければならない。

A. 音環境デザインとサウンドスケープ

音環境デザインという言葉は，1980年代以降，さまざまな音のデザインが行われ始めるに従って一般に使われるようになった。**サウンドスケープデザイン**という言葉も使われており，細かい成り立ちを考えると，ニュアンスの違いはあるが，ほぼ同義と考えてよいであろう。

サウンドスケープは1960年代後半に生み出された用語で，「サウンド」(sound)と「…の眺め/景」を意味する接尾語「スケープ」(-scape)との複合語であり，「音の風景」と訳されることが多い。この言葉を単なる造語としてではなく，現代社会における新たなコンセプトとして初めて提唱したのは，カナダの作曲家，R・マリー・シェーファーである。

一方，元来日本人は音楽ばかりでなく，さまざまな自然の音や人々が発する生活音なども楽しむ感性を持ち，音そのものというよりも，その音が聞かれる状況や環境を大切にしてきたとされ，あえてサウンドスケープあるいは音風景という新たな言葉を用いなくてもよいのではないかという考え方から**音環境**という言葉が使われるようになり，その一環として「音環境デザイン」が使われるようになったと考えられる。日本における音環境デザインの歴史は古い。静謐な環境の中で繰り広げられる茶事においてさまざまな音の演出や情報伝達の工夫がなされていることや，日本庭園にししおどしを配して音とその間から静寂を感じ取ったりすることなども，音環境デザインと呼んでもよいかもしれない。

B. 音環境デザインとは

音環境デザインとは「ある空間に対して最適な，目指すべき音環境を見つけ出し，その実現に向けてまずなにをすべきか考え，順序立てて一つずつつくり上げていくこと」である。これを具体的な作業の流れとして下図に示す。

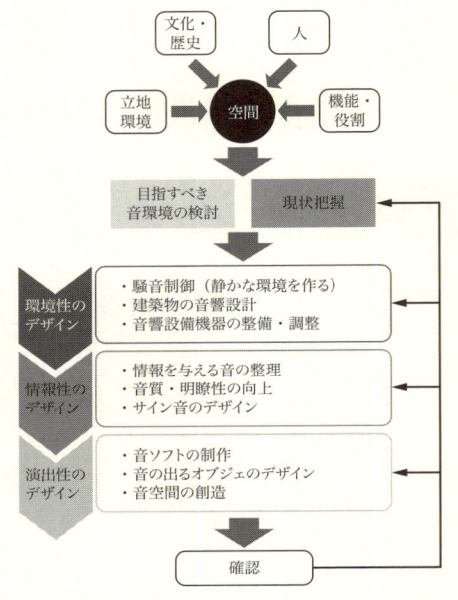

ここで大切なのは，「順序立てて一つずつつくり上げる」ことである。音環境デザインというと，とかく先走りしてなにか新しい音を付け加えなければならないように考えられがちであるが，それではけっして良いデザインにはなり得ない。

音は環境性・情報性・演出性の三つの顔を持っていると考えることができる。この三つが順序正しく，バランス良くデザインされて，初めて良好な音環境ができあがる。例えば，周囲の環境騒音が大きく，たくさんの情報が壊れかけたスピーカからがんがん流されているような状況で，いくら音による演出を考えても，それは無意味であるし，むしろ状況を悪くすることのほうが多い。

まず，環境性のデザインには，騒音制御（静かな環境をつくること）や建築物の音響設計（建物内の音の響きなどを適切なものにすること），スピーカなどの音響設備機器の整備・調整などが含まれる。つまり，ある空間の音環境の骨組みをつくることと考えればよい。

つぎの情報性のデザインでは，まず音による情報の中でその空間に本当に必要な音は何なのかを考え，整理していかなければならない。特

に公共空間においては，音によって伝えなければならない情報もある。しかし，見直してみると，実際には過剰な情報が音によって流されていることも多い。これらを見極め，必要な音の情報をどのように流していくか，これが情報性のデザインである。言い換えれば，音環境の機能の部分をデザインすることになる。

そして，空間をうるおいのある居心地の良いものにするために，その空間に合った音をつくり出し，適度な音量で最良の方法で加えていくのが，演出性のデザインである。建物にたとえれば，インテリアのデザインにあたるものと考えられるであろう。

むろん，これらの三つのデザインはそれぞれに呼応し合うべきものであり，一つの流れとしてトータルに考えられなければならない。また，情報性のデザインを加味した環境性のデザイン，あるいは演出性のデザインを加味した情報性のデザインというものも，時には必要になってくるであろう。

C. 音環境デザインの実際

音環境デザインは，それ自体が一つのプロジェクトとして成り立つ場合と，施設や設備が新設される大型プロジェクトの中の一部として成立する場合がある。音環境デザインが行われ始めた当初は，単独のプロジェクトとして扱われる案件が多く，1990年代後半から大型プロジェクトに組み込まれるタイプの案件が増えてきたように思われる。

大型プロジェクトに組み込まれる音環境デザインにおいては，音以外のさまざまなデザイン要素とのバランスを考えたり調整したりする必要が生じてくるため，先の図に示した以外の現実的かつ重要な業務が増えることになる。

（1）音環境デザインコーディネーター

ここで必要になってくるのが，音環境デザインを中心に考えながら他のデザイン要素のことも検討して業務を進める**音環境デザインコーディネーター**である。コンサートホールなどの音がメインになる施設を除くと，残念ながら大型プロジェクトにおいて企画設計段階から音環境に関するデザインを重要な設計項目の一つとして据えることはまだ稀であり，音環境デザインコーディネーターの役割も重視されていない。しかし，実際にプロジェクトを円滑に進めるためには，必須の存在である。

プロジェクトの遂行においては，全体的なデザインコンセプトの中に音環境デザインをどう落とし込んでいくかが重要なポイントとなる。多くの場合，デザイン対象である空間の利用者は，音環境自体を楽しむためにそこを訪れるわけではないため，音環境デザインは表立って主張するのではなく，空間の構成要素の一つとしてごく自然にそこにあるとき良好なデザインとなる。

（2）具体的なデザイン業務内容　施設のレイアウトを考える際，エリアごとの音環境を考え，外部からの騒音や隣のエリアからの音の影響は問題ないかをチェックすることも重要である。内装仕上げ材を選択する際にその空間の響きの状態を想定し，吸音について検討することも必要である。演出的な音や音楽を流すデザインを行う場合，どのようなシステムでどこから流すのかを検討し，配管や配線も考えながら詳細設計に落とし込む必要もある。

こういった細かな作業をコーディネーターが行って初めて，より良い音環境が生み出され，作曲家やクリエーターによる音源制作が始まり，最終的に音環境デザインが完成するのである。

中でも最も重要なのが，現場での音環境の調整作業である。例えば，演出的な音や音楽がいくらスタジオで良いものに仕上がっていても，実際に現場で流したときに，利用者にとって良い状態で聞こえなくては意味がない。現場では音量や音質の調整を綿密に行うが，場合によっては音源制作からやり直すこともある。また，施設の運用が始まってみないと顕在化しない問題点などもあり，実際には運用の中であらためて調整作業を行うことが多い。

D. 音環境デザインの今後

音環境デザインは，今後当然のこととして考慮され，行われるようになるべきものであり，実際，その動きはすでに始まっている。また，公共空間のバリアフリー（⇒p.64）や**ユニバーサルデザイン**（⇒p.62）を考える上でも，音環境デザインは欠かせないものである。

バラバラに考えられることの多かった建築音響，電気音響，音楽音響，騒音制御といった分野を横断的に捉え，音環境をトータルにコーディネートしていくことが求められる時代になったのである。

◆ **もっと詳しく！**
船場ひさお：音環境デザインとは何か？，フェリス女学院大学音楽学部紀要 No.13 (2013)

重要語句 聴覚情景分析，音響信号処理，統計信号処理，音脈分凝

音環境理解
[英] computational auditory scene analysis

さまざまな音が混ざり合って観測された音から，コンピュータを用いて，必要な音や関連情報を分離抽出する技術。音環境の理解として，音の到来方向など一側面の抽出を意味することもあり，音環境の全容を自動認識する技術を音環境理解と呼ぶこともある。音環境理解の実現方法は，われわれの聴覚を規範とした手法から統計数理的な手法まで，幅広く提案されている。

A. 音環境理解の概念と工学的応用

われわれは，両耳を使って，特定の音のみならず，その音を取り巻く音環境の情報を網羅的かつ選択的に取得している。日常生活での音環境理解について考えると，われわれの聴覚がいかに優れた情報処理システムであるかが容易に想像できる。聴覚による音環境理解のように，マイクロホンで取得した音響信号から音環境の理解が可能になると，高精度の雑音除去やロボットの賢い聴覚機構の実現などが期待できる。

音環境理解に関する工学的研究は，われわれの聴覚から脳までを含めた音知覚メカニズムを規範とする手法と統計数理的な手法に大別できる。前者は，Bregmanにより体系化された**聴覚情景分析**（auditory scene analysis，⇒p.308）の工学的実現として，狭義の音環境理解（computational auditory scene analysis）と呼ぶ。

一方，後者は，ロボット聴覚（⇒p.432）などの具体的なアプリケーションを想定し，必要な音情報を分離抽出することを目指す。これらの研究では，Bregmanが提案した聴覚情景解析の概念にかかわらず，時間・周波数・空間フィルタリング，独立主成分分析やブラインド音源分離（⇒p.386）のような**音響信号処理**や**統計信号処理**に基づく手法も含めて，広義の音環境理解と呼ぶ。

B. 聴覚情景解析に基づく手法

聴覚情景解析では，**音脈分凝**（⇒p.130）が音環境理解の重要な役割を果たす。音脈分凝の概略を下図に示す。

混合信号　　　音の要素

```
○─┐                              ┌→ 目的音
  ├→[特徴抽出]┈┈→[グルーピング]┤
○─┘                              └→ 音環境
```

単耳または両耳で観測した音響信号は，さまざまな規則によって，多数の音の要素（部品）に分解される。つぎに，同一の音源に起因する要素をグルーピングすることにより，混合信号から所望の信号を分離抽出することが可能となる。

観測された混合信号は，時間フレームと聴覚フィルタ（⇒p.314）を模擬した帯域通過フィルタにより，時間・周波数領域において音の要素へと分解される。つぎに，Bregmanが体系化した規則に基づき，特定の音源に起因する要素のみをグルーピングすることにより，音脈が形成される。つまり，音脈分凝とは，音の分解と群化により実現される。

（1）モノーラル入力（単耳処理）　モノーラル入力の場合，音脈分凝を実現し，音環境を理解するための手掛かりは，音の始まりと終わり，あるいは立ち上がりや立ち下がりの時間特性や，周波数領域における調波性などの音源固有の物理特性が用いられる。つまり，時間・周波数領域における音の要素の中から，同じ時刻に立ち上がる要素のみを集め，それらをグルーピングする。また，ある時刻において，聴波関係にある音要素のみをグルーピングする。時間領域と周波数領域でのグルーピングは，個別に実現するのではなく，統一的に行われる。

われわれが音環境を理解する際の手掛かりとして，音の揺らぎのような時間変動が重要な役割を果たしていることが知られており，これらの心理学的知見に基づいた工学的モデルも提案されている。聴覚のマスキング（⇒p.402）を考慮した音環境理解の実現方法に関しても研究が行われている。

（2）ステレオ入力（両耳処理）　ステレオ入力の場合，モノーラル入力で利用可能な手掛かりに加えて，音源の空間的な情報を利用することができる。音源位置によって，その音源から両耳までの伝達特性が異なる。具体的には，両耳間時間差と両耳間強度差が，音源方向知覚の手掛かりとなり，工学的には音源方向推定のための特徴量となる。

両耳聴効果として，音脈分凝の一種であるカクテルパーティ効果（⇒p.136）が挙げられる。カクテルパーティ効果については，聴覚情景分析に基づいた工学的モデルが提案されているが，画一的な機構はまだ確立されていない。

音環境理解では，次図に示すように，2本以上のマイクロホンを用いることが多い。

混合信号 → 音響信号処理 統計信号処理 → 目的音 音環境

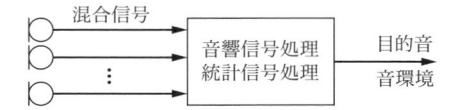

C. 音響信号処理に基づく手法

音環境理解の応用範囲は広く，用途に応じてさまざまな目標が設定されている。音環境の一側面である音源方向推定も音環境理解と呼ぶことがあり，音環境の全容を自動認識する試みも，もちろん音環境理解である。それらの目的を達成するための手段は多岐にわたっており，共通の枠組みは存在しない。

工学的な音環境理解では，課題解決のアプローチにより，解析的な手法と適応的な手法に分類できる。近年では，音源の独立性に着目した音源分離アルゴリズムによる音環境理解に関する研究も盛んに行われている。

（1）解析的手法 観測された混合信号は，各音源から受音点までの音響伝達特性（残響）と加法性雑音によりモデル化できる。各信号の観測過程のモデルは，未知パラメータを含む場合もある。それらの関係式を解くことにより，所望の音源や音環境やパラメータを陽に示し，観測信号を入力として推定する手法である。

解析的手法では，信号混合のモデルが正しく，観測信号が正確に得られる場合，どのような音源が，どのように混合されているかを明らかにすることができる。しかし，一般には，音響伝達系は非常に複雑であり，事変であることが多いため，解析的手法の適用範囲は限定される。

（2）適応的手法 音環境は，短時間ごとの観測では，急激に変化することは少ない。そこで，適応フィルタを用いて，音響特徴量を逐次推定する手法が広く用いられる。適応フィルタは，特徴量抽出としての音環境理解のみならず，音環境の制御にも用いられる。適応フィルタは，音響信号処理との親和性は高いが，突発的な音イベントへの対応は難しい。

（3）音源の独立性に着目した手法 独立主成分分析に基づく音源分離は，音響信号処理分野の最も新しいトピックの一つである。音源間の統計的独立性を手掛かりとし，事前情報を必要としないブラインド音源分離が主流であり，複雑な実環境での音環境理解を実現するために，精力的に研究が行われている。例えば，会議シーンにおいて，いつ，だれが，どの方向から，なにを発言したかを自動記録するシステムが構築されており，ブラインド音源分離が音環境理解の重要な役割を果たしている。近年，非負値行列分解による音源分離が注目されている。非負値行列分解は，音の振幅の時間・周波数表現であるスペクトログラムが非負値であることに着目して，各音源に対応する基底を準備し，各音源の時間変化パターンを抽出する。つまり，モノーラル入力の音環境理解の可能性を示唆している。

D. 統計信号処理に基づく手法

日常生活では，容易に描写できる単純な音環境も，多種多様な音が目まぐるしく変化する複雑な音環境も存在する。そのような音環境において，音のコンテンツの一部または全部を認識する必要がある。また，音環境のセンシングでは，意図しない信号のひずみや情報の欠損が生じることもある。そこで，音響信号処理では対応できない音環境においては，パターン認識や時系列フィルタリングといった統計的手法が用いられる。

（1）パターン認識による手法 音環境理解では，音響イベント検出（⇒ p.82）や音声認識システム（⇒ p.116）のように，音のコンテンツを理解する技術についても研究が行われている。音声に限定せず，環境音も対象とすると，まず音響特徴量について検討する必要がある。適切な特徴量を抽出できると，パターン認識の一般的枠組みでの音環境理解が実現できる。また，大量のデータを用いた機械学習の導入により，音環境理解の精度向上が期待できる。

（2）時系列フィルタリングによる手法
音は時間的に滑らかに変化し，音源の空間的位置も連続的に変化する。つまり，音の要素や音源の空間情報は，状態空間モデルで表現し，カルマンフィルタやウィーナーフィルタに代表される時系列フィルタリングにより推定できる。より複雑な音環境に対応するためには，非線形・非ガウス型のパーティクルフィルタが用いられる。これらの統計的手法は，音源の音響特徴量や音源方向や音源位置などの異種情報を多次元空間で関連付けることにより，欠損した観測からの音源情報の抽出や，音源の発生や消滅にも対応できる。

◆ もっと詳しく！
D. Wang and G. J. Brown, *Computational Auditory Scene Analysis*, Wiley-IEEE Press (2006)

重要語句　マイクロホンアレイ，音響テレビ，信号強調

音空間情報／音源情報の把握
[英] grasp of sound spatial information / sound source information

人間は二つの耳を巧みに利用して，音の到来方向や音源の種類を把握している。機械の場合も同様であり，複数のマイクロホンを用いることにより，直接音や反射音の到来方向などの音の空間情報を，また，複数の音源があれば，それぞれを分離することにより音源の位置や性質などの情報を把握することができる。

A. 音空間情報の把握
音の到来方向などの音空間情報の把握は，一般に**マイクロホンアレイ**を用いて行われる。以下に，2個のマイクロホンを利用して音空間情報を把握する例を示す。

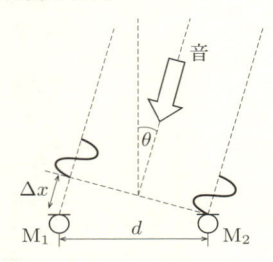

マイクロホンに到来する音が1方向のみの場合，二つのマイクロホンを利用することで音の到来方向を把握することが可能となる。上図に示すように二つのマイクロホン間の距離を d [m]，音の到来方向を θ とし，音速 c [m/s] とすると，二つのマイクロホン間の音の到来時間差 Δt と θ は，以下の関係式で表される。

$$\Delta t = \frac{\Delta x}{c} = \frac{d}{c}\sin\theta$$

この関係式からマイクロホン間の到来時間差を求めることにより，音の到来方向が求められる。しかし，実際の音空間では音源は一つとは限らない。また，反射音も存在し，音空間は複雑になる。そのような状況に対応するべく，2個より多いマイクロホンを用いたマイクロホンアレイによる測定手法，信号処理手法が提案されている。それらの手法として，同一平面上にない四つのマイクロホンを用いる近接4点法（⇒ p.170）や，電気的機械的機能を集積した非常に小型なデバイスを基板上に多数配置するMEMSマイクロホンアレイ（⇒ p.194）などがある。また，これらの手法は多数のマイクロホンを空間に配置することにより，音空間に少なからず影響を与えてしまうことから，マイクロホンを空間に配置しないレーザーによる音場計測（⇒ p.426）も提案されている。

B. 音源情報の把握
複数の音源や反射音が存在する環境においてある音源の情報を把握するには，信号処理による音源分離（⇒ p.386）や，マイクロホン指向性制御による音源強調（⇒ p.400）といった処理が必要となる。下図に複数のマイクロホンを利用した例を示す。

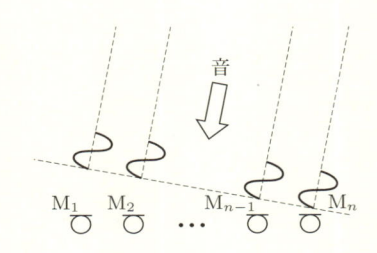

マイクロホンアレイの各マイクロホンに到来する音は，各マイクロホンの配置により到来時刻に差が生じる。各マイクロホンから出力される信号に音源方向に合わせた遅延を加え，各信号を合成することで，目的方向の音を強調し，音源情報を把握することが可能となる。また，各マイクロホンに入射する音のわずかな時間構造を利用することにより，音源の位置を把握することもできる。処理方法の一つとして，前述した近接4点法を用いるものがある。

C. 音響テレビ
マイクロホンアレイを用いて音空間情報や音源情報を把握する例として，**音響テレビ**を紹介する。音響テレビは直径1.2 mのパラボラ反射板と，その焦点近傍に設置された192個（16×12）の2次元マイクロホンアレイを組み合わせた音響可視化装置である。

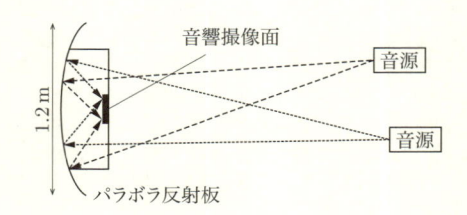

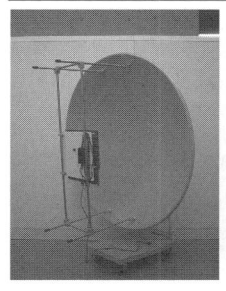

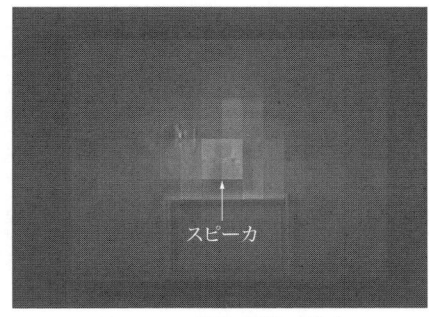

(a) 一つの音源の観測（🔊1）

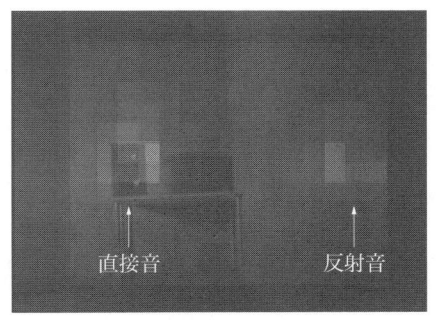

マイクロホンアレイはパラボラ反射板と相対する位置に設置されている。パラボラ反射板に入射した音は反射板により反射され，光と同様にその焦点付近に集音される。焦点付近に集められた音は，そこに配置されたマイクロホンアレイにより集音される。正面からの入射であればマイクロホンアレイの中央部に集音され，斜め方向であれば中央部からずれた位置に集音される。光学カメラの像と同様に，マイクロホンアレイ基板上の集音位置は上下左右反対となる。さらに，音響テレビ正面に取り付けられているCCDカメラからの映像と合成して出力することもできる。画面に表示された明るさは，マイクロホンで集音した音の強度を表す。また，周波数はカラー成分により表現される（🔊1〜5）。CCDカメラからの映像と重ね合わせて表示することで，音源の位置，分布，音源の動きをテレビ画面上にリアルタイムで表示できるので，音源位置と音源情報を直感的に把握できる。音源が複数ある場合もそれぞれの音源について把握でき，また，直接音と反射音も同時に観測できる。

次図に，音響テレビによる三つの観測例を示す。図(a)は，スピーカから正弦波（8 kHz）を出力し，音響テレビで観察した結果である。CCDカメラの映像のスピーカの位置に合わせて明るくなっており，スピーカの位置が音源であることが確認できる。図(b)では，スピーカの右横にコンクリート壁が来るようにスピーカを配置してある。コンクリート壁のように音をよく反射する壁は光における鏡と同様であり，音響テレビによりコンクリート壁面上に反射音が観察される。図(c)は，二つのスピーカから出力した音声を観測した結果である。図中左の音源1には男声，音源2には女声を使用している。それ

(b) 直接音と反射音の観測（🔊2）

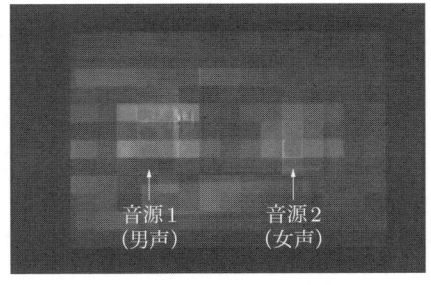

(c) 複数音源の観測と音源の選択強調
（🔊3：混合，4：女声強調，5：男声強調）

ぞれの位置に相当する音響テレビのマイクロホンの出力を収録することにより，所望の位置における音源の**信号強調**をすることができる。

◆ もっと詳しく！
及川靖広，大内康裕，山﨑芳男，田中正人：音響テレビを用いた音源情報の可視化，騒音制御, **35**, 6, pp. 445–451 (2011)

重要語句　マイクロホンアレイ，球面調和関数，頭部伝達関数，VAH，球状マイクロホンアレイ，マルチチャネルオーディオインタフェース

音空間センシング
[英] sound space sensing

音空間センシングとは，全周囲から届く音情報を，その空間情報も含めて余すことなく正確に収録することである．収録される音空間の精度は，使用するマイクロホン数，および，マイクロホンの間隔に依存し，マイクロホン数が多ければ多いほど，マイクロホン間隔が狭ければ狭いほど，高い空間解像度での音空間のセンシングが可能となる．なお，センシング技術はディスプレイ技術と不可分である．いずれも音空間をどのように表現するのかに関連し，センシング技術はその表現にあった収録を行い，ディスプレイ技術はその表現に適した再生を行う．したがって，それぞれの技術開発では，両者を意識した開発が望まれる．

A. 音源方向ごとに分離した音空間センシング

音空間を個々の音源の集合体として捉え，それぞれの音源を収録対象として，分離してセンシングする手法である．多数のマイクロホンを，いくつかのマイクロホン群からなる**マイクロホンアレイ**と見なし，各マイクロホンアレイで対応した方向に対して鋭い指向性を持ったビームを形成して，各音源をその位置を含めて収録する．遅延和アレイなどのマイクロホンアレイを用いた古典的な手法だけでなく，MUSIC法，独立成分分析，非負値行列因子分解 (nonnegative matrix factorization; NMF) など，マイクロホンアレイを用いた音源分離に関連するさまざまな技術を組み合わせた手法が存在する．

個々の音源を，その位置を含めて正確に収録することができるため，空間上に稠密にスピーカを配置して音源の方向に対応したスピーカからその音源を再生する立体角分割法との親和性がきわめて高い．

B. 音空間全体を丸ごとセンシング

この手法は，音空間全体を収録対象として，個々の音源を分けることなく丸ごとセンシングする方法である．音空間全体をなんらかの関数で表現し，センシングした音空間情報からその関数の係数を求めることになる．

（1） 球面調和関数に基づく音空間表現
音空間の関数表現手法として，**球面調和関数** (spherical harmonics) を用いた表現手法が近年注目を集めている．球面調和関数 $Y_{m,n}$ の例を下図に示す．球面調和関数は次数 m (order)，n (degree) で表され，次数が高くなるほど細かい空間解像度で空間表現が可能となる．表現可能な次数はマイクロホンの個数に依存し，N 次までの球面調和関数を用いるためには，$(N+1)^2$ 個のマイクロホンが必要となる．

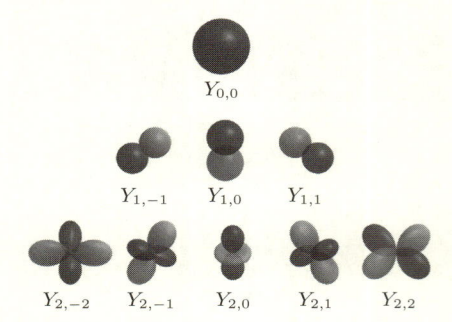

$Y_{0,0}$

$Y_{1,-1}$　$Y_{1,0}$　$Y_{1,1}$

$Y_{2,-2}$　$Y_{2,-1}$　$Y_{2,0}$　$Y_{2,1}$　$Y_{2,2}$

球面調和関数による音空間表現では，立体角に基づいて空間を分割することになり，距離を表現することができない．したがって，球面調和関数を規範とした音空間センシングでは，音源の距離を再現できないことになる．しかし，球ハンケル関数 (spherical Hankel function) などを用いることで，距離を表現できる手法も提案されている．

（2） 頭部伝達関数に基づく音空間表現
頭部伝達関数 (⇒ p.342) は音源から聴取者の両耳までの音響伝達関数であり，人間が音空間を知覚する際の手掛かりを包含するものである．したがって，聴取者周囲の音空間をその聴取者の頭部伝達関数に基づいて表現することができれば，高精度な音空間を聴取者に提示することが可能である．

このような視点に立って音空間をセンシングする手法として，**VAH** (virtual artificial head) という概念が提案されている．これは，多数のマイクロホンを設置したセンシング用オブジェクトを，収録したい音空間に設置し，ディジタル信号処理技術を用いてオブジェクトの音響伝達関数を聴取者の頭部伝達関数に変換して，あたかも聴取者の頭部がその収録したい音空間にあるかのように再現するものである．いうなれば，ディジタル信号処理技術によりセンシング用オブジェクトの形状を聴取者の頭部形状にモーフィングする手法である．聴取者が頭部を回転させた際も，オブジェクトとの相対

的な向きの変化に基づいて，対応するマイクロホンで収録された音を回転させることで，聴取時の頭部回転を反映した音空間の再現が可能となる．

具体的には，センシング用オブジェクトの各マイクロホンの指向特性の重み付け線形和で聴取者の両耳の指向特性を表す．数式で書くと以下のとおりとなる．ある周波数において，方向 $\Omega\ (=(\theta_1,\phi_1),(\theta_2,\phi_2),\cdots,(\theta_m,\phi_m))$ にある音源からセンシング用オブジェクトに配置された n 個のマイクロホンに到来した音を $D_1(\Omega)$, $D_2(\Omega),\cdots,D_n(\Omega)$ と表すとすると，同じく方向 Ω にある音源から聴取者の片耳に到達した音である $D_{\mathrm{lis}}(\Omega)$ は

$$D_{\mathrm{lis}}(\Omega)=\sum_{i=1}^{n}D_i(\Omega)\cdot z_i$$

で表すことができる．z_i は各マイクロホンで収録された音に掛ける重みである．D_i は i 番目のマイクロホンの指向特性を表しており，D_{lis} は聴取者の片耳の指向特性にほかならない．したがって，この式が成り立つように最適な z_i を求めることで，センシング用オブジェクトの指向特性を聴取者の片耳の指向特性に合わせ込むことができる．ただし，実際には，音源方向は聴取者の全周囲にあり，かつ，稠密に存在することが想定されるため，その方向数 m はマイクロホンの個数 n よりも大きくなり，この方程式は優決定問題となる．したがって，非線形最小2乗法や疑似逆行列を用いて z_i を求めることになる．この z_i を聴取者ごとに求めることで，個々の聴取者に適した音空間表現が可能となり，高精度な音空間を再現することができる．

C. 音空間センシングに使用する超多チャネルマイクロホンアレイ

先にも述べたように，音空間を高精度にセンシングするためには，多数のマイクロホンを空間上に配置したセンシング用オブジェクトを使用することになる．収録，再現する音空間の精度を全方向で高く保つためには，マイクロホンがオブジェクト上に偏りなく等密度で配置されることが望ましい．このことから，球面調和関数との親和性が高いことも相まって，球面上に等密度にマイクロホンを多数配置した**球状マイクロホンアレイ**が音空間センシングに用いられ

ている．

下図は，球状マイクロホンアレイの一例である．この例では，正20面体を規範にして，252チャネルのマイクロホンが直径17 cmの球状にほぼ等密度で配置されている．

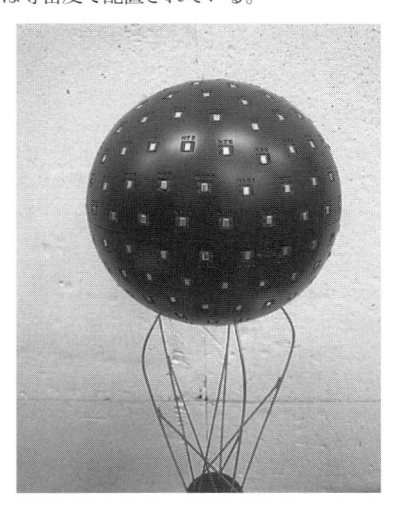

D. 音空間センシング研究の今後

音空間センシングに関する研究は，音空間ディスプレイに関する研究に比べ，これまでそれほど盛んには行われてこなかった印象がある．しかし，MEMS（micro electro mechanical systems）技術の進歩により超小型マイクロホン（⇒ p.198）が広く出回り，かつ，マイクロホンのディジタル化により配線の取り回しも容易となったことから，先に例として挙げたような超多チャネルマイクロホンアレイを用いた音空間センシング技術開発が多く見られるようになってきた．**マルチチャネルオーディオインタフェースの性能向上**もあり，使用可能なマイクロホンの個数も今後増えていくと予想される．

今後は，より高精度な音空間センシング技術単体の開発とともに，センシング，ディスプレイ，エディティング（編集）を総合的に考慮したセンシング技術の開発が必要と思われる．

◆ もっと詳しく！

坂本修一：SENZI：球状マイクロホンアレイを用いた3次元音空間収音再生, 日本音響学会誌, **70**, 7, pp. 379–384 (2014)

重要語句	頭部伝達関数，サラウンド再生，バイノーラルシステム，アクティブリスニング，分散型マイクロホンアレイ，室伝達関数，両耳室伝達関数

音空間ディスプレイ
[英] sound space display

音空間ディスプレイには，聴覚にバーチャルの3次元的な音空間を提示するシステムと，そのようなコンテンツを作成・合成するシステムの両方が含まれる。提示する音空間コンテンツには，実空間において音場をマイクロホンアレイで収録したものや，バーチャル空間において音オブジェクトや音場レンダリングしたものなどがある。音空間ディスプレイは，時空間を超えた音空間の提示・体験をするための技術である。

A. 音空間の提示法と課題

音空間ディスプレイシステムの提示部は，聴覚ディスプレイシステム（⇒p.310）の仮想（バーチャル）聴覚ディスプレイや波面合成システムの一部とも解釈できる。ただし，ソニフィケーションのような，ある特定の意味を伝えるためのサイン音のような信号を提示するのではなく，3次元的な音空間を提示するために特化したシステムといえる。また，**頭部伝達関数**（head-related transfer function; HRTF）（⇒p.342）のように，自由空間においてドライ音源の位置情報を単に提示するのみに留まらず，ホールでの音楽体験のように，反射や残響を含む自然な音空間の体験・提示を意図することが多い。また，5.1チャネルシステムのような**サラウンド再生**（⇒p.210）では，ミキシングされた疑似的な音場を提示する場合が多いが，音空間ディスプレイでは，できるだけ厳密で，体験レベルで原音場と同等な音場の提示を志向している研究が多い。

具体的な音空間ディスプレイシステムには，仮想聴覚ディスプレイシステムと同様に，ヘッドホンを用いたバイノーラル方式と，スピーカアレイを用いた音場合成方式がある。音場合成方式には，キルヒホッフ－ヘルムホルツ積分方程式に基づいた境界制御法（boundary surface control; BoSC）や，レイリー積分方程式に基づいた波面合成法（wave front synthesis; WFS），球面調和解析に基づいた高次アンビソニックス（high-order ambisonics）などがある。これらの概要については，聴覚ディスプレイ（⇒p.310）やバイノーラルシステム（⇒p.356）に関する説明を参照されたい。

音空間を再現する際に重要になるのは，われわれが身体を動かして移動しながら自然に聴取するような**アクティブリスニング**に対応することである（⇒p.310, p.356）。特に，バイノーラル方式の場合には，アクティブリスニングに非対応であれば，バーチャル音空間全体が聴取者の動きと一緒に動いてしまう。これは実世界の音場の体験と異なるため，頭内定位（⇒p.340）などが頻発する。したがって，聴取位置が提示する音空間のどこであるかをセンシングし，提示する音に反映させる必要がある（聴取者運動感応型）。このため，ヘッドホンの頭頂にセンサを取り付けたり，ステレオカメラなどを用いた遠隔センシング部をシステムの中に組み込んだりする場合がある。

一方，音場合成方式においては，物理的に厳密な波面を合成できたとすると，聴取者が動いたとしても鼓膜には所望の音波が到来するため，アクティブリスニングへの対応は自然と可能になる。しかし，厳密な音場を合成するためには，空間を離散化した制御点（スピーカやマイクロホン間隔）を半波長以下にして，空間的折り返しひずみの影響を受けないようにする必要がある。ただし，可聴周波数領域全体をカバーするためには，20 kHzの半波長である 8.5 mm 程度の間隔で稠密に制御点を設ける必要がある。スピーカのコーンの大きさなどを考慮すると，現実的に厳密な波面合成を行うことは，現状では不可能であるといわざるを得ない。このため，主観的な音空間の体験が，厳密な音場体験と同等になるようなシステム条件の研究が望まれる。スピーカアレイにより音場再現を行う例を下図に示す。

また，音楽のセッションや，見守りなどの応用を考えると，音場を遠隔で共有するシステムの開発も期待される。この場合も，アクティブリスニングへの対応を考えれば，聴取者の運動へ感応させる必要があるが，ネットワークの遅延も含め，100 ms前後の遅延の検知限以下となるような設計が必要となる。

B. 音空間コンテンツの構成法

提示する音空間コンテンツは，音の方向，距離，動き，指向性，反射，残響など，さまざまな音空間属性を聴取者に体感させる必要がある。提示方法が音場合成方式であってもバイノーラル方式であっても，制御点における音圧が所望のそれになるようにコンテンツを作成しなければならない。提示方法には，大きく分けて，実音場での収録に基づくマイクロホンアレイ方式と，個別の音源を用意して空間属性を付与することによって音場を合成するレンダリング方式がある。

（1）マイクロホンアレイ方式　BoSCやWFS方式では，領域の境界の制御点における音圧（あるいは音圧勾配）を制御する必要がある。この場合には，制御点にマイクロホンを配置して音場を収録することが多い。また，MEMSマイクロホン（⇒p.198）などを用いて数百チャネルを超える稠密な球状マイクロホンアレイを構成し，球面調和解析によって音波の到来方向を分解して制御点の音圧を推定する方法や，頭部伝達関数の空間分布を周波数ごとの指向性と考え，稠密球状マイクロホンアレイの収録信号から，直接バイノーラル信号を合成する方法なども検討されている（⇒p.48）。さらに，近年の小型携帯端末などに内蔵されているマイクロホンなどにより，空間のさまざまな位置に配備された**分散型マイクロホンアレイ**によって音場が捉えられるようになれば，これまでの収録とはまったく違う概念の音場の解析も可能になると期待される（⇒p.390）。

（2）音空間属性レンダリング方式　コンピュータグラフィックスと同様な概念で，個々の音源そのものをオブジェクトとして捉え，それらに音空間属性を付与するレンダリング方式も検討されている。この場合，頭部近傍までの音波の伝搬現象を**室伝達関数**（room transfer function; RTF）や頭部伝達関数として分け，それらの従属接続により**両耳室伝達関数**（binaural room transfer function; BRTF）として表現することにより，3次元的な空間印象を付与することができる。

音の物理現象としては，伝搬遅延，減衰，反射，残響，回折，ドプラ効果などのレンダリングが検討されている。個別の音空間属性のレンダリングはしだいに高度になりつつあるが，音オブジェクトをどのように抽出するかについては，今後の研究の進歩が期待される。例えば，楽音における音オブジェクトを抽出するには，無響室における個別の録音や，実音場による収録から，残響除去（⇒p.212），ブラインド音源分離（⇒p.386）などを駆使して，質の高い音オブジェクトを抽出することが必要となるであろう。

音空間属性とレンダリングの例を下図に示す。

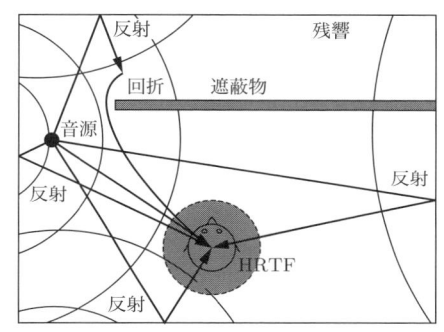

（3）音場シミュレーションレンダリング方式　近年のコンピュータシミュレーション技術の進歩は目覚ましく，建築音響分野や，アコースティックイメージング分野などにおいては，高速なコンピュータの導入や，高精度なシミュレーションアルゴリズムにより，現実的な時間でホールほどの大きな空間の音波伝搬を，可聴周波数領域全体にわたって解析できるほどになっている。幾何音響シミュレーション（⇒p.160）や，波動シミュレーション（⇒p.364）などによって，音空間そのものをバーチャル空間に持ち込むことで，空間的折り返しひずみの影響を受けることなく，物理的に高精細なレンダリングが可能となるであろう。

さらに，空間の形状のみに留まらず，音源の指向性，聴取者の頭部形状や運動もバーチャル空間に持ち込むことで，シミュレーション上でバイノーラル信号を高精度に合成することが可能となれば，大規模なスピーカアレイを必要とせずに，さまざまな音空間・属性をヘッドホンで体験できるようになると期待される（⇒p.52）。また，音空間全体の空気粒子の動きをリアルタイムレンダリングすることが可能となれば，シミュレーションを超えて，現実に近い音空間コンテンツが期待される。

◆ もっと詳しく！

1) 舘 暲ほか監修：バーチャルリアリティ学，コロナ社 (2011)
2) 原島 博 監修：超臨場感システム，オーム社 (2010)

重要語句　FDTD法, GPU, GPUクラスタ, FPGA, シリコンコンサートホール

音空間レンダリング
[英] sound field rendering

コンピュータによる3次元的な音場の生成とその可聴化に関する技術。室形状データや室壁の音響特性データをもとに，波動性を考慮した3次元音場計算を用いて，特定位置での音圧波形を数値的に生成し，立体的な音場再生技術により可聴化する。3次元音場計算や立体音響による可聴化を想定していない場合は，単なる音響レンダリングと呼ぶこともある。

A. 3次元音場の計算法

レンダリングのための3次元音場計算手法には，波動性を考慮した時間領域手法が採用される。特に，高周波まで保存性に優れた**FDTD法** (⇒p.444) が採用されることが多い。しかしながら，FDTD系の手法は十分に細かく離散化しないと，数値分散の誤差のために音質が劣化するため，計算時間やメモリなどの計算機資源が膨大に必要となる。そこで，音空間レンダリングでは，FDTD法を高精度化した CE-FDTD (compact explicit-FDTD) 法が採用されることが多い。CE-FDTD法は波動方程式に基づくFDTD法の高精度版であり，ステンシルをセル内に限ることで，空間的にコンパクトに高精度化を実現している。ただし，コンパクト差分とは異なり，通常のFDTD法のように陽的に計算を進行する。

CE-FDTD法では，音圧 p〔Pa〕に関する3次元波動方程式

$$\frac{1}{c_0^2}\frac{\partial^2 p}{\partial t^2} = \frac{\partial^2 p}{\partial x^2} + \frac{\partial^2 p}{\partial y^2} + \frac{\partial^2 p}{\partial z^2}$$

を直接離散化する。ただし，c_0 は音速〔m/s〕である。コロケートグリッド上で図のような $2\Delta \times 2\Delta \times 2\Delta$ (Δ はグリッド間隔〔m〕) の離散化領域 (セル) を考え，セル内の27の格子点を用いて離散化する。ただし，空間は一様と考えるため，x, y, z 方向のグリッド間隔を等しく Δ と考えている。

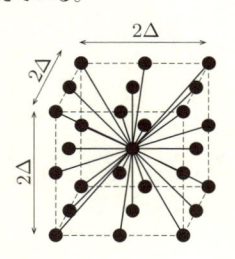

CE-FDTD法も本質的には中心差分であるが，通常のFDTD法のように座標軸に沿った離散化のみではなく，対角線方向や立体対角線方向も考慮して，次式のように離散化する。

$$\delta_t^2 p_{i,j,k}^n = \chi^2 \{(\delta_x^2 + \delta_y^2 + \delta_z^2) \\ + a(\delta_x^2\delta_y^2 + \delta_y^2\delta_z^2 + \delta_z^2\delta_x^2) \\ + b\delta_x^2\delta_y^2\delta_z^2\} p_{i,j,k}^n$$

ただし，$p_{i,j,k}^n$ は位置 $(i\Delta, j\Delta, k\Delta)$，時刻 $t = n\Delta t$ における音圧であり，a, b は係数，$\chi = c_0\Delta t/\Delta$ は CFL 数である。δ^2 は中心差分に関する演算子で，例えば

$$\delta_t^2 p_{i,j,k}^n \equiv p_{i,j,k}^{n+1} - 2p_{i,j,k}^n + p_{i,j,k}^{n-1}$$

と定義される ($\delta_x^2, \delta_y^2, \delta_z^2$ も同様)。したがって，音圧更新式は

$$p_{i,j,k}^{n+1} = d_1(p_{i+1,j,k}^n + p_{i-1,j,k}^n + p_{i,j+1,k}^n \\ + p_{i,j-1,k}^n + p_{i,j,k+1}^n + p_{i,j,k-1}^n) \\ + d_2(p_{i+1,j+1,k}^n + p_{i+1,j-1,k}^n + p_{i+1,j,k+1}^n \\ + p_{i+1,j,k-1}^n + p_{i,j+1,k+1}^n + p_{i,j+1,k-1}^n \\ + p_{i,j-1,k+1}^n + p_{i,j-1,k-1}^n + p_{i-1,j+1,k}^n \\ + p_{i-1,j-1,k}^n + p_{i-1,j,k+1}^n + p_{i-1,j,k-1}^n) \\ + d_3(p_{i+1,j+1,k+1}^n + p_{i+1,j-1,k+1}^n \\ + p_{i+1,j+1,k-1}^n + p_{i+1,j-1,k-1}^n + p_{i-1,j+1,k+1}^n \\ + p_{i-1,j-1,k+1}^n + p_{i-1,j+1,k-1}^n \\ + p_{i-1,j-1,k-1}^n) + d_4 p_{i,j,k}^n - p_{i,j,k}^{n-1}$$

となる。ただし，係数 $d_1 \sim d_4$ は，それぞれ次式で与えられる。

$$d_1 = \chi^2(1 - 4a + 4b), \; d_2 = \chi^2(a - 2b), \\ d_3 = \chi^2 b, \; d_4 = 2(1 - 3\chi^2 + 6a\chi^2 - 4b\chi^2)$$

更新式において，d_1 の項は座標軸に沿った離散化を表し，d_2 の項はセルの中心点からセル各辺の中点方向 (対角線方向) に沿った離散化，d_3 の項はセルの中心点から各頂点の方向 (立体対角線方向) に沿った離散化をそれぞれ表す。a, b のパラメータを調節することで，さまざまな精度が実現される。標準のFDTD法はSLF (standard leapfrog) とも呼ばれ，$a = 0, b = 0$ の場合に対応する。一方，$a = 1/4, b = 1/16$ とすると，カットオフ周波数がナイキスト周波数に一致するIWB法となり，低周波数領域での数値分散が抑えられるため，音空間レンダリングに最適である。

B. 音空間レンダラ

音空間レンダリングは，大規模な3次元音場計算を伴うため，計算時間やメモリなどの計算機資源が膨大に必要となる。そのため，レンダリングを専用に行うハードウェアレンダラが必須となる。FDTD法を用いた3次元音場計算は並列化が容易であるため，並列計算アクセラレータをレンダラとして使用すると効率良くレンダリングが行える。

（1）GPUレンダラ　GPU（graphics processing unit, ⇒p.448）は，処理を単純なものに限ることで演算器を簡略化し，その代わりに数百から数千の演算器を実装することで，並列処理による高速化を実現する並列計算アクセラレータである。3次元音場計算の場合は，各セルの計算を並列化可能であるため，CPUに比べて高速に計算可能であるが，それでも現実的な空間を扱うには能力が足りないため，複数台のGPUを並列動作させる**GPUクラスタ**が用いられる。

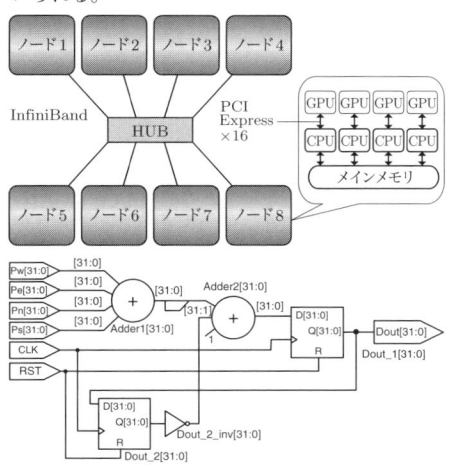

（2）FPGAレンダラ　音空間レンダリングはデータインテンシブな処理であるため，処理の高速化には，演算器の並列化と同時にメモリ転送の高速化が要求される。しかしながら，現在のCPUやGPUはメモリを演算器外に持つため，メモリから演算器へのデータ転送に多大なコストがかかり，高速化が図りにくくなっている。一方，メモリを並列計算機に直結できれば，データ転送のコストをほぼ無視できるようになるが，このような特殊なデバイスは市販されていない。そこで，**FPGA**（field programmable gate array）を用いて，独自のレンダラを設計することになる。

FPGAレンダラには，音圧更新式を計算する演算セルを実装する。演算セルは，前後左右に2次元的に配置され，相互にデータ交換を行う。3次元の場合は，これをさらに上下にも配置することになる。全セルはクロックで同期するため，同時並列処理による高速化が可能である。FPGAによる動作確認後は，ASIC（application specific integrated circuit）に置き換えると，さらに高速化・小型化が可能である。

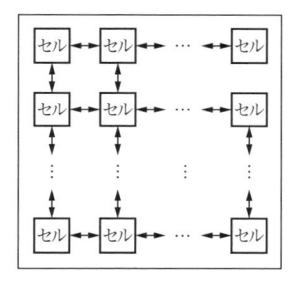

（3）シリコンコンサートホール
FPGAやASICを用いた専用ハードウェアレンダラを用いると，リアルタイムでの処理も可能となる。リアルタイム音空間レンダラを**シリコンコンサートホール**と呼ぶ。シリコンコンサートホールに必要な計算機資源は，1 000 m^3 の室容積に対してサンプリング周波数 48 kHz で IWB法により単精度計算する場合，約 21 GBのメモリと約 4.2 PFLOPS（peta FLOPS; peta floating point operations per second）の演算性能が必要となる。この性能は，トップクラスのスーパーコンピュータレベルであるが，シリコンコンサートホールが実現できると，居ながらにして有名コンサートホールの音響をさまざまな座席位置で楽しめるようになったり，映像とのインタラクションにより高臨場感なバーチャル空間を構築できるようになったりする。これは，ユーザーがこれまで制御できなかった音響空間や集音・録音部を制御可能にすることを意味し，音響技術の概念を根本から変える可能性がある。

◆もっと詳しく！
T. Ishii, et al.: *Jpn. J. Appl. Phys.* 52, 07HC11 (2013)

重要語句　音の大きさ，ラウドネス，等ラウドネスレベル曲線，騒音計，音の高さ，音色，印象的側面，識別的側面，オノマトペ

音の3属性
[英] three attributes of sound

音の3属性とは，主観的な性質として音が有する三つの属性である「大きさ」「高さ」「音色」のことである。「大きさ」は「音の強さ」という物理量と，「高さ」は「周波数」という物理量と強く結び付いており，心理的性質も比較的単純であるのに対し，「音色」に対応する物理量は多様で，かつ心理的性質としても多次元的である。

A. 音の大きさ

「大きさ」と「強さ」は混同されやすいが，音の強さが音圧を測定することによって得られる物理量であるのに対し，**音の大きさ**（loudness；ラウドネス）は音から受ける感覚の強さを表す心理量である。音の大きさは，「大きい－小さい」という尺度で表現できる1次元的な性質を持つ。音の大きさは音の強さと対応し，強度が増すほど，音は大きく感じられる関係にある。

Stevensによる一連の研究によって，音圧レベルが最小可聴値より十分に高い場合，音の強さと大きさの関係はべき法則に従うことが示されている（$L = kI^n$。Lは音の大きさ，Iは音の強さ，nは音の大きさ固有のべき数，kは条件などによって決まる定数）。例えば，1 kHzの純音でのべき数は，これまで多くの研究者によって報告されており，近年の調査によれば，これらはおおむね0.25～0.33の範囲にあり，平均値は0.3と推定されている。つまり，音圧レベルが10 dB増加するごとに大きさが2倍になる関係にある。定常広帯域音の大きさの推定モデルは，国際規格 ISO 532:1975 として発行されている。

大きさと強さの対応関係は周波数に強く依存する。このことは，**等ラウドネスレベル曲線**（⇒p.344）を見ることでもよくわかる。等ラウドネスレベル曲線からは，人間の聴覚の感度は500 Hz～5 kHz程度の範囲より高い周波数領域，および低い周波数領域において低下していることがわかる。この特性を反映するための聴感補正（A周波数重み付け特性）を通した強さの表示はA特性音圧レベル（騒音レベル）と呼ばれ，騒音の評価に広く用いられている。また，環境騒音に見られるような非定常音については，A特性音圧の時系列変化を平均化した等価騒音レベル（L_{Aeq}）が音の大きさと比較的よく対応することが，多くの研究で示されている。この値は**騒音計**（⇒p.268）などで比較的容易に測定できる値であり，簡便な時間変動音の大きさの評価法として有用性が高い。

B. 音の高さ

音の高さ（pitch）は，おもに「高い－低い」という1次元的な尺度で表現できる心理的性質である。4～5 kHz程度以下の音の高さは，周波数（純音の場合。周期的な複合音の場合はその基本周波数）と対応する。4～5 kHz程度を超える周波数では，高さの弁別が悪化したり，複合音の高さが知覚されなくなったりする現象が報告されている。一般的なピアノの最高音（C7）の基本周波数が約4.2 kHzであるように，通常の楽曲で使われる音はこの周波数範囲にある。日常的に聴取し経験する音の範囲においては，高さは周波数と対応するという比較的単純な対応関係にあるといえよう。

ただし，音の高さには，「ドレミ…」の音階に対応する音楽的な高さであるトーンクロマ（tone chroma）と，音色的な高さであるトーンハイト（tone height）の2面が存在し，その点において若干複雑な性質を持つ。周波数の上昇に伴って直線的に音が高くなるように覚える感覚がトーンハイトである。一方，周波数が2, 4, … 倍の関係（オクターブ）にあるときに，その印象が元に戻るような循環的な感覚が，トーンクロマである。この周波数に対応した直線的関係と，オクターブを周期とした循環的側面を持つ様子は，3次元空間内の螺旋状の曲線としてモデル化される。下図にシェパードのモデルを示す。

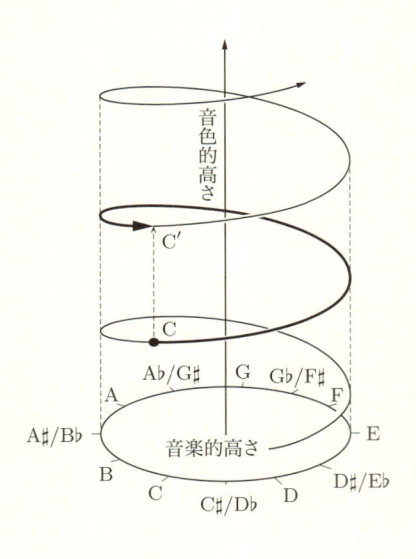

C. 音色

異なる二つの楽器の音を聞いた際，同じ大きさ，同じ高さの音であってもなお異なった音であると感じられる。この違いを**音色**と呼ぶ。

音色は，JIS Z 8106音響用語によると，「聴覚に関する音の属性の一つで，物理的に異なる二つの音が，たとえ同じ大きさ及び高さであっても異なった感じに聞こえるとき，その相違に対応する属性」と定義され，さらに備考として「音色は主に，音の波形に依存するが，音圧，音の時間変化にも関係する」とある。しかし，われわれは大きさも高さも異なる二つの楽器の音を聞いた場合においても，大きさの違い，高さの違いと同時に，音色の違いを感じ取ることができる。前述の定義は，1960年に発行されたアメリカ標準協会（American National Standards Institute; ANSI）の定義を踏襲した旧来の規格からいくつかの改訂を経たものであるが，依然，音色のことを積極的に定義したものではなく，音から受け取る聴感上の印象から「大きさ」と「高さ」を除いた残りを「音色」と呼ぶものである。このように，音色は，大きさと高さに並ぶ音の3属性として位置付けられているが，その性質を一言で捉えるのはたいへん難しい。

また，音の大きさと高さが，1次元的な心理的性質を持つのに対して，音色の場合はより複雑で多次元的である。加えて，物理量との対応も複雑で，周波数スペクトルのみならず，立ち上がりや減衰の時間特性，定常部の変動，成分音の調波関係，ノイズ成分の有無など，さまざまな物理量が音色の違いを生じさせる。

音色には，音の主観的印象の表現の側面である「印象的側面」と，何の音か聞き分ける「識別的側面」の二つの側面が存在するという特徴がある。

（1）印象的側面 音色の違いとして感じている印象を直接測定することは困難である。しかし同時に，われわれは音から受ける印象を「明るい音」「暗い音」「やわらかい音」「かたい音」などのように，さまざまな形容詞を用いて表現することがある。音色の印象的側面とは，このように形容詞で音色の心理的特徴を表現できる性質のことをいう。1960年代以降，SD（semantic differential）法（⇒p.100）を用いて多様な音色表現語を集約する研究が数多く行われ，音色を表す言葉は3ないしは4の独立した因子（音色因子）に集約されることが示された。音色の印象的側面は，下図のような3ないしは4次元程度の空間上の座標で表せると考えてよい。代表的な音色因子は，美的因子，金属性因子，迫力因子と呼ばれる。

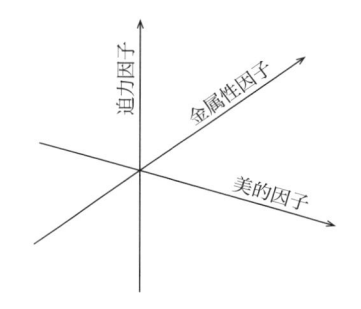

（2）識別的側面 われわれは，音色によって楽器の違いを区別できるのと同時に，同じ楽器が異なる大きさ，高さの音を演奏していても，これらの音が同じ楽器の音であると判断できる。異なる話者の「あ・い・う・え・お」という母音を，それぞれ同じ母音として識別できることも，電話先の知人が風邪をひいて声が枯れていてもその人であると識別できるのも，われわれに音を聞いてそれが何の音であるか，どのような状態であるかを識別できる能力があるからである。このような性質を音色の識別的側面という。

音色を識別する際，ある程度大まかな括りのカテゴリーとして音色の音響的特徴の類似性を識別していると考えられる。その過程は十分に解明されていないが，人が音を識別し，ある種のカテゴリーとして記憶している側面は，擬音語表現（オノマトペ，⇒p.66）に反映されていることも考えられる。また，われわれは記憶の中の音から音のイメージを再構成する能力も持っている。過去に聞いたことがないメロディを演奏しても楽器の音を識別できることや，音楽家が演奏前に楽譜からその曲のイメージを構成できることも，この能力による。

◆ もっと詳しく！
岩宮眞一郎 編著：音色の感性学, コロナ社 (2010)

重要語句 情報ハイディング，電子透かし，ステガノグラフィ，音質劣化，埋め込むデータの量，攻撃耐性

音の透かし
[英] audio watermark

画像や音声などに知覚できないようにデータを埋め込むことを，電子透かしと呼ぶ。もともとはディジタル画像や音声のコンテンツの著作権保護用のID情報などに利用されていたが，最近では，これらのコンテンツの補助的な情報の埋め込みにも利用されている。

A. 電子透かしとは

音，静止画，動画，テキストなどに知覚できないようにデータを埋め込み，検出して利用する技術を，**情報ハイディング**と呼ぶ。情報ハイディング技術のうち，**電子透かし**は埋め込まれるコンテンツ信号に関する情報を埋め込む技術を指す。例えば，コンテンツの著作権に関する情報を電子透かしとして埋め込み不当なネット配信を検出したり，不当にコピーされたコンテンツの再生を制御したりする。一方，**ステガノグラフィ**では，コンテンツに関連のないデータを埋め込んで，のちにこのデータを検出して利用する。例えば，秘密通信文書がこの技術を使って伝達される。その利用目的から，電子透かしはコンテンツに対する外乱が加わっても検出可能であることが求められる。一方，ステガノグラフィはデータが埋め込まれていること自体が検出困難であるという秘匿性が求められる。このように両者は，要求仕様は異なるが，埋め込みに用いられる技術は共通する点が多い。

音の電子透かしは，CD音源など，音楽コンテンツの著作権保護のニーズがあったため，音楽信号に対する埋め込みの検討が主であった。しかし，音声信号への電子透かしの検討例もある。この場合，埋め込まれたデータは，通話相手の認証やステガノグラフィとしての利用が多い。

B. 音の電子透かしの要求条件

音の電子透かしは知覚されないように埋め込む必要があるので，埋め込みにより音質が劣化しないことが求められる。しかし，現実には埋め込みにより音楽信号が変更されるため，**音質劣化**が生じる。この劣化量は，**埋め込むデータの量**とトレードオフの関係にある。多くのデータを埋め込む場合，信号に加える変更量が多くなり，音質劣化も大きくなる。

音楽信号に埋め込む必要があるデータ量は，そのデータの利用方法によって大きく異なる。著作権情報やコンテンツ関連URL程度の透かしデータであれば，データ量はそれほど多くない。一方，ステガノグラフィとして利用する場合，データ量はこれより多くなる。よって，許容できる音質劣化と埋め込むデータ量のバランスを考慮して，実際に埋め込む量を決定する必要がある。

また，音楽コンテンツの蓄積時や伝送時には，多くの場合，データ圧縮を伴う。例えば，MP3（MPEG-1 layer 3, ⇒p.454）やAAC（advanced audio coding）符号化では，1/10以下までデータ量が圧縮される。このような符号化過程を経ても，透かしデータは検出できなくてはならない。また，悪意のある第三者が，透かしデータを検出できなくする目的でコンテンツに変更を加える可能性もある。このような符号化や変更などを総称して，「攻撃」と呼ぶ。攻撃があっても，電子透かしが一定以上の水準で検出可能であることが求められる。ただし，透かしデータの利用方法によって，その水準は異なる。例えば著作権データとして利用する場合は，多量の攻撃があっても透かしが検出可能であることが求められる。一方，URLなどのデータであれば，一定以上の攻撃に対しては検出不可能でも許容される場合がある。

C. 代表的な音の電子透かし

古典的な音響信号用電子透かし方式を三つ紹介する。最新の方式の中にもこれらの方式を発展させたものが含まれるが，多くは音質劣化を抑えつつ，透かしの頑健性を向上させるため，複雑な構成となっている。

（1）ビット置換法 単純に音響信号の各サンプルの下位ビットを透かしデータで書き換える方法である。検出する際には，下位ビットを取り出して統合することで，透かしを再現できる。この方法は，処理は単純で，書き換えるビット数を制限すれば音質劣化は少ない。一方，攻撃に対する耐性はほとんど期待できない。

（2）エコー法 人間の聴覚は，遅延が少ないエコーを知覚できないことが知られている。これを利用し，透かしのデータによって異なる遅延と異なる利得を持ったエコー信号を原信号に加えることでデータを埋め込む。信号の自己相関分析やケプストラム分析によりエコーの遅延時間が検出できるので，透かしデータを取り出すことができる。この方法は，信号を分析することで，透かしの存在を検出することができるので秘匿性が低い。また，音質劣化を抑えるに

は，攻撃に対する耐性を低く抑える必要がある。

（3）スペクトル拡散法　透かしデータを疑似乱数列で変調することで広い帯域に信号エネルギーを分散し，これを音楽信号に加えて透かしを埋め込む。拡散に用いた疑似乱数列を同期して再度変調することで，透かしデータを取り出すことができる。この様子を下図に示す。

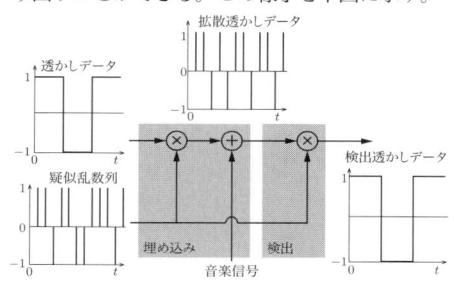

この方法では，透かしのエネルギーを広帯域に拡散させて音楽信号に加算しているので，秘匿性は高く，加算時の利得を抑えることで，音質劣化もある程度抑えることができる。また，加算雑音や音響符号化に対して耐性が高い。一方で，音高変更や時間長変更など，一部の攻撃には極端に弱い。また，埋め込み可能なデータ量に制約がある。

D. 音の電子透かしの性能評価方法

音の電子透かしはなるべく知覚されないように埋め込まれるため，埋め込みによる音質劣化は一般的には少ないが，その量を定量評価する必要がある。

音質評価には，音響符号化技術などに対して用いる主観音質評価手法が用いられる。多くの電子透かしは，ほとんど劣化が知覚できないように透かしを埋め込むので，その聞き分けには熟練評価員が必要とされる。また，聴取環境についても厳しい制約が決められている。このため，音質の主観評価には多くの費用と時間が必要である。

そこで，簡易的に評価員を用いずに，音楽信号の物理的劣化量から主観音質を推定する試みがいくつかある。このうちよく用いられる方法に，国際標準 PEAQ (perceptual evaluation of audio quality) がある。この方法では，原音と透かしを埋め込んだ音源の差から音質劣化量を算出する。PEAQ はもともと音響符号化の劣化量を推定しようとして開発されたものであり，その目的では広く用いられている。しかし，電子透かしと音響符号化は共通点が多いが，性質が異なる面も多いため，一部の透かしでは，PEAQ では精度の高い音質推定はできないとの報告もある。

攻撃耐性は，一般的には音響符号化，雑音加算，音高変更，時間長変更，フィルタなどを試験信号に適用し，透かしの検出精度により評価する。攻撃としてなにを用いるかは必ずしも統一されていないため，異なる透かしの攻撃耐性を直接比較することは，当初は困難であった。そこで，統一した攻撃耐性評価プラットフォームとして Stirmark for Audio が提案されたが，このような攻撃を違法と見なす国が出現したため，現在，開発や公開は行われていない。最近では，電子情報通信学会の情報ハイディングおよびその評価基準（IHC）第2種研究会において，画像，動画，音響信号透かしの評価基準を提案しようとする試みもある。すでに統一した評価基準案と評価用標準データを提供しており，これに基づいた国際コンテストも開催している。

E. 音の電子透かしの応用例

音の電子透かしの製品例は，ほとんどが音楽用である。研究段階の発表は多いが，製品まで至る例は少ない。過去には，著作権保護を目的とした，ソニーによる SACD の音楽コンテンツへの適用事例や，日本ビクターによる MIDI データへの適用事例が報告されている。しかし，特に著作権保護用途に関しては，実用化された技術でもその内容を明らかにしていない事例が多い。例えば，Verance 社の Cinavia は，Blu-ray コンテンツのコピー制御のために現在一部で応用されているが，その技術的詳細は公開されていない。最近の製品例では，Digimarc 社が画像・音楽も含めた透かしを提供している。また，放送，映画，デジタルサイネージなどの音響信号に，コンテンツに関連する URL などの情報を埋め込んで，視聴者のスマートフォンなどでこれを検出して利用する技術も，一部で実用化が始まっている。このような技術は，空間伝搬しても検出が可能な頑強性が求められる。

◆ もっと詳しく！

小野　束：電子透かしとコンテンツ保護, オーム社 (2001)

| 重要語句 | 製品音，サイン音，サウンドスケープ，音環境デザイン，映像メディアにおける音，音質評価，音質評価指標 |

音のデザイン
[英] sound design

音を伴うモノや場などで，音が人間に及ぼす直接的または間接的影響を抑制するため，あるいは音源や環境の機能性や，美的・経済的価値を高めるために行われる音の設計や計画。

A．音のデザインとは

デザインというと，その対象は服飾，建築，工業製品，美術品などさまざまであり，機能や美的効果，技術や消費などの観点からの要求を考慮しつつ，その形態が計画される。従来，対象の多くは視覚的な形態のものであったが，近年，生活の質を重視する傾向が強まるにつれ，音にもデザインが求められるようになってきている。実際に，**製品音**（⇒p.264），**サイン音**（報知音，⇒p.208），**サウンドスケープ**（**音環境デザイン**，⇒p.42），**映像メディアにおける音**（⇒p.22）など，さまざまな分野でデザインの検討と実践がなされている。以下に，その代表的な対象での音のデザインについて概説する。

B．製品音のデザイン

製品から発生するおもな音は稼働時の動作音であり，多くの場合静粛化が望まれる。実際に，これまでの製品音に対するアプローチは静粛化のための騒音対策が主流であり，適用事例も多い。結果として，最近の製品音は以前に比べて非常に静かになっているが，その一方で不都合も生じている。製品の音にはユーザーに動作の状態を知らせる信号としての側面がある。また，騒音対策のコストも無視できない。したがって，静粛性の過度な追求は，機能的にも，経済的にも合理的とはいえない。このような背景から，静粛化だけではなく，音を質的に改善したり，デザインすることが求められている。

デザインの手続きとしては，**音質評価**（⇒p.100）に基づいて音質劣化の原因を取り除く対策型のデザインや，理想とする概念的なデザイン目標を置き，その具現化を目指すコンセプトに基づいたデザインがある。

対策型のデザインでは，まず製品音に対する官能評価を行い，音質劣化の原因を探る。評価と製品音の音響的特徴を対応付けることができれば，その音響的特徴を制御することにより音質を改善できる。例えば，周波数スペクトル上の高域で突出したエネルギーを持つ成分は典型的な音質劣化の原因であり，聴感的に耳障りで不快な印象を伴う。このような音響的特徴は「鋭さ」（シャープネス）の印象も伴うことが多く，この「鋭さ」の印象と対応する指標も提案されている。このような指標は**音質評価指標**と呼ばれ，官能評価を行わずに，音の物理量から主観量を見積もるのに利用される。こういった指標により製品音のデザイン目標を立てて対策を行うのが，典型的な手続きの一つである。

コンセプトに基づいたデザインでは，理想とする音のデザイン目標を"ことば"で表現することが多いと思われる。このような"ことば"による目標設定は抽象的であり，実現するには目標と結び付く音響的特徴の把握が必要となる。例えば，自動車で「軽快感」や「スポーティ感」のある音というデザイン目標が立案された場合，排気音に表れるエンジン内での爆発に同期した周波数成分やエンジン回転数の0.5倍，1.5倍といった周波数成分（ハーフ次数成分ともいう）が重要とされ，これらを制御するために機構設計が行われる。このような一連の手続きは音作りの工程といえ，製品の価値を高める一つの手段となっている。

C．サイン音のデザイン

サイン音（報知音）は，文字どおりなんらかの情報を伝達するために，さまざまなモノや場で用いられている。例えば，家電製品，情報機器，公共空間に至るまで，その利用範囲は多岐にわたる。サイン音に要求されることは，いうまでもなく情報の確実な伝達である。サイン音を聴取したときにその意図を正しく瞬時に理解できることが重要であり，その前提としていかなる状況でも確実に聴き取れなければならない。特に，緊急時に用いられるサイン音（警報音など）は，暗騒音の影響を受けにくく，高齢者を含む幅広い年齢層が聴取でき，さらに文化や国籍によらず利用できることが望ましい。これらの要求を満たすためにサイン音を適切にデザインする必要がある。

サイン音のデザインで考慮すべきおもな音響特性としては，音圧レベル，基本周波数，周波数成分の規則性，振幅エンベロープ，断続の速度や回数，ピッチ変化の範囲とパターンおよびその速度などがあり，これらと聴取者の反応の関係が検討されている。前述の警報音をデザインする場合，利用の目的や場所によって求められる特性が異なるが，一般的には基本周波数が高いほど，また断続の速度が速いほど緊急性が高いと感じられる。また，周波数を変化させたり，広帯域に成分を持たせたりするようなデザ

インは，暗騒音や聴力低下の影響を受けにくくするのに有効である．さらに，同時に複数のサイン音が鳴る状況でもサイン音の意味を正しく想起させる必要があり，機能イメージに応じたサイン音のデザインが求められる．

サイン音のデザインのための指針として，音響特性，運用方法や試験方法を標準化した規格がある（例えば，ISO 8201:1987, Acoustics - Audible emergency evacuation signal）．また，家電製品のサイン音に関する規格では，機能ごとに推奨される音響特性が示されている（JIS S 0013:2011, 高齢者・障害者配慮設計指針—消費生活製品の報知音）．

D. 音環境のデザイン

音環境のデザインが望まれるおもな空間としては，道路，公園，駅や空港，学校，医療福祉施設，商業施設など，多くの人が利用する公共空間が挙げられる．これらはそれぞれ利用者の属性や用途が異なり，目指す音環境も異なるが，基本的には利用者に不快感を与えず，また情報音の伝達を妨げぬよう騒音を制御することが重要である．そのためには，まずその空間を音響的に評価し，音環境の現状と問題点を把握する必要がある．その際に用いられる基本的な手法としては，等価騒音レベル（L_{Aeq}）などの音響物理指標や$1/n$オクターブバンド分析などの周波数分析による量的な評価がある．屋内では音の響きやエネルギーの偏在が音環境に影響することから，残響時間や音圧レベル分布なども検討される．対象となる空間では，騒音源付近や影響が及ぶ場所などを含む複数箇所で測定を行い，その結果をもとに，音源，受音位置，あるいは音の伝搬経路上で適切な対策がとられる．その際，対象空間が生活の場であれば騒音の規制基準や環境基準，作業場であれば騒音許容基準など，各種の基準がデザインの際の一つの目安となる．

一方，以上のアプローチでは，美的，あるいは質的に満足できる音環境の実現が難しいことも多い．こういった要求に応えるためには，空間における音の評価と制御だけではなく，音が存在する場所や時間，音が喚起する個人の記憶やイメージ，個人や社会の歴史的・文化的背景といった，従来の音響学では扱えない事柄まで考慮に入れる必要があるかもしれない．このような問題に対しては，カナダの作曲家R・マリー・シェーファーによって提唱されたサウンドスケープの概念が有用と考えられる．

サウンドスケープとは，個人や社会が聴き取ったすべての音事象で構成される音響的フィールドであり，人間と音との関わりを重視した概念である．サウンドスケープの概念に基づいたデザインとは，「特定の音の削除や規制（騒音規制），新しい音が環境の中に野放図に解き放たれる前にそれらを検討すること，特定の音（標識音）の保存，そして何よりも音を想像力豊かに配置して，魅力的で刺激的な音環境を未来に向けて創造すること」であるが（R・マリー・シェーファー著，鳥越ほか訳『世界の調律』より），さらにその一端を担う一般の人々の感性を育むための教育（サウンドエデュケーション）までをデザインの行為に含む．

この概念に基づいた音環境デザインの実践例としては，「瀧廉太郎記念館」（大分県竹田市）などがある．この事例では，著名な音楽家が幼少時に聞いたであろう音風景の再現を目指し，旧宅や庭園が整備された．また，日本各地で音名所や「残したい音風景」の選定事業が行われている．この活動は，音への気づき，さらには環境との関わりを促すといった意義がある．

E. 価値を高める音のデザインに向けて

モノや場の価値を高めるために音がデザインされるが，どれほどの価値があるのだろうか．家電製品の音を対象に，その音質の改善によって製品に付加される価値を貨幣タームで評価したところ，製品の価格の1割程度に相当すると推定された．音のデザインは，少なからず価値をもたらすと考えられる．

音に対する価値の評価は個人や社会で異なることも多いが，一定の価値を認められた音も存在する．例えば，愛好者によって圧倒的な支持を集めるバイクの音，名器といわれる楽器の音などがある．このような音は人間が受容しやすい音響的特徴を持つと考えられるが，一方で音の機能性，音が存在する文脈，音源に関する聴取者の知識や経験など，音そのものとは無関係な要因も関与する可能性がある．実際に，音の経済的な価値の評価を試みた前述の研究では，製品からの音が気になった経験の有無が音質改善後の製品を選択するか否かに影響することもわかっている．音のデザインを検討する際には，音の価値の評価に影響するさまざまな要因を考慮する必要があろう．

◆ もっと詳しく！

桑野園子 編著：音環境デザイン, コロナ社 (2007)

重要語句　音響障害，音響特異現象，鳴き竜，ささやきの回廊，サウンドスケープ，音風景

音の名所
[英] famous place of sound / sound mark

世界中に名所と呼ばれるところはたくさんある。一般的には，景色の良いところ，歴史的な価値がある場所などが多いだろう。しかし，中には「音」に特徴がある「音の名所」もある。

A. 音響現象を生かした音名所

建築音響設計において，**音響障害**や**音響特異現象**といわれる，生じさせてはならない音響現象がある。例えばエコーやフラッタエコー，音の焦点などがこれに当たる。コンサートホール（⇒p.206）や公共空間（⇒p.178）などでは，こういった音響現象によって音の良い響きが阻害されたり，アナウンスが極端に聞き取りにくくなるなどの悪影響が生じるため，必ず避けなければならない設計である。しかし，意外な音の聞こえ方がするため，これを利用した音の名所もある。

（1）日光東照宮の鳴き竜　日光東照宮の本地堂の鏡天井には狩野派の絵師による竜の絵が描かれていて，この竜の頭の真下で手を叩くと，天井から「ブルブルッ」という不思議な音が聞こえ，これがあたかも竜が鳴いているかのように思われるため，鳴き竜として有名である。じつは，本地堂は1961年3月に焼失しており，本地堂も鳴き竜も，復元工事によって蘇ったものである。復元工事においてさまざまな音響検討が行われ，鳴き竜も見事に復活した。この鳴き竜現象は，簡単にいえば，天井と床の間で音が往復反射するために生じるものである。現在では僧侶が竜の顔の下で拍子木を打ち，そのいわれを紹介しながら鳴き竜を聞かせてくれる。

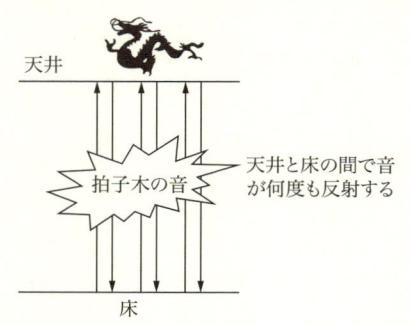

（2）ささやきの回廊　「ささやきの回廊」と呼ばれる音響現象を体験できる音名所が，世界中にいくつもある。これは円形の壁を音が次々と反射して伝わることにより，驚くほど遠くまでささやき声が聞こえる現象である。

セント・ポール大聖堂　ロンドンにあるセント・ポール大聖堂のドームは，この現象で有名である。この教会は，チャールズ皇太子とダイアナ妃が結婚式を挙げたことでも有名な，たいへん大きな教会である。

天壇公園　北京にある天壇公園にも「回音壁」と呼ばれる円形の壁がある。観光客の声が大きすぎて，なかなかささやきの回廊現象を体験するのは難しいとされるが，古くからその名のとおり，音が回る壁と考えられてきたものである。

彩の国・音かおりの里　ささやきの回廊現象を体験できる場所として，1997年埼玉県さいたま市に作られたのが「彩の国・音かおりの里」の「ささやきの壁」である。この公園は，普段なかなか気づきにくい音やかおりについて，あらためて考えてみることができるよう，さまざまな仕掛けが施されている。ほかにも「足音のみち」「音の架け橋」「聞き耳の椅子」など，楽しい場所がたくさんある。

B. 音の仕掛けを使った音名所

（1）水琴窟　日本庭園における造園装飾の一つとして，おもに江戸時代に作られたとされる発音装置である。茶席に入る前などに，庭にしつらえられた手水鉢から柄杓で水をすくい，手を清める際に水が落ちるあたりの地中に，底に穴を開けた甕を伏せた状態で埋める。すると水のしずくが甕の中で反響し，琴のような清らかな音を発することから，この名が付いたとされている。静かな庭でささやかな音を楽しむ水琴窟は，視覚的には見えない装飾であるせいか，明治以降，特に戦後に至って人々から忘れられていた。しかし昭和の終わりに，調査や復元の様子が新聞・テレビで取り上げられると大きな反響を呼び，広く一般にも知られるようになった。現在では，その音を楽しむことのできる水琴窟が全国各地に存在する。中でも，京都の円通寺，妙心寺退蔵院，永観堂禅林寺，鎌倉の浄妙寺喜泉庵などが有名である。

（2）鶯張りの廊下　京都の二条城や浄土宗総本山知恩院には，鶯張りの廊下と呼ばれる音の出る廊下がある。歩くと鶯の鳴き声に似た音が出る。静かに歩こうとするほど音が出るので「忍び返し」ともいわれる。曲者の侵入を知

(3) みみのオアシス　東京都杉並区には，杉並「知る区ロード」と呼ばれる，東西の輪（全長約36 km）が重なるようにして繋がる散策ルートが設定されており，区内のおもな名所旧跡や公園，区の施設などが巡れるようになっている。このルート上には4か所の休憩所があり，そのうちの一つが「みみのオアシス」である。「ぶらさがるみみ」「のぼるみみ」「かがむみみ」「ひろがるみみ」「みないみみ」「すますみみ」「くつろぐみみ」の7種類の不思議な形の大きな「耳」に自分の耳を付けると，まわりの竹林の音がいつもと少しずつ違って聞こえる。

ぶらさがるみみ　　　のぼるみみ

C. 選定された音名所

1990年代の日本では，**サウンドスケープ**（⇒ p.42）という考え方が広がるに従い，身のまわりの良い音に耳を傾けようという動きが高まり，全国各地で音名所が選定された。

(1) 残したい日本の音風景100選　環境庁（現 環境省）では，1996年に「残したい"日本の音風景百選"選定」事業を実施した。これは，全国各地で人々が地域のシンボルとして大切にし，将来に残していきたいと願っている音の聞こえる環境（音風景）を広く公募し，音環境を保全する上で特に意義があるものを認定したものである。そのうち，音名所と呼ぶにふさわしいものを挙げてみる。

　北海道／函館市：函館ハリストス正教会の鐘
　青森県／八戸市：八戸港・蕪島のウミネコ
　岩手県／大船渡市：碁石海岸・雷岩
　山形県／山形市：山寺の蝉
　福島県／昭和村：からむし織のはた音
　茨城県／北茨城市：五浦海岸の波音
　埼玉県／川越市：川越の時の鐘
　千葉県／香取市：樋橋の落水
　東京都／台東区：上野のお山の時の鐘
　東京都／武蔵野市：成蹊学園ケヤキ並木
　神奈川県／川崎市：川崎大師の参道
　長野県／長野市：善光寺の鐘
　富山県／南砺市：井波の木彫りの音
　福井県／越前市：蓑脇の時水
　静岡県／遠州灘：遠州灘の海鳴・波小僧
　愛知県／田原市：伊良湖岬恋路ヶ浜の潮騒
　岐阜県／岐阜市・関市：長良川の鵜飼
　滋賀県／彦根市：彦根城の時報鐘と虫の音
　京都府／京丹後市：琴引浜の鳴き砂
　奈良県／奈良市：春日野の鹿と諸寺の鐘
　鳥取県／鳥取市：因州和紙の紙すき
　島根県／大田市：琴ヶ浜海岸の鳴き砂
　広島県／広島市：広島の平和の鐘
　広島県／尾道市：千光寺驚音楼の鐘
　徳島県／徳島市：阿波踊り
　福岡県／太宰府市：観世音寺の鐘
　佐賀県／伊万里市：伊万里の焼物の音
　長崎県／長崎市：山王神社被爆の楠
　熊本県／山都町：通潤橋の放水
　大分県／日田市：小鹿田皿山の唐臼

(2) 各地で選定された音名所　環境庁の事業と前後するように，全国各地で音名所の選定が行われた。例えば東京都練馬区では，1990年に「ねりま・人・音・暮らし'90」という事業を実施し，その中で「ねりまを聴く，し・ず・け・さ10選」を選定した。ここで特徴的なのは，「しずけさ」を練馬区の音の特徴として捉え，区民とともに練馬区の音環境の良い面を探そうとしたところであろう。福岡市では，1997年に音環境モデル都市事業の一環として「残したい福岡の音風景21選」を選定している。

D. 見つけてみよう，自分だけの音名所

われわれの身のまわりには，おもしろい音響現象や心に残る音風景がたくさんある。筆者にとっての音名所は，大田区役所のエントランスや東京の広尾にある愛育病院の車寄せで体験できる見事な鳴き竜現象である。これらを見つけたときはちょっと得意で幸せな気分になったものである。皆さんも自分だけのとっておきの音名所を探してみてはどうだろうか？

◆もっと詳しく！

石井聖光：本地堂の"鳴き竜"復元に関する研究，生産研究, **17**, 4, pp.75–81 (1965)

重要語句　ユニバーサルデザイン，バリアフリー，音環境

音のユニバーサルデザイン
［英］universal design of sound

　ユニバーサルデザインは，特定の対象者のバリアを取り去るよう配慮したバリアフリーの考え方を拡張し，より多くの人に使いやすく，便利で役立つことを目指したデザインである。音のユニバーサルデザインを考える場合，音や聴覚に影響を及ぼす要素のみを考えるのではなく，他のデザイン要素との連携を考慮したバランスの良いデザインが求められる。

A．ユニバーサルデザインとは

（1）考え方とデザインアウトプット　ユニバーサルデザインは，1985年に，アメリカの建築家・デザイナー・教育者であったロナルド・L・メイスにより提唱された概念である。特定の対象者におけるバリアを解消することに主眼を置いた**バリアフリーデザイン**（⇒p.64）と区別して，できるだけ多くの人が利用可能で，かつ便益を享受できるデザインにする，ということが基本コンセプトである。音のユニバーサルデザインの場合，音を用いたユニバーサルデザインおよび**音環境**に配慮したユニバーサルデザインを指す。デザインアウトプットは，音案内・サイン音などのサイン計画，建築・空間デザイン・空間演出に始まり，プロダクト，アクティビティ，決まり・ルールなど，多岐にわたる。

（2）検討要素　音のユニバーサルデザインを考える際に検討すべき要素として，前述のロナルド・L・メイスは下図に示す七つの原則を提唱している。

ユニバーサルデザインの7原則

1. Equitable use
   誰にでも公平に利用できること
2. Flexibility in use
   利用者の能力や好みに対して自由度が高いこと
3. Simple and intuitive
   利用者の知識／経験／文化的背景などに関係なくシンプルで直感的であること
4. Perceptible information
   認知可能な情報性を有していること
5. Tolerance for error
   間違った使い方をしても危険が生じないこと
6. Low physical effort
   負担なく利用できること
7. Size and space for approach and use
   利用するために十分な大きさ・空間があること

これらの要素について音のユニバーサルデザインを考える場合，主たるデザイン要素は，下表のように整理できる。

7原則	音・音環境のデザイン要素				利用時の音環境*	他要素との連携
	対象となる音について					
	大きさ	高さ	音色	意味性		
1.公平性		◎			◎	
2.自由度	◎	◎	◎			
3.直感的				◎		
4.認知性			○	◎		
5.寛容性	○			○	◎	◎
6.負担	◎				◎	
7.空間性					◎	◎

○：関係するもの，◎：特に関係が深いと考えられるもの
＊：音源内容・暗騒音レベル・残響時間など

（3）デザインの対象者　音のユニバーサルデザインの目指すべきところは，ある特定の対象者だけでなく，多くの人にとって使いやすく便利で役立つことであるが，不特定多数を対象に公平に便益を追求していくことは困難である。そのため，メインターゲットを決めて音のユニバーサルデザインを計画していくことが望ましい。例えば，聴覚能力や視覚能力が影響する場合にはメインターゲットは高齢者や視覚障害者・聴覚障害者，使用言語が影響する場合には外国人，というように決めていくことが必要となる。

B．デザインフローと実例

（1）デザインフロー　音のユニバーサルデザインを行う際の，基本的なデザインフローを下図に示す。

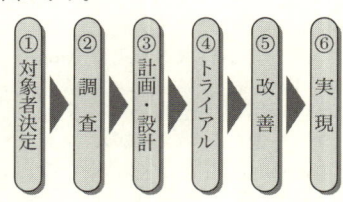

①対象者決定 → ②調査 → ③計画・設計 → ④トライアル → ⑤改善 → ⑥実現

　①**対象者決定**：デザインの主たる対象者であるメインターゲットを決める。
　②**調査**：①で決定したメインターゲットおよび利用環境に関する各種調査を行う。調査としてメインターゲットの行動観察調査を行うのも有効である。音響に関する専門的知見も，このステップで収集する。
　③**計画・設計**：②で得られた調査結果をもとに，具体的な計画・設計を行う。
　④**トライアル**：③で計画・設計された一時的なアウトプットをプロトタイプとして扱い，試

験的運用を行う．その後，プロトタイプにおける問題点の抽出・整理を行う．

⑤ **改善**：④の実施によって得られた問題点を踏まえ，改善を行う．④と⑤は，状況に応じて複数回反復して行うことが望ましい．

⑥ **実現**：公的に実運用する，正式な商品として市場に出すために，経済性や運用・保守計画などを検討する．

なお，このデザインフローは，音の観点に限らず，その他のデザインや関連プロジェクト全体の遂行に適用可能である．

（2）**音のユニバーサルデザインの実例**
音のユニバーサルデザインの実例として，以下に3例を挙げる．

家電製品の報知音 家電製品には，動作の完了を知らせる終了音，誤操作や異常を知らせる注意音，操作ボタン押下時の操作確認音といった報知音が鳴る製品が多数ある．以前は4 000 Hz付近の報知音が多く存在したが，近年では2 000 Hz付近が主流になりつつある．これは，聴力が低下して高い周波数の音が聞き取りづらい高齢者に配慮したバリアフリーデザインであるが，聴力が衰えていない若い人にとっても耳障りになりにくい落ち着いた音であり，音のユニバーサルデザインといえる．

骨導を利用した携帯電話 鼓膜で大気の圧力変化を捉える聞き取りメカニズムではなく，頭蓋骨の振動として内耳に音を伝える「骨導」を利用した携帯電話がある．これは，耳の入口から内耳までの音の伝達経路に障害がある人にとって有効であると同時に，これらの障害がない人にとっても，周囲の騒音が非常に大きい環境下において音声を聞き取りやすくする手段の一つになりうる．

音情報の取捨選択による音環境改善 集客施設のリニューアルデザインとして，案内放送やBGMを見直して，必要最小限の案内放送と控えめな環境音楽に変更し，天井に吸音材を用いた仕様に改めた事例がある．不必要な音や過剰な演出音を取り去り，残響の少ない環境とすることで，視覚障害者にとっては手掛かりとなる音が増え，環境の認知が行いやすくなるとともに，その他の人にとっては，騒音レベルが抑えられた落ち着きのある快適な空間を実現している．

C. 課題と今後の展望
（1）**音のユニバーサルデザインの課題**
前述のデザインフローの各ステップの対応が不十分であると，運用段階で問題が生じることがある．とりわけ ② 調査，④ トライアル，⑤ 改善のアクションは重要であり，これらのアクションの成果が最終的なデザインアウトプットの質を左右するといっても過言ではない．各ステップの検討・対応が不十分な際に生じる課題例を，以下に示す．

① **対象者決定**：対象者を明確にしない場合，デザインの仕様が曖昧になり，だれにとっても使いづらいデザインとなってしまうことがある．

② **調査** / ③ **計画・設計**：調査が不十分である場合，デザイナーや設計者の主観に大きく依存したデザインとなってしまう可能性がある．また，音響に関する専門的知見について，調査のステップで収集・整理を行わないと，計画・設計に反映できないため，注意が必要である．

④ **トライアル** / ⑤ **改善**：トライアルと改善のアクションが不十分であると，実際に使われる際に問題となる実使用環境特有の課題に最後まで気づかないことがある．

⑥ **実現**：実現ステップの検討が不十分であると，保守計画不足で故障続きとなって継続的な運用ができなかったり，運用資金が不足して短期間で運用停止となったりすることがある．

また，音はあくまで一つの要素にすぎず，すべての機能を音だけで充足させるのではなく，視覚情報など他の要素と併せて考え，課題を解決していくことが重要である．そのため，関連プロジェクトの早い段階から他の要素と連携をとり，情報共有や各種調整を進めていく必要がある．

（2）**音のユニバーサルデザインの今後の展望** 今後，交通機関・サービスの進化，国際イベントの増加により，より多くの外国人が日本を訪れることになると予想される．一方で，日本国内では高齢化が一層進むことになる．そのような状況においては，メインターゲットの幅が広がると考えられる．音のユニバーサルデザインの必要性がより一層増すことになるのは確実であるが，音だけですべてを解決しようとせず，音を含めた複合的な要素のバランスがとれたデザインを心掛け，多くの人に永く愛され利用されるユニバーサルデザインを目指すのが理想的である．

◆ **もっと詳しく！**
日本騒音制御工学会 編：Dr. Noiseの『読む』音の本—バリアフリーと音, pp.71–107, 技報堂出版 (2015)

重要語句　音支援，バリアフリー，ユニバーサルデザイン，障害者支援，高齢者支援

音バリアフリー
[英] barrier-free of acoustic

超高齢社会を迎えたわが国では，聴覚・視覚などの感覚機能や運動機能の低下のために日常生活の中で不便を感じる人が増加する傾向にある。特に音に関わることで障害者や高齢者の生活に不便な障害を取り除こうとすることを「音バリアフリー」という。また「障害者や高齢者の」の限定を除き，「障害者，高齢者および健常者が快適な生活ができる設計」ということで，「ユニバーサルデザイン」という用語も使用される。

A. 音バリアフリーの研究テーマと考え方

日本音響学会において，健常者を中心に設計されてきた現在のさまざまな環境をだれもが使いやすいようにするという視点に立って，問題を特定し解決を図るために，2006 年に音バリアフリー調査研究委員会が発足した。

音バリアフリー調査研究委員会では，研究分野によって「音バリアフリー」の捉え方がさまざまであることが示された。そこで，「音バリアフリー」に関する共通認識を構築するために，各研究分野における調査を行った。その後，「音バリアフリー」における制度の整備，インフラストラクチャ整備促進のための行政への働きかけ，協力などを含めて，社会全体としての重要性を確認した。2009 年 3 月より日本音響学会では**音支援**（音バリアフリー）に関する分野が常設されて，**バリアフリー**，**ユニバーサルデザイン**，音響福祉/福祉音響，コミュニケーション支援，音案内，補聴，アシスティブデバイス，**障害者支援・高齢者支援**，障害者教育，障害者・高齢者・子どものための音環境，高齢社会などをキーワードに，これらの周辺領域も含めた広範囲の研究テーマを取り扱うことになった。

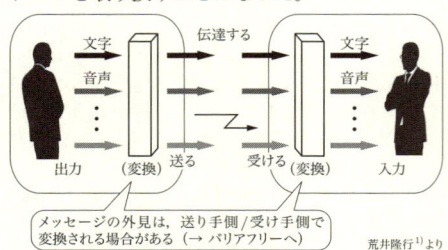

荒井隆行[1] より

音情報を含む情報の送受は，上図のように示される。送り手の文字や音声などの情報は，そのまま伝送されたり，送り手側で一度別な情報に変換されて伝達される。受け手側は，情報をそのまま受け取ったり，変換を経て最終的に音や文字などの形態で受け取ったりする。この送受の過程においてどこかにバリアが存在する場合，それを回避あるいは除去するのがバリアフリーである。

B. 音バリアフリーの研究対象

対象による分類では，音バリアフリーを実現する対象が「個人の装着する器具・装置などである場合」と，音バリアフリーを実現する手段と対象が空間とそこにおける器具・装置の配置などの「環境である場合」に大別される。

「音バリアフリー」の中で音声コミュニケーションに関わるものには，(1) 聞こえに関するもの（受け取る音のバリアフリー），(2) 音声発話に関するもの（発する音のバリアフリー），(3)「音」で補償できるもの（音でバリアフリー）と大きく三つのカテゴリーに分かれる。

また，(1) と (2) を合わせた「音 "の" 補償」のカテゴリーと，(3) の「音 "で" 補償」の二つのカテゴリーに大別することもある。

（1）聞こえに関するもの　聴覚情報として受け取る音のバリアフリーには，聴覚情報をより聞きやすくする方法と，聴覚情報を視覚情報などによって補償する方法がある。

聴覚情報を聞きやすくする　身体に装着するものとして，代表的なものに補聴器がある。この補聴器は，聴覚障害者の聴覚特性に合わせて周波数レスポンスを決定し，リニア増幅もしくはノンリニア増幅により音声を聞きやすくする。雑音抑圧機能や指向性機能により雑音下での音声聴取を改善したり，子音強調処理が行われることもある。伝音難聴には，骨導補聴器（カチューシャ型，めがね型，骨固定型）が有効である。このほかに，圧電素子でアブミ骨を駆動する人工中耳や，音声をコード化して蝸牛神経を直接刺激する人工内耳，電極を蝸牛神経核に設置して刺激する聴性脳幹インプラントがある。

実際に使用する環境で，雑音，残響，距離の問題を解決し，信号対雑音比を改善して音声を伝達する機器は補聴援助システムと呼ばれ，ヒアリングループ（磁気ループ），赤外線システム，FM システム，Bluetooth システムなどがある（⇒ p.232）。身体に装着せずに音声信号を送信するときに使用されるものとして，高齢者や聴覚障害者に対して聞き取りやすくするための話

速変換装置（⇒p.336）が用いられたり，緊急災害放送・構内放送・車内放送などの音声明瞭度改善のための前処理が施されたPA（public address）システムがある。また，劣悪な教室環境の中で聴覚補償が必要な子どもたち（例えば，聴覚情報処理障害；auditory processing disorder；APD）に音場増幅システムが用いられることがあるが，わが国ではあまり普及していない。

視覚情報による聴覚情報の補償　代表的な方法は，音声情報を文字に変換することである。具体的な例として，映画やテレビの字幕技術（自動音声認識，情景描写を含む）や，紙と筆記用具・筆談器・PCなどを利用した筆談，ノートテイクパソコンなどを用いた要約筆記がある。その他，音声情報を文字以外の視覚情報で伝える手話通訳，手話アニメーション，手指の動きで話すことの手掛かりを与えるキュードスピーチ（cued speech）がある。また，電話の着信，タイマー音，呼び鈴，警報など光で知らせる装置もある。

触知による聴覚情報の補償　情報を触覚刺激として伝達する代表的な方法として，点訳や指点字，音声信号を皮膚刺激に変換するタクタイルボコーダ（触知ボコーダ）がある。着信，目覚まし時計，呼び鈴，警報などバイブレーションで知らせるものもある。

（2）音声発話に関するもの　発話障害のある人の機能を補償する方法には，発話を音声で補償する場合と，音を使用せずにコミュニケーションを行う場合がある。

音声で補償する　喉頭癌などで喉頭を摘出して発声ができなくなった人に用いられる発声装置として，人工喉頭（電気喉頭，笛式人工喉頭，⇒p.362）がある。気管切開患者が人工呼吸器を装着したまま肉声で会話するために，連結蛇腹管と気管カニューレの間にスピーキングバルブを挟み，呼気がバルブを通過せずに発声できるようにする方法がある。身体に装着しない方法として，キーを押すとあらかじめ録音しておいたメッセージを再生する音声会話のコミュニケーション支援装置（voice output communication aid；VOCA）がある。

音を使わないコミュニケーション　筆記，PC筆記，メールなどの文字でメッセージを送付することができる。筋萎縮性側索硬化症（ALS）に対しては，指のわずかな動き，前頭筋，瞬き，眼球運動などによって入力するコンピュータ技術をベースにした意思伝達装置がある（⇒p.362）。その他，文字を他者が音声で伝える複合形も含むものとして，手話，ジェスチャー，文字盤，コミュニケーションボード，意思伝達装置がある。

（3）「音」で補償できるもの

視覚情報のバリアフリー　視覚にバリアがある場合に，視覚情報を音声で補償する。パソコンや携帯電話，電子辞書などでTTS（text-to-speech）技術を用いて文字情報を音声で読み上げて補償することができる。そのほかに，舞台，テレビなどで情景描写，解説などを行う，録音による音声ガイドがある。また，現在地案内，誘導，展示や商品の説明などを，商店街，文化施設，テーマパークなどで行う場合には，音声ガイドが用いられる。また，音声案内は，電化製品，券売機，公衆電話，エレベーターなどで，機器の表示，操作方法，エラー情報などの提示に利用される。機器の報知音に関してはJISのガイドラインがあるが，現在のところ，機器の音声案内のガイドラインはない。印刷物の文字から専用の読み取り装置を使用して音声へ変換する技術があり，その一つにSPコード（SPは「スーパー」の意味）がある。また，視覚情報を，絵，写真，グラフなど言語情報以外も翻訳して音声で伝える音訳がある。そのほかに，視覚障害者の外出時の移動を助ける誘導チャイムや，障害物を視覚障害者に立体音響で知らせる音響バーチャルリアリティがある。

音によるその他のバリアフリー　「音声」により入力や操作ができる車椅子，PC，携帯電話，カーナビなどがある。キーボード，マウスなども不要で，難解な操作ではないので，使いやすく，手や目を使わずに入力できるため，身体への負担が軽減する特徴がある。

◆ もっと詳しく！

1) 荒井隆行：音声に関わるバリアフリー，日本音響学会聴覚研究会資料，**37**, 5, H-2007-66 (2007)
2) 荒井隆行，上羽貞行：小特集「音支援（音バリアフリー）を考える」にあたって，日本音響学会誌，**65**, 3, pp.130–164 (2009)

重要語句　擬音語，擬声語，擬態語，擬情語，音象徴，音声学的特徴

オノマトペ
[英] onomatopoeia

実際の音や人・動物の声を真似てことばとした語。ことばの音がなんらかのイメージを喚起する，いわゆる音象徴が生じやすい。特に擬音語は元の音の情報をある程度反映していると考えられ，音象徴はこういった情報と関係する可能性がある。

A. オノマトペとは

オノマトペとは，音や人・動物の声を真似てことばとして表現した語である（それぞれ**擬音語，擬声語**ともいう）（例：「ぱちぱち」「こけこっこー」）。また広義には，視覚や触覚の感覚，動作の状態を表現した**擬態語**（例：「きらきら」「ふらふら」），および味覚，嗅覚や身体の感覚，感情を表現した**擬情語**（例：「ぞくぞく」「わくわく」）も含まれる。日本語には他の言語と比べてオノマトペが豊富に存在するといわれ，これらをまとめたオノマトペ辞典には，4 000語を超えるオノマトペを収録したものもある。

日本語のオノマトペは，言語学，国語学の領域で形態的・音韻的特徴（音節数による類型化や語尾の特徴など）や統語的機能（文中での品詞としての機能）（副詞としての用例：「ぽきっと折れる」，動詞としての用例：「ばたばたする」，名詞としての用例：「わんわん」），後に述べる音象徴などについて論じられることが多かったが，近年教育や工学などの分野でオノマトペを扱った応用研究が展開されている。

B. オノマトペの音象徴

ことばの音がなんらかのイメージと結び付くという，いわゆる**音象徴**について，古くから議論されている。例えば，母音の/a/や/o/は大きいもの，/i/は小さく明るいものをイメージさせるといった，語音と感覚的印象との関連が指摘された。種々の言語で音象徴が検討されてきたが，中には否定的な見解も見られる。

近年日本語のオノマトペの音象徴に関する研究が精力的に行われており，言語学の分野では，オノマトペの構成音素と音象徴の対応が体系的にまとめられ，さらに形態と意味の関連（例えば，重複表現は状態の継続を意味するなど），日本語と他の言語との比較なども行われている。

最近の心理学的研究は，オノマトペの音象徴が普遍的な性質である可能性を示唆している。音象徴の生起を意図して作られた新奇のオノマトペ（具体的には，人が歩く様子を表現した擬態語）を呈示し，これに合う映像（人が歩く映像）を選択する実験が行われた。結果として，オノマトペのイメージに合った映像が選択され，意図した音象徴の生起が確認された。このような結果は，語彙が少ない幼児や日本語の知識がない成人の英国人でも得られている。

C. オノマトペが映す音の特徴

オノマトペの中でも，擬音語は実際の音を模倣して表したことばであり，元の音の特徴をある程度反映していると考えられる。この対応について，種々の音響学的な検討が行われている。

具体的には，聴取した音を擬音語で表現し，音の物理的特徴と擬音語の特徴の対応を検討したものが多い。例えば，さまざまな周波数特性，時間構造を持つ衝突音，各種のサイン音（⇒p.208），機械の異音などを用いた検討により，音の減衰時間と擬音語の語尾の対応（促音（ッ），撥音（ン），長音（ー）の使い分け），速い振幅変動と流音（はじき音，ラ行）の対応，音の周波数変化と拗音（ミャ，ミュ，ミョなど）の対応が指摘されている。

各種の環境音の特徴と擬音語の対応を検討した事例では，音の聴取者が表現した擬音語の特徴を**音声学的特徴**（調音位置や調音様式，日本語5母音，有声子音，無声子音，撥音，促音，拗音，長音）で記述し，その類似度に基づいたクラスタ分析により環境音が分類された。結果として，物理的な特徴が似かよった音が同じグループに分けられた。擬音語の特徴に基づく音の分類を次ページに図示する。

同じグループ内で音の物理的特徴とこれらを表現した擬音語の特徴を見比べると，例えば，時間的に短い音は短く単純な擬音語で（例：拍手「パン」），長い音は長い擬音語で表現され（例：電車の通過音「ガカン ガカンガカン」），音の継続時間と擬音語の長さ（モーラ数）に対応が見られる。特に，継続時間が長く，定常に近い音は長音を含む擬音語で表現される（例：滝の音「ザーーー」，トランペットの音「プーーーーン」）。

また，音の周波数と擬音語にも対応が見られる。周波数スペクトル上の高域に強いエネルギーを持つ音（スペクトル重心が2～7 kHz付近）を表現した擬音語には，必ず母音/i/が含まれている（例：スズメの囀り「ピヨ」，電子レンジのベル「チン」，風鈴の音「リン」など）。男性が発声した日本語5母音のスペクトル重心を比較してみると，/i/が最も高く（2.9 kHz前後），高域に主要なエネルギーを持つ音を表現するのに，母音の中で比較的近い特徴を持つ/i/が用いられたと考えられる。そのほかにも，有声子音

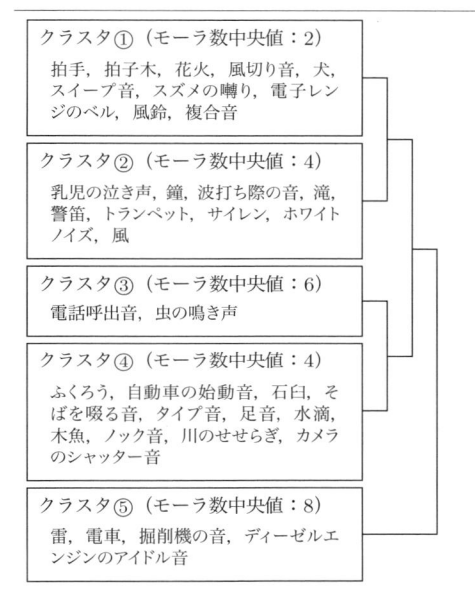

クラスタ①（モーラ数中央値：2）
拍手，拍子木，花火，風切り音，犬，スイープ音，スズメの囀り，電子レンジのベル，風鈴，複合音

クラスタ②（モーラ数中央値：4）
乳児の泣き声，鐘，波打ち際の音，滝，警笛，トランペット，サイレン，ホワイトノイズ，風

クラスタ③（モーラ数中央値：6）
電話呼出音，虫の鳴き声

クラスタ④（モーラ数中央値：4）
ふくろう，自動車の始動音，石臼，そばを啜る音，タイプ音，足音，水滴，木魚，ノック音，川のせせらぎ，カメラのシャッター音

クラスタ⑤（モーラ数中央値：8）
雷，電車，掘削機の音，ディーゼルエンジンのアイドル音

の閉鎖音/g/が多用された音は，その主要な周波数成分がおよそ1 kHzより低域にある断続音であり（例：掘削機の音「ガガガガガガガ」），男性が発声した有声子音の閉鎖音/g/でも類似した特徴が見られる。

音の聴取者が表現した擬音語は多様であるが，音声学的な特徴に着目すると共通点が見られる。こういった擬音語に表れる特徴は音の物理的な特徴を捉えたものであると考えられる。

D. 音の印象とオノマトペの関係

音の物理的特徴は，聴取者の中でなんらかの印象を生じさせる。擬音語で表現されるような特徴も同様であろう。では，擬音語の特徴と音の印象には対応が見られるのだろうか。

図に示した各種の環境音の聴取印象を測定し，その印象と擬音語の特徴の関連を検討してみると，「濁った/澄んだ」「明るい/暗い」といった印象は母音/i/や/o/，有声子音と，また，「強い/弱い」「迫力のある/迫力のない」などの印象は有声子音とそれぞれ相関が見られた。

擬音語中で母音/i/と/o/が用いられた環境音のスペクトル重心を比較したところ，前者のほうがより高域にあることがわかった（/i/が用いられた音：5.3 kHz，/o/が用いられた音：1.6 kHz）。一般に，高域に強いエネルギーを持つ音は鋭さや明るさの印象を伴い，逆に低域に主要なエネルギーを持つ音は鈍さや暗さの印象を喚起する。鋭さや明るさの印象に関係する音の特徴を表現するために，母音の中でもスペクトル重心が高い/i/が適用される。一方，鈍さや暗さの印象に関係する音の特徴を表現するために，母音の中でスペクトル重心が最も低い/o/（1.2 kHz前後）が適用される。

前述のように，有声子音は1 kHzよりも低域に主要な成分を持つ断続音を表現するのに用いられている。同様の特徴を持ち，「濁った」「暗い」といった印象を伴う音を表現するために，有声子音が多用されたといえそうである。また，低域の音は主観的な音の強さとも関連することがあり，音の強さや迫力感と有声子音の対応も理解できる傾向といえる。

E. オノマトペによって伝達される音のイメージ

擬音語が音の特徴を捉えているのであれば，擬音語によって元の音の感性的な情報を他者に伝えることもできるのではないだろうか。このような仮説が，擬音語からイメージされる音の印象と実際の音の聴取印象の比較により検討された。音は前述の環境音である。また，擬音語はこれらの環境音の聴取者が表現したものであり，特にオノマトペ辞典にあるような典型的な表現と，特異な表現が一つずつ選ばれた（例えば「風鈴」の音に対する典型的表現は「リン」，特異な表現は「キリィン」）。

「濁った/澄んだ」「明るい/暗い」などの印象では，全体として，典型的な擬音語の印象，特異な擬音語の印象とも，音の聴取印象と比較的近い。前述した，環境音の物理的特徴や聴取印象との対応が指摘された擬音語中の要素（母音や有声子音）が，元の音に近い印象を生じさせたと考えられる。音の周波数スペクトル上の特徴に関係する明るさなどの印象は，擬音語からも喚起されやすい。一方，「迫力のある/迫力のない」などの印象については，典型的，特異のいずれの擬音語の印象も，音の聴取印象と差が見られた。おもに音の物理的な強さに関係する迫力感は，擬音語からは喚起されにくいといえる。

以上より，部分的にではあるが，擬音語による音の感性的な情報の伝達が可能であることがわかる。これらの知見は擬音語が元の音の情報を含んでいることを示唆しており，音象徴はこういった情報と関係していると推察される。

◆もっと詳しく！
篠原和子，宇野良子 編：オノマトペ研究の射程—近づく音と意味，ひつじ書房（2013）

重要語句　馬蹄形劇場，バイロイト祝祭劇場，オーケストラピット，音響設計

オペラハウス
[英] opera house

　オペラやバレエの上演を主目的とした劇場。歌劇場ともいう。通常，オーケストラピット，オペラカーテン，4面舞台などのオペラハウス特有の舞台装置を有する。

A．オペラの誕生と馬蹄形劇場

　オペラは，バロック時代16世紀にフィレンツェの好事家が古代ギリシア悲劇を復元しようとした試みの中から生まれた。彼らはギリシア悲劇が歌われる劇だったと考え，そのための劇的歌唱法の可能性を模索した。これらは婚礼や国王来訪といった慶事に行われる歌と踊りの催しとして始まった。オペラを不動のジャンルとして確立したのはモンテヴェルディ作曲の「オルフェオ」であり，これ以降，バロック時代を通して多くの作曲家により無数のオペラが作られていく。この時代のオペラは，王侯貴族が権力を誇示するための道具の一つであった。巨大な宮殿や邸宅の中で，絢爛豪華な舞台が繰り広げられていた。このオペラがヴェネツィア共和国に輸出されて大衆に手の届くものとなり，1637年，世界最初のオペラ用の公共劇場である聖カッシアーノ劇場が建設された。これ以降続々とオペラハウスが建設され，その過程において，現在でも多くのオペラハウスで見られる，馬蹄形を基本とする客席形状で，平土間席をボックス席が取り囲む建築形式が生まれ，各地に広まっていった。オペラ見物が日常化するにつれてオペラハウスの規模は大きくなり，18世紀のイタリアの代表劇場であるミラノスカラ座が1788年に完成する。当初の座席数は2800で，ボックス席が7層並ぶ大空間であった。この劇場で19世紀のイタリアを代表する数多くの作曲家の初演が行われた。これら馬蹄形劇場の特徴でもあるボックス席は，音響的にはけっして好ましいものではない。前面を除いて周囲が壁で囲まれており，主空間からの反射音はブロックされボックス内まで入ってこない。また，ボックス席は個人が購入することもでき，内部を自由に飾り立てることもできたため，より吸音性の高い空間ともなっていた。多くの収入を得るために，このようなボックス席が積層して多数設置されたため，主空間の響きも抑えられてしまった。また，舞台への戻りも遮られ，演奏者へのサポートも得られない。馬蹄形状のため，サイドの席からの視界はボックス席間の仕切りで遮られ，舞台もよく見えない。馬蹄形劇場は，これらをはじめとする数多くの問題点を抱えていた。では，なぜこのような劇場が多く作られたかというと，社会的な背景によるところが大きい。オペラハウスはブルジョワ階級の社交場であり，ボックス席に客を呼んでトランプに興じたり食事をしたりしていた。また，馬蹄形状のため，ボックス席の観客同士が向き合うことになり，自分の姿をたがいに見せ合う空間でもあった。

　下図は，完成当初のミラノスカラ座である。

フォーサイス：音楽のための建築，鹿島出版会 (1990) より

B．ワーグナー劇場

　19世紀になると，音楽の大衆化が加速していく。音楽学校が設立され，演奏技術が向上していく。これらの背景の中でグランドオペラが誕生する。グランドオペラは4，5幕からなる壮大なオペラで，歌手の見せ場も多く用意されており，スター歌手が誕生して音楽の主役が作曲者から演奏者へと移行していく。グランドオペラは特にパリにおいて最も栄え，広い舞台スペースと壮大な設備を備えたパリ・オペラ座 (1875年) も完成して，数多くのグランドオペラが上演された。このころ，ヨーロッパ各地で同様のオペラハウスが建てられたが，そのほとんどは旧来の建築形式に基づいている。ヨーロッパ各地で音楽が通俗化していったのに対し，ドイツ語圏では芸術としての音楽を追求するドイツ・ロマン派の作曲家が登場する。その一人がリヒャルト・ワーグナー (1813〜1888) である。ワーグナーはこれまでの伝統的な形を排し，自分の作品を上演するためのさまざまなアイデアを取り入れたバイロイト祝祭劇場 (1876年) を設計した。ここではボックス席は完全に取り除かれ，聴衆は舞台の正面に段状に配列された席に座る。舞台はどこからも見やすく，観客は舞台にのみ集中できる構成となっている。オーケストラピットは通常より低く設けられ，また張り出した壁により観客の視界に入らないように配慮されている。この形状は音響的にも考慮されており，

拡散音を主体とすることで，神話や伝説を主題とするオペラの神秘的な効果や，歌手とオーケストラとの音量バランスを調整している．また，側壁には拡散壁を設置するなど，音響設計がなされた初めてのオペラハウスといえる．

下図は，バイロイト劇場の平面図および断面図である．

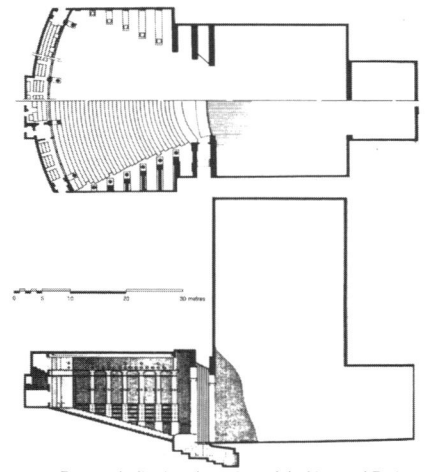

Barron: *Auditorium Acoustics and Architectural Design*, Spon Press (2010) より

C. オペラハウスの音響

オペラハウスの音響設計（⇒p.220）では，コンサートホール（⇒p.206）の設計とは異なるアプローチが求められる．音源は，主空間に張り出したオーケストラピットの演奏者と，舞台全体を動き回る複数の歌手からなる．演出家が注目される昨今ではさまざまな演出が試みられるため，舞台空間は演出によって音響条件が大きく変わることになる．これらの条件の中で，客席全体に音を行き渡らせ，歌手とオーケストラとのバランスを最適にし，同時に演奏者同士のコミュニケーションがとれるように設計する必要がある．残響時間については，オペラハウスは他の音楽ホールの水準と比較すると一般的に短くなっている．これは前述のとおり，馬蹄形状やオペラハウス特有の豪華な意匠が原因の一つと思われる．現在上演されている多くの演目が初演されたころであれば，演劇として楽しむ要素も大きく，歌詞の明瞭性も必要であったとも考えられる．しかし，いまではほとんどの劇場で字幕付きでオペラを見ることができるため，内容をリアルタイムに理解できるし，家庭で気軽に5.1ch方式で録音されたオペラを鑑賞している聴衆は，空間感，残響感のバランスが最適化された音に慣れており，よりコンサートホールに近い音響を求めているとも考えられる．また，オペラのジャンルや演出によっても，最適な残響時間は異なるとも考えられる．近年のオペラハウスには，比較的長い残響時間が設定されたものや，電気音響技術を利用した残響可変装置を導入したものがあり，また，あえてモーツァルト時代の一般的な劇場の残響時間にあわせて設計されたものもある．オペラにとっての最適解については，まだ議論の余地が多く残されているといえる．

国内では，新国立劇場を除くとオペラ専用の劇場はなく，多目的ホールの一機能として多面舞台，オーケストラピットを備えたホールとなっている．このような多目的ホールは，舞台に反射板を組んでコンサートホールとしても利用されるため，客席空間は視野的にも音響的にも配慮されている．

ワーグナーも指摘しているとおり，オペラは総合芸術である．ワーグナーは鑑賞に関わること以外の要素を排除したが，建物のエントランスから入り劇場に至るまでの動線，休憩時に友人家族と会話を楽しむロビー空間，劇場の意匠デザインなど，すべてを含めた上での総合芸術ともいえる．設計にあたっては，そのことも十分に意識した，設計者との議論が求められる．

下表に，国内と海外の主要オペラハウスを示す．

	落成	席数	残響時間
Teatro di San Carlo, Naples	1737	1414	1.2
La Scala, Milan	1778	2289	1.2
Semper Oper, Dresden	1841	1309	1.8
Royal Opera House, London	1858	2120	1.1
Staatsoper, Vinna	1869	1709	1.4
Opera Garnier, Paris	1875	2131	1.1
Festspielhaus, Bayreuth	1876	1800	1.6
Deutsche Oper, Berlin	1961	1900	1.4
Metropolitan Opera, NY	1966	3800	1.7
Opera Bastille, Paris	1989	2700	1.6
横須賀芸術劇場	1994	1714	1.4
アクトシティ浜松	1994	2200	1.4
新国立劇場	1997	1810	1.5
びわ湖ホール	1998	1712	1.5
まつもと市民芸術劇場	2004	1633	1.4
兵庫県立芸術文化センター	2005	2001	1.6

◆もっと詳しく！

1) 岡田暁生：西洋音楽史，中公新書 (2005)
2) レオ・L・ベラネク 著，日高孝之，永田 穂 共訳：コンサートホールとオペラハウス，Springer (2005)

重要語句 音程，平均律，中全音律，不等分音律

音階と音律
［英］musical scale and temperament

音楽では，たがいに美しく響き合う音だけが選ばれて用いられる。1オクターブの中でどの音を使うかを選ぶために用いられる規則が音律であり，音を音律に従って順に並べたものを音階という。

A. 音程

2音の高さの隔たりを音程という。音程は振動数の比，またはその対数を用いて表される。一般に単純な整数比で表される音程の2音は純正音程と呼ばれる。下表に，純正音程のセント値を示す。これらの純正音程では各部分音の振動数が一致してうなりがなく，協和して響く。

振動数比	名称	セント値
1:2	オクターブ	1 200.00
2:3	完全5度	701.96
3:4	完全4度	498.04
4:5	長3度	386.31

B. 音律の条件

声楽や，ヴァイオリンなどの楽器では，演奏中に自由に振動数を変化させ，必要に応じて使い分けることができる。一方，鍵盤楽器の場合はいずれかの音律により音階をあらかじめ決めなければならない。

ここでは，オクターブのつぎに最も協和度の高い完全5度を用いて音階を作ることを考える。一般に，鍵盤楽器では異名同音が用いられており，これは完全5度を12回重ねると同音に戻ることを利用している。例えば，C音から始め，異名同音の標記を#に統一するとつぎのようになる。

C-G-D-A-E-B-F#-C#-G#-D#-A#-F-C

このように，鍵盤楽器で使われる音がすべて現れるので，これを用いてC音と他の音との音程を決めようとすると，いくつかの不都合が生じることがわかる。

まず，完全5度を12回重ねて得られる最後のC音は，鍵盤上では元の音から7オクターブ離れた音だが，純正完全5度の積み重ねは7オクターブより23.5セント高い音になる（701.96×12 − 1 200×7）。このずれをピタゴラスコンマという。

また，C音から完全5度を4回重ねて得られるE音は，鍵盤上では元の音から2オクターブと長3度離れた音だが，純正音程より21.5セント高い音になる（701.96×4 − 1 200×2 − 386.31）。このずれをシントニックコンマという。

さらに，例えばC音から長3度を3回重ねて得られるC音は，鍵盤上では元の音から1オクターブ離れた音だが，オクターブ音程より41セント低い音になる（386.31×3 − 1 200）。このずれを小ディエシスと呼ぶ。

これらの事実から，オクターブ音程を厳守したとき，完全5度音程は純正音程より総じて狭く，また，長3度音程は純正音程より総じて広くなければならないことが結論できる。

C. 音律の種類

（1）平均律 基音から順次完全5度を重ねていくと，最後に作成される音と基音の音程は，ピタゴラスコンマのために純正完全5度から大きく外れ，演奏には使用できない。

まず，この演奏できない音程を，ほとんど使うことのない5度に割り当てることが考えられるだろう。例えば，これをBとF#の間に置くなどの工夫が考えられた。この音律では，純正長3度に近い複数の音程（D–F#，A–C#，E–G#，B–D#）が現れる。しかし，その他の長3度は純正音程から大きく外れ，濁る。

一方，ピタゴラスコンマを解消するため，いくつかの，あるいはすべての5度音程をずらし，粗を目立たないようにすることが考えられる。このときすべての完全5度を約2セントずつ一様に狭めて700セントにしまうのが平均律である。したがって，完全4度は500セントになる。下図は平均律の5度の積み重ねを表す。この図は5度圏図と呼ばれ，音律の比較に用いられる。数字はC音からの音程をセント値で表している。

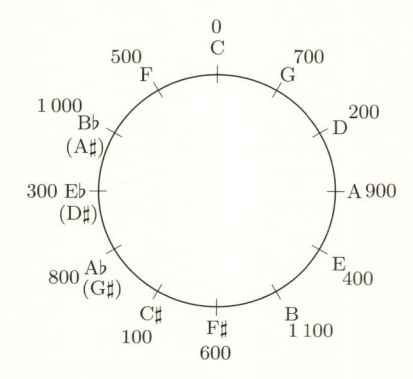

```
              0
              C
      500          700
       F            G
 1 000                    200
  B♭                       D
  (A♯)
  300 E♭                A 900
      (D♯)
         800 A♭       E
             (G♯)    400
                C♯  F♯  B
                100 600 1 100
```

平均律の4度と5度は純正音程と2セント（ピタゴラスコンマの1/12）だけ異なっているので，

わずかに濁っている。また，長3度は400セントと，純正音程より約14セント（小ディエシスの1/3）広いため，激しくなる。また，すべての音程が平均化されているため，すべての調で演奏することができ，かつ，調による響きの違いがないのが，最大の特徴である。

（2）中全音律　中全音律は，長3度を中心に考える音律である。代表的な例では，C音の振動数が定められたとき，Eとの音程を純正長3度に定める。下図はこの中全音律の5度圏図を表している。C-E間にある四つの5度を，それぞれ平均律の5度よりやや狭い約696.5セント（中全音律の5度）とすればよい。その過程で得られたC, G, D, Eの各音から図の直線のように純正長三度音程を作れば，すべての音の高さが定まる。11の5度が696.5セントになる結果，残る一つの音程は738.5セントとなり，激しいうなりを生ずる。したがって，中全音律では，演奏できない調が存在する。図中，mは中全音律の5度を表し，wは激しいうなりを生ずる5度を表す。

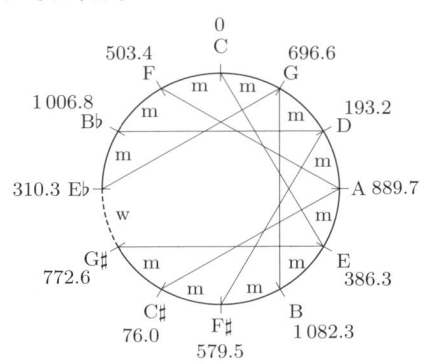

（図：5度圏図
0 C
503.4 F
1006.8 B♭
310.3 E♭
772.6 G♯
76.0 C♯
579.5 F♯
1082.3 B
386.3 E
889.7 A
193.2 D
696.6 G）

（3）不等分音律　すべての調で演奏できるようにするために，平均律のようにすべての5度や4度を一様に2セントずらさなければならない必然性はない。つまり，各5度に不均等にずれを割り振ることも可能である。そうすることにより，調によっては，長3度のような音程をうなりのない純正音程に近づける工夫も可能となる。

C音から下に向かって純正5度を8回重ね
　　C-F-A#-D#-G#-C#-F#-B-E
のようにEまで作成したとき，C音とE音の音程は384.36セントになる。これは純正長3度よりわずかに2セント狭いだけの音程である。この事実を出発点として，音律が作れる。

最も単純なのは，新しく得られた384.36セントをC-Eの音程として採用し，C-G-D-A-Eの四つの5度を中全音律よりさらに0.5セント狭い696セントずつ割り振る音律である。この四つの5度と八つの純正5度を用いれば5度圏は閉じるが，どこに狭い5度を配置するかによって，いくつかの音律が考案された。

一方，C-Eの音程を純正3度に保つため，8回重ねた5度のうち，一つだけを2セント狭くすることも考えられる。この場合も，どこにどの音程を配置するかによって異なる音律が考案された。

一般化すると，ここではn個の純正5度を作って残りの$12-n$個の5度でコンマを解消しているわけであり，ほかにもnを変化させて多様な音律が生まれた。

こういった不等分音律はこれまでに多数が考案されており，現在でも古楽など音楽的な特別な意図を持って用いられ続けている。

不等分音律では，完全5度，長3度など各音程のずれは不均等に分散され，調性別の特徴が明確に現れる。完全5度が純正音程になる調があるほか，狭い5度となる調があり，また長3度の中にも純正の長3度に近い音程や，逆に激しくなる調も現れるようになるためである。このように，不等分音律では各調の響きが異なるために，曲にふさわしい調を選ぶことが重要になる。

J・S・バッハが作曲したいわゆる「平均律クラヴィーア曲集」は，原題を"Das Wohltemperierte Clavier"（うまく調律されたクラヴィーア）という。バッハの時代には，多くの音律が考案され，試みられた。バッハがその著作に親しんでいたという，少し前の時代のヴェルクマイスターの考案した音律や，バッハの弟子キルンベルガーの音律など，多数が知られている。

「平均律クラヴィーア曲集」は，各巻に，全12調それぞれの長短調で24曲ずつが収められており，すべての調が演奏可能な音律であったことだけは確かであるが，それがどのような音律であったのかは定かでない。

◆ もっと詳しく！

Mark Lindley: *Temperaments*, Oxford Music Online (2009)

重要語句 音楽情報処理，ハミング検索，音楽推薦，協調フィルタリング，内容に基づくフィルタリング，能動的音楽鑑賞インタフェース

音楽情報検索
[英] music information retrieval

「音楽情報検索」（MIR）という用語は，狭義には，音楽を対象とした情報検索を意味するが，広義には，音楽の検索，推薦，分類，閲覧などに幅広い観点から取り組む研究テーマ群の総称として用いられる．

A. 音楽情報検索の発展

1990年代から，ディジタル化された音楽コンテンツが増え続けた結果，大量の楽曲の集合を計算機上で扱うために「音楽情報検索」が不可欠となった．その結果，2000年代の**音楽情報処理**分野を代表する研究トピックとなり，音楽情報検索の国際会議 ISMIR（International Society for Music Information Retrieval Conference）が2000年から毎年開催され，さまざまな関連大型研究計画が推進されるなど，活発に研究されている．

各楽曲がディジタル化される際には，その音響信号が記録されるだけでなく，曲名やアーティスト名などのテキスト情報がメタ情報として付与されることが多い．したがって，前者の音響信号を対象とした「内容に基づく音楽情報検索」と，後者のテキストを対象とした「メタ情報に基づく音楽情報検索」のそれぞれが研究開発されてきた．さらに，膨大な音楽コンテンツを扱う技術としては，検索以外に推薦や閲覧などのさまざまなアプローチも研究されている．

B. 内容に基づく音楽情報検索

楽曲内容の分析・理解技術に基づく音楽情報検索は，ユーザーがメロディをハミングしたり歌ったりして探す**ハミング検索**（query by humming/singing）がその起源となる．その後，ユーザーが曲名を知りたい楽曲の断片を与える検索や，ユーザーが与えた楽曲に曲調や声質が類似した楽曲を探す検索などが研究開発されてきた．ほかにも，歌詞や関連情報，音楽動画中の楽曲・映像を対象とした音楽情報検索も研究されている．

（1）ハミング検索　聞いたことのある曲を「ラララー」などのように口ずさむと，その曲名を検索できる方法である．つまり，メロディの歌唱やハミングを検索キーとして，そのメロディを持つ楽曲を検索する．多くの場合，入力したメロディと似ている順に，データベース中の楽曲の候補を求めることができる．

1991年の蔭山哲也ら，1995年の Asif Ghias ら，1997年の貝塚智憲ら，園田智也らによるハミング検索技術が，初期を代表する研究成果である．園田らの技術は，2004年11月に世界で初めて実用化され，携帯電話で利用可能となった．その後も，国内外でさまざまなハミング検索サービスが実用化され，提供されている．

検索キーについては，音が外れた歌唱などといった誤りへの対処，調やテンポの違いの吸収などが技術課題となる．具体的な手法は，メロディのみ，楽曲全体の標準MIDIファイル（SMF），楽曲全体の音響信号のどれをデータベースとして用いるかによっても異なる．メロディが与えられれば検索キーとの類似度を直接計算できるが，SMFではどのトラックがメロディかを推定してから類似度計算しなければならない．音響信号では，混合音中のメロディとの類似度を計算するため難易度が高くなる．また，検索キーがハミングではなく歌詞付きの歌唱の場合には，メロディと歌詞を手掛かりとして併用して検索する方法が提案されている．

ハミング検索から派生して，メロディの音符の鳴り始めを叩いて入力するタッピング検索（query by tapping）や，テンポ変化に富んだクラシック楽曲などを対象に指揮のジェスチャー入力に近いテンポ変化の楽曲を検索する指揮検索（query by conducting）なども実現されてきた．

（2）断片を含む楽曲の検索　流れている音楽の曲名を知りたいときに，携帯電話などでその一部分を録音すると，曲名を検索できる方法である．つまり，楽曲の断片を検索キーとして，その断片を含む楽曲を検索する．

これはオーディオフィンガープリント技術とも呼ばれ，雑音や伝送路ひずみなどの音響的な変動の吸収や高速化が技術課題となる．ベクトル量子化されたパワースペクトルの形状のヒストグラムに基づく時系列アクティブ探索法や，パワースペクトルのピークの出現パターンのハッシュ関数に基づく方法などが提案されてきた．

断片を含む楽曲の検索に関しては，Avery Wang らの技術が2002年8月に世界で初めて実用化されて，携帯電話で利用可能となった．その後も，国内外でさまざまな同様のサービスが実用化され，提供されている．

（3）楽曲間の類似度に基づく検索　ある曲が気に入っているときに，それに似た曲調の曲を探すことができる方法である．楽曲を検索キーとして，それに類似した楽曲を検索する．検索キーが楽曲断片の場合も含めて，音楽の事

例検索（query by example）と呼ばれる．

楽曲間の類似度の計算方法によって，さまざまな観点から検索することができる．例えば，楽曲中の音色（パワースペクトル形状），リズム，変調スペクトル，歌声の声質などのさまざまな特徴に基づく検索が実現されてきた．こうした音楽における類似度は，検索以外にも重要であり，類似度に基づく楽曲の自動分類（音楽ジャンル，曲調の分類）なども研究されている．

楽曲同士あるいはアーティスト同士が似ていることを適切に類似度に反映することは難しく，音楽情報検索における本質的な技術課題の一つとして現在でも活発に研究がなされている．

C．メタ情報に基づく音楽情報検索

曲名やアーティスト名，ジャンル名などの書誌情報に基づくテキスト検索は，商用音楽サービスなどで最も基本的な音楽情報検索手段として活用されている．書誌情報の表現の揺らぎに対応したり，入力される検索キーの曖昧さに対応したりする技術課題がある．書誌情報は客観的なメタ情報であり，楽曲制作者側によって提供されたり，CDDB（compact disc database）のような仕組みで共有されたりすることが多い．

一方，主観的なメタ情報として，ユーザーが自分たちで楽曲やアーティストに対してタグ（ラベル）を付与するソーシャルタギングも普及し，タグ検索は重要な検索手段となっている．これらのタグやラベルは，音楽の内容を人間が聴いて解釈して表現したアノテーションと捉えることができる．ゲーム形式でユーザーに自発的にアノテーション付与を促すウェブサイトもさまざまなアプローチで試みられ，集積されたアノテーションが研究コミュニティで共有されてきた．

D．広義の音楽情報検索：推薦，分類，閲覧など

以上のように明示的に検索キーを与えなくても，ユーザーの好み（音楽的嗜好）を分析して，楽曲やアーティスト，ジャンルなどを薦められる**音楽推薦**（music recommendation）も重要な技術である．漠然と音楽が聴きたい状況では，なにかを探すための検索キーを与えることが難しいことがあり，自動的に楽曲を選択して再生してくれるほうが便利だからである．特に定額制音楽配信の普及により，数千万曲の膨大な楽曲の中から好みの楽曲を再生する手段として不可欠になっている．楽曲の再生順を指定するプレイリスト（playlist）を自動生成するプレイリスト生成技術も，音楽推薦の一つの形態といえる．

音楽推薦を実現する上では，**協調フィルタリング**（collaborative filtering）技術や**内容に基づくフィルタリング**（content-based filtering）技術，あるいはそれらを組み合わせた技術が提案されてきた．協調フィルタリング技術を用いて，多数のユーザーの視聴履歴・購買履歴・評価履歴など（嗜好情報）に基づいて，似た履歴傾向を持つユーザー群が好む楽曲・アーティストを推薦できる．しかし，まだ履歴に登場していない新しい楽曲などには適用できない．内容に基づくフィルタリング技術は，そうした欠点がなく，楽曲内容の分析・理解技術に基づく類似度などを用いて推薦することができる．しかし，分析・理解の精度が高くなければ，推薦性能に限界がある．そこで両者の良い面を引き出したハイブリッド型の音楽推薦技術も提案されている．

単なる検索や推薦だけでなく，音楽コレクションに対してユーザーが能動的にインタラクションして，楽曲を次々と聴くことができる音楽インタフェースも提案されている．音楽の分類結果などを可視化し，さまざまな形で閲覧（ブラウジング）可能にすることで，ユーザーが自分好みの音楽と出会い，快適に視聴できるようになる．例えば，後藤真孝らはこれを**能動的音楽鑑賞インタフェース**（active music listening interface）の一つに位置付け，2000年代前半から，楽曲との多様な出会い方を可能にする音楽インタフェース"Musicream"，"MusicRainbow"などを実現してきた．そして，音楽理解技術に基づく音楽内容の可視化や，音楽再生と同期した情報提示，インタラクティブなインタフェースなどの重要性を指摘してきた．2010年代にはウェブ上の音楽鑑賞サービス"Songle"，"Songrium"が公開され，音楽鑑賞がより能動的で豊かになる質的な変化を起こす実証実験が実施されている．

音楽の検索，推薦，分類，閲覧などは技術的手段にすぎず，音楽コンテンツが単調増加し続ける状況下で，いかに人々の音楽体験を豊かにするかという総合的な研究開発が，今後より一層重要になっていく．

◆ もっと詳しく！

Masataka Goto: "Frontiers of Music Information Research Based on Signal Processing", *Proc. of the 12th IEEE International Conference on Signal Processing*, pp.7–14 (2014). (Keynote Paper) doi: 10.1109/ICOSP.2014.7014960

重要語句 多重音解析，調推定，和音推定，リズム解析，調波打楽器音分離，ビート解析，楽譜追跡，楽曲構造解析

音楽信号解析
[英] music signal processing

音楽信号解析とは音楽音響信号から音楽的に意味のある情報や信号を抽出するための技術全般を指し，これには多重音解析，調・和音推定，リズム解析，ビート解析，調波打楽器音分離，楽曲構造解析，楽器音認識などが含まれる。

A. 多重音解析

多重音解析とは，複数の楽音が重畳した混合信号から個々の楽音の基本周波数を推定する問題である。音声信号処理の分野でも基本周波数推定の研究は長く行われてきたが，そのほとんどは単一音が対象であった。多重音が対象となる場合，各楽音に分離さえできれば単一音の基本周波数推定問題に帰着するため，多重音解析の問題は音源分離または楽器音分離（⇒ p.142）の問題とも密接に関係している。具体的なアプローチとして，多重音信号の中で最も優勢な基本周波数を推定するステップと対応する周波数成分を対象の信号から減算するステップを反復する逐次推定アプローチや，基本周波数をパラメータに持つパラメトリックモデルを用いて観測信号または観測スペクトルにフィッティングする同時推定アプローチが，これまでに提案されている。以上の手法では調波構造などの各音源のスペクトル構造に関する先験知識を利用することが前提となっているが，このような知識が事前に得られない場合に有効なアプローチとして，非負値行列因子分解に基づく手法が提案されている。例えば下図の (a) のようなスペクトルの音が，(b) のようなパワーの時間軌跡で鳴っていたとする。その音のスペクトログラムは, (a) を縦ベクトル，(b) を横ベクトルとして両者の積により得られる行列で表せる。また，(c) のようなスペクトルの音が (d) のようなパワーの時間軌跡で鳴っていた場合も同様である。スペクトログラムが加法的であると仮定すると，これら 2 種類の音の多重音のスペクトログラムは，(a) と (c) を横に並べた行列 H と，(b) と (d) を縦に並べた行列 U の積によって表される。つまり，観測された多重音のスペクトログラムを行列 Y とし，Y を二つの行列の積に分解することにより，各音源のスペクトルおよびパワーの時間軌跡の情報が得られる。

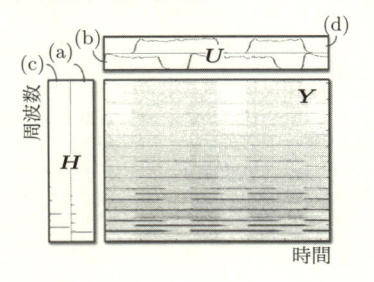

B. 調・和音推定

西洋音楽やポピュラー音楽などにおいて，調や和音は旋律やリズムと並ぶ楽曲の重要な構成要素である。音楽音響信号から各時刻での調・和音（⇒ p.318）を推定する問題を**調推定，和音推定**と呼ぶ。通常，調や和音が同一の区間においても，各時刻では構成音の音高は多様に変化するため，各時刻周辺の観測信号のみから調や和音を一意に決定することはできない。また，通常，調や和音が変化するタイミングは未知である。したがって，調・和音推定では調・和音区間推定と各区間における調・和音同定の問題を解く必要がある。もし音楽音響信号中で調や和音が同一である区間がわかれば，当該区間において出現する音高の頻度などを手掛かりに調や和音を推定することができる。一方，調や和音の出現順序が既知であれば，調や和音が変化する時刻を推定することが可能である。以上の性質の問題のため，隠れマルコフモデルやその拡張モデルを用い，同一和音（または調）の区間推定と各区間の和音（または調）推定の同時解決を目指した手法が多く提案されている。

C. リズム解析

多重音解析により推定された各楽音の音高や発音時刻（オンセット），消音時刻（オフセット）や MIDI（⇒ p.452）信号から，テンポ（⇒ p.420）や各楽音の音価（2分音符や8分音符といった楽譜上の音の長さ）を推定する問題を**リズム解析**と呼ぶ。各楽音の音高とリズムの情報が得られれば楽譜のクエリを用いて楽曲の分類や類似度計算ができるようになるため，リズム解析技術は自動採譜（⇒ p.226）だけでなく楽曲検索・推薦に応用することができる。観測上の時間軸における音の長さは，楽譜上の音の長さとテンポの積によって決まるため，所与の演奏に対して楽譜とテンポの組合せは無数に存在する。さらに，人間の演奏にはテンポやオンセット，オフセットに揺らぎがあるため，リズム解析は，さまざまな不確定性のもとで入力演奏を最も良く説明するもっともらしいリズムとテンポの組合せを見つける問題となる。具体的なアプローチとして，楽譜とテンポに関する先験知識を確率的

生成モデルの中に組み込み，各楽音のオンセット情報から楽譜とテンポを確率的逆問題として同時推定する手法が提案されている．

D．調波打楽器音分離

クラシック音楽やポピュラー音楽ではピッチのある楽音（以後，調波音）と打楽器音が混在することが多い．多重音解析と和音認識では音楽音響信号の中の旋律や和声，リズム解析やビート解析ではリズムに関する情報を抽出することが目的であるため，音楽音響信号をこれらの二つのタイプの音に分離する技術が有用となる場面は多い．これを実現する技術を**調波打楽器音分離**という．調波音は周波数成分が時間方向に平行に連なる傾向にある一方で，打楽器音は周波数成分が周波数方向に平行に連なる傾向にある．前者は，同一音高が一定時間持続することにより各調波音の調波構造中のピークが時間方向に平行に連なることによる．一方後者は，広帯域に及ぶスペクトルが打叩時に急峻に立ち上がりすぐに減衰するためである．調波音と打楽器音においてスペクトログラムに現れるこれらの傾向に着目し，画像処理的なアイデアにより観測スペクトログラムを調波音と打楽器音の成分に分解する方法が提案されている．

E．ビート解析

音楽にはほぼ等間隔に繰り返されるリズムがある．これを拍（ビート）といい，音楽音響信号やMIDI信号から各拍の時刻や拍の間隔（テンポ）を推定する問題を**ビート解析**という．前述のリズム解析が解決すればこれらの問題も解決するため，ビート解析・テンポ解析はリズム解析の下位概念に相当する．ただし，リズム解析では，その問題の難しさゆえに現状はピアノ（⇒p.374）の独奏など比較的単純な演奏が対象となることが多いのに対し，ビート解析・テンポ解析では，オーケストラやポピュラー音楽など音響的により複雑な演奏が対象となることが多い．拍はほぼ等間隔であることや，拍位置において和音が変わりやすいこと，打楽器音や各ノートが拍位置で発音されることが多いことなどが，この問題の解決の手掛かりとなる．音響信号を対象とした場合，まず各時刻において発音された音があったらしいかを表すオンセット特徴量を抽出する必要がある．これまでオンセット特徴量として，スペクトル変動量や位相変化量，近年では深層学習により得られる特徴量などが用いられている．以上のオンセット特徴量の系列から，隠れた周期的なピークを捉えるため，短時間フーリエ変換を用いた手法やエージェントベースの手法，隠れマルコフモデルを用いた手法，動的計画法を用いた手法などが提案されている．

F．楽譜追跡

楽譜追跡とは，所与の楽譜を参照しつつ，演奏音響信号から実時間で楽譜上の位置を推定する技術である．自動伴奏や自動譜めくりなどを実現することがこの技術の目的である．人間の演奏には，テンポや強弱，誤り，弾き直し，弾き飛ばしなど，さまざまな不確定要素が存在する．このような不確定要素を含む演奏に対していかに頑健に追従するかが，楽譜追跡の重要な課題である．具体的なアプローチとして，これらの不確定要素を確率変数と見なし，隠れマルコフモデル，パーティクルフィルタ，条件付き確率場などの確率モデルを用いて音響特徴量から楽譜位置を最適推定する手法が提案されている．

G．楽曲構造解析

楽曲構造解析とは，音楽音響信号をセグメントと呼ぶ音楽的な構造単位に分割し，それぞれのセグメントを音楽的に同一の機能を持つカテゴリーに分類する問題である．カテゴリーの例として，ポピュラー音楽のサビやAメロなど（セクション）やソナタ形式の楽曲の提示部や展開部などがある．下図に，楽曲の音響信号の各時刻における音響的な類似度をプロットした自己類似度行列の例を示す．音響的に類似したセクションが楽曲中で繰り返される場合，このグラフにおいて対角線以外の45°方向の線が現れる．この45°方向の線の始点と終点を検出することがセグメント検出問題に相当し，これまで動的計画法や画像処理の直接検出手法などを用いる方法が提案されている．

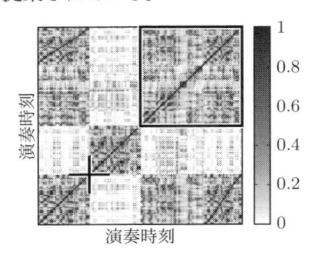

◆ もっと詳しく！

亀岡弘和ほか：音楽音響信号処理技術の最先端，信学誌, **98**, 6, pp.467–474 (2015)

重要語句 ディジタル録音技術，ワンポイント録音，マルチトラック録音，DAW，エフェクター

音楽制作
[英] music production

音楽制作は録音技術の発明によって誕生したといえる。さらにディジタル録音技術によって，より緻密な音の合成・加工が可能になり，音楽制作は大きく変化している。

A. 録音技術の発明と発展

聞きたい音楽を聞きたいときに聞く。いまでは当たり前のことであるが，このような音楽の制作は，音の記録・再生を世界で初めて実現した1877年12月6日のトーマス・エジソンのフォノグラムの実験によって始まったといえる。1887年には，エミール・ベルリナーが円盤式蓄音機グラモフォンを開発し，最終的に記録時間や複製のしやすさから，グラモフォンが市場を席巻するようになった。その後，電気による録音・増幅・再生技術が導入され，電気蓄音機（レコードプレーヤー）が主流となった。

蓄音機とは別に，1888年にオリバン・スミスが考案した針金に録音する方式は，1898年にヴォルデマール・ポールセンによってワイヤーレコーダーとして実用化され，1928年には紙テープに磁石の粉を塗った磁気テープレコーダーが開発された。蓄音機の録音では，途中で収録の失敗があると最初からやり直すしかなかったが，テープレコーダーによって，テープをはさみで切って貼り合わせることで音の編集ができるようになり，音づくりの自由度が大きく増した。

B. ディジタル録音

音楽制作に大きな変革をもたらしたもう一つの技術は，**ディジタル録音技術**である。ディジタル録音の研究は，1960年代からNHKの技術研究所でも行われていたが，当時のコンピュータの処理能力ではまだまだ夢物語であった。1974年に世界初のディジタル録音機が完成したが，それは冷蔵庫並みのサイズで総重量300 kgを超える巨大な装置であった。その後はコンピュータ技術の進展とともに飛躍的な進歩を遂げ，1982年，CD（コンパクトディスク）の登場に結び付いた。0と1に変換された音声データを，ピットと呼ばれる数μmの凹みとして記録し，それをレーザー光で読み取る方式によって，それまでのLPレコードと比べて，ダイナミックレンジ，周波数特性が飛躍的に拡大した。

コンピュータ技術の進化に伴い，ディジタル録音機器は小型化，低価格化へと向かうようになる。音声信号をディジタル化する際に，マスキングなど人間の聴覚の特性を考慮することでデータ量を少なくする，MP3などの圧縮方式（⇒p.454）の開発によって，iPod（2001年～）などのポータブルプレーヤーが急速に普及した。そして2000年代以降，インターネットの普及や携帯電話を用いたデータ伝送の高速化が進み，音楽をCDなどのパッケージメディアで聞く時代から，インターネットからのダウンロードやストリーミングによって聞く時代へと変化した。

C. ワンポイント録音

前述の蓄音機の時代は，蓄音機の集音器の前に演奏家が集まって録音が行われた。そのため，大きな音の楽器は後ろに，小さな音の楽器は前に配置されて音量のバランスがとられた。また，当時の蓄音機の録音・再生の周波数特性から，コントラバスなどの低音楽器は使われず，サクソフォンなど，蓄音機の再生帯域に見合った楽器が使われていた。その後，マイクロホンの開発によって電気による録音が可能になったことで，ダイナミックレンジや周波数特性の制限がなくなり，小さな音の楽器や低音楽器も録音に使われるようになった。また，複数のマイクロホンを使用して，それらの音量を調整することができるようなミキシングコンソールによって，楽器そのものの音量に制限されることなく，個々の楽器のバランスを音楽的に最適になるように，調整できるようになった。

クラシック音楽の録音では，自然な奥行き感や広がり感を得るためには，いまでもアンサンブル全体を1か所に設置したマイクロホンで収録する**ワンポイント録音**が用いられている。ワンポイント録音のマイクロホンの位置は，各楽器の明瞭さ（直接音）と演奏会場の響き（間接音）のバランスを考慮して決める。直接音と間接音のエネルギーが等しくなる臨界距離は，マイクロホンの位置を決める上でおおいに参考になる。

D. マルチトラック録音

1950年頃，米国のギタリスト，レス・ポールは，複数のレコード盤を用いて，録音された音を聞きながら，そこに新しく音を重ねていく「オーバーダビング」という手法を用いた，新しい音楽制作のスタイルを模索していた。そこで，彼はテープ録音機の記録できるチャネル（これをトラックと呼ぶ）を増やして，1インチ幅のテープ

に8トラック記録できるモデルを特注した。このマルチトラックレコーダーの開発によって，音楽制作の手法は大きく変化した。録音された音を聞きながらさらに音を重ねていくことで，一人の演奏者がコーラスをしたり，複数の楽器を演奏するといった，従来リアルタイムの演奏では不可能であった録音を可能にした。このように，それまでは同じ空間，同じ時間で同時に録音しなければならなかったが，マルチトラックレコーダーを用いることで，最初にドラムを録音し，そのあとにベースを録音し，といったように，個々の楽器を別々のトラックに収録して，それらをあとでミキシングするという方法がとられるようになった。ビートルズの代表作 *Sgt. Pepper's Lonely Hearts Club Band*（1968年）は，**マルチトラック録音**の可能性を引き出した彼らの代表作であり，いま聴いても4トラックの録音機2台を駆使して作ったとは思えない完成度である。

E. DAW

ディジタル機器の導入によっても，録音手法は大きく変わった。いったんディジタル化された音は，0と1のデータとして扱うことで，コンピュータによってさまざまな処理が可能となる。コンピュータ技術の進展によって，アクセスタイム（シークタイム）が向上し，大容量のハードディスクやメモリが廉価になったことで，複数の音声信号を瞬時に読み出して連続して再生することが可能になった。そして，従来のマルチトラックレコーダーとミキシングコンソールの機能を統合した**DAW**（⇒p.452）の普及によって，音の編集や加工が非常に簡単にできるようになった。

DAW（digital audio workstation）の最大の特徴は，「やり直し」ができることであろう。これまでのテープ録音機では，録り直したり編集して繋いだりしたテープを元に戻すことはできなかった。DAWはそれまでの録音や編集作業をすべてコンピュータ内に保存しておくことで，簡単に元に戻すことができる。収録後に気に入らない演奏部分を他の良いテイクに差し替えて完成度の高い演奏をつくり上げることが可能になった。その反面，演奏の流れや，他の演奏者とのやりとりといった，本来演奏会で生まれるような良い意味での緊張感のある演奏が生まれにくくなったともいわれている。DAW（Avid社Protools）の編集画面を次図に示す。

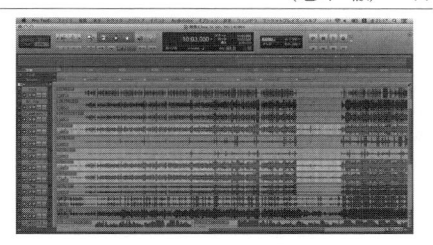

F. エフェクターとミキシング

個々の楽器にマイクロホンを設置して，それらを適当なバランスでミキシングする手法は，ポップスをはじめ，さまざまな音楽ジャンルにおいて用いられている。そこでは，特定の周波数領域を増減させて音を調整するイコライザー，音量を調整するコンプレッサ，左右のスピーカ間の音像定位を調整するパンポット，空間の広がり感や奥行き感を表現するためのリバーブやディレイといった，音の加工を行う**エフェクター**（⇒p.86）が，重要な役割を果たしている。

また，マルチマイクによる集音方式を効果的に行うためには，「かぶり」と呼ばれる個々の楽器間の音の漏れを極力減らすために，楽器ごとに部屋を分けて収録するマルチブース録音や，それぞれのマイクロホンの出力を個別に収録するマルチトラック録音といった方法がとられる。

しかし，このように個々の楽器を独立させつつ，それらの音が同一空間で演奏しているような自然な音場を創るためには，前述のパンポットやディレイ，リバーブを効果的に使用する必要があり，これらの作業を行うミキシングエンジニアのスキルも重要な要素である。

G. 録音技術と音楽制作

録音技術の進化に伴い，音楽制作手法は大きく変化した。特にコンピュータ技術によって，これまでは専門家しか扱えなかった録音機材が簡単に扱えるようになり，だれもが音楽を制作・発信できる時代が到来した。一方で，より臨場感のある音を求めてこういったコンピュータによる加工を施さない「一発録り」と呼ばれる制作方法へ回帰する流れも見られる。

録音技術により百年前の名演奏がいまでも楽しめる。これは人類にとって大きな財産といえる。いまから百年後の聴取者にも聴かれる作品をどう残すかが，音楽制作の課題といえよう。

◆ もっと詳しく！
森，君塚，亀川：音響技術史，東京藝術大学出版会（2011）

重要語句 気分, 同質性仮説, 対処療法仮説, 音楽の感情的性格, 気分調整理論, 同質の原理

音楽聴取行動と気分
[英] music listening behavior and mood

人間の音楽聴取行動は，気分と深い関係があることが知られている。気分によって聴く音楽は変わる。また，聴く音楽によって気分は変化する。音楽聴取行動は，人間が能動的に気分を調整するための一手段であり，適応的な行動といえるものである。

A. 気分による音楽聴取行動への影響

外を歩いたり，店舗の中に入ったりすると，音楽が流れていることがよくあるだろう。日常生活の中では，流れてくる音楽をただ受け身的に聴くことも多い。しかし，自分から好んで音楽を聴くことも，多くの人が日常的に経験していることだろう。

どのような音楽が好まれるかについては，音楽の持つ性質だけでなく，その個人が所属する文化や集団といった社会的要因，聴き手の性格や性別といった個人的要因，聴く場面や個人の心理的状態といった状況的要因が作用するといわれている。状況的要因の一つには，気分 (mood) が含まれている。

気分が音楽聴取行動にどのように影響するかについては，同質性仮説と対処療法仮説の二つの仮説が提示されている。

同質性仮説 この仮説は，聴き手は自分の心理的状態に合った性質の音楽を好むというものである。例えば，10代の青年を対象に，仮定した状況における音楽の好みを調べた調査で，恋愛において幸せな状態では，恋愛を讃える内容の音楽を好んだ。反対に，恋愛において幸せではない状態では，恋愛を嘆く内容の音楽を好むことが示された。つまり，個人の心理的状態に近い音楽を好んで聴くということである。さらに，聴き手の覚醒レベルによって，好ましい音楽のテンポが異なることも示されている。基本的には，テンポは速すぎず遅すぎない適度な速さのものが一般的に最も好まれるが，覚醒レベルが高い場合には，覚醒レベルが低い場合よりも，テンポが速いものが好まれた。すなわち，音楽を聴く際の覚醒レベルに，より一致したテンポの音楽を好んだということである。

対処療法仮説 この仮説は，聴き手は自分の心理的状態を変化させる性質の音楽を好むという説である。例えば，怒りを感じている場合には，覚醒レベルを低下させるために，単純な旋律を好むことが示されている。反対に，覚醒レベルが低い場合には，覚醒レベルを高めるために，複雑な旋律を好むことが明らかになっている。このような音楽の選択については，覚醒レベルを調整するように音楽を選んで聴いていると考えられる。この立場によると，音楽聴取行動は，個人の心理的状態と音楽の性質との相互作用により成立し，心理的状態を調整するために，生じている心理的状態とはあえて異なった性質の音楽を好むということである。

上記のように，音楽聴取行動に関しては，二つの相反する仮説が成り立っている。どちらの説が妥当であるかは検証されていないが，個人の心理的状態の違いによって好む音楽が変化することは確かである。

B. 音楽聴取行動による気分への影響

音楽を選択する際に気分が影響するだけではなく，音楽を聴くとさまざまな気分に変化する。明るい音楽を聴いて楽しい気分になることや，静かな音楽を聴いて穏やかな気分になることは，だれしも経験があるだろう。

音楽聴取によって生じるおもな気分には，「陽気な」「落ち着いた」「真剣な」「幸せな」「悲しい」があるといわれており，その気分は「快－不快」と「覚醒－非覚醒」の2次元で示されると考えられている。また，音楽の調 (⇒p.318)，テンポ (⇒p.420)，音高，リズム，和声，音圧などの性質によって，異なった気分が生じる。例えば，幸福感は，長調，速いテンポ，高い音高，流れるようなリズム，協和音，中程度の音圧によって生じる。悲しみは，短調，遅いテンポ，低い音高，安定したリズム，不協和音によって生じる。しかし，それだけではなく，**音楽の感情的性格**も気分に影響する一つの要因である。

音楽の感情的性格とは，音楽の持つ感情的側面を示し，気分に直接的な影響を及ぼす。例えば，暗い感情的性格を持つ音楽を聴くと悲しい気分が生じ，明るい感情的性格を持つ音楽を聴くと楽しい気分になるということである。すなわち，音楽を聴くと，聴いた音楽の感情的性格と類似した気分が聴き手に生じるということである。

C. 音楽聴取行動による気分調整効果

日常的な音楽聴取においては，気分によって好む音楽が異なり，聴いた音楽によって生じる

気分が異なるというように，音楽聴取行動と気分は相互に影響を及ぼし合うものである。また，音楽聴取は，睡眠や摂食などとは異なり，人間の生存に欠かせないものとは必ずしもいえないが，少なくとも気分変化の点において，なんらかの適応的意味があると考えられている。

例えば，悲しい気分のときや憂鬱な気分のときに，明るい音楽を聴いて気分転換を図ることがある。反対に，もの悲しい音楽を聴くこともある。このように，選択する音楽の性質に違いがあっても，ネガティブな気分が生じている場合の音楽聴取行動の目的は，おもに気分を調整することである。つまり，人は気分を高めたり反対に気分を落ち着かせたりするために音楽を聴き，気分調整を行っているといえる。

また，音楽聴取行動は，以下の快楽原則に基づき，人は不快な気分を最小に，快の気分を最大にするために，可能な範囲で内的および外的刺激状態を調整するという**気分調整理論**（mood management theory）によって，説明可能とされている。さらに，音楽聴取行動は，気分の自己調整のための有効な一つのストラテジー（方略）であることも確認されている。

1) 人は，不快な気分をなくすように努める，もしくは少なくともその気分を低減するように努める。
2) 人は，良い気分を保つように努め，その気分の強さを維持するように努める。

ところで，明るい感情的性格を持つ音楽を聴くと明るい気分が生じる。良い気分になるために，また良い気分を維持するために音楽を聴くなら，暗い音楽ではなく明るい音楽を聴くとよいということになる。一方，もの悲しい音楽を聴くと悲しい気分が生じるため，悲しみを不快なものとする限りでは，もの悲しい音楽そのものは聴かないほうがよいということになる。したがって，楽しい音楽や明るい音楽を聴くということは，気分調整理論に一致する行動であるが，悲しい音楽や暗い音楽を聴くことは，気分調整理論の考え方には矛盾する行動といえる。

しかし，現実には悲しい感情的性格を持つ音楽や暗い感情的性格を持つ音楽は存在し，悲しみを描いた音楽作品は世代を超えて好まれている。また，明らかにネガティブな感情的性格を持つ音楽を聴くということは，つぎのような理由によると推測されている。人は自分の悩みを他者に理解してほしいと望むが，非常に個人的な悩みを他者と共有することは容易ではないこともある。そのため，自分と似た状態にある音楽の中の他者に共感的に理解されようとしたり，慰められようとしたりして，ネガティブな感情的性格を持つ音楽を聴くのである。さらに，音楽聴取行動は，気分を良くするためだけではなく，追想することが主要な目的であるとも指摘されている。

このような音楽聴取行動は，同質性仮説によって支持される。また，音楽療法においては，**同質の原理**（iso-principle）が有効とされている。同質の原理とは，生じている気分と同じ性質の音楽を聴いたり，歌ったりすることにより，気分を変化させるというものである。つまり，悲しいときには悲しい音楽を，怒りが生じているときには覚醒させるような音楽を聴くことが気分の変化においては効果的とされている。音楽療法では，初めはそのように気分と一致した音楽を聴くことが効果的であるが，悲しいときには徐々に明るい音楽を聴くというように，目的とする気分を生じさせるような性質の音楽に徐々に変えて聴いていくことが効果的であるといわれている（異質への転導）。

日常的な音楽聴取行動においては，生じている悲しい気分が強いほど暗い音楽を好む傾向があることが示されている。また，音楽聴取の効果としては，悲しい気分が強い場合には，明るい音楽でも暗い音楽でも悲しい気分が低下する。しかし，少し悲しい気分の場合には，明るい音楽では悲しい気分は低下するが，暗い音楽では悲しい気分の程度は維持される。すなわち，明るい音楽は悲しい気分の強さに関係なく効果的に気分変化に作用するが，暗い音楽は，悲しい気分が強いときにのみ効果があるといえる。したがって，暗い音楽や悲しい音楽といったネガティブな感情的性格を持つ音楽は，悲しい気分が強い場合には気分変化に有効に働くため，実際は能動的に気分調整を行っていると考えられている。

つまり，日常場面での音楽聴取行動は，効果的音楽療法を実践している側面があり，重要な適応的行動の一つといえる。

◆ もっと詳しく！

山田真司，西口磯春 編著：音楽はなぜ心に響くのか，コロナ社（2011）

重要語句 音づくり，現代音楽，ポピュラー音楽，音楽芸術

音楽における音のデザイン
[英] sound design in music

音楽は芸術的創造活動によって生まれるものであるが，デザイン的要素も重要な役割を演じている。高度な録音編集技術を駆使した音楽制作は音のデザインそのものであり，作曲，編曲，音楽演奏にもデザイン的要素が不可欠である。歴史的に見ても，ミュジックコンクレート，電子音楽などではデザイン的側面が重視され，ポピュラー音楽の制作も「音のデザイン」に支えられている。

A. 現代音楽を支える「音のデザイン」

20世紀までの音楽は，作曲者が作った楽譜を演奏者が演奏して聴衆に伝わるといった伝達がなされてきた。また，曲作りも調性（⇒p.318）に従ったものが中心であった。20世紀以降の音楽の特徴は，調性の崩壊と素材の拡大であるといわれる。調性が崩壊した状況は，12音技法，ミュジック・セリエルなど，伝統的な和声体系に基づく方法論とは異なった音楽表現法を生み出した。また，テクノロジーの発展は，発信器や録音機といった音素材を音楽に提供し，ミュジックコンクレート，電子音楽などを生み出した。

ミュジックコンクレート，電子音楽の特徴は，伝統的な楽器に頼らずに音楽を作り出すことであった。ピエール・シェフェールによって提案されたミュジックコンクレートでは録音した現実の音，カールハインツ・シュトックハウゼンによって作り出された電子音楽では発信器の音を素材にして，音楽作品を制作する。

楽器の演奏の場合，楽譜上の指示をもとに演奏者が解釈して，音楽に適した音を作り出す。発信器や録音機には，そのような高度なことはできない。曲想に合わせて，音を作り出し，加工，選択する過程，すなわち「音づくり」「音のデザイン」が制作者に委ねられ，作品制作上大きな意味を持つことになる。

その後，コンピュータの進化とともに，コンピュータミュージックが発展してきたが，コンピュータミュージックにおいても「音づくり」が大きな意味を持ち，より多彩な表現がなされるようになってきた。空間音楽的試みも多くなされ，音楽制作（⇒p.76）は，音場の構成も包含するようになり，音づくりの対象を拡大してきた。メディアアート（⇒p.412）の世界では，作曲なのかデザインなのかの境界が曖昧で，さらに視聴覚情報を融合したデザインも試みられている。サウンドクリエーターと呼ばれる存在も，アーティストとデザイナーの境界に位置する。

このような音づくりは，音楽制作を行う上で創造的行為に含まれるが，芸術的行為というよりも，デザイン的行為といったほうがふさわしい。**現代音楽**は，「音のデザイン」が音楽制作に直接関わるような状況下で発展してきた。

現代音楽の状況を概観すると，その後，音をデザインすることも拒否するかのような「偶然性の音楽」がジョン・ケージによって提唱された。しかし，そのケージの影響を受けたマリー・シェーファー（サウンドスケープの提唱者）が音環境のデザインの必要性を提唱するといった，皮肉な事態も生じている。今日では，音楽家も音のデザインを意識せざるを得ないような状況に至っている。

B. ポピュラー音楽を支える「音のデザイン」

ポピュラー音楽でも，その制作過程のいろいろな場面で，音を作る，加工するという行為が介在する。現代音楽と同様，ポピュラー音楽も「音のデザイン」に支えられて，その表現力を発展させてきた。今日，音のデザインの過程なくしては，音楽を楽しむことはできない。ミュージシャンが演奏した音は，マイクロホンで拾われ，そのサウンドはさまざまなエフェクターで加工される。また，コンピュータに打ち込んだ音も，音楽制作に利用される。

ポピュラー音楽などの音楽制作では，ミュージシャンを一同に集め，レコーディングを行うことはほとんどない。パートごとに別々に演奏したものを，マルチトラックレコーダーに録音し，音量や音色を調節して音楽を仕上げるのが一般的である。何回か録音し，一番良い演奏が用いられる。演奏にミスがあれば，その部分だけ，入れ替えることも可能である。ミュージシャンが演奏した音，コンピュータに作らせた音は，単なる素材にすぎない。この素材を編集，加工，調整して，完成度の高い音楽を作り出している。その過程は，音だけではなく音楽もデザインするといってもよいだろう。

ポピュラー音楽においては，音楽の創造と音のデザインが一体となって，音楽制作の過程が成立している。複雑化した音楽制作を支えているのは，音楽プロデューサーや録音エンジニアのような，「音づくり」を担うスタッフたちである。特に，直接音づくりを担当する録音エンジニアの仕事は，プロデューサーやミュージシャ

ンが求める音を具現化することであり、デザイナーの仕事そのものである。「パンチの効いた音に」とか「みずみずしい音色に」といった情緒的な表現の要求を、音響特性に翻訳することも仕事の一部である。

「音のデザイン」が必要な現場は、録音スタジオに限らない。コンサートホール（⇒p.206）においても、音をデザインする過程なくしては聴衆に音楽は届けられない。ポピュラー音楽の場合、クラシックの演奏会とは異なり、生の演奏音をそのまま聴取することはほとんどない。演奏音は、マイクロホンを通して、あるいは直接ラインに接続され、増幅されて舞台両脇に設置されたスピーカから聴衆に届けられる。

このような過程は、PA（public address）やSR（sound reinforcement）と呼ばれている。演奏音は、客席内に設置されたミキシングコンソールで調整、加工されたのち、アンプを経てスピーカに提供される。ミュージシャンは、自分が演奏した音がどのような形で聴衆に伝えられるのかを、ミキシングコンソールを操作するPAオペレーターに委ねることになる。PAオペレーターは、聴衆に伝える音をデザインする存在である。

PAの現場は「ライブ」である。録音の現場とは異なり、PAオペレーターは、会場の音響特性を考慮しつつ、やり直しのきかない状況下で最適な音のデザインを行わなければならない。

C. 映像メディアを支える「音のデザイン」

テレビや映画、テレビゲームなどの映像メディアにおいても、「音のデザイン」は大きな役割を担っている。映像メディアにおいては、音の要素として、役者の台詞や環境音以外に、音楽や効果音が多用されている。映像メディアでは、音は脇役扱いされているが、音がないと作品は成立しない。映像作品の完成度は、音の使い方によって左右される。

効果音は、場面を強調したり、登場人物のショックを表したりと、さまざまな効果を担う。映像の環境音は、撮影現場の音をそのまま使うわけではない。ストーリーに合わせた環境音を作り出すことも多い。音にも演出が必要とされ、そのためのデザインが行われている。

音楽の場合、音楽そのものは作曲家が制作するが、映像メディアの場合、レコーディングのみならず、映像と組み合わせる過程においても、編集、加工、調整といった音づくりの過程が関わってくる。音楽は、ストーリーに寄り添いながら、台詞、環境音、効果音、さらには映像と融合して、視聴者に伝えられる。そのような状況下で、映像メディアにおける音（⇒p.22）のデザインがなされている。

映像メディアにおける音楽は、シーンの状況を伝えたり、登場人物の心情を表現したりと、映像表現を補完する役割を担う。作曲家は、単に良い音楽作品を制作するのではなく、映像作品の一部として機能する音楽の制作を求められる。映像メディアにおいては、作曲あるいは編曲といった音楽家の作業がすでにデザイン的な性質を帯びている。

D. 芸術的表現とテクノロジーの融合としての「音のデザイン」

現代の音楽制作の現場は、最新のテクノロジーに支えられて成立する、芸術とテクノロジーの融合が行われている場である。このような現場での音づくりに携わるためには、音楽に対する深い造詣、音に関する鋭い感性が必要とされる。その感性によって、どんな音を作るのかに関するイメージが形成される。その音のイメージを実現するためには、音楽のみならずテクノロジーにも精通している必要がある。

音のデザインは、芸術的表現（**音楽芸術**）と最新のテクノロジーの双方に関わる行為である。テクノロジーを自在に操り、芸術的感性の意図する音を具現化して、良質の音楽が完成する。

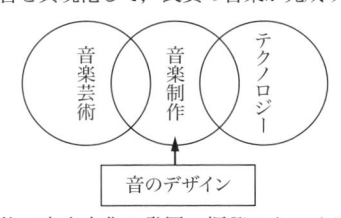

音楽芸術 ― 音楽制作 ― テクノロジー
↑
音のデザイン

今後の音楽文化の発展、振興にも、やはり音のデザインの存在が欠かせないだろう。視覚領域のデザインと比較して、その存在が一般に広く認知されているわけではないが、「音のデザイン」分野の将来に期待したい。

◆ もっと詳しく！
岩宮眞一郎：よくわかる最新音響の基本と仕組み 第2版, 秀和システム (2014)

重要語句 音響イベント，機械学習，音によるシーン理解，競争型ワークショップ，TRECVID

音響イベント検出
[英] acoustic event detection

音によって人に認識される事象（音響イベント）を，音響信号から検出して識別する技術。音声や音楽に限定することなく，動物の鳴き声や環境音，効果音など，あらゆる音を検出できるようになることにより，大幅な音アプリケーションの拡大が見込まれる。

A．検出方法
学習段階では，まず目的とするアプリケーションを想定して，音響信号に**音響イベント**をラベル付けする。つぎに各音響イベントの音響信号から音響的特徴を抽出する。メル周波数ケプストラム係数（MFCC）をはじめ，スパース信号解析に基づく基底やスペクトログラムの画像処理特徴などが用いられる。最後に，隠れマルコフモデル（HMM，⇒p.96）やサポートベクターマシン（SVM）などの識別器を学習する。

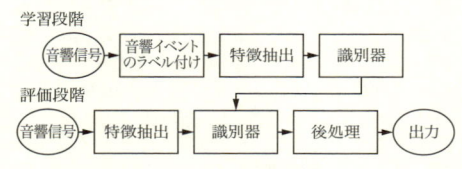

評価段階では，未知の音響信号から学習段階と同様の特徴を抽出し，学習された識別器を用いて音響イベントを特定する。音響イベントを時間的に検出する場合は後処理を実施する。例えば，HMMにおいてビタビアルゴリズムを利用して，識別器が出力した各時刻の音響イベントに対する事後確率から，音響イベントの時間区間を特定する。

最近では，特徴抽出を内包する**機械学習**（ディープラーニング（⇒p.326）やベイズ学習など）が音響イベント検出に応用される。例えば，制約付きボルツマンマシン（RBM）に基づく自己符号化器を隠れ層として積み重ねた多層の階層ネットワークによって音響イベントを検出する。事前に特徴抽出されたMFCCやフィルタバンク出力値よりも，スペクトログラムを直接入力することで検出精度が向上する。教師なし学習された隠れ層が音響イベントの詳細な特徴抽出の役割を果たしている。

B．研究課題
音響イベント検出は，**音によるシーン理解**の研究の一つとして位置付けられ，**競争型ワークショップ**を通じて精力的に取り組まれている。ここでは，どの程度の音の長さを参照して，どこまで音の種類を特定するかを表す「時間的参照範囲」と「特定度」を利用して，音響イベント検出を含む，音によるシーン理解の研究課題を整理する。

（1）課題1：同一音の検出・識別　　データベースに集められた音とまったく同一の音を音響信号から検出して識別する。警報や電化製品，信号機の音，銃声，音商標など，特定度が高く，参照範囲が短い単発音を正確に検出することが求められており，福祉用具，警備，権利保護などへの応用が期待される。

（2）課題2：音響イベントの検出・識別　　環境音や非言語音声からなる「音響イベント」をあらかじめ定義し，その音響的特徴の観点で同一の音を音響信号から検出して識別する。音源や収録環境，話者性の違いを許容するため，課題1に比べて特定度は低いが，単発音を対象とするため時間的参照範囲は短い。ライフログや会議状況認識，環境保護などへの応用が想定される。

（3）課題3：音声/非音声/音楽区間の検出・識別　　音響信号から音声/非音声区間を検出して識別する（⇒p.102）。特定度が音響イベント検出と同程度で，時間的参照範囲が長い。最近では，音楽区間を検出する汎用信号区間検出技術（GSAD）がITU-Tより標準化され，音声符号化や音声認識などの音声技術の前段処理に利用される。

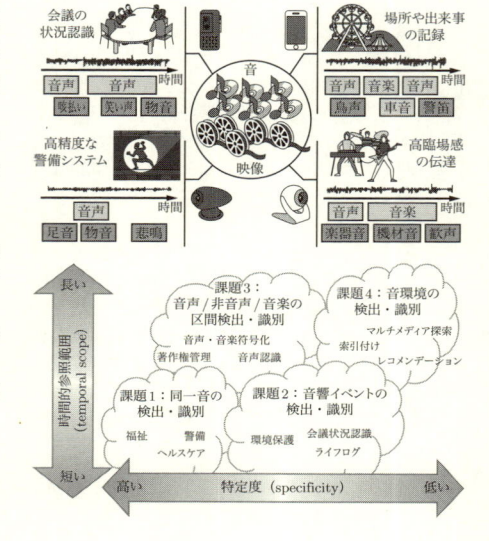

（4）課題4：音環境の検出・識別　「オフィス」や「地下鉄」，「ドッグショー」や「パレード」のように，場所や出来事をあらかじめ定義し，その音響的特徴の観点で同一の音環境を検出して識別する．同じ場所や出来事でも個々の構造はきわめて多様であるため，特定度は低い．比較的長時間の音響信号における大域的な特徴を参照して識別する．探索や推薦への応用を想定し，大量の映像クリップに索引付けを行う．

C. 競争型ワークショップの取り組み

音によるシーン理解の研究をテーマとした競争型ワークショップが世界各地で開催され，共通のデータセットを用いて技術の評価が進められている．

（1）CLEAR　CLEAR（CLassification of Events, Activities and Relationships）は，2006年と2007年にVACEとCHILの協賛のもとで開催された競争型ワークショップである．会議室におけるセミナーの様子を録音した音響信号から，「ドアノック音」「足音」「椅子の移動音」「拍手音」「笑い声」などの12個の音響イベント検出が行われた．2007年は6チームが参加し，最も高い性能を得たチームは，MFCCをはじめとするさまざまな特徴量をAdaBoostによって特徴選択し，HMMを利用して検出した．それでも全体的に性能は低く，時間的に重なった音響イベントの検出が課題となった．多チャネル信号の利用が解決方法として挙げられた．

（2）Albayzin　Albayzinは，スペインの大学・研究機関によって2006年から隔年開催されている音声言語処理の競争型ワークショップである．およそ87時間分のTVニュース番組の音響信号から，「音声」「音楽」「背景に雑音が重畳する音声」「背景に音楽が重畳する音声」「その他」からなる五つのクラスを区間検出して識別するタスクが行われている．MFCCやクロマ特徴量などの1秒程度の統計量を特徴量に加えること，HMMを使いながら五つのクラスを階層的に識別することの有効性が報告されている．

（3）TRECVID MED　NISTが主催するTRECVID MED（media event detection）は，映像クリップから音情報を含めた「イベント」を検出して識別するタスクであり，毎年20チームほどの研究機関が参加する．イベントとは，ある特定の時間・場所における，人間と人間や，人間から事物への行動や出来事，環境を指す．「タイヤを交換している」「誕生日を祝っている」「岩山を登っている」などがその例である．2013年は5840時間の映像データに対し，30個のイベントが定義された．MFCCを特徴量，ガウス混合モデル（GMM，⇒p.96）のSupervectorとSVMの組合せを識別器とし，GMMの木構造探索を高速化に用いるといった，音声分野で開発された技術が性能向上に寄与することが報告されている．最近では，音声認識やOCRによって得られた情報を「中間表現」とし，それらを入力とした検出器を従来法と組み合わせることも試みられている．

（4）TRECVID MER　TRECVID MEDの参加者を対象に，なぜイベントが検出されたか証拠を列挙して説明するMER（media event recounting）が，2012年から開催されている．映像クリップにおける証拠の場所と時刻，およびその説明文を，XML形式で書き起こす．MEDの性能解析・向上とともに，検索インタフェースの利便性向上を目的とする．2013年は10チームが参加し，主観的な評価で，約60％のイベントの説明が可能であることが報告されている．

（5）D-CASE　D-CASE（Detection and Classification of Acoustic Scenes and Events）は，2013年に，IEEE Signal Processing Societyの後援のもと，音環境の識別と音響イベント検出を行った競争型ワークショップである．音環境の識別では，屋内外の10か所の場所が定義された．11チームが参加し，最も高い性能を得たチームは，再帰定量化解析を用いてMFCC系列の動特性を特徴抽出し，SVMを用いて識別した．この性能は人間による識別能力と同等であった．一方，音響イベント検出では，オフィス環境で観測される16種類の音響イベントが定義された．7チームが参加し，高い性能を得たチームは，MFCCやGaborフィルタバンク出力値を特徴量とし，HMMを識別器とした．全体的に性能は低く，CLEARと同じく時間的に重なった音響イベントの検出が課題となった．

現状，比較的長さの短い音響イベントの検出・識別が，技術的に難しい課題である．高い検出精度を保ちながら，計算コストを抑え，データベースの規模に対する拡張性を高めていくことが，音響イベント検出に求められている．

◆ もっと詳しく！

Giannoulis, D., et al.: "Detection and classification of acoustic scenes and events: an IEEE AASP challenge" (2013)

重要語句 オイラーの公式，2マイクロホン法，複素音響インテンシティ，アクティブインテンシティ，リアクティブインテンシティ

音響インテンシティ
[英] sound intensity

音圧と粒子速度の積の時間平均として定義され，物理的には音場内の単位断面積を単位時間に通過する音のエネルギーを意味する。量記号は I または J であり，単位は W/m^2 である。

A. 測定原理

音響インテンシティ I を計測するためには，粒子速度を音圧と位相関係を保った形で測定する必要があるが，すべての周波数領域にわたって精度良く測定することはかなり困難である。そこで，音波の基礎方程式の一つである**オイラーの公式**に基づき，近接した2点の音圧の差から粒子速度を近似的に求める方法が一般的である。

つまり，音波に関する運動方程式であるオイラーの公式

$$\rho \frac{\partial u_r}{\partial t} + \frac{\partial p}{\partial r} = 0$$

に着目し，その第2項を

$$\frac{\partial p}{\partial r} = \frac{p_2(t) - p_1(t)}{\Delta r}$$

のように近似すると，r 方向の粒子速度 u_r は

$$u_r(t) \equiv -\frac{1}{\rho_0 \Delta r} \int_{-\infty}^{t} \{p_2(\tau) - p_1(\tau)\} d\tau$$

で表される。ただし，$p_1(t), p_2(t)$ はそれぞれ r 方向に微小距離 Δr だけ離れた2点の音圧を表す。したがって，I の r 方向成分は近似的に次式で表される。

$$Ir = -\frac{1}{\rho_0 \Delta r} \overline{\frac{p_2(t) + p_1(t)}{2} \int_{-\infty}^{t} \{p_2(\tau) - p_1(\tau)\} dt}$$

上式に基づく方法は，**2マイクロホン法**あるいは p-p 法と呼ばれる。具体的な演算方法としては，上式に基づいて時間領域で直接演算する方法と，上式を周波数領域表示した次式に基づいて，2点の音圧のクロススペクトルから求める方法がある。

$$Ir(f_1 - f_2) = -\frac{1}{2\pi \rho_0 \Delta r} \int_{f_1}^{f_2} \frac{\text{Im}\{G_{12}(f)\}}{f} df$$

ただし，$\text{Im}\{G_{12}(f)\}$ は $p_1(t)$ と $p_2(t)$ のクロススペクトル密度関数の虚部を表す。

また，音響インテンシティを複素領域に拡張した複素音響インテンシティに基づく解析も行われている。

音場内の**複素音響インテンシティ** $\vec{I}_c(r)$（r は位置を表す）は次式で定義される。

$$\vec{I}_c(r) = \frac{1}{2} p(r,t) \cdot \vec{u}^*(r,t)$$
$$= \vec{I}(r) + j\vec{Q}(r)$$

ここで，$p(r,t)$ は音圧（複素数表示），$\vec{u}^*(r,t)$ は粒子速度（複素数表示）の複素共役を表す。交流回路理論とのアナロジーより，音圧を電圧，粒子速度を電流に対応させれば，$\vec{I}_c(r)$ は複素電力に相当する。その実数部 $\vec{I}$（**アクティブインテンシティ**と呼ばれる）は有効電力に相当し，音場における実際の音響パワーフローの強さを表している。単に音響インテンシティといえば，このアクティブインテンシティのことである。一方，虚数部 $\vec{Q}$（**リアクティブインテンシティ**と呼ばれる）は無効電力に相当し，粒子速度のうちの音圧との直交成分と音圧との積を時間平均したものである。$\vec{Q}$ は音源近傍や定在波音場に存在し，単一平面波音場では存在しない。そのため，音の放射性状の解析において有効である。

B. 音響インテンシティの応用

（1）音響透過損失測定 建築音響における音響インテンシティの応用としては，遮音測定が重要である。通常，音響透過損失（⇒ p.228）は残響室−残響室法により測定される。音響インテンシティを用いれば，入射側は拡散入射を仮定して室内平均音圧レベルより入射パワーを算出し，透過パワーを音響インテンシティ法による音響パワー測定の原理に従って測定すればよい。

この方法によれば部位別の音響透過損失が測定可能であり，実際の建物に取り付けられた窓の遮音性能の測定が可能となる。下図は現場における窓の音響透過損失測定結果（音響インテンシティ法と内部音源法の比較）を示している。

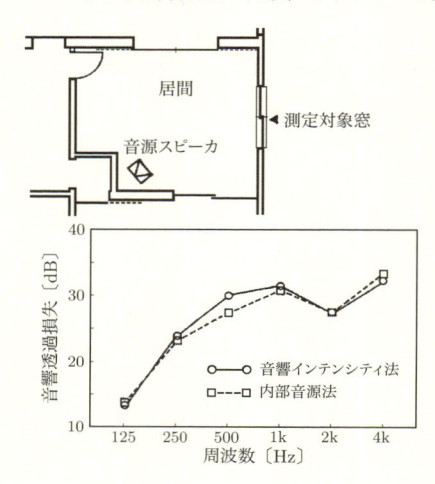

(2) 斜め入射透過損失・吸音率測定 複素音響インテンシティを用いれば，平面波が角度θで入射したときの境界面（試料面）の音響透過率$\tau(\theta)$および音響透過損失$TL(\theta)$，さらに吸音率$\alpha(\theta)$は，それぞれつぎのように表される．

$$\tau(\theta) = \frac{P_t}{P_i} = \frac{2P_t}{|I_{cx}(x)|_{\max} + I_x(x)}$$

$$\alpha(\theta) = 1 - \frac{P_r}{P_i} = \frac{2I_x(x)}{|I_{cx}(x)|_{\max} + I_x(x)}$$

ここで，P_tは境界面を透過する単位面積当りの音響パワー，$I_{cx}(x)$は複素音響インテンシティのx方向（試料の法線方向）成分である．x点の平均2乗音圧は次式で表される．

$$\bar{p}^2(x) = \frac{1}{2}p(x)p^*(x)$$
$$= \frac{1}{2}(1+r^2)A^2 + rA^2\cos(2kx\cos\theta + \phi)$$

ここで，rは境界面の複素反射係数であり，この平均2乗音圧を用いれば，$|I_{cx}(x)|_{\max}$は

$$|I_{cx}(x)|_{\max} = \frac{(1+r^2)A^2\cos\theta}{2\rho c}$$
$$= \frac{I_x^2(x) + Q_x^2(x) + \left[(p^2(x)/\rho c)\cos\theta\right]^2}{2(\bar{p}(x)/\rho c)\cos\theta}$$

となり，試料近傍の任意の点における$I_x(x)$，$Q_x(x)$および音圧を測定すれば得られる．

無響室内で行った吸音性中空二重壁の斜め入射音響透過損失の測定結果を下図に示す．入射角度θが大きくなるにつれて値が小さくなり，入射角度60°のとき，この試料では残響室法透過損失と同程度の値になることがわかる．

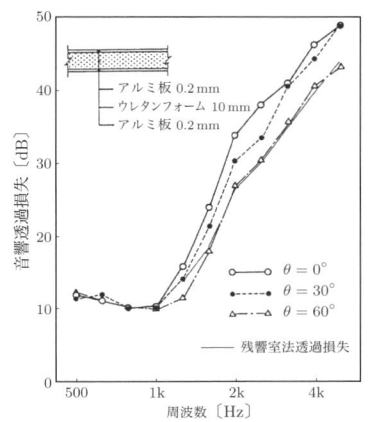

グラスウールを剛壁に密着させた場合の斜め入射吸音率の測定結果（グラスウール12mm厚，96kg/m³，剛壁密着）を下図に示す．吸音率の角度依存性は，1kHz帯域以下では小さいが，1.25kHz帯域以上では大きな角度依存性が見られる．

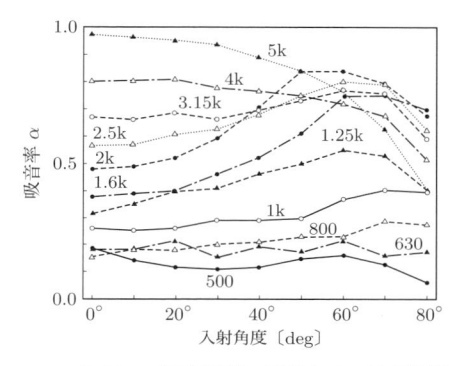

このように，遮音機構の解明あるいは高性能の遮音構造の開発などに際しては，角度ごとの音響透過損失および吸音率を調べることが有効である．

(3) 放射音場の解析 音源近傍の音場解析においては，複素音響インテンシティ計測が有効である．下図は，逆位相で駆動されたスピーカ近傍のアクティブインテンシティとリアクティブインテンシティの測定結果である（入力電圧比は2:1，周波数は315Hz）．アクティブインテンシティからはパワーフローが明瞭に認められるが，右側のスピーカの存在が不明である．一方，リアクティブインテンシティにおいては，ベクトルの放射が見られ，この位置で音圧が極大になっていることがわかる．

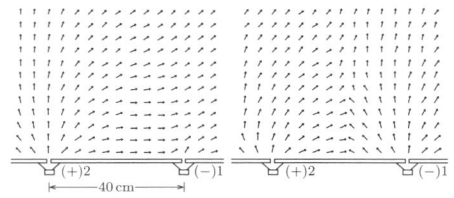

(a) アクティブインテンシティ　(b) リアクティブインテンシティ

最近では，音響ホログラフィやビームフォーミングなどの計算手法を用いたインテンシティ計測が実用化されており，機器からの騒音低減などが有効に行えるようになりつつある．

◆ もっと詳しく！
F.J. Fahy 著，橘　秀樹 訳：サウンドインテンシティ—理論と応用，オーム社 (1998)

重要語句　エフェクト，ディレイ，リバーブ，インパルス応答，室内音響指標，オーバードライブ，ディストーション，ファズ，音色

音響効果
[英] sound effect

入力音を加工し出力することをいい，響きや揺らぎを付加する，音をひずませるなど，目的とする音楽的効果に応じてさまざまな種類のものがある。「エフェクト」とも呼ばれ，そのための装置をエフェクトプロセッサ，エフェクターなどと呼ぶ。広義には，音に対して行うあらゆる加工を含みうるが，音楽作品や放送番組の制作に用いる電気的処理を指すことが多い。

A．音響効果の分類と解説

音を加工するための装置は，音の加工方法（信号処理），使用目的・対象，できあがった音の印象など，いくつかの切り口で分類できるが，ここでは作り出す音の聴感印象によって分類し，それぞれの代表的なエフェクトを紹介する。

音量の調整　(1) 楽器演奏音の小さすぎる/大きすぎる音について音量を揃える（コンプレッサ）。(2) 放送や録音など，使用できるレベルの最大値が決まっているときに，指定した音の強さを超えないように大きすぎる音を小さめに加工する（リミッタ）。(3) 聴感上の音量を大きくすることを目的として加工する（マキシマイザ）。

音質の変化　(1) 特定の周波数領域のみのレベルを上下させ，聞きやすい，あるいは所望の音質にする（イコライザー）。(2) 特定の周波数以上/以下，あるいは特定範囲を除去する（フィルタ）。

響きの付加・空間印象　(1) 山彦のように同じ音を遅れて再現する（ディレイ）。(2) コンサートホールのような室内の残響音を付加する（リバーブ）。(3) 2台以上のスピーカを用いて，音を所望の定位から再生する（パンニング）。

ひずませる　入力音をわざと極端にひずませることで音色を変化させる（オーバードライブ，ディストーション，ファズなど）。

音を揺らす　音のある側面を時間変化させるもの。例えば，(1) 音のピッチを上下に揺らす（ビブラート）。(2) 音量を大小に揺らす（トレモロ）。(3) 音の位相を揺らす（コーラス，フランジャー，フェイザー）。

その他　ピッチや再生速度の変更，ハーモニーの付加，音源分離，アナログ機器のディジタル再現，ノイズ除去など。

オートワウのようにフィルタを時間変化させるエフェクターもあるため，上記の分類は相互排他的なものではない。エフェクト全般の理論と実装については文献1)が詳しい。

B．ディレイとリバーブの動作原理

ディレイは，入力された音を指定した時間だけ遅延させて出力する。簡単なディレイのブロック図を下図に示す。図中，▷は増幅/減衰，⊕は加算，◇は入出力を表す。

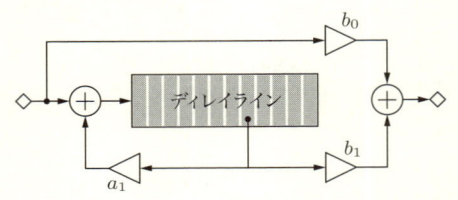

図左端の◇から入力された信号が，遅延素子を集積させたディレイラインによって遅延される。ディレイラインの長さによって遅延の最長時間が決まるが，図のようにディレイラインの途中から信号を取り出すこと（タップ）によって，遅延時間を可変にすることもできる。

図では，入力信号がディレイライン直前で分岐され，出力の直前で，増幅/減衰された遅延信号と加算されている。こうすることで，原音と遅延音が混ざり，山彦のような効果を生む。

また，$a_1 \neq 0$ のときには，ディレイラインからタップされた信号がディレイラインに再入力される。これをフィードバックといい，下図のような何度も繰り返すディレイを作成するときに利用される。

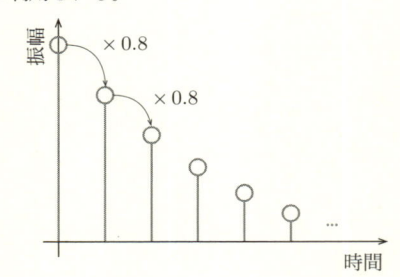

遅延時間やフィードバック量を調整すると，次々とエコーが繰り返され，室内の壁面反射のように聞こえる出力が得られる。しかし，エコーが一定間隔であるため，不自然な印象の響きになってしまう。自然な響きを付けてリバーブとして利用するためには，工夫が必要である。

フィードバック付きディレイをもとに残響音を作る方法として，Schroederはディレイラインからのタップ長を変えたものを複数準備して直列に接続することで，室内残響音を模すアルゴリズムを提案した。この方法は，後期残響音を生成するのには適しているが，初期残響音を柔軟に作ることは難しい。そのため，Moorerは，初期反射音には複数タップを持つディレイを使い，後期残響音にSchroederのアルゴリズムを使うことを提案した。

StautnerとPucketteは並列に接続したディレイラインが相互に影響し合うFeedback Delay Networkリバーブを提案した。下図に，4次のFeedback Delay Networkのブロック図を示す（Gは4×4行列）。実装が簡便なわりに比較的自然なリバーブが得られるため，さまざまな場面で利用されている。

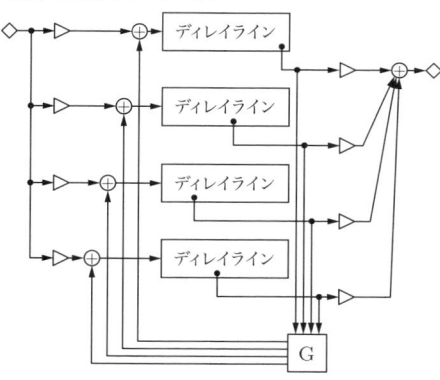

インパルス応答（⇒p.16）と畳み込み演算を用いて残響音を再現する方法もあるが，以前は計算機の演算速度が十分でなかったために，リアルタイムに残響付加をすることは難しかった。十分高速な計算機の登場により，近年は比較的低レイテンシーのリアルタイム残響付加が実現されている。残響の評価には，**室内音響指標**（⇒p.220）が用いられる。

C. ひずみの動作原理

ギターをはじめとする楽器用のひずみエフェクトは，**オーバードライブ，ディストーション，ファズ**など，さまざまな名称で呼ばれている。いずれも，動作の基本は，システムが許容する範囲を超えた過大な増幅をすること，あるいは，それを模した回路を用いることである。

例えば，次式は $[-1, +1]$ の範囲の入力音圧を x，ひずみエフェクトからの出力を y_{clip} とした関数であり，入力信号を a 倍に増幅し，上限を超えた部分を切り取る（クリッピング）ことでひずみを生む。

$$y_{\text{clip}} = \begin{cases} 1 & \left(\dfrac{1}{a} < x\right) \\ ax & \left(-\dfrac{1}{a} \leq x \leq \dfrac{1}{a}\right) \\ -1 & \left(x < -\dfrac{1}{a}\right) \end{cases}$$

ここで，a を変化させることで，ひずみの強さを調整できる（ただし $a \geq 1$）。このように入力波形を加工して出力する関数を「ウェーブシェーピング関数」と呼び，関数次第でさまざまなひずみを作ることが可能になる。

別のウェーブシェーピング関数を下図に示す。図中左下（枠内）の関数を用いて，図中左上の正弦波入力をひずませると，図中右下の出力が得られる。

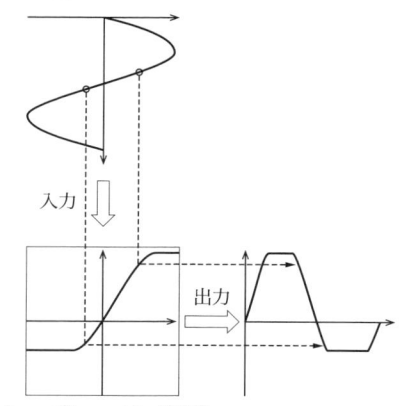

ウェーブシェーピング関数

チェビシェフ多項式をウェーブシェーピング関数に使用すると，所望の倍音を生成することができる。また，関数に不連続点や滑らかでない点があると，より強いひずみが生じる。しかしながら，どのような関数を作ればどのような**音色**（⇒p.352）となるのかについては，まだ明らかになっていない部分が多く，今後の研究が期待される。

◆ もっと詳しく！

1) Udo Zölzer (editor): *DAFx—Digital Audio Effects*, 2nd Ed., John Wiley & Sons (2011)

|重要語句| 音響光学効果，ラマン-ナス回折，ブラッグ回折，音響光学変調素子，音響光学周波数シフタ，音響光学波長可変フィルタ

音響光学デバイス
[英] acousto-optic devices

弾性波の伝搬により音響光学効果を介して媒質内に発生する屈折率グレーティングを利用した，光変調器，光偏向器，分光器，モード変換器，波長フィルタ，光周波数シフタなどのレーザー光制御デバイス．

A. 音響光学効果

媒質中に弾性波が伝搬すると，そのひずみによって屈折率が変化する．この現象は**音響光学効果**（acousto-optic effect; AO effect）と呼ばれ，媒質中には弾性波の波長と等しい周期を持つ屈折率グレーティングが形成される．その屈折率変化は光弾性定数 p を介して，媒質の屈折率 n と弾性ひずみ S により

$$\Delta n = -\frac{1}{2} n^3 p S$$

と表される（n, p のテンソル添え字は省略）．これにレーザー光を入射すると，弾性波パワーや駆動周波数に応じて，変調，回折，分光，モード変換，光周波数シフトなどのレーザー光制御が可能になる．

B. バルク波を用いた音響光学デバイス

バルク波を用いたブラッグセル（Bragg cell）と呼ばれる AO デバイスの構成を下図に示す．偏向媒質に付加したトランスデューサより縦波または横波のバルク波を励振させ，発生する屈折率グレーティングにより入射光を回折させる．

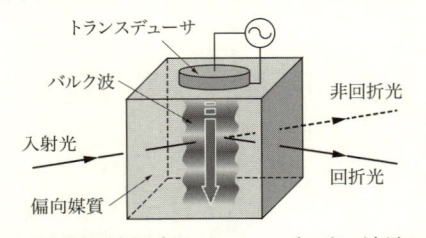

トランスデューサ
バルク波
非回折光
入射光
回折光
偏向媒質

回折現象の振る舞いは，レーザー光の波長 λ，弾性波の波長 Λ，相互作用長 L によって異なる．これを区別するため

$$Q = \frac{2\pi\lambda L}{n\Lambda^2}$$

で定義されるパラメータ Q が用いられる．この Q は回折現象を評価する重要な値である．Λ に対して L が短い場合（$Q \ll 1$）には**ラマン-ナス**（Raman-Nath）**回折**と呼ばれ，q 次の回折光が $q \pm 1$ 次の回折光と結合（エネルギーをやりとり）するため，多数の次数の回折光が現れる．入射光パワーはこれら多数の回折光パワーに分散され，最大回折効率は 33.9％（$q = \pm 1$ のとき）である．相対的に L が長い，または Λ が短い場合（$Q \gg 1$）には**ブラッグ**（Bragg）**回折**と呼ばれ，入射角 θ がブラッグ条件

$$\theta = \pm \sin^{-1} \frac{q\lambda}{2n\Lambda}$$

を満たすとき，q 次の回折光のみが回折されるため，100％に近い最大回折効率が得られる．実際の回折現象では，$Q < 1$，$Q > 4\pi$ のとき，それぞれラマン-ナス回折，ブラッグ回折として適用することができる．$1 < Q < 4\pi$ の場合には，それらの中間的な振る舞いを示す．高効率に変調光や回折光を得るための**音響光学変調素子**（AO modulator; AOM）にはブラッグ回折が利用され，弾性波パワーにより回折効率が，駆動周波数により回折角が制御される．

弾性波パワーを P_B，伝搬速度を v，伝搬断面積を A，媒質の密度を ρ とすると，屈折率変化の振幅は

$$\Delta n = \sqrt{\frac{1}{2} M_2 \frac{P_B}{A}}, \quad M_2 = \frac{n^6 p^2}{\rho v^3}$$

と表される．M_2 は音響光学良度指数と呼ばれ，一定の弾性波パワーにより生ずる屈折率変化の大きさを表している．偏向媒質として，M_2 が大きく弾性波の減衰が小さいモリブデン酸鉛 $PbMoO_4$ や二酸化テルル TeO_2 などが利用されている．

弾性波は進行波であるため，AO 効果により回折，偏波変換された光波の周波数は，弾性波の駆動周波数 Ω でドプラシフトを受ける．周波数 ω の入射光に対する q 次の回折光の周波数は $\omega + q\Omega$ にシフトされる．この**音響光学周波数シフタ**（AO frequency shifter; AOFS）の機能は，AO デバイスの特徴の一つである．AOFS を用いることにより，物質の振動状態を検出するレーザードプラ振動計や，通常のレーザーとは異なるスペクトル特性を有する周波数シフト帰還型ファイバレーザーなどが構築されている．

C. 弾性表面波を用いた音響光学デバイス

弾性表面波（surface acoustic wave; SAW）は，伝搬媒質の表面近傍に弾性波エネルギーを集中させて伝搬する弾性波である（⇒ p.286）．SAW を用いた AO デバイスでは，基板上に形成した高屈折率の薄膜や層（光導波路）の中に，レーザー光を導波光として伝搬させ，同一基板上に設けたすだれ状電極（interdigital transducer; IDT）から SAW を励振させて，AO 効果を介

して表面近傍に発生する屈折率グレーティングにより導波光を制御する。バルク波によりレーザー光を制御するデバイスと比べて、弾性波と光波のエネルギーがいずれも表面近傍に集中するため、低駆動パワーでAO効果が得られる。また、幅方向にも導波光の閉じ込め効果を持たせたチャネル光導波路を用いれば、導波光の曲げ、分岐、合波などを実現できるため、デバイス設計の自由度が高いことや、光ファイバとの結合が容易であることなどの特徴も持っている。

SAWを用いたAOデバイスは、導波光と弾性波を平行に伝搬させ、導波光のモード変換を利用するコリニア形と、両者をおおむね直交させ、導波光をブラッグ回折させるコプレーナ形に大別される。その基板には、おもにLiNbO₃が使用されている。その理由として、Ti拡散法やアニール・プロトン交換法などによって導波光の伝搬損失が小さい光導波路を形成できること、IDTを基板上に直接形成してSAWを励振できること、その電気機械結合係数が大きいことなどが挙げられる。

（1）コリニア形デバイス　コリニア形デバイスでは、SAWのひずみが光導波路中に発生させる誘電率テンソルの非対角成分により、TEモードとTMモードの間のモード変換が可能である。二つの導波モードの伝搬定数を β_{TE}、β_{TM} とすると、位相整合条件は

$$|\beta_{TE} - \beta_{TM}| = \frac{2\pi}{\Lambda}$$

と表され、これを満足するSAWの駆動周波数によって光波長の選択処理が可能である。例えば、光波長を 1.55 μm としてXカットLiNbO₃を用いた場合、駆動周波数は約 170 MHz である。構造上、10 mm 以上の長い相互作用長をとることができるため、結合効率の光波長依存性が強くなる。このため、狭帯域の**音響光学波長可変フィルタ**（AO tunable filter; AOTF）を実現でき、半値幅が約 0.5 nm の AOTF が開発されている。しかし、相互作用長が長いため、モード変換には μs オーダーの応答時間を要する。なお、バルク波とレーザー光を用いても、常光と異常光の伝搬定数が位相整合するコリニア形デバイスを構成できる。

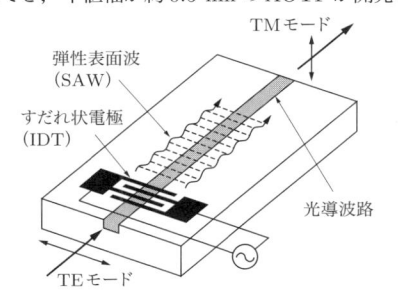

（2）コプレーナ形デバイス　下図は、ブラッグ条件を満たす角度で導波光と SAW を交差させたチャネル光導波路を用いたコプレーナ形 AO デバイスの構成である。単に交差させただけではブラッグ回折に十分な相互作用長が得られない場合には、チャネル光導波路の幅を拡幅させるなど、相互作用長の長尺化を図る必要がある。

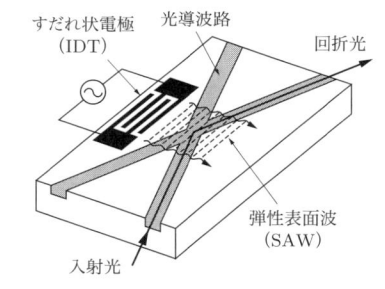

SAW にはレイリー波や横波型 SAW などの伝搬モードがある。コプレーナ形のデバイスにおいては、TM モードとレイリー波の組合せにおいて、駆動 SAW パワーが最も低い AO 効果が得られることが知られている。これは、縦波成分と表面に垂直な横波成分からなるレイリー波のひずみが、TM モードが感受する屈折率に大きな変化を与えることに起因している。

駆動周波数が低い場合にはブラッグ回折の条件を得にくく、駆動周波数が高い場合には、同一 SAW パワーにおけるひずみが小さくなり、AO 効果による屈折率変化が小さくなる。このため、駆動 SAW パワーを低くするのに最適な駆動周波数が存在し、それは 100〜200 MHz であることが知られている。

コプレーナ形の応答時間は、SAW が相互作用領域を横切る時間に相当するため、コリニア形よりも短い。また、コプレーナ形の回折効率の光波長依存性は、コリニア形の結合効率のそれよりも弱く、光波長に対して広帯域な特性を示す。

◆ もっと詳しく！
日本学術振興会弾性波素子技術第150委員会 編：弾性波デバイス技術 (2004)

重要語句 超音波トモグラフィ，回折トモグラフィ，フーリエ切断定理，海洋音響トモグラフィ

音響トモグラフィ
[英] acoustic tomography

音波による投影データから，断層像を再構成する手法。透過法を基本としており，対向させた対になる音波の送受波器間に，検査対象である物体を置き，この送受波器対を走査し，送受波器間の音響伝搬時間，受波振幅などを測定してデータとする。このデータより，伝搬媒質の音速，減衰の分布などを再構成し，断層画像を得る。

A. 投影データと断層像

送受波器間を伝搬する音波の測定で得られるデータは，媒質中の音波に関する特性 $f(x,y)$ を音波の経路 Γ に沿って積分した $\int_{\Gamma} f(x,y) ds$ である。$f(x,y)$ が音速の逆数であれば測定されるデータは伝搬時間である。この積分情報から $f(x,y)$ を再構成し，画像を得る。分解能が高い超音波周波数領域での計測が多いので，**超音波トモグラフィ**，超音波 CT (computed tomography) とも呼ばれる。透過波を用いるトモグラフィは物体の定量的な情報が得られることが期待されるが，X 線がほぼ直線的に物質内を伝搬するのに対して，音波は屈折による経路の変化や回折の影響が無視できず，また，固有音響インピーダンスが大きく違う部分で音波が遮断されて透過波が得られないなどの問題があり，これらを考慮した対応が必要になる場合も多い。波動性を考慮した手法は，**回折トモグラフィ** (diffraction tomography) と呼ばれる。

B. フーリエ切断定理による再構成

送受波器を密に配置でき，音波の伝搬経路を直線と考えることができる単純な場合は，X 線 CT と同様のフーリエ切断定理による再構成を用いることができる。

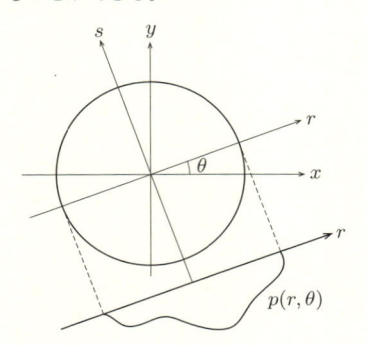

上図は投影データの取得方法を示している。図のように，x, y 座標に対して，θ 回転した r, s 座標を考える。

x, y を r, s で表すと
$$\begin{cases} x = r\cos\theta - s\sin\theta \\ y = r\sin\theta + s\cos\theta \end{cases} \quad (1)$$
となる。

θ 方向の物体の投影データ $p(r, \theta)$ は，式 (1) を利用して
$$p(r,\theta) = \int_{-\infty}^{\infty} f(r\cos\theta - s\sin\theta, r\sin\theta + s\cos\theta) ds$$
となる。この投影データと $f(x,y)$ の 2 次元フーリエ変換 $F(u,v)$ の関係を考える。$f(x,y)$ の 2 次元フーリエ変換 $F(u,v)$ は
$$F(u,v) = \iint f(x,y) \exp(-j2\pi(ux+vy)) dx dy$$
である。u, v 座標を θ 回転させた極座標 ρ, θ を用いて F を表し，$F(u,v)$ を θ 方向で切断した断面 $F(\rho\cos\theta, \rho\sin\theta)$ を求めると
$$F(\rho\cos\theta, \rho\sin\theta)$$
$$= \int_{-\infty}^{\infty}\int_{-\infty}^{\infty} f(x,y) \exp(-j2\pi\rho(x\cos\theta+y\sin\theta)) dx dy$$
である。ここで，$x\cos\theta + y\sin\theta = r$ であるから
$$F(\rho\cos\theta, \rho\sin\theta)$$
$$= \int_{-\infty}^{\infty} p(r,\theta) \exp(-j2\pi\rho r) dr \quad (2)$$
となる。式 (2) は，θ 方向の投影データ $p(r,\theta)$ の r に関する 1 次元フーリエ変換 $P(\rho, \theta)$ である。このように，θ 方向の投影データ $p(r,\theta)$ の r に関する 1 次元フーリエ変換 $P(\rho,\theta)$ は，$f(x,y)$ の 2 次元フーリエ変換 $F(u,v)$ を θ 方向で切断した断面 $F(\rho\cos\theta, \rho\sin\theta)$ に等しくなる（**フーリエ切断定理**）。
$$F(\rho\cos\theta, \rho\sin\theta) = P(\rho, \theta)$$
この結果を用いれば，観測できる投影データ $p(r,\theta)$ から，$f(x,y)$ を求めることができる。

C. 海洋音響トモグラフィ

つぎに，音波が直線的に伝搬しない典型例として，深度数千 m の海洋での音波によるトモグラフィについて述べる。

(1) 海中の音速構造 深海域での音波伝搬は，海中の深度方向の音速構造により特徴的なものとなる。海水の水温は，深度とともに減少し，中緯度域では 1 000 m 程度で変化しなくなる（深海等温層）。温度の低下により音速は減

少するが，深海等温層に達すると深度の増加とともに圧力が大きくなるので，音速は増加する。中緯度付近の代表的な音速分布は，全体としては「く」の字形で，深度1000m付近で音速が最小になる。

（2）**海中の音波伝搬** 下図に海面・海底に反射せずに伝搬する中緯度域の海域における典型的な音波経路を示す。

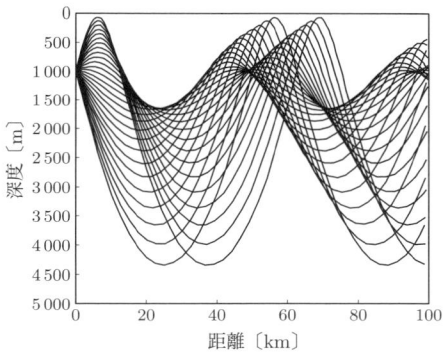

「く」の字形の音速プロファイルのため，深度1000m付近の音速極小層付近から，上方に放射された音波は下方に，下方に放射された音波は上方に曲げられ，これが繰り返される。このため，反射損失を起こす海面や海底に当たらず音速極小層を中心に遠距離まで伝搬することができる音波が存在することになる。このような音波を用いて，海域の周囲に送受波器を配置すれば，下図に示すように水平方向に多くの経路が存在し，従来の点観測に比べ，非常に広い範囲の情報を得ることができる。

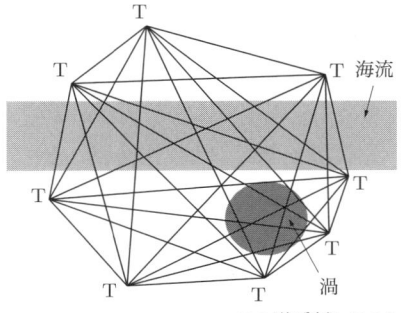

T：送受信システム

このように，広い海域の周囲に多数の音波送受波器を配置し，その間を伝搬する音波の伝搬時間から海洋構造の空間時間変化を求める手法を**海洋音響トモグラフィ**と呼び，音波伝搬時間から，温度分布・流速構造の推定が行われる。

（3）**海洋音響トモグラフィにおける逆問題解法手法** フーリエ切断定理を利用したトモグラフィは，音波の伝搬が直線であり，方向や位置の異なる多くの伝搬経路を設定して測定値が得られることを前提としている。海洋音響におけるトモグラフィでは，これら二つの条件を満たすことは本質的に困難で，基準となる音速分布 $c_0(x,z)$ からの変化を求めることが行われる。ある一対の送受波器間を，音速分布と送受波器配置によって決まる経路 Γ_0 に沿って伝搬する音線の伝搬時間 T_0 は

$$T_0 = \int_{\Gamma_0} \frac{ds}{c_0(x,z)}$$

となる。ここで，x は水平方向の位置，z は深度である。音速分布が $c_0(x,z)$ から $c_0(x,z) + \delta c(x,z)$ に変化すると，伝搬経路 Γ_0 は Γ_1 に変化し，伝搬時間 T_1 は

$$T_1 = \int_{\Gamma_1} \frac{ds}{c_0(x,z) + \delta c(x,z)}$$

となる。$\delta c \ll c_0$ であるとすると

$$T_1 \approx \int_{\Gamma_1} \left(\frac{1}{c_0} - \frac{\delta c}{c_0^2} \right) ds$$

である。Γ_0 と Γ_1 の経路変動がわずかだとすれば，伝搬時間の変動 δt は

$$\delta t = T_1 - T_0 \approx -\int_{\Gamma_0} \frac{\delta c}{c_0^2}$$

となる。

海洋中の変化には，温度変動による音速変化だけでなく，流れによる変動もある。海中の音速を $c(x,z)$，伝搬経路に沿った流速成分を $v(x,z)$ とすれば，流れと同方向および逆方向に伝搬した音波の伝搬速度は，それぞれ $c(x,z) + v(x,z)$ および $c(x,z) - v(x,z)$ である。送受波器間で双方向の伝搬を行えば，伝搬方向によってわずかに伝搬経路が異なるが，これを同一の経路 Γ で近似すれば，双方向の伝搬時間差 δt_v は

$$\delta t_v \approx \int_{\Gamma} \left(\frac{1}{c+v} - \frac{1}{c-v} \right) ds \approx -\int_{\Gamma} \frac{2v}{c^2} ds$$

となる。このように，双方向の伝搬を行えば，温度変化による音速変化と，流れの流速変化を分離して観測することが可能である。

◆ もっと詳しく！

秋山いわき 編著：アコースティックイメージング，コロナ社 (2010)

重要語句　音響放射力，近距離場音波浮揚，超音波非接触アクチュエータ，超音波マニピュレーション，超音波式可変焦点レンズ

音響放射力利用デバイス

[英] applied ultrasonic devices using acoustic radiation force

音の静圧（音響放射力）による浮揚，移動，変形を利用する各種デバイス。機械的可動部を持たない非接触型モータや各種アクチュエータなどがある。

A. 音響放射力

異なる二つの媒質間に音波が入射したとき，純粋な単一周波数の正弦波音波は，1周期にわたって積分すると正圧・負圧のトータルが0となるが，実際は音波の非線形現象によって，わずかながら音波の直流成分が発生する。このとき，媒質の固有音響インピーダンス（密度×音速）の違いによって，その境界面で音波が反射・透過し，媒質間に音響エネルギー密度の差が生じる。この音響エネルギー密度差によって発生する静圧（音波の直流成分の力）を**音響放射力**と呼ぶ。

例えば，水と油の境界面に音波が伝搬すると，エネルギー密度の高い（音速が小さく，密度が小さい）油から，エネルギー密度の低い（音速が大きく，密度が大きい）水の方向に向かって音響放射力が働き，その境界面は変形する。この場合，音波の伝搬方向と変形方向は関係ない。この音響放射力を利用すると，非接触で物体を浮揚，移動，回転，変形することができる。

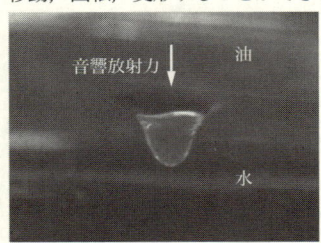

B. 非接触アクチュエータ

超音波振動する振動板上に平板を置くと，平板に鉛直上向きに音響放射力が働き浮揚する。この現象は**近距離場音波浮揚**（near-field acoustic levitation）と呼ばれる。物体に働く重力と音響放射力とがつり合う位置で，物体は静止し浮揚する。振動源が一様に振動する同相ピストン振動の場合，物体の浮揚距離 h は

$$h = cu\sqrt{\frac{1+\gamma}{4w}\rho}$$

で表される（c は媒質の音速，u は振動板の振動振幅，γ は媒質の比熱比，ρ は媒質の密度，w は単位面積当りの物体の重量）。この式より，浮揚距離は振動板の振動振幅に比例し，物体重量の1/2乗に逆比例する。浮揚距離は媒質中を伝搬する音波の波長に対して非常に短く，これが近距離場音波浮揚と呼ばれるゆえんである。例えば，浮揚物体が厚さ1mmのアクリル板であり，超音波の周波数が20kHz，振動振幅が1～10μmの場合，浮揚距離は100μm～1mm程度であり，空気中の音波の波長（17mm）に対して1桁以上小さく，振動振幅に対して浮揚距離は2桁程度大きい。浮揚可能な重量は，はがき大でおよそ数kg程度である。機械工学の分野では，同様の現象を「スクイーズ膜圧現象」とも呼ぶ。また，振動板の周波数については，周波数が高いほど媒質中での音波の減衰が大きくなり，一般的に振動振幅が小さくなるため，数十kHz程度の帯域を用いることが多い。

近距離場音波浮揚を利用することにより，超音波アクチュエータで問題となる駆動時の摩擦によって生じる摩耗が回避できる**超音波非接触アクチュエータ**を実現できる。例えば，下図のような，ガイドに振動を発生させ，完全に非接触でスライダを浮揚できる非接触型ステージが提案されている。ガイド部に進行波を発生させることにより，浮揚状態を保ったままスライダを同方向に移動することができる。そのほかにも，超音波振動するステータが発生する音響放射力によって，ロータを非接触で浮揚・回転できる，非接触スピンドルモータも報告されている。また，スライダ自身に超音波振動子を取り付けて振動体とすることにより，地面に対して自ら音響放射力を発生し，その反動で浮揚・移動できる自走式アクチュエータも研究されている。

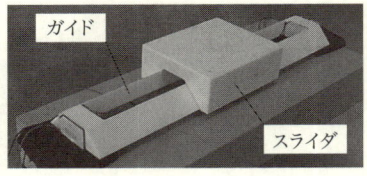

C. 超音波マニピュレーション

超音波振動する振動板に対向するように反射板を設置し，その距離を調節すると，板間の媒質中には音響定在波が発生する。定在波中に，音波の波長に対して十分小さい物体が存在すると，物体には音響放射力が働き，物体は定在波の音圧の節の位置（粒子速度の腹の位置）近傍に捕捉され浮揚する（すなわち，微小物体は半波長ごとに等間隔に浮揚する）。近距離場音波浮揚と比べて浮揚力は小さく，例えば周波数 10 kHz，径が数 mm のプラスチック球を浮揚させる場合，空気中において振幅が数 kPa の強力な定在波を要する。音響導波路中に，強力な定在波音場を発生し，その音場を空間的に制御することにより，物体を非接触で浮揚・搬送する**超音波マニピュレーション**を実現できる。代表的な手法としては下記が挙げられる。

- 複数の振動子を用いて，振動板の振動分布と音場を制御する
- 振動板の複数の振動モードを切り替え，音場を変化させる
- 導波路となる振動板に減衰係数の大きい材料を用い，進行波を発生させる

定在波を移動する手法では物体をステップ的に搬送可能であり，この手法は数十 μm 程度の位置決め精度を有する。一方，進行波を利用する手法は，物体を定在波の節線に沿って高速搬送することができる。この非接触搬送技術は数 mm 程度の固体のみならず，粉体や液体に対しても用いることができ，液体の非接触撹拌技術も研究されている。また，水中においても同様の搬送が行えるが，搬送対象と周囲媒質の音響インピーダンスの関係によって捕捉場所が異なる。例えば水中における気体（気泡）の場合，超音波の周波数に対する共振径より小さい気泡は，定在波の音圧の腹の位置に捕捉される（共振径よりも大きい気泡は節の位置に捕捉される）。

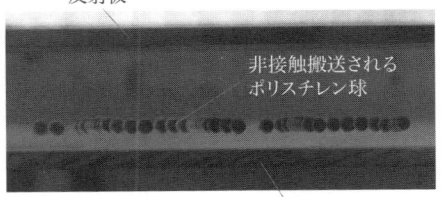

D. 可変焦点レンズ

水と油のような混ざり合わず屈折率の異なる2種類の液体の境界面を，光学レンズとして利用することができる。レンズ内を水と油で満たし，レンズケースに取り付けた超音波振動子から音波を照射すると，2液界面は音響放射力によって変形し，レンズ透過光を集束することができる。超音波振動子の駆動電圧振幅値によって，2液界面の変位と焦点距離を制御でき，**超音波式可変焦点レンズ**として動作する。このレンズは人間の眼の水晶体のようにレンズ自体が変形し，機械的可動部を持たず，焦点距離を変えるためのアクチュエータやギア機構を必要としないことから，小型化が可能である。また，レンズを傾けても，ファンデルワールス力によってその形状がほとんど変化しない。超音波の周波数はレンズ内のキャビテーション発生と油の乳化を防ぐため，MHz 帯域を用いることが多い。焦点変化に要する応答時間は，液体の界面形状と液体の物性（粘性，界面張力，密度など）によって決まり，数 ms 程度である。複数の振動子の利用もしくは振動子の電極の分割によって，レンズ内に非軸対称の音場を形成することにより，レンズの焦点位置を光軸方向のみならず径方向にも動かせる。高速応答性を持つ本レンズを用いると，焦点を連続的に光軸方向に走査し，各焦点で得られた画像を再合成することにより，被写界深度の大きい共焦点画像を取得できる。ほかにも，2液体の代わりにシリコンゲルのような粘弾性材料の変形を利用したタイプや，ガラス基板の振動モードを利用したレンズアレイが報告されている。

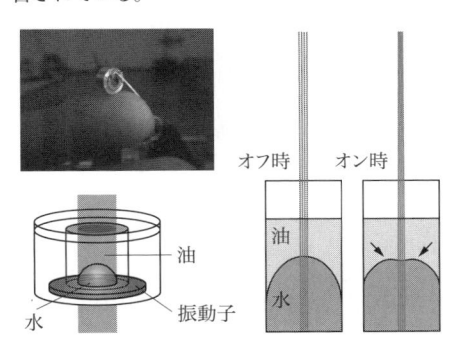

◆ もっと詳しく！
鎌倉友男 編著：非線形音響, コロナ社 (2014)

重要語句　角度スペクトル，伝搬子，波数空間，伝搬波，エバネッセント

音響ホログラフィ
[英] acoustic holography

2次元面複素音圧分布から音源位置や音響インテンシティなどを推定する技術。音源がない空間の定常音圧分布が平面波などの和で表現できることを利用しており，測定音圧のフーリエ変換を利用することが多い。

A. 角度スペクトルと音響ホログラフィ

音源がない半空間 $z>0$ における周波数 f の定常音圧分布 $p(x,y,z,\omega)$ を考える。

$$p(x,y,z,\omega) = \int p(x,y,z,t)\, e^{-j\omega t} dt \quad (1)$$

ここで t は時間であり，$\omega = 2\pi f$ である。この音圧分布を $z=0$ 面で測定し，2次元空間フーリエ変換（以下 "FT" と呼ぶ）（⇒p.382）すると，**角度スペクトル**

$$P(k_x, k_y, z=0, \omega)$$
$$= \iint p(x,y,0,\omega)\, e^{-j(k_x x + k_y y)} dx dy \quad (2)$$

が得られる。ここで $k_x = 2\pi/\lambda_x$，$k_y = 2\pi/\lambda_y$ であり，λ_x，λ_y はそれぞれ x 方向および y 方向の波長である。このとき，$z>0$ の任意の音圧分布は2次元空間逆フーリエ変換（以下 "IFT" と呼ぶ）を用いて

$$p(x,y,z,\omega)$$
$$= \iint P(k_x, k_y, z=0, \omega)\, e^{j(k_x x + k_y y + k_z z)} dk_x dk_y \quad (3)$$

で与えられる。ここで $k_z = 2\pi/\lambda_z$ であり，λ_z は z 方向の波長である。角度スペクトルは $\vec{k}=(k_x, k_y, k_z)$ 方向に伝搬する平面波の複素振幅を表していることから，角度スペクトルを求めることができれば，$z>0$ における任意の位置の音圧分布が得られる。ここで，角度スペクトルを求めるための測定音圧面は任意に設定できることから，音圧を $z=z_m$ 面（測定面）上で測定し，FTにより角度スペクトルを求め，式(3)を用いることにより，$z=z_r$ 面（再構成面）の音圧分布は

$$p(x,y,z_r,\omega)$$
$$= \iint P(k_x, k_y, z=z_m, \omega)\, e^{j(k_x x + k_y y + k_z(z_r - z_m))} dk_x dk_y \quad (4)$$

で求めることができる。この式(4)が音響ホログラフィの基本式である。ここで，測定面や再構成面上の複素音圧分布を音圧ホログラムと呼ぶ。通常，測定面と再構成面の距離は音の波長より大きいので，再構成結果の分解能は波長程度となる。この詳細については，以下で説明する。

B. 近距離場音響ホログラフィ

音響ホログラフィの原理を理解するために，式(4)について検討する。FTをf，IFTをf^{-1}と表現すると，式(4)は

$$p(x,y,z_r,\omega) = f^{-1}[f\{p(x,y,z_m,\omega)\} e^{jk_z(z_r - z_m)}] \quad (5)$$

と書き換えられる。ここで，$e^{jk_z(z_r-z_m)}$ は波数成分 (k_x,k_y) の z 方向への伝搬を表していることから**伝搬子**と呼ばれ，音源から離れる方向への音波伝搬は前方伝搬，FTした空間は**波数空間**と呼ばれる。伝搬子の性質を理解するために，式(5)のデータの流れを，後方伝搬を例として図示する。

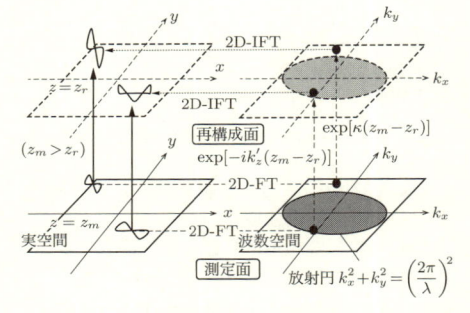

$z=z_m$ 面で測定した音圧ホログラムを，FTにより波数空間に変換する。媒質中の波長は $\lambda = c/f$，対応する波数は $k = 2\pi/\lambda$ であり，伝搬子は

$$e^{-jk_z(z_m - z_r)} = \begin{cases} e^{-jk'_z(z_m - z_r)}, & k_x^2 + k_y^2 \leqq k^2 \\ e^{\kappa(z_m - z_r)}, & k_x^2 + k_y^2 > k^2 \end{cases} \quad (6)$$

となる。ここで c は媒質の音速であり，$k'_z = \sqrt{k^2 - (k_x^2 + k_y^2)}$，$\kappa = \sqrt{k_x^2 + k_y^2 - k^2}$ である。この伝搬子を掛けることにより，波数空間内で音波を測定面から再構成面に伝搬させ，IFTにより実空間の音圧ホログラムを得る。つぎに，波数空間内のデータの取り扱いについて検討する。

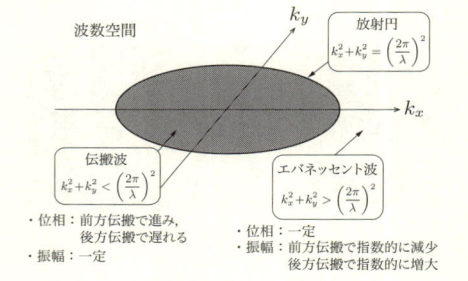

・位相：前方伝搬で進み，後方伝搬で遅れる
・振幅：一定

・位相：一定
・振幅：前方伝搬で指数的に減少　後方伝搬で指数的に増大

波数空間では，式(6)に示すように波数によって伝搬波の性質が異なる。波数の絶対値がkより小さい成分は位相のみが変化し，音源から離れた位置にも伝搬することから，**伝搬波**と呼ばれる。また，波数の絶対値がkより大きい成分は振幅のみが変化し，音源から離れるにつれて振幅が指数的に減少することから，**エバネッセント波**と呼ばれる。そして，伝搬波とエバネッセント波の境界となる半径kの円を放射円と呼ぶ。再構成面が測定面よりも音源から遠い場合，エバネッセント波が指数的に減少し，再構成結果には伝搬波のみが含まれることとなる。このとき，再構成結果に含まれる波数の上限はkとなり，その結果，分解能は$\pi/k=\lambda/2$となる。

また，従来の音響ホログラフィでは，測定面と再構成面の離隔距離が大きく，測定面ではエバネッセント波成分が測定雑音に埋もれて計測できない。そして，エバネッセント波成分を後方伝搬すると，測定雑音が指数的に増大し，再構成結果が雑音に埋もれてしまう。したがって，測定面から再構成面に後方伝搬する際には，エバネッセント波成分を取り除く。このことから，前述と同様に，再構成結果の分解能は$\lambda/2$となる。

再構成結果の分解能をさらに細かくするためには，高い波数成分を有するエバネッセント波を測定する必要がある。このエバネッセント波を測定可能な領域は，近距離場と呼ばれる。そして，近距離場に測定面を設定してエバネッセント波を含めた再構成処理を行う手法を，近距離場音響ホログラフィと呼ぶ。

つぎに，再構成結果の分解能と離隔距離の関係を検討する。カットオフ波数を$2\pi/\lambda_c = k_c > k$と仮定すると，カットオフ波数においては$\kappa \approx k_c$となる。このとき，カットオフ波数においては

$$P(k_x, k_y, z_m, \omega) \approx P(k_x, k_y, z_r, \omega)\, e^{-k_c(z_m - z_r)} \quad (7)$$

が成り立つ。ここで，λ_cはカットオフ波数に対応した上限波数である。これに対し，放射円内の成分の振幅は変化しない。したがって，再構成面の波数空間スペクトルの振幅が一定であると仮定すると，測定面内のk_c成分を得るためには，測定面内のダイナミックレンジDと離隔距離は

$$10^{D/20} = \exp\left(\frac{2\pi(z_m - z_r)}{\lambda_c}\right) \quad (8)$$

を満たす必要がある。分解能を$\lambda_c/2$とおくと

$$\frac{\lambda_c}{2} = 20\pi(z_m - z_r)\frac{\log_{10}(e)}{D} = 27.3\frac{z_m - z_r}{D} \quad (9)$$

となる。

C. 音響インテンシティや表面速度の再構成

音響ホログラフィでは，測定面上の音圧ホログラムから媒質中の粒子速度を求めることができる（⇒p.84）。音圧と粒子速度の関係は，オイラー方程式

$$\rho_0 \frac{\partial \vec{v}(x,y,z,\omega)}{\partial t} = -\vec{\nabla}p(x,y,z,\omega) \quad (10)$$

で与えられる。ここで，ρ_0は媒質の密度であり，粒子速度は$\vec{v} = u\hat{i} + v\hat{j} + w\hat{k}$で与えられ，$\hat{i}, \hat{j}, \hat{k}$はそれぞれ$x, y, z$方向の単位ベクトル，$u, v, w$は粒子速度の$x, y, z$成分である。式(10)を波数空間で表すと

$$\dot{U}\hat{i} + \dot{V}\hat{j} + \dot{W}\hat{k} = \frac{1}{\rho_0 ck}(k_x\hat{i} + k_y\hat{j} + k_z\hat{k})Pe^{ik_z(z_m - z_r)} \quad (11)$$

と書ける。したがって，$z = z_m$面で測定した音圧ホログラム$p(x, y, z_m)$を用いると，$z = z_r$面の粒子速度は，それぞれ

$$u(x, y, z_r, \omega) = \mathrm{f}^{-1}\left[\mathrm{f}\{p(x, y, z_m, \omega)\}\frac{k_x}{\rho_0 ck}e^{jk_z(z_r - z_m)}\right]$$

$$v(x, y, z_r, \omega) = \mathrm{f}^{-1}\left[\mathrm{f}\{p(x, y, z_m, \omega)\}\frac{k_y}{\rho_0 ck}e^{jk_z(z_r - z_m)}\right]$$

$$w(x, y, z_r, \omega) = \mathrm{f}^{-1}\left[\mathrm{f}\{p(x, y, z_m, \omega)\}\frac{k_z}{\rho_0 ck}e^{jk_z(z_r - z_m)}\right]$$

(12)

となり，時間平均音響インテンシティを

$$\vec{I}(x, y, z_r, \omega) = \frac{1}{2}\mathrm{Re}\left[p(x, y, z_r, \omega)\vec{v}^*(x, y, z_r, \omega)\right] \quad (13)$$

のように求めることができる。*は複素共役，Reは実部を表す。

ここで，$z = z_r$面を平面放射体の表面に設定すると，$\dot{w}$は放射体表面振動速度と等しくなる。したがって，周波数が高く，媒質中の波長が構造体の大きさよりも小さい場合，測定面と構造体の離隔距離を意識することなく，構造体表面速度分布を得ることができる。これが従来の音響ホログラフィである。これに対して，周波数が低く，媒質中の波長が構造体の大きさよりも大きい場合に，高い分解能を確保する目的で，構造体の近傍に測定面を設定して再構成処理を行う近距離場音響ホログラフィが開発されている。

◆ もっと詳しく！

E. G. Williams: *Fourier Acoustics: Sound Radiation and Nearfield Acoustic Holography*, Academic Press (1999)

重要語句 隠れマルコフモデル（HMM），混合ガウス分布，ニューラルネットワーク，期待値最大化アルゴリズム

音響モデル
[英] acoustic model

おもに音声認識や音声合成において，音素などの音韻情報と，音響特徴量の関係を記述するモデル。隠れマルコフモデルに代表される確率モデルが用いられる。

A. 隠れマルコフモデル

一般に音声認識（⇒p.116）は，音声特徴量ベクトルの時系列 $O = \{o_1, \cdots, o_t, \cdots\}$ が与えられた際に，最も確率の高い単語系列を出力する問題として定式化される。音声特徴量 o_t としては，フレーム（離散時間信号処理に基づき，一定時間ごとに区切られたフレームが時間の単位となるため，時刻ではなくフレームと呼ばれる） t におけるメル-フィルタバンク-ケプストラム係数（MFCC）などが用いられる。一般的には，これらは例えば10 msごとに区切られた，数十次元の連続量ベクトル系列で表現される。音響モデルは，与えられた音素や単語などの識別クラス（以降は音素/a/を対象とする）から，特徴量系列 O を出力する確率分布関数の値 $P(O|/a/)$（尤度と呼ばれる）を詳細に表現するモデルである。

音響モデルとして広く用いられているのは，**隠れマルコフモデル**（hidden Markov model; **HMM**）と呼ばれる確率モデルである。HMMは，マルコフ性に基づく時間構造を持つ離散状態 q_t からなる状態系列 $Q = \{q_1, \cdots, q_t, \cdots, \}$ によって，音声の時間変化をモデル化する手法である。

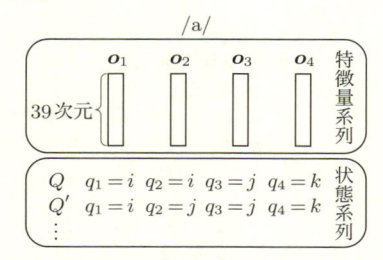

	/a/				
	o_1	o_2	o_3	o_4	特徴量系列
39次元					
Q	$q_1=i$	$q_2=i$	$q_3=j$	$q_4=k$	状態系列
Q'	$q_1=i$	$q_2=j$	$q_3=j$	$q_4=k$	
⋮					

図のように，ある状態系列 Q や Q' は，各フレームにおけるHMM状態（図の例では i, j, k の3状態）の割り当て情報を表している。状態系列 Q は観測できない量であり（そのため"隠れ"変数という言葉が用いられる），可能な限りの状態系列（あらゆるHMM状態の割り当て）を考慮する必要がある。その場合の尤度関数 $P(O|/a/)$ は，状態系列 Q を確率変数と見なすと，特徴量系列 O と状態系列 Q の同時確率分布を用いて表現できる。

$$P(O|/a/) = \sum_Q P(O,Q|/a/)$$

つまり，音響モデル $P(O|/a/)$ の尤度は，確率分布の和の公式 $\sum_A P(A,B) = P(B)$ により，あらゆる状態系列での尤度の総和 $\sum_Q$ から算出することができる。以降は確率分布や尤度関数における音素/a/の依存性は省略する。

二つの時系列で表現される同時確率分布 $P(O,Q)$ の計算は困難であるが，マルコフ性を用いることにより，最終的に以下のような分布に分解することが可能である。

$$P(O,Q) = P(o_1, \cdots, o_t, q_1, \cdots, q_t)$$
$$= P(q_1)P(o_1|q_1)\prod_{t=2}^{T} P(q_t|q_{t-1})P(o_t|q_t)$$

$P(q_1)$ を初期状態確率分布，$P(q_t|q_{t-1})$ を遷移確率分布と呼ぶ。$P(o_t|q_t)$ は観測特徴量 o_t を出力する形式であるため，出力確率分布と呼ばれる。

このフレームごとの分解表現により，統計的音声処理を行う際に必要な以下の3種類の値を効率良く算出することができる。

- 尤度 $\sum_Q P(O,Q)$
  （フォワードアルゴリズムにより）
- 最ももっともらしい（最尤）状態系列
  $\bar{Q} = \underset{Q}{\mathrm{argmax}}\, P(Q|O)$
  （ビタビアルゴリズムにより）
- HMM状態の占有確率 $P(q_t = i|O)$
  および遷移確率 $P(q_t = i|q_{t-1} = j, O)$
  （フォワード・バックワードアルゴリズムもしくはビタビアルゴリズムにより）

上述の3種類の確率分布（初期状態，遷移，出力）は，それぞれを表現する分布パラメータで変数化される。統計的な音響モデルは，これらのパラメータを大量のデータから精密に学習することにより，高精度な音声認識・音声合成（⇒p.450）を実現している。

B. 出力確率分布の設定

上述の効率的アルゴリズムの存在により，HMMによる枠組みは長年使われ続けているが，出力確率分布の設定に関しては，まだ多くの研究が続けられている。出力確率分布の設定方法

は，以下に述べる生成モデルと識別モデルの2種類に大別される．音響モデルは，これらのモデルパラメータとHMMにおける初期状態確率分布および遷移確率分布のパラメータにより構成される．

（1）**生成モデルアプローチ**　音声特徴量o_tは連続ベクトルであるため，出力確率分布として，連続ベクトルを生成する多次元ガウス分布や，その拡張である**混合ガウス分布**（Gaussian mixture model; GMM）（適合正規分布）が広く用いられる．例えば，フレームtにおけるHMM状態がi（つまり$q_t = i$）のとき，M混合ガウス分布は以下のように与えられる．

$$P(o_t|i) = \sum_{m=1}^{M} w_{im} \mathcal{N}(o_t|\mu_{im}, \Sigma_{im})$$

ここで，w_{im}は状態i，成分mにおける重み係数，μ_{im}, Σ_{im}はそれぞれガウス分布の平均ベクトルおよび共分散行列である．実際の音響パターンは，話者やノイズの変動が加わるため非常に複雑な形状であるが，GMMの多峰性により，それらの複雑な形状を表現することが可能である．

（2）**識別モデルアプローチ**　近年，対数線形モデルやニューラルネットワーク（⇒p.326）などの識別的手法を用いて，HMM状態の確率分布$P(i|o_t)$から出力確率分布の尤度$P(o_t|i)$を算出する手法が，広く利用されている．

生成モデルアプローチは観測量の生成過程をモデル化できるため，例えば音声生成機構（⇒p.110）をモデルに組み入れることができる．一方で，識別モデルアプローチはニューラルネットワークに代表される強力なモデルにより，高い学習効果を示すことができる．このように，二つのアプローチは方法論的に非常に異なる．また，後述する学習基準との相性も，二つのアプローチではおおいに異なる．

C. 学習基準

音響モデルにおいては，生成モデル・識別モデルともに多くのパラメータ（θ）によって表現される．一般に学習には教師信号（音声認識の場合は音素・単語ラベル）が必要である．以下ではそれをWとする．

（1）**最尤**（maximum likelihood; ML）**基準**　文字どおり，尤度を最大にする基準でパラメータを最大化する手法である．

$$\theta^{\mathrm{ML}} = \operatorname*{argmax}_{\theta} P_\theta(O|W)$$

他の基準と比べ，隠れ変数がある場合でも，**期待値最大化アルゴリズム**により効率よく学習ができる．例えば上記の場合，確率の和の公式$\sum_W P_\theta(O|W)P(W) = P_\theta(O)$により，$W$を隠れ変数と見なすことにより，教師信号の存在しない場合でも，パラメータを学習することが可能である（教師なし学習といわれる）．

（2）**ベイズ基準**　最尤基準のようにパラメータの値（$\hat{\theta}$）を推定するのではなく，その分布（観測量が与えられた際の事後確率分布$P(\theta|O)$）を推定する手法である．一度事後確率分布が求められれば，期待値操作により所望の値を算出することができる．例えば，パラメータの値は以下のような期待値より求められる．

$$\theta^{\mathrm{B}} = \int \theta P(\theta|O) d\theta$$

期待値効果により一般に最尤基準に比べて頑健な推定が可能であるが，一方で，期待値操作の解析的扱いが難しく，変分近似やモンテカルロ近似と呼ばれる手法が必要である．

最尤基準やベイズ基準は，一般に尤度関数が適切に定義できる生成モデルアプローチに対する学習基準であり，少量データの教師なし学習にも有効であるため，話者や環境に素早く適応することができる．一方，これらの基準を識別モデルアプローチに適用するのは困難である．

（3）**識別基準**　最尤基準に比べて，直接的に識別性能の向上を表現する目的関数を設計し，その基準によりパラメータを推定する手法である．例えば，正解単語列Wと仮説単語列W'の正解率を$L(W, W')$とするとき，識別基準は以下のような正解率の期待値を最大にするパラメータを求める手法であり，音声認識でのモデル化に適している．

$$\theta^{\mathrm{D}} = \operatorname*{argmax}_{\theta} \sum_{W'} L(W, W') P_\theta(O|W')$$

この基準は識別モデルのみならず，生成モデルに対しても同様に適用することができる．

◆ **もっと詳しく！**
古井貞熙：人と対話するコンピュータを創っています―音声認識の最前線，角川学芸出版 (2009)

重要語句　焦点距離，スネルの法則，ザイデル収差，非球面レンズ，集束音場

音響レンズ
[英] acoustic lens

音響レンズは，光学レンズと同様に波動を集束させる．超音波の分野では，医用超音波断層像診断装置のプローブ先端や超音波顕微鏡に利用されている．近年では，水中映像取得装置にも利用され，活用の幅が広がっている．

A. 音響レンズの形状と焦点距離

レンズは，媒質の境界面での屈折を利用して波動を集束させる装置である．カメラなどに用いられる一般的な光学レンズの形状は，周囲媒質（空気）に対してレンズ材料中の波動の伝搬速度が遅いため，スネルの法則に従い凸形状になる．超音波の分野での音響レンズの場合，レンズを構成する材料は，固体が周囲媒質の水より伝搬速度（音速）が速いため，主に凹形状となる．

レンズ材料は，水中音響の分野では，おもにアクリルやポリスチレンが用いられる．一方，医用超音波断層画像診断のプローブ用の音響レンズには，材質としてシリコンゴムが用いられるため，形状は凸面になる．超音波顕微鏡では，材料にサファイアや溶解石英が用いられ，カップラーとして水が利用されるので，形状は凹型となる．

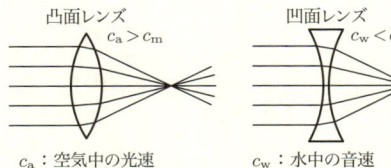

凸面レンズ　$c_a > c_m$　　凹面レンズ　$c_w < c_m$

c_a：空気中の光速　　　c_w：水中の音速
c_m：レンズ材料中の光速　c_m：レンズ材料中の音速
　　(a) 光学レンズ　　　　　(b) 音響レンズ

薄い両凸面の単レンズの**焦点距離** f は，入射側の曲率半径を r_1，透過側の曲率半径を r_2 とすると，以下の式で表される．

$$\frac{1}{f} = (n-1)\left(\frac{1}{r_1} + \frac{1}{r_2}\right)$$

ここで，n は屈折率で，$n = c/c_l$ で求められる．c は周囲媒質の音速，c_l はレンズ材料の音速である．一方，薄い両凹面の単レンズの焦点距離 f は，以下の式となる．

$$\frac{1}{f} = (1-n)\left(\frac{1}{r_1} + \frac{1}{r_2}\right)$$

先ほどの両凸面に対して $n-1$ の項の符号が反転した結果となっている．これは，屈折率が1より小さい場合（凹面の場合）には，両凸面の式に曲率半径の値を負として代入して計算するからである．実際の計算の際には注意されたい．

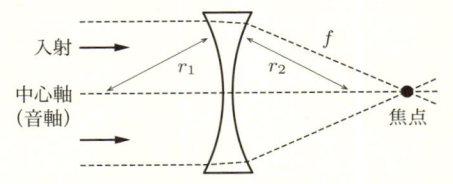

また，圧電素子の表面に音響レンズを配置して集束音源として用いる場合は，片面を平面と見なすことで（$r_1 = \infty$），以下の式を得る．

$$r_2 = (1-n)f$$

上式より，所望とする焦点距離と屈折率からレンズの曲率半径を決定することができる．

B. レンズの収差と非球面レンズ

原理上，一点から出た波は，球面レンズによって音軸上の一点に集束して点像が形成されるはずだが，実際のレンズでは，波は一点には集まらず，小さな円となって焦点がぼけてしまう．これは，球面レンズの中心から離れた位置を通る波は，**スネルの法則**に従って屈折角が大きくなり，焦点手前へ集束するからである．この像ぼけはレンズが球面形状であることが原因で生じる現象なので，「球面収差」と呼ばれる．そのほかに，音波が斜め入射の際に音軸外に点像が尾を引く現象である「コマ収差」，像面が平坦でない「像面湾曲」があり，「非点収差」，「歪曲収差」とあわせて，五つの収差を「ザイデル収差」という．単一の波長の光でも生じる収差なので，「単色収差」とも呼ばれる．それ以外にも，光学系では色，つまり周波数による収差として「色収差」がある．これらの収差を軽減することが，レンズを設計する上で重要な課題となる．

球面収差の軽減として，レンズの中心部から端までの曲率を微妙に変化させた非球面形状のレンズを用いる方法がある．非球面レンズの方程式を以下に示す．

$$z = \frac{x^2/r}{1+\sqrt{1-(1+K)x^2/r^2}} + A_4 x^4 + A_6 x^6 + \cdots$$

ここで r は中心曲率半径，K はコーニック係数である．A_i は高次非球面係数である．コーニック係数が $K < -1$ で双曲面，$K = -1$ で放物面，$-1 < K < 0$ で楕円面（横長），$K > 0$ で楕円面（縦長）となり，$K = 0$ のとき球面と一致する．一般にコーニック係数の値は一義的に決定できないので，音線追跡法などによって求めた

焦点が所望の値になるよう繰り返し計算を行って最適化な値を得ることが必要になる。

レンズ設計の実例として，レンズ第2面（前面）のコーニック係数を -16.0，曲率半径を $-364.6\,\mathrm{mm}$，レンズ第3面のコーニック係数を -0.1030，曲率半径を $-84.92\,\mathrm{mm}$ とした場合のレンズ形状を下図に示す。材質はアクリルで，音速 $2748\,\mathrm{m/s}$ とした。

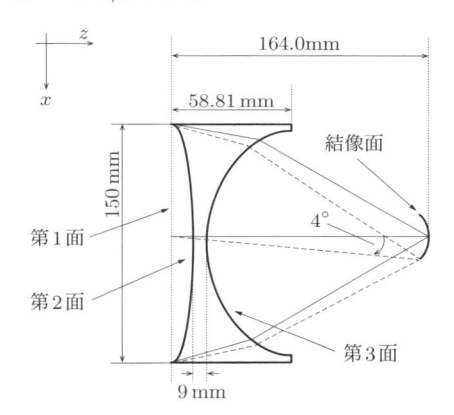

他の収差を軽減する方法として，複数枚のレンズによって構成する方法が実用的である。参考例として，3枚で構成されたレンズを下図に示す。

C. 音響レンズによる集束音場

音響レンズの集束音場は，入射された音波の周波数に大きく影響を受ける。レンズは無限小の点に集束可能ではなく，ある有限の大きさまでしか集束できない。この有限の大きさをエアリーディスクと呼ぶ。二つの音源からのエアリーディスクが分離できる限界がレンズの分解能となるので，近軸条件下においては，レンズの空間分解能 δ は以下で与えられる。

$$\delta = 1.22\lambda \frac{f}{d} = 1.22\lambda F$$

ここで λ は波長，d はレンズの開口直径である。F は「F ナンバー」と呼ばれ，$F = f/d$ である。このように，レンズの分解能は，波長とレンズの開口直径，焦点距離に依存する。

音響レンズの**集束音場**の解析例として，先に挙げた非球面レンズの集束音場を示す。

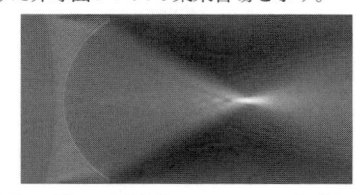

上記の例は，周波数 $0.5\,\mathrm{MHz}$ の平面波を入射した場合の集束音場である。焦点が形成されていることがわかる。

つぎに，周波数を変えて解析した結果を示す。下図の例は，入射音波の周波数を $0.5\,\mathrm{MHz}$，$0.7\,\mathrm{MHz}$，$1.0\,\mathrm{MHz}$ とした場合のレンズ中心軸（音軸）の音圧分布である。

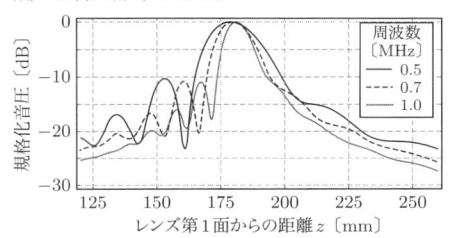

上図からもわかるように，周波数が高くなるにつれて，音波の伝搬方向の音圧分布の幅が狭くなる。焦点の位置が変動しないのは，この範囲の周波数変化では屈折率の変動がない，つまり分散特性を有さないためである。

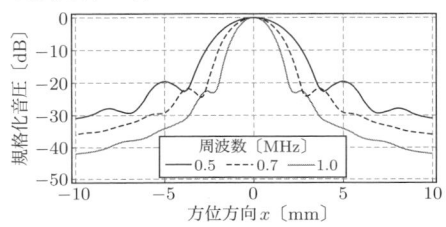

一方，上図に示す焦点位置での方位方向の音圧分布は，分解能と対応しており，周波数が上昇するとビーム幅が狭まっていくことがわかる。

◆ もっと詳しく！

尾崎義治，朝倉利光：ヘクト光学 1 基礎と幾何光学，丸善出版 (2003)

重要語句　心理音響指標，官能評価法，ラウドネス，シャープネス，変動強度，ラフネス，SD法，音色因子，多様性

音質評価
[英] sound quality assessment

音質とは，人がある音を聞いたときに認識する音の性質や良し悪しのことである。音質を評価するためには，音圧や周波数などの物理的性質だけでなく，人が音を聞いてどう感じるのかの感性を考慮する必要がある。

A. 音の感性

音の感性には，音の大きさや甲高さなどの知覚，「迫力のある音」「澄んだ音」といった印象，そして「良い音」「悪い音」といった総合的な評価判断がある。これらは，階層的な因果関係をなす。すなわち，知覚した音の特徴の組合せから印象が形成され，その印象を総合して最終的な評価判断に至る。ここで，感性の階層において，知覚側を低次の感性，総合評価側を高次の感性と呼ぶことにする。

一般に，高次の感性ほど解釈や価値観に依存し，対象となる音，個人，状況によって異なる傾向にある。一方，低次の感性は，音の単純な性質，特徴の知覚であり，対象，個人，状況に依存しにくい。このような，依存性の違いから，音質の評価においては，感性の階層ごとに異なるアプローチがとられる。ここでは，低次の感性の音質を評価する方法として**心理音響指標**，高次の感性を伴う音質を評価する方法として**官能評価法**を紹介する。

B. 心理音響指標による音質評価

低次の感性に関する音質評価においては，音の物理量を用いて定式化された評価指標が存在する。その代表的な評価指標として，心理音響指標（ラウドネス，シャープネス，変動強度，ラフネス）がある。

（1）ラウドネス　ラウドネス（loudness）は，人が感じる音の大きさを評価する指標である。人が感じる音の大きさは，音圧レベルだけでなく，周波数にも依存する。縦軸に音圧レベル，横軸に周波数をとり，同じ大きさに聞こえる音を実線で結んだ曲線を，等ラウドネスレベル曲線（⇒p.344）と呼ぶ。等ラウドネスレベル曲線上で1 kHzの純音の音圧レベルを，ラウドネスレベル（単位はphon）という。騒音計のA特性フィルタは，40 phonの等ラウドネスレベル曲線をもとにしたものである。等ラウドネスレベル曲線の形状はラウドネスレベルごとに少しずつ異なる。そのため，正確にラウドネスを評価するためには，ラウドネスレベルごとに補正をかける必要がある。

ラウドネスを計算するもう一つの重要な要素として，マスキングがある。マスキング（⇒p.402）とは，周波数の近い2音のうち一方の音がもう一方の音にかき消されて聞こえなくなる現象である。ある周波数の純音がマスキングする範囲とその形状はマスキングカーブと呼ばれ，その形状は周波数帯ごとに異なる。このマスキングカーブは，臨界帯域幅ごとに調べられている。臨界帯域幅は，500 Hzよりも高い周波数ではおおよそ1/3オクターブとなり，500 Hz以下の周波数ではそれよりも大きく分解能が粗くなる（臨界帯域は0～24に区切られており，それらの単位はbarkと呼ぶ）。このマスキングを考慮したラウドネスの計算方法は，ツビッカーの方法として知られ，ISO 532Bに規格化されている。単位はsoneである。

（2）シャープネス　シャープネス（sharpness）は，音の甲高さや鋭さの評価指標である。シャープネスは周波数スペクトルの形状によって決まる。臨界帯域zごとのラウドネスを$N(z)$とすると，シャープネスは以下の式により定量的に見積もることができる。

$$\text{シャープネス} = \frac{0.11\int_0^{24} N(z)w(z)z\,dz}{\int_0^{24} N(z)\,dz}$$

ここで，$w(z)$はシャープネスの重み関数であり，臨界帯域が0～15 barkのとき1.0の値をとる。16～24 barkでは$w(z)$は高周波数に向かって指数関数的に増加する。したがって，高周波数のラウドネスが相対的に高いほど，シャープネスの値は大きくなる。近似的には，周波数スペクトルの重心がシャープネスに対応するといわれている。つまり，高域と低域の音のバランスが高域側にどれだけ偏っているかの指標であるといえる。このことから，シャープネスは，スペクトルの詳細構造には影響を受けにくく，スペクトルの大雑把な形状（スペクトルエンベロープ）に依存する。また，音圧レベルの影響は小さく，ラウドネスとは独立した指標として用いることができる。

シャープネスの単位はacumである。1 kHzを中心とした狭帯域雑音で，帯域幅が1 barkの音圧レベルが60 dBの音を基準として，このときを1 acumとしている。

（3）変動強度　変動強度（fluctuation strength）は，音の振幅や周波数が周期的に変

動するときに感じる，音の変動感の指標である。変調周波数が5Hz以下のときには，実際の物理的な音の変動に追従して変動感を知覚することができる。この変動感を定量的に評価する指標が，変動強度である。変動強度は，変調周波数が4Hz付近で最大の値をとる。単位はvacilであり，1kHzの純音を変調周波数4Hzで振幅変調し，音圧レベルを60dBとした音を1vacelとしている。

（4）ラフネス　変調周波数が20Hz以上になると，人の知覚が変動に追従しにくくなる。その代わりに，音のざらつきや粗さを感じるようになる。この，ざらつき感や粗さ感を評価する指標として**ラフネス**（roughness）がある。

ラフネスは，変調周波数が70Hz付近のときに最大の値をとる。変調周波数が200Hzを超えるとざらつき感，粗さ感は感じなくなる。ラフネスの単位はasperであり，1kHzの純音を変調周波数70Hzで100％振幅変調し，音圧レベルを60dBとしたときを，1asperとしている。

C．高次の感性を伴う音質評価

「心地良い」「力強い」といった高次の感性を伴う音質の評価では，**SD法**などの官能評価法が用いられる。SD（semantic differential）法は，「力強い-弱々しい」「美しい-汚い」などの形容詞の反意語対を評価尺度として，評価対象の印象を評価する手法である。通常，形容詞対の間を5段階または7段階に区切り，評価項目についての印象の度合いを得点化する。評価尺度の中心は「どちらでもない」とする。SD法で得られた評価得点は，因子分析などの統計解析法を用いて少数の潜在的な因子に集約され，それらの因子の解釈がなされる。SD法を提唱したオズグッドは，さまざまな対象をSD法で評価し分析した結果，「評価性」（evaluation），「力動性」（potency），「活動性」（activity）の3因子が共通して抽出されたとしている。一方，音の印象については，SD法を用いた多くの研究結果から，「きれいな-汚い」といった美的因子，「迫力のある-物足りない」といった迫力因子，「鋭い-鈍い」といった金属性因子の3因子が**音色因子**として抽出される傾向がある。

SD法を用いた音質の評価では，通常，複数の評価者からの評価結果を平均して統計解析を行い，因子の解釈および指標化を行う。しかし，高次の感性に関わる形容詞対においては，その評価結果が評価者ごとに異なり，**多様性を伴う場合がある。**

下図は，掃除機の音を複数の一般消費者に聴かせてSD法で評価し，その評価結果を形容詞対ごとにクラスタ分析法を用いて分類した結果例であり，音質評価項目ごとの感性の多様性を示している。それぞれの形容詞における異なる濃淡のバーは，類似した評価を下した評価者のグループ（これをクラスタと呼ぶ）の人数割合を示している。したがって，複数のクラスタからなる形容詞は，評価者によって多様な評価がなされた項目である。例えば，「高級感のある」という形容詞は，五つのクラスタに分かれている。一方，「騒々しい」「大きい」などの形容詞は，一つのクラスタに集約されており，すべての評価者が類似した評価を下した項目といえる。下図では，クラスタの数の順に形容詞を並べている。低次の感性に関する形容詞は下側（クラスタが少ない）に位置し，高次の感性に関する形容詞は上側（クラスタが多い）に位置する傾向が見られる。このことから，高次の感性においては，その評価基準が評価者によって多様となる傾向がわかり，したがって，評価結果を盲目的に平均化することは危険である。高次の感性を伴う音質評価においては，感性の多様性とパターンを把握した上で，それぞれのクラスタの意味を考察することが重要である。

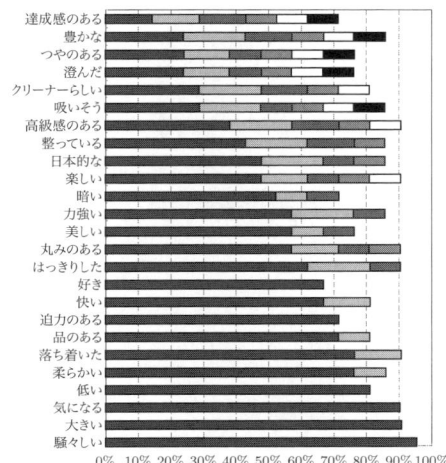

◆ もっと詳しく！
柳澤秀吉：感性の多様性を考慮した感性品質の定量化手法, 日本機械学会論文集C編, **74**, 746 (2008)

重要語句 音声区間，非音声区間，特徴量

音声区間検出
[英] voice activity detection

音声区間検出とは，音声信号と音声以外の信号（雑音など）が含まれる観測信号が入力された際に，音声信号が存在する時間区間（音声信号の始終端時間）を正確に検出する技術である。

A. 音声区間検出の基本構成

一般的な音声区間検出は，下図に示すように，特徴抽出器と識別器の二つのモジュールから構成される。特徴抽出器は，観測信号を音声区間と非音声区間に適切に識別するような**特徴量**を抽出する。通常，観測信号を10～50 ms程度のフレームに分割し，フレームごとに特徴抽出を行う。識別器は，特徴抽出器で得られた特徴量を用いて，音声区間と非音声区間を識別する。多くの場合，音声区間検出はリアルタイム処理が求められ，フレーム単位での特徴抽出，識別が必要となる。しかし，リアルタイム処理が求められない場合は，複数のフレームを用いて識別を行うことが可能である。一般にフレーム単位での処理よりも，複数のフレームを用いたほうが高い識別性能を得ることができる。

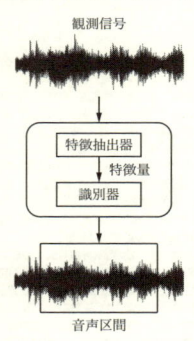

B. 応用分野

音声区間検出は，さまざまな音声情報処理技術の入口に位置する技術であり，幅広い応用分野が存在する。おもな応用分野は以下のとおりであり，それぞれの技術分野で音声区間検出に求められる基本仕様が異なる。

1. **音声符号化，通信技術**
   電話やTV会議などにおいて，検出された音声区間のみを符号化して伝送すれば，転送量を削減でき，効率的に帯域を利用できる。もしくは，符号化の際に，音声区間と非音声区間で符号化のビットレートを変化させる（音声区間では高ビットレートに，非音声区間では低ビットレートに）ことで，効率的かつ高品質な音声通信が可能となる。音声符号化，通信技術は基本的にリアルタイム処理が求められ，処理遅延は許されない。よって，音声区間検出においてもリアルタイム性が求められる。

2. **雑音，残響除去，音源分離技術**
   これらの音響信号処理において，音声/非音声区間の情報が，雑音除去フィルタおよび残響除去フィルタを設計する上できわめて重要な情報となる。おもに，非音声区間を利用した雑音などの外乱成分の推定，音声/非音声区間でのフィルタの切り替えなどがあり，音響信号処理全体の性能を大きく左右する。これらの技術を前述の音声通信などのようにオンライン処理上で利用する際には，当然のことながら音声区間検出はリアルタイム処理を行わなければならない。しかし，音声通信以外の用途ではオフライン処理が許される場合も多々あり，その際には音声区間検出もリアルタイムである必要はない。

3. **自動音声認識技術**
   自動音声認識（⇒p.116）において，入力音声に長時間の非音声信号区間が存在する場合，その区間の信号を音声と誤って認識し，音声認識誤りが増大する。このような誤りを削減するために，音声区間検出を用いて非音声区間を適切に取り除くことが必要となる。自動音声認識は，用途によってオンライン/オフライン処理に切り分けられる。よって，音声区間検出も自動音声認識の形態によって要求仕様が異なる。

4. **アノテーション**
   収録された音声データに音声区間検出を適用して音声始終端の時間インデックスを付与すると，音声データの検索，頭出し，要約を行うための基本情報として利用できる。アノテーションはオフライン処理であることが多いため，音声区間検出もオフライン処理により複数フレームの情報を用いて，性能を高めることができる。

C. さまざまな音声区間検出技術

これまで提案されてきた，さまざまな音声区

間検出の手法を紹介する。

（1）**特徴量**　　まずは，音声区間検出で用いられるさまざまな特徴量を紹介する。

1. 信号パワー，零交差数

   最も基本的な特徴量として，信号パワーと零交差数が広く用いられている．すなわち，有声部での信号パワーの増大，および無声子音での零交差数の増加を利用する．信号パワーにおいては，音声信号のパワーが低周波数領域（1〜2 kHz）に集中することから，低周波数領域のパワーのみを利用する場合がある．

2. 音声の調波性，周期性

   有声音は調波構造および周期性を有するため，基本周波数，自己相関関数のピーク値，周期性成分と非周期性成分のパワー比などの特徴量が利用されている．

3. 長時間特徴量，時間－周波数構造

   オフライン処理が可能な利用形態であれば，長時間フレームや複数フレームの情報を利用して音声/非音声識別に必要な情報量を増加させ，性能改善を得ることができる．また，変調スペクトル（パワースペクトルの時間変化に対する周波数特性）や，パワースペクトルの時間－周波数方向の変動量なども利用されている．

4. 高次統計量

   音声が非ガウス性の信号であると仮定し，高次統計量の歪度（3次統計量）や尖度（4次統計量）を特徴量として利用する．より発展的には，再生核ヒルベルト空間に写像して特徴量を得る方法がある．

5. 空間情報

   複数のマイクロホンを用いることが可能な場合は，マイク間のパワー差，位相差などの空間情報が利用可能である．

6. 複数特徴量

   上記のような特徴量を複数利用し，おのおのを最適に重み付けすることで，より頑健な音声区間検出を実現する．また，音声情報に加えて映像情報（口唇画像）を併用する方法がある．

（2）**識別器**　　前述の特徴量を用いて，音声/非音声区間を頑健に識別する方法を紹介する．

1. 特徴量の閾値処理

   前述の特徴量に対してなんらかの閾値を設定することで，音声/非音声の識別を行う．最も単純な方法であるが，閾値の設定は比較的困難である．

2. 生成モデルの利用

   混合ガウス分布（⇒p.96）や隠れマルコフモデル（⇒p.96）などの生成モデルを導入し，その尤度を閾値処理する方法が広く利用されている．最も単純には，音声と非音声のモデルをなんらかの形態で用意し，観測信号と各モデルの尤度比を閾値処理することで，音声区間検出を行う．より発展的には，複数のモデルを仮定する方法，観測信号のコンテキスト（複数フレームの利用）を考慮する方法，雑音環境の変化に追随してモデルを更新する方法などが利用されている．生成モデルは雑音環境の違いなどへの適応技術が発展しており，未知の雑音環境などに対しても比較的容易に対応することができる．

3. 識別モデルの利用

   識別モデルではデータの具体的な判別関数を定義し，そのパラメータを直接推定する．その後，得られた判別関数を用いて，データを種々のカテゴリーに分類する．音声区間検出においては，データ判別の汎用的な方法として知られているサポートベクターマシンや，時系列信号の解析に適した条件付き確率場が用いられている．また，近年の深層学習（⇒p.326）の普及に伴い，ディープニューラルネットワークが音声区間検出においても利用されつつある．識別モデルにおいては，未知のデータに対する頑健性（汎化性能）を高めることが肝要である．

（3）**その他**　　多くの音声区間検出において，検出された音声区間の断片化を防ぐためにハングオーバー処理というエラー訂正が行われている．ハングオーバー処理では，音声区間および非音声区間がそれぞれ長時間継続するという仮定が広く用いられており，音声区間検出の性能改善にきわめて有効であることが知られている．

◆ もっと詳しく！

藤本雅清：音声区間検出の基礎と世界的な研究動向，今後の展開，電子情報通信学会誌，**95**, 8, p.754 (2012)

重要語句　行動観察，自然知能，語彙爆発，母子相互作用

音声言語獲得
[英] spoken language acquisition

乳幼児が音声言語を獲得する過程の解明を目的とした学際的な研究分野である。音声言語獲得に関する知見は，人間の知能の発達と深く関わっており，自然知能のモデル化に基づく人工知能研究の発展に寄与する。

A. 自然知能の観察に基づく発達研究の深化

人間は長い子ども期を通して母親や周囲の環境と関わりながら活動し，多様なスキルや知識の獲得に必要な根源的な知識（常識）を身につける。乳幼児は成人と比べて"素朴"（naive）であり，思考過程が行動にストレートに表出しやすいという傾向があるので，乳幼児の**行動観察**は人間の認知・行動をモデル化する際の格好の研究対象となる。

人間の認知，行動，発達に関する研究は，心理学，生理学，言語学，教育学，音響学，人工知能と関連して行われてきた。主要なアプローチの一つが，乳幼児の行動や発話を主観的に観察することで知能や言語の発達過程の解明を目指す，発達心理学の研究である。代表的研究者のピアジェは自分自身の子どもを詳細に観察し，思考の段階的発達理論を提唱し，人間は外界とのインタラクションによって学習することができると主張した。実験心理学の分野では，ピアジェの段階発達論を実験的に検証する研究をはじめ，数多くの知見が蓄積されてきた。最近では，非侵襲脳機能イメージング技術による脳科学研究が盛んであり，脳のはたらきの断片がいろいろとわかってきた。しかし，人間の脳は「右脳−左脳」のように単純ではない。進化の過程で複雑化し，数百種類のアーキテクチャの異なる部位から構成されている。また，人間は状況に応じて脳の複数の部位を同時かつ動的に使っており，非侵襲脳機能イメージング技術だけでは，一部の単純な脳機能だけしか説明できないことがわかってきた。人間の高次脳機能や複雑な心のはたらきを，物理学の統一理論のようなシンプルなモデルで説明することは困難である。発達研究の深化には，種々の研究領域の知見を持ち寄って共通の土台で議論できる環境が必要である。

B. 音声言語に着目した自然知能観察

行動観察の着眼点は身振りや視線，動作など多岐にわたるが，解釈が曖昧で意味付けが困難という課題がある。音声は人間の根源的なコミュニケーション手段であり，文字の発明以前から人間は音声言語を日常的に使用してきた。音声は言語情報に加えて，話し手の感情や意図，体調や方言などの個人性を同時に伝達する。また，文字言語では表せない強調や疑問，微妙なニュアンスを，アクセントやイントネーション，発話速度の変化などのパラ言語情報（⇒p.366）によって伝達できる。音声信号は1次元データで生成モデルによる生体物理特性との紐付けも可能であり，文字シンボルへの転記もできるため，行動特性を複数の観点から客観的に記述するのに向いており，**自然知能の観察**に重要な役割を果たす。

乳幼児が音声言語を獲得する過程は，音韻の知覚と生成，語彙の理解と発話，文の理解と生成，言語による問題解決，社会性など多様な観点から人間の自然知能の発達を捉えるための，大きな手掛かりを与える。

例えば，幼児の語彙習得速度がある時期に急峻に上昇する**語彙爆発**という現象がある。縦断データの解析によって，新しい語が発話される速度の変化は成長過程において一度だけ出現するのではなく，速度変化が起こる期間と，長期に新しい語を発話しない期間（プラトー）が組み合わさって出現することが，近年わかった。また，語彙獲得に関して，日本語の無意味語を3〜5歳児に復唱させた実験でアクセントの誤りを調査したところ，低年齢の3歳よりもむしろ5歳になってからのほうが多く見られることが報告されている。5モーラの長い語で誤りの起きる割合が高く，日本語の5モーラ語では例の少ないアクセントパターンを提示した場合に，最も一般的なアクセントパターンに誤って発音するケースが多かった。語彙獲得が進み，母語のアクセント規則を学習すると，その規則を誤って適用してしまう場合があることを示している。これらの例は，成長に伴う思考方法の変化を示唆しており，興味深い。

音声言語獲得をコミュニケーションの観点から捉える例の一つに，**母子相互作用**に着目したものがある。母子相互作用では，まず母親が幼児の発話を無意識のうちに模倣すること（対乳児発話，⇒p.282）で，その発話模倣行動そのものを幼児が真似るようになる。この相互模倣が，会話における発話タイミングの獲得や音声獲得に繋がっていくとされる。近年，母子相互作用の定量的分析が進み，日常場面での発話における母子相互の発話模倣が，幼児の無意味語模倣能力や語彙発達と関連している可能性が示

唆されている．2歳児の母子相互作用における発話のタイミングに着目した研究では，母子の発話インターバル，母子の発話持続時間，母親の発話速度という三つの指標による分析の結果，母親の（発話インターバルが）すばやく，（発話持続時間が）短く，（発話速度が）ゆっくりした応答が，子どもの発話を促すという可能性が見出されている．子どもの健やかな発達に資する介入の仕方を考えるのに役立つ知見であり，子育て支援・学習支援のためのコンテンツ制作に活用できる．発達障害や養育放棄の問題を抱える子どもの教育・療育など，多様な現場のニーズに対する実践的・実用的な情報の提供も可能になってきている．

C. 人工知能研究のプラットフォーム構築に向けて

音声対話システムや介護ロボットなどの実用化を本格化するためには，人間の認知や行動の仕組みを深く理解し，人間と機器システムとのヒューマンインタフェースを人間にとって望ましい形で実現することが必要となる．このため，人間の行動や人間同士の会話，さらには，人間とロボットなどの機器システムとのインタラクションの状況をマルチモーダル情報（⇒p.406）として大量に記録し，データベース化するような研究が活発になってきた．これらの研究では，人間の発話や行動に関するマルチモーダルセンサ情報をさまざまな応用場面で大量に収集し，各種統計処理をすることにより，個々の応用では意味のあるなんらかの分類や認識をして，数値的評価をするような研究が多い．大規模データを収集すれば「客観」的な評価が可能であるが，得られる知見は特定の分野に依存する．一般化は困難なので，音声対話システムやロボットの真の高度化には，あまり貢献できないと考えられる．ヒューマンインタフェースの基盤となる個々の人間の認知や行動モデルにまで踏み込もうとしていないからである．

計算機の高速化・大容量化により，人間の行動を観測・記録する各種センシング技術の高度化が進み，人間の行動観察に関する研究も多様化してきた．映像と音声による長時間行動記録が当たり前となり，豊かな視点によるエビデンスベースな分析が可能になった半面，データ管理コストが増大し，特定場面の抽出や類似事例の検索を短時間で柔軟に行える環境が求められるようになってきた．このような背景のもと，発達研究の深化と人工知能システムの高度化を目的とし，子どもの行動映像事例に対して発話・視線・ジェスチャー・感情・意図など多様なモダリティの注釈を持つ「子どもの行動コーパス」を基盤とし，言語の発達・他者理解の発達・発達段階別の子どもへの接し方などの複数の観点で発達の要因を捉え，エビデンスベーストに検証できるマルチモーダル行動コーパス観察システム（CODOMO-viewer，下図）が提案されている．

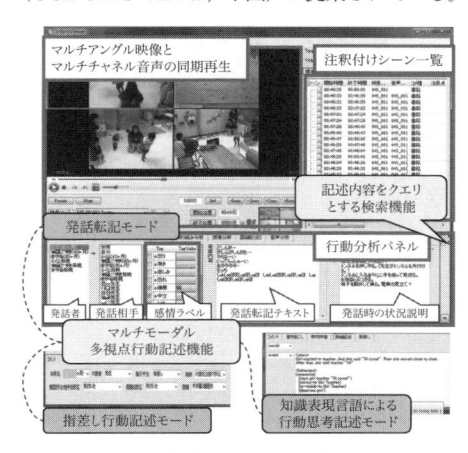

乳幼児の行動観察に関する研究は，心理学や工学を融合した学際的な研究に発展しており，人間志向のコンピュータの実現に向けて少しずつ前進している（下図）．乳幼児を対象とし，音声言語，ジェスチャー，表情，コミュニケーション能力などのマルチモーダルコモンセンスの獲得に関する研究を進めることで，創造力，表現能力，学習能力という人間の能力の豊かさに気づき，人間そのものを理解することができる．

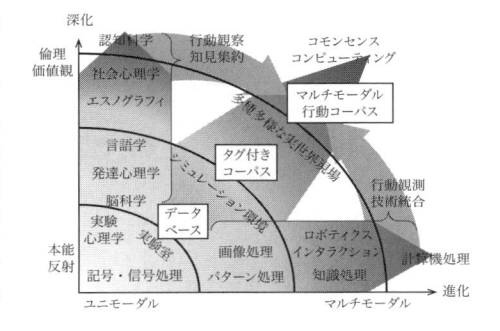

◆ もっと詳しく！
小林春美，佐々木正人：新・子どもたちの言語獲得，大修館書店 (2008)

重要語句　HMM音声合成，声質変換，最尤線形回帰，固有声，話者正規化学習，平均声モデル

音声合成におけるモデル適応
[英] model adaptation for speech synthesis

モデル適応とは，少量のある特徴を持つ適応データを用いて，適応元のモデルから，所望の特徴を有するモデルを構築する方法である。音声合成では，HMM音声合成や混合正規分布モデル（GMM）に基づく声質変換などの統計的手法で導入されており，おもに，ある話者の声質や話し方といった話者性を再現するモデルの構築（話者適応）に利用されている。

A. モデル適応の利点

モデルを一から学習する場合と比べて，モデル適応には，(1) 音声収録が少量ですむ，(2) 発話内容の制約が少ない，(3) 少量データでも質の良いモデルが構築できる，といった利点がある。これらは音声合成の実用において非常に有用なものである。例えば，**HMM音声合成**（⇒p.450）において，ある話者の品質の良いモデルを学習する場合，数百〜数千文程度の発話を収録する必要があり，また学習のためのデータ整備に多大なコストがかかる。また，GMM（Gaussian mixture model; 混合正規分布モデル，⇒p.96）**声質変換**（⇒p.260）では，変換元の話者と目標話者で同一内容の発話セットが必要となるため，元話者，目標話者いずれかのデータが存在しない場合はモデルを構築できないといった問題がある。これに対し，モデル適応では，適応元モデルがあれば，必要な収録文数が数文から数十文程度ですみ，また学習の場合ほど発話内容は問われないため，少量のデータでモデル学習した場合と比べて，低コストで品質の良いモデルを構築することができる。

B. モデル適応手法の種類

音声合成では，これまでにさまざまなモデル適応手法が提案されている。ここでは，代表的な手法である**最尤線形回帰に基づく手法**と**固有声に基づく手法**を紹介する。

(1) 最尤線形回帰に基づくモデル適応
最尤線形回帰（maximum likelihood linear regression; MLLR）は，最尤基準により求めたアフィン変換行列を用いて，モデルが持つ平均ベクトルや共分散行列を線形変換し，所望のモデルを得る手法である。音声合成では，HMM音声合成で広く用いられている。変換行列の推定では，モデルの平均ベクトルおよび共分散行列それぞれを直接変換する行列を推定する通常のMLLRのほか，適応データを線形変換するような変換行列を推定する制約付きMLLR（constrained MLLR; CMLLR）がある。CMLLRは，MLLRとは異なり，一つの変換行列で平均ベクトルと共分散行列を線形変換できる。また，MLLRやCMLLRでは，モデル全体を一つの変換行列で変換する場合のほか，複数の変換行列を用いた多クラスMLLR/CMLLRにより精緻にモデル適応を行うことが多い。多クラスCMLLRを用いたモデル適応の概念図を以下に示す。この方法は，回帰木によりクラスタリングされたモデルの確率分布に対して，適応データ量の期待値に対する閾値を設けることで回帰クラスを自動的に決定し，回帰クラスごとに異なる変換行列を推定する。

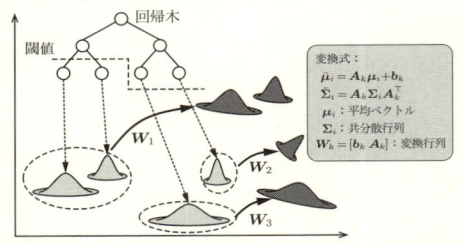

さらに，より頑健に変換行列を推定する方法として，回帰木の上位ノードで得られる変換行列を事前知識として下位ノードの変換行列を推定する，階層的事後確率最大線形回帰法が提案されている。

(2) 固有声に基づくモデル適応　固有声とは，画像処理の分野で用いられている固有顔（複数の顔画像から主成分分析により特徴的な要素を抽出する技術）を音声処理に導入したもので，現在はGMM声質変換のモデル適応でよく利用されている。この手法では，複数話者のモデルの平均ベクトルから抽出した特徴的な話者性（固有声）を表す代表ベクトルセットと平均的な声の要素を表すバイアスベクトルを，適応元モデルのパラメータとしてモデル化している。モデル適応では，次図のように，代表ベクトルに対する重みパラメータを用いて線形結合を行うことで，モデルの所望の話者性を表す平均ベクトルを構築する。ここで，重みパラメータは，手動で設定したもの，あるいは，目標話者のデータから尤度最大化基準または事後確率最大化基準により推定したものを用いる。また，この手法では，代表ベクトルが少数の場合，所望の話者性を表現しにくくなるため，より効率的に話

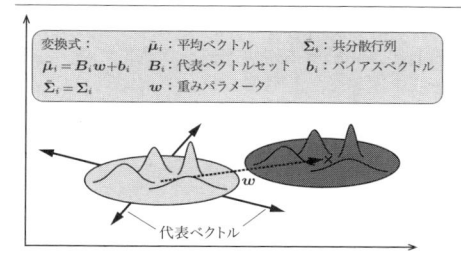

者性が低くなることがある。そこで，統計的音声合成では，多数の話者のデータを活用する**話者正規化学習**と呼ばれる手法を用いて，適応元モデルを構築する。CMLLRを用いた話者正規化学習のイメージを下図に示す。

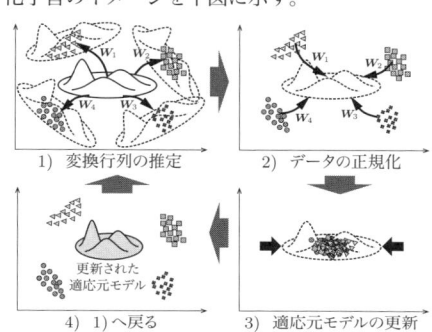

まず，1) 各学習用話者のデータから変換行列を推定し，2) 推定した変換行列を用いてデータの正規化を行う。3) 正規化されたデータを用いて適応元モデルを更新する。そして，4) これらを繰り返し，適応元モデルの最適化を図る。これにより，標準的な特徴を持つ仮想的な話者を表現した適応元モデルが得られる。このモデルは学習話者に対して平均的な声質を持つことから，HMM音声合成では**平均声モデル**と呼ばれている。

E. モデル適応を利用した応用

モデル適応技術は，その有用性からさまざまな応用が考えられている。

（1） クロスリンガル適応　　ある言語で話す目標話者の話者性を別の言語のモデルに適用し，目標話者による他言語の音声合成を実現する技術である。この技術は，利用者の声による外国語発声が実現することから，音声翻訳においての応用が期待される。

（2） 医療・福祉向け応用　　病気や事故で声を失った人のための，自分の声によるコミュニケーションの実現を目的とした応用である。このケースでは十分な量の音声データが得られないことが多いため，モデル適応技術がモデル構築に重要な役割を果たしている。

◆ **もっと詳しく！**

小林隆夫ほか：小特集 音声合成に関する研究の動向, 日本音響学会誌, **67**, 1 (2011)

者性を表すために，固有声へ因子分析を適用する手法や，テンソル解析を導入する手法，自動的に分類した話者性を表す複数のクラスタモデルで表現する手法などが提案されている。

C. モデル適応の品質

モデル適応で構築したモデルの品質は，適応データの量と適応元モデルの品質に依存する。モデルの構築におけるデータ量および適応元モデルと品質の関係はおおむね下図のようになる。

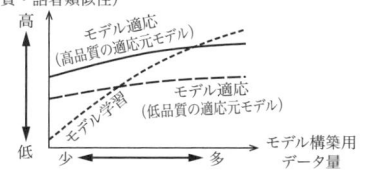

モデル学習とモデル適応を比較すると，「A. モデル適応の利点」で述べたように，データ量が少ないときはモデル適応により構築されたモデルの品質は学習した場合よりも高く，利用可能なデータ量の増加に伴い，モデル学習をした場合の品質がモデル適応の場合を上回るようになる。つぎに，適応元モデルに着目すると，適応元モデルの品質が適応後のモデルの品質に影響を与えるような関係となっている。そのため，品質の良い適応元モデルの構築がモデル適応では重要な要素となる。

D. 適応元モデルの学習

上述したように，適応元モデルの品質は，モデル適応の品質を左右する要因の一つである。品質の良い適応元モデルを得るには，モデル学習の場合と同様に大量の音声データが必要となるが，実用を考慮すると特定話者による大規模な収録は現実的ではない。また，特定話者のモデルが持つ話者性の影響で，適応後のモデルの話

| 重要語句 | 音韻，親密度，明瞭度，音韻バランス，単語了解度，SRT |

音声親密度
[英] speech familiarity

語（単語など）の馴染みの程度を主観評価により数値で表したもの。親密度の数値が大きければより馴染みのある語，数値が小さければより馴染みのない語ということになり，一般的には親密度が高ければ語の正解率（明瞭度・了解度）が高くなる。

A. 親密度とは

「コワイイ」と聞いて，なにを思い浮かべるだろうか。これはれっきとした日本語の有意味語なのだが，意味や漢字を瞬時に思いつかない読者もいるだろう。

国語辞典の中には数十万語が収録されているものもあるが，日本語を母語とする成人ではそのうち数千から数万程度の語彙を理解して日常的に使用しているといわれている。母語話者ではない場合には，語彙量は非母語の学習量によって異なるが，例えば日本語を母語としない人を対象にした日本語能力試験では，「幅広い場面で使われる日本語を理解することができる」水準を表すN1レベルとして，1万語程度の語彙を習得した者を想定している。

学習した語彙のうち，ほぼ毎日書き言葉・話し言葉の両方で使う語もあれば，文字では見るが聞き馴染みとのない語，聞いたことがあるが自らは使わない語など，語によってさまざまである。この違いは，個人の経験，知識，記憶などに応じた心内辞書，語彙の特性（**音韻**，生起頻度，形態素，品詞，アクセント句など），語の前後の文脈情報などさまざまな要因が関連していることが，多くの研究で指摘されている。

この語彙の特性の一つが**親密度**であり，語の馴染みの程度を主観評価により数値で表したものである。つまり，親密度の数値が大きければより馴染みのある語，数値が小さければより馴染みのない語ということになる。

B. 親密度の統制

親密度は一般的に音声の**明瞭度・了解度**と密接に関係しているため，音声知覚や音声生成に関する研究・開発・臨床の際には親密度を統制した単語による評価が望ましい場合がある。例えば，補聴器や人工内耳のフィッティング，言語習得/学習の評価や教材の開発，音声合成や音声認識システムの評価や開発，音声品質/伝送性能の評価や開発などが挙げられる。親密度を統制した語を使用する場合には，実験デザイン，実験条件，評価者の特性などを考慮して適切な親密度を選ぶことが望ましい。例えば，子どもに対する評価実験を行う場合に，評価語の親密度が子どもにとって低すぎないかを把握する必要があるだろう。ほかには，実験デザインとして日常的に使用する語彙を想定しているため親密度が高い語で評価をしたいのか，それとも，実験条件による差を厳密に評価するため親密度が低い語を使用したいのか，などを考慮する必要がある。

C. 日本語の単語親密度データベース

日本語の単語の場合は，「日本語の語彙特性」というデータベースに親密度が記されている。そのデータベースの最新版（第9巻，2008年刊行）では，約10万語に対して，音声提示，文字提示，音声文字提示別の3種類の親密度が7段階（1：馴染みがない 〜 7：馴染みがある）で分類されている。

このデータベースに掲載されている親密度は，若年者約30人に対して行った主観評価実験のデータをもとに作成されている。この実験結果から，以下のことがわかっている。

1. 提示された語を有意味語と判断するための反応時間は，親密度が高いほど短くなる。
2. 雑音が付加されていない場合の単語正解率は，親密度によらずほぼ100%であるのに対して，雑音環境下では，信号対雑音比（SN比）が小さくなるにつれて，親密度が低い単語のほうが正解率の低下がより大きくなる。

「日本語の語彙特性」をもとにして，音声提示による単語親密度を統制したデータベースが，「親密度別単語了解度試験用音声データセット2003（FW03）」と「親密度別単語了解度試験用音声データセット2007（FW07）」である。いずれのデータベースも，国立情報学研究所音声資源コンソーシアムから有償で入手することができる。FW03・FW07ともに単語の親密度は四つのランク（低親密度：1.0〜2.5，中親密度：2.5〜4.0，中高親密度：4.0〜5.5，高親密度：5.5〜7.0）に分類され，単語はすべて4モーラ語の0型アクセントに統一されている（ちなみに，冒頭で紹介した「コワイイ」は「強飯」と書き，糯米を蒸した飯という意味の低親密度語である）。

FW03とFW07の違いは，一つのリスト内にある単語数である。FW03は1リストが50語から構成され，20リスト，4発話者分の計4 000語，一方FW07は1リストが20語から構成され，20リスト，4発話者分の計1 600語が収録されている。各リスト内の単語は**音韻バランス**の統制をとって配置されており，リスト間の平均単語正解率の差が小さくなるように工夫されている。したがって，実験などでFW03やFW07を使用する場合には，1実験条件に一つのリストを割り当てることが前提となっている。FW07では1リストの単語数がFW03の半分以下となっているため，臨床現場などで実験や測定時間をなるべく短くしたい場合に使用するとよいだろう。

なお，FW03とFW07のリストの妥当性に関しては，それぞれ20～30人ほどの若年者に対する白色雑音下での**単語了解度**と**SRT**（speech recognition threshold）によって検証されている（例えば1), 2)）。その実験結果の一部として，男性1名が発話したFW03とFW07の単語リストの親密度別（低親密度，中親密度，中高親密度，高親密度）単語了解度[2]を右段の図に示す。

単語了解度・SRTともに，親密度とSN比を変化させることで値が有意に変化することがわかっている。ただし，リスト間の正解率にも有意差が発生することもわかっている（例えば1)）。この問題に対しては，FW07ではリスト間の平均単語了解度の差をFW03よりも小さくするために，SRTによる音圧補正が施されたデータもデータベースに収録されている。リストによっては10 dBほどの音圧レベルの調整が必要なものもあるため，音圧レベルの補正をする場合は実験デザインに応じて考慮する必要がある。

D. 日本語以外の音声データベース

日本語以外で単語親密度を考慮した音声データベースとしては，例えばLexical Neighborhood Test（LNT）が挙げられる。このデータベースは1～7の親密度に分類された英語の単音節語から，Easy wordとHard wordの二つのランクに各25語，2リストを割り当てたものである。

親密度ではなく音素バランスを考慮した音声データベースも存在する。単音節語の音素バランスを考慮したものであれば，Phonetically Balanced Word List（PB），Modified Rhyme Test（MRT），Diagnostic Rhyme Test（DRT）などがある。文章レベルで音素バランスを考慮

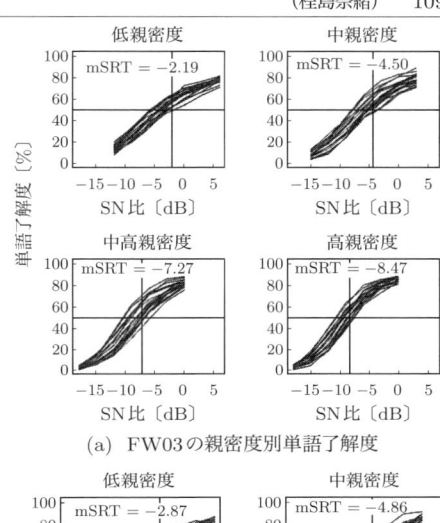

(a) FW03の親密度別単語了解度

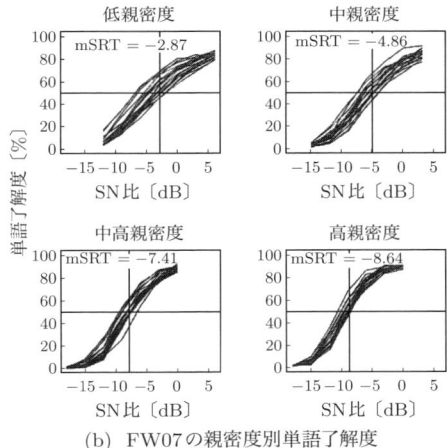

(b) FW07の親密度別単語了解度

したものであれば，Speech Perception in Noise（SPIN）testや，Hearing in Noise Test（HINT）などが用意されている。それぞれのデータベースの詳細については論文などを参照し，研究目的に合わせて使用してほしい。

◆もっと詳しく！

1) Amano, Sakamoto, Kondo, Suzuki: "Development of familiarity-controlled word lists 2003 (FW03) to assess spoken-word intelligibility in Japanese", *Speech Communication*, 51, pp.76–82 (2009)

2) 近藤，坂本，天野，鈴木：信号対雑音比調整による単語リスト間の単語了解度差補正—親密度別単語了解度試験用音声データセット（FW07）を用いた検証，日本音響学会誌，**69**, 5, pp.224–231 (2013)

重要語句　基本周波数，フォルマント，音源フィルタモデル，音響フィルタ

音声生成
[英] speech production

言語情報伝達のために発話器官を動かし，音を発生させる過程．伝達すべき言語情報が正しく音に反映されるよう，各器官の運動を適切に計画・制御する，動的かつ階層的な過程である．

A. 発話器官

発話器官は，1) 音の発生のエネルギー源となる呼気流を生成する「呼吸器官」，2) 呼気流を断続的に遮り疎密波を発生させる「発声器官」，3) 口腔の形や鼻腔との結合を変えて気柱共鳴を調節したり，呼気流を阻害して乱流雑音を発生させたりする「調音器官」からなる．

（1）呼吸器官　呼吸器官は，横隔膜と肋骨に囲まれた胸腔に収納されている左右の肺と，それぞれに接続する気管支，それらを上部の気道に接続する気管からなる．安静時の呼吸では，おもに横隔膜，外肋間筋などの収縮により胸腔が広がると肺に空気が流入（吸気）し，それらの筋が弛緩すると膨らんだ肺が弾性復元力により萎み，空気が流出（呼気）する．このように，安静時には呼気に貢献する筋活動はない．一方，発話時は呼吸補助筋群の筋活動が吸気だけでなく呼気にも貢献し，胸腔の収縮により肺から空気が押し出され，安静時より大きな呼気エネルギーが生じる．

発話時の肺圧は $10^2 \sim 10^3$ Pa のオーダーになり，大気圧（約 10^5 Pa）と比べると小さいが，最小可聴音圧のオーダー 10^{-5} Pa と比べると，はるかに大きい．

（2）発声器官　発声器官は，気管の上部にある喉頭を中心とする器官であり，喉頭内部に左右対称の一対の声帯が配置され，気道のくびれ（声門）を形成している．気管と喉頭の接続部には短い筒型の輪状軟骨があり，その前半面を覆うように甲状軟骨が配置され，後部上面に三角錐状の披裂軟骨が，左右対称に一対配置されている．声帯は甲状軟骨の内側正中部と披裂軟骨の前方突起の間を結ぶ靭帯である．左右の披裂軟骨を輪状軟骨上で対称に内転させると，左右の声帯が接近し，声門が狭まる．この状態で肺から空気が押し出されると，肺圧が上昇し，つぎの (a), (b) のサイクルによる声帯振動が生じる．

(a) 声帯が上方に押し上げられ，また声門を通過する呼気流速の増加により，流れに垂直な方向の圧力が低下する（ベルヌーイの定理）．

(b) 声帯の弾性復元力と，低下した圧力の影響により，左右の声帯が接触し，声門が閉鎖する．

この結果，声門を通過する呼気流速が周期的に変動し，上部の気道に疎密波が生じる．この周期の逆数は声の**基本周波数**に相当する．声帯靭帯付近にある声帯筋が収縮すると，声帯の張力が増加し，基本周波数が上昇する．また，甲状軟骨下端の左右後方には，輪状軟骨と関節をなす突起があり，これを支点とする甲状軟骨の前転によっても声帯張力の増加が生じる．

(a), (b) のサイクルによる声帯振動の周期 T [s] のうち声門が開放している期間 T_o [s] の割合 T_o/T は声門開放率（open quotient; OQ）と呼ばれ，声の性質に関わっている．OQ が 1 に近い声は気息性と呼ばれ，柔らかい印象を与える．

（3）調音器官　声門の上の咽頭腔，口腔，鼻腔からなる空間は声道と呼ばれ，軟口蓋，舌，唇，下顎の筋群の協調運動により声道の形を調節し，気柱の共鳴を変えたり，乱流を生成して雑音的な音を発生させたりする．これらの器官はまとめて調音器官と呼ばれる．

軟口蓋は咽頭腔と鼻腔の接続・遮断に関わり，軟口蓋が挙上して咽頭後壁に密着すると，鼻腔が気道から遮断され，声道は声門から咽頭腔，口腔を経て唇の開口部へと至る一筋の音響管となる．このとき，声道内に生じる定常波のうち特定の周波数の波が共鳴により増幅し，母音知覚の鍵となる**フォルマント**が生じる．一方，軟口蓋が下がると，声道は咽頭腔から鼻腔と口腔の二筋に分岐する音響管となる．この場合には，共鳴に加えて特定の周波数の音波が減衰する反共鳴（アンチフォルマント）も生じ，鼻音特有の音響的特徴が生成される．

舌は上顎との位置関係を瞬時に次々と変え，口腔の形の調節に貢献する．舌の内部は筋群で満たされていて，骨格はなく，各筋の収縮バランスで舌全体の形が決まる．舌の運動により口腔の形が変わると，フォルマントが生じる周波数が変化する（「B. 音源フィルタモデル」参照）．また，舌の運動は種々の雑音の生成にも関わる．舌が上顎に接近または部分的に接触すると，声道の途中にくびれができ，そこを呼気流が通過する際，くびれの出口付近に渦が発生する．この渦から非周期的な持続性音波が生じ，摩擦子音が生成される．一方，舌が上顎に密着し，かつ軟口蓋の挙上により鼻腔が遮断されると，声道は出口のない閉鎖状態になり，声道内の圧力が上昇する．このとき舌が上顎から離れると，閉鎖が一気に開放され，声道内外の差圧により一

過性の乱流が発生する。この乱流から過渡的な音波が生じ，破裂子音が生成される。こうした乱流発生に基づく雑音生成が，声帯振動による周期的音波の生成と同時に行われるときに生じる子音は有声子音と呼ばれ，声帯振動を伴わないものは無声子音と呼ばれる。

唇は母音生成時にはつねに開き，声道内の音波の開口端反射に寄与する。また，唇は舌と同様，声道にくびれや閉鎖を作って乱流を発生し，摩擦音，破裂音などの子音の生成に寄与する。

下顎の運動は下唇と舌の位置に影響を及ぼす。下顎は頭蓋左右に関節を有し，上下に回転するが，その回転軸の位置は頭蓋上で移動するため，下顎の運動は回転と並進の組合せになる。

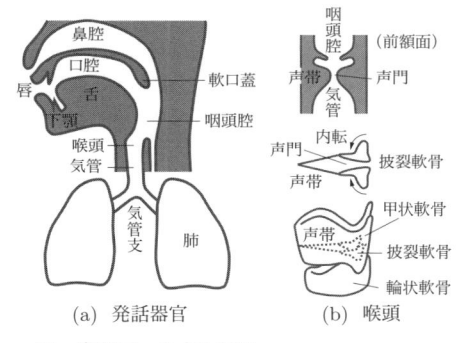

(a) 発話器官　(b) 喉頭

B. 音源フィルタモデル

声道内の気柱共鳴の調節を中心とする母音などの生成原理を合理的かつ明快に説明するモデルとして，**音源フィルタモデル**がある。このモデルは，声帯振動により生じる音源波（ソース）が声道の**音響フィルタ**を通過して空間に放射される過程を，線形システムとして表現したものである。

母音生成における音源波は，声門を通過する呼気流の周期変動により声門直上に生じる疎密波であり，声帯振動の基本周波数の倍音からなる周期性複合波である。音源波を直接測定することは難しいが，各倍音成分の振幅比はおおむね$-12\,\mathrm{dB/oct}$の傾斜を持つことが知られている。

声道の音響フィルタとしてのはたらきを理解するには，まず，声道を断面積が場所によらず一定の音響管と見なすとよい。その声門端は声帯振動により開閉を繰り返しているが，ここでは閉口端と見なす。一方，口唇端は開口端と見なすことができる。このとき，音響管は一端が閉口端で他端が開口端の閉管となり，管内を往復する音波のうち，波長が音響管の長さの$4/(2n-1)$倍（nは自然数）に相当する波だけが共鳴する。音響管の長さを$l\,[\mathrm{m}]$，音速を$c\,[\mathrm{m/s}]$とすると，共鳴周波数は$(2n-1)c/(4l)\,[\mathrm{Hz}]$であり，これが断面積一定の声道における第$n$フォルマント周波数に相当する。例えば，声道の長さが$0.17\,\mathrm{m}$（成人男性の典型的な値），音速が$340\,\mathrm{m/s}$なら，第1，2フォルマント周波数は，それぞれ$500\,\mathrm{Hz}$，$1\,500\,\mathrm{Hz}$である。一般には，声道の断面積は場所により異なり，舌や唇の位置に応じて断面積が小さくなる部分（狭め）が生じ，フォルマント周波数に影響を及ぼす。狭めの位置とフォルマント周波数の変化の関係は数理的に記述でき（摂動理論），例えば第1フォルマント周波数は，狭めの位置が唇（または声門）に近いほど低い（または高い）。

唇の開口面積は，声道の共鳴に影響するとともに，空間への音波の放射における周波数特性にも影響する。放射を一つの音響フィルタと見なすと，その振幅周波数特性は$+6\,\mathrm{dB/oct}$の傾斜でおおむね近似できる。音源波の倍音の振幅比を加味すると，母音を構成する倍音の振幅比は，大局的に$-6\,\mathrm{dB/oct}$のトレンドを有することになる。

C. 研究上の課題

音源フィルタモデルは，音波が声道の長さ方向にのみ伝搬する平面波であることを仮定しているが，波長が声道の横断長の2倍より短い波は，横断方向にも共鳴を生じる可能性がある。また，声道内には仮声帯，梨状陥凹，副鼻腔などの凹凸や分岐があり，これらも音の伝搬に影響している。近年は声道の立体形状を精密に観測しデータ化する技術が発達したため，声道内の3次元的な音響伝搬を解析する研究が進められている。また，声門を閉口端とする仮定は，声帯が振動している場合には必ずしも適切ではないため，声門の開閉を考慮した声道音響モデルなどが検討されている。

発話中の各器官の運動を観測し，モデル化する試みも行われている。運動と音声の同期観測データをもとに，運動から音声への写像を記述する統計的時系列モデルを構築し，運動から音声を合成したり，逆に音声から運動を推定するなどの技術が研究されている。また，発話運動の観測技術は，従来，正中断面上の2次元的観測手法が主流であったが，近年は磁気センサや核磁気共鳴画像法（MRI）を用いた立体的な運動観測手法が検討されている。

◆ もっと詳しく！

鏑木時彦 編著：音声生成の計算モデルと可視化，コロナ社（2010）

重要語句　音声ドキュメント, STD, SCR, サブワード, DTW

音声ドキュメント検索
[英] spoken document retrieval

音声ドキュメント検索とは，言語情報の一表現形態である音声が大量に蓄積された状況において，言語情報で与えられたクエリに適合する少数の音声区間を特定する問題，およびそのための技術群を指す．

A. 定義

音声を業務的用途（知識の伝達・記録）のために録音したデータを**音声ドキュメント**（spoken document）と呼ぶことから，これを対象とした検索が音声ドキュメント検索である．また，「音声」を除いた「ドキュメント検索」あるいは「文書検索」は，言語情報のもう一つの表現形態であるテキストを対象とした検索を指すのが一般的であるが，その対象を音声とするところに音声ドキュメント処理の特色・意義・問題意識がある．一方，検索質問（クエリ）の表現形態については特定しておらず，テキストで表現されたクエリを仮定することも一般的であるが，音声クエリを用いることもありうる．逆に，音声クエリに注目し，検索対象の形態は任意である検索問題は，ボイスサーチと呼ばれる．

B. タスクの分類

テキストを対象とした検索の問題に文字列検索と内容検索があるように，音声ドキュメント検索においても，2種類の問題設定（タスク）が検討されている．

（1）音声中の検索語検出　STD（spoken term detection）は，用語（term）を検索クエリ（検索語）として与え，音声中からその検索語が発声された位置を特定する問題である．STDは，音声発話を入力として，その中からあらかじめ与えられた用語の出現を見つける問題であるワードスポッティングと関係が深い．処理時に与えられるデータと処理前から既知のデータの関係が逆転しているが，根本的には両者は同じ問題を解いていると考えることができる．しかし，STDでは，問題設定の性質から利用できる資源（計算コスト，空間コスト）に制限があることを考慮に入れる必要がある．第一に，STDでは，検索対象の音声データは，数十時間から数千時間と大規模である．また，近年の高速なSTDでは，1秒以内かせいぜい数秒程度で検索結果を出力するのが一般的である．大量のデータから高速に検索結果を得るためには，生の音声データ全体をその場で処理するのは非現実的であるため，効率良く検索されるように前処理をしておく必要がある．

近年では，言語資源の少ないマイナーな言語を対象に，検索対象の音声データを認識するための言語資源（すなわち書き起こしのある音声データ）の利用が制限された状況でのSTDも，活発に研究が行われている．

（2）音声内容検索　SCR（spoken content retrieval）は，文やキーワードリストなどで表現された比較的長い検索クエリを与え，音声ドキュメント中から内容が適合する音声区間を特定する問題である．章・節・パラグラフなどの単位で構造化されるテキストとは異なり，音声ドキュメントには明確な論理的単位は与えられていない．したがって，SCRの問題設定は，人手あるいは自動処理による前処理によって音声ドキュメント中に論理的な音声区間の単位があらかじめ与えられていると仮定する場合や，検索結果を音声再生することを想定して再生位置を特定する場合，検索クエリに適合する音声区間の特定までを問題設定に含める場合など，多様である．上記の最後のタスクを，特に音声パッセージ検索と呼ぶ場合もある．

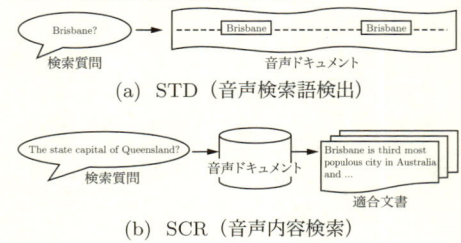

(a) STD（音声検索語検出）

(b) SCR（音声内容検索）

C. 手法

音声ドキュメント検索を実装する最も直接的な方法は，検索対象の音声ドキュメントに大語彙連続音声認識システム（⇒ p.116）を適用して音声の自動書き起こしテキストを得たのち，それを検索対象のテキスト表現と見なしてテキストを対象とした検索手法を適用する，といったように音声認識とテキスト検索をカスケードに接続することである．これに対し，検索性能を向上させるために，認識と検索のより密な結合が種々検討されている．また，テキストではなく音声を対象に検索を行うことの独自性を考慮したインタフェースや活用方法が望まれる．以下に，検索システムとしての音声ドキュメント検索固有の事項をまとめる．

（1）音声認識誤りへの対処　音声認識結果には認識誤りが含まれる。音声の録音環境や，音声認識に利用できる言語資源の量や認識対象とのミスマッチによっては，認識精度50％以下の検索対象を扱う場合も多い。書き起こしに誤認識が生じると，テキストを対象とした検索手法をそのまま適用したのでは，検索対象中での出現を見つけることができない。また，大語彙連続音声認識は認識語彙を事前に決定する必要がある。認識語彙に含まれない語が検索対象音声に含まれる場合，これらは認識結果のテキストにけっして現れることはない。特に，検索クエリになりやすい新語や固有名詞は，同時に認識語彙外語になりやすく，大きな問題である。以上の問題により，単純なカスケードな実装では検索性能が低下する。

誤認識の問題に対して，音声認識システムから音声認識結果である単純なテキスト表現以上の手掛かりを得ることができ，これを検索処理に利用できる。まず，音声認識により，単一の候補だけでなく，順位付けされた複数の候補を同時に出力することができる。より多くの認識候補を効率良く表現した，単語ラティスやコンフュージョンネットワークなどのグラフ表現を出力することもできる。このような複数の候補表現を検索対象とすることで，検索クエリとのミスマッチの問題を軽減することができる。

認識語彙外語の問題に対しては，単語より短い認識単位（サブワード）で語彙を構成した音声認識の結果を利用することができる。例えば，日本語の音節は約150種類であり，全音節を語彙として連続音節認識を行えば，どのような単語，すなわち音節列でも認識することができ，検索対象とすることができる。サブワードとして，音節，音素などの発音の単位を用いる場合や，形態素，書記素（grapheme），文字などの書記の単位を用いる場合などが考えられる。

誤認識や認識語彙外語の問題について，認識結果の複数候補やサブワード認識結果を考慮しても，認識結果にクエリと完全に一致するサブワード系列が現れることを期待するのは難しい。この場合，一致性を緩めたサブワード系列間のマッチング（近似文字列照合）を行うことで対処できる。特に，音声認識で用いる**DTW**（dynamic time warping）をサブワード系列間に適用する方法がよく利用されている。その際，サブワード間の音響的な近さを考慮に入れることで，より精緻な系列間類似度の計算が可能である。サブワード間の類似度の尺度としては，音声認識で用いる音響モデル間の類似度・距離を利用する方法や，サブワードを弁別特徴ベクトルで表現しその間のハミング距離を用いる方法などがある。

（2）付加情報　音声には，それを書き起こしたテキスト以上の情報が含まれている。音声ドキュメント検索では，これらの付加情報を検索処理に利用することで，検索性能の向上や検索システムに付加価値を与えることができる。

音声認識システムは認識結果の単語列とともに認識尤度を出力する。また，認識候補について認識の信頼度を計算する方法も知られている。このような，認識候補の間の優先性を検索処理に組み込むことで，検索性能が向上することが報告されている。例えば，クエリ中のある単語を含む文書が複数ある場合，信頼度のより高い認識結果を持つ文書を優先して候補とするといった処理を行うことができる。

また，音声信号には，言語情報に加えてパラ言語情報や非言語情報が含まれており，これらを検索処理に利用することも期待される。例えば，基本周波数やパワーなどの韻律情報は，発話中の重要な単語を特定するのに使用できるかもしれない。あるいは，音声中の非言語イベントを検索クエリとした音声ドキュメント検索を構築することも可能であろう。

（3）インタフェース　音声は時間を伴うメディアであることに注意が必要である。音声ドキュメント検索の検索結果を検索者に提示する場合，視覚を利用するテキストの確認とは異なり，音声の確認にはその長さに比例した時間を伴うため，長時間の音声ファイルをそのまま検索結果とすることは得策ではない。認識結果のテキストを提示することも考えられるが，やはり認識誤りが問題になる。前述した音声内容検索（SCR）における論理的単位不在の問題とあわせて，よりピンポイントに適合する音声区間を検索結果とする方法（パッセージ検索），効果的な音声ブラウジング方法など，音声ドキュメント検索のインタフェースには多くの課題が残されている。

◆ もっと詳しく！

Martha Larson and Gareth J. F. Jones: "Spoken Content Retrieval: A Survey of Techniques and Technologies", *Foundations and Trends® in Information Retrieval*, **5**, 4–5, pp.235–422 (2012), http://dx.doi.org/10.1561/1500000020

重要語句　オープンソースソフトウェア，ライセンス，データベース，音声信号処理，音声合成，ニューラルネットワーク，機械翻訳，音声対話

音声におけるオープンソース
[英]open-source software for speech processing

音声研究の分野では，研究者や機関，プロジェクトが研究成果をオープンソースソフトウェアとして公開・共有することが広く行われている．音声信号処理から機械翻訳までさまざまなソフトウェアが無償で利用可能である．

A. 歴史

一般に，情報工学の分野ではオープンソースの理念と価値観が広く根づいている．Linux OSやインターネットなど，オープン性がIT技術を進化させた例は広く知られている．そして，研究においても，研究成果を**オープンソースソフトウェア化**することが広く行われてきた．

とりわけ音声研究の分野では，1990年代に「協調と競争」のパラダイムで音声認識の研究が劇的に進化したことから，研究におけるオープンソース化の実質的なメリットが広く認知された．音声研究の分野は信号処理から知的対話管理まで幅広い分野にまたがっており，それぞれの部分を高い技術水準で実装・統合してトータルなシステムを構築することは容易ではない．これに対して，当時，米国のDARPAやEUのSQALEおよびTC-Star，日本のIPA日本語ツールキットプロジェクトやCSJプロジェクトなどにおいて，共通のデータとツールを整備することが行われた．その結果，研究機関のみならず企業まで巻き込んで，手法間の徹底した比較評価により新しい技術の普及と古い技術の淘汰が短いサイクルで次々と行われるようになり，分野全体の技術の発展と音声認識技術の基盤形成が行われた．

現在でも，個人のみならず企業や巨大プロジェクトにおいても，成果がオープンソースソフトウェアとして構築・公開されている．音声認識だけでなく，音声信号処理や音声合成，対話管理までオープンソースソフトウェアの公開が行われ，それらを組み合わせた研究・開発や他の分野との連携も広く行われている．今後も，ネットワークの普及に伴って扱う音声データや言語データの巨大化が加速し，音声技術もどんどん高度化・細分化・複雑化しており，ツール共有の重要性はますます増している．

B. 公開形態

オープンソースソフトウェアは，プログラム本体のソースコードのほかに，利用方法・仕様・関連文献などをまとめたドキュメントおよび利用条項を示すライセンス文書から構成される．特に音声分野では「レシピ」と呼ばれる音声データベースごとの標準処理スクリプトをソフトウェアと一緒に公開することもある．ベースラインの実験を再現できる手順およびパラメータを公開・共有することで，利用者はベースラインの実験条件を共有でき，手法の比較や分野への新規参入を容易にするなど，大きなメリットがある．

公開形態は，ファイル群を一つのファイルにまとめたアーカイブ（zip，tgzなど）を作成し，Web上に置いてバージョンアップのたびに更新していく方法が広くとられている．近年は，gitやSubversionなどの分散バージョン管理システムを用いて，開発中の内容をそのまま随時公開する方法も用いられる．外部の利用者や開発者と密に連携をとり，改善を取り込みながらコミュニティとして継続的に開発していくスタイルである．Webサービスとしては，所属機関のWebサーバを使用するほかに，GitHubなどのオープンソースソフトウェア・ホスティングサービスを利用することもある．

C. 利用条件

利用条件（ライセンス）の設定は，オープンソースソフトウェアにとって非常に重要である．ソースコードをオープンにすることは，学術貢献としても社会貢献としても大きな意義を持つが，一方で，ソフトウェアの動作に対する責任の所在や，他者による意図しない2次利用や盗用といった問題が生じやすい．利用条件を適切に設定・開示することで，著作者の責任範囲や商用利用，2次利用や再配布に関する明確なガイドラインを利用者に示すことができ，健全な利用と技術の頒布，継続的な発展が促される．

利用条件は，既存のオープンソースソフトウェア・ライセンスをベースとすることが望ましい．曖昧でないライセンスを作るには法的な知識が必要であり，専門家でない限り難しいためである．以下に，現在選択肢となりうる代表的なライセンスを示す．

（1）**研究目的のみ**　商用利用は不可とし，多くの場合は再配布も禁止する．研究コミュニティでの利用のみを想定したライセンス形式．

（2）**GNU General Public License (GPL)**　再配布可能で商用利用も可とする．これを含むソフトウェア，あるいはライブラリとしてリンク・結合するソフトウェアを他者が公開・再配布する際は，そのソースコードをGPL

で開示し利用者に対して入手可能にすることを義務付ける。自由な利用を促しつつも，厳密なオープン性が伝搬し維持されていくことを目指すライセンス形式。

（3）**GNU Lesser General Public License（LGPL）** ライブラリ用にGPLの制約を緩くしたライセンス形式。このライブラリをリンクするソフトウェアに対しては，公開・再配布時にGPL以外のライセンスを選ぶことを許す（ただし，リバースエンジニアリングの許容が条件）。ライブラリそのものを改変した場合は，GPLと同様にソースコードを開示する義務を課す。

（4）**New/Simplified/Modified BSD License** 再配布可能で商用利用も可とする。これを利用する，あるいは含むソフトウェアを公開する際には，無保証であることの明記と，著作権およびライセンス条文自身の表示のみでよい。利用者はソフトウェア公開時にソースコードを開示する必要がなく，ライセンスも選べる。利用制約が少なく，広く用いられている。Apache Software LicenseやMIT/X Licenseなど，多くの派生ライセンスが存在する。

（5）**Creative Commons License** 作品などの著作物に関する一連のライセンス形式。著作物の複製・頒布・展示・実演について「著作権者表示」「非営利目的利用に限定」「改変禁止」「継承」のそれぞれの条件を個別に設定できる。おもに文書や画像などのライセンスとして広く利用されている。また，データベース用のライセンスとしてはOpen Data Commons Licensesが有名である。

D．主要なソフトウェア

主要な音声関連研究のオープンソースソフトウェアを以下に列挙する。括弧内は開発に関わった代表的な集団・組織・機関名，あるいは開発者個人の開発時点での所属先であり，ソフトウェアの著作権者を表すものではない。

音声信号処理：ライブラリとしてプログラムに組み込めるもの，コマンドラインで入出力を指定すると信号処理結果が得られるもの，GUIを駆使して処理を可視化することを得意とするものなどがある。SPTK（名古屋工業大学），Snack Sound Toolkit（スウェーデン王立工科大学），WaveSurfer（スウェーデン王立工科大学），Praat（アムステルダム大学），SWIPE'（フロリダ大学），REAPER（Google），Audacity（The Audacity Team），SoX（Chris Bagwell, et al.）など。

音声認識（⇒p.116）：モデル学習から認識までトータルでカバーするもの，リアルタイムの認識処理を指向したもの，wFSTベースで高速な認識を目指したもの，近年発達したDNN-HMMをサポートしたものなどがある。HTK（ケンブリッジ大学），KALDI（Kaldi community），Julius（京都大学/名古屋工業大学），CMU Sphinx（カーネギーメロン大学），Juicer（IDIAP），RWTH ASR（アーヘン大学）など。

音声合成（⇒p.450）：方式は素片接続型とHMM合成型に大きく分かれる。モデル学習を行えるツールキット，組込み指向の小型軽量エンジンなどがある。HTS（名古屋工業大学），Mary TTS（DFKI/ザールラント大学），Festival（エジンバラ大学），CMU Flite（カーネギーメロン大学），Open JTalk（名古屋工業大学）など。

歌声合成（⇒p.20）：楽譜と歌詞を与えて歌声音声を出力する。Sinsy（名古屋工業大学）など。

N-gram言語モデル：分散学習が行えるもの，超大規模モデルを構築できるもの，コンパクトなモデルを生成するものなどがある。IRSTLM（FBK），KenLM（カーネギーメロン大学），SRILM（SRI），RandLM（エジンバラ大学），DALM（筑波大学）など。

ニューラルネットワーク言語モデル：近年発達したFFNN，RNN，LSTMなどのニューラルネットワークに基づく言語モデルを学習する。RNNLM（ブルノ工科大学），RWTHLM（アーヘン大学），NPLM（南カリフォルニア大学），CSLM（メーヌ大学）など。

ディープラーニング（⇒p.326）：汎用の深層学習ツールが活発に開発されており，音声処理においてもよく利用されている。CNTK（マイクロソフト），Caffe（UCB），Torch7（R. Collobert, et al.），Pylearn2（モントリオール大学），PDNN（カーネギーメロン大学）など。

機械翻訳：2言語間の対訳テキストコーパスから機械翻訳器を学習する。Moses（エジンバラ大学），cicada（NICT）など。

音声対話：対話管理のみ行うもの，認識・合成・エージェントなど関連モジュールを統合したものなどがある。CSLU ToolKit（CSLU），CMU RavenClaw/Olympus（カーネギーメロン大学），IrisTK（KTH），OpenDial（オスロ大学），MMDAgent（名古屋工業大学）など。

重要語句 言語モデル，音響モデル，ニューラルネットワーク，重み付き有限状態トランスデューサ

音声認識システム
[英] speech recognition system

コンピュータにより音声信号を分析し，発話の言語的内容を自動的に認識して文字列に変換するシステム。パターン認識器の一種。音声の自動書き起こしや音声コマンドによる電子機器の操作などに直接用いられるほか，音声検索システム，音声対話システム，音声自動翻訳システムなどの音声入力部に応用される。広義には，より一般的に音声の意味内容の理解なども含まれる。

A. 認識の仕組み

人の発話において，音声は，肺から押し出される空気流をエネルギー源にして声帯などで発生させた振動を音源とし，発話内容に応じて口腔などの形状を筋肉でさまざまに変化させ変調することにより生成されている。一方，人の耳では，内耳に存在する蝸牛管と呼ばれる器官により音波の周波数分析が行われており，その情報が神経インパルスとして電気信号の形で脳に送られることで音声の認識が行われている。音声認識システムは，この人の聴覚システムに対応する機能をコンピュータ上に実現するものである。

音声の特徴として，同じ人が同じ単語を同じように発声しても音声信号がまったく同一ということはなく，周波数パターンや継続時間に揺らぎが存在することが挙げられる。文章を読み上げた音声や自由発話音声などスタイルの異なる音声の信号パターンにはかなり大きな違いがあるほか，話者による相違も大きい。さらには，周囲からのさまざまな雑音が重畳するのが一般的である。人の場合，かりに音声の一部が完全に雑音で失われたとしても，多くの場合，前後のコンテキストから推論することで，欠損部分を含めて正しい認識を行っている。そのためには，音響的な知識のみならず，単語の並び方に関する言語的な知識も動員する必要がある。

これらの理由により，人手で用意できるような比較的少数の規則を用いて音声の信号パターンを分析することには限界がある。そのため，任意発話の認識に対応した大語彙連続音声認識をはじめ，今日のほとんどのシステムでは，認識に必要な知識を，音声言語データから機械学習手法を用いて大規模な統計モデルの形であらかじめ抽出することが一般的である。音声の認識時には，その統計モデルをもとに大規模な探索を行うことで認識結果を得る。音声認識システムの認識性能の多くの部分は，そのようにして学習された統計モデルの性能に依存している。

B. システム構成

音声信号から認識処理に適した特徴量を取り出すフロントエンドと，特徴量をもとに探索を行い認識結果を得るバックエンドから構成されるのが一般的である。おおよそではあるが，特徴抽出フロントエンドは人の蝸牛管や蝸牛管から大脳の聴覚野に至る神経経路に存在する神経核の機能に対応し，認識バックエンドは聴覚野に対応する。フロントエンドとバックエンドは必ずしも単一のソフトウェアとして実装される必要はなく，システムによっては，特徴量抽出までをユーザー側のポータブルデバイス上で行い，大規模な計算の必要なバックエンドをネットワークを介してクラウド上で動作させることもある。

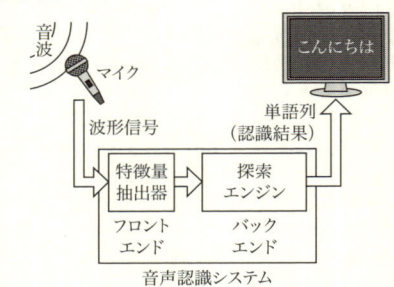

音声認識システム

（1）フロントエンド 音声波形の周波数分析をもとに，認識に不要な情報を捨てつつ必要な情報をできるだけ取りこぼさずに抽出し，また，雑音などの影響をできるだけ排除して認識に適した形態の信号を得ることが役割である。音声信号は発話内容に応じて時々刻々と変化することから，周波数分析はその変化を捉えられるように短く切り出した区間ごとに行われる。この分析の単位となる音声区間をフレームと呼び，その長さをフレーム長と呼ぶ。

フレーム長としては25 ms程度が一般的であり，高速フーリエ変換により周波数分析が行われる。フレームを時間方向にオーバーラップさせながら一定幅ずつ移動させることで，周波数情報の時系列を得る。移動幅はフレームシフトと呼ばれ，10 ms程度にとられることが多い。フレーム内の信号変化は周波数パターンとして捉えられ，フレーム間の変化は周波数パターンの変化として捉えられる。そこからさらにいくつ

かの処理を経て，最終的に実数値ベクトルなどの形で表現された特徴量の時系列信号を得る。特徴量は人間の聴覚特性を考慮したものなど，複数のものが提案されている。これらのプロセスの間に，雑音の影響を能動的に除去するためのさまざまな操作が加えられることもある。

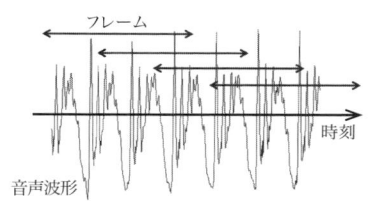

（2）バックエンド　特徴量系列を入力としてパターンマッチングを行うことで，認識結果を得る。音声認識技術の歴史の比較的初期に提案された方法として，DTW（dynamic time warping）がある。音声の時間方向の伸縮を考慮しながら特徴量間の距離計算に基づいてパターンマッチングを行う方法であり，計算量が少なく任意のフレーズを一度テンプレートとして登録するのみでその認識を行える特徴がある。このため，言語に依存しない音声検索など，一部の用途では現在でも使用されている。

今日のより一般的な音声認識システムでは，大規模な統計的モデルに基づいた手法が用いられている。特徴量の時系列を O，単語列を W とすると，音声認識は式 (1) に示すように入力 O に対して最も可能性の高い単語列 $\hat{W}$ を探索することとして定式化される。

$$\hat{W} = \underset{W}{\operatorname{argmax}} P(W|O) \quad (1)$$

ベイズの定理を用いると，式 (1) は式 (2) のように変形できる。

$$\hat{W} = \underset{W}{\operatorname{argmax}} \{P(O|W) P(W)\} \quad (2)$$

ここで，$P(W)$ は対象とする言語の中で単語列 W がどの程度出現しやすいかを表す確率分布である。また，$P(O|W)$ は単語 W に対して音声特徴量系列 O がどの程度生起しやすいかを表す確率分布である。W や O の真の確率分布は不明であることから，音声認識システムでは $P(W)$ や $P(O|W)$ のモデルとして適当な確率分布を仮定した上で，それらのパラメータを音声言語データから推定して用いる。$P(W)$ をモデル化したものを**言語モデル**（⇒p.174），$P(O|W)$ をモデル化したものを**音響モデル**（⇒p.96）と呼ぶ。

単語列の種類数は語彙サイズを底とした単語列長の指数オーダーであることから，単語列全体をそのままモデル化することは，モデルの大きさが発散してしまい実質的に不可能である。そこで，より細かい単位の組合せに分解したモデル化が行われる。すなわち，言語モデルとしては単語をベースとした N-gram モデルが広く用いられており，これは任意長の単語列を 2 から 4 程度の短い単語連鎖の連なりとしてモデル化したものである。また，近年リカレントニューラルネットワークを用いた言語モデルが注目されている。これは任意長の単語履歴を固定長の状態ベクトルに圧縮して表現するものである。

音響モデルとしては，音素を単位とした隠れマルコフモデル（hidden Markov model; HMM, ⇒p.96）が広く用いられている。これは，オートマトンの状態遷移構造と，状態や状態遷移に対して割り当てられた確率分布を組み合わせた確率モデルである。状態遷移の形で音声フレームの時間発展を表現し，状態に割り当てられた確率分布により各時点での特徴量分布を表現する。状態ごとの確率分布としては，複数のガウス分布を重み付きで組み合わせた混合ガウス分布モデル（Gaussian mixture model; GMM, ⇒p.96）が長らく一般的であったが，近年は認識性能の観点からニューラルネットワーク（⇒p.326）の利用が急速に普及している。

音声認識エンジンは，式 (2) における最大化処理（argmax）を実装したソフトウェアである。高精度で効率的なエンジンを構成するため，オートマトンを拡張した**重み付き有限状態トランスデューサ**（weighted finite state transducer; WFST）（⇒p.330）が多くのシステムで用いられている。これは，N-gram や HMM などにおけるさまざまな種類の状態遷移を一律に WFST の形で表現し，それら複数の WFST をアルゴリズムに基づき合成・最適化することで，一つの WFST として探索空間を構成するアプローチである。探索には，動的計画法に基づいた効率的なビタビビーム探索を用いることが一般的である。

高性能認識システムでは，これらに加え，さまざまな段階で耐雑音処理や話者適応などの処理が加えられる。そのために複数段の認識処理を組み合わせたり，複数の認識システムをサブシステムとして利用することなども行われている。

◆もっと詳しく！

鹿野清宏ほか：音声認識システム，オーム社 (2001)

重要語句 非言語的特徴，乗算性ひずみ，線形変換性ひずみ，分布間距離，構造的表象

音声の構造的表象
[英] structural representation of speech

一般の音響的特徴量で表されるような音声の音響的実体そのものを直接用いず，それらの間の相対関係（距離情報）のみをモデル化することで音声を特徴付ける表現方法。音響的実体を扱った場合では，声道特性や伝送系の違いは不可避的に混在してしまうが，相対関係のみを用いることで原理的に不変な表現となる。

A. 非言語的特徴による音響的実体のひずみ

ケプストラムなどによって，音声の音響的特徴を表現した場合，**非言語的特徴**によってその表現は変化する。音声認識においてはこれらの変動はひずみと考えられる。これらは大きく**乗算性ひずみ**と**線形変換性ひずみ**に分けられる。

乗算性ひずみは，スペクトルに対する乗算で表現されるひずみである。ケプストラム空間では，この種のひずみは加算演算 $c' = c + b$ として表現される。マイクロホンの音響特性差異がその典型例である。また，話者の声道形状差異も，一部近似的に乗算性ひずみであると考えられる。音声は必ず発話者を伴い，音響機器によって収録されるため，このひずみは不可避である。

線形変換性ひずみは，ケプストラム空間において行列 A による線形変換 $c' = Ac$ で表現されるひずみである。スペクトル表現においては，話者の声道長差異や聴取者の聴覚特性差異は周波数ウォーピングとして考えられる。周波数ウォーピングはケプストラム空間において線形変換で記述されることが示されている。すなわち，声道長差異や聴覚特性差異は，近似的に線形変換性ひずみとして扱うことができる。

以上をまとめると，音声の音響的実体に不可避的に混入する非言語的特徴は，ケプストラム空間においてアフィン変換 $c' = Ac + b$ で表現される。これら A, b が話者や収録環境によって多様に変化し，音声の音響的実体にさまざまなひずみが混入することになる。

B. 分布間距離に基づく表現

ユークリッド空間において，N 角形の形状は，すべての頂点間の距離を規定することで一意に定めることができる。すなわち，事象群に対して，すべての事象間距離を求めることで，その事象群を構造的に表象することになる。しかし，ケプストラム空間において N 点の「点間距離」によって構造を規定した場合，その構造は非言語的特徴によって不可避にひずむ。なぜなら，非言語的特徴はケプストラム空間におけるアフィン変換としてモデル化され，アフィン変換は特殊な場合を除けば，構造をひずませる変換であるためである。しかし，この不可避にひずむ構造は，空間自体をひずませることで不変構造として定義することができる。

分布間距離の一つであるバタチャリヤ距離（以下 BD と記述）は，任意の二つの分布の確率密度関数を $p_1(x)$, $p_2(x)$ として，以下で表される。

$$BD(p_1, p_2) = -\ln \int_{-\infty}^{\infty} \sqrt{p_1(x) p_2(x)} dx$$

二つの分布に共通のアフィン変換 $Ac + b$ を施すと，BD は変換前後で不変となる。なお，この不変性は非線形変換においても成立する。すなわち，音響特徴量の空間において音響事象を分布として捉え，音響事象群を「分布間距離」のみによって定義することで，変換不変な構造，すなわち非言語的特徴に起因するひずみに対して不変な構造を求めることができる。

C. 一発声の構造的表象による表現

以下では，一つの発声を一つの**構造的表象**によって記述する方法について説明する。一発声からの構造的表象の抽出の流れを下図に示す。

1. 音声波形
2. ケプストラム系列
3. ケプストラム分布系列 (HMM)
4. バタチャリヤ距離
5. 構造（距離行列）

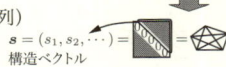

$s = (s_1, s_2, \cdots)^t$
構造ベクトル

音声の時系列信号は，まず短時間スペクトル系列からケプストラム系列へと変換される。得られたケプストラム系列もまた時系列信号であるが，これを適当な時間区間において音響事象の分布として捉え，その分布の時系列へと変換する（このとき，各分布に対応する時間長は分布によって異なる）。これら系列中の各分布に対してすべての組合せの分布間距離を求めることで，一発声が構造化される。

構造化された発声は，距離行列の上三角成分をベクトルと見なすことで記述でき（構造ベクトル），この構造ベクトルは話者や収録環境の影響が排除された，言語的情報のみを記述する特

徴量となる。

いま，二つの発声からそれぞれ計算された音響事象の数が等しい二つの構造的表象を考える。これらを照合するには，上述の構造ベクトルのユークリッド距離を尺度として用いる。この距離は，二つの構造をシフトおよび回転させて重ねたのちに算出される，対応する2点間距離の総和の最小値に近似的に比例する。構造ベクトル間の距離は，話者適応や伝達特性の適応を施したのちに計算される音響的な照合距離と比例関係となる。このように構造的表象に基づいて発声の比較を行うことで，明示的な適応処理を伴うことなく話者性や伝達特性の影響を排除した発声の比較が可能となる。

D．構造的表象の応用

ここでは，音声の構造的表象の応用例をいくつか取り上げる。

（1）構造的表象を用いた孤立単語認識

入力された孤立単語の音声を構造的表象によって表現し，認識対象単語の構造的表象と照合することで孤立単語認識を行うことができる。構造的表象を用いた孤立単語認識の流れを下図に示す。前述のように構造的表象で表された発声は距離行列で表現されるが，その上三角成分をベクトルと見なして構造ベクトルを抽出する。認識対象単語については，構造ベクトルを確率モデルによって統計的にモデル化することで，各単語の構造的表象のモデルを得る。認識時には，入力発声の構造ベクトルを最尤に出力する単語モデルを認識結果として出力する。

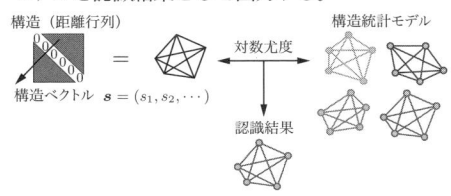

構造（距離行列） 構造統計モデル
$= $ 対数尤度
構造ベクトル $s = (s_1, s_2, \cdots)$
認識結果

この枠組みにおいて重要な点は，話者の変化に対する頑健性である。構造ベクトルの抽出には明示的な話者適応や特徴量正規化の操作は含まれていないが，周波数ウォーピングによってさまざまな声道長の話者を生成した認識実験において，話者の変動に対して認識率がほとんど低下しないことが示されている。

（2）外国語発音評定

構造的表象を用いることで話者性の影響を取り除いた外国語発音の評定を行うことが可能となる。発音評定のタスクにおいては，同一内容の教師発声と学習者発声を比較することになる。このとき，音響的実体を残してこれらを比較すると話者性の違いが影響するため，発音のみを正しく評定することは困難である。発音評価に必要な音響的側面のみを抽出し表現する手段として構造的表象を用いることで，教師発声と学習者発声の話者の違いに起因する影響を取り除くことが可能となる。構造的表象を用いた発音習熟度の推定では，学習者ごとにHMMを用いた音響モデルを作成し，HMMに含まれる状態を音響事象と見なして構造的表象を算出することで，各学習者の発音を構造的に捉えることが可能となる。

（3）世界諸英語の分類

アメリカ英語やイギリス英語も訛った英語の一種と捉え，英語には標準となる発音はないと考える「世界諸英語」の概念に基づき，これに見られる多様な発音訛りの間の距離を，話者単位の英語発音の音声信号のみから予測するのが，世界諸英語の分類である。構造的表象は，話者性の影響を除去し，個々の話者の発音状態（訛り）の違いだけを効果的に抽出する表現と考えることができるため，特定のパラグラフを多様な訛りで読み上げたデータセットに対して，各話者の発声を構造的表象で表現し，その構造の違いを算出することで，各訛りの間の距離を推定する。

（4）構造的表象からの音声合成

音声認識や発音評定においては，言語的情報を話者不変な表現として表象するために構造的表象が用いられる。一方，音声合成における言語的情報を保持する表現として構造的表象を用い，これに対して非言語的情報を再度加味することにより，多様な音声を生成する音声合成が実現できる。これは音声からその話者の情報を一度消失させ，特定の発話の構造的表象が保存されるという条件のもとで別の話者の音響的実体を再現する操作となる。これは，テキスト情報を介さない形で音声模倣を実現していることに相当する。

◆ もっと詳しく！

峯松信明, 櫻庭京子, 西村多寿子, 喬 宇, 朝川 智, 鈴木雅之, 齋藤大輔：音声に含まれる言語的情報を非言語的情報から音響的に分離して抽出する手法の提案―人間らしい音声情報処理の実現に向けた一検討，電子情報通信学会論文誌, **94-D**, 1, pp.12–26 (2011)

重要語句 明瞭度，了解度，単語親密度，U値，STI

音声の明瞭性とその評価
[英] speech clarity and its evaluation

音声がその聴き手（受信者）にとってどの程度正しく，はっきりと聴こえるかを表す。音声そのものの特性だけでなく，背景騒音と残響音の特性，さらに受信者の聴力や知識・経験など，さまざまな要因が交互作用をもって影響する。評価方法として，受信者に直接評価させる心理評価法と，インパルス応答などの物理量から算出する物理評価法がある。

A. 音声が受信者に伝わるまで

音声は発話されてから受信者に伝わるまでに，さまざまな要因によりひずみ（波形が変わってしまうこと）が生じ，明瞭性が劣化することがある。

例えば，鉄道駅における列車発着のアナウンスの場合，駅員によるアナウンスは

- 拡声設備によるひずみ（バリバリした音）
- 背景騒音によるひずみ（音声が埋もれる）
- 反射音によるひずみ（ワーンと響く）

を受けて，受信者である利用客の耳に届くことになる。実際に音響設計を行うにあたっては，「どこまでひずみを減らせば音声の明瞭性が確保できるか」を考えるが，このためには，まず音声の明瞭性を定量的に評価できなくてはならない。

B. 明瞭性の評価その1：心理評価法

音声の明瞭性は，人間が音声を聴いたときに感じる心理量である。これを直接評価するためには，明瞭性を評価したい音声を実際に被験者に聴かせて，その回答を記録する心理実験を行う必要がある。心理評価法は，被験者が音声を正しく聴き取れた割合で評価する明瞭度・了解度試験法と，被験者の聴感印象を心理学的測定法（⇒p.352）により尺度化する方法に分類される。

（1）明瞭度と了解度による評価 下表は，明瞭度・了解度試験に用いられる試験音声の例である。

試験用音声	例		
単音節	ジ	ラ	ホ
無意味三連音節	ミョオヘ	チマク	ガゾム
単語（高親密度）	アマグモ	イマフウ	ウチガワ
単語（低親密度）	アイキャク	イチハツ	ウラジャク
文	一週間ばかりニューヨークを取材した		

明瞭度は，無意味な音声が正しく聴き取れた割合の百分率である。単音節を試験音声として用いる単音節明瞭度や，意味を持たない三連音節を試験音声とする無意味三連音節明瞭度などがある。

了解度は，有意味な単語や文章が正しく聴き取れた割合の百分率である。百分率の集計にあたり，単語を単位とした場合を単語了解度，文章を単位とした場合を文章了解度と呼ぶ。

有意味な音声の聴き取りにおいては，受信者は音声に関する知識・経験（心的辞書）を援用して，聴き取れなかった部分を類推・補完することができる。了解度ではこの情報処理過程が評価に含まれるが，明瞭度では含まれないという点が両者の大きな違いである。

心的辞書の援用は日常的に行われていることから，明瞭度よりも了解度のほうが実際に近い評価であるといえる。しかし，音声の持つ意味や文脈によって心的辞書の影響は変わるため，これらを統制しないと，同じ実験条件でも了解度は大きくばらついてしまう。

単語了解度については，単語の「なじみ」の程度（単語親密度）を用いて試験音声を統制する方法が提案されており，単語親密度が高いほど了解度が高くなることが知られている。文章了解度については，現在のところ統制された試験音声は提案されておらず，今後の研究開発が待たれる。

（2）心理学的測定法による評価 評定尺度法や一対比較法といった心理学的測定法を用いて，音声の明瞭性を評価する方法である。例えば，評定尺度法では，被験者に音声を聴かせたのちに，下図のようなカテゴリーを提示し，当てはまるものを回答させる。これを多数回繰り返して回答を収集し，そのデータに統計的手法を適用して明瞭性を数値化する。

【両極尺度の例】
聴き取りにくい 1 2 3 4 5 6 7 聴き取りやすい

【単極尺度の例】
1：聴き取りにくくはない
2：やや聴き取りにくい
3：かなり聴き取りにくい
4：非常に聴き取りにくい

了解度は，ある程度明瞭性が高くなると100％に達してしまい，それ以上の明瞭性の違いは評価できなくなる。心理学的測定法をうまく用いれば，そのような明瞭性の高い条件間の違いも評価することが可能である。

しかし，心理学的測定法による評価は，実験方

法により大きく変わることがある。例えば，複数の音声の明瞭性を連続して評価する場合，同じ音声でも，その直前に評価した音声の明瞭性が低い場合と高い場合では，前者のほうが明瞭性が高いと評価されやすい。明瞭度・了解度試験と比較して評価試験の実施が簡単そうであるが，他と比較可能な評価を得るためには高度な専門知識とさまざまな工夫が必要である。

C. 明瞭性の評価その2：物理評価法

音声そのものが明瞭に発話されている場合，受信者に伝わるまでの経路において，その波形がひずまないほど明瞭性は高くなる。このひずみの程度は，音声知覚に有効な音と有害な音のエネルギー比率を用いて物理的に評価できる。ここでは背景騒音と反射音の影響を評価する方法を紹介する。

（1）音の分類による評価 聴覚の積分特性を踏まえると，音声知覚に有効な音と有害な音は以下のように分類される。

＜有効な音＞

- 発話者あるいは拡声スピーカから直接受信者に届く音声（直接音）
- 直接音から短い遅れ時間（～50 ms）で受信者に届く音声の反射音（初期反射音）

＜有害な音＞

- 直接音から長い遅れ時間（50 ms～）で受信者に届く音声の反射音（後期反射音）
- 背景騒音

音声は直接音，初期反射音，後期反射音の三つに分類されているが，空間のインパルス応答があればその分類は容易である。次式の **U値** (useful-detrimental ratio) は，上記の分類をもとに，有効な音と有害な音のエネルギー比率をdB表示することによりひずみの程度を表そうとするものである。

$$U = 10 \log_{10} \frac{E_d + E_e}{E_l + E_N}$$

ただし，E_dは直接音，E_eは初期反射音，E_lは後期反射音，E_Nは背景騒音の各エネルギーを表す。

（2）音声波形の包絡線に着目した評価

明瞭性の物理評価に広く用いられているものに，**STI** (speech transmission index) がある。STIは，光学機器の性能評価に用いられるMTF (modulation transfer function) を用いることにより，まったく別の考え方で有効/有害な音のエネルギー比率を求めている。

音声を振幅変調した雑音でモデル化し，その変調度（0～1の値をとり，波の「山」と「谷」の強度が近い値になるほど0に近づく）に着目する。背景騒音と反射音によって音声がひずむと，もとは無音だった「谷」部分の音圧レベルが上昇することにより，変調度が低下する。MTFは，モデル化した雑音のひずみが生じる前の変調度に対する，ひずみが生じたあとの変調度の割合であり，この値が低いほどひずみの程度が大きいことを示す。MTFによる音声の明瞭性評価を下図に示す。

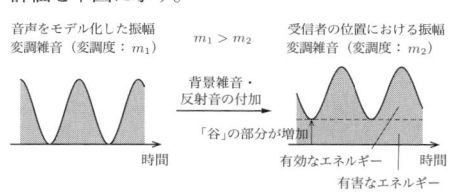

音声をモデル化した振幅変調雑音（変調度：m_1）　　$m_1 > m_2$　　受信者の位置における振幅変調雑音（変調度：m_2）

背景雑音・反射音の付加

「谷」の部分が増加

時間　　　　　　　　　　　　　時間
　　　　　　　　　　　　　　　有効なエネルギー
　　　　　　　　　　　　　　　有害なエネルギー

STIを求めるためには，MTFを合計で98種類の変調周波数と周波数領域の組合せで測定し，さらに重要な周波数領域への重み付けや，隣接する周波数領域へのマスキングなど，人間の聴覚システムを模擬した複雑な計算が必要である。なお，MTFの測定量を減らして簡略化したSTIPAも提案されている。

D. 心理評価と物理評価の対応

一般に心理評価法は非常に時間がかかるが，物理評価に必要な音響測定は比較的短い時間で行うことができる。ただし，音声の明瞭性はあくまで心理量であるため，あらかじめ物理評価と心理評価の対応を求めておき，物理評価から心理評価を予測できるようにしておく必要がある。一例として，文献1)に記載された予測式から作図した，STIと単語了解度および「聴き取りにくさ」の関係を下図に示す。

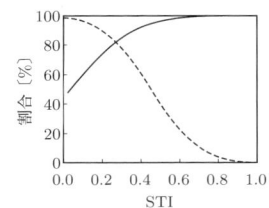

― 単語了解度
--- 「聴き取りにくさ」

「聴き取りにくさ」は単語を聴き取りにくいと感じた割合

試験音声は，いずれも高親密度単語（FW03）

◆ もっと詳しく！

1) 日本建築学会：都市・建築空間における音声伝送性能評価基準・同解説 (2011)

重要語句 Vocoder，基本周波数，音源フィルタモデル，スペクトル包絡，正弦波モデル，音声認識システム，声質変換，音声モーフィング，HMM音声合成，歌声合成

音声分析合成
［英］speech analysis and synthesis

音声波形からなんらかのパラメータを抽出する分析法と，得られたパラメータ群から音声波形を生成する合成法から構成される，音声の符号化・復号化を実現するための枠組み．声帯振動に由来する音源と声道の共鳴特性に関するフィルタをパラメータとする方法が初期に提案されたが，他のパラメータを採用する方法も存在する．音声分析合成は特定のパラメータに対する分析合成法を指すわけではない．分析法と合成法からなる枠組みとして広く定義されていると考えたほうがよい．

A. 音声分析合成の嚆矢と種類

音声分析合成に関する研究の歴史を遡ると，1930年代に発表された **Vocoder**（voice coder）にその嚆矢を見ることができる．当時の通信速度が貧弱で，波形による音声通信が不可能であったため，音声を効率良く表現するための技術が求められていたという歴史的背景がある．Vocoderは，ベル研究所のホーマー・ダッドリー（Homer Dudley）により発案された装置であり，音声分析器により音声のパラメータを取り出し，音声合成器により音声波形を復元する機能を持つ．Vocoderは，下図のように，音声を分析して音源（声帯振動の生じる間隔である基本周期の逆数として定義される**基本周波数**）とスペクトルを抽出する分析器(a)と，得られたパラメータから波形を生成する合成器(b)により構成される．このように，音声を音源（ソース）とスペクトル（フィルタ）で近似するモデルは，**音源フィルタモデル**（⇒p.110）と呼ばれる．

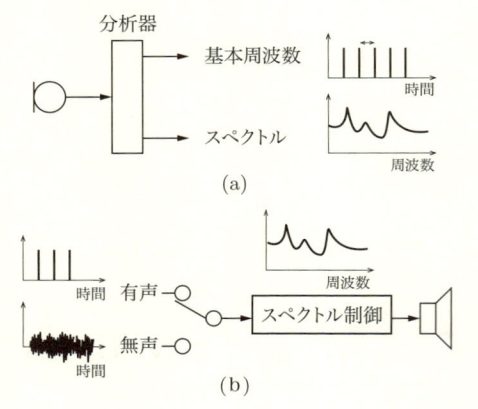

人間の発話に必要な調音器官の動きは，発話された音声波形と比較すると，緩やかである．よって，音声波形から調音器官の動きを取り出して伝送することで，伝送にかかる情報量の圧縮が可能となる．Vocoderの成功は，波形から抽出することが困難な調音器官の動きの代わりに，声道の共鳴特性に相当するフィルタを採用したことによってもたらされた．合成において，有声音の場合は基本周期の間隔で生じるパルス列を，また，無声音の場合は雑音（一般的にはホワイトノイズ）をフィルタ処理することで，波形を生成する．なお，一般的な音声信号処理では，フィルタパラメータに対応する用語として**スペクトル包絡**が用いられるが，厳密には，スペクトル包絡には声道の共鳴特性だけではなく，声帯振動の周波数特性，口からマイクロホンまでの伝達特性が包含される．

音声分析合成の嚆矢はVocoderのアイデアだが，分析器で取り出すパラメータや，パラメータから波形を生成する合成器については複数のアイデアが存在する．例えば，1966年に発表されたPhase Vocoderは，波形から抽出するパラメータとして帯域ごとの強度と位相の時間微分値を用いているため，ダッドリーのアイデアとは異なる．Vocoderはダッドリーに提案されたもの，および，音源・フィルタパラメータにより分析合成する枠組みを指す場合が多いが，Phase Vocoderなどと明示的に区別する場合，ダッドリーのものはChannel Vocoderと記載される．Phase VocoderはChannel Vocoderとは異なるが，音声をパラメータで表現し，パラメータから波形を再合成できるため，音声分析合成のカテゴリーに含まれる．このほかに，**正弦波モデル**は，音声を正弦波の基音（基本周波数）と倍音の和として生成する方式であり，音声分析合成のカテゴリーに含まれるといってよい．

B. 音声分析合成の発展と現状

音声分析合成に関する研究は，音声を構成する音源・フィルタパラメータをはじめとするパラメータそのものをどのように定義するか，各パラメータをどのように抽出するか，パラメータから音声をどのように合成するかなど，テーマごとに発展してきた．スペクトル包絡推定に関しては，高速フーリエ変換（fast Fourier transform; FFT）が発表され，波形のパワースペクトル推定の研究が飛躍的に発展した時期に，さまざまな方法が提案されている．例えば，ケプス

トラムの考え方に基づく方法や，線形予測分析（linear predictive coding; LPC），最尤スペクトル推定は，いまでも音声信号処理の伝統的な方法として知られている．最尤スペクトル推定では，符号化の際の量子化が原因でIIR (infinite impulse response) フィルタが発振することがあり，発振した場合，合成音声の品質が大きく低下することが課題とされていた．偏相関係数（partial correlation; PARCOR）はこの問題を受けて提案された方法であり，やがて，携帯電話に欠かせない音声符号化の基盤技術となる線スペクトル対（line spectral pairs; LSP）の提案へと繋がる．音源パラメータに関しても，実際の有声音には声帯振動に伴う周期的な成分以外に雑音成分が混在していることから，パルスと雑音を混ぜた混合励振（mixed excitation）を導入するなど，品質向上のための検討がなされている．一方，音声分析合成により生成された音声は，波形をそのまま利用する方法と比較して品質が悪く，符号化効率を下げて情報量を増やしても品質が向上しないと，広く考えられていた．

これは，1990年代に発表されたSTRAIGHT (speech transformation and representation using adaptive interpolation of weighted spectrum) により覆されることとなる．STRAIGHTはVocoderと同一の枠組みであるが，音源パラメータとフィルタパラメータを，それぞれ精密な推定を可能にするアルゴリズムに置き換えることで，合成音声の品質を飛躍的に向上させた．品質を高めるため，既存の音源・フィルタパラメータに加え，波形全体のパワーと非周期的な雑音成分のパワーとの比を周波数ごとのスペクトルとして表す非周期性指標を，第3のパラメータ（音源パラメータに分類されている）として用いている．STRAIGHTの発明により，音声分析合成による合成音声の品質は，入力音声に匹敵する水準にまで向上した．さらに，三つのパラメータを独立して制御することに着目した音声加工技術が生み出されていくことになる．

計算機能力，情報通信能力の進歩は，音声を効率良く表現するという音声分析合成の目標に，音声の情報を制御することでさまざまな音声加工を実現するという新たな目標を与えた．現在では，高品質な音声合成技術として音声分析合成は利用されており，高品質な音声合成を行うための研究事例が蓄積しつつある．

C. 音声分析における音声と各パラメータの定義

ここでは，音声波形から音源・フィルタパラメータを抽出する場合の音声分析について整理する．Phase Vocoderはまったく異なる考え方で音声分析を行っているため，ここでは扱わないこととする．有声音 $y(t)$ を，周期 T_0 で繰り返す周期信号であるとすると，以下の式により表現することが可能である．

$$y(t) = h(t) * x(t)$$
$$x(t) = \sum_{n=-\infty}^{\infty} \delta(t - nT_0)$$

ここで，$x(t)$ は音源に相当するパルス列を表し，$h(t)$ はフィルタのインパルス応答を表す．Vocoderにおける音源パラメータは，上記の数式における T_0 であり，フィルタパラメータは $h(t)$ のパワースペクトルとなる．ただし，実際の音声は，音源パラメータとフィルタパラメータはどちらも時間とともに変動するため，短い区間で波形を切り出して，これらのパラメータを抽出する．

非周期性指標の抽出に関しては，以下のように周期信号に雑音が混入した信号を考える．

$$y(t) = h(t) * x(t) + n(t)$$

$n(t)$ は有声音中の雑音成分であるが，雑音の波形推定は困難であることから，$y(t)$ と $n(t)$ とのパワー比を周波数ごとに求める問題として扱う．

音源パラメータの抽出では，耐雑音性や耐残響性に優れた方法や，基本周波数の時間変化にロバストな方法など，さまざまなコンセプトに基づく方法が提案されている．フィルタパラメータの抽出では，最尤スペクトルからSTRAIGHTまで音声符号化に適した方法や高品質音声合成に適した方法があり，百花繚乱の様相を呈する状況である．

D. 音声分析合成技術の応用例

音声分析合成の考え方で得られた音源・フィルタパラメータは，現在多くの音声処理分野で活用されている．**音声認識システム**（⇒ p.116）においても，スペクトル包絡を効率良く表現するMFCC (mel-frequency cepstral coefficient) が広く利用されている．また，**声質変換**（⇒ p.260），**音声モーフィング**（⇒ p.124），**HMM音声合成**（⇒ p.450），**歌声合成**（⇒ p.20）においては，抽出されたパラメータが品質に直結するため，高精度な音声分析合成方式が重要な役割を担っている．

◆ もっと詳しく！
古井貞熙：新音響・音声工学, 近代科学社 (2006)

重要語句　音声分析合成，音声特徴量，基本周波数，スペクトル包絡，フォルマント，HMM音声合成

音声モーフィング
[英] voice morphing / speech morphing

ある音声と別の音声の中間的な音声を生成する技術．時間的に連続的に変化するような音声を生成したり，所望の割合での中間的な音声を生成したりする．代表的なものは，ある話者の音声を別の話者の音声へと連続的に変化させるものである．話者性を変化させるほかに，同一話者において，パラ言語情報や歌唱スタイルを変化させることもある．

A. 基本的な手順

同一文を読み上げた二つの音声信号に対し，音声分析合成 (⇒p.122) を用いて音声モーフィングを行うための基本的な手順は，以下のようになる．

(1) 音声特徴量の抽出
(2) 音声特徴量の対応付け
(3) 音声特徴量の変換
(4) 音声の合成

これらの具体的な処理内容をつぎに説明する．

B. 処理内容

（1）音声特徴量の抽出　音声分析合成システムによって両音声信号から**音声特徴量**を抽出する．ここで用いられる代表的な音声特徴量は，声の高さに対応する**基本周波数**，声の大きさに対応するパワー，声質と密接な関係がある**スペクトル包絡**などである．用いられる音声分析合成手法は，高品質かつ声質制御に対して頑健であることが望ましく，近年はこの条件に合致する高品質音声変換合成方式STRAIGHTが用いられることが多くなっている[1]．

入力音声信号はフレーム単位に分割され，そのフレームごとに音声特徴量が抽出される．基本周波数とパワーはスカラーの時系列，スペクトル包絡はベクトルの時系列となる．必要に応じ，基本周波数・パワーをそれぞれ対数基本周波数・対数パワーとしたり，スペクトル包絡を対数振幅スペクトル包絡としたりすることがある．

（2）音声特徴量の対応付け　両音声の音声特徴量の対応付けを行う．対応付けは，全自動で行われる場合と，その特徴量において特徴的な点である特徴点を手動で付与しておき，それに基づいて行われる場合がある．

時間的対応付け　全自動で時間的対応付けを行う場合は，古典的な音声認識システム (⇒ p.116) で用いられていた動的計画法 (dynamic programming; DP) に基づくマッチング手法の動的時間伸縮 (dynamic time warping; DTW) 技術が用いられることがほとんどである．DTWは，古典的な音声認識システムにおいて，同一文を読み上げた二つの音声信号の特徴量系列に対し，時間軸を非線形に伸縮して適切なフレーム間の時間的対応付けを自動的に算出するために用いられていた技術である．

特徴点を手動で付与する場合は，音素の開始点にその音素を示すラベルを手動で付与し，それを特徴点とする．このラベルの付与は，音声信号を波形やスペクトログラムの形で観察したり，信号の特定区間の音を聴いたりしながら行う作業となる．

以上の処理によって得られる，音声Aの時刻 t^A に対応する音声Bの時刻 t^B を，時間軸非線形伸縮関数 $\phi(\cdot)$ を用いて

$$t^B = \phi(t^A)$$

と表すこととする．なお，上記の処理によって得られる対応関係は連続関数ではないため，必要に応じて線形補間などが行われる．

スペクトル包絡の対応付け　スペクトル包絡には，音素を特徴付ける，**フォルマント**と呼ばれる強いピークが複数個含まれている．フォルマントの存在する周波数であるフォルマント周波数は，低いほうから順に第1，第2，第3，第4フォルマント周波数と呼ばれる．第3フォルマント周波数程度までは，音素に応じて存在しうる範囲がある程度決まっている上，音素によるフォルマント周波数の違いのほうが，同一の音素における話者や音色によるフォルマント周波数の違いに比べてはるかに大きいことが知られている．そのため，スペクトル包絡の対応付けを行う際にはフォルマント周波数の対応付けを行うことが望ましい．

スペクトル包絡に特徴点を付与する場合には，このフォルマント周波数を特徴点とすればよい．全自動でフォルマント周波数を正確に抽出することはきわめて難しいため，高品質な音声の生成には手動での修正がほぼ必須となる．

全自動で対応付けを行う場合には，入力となる二つのスペクトル包絡に対し，横軸である周波数軸を非線形に伸縮させ，フォルマント周波数が適切に対応するような周波数軸の対応付けを算出すればよい．ここでも，時間的対応付けで用いられるDPに基づくマッチングを用いるこ

とができる．ただし，スペクトル包絡にはフォルマントではないピークが含まれていることも多いため，全自動で処理すると，対応付けが適切に行われないこともある．

近年は，以上のようなフォルマントに依存する処理が必要となるスペクトル包絡を直接用いるのではなく，同等の情報を持つ別の特徴量に変換し，対応付けをせずにモーフィングを行えるようにする手法も検討されている．

以上の処理によって得られる，音声Aのスペクトル包絡の周波数f^Aに対応する音声Bのスペクトル包絡の周波数f^Bを，周波数軸非線形伸縮関数$\psi_{t^A}(\cdot)$を用いて

$$f^B = \psi_{t^A}(f^A)$$

と表すこととする．時間的対応付けの場合と同様に，上記の処理による対応関係は連続関数ではないため，線形補間などが行われる．

（3）音声特徴量の変換 両音声の音声特徴量から，合成音用の音声特徴量をモーフィング率に応じて生成する．時間的に連続的に変化する音声を生成する場合には，文が終わるまでにモーフィング率を0から1まで連続的に変化させることとなり，中間的な音声を生成する場合には，モーフィング率を所望の値に固定することとなる．

基本周波数・パワーの変換 基本周波数・パワーなどのスカラーの時系列に対しては，以下の処理を行う．モーフィング音声の時刻t^Mにおけるモーフィング率をr_{t^M}，音声A, Bのスカラーの時系列をそれぞれ$q^A(t), q^B(t)$とすると，時刻t^Mにおけるモーフィング音声のスカラーの時系列$q^M(t^M)$は

$$q^M(t^M) = (1 - r_{t^M})q^A(t^A) + r_{t^M}q^B(t^B)$$

を用いて算出される．

スペクトル包絡の変換 スペクトル包絡の時系列に対しては，以下の処理を行う．音声A, Bのスペクトル包絡をそれぞれ$H^A(t, f)$，$H^B(t, f)$とすると，時刻t^Mにおけるモーフィング音声のスペクトル包絡$H^M(t^M, f^M)$は

$$f^M = (1 - r_{t^M})f^A + r_{t^M}f^B$$
$$H^M(t^M, f^M) = (1 - r_{t^M})H^A(t^A, f^A) + r_{t^M}H^B(t^B, f^B)$$

を用いて算出される．（図を参照）．

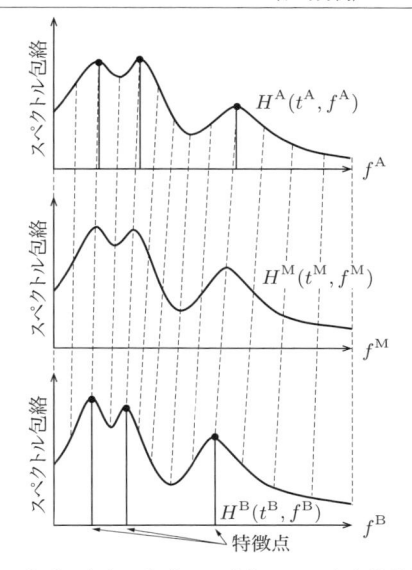

（4）音声の合成 変換された音声特徴量を用い，音声の合成を行う．モーフィング音声の時刻t^Mを音声Aの時刻t^Aに基づき

$$t^M = (1 - r_{t^M})t^A + r_{t^M}\phi(t^A)$$

と算出し，音声分析合成システムに対して(3)で得られたモーフィング音声の特徴量を与え，音声の合成を行う．

なお，上記の処理を実装する場合，非線形伸縮関数や特徴量は離散的であるため，上記の処理をそのまま適用できないことになる．その際には，線形補間を用いて必要なデータを生成することが多い．

C．その他の音声モーフィング

上記で説明した音声分析合成を用いて行う音声モーフィングのほかに，**HMM音声合成**（⇒p.450）の統計モデルのパラメータをモーフィング率に応じて補間して合成音を生成するものもある．

また，現在，一連の処理を複数名の話者に適用するなどの複雑な処理にも柔軟に対応できるように拡張した一般化音声モーフィングも提案されている．

◆もっと詳しく！
1) 河原英紀, 森勢将雅：TANDEM-STRAIGHTと音声モーフィング—感情音声と歌唱研究への応用, 音声研究, **13**, 1, pp.29–39 (2009)

重要語句　テキスト要約，単語抽出，文短縮，重要文抽出，文抽出

音声要約
[英] speech summarization

　音声信号に対する要約処理．音声信号に含まれる重要な情報を音声またはテキストとして抽出する．音声要約処理には，元音声の音声波形から重要箇所を抽出し波形接続する要約と，音声の書き起こしテキストから重要情報をテキストとして抽出する要約の2種類がある．

A．要約とは

　要約とは文書，音声，画像などの元情報から重要な情報を抽出する処理である．要約方法には，元情報を抽象化する要約と元情報の一部をそのまま抜粋する要約の2種類がある．情報検索の効率化のために用いられる抄録や主題は，元情報を情報圧縮した要約である．自由作文による抄録作成や主題生成は，抽象化による要約方法の一種である．一方，元情報から検索語の含まれる文・文節を抽出する処理は，抜粋要約に当たる．要約における重要箇所を特定する「重要度」は，要約の利用目的により異なる．

B．音声要約とは

　音声要約処理には，音声波形から重要箇所を抽出し波形接続する手法と，音声の書き起こしテキストから重要情報を抽出する手法の2種類がある．前者の音声波形編集による手法は，音声データ検索において重要箇所のみを再生する「ななめ聞きシステム」などへの応用を目的とする．他方，音声認識結果から要約テキストを生成する音声要約は，端的なテキスト情報の提示による検索の効率化を目的とする．

　要約技術はテキスト要約を対象として盛んに研究されてきたが，音声要約はテキスト要約とは異なる性質を持つ．音声には言語情報だけでなく韻律情報が含まれることから，テキスト要約に用いられる単語に対する重要度とは別に，音韻情報に基づく重要度が定義される．さらに，音声言語は「書き言葉」とは異なり，言い淀み，言い誤り，言い直し，口語表現などが含まれる「話し言葉」であり，必ずしも文法的に正しい文とは限らない．また，音声認識結果から要約テキストを生成する場合，認識誤りによる文意の誤りを排除する「スクリーニング処理」と「重要情報抽出処理」の2種類の処理が必要となる．音声要約におけるスクリーニング処理は，話し言葉をテキスト化したチャットを対象とした要約に通じる問題である．

C．音声要約手法

（1）文抽出による音声要約

　テキスト要約の重要文抽出では，重要度に基づき文集合から重要文を抽出し，要約とする．重要度は，ルール，出現頻度，ユーザーの要求情報などに基づき決定される．また，要約に含まれる文の特徴を，原文と要約文の対のデータから学習した識別モデルで要約する手法もある．文の特徴として用いられる技術用語は，テキストにおける文の出現位置，文に含まれる各単語の出現頻度，文末表現などである．

　音声要約には，テキスト要約と同様に言語的な表層単語の情報のみを用いて重要文を決定する手法と，韻律情報との組合せにより重要文を決定する手法がある．韻律情報を用いて文のセグメンテーションを行ったのち，手掛かり語などの談話標識に基づき重要文を決定する手法，基本周波数だけでなくパワーや発話時間長などの韻律情報を重要度の尺度に用いて重要文を決定する手法などが研究されている．ただし，重要文抽出による要約では，音声認識誤りや話し言葉の読みにくさの問題は解決されないという音声要約独特の問題がある．

（2）文短縮による音声要約

　音声認識結果を対象として，話題語を中心に特定の要約率で単語抽出を行う文短縮による要約手法が提案されている．この手法では，要約のもっともらしさを示す要約スコアを定義し，この要約スコアが最大となる部分単語列を音声認識結果から動的計画法により抽出する．要約スコアは単語重要度，音声認識信頼度，要約文としての言語尤度，単語間係り受け確率を用いて定義される．音声要約では「スクリーニング」と「重要情報抽出」の2段階の処理が必要となるが，この手法では明示的にこれらの二つの処理を分けていない．特定の要約率で単語抽出する過程で，信頼度の低い認識誤りを排除しつつ，発話文中の情報の核となる重要単語を重点的に抽出する．同時に，それら重要単語間を言語的にもっともらしくなるよう重要単語間の他の単語で補う．その結果，自動要約文は，単なるキーワード連接とは異なり，重要単語を含んだ『文』として生成される．さらに，この音声要約技術は目的に応じて要約率を選択できることから，音声付き画像への字幕自動付与，議事録や講義・講演などの抄録自動作成，音声データや音声付き画像データへのインデクシングなど，さまざまな粒度の情報提示に応用できる．

（3）文抽出と文短縮併用による音声要約　単語抽出による要約手法が1文を対象とした要約であるのに対し，複数文で構成された音声をひとまとまりとして要約する複数文要約の手法が提案されている．この手法では，単語抽出による文短縮を2段階動的計画法を用いて拡張し，複数文で構成された音声全体に対する特定の要約率で要約文を生成する．音声データ全体の中で重要単語が多く含まれる文からより多くの単語を抽出し，重要単語の含まれない文を短縮ないし削除することにより，重要な情報がより多く含まれる要約を生成する．この手法は，単語抽出と**重要文抽出**を組み合わせた手法である．

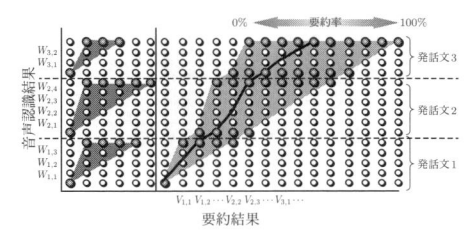

（4）書き言葉への言い換えを含めた音声要約　(1)～(3)の要約手法が，音声認識を行ったあとで要約処理を行うポストプロセッシングであるのに対し，音声認識と同時に自動要約がオンライン処理できる手法が提案されている．この手法では，話し言葉の言語モデルと書き言葉の言語モデルおよび話し言葉から書き言葉への置き換えモデルを重み付き有限状態トランスデューサに統合し，音声認識・文整形・要約処理を同時に行う．同時に全モデルを最適化することにより，大量にある書き言葉の言語モデルで認識性能を高めつつ，さらに話し言葉で出力される音声認識結果を書き言葉の要約結果として出力することができる．

（5）音声波形編集による音声要約　音声認識結果を用いてテキストで要約文を生成する(1)～(4)の手法を用いて音声要約を行った場合，認識誤りが含まれることにより，要約結果が原音声と異なる情報になる場合がある．要約結果として認識結果に基づくテキストを提示せずに，原音声を提示することにより，認識誤りの問題を回避できる．そこで，音声信号からテキスト要約を生成したのち，対応する音声部分を原音声から切り出して，波形接続により要約音声を生成する手法が提案されている．

D．音声要約の評価尺度

音声要約の評価方法として，要約として適切かどうかを人間が判断する主観評価法と，人間が作成した正解要約に対して類似度に基づき比較する客観的評価法がある．客観的評価法としてさまざまな尺度が提案されているが，その評価結果は主観評価との強い相関関係が必須である．

音声要約が音声認識と同様に正解を一意に定めることができれば，正解に対する編集距離に基づく正解精度を用いて評価することが可能である．文抽出の場合であれば「文連接」を評価し，文短縮による単語抽出であれば「単語連接」を正解と比較し評価すればよい．ただし，要約では人間が作成した正解要約が複数あり，一意に正解が定まらないという問題がある．さらに，正解要約の総単語数も多様となることから，編集距離を単純に比較できないという問題もある．

単語抽出による音声要約では，被験者による正解要約結果をコンフュージョンネットワークに統合し，自動要約結果に最も類似している単語列を正解として抽出し，比較評価を行う評価尺度が提案されている．この方法は，正解と自動要約結果の長さに対する補正を必要とせず，一意の正解に対して単語抽出の精度を評価することができる．

文抽出による要約の評価では，必ずしも正解と同一文でなくとも同様の内容の文が抽出されれば，要約として正解となる場合がある．この場合，文連接に基づく類似度による評価では低い性能を示すのに対し，文意に基づく主観評価では高い性能を示すといった相反した結果になる．そこで，文抽出によるテキスト要約の評価として，さまざまな形や性質の部分単語列の網羅性に基づき評価する方法（ROUGE）が用いられている．この評価法は，機械翻訳の評価尺度BLEUに由来する．BLEUが部分単語列の適合率に基づくのに対し，ROUGEは再現率に基づく．部分単語列を評価することで，より多様な正解を考慮している．

◆ **もっと詳しく！**

Sadaoki Furui, Tomonori Kikuchi, Yousuke Shinnaka and Chiori Hori: "Speech-to-text and speech-to-speech summarization of spontaneous speech", *Speech and Audio Processing, IEEE Transactions on* **12**, 4, pp.401–408 (2004)

重要語句　音脈，了解度，連続聴効果，マスキング可能性の法則，調音結合

音素修復
[英] phonemic restoration

音声信号の一部が削除され，了解度が低下した場合でも，削除された部分に所定の条件を満たす雑音などの外来音が挿入されると，音声が連続しているかのように聞こえ，了解度が向上する知覚現象。音韻修復ともいう。音声信号が不完全な場合でも安定して内容を聞き取るための脳の働きの表れである。

A. 基本的現象

音素修復の典型的なデモンストレーションは以下のようなものである。文章を声に出して読み上げたものを録音し（図(a)，🔊1），一定間隔（この例では200 msとしたが，上限は300 ms程度）ごとに音声を削除して無音にする（図(b)）。こうすると，音声の中断が邪魔になり，なにをいっているのか聞き取るのが非常に困難になる（🔊2）。つぎに，音声を削除した部分に，所定の条件（条件の詳細は後述）を満たした雑音を挿入する（図(c)）。こうすると，雑音の背後で，音声が滑らかに繋がっているように聞こえ，発話内容を聞き取るのがはるかに容易になる（🔊3）。これが音素修復である。雑音があろうがなかろうが，同じだけの分量（時間長）の音声が削除されているにもかかわらず，削除部分に雑音が挿入されているときだけ音素修復が生じる。

音素修復は，われわれの知覚している音声が物理的な音声の単なるコピーではないことを明白に示している。脳が，音声の削除されていない部分に残存している情報に基づいて，雑音によって隠されている部分に存在していたであろう情報を補完しているのである。知覚される内容は，このような無意識的な解釈の結果にほかならない。

音素修復の効果は非常に強力で，最適な条件下では，聴取者は音声の一部が雑音で置換されていることに気づかない。また，「本当は音声が削除されている」という事実を知っていても，この現象を阻止することはできない。意識的に欠落部分を推測するのではなく，自動的に「聞こえてしまう」のである。

音素修復が生じているときには，音声のどの部分が削除されているかを当てるのはきわめて困難である。音声中の1か所，100 msの区間を削除し，そこに雑音を挿入すると，雑音がどの音素のタイミングで鳴っているかを当てるのは難

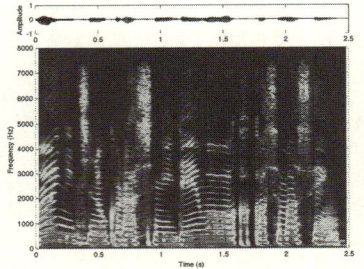

(a) 女性話者の発話した原音声の振幅波形（上段）とスペクトログラム（下段）

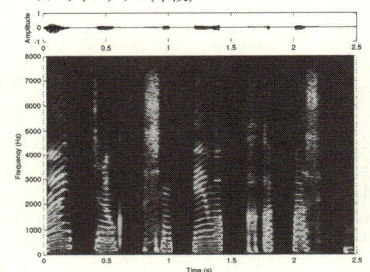

(b) 200 msごとに音声を削除したもの。発話内容を聞き取るのは難しい。

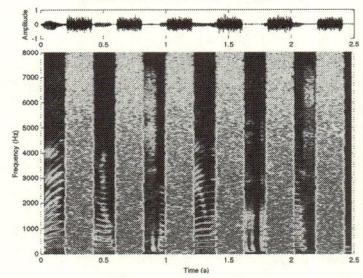

(c) 音声を削除した部分に広帯域雑音を挿入したもの。音声が連続的に聞こえ，発話内容が聴き取りやすい（音素修復）。

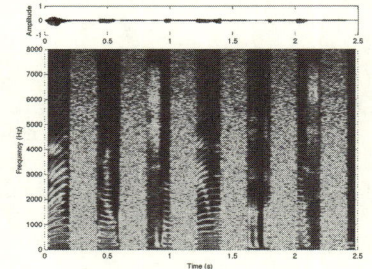

(d) 弱い広帯域雑音を挿入したもの。音素修復は生じにくい。

しい（🔊4）。しかし，無音のままであれば，これはたやすい（🔊5）。音素修復が生じていると

きには，音声と雑音は別々の知覚的な流れ（音脈，⇒p.130）となる．独立した音脈をまたがってイベントの時間的関係（タイミング）を判断するのは困難であるが，日常そのような必要はほとんどないので，困ることはない．

B. 連続聴効果とマスキング可能性の法則

音素修復には二つの側面がある．連続性の知覚と**了解度**の向上である．前者は音声には限定されず，音楽，環境音，純音，雑音など，条件さえ満たされればどのような音でも生じうる．ある音の中断部分に別の音を挿入することによって，中断された音があたかも連続しているように聞こえる知覚現象を**連続聴効果**と呼ぶ．音素修復は，連続聴効果という一般的聴覚現象に，音声特有の処理が加わった特殊例と考えることができる．

連続聴効果が生じるための必要条件は，中断部に挿入する音の音響的（周波数的，時間的，空間的）特性が，もしその部分に本来の音が存在していたとしても，それを検知できなくする（マスキングする，⇒p.402）だけの特性を備えていることである．これを**マスキング可能性の法則**と呼ぶ．音素修復も連続聴効果の生起条件に従う．例えば，「A. 基本的現象」で取り上げた例で，雑音の音圧レベルを下げると，音声が連続しているようには聞こえず，音素修復は生じにくくなる（図(d)）（🎵6）．

周波数領域でのマスキング可能性の法則は，帯域制限された音声と雑音を用いてデモンストレーションすることができる．まず，原音声に帯域通過フィルタ（中心周波数1500 Hz，帯域幅1/3オクターブ）をかける（🎵7）．これを聞くと，発話内容を聴き取るのは難しくない．つぎに，この帯域制限音声に対して，一定間隔（100 ms）ごとに音声を削除すると，了解度は劇的に低下する（🎵8）．ここで，削除部分に，さまざまな中心周波数（375，750，1500，3000，6000 Hz）を持つ帯域雑音（帯域幅1/3オクターブ，音圧レベルは音声の平均よりも高く設定）を挿入する（🎵9〜13）．すると，雑音の中心周波数が音声のそれと等しいとき（🎵11）に，音声が最も連続的に聞こえ（連続聴効果），了解度も高くなる．

マスキング可能性の法則は，日常の環境を考慮するときわめて理に適っている．補完することが適切なのは，当該の部分に実際に音が存在していて，しかも別の音でマスキングされている場合である．本来その部分に音がなかったのであれば，音を作り出すことは適切ではない．連続聴効果の選択性によって，不適切な補完の可能性が低減されているのである．

C. 修復される内容に影響する要因

音声の中断部分が連続しているように知覚されるのは聴覚一般の連続聴効果の法則に従うとしても，内容がどのように聞こえるか，すなわち了解度の問題には，音声独特の処理が関係する．修復内容の決定にあたって脳が用いている手掛かりのうち，おもなものを3種類列挙する．

一つ目は，音声の生成過程に由来する冗長性である．音声は，唇，舌，顎といった調音器官の動きによって生成される．これらの調音器官は，ある状態から別の状態へと突然には動けず，基本的には滑らかに動く．また，それぞれの調音器官が独立して自由に動けるわけではなく，たがいに拘束あるいは協調しながら動く．このような調音運動の制約を反映して，隣接する音素の調音がたがいに影響を与え合うことになる．これを**調音結合**（coarticulation）と呼ぶ．調音結合の結果として，一つの音素に関する情報は，音声信号の数百 msの範囲にわたって，たがいに重畳しながら時間的に分散することになる．この中の一部（高々200 ms程度）の信号が欠落したとしても，残存部分から推定することが可能である．

二つ目は，文からもたらされる意味的文脈である．音響的な情報が不確かであれば，意味が整合するように知覚されるべく強いバイアスが働く．削除された部分よりもあとで与えられる意味的情報が，一見過去に遡る形で音素修復の内容に影響するという報告もある．意味的文脈が効果を持つのは，マスキング可能性の法則が満たされた場合に限られる．

三つ目は，音声生成時の視覚情報である．発声する際の口の動きの情報が映像で与えられると，音素修復は促進されることが示されている．

以上のように，音素修復は，連続聴効果という聴覚の一般的機能に立脚しつつ，音声の持つさまざまな冗長性を利用して，妨害音の存在などの不利な状況でも安定して音声を認識する脳の高度な働きを如実に表している．

◆ もっと詳しく！

柏野牧夫：音韻修復—消えた音声を修復する脳，日本音響学会誌，**61**, 6, pp.263–268 (2005)

重要語句　聴覚情景分析，注意，錯覚，図，地

音脈分凝
[英] auditory stream segregation

混ざり合って到来する音信号を，音源に対応する個別の音の流れに知覚的に分離し，まとめ上げること。この際，知覚される音の流れを音脈という。

A. 現象

音脈分凝は，音素修復（⇒p.128）とともに聴覚情景分析（⇒p.308）を示す代表的な現象である。さまざまな音が溢れている日常生活において，われわれが特定の話者の話に耳を傾けることができるのは，音脈分凝に見られるような聴覚系の振る舞いによる。そのため，音脈分凝がどのようにして生じるか，多くの研究がなされてきた。

音脈分凝は実験室環境で研究されることも多い。その場合には周波数の異なる音Aと音BをABA_ABA_ABA…（"_"は無音区間を示す）と繰り返される音系列を用いる。音AとBの周波数が近い場合には，ABA_ABA_…というように馬の駆け足に似たギャロップのリズムを持った単一の音脈が知覚される（下図(a)）。しかし，両者の周波数がある間隔以上離れると，音系列の繰り返しに応じて，A_A_A_A…と B_B_…という二つの音脈に分凝して知覚されるようになる（下図(b)）。これを音の流れの分凝，あるいは音脈分凝という。

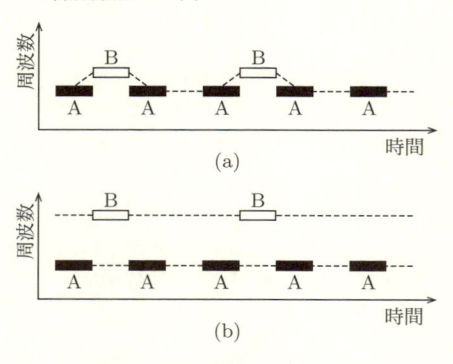

B. 一連性限界と分裂性限界

音脈分凝は，2音の周波数差と交替速度に強く影響される。一般に周波数差が一定であれば2音の交替速度が速くなるにつれ分凝して聞こえるようになる。一方，交替速度が一定であるならば，周波数差が大きくなるほど分凝して聞こえるようになる。

音脈分凝における周波数と時間の関係は，Van Noorden (1975) によって詳細に研究されている。彼は，聴取者に2音が交替する系列を呈示し，一つの音脈のまとまり，もしくは二つの音脈に分凝して聞くように求めた。その際，交替速度および周波数差を操作し，1音脈あるいは2音脈に聞こえる限界の交替速度および周波数差を測定した。その結果，聴取者が一つのまとまりとして聞こうとしても分凝して知覚されてしまう限界（一連性限界）と，二つの音脈を聞こうとしても一つにまとまって聞こえてしまう限界（分裂性限界）があることがわかった。この二つの限界では，周波数差と交替速度の関係性が異なる。聴取者が一つの音脈を聞こうとしている場合では（一連性限界），交替速度が遅くなるにつれて，一つの音脈が聞こえる限界の周波数差も増大する。一方，聴取者が二つの音脈に分凝して知覚しようとする場合（分裂性限界），交替速度にかかわらず，分凝して知覚される限界の周波数は3半音とほぼ一定である。

また，これら二つの限界値に挟まれた広い領域では，聴取者が任意に聞き方を変えて，一つ，または二つの音脈のどちらでも聞くことができる。この領域では，どちらのまとまり方で聞こえるかを決定する上で，聴取者の意識（意図的な注意）が重要な役割を果たす。

C. 音脈分凝における時間関係の知覚

一つの音脈が聞こえているときと複数の音脈が聞こえているときでは，系列内の時間関係は異なって知覚される。

例えば，周波数が異なる2音（音A, B）が繰り返し呈示される系列で，音Bの一つの呈示タイミングを変化させる。2音の周波数差が近ければ，音Bの提示タイミングのずれは簡単にわかる。しかし，2音間の周波数差を広げ，音Aと音Bが分凝して聞こえるようになると，音Bの提示タイミングをかなり変えないと検出できない。一つの音脈内では2音の順序を簡単に判断できるが，異なる音脈間では順序を比較することは非常に難しくなる。

音脈分凝と順序判断について，より劇的な例が報告されている。次図(a)で示すような，周波数の異なる2音A, Bがあるとき，両者の呈示順序は簡単にわかる。しかし，図(b)のように音A, Bの直前・直後に音Xを加えると，その呈示順序がわからなくなってしまう。さらに，図(c)のように音Xを複数加えると，再び音A, B

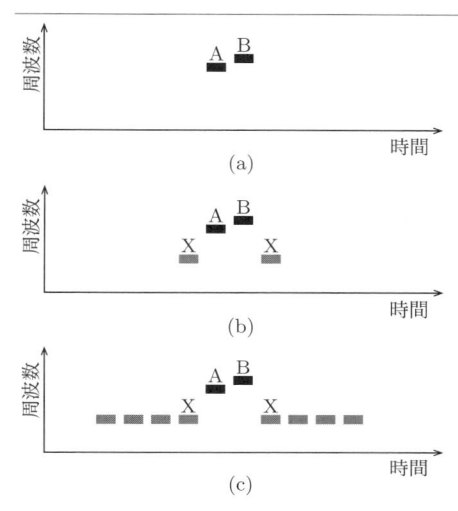

の順序判断はわかりやすくなる。音Xを複数呈示することで，音A, Bとは異なる音Xの音脈として知覚される。別の音脈となることで，音A, Bに注意を向けやすくなり，順序の判断が簡単になると考えられている。

また，音脈分凝が生じているかを聴取者に直接問わずに測定したいときに，こうした順序錯誤を分凝成立の指標として用いることも多い。

D. 音脈分凝と注意

数ある聴覚の錯覚の中でも，音脈分凝は最もよく研究されてきた現象の一つである。この現象の興味深いところは，まったく同一の音系列であるにもかかわらず，聴取者の注意（意図）によって聞こえ方が変わってしまうことであろう。そのため，音脈分凝と注意の関係について多くの研究がなされてきた。以下にいくつか例示する。

（1）分凝するか，しないか　「B. 一連性限界と分裂性限界」で述べたように，一連性限界と分裂性限界の内側と外側で注意の影響は大きく異なる。これらの限界よりも外側では，聴取者は自分の意図で聞こえ方を変えることはできない。一方，一連性限界と分裂性限界の間の領域では，聴取者は自身の意図によって，一つ，あるいは二つの音脈のどちらのまとまり方でも聞くことができる。

また，一つの音脈から二つの音脈に分かれて聞こえるようになるには，音系列を複数回呈示する必要がある。反復回数に従って，二つの音脈に分かれて知覚されやすくなる。しかし，この累積効果は聴取者の意識が反復系列からそら

されていると生じない。このことは，聞こえ方を意図するだけでなく，音系列への注意自体が音脈分凝の成立に必要であることを示している。

（2）どちらの音脈を聞き取るか　二つの音脈に分かれて聞こえる場合でも，注意の影響を受ける。分凝が生じているときには，どちらの音脈にも聴取者は注意を向けることができる。しかし，二つ同時に注意を向けることはできない。注意を向けられた音脈が「図」となり，それ以外の音脈はその背景，つまり「地」として知覚されてしまうためである。聴取者はどちらの音脈を「図」にするか，意図的に切り替えることができる。

しかし，この聞こえ方の切り替えは，聴取者の意図とは無関係に生じることもある。つまり，無視していたほうの音脈がいつの間にか「図」として知覚されていたということが，しばしば生じることも報告されている。

E. 音脈分凝に影響する要因

音脈分凝は，2音の周波数の差以外にも，下記のような音の違いをもとに生じることが報告されている。

- 複合音の基本周波数の違い
- 振幅包絡の違い
- 位相スペクトルの差
- 両耳間時間差や両耳間レベル差といった空間特性（⇒ p.306）

こうした要因で生じる音脈分凝は，周波数の差によって生じる場合と（条件によるものの）同程度に強力に生じる。2音間に顕著な知覚的差異があれば，要因にかかわらず音脈分凝は成立するものと考えられている。

また，これらの要因は，音脈分凝の生理学的機序を明らかにする上で重要な手掛かりを与えてくれる。従来では，2音の周波数差に強く依存することから，継時的に呈示される音に対する基底膜の振動パターンが大きく異なっている場合に音脈分凝が生じると考えられてきた。しかし，基底膜での興奮パターンに違いがない場合でも音脈分凝が生じることから，末梢のメカニズムだけでは説明することができない。現在では，1次聴覚野，高次聴覚野，頭頂間溝など，さまざまな部位の関与が示唆されている。

◆ もっと詳しく！
Darwin, C.J. & Carlyon, R.P.: "Auditory grouping". In B.C.J. Moore (ed.), *Hearing*, pp.387–424, Academic press (1995)

重要語句 サウンドデザイン，快音化，快音設計，音質評価，スマートサウンドスペース

快音
[英] comfortable sound

生活環境の向上に伴い，物質的から精神的な要望が増え，質感を判断する五感の一つの聴感に作用する音が注目されている。うるさい音や不快な騒音の対策は，マイナス要因を小さくするばかりでなく，音をプラス要因の「快音」として積極的に活用することで，感性価値が改善される。製品や環境を快音化することで，新たな価値が創生できる。

A. 低騒音化から快音化へ

従来の音の問題は「大きな騒音」に由来することが多く，下図に示すように，もぐら叩き状態で低騒音化がなされていた。これは環境全体の音圧を低減させることであり，「大きな騒音」でマスキング（⇒p.402）されていた多数の「小さな騒音」を顕在化させる。また，自動車，住宅，オフィス，医療施設などは気密性が高くなり，外部より侵入してくる騒音より内部に存在する騒音の対策が必要である場合が多い。ここで，「小さな騒音」のさらなる低減は，実際には達成が難しいことや，音情報が少なくなりすぎて，快適よりむしろ不快や危険になることがある。

自然界の波や川の水音，鳥や虫の鳴き声などは，小さい音圧ではないが，心地良く感じることが多い。音に対する不満は必ずしも音圧に依存しないので，音のバランスの考慮や，環境にふさわしい**サウンドデザイン**に変える**快音化**が必要である。

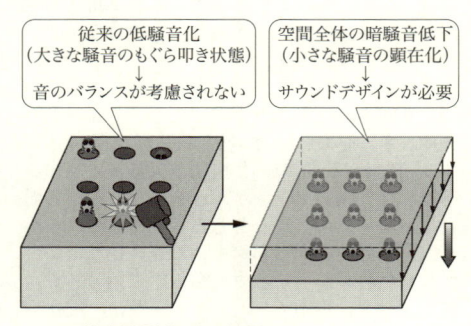

B. 快音設計とその効果

設計の最終段階で騒音の対策を講じることは非効率であり，初期段階で**快音設計**することが有益である。快音設計では，まず，音の周波数特性や減衰特性などを音響シミュレーションで変更し，試聴した印象変化を音質評価で把握する。つぎに，機能や性能の仕様と同様に，適切な目標音質を設定する。さらに，目標音質を具現化するために，入力となる音源，伝達系となるシステムの特性を数値解析または実験で把握し，応答を予測して人への影響を推定する。

快音設計のプロセスを経ることで，下図に示すように，付加価値を高め，快適性や高級感を改善し，使用者の満足度を高めることができる。

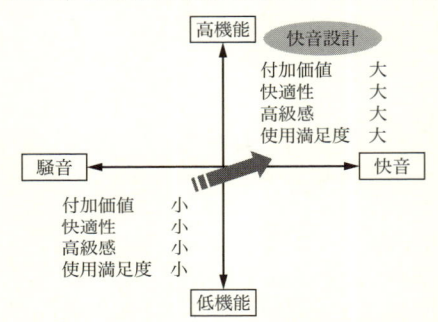

また，下図に示すように，快適性や高級感など音質の統制が図れることで，差別化に有効な手段となり，サウンドブランディングや音商標への進展が期待できる。また，色や形状などのデザインと同様に，個人の嗜好に対応した音のオーダーメイドが可能となる。このように，快音設計は機能や性能と同時に，感性価値の改善に貢献する。

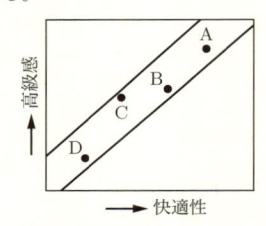

C. 快音のための音質評価

快音を適切に設定するには，**音質評価**（⇒p.100）が重要である。音質は，音圧や周波数など物理的特性のみで評価することは難しく，いくつかの形容詞対を用いたSD法（⇒p.100）や，二つの音を交互に聞いて判断する一対比較法など，設問調査に基づく主観的な音質評価が用いられる。これらを因子分析して，音質の特徴量（美的因子，金属因子，迫力因子など）が抽出される。また，音質の時間特性や周波数特性を加味したラウドネス，シャープネス，ラフネス，変動強度などの心理音響評価尺度が用いられ，いく

つかのパラメータを用いた重回帰分析より，音質を評価する。

一方，生体を傷つけない非浸襲で簡便に計測できる脳波，心電図，脈波，脳血流，皮膚温度，呼吸揺らぎ，唾液アミラーゼ，瞳孔径などに基づく客観的な音質評価がある。非接触または非拘束で無感覚に近いセンシングが望まれ，ばらつきへの対応やリアルタイムな数値化といった適切なデータ処理により，音質が定量的に評価できる。

これらの音質評価は，音に対する過去の経験や国民性，また，住環境の影響などを受け，心理状態でも変化するので，個人の特性を的確に把握して快音へ導くことが重要である。

D. さまざまな快音の事例

快音として感性価値を改善した事例は，自動車，住宅，オフィスなど広範囲にある。自動車では，エンジンやモータ，吸排気系などから，ドア閉まり音，ドアミラーやパワーシート可動音，車両の加速感や高級感，一方，操作している実感を高めるスイッチ操作音など，多数ある。住宅では，吸引力を実感できる掃除機や，夜間も気兼ねなく使用できる洗濯機，小川のせせらぎを連想させる爽やかなトイレ洗浄音，化粧品コンパクト閉音により綺麗になれた予感の演出など，高級志向にふさわしい音質が創生されている。オフィスでは，耳障りなファン音がしない液晶プロジェクタやエアコン，連続印刷時の音にリズム感がある複写機などが開発されている。

また，スポーツ用具では木材，金属，複合材など，材質にかかわらず打球音から爽快感が得られるゴルフクラブやテニスラケット，医療施設の待合室や検査室では，患者や医療従事者に与えるストレスが少ない動作音や警報音，痛みや不安感を招かない歯科ドリルなどが開発されている。

一方，快音は聴覚のみでなく，視覚や操作などとの複合刺激下における相互作用で評価されることが多く，それぞれの寄与の的確な把握が重要である。自動車では，ユーザーが内外装の色彩を選択でき，黒色ならば重厚感，黄色ならばスポーティ感などが期待されるので，色彩に動作音を対応させて質感を高めている。また，一眼レフカメラでは，レンズ交換により手にかかる重量や振動特性などの操作感，および操作音が変化する。シャッター音に良い印象を与える歯切れ因子に対する重量の影響を把握して，操作感および操作音を適切に設定している。各製品コンセプトに見合ったきめ細やかな音創りが必須である。

さらに，下図に示すように，カメラシャッター音では，機械的な動作から発生する機械音に，音質評価により推定された不足する音を内蔵スピーカから電子音で付加する。機能音を用いることで，迫力があり歯切れの良いシャッター音となり，上質感が演出できる。

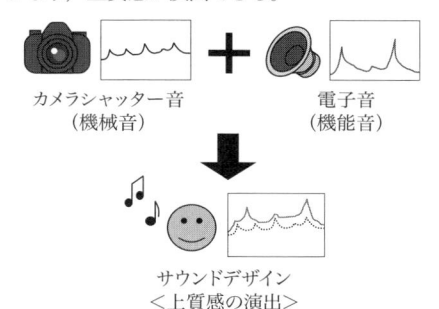

カメラシャッター音　＋　電子音
（機械音）　　　　　（機能音）

↓

サウンドデザイン
＜上質感の演出＞

同様な手法は，自動車加速音でも実現されており，エンジン音では不足する音をアクティブ音場制御で付加して，運転者の嗜好に合わせた音を提供している。

E. 進展する快音化

製品単体から音環境の快音化が進められ，人に対して音を効果的に作用させて活動を支援する，機能性のある音響空間，すなわち**スマートサウンドスペース**が構築されている。冷感および温感に影響する音響特性を把握し，エアコン動作音から涼しさや暖かさを感じさせることで，弱めの設定温度となり，省エネに貢献できる。また，運転者の覚醒水準を維持することで安全運転に寄与する自動車の走行音や，水量感が実感でき，湯の使用量を減らして省エネを促すシャワーの流水音，効率的な行動を誘発して知的生産性を向上させる事務機の動作音などが開発されている。

機能音は，同一空間の複数人が対象となり，複数のスピーカを用いてエリアごとに音場制御することで，各個人にふさわしい快適で機能的な快音環境を構築することができる。今後，さまざまな分野で快音の技術進展が期待される。

◆もっと詳しく！
田中基八郎, 戸井武司, 佐藤太一：静音化&快音化設計技術ハンドブック, 三松 (2012)

重要語句　反射波，乱反射率，残響時間，拡散体，拡散音場

拡散と散乱
[英] diffusion and scattering

室内を伝搬する音のエネルギーは，壁面における反射を繰り返すうち，空間内に拡散する。反射の際，壁面の凹凸，柱や家具によって音波が散乱されると，音場の拡散性は高まる。その効果を狙って，コンサートホールやスタジオなどではさまざまな形状の拡散体が設置される。

A. 壁面における音響散乱

（1）鏡面反射と散乱反射　音波が凹凸のある壁面で反射されると，反射波は指向特性をもって空間中に広がっていく。反射波はスネルの法則に従う鏡面反射成分と散乱反射成分に分けられる。壁面の散乱性能を表す**乱反射率**（scattering coefficient）は，全反射エネルギーに対する散乱反射成分の割合として，次式により定義される。

$$s = 1 - \frac{E_{\text{spec}}}{E_{\text{total}}} = \frac{\alpha_{\text{spec}} - \alpha}{1 - \alpha}$$

ここで，E_{total}は全反射エネルギー，E_{spec}は鏡面反射エネルギー，αは吸音率，α_{spec}は鏡面吸音率（鏡面反射成分以外は吸音されたと見なした場合の吸音率）を表す。

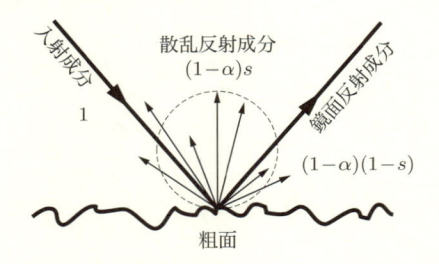

（2）散乱特性の測定　ランダム入射時の乱反射率は，**残響時間**（⇒p.222）から吸音率を算出する残響室法の応用によって測定が可能である。残響室内の回転台に円形試料を設置し，静止時と回転時の室内インパルス応答を計測すると，回転時では散乱反射成分が同期加算により相殺され，静止時より残響時間が短くなる。静止時の残響時間からは通常の吸音率，また，回転時の残響時間からは鏡面吸音率が算出され，定義式より乱反射率が求められる。写真は測定風景である。

（3）リブ構造の散乱特性　壁面に散乱性能を与える仕上げとして，断面形状が矩形や三角形のリブ構造がしばしば用いられる。リブ構造の乱反射率は，一般に，凹凸の周期より波長が短い高音域で大きくなる。三角形リブ構造（折屏風型）では，周波数の上昇とともに乱反射率はなだらかに増大する。一方，矩形リブ構造では溝の上下方向で位相干渉が生じ，乱反射率が周波数によって顕著に増減する。そのため，折屏風型のほうが音色に癖はつきにくく，**拡散体**としてより好ましい。

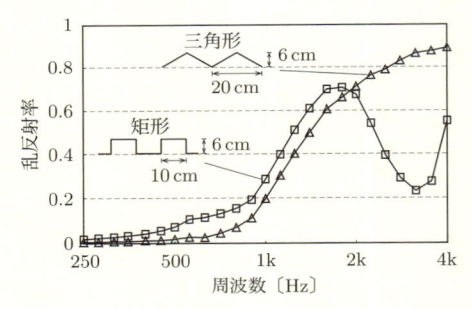

B. 室内における音響拡散

（1）室内音場の拡散性　室内音響設計の基礎となる残響理論は，**拡散音場**のつぎの二つの仮定に基づいて構築されている。

- 音響エネルギーの密度が室内で均一
- 音響エネルギーの流れがどの点でもあらゆる方向に一様

ただし，拡散音場はあくまで理想状態であり，現実の室内では成立しない。室内音場の拡散性は拡散音場の理想状態への近さを広義に意味し，エネルギーの均一性以外にも，残響の減衰性状や到来波のランダム性などさまざまな観点から評価される。拡散性のおもな要因は，室の全体形状，反射面の詳細形状，吸音面の分布である。さらに，実際の室内では座席や家具などの物体による散乱や吸音の影響も加わる。

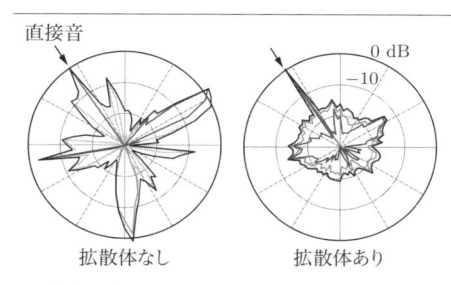

（2） 室形状と音場の拡散性　室形状は音場の拡散性の最も基本的な要因である。矩形の室では，反射波の波面が時間経過とともに単調に増加する。これに対して，円形の室では反射波が拡散と集中を繰り返すため，時間が経過しても波面が増加しにくい性質がある。一般に，凹曲面の壁や天井がある室では，音の焦点や死点が生じやすく，音場の拡散性は低下する。そのため，室内音響設計においては，円形や楕円形の全体形状を避け，凹曲面を用いないほうが無難である。

（3） 壁面散乱と音場の拡散性　反射面に凹凸を付けて散乱性能を与えると，下図の音波の分布のように，室形状に起因する状態から音場の拡散性は高められる。円形の室であっても，折屏風型などの拡散体の設置により，拡散性は大幅に向上する。ただし，凹凸の寸法より長い波長の低音域では散乱性能が低いため，低音域の拡散性の向上は見込めない。室形状の特性を緩和するためには，凹凸の寸法をある程度大きく設定する必要がある。

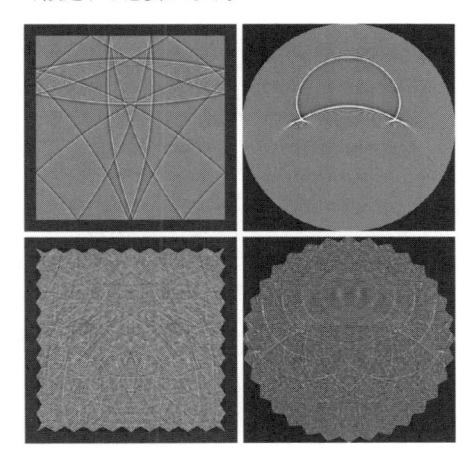

C． 拡散体の設計

（1） 凹凸面による拡散体　拡散体の散乱性能は，凹凸の寸法と音波の波長との関係によるので，下図のように拡散性を高めたい周波数に対して波長程度の寸法を設定する。凹凸の形状は，折屏風型，カマボコ型，半球型，角錐型やさまざまな不規則な形が用いられる。折屏風型やカマボコ型の場合，拡散体の幅に対して30〜50％の高さで散乱性能は最大となり，15％以上の高さが必要となる。なお，垂直入射時の散乱性能は20〜30％の高さで最大となり，平行壁間のフラッタエコーを抑制する目的であれば，10％の高さでもある程度の効果が得られる。また，大きな凹凸と細かな凹凸を重ねて与えると，広い周波数範囲で散乱性能を高められる。

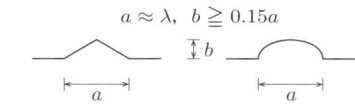

$$a \approx \lambda, \quad b \geqq 0.15a$$

（2） 位相格子による拡散体　壁面に異なる深さの溝を配列すると，溝底面までの往復により反射波の位相がばらつき，散乱反射が生じる。この原理を応用した拡散体として，平方剰余型拡散体（quadratic residue diffuser）が有名である。溝の深さをランダムに配列する方法として，整数列の2乗を素数で割った剰余数列を用いる。$N=11$の場合，$\{0\ 1\ 4\ 9\ 5\ 3\ 3\ 5\ 9\ 4\ 1\}$の数列が循環する。おのおのの溝の深さは，設計深さをDとして，次式で与えられる。

$$d_n = D\left(n^2 \bmod N\right)/N, \quad n=0,1,2,\cdots,N-1$$

散乱性能を発揮する周波数範囲は，設計深さを半波長とする下限周波数から，そのN倍の上限周波数にわたる。溝配列の周期は下限周波数の波長以上，設計深さの倍は必要となる。ただし，溝の幅が半波長となる周波数も上限となるため，適当な寸法を選択する。

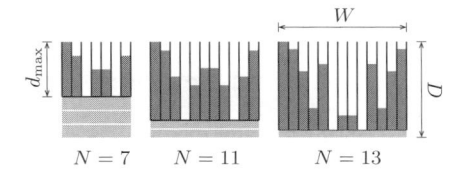

◆ もっと詳しく！

T. J. Cox & P. D'Antonio: *Acoustic absorbers and diffusers*, Taylor & Francis (2009)

重要語句 両耳間レベル差，両耳間時間差，聴覚情景分析，音脈分凝，注意，音素修復，マルチモーダル，選択的聴取

カクテルパーティ効果
[英] cocktail party effect

さまざまな音の中から目的の音だけを選択的に聴き取ることができる現象。カクテルパーティ効果は，音の空間情報（方向や距離）や音響特徴，さらにはトップダウンの注意など，さまざまな要素によって実現されると考えられている。

A. カクテルパーティ効果とは

カクテルパーティは，日本人にはあまり馴染みのない言葉であるが，大勢の人が一つの場に集い，あちらこちらで会話を行っている場の一例と考えてもらえばよい。おそらくほとんどの人がこれまでにどこかで経験したことがあるように，たくさんの会話が飛び交っている場であっても，われわれは会話の相手の声だけを聴き取り，会話を続けることができる。このたくさんの音声の中から目的の音声だけを認識できる現象が「カクテルパーティ効果」である。原典（E. C. Cherry, JASA, 1953）に従ったいい方をすれば，カクテルパーティ効果は，目的の音声以外の音声が認識できなくなる現象である。

カクテルパーティ効果のおもしろいところは，目的の音を聴取できることはもちろんであるが，この「目的の音声以外の音声が認識できなくなる」ところにある。というのは，「認識できない＝聞こえていない」ではないからである。例えば，さまざまな音声が溢れている場所で，あなたがAさんと会話している状況を想像してみよう。このとき，Bさんに突然あなたの名前を呼ばれたら，あなたはどう反応するだろうか。おそらく，Bさんのほうを向くことができるはずである。Aさんと会話しているとき，Aさんの話以外は認識できていないにもかかわらず，自分の名前が呼ばれて反応できるということは，Aさんの声（目的の音声）以外もちゃんと聞こえていることを示している。

このことから，カクテルパーティ効果は，目的の音声だけを聴取してそれ以外の音声を排除するフィルタリングのようなメカニズムによってなされるのではなく，すべての音声を聴き，その中から目的の音を選択的に聴取し認識するメカニズムによってなされていると考えられる。

B. カクテルパーティ効果を実現する要素

カクテルパーティ効果に興味を持たない聴覚研究者は皆無といっても過言ではないだろう。それだけ，カクテルパーティ効果は聴覚の不思議な能力の宝庫であり，さまざまな能力を駆使してカクテルパーティ効果は実現されている。ここでは，カクテルパーティ効果を実現する能力を，その実現に必要な要素として以下に挙げる。

（1）両耳間の情報 カクテルパーティ効果を実現する上で，それぞれの話者（音源）が異なるとわからなければならない。では，われわれはどのようにして，複数の音声がある状況でそれぞれの話者（音源）が異なると知覚しているのであろうか。音源が異なる場所にあることがわかれば，音源が異なると判断できるであろう。したがって，どちらの方向にあるのか，どのくらい離れたところにあるのか，といった空間情報は，音源が異なると知覚する上で重要な要素である。

音源の空間情報を得るために，われわれは両耳に到来する音源からの情報（**両耳間レベル差**や**両耳間時間差**など，⇒ p.306）を利用している。したがって，これら両耳間の情報がカクテルパーティ効果を実現する要素の一つである。しかし，両耳間の情報がなくとも（例えば，片耳での聴取や一つのスピーカから複数の音声が呈示される場合），われわれはさまざまな音声の中から目的の音声を聴き取ることができる。以下では，両耳間の情報以外に音源が異なると判断できる要素について述べる。

（2）聴覚情景分析 どのようにして異なる話者の音声を異なる音声であると知覚できているのであろうか。この疑問の答えの一つは，**聴覚情景分析**（⇒ p.308）である。詳細はその項目の解説を読んでいただくとして，聴覚情景分析とは，混合音の情報を分離し，一つの音のまとまり（音像）にする過程のことである。われわれの聴覚は分析合成系と考えることができ，混合音声を周波数レベルで分析し，それを音像ごとに合成する機能を持っている。これによって，話者ごとの音声に分離できるのである。ただし，音像ごとにまとめるだけではカクテルパーティ効果は実現できない。音には音像以外の側面があるからである。

（3）音脈分凝 音は音像であると同時に時間とともに変化するものである。この時間軸上の音の流れは音脈と呼ばれ，音の時系列上の並びを同じ音脈や異なる音脈として捉える現象を**音脈分凝**（⇒ p.130）と呼ぶ。一つの音脈を捉えることも，カクテルパーティ効果の要素として重要である。われわれは音像だけでなく，音脈という形でも同じ話者の音声をつねに探って

いるのである。

ここまでは，聴覚の分析合成系としての機能におけるボトムアップ処理（末梢などの低次から高次にかけての処理）による音源や音声を分離する要素について述べてきた。しかし，音源や音声を分離できても，目的の音を聴き取れるわけではない。カクテルパーティ効果には，トップダウンの処理（高次から低次への処理）が欠かせない。

（4）注意 Cさんの話を聞いているときにふとDさんの話が気になり，Cさんに目を向けながらDさんの話に耳を傾けた経験はないだろうか。CさんとDさんが同時に話をしている状況でも，聞きたいほうの音声に切り替えることができる。これには，聞きたい音声に**注意**を向けるというトップダウンの処理が関わっている。注意の働きは，混合音声からいくつかの音声に分離したのち，その中から一つの音声を選択することである。しかし，どのように認識する音声を切り替えているのかといった注意のメカニズムについて，わかっていることは少ない。ここでは注意が認識の切り替えで用いられると説明したが，注意の働きは認識レベルだけではないことが明らかになってきている。したがって，カクテルパーティ効果においても注意がどのレベルで，どの程度必要であるのかはわかっていない。カクテルパーティ効果のメカニズムの全容を解明するためには，注意のメカニズムを明らかにすることが最も重要であろう。ただし，注意のメカニズムだけでカクテルパーティ効果を実現できるわけではない。じつは他に聴取を助ける要素も関わっているのである。

（5）音素修復 これまで挙げた要素を利用し，音声を分離して目的の音声を選択的に知覚できたとしても，カクテルパーティ効果が実現できないことがある。それは，目的の音が他の音声によってマスク（⇒p.402）されてしまうことがあるからである。ところが，聴き取れない部分があっても，われわれは音が滑らかに繋がっているように聴取している。これは，聴き取れなかった部分を補完する機能をわれわれが持っているからである。この補完する現象は連続聴効果，特に音声の場合は**音素修復**（⇒p.128）現象と呼ばれている。音素修復では，話の前後から聴き取れなかった部分を推定しており，これもトップダウン処理の一つである。

（6）他感覚情報 音素修復以外にも，われわれの聴取を助ける働きがある。われわれは音を聴くことを聴覚だけで行っているわけではなく，**マルチモーダル**（⇒p.408）な情報を統合して音を知覚している。特に音声を聴く際には，話者の口の動きから音韻を予測し，聴き取れなかった部分を補完することも，ある程度は可能である。また，身振りや前後の話から話の内容を予測可能かもしれない。

以上，カクテルパーティ効果の要素と考えられるものを列挙した。しかし，ここに列挙したものがすべてではない。すでに知られている他の要素もある。今後新たに発見されるものもあるかもしれない。カクテルパーティ効果は，われわれが日常的に当たり前に行っている現象であるが，そのメカニズムはたいへん複雑であり，すべての解明にはまだまだ時間がかかりそうである。

C. 現在のカクテルパーティ効果の考え方

ここまでは，原典に従ってカクテルパーティ効果を音声に見られる現象として概説してきた。さて，カクテルパーティ効果は，音声だけで見られる現象であろうか。答えは否である。音声に限らず，楽器音や機械音などであっても，われわれは目的の音を選択的に聴き取ることができる。今日，カクテルパーティ効果という言葉が使われるときには，元来の音声に限定した現象ではなく，目的の音のみをさまざまな音の中から選択的に聴き取る**選択的聴取**一般を指すことが多い（例えば「楽器音分離」（⇒p.142）を参照）。選択的聴取であっても，必要な要素のほとんどはカクテルパーティ効果のものと同じであると考えられる。

D. 工学的応用

カクテルパーティ効果の工学的応用は，ブラインド音源分離（⇒p.386）である。ヒトが実際に行っている原理と同じではないが，さまざまな音の中から一つの音を取り出す試みを，システムとして実現したものである。手法の中には，ヒトのトップダウン処理に着目し，学習によって音源分離を行う試みもある。

◆もっと詳しく！

E. C. Cherry: "Some experiments on the recognition of speech, with one and with two ears", J. Acoust. Sci. Am. (1953)

重要語句　自動作曲，音楽制作，音楽スタイル，音声認識システム，言語モデル，感性語，音楽理論，MIDI

確率的手法による自動作曲
[英] automatic composition with probabilistic methods

計算機を用いて自動的に楽曲を生成する方法のうち，確率論や統計学の知見を使うもの。時系列メディアを扱うことから，音声言語処理や自然言語処理の確率的手法が応用されることが多い。

A．自動作曲

自動作曲とは，計算機を用いて楽曲を自動で生成することである。作曲の技能を持たない人の**音楽制作**（⇒p.76）の支援や，作曲家が新しい**音楽スタイル**を創造する手段として有用である。「楽曲とはなにか」という定義は多様である。そこで，自動作曲とは，目的に応じた「楽曲とはなにか」をかりに定義し，それを逸脱しない楽曲を生成する技術である，ともいえる。音楽制作支援が目的であれば，多くの人が慣れ親しむ音楽スタイル（特定の時代の歌謡曲やクラシック音楽）に従った楽曲を生成する技術であり，作曲家による新しい音楽スタイルの創造目的であれば，作曲家自身が満足する楽曲を生成する技術である。より詳細な説明については，項目「アルゴリズミック作編曲」（⇒p.10）を参照されたい。

B．確率的手法を用いる目的とその特徴

おもにつぎの三つの目的がある。

1) 不確定性を導入した作品制作のため
   偶然性を取り入れた表現や，作曲者の人為的な要素を排除するために，確率を用いる。

2) データベースの統計的情報を用いるため
   データベースの特徴を反映するために，確率を用いる。すなわち，データベース中の楽曲の音高や音長の傾向を確率分布として求め，その分布に従うように音高・音長を生成する。

3) さまざまな制約条件を統合して用いるため
   人手で与えられる条件や，データから得られる条件などを統一的に扱い，AND（掛け算）と OR（足し算）の演算を行えるようにするために，確率を用いる。

1)の例としては，作曲家クセナキスによる作品が有名である。2)と3)の例では**音声認識システム**（⇒p.116）における**言語モデル**（⇒p.174）の確率モデルを応用する手法が多い。確率分布は楽曲データベースからの統計的学習などで設定し，楽曲は確率分布からのサンプリングや生成確率を最大化する最適化によって生成される。

C．確率的手法による自動作曲の概略

確率的手法による自動作曲は，自動作曲を行う目的に応じて多様な手法がある。ここでは，自動作曲の (1) 入出力設計，(2) データベース，(3) 確率モデル，(4) 生成手法，5) 評価方法について，それぞれ代表的な方法を挙げる。

（1）入出力設計　　作曲家が自分の作品を制作するために自動作曲を行う際には，入力がなく楽曲を出力するだけの自動作曲手法である場合がある。この場合，作曲家による手法の設計自体によって，生成される楽曲が特徴付けられる。

音楽の非専門家による音楽制作の支援を目的とした手法では，生成される楽曲を変化・制御するためのパラメータを，入力として受け付ける手法が多い。例えば，「明るい」「楽しい」といった感性語や，「ロック」「ジャズ」といった音楽スタイルの選択を入力とする。また，自動的に編曲を行う手法の場合には，楽曲の部分的な旋律や和音などを入力とする。

一方，手法の出力の設計としては，入力で与えられたパラメータに基づいた制約を満たす楽曲を出力するもの，既存の作曲法や**音楽理論**から逸脱がない楽曲を出力するもの，生成楽曲のいくつかの候補を同時に出力するものなどがある。

（2）データベース　　音楽データは音響信号や譜面の画像として存在していることが多く，そのままではデータベース中の音楽の傾向を扱うための統計的情報の計算が困難である。計算機による分析が便利なように整備された有名なデータベースとしては，Koska-Payne Corpus, Essen folksong collection のほか，Humdrum toolkit に付属するデータベースなどがある。

しかし，音声言語処理や自然言語処理で用いられるようなデータベースと比べるとサイズが小さいため，より大規模なデータを用いる試みも行われている。インターネット上で公開されている Standard **MIDI**（⇒p.452）形式やMusicXML 形式の音楽ファイルを用いる試みもある。これらのデータにより，数千曲規模の楽曲データを扱えるようになるが，用いる前にデータの形式が統一されているか，品質が保たれているかをチェックする必要がある。

（3）確率モデル　　自動作曲で生成されるものには音高の列や和音の列といった系列が多く，マルコフ連鎖によってモデル化されると便利なことが多い．階層的な構造に着目する場合には，隠れマルコフモデル（⇒p.96）やベイジアンネットワークのようにマルコフ連鎖に潜在変数を導入するか，確率自由文脈文法のように木構造によってモデル化される．データベースを利用する場合には，少ない学習データを活用できるように，音高そのものを確率変数とするか，音程を確率変数とするかなどを工夫する．確率値は必ずしもデータベースから学習する必要はなく，手動で設定することもできる．

　（4）生成手法　　確率に基づきサンプリングで生成する方法と，最適化によって生成する方法がある．サンプリングによる方法では，サイコロで選んだ曲断片を演奏するモーツァルトの作品（K.516f）のような方法や，確率分布に従う音高やリズムをマルコフ連鎖モンテカルロなどによって生成する方法がある．最適化による方法では，動的計画法や遺伝的アルゴリズムなどを用いて，楽曲の生成確率やパラメータの尤度を最大化して生成する．このほか，生成された結果を一時的にユーザーにフィードバックし，それに基づき入力パラメータを再編集して自動作曲を行う，インタラクティブな生成手法もある．

　（5）評価方法　　おもに主観評価実験によって行われる．自動作曲をする目的に即して，実際にその目的を達成しているかを検証する．感性語に対応した楽曲かどうか，楽しい曲かどうか，といった質問文を準備し，可能な限り多くの被験者を集め，その回答を分析する．

　ここで，良い曲かどうか，というような漠然とした評価項目ではなく，手法の目的に合致した質問項目で詳細に評価することが重要である．既存の音楽理論からの逸脱の少ない楽曲を生成するといった目的の場合には，音楽専門家による評価も有用である．このほか，手法のパラメータやさまざまな入力の違いに起因して生成楽曲がどのように変化するかを，主観評価もしくは旋律の類似度や編集距離という客観的な数値で評価することも，自動作曲手法の性質を知るのに役立つ．

D. 確率的手法による自動作曲に関する議論

　（1）作曲手法の有用性　　目的の異なる自動作曲手法同士で有用性を比較することはできないため，新しく提案する自動作曲手法を既存手法と比べるときには注意が必要である．ここでは，目的が音楽非専門家の音楽制作支援である場合について，有用性評価の基準を述べる．

　高い有用性のためには，生成される楽曲の品質と多様性を同時に考慮する必要がある．極端な例として，品質が良くても特定の1曲しか生成できない技術では，音楽制作の支援に使えない．一方，多様な生成結果を生成できても，多くの人が楽曲であると認めない生成結果では有用性が低い．生成される楽曲の品質を保ちつつ，入力に応じて多様な生成結果を生成できれば，さまざまな状況で用いる楽曲を自動生成することができ，音楽制作の支援技術としての有用性が高い．

　（2）なにが正解なのか　　将棋やチェスなど，相手に勝つという明確な目的がある問題と比べ，「楽曲を自動作曲する」という問題は，なにが生成結果として正解なのかが不明確である．実際，どのような楽曲を人が良いと感じるかは，社会的および個人的な要因によって大きく変動する．作曲家が作品を創作する場合であれば，作曲家自身が生成結果の良し悪しを判断できる．しかし，工学的な方法論で自動作曲技術を研究する場合，提案手法の性能を客観的に見積もれず，不便である．

　そこで，なにを正解とするのかを明確に仮定して研究を行うことが重要である．例えば，既存の音楽の知見との整合性を重視し，既存の作曲法や音楽理論に書かれた内容に沿っていれば正解と見なす方法がある．または，さまざまな楽曲の評価を可能な限り多くの人から収集し，それを分析することで「このような楽曲が生成結果として正解」という仮説を立てる，大規模なサーベイに基づいた方法もある．

　（3）スタイルの反映　　確率的手法を用いた自動作曲手法の興味深い研究課題の一つに，作曲家や音楽スタイルをいかに自動生成結果に反映するか，という課題がある．単に楽曲を自動生成できるというだけでなく，魅力的な違いをもって楽曲を作り分けることができれば，データベースを活用する確率的手法による自動作曲手法の強みをより発揮することができる．

◆もっと詳しく！
G. Nierhaus: *Algorithmic Composition: Paradigms of Automated Music Generation*, Springer Publishing Company, Incorporated (2008)

重要語句　音の伝搬，可視化，波面，共鳴，振動モード，粒子速度

可視化教材
[英] visualization of sound and vibration on education in acoustics

直接目に見えない音や振動の振る舞いを理解する上で，現象の可視化はきわめて有効である。物理実験による可視化は，現象（結果）を視覚的に訴えることで直観的な理解を助けるだけでなく，実験手法の原理の理解や実験手法・手順の工夫を通して物理現象の深い理解にも繋がるため，教育という観点からもきわめて重要と考えられる。ここでは，音や振動の振る舞いに関する可視化教材に応用されている，あるいは今後応用が可能と考えられる5種類の可視化実験手法について紹介する。

A. リプルタンク法

水面に生じる波は，水深が浅い場合には音の波動方程式と同じ形で表現でき，**音の伝搬**を**可視化**する手法として古くから用いられている。リプルタンク（ripple tank）法の実験装置には種々の方式が用いられているが，代表的な方法は，透明な床面を有する水槽の下にスクリーンを設置し，水槽の上部から光を当て，波紋の影をスクリーン上に投影する方法である。下図に可視化装置の例を示す。小型の水槽であれば，OHPの平台の上に水槽を設置して，波紋をスクリーン上に投影する方法でも実験可能である（💿1, 2）。

B. フレネル（Fresnel）法

光学的可視化手法の中でも歴史が長く，比較的手軽に行うことが可能な実験手法の一つとして，シュリーレン法（⇒p.234）が挙げられる。フレネル法は，シュリーレン法とほぼ同じ実験装置（下図）で，数MHzより低い周波数の超音波の**波面**を可視化できる手法である。超音波が伝搬している水槽に平行光線を通過させると，音波の周波数に応じた媒質密度の周期的変化が光線に対して屈折率の周期的変化となり，回折格子として作用して光線がフレネル回折を起こす。

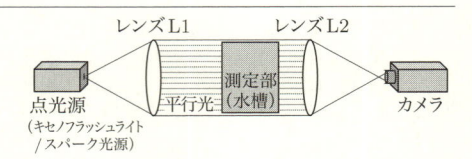

このフレネル回折により生じる干渉縞の周期は，回折格子の周期（ここでは音波による媒質密度の疎密周期）と一致することから，フレネル回折光を撮影することで伝搬する音波のスナップショットが得られる。音源としてトーンバースト信号などを用い，音波の発生時間に対して光源の発光時間を制御して異なるタイミングで撮影することで，音波が伝搬する様子を動画として観測することができる。下図に，6本の円柱列による超音波パルスの反射の様子を，フレネル法により可視化した結果を示す。これは，ホイヘンスの原理による反射を説明するための教材である。

(a) 入射波

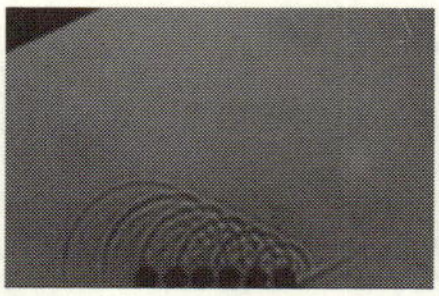

(b) 各円柱による散乱（素元波） 　　(c) 反射波の波面形成

C. クントの実験

アウグスト・クント（August Kundt）は，気体中の音速を求めるために，ガラス管内に可視化材料として砂を撒き，共鳴のエネルギーによって砂が激しく振動する様子から管内の定在波を観測した。その後，この実験手法は，管内における定在波の可視化に留まらず，広く共鳴現象の可視化手法として用いられてきている。次図に，2次元室の固有モードを可視化する装置の例を示す。実験対象の音波の波長に対して十分薄い密閉された空間に可視化材料としてコルク粉を撒いた装置であり，側面に取り付けたスピーカから密閉空間に音を放射する。

出力する純音の周波数を変化させて室のモード周波数に一致させると，粒子速度が大きくなる位置のコルク粉が激しく振動し，室の固有モードを可視化することができる（🎦3）。このような室の固有モードの可視化は，室内音響設計時の模型実験手法としても応用されている。そのほかにも，アクティブモード制御による音場の変化やレゾネータ（共鳴器）のメカニズムを可視化（🎦4）する実験などにも応用されている。また，可視化材料として，砂やコルク粉などの粒状物質を用いる代わりにサラダ油などの液体を用いた実験装置も開発されている（🎦5）。円形2次元室におけるノーマルモードの可視化を下図に示す。

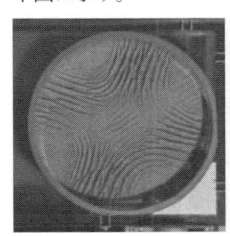

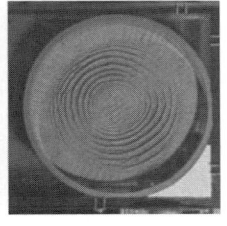

D. クラドニ図形（Chladni patterns）

平面板を水平に置いてその上に細かな砂を撒き，板の一点を固有振動周波数で加振すると，砂は固有振動の腹に当たる振動の激しい場所から押しのけられて節線上に集まり，節線のパターンを観察することができる。エルンスト・クラドニ（Ernst Chladni）がこの手法により種々の振動パターンを可視化したことに由来して，この方法により可視化されたパターンをクラドニ図形と呼ぶ。次図は正方形板の**振動モード**を可視化する実験装置の例である。板の中心を任意の周波数で点加振することができ，加振周波数を連続的に変化させると，固有周波数と一致するたびに複雑に変化する振動モードが描き出される（🎦6）。クラドニ図形による可視化は対象

とする平板形状を任意に設定できるため，その応用範囲は広く，単純な形状に限らずヴァイオリン表板の振動モードの観測などにも応用されている。

E. レイリー盤（Rayleigh disk）

音場内に小さな円盤を糸で吊るすと，音波により円盤が偶力を受けて回転し，糸の反力とつり合う角度で静止する。この現象を利用して円盤の回転角度から**粒子速度**を計測する装置をレイリー卿に由来してレイリー盤と呼ぶ。レイリー盤は，計測器として実用化され，マイクロホンの絶対校正に用いられてきた。下図は，釣り糸に反射板を吊るしてレイリー盤と見立て，レーザー光を反射させてスクリーン上に投影し，反射板の回転角度に応じて移動するレーザー光の動きを観察する実験装置の概略である。このような簡単な装置であっても，場の粒子速度に応じた反射板の回転をスクリーン上で移動するレーザー光で観察でき，その移動距離を計測することで音圧レベルを算出することも可能である。この手法を応用した可視化教材はこれまで見たことがないが，今後の応用が期待できる。

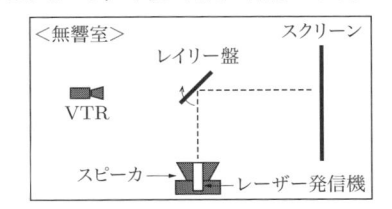

◆もっと詳しく！

1) 橘　秀樹ほか：音響工学基礎教育のための音の可視化, アコースティックイメージング研究会資料, AI-2009-10 (2009)
2) 山本　健ほか：超音波を用いた波の干渉を理解するためのビデオ教材開発, 日本物理教育学会近畿支部年報 近畿の物理教育 18, pp.12-15 (2012)

重要語句 劣決定,スパース性,低ランク性,非負値行列分解 (NMF),音源フィルタモデル,自動採譜,ロバスト主成分分析 (RPCA)

楽器音分離
[英] separation of musical instrument sounds

モノーラルの音楽音響信号に対して,なんらかの制約や仮定を導入することで楽器音を分離する技術.最終的には,ユーザーが所持している任意の楽曲に対して,任意の楽器パートを除去してカラオケ音源やマイナスワン音源を自動生成したり,特定の楽器パートの音量・音色・楽譜をあたかも MIDI ファイルを操作するかのごとく編集したりすることを目指している.

A. モノーラル信号の音源分離

市販 CD には通常ステレオ信号が収録されているが,位相差の情報は,楽器音分離の手掛かりに使えないと考えたほうがよい.ポピュラー音楽の制作過程では,歌唱や各楽器パートを別々に録音し,左右の音量差を変えることで各パートの定位感を演出することが一般的である.モノーラル信号の分離は**劣決定**と呼ばれる不良設定問題の一種であり,観測信号に内在する**スパース性**や**低ランク性**などの性質を,音の聴き分けの手掛かりに用いる必要がある.具体的には,各音源信号のスペクトルは局所的な周波数領域にエネルギーが集中していることや,観測信号のスペクトルは高々有限個の音源スペクトルが重畳して構成されていることなどを,音源分離の制約に用いる.参考までに,マルチチャネル信号処理において,音源数がマイク数以下となる優決定の状況では,マイク間の位相差や独立性などに着目することで,高精度な分離が可能である(⇒ p.386).

B. スペクトログラムの分解

モノーラル信号の分離では,**非負値行列分解** (**NMF**) がよく利用される.NMF では,与えられた非負値行列 $X = [x_1, \cdots, x_N] \in \mathbb{R}_+^{M \times N}$ が低ランク構造を持つと仮定し,$X \approx WH$ を満たす非負値行列 $W = [w_1, \cdots, w_K] \in \mathbb{R}_+^{M \times K}$ と $H = [h_1, \cdots, h_K]^T \in \mathbb{R}_+^{K \times N}$ との積に分解する(ただし $K \ll M, N$).近似誤差(コスト関数)の違いによりさまざまな変種が存在し,Kullback-Leibler(KL)ダイバージェンスに基づく KL-NMF や,Itakura-Saito(IS)ダイバージェンスに基づく IS-NMF がよく利用される.これらの NMF を特別な場合として含む β ダイバージェンスに基づく β-NMF も提案されている($\beta = 1$ が KL ダイバージェンス,$\beta = 0$ が IS ダイバージェンスに対応).これまでの研究では,KL-NMF あるいは $\beta = 0.5$ とした β-NMF が利用されることが多かった.IS-NMF は音源分離において理論的に最も妥当であると考えられるが,大域的な最適化が困難(性質の良い局所解を見つけることが困難)であるため,実用上はあまり用いられていないのが現状である.

基底スペクトル　　行列データ:非負スペクトログラム

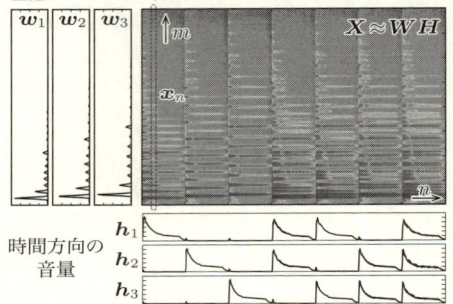

NMF を音源分離に適用するには,入力行列 X として非負のスペクトログラム(M は周波数ビン数,N はフレーム数)を必要とする.具体的には,短時間フーリエ変換(STFT)を用いて音響信号を時間・周波数領域の複素スペクトログラムに変換し,その絶対値(振幅)あるいは絶対値の 2 乗(パワー)を求める.連続ウェーブレット変換あるいは定 Q 変換を行うことで得られる対数周波数領域のスペクトログラムを用いてもよい.理論的には,KL-NMF に対しては振幅スペクトログラムを,IS-NMF に対してはパワースペクトログラムを入力とすべきであるが,実際の性能を見ながら恣意的に決めることもできる.NMF を適用した結果,基底スペクトル w_k および時間方向のアクティベーション h_k が得られる.入力スペクトログラムが複数の調波構造の重畳によって得られたものであれば,各基底スペクトルには個々の調波構造が現れるはずである.ここで K は基底の個数であり,入力スペクトログラムに合わせて適切に設定する必要がある.ノンパラメトリックベイズモデルを用いて,基底数をデータに合わせて自動決定する試みもなされている.

C. 時間信号の復元

NMF の結果を用いて,入力スペクトログラム X から個々の基底 k に対応する音源スペクトログラム $X^{(k)}$ を求めることができる.一般的な方法として,ウィーナーフィルタを用いて観測した振幅あるいはパワーを比例配分することが

行われる。

$$X_{mn}^{(k)} = \frac{W_{mk}H_{kn}}{\sum_{k'} W_{mk'}H_{k'n}} X_{mn}$$

最後に，得られた音源スペクトログラムを時間領域の信号に戻す逆変換を行う。しかし，NMFの際に位相情報が失われているため，音源スペクトログラムと観測スペクトログラムの位相は同一であるという仮定をおくことが一般的である。ここで，振幅スペクトログラムに対してある位相を付与して得られる複素スペクトログラムが「無矛盾」であるとは，ある時間信号を変換してそのスペクトログラムが得られる場合をいう。ランダムに位相を付与したり，もとの位相をそのまま使ったりするだけでは無矛盾なスペクトログラムにはならないため，適切な位相を復元する研究も行われている。

D．種々の拡張

NMFでは，異なる音高（調波構造）ごとに基底スペクトル w_k が割り当てられるため，混合音は音高ごとに分離される。しかし，多くの場面で，音楽を楽器パートごとに分離する，すなわち混合音を音色ごとに分離することが望まれる。

この問題を解決する有望な方法の一つが，人間の発声機構を説明するために提案された**音源フィルタモデル**（⇒ p.110）の利用である。このモデルは，さまざまな音色を持つ人間の声は，声帯振動に起因する音源信号が声道を通ることで，周波数特性が変化して生成されていると考えるものであり，楽器音の生成機構に対してもある程度妥当な説明を与える。例えば，ピアノの場合，弦の振動により周期的な音源信号が生成され，筐体で反響・共鳴することにより，ピアノ特有の音色を持つ音が生成される。つまり，音源信号は共通であっても，異なるフィルタを通過させることで，同じ音高でも異なる音色を持つ楽器音（例：ピアノのC4とギターのC4）を生成する機構が考えられる。ただし，実際の音楽では，さまざまな音色・音高の楽器音が重畳している。NMFでは，入力音響信号を少数の音高に分解していたのに対し，複合自己回帰モデルと呼ばれるソース—フィルタ型NMF（次図参照）では，入力音響信号を少数の音高（ソース）および音色（フィルタ）に分解することができる。その結果，音高に着目すれば**自動採譜**（⇒ p.226）が，また音色に着目すれば楽器パート分離が達成できる。

NMFの別の問題として，得られる基底スペクトルが通常の楽器音としては不自然なものにな

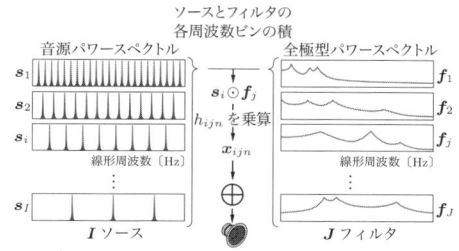

りやすいことが挙げられる。例えば，一つの調波構造が複数の基底スペクトルに分かれて表現されてしまうこともありうる。この問題を解決する有望な方法の一つが，各基底スペクトルに調波構造制約を課すことである。具体的には，基底スペクトルを単なる非負のベクトルと見なして全要素を独立なパラメータとして取り扱うのではなく，少数のパラメータを持つ関数形で表現することを考える。複合自己回帰モデルにおいても，音源スペクトルのくし型形状を混合ガウス関数で表現する拡張が提案されている。この関数は基本周波数をパラメータとして含むため，スペクトルの分解と同時に音高を直接推定することが可能である。

E．歌声・打楽器音の分離

市販CDレベルの複雑な音楽音響信号から歌声を分離する技術の進展は目覚ましい。例えば，**ロバスト主成分分析（RPCA）**を用いて高精度な歌声分離を行う手法が提案され，自動カラオケ生成の実現に着実に近づきつつある。RPCAでは，入力行列（スペクトログラム）X を低ランク行列 L とスパース行列 S との和 $X = L + S$ に分解することができる。伴奏音は同じスペクトルが繰り返し現れやすいので低ランク行列として，一方，歌声はその音高や音色が多様かつ連続的に変化し，倍音にエネルギーが集中する調波構造を持つため，スパースな行列として分離される。また，打楽器音を分離する技術も着実に研究が進められている。基本的なアイデアとしては，調波音のスペクトルと打楽器音のスペクトルの異方性（前者は時間方向に，後者は周波数方向に滑らか）に着目することで，両者を分離することが一般的である。

◆ もっと詳しく！
吉井和佳，糸山克寿：統計的音響信号処理の新展開，映像情報メディア学会誌, **69**, 2, pp.111–116 (2015)

重要語句　加算合成，FM音源，PCM方式，物理モデル，弦，管，膜，板

楽器の物理モデル
[英] physical model for musical instruments

楽器の物理モデルは，おもにアコースティック楽器の音をディジタル信号処理装置（DSP）により演算合成するためのモデルであり，楽器の発音の仕組みを数式やプログラミング言語などで表現したものである。物理モデルにより楽器音を合成する装置やソフトウェアは物理モデル音源と呼ばれる。

A. 音合成のモデル

電子楽器（⇒ p.338）における初期の信号処理モデルとしては，合成したい音の周波数成分に相当する正弦波を重ね合わせていく**加算合成**，白色雑音のような密なスペクトル構造を持った信号から周波数フィルタを用いて不要な周波数成分を除去していく減算合成などがある。また，1970年代に登場した**FM音源**は，正弦波に対して周波数変調を行うことにより多数の高調波成分を生成できることを利用するものである。特徴としては，少ない演算量で多数の高調波成分を発生させることができることや，演奏の強度や音の減衰に合わせて変調の深さを時間変化させることにより多数の高調波成分をまとめて制御できること，したがって，少ない数のパラメータ変化で劇的な音色の変化が得られることが挙げられる。

電子楽器を生の楽器の代替として用いることを目的とする場合，このような信号処理モデルに基づいて実際の楽器の音をそっくりに模倣することは難しいことから，近年では，実際の楽器の音をそっくりそのまま録音（サンプリング）して波形メモリに蓄えておき，演奏時には音量調整やピッチ変換など必要な信号処理を加えて再生する**PCM方式**が普及している。本物の楽器の音の波形をベースとしていることから，本物とそっくりな音が鳴るという意味でのリアリティは，それまでの方式に比べると一線を画すものである。一方で，生の楽器なら演奏に関する各種パラメータ（例えば擦弦楽器においては弓の圧力や速度，擦弦位置など）を動的に変化させることにより音色に多彩な変化を与えることができるが，PCM方式では基本的にはあらかじめサンプリングされた波形しか用いることができず，演奏者が音色を自在に変化させるという意味での再現性は高くない。

これらとは別の流れとして，実際の楽器の発音の仕組みを物理現象として数値シミュレーションによりコンピュータ上で仮想的に再現することによる**物理モデル**音源が，1980年代末に登場した。楽器における物理現象をシミュレーションしていることから，実際の楽器の演奏に関する各種パラメータの変化に応じて自然に音色の変化を再現することも可能である。さらに，物理パラメータを調整することによって，実物として存在しない楽器の音でも自在に作り出すことができることは，PCM音源にはない特徴である。

B. 楽器の発音機構の概要

楽器の発音機構を信号処理という観点から見ると，大まかには次図に示すように，(a) 自由振動系あるいは強制振動系と，(b) 自励振動系に大別できる。前者は，初期条件または振動する外力などとして与えられた入力信号により，共振器が駆動される機構である。後者は，入力信号は直流的であり，共振器からのフィードバックにより入力信号が共振器への入力に変換され，振動が持続する機構である。いずれの場合でも，駆動信号により系にエネルギーが供給され共振器が振動し，音響放射特性などを表す伝達系を経て最終的な音響出力となる。これ以降，駆動信号，変換器，共振器の典型的なモデルを紹介する。

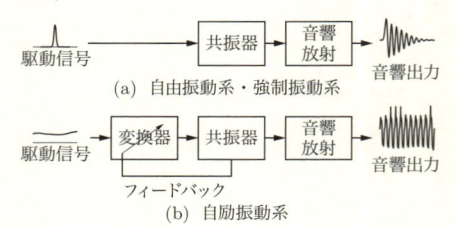

駆動信号 → 共振器 → 音響放射 → 音響出力
(a) 自由振動系・強制振動系

駆動信号 → 変換器 → 共振器 → 音響放射 → 音響出力
　　　　　←フィードバック←
(b) 自励振動系

C. 駆動信号

打弦楽器（⇒ p.374）や撥弦楽器（⇒ p.162）など，発音初期にのみ楽器を駆動し，あとは減衰していく楽器は，自由振動系もしくは強制振動系である。このとき，駆動信号は「打つ」「はじく」などの方法で系に振動エネルギーを与えるものであり，大まかには自由振動系における初期条件としてモデリングできる。より厳密には，例えばピアノのハンマが弦を叩くときのように，有限の接触時間を考慮する場合，ハンマと弦が接触している間は，時間の関数を駆動項とする強制振動系と考えることもできる。この場合，駆動信号は，共振器に振動を引き起こすために楽器の音の周期と同等以下の時間スケールにおいて変動する信号である。

自励振動系においては，駆動信号は管楽器に

おける息の流れや擦弦楽器における弓の移動など，演奏情報の時間スケールにおいて変動するものの，音の周期の時間スケールで見れば直流的であり，なんらかの変換器を介して共振器に振動を持続させるエネルギーを供給する。

下図は，打弦楽器における質点による打弦のモデリング例である。ここで，質点は質量 m のみを持ち，ハンマの軟らかさなどは無視している。質点が弦に接触しているとき，慣性力と質点が弦から受ける力のつり合いから，打点における弦振動の上向き速度成分 v の時間微分を $\dot{v}$ とすると，$f_\mathrm{m} + f_\mathrm{m1} + f_\mathrm{m2} = 0$ $(f_\mathrm{m} = -m\dot{v})$ であり，質点が弦から跳ね返されて離れると，$f_\mathrm{m} = 0$ となる。

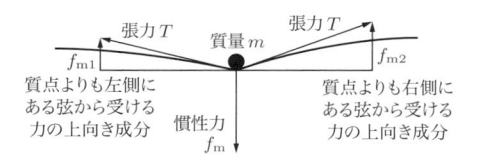

この例では弦と質点の相互作用を考慮しているが，もっと単純に，ハンマが弦に加える外力を（弦のダイナミクスとは関係なく）時間の関数 $f(t)$ で表す方法も考えられる。この場合は，単に $f_\mathrm{m} = f(t)$ を与えればよい。

D. 変換器

気鳴楽器（⇒p.388）や擦弦楽器（⇒p.18）のように音が持続する楽器は自励振動系であり，直流的な駆動信号を共振器の振動に変換するため，なんらかの非線形性を有する変換器が存在する。このとき，共振器からのフィードバックにより変換パラメータが変動し，直流的な入力信号が変換されることにより，フィードバックループが形成され自励振動が起きる。例えば，リード楽器においてはリードが変換器に相当し，空気の流れを断続するバルブの役目を果たし，おもに共振器からのフィードバックによりバルブの開閉が制御される。擦弦楽器では，弓と弦の相対速度によって摩擦係数が変化することで，直流的な弓の速度が弦振動に変換される。

次図は，弓と弦の相対速度と摩擦力の関係の概略図である。単純な粘性抵抗とは異なり，動摩擦と静止摩擦およびその中間の領域があり，発振回路における負性抵抗と同様の特性を有する区間が存在することから，弓と弦の間の圧力や弓の速度を適切に設定することで自励振動が発生する。

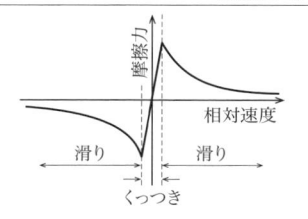

E. 共振器

ピアノやギターなど弦鳴楽器における**弦**，トランペットなど気鳴楽器における**管**の中の空気，太鼓など膜鳴楽器における**膜**，シンバルなど体鳴楽器における**板**は，共振器である。音にピッチ感を有する楽器において，楽音のピッチはほとんど共振器の固有周波数で決定される。ハーモニカなどフリーリード楽器におけるリード（舌）は，空気の流れを断続するバルブ（上述の変換器）の機能と共振器の機能を兼ねている。

共振器のモデリングにはいくつかの方法が考えられる。ここで，弦や気柱における1次元の共振器を考える。この場合の支配方程式は1次元の波動方程式で表現することができ，その解は正方向および負方向に伝搬する波動（進行波および後退波）の重ね合わせとなる。すなわち，これは一種の遅延線と見なすことができ，進行波と後退波を表現する2本の遅延素子を用いて，そのままディジタル信号処理系に組み込むことができる。このような手法は，ディジタルウェーブガイドモデル（digital waveguide model）と呼ばれ，ディジタル信号処理に特化したマイクロプロセッサであるDSPでの実装が容易である。下図に単純な打弦楽器のモデリング例を示す。

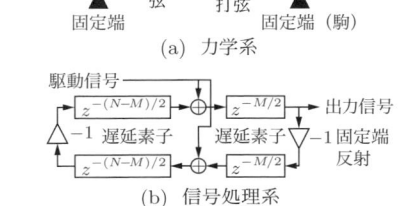

これとは別の手法として，共振器の応答を固有モードの重ね合わせとして求める，モード展開法という手法もある。

◆ もっと詳しく！

Smith, J.O.: *Physical Audio Signal Processing*, http://ccrma.stanford.edu/~jos/pasp/, on-line book, 2010 edition（2015/4/1現在）

重要語句 発音源，気鳴楽器，弦鳴楽器，膜鳴楽器，体鳴楽器，電鳴楽器

楽器の分類
［英］classification of musical instruments

種々の分類がありうる。音楽大学などにおける（管／弦／打／鍵盤）楽器／声楽は，教育課程のコース分けを考慮した便宜的な分類であり，分類の観点に一貫性がない。発音源による（気鳴／弦鳴／膜鳴／体鳴／電鳴）楽器という分類が，合理的な分類（最上位の分類に漏れや重複がない分類）として，学術書などで使われている。

A. 発音源による分類

楽器の音は，われわれの耳に媒質の中を伝わる疎密波として届く。媒質は，素潜りで水中で音を聞く場合は水であるが，そのような特殊な場合を除いて，通常は空気である。

空気の疎密波を生み出すのは物体の振動である。空気の疎密波を生じさせる原因となるものを**発音源**という。発音源による楽器の分類が，第1次世界大戦が始まった年にエーリッヒ・フォン・ホルンボステルとクルト・ザックスによって発表されている。

以下，その分類に従って述べる。

（1） 気鳴楽器 楽器としては，発音源が何であっても構わない。最終的に空気の振動を作ることができればよいのである。

空気そのものが発音源である場合もある。発音源が空気である楽器は**気鳴楽器**（aerophone）と呼ばれる。「笛やラッパ」と総称される楽器がこの代表である。

気鳴楽器には，リード（通常は葦や竹で作られる薄い振動片）の役割を空気が果たす「エアリード楽器」（⇒p.388），葦や竹製などのリードを実際に持つ「リード木管楽器」，唇をリードとして使う「リップリード楽器」がある。リード木管楽器はリードが1枚の「シングルリード楽器」と2枚の「ダブルリード楽器」に分かれる。リップリード楽器は，一般には「金管楽器」と呼ばれる。空隙に金属片などのリードをかざしておいてそこに空気を通すと，金属片が振動して空気を振動させることができる。このタイプの楽器は，リードを発音源と見なせば後述の体鳴楽器と考えられなくもないが，リードの振動様態が空気流との相互作用によって決まるので，気鳴楽器に分類され，「フリーリード楽器」と呼ばれる。

（2） 弦鳴楽器 弦の振動が発音源になることもある。このような楽器を**弦鳴楽器**（chordophone）という。ただし，弦が空気中で振動しても，弦の周辺の空気をほんの少し押しのけながら振動するだけで，空気の疎密波を作り出す効率が悪い。弦鳴楽器では，空気の疎密波を作り出す効率を上げるために，通常は駒を介して弦の振動を面状の板あるいは膜に伝えて，その板や膜の振動が空気の疎密波を効率的に生じるようになっている。

ヴァイオリン（⇒p.18）やギター（⇒p.162）など，ネックを持ち弦が露出している典型的な弦楽器とともに，ピアノ（⇒p.374）やチェンバロなども，意識はされにくいが，板を振動させる弦鳴楽器である。三味線や二胡は膜を振動させる弦鳴楽器の代表である。

（3） 膜鳴楽器 空気中で平面的なものが振動して，その振動が空気の疎密波を起こすこともある。周囲を固定された膜のような平面的な振動体を持つ楽器を**膜鳴楽器**（membranophone）という。太鼓やティンパニー，ドラムなど，膜の振動によってそれに接する空気の疎密波ができるのがこの例である。通常は叩くことによって発音させるので，打楽器である。

（4） 体鳴楽器 木片や金属片あるいは石のような固体を叩くと音がする。これは，それらの固体が弾性振動することによって，その周囲の空気に疎密波を生じさせるからである。発音源が弾性体である楽器を**体鳴楽器**（idiophone）という。膜鳴楽器以外の打楽器がほぼこれに当たる。

明確な音高を感じさせるようにした弾性体を並べたマリンバのような楽器と，特定の音高を感じさせないシンバルやカスタネットのような楽器に分かれる。チェレスタのように鍵盤を持ったものもある。

（5） 電鳴楽器 物体の振動を電気によって作り出すこともできる。電気によって作られた振動を発音源とする楽器を**電鳴楽器**（electrophone, ⇒p.338）という。電鳴楽器の場合，空気の疎密波を作り出す最終的な振動体は，通常はスピーカのコーン紙あるいは圧電素子である。

電鳴楽器は，振動そのものを電気で作り出す楽器を指すが，物理的な振動を電気的に拾ってそれを加工する楽器や，収録・格納しておいた音響信号を演奏情報によって制御して最終的な振動波形を作る楽器も，これに含めることが多い。

B. エネルギーの供給による分類

別の合理的な（漏れや重なりがない）分類として，発音源の振動を持続させるために，楽器に

エネルギーの持続的供給ができるか否かによって分類することも可能である。つまり、楽器は持続音を出せる「自励振動楽器」と持続音を出せない「減衰振動楽器」に二分される。以上のように考えると、楽器の分類としては、「発音源による分類」と「エネルギー供給による分類」を組み合わせるのが最も合理的である。この方法による分類（歴史上の楽器も一部含む）を下表に示す。

◆ もっと詳しく！

柳田益造：楽器の科学，ソフトバンククリエイティブ (2013)

		減衰振動楽器	自励振動楽器
気鳴楽器			管楽器 　金管楽器（リップリード楽器） 　　トランペット，トロンボーン，ホルン，チューバ，コルネット， 　　ユーフォニウム，サックバット，セルパン，ディジュリドゥー 　木管楽器 　　エアリード 　　　縦笛：ケーナ，尺八，パンパイプ，サンポーニャ 　　　横笛：フルート，ピッコロ，竜笛 　　　呼子笛・球笛：リコーダ，フラジオレット，オカリナ 　　　シングル・リード：クラリネット，サクソフォン 　　　ダブル・リード：ファゴット，オーボエ，コール・アングレ， 　　　　　　　　　　アウロス，クルムホルン，ラケット，ショーム 　フリーリード楽器 　　マウス・オルガン：ハーモニカ，ピアニカ，笙 　　足踏みふいご楽器：リード・オルガン，ハーモニウム 　　手風琴：アコーディオン，バンドネオン，コンセルティーナ 　　腕押し皮袋：バグパイプ，ツァンポーニャ 　フルーパイプ＋リードパイプ　パイプオルガン
体鳴楽器	定ピッチ	木琴類：ザイロフォン（シロフォン），マリンバ 鉄琴類：グロッケンシュピール，チェレスタ（鍵盤付き） 　　　　チャイム，チューブラーベル，スティール・ドラム 振動体群：ハンドベル，鐘，編鐘，石琴，編磬 口琴類：（ジューズ・ハープ）：ムックリ 親指ピアノ類：サンザ，イリンバ，リケンベ，ムビラ	ピッチ制御 　ミュージカル・ソー（弓でひく） 定ピッチ 　ミュージカル・グラス，グラス・ハーモニカ（指でこする） 不定ピッチ 　スクレイパー（洗濯板・ヤスリ状のものを棒でこする）
	不定ピッチ	単発音：シンバル，カスタネット，トライアングル， 　　　　タムタム，クラッパー，ささら，撥杵（叩き棒） 不規則多発音：ギロ，マラカス，ラットル，びんざさら	
膜鳴楽器	定ピッチ	ティンパニー	ミルリトン：ユーナック・フルート，カズー，ゾボなど
	不定ピッチ	各種（円筒／円錐／樽／砂時計／枠／長胴／鉢）型ドラム	摩擦ドラム：ライオンズ・ロアー，クイーカなど
弦鳴楽器		撥弦楽器 　ネックなし：弾奏リラ（竪琴），ハープ，ツィター，カーヌーン，箏 　ネックあり： 　　フレットあり：リュート，ビウエラ・デ・マノ，シターン，シタール， 　　　　　　　　マンドリン，ギター，ウクレレ，バンジョー，琵琶，月琴 　　フレットなし：ウード，三味線，三線（蛇皮線） 　鍵盤付き：ヴァージナル，スピネット，チェンバロ 打弦楽器 　鍵盤なし：ダルシマー（ツィンバロン，サンティール，洋琴） 　鍵盤付き：ピアノ 撞弦楽器 　鍵盤付き：クラヴィコード	擦弦楽器（すべてネックあり） 　フレットなし 　　リラ，レベック，中世フィドル，リラ・ダ・ブラッチオ， 　　ヴィオラ・ダモーレ，トロンバ・マリーナ，ラバーブ， 　　ヴァイオリン（ヴィオラ・ダ・ブラッチオ）属： 　　　　ヴァイオリン／ヴィオラ／チェロ／（コントラバス） 　　胡琴（二胡，三胡，四胡，京胡，高胡），馬頭琴，胡弓 　フレット付き 　　ビウエラ・デ・アルコ，アルペジオーネ， 　　ヴィオラ・ダ・ガンバ（ヴィオル）属： 　　　　ディスカント／アルト／テノール／バス／コントラバス 　　バリトン（ヴィオラ・ディ・ボルドーネ） 　鍵盤付き 　　ハーディー・ガーディー，ニッケルハルパ
電鳴楽器		機械的：ヴィブラフォン，オルゴール（自動演奏機） 電磁気的：エレキギター 信号処理技術：電子ドラム	ヘテロダイン発振：テルミン，オンドマルトノ ガス放電管による鋸歯状波からの減算合成：トラウトニウム 機械＋電気：ハモンドオルガン，街頭オルガン（自動演奏機） 電磁気的：電子ヴァイオリン，電子オルガンなど 信号処理技術：各種シンセサイザー，音合成

重要語句　学校，吸音，オープンプラン型，学習プログラム，保育空間

学校の音響設計
[英] acoustic design of spaces for children

学校（保育・教育施設）と一言にいっても，保育所から大学と幅があり，おのおのにもさまざまな用途・規模の空間が存在する。また，学習プログラムの変化により空間構成も多様化しており，室ごとの検討に加えて，室と室の関係性に応じた対応が必要とされ，音響設計の対象は幅広い。

一方，すべての空間に共通するのは，多感な子どもが音声コミュニケーションによって成長する場であり，人が音を受聴しながら発声もするというインタラクティブな音環境が前提となる点である。学校の音響設計においては，これらの特徴を理解した上での計画が重要となる。

A. 子どもと音環境

学校における主音源は声であるが，時として90 dB超の大きさとなり，当事者以外にとっては騒音源となりうる。子どもは成人と異なり，騒音や残響過多によって音声が正確に届かない場合，音声の知覚と理解力に影響を受けるといわれている。音に配慮された環境で過ごすことは，知識構築を促進させ，集中力を高める可能性があると考えられる。

B. 各室と室間の音環境計画

さまざまな室が存在するが，どの空間も，音声コミュニケーションを助けたり騒々しさを抑えたりするために適度な吸音を確保することが，室内音響計画の基本となる。一方，子どもたちの生活の場として，よく響く階段やスポット的に静かな小空間など，バリエーション豊かな音空間を創ることも考えたい。

教室群　最も大切な音声コミュニケーションの場であり，吸音計画が重要である。また，可動間仕切りや可動家具など，さまざまな使い方に対応できる弾力的な遮音対策が求められる。

体育館　容積が大きく響きやすい。講堂を兼ねる場合もあり，十分吸音を確保する必要がある。

ランチルーム　適度な吸音で喧噪感を抑えるとともに，集会などに用いる際の明瞭度を確保する必要がある。

音楽室　発生音低減のために吸音面積を多めとする例も多いが，響きを学ぶ場として音響散乱体を設けた内装など，響きの質を考慮した例も増加している。

共用部　伝搬音経路として吸音する場合もあるが，響きを楽しむ空間とする場合もある。

多様な空間があるため，室と室の位置関係によっては特別な遮音・床衝撃音対策が必要になる。例えば，体育館やプールなどの直下に教室などが配置される際は，スラブを厚くする，浮床を施すといった重量床衝撃音対策が求められる。

一般的な学校の音環境検討例を下図に示す。その他，主要な課題と基準，対策は「学校施設の音環境保全規準・設計指針」（日本建築学会）にまとめられている。

C. 多様なプランの音環境計画

講義型授業だけではなくワークショップ型の

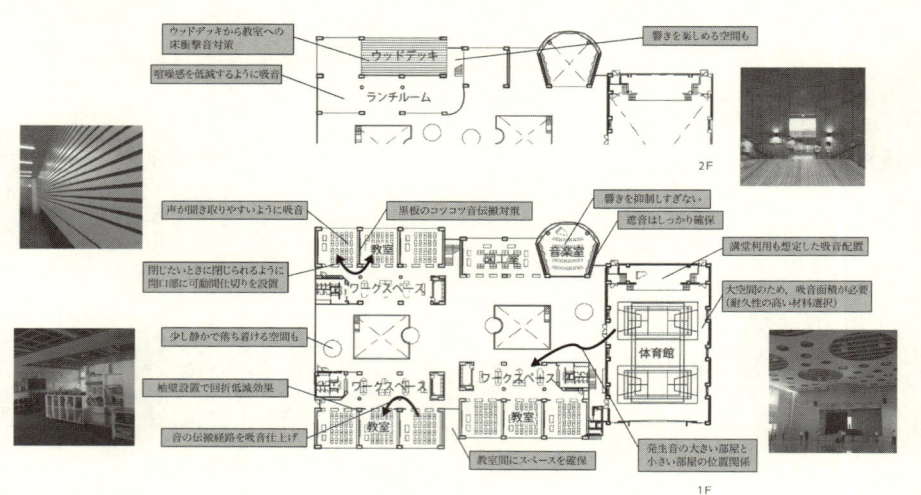

学習にも対応しやすい．教室群が空間的に繋がる「オープンプラン型」学校は，もはや一般的となった．昨今は，より豊かな体験や学習を目的として，教室直上にウッドデッキ屋上庭園を設置したり，図書コーナーを校内に点在させたり，体育館を教室でぐるりと囲んだりするなど，建築プランもさらに自由になっており，音の課題も個別に出現するようになった．

重要なのは，例えば「教室間は何dBの遮音性能を確保しなければならない」というような既存の概念ではなく，**学習プログラム**と空間構成の意図にあわせて弾力的に音響設計を行うことである．

オープンな環境でありながらも活動の支障にならないよう建築側で配慮するには，教室間を離す，音の伝搬経路に吸音を施す，といった工夫が考えられる．また，静けさが必要な時間帯や，反対に大きな音を発生する時間帯には，閉じた室を利用する方法や，通常使用している室に可動間仕切りを設ける方法が考えられる．昨今はこのような配慮がされた事例は増えており，参考にしたい．

実際の事例では，これら建築的な対応に加え，時間割調整や空間の使い方の調整，教師や生徒による音の大きさのコントロールなど，運用的な対応により，効果的な教育が実現されている．

(a) オープンプラン型学校の例　　(b) 運用の例

D. 保育空間のための音環境計画

保育所は，発達段階の子どものための空間でありながら，騒音レベルが100 dBを超えることもある喧噪感の高い空間である．子どもがうるさいのは当然という固定概念も邪魔をしてか，小学校以上の空間に比べて音環境の整備が遅れていたが，昨今急速に研究が進んでいる．

保育空間の音環境の特徴として，① 発生音が大きく突発的な場合も多い，② 高音成分が多い，③ 午睡の時間など静寂性も求められる，④ 床衝撃音加振源や騒音源となりやすいが運用では制御しにくい，などが挙げられる．基本的な室内音響対策は室内の吸音による発生音低減であり，子どものみならず保育士の疲労感低減にも有用

である．保育所は他の用途の空間と隣接・積層することが多く，④の認識と対策も大切である．

E. 講義空間のための音環境

高校，大学などの比較的大きな講義空間では，映像音響設備が用いられる．エコー低減のための後壁吸音や，ハウリング対策としてスピーカ配置計画，室間遮音計画など，特有の検討事項が存在する．

F. 障害児のための音環境

障害特性（知的，自閉，聴覚，視覚など）にもよるが，苦手な音に反応してパニックを起こす症状のある場合もあり，内装を声の聞き取りやすい吸音仕上げとする，落ち着いた小空間を設けるなど，一般の学校施設にも増して音環境への配慮が必要となる．

G. 建築条件と音環境

実際の設計においては，安全面・衛生面・意匠面・経済面など，建築的な諸条件も考慮したい．

例えば，吸音材を選定する際，教室の壁には掲示物を貼れるような硬さ，体育館の壁には怪我をしにくい弾力性，床には清掃しやすさ，可動間仕切りには軽さなどを兼ね備える必要があり，設置場所や設置方法には工夫が必要である．

特に安全面では，東日本大震災後に文部科学省の策定した「天井等落下防止対策のための手引」により，天井材の撤去や，膜など軽い材料の採用が推奨された．吸音面の減少により残響過多となる事例も増えており，注意が必要である．膜天井の改修例を以下に示す．

学校の音響設計においては，教育に対する思想の動向や音以外の機能に留意しながら，子どものための環境を提供することを第一の視点として，音環境を提案することが重要である．

◆ もっと詳しく！

日本建築学会 編：学校施設の音環境保全規準・設計指針―日本建築学会環境基準 AIJES-S001-2008 (2008)

重要語句　音源，音響効果，エコーキャンセラ，MIDI，音声合成技術，ピッチ変換処理，タイムストレッチ処理，音楽検索，ボーカルキャンセル

カラオケの周辺技術
［英］peripheral technology of karaoke

　カラオケ演奏装置における伴奏演奏，歌唱音声採点などの技術，および，スマートフォン，家庭用ゲーム機など専用演奏装置以外でのカラオケサービス実現のための音響処理技術および音楽処理技術のような，カラオケまわりでの各種技術全般について解説する。

A．カラオケの変遷
　カラオケは日本発祥の文化であり，現在では世界中で楽しまれるレジャーとなっている。歌唱はだれでも楽しむことができ，カラオケはその欲求を満足させるサービスとして展開してきた。古くは，店舗などでの生演奏によるカラオケサービスから始まり，音だけを再生する8トラックカセットによるカラオケ，映像と歌詞テロップも加わったレーザーディスクでのカラオケを経て，現在は通信回線で楽曲演奏データを送る通信カラオケが主流となっている。
　また，さまざまな情報端末のスペックが向上し，高速な通信環境が利用できるようになり，端末に高速なネットワーク通信機能が組み込まれた結果，専用のカラオケ演奏端末以外のマルチプラットフォームでのカラオケが可能となっている。例えば，スマートフォン，家庭用ゲーム機，家庭用テレビなど，マルチプラットフォームでのカラオケが実現している。

B．カラオケ演奏端末の技術
　カラオケ演奏端末には，歌唱者に快適な歌唱環境を提供するために，さまざまな技術が組み込まれている。組み込まれている技術の概要を以下にまとめる。
　（1）　伴奏再生　　通信カラオケでは，通信回線でサーバから送られたMIDI（⇒p.452）データとMIDIシンセサイザー音源を用い，伴奏音をレンダリングして再生する。
　初期の通信カラオケは音源（⇒p.338）の貧弱さから電子的な伴奏の印象が強かったが，高品質な音源を導入することにより，リッチな伴奏音が提供できるようになった。また，音響効果（⇒p.86）を併用することで，心地良い伴奏が実現した。
　（2）　快適な音場の提供　　カラオケ演奏装置および再生スピーカの配置されている空間の形状，壁面の反射・吸音特性，カラオケ歌唱者とともに移動するマイクロホンの位置，音量や音響効果の設定などにより，空間内の音響環境が悪化し，歌えなくなる可能性がある。そのため，ハウリングキャンセラ，エコーキャンセラ（⇒p.26）や空間内の音場制御（⇒p.222）が必要とされる場合もある。
　（3）　歌唱アシスト　　歌唱楽曲を十分に知らない歌唱者のために，画面に表示している歌詞テロップだけでなく，音も併用して歌唱補助を行う。ガイドメロディとしてMIDI（⇒p.452）の主旋律を歌唱者に聞きやすい楽器音で再生し，発声タイミングを音で指示する方法が従来使われてきた。
　一方，歌詞音韻情報を含めた歌声波形をガイドボーカルとして伴奏音と同時再生し，ガイドボーカルを聞きながら一緒に歌うことで自然に歌えるようになるサービスも，一部の曲で提供されている。従来のガイドボーカルは，人間の収録歌声を伴奏と同時に再生していたが，最近では音声合成技術（⇒p.20, p.450）による合成歌声を再生するサービスも存在する。
　（4）　歌唱採点　　マイクロホンから入力された歌唱音声に対して，うまく歌えた度合いを機械的に評価する。そのために，歌唱音声波形を分析し（⇒p.122），音高の一致度などを数値的に評価して点数化する。
　さらに，歌唱楽譜表示（ピアノロール表示）に音高の一致状況や各種技巧（ビブラートなど）の顕著度合いをリアルタイムに重ねて表示することにより，歌唱者へ視覚的にリアルタイムフィードバックが可能となり，歌唱者自身が現在の歌唱状況を確認することができる。
　（5）　波形に対する音響処理　　MIDIデータによるカラオケの場合は，テンポチェンジ（再生スピード変更）はMIDIのテンポ設定値変更により可能であり，キーチェンジはMIDIノートナンバーの変更により可能となる。ただし，最近のカラオケでは実演奏のようなリッチ感を追求する傾向にあり，一部の楽器音を生音波形で演奏する楽曲も存在する。
　また，ガイドボーカルも録音肉声波形のデータとして存在するので，ガイドボーカル波形のテンポチェンジ，キーチェンジも楽器音生音波形と同じ扱いとなる。楽器音生音波形やガイドボーカル波形併用曲でのキーチェンジ，テンポチェンジ対応のために，波形のキーチェンジの

ためのピッチ変換処理，およびテンポチェンジのためのタイムストレッチ処理を行う必要がある．

（6）楽器音カラオケ技術　本来カラオケは主旋律以外の伴奏再生時にメロディを歌唱者が歌うエンターテインメントであるが，楽器演奏を対象としたカラオケも存在する．その場合は，楽器に合った楽譜（例えばギターであればギター譜）などを表示し，演奏音の正確さを楽器の特性を考慮して評価する必要がある．

このように，カラオケ演奏端末だけでも，MIDIを中心とした楽譜処理，波形に対する音響信号処理，音声合成など，多くの音響技術が含まれている．

C. マルチプラットフォーム化とSNSサービスにおける音響技術

通信カラオケは1992年からサービスが提供されているが，通信回線の速度が格段に向上したこと，および，高速化された通信路の先にある端末（スマートフォン，コンピュータ，ゲーム機など）の性能が格段に向上したことの二つの条件が重なり，専用のカラオケ演奏端末以外のプラットフォームへのカラオケサービスが広がった．また，プラットフォーム間の連携をとるために，カラオケを通したSNSサービスも提供されている．このカラオケサービスのプラットフォーム拡張により，カラオケ専用演奏端末がある店やカラオケボックスに行かなくともカラオケが楽しめるようになり，カラオケの自由度が上がってきた．マルチプラットフォーム化およびカラオケSNS化に伴って必要とされる技術に関して，以下にまとめる．

（1）楽曲検索技術　カラオケSNSにおいては，歌唱者の楽曲やアーティスト嗜好情報や歌唱履歴だけではなく，歌唱中の動画なども共有されている．その動画をもとに，コラボレーションなどSNS特有の盛り上がりが期待される．ただし，このような動画が急激に増加していくと，適切なコンテンツを探す手間が生じる．

これは，カラオケだけではなく，日々Webなどで共有されているUGC（user generated content）と同様の課題である．そのため，楽曲コンテンツの物理特徴量と楽曲に紐付くタグ情報をハイブリッドに利用した，より人間の感性に馴染んだ音楽検索（⇒p.72）が必要となる．

（2）スマートフォン向けカラオケ技術　スマートフォンの記憶容量が増加してきたことで，スマートフォンに音楽ファイルを転送して聞く人も多い．そこで，スマートフォンの中にある楽曲波形データのボーカルだけを抜いてカラオケ伴奏波形を作成すると，伴奏波形を回線経由でストリーミング配信することが不要となる．そのため，ボーカルと伴奏がミックスされた波形から，ボーカル成分のみを特定して削除するボーカルキャンセル技術が，スマートフォン向けカラオケアプリでは使われている．

また，カラオケ練習用という目的であれば，カラオケ画面のようなタイミングが正確な歌詞テロップの表示をする必要がある．そのための方法としては，カラオケで使っているMIDIの主旋律音符のタイミングやテロップの文字色塗りタイミングを流用する方法や，波形（ボーカル単体の波形，もしくは，市販音楽のようなボーカルと伴奏のミックスされた波形）と発声歌詞音素列との時間的なアラインメントを推定する方法などがある．

（3）UGC投稿機能　カラオケ演奏端末がネットワークと接続されることにより，CDや音楽配信などで発売されるプロミュージシャンの楽曲だけでなく，一般ユーザーの作成したUGCも，カラオケ演奏端末に送ってカラオケで歌うことができるようになった．

SNSや動画共有サイトで音楽UGCを公開している作者の多くは，音楽の専門的な知識や感覚を持っている人たちであるが，音楽専門知識などがなくとも感覚的に音楽を作成できるサービスやアプリケーションも提供されている．例えば，ハミング入力から主旋律の音符を推定して，適切な伴奏を付与して体裁を整え，カラオケで歌えるような楽曲に仕上げる仕組みである．この場合は，音楽らしいメロディや伴奏の付与のために，自動的な作曲や編曲（⇒p.10, p.138）といった技術も有効である．

◆ **もっと詳しく！**

村上, 安友：通信ソサイエティマガジン, 27, pp.222–227, 電子情報通信学会 (2013)

| 重要語句 | 空間印象，音環境，スピーカ，音の到来方向，6チャネル集音・再生システム，マイクロホン，周波数特性，インパルス応答 |

環境音の集音と再生
[英] recording/reproduction of environmental sounds

コンサートホールやオペラハウスなどのオーディトリアムのほか，学校，病院，商業施設，鉄道駅，空港などの公共空間，あるいは住宅など，さまざまな音環境に対する聴感印象や心理的影響を調べる際，実験室実験によってさまざまな条件を比較して検討することは非常に有効である。その際，原音場における聴感印象をできるだけ忠実に実験室内に再現する必要がある。実験の目的に応じて，適当な音場シミュレーション手法を用いることが望ましい。

A．空間印象の再現

音響実験室内に音環境を再現する際，原音場における音の到来方向を含めて再現する必要があるかどうかを考慮した上で，再生方法を選択する必要がある。

（1）モノーラル集音・再生　集音・再生とも1チャネルで構成される手法であり，最も簡易的な音場シミュレーション手法といえる。集音には無指向性あるいは指向性のマイクロホン一つが用いられ，再生には1台のスピーカあるいはヘッドホン（ダイオティック）が用いられる。原音場における音圧レベルの時間変動特性，周波数特性を再現できるが，3次元的な空間印象を再現することは当然不可能である。

（2）バイノーラル集音・再生　集音・再生とも2チャネルで構成される。集音にはダミーヘッドマイクロホンやイヤーマイクロホンが用いられ，再生には2台のスピーカあるいはヘッドホン（ダイコティック）が用いられる。モノーラル手法と同様，原音場における音圧レベルの時間変動特性，周波数特性を再現でき，受聴者個人の頭部伝達関数（⇒p.342）を用いることで音の到来方向も再現することができる（⇒p.356）。

（3）マルチチャネル　集音・再生とも3チャネル以上の複数のチャネルで構成される。これまでに，マルチチャネル（⇒p.50，p.210，p.216）を用いたさまざまな音場シミュレーション手法が提案されてきている。それぞれ特徴があるが，複数のチャネルで構成することで，原音場における音圧レベルの時間変動特性，周波数特性を再現できるほか，多くのシステムでは3次元的な空間印象も再現することができる。一例として，筆者らが考案した音場シミュレーション手法を紹介する。

6チャネル集音・再生システム　集音系は単一指向性マイクロホン6本を直交配置したシステムで構成され，再生系は無響室内にマイクロホンと同様に直交配置した6台のスピーカで構成される（下図参照）。原理がきわめて単純であり，複雑な信号処理を必要としない。また，受聴時の姿勢に制約が少ないことも特長である。これまでにオーディトリアムにおける聴感評価のほか，公共空間や住宅における妨害感の評価，薬局におけるスピーチプライバシーの評価，自動車・車室内における音環境評価，屋外防災放送の評価などに用いられている。

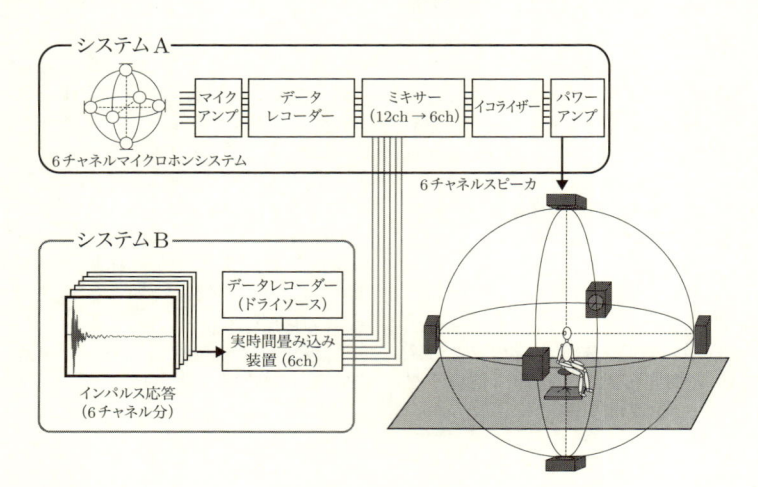

B. 周波数特性の再現

適当な音場シミュレーション手法を選定すると同時に，対象とする音環境に含まれる周波数範囲，あるいは評価対象とする周波数に応じて，マイクロホンなどの集音システム，および再生系に使用するスピーカを選定する必要がある。

（1）集音システム　一般に建築音響分野で扱うことの多い 100 Hz～5 kHz 程度の周波数範囲であれば，1/2 インチ程度のマイクロホンであれば十分であるが，特に，指向性マイクロホンを用いる場合には，周波数によって指向特性が異なる場合があるので注意が必要である。また，数十 Hz 以下の低周波音，あるいは数十 kHz 以上の高周波音も対象とする場合には，使用するマイクロホンの周波数特性を必ず事前に確認しなければならない。なお，屋外で低周波音を収録する場合には，風雑音の影響を低減させるためにウインドスクリーンを用いる，マイクロホンの設置高さを低くするなどの工夫が必要である。また，収録した音をディジタルデータとして記録する場合，サンプリング周波数によって記録できる周波数範囲が限定されてしまうので，注意が必要である。

（2）再生系システム　建築音響分野でおもに扱うことの多い 100 Hz～5 kHz 程度の周波数範囲を対象とする場合であれば，口径 10～20 cm 程度のスピーカで再生できるが，数十 Hz 程度の低周波音も対象とする場合には，低音用ウーファなどを適宜追加して用いる必要がある。さらに，数 Hz 程度の超低周波音領域まで対象とする場合には，口径 40 cm 程度の低音用ウーファを複数用いるなど，特殊なシステムが必要になる。また，数十 kHz 程度の高周波音を対象とする場合には，適宜，高音用ツィータなどを追加して用いる必要がある。

C. 応用例

上述の集音システムの応用例を以下に紹介する。

（1）音源探査　複数のマイクロホンで構成されるマルチチャネル方式による集音システムを通して収録された信号を用いて，音源方向を同定する試みも行われている。上述の 6 チャネル集音システムは，原理的には 3 次元インテンシティセンサでもあり，収録した音圧波形を分析することで，時々刻々到来する音の方向を 3 次元的に同定することが可能であり，物理的な音の到来方向と聴感印象の対応を考察することができる。これまでに，オーディトリアムにおける初期反射音の到来方向の同定，交通騒音の到来方向の同定などに利用されてきている。また，屋外における非常放送のための拡声システムは，離散的に配置された複数のスピーカシステムから大音量で放送していることから，一般的にはかなりの受音位置においてエコー障害（明瞭性の低下）が発生しているが，そのようなマルチパスエコー音場における各エコーの到来方向の同定には，6 チャネル集音システムが利用できる。

（2）インパルス応答　集音系のマイクロホンを用いて，音源・受音点間の**インパルス応答**（⇒p.16）を測定しておくことで，任意のドライソースを畳み込んで試聴することができる。音源が複数ある場合や音源が移動する場合には測定は簡単ではないが，代表的な点を選定するなどしてインパルス応答が測定できれば，さまざまな音源を試聴することが可能である。さらに，その残響時間や周波数特性などを信号処理によって変化させて疑似的な音場を作成して試聴することも可能である。また，対象室の内外のインパルス応答を測定できれば，屋外で収録したデータから室内における音場を可聴化して試聴することもできる。

（3）数値シミュレーションとの組合せ　上述の音源・受音点間のインパルス応答は，波動音響（⇒p.364）あるいは幾何音響（⇒p.160）シミュレーションによって得られるインパルス応答に置き換えることも可能であり，受音側のインパルス応答を，該当する集音システムのチャネル数および指向性を考慮して計算することができれば，例えば，設計段階でも対象とする空間における音場を試聴することができる。さまざまな条件を可聴化して比較検討できれば，設計ツールとしてきわめて有用である。虚像法で 6 チャネル集音システムを模擬し，それを 6 チャネル再生する可聴化システムを，屋外拡声システムの設計ツールとして利用している例もある。

◆ もっと詳しく！

森　淳一, 横山　栄, 佐藤史明, 橘　秀樹：幾何音響シミュレーションと 6 チャネル再生手法を用いた広域防災放送システムの可聴化の試み, 騒音制御, **38**, 2, pp.123–131 (2014)

重要語句　特定騒音，総合騒音，残留騒音，暗騒音，周波数特性

環境騒音
［英］environmental noise

一般に環境騒音とは，居住環境の屋外において受聴されるさまざまな騒音の総称とされることが多い。環境騒音は，地域により種類が異なり，周波数特性もさまざまである。近年では，静穏な地域において，騒音が小さいことにより特定騒音が知覚されやすくなり，環境騒音問題が生じることがある。

A. 一般環境騒音における騒音の構成

一般環境における騒音は，JIS Z 8731:1999「環境騒音の表示・測定方法」で下図のように表されている。

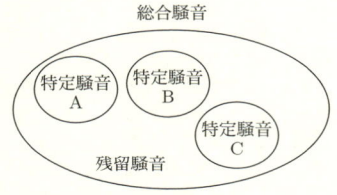

特定騒音（specific noise）は，音響的に明確に識別できる騒音であり，航空機騒音や鉄道騒音，道路交通騒音などがこれに当たる。特定騒音などを含む，その場所のすべての騒音が**総合騒音**（total noise）であり，総合騒音からすべての特定騒音を除いて残ったものを**残留騒音**（residual noise）と呼ぶ。また，ある一つの特定騒音に着目した場合，そのほかは，**暗騒音**（background noise）として扱われる。ほかにも，なんらかの環境の変化が生じる以前の騒音で初期騒音（initial noise）がある。しかしながら，"background noise" と "residual noise" の概念的な区別について完全に合意されているわけではない。また，"ambient noise" なる用語が用いられることもあるが，"background noise" に近い意味で用いられる場合と，"residual noise" に近い意味で用いられる場合がある。

B. 環境騒音の測定例

生活環境における騒音の測定例を，右段および次ページ左段の図に示す。いずれも 30〜120 秒間の時間平均音圧レベル $L_{peq,T}(f)$ と等価騒音レベル $L_{Aeq,T}$ である。

（1）自然環境　図(a)は海岸や砂浜，森林などの自然環境における騒音（総合騒音）の周波数特性である。海岸や砂浜では，波の音が連続して観測され，また，周波数特性には卓越した

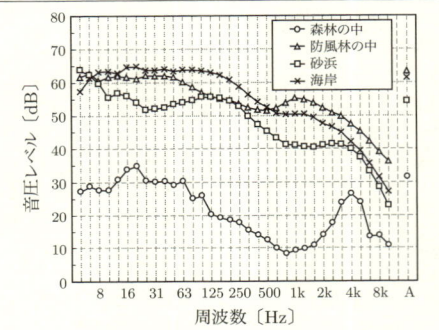

森林の中　：ほぼ無風，昼間，$T=30$ s
防風林の中：強い風，昼間，$T=30$ s
砂浜　　　：強い風，昼間，$T=30$ s
海岸　　　：やや強い風，昼間，$T=30$ s
(a) 自然環境

住宅地（都市部）：東京都区内，夜間，$T=30$ s
住宅地（郊外）　：東京都市内，夜間，$T=30$ s
臨海工業地域　　：千葉県内，夕方，$T=30$ s
(b) 住宅地・臨海工業地域

成分は見られず，なだらかな特性である。L_{Aeq} は海岸が 61 dB，砂浜が 54 dB である。なお，砂浜で 10 Hz 未満が大きくなっているのは，風雑音の影響である。防風林の中では，風音（松籟）や葉擦れ音により，1 kHz 以上で音圧レベルが大きくなっている。L_{Aeq} は 63 dB である。森林では，4 kHz 付近に鳥の鳴き声による卓越成分が見られるが，それ以外の特定騒音源は確認できなかった。L_{Aeq} は 31 dB，鳥の鳴き声を除外すると 19 dB（1 kHz で低域通過フィルタ処理）であり，たいへん静穏な場所である。

（2）住宅地・臨海工業地域　図(b)は一般的な住宅地と臨海工業地域の騒音（総合騒音）の周波数特性である。臨海工業地域では，周辺の工場の稼働音と遠方道路の道路交通騒音と思われる音が受聴された。都市部の住宅地と比べる

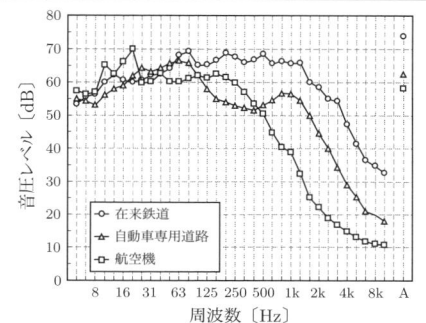

(c) 交通騒音

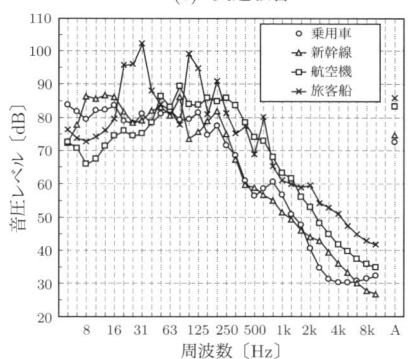

在来鉄道　　　：軌道中心から25 m, $T = 30$ s
自動車専用道路：道路中心から85 m, $T = 60$ s
航空機　　　　：飛行経路直下, $T = 120$ s

(d) 乗り物内の音

乗用車：セダン型, $T = 30$ s
新幹線：700系, $T = 30$ s
航空機：B737, 夕方, $T = 30$ s
旅客船：216人乗り高速船, $T = 30$ s
　　　　（すべて，着席時の頭の位置）

と，12.5 Hz〜500 Hzで明確な差が見られるが，1 kHz以上の帯域ではあまり差がない。L_{Aeq} は都市部の住宅地が43 dB，臨海工業地域が49 dBである。郊外の住宅地の L_{Aeq} は32 dBで都市部に比べて全帯域でレベルが低いが，そのために100 Hzに空調などの設備機器音と思われる音が卓越成分として見られる。この例のように，静穏な地域では，特定の騒音が目立って知覚されることがあり，騒音レベルは小さくても苦情に繋がる場合もある。

（3）交通騒音　　図(c)は在来線沿線と自動車専用道路の沿道，航空機飛行経路直下での騒音（特定騒音）の周波数特性である。なお，在来鉄道騒音，航空機騒音については，1列車もしくは1機通過時の時間平均レベルである。道路交通騒音，鉄道騒音は1.6 kHz以上で，航空機騒音は，315 Hz以上で音圧レベルが小さくなる傾向にあるが，それ以下の周波数では，音圧レベルの変化は小さい。

（4）乗り物内の音　　図(d)は公共交通機関の車内・客室内や乗用車内の騒音の周波数特性である。交通機関により周波数特性に違いが見られ，航空機内では63 Hz〜500 Hzの音圧レベルが比較的高い。旅客船内では，エンジン機関に起因する卓越周波数がいくつか見られ，音圧レベルも大きい。L_{Aeq} は乗用車と新幹線の車内が約75 dB，航空機と旅客船が約85 dBである。

C. 静穏地域の騒音特性

都市部などに比べて，地方などの静穏な地域では，騒音が小さいことにより特定騒音が知覚されやすくなり，騒音問題が生じることがある。下図は，静穏な地域の夜間の騒音レベルの時間変化を表している。

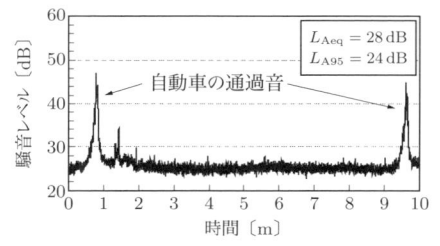

特定騒音は，生活道路の道路交通騒音のみであり，ほとんどの時間は音源が特定できない。この例では環境基準などの騒音評価量である L_{Aeq} は28 dBであるが，残留騒音に相当する L_{A95} は24 dBである。このような地域に定常的に騒音を発する施設が新設される場合に，その騒音が聞こえることが，アノイアンス（⇒ p.270）の増加に繋がることもある。L_{Aeq} は一時的な特定騒音の影響を受けやすいので，施設設置前の初期騒音として L_{Aeq} を用いるのは適当ではない。このような場合には初期騒音としてその地点のnoise floorである残留騒音（L_{A95}）を初期騒音と考えるべきである。

◆もっと詳しく！
1) 太田ほか：一般環境における低周波数騒音の測定事例, 日本音響学会 2012年春季研究発表会講演論文集, pp.1071-1072 (2012)
2) 橘ほか：環境騒音の構成について, 日本騒音制御工学会 2014年秋季研究発表会講演論文集, pp.19-22 (2014)

重要語句　感情表現，HMM音声合成，表情豊かな音声合成，発話様式，重回帰隠れセミマルコフモデル

感情音声の認識と合成
[英] emotional speech recognition/synthesis

音声に現れる話者の感情状態を認識する技術，およびテキストから感情表現を含んだ音声を生成する技術。感情音声認識では，おもに韻律特徴を利用して認識を行う。感情音声合成では，統計的音声合成に基づきスタイルの補間・制御を利用することで，より多様な表現を実現できる。

A. 感情音声の特徴

人間同士のコミュニケーションにおいては言語情報が中心的な役割を果たすが，「人間は感情の生き物だ」といわれるように，日常生活におけるさまざまな要因により自己の精神状態に変化が起こり，それが感情として音声に現れることも多い。音声対話において，このような感情音声はその表現の度合いが大きい場合には相手にも知覚され，時に共感や反感を引き起こすこととなる。

対話の相手が知覚できるような**感情表現**を伴う音声には，通常の平静状態における音声とは異なる音響的特徴があり，聞き手はそれを相手の感情として知覚していると考えられる。このような音響的な変化について，ここでは感情音声に現れる典型的な音響的変化について触れる。詳細は，項目「感情音声の分析」(⇒p.158) に譲る。

(1) 基本周波数 (F0) の変化　典型的には「喜び」や「怒り」のような高いテンションを伴う感情のとき F0 は高くなり，そのレンジは大きくなる傾向が強い。一方，「悲しみ」のような低いテンションを伴う感情のとき F0 は低くなり，F0 の変化幅も小さい。ただし，怒り (anger) には感情を前面に押し出した "hot anger" と感情を必要以上に押し殺した "cold anger" の2種類があり，F0 が高くなるのは前者であり，両者は対照的な音響的特徴を持つ点には注意が必要である。

(2) 話速の変化　感情は時に話速 (リズム) の変化としても現れる。興奮状態では話速は全体として速くなる傾向があり，各音節の継続時間のばらつきも大きい。これに対し，落ち込んでいるような場合は遅くなり，音節間のばらつきも小さくなる傾向がある。

このように感情によって一定の傾向はあるものの，個人による差も大きく，注意が必要である。

B. 感情音声認識

上述したとおり，感情音声には個人によらず一定の音響的変化が現れる傾向があり，それらを特徴量としてパターン認識の枠組みで感情の認識を行う試みが，数多く報告されている。ここでは，識別のためによく利用される特徴量と識別アルゴリズムについて述べる。

(1) 識別のための特徴量　識別には，おもに発話全体に対する韻律情報が用いられる。代表的なものを以下に示す。

F0情報
- 対数 F0 の平均
- 対数 F0 の分散 (標準偏差)
- 対数 F0 のレンジ (最大値−最小値)
- 対数 F0 の回帰係数

パワー情報
- 対数パワーの平均
- 対数パワーの分散 (標準偏差)
- 対数パワーのレンジ
- 対数パワーの回帰係数

話速
- 発話の話速 (モーラ/秒)
- 有声と無声部分の話速の比
- 有声部分の音節継続時間の最大値

フォルマント
- 第1および第2フォルマントおよびそれらのバンド幅

場合によっては藤崎モデルのパラメータなど，より複雑な特徴量も用いられることがあるが，ここでは省略する。

(2) 識別アルゴリズム　感情の識別を行う際には，あらかじめ感情ごとに音声を用意し，これらから前述の特徴量を抽出して学習データとして用い，識別に用いるモデルの学習を行う。代表的なものを以下に示す。

生成モデル (⇒p.96)
- 混合正規分布モデル (GMM)
- 隠れマルコフモデル (HMM)

識別モデル
- サポートベクターマシン (SVM)
- ニューラルネットワーク (NN)

なお，話者に依存しない出力を得るには，通常数十人から数百人の音声が必要となる。

C. 感情音声合成

感情音声を合成する方法としては，大きく分けて，感情を含まない通常の合成音声の韻律を変化させる規則ベースの手法と，あらかじめ目標となる感情音声を用意するコーパスベースの手法が提案されている。前者は，音声のF0や話速を変化させることで，代表的な感情につい

てはある程度再現することができるが，多種多様な感情を精度良く再現することは困難である。一方で，1990年代から利用が拡大しているコーパスベースの手法，特に**HMM音声合成**（⇒p.450）を利用した**表情豊かな音声合成**（expressive speech synthesis）は，その自然性や再現性の面だけでなく，拡張性の面でも有効性が示されている。本項目では，HMM音声合成における感情表現・発話様式（以後まとめてスタイルと呼ぶ）の多様化手法について述べる。

（1）スタイルのモデル化　HMM音声合成では，あらかじめ目標話者の目標スタイルの音声を数十分程度用意しておき，それを用いてHMMを学習することで，自動的に話者やスタイルの特徴を捉えたモデルを学習することができる。スタイルごとに別々に学習したモデルを，スタイル依存モデルと呼ぶ。一方，スタイルの種類を学習時のラベルに加え，複数のスタイルを単一のモデルで学習するスタイル混合モデルも提案されており，より少ないモデルパラメータ数でスタイル依存モデルと同程度の性能が得られることが示されている。

（2）スタイル補間　あらかじめ学習した複数のスタイル依存モデルのパラメータを補間することにより，中間的なスタイルのモデルを得ることができる。例えば，「喜び」と「平静」のモデルパラメータを1：1の比で補間することにより，「やや喜び」といった，学習データには存在しないスタイルの合成音声を生成することが可能となり，より人間に近いスタイルの表現を実現することができる。

（3）スタイル適応　規則ベースの感情音声合成ではヒューリスティックに変換規則を決定していたのに対し，スタイル適応では，あらかじめ用意しておいた平静スタイルのモデルに対し，少量の目標スタイルの音声を適応させることによって，自動的に感情の変換規則を学習することができる。これにより，スタイル依存モデルに比べて少量の学習データ（一般的には数分）で，再現性と自然性のバランスがとれた合成音声を生成することができる。

（4）スタイル制御　スタイル制御では，スタイル補間の考えを拡張し，複数のスタイルをその度合いも含めて同時にモデル化する。このために，**重回帰隠れセミマルコフモデル**が用いられる。これは，分布の平均パラメータを回帰行列と説明変数（スタイルベクトルと呼ぶ）により表現したモデルであり，合成時にスタイルベクトルを変化させることで，スタイルの度合いを弱めたり，強調したりすることが可能となる。

D．応用技術

ここでは，感情音声認識・合成について，その応用技術の一部を紹介する。上で述べた重回帰モデルを用いることで，複数のスタイルについて，その種類と度合いをまとめてモデル化することができ，これを利用することで，音声に含まれるスタイルの度合いを推定することができる。以下，具体的に説明する。

スタイル制御の逆問題として，音声とモデルが与えられた場合に，スタイルベクトルを推定することができる（スタイル推定）。スタイル推定では，スタイルの度合いを連続量として出力することができる。人間が感情を音声により表現する際も，その感情が含まれるかどうかという2値ではなく，「やや悲しげ」「非常に楽しげ」などといった連続的な感情の変化を伴うことが多い。このことからも，スタイル推定技術は，より高度で人間に近い感情音声認識ができる可能性を示している。

スタイル推定を利用することで，感情を含んだ音声の認識性能が向上することが示されている。この手法では，入力された感情音声に対し，まずスタイル推定によりスタイルベクトルを推定し，これを用いてモデルを入力スタイルに適応し，このモデルを用いて通常の音声認識を行う。

E．今後の課題

われわれ人間の普段のコミュニケーション音声に現れる感情状態の認識，あるいは感情表現を含んだ音声の合成は，音声対話ロボットや仮想エージェントへの利用など，人間と機械の間のインタラクションをより円滑にするために非常に重要な技術である。一方で，任意の話者に対して認識・合成を高い精度で行うことはいまだ難しく，大規模な感情音声データベースの整備などが今後の課題として挙げられる。

◆ もっと詳しく！

Moataz M.H. El Ayadi, Mohamed S. Kamel, and Fakhreddine Karray: "Survey on speech emotion recognition: Features, classification schemes, and databases", *Pattern Recognition*, **44**, 3, pp.572–587 (2011)

重要語句 韻律的特徴量，スペクトル傾斜，基本周波数（F0），音圧レベル，発話速度，フォルマント周波数，F0パターン生成過程モデル（藤崎モデル）

感情音声の分析
[英] analysis of emotional speech

　感情が表出した音声，あるいは感情を表現した音声を感情音声という。音声コミュニケーションにおいて，感情は，バーバル情報よりも，声の抑揚や強さ，話す速さなどのノンバーバル情報に強く表れると考えられている。感情が表現される発話のノンバーバル情報の特徴を明らかにするため，多くの研究で感情音声の分析が行われている。

A. 感情音声
　研究で扱われる感情音声の種類は，演じた感情音声と自発的な感情音声に大別される。同じ感情を表現している発話であっても，この2種類の感情音声は異なる音響特徴を有していることが最近わかってきている。

　（1）演じた感情音声（演技音声）　指定した感情を話者に演じさせて収録した音声である。表現する感情やその強さは実験者が指定する。異なる感情を同じ発話内容で表現させることができるため，発話の言語的な情報に依存せずに感情表現の音響的な分析が可能となる。そのため，実験条件の統制がしやすく，音声に表現される感情を分析する研究では，伝統的にこの方法を使ってきた。話者はプロの俳優や声優など，演技すること・感情を表現することに長けている者であることが多い。そのため，だれもが一意にその感情であると判断できる明瞭な感情表現の収録が効率的に行え，収録した音声は対象となる感情の典型的な感情表現となる。典型的で明瞭な感情音声が得られるとはいえ，収録後は聴取実験を行い，話者が表現した感情が，音声を通して聞き手に伝わることを確認する必要がある。また，演じた感情音声は，日常生活で人間があまり表現することのない大袈裟な表現となる。

　（2）自発的な感情音声（自発音声）　実験者に指示されて感情を意識的に表現するのではなく，対話の流れの中で喚起された話者の感情が自然に表出した音声を収録したものである。話者は声優や俳優などである必要はなく，だれでも収録対象話者となりうる。そのため，われわれが日常生活で普段表現している感情表現が収録できる一方で，その表現は複雑かつ繊細となり，聞き手が一意にその感情であると判断できないことが多い。また，聞き手にとってある感情に聞こえる発話も，実際に話者がその感情を表現したとは限らず，どんな感情表現をしたのかは，表現した話者にしか判断できない。さらに，話者が演じた感情音声と比べると，自発的な感情音声を効率的に収録することは難しい。人間は人と話をするとき，社会的な振る舞いをしようと感情を抑制するため，単に話者間で対話を行わせただけでは，質的にも量的にも十分な感情音声を収録することはできない。そのため，自発的な感情音声を実験環境下で収録する際には，話者の感情を喚起するための仕組みと，喚起された感情が思わず音声に表出してしまうような環境設定が必要となる。

B. 音響的特徴量
　感情音声の分析に利用される特徴量の多くは，人間の音声生成における音源の特徴を表す声の高さ，声の強さ，発話の長さ・速さに関する韻律的特徴量と，声道の特徴を表すスペクトル傾斜などの情報を利用した声質の特徴量である。特徴量として求める計算値は，発話内の大局的特徴量を表す基本統計量として求めることがほとんどである。声の高さの特徴量は，発話内の基本周波数（F0）を求めて声の高さとし，その発話内の最小値・平均値・最高値・標準偏差を計算する。声の強さの特徴量は，発話の音圧レベルを求めて，その発話内の平均値・最大値・標準偏差などの基本統計量を計算する。発話の長さ・速さは，日本語の音節単位であるモーラ数を数える方法，発話の時間的な継続長を計る方法，モーラ数と発話の時間的な継続長から1モーラ当りの平均時間長を求めて発話速度とする方法などがある。声質を表す特徴量は，発話内の有声音区間においてスペクトル傾斜を求めて基本統計量を計算する方法が多く見られる。また，声道の特徴として計算される音響特徴量としては，発話内に表れる母音の種類ごとにフォルマント周波数を計算する方法も多く利用されている。

　一方で，発話内の局所的な韻律的特徴量に着目し，感情音声を定義付ける発話内の音響的変化を分析することも行われている。例えば，発話内における声の高さの変化（F0曲線）を分析するため，F0パターン生成過程モデル（藤崎モデル）を利用し，感情ごとに演じ分けられた発話内のアクセントの位置と強さを示すアクセント指令（Aa）や，フレーズの開始位置とその強さを示すフレーズ指令（Ap）を求め，感情間あるいは発話内における各成分を比較する方法などである。

C. 感情と音響的特徴との関係

（1）感情音声の音響的特徴　感情音声を定義付ける音響特徴の分析は，たとえ同じ感情表現した音声を分析していたとしても，使用する感情音声の収録方法や，収録した音声に対する感情情報の付与の仕方，付与する感情の定義などによって結果が異なり，異なる研究間で整合性のある分析結果を得ることが難しい。

これまでに報告されてきた感情を定義付ける音響特徴量については，以下のように報告されている。人間が音声から知覚可能な感情を定義付ける上で最も重要な音響的特徴は，声の高さであると考えられており，多くの研究で声の高さの特徴と感情との関係が分析されている。演じた感情音声において声が高くなるのは，「怒り」「喜び」「恐れ」などによるとの報告がある。また，声の高さの発話内の変化が大きいのは「怒り」であり，逆に「不安」「絶望」は変化が小さいという分析結果が報告されている。声の強さの分析では，「不安」「悲しみ」で声が弱くなるという結果が出ている。発話の長さ・速さに関しては「絶望」で発話が長くなる（ゆっくりと話す）傾向がある。声質に関する特徴量では，急峻なスペクトル傾斜を示すのは「怒り」「絶望」などであると報告されている。

（2）演じた感情音声と自発的な感情音声の音響的な相違　先に述べた感情ごとの音響特徴は，演じた感情音声の特徴量である。自発的な感情音声の音響特徴は演じた感情音声の特徴量とは異なることが，最近の研究で指摘されている。これまでの研究で指摘されている違いは，以下のとおりである。

- 声の高さは自発音声のほうが高い
- 音源振幅の揺らぎは演技音声のほうが大きい
- 発話速度は演技音声のほうが遅い
- スペクトル傾斜は自発音声のほうが急峻

また，F0曲線の定性的な分析により，演技音声と自発音声の差は大局的な音響的特徴だけでなく局所的な特徴にも表れるとの報告もある。以下の図は，藤崎モデルを用いて演技音声と自発音声を分析した結果である。どちらの音声も，まず音声波形を示し，つぎに声の高さを表すF0曲線，Ap，Aaを示している。演技音声も自発音声も同じ発話内容で，「喜び」の感情を表現している。

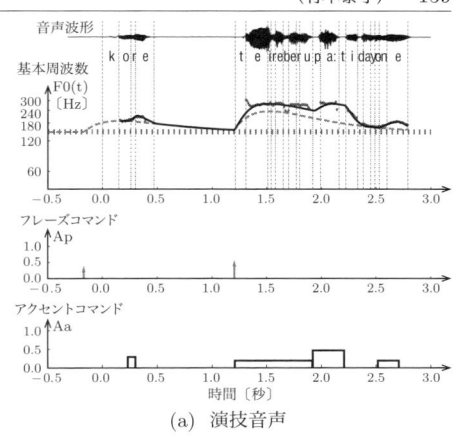

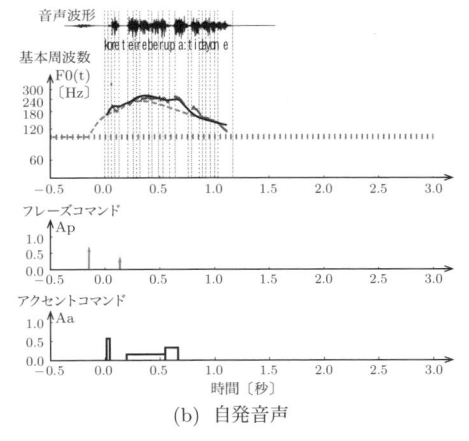

上記の分析から，まず，同じ感情を表現していても，発話の長さが演技音声と自発音声ではまったく異なることがわかる。局所的な特徴の違いとしては，演技音声は自発音声よりAaが一つ多く付与されており，自発音声では発話末の声の高さが上昇しないのに対し，演技音声では上昇することが示されている。今後は，演技音声と自発音声の違いを，定性的な分析でだけでなく，定量的な分析によって示す必要がある。

◆ もっと詳しく！

広瀬啓吉 編著：韻律と音声言語情報処理, 丸善 (2006)

重要語句 音粒子，音線，音線法，虚像法，鏡像法，虚音源，仮想音源

幾何音響シミュレーション
[英] geometrical acoustics based simulation

幾何音響学に基づくシミュレーション手法のこと。音線法と虚像法（鏡像法）に大別される。

A. 幾何音響学

幾何音響学は幾何光学の考え方を応用したものであり，基本的には以下のルールに則る。

- あるポテンシャルを持つ粒子が媒質内を進行する
- 均一な媒質内では直進する
- 波動性は無視する
- 境界面で鏡面反射する

（1）音波の表現 あるポテンシャルを持った物体が空間内を進行することを考えよう。この進行する物体を**音粒子**と呼ぶ。また，音粒子の属性として進む方向のベクトルを伴ったもの，もしくは音粒子が通過した軌跡を**音線**と呼ぶ。音粒子と音線は，しばしば同義として用いられる。

一般的に進行波は空間的に幅を持つが，音粒子は概念的なもので大きさを持たない。音粒子の進行は均一な媒質内であれば直進する。これはフェルマーの法則によるものである。

球面波や平面波は，複数の音粒子が進む方向で模擬する。球面波は，ある一点から等間隔かつ放射状に音粒子を発することで表現する。一方，平面波は，音粒子が等間隔でかつ平行に進行することで表現する。音粒子が持つポテンシャルは，進行によって減衰しない。音粒子の間隔の広がりで距離減衰を表現する。

（2）境界面での振る舞い 幾何音響学では，音波が持つ波動性は無視し，エネルギーのみを考えるため，境界面が持つ吸音率 α を用いる。

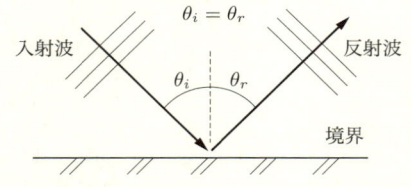

反射波のエネルギーは，入射波のエネルギーに境界面に設定した反射率 $(1-\alpha)$ を乗じることで求められる。

音線の反射角は，入射角と等しいと考える。すなわち鏡面反射する。境界で生じる回折や散乱などの波動現象は無視する。

（3）波動性の考慮 上述のように，回折や散乱は波動現象であり，幾何音響の範疇ではない。しかし，より現実に近づけるため，これらを模擬するための方法がいくつか考案されている。

散乱 境界の形状（材料）ごとに，散乱の程度を散乱係数（もしくは乱反射率ともいう。⇒p.120）としてデータベース化する。各材料の散乱係数データは，125 Hz 帯域から 8 kHz 帯域の 1/1 オクターブ帯域にまとめられることが多い。このとき，室の形状は大まかに入力し，壁面に吸音率とともに散乱係数を設定する。

回折 おもに屋外などの騒音伝搬のシミュレーションに回折の考慮は不可欠である。回折によるレベル減衰は，前川チャートなどに則り，解析的に求める。このとき，レベル減衰は周波数ごとに異なるため，ここでも 1/1 もしくは 1/3 オクターブ帯域ごとに減衰量を求めることが多い。

B. 音線法

音線法とは，音源から多数の音線（音粒子）を発し，音線の挙動から音場を模擬する方法である。

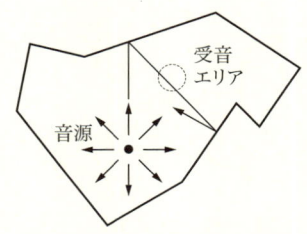

音線の振る舞いは前述の幾何音響学に則る。空間に受音するためのエリアを用意することでエコータイムパターンが得られる。以上より，音線の数，受音エリアと大きさが計算精度に直結することは想像に難くない。つぎに，これらについて考えてみよう。

ダイナミックレンジ 音線の数が N 個であったとしよう。このとき，ダイナミックレンジは $10\log_{10}N$〔dB〕である。単純に考えれば，60 dB のダイナミックレンジを得たければ 100 万個発さなければならない。しかし，発した音線のうち受音点を通過するのは一部であることを考えると，それ以上必要であることは自明である。

定常状態 室容積を V〔m³〕とすると，定常状態になったとき，音線一つ当りの容積は，V/N〔m³〕となる。このとき受音エリアには少なくとも音線が一つ入っていなければならないから，受音エリアの体積は V/N より大きくなくてはならない。

音線の間隔 点音源であるとき，音線の間隔は伝搬距離とともに広がっていく。そのとき，音線の間隔が受音エリアよりも広いと，音波が通過を逃すことになる。受音エリアが半径 r〔m〕の球であるとすると，時間 t〔s〕進んだときに，音線1本が占める立体角は，$4\pi ct/N$〔sr〕である。ここで c は音速〔m/s〕である。これが受音球の断面，すなわち半径 r の円の面積 πr^2 よりも小さくなくてはならない。

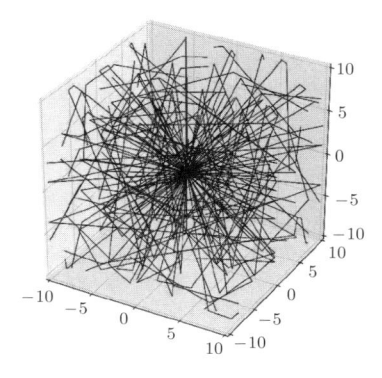

C. 虚像法

虚像法とは，反射音が実音源とは別の音源から発せられていると考えて，この音源の位置と出力の大きさを求める手法である。**鏡像法**ともいう。このとき実音源以外の音源を**虚音源**，もしくは**仮想音源**という。

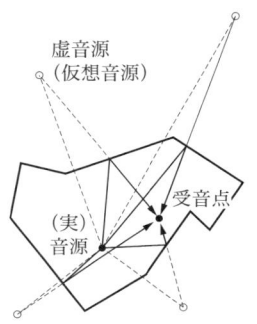

虚像法の考え方は，光で考えるとわかりやすい。まず，境界の素材がすべて鏡でできている部屋を想像しよう。その中の光源位置に光源を置いたとき，鏡の壁に映り込む光源すべてが虚光源である。虚光源の位置は，受光点から虚光源の見える方向に，これまで経た距離だけ離れていると考える。また，虚光源の強さは，これまで反射した壁面の反射率を乗じた大きさとする。この考え方を，音に置き換えたのが虚像法である。

(1) 虚音源の見つけ方 音線法は，音源から音線を多数発して，それらを追跡するのに対し，虚像法は一般的に，受音点から順を追って経路を求めていく。

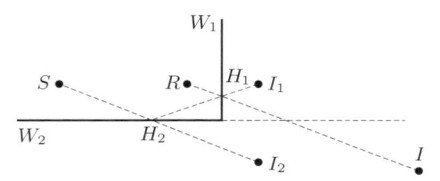

上図のように，二つの壁 W_1, W_2 と，音源 S，受音点 R があったとき，壁面 W_1 と W_2 で2回反射して R に届く音波の虚音源を求めよう。

1. R から W_1 へ垂線を降ろし，それをそのまま伸ばし，R と W_1 の距離と等しい距離に，虚像 I_1 をおく。
2. I_1 から W_2 へ垂線を降ろし，それをそのまま伸ばし，R と W_2 の距離と同距離進んだところに虚像 I_2 をおく。
3. I_2 と S を結ぶ。W_2 との交点を H_2 とする。
4. H_2 と I_1 を結ぶ。W_1 との交点を H_1 とする。
5. 交点 H_1 と R を結ぶ。$S \to H_2 \to H_1 \to H_2 \to R$ が音波の経路である。H_1, H_2 が壁面上にない場合は，虚音源は存在しない。つまり，この経路は存在しない。
6. R から H_2 を通り，音波の経路分だけ離れた点を I とする。これが虚音源である。

(2) 計算時間 壁面の数を m，反射回数を n とすると，虚音源の数を求める回数は $\sum_i^n m(m-1)^{i-1}$ となる。つまり，反射回数の増加により，計算時間は飛躍的に増加する。

◆ もっと詳しく！

日本建築学会 編：はじめての音響数値シミュレーション プログラミングガイド，コロナ社 (2012)

共通・基礎 / 音声 / 聴覚 / 騒音・振動 / 建築音響 / 電気音響 / **音楽音響** / 超音波 / 音響教育 / アコースティックイメージング / 音バリアフリー / 音のデザイン

重要語句　音色，インハーモニシティ，倍音，非線形振動方程式，節

ギター
[英] guitar

撥弦楽器に属し，基本的には竿（ネック）と胴（ボディ）を有し，6本の弦を指やピックで演奏する楽器。演奏音楽ジャンルに応じたさまざまな素材や構造があり，楽器の中で最も種類が多いので分類は簡単ではない。また，楽器の中で演奏人口が最多であるといわれている。

A．ギターの種類と分類

ギターの種類を大まかに分類する方法として，下図に示すように，使用弦がナイロン製かスチール製か，また電気（エレキ）を使うか使わないかによる分類法が一般的ではあるが，ナイロン弦と電気を使うエレアコギターも存在し，完全な方法ではない。各ギターの詳細な説明は他書に譲ることにして，本書では付録のDVDにスケールと和音を収録したので試聴されたい。

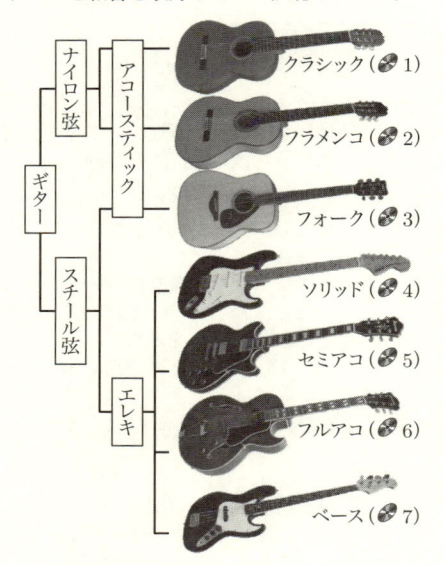

```
            ┌ アコースティック ┬ クラシック（🔴1）
ナイロン弦 ─┤                 ├ フラメンコ（🔴2）
            │                 └ フォーク（🔴3）
ギター ─────┤
            │                 ┌ ソリッド（🔴4）
スチール弦 ─┤ エレキ          ├ セミアコ（🔴5）
            │                 ├ フルアコ（🔴6）
            └                 └ ベース（🔴7）
```

B．アコースティックギターの発音原理

ギターの発音原理は，弦が振動し，その振動を胴で共鳴させて発音する，または，ピックアップで振動を拾いアンプで増幅するだけなので，簡単であると思われがちだが，実際にギターのモデルを作るとなると，簡単ではない。

ギターの音色は，撥弦する指の位置，速さ，方向，強さ，深さ，捩り，種類で変わる。また，基本奏法や特殊奏法を使うことで，また演奏に用いるエフェクターなどの道具類や弦などの小物類を使うことでも，音色は変わる。

以下に，アコースティックギターの撥弦から発音までの流れを示す。ギターの構造に詳しくない読者は，次ページの写真も参考にされたい。

① 撥弦：演奏家は意図した音色で発音するように撥弦する。
② 弦の振動：弦は表板に垂直および水平方向の振動成分を持って振動し，さらに弦方向にも回転運動と伸縮振動をしているので，4次元的な振動である。
③ サドルの振動：弦振動の節点となり，発音はなく，弦が楽器本体に接触しないようにブリッジにより保持されている。弦高を変えて，音量や弾きやすさを調節できる。
④ ブリッジの振動：サドルから伝わった弦の振動が，ブリッジとブリッジプレートおよび力木を通じて表板に効率良く伝達される。
⑤ 表板の振動：表板はギターの音色を決める最も大切なパーツであり，ここからギター音の大部分が放射される。
⑥ 胴内の空気の振動：ギター胴内で共鳴によって音が増幅され，裏板を振動させ，サウンドホールからも音が放射される。
⑦ 裏板の振動：裏板の振動が⑥の胴内空気をさらに振動させ，今度は逆に②に向かって振動が減衰しながら戻る。
⑧ ギターのすべての振動している部品が，カップリングなどにより複雑に影響し合い，ギター音が発せられる。

実測値を利用してシミュレートしたフラメンコギターの弦振動の様子の一例を，垂直成分・水平成分（上側）と3D動画（下側）（🔴13）で示す。

C．エレキギターの発音原理

ソリッドエレキギターのマグネティックピックアップ（右図）の上で複雑に振動する鉄弦により磁束密度が変化し，磁束密度の変化量とコイルの巻線数に比例して，ファラデーの電磁誘導の法則によりコイルの端子に起電力が発生する。これをアンプで増幅して，スピーカから音が出力される。

D．ギターのインハーモニシティと音色

ギターの弾弦音のインハーモニシティとは，倍音が基本周波数の整数倍から少しずれる性質の

ことである．下図に，実際にフラメンコギターを演奏したときの第4弦開放音D（レ）のパワースペクトルを示す．図より，基音は146.83 Hz，2倍音は294.94 Hzである．しかし，正確に基音の整数倍なら，2倍音は293.66 Hzとなるはずであり，計測値は1.28 Hz高い（図中では＋で表示）．このことから，インハーモニシティの存在がわかる．その発生要因には，弦の剛性や境界条件などが考えられる．

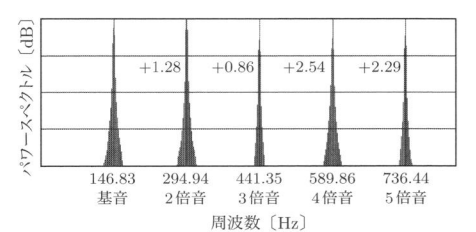

弦の剛性を考慮すると，根号内のT/ρの係数に$(n\pi/l)^2 EI/T$の項が加わり，整数倍の関係が崩れ，インハーモニシティが発生していることがわかる．また，次数nの値が大きければ，非整数倍音の周波数は整数倍音より大きく増加するようにずれることがわかる．

（2）境界条件によるインハーモニシティ
写真に示したクラシックギター表板を有限要素法ソフトウェアABAQUSで解析し，第1モードから第3モードを算出した結果を下図に示す．

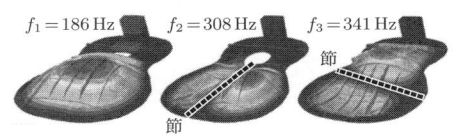

$f_1 = 186$ Hz　　$f_2 = 308$ Hz　　$f_3 = 341$ Hz

(a) 第1モード（🔊8）　(b) 第2モード（🔊9）　(c) 第3モード（🔊10）

モード図において，fはモード周波数を表し，動画を見るとわかるように，表板は複雑に振動している．また，破線で示した動かない節も存在している．弦の境界条件としてサドルは振動しているので，錘（質量的支持端）とバネの要素（バネ的支持端）を有している．境界条件による理論的解析は文献1）を参照されたい．

（1）剛性によるインハーモニシティ　初めに，弦の剛性によるインハーモニシティを考察する．以下にクラシックギターの内部構造と外観を示す．

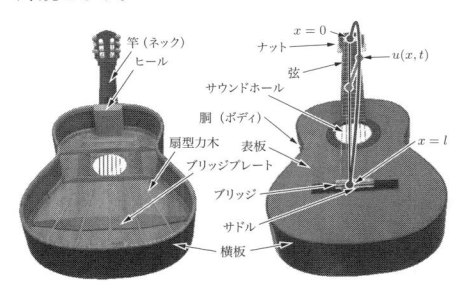

図に示すように，ナットを原点として弦方向をx軸にとり，弦長をlとし，弦の表板に垂直な変位を$u(x,t)$とすると，弦の非線形振動方程式はつぎの式で与えられる．ただし，空気抵抗は無視できる程度に小さいとする．

$$\frac{\partial^2}{\partial t^2}u(x,t) = \frac{T}{\rho}\frac{\partial^2}{\partial x^2}u(x,t) - \frac{EI}{\rho}\frac{\partial^4}{\partial x^4}u(x,t)$$

ここで，Eはヤング率，Iは断面2次モーメント，Tは張力，ρは線密度である．弦のナット側（$x=0$），ブリッジ側（$x=l$）の境界条件をともに，$u(x,t)=0$と$\partial^2 u(x,t)/\partial x^2 = 0$とし，上式を解くと，第$n$倍音の周波数$f_n$は次式で与えられる．

$$f_n = \frac{n}{2l}\sqrt{\frac{T}{\rho}\left(1+\frac{EI}{T}\left(\frac{n\pi}{l}\right)^2\right)},\ n=1,2,3,\cdots$$

（3）インハーモニシティのギター音色への影響　フラメンコギターD音の5倍音までのインハーモニシティ周波数とパワーを使って合成した音と，正確な整数倍音に修正して合成したギター音を下図に示す．図より，インハーモニシティが存在すると，減衰時に低周波数のうなりが発生していることがわかる．これにより，インハーモニシティが存在していない音色が冷たく感じるのに対し，温かく良い音色が生まれていると評価する意見が多い．

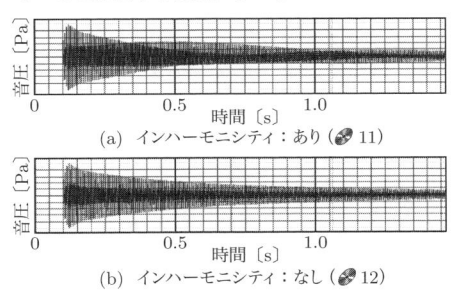

(a) インハーモニシティ：あり（🔊11）

(b) インハーモニシティ：なし（🔊12）

◆もっと詳しく！
1) G・ウェインリーチ：楽器の科学，第2章，ピアノの弦の物理学，日経サイエンス社 (1987)

重要語句　多孔質型吸音材料，板（膜）振動型吸音材料，共鳴器型吸音材料，微細穿孔板（MPP），通気性膜材料

吸音材料
[英] sound absorption material

吸音材料には，大別すると3種類がある。多孔質型吸音材料，板（膜）振動型吸音材料，共鳴器型吸音材料である。それぞれ吸音機構や吸音特性が異なる。まず，これらの特徴をまとめ，近年開発された新しい吸音材料についても述べる。

A．吸音材料の種類と特徴

（1）多孔質型吸音材料　代表的なものとして，グラスウールなどの繊維質や，ウレタンフォームのような連続気泡を持つ材料であり，材料中の毛細管内を音波が伝わる際の粘性摩擦などにより音のエネルギーを吸収される。おもに中音域から高音域を吸音する。材料の厚さや背後空気層の厚さを増やすことで低音域の吸音性が向上するが，実用的には厚さに限界がある。その他の欠点としては，耐久性が低いこと，粉塵を発生するものがあること，建築室内で用いるにはなんらかの表面仕上げが必要となりデザイン的な制約を生じる場合が多いことなどがある。最近では，これらの欠点を改善したもの，例えば，ポリエステル不織布のようにグラスウールと違って粉塵などの衛生上の問題が発生しないものや，発泡アルミやアルミ焼結材，セラミック多孔質など耐久性の優れたものも開発されている。また，後述の通気性膜や布なども，特性から見てこの分類に入るものと考えられ，近年用いられつつある。

（2）板（膜）振動型吸音材料　一般的には，壁などの建築躯体に非通気性の板状材料を内装材として背後に空気層を持たせて張ったものが，音波の入射によって特定の周波数で振動して，音のエネルギーが振動エネルギー，そして最終的に熱エネルギーに変換されて吸収される。この振動は，板の質量と，背後の空気によるバネからなる単一共振系により生じ，その共振周波数で大きくなるので，多くの場合は低音域でピークを持つ吸音特性を示す。ピークの吸音率は，背後が空気層の場合は0.5前後であまり高くないが，背後に多孔質型吸音材料を挿入することで，かなり高い吸音率が得られる。上述のような内装材が板振動型吸音として作用するもののほかに，非通気性膜材料を用いて吸音体として利用されるものもある。多くの場合は低音域を対象とするが，薄く軽量な膜を用いることで，比較的高い周波数を対象に設計されたものも開発されている。

（3）共鳴器型吸音材料　ビンや壺など，口が狭くなっている容器では，細い部分の空気が質量，胴の部分の空気がバネとなって単一共振系を形成し，その共鳴による振動に伴い，口の部分で摩擦が生じることによって吸音が起こる。このような開口を持った器による共鳴器はヘルムホルツ共鳴器と呼ばれ，19世紀にヘルムホルツが研究している。一方，これは人類が最初に発見して用いた吸音体といわれており，中世ヨーロッパの教会の壁に，吸音を目的とした

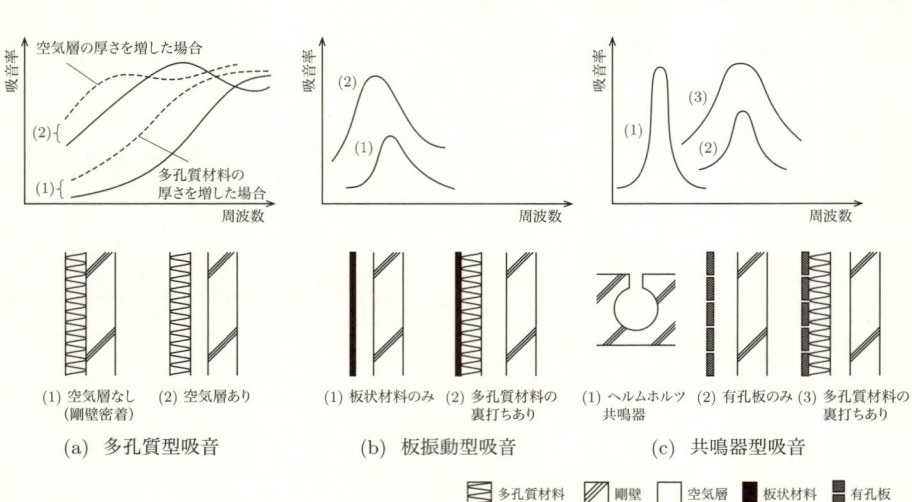

(a) 多孔質型吸音
(1) 空気層なし（剛壁密着）
(2) 空気層あり

(b) 板振動型吸音
(1) 板状材料のみ
(2) 多孔質材料の裏打ちあり

(c) 共鳴器型吸音
(1) ヘルムホルツ共鳴器
(2) 有孔板のみ
(3) 多孔質材料の裏打ちあり

凡例：多孔質材料，剛壁，空気層，板状材料，有孔板

と思われる壺が埋められていたことが確認されている。特定の周波数で共鳴によって吸音するため，吸音特性は鋭いピークを示し，おもに低音域の吸音に用いられる。しかし，吸音できる周波数領域が狭いため，一般的には有孔板として用いられることが多く，この場合は中音域を中心として比較的広い周波数範囲で吸音が得られる。有孔板の場合は，個々の孔と背後空気層で共鳴器が形成される。また，背後に多孔質型吸音材料を挿入することで吸音性能が向上する。

B．次世代吸音材料

従来は，グラスウールに代表される多孔質型吸音材料がおもに用いられてきたが，多孔質型材料の欠点をカバーする，新しい吸音材の開発が1970年代後半から種々試みられてきた。当初は非多孔質型吸音材料が中心であったが，その後新しいタイプの多孔質型吸音材料も多数開発されてきた。ここでは，それらの中から近年注目され広く用いられつつあるものを，いくつか挙げる。

（1）微細穿孔板（MPP） A.(3) で述べた有孔板は，孔の直径が数 mm 以上と大きく，吸音に必要な音響インピーダンスがあまり得られない。これに対して，**MPP** は直径 1 mm 以下の微細孔を 1％以下の開孔率で，厚さ 1 mm 程度以下の薄板やフィルムに開けたもので，これにより吸音に適切な音響インピーダンスを実現している。透明フィルムで製作された MPP を右段の図 (a) に示す。通常，前ページの図に示した有孔板と同じように，空気層を背後に持たせて設置する。厚さの関係で強度面の問題をカバーする工夫が必要であるが，逆にどのような材料からでも作れるため，透明なものなどデザイン性の向上が可能である。また，壁に対して設置する通常の用法ではなく，右段の図 (b) のように，2 枚の MPP を使ってパーティション的な形状とした 2 重 MPP 空間吸音体（DLMPP）や，設置の自由度の高い立体形状の MPP 空間吸音体も提案されており，デザイン的な要素を生かした吸音体の開発が研究されている。

（2）通気性膜材料 古くは非通気性膜が膜振動型吸音体として用いられていたが，近年は**通気性膜材料**を用いた吸音体，吸音処理が提

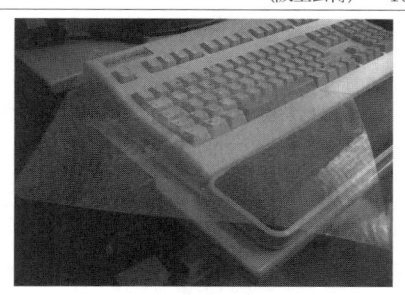

(a) 透明フィルムで製作されたMPP

(b) 透明フィルムで製作されたDLMPP

案されている。適度な通気抵抗を持つ膜材料を用いれば，その抵抗により比較的高い吸音性能を得ることが可能である。また，柔軟な性質から形状も比較的自由に作ることができ，着彩などのデザイン的要素を持たせることも可能である。これについても，立体型および平面型の空間吸音体が提案され研究されている。一方，道路などに用いられる遮音壁の端部に通気性膜（布）を設置することで，大幅に性能を向上させた遮音壁も開発されている。

（3）新しい多孔質材料 グラスウールのような古典的な材料については，耐久性，衛生面などの問題が指摘されてきたが，これらの欠点を解消した新しい多孔質材料も開発されてきた。ポリエステルウールおよび不織布は，問題が少なく高い吸音性能が得られ，近年注目されている。セラミック，アルミなどの焼結材や発泡材も，耐久性に優れた多孔質材料として用いられるようになっている。

◆ もっと詳しく！

前川純一, 森本政之, 阪上公博：建築・環境音響学（第3版），第4章，共立出版 (2011)

重要語句　音響インピーダンス管，伝達関数法，残響室，拡散音場，面積効果

吸音率測定法
[英] measurement methods of sound absorption coefficient

　材料の吸音率測定法には，代表的なものとして垂直入射吸音率（対応規格：JIS A 1405, ISO 10534）と残響室法吸音率（JIS A 1409, ISO 354）がある。これら二つの測定方法は，試料への音波の入射条件が異なるため，評価する試料の用途や構造によって使い分ける必要がある。また，規格化されている上記二つ以外にもいくつか測定方法があり，これらに関しては今後の研究による実用化が期待される。

A．垂直入射吸音率
　（1）測定方法　　垂直入射吸音率（normal incidence sound absorption coefficient）は，材料表面に垂直方向に平面音波が入射したときの入射波と反射波の比（音圧反射率）から求める吸音率である。通常この測定を行う場合，試料表面に垂直に平面波が入射する条件を実現させるための音響管（**音響インピーダンス管**; impedance tube; Kundt tube）と呼ばれる装置を用いる。音響管内では，波長が管の断面より長い音（JIS A 1405 によると，管の形状が円形であれば内径の 0.58 倍，長方形であれば対角線の 0.5 倍以上）が平面波として伝搬する。音響管を用いて垂直入射吸音率を測定する方法には，定在波比法（standing-wave method）（JIS 1405-1, ISO 10534-1）と**伝達関数法**（transfer function method）（JIS A 1405-2, ISO 10534-2）の2種類がある。定在波比法は，音響管内を純音で駆動したときに発生する定在波のピークディップの位置とレベルから吸音率を求める方法で，伝達関数法は，音響管に取り付けた2本のマイクの伝達関数から吸音率を求める方法である。現在では，信号処理技術の発達により，広い周波数領域の吸音率を1回の測定で得ることができる便利な伝達関数法が広く普及している。そこで，ここでは伝達関数法についてのみ測定方法を紹介する。
　音響管の一方の端に音源，反対側に測定する試料が剛壁に密着して取り付けられているとする。試料表面から x_1, x_2 の位置に取り付けられた二つのマイクロホン位置における音圧 p_1, p_2 は，それぞれつぎのように表される。
$p_1 = \hat{p}_I e^{jkx_1} + \hat{p}_R e^{-jkx_1}, \ p_2 = \hat{p}_I e^{jkx_2} + \hat{p}_R e^{-jkx_2}$
ここで，$\hat{p}_I, \hat{p}_R$ は基準面（$x = 0$）における入射波 p_I および反射波 p_R の振幅で，k は波長定数である。入・反射波からなる音場に対する伝達関数

H_{12} は，音圧反射率を r としたときの $\hat{p}_R = r\hat{p}_I$ の関係を考慮して，つぎのようになる。
$$H_{12} = \frac{p_2}{p_1} = \frac{e^{jkx_2} + re^{-jkx_2}}{e^{jkx_1} + re^{-jkx_1}}$$
したがって，音圧反射率 r はマイク 1, 2 間の伝達関数 H_{12} を用いて，つぎの式で表される。
$$r = \frac{H_{12} - e^{-jks}}{e^{jks} - H_{12}}$$
吸音率 α は音圧反射率 r より下記のようになる。
$$\alpha = 1 - |r|^2$$

　（2）長所　　① 装置に依存しない再現性の高い測定──後述する残響室法吸音率は，試料表面への音波の入射条件が設備ごとにばらつくために吸音率が実験室ごとに異なるのに対し，規格に準拠した音響管内ではほぼ理想的な平面波音場を形成でき，どの装置を用いても理論どおりの再現性の高い測定が可能であるとされている。しかし現実には，試料の切り出し誤差による試料と音響管内壁の隙間の影響や，音響管内への試料の拘束条件の違いなどにより，測定結果が異なる場合がある。さらに，試料の吸音が個体伝搬音の影響が大きい場合，切り出した試料のわずかな拘束条件の違いが固有振動の違いとして吸音特性に差として表れるため，再現性が得られにくい。
　② 小寸法試料での測定──音響管の内径は測定対象周波数にもよるが，大きいものでも直径 100 mm 程度であり，残響室法吸音率測定用の試験体（JIS だと 10 m^2，規格外の小試験体でも 1 m^2 程度）に比べて試料が小さくてすみ，大きな試料が作成できない試作品などでも容易に測定できる。
　③ 短時間で測定可能（伝達関数法）──伝達関数法は音響管に取り付けられた2本のマイクロホン間の伝達関数を1回ないしは2回測定するだけで吸音率を求められるので，短時間で測定できる。

　（3）制限事項　　① 現実と乖離した音波入射条件──現実の空間では材料表面にはあらゆる方向から音波が入射するため，実際に使用するときの吸音率とは特性が若干異なる。この点に関しては，どちらかというと，後述する残

響室法吸音率のほうが現実に近い吸音率が得られることが多い。

② 固体音成分が吸音に影響する材料——試験体の吸音メカニズムが空気伝搬音のみによるものでなく，固体伝搬音（振動）の影響が大きいと，試験体（音響管断面が円形の場合，円柱状）の固有振動に大きく依存する。その場合，内径の異なる音響管で測定すると，吸音率が大きく異なる場合があり，長所①の再現性が保てなくなる。

B．残響室法吸音率

（1）測定原理 残響室法吸音率（sound absorption coefficient in a reverberation room）は，**残響室**という**拡散音場**（diffuse sound field，⇒p.134）を模擬した室を用いて測定する。残響室内に試料がないときの残響時間T_1〔s〕と，残響室の床面に規格などで規定された寸法の試料を敷いたときの残響時間T_2〔s〕を測定し，それらの残響時間，および試料面積S〔m²〕，室容積V〔m³〕，音速c〔m/s〕から，つぎの式で求められる。

$$\alpha_s = \frac{55.3V}{cS}\left(\frac{1}{T_2} - \frac{1}{T_1}\right)$$

（2）長所 ① 現実に近い入射条件——残響室法吸音率では，材料表面に音波があらゆる方向から入射し，垂直入射条件と比べてより現実に近いため，測定結果もこちらのほうが近いとされている。

② どんな材料も測定可能——垂直入射吸音率では，小寸法に切り出した試験体の寸法や拘束条件の問題から個体伝搬音の影響が大きい材料の測定が困難であるのに対し，残響室法吸音率では，試験体を切り出すことなく測定する。したがって，個体伝搬音による吸音も現実に起こりうる範囲で起きるため，そのまま測定できる。

（3）制限事項 ① 設備およびその設置の違いによる測定結果のばらつき——残響室法吸音率は，拡散音場を模擬した残響室で測定するが，残響室は拡散音場を完全に再現できているわけではない。しかも残響室同士の形状や寸法が異なると拡散性が異なり，試料への音波の入射条件も異なってしまうために，同じ試料であっても，異なる残響室で測定した残響室法吸音率は異なる吸音性能を示してしまう。また，同じ残響室でも，試料の設置位置が異なると音波の入射条件が異なってしまうし，音源スピーカの設置位置や向きを変えると，残響室の音の励起状態が変わることで音波の入射条件が変わってしまう。一方で，音の減衰過程の空間全体で一様でないために，マイク位置が変わることによって測定される残響時間が変化する。これらの要因を排除するためにも，異なる試料の残響室法吸音率を比較するためには，異なる試料を同一設備・同一設置条件で測定すべきである。

② 面積効果——残響室法吸音率は残響室の非常に反射性の高い床面の一部に有限面積の試料を設置して測定するため，無限大面積を持つ試料における統計入射吸音率に比べて吸音率が大きくなるという現象であり，試料面積が小さいほど，また吸音率が大きいほど，この効果は顕著になる。この現象が起きるのは，試料周辺部の吸音性の試料表面上と反射性の床面表面上の音圧に大きな差が生じ，音圧が高い床面表面から音圧が低い試料表面へ音圧勾配によるエネルギーの流れ込みが生じるためである。残響室法吸音率が1を超えてしまうのは，このためである。

制限事項①でも示したように，残響室は完全な拡散音場ではなく，したがって統計入射条件での「真」の吸音率を示すわけではないので，異なる設備で測定した異なる試験体の吸音率を比較するのは好ましくない。あくまで同一の設備（あるいは同一と見なせる設備）で比較評価すべき指標であると考えられる。

C．両測定法の使い分け

（1）材料による使い分け 音響管を用いる垂直入射吸音率では，固体伝搬音の影響で試料（音響管）の寸法により測定結果が異なるなどの制限があるのに対し，残響室法吸音率には基本的にそのような制限がないので，残響室法吸音率のほうが材料を選ばないといえる。ただし，設備の違いによる影響が少なからずあるので，評価はあくまで同一の設備で試験条件を統一して相対評価とする必要がある。

（2）用途による使い分け 垂直入射吸音率は，固体伝搬音の影響を受けない多孔質材料の吸音性能においてはモデルで忠実に再現でき，シミュレーションを通じて良い推定値が得られるので，多孔質材料の開発の評価には適している。一方の残響室法吸音率は，音波の入射条件が現実に即しているので，最終製品の吸音性能という観点では，こちらの測定方法を使うのが好ましい。

◆ もっと詳しく！
橘　秀樹，矢野博夫：改訂 環境騒音・建築音響の測定，コロナ社（2012）

重要語句　たわみ振動，音圧レベル，音響放射力，音響流，非線形現象

強力空中超音波
[英] high-intensity airborne ultrasonic wave

人間の可聴限界音圧レベルである120 dB以上で放射される空中超音波を指す。使用する音波の周波数帯は，おもに20〜50 kHzである。

A. 強力空中超音波の特徴

空中超音波を利用した応用技術は，音波を情報信号として利用する情報的応用と，音波エネルギーのパワーを必要とする動力的応用に分けられる。情報的応用については，すでに世の中で広く使用されているが，動力的応用は比較的少ない。これは，固体・液体媒質の場合には，大パワーの音波エネルギーを比較的容易に取り出すことができ，大きな機械力が得られるのに対し，気体の場合には，媒質の音響インピーダンスがきわめて小さいため，気体中に取り出せる超音波エネルギーも固体や液体に比べてきわめて小さいものとなるからである。また，気体の場合，音波伝搬に伴う減衰も大きく，周波数が高くなるにつれて急激に減衰する。したがって，空中に強力な超音波を発生させることは基本的に難しく，種々の工夫が必要となる。

B. 強力空中超音波の発生

同相で振動する面が媒質中に放出する音響パワー W は

$$W = \rho c S v^2$$

として与えられる。ρc は媒質の固有音響インピーダンス，S は振動面の面積，v は振動面の平均振動速度である。S および v が一定である場合，振動面から放射される音波エネルギーは，媒質の固有音響インピーダンスの大きさで決まる。しかしながら，空気の音響インピーダンスは液体や固体に比べてきわめて小さく，音波の放出を難しくしている。したがって，空気中で大きな音波エネルギーを得るには，振動速度の増加と振動面の面積増加が考えられるが，前者は材料強度の点から実現が難しく，また後者は高周波数では振動面を同位相で振動させることが難しい。

その解決法の一つに，広い金属板に発生する**たわみ振動**の利用がある。金属板の一点を高周波で励振するとたわみ振動が発生するが，一般に複雑な振動モードになり，放射音波も扱いにくい。しかも，音波の放射効率があまり良くない。その中にあって，ある条件下で作成した矩形および円形の金属板は，きわめて単純な振動モードと音の放射パターンを示し，放射効率も良い。これを実現した音源として，ボルト締めランジュバン型振動子に振動拡大のエキスポネンシャルホーンで構成された超音波縦振動発生装置に，振動伝送棒，矩形たわみ振動板をネジ結合した音源（下図）が開発されている。各部位の振動変位分布はいずれも1/2波長共振の振動をするようになっており，たわみ振動板の共振周波数と一致している縦共振系で駆動している。この音源の電気音響変換効率は80％以上である。通常のスピーカの効率が数％であることを考えると，きわめて高い効率で音波を発生できることがわかる。振動板，ホーンおよび伝送棒は，振動に伴う損失が小さく，しかも疲労強度に優れたアルミ合金やチタン合金などで製作される。なお，音源の周波数については，20〜50 kHz程度の帯域を用いることが多い。

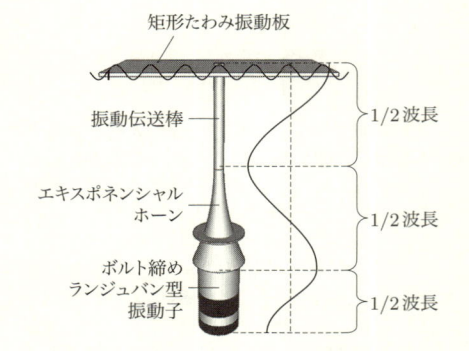

このように発生させた空中超音波を点状および線状に集束させて，強力な超音波を形成する。

（1）点集束方式　音波を点状に集束する音源を下図(a)に示し，半球ドーム状に空中超音波センサを配置して音波を点状に集束する音源を図(b)に示す。

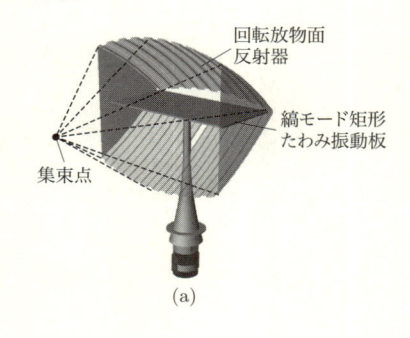

半球ドーム　空中超音波センサ

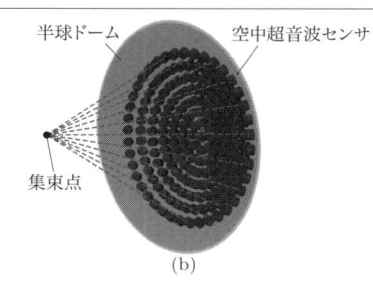

集束点

(b)

下図のように，音波を一点状に集めることで，音波強度が飛躍的に高くなる．自由空間において，**音圧レベルが180 dB（20 kPa）**を超える報告もある．

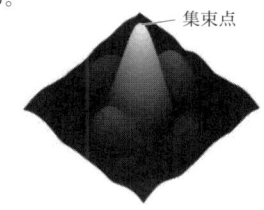

集束点

同様の原理で，多数の空中超音波センサで強力空中超音波を放射する音源もある．

（2）線集束方式　下図 (a) に音波を線状に集束する音源を，図 (b) に音波を線集束させた一例を示す．音波を線状に集めて音波強度を高めつつ，音波を広範囲に照射することができる．**音圧レベルが166 dB（4 kPa）**を超える報告がある．

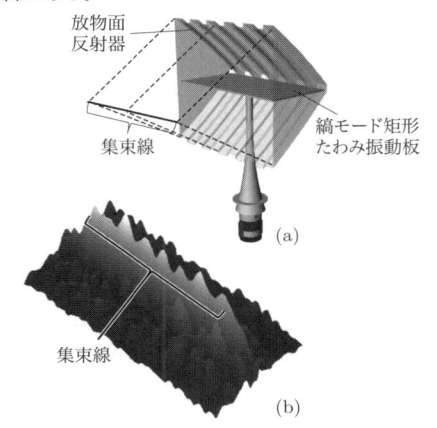

放物面反射器
集束線
縞モード矩形たわみ振動板
(a)

集束線
(b)

C．強力空中超音波の応用技術

強力空中超音波では，**音響放射力**や**音響流**が発生するので，以下のように，さまざまな特有の効果を非接触で与えることができる．

- 凝集させる・分散させる・力を作用させる
- 揺さぶる・浮かせる・保持する
- 移動させる・剥離させる・飛散させる
- 閉じ込める・吸着させる・遮断する

また，**非線形現象**によって整数次の高調波成分が発生するので，同時に複数の周波数の音波を発生できる特徴もある．

固体微粒子の除去　物体表面に付着する固体微粒子に強力空中超音波を照射すると，付着微粒子は励振され，物体表面から剥離するので，瞬時に除去できる．

煙霧質・液体微粒子の凝集　煙霧質や霧に強力空中超音波を照射すると，これらは瞬時に凝集される．

高速水流の偏向・微粒化　高速流水に強力空中超音波を照射すると，水流の方向を偏向できる．さらに音波を強力にすることで，静止している液体とほぼ同様に，流水を微粒化することができる．

消泡　連続的に発生する泡に強力空中超音波を照射すると，瞬時にこれを破壊し，ただちに消滅させることができる．

乾燥　水分を含んだ固体物質に強力空中超音波を照射すると，その物質はその雰囲気のまま，温度上昇もほとんどさせることなく，短時間で水分を除去できる．

細孔内の液体除去　非常に細長い孔に浸入し，毛細管現象の保持力によって内部に留まる液体に強力空中超音波を照射すると，浸入液体を外に押し出すことができる．孔に複雑な曲がりがある場合も，音波が侵入するため，除去可能である．

平板・小物体・液体の非接触搬送　強力空中超音波を平板に照射すると，超音波振動面と浮上物体底面の間に形成された音場によって物体底面に音響放射力が生じ，浮揚する．また，超音波振動面に対抗するように剛体（反射板）を設置すると，定在波が発生する．この音場中に音波波長に対して十分小さな物体が存在すると，音圧の節の位置に補足される．この音場を空間的に制御することで，物体の非接触浮揚および搬送が実現できる．

◆ **もっと詳しく！**

伊藤洋一：強力空中超音波トランスデューサとその応用技術，日本音響学会誌，**71**, 5, pp.247–252 (2015)

|重要語句| 音場の空間情報，近接4点法マイクロホン，インパルス応答，相互相関，仮想音源分布，指向性パターン

近接4点法
[英] closely located four point microphone method

同一平面上にない近接した4点で集音した信号の時間構造の違いを利用して，音場の空間情報（直接音や反射音の位置，大きさ，時間遅れなど）を把握する音場計測手法である．受動的に収録した四つの信号を利用する解析方法と，特定の音源と四つの受音点間のインパルス応答を測定した上で解析する方法の二つに大別される．特に，後者はインパルス応答を構成する反射音のわずかな時間構造の違いを見つけ出し，それらから仮想音源分布，指向性パターンなどを得ることが可能である．音楽ホールや学校教室などの音場評価，音響設計に役立てられてきた．

A. 近接4点法の原理

近接4点法は1970年代後半に山﨑芳男らにより提案された**音場の空間情報**（⇒p.46）を把握する手法である．1986年にはヨーロッパのコンサートホールの音響に関する実測調査が行われ，この手法が用いられた．世界各地でさまざまな音場の計測が行われている．

同一平面上にない近接した四つのマイクロホン（**近接4点法マイクロホン**）を用いて**インパルス応答**（⇒p.16）を測定する．**相互相関**（⇒p.370）などの手法を用いてそれらインパルス応答の中から同一反射音を特定し，わずかな到達時間差を見つけ出す．さらに，各マイクロホンへの到達時間，マイクロホンからの距離を計算し，反射音と等価な仮想的な音源（仮想音源）の位置を求める．同時に反射音の大きさ，時間遅れなども求められ，それらを**仮想音源分布や指向性パターン**として表現し，音場の空間情報を把握することができる．近接4点法マイクロホンとしては，最近は原点および直交座標上あるいは正四面体頂点に30～60 mm間隔に配置されているものを使うことが多い．それらを下図に示す．

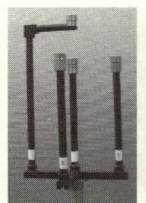

直接音あるいは特定の反射音のそれぞれのマイクロホンへの到来時間から求めたマイクロホンから音源までの距離を，それぞれ $r_o, r_x, r_y,$

r_z とする．仮想音源は，各マイクロホンを中心とした半径 r_o, r_x, r_y, r_z の球面上に存在することになるので，それらの球面を描いて交点を求めれば，反射音としての対応関係にある仮想音源の位置が求められる．特に，下図のように一つのマイクロホンを原点として，他の三つのマイクロホンが間隔 d で直交座標を形成するように配置した場合，仮想音源の座標 (x, y, z) は

$$x = \frac{d^2 + r_o^2 - r_x^2}{2d}, \ y = \frac{d^2 + r_o^2 - r_y^2}{2d}, \ z = \frac{d^2 + r_o^2 - r_z^2}{2d}$$

と求められる．

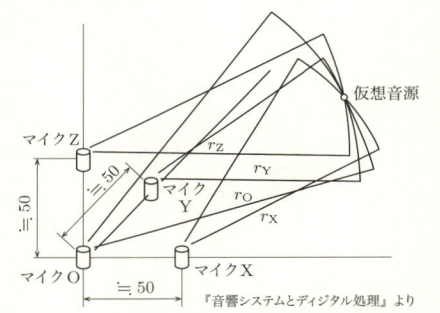

『音響システムとディジタル処理』より

インパルス応答は多くの反射音から構成される．マイクロホン間隔が狭ければ，各マイクロホンで集音したインパルス応答波形の相関が高く，個別の反射音を抽出しやすい．標本間を十分細かく補間した上で相互相関処理を行うことで，精度を確保しつつ同一反射音を特定し，それらの到達時間を得ることができる．

B. 音場の空間情報の可視化

特定された直接音，反射音群を一括して表示することにより，それらの空間的な分布や，受音点に到達する音響エネルギーの指向性などを知ることができる．前者は仮想音源分布，後者は指向性パターンとして表せる．筆者らがこれまでに測定した音楽ホールのうち，ウィーンの楽友協会大ホールとアムステルダムのコンセルトヘボウ（⇒p.206）の測定結果を次ページに示す．仮想音源分布については，計算された仮想音源をX-Y平面（ホール上方から下方）とY-Z平面（右から左）に投影したものである．円の中心が投影された仮想音源の座標位置であり，円の面積がそのエネルギーに比例し，直交軸の交点は受音点を示す．色によりおおよその到達時間を表している．図中にはホール概形も加えてある．

◆ もっと詳しく！

大賀寿郎，山﨑芳男，金田 豊：音響システムとディジタル処理，コロナ社 (1995)

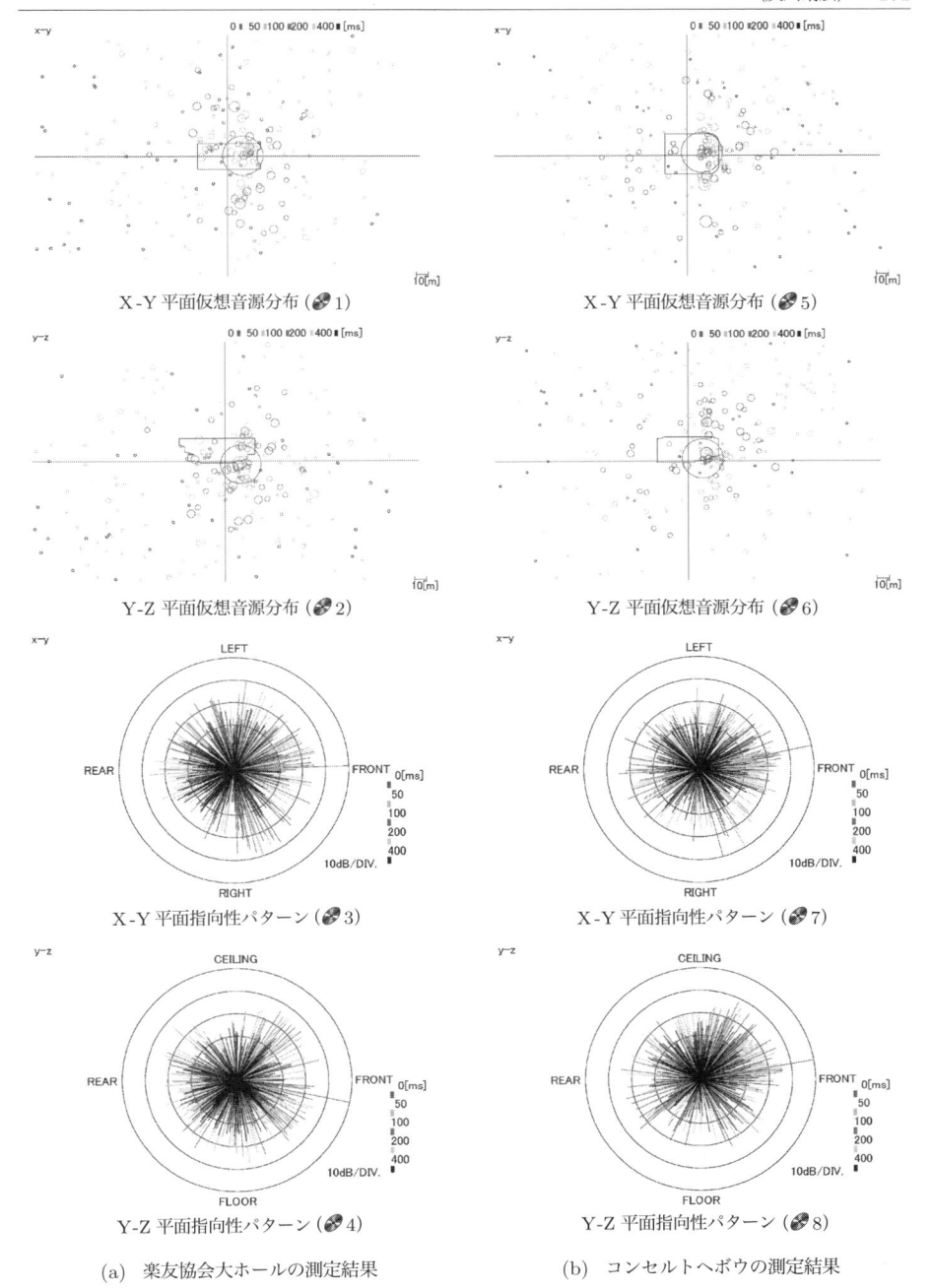

X-Y 平面仮想音源分布（🔊1）

X-Y 平面仮想音源分布（🔊5）

Y-Z 平面仮想音源分布（🔊2）

Y-Z 平面仮想音源分布（🔊6）

X-Y 平面指向性パターン（🔊3）

X-Y 平面指向性パターン（🔊7）

Y-Z 平面指向性パターン（🔊4）

Y-Z 平面指向性パターン（🔊8）

(a) 楽友協会大ホールの測定結果

(b) コンセルトヘボウの測定結果

重要語句 ドプラ効果，パルス圧縮，直交検波，フーリエ変換

空中超音波計測
[英] airborne ultrasonic measurement

空気中を伝搬した超音波の伝搬時間から，伝搬経路長，音波伝搬速度，空気の移動速度を計測すること。また，送受波器間，送受波器・反射物間を伝搬した超音波の周波数や伝搬時間の変化から，伝搬経路長を変化させた送受波器や反射物の相対速度を計測すること。

A. 計測対象・原理

空気中を伝搬した超音波の伝搬時間（time of flight; TOF）から，伝搬経路上のさまざまな物理量を計測することができる。空気中の音波伝搬速度（音速）と空気の移動速度（風速）が既知である場合，以下のようにTOFから送受波器間や送受波器・反射物間の距離を計測することができる。

$$\mathrm{TOF} = \frac{l}{c+v}$$

ここで，TOFは超音波の伝搬時間〔s〕，lは伝搬経路の長さ〔m〕，cは伝搬経路上の音速〔m/s〕，vは伝搬方向の風速〔m/s〕である。例えば，送受波器間の距離を3.5 m，伝搬経路上の音速を340 m/s，伝搬方向の風速を10 m/sとすると，超音波のTOFは10 msとなる。また，経路長と音速が既知である場合は風速を，経路長と風速が既知である場合は音速を計測することができる。

送受波器や反射物の移動によって，超音波の送信・受信・反射時にその経路長が変化する場合，**ドプラ効果**によって超音波の周波数が変化する。この周波数変化（ドプラ周波数）から送受波器間や送受波器・反射物間の経路長変化をもたらした相対速度（ドプラ速度）を計測することができる。送波器が受波器の方向へ移動する場合，超音波の周波数は，送信時に以下のように変化する。

$$f_{d1} = \frac{c}{c-v_t}f$$

ここで，fは送信する超音波の周波数〔Hz〕，f_{d1}は送信時にドプラシフトした超音波の周波数〔Hz〕，v_tは送波器の移動速度〔m/s〕である。そして，受波器も同じ方向へ移動する場合，超音波の周波数は受信時に以下のように変化する。

$$f_{d2} = \frac{c-v_r}{c}f_{d1} = \frac{c-v_r}{c-v_t}f$$

ここで，f_{d2}は受信時にドプラシフトした超音波の周波数〔Hz〕，v_rは受波器の移動速度〔m/s〕である。よって，受信した超音波の周波数と音速から送受波器間のドプラ速度を計測することができる。例えば，送信する超音波の周波数を40 kHz，送波器の移動速度を4.2 m/s，受波器の移動速度を−4.2 m/s，伝搬経路上の音速を340 m/sとすると，受信した超音波の周波数は41 kHzとなる。また，反射物が存在する場合，送波器から反射物（受信側），反射物（送信側）から受波器，それぞれの伝搬過程においてドプラ効果による周波数変化が発生する。しかし，送波器，受波器をそれぞれ焦点とする楕円軌道上を反射物が移動する場合は往復の経路長が変化しないため，受信した超音波の周波数は変化しない。

B. 計測方法・特徴

（1）TOF 超音波のTOFは，時間幅の短いパルス波や振幅変調した連続波などを送受信して計測する。パルス波の場合，受信信号のピークやその付近のゼロクロス，振幅包絡線のピークなどからパルス波を受信した時間を計測し，送信した時間との時間差からTOFを決定する。送受波器が同一の振動子である場合または送受波器が近接する場合に，反射物との距離計測などに用いられる。

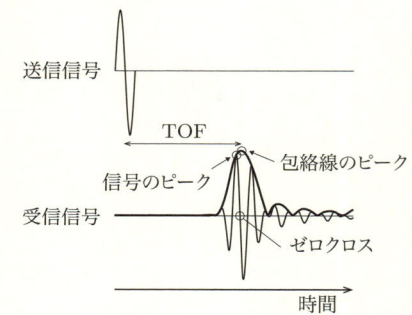

パルス幅が短いほど時間分解能が向上するが，環境雑音の影響を受けやすくなる。鋭い自己相関特性を持つ超音波を送信し，受信信号と送信した超音波に対応する参照信号との相互相関処理を行う**パルス圧縮**（⇒ p.370）を適用することで，時間分解能と耐雑音性を向上させることができる。

連続波の場合，受信した信号と送信した信号との位相差と信号周期からTOFを決定する。通常，位相差では1信号周期以内のTOFしか決定することができない。しかし，送信する超音波（搬送波）より低い周波数で振幅変調などを

行い，変調波の位相差と搬送波の位相差を用いることで，以下のように TOF の計測範囲を広げることができる．

$$\Delta\varphi_M \cdot T_M > nT_C$$
$$(n + \Delta\varphi_C) \cdot T_C = \text{TOF}$$

ここで，$\Delta\varphi_M$ は変調波の位相差，T_M は変調波の信号周期〔s〕，n は送受波器間に最低限含まれる搬送波の数，T_C は搬送波の信号周期〔s〕，$\Delta\varphi_C$ は搬送波の位相差である．送受波器が離れている場合に，送受波器間の距離や伝搬経路上の音速，風速の計測などに用いられる．

T：送信側の位相　TOF　R：受信側の位相
φ_{MT}　φ_{MR}
φ_{CT}　φ_{CR}
超音波の伝搬方向
送波器　→　受波器

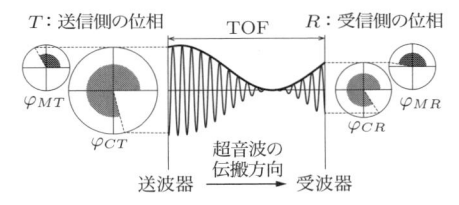

（2）ドプラ周波数　超音波のドプラ周波数は連続波や時間幅の長いバースト波などを送受信して計測する．まず，どちらの場合も**直交検波**を行い，受信信号からドプラ周波数の成分のみを抽出する．

$$S(t) = A(t)\sin\{2\pi(f_0 + f_d)t\}$$
$$Q'_R(t) = S(t) \times \sin(2\pi f_0 t)$$
$$= \frac{A(t)}{2}[\cos(2\pi f_d t)$$
$$- \cos\{2\pi(2f_0 + f_d)t\}]$$
$$Q'_I(t) = S(t) \times \cos(2\pi f_0 t)$$
$$= \frac{A(t)}{2}[\sin(2\pi f_d t)$$
$$- \sin\{2\pi(2f_0 + f_d)t\}]$$

そして，低域通過フィルタ（low pass filer; LPF）によって $2f_0$ 付近の周波数成分を取り除く．

$$Q_R(t) = [2Q'_R(t)]_{\text{LPF}} = A(t)\cos(2\pi f_d t)$$
$$Q_I(t) = [2Q'_I(t)]_{\text{LPF}} = A(t)\sin(2\pi f_d t)$$

ここで，$S(t)$ は受信信号，$A(t)$ はその振幅成分，f_0 は送信周波数〔Hz〕，f_d はドプラ周波数〔Hz〕，$Q_R(t)$ は直交検波後の受信信号の実部，$Q_I(t)$ は直交検波後の受信信号の虚部である．そして，直交検波後の受信信号を**フーリエ変換**（⇒p.292）して，周波数スペクトルのピークからドプラ周波数を計測する．単一周波数や帯域の狭い超音波を用いるため，高い分解能で周波数推定を行うことができる．反射物や送受波器間のドプラ速度計測などに用いられる．

（3）経路長変化　一定周期でパルス波の送受信を行い，ドプラ効果を発生させた経路長の変化を直接計測することもできる．パルスエコー法による計測を一定周期で繰り返す場合，各計測において移動する反射物から反射したパルス波の TOF は，以下のように変化する．

$$\Delta\text{TOF} = \frac{2\Delta d}{c}$$

ここで，ΔTOF は反射波の TOF の変化量〔s〕，Δd は移動する反射物との距離の変化量〔m〕である．そして，各計測の時間 i におけるパルス波の位相は，以下のように変化する．

$$\Delta\varphi_i = 2\pi f_0 \Delta\text{TOF} = \frac{4\pi f_0 \Delta d}{c}$$

ここで，$\Delta\varphi_i$ は時間 i におけるパルス波の位相差〔rad〕である．よって，この位相差とパルスエコー法の計測間隔から，反射したパルス波の TOF が i 付近となる反射物のドプラ速度を，以下のように計測することができる．

$$v_{di} = \frac{\Delta d}{\tau} = \frac{c\Delta\text{TOF}}{2\tau} = \frac{c\Delta\varphi_i}{4\pi f_0 \tau}$$

ここで，v_{di} は反射したパルス波の TOF が i 付近となる反射物のドプラ速度〔m/s〕，τ はパルスエコー法の計測間隔〔s〕である．異なる TOF のパルス波を選択することで，その距離にある反射物のドプラ速度のみを計測することができる．

移動する反射物 A からのパルス波　　静止している反射物 B からのパルス波
計測時間　2τ
$\Delta\varphi_{i_A}$　$\Delta\varphi_{i_B}$
τ
i_A　i_B
伝搬時間

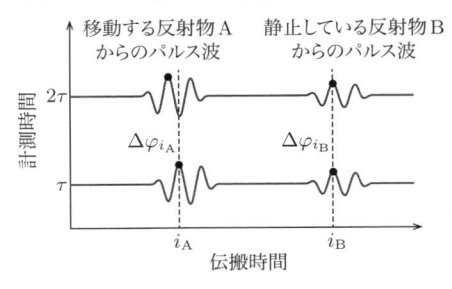

また，各計測で取得した受信信号の差をとると，静止している反射物からのパルス波は打ち消され，移動する反射物からのパルス波の情報のみを取得することができる．この処理は MTI（moving target indication）フィルタとも呼ばれ，ドプラ速度が小さい場合にフィルタ前後でのパルス波の振幅差から反射物のドプラ速度を計測することもできる．

◆ もっと詳しく！

谷村康行：絵とき超音波技術基礎のきそ，日刊工業新聞社（2007）

重要語句　言語, トピック, N-gram 言語モデル, クラス言語モデル, word2vec, 確率的潜在意味解析, 条件付き確率場

言語モデル
[英] language model

言語のもっともらしさを推定するモデル。記号の並びが与えられたもとで，それが言語として妥当かどうかを推定したり，つぎに続く記号を予測したりすることなどに用いられる。

A. 言語とは

言語（形式言語）とは，記号の列の集合である。記号の集合を Σ，Σ に属する記号から生成されうるあらゆる記号列を Σ^* と表記するとき，言語とはその部分集合 $L \subset \Sigma^*$ である。一般には情報を表現した記号列であることが多い。音響分野における言語の例として，音声で扱われる言葉（自然言語）や，音楽の楽譜などが挙げられる。

B. 言語モデルの役割と機能

言語モデルの根幹に位置する役割は，言語 L を規定することである。すなわち，言語 L のモデルには，言語 L に属する記号列のみを受理することが求められる。

音声・音響分野では，記号列を生成する装置に制約を課すために用いられる。音声認識であれば，自然言語として不自然な文が生成されないように制約を課す。音楽の自動作曲であれば，不快な音の並びが生成されないように，言語モデルで制約を課す。

また，音声・音響分野における言語モデルには，つぎに続く記号を予測する能力が求められることが多い。音声認識では，音声の入力に沿って，いまどの単語が発話されているかを推定する。毎時あらゆる単語に関して発話されている可能性を考慮すると，実時間で処理できない。そこで，言語モデルでつぎに続く単語を予測し，優先順位を付ける。

さらに，言語モデルには，言語の背景にある生成ルールの抽出が求められる場合がある。自然言語における構文や係り受け関係の解析は，その一例である。音楽の楽曲推薦では，より概念的な生成ルールの抽出が求められる。楽曲推薦とは，ユーザの嗜好にあった楽曲の提案を行うものである。ユーザの嗜好は，楽曲の音響信号的特徴以外に演奏家，市場の人気などさまざまな要因に支えられ，かつユーザごとに異なる。ユーザの視聴してきた楽曲のリストを記号列，すなわち言語と捉え，ユーザの嗜好の要因，すなわち言語の生成ルールを明らかにすることで，適切な楽曲を推薦することができる。このような言語の背景に存在する概念をトピックと呼ぶ。

C. 統計的言語モデル

一般に，言語 L を厳密に規定することは困難である。例えば自然言語や音楽をルールで網羅的に記述することは不可能である。また，言語 L に属している記号列の中でも，言語 L として典型的なものと，そうでないものがある。そこで，統計データ（コーパス）を用いて，言語モデルを学習し，言語 L らしさを推定するアプローチが主流となっている。

D. N-gram 言語モデル

最も代表的な言語モデルは，**N-gram 言語モデル**である。N-gram とは隣り合う N 個の記号の並びを指す。ここでは，自然言語を例に説明する。いま，単語列（記号列）$W = (w_1, w_2, \cdots, w_m)$ の自然言語らしさ，つまり W が自然言語 L に属している確率を $P(W)$ とおく。N-gram 言語モデルでは

$$P(W) \sim \prod_{i=1}^{m} P(w_i | w_{i-N+1}^{i-1})$$

と計算する。ここで w_{i-N+1}^{i-1} は位置 $i-N+1$ から $i-1$ までの単語である。$P(w_i | w_{i-N+1}^{i-1})$ は統計データから算出する。あるコーパスにおける単語 w の出現頻度を $C(w)$ と表記すると，最尤推定では $P(w_i | w_{i-N+1}^{i-1}) = \frac{C(w_i)}{C(w_{i-N+1}^{i-1})}$ である。N-gram 言語モデルは単純なわりに強力であり，きわめて広範囲に用いられる。また，条件付き確率 $P(w_i | w_{i-N+1}^{i-1})$ は，次単語の予測にほかならないことから，この目的での利用にも適している。なお，N-gram は $N=1$ のときユニグラムと呼ばれ，$N=2, 3$ のときは，それぞれバイグラム，トライグラムと呼ばれる。

N-gram 言語モデルの問題点に，ゼロ頻度問題がある。ゼロ頻度問題とは，ある N-gram が学習コーパス上に出現しない場合，その確率がゼロになってしまう問題である。ゼロ頻度問題を回避する一手法に，バックオフスムージング法がある。N-gram を $(N-1)$-gram で代用（バックオフ）し，学習コーパス上に現れない単語に確率を一部分け与える（スムージング）処理を行う。代表的な手法に Kneser-Ney スムージングや，これを一般化した階層 Pitman-Yor 過程に基づく手法がある。

ゼロ頻度問題のもう一つの対策手法は，クラス化である。**クラス言語モデル**では，事前に単語をいくつかのクラスに分類しておく。その上

で，次式により単語列 W の生成確率を算出する。

$$P(W) \sim \prod_{i=1}^{m} P(w_i|c_i) P(c_i|c_{i-N+1}^{i-1})$$

c はクラスである．単語列をクラス列に置き換えることで，ゼロ頻度の事例を取り除く手法である．

E．潜在クラスと中間表現

クラス言語モデルは，事前にヒューリスティックな観点でクラスとその数を決める必要があり，適切さを担保できない．そこで，潜在クラスを用いる方法がある．潜在クラスには，原則的にすべての単語が所属する．ただし，出現確率は潜在クラス依存である．例えば，ある潜在クラスでは，食べ物に関する単語の出現確率が大きく，他のクラスでは自動車関連の単語の出現確率が大きいといった具合である．出現確率が大きい単語を調べることで，潜在クラスが表現している概念を知ることができる．ベイジアンクラス言語モデルは，潜在クラスの数と各クラスにおける単語の出現確率を同時に推定する．潜在語言語モデル（LWLM）は，単語数と潜在クラス数が同一という条件下で，出現確率を推定する．これにより，各単語が機能的，意味的にどの単語に類似しているかを知ることができ，かつ音声認識などの性能が向上することが知られている．

一方，ニューラルネットワークに基づく言語モデルでは，中間層に各単語の概念が表現されるといわれている．いま，一つの単語を入力し，その前後の単語を予測する3層ニューラルネットワークを学習したもとで，ある単語を入力した際の中間層の発火値を要素としたベクトルを考える．このベクトルは **word2vec**（ワードトゥベク）と呼ばれる．潜在クラスは，機能的もしくは意味的に類似した単語が同一クラスに集約される傾向が強いが，word2vecはもう少し上位の概念を表現しているとされる．各単語に対応したベクトル同士の加減演算が可能であるとされており，「フランス」ー「パリ」＋「東京」＝「日本」というような結果が得られるとされている．word2vec自体は音響分野での応用はまだ少ないが，単語の概念表現の新たな手法として注目されている．

F．トピックモデル

単語列（文，文章）が持つ概念を，トピック（話題）と呼ぶ．潜在クラスやword2vecも，単語の概念を表現するという意味では，トピックの一形態である．より長い単語列を対象に，それを構成するトピックを考慮した手法に**確率的潜在意味解析**（PLSA）がある．

ここでは簡単のため，ある単語列 d（PLSAの文脈ではドキュメントと呼ぶ）が与えられたもとで，ある単語 w が出現する確率 $P(w|d)$ を考える．いま，トピックの全集合を Z としたとき

$$P(w|d) = \sum_{z \in Z} P(w|z) P(z|d)$$

となる．$P(w|z)$ はトピック z における単語 w の出現確率であり，トピックの内容は，出現確率が大きい単語を観測することでおおむね知ることができる．この点は潜在クラス言語モデルと同じである．$P(z|d)$ はドキュメントがトピック z の要素をどの程度所持しているかを示しており，これにより，ドキュメントがどのようなトピックで構成されているかを知ることができる．PLSAは，学習時に観測されなかった未知の単語に確率値を付与できない．この問題を解決した手法に，**確率的潜在ディリクレ配分法**（PLDA）がある．トピックを考慮したこれらのモデルは，音声ドキュメントの検索などに用いられる．

G．その他の言語モデル

上記で紹介した以外にも，さまざまな言語モデルが提案されている．キャッシュモデルは，N-gram以上の長距離の単語間の影響を陽に扱うことができる．最大エントロピー法は，単語の並びや位置関係などさまざまな特徴を柔軟に扱うことが可能である．

条件付き確率場（CRF）は，記号列に記号列を付与するモデルである．音声合成ではテキストから音声を生成するが，その際，アクセント位置などを推定する必要がある．また，音声認識では，連続的に発話される文の区切り位置を推定し，句点を付与することが求められる．これらは，単語列にアクセントや句点の有無を表す記号を割り当てる問題と解釈できる．CRFはこれを解決する方法として広く用いられている．

一方，正例と負例（言語Lに属する記号列と属さない記号列）が与えられる状況下では，識別的学習法が用いられる．負例を観測することにより，言語Lの境界をより詳細にモデリングできるようになる．音声認識では，正解の文を正例，誤りを含む認識結果を負例として，言語モデルの識別学習を行う．これにより，言語モデル以外に起因する誤りも，言語モデルで訂正可能になる．

◆ もっと詳しく！

北 研二，辻井潤一：言語と計算 (4) 確率的言語モデル，東京大学出版会 (1999/11)

重要語句　空気音，固体音，水中音，パイプサイレンサ，純音成分

建築設備騒音
[英] noise generated by machinery and equipment in building

集合住宅，ホテル，事務所などの建物には，熱源，空調換気，給排水衛生，電気，昇降，駐車場などのさまざまな設備が設置されており，影響の度合いに差はあるが，一般的にはこれらの設備からの音が居室などに影響する。

A. 空気音と固体音

音はエネルギーの伝わり方から見ると，下図に示すように，設備機器などから発生した音が空気中を伝搬してくる**空気音**（空気伝搬音ともいう）と，設備機器などの振動が建物躯体内を介して居室の内装材に伝搬することにより放射される**固体音**（固体伝搬音（⇒p.200）ともいう）に分けられる。航空機や自動車から発生する音は空気音として，建物の地下などで聞こえる地下鉄の音は固体音として影響する。建物内の設備騒音では，機械室に隣接する居室では空気音と固体音の双方が影響するが，ポンプ，変圧器，エレベーターなど，ほとんどの音は固体音である場合が多い。

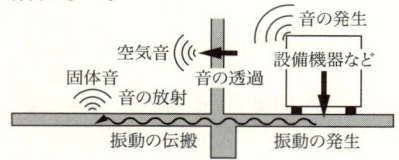

空気音の影響を壁などで小さくすることが遮音であり，固体音の影響を低減するために振動を小さくすることが広義の防振である。

B. 建築設備騒音の種類

代表的な建築設備騒音を列挙する。
- 給水固体音
- 排水固体音
- ポンプ，冷凍機，ボイラー冷却塔など熱源からの固体音，空気音
- 送風機，空調機などからの固体音，空気音
- 変圧器など電気設備からの固体音，空気音
- エレベーターからの固体音
- 機械式駐車場からの固体音
- 管路系からの固体音，など

C. おもな騒音の発生メカニズムと低減方法

各種建築設備騒音の中で低減対策が間違えて施されることが多い，ポンプに接続された管路系の固体音とエレベーターからの固体音について，発生メカニズムと低減方法を示す。

（1）ポンプに接続された管路系の固体音

建物には，従来から冷水/温水，冷却水，給水・給湯，揚水，排水などのポンプと，それに接続された管路が設置されている。また，近年の集合住宅の給水方法は，高架水槽による重力方式からポンプによる増圧直結方式に替わってきている。

ポンプは一般的に機械室内に設置されるので，ポンプ本体からの直接音（空気音）で問題となるケースは少ない。多くの場合は，下図のポンプ管路系発生音の伝搬模式図に示すように，ポンプに発生した振動が直接，あるいは管路を伝搬して建物躯体に入り込み，居室内装材から放射される固体音であることが，多くの事例から明らかになっている。

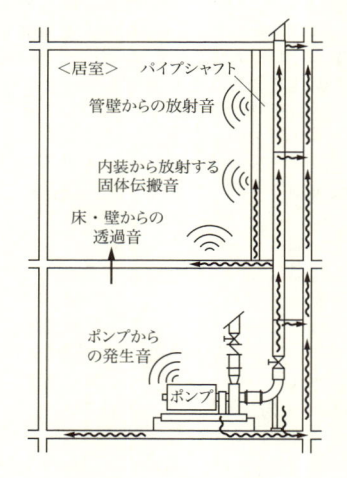

ポンプ自体からの固体音の影響によることもあるが，多くの場合，接続管路からの固体音による問題である。

ポンプに接続された管路では，ポンプの回転数にブレード枚数を乗じた周波数，具体的には次図に示す冷温水管路からの固体伝搬音の測定事例に見られるように，100～250Hzの範囲のいずれかの周波数で顕著に卓越する脈動（**水中音**）が発生し，ポンプから遠く離れた管路でも，伝わった水中音により管壁が励振され，その振動に起因して固体音が生じる。したがって，ポンプからの水中音を低減するために**パイプサイレンサ**，あるいは管路の軸，断面方向ともにバネ定数が小さいゴム製フレキシブル継手を管路に設置するか，管路からの振動を低減するために管路の床・壁貫通部および支持部で防振支持（⇒p.200）することが低減対策となる。

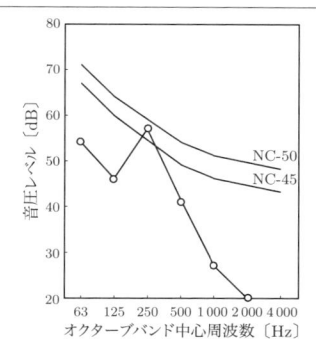

ポンプに接続された管路系固体音では、**純音成分**が卓越している場合が多い。ほかに変圧器からの空気音、固体音も同様であり、つぎに示す特徴があるため、非常に問題になりやすく、注意が必要である。

- 音が小さくても耳につく音なので、感知されやすい。特に給水ポンプのように発停運転を繰り返す場合には、非常に認識されやすい。
- 居室内で定在波が生じやすいので、歩いていくと聞こえたり聞こえなくなったりする、あるいは、座っているときには聞こえないのに寝ると聞こえる、といった状況が起き、非常に感知されやすい。

（2）エレベーターからの固体音　集合住宅やホテルにおいては、スペースの有効利用のために、エレベーターシャフトが居室に隣接される場合が多いが、通常の施工方法を用いた場合、高い静ひつ性能が要求される寝室では、エレベーターからの固体音の影響により問題が発生する可能性は非常に大きい。

エレベーター走行音は、エレベーター走行によってシャフト内に放射された音が隔壁を透過してくる空気音と、カゴ、つり合い錘の走行によってガイドレールに生じた振動がレール支持金物を介して建物躯体に伝搬し、隣接室の壁・天井・床から放射される固体音が合わさった形で影響する。シャフトと居室との通常の隔壁（コンクリート150mm厚程度）では、次図の測定事例に示すように、空気音の影響は非常に小さく、エレベーター走行音は固体音そのものである。したがって、シャフト内を吸音したり、隔壁の遮音性能を大きくして空気音の影響を小さくしても、その効果は期待できない。エレベーター走行音の低減は、基本的には固体音を低減することに主眼を置いて行う必要がある。具体的には、エレベーターからレールへの加振力を小さくし、レールから隣接室の壁・天井・床までの振動伝搬経路での振動の減衰を大きくすることがおもな対策となる。しかしながら、振動の減衰に大きな影響を及ぼすレールの支持方法に関しては、安全上の制約により防振支持が採用できない。そのため、支持部から隣接室までの伝搬経路で振動減衰が大きい構造、および平面計画にする必要がある。

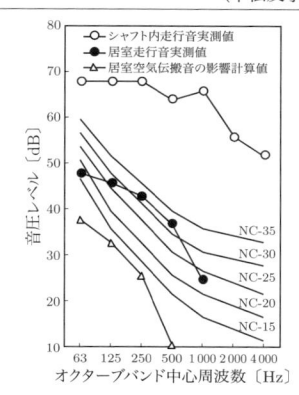

エレベーター固体音の低減対策を下表にまとめる。

部　位	項　目	対　策	効　果
ガイド	ガイド方法	シューガイド方法とする	加振力の低減
ガイドレール	汚れ	極力除去する	
	継ぎ目	継ぎ目の段差を極力なくす	
レールファスナ	支持位置	中間ビームから支持する	伝搬経路における振動低減
	接合方法	ボルト締めとする	
中間ビーム	接合方法	ボルト締めとする	

表の中で、つり合い錘用のガイドレールを構造梁から支持せず、中間ビームから支持する方法（下図）は低減への寄与が大きいので、事務所ビルであっても実施することが望ましい。

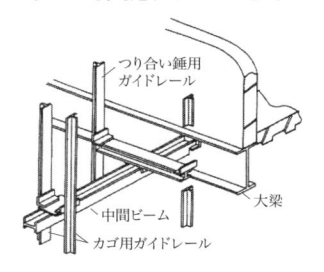

◆ もっと詳しく！
日本騒音制御工学会 編：建築設備の騒音対策，技報堂出版 (1999)

重要語句　公共空間, 喧噪, にぎわい, 吸音, 遮蔽, 暗騒音, 明瞭性, 音響情報伝達

公共空間の音響設計
[英] acoustic design of public space

　さまざまな立場の不特定多数の人々が行き交い，時に留まる公共空間。公共空間のダイナミズムは肯定しつつも，少し音を制御し抑圧をつけることで，伝えるべき音や情報が的確に安全に伝わり，かすかでも力強い大切な音が浮き上がる，そのような公共空間が求められているかもしれない。

A．公共空間のキーワード

　まず，公共空間の音環境として多く語られているキーワードを挙げてみよう。**喧噪**，**にぎわい**，うるささ感，定常騒音，**吸音**，残響過多，拡散性，遮音，**遮蔽**，**暗騒音**，**明瞭性**，**音響情報伝達**，音声伝送，騒音伝搬，アナウンス音声，サイン音，音響信号，広域放送，案内放送，避難誘導，安全確保，ユニバーサルデザイン，スピーチプライバシー，指向性スピーカ，スピーカ配置，マスキング音，時間遅延システム，作業効率性，評価，高齢者，視覚障害，サウンドスケープ，サウンドインスタレーション，…。もちろん，ほかにもたくさんあるだろう。

　見えてくるのは，他者と共存し不特定多数が行き交う公共空間において，なにかを付加してだれかに伝達しようとしているキーワードと，その空間・インフラ・雑踏の状況に起因する音響障害についてのキーワードが多いことである。そして都市における公共空間においては，電車や車などの公共交通の騒音と，雑踏によるざわめきがまず基調音として存在すると考えられるが，その中で，おもに伝達手段としての音響情報が主題になっているようである。一般には，暗騒音を含む場の特性の中で，必要性の低い音を制御し必要な音を最小限の方法でわかりやすく提示する手法について，多くの提言・研究がなされていることがキーワードから読み取れる。

B．公共空間の範囲

　公共空間の範囲はさまざまであるが，音環境として話題になる空間として，以下のような場所が挙げられる：駅，駅前，ショッピングモール，空港，アトリウム，地下街，商店街，商業施設，学校，幼稚園，病院，薬局，オフィス，図書館，広場，街路，避難所，仮設住宅，街，など。

　つまりは，人が日常的に過ごす空間のうち，私的空間でない場所が公共空間で，その範囲は当然のように人・場所・時で異なり，その意味では，日常の行き過ぎる生活する場面がすべて対象といえるかもしれない。開けた公の空間から私的な閉じた空間まで多くの場面が対象となっており，その中での軸を考えてみると，屋外〜屋内，パブリック〜プライベート，オープン〜クローズ，公共（大空間）〜共同（中空間）〜専有（小空間）などが挙げられ，空間の大きさが一つの大きなパラメータとなっている。公共空間とは，その中で人が行き交い場と場が繋がる，空間を媒体にして人と人が時間的に繋いでいる場面そのものともいえよう。

C．公共空間の特徴

　公共空間の音環境としてまず特徴的なことは，不特定多数の人が行き交う場において自分の意思にかかわらず刻々と変化するさまざまな大小の音たちに取り囲まれ，その空間に内包されることであろう。しかも，生活の多くの時間をそのような環境で日々過ごすこととなるため，その場のあり方を考え，アクションを起こす意義は大きいと考えられる。さまざまな音・あちらこちらから来る音・大小の音・発生しては止まる音たちに，意識的にも識域下でも日々出会っていることになるからである。

　少し話を戻してみよう，そう本来，空間は開けた場そのものである。いや閉じていなかった。そこに人は囲われた空間を発見し，じきに人工物として雨風をよける囲いを設けた。その発展形ともいえる建築で行われている行為は突き詰めれば，そこにある空間を囲うことである。区画を形成することでそこに人の新たな営みや流れや時間が生まれ，人のより親密な語らいが生まれ，寝起き過ごし動く，そしてその場面をより身近に感じる音の響きが区切られた空間の中に生まれたのだろう。その一方で囲う行為により空間の響きや特徴的な音も新たに生まれ，音響情報の補助となる場合も障害となる場合も存在している。

　そしていま，都市空間はさまざまな音に満ちている。人工的な音に規則性なく暴露されている。その中には，規則性がないことによる猥雑さゆえに特異性を得ることで場を規定し特徴付け活性化する音による都市空間も実際存在するが，時に無秩序に発生する音たちは，その場の特性を隠してしまい画一的な表層的な情景とし，躍動や抑揚のない一種のホワイトノイズ的にマスキングされた場にしている状況もあるようだ。

　一方昨今，囲うばかりではなく日本のさまざ

まな場面において開く流れが生まれている。日本の現在の状況は、経済の側面でも震災後という時間的側面でも強い成長とささやかな縮退が共存し繰り返す、例を見ない時代性の最中といえるであろう。しかし囲い閉じるのではなく、さらに開いていく、繋がっていく、外へと向いていく、力強くというよりも緩やかに、でもしっかりと。特に公共空間と呼ばれる空間において、ソフト的な用途の共存や空間目的の移り変わりや多様性の中で、空間構成においてもこのような、曖昧な境界、なだらかに、繋がる、うつろい、気配、そのような微かなのだが、じつは大きな流れが確かにあるように思う。もしかするとこれはいまの特殊な時代性の中にいる日本だけの、また長いわびさびの歴史を持つ日本特有の事象・文化の潮流かもしれない。もちろん時には力強い明らかなベクトルを持つ明快な場が作られていく場面も忘れてはならない。

混沌と静寂の振れ幅の中で開かれた場ならではの刻一刻と移ろい変化する特性を浮き上がらせて、生き生きとした場面が自然と浮き上がり人のアクティビティが活性化するまたは穏やかに進行する、そういう抑揚ある事象を都市の中にいま取り戻すことが、無意識のうちに日常的に内包されることで感性を知らず豊かなものとし、そこにたまたま行き交う人々の営みを感じとり、日々の生活空間の活性化をより高めるために、また穏やかな空気の中に身を漂わせ、生活の彩りに知らず包まれるために、いま必要なのではないだろうか。

D. 公共空間の音響設計

では公共空間における音環境にどのような作用を付加または削減したらよいのであろうか。まず公共空間として人が日常的に無意識的に関わる空間として、出すべき音、出さなくても良い音、出した音がしっかり届くこと、などの全体としての方向性を観察し整理すべきであろう。そのために、そこにある音をまず確認すること、つぎにアフォーダンスとして成立する事項を見極め、その上で必要な最小の音を提示すること、など人の心理・行動も踏まえてやわらかく制御された音空間が新しい公共空間としてまずは必要なのかもしれない。

一般には、うるさすぎ響きすぎとならないようにするために、基調音を和らげ少し響きすぎを軽減し出す音の抑制をするという手法がある。

吸音・遮蔽・暗騒音制御といった手法により、音声伝達に不要とされる騒音伝搬を制御することが一般的であろう。また場の特性のために伝達する音を少し整理し音を摘みとるという方向性が適している場合もあるだろう。確かに必要を越えて伝達される音響情報に暴露されることは少なくない。情報の必要性・内容・音量・指向特性・周波数特性・頻度などについて、全体の場の中における行きすぎない抑制・制御が求められている場面があるだろう。一方、公共性の高いパブリックスペースや、街の活性化を担う結束点となるエリアや、流動性や喧騒感や猥雑さがまさに街のダイナミズムを生み出している場合、一つの方向性を決めるのではなく、さまざまな可能性を与えて方向性をより広く展開するために、少しだけ差をつけて、あえて音を摘みとらないことや音を散らすことも想定し、抑揚をつけ差を浮かび上がらせて、感受性の起伏のための場を豊かにし、伝えたい音はしっかり伝える空間構成とすることが求められる場合もあるかもしれない。

これらを物理的に生理心理的に規定し操作することは多くの研究がなされているが、実際の複雑な刻一刻変わりゆく公共の場に適用することはなかなか難しいのも実情であろう。その中でまず可能性があることは、やはりあまりに乱雑に無秩序に提示され生まれ消えゆく音を少し整理し起伏をつけることで、つまり間をつくり差をそこに挿入することであろうか。ABCルール（absorb（吸音），block（建築的遮断），cover-up（マスキング），⇒p.258）により、差異を挿入する、違いを造る、抑揚をつける、差を浮かび上がらせること。または、これらの差・抑揚・違いを状況に応じてなんらかの簡単な手法で制御できること。そしてさまざまな違いに気がついてもらうことで、埋もれていたなにか大切なことが聞こえてきたり、伝えたい音響情報が特定の人に特定の場所にしっかりと伝わったり、人の微かなれども力強いアクティビティの息吹を感じとれたり、不特定多数の交錯の中でも安全性が確保されたり、大きな声だけでなく個々に異なり価値のある小さな気配や動きがすくい取られて徐々に見え聞こえて立ち現れてくる、そのような可能性があるのではないだろうか。

◆ もっと詳しく！
公共空間における音環境の実状と期待される性能, 日本音響学会2013秋季発表会 スペシャルセッション

重要語句　高バイパス化，騒音軽減運航方式，GPU，消音施設，住宅防音工事，移転補償

航空機騒音
[英] aircraft noise

航空機騒音は，他の交通騒音に比べて発生音のレベルが大きいがゆえに，その影響も広範に及ぶ。航空機メーカーやエンジンメーカーによりさまざまな音源対策が進んだことで，発生音レベルは年々低下しているとはいえ，飛行経路付近では依然として大きな騒音が観測されている。

上空を飛んでいる航空機に対しては，防音壁などの伝搬経路対策はほとんど効果が得られないことから，住宅の防音工事など受音側の対策に頼らざるを得ないことが多い。

そのような空港周辺対策は法律の枠組みのもとに行われ，対策区域の決定など空港運用の施策検討には，予測計算による騒音コンターが参考にされる。その妥当性を検証する目的などから，空港周辺や飛行経路付近では定期的に騒音測定が実施されているほか，通年測定のために監視局が設置されている。

A. 航空機騒音の環境対策
(1) 音源対策

エンジンの低騒音化　飛行機が進むための推力は，エンジンが吸い込む空気の量と燃焼空気の噴射速度でおもに決まるが，噴射速度を飛行速度よりも必要以上に大きくすると，騒音が大きくなるだけでなく，推進効率も悪くなる。そこで，近年のエンジンは，前方に取り付けられるファンを大きくして，大量の空気を取り入れる仕組みにすることで，大きな推進力を得ている。大口径のファンからエンジンに取り入れられた空気の一部は，燃焼室に入らず，バイパスルートを通ってそのまま後方へ噴射される。これにより，エンジン中心部から高速で噴出される燃焼空気が外側のバイパスを通る空気に包み込まれることで騒音が低減されるため，ファンの大口径化（**高バイパス化**）とともに騒音も大きく低減されている。

騒音の大きさに応じた着陸料の導入　航空機が空港を使用する際に航空会社などが空港会社などに支払う着陸料は，一般的には機体の重量に応じて決まるが，都市部近郊などの一部空港では，低騒音型機種の導入・促進のため，騒音の大きさに応じた着陸料金を設定している。また，早朝・深夜の着陸料を割り増ししている空港もある。

運航方法の改善　住宅地域上空を避けた飛行経路を設定したり，住宅地域上空に差し掛かるまでにできるだけ高度を上げたりすることで，飛行経路付近の住民への騒音影響を軽減することができる（**騒音軽減運航方式**）。また，滑走路が複数ある空港において着陸と離陸で滑走路を使い分けて運用している場合，航空機は離着陸時に風と相対する方向に飛ぶため，滑走路方向のどちらか片側に離陸あるいは着陸の騒音が集中することになる。そこで，騒音の公平な負担のため，1日のある時間で滑走路の離着陸を交替することにより，騒音の集中を回避する方法をとっている空港もある。

地上動力施設（GPU）の整備と利用促進　航空機には，空港内で駐機中にメインエンジンを停止した状態でも計器や空調などを作動させるのに必要な電力を供給できるように，補助動力装置（APU）として小型エンジンが搭載されている。しかし，APUを稼働させると騒音が発生し，状況によっては空港周辺地域へその影響が大きく及ぶことがある。そこで，地上から電力や空調を供給できるような地上動力施設（GPU）を駐機場に整備し，空港設置者がその利用を促進することで騒音の低減が図られている。なお，GPUの利用は，騒音だけでなく地球温暖化物質や大気汚染物質の排出低減にも繋がっている。

(2) 空港構造の改良

機体の定期的な整備や不具合改修後にエンジンの試運転が行われる場合があるが，航空機の効率運用の観点から，運航が制限されている深夜に行われることが多い。成田空港では，深夜のエンジン試運転が周辺地域へ影響を及ぼさないよう，航空機を収納できる**消音施設**が整備されている。

また，航空機の離陸滑走や着陸後の逆噴射など，地上で発生する騒音の伝搬経路対策として，空港敷地境界付近に防音壁や防音堤（⇒p.36 屋外の伝搬と遮音壁）が設置されることがある。伊丹空港では，騒音の改善とともに良好な都市景観を形成すべく，防音堤が公園を兼ねた施設として整備されている。

(3) 空港周辺対策

法律に基づく対策区域の指定と補償　空港周辺における航空機騒音による障害の防止や損失の補填のため「公共用飛行場周辺における航空機騒音による障害の防止などに関する法律」（騒防法）が制定されており，基準値ごとに定められた区域において空港設置者が講ずるべき措置などが，下表のとおり定められている。なお，防音工事には空調機器設置の助成も含まれる。また，移転補償については，地域社会や集落の関

区域	基準値	内容
第一種区域	L_{den} 62 dB 以上	住宅防音工事に対する助成
第二種区域	L_{den} 73 dB 以上	区域外への移転補償，土地の買入れ
第三種区域	L_{den} 76 dB 以上	緩衝緑地帯などの整備

L_{den}：「時間帯補正等価騒音レベル」（夕方および夜間の騒音に重み付けして評価した1日の等価騒音レベル）

係性が維持されるような配慮も必要となる。

周辺地域との共生 空港の設置により，周辺地域に騒音など環境面で負の影響が及ぶことは避けられない。その負の影響軽減に万全を期すと同時に，空港を通じて創出可能な地域経済への貢献や地域振興策も含めて，国や空港設置者などと地域とが一体になって周辺地域発展のために協議を重ねることで，空港と地域がともに歩んでいくことが重要である。成田空港では，空港周辺の首長，学識経験者，空港会社などが一体となって航空機騒音問題を協議する場として「騒音対策委員会」が組織されているほか，旧運輸省と空港会社が何度も周辺地域住民との意見交換を重ねて「地域と共生する空港づくり大綱」を取りまとめた。また，千葉県により「成田空港周辺地域振興計画」が策定されるなどしている。成田以外のいくつかの空港においても，地域との共生を目指した活動が行われている。

情報公開 周辺地域との共生のために，飛行位置（経路）や騒音レベルが閲覧できるような透明性のある情報提供が図られることがある。実際に，そのような情報公開が騒音苦情の回数を減らすことに繋がった例もある。なお，安全面への配慮から，飛行位置については一定の遅れ時間をもって公開される場合がほとんどである。

B. 航空機騒音の予測計算

航空機が飛行する際の高度やエンジン推力の変化は，機種により異なることはもちろんであるが，目的地までの距離によって搭載される燃料の量が異なることなどから，同じ機種でも異なる。また，機種や行き先が同じでも飛行経路にはある程度のばらつきが生じる。

騒音予測計算にあたって，航空機が1機飛んだ場合の騒音伝搬計算を逐次行う方法では，そのような違いをすべて考慮に入れるのに莫大な時間を要してしまう。そこで，多くの計算モデルでは，計算点から航空機までの距離と騒音レベルとの関係，滑走路からの進出距離と高度・速度・推力との関係について，機種や目的ま

での距離別にデータベース（基礎データ）化し，それらを用いてさまざまな飛行形態の航空機騒音について総暴露量を累積計算する。

空港運営の施策（騒音対策区域の拡大や縮小）を検討するにあたり，騒音予測計算は重要な役割を担っている。空港の運用方法や飛行経路の変更，発着回数の拡大にあたって，事前に環境対策の方針を地元に示す際に，騒音コンターを併せて提示することもあり，騒音予測計算は施策検討の重要な根拠となるため，高い精度が求められる。

C. 航空機騒音の測定と評価

国内の主要な空港では，航空機騒音を監視するために騒音監視局を設置して通年測定を実施している。通年測定の実施には，監視局の設置とそれらの運用に多くの費用が必要となることなどから，面的な評価が行えるほど多くの地点に監視局を設置することは難しい。また，対策区域の妥当性検証のためには区域線付近における騒音監視が必要になるが，電源の供給や土地利用の関係など，監視局の設置にあたって困難な場合が多く，その場合は短期測定が行われる。

短期測定の期間は，環境省告示の「航空機騒音に係る環境基準について」において「原則として連続7日間」とされている。測定時期については「測定点における航空機騒音を代表すると認められる時期を選定する」とされているが，航空機騒音の暴露状況を大きく左右する飛行状況は天候に左右され，卓越風向は季節により異なることも多い。そこで，環境省より発行された「航空機騒音測定・評価マニュアル」では，騒音の暴露状況が時期により変化する場合は複数の時期（例えば，夏季と冬季の2回/年）を選定すると明記されている。なお，平成25年度に航空機騒音の評価量がそれまでの WECPNL から L_{den} へ変更されたのに伴い，単発騒音の評価量も最大騒音レベル（$L_{A,Smax}$）から単発騒音暴露レベル（L_{AE}）に変わった。L_{AE} が $L_{A,Smax}-10$ dB までの範囲を評価対象とすることに加えて，近年は航空機の低騒音化が進んでいることから，正しい評価に必要なSN比確保のため，より良好な測定環境が必要とされるようになってきている。

◆ もっと詳しく！
特集 航空機騒音に対する体系的な取り組み，騒音制御, **31**, 2 (2007)

重要語句　高周波音，可聴音，純音聴覚閾値測定，子どもの可聴閾値

高周波音と高周波可聴閾
[英] high-frequency noise and hearing threshold

16〜32 kHz 程度の高い周波数の音は，超高周波音や超音波，空中超音波と呼ばれることもあるが，明確な定義はない。ここでは，人によっては聴こえる可能性がある高い周波数の空気伝搬音を「高周波音」と呼ぶ。

A. 身のまわりにある高周波音

鉄道や自動車などから発せられる**高周波音**（⇒ p.334）のほかに，近年では，音響通信技術や防犯センサ，ネズミ撃退器をはじめとするさまざまな産業機器や民生機器に高周波音が使用されている。それらはたいていの場合，「人には聴こえない音」（非可聴音）として扱われることが多い。しかしながら，それらの高い音に対して，特に子どもや若者が強い不快感を示すなどの報告もある。

B. 高周波可聴閾の測定

一般的に**可聴音**は，20 Hz 〜 20 kHz といわれているが，20 kHz 以上の高い周波数の音も聴こえるという報告がある。例えば，24 kHz の純音を 110 dB 程度で暴露した場合，20 歳前後の大人であっても半数近くの人が音波を検知できるという。そこで，さらに若齢者の高周波可聴閾を明らかにするために，6 歳から 15 歳の幼稚園児，小学生，中学生を対象として 1〜32 kHz の**純音聴覚閾値測定**を行った結果について説明する。

C. 計測方法

計測は，騒音レベルが 30 dB 前後の静かな防音室で実施した。

検査周波数は，1, 2, 4, 8 kHz および 12 kHz から 2 kHz おきに 32 kHz までとした。検査音は，正弦波にオンセット，オフセットをそれぞれ 200 ms，定常部を 600 ms とする窓処理（⇒ p.188）を施した断続音であり，これを毎秒 1 回の周期で繰り返し提示した。オンセット，オフセットにはコサイン窓を使用した。サンプリング周波数は 96 kHz，量子化ビットは 16 bit である。

検査音は，聴き手の真横方向，左耳外耳道入口から 500 mm の位置でスピーカまたはスーパーツィータから提示された。聴取者の前方には，マウスを操作するための机があり，各検査音が聴き取れたらマウスをクリックするという仕組みである。

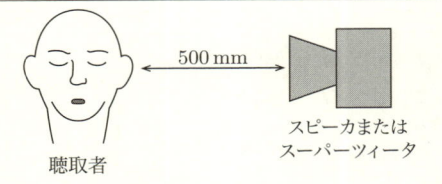

D. 低調波ひずみの確認

高レベルの検査音を提示しようとすると，スピーカの非線形性によるひずみが可聴帯域内にも発生し，これが聴取者に検知されてしまう場合がある。そこで，このような実験（計測）では，検知可能なレベルの低調波ひずみが発生していないかどうかを確認することが重要である。そこで，スーパーツィータの前方 500 mm における検査音のパワースペクトル（⇒ p.382）を観測した。

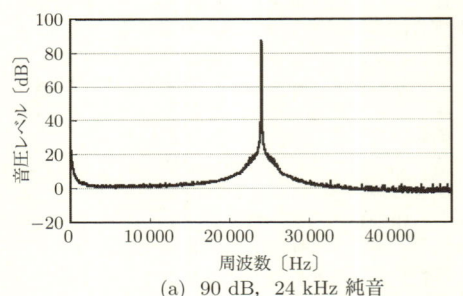

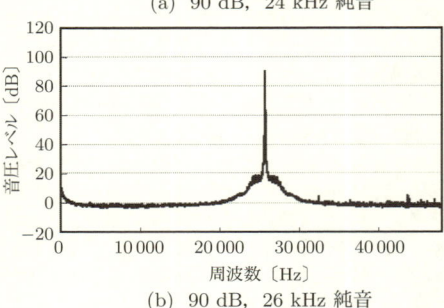

(a) 90 dB，24 kHz 純音

(b) 90 dB，26 kHz 純音

例えば，上図は音圧レベル 90 dB の 24 kHz 純音と 26 kHz 純音のパワースペクトルを示している。暗騒音レベルを明らかに超えるようなひずみは生じていないことがわかる。同様に，16 kHz から 32 kHz までのすべての検査音について調べた結果，音圧レベルが 90 dB のときに検知可能なレベルの低調波ひずみは認められなかった。

E. 手続き

聴取者には，最初に十分に聴こえるレベルで検査音を聴かせ，「この音が聴こえ始めた時点でマウスをクリックしてください。なるべく頭を動かさないでください。音がまったく聴こえなくても心配しないでください」と教示した。そのあと，聴こえないレベルから上昇系列の極限法による測定を行った。レベルの上昇ステップは 3 dB とした。検査音が聴こえ始めたところで聴取者がマウスをクリックするので，このときの呈示レベルを測定値とした。マウスがクリックされると，最後にもう 1 回，確認のため，測定値より 3 dB 強いレベルで検査音を呈示し，ここまでを 1 試行とした。

閾値の測定は，一つの周波数について，最低 2 試行，場合によっては 4 試行から 5 試行繰り返し，再現性を確認した。なお，極限法では測定値が予測や思い込みといった認知的バイアスの影響を受けやすいため，これを避けるために，恒常法や適応法が採用されることも多い。しかし，恒常法や適応法は，一つの測定値を得るのに何十回もの試行を要し，聴取者の拘束時間が長くなる。このような低年齢の児童を対象とする実験では，長時間の測定は困難であり，短時間で閾値を求められる極限法を採用した。ただし，聴取者の応答が信頼できるものかどうかを判定するため，状況に応じて catch trial を挿入した。

F. 聴取者

聴取者は 6 歳から 15 歳の 25 名で，このうち 8 名が女子である。実験に先立ち，全聴取者および保護者からインフォームドコンセントを得た。また，この実験は実験実施機関の倫理審査を通過したものである。

G. 結果

閾値の測定は，周波数ごとに 2 試行以上行い，それらの測定値の平均を閾値とした。また，測定値が一度でも音圧レベル 90 dB を超えた場合はスケールアウトとした。次図に示す測定結果は，25 名のうち，信頼できないと判定された 4 名を除く 21 名（女子 7 名を含む）の閾値を表している。年齢分布は，6〜8 歳が 5 名，9〜11 歳が 9 名，12〜15 歳が 7 名である。図中の実線は，ISO 389-7 に示される健聴者の自由音場純音聴覚閾値を表している。

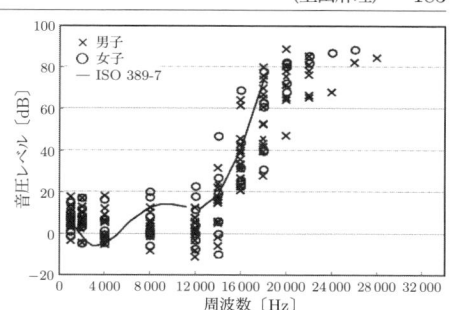

2 kHz と 4 kHz における閾値が ISO に示されている値より全体的に高いが，防音室で実施した実験であり，暗騒音の影響を受けた可能性が高い。逆に，12 kHz よりも高域では，多くの聴取者の閾値が ISO の値を下回っていたことがわかる。今回，18 kHz 以下では全員の閾値が測定可能であった。20 kHz では 8 名の閾値がスケールアウトとなったが，90 dB で 30 kHz の音が聴き取れている場合も観測された。

20 kHz 以上の非可聴音とされてきた高い音であっても，特に子どもは聴取可能であることがわかった。

H. 高い音は心地良い？ 不快？

純音聴覚閾値の計測と同時に，20 kHz までの周波数について，十分に聴こえる音圧レベルで周波数ごとの音の印象評価を行った。その結果，4〜20 kHz の周波数において，周波数が高くなるほど「不快な」や「うるさい」などの評価値が高い傾向が示された。さらに，16 kHz 以上の音については，「耳が痛い」や「我慢できない」の項目に関する得点も高かった。

高周波数音が聴こえた場合には不快な可能性があるといえる。

I. 聴こえる音としての高い音

20 kHz 近傍もしくはそれ以上の高い音は，これまであまり「聴こえる音」としては扱われてこなかったため，**子どもの可聴閾値をはじめとする知見が少なかった**。しかしながら，今後はこのようなデータの蓄積や，聴こえのメカニズムなどの解明，環境騒音の扱いなどの検討が必要であり，それらの研究の発展が期待される。

◆ もっと詳しく！

上田麻理ほか：実環境下における児童及び若年高周波聴覚閾値の測定，AUDIOLOGY JAPAN, **57**, 5, pp.633–634 (2014)

重要語句 散乱体，スペックルパターン，レイリー分布，固有音響特性

高周波超音波による組織診断
[英] tissue characterization by high-frequency ultrasound

診断に使用される超音波は数 MHz 帯であることが多く，可聴音や騒音などに比較して高い周波数の音が使用されている．さらに，観察対象組織によっては数十 MHz から数百 MHz 帯の超音波が用いられることもある．超音波による組織診断では，高周波であることにより距離分解能が高いという利点を生かし，形態の可視化のみでなく，複数の指標を用いて生体組織の構造や物理特性を評価することが可能である．

A. 後方散乱係数

生体内において観察対象となる組織には，照射される超音波の波長よりも小さい反射体が無数に存在し，超音波診断では，おもにこれらの反射体における散乱現象を可視化することで生体組織の評価を行っている．反射体に超音波が入射すると，散乱波が生じる．このとき，入射する超音波と反対の方向へのベクトル成分を持つ散乱を後方散乱と呼ぶ．

照射音波の波長に対して十分に小さい**散乱体**（ここでは反射体と同意）が，それぞれ波長の2倍以上の距離だけ離れて存在している場合，各散乱体からの散乱信号は独立した信号成分として検出可能である．また，波長以下の距離に複数の散乱体が存在する場合には，それらが一つの大きな散乱体であると考えることもできる．

後方散乱係数は，このような後方散乱の結果として受信されるエコー信号の強度を表す指標であり，その周波数依存性を指標とすることで，次式の関係性から生体中の散乱体サイズを推定することができる．

$$\frac{Q(ka)}{\pi a^2} = 4 \sum_{n=0}^{\infty} \frac{(2n+1)}{(ka)^2} \sin^2[\delta'_n(ka)] \quad (1)$$

ここで，$Q(ka)$ は散乱断面積，k は入射音波の波数，a は散乱体の半径，n は点音源の数，δ'_n は入射波と反射波の位相差の微分を示している．

一般に，観察対象組織における散乱体の半径と入射音波の波長の関係が $a \ll \lambda$ であれば，散乱はレイリー散乱となり，エコー信号の強度は周波数依存性を有して周波数 f の4乗に比例し，また，$a \geq \lambda$ では周波数依存はなく，f の0乗に比例することが知られている．

後方散乱係数から算出したリンパ節内組織の散乱体サイズを次図（🔍1）に示す（25 MHz）．

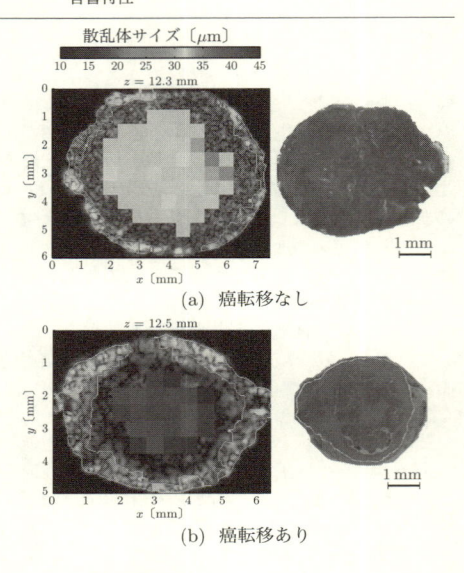

(a) 癌転移なし

(b) 癌転移あり

B. 振幅包絡特性

後方散乱係数は特定部位からのエコー信号をターゲットとして解析されることが多いが，実際の生体組織では，微小な散乱体がランダムかつ密に，広範囲にわたって媒質中に存在することが多いため，ターゲットが周辺組織からの散乱信号に埋もれてしまうことがある．

例えば，2次元の音場として考えると，ある領域における分解能内に10個程度以上の散乱体が存在するような状況においては，おのおのの微小散乱体においてきわめて弱い散乱信号が発生し，探触子で受波される信号には，それらの干渉結果であるノイズ信号が含まれる．その結果，最終的に描画されるB (brightness) モード断層像には，**スペックルパターン**と呼ばれる斑紋状の干渉パターンが観測される．このとき，散乱体の密度が一定以上であれば，その密度に応じてエコー信号の強度が変化するためスペックルパターンの輝度値にも変化が見られるが，斑紋パターンの大きさは照射音波の音場特性によって決定されるため，画像のテクスチャに変化は生じない．これは，生体中の散乱体構造とスペックルパターンの間には相関性がなく，エコー信号は個々の散乱体からの反射信号が有する独立性を失っているということである．よって，スペックルパターンの性質は，統計的・確率論的に判定せざるを得ないこととなる．

スペックルパターンを呈するエコー信号が多

数の散乱体からの散乱信号の干渉結果であることを考えると，各散乱体からの反射信号の強度および位相は，それぞれランダムな大きさを持つことになる．ここで，強度に関する確率変数を x_1，位相に関する確率変数を x_2 と定義し，おのおのの平均値と標準偏差を m および σ とすると，強度および位相に関する確率密度関数は，中心極限定理に従ってそれぞれ次式のように表される．

$$\begin{cases} p(x_1) = \dfrac{1}{\sqrt{2\pi}\sigma} \exp\left[-\dfrac{(x_1 - m)^2}{2\sigma^2}\right] \\ p(x_2) = \dfrac{1}{\sqrt{2\pi}\sigma} \exp\left[-\dfrac{(x_2 - m)^2}{2\sigma^2}\right] \end{cases} \quad (2)$$

このとき，エコー信号の包絡振幅 x の統計的性質は

$$x = |x_1 - jx_2| = \sqrt{x_1^2 - x_2^2} \quad (3)$$

で与えられ，二つの独立な正規分布の変数 x_1 と x_2 がそれぞれ半径 r の微小区間内に同時に存在する際の確率密度関数は，最終的に次式のようになる．

$$p(x) = 2\pi r f(x_1, x_2) = \dfrac{x}{\sigma^2} \exp\left[-\dfrac{x^2}{2\sigma^2}\right] \quad (4)$$

式 (2) は**レイリー分布**（Rayleigh distribution）と呼ばれ，スペックルパターンを呈するエコー信号の統計的性質を示す最も基本的な分布関数として知られている．B モード断層像がスペックルを呈するのに十分な密度の散乱体が存在する均質媒質においては，エコー信号の振幅確率密度分布は，散乱体密度が高いほど分散が大きいレイリー分布となる．

よって，受信したエコー信号の振幅包絡を統計解析し，その結果がレイリー分布で近似可能であれば，観察対象の生体組織は特定の散乱体密度を有した均質な組織構造であるとして評価することが可能である．レイリー分布とならない場合においては，その解離性を基準として組織構造の不均質性を評価することができる．

また，より高次の確率密度分布である k 分布，仲上分布，およびそれらを一般化した homodyned k 分布，generalized 仲上分布などを用いてエコー信号の振幅包絡特性を解析し，それらの推定パラメータと生体組織構造を結び付ける方法が検討されている．

散乱体密度推定による肝炎の進行度評価（7 MHz）を次図（●2）に示す．

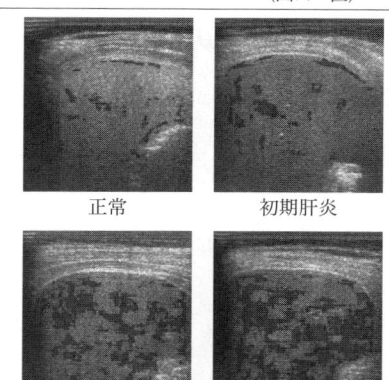

正常　　　　初期肝炎

中度肝炎　　重度肝炎

C．音速・減衰・音響インピーダンス

数百 MHz 帯の超音波を用いて生体組織を観察することも可能である．しかし，高周波であるほど生体内での減衰が大きくなるため，計測可能な組織厚さは数 μm に制限されることになる．一方で，距離および空間方向に高分解能な計測が可能であることから，各種生体組織の**固有音響特性**を知ることができる．

一般的には，単一の凹面型振動子を観察対象に直交させて 2 次元走査することで，複数の A（amplitude）モード信号を取得し，おのおのの A モード信号における組織表面と背面信号からのエコー信号を用いて対象組織の厚さ，音速，減衰を算出する．また，組織表面からのエコー信号を用いて音響インピーダンスを算出することも可能である．

下図（●3）に，肝炎を生じた肝臓の音速分布と病理像を示す．

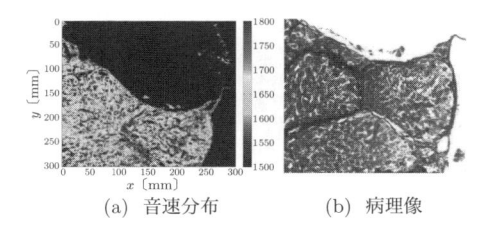

(a) 音速分布　　(b) 病理像

◆ もっと詳しく！
Jonathan Mamou, Michael L. Oelze: *Quantitative Ultrasound in Soft Tissue*, Springer (2013)

重要語句　高速度カメラ，可視化，音源分離，音源位置推定，粒子速度，PTV法，PIV法

高速度カメラによる音・振動情報の可視化

[英] visualization of sound and vibration using high-speed camera

通常のビデオカメラよりも高いフレームレートで撮影できる高速度カメラで撮影した映像より，音の情報を取得，可視化することが可能である。音は音源の振動により生じる空気の疎密波であり，高速度映像には音源や伝搬過程で生じる空気や物体の振動が記録される。この手法を用いると，収録機器から離れた場所や，ガラスを隔てた先の音源や音場情報も知ることが可能となる。また，空気中の物体の動きを捉えることができるため，粒子速度の測定方法としても有効であり，現在研究が進められている。

A．高速度カメラを用いた音の収録

（1）高速度カメラ　高速度カメラとは100 fps（frame per second）以上の高いフレームレート（⇒p.192）での撮影が可能なカメラを指す。高速度カメラは通常のビデオカメラ（約30 fps）と比べて非常に時間分解能が高く，通常のビデオカメラや人間の目では認識できないような動きの速い現象の記録が可能である。そのためスポーツ映像や現象解明などに広く使われており，高速度カメラで撮影されたスローモーション映像をテレビ番組などで目にすることも多い。現在では，撮像素子の性能やメモリ容量，伝送速度などの向上により，100万fps以上での撮影が可能な機種や，民生用のデジタルカメラ，スマートフォンに高速度撮影機能が搭載された機種も販売され，われわれの生活の中で身近な撮影方法となりつつある。

（2）高速度カメラを用いた音の収録　音は，音源の振動が空気を伝わることで人間の耳に届く。さらに，この過程で音場中に存在する物体を振動させている。例えば，ヴァイオリンから音が出ると，ヴァイオリンの本体の振動から空気振動として音が伝わり，音を受けた楽譜などにも振動が起こる。普段，音の振動を目にすることはほとんどないが，これらの音源や音を伝える媒質，さらには媒質中にある物体を高速度カメラで撮影すると，映像には音の振動を含んだ物体の動きが記録されることになり，映像解析を行うことで音の収録が可能となる。

この手法の特徴をつぎにまとめ，処理の流れを図に示す。

① 一度の撮影で映像内のすべての点における振動速度や周波数などの音情報が得られ，振動体や音場の音情報取得，さらにそれら情報の可視化（⇒p.46）や音源分離（⇒p.386），音源位置推定も容易である。
② 音場に収録機器を設置する必要がなく，機器による反射音などの影響が生じない（⇒p.426）。
③ 音場中の物体の動きを直接捉えるため，粒子速度を求めることができる。

B．映像からの音振動抽出

高速度カメラで収録した映像に対して映像解析を行い，振動を取り出す。解析方法や実例を被写体ごとにつぎに挙げる。

（1）音場中の空気中浮遊物　ここでの空気中浮遊物とは，大気中に浮遊している粒子や埃を指す。音場の空気中浮遊物は空気中のトレーサであると考えられるので，高速度カメラで記録した空気中浮遊物の変位から，音による空気振動を知ることができる。さらに，この方法では空気の動きを記録することになるので，直接の測定が困難であるといわれている粒子速度の測定も可能である。

空気中浮遊物の動きから空気の流れを知るには，個々の粒子について動きを見る方法（**PTV法**; particle tracking velocimetry）と，複数の粒子の全体的な動きを見る方法（**PIV法**; particle image velocimetry）があり，粒子数などに応じて方法を変えることが望ましい。通常，これらの手法は流体計測に用いられる。しかし，これらの手法を用いて微小な動きを観察すると，流体の流れの動きに加えて音による振動も含まれていることがわかる。一般的に空気中に存在する粒子は空気に追従できず，空気の動きと粒子の動きに差が生じる。よって，空気中浮遊物の動きから空気の挙動を知るには，空気中浮遊物の空気への追従性を考慮した補正が必要となる。粒子の空気への追従性は，η を粒子の流体速度に

対する振幅比，β を位相遅れとすると

$$\eta = \sqrt{(1+f_1)^2 + f_2^2}, \quad \beta = \tan^{-1}\{f_2/(1+f_1)\}$$

で求められる。ここで

$$f_1 = \frac{\left\{1 + \frac{9}{\sqrt{2}(s+1/2)}N_s\right\}\left(\frac{1-s}{s+1/2}\right)}{\frac{81}{(s+1/2)^2}\left(2N_s^2 + \frac{N_s}{\sqrt{2}}\right)^2 + \left\{1 + \frac{9}{\sqrt{2}(s+1/2)}N_s\right\}^2}$$

$$f_2 = \frac{\frac{9(1-s)}{(s+1/2)^2}\left(2N_s^2 + \frac{N_s}{\sqrt{2}}\right)}{\frac{81}{(s+1/2)^2}\left(2N_s^2 + \frac{N_s}{\sqrt{2}}\right)^2 + \left\{1 + \frac{9}{\sqrt{2}(s+1/2)}N_s\right\}^2}$$

$$s = \rho_p/\rho_f, \quad N_s = \sqrt{\nu/\omega d^2}$$

であり，ρ_p は粒子の密度，ρ_f は空気の密度，d は粒子径，ν は動粘性係数，ω は角速度である。下図に空気中のセバシン酸ジエチルヘキシル粒子の流体速度に対する振幅比 η を粒子径 d 別に示す。

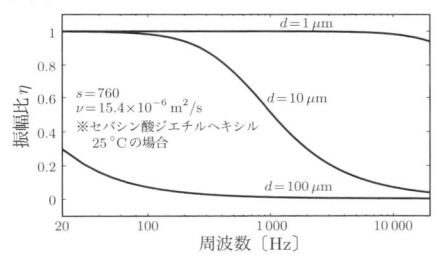

空気中浮遊物の収録の一例として，次図のように下方に設置したスピーカから 250 Hz の純音を再生したときのトレーサ粒子（直径 1 μm のセバシン酸ジエチルヘキシル）の動きを示す動画ファイル（8 000 fps で撮影した映像を 30 fps で再生）を DVD に収録している（💿1）。

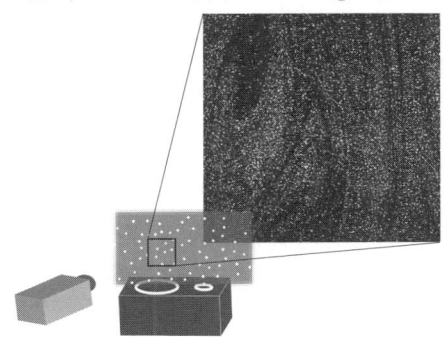

（2）**音源や音場中物体** 音源や，空気中に存在する物体を高速度撮影することで，音源から発せられている音や音場の情報を取得する。具体的な被写体の例として，スピーカコーン紙や打楽器などの音源，また，木の葉やスナック菓子の袋などの，音場中の軽量な物体が考えられる。

映像解析の際には，解析時に特徴点となる箇所の動きや輝度値の変化から，物体の変位を取得する。特徴点の少ない振動体に対して特徴点追跡を行う場合，あらかじめマーカーを塗布する方法も有効である。例えば下図に示すようにスピーカコーン紙全体にマーカーを塗布すると，コーン紙の振動を精度良く取得することが可能となる。

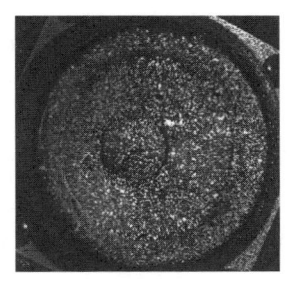

また，画素の輝度値変化から物体の変位を求める方法を用いると，マーカーなどの加工をすることなく音情報が得られる。例として，異なる周波数の純音を再生している 2 台のスピーカの高速度映像について，各画素の輝度値変化の周波数分析結果をもとに画素の色分けを行い，可視化した図を示す（💿2）。図より，2 台のスピーカからそれぞれの周波数の音が再生されていることが確認できる。

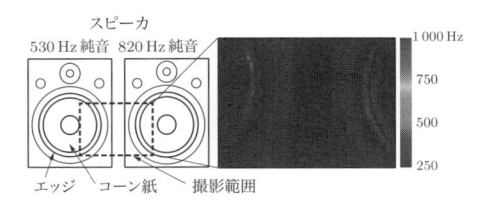

◆ **もっと詳しく！**

1) 阿久津真理子，及川靖広，山﨑芳男：高速度カメラを用いた空気中浮遊物からの音情報取得，日本音響学会アコースティックイメージング研究会資料，AI2011-3-06 (2011)

2) Davis. Abe, et al.: "The visual microphone: passive recovery of sound from video", *Proc. ACM SIGGRAPH, ACM Trans. Graphic (TOC)*, **33**, 4 (2014)

重要語句 離散フーリエ変換，バタフライ演算，窓関数

高速フーリエ変換
[英] fast Fourier transform; FFT

フーリエ級数は連続時間領域での計算であり，そのままディジタル信号処理で扱う時間的に離散化された信号に適用できないため，離散フーリエ変換があり，その演算の特徴を鑑みて演算量を減らした高速フーリエ変換がある。

A. フーリエ級数の離散化

離散化された信号への適用を考えると，まず，標本化周期 T_s [s] で周期 NT_s（N は整数）の周期関数を $\tilde{x}(t)$ とした場合，デルタ関数 $\delta(t)$ を使うと

$$\tilde{x}(t) = \sum_{n=0}^{N-1} T_s x(nT_s) \delta(t - nT_s) \quad (1)$$

と表現できる。

ここで，$\tilde{x}(t)$ に対する複素フーリエ級数を求める。複素フーリエ係数は

$$X_n = \frac{1}{T} \int_{-T/2}^{T/2} x(t) e^{-i2\pi \frac{n}{T} t} dt \quad (2)$$

であり，これに先の式 (1) の信号 $\tilde{x}(t)$ を代入すると，離散信号による複素フーリエ係数が求められ

$$X_k = \frac{1}{NT_s} \int_0^{NT_s} \tilde{x}(t) e^{-i2\pi \frac{k}{NT_s} t} dt$$

$$= \frac{1}{NT_s} \int_0^{NT_s} \sum_{n=0}^{N-1} T_s x(nT_s) \delta(t-nT_s) e^{-i2\pi \frac{k}{NT_s} t} dt$$

$$= \frac{1}{N} \sum_{n=0}^{N-1} x(nT_s) \int_0^{NT_s} \delta(t-nT_s) e^{-i2\pi \frac{k}{NT_s} t} dt \quad (3)$$

となる。ここで，デルタ関数の性質を用いると

$$X_k = \frac{1}{N} \sum_{n=0}^{N-1} x(nT_s) e^{-i2\pi \frac{k}{NT_s} nT_s}$$

$$= \frac{1}{N} \sum_{n=0}^{N-1} x(nT_s) e^{-i2\pi \frac{k}{N} n} \quad (4)$$

となる。これが，複素フーリエ級数に離散信号を適用した結果である。逆に，フーリエ係数 X_k から信号 $x(nT_s)$ を求めると

$$x(nT_s) = \sum_{k=0}^{N-1} X_k e^{i2\pi \frac{k}{N} n} \quad (5)$$

になる。

以上より，「離散周期信号の時間領域から周波数領域」へ，また逆の「周波数領域から時間領域」への変換が可能となった。これを**離散フーリエ変換・逆離散フーリエ変換**といい，一般的には下記のように定義される。

離散フーリエ変換：

$$X_k = \frac{1}{N} \sum_{n=0}^{N-1} x(nT_s) e^{-i2\pi \frac{k}{N} n} \quad (6)$$

逆離散フーリエ変換：

$$x(nT_s) = x_n = \frac{1}{N} \sum_{k=0}^{N-1} X_k e^{i2\pi \frac{k}{N} n} \quad (7)$$

なお，これらの簡略表現として，$X_k = F[x_n]$ や $x_n = F^{-1}[X_k]$ が用いられることがある。また，フーリエ変換（⇒ p.382）は線形性を持つ。すなわち，$z_n = x_n + y_n$ のとき，そのフーリエ変換について $Z_k = X_k + Y_k$ が成り立つ。

つぎに，この離散フーリエ変換の演算量を考える。ここで，$W_N = e^{-i\frac{2\pi}{N}}$ とすると，式 (5) は

$$X_k = \sum_{n=0}^{N-1} x_n W_N^{kn} \quad (8)$$

となる。この W は，横軸を実部，縦軸を虚部とすると，単位円を N 等分した点の値をとる。これを回転因子といい，$N = 8$ の場合，W^n は下図に示すような分布になる。一般に，N 次の離散フーリエ変換の演算量は，N^2 回の複素乗算と $N(N-1)$ 回の複素加算となる。したがって，計算量はおおむね N^2 に比例することになる。

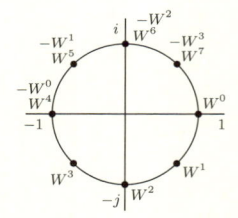

B. 高速フーリエ変換

式 (6) の離散フーリエ変換および式 (7) の逆離散フーリエ変換の計算では，同じ計算が幾度か繰り返されている。この特徴をうまく利用すると，離散フーリエ変換の計算量を減らすことができる。上図からわかるように，$W^4 = -W^0$，$W^5 = -W^1$，$W^6 = -W^2$，$W^7 = -W^3$ のように重複がある。クーリーとテューキーは，これを一般化した $W^{n+\frac{N}{2}} = -W^n$ を極限まで適用することで演算量を減らした高速フーリエ変換を発明した。式 (8) では複素乗算は $N \times N$ 回の計算であったが，高速フーリエ変換では，データ点数が N のときの乗算の回数は $N \log_r N$ になる。例えば，$N = 1024$ の場合，フーリエ変換では約 100 万回であるが，高速フーリエ変換ではほぼ 1 万回となり，約 1/100 の演算量ですむ。

ここで，係数の特徴を考慮したフーリエ変換は，式 (8) より

$$X_k = \sum_{r=0}^{\frac{N}{2}-1} x_{2r} W_{\frac{N}{2}}^{2rk} + W_N^k \sum_{r=0}^{\frac{N}{2}-1} x_{2r+1} W_{\frac{N}{2}}^{(2r+1)k}$$

$$= B_p + C_p W_N^k \quad (9)$$

と表現できる。ただし，$B_P = \sum_{r=0}^{\frac{N}{2}-1} x_{2r} W_{\frac{N}{2}}^{2rk}$，$C_P = \sum_{r=0}^{\frac{N}{2}-1} x_{2r+1} W_{\frac{N}{2}}^{(2r+1)k}$ である。

$N=8$ の場合の X_0 と X_4 は
$$X_0 = B_0 + C_0 W_8^0, \quad X_4 = B_0 - C_0 W_8^0$$
と整理できる。X_0 での積 $C_0 W_8^0$ は X_4 にもあり，積演算の結果をそのまま利用できる。これを極限まで効率化したものが高速フーリエ変換である。

式 (9) は，$X_k = B_p + C_p W_N^k$ と $X_{k+\frac{N}{2}} = B_p - C_p W_N^k$ にまとめることができる。これを模式化にすると下図になる。

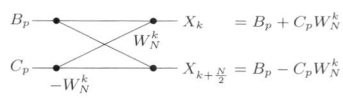

これは，斜線と平行線の組合せが蝶のような形状をしており，その形状から**バタフライ演算**といわれる。これを組み合わせることにより，高速フーリエ変換は下図のように整理できる。

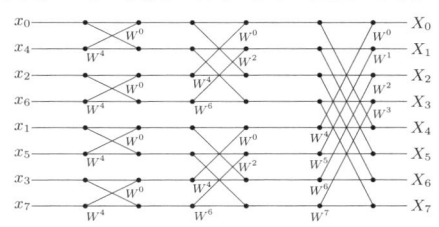

C. 窓関数

離散フーリエ変換は，厳密にはデータ点数 N ごとに同じ信号を繰り返す周期性を持つ信号にのみ利用できる。しかし，分析対象が N 点の周期信号でない場合は，前処理によって事前に N 点の周期信号にすることにより，離散フーリエ変換の適用が可能になる。

下図は，分析のデータ点数 N が信号の周期の整数倍でない例である。不連続点が生じ，それが原因で，本来存在しない周波数成分が分析結果に現れる。このような不連続が生じる信号に対してなるべく合理的な値を得るためには，窓掛け処理と呼ばれる前処理が必要となる。

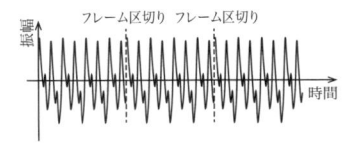

最も基本的な窓は，原信号を変形させない矩形窓である。次図 (a) は矩形窓の時間波形である

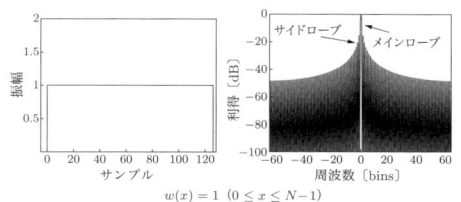

(a) 矩形窓の時間波形 ($N=128$)　　$w(x)=1$ ($0 \le x \le N-1$)　　(b) 矩形窓の周波数特性

る。これを用いた窓掛け処理は，単純に時系列信号を切り出すことになり，先の図と同じになる。窓長と周期が一致した場合は理想的であるが，それを満たさない場合は副作用がある。

上図 (b) は矩形窓の周波数特性である。図中の中央のピークはメインローブ（主成分）といわれ，この領域が狭いことは，周波数成分の抽出精度が優れていることを意味する。主成分以外の成分を示す低いピークはサイドローブといわれ，こちらはできるだけ振幅が小さいことが望まれる。矩形窓では，メインローブが狭いため周波数分解能は高いが，サイドローブがメインローブに対して十分には小さくないことが読み取れる。

上述のように，矩形窓は，窓長が信号周期の整数倍でない場合に不連続性を生じさせてしまう。そこで，窓の両端でゼロ近傍に収束させるよう，例えば下図のように，両端で 0 または小さな値をとる窓を適用する。

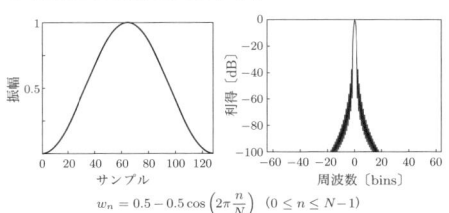

(a) ハニング窓の時間波形 ($N=128$)　$w_n = 0.5 - 0.5\cos\left(2\pi\frac{n}{N}\right)$ ($0 \le n \le N-1$)　(b) ハニング窓の周波数特性

これにより疑似的に窓長での周期性を作る。ただし，窓掛け処理により信号の周期性を作るために時間領域の信号を加工するので，用いた窓関数の特性が周波数領域に現れることに注意する必要がある。

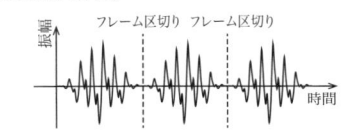

◆ もっと詳しく！
城戸健一：ディジタルフーリエ解析 (I, II)，コロナ社 (2007)

重要語句 振動苦情，道路交通振動，振動数特性，バネ下，バネ上，地盤振動伝搬，実体波，表面波，交通振動の対策

交通振動
[英] traffic vibration

道路や鉄道など，交通により発生する振動のことであり，地盤などを伝わって周辺の建物など生活環境へ影響を及ぼすことがある。その発生メカニズムは，おもに車両荷重や道路・軌道構造などに依存するため，非常に複雑である。

A. 測定・評価方法
道路交通と新幹線鉄道の法律などに基づく測定評価方法は，下表のとおりである。在来鉄道に対しては，基準などは設けられていない。

種類	基準	測定・評価量
道路交通	振動規制法	振動レベル L_{10} (鉛直方向)
新幹線鉄道	指針値	連続する20本のピークの上位半数の算術平均

振動規制法の規制基準や，新幹線鉄道振動指針値が定められているが，これらが守られていればよいというものではない。これらの値以下であっても，**振動苦情**が寄せられる事例もある。

振動苦情に対する測定・評価については，屋内で，感覚閾値や睡眠影響を及ぼすレベルを超えているのか，超える場合についてはその時間帯と頻度はどうなのかを把握することから始まる。

対策まで考える場合，近隣地盤，基礎，建物各階の振動を測定し，周波数分析を行い，振動増幅や各部の固有振動との関連などを把握する。また，大きい振動が発生した時点の状況を把握し，振動源を特定することも必要となる。

B. 道路・軌道構造
道路・軌道構造は，下図に示すように分類される。

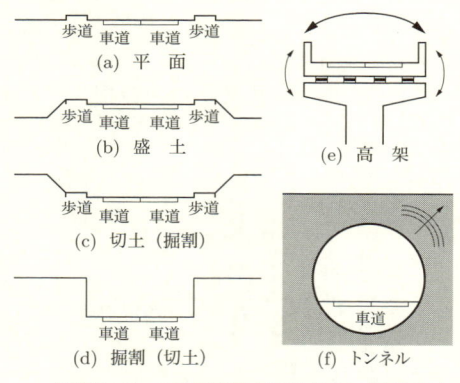

(a) 平面
(b) 盛土
(c) 切土（掘割）
(d) 掘割（切土）
(e) 高架
(f) トンネル

一般的には，交通振動は鉛直方向の振動が大きいが，高架構造については，T型橋脚の張り出し部があると，鉛直荷重により回転モーメントが発生し，地盤では水平振動が発生する。径間長が長い場合は，桁のたわみに伴い，橋軸方向（道路延長方向）に伸縮が生じ，水平振動が発生する。

平面構造の場合，路面（軌道）から路床まで含めた構造が振動伝搬に影響を及ぼしている。目に見えない構造も振動発生に影響している。

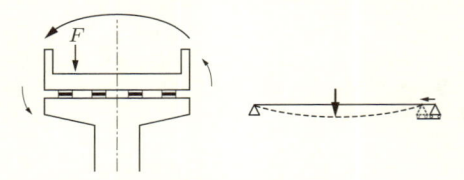

C. 振動発生・伝搬のメカニズム
交通振動の発生要因には

- 車輪と路面（軌道）の間に生じる凹凸
- 車両の荷重の移動に伴う構造物のたわみ・変形
- ジョイント段差
- 加減速，カーブ通過時の遠心力

が挙げられる。構造物のたわみについては，路盤構造（軌道・路床）のたわみと高架構造物のたわみが挙げられる。

道路交通振動の**振動数特性**を下図に示す。平面道路などの路面の凹凸に伴う振動は，10 Hz以上の帯域が広範囲に加振力を持つ振動である。高架道路構造になると，床版の1次たわみ振動で3 Hz付近が鋭尖に卓越する場合が多い。2次モードは10 Hz付近となる。ジョイント段差による衝撃振動は，広い帯域に加振力を持つ。特に80 Hz付近の高い振動数域に成分を持つ場合が多い。

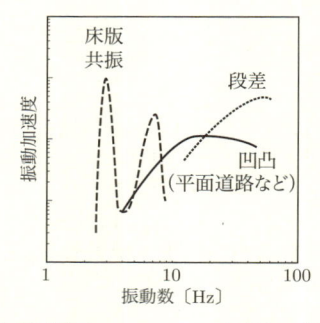

道路交通振動については，大型車の影響が大きい。車両系については，**バネ下**（k：タイヤの

剛性，m：等価車軸質量）の固有振動数は，十数Hz付近である。バネ上（k：サスペンション，m：バネ上等価質量）の固有振動数は3Hz付近となる。大型車のサスペンションは，リーフサス（金属製の板バネ）とエアサス（空気バネ）を使用したものに分類できる。リーフサスについては，バネ上の固有振動の影響が顕著であるが，エアサスについては，あまり認められない。

鉄道については，軌道と車両の接点がともに鉄である。道路交通の車両はタイヤがあり，これが低域通過フィルタとして働くが，鉄道はそうではない。鉄道振動については，平面軌道などでは63Hz付近の高い振動数の成分が大きくなることが多い。

道路・鉄道ともに，住宅などへの振動伝搬は地盤を介するケースが大半である。**地盤振動伝搬**については，下表に示す種類の波動伝搬を考える必要がある。減衰傾向は，振動源近傍では**実体波**の傾向を示し，ある程度離れると**表面波**の傾向を示す。

分類	種類	減衰傾向
実体波	縦波 横波	倍距離 6dB
表面波	レイリー波 ラブ波	倍距離 3dB

これに，地盤の内部減衰 α の影響が加わるため，地盤振動伝搬の基本式（Bornitzの式）は
$$L_{Va} = L_{Va0} - 20n\log_{10}(r/r_0) - 8.68\alpha(r-r_0)$$
 n：幾何減衰係数
　　（1.0：実体波，0.5：表面波）
 r：距離〔m〕
 α：内部減衰係数〔1/m〕
 L_{Va0}：基準点の振動加速度レベル〔dB〕
 r_0：基準点までの距離〔m〕
と表される。

平面の軌道構造の場合はこの式を用いて予測できるが，高架道路のように，杭や基礎からの振動の放射具合によっては，この式が適用できなくなる場合もある。

地盤を伝搬した振動が建物に伝搬する。地盤から基礎へ伝搬する際は，入力損失が起こり，それが躯体（柱・梁・床）に伝搬して，建物全体もしくは部材が共振し，増幅が起こる。戸建て住宅の場合，水平方向で4Hz付近が増幅し，5～10dB程度増幅する。振動レベルにした場合，5dB程度の増幅が起こる。水平振動の固有周波数は，筋交や壁量により周波数が変化する。橋梁と建物の固有周波数が一致することもある。苦情が1軒だけである場合，この固有振動数の一致が原因である可能性が高い。

ここでは「振動伝搬」について紹介した。木造住宅のように，床や壁部材が軽量である場合，自動車の排気系の大きなエンジン音で，壁部材などが音圧加振され，建物が揺れる場合がある。建具や窓ががたつく場合などは，伝搬経路に音波が関与しているケースもある。原因究明をする際には注意が必要である。

D. 対策

交通振動の対策の代表例を挙げる。振動の対策の場合，騒音と比較して，低減効果が得られにくい。効果が得られる条件が，限られている場合が多い。

- 凹凸・段差解消
  - ジョイント改良，ノージョイント化（道路ではヘキサロック工法，鉄道ロングレール採用）
  - 凹凸解消（舗装打直，レール・車輪削正）
- 構造物の補剛
  - 桁連結
  - 桁や橋脚の補剛
- 共振による増幅の抑制
  - 床版にTMD（受動動吸振器）取り付け
  - キールダンパー取り付け
  - ダンピング材付加
  - AMD（能動動吸振器）
- 防振
  - 支承取り替え
  - バラストマット
  - 軌道パッド
- 伝搬経路対策
  - 防振壁・防振溝
  - 地盤改良
  - WIB工法
  - ソイルパック
- その他
  - 基礎周辺地盤改良
  - 基礎補剛

◆もっと詳しく！
道路交通振動予測式作成分科会：道路交通振動予測計算方法　INCE/J RTV-MODEL 2003, 騒音制御, **28**, 3 (2004)

重要語句　パルスエコー法，超音波断層像，時間分解能，空間分解能，音響放射力

高フレームレート超音波診断
[英] high frame rate diagnostic ultrasound

最高で毎秒10 000枚程度の超音波断層像を撮影することができる方法．フレームレート（時間分解能）と空間分解能はトレードオフの関係にあるため，それらを目的に応じて考慮し使用されている．

A. フレームレート

パルスエコー法（⇒p.370）に基づく超音波B(brightness)モード断層像は，超音波パルスを体内に送信し，体内からの反射・散乱波の振幅を輝度に変調して画像化したものである．その際，超音波送受信器（プローブ）から反射・散乱体までの距離は，生体軟組織の平均音速を1 530 m/sなどの値と仮定することにより，超音波パルス送信から受信までの往復伝搬時間をもとに算出される．超音波の伝搬速度は有限であるため，超音波パルスを送信したのち，観察深度からの反射・散乱波が返ってくるまではつぎの超音波パルスは送信できず，このような制限によりパルス送信繰り返し周波数が決定される．例えば，観察深度を10 cmと仮定すると，往復伝搬時間は約130 μsとなり，パルス繰り返し周波数の上限は，その逆数の約7 700 Hzとなる．

超音波断層像の撮像速度（フレームレート）は，1枚の超音波断層像を構築するために要する超音波送受信回数により決定される．超音波断層像は100～200程度の多数の走査線から構成されており，集束送信超音波ビームを用いた最もオーソドックスな断層像構築手法では，1本の走査線を構築するために1回の超音波送受信を必要とする．したがって，例えば走査線数200で観察深度10 cmの超音波Bモード断層像を構築しようとした際の最大フレームレートは(7 700 Hz) / 200 = 38.5 Hzとなる．

B. 高フレームレート化の原理

オーソドックスな超音波断層法では，次図(a)に示すように，送信・受信ともに集束超音波音場を形成する．集束送信超音波ビームにより，非常に狭い領域にしか超音波が照射されないため，1回の送受信により超音波反射・散乱波（エコー）を得て画像化できる範囲が限定される．したがって，上述したように基本的に1走査線を得るために1回超音波を送受信することが必要となり，断層像構築に必要な走査線数分の超音波送受信回数が必要である．これは断層像撮影における時間分解能にとってはマイナスであるが，ごく限られた領域だけからの反射・散乱波のみが得られるため，空間分解能やコントラストの観点からは有利である．オーソドックスな超音波断層像構築手法では，送信・受信ともに集束超音波音場を形成することにより測定領域を限定し，空間分解能・コントラストを向上させているが，1回の送受信により画像化される領域が限定されるため，描画対象領域全体のデータを得るための時間は長くなる．

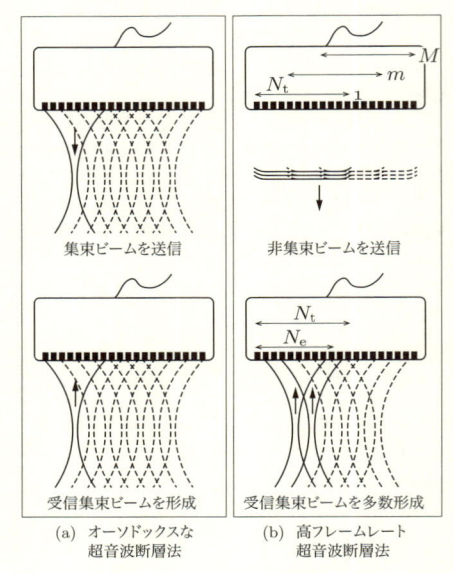

(a) オーソドックスな超音波断層法　　(b) 高フレームレート超音波断層法

一方，高フレームレート超音波断層法では，送信には非集束ビーム（例えば平面波）を用いる．この場合，集束送信ビームを用いた場合に比べて，広い領域から反射・散乱波が得られる．受信において集束指向性を形成することで，受信焦点からの信号が強調される．非集束送信ビームが照射された領域内の全点に受信焦点を同時に形成することで，オーソドックスな手法のように集束超音波ビームが照射された1走査線上の点だけではなく，非集束ビームが照射された領域内全点からのエコー信号が1回の超音波送受信で得られるため，同じ描画対象領域を画像化するために必要な送信回数が低減し，フレームレートを飛躍的に改善できる．

反面，広い領域から反射・散乱波が発生するため，サイドローブなどの不要成分も発生しやすい．一般的に，集束指向性を形成した場合，指

向性パターンにはメインローブだけでなく，振幅は小さいもののサイドローブも発生する．パルスエコー法におけるトータルの指向性は，送信指向性と受信指向性の積となる．送信・受信ともに集束指向性を用いるオーソドックスな断層像構築手法では，トータルの指向性は集束指向性の2乗特性となるため，メインローブが鋭くなるとともにサイドローブとのレベル差が拡大する．高フレームレート超音波断層法で用いる非集束送信ビームは，イメージング領域内で指向性がフラットであるため，受信でのみ指向性を形成することになり，トータルの指向性は集束指向性の1乗特性となる．これにより，送受信双方で集束指向性を形成するオーソドックスな手法に比べて，サイドローブレベルが上昇する．したがって，不要エコーが増え，超音波断層像のコントラストが劣化する．このような問題を解決するため，偏向角度の異なる複数の平面波を重ね合わせる手法（使用する平面波数に応じて時間分解能を犠牲にする）や，受信信号に対する信号処理手法により，空間分解能やコントラストを向上させる試みがなされている．

C. 応用例

高フレームレート超音波断層法そのものは1984年に提案されていたが，医用計測・診断法への本格的な応用は，2002年のTanterらのずり波伝搬計測に端を発すると思われる．リニアプローブを用いて平面波を送信し，プローブ両端に狭い受信開口を配置して空間内の同一点に異なる2方向から受信ビームを形成することにより，パルス的な**音響放射力**（⇒p.92）により組織内に発生したずり波による変位分布をイメージングしている．当初は狭い受信開口を用いていたため，空間分解能の劣化が著しく，Bモード断層像の計測には重きを置かれていなかった．しかし，広い受信開口を用いることで，コントラストは劣化するものの，オーソドックスな手法と比べて遜色ない空間分解能が実現し，また，数千HzのフレームレートでBモード断層像を撮像可能であることが示されている．さらに，異なる角度の平面波を重ね合わせることにより，若干フレームレートは落ちるものの従来と比べて遜色ないBモード断層像が得られる手法が提案されるなど，高速な超音波断層像計測が広く使用されるようになってきている．

高フレームレート超音波断層法による生体機能計測の例としてまず挙げるべきなのは，上述した音響放射圧により発生したずり波の伝搬速度計測である．生体組織の密度を仮定すれば，ずり波伝搬速度からずり弾性係数が推定可能であり，これは組織弾性イメージング法として有用な手法である．高フレームレート超音波断層法は，循環器系の動態計測にも非常に有用である．ビーム偏向などを組み合わせた高速イメージングにより，動脈壁のひずみや血流を可視化できることが示されるとともに，血管を伝搬する脈波（心臓の駆出に伴う圧力波）の伝搬速度計測についても高時間分解能ゆえ進行波と反射波それぞれの伝搬速度を推定できるなど，血管系の動態計測および弾性特性計測における有用性が示されている．

さらに，高フレームレート超音波断層法は心臓用にも拡張されている．心臓の計測では肋骨の間から超音波を入射するため，広い開口が使用できない．そこで，仮想点音源から球面状に拡散する送信波を用いて，心臓の高速イメージングを可能としている．心臓の血流動態を高速にイメージングできるほか，心筋の興奮伝搬の計測へも応用され，心機能の定量計測にも威力を発揮すると思われる．最近では，HIFU（high intensity focused ultrasound，⇒p.324）のモニタに高フレームレート超音波断層法が使用されるなど，その用途は今後ますます広がっていくと考えられる．

下図は，心臓内血流の高フレームレート超音波イメージングを示している（💿1）

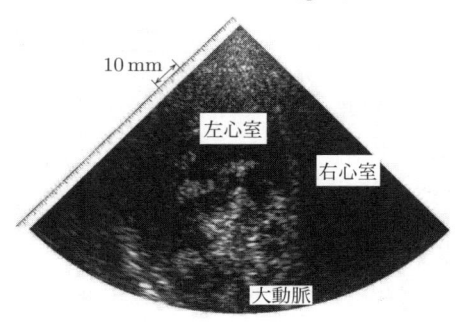

◆ **もっと詳しく！**

D. P. Shattuck, M. D. Weishenker, S. W. Smith, and O. T. von Ramm: "Explososcan: A parallel processing technique for high speed ultrasound imaging with linear phased arrays," *IEEE Trans. Ultrason. Ferroelectr. Freq. Contr.*, **75**, 4, pp. 1273–1282 (1984)

重要語句　MEMSマイクロホン，空間の標本化定理，FPGA，1ビット，遅延和

高密度MEMSマイクロホンアレイ
[英] high-density MEMS microphone array

小型MEMSマイクロホンを用いた多チャネルかつ高密度なマイクロホンアレイ。素子間隔を小さくできることから波面を直接観察することができる。

A. MEMSマイクロホンと高密度実装

MEMSマイクロホン（⇒p.198）は，ICチップを作る際と同等の工程で半導体ウェハ上に超小型な機械部品を実装するMEMS（micro electro mechanical systems）技術をマイクロホンに適用したもので，マイクロホンとしてはきわめて小型であるという特徴を持ち，また，熱に強いことから他の電子部品と同様にリフロー方式で基板に自動実装することが可能である。この特徴は小型化・大量生産が求められる機器に都合が良く，現在携帯電話を中心に広く普及しつつある。ここでは，これらMEMSマイクロホンを密に多数配置する手法について紹介する。

B. 空間の標本化定理を満たすマイクロホンアレイ

音の様子を観察するにはマイクロホンで音圧を観察するのが一般的であるが，波面そのものを直接観察しようとすると，対象となる範囲にマイクロホンを敷き詰める必要が生じてくる。**空間の標本化定理**に基づけば，可聴域全般（～20kHz）の音波面を観察するためにはおおよそ1cmごとにマイクロホンを設置する必要があり，これをこのまま実現することは現実的ではないと考えられてきた。そこで，音場の可視化には対象となる範囲をセンサで走査していく手法が広く用いられているが，この場合，1点ずつ観察していくという原理上，観察対象が定常性・周期性のある信号に限られてしまい，演奏など再現性の低い音場の観察は困難である。

一方，MEMSマイクロホンはきわめて小型で，5mm四方程度のものが多く，前述のような高密度な設置が可能である。また，近年のメモリの著しい高集積化により，10年前では大規模とされたようなデータレートの記録や再生も簡単に扱えるようになってきており，これらを用いることで，一定の範囲に限れば空間の標本化定理を満たす音場の観察・制御が可能となってきている。その一例を示す。次図(a)（🔊1）はMEMSマイクロホン（KNOWLES社製SPM0405HD4H）を1cm四方ごとに32×32個，計1024個配置した実験装置であり，図(b)に示すように，制御IC

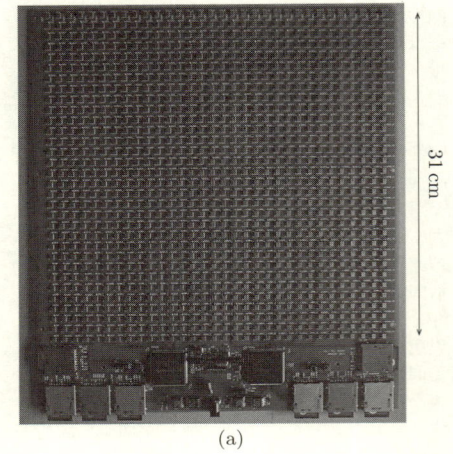

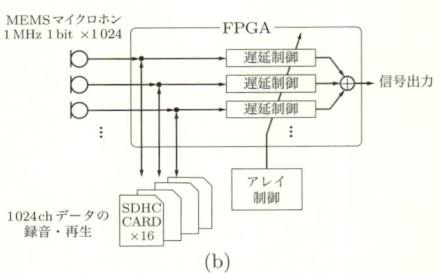

であるFPGA（ALTERA社製EP3C40Q240C8N）とSDHCカード16枚を用いることにより，すべてのマイクロホンからの収録音を記録・再生するとともに，各信号によるアレイ制御を行うことができる。

使用しているMEMSマイクロホンは，音声信号を**1ビット**（⇒p.14）のディジタル信号として出力するもので，ここでは標本化周波数1MHzとして用いている。1ビット信号は語長（word）が1であることから語同期をとる必要がなく，各マイクロホンへの配線を簡略化することができ，また，標本化周波数がMHzオーダーであることから，アレイ制御時にもアップサンプリングを必要としない。1ビット信号は高音質な記録に広く用いられているが，ここではきわめて制御点の多いアレイ構築に際して，上記のようなハードウェア・ソフトウェア両面での特徴を利用している。

C. 波面の全面記録

実験装置近傍にスピーカを設置し，スピーカから4kHz純音を出力した際の装置全チャネル

（1 024 ch）により録音された波面を下図（🔴2）に示す．図中の各画素がそれぞれのマイクロホンの瞬時音圧である．補間や数値計算を行うことなく波面そのものを観察できている様子がわかる．

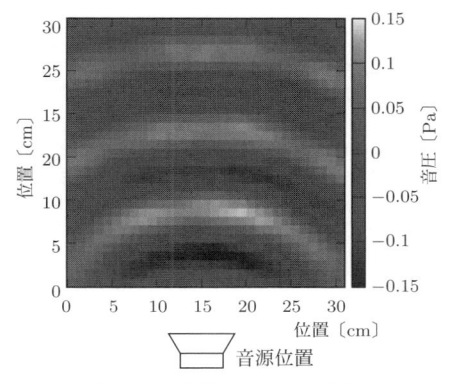

grammable Logic Device と呼ばれる論理回路を合成する IC は，ビット演算であれば大量に並列処理を行うことができ，前述した装置の1 024 ch 分の収録音をリアルタイムに制御することも可能である．前ページの写真に示した実験装置全チャネルを用いて FPGA 内で 0°方向に遅延和制御（⇒p.400）を施した際の指向性を下図に示す．左側の理論値に対して右側の実測値がおおむね一致している様子がわかる．

また，得られた情報のうち，中央部の一つのマイクロホンで収録された信号と，全信号からの適切な遅延和より音源を強調した際のスペクトルとの比較を下図に示す．アレイ処理によりSN比が向上している様子がわかる．将来的に，このような手法により3次元音場全体を空間の標本化定理を満たした状態で収録する技術が確立されれば，測定・収録に際して対象となる音場をいったん「あるがまま」記録してしまい，その後時間をかけて任意の手法，箇所で所望の音情報を抽出する，といったことも可能となるはずである．

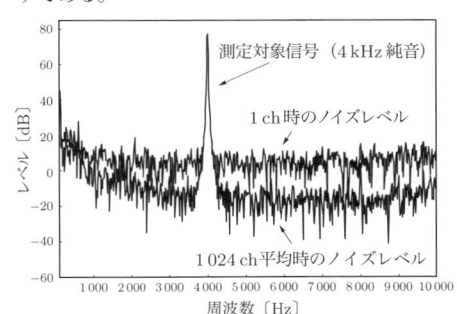

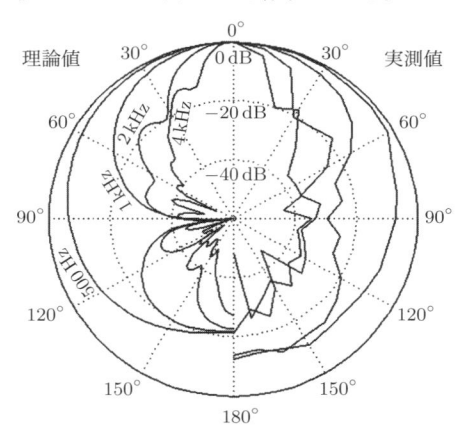

E. 超多チャネル信号処理へ

音場の可視化手法としては，今回紹介した手法のほかに，MEMSマイクロホンとLEDを対にして多数配置することにより，音圧に比例して点灯させたものを高速度撮影する手法や，トリガーのかけられるような音場に対して一度メモリに取り込んでスロー点灯させ，その場で可視化する手法などの研究が進められている．

小型で実装性の高いMEMSマイクロホンの登場により，これまで「非現実的」であった空間の標本化定理を満たすような記録や，さらにはそれらのきわめて多点の収録音の制御も可能になってきた．将来的には壁面全体をミリ単位で制御するような，いわば「超多チャネル信号処理」とでもいうような新しい技術を用いて空間全体の音場を記録・制御できる日が来るかもしれない．

D. 収録信号のリアルタイム制御

近年プログラマブルな集積回路が発展しており，システム構築における利便性は飛躍的に向上している．例えば，FPGAに代表されるPro-

◆ もっと詳しく！
及川靖広，矢田部浩平：小特集 マイクロホンアレイの新しい技術展開—MEMSマイクロホンアレイによる音場の可視化，日本音響学会誌，**70**，7，pp.403–409（2014.7）

重要語句 視覚障害者，聴覚障害者，情報障害者，高齢者

高齢者・障害者の音環境
[英] auditory environment for the elderly and disabled people

　高齢者や，目や耳からの情報を得にくい情報障害（感覚障害）者は，特に聴こえ方や障害の程度などの個人差が大きいため，音環境に関する指針などが定量化されていない。しかしながら，特に騒音低減対策，遮音・吸音などの騒音対策を行い静かな環境を担保することが，まずは重要であるといえる。

A. 法律やガイドライン

　駅や空港などの公共空間のバリアフリー整備の多くは，「公共交通機関旅客施設の移動円滑化ガイドライン」（移動円滑化ガイドライン）に準拠して整備されている。バリアフリー新法のような法的拘束力はないが，"義務ではない望ましい整備内容も含め具体的に示されたもの" が，移動円滑化ガイドラインである。ガイドライン策定当初（2001年8月）は，「音による移動支援」に関する項目はなかったが，2002年12月の改定に伴い，音声や音響案内（音サインなど）の設置を促す項目が追加された。それまで，段差の解消やエレベーター，エスカレーターの設置などの，車いす利用者や肢体不自由者を対象としたバリアフリー整備が主であったが，近年ようやく**視覚障害者**や**聴覚障害者**などの**情報障害者**への支援が行われるようになってきた（⇒p.64）。

B. 公共空間の音環境整備

　バリアフリー新法や移動円滑化ガイドラインの遵守はもちろんのこと，最近ではCS（顧客満足）向上のために，駅や空港などで施設のバリアフリー化が積極的に進められている。例えば，エレベーター，エスカレーターへの音声案内の設置や，場所を示すためのさまざまな音サインの設置や吸音対策などである。しかしながら，実際には，法律やガイドラインでフォローしきれない部分も多く，「**高齢者や障害者にとって良い音環境とは？**」とひとえに語ることはなかなか難しい。なぜなら，高齢者・障害者は特に個人差が大きいため，個々の使用者が要求するものがさまざまであるためである。空間の規模や形状の違いも大きく影響する。高齢者や障害者の音や音環境に対するニーズはさまざまであるが，最低限の空間的な配慮は必須である。室内を対象とした雑音下において，音声聴取に最低限必要なSN比は，健聴者は+5 dB程度，高齢者は，+10 dB程度とされており，高齢者は雑音下での音声などの聴取が健聴者より一般に困難である。

　さらに，高齢者はより残響の影響を受けやすい。視覚障害者や補聴器装着者にとっても，環境騒音などの不要な音が大きければ，必要な音がより聴き取りにくいことはいうまでもない。騒音や残響に配慮した静かな空間づくり，騒音低減は最も重要な課題である。

　（1）駅　　大都市のターミナル駅には，列車，旅客，案内放送，音サインなど，さまざまな音源が存在する。さらに，床や壁，天井はタイルや金属板など音を反射しやすい仕上げ材料が使用されていることが多い。

　そのため，一部の駅では，騒音レベルの上昇や残響過多により，案内放送や音サイン（⇒p.208）が聴き取りにくいという報告がある。駅の案内放送や音サインは，列車の運航状況や非常時の避難誘導などの情報提供として，高齢者・障害者に限定せずとも重要な役割を果たしているが，音環境が良くない場合は，鉄道利用者に正しく伝わらない可能性がある。騒音低減には，音源対策が最も効果的である。最近の鉄道車両は，航空機や自動車同様に低騒音化が進んでいるため，昔に比べると静かになっている。コンコースの中での音については，稼働音の低い設備の採用や，店舗のBGMなどの音を必要以上に大きくしないことなどの対策が考えられる。反射音の低減には，吸音材を用いることが有効である。吸音材の使用により，案内放送や音サインの聴き取りやすさが向上する。さらに，騒音源から発生する音響エネルギーが等しい場合には，吸音材により反射音が小さくなるため，全体の騒音レベルは低くなる。吸音材として化粧岩綿吸音版などがあるが，耐久性や可燃性などの問題により駅では使用できない場合がある。そこで，金属製の吸音材の開発が進められており，それらが多くの駅で採用されることが期待されている。

　（2）公民館　　高齢者が多く利用する施設の一つとして公民館があり，その講堂では高齢者教室や各種サークル活動が行われている。これらの催しの際は，情報伝達としてスピーチコミュニケーションが多く利用される。公民館のバリアフリー化は階段やトイレなどで行われているが，聴覚障害がある高齢者に対しても，音バリアフリーの観点から，残響を軽減するなど

の室内空間の音響設計を行うべきである。

（3）病院　聴覚障害者が利用しにくい施設のトップは病院であり，ついで銀行，乗り物，駅，デパート，宿泊施設，診療所と続く。病院といっても，大病院から医院まで屋内空間はさまざまである。病院ではプライバシーの問題もあり，一様に騒音を下げるだけでは解決しない問題もある。むしろ，ソフト的な音バリアフリー，すなわち，看護師が聴覚障害者に気づき，患者のほうを向いて呼ぶ，ゆっくりはっきり大きな声で話す，耳元で話す，専門用語をやさしく説明する，パソコン画面を見ながら横向きで話したり，マスクをしたまま話したりしないことなどの配慮が必要である。

（4）宿泊施設　ホテルなどの宿泊施設で聴覚障害者が困難に感じることとして，電話による呼び出し，ルームサービスの注文，レストランでのコミュニケーション，音による火災報知器，目覚まし時計などが挙げられる。ハード的な音バリアフリーの装置として，ドアノックセンサ，着信を伝える表示パネル，同時筆談器，振動タイプの目覚まし時計，文字電話，フラッシュタイプの火災報知器などが備え付けられたホテルがある。聴覚障害は「見えない障害」といわれており，耳の不自由さは健聴者には気づきにくい。肢体障害者や視覚障害者と同様に，耳の不自由な高齢者や聴覚障害者が安心・安全に宿泊できるためにも，宿泊施設はこれらの機材を常備，またはレンタルできるようにしておくことが望ましい。

（5）避難所　自然災害の情報や避難場所・避難経路の情報などの住民への伝達は，役場などの広報車，自治会の人からの連絡，テレビなどの音声で行われることが多い。そのため，聴覚障害者がその情報を迅速に収集することは困難を極める。また，避難所では，一般に体育館などの比較的広い屋内空間に多くの人が集まるため，その生活騒音などにより音環境が劣悪になり，ストレスが大きくなる。このような避難所では，残響時間が長く，また多くの人の会話などの騒音があるために，聴覚障害者にとって音声聴取が難しくなる。そのため，このような場所では，電光文字表示器，簡易筆談器，字幕付きのテレビ，文字多重放送のラジオなど，音声に依存しないツールが有用である。

C．小さい音量でも確実に伝わる聴覚情報の構築

騒音や残響時間に配慮した静かな音環境づくりとともに，聴覚情報自体の工夫も，より良い音環境創出にとって有効な手段の一つである。例えば，空間知覚の特性に配慮した，より定位精度の高い音サインを用いることや，マスキングに配慮して，音の倍音構造や立ち上がり・立ち下がりなどを工夫することで，聴覚情報がより小さい音量でも視覚障害者らを誘導することが可能となる。

D．デバイスや電気的な音響設備との共存

高齢者や障害者にとってより良い音環境を構築する上で，空間的な配慮だけでなく，デバイスや電気的な音響設備と上手に共存することが重要である。少し前では，イヤホンや補聴器のようなパーソナルなデバイスは，大きさや重さ，ユーザビリティの問題のほかに，機器を装着することで障害者であることが目立つという理由により，機器を敬遠する人も多かったようである。しかしながら，近年では技術の着実な進歩により機器は小型化され，障害者が自ら使ってみたくなるような機器やインタフェースも登場してきているようである。スマートフォンなどを使って，健常者も便利機能の一つとして使えるアプリケーションも多数開発されている。その場合，無理矢理音の問題だけで解決しようとせずに，デバイスなどをうまく取り入れていくことも，より良い音環境構築への一歩である。

E．音の整理・健常者への配慮・健常者の理解

音声案内や音サインなどの聴覚情報は，一般的に，視覚的な情報などとは異なり，「嫌なら聴かなければいい」というわけにはいかない。

そのため，同じ音を同じ場所で長時間大音量で暴露した場合，周囲にとって不快感をもたらす場合もある。音やスピーカに指向性を持たせて暴露エリアを限定したり，長時間暴露される可能性がある人がいる空間は遮音対策をしっかりするなどの配慮が求められる。逆に，健常者の"理解"があれば，音サインなどを不快に感じなくなったという例もある。何のために，だれのためにその音が存在するのかを理解することも重要であり，それらの教育も同時に必須である。

◆もっと詳しく！
上田麻理：高齢者・障害者等に配慮した公共空間の音環境, 日本音響学会誌, **70**, 3, pp.134–140 (2014)

重要語句　エレクトレットコンデンサマイクロホン（ECM），
動電形スピーカ，MEMS 技術，小型スピーカ，動電
形変換器

小型音響機器
[英] compact acoustic system

スマートフォンなどの携帯端末に内蔵されている小型のスピーカやマイクロホン，さらにはイヤホンなどに用いられている小型スピーカに対する総称である。スピーカについては直径が20 mm 以下，マイクロホンについては直径が10 mm 以下のものが，小型音響機器に分類される。

A. 小型音響機器の概要

小型音響機器は，一般的にスマートフォンなどに代表される情報携帯端末に搭載されているマイクロホンやスピーカ，サウンダーのことを指す。また，携帯音楽プレーヤーの聴取に利用されるイヤホン，特に挿入型のイヤホンに用いられているドライバも，小型音響機器に分類されることがある。

携帯情報端末は多くの機能をいかに小さな筐体に収めるかが重要となるため，それに搭載される音響機器も薄型化，小型化が要求される。したがって，薄型化，小型化に適した電気音響変換方式が用いられる。

一般的に携帯端末に用いられるマイクロホンとしてはエレクトレットコンデンサマイクロホン（electret condenser microphone; **ECM**）が，また，小型スピーカやサウンダーには**動電形スピーカ**が用いられることが多い。小型音響機器は通常サイズのスピーカやマイクロホンと異なり，形状や大きさなどに対して強い制約がある中で，高い性能（高い感度と広い周波数領域，さらにはマイクロホンでは低雑音，スピーカでは低ひずみ）が要求されるため，特有のさまざまな技術的困難がある。

B. 小型マイクロホン

（1）エレクトレットコンデンサマイクロホン
コンデンサマイクロホンは，入射音波の音圧によって変位する振動板とそれに対向する背極でコンデンサを形成し，音圧の変化をコンデンサにおける静電容量の変化として音響信号を電気信号に変換する電気音響変換方式をとっている。

通常のコンデンサマイクロホンは，コンデンサに電荷を与えるために振動板と背極との間に高い直流電圧をかけて使用するが，携帯情報端末に搭載する小型マイクロホンの場合は，そのような高い直流電圧をかけることができないため，振動板もしくは背極の表面に帯電したエレクトレット膜を置くことでコンデンサに電荷を与える ECM が用いられる。

ECM の振動板には，片側に金属がコーティングされた厚さ数 μm の合成樹脂フィルムが用いられる。一方，背極には，電荷を付加したフッ素樹脂系の高分子フィルムが用いられている。これにより，振動板と背極との間に 100 V 程度の電位差を生じさせることができ，音波の入射に伴う振動板変位を電圧の変化として取り出すことができる。なお，振動板と背極間の静電容量は 10 pF 程度と低いため，電気インピーダンスが非常に高くなる。そのため，IC による電気インピーダンス変換を行い，出力インピーダンスを下げて利用しやすいよう工夫されている。したがって，IC を駆動するためのバイアス電圧（2 V 程度）が必要となる。また，IC を介するため，ECM は非可逆変換器となる。

ECM の外形は直径約 6〜10 mm，高さ約 2〜4 mm 程度が一般的であるが，情報携帯端末の薄型化，小型化の要求に伴い，直径 4 mm，高さ 1 mm 以下のものも実用化されている。ECM の薄型化を実現するため，エレクトレット材を ECM のケースに取り付け，さらに IC に薄いものを用いるなどの工夫がなされている。また，径方向を小さくする際には，振動板の有効面積が小さくなると感度が低下するため，感度を保つための工夫が必要となる。例えば，振動板のスティフネスを小さくするために薄くて柔らかい材料を使ったり，変換効率を上げるために振動板と背極間の距離を小さくしたりするなど，精緻な設計がなされている。

薄形 ECM の構造を下図に示す。

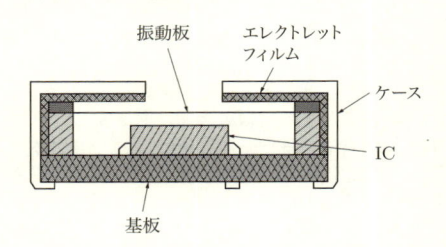

（2）MEMS マイクロホン　**MEMS**（micro electro mechanical systems）技術は半導体製造プロセスを応用した技術のことであり，MEMS 技術により実現されたマイクロホンを一般的に MEMS マイクロホンと呼ぶ。MEMS マイクロホンは，ECM と同じくコンデンサマイクロホンとして動作するが，半導体製造プロセスを利用して実現されるため，振動板と背極との

距離を小さくすることができ，10V程度の電位差で動作が可能である．そのため，ECMのようにエレクトレット材は必要ではなく，内部のIC回路からバイアス電圧を供給することができる．したがって，ECMに比べて熱による特性変化に対して頑健であるという特長を有する．また，半導体製造プロセスを利用しているため2mm×3mm（厚さは1mm以下）程度まで小型化することができる．

C. 小型スピーカ

（1）小型スピーカの概要　携帯情報端末に内蔵されている**小型スピーカ**（受話器用およびサウンダー）には，小型化を実現するために，磁束密度が高く非常に強い磁力を持つネオジム磁石が用いられている．動電形変換器は変換効率（力係数）は磁束密度に比例するため，磁束密度の高いネオジム磁石により高い再生音圧を保ったまま小型化が可能となっている．

携帯情報端末の場合，音声通話用のいわゆる受話器部分に用いられるスピーカと，着信音などを再生するスピーカの2種類が用いられる．それぞれの用途の違いから，それぞれのスピーカの仕様も大きく異なる．

受話器用スピーカは通常，耳の近くで再生して用いられるため，あまり高い音圧は要求されない．したがって，定格入力は10mW程度と低い．また，入力インピーダンスは32Ωのものが主流である．外形は，長方形のものが現在では多く，5mm×10mm（厚さ2mm以下）程度まで小型化されている．

一方，着信音再生用スピーカは，近年では音楽の聴取などにも用いられるため，広い周波数領域を持ち，高い再生音圧を持つように設計されている．高音圧再生のために，定格入力は0.5W程度と，受話器用スピーカよりも高い．また，入力インピーダンスも8Ωと低くなっている．外形は円形と長方形のものがあり，前者は直径10〜20mm程度，後者は8mm×15mm程度のものが主流となっている．

（2）小型スピーカの構造　携帯情報端末に内蔵されている小型スピーカには，音声用も着信音用も，一般的に通常のスピーカと同じ動電形変換器が用いられている．ただし，小型・薄型のスピーカを実現するために，いくつかの違いがある．まず，振動板には厚さ10〜20μm程度のPET（polyethylene terephthalate）などの高分子フィルムが用いられており，コイルは振動板に直接接着されている．また，一般的なスピーカではエッジとダンパーにより振動板を固定しているが，小型スピーカでは振動板の外周部分がエッジのようにフレームに固定されており，ダンパーはない．

小型化・薄型化を実現するにあたり，振動板面積が小さくなると高い音圧を確保するのが難しくなるため，それを防ぐためにさまざまな工夫がなされている．まず，振動板の形状には長方形もしくは長円形のものが多く，円形よりも有効面積が小さくなる傾向があるため，エッジの高さやエッジの長さをうまく設計することで有効面積が小さくならないように工夫されている．また，振動系（振動板とコイル）の質量を小さくすることで音圧を稼ぐことができるため，コイルには軽量な素材であるCCAW（copper-clad aluminum wire）が用いられている．さらに，磁気回路の力係数を増大するために，磁気回路の工夫もなされている．

振動板が小さくなると振動板の最低共振周波数も低くなるため，再生帯域が狭くなるという問題がある．すなわち，低域での再生音量が不十分になってしまう．そこで，エッジ部分を軟らかくし，振動板中心部を厚くするなどの工夫をして，共振周波数を下げる努力がなされている．

また，小型スピーカを実装する場合には，その周囲の筐体構造も音響特性に影響を与える．すなわち，良好な周波数特性を実現するためには，小型スピーカ前後の小さな気室や孔なども含めて音響設計を行う必要がある．近年では，そのような音響設計を，数値解析手法を利用して支援するシステムも検討されている．

携帯電話用小型スピーカの構造を下図に示す．

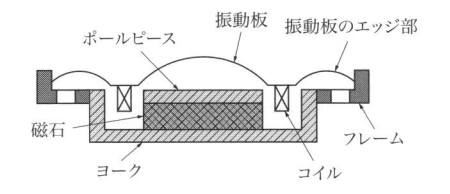

◆もっと詳しく！

大賀寿郎：オーディオトランスデューサ工学，コロナ社（2013）

重要語句　空気音，固体音，振動，振動加速度レベル，振動絶縁，防振材料，振動伝達率

固体伝搬音と防振技術
［英］structure-borne sound, vibration isolation

人の声や車の走行音などに代表される空気伝搬音（空気音）に対して，設備機器などから床スラブに振動が入力され，固体中を伝搬し，空間に放射される音を固体伝搬音（固体音）という。固体音は，空気音とは伝搬系が異なり，発生メカニズムも異なるため，空気音とは別の視点からの対策が必要である。

A. 固体伝搬音の概要

音の伝搬には，空気伝搬音（空気音）と固体伝搬音（固体音）の2種類がある。空気音とは，音源から直接空気に音が放射され，空気を媒質として伝搬する音をいう。空気音の例として，人の声やテレビの音などがある。一方，固体音とは，振動発生源の振動が建物の構造体に入力され，固体中を伝搬し，それが壁，床，天井などを振動させて空気中に放射される音をいう。固体音の例として，建物内部からの発生源としては，子どもの飛び跳ねによる下階への重量床衝撃音などが挙げられる。建物外部からの発生源としては，地下鉄の軌道構築から地盤を介して，建物に伝搬して居室空間に放射される音などが挙げられる。なお，床衝撃音（⇒p.416）は，特に集合住宅の騒音問題の中でもトラブルになるケースが多く，非常に重要視される項目である。一般に，建物の構造体中の振動は減衰が小さく，伝搬速度が大きい（コンクリートの縦波速度は空気の約10倍）ことから，広い範囲に伝搬する。そのため，その対策方法も空気音に対する対策と大きく異なる。

← 固体音
← 空気音

B. 固体伝搬音の測定と評価

（1）固体伝搬音の測定　固体音の測定は，対象室の騒音測定だけではなく，壁などの振動面の振動加速度の測定も併せて行うことが望ましい。固体音対策の測定の場合には，室内に放射された音だけでは，壁や天井などの部位からの寄与が大きいかわからないためである。固体音領域の振動測定は，1Hz～8kHz程度の周波数範囲の圧電式加速度ピックアップを振動面に取り付け，チャージ増幅器を経て，データレコーダーに録音する。最近では，PCでFFT分析やオクターブバンド分析をすることが多い。なお，加速度ピックアップの振動面への取り付け方法として，接着剤や両面テープなどで取り付ける際には，測定周波数範囲に共振周波数が含まれないように留意する。

（2）固体伝搬音の評価　固体音の評価は，一般の騒音測定の評価と同様に行われる。振動面の振動加速度の評価については，直接評価する指標値がまだ確立されていない。そのため，振動面からの振動が空気中に音として放射された場合を予測して，室内平均音圧レベルを求めることとなる。室内平均音圧レベルを振動加速度レベルから近似的に予測するには，一般に次式が用いられている。ただし，条件としては振動面が同位相で一体に振動し，室内を拡散音場（⇒p.134）と仮定しているため，注意が必要である。

$$L_p ≒ L_a - 20\log_{10} f + 10\log_{10}(S/A) + 10\log_{10} k + 36$$

ここで，L_pは室内平均音圧レベル〔dB〕，L_aは振動加速度レベル〔dB〕，fは周波数〔Hz〕，Sは有効放射面積〔m^2〕，Aは等価吸音面積〔m^2〕，kは音響放射係数を表す。

なお，評価曲線としてはNC曲線などが用いられることが多い。

C. 固体伝搬音の防止方法

固体音の防止方法は，空気音と大きく異なる。空気音は，質量則に従いコンクリートのように面密度が大きい材料に対して良く遮断されるが，直接，力や振動がスラブなどに入力される固体音に対する遮断力は十分ではない。また，発生源の種類によって，対象となる周波数領域が異なり，特に80Hz以下では，体感振動領域も併せて考える必要がある。よって，固体音の防止方法を検討する上では，発生源の強度，周波数，時間特性について定量的に把握することが重要である。固体音防止の基本的な対策方法を以下に示す。

（1）振動発生源の対策　振動発生源から接触面へ振動絶縁することは，最も効果的な方法である。具体的には，振動発生源自体の加振力の低減，接触面の剛性や質量の増加，振動源の防振支持などがある。このうち，防振支持は対策方法として広く用いられている方法であり，発生源と接触面の間にゴム材やばね材，緩衝材

などの**防振材料**を挿入し，振動伝達が小さくなるようにする。

（2）**伝搬系の対策** 振動発生源をできるだけ遠くに配置する。しかし，発生源が建物内部にある場合には，前述したように空気音に比べて減衰が小さく伝搬速度も大きいため，対策が難しい。一方，振動源が建物外部にある場合には，伝搬経路の途中に溝や地中壁を設ける方法がある。

（3）**受音点の対策** 到達した固体音を受音点で低減するには，室内の吸音処理だけではなく，放射面である壁，床，天井などの振動を低減させる必要がある。また，対象室自体を浮き構造にする方法もある。振動発生源が建物外部にある場合には，建物を地盤から振動絶縁する方法もある。

D．防振技術

（1）**防振支持** 固体音対策には，一般的に防振技術が用いられることが多い。防振系が最も基本的な単振動の場合における**振動伝達率** τ と f/f_n との関係をグラフに表すと，右段の図 (a), (b) のようになる。図 (a) の抵抗一定型の種類として，コイルばねや空気ばねなどが挙げられる。図 (a) から，$f/f_n > \sqrt{2}$ では $\tau < 1$ となり防振効果が得られることがわかるが，できるだけ $f/f_n > 3\sim4$ となるように防振設計を行うことが望ましい。例えば，$f/f_n = 3$, $\zeta = 0.2$ とすると，$\tau = 0.19$ となり，振動伝達損失は 14.3 dB となる。なお，減衰比を大きくとりすぎると，共振周波数の伝達率は小さくなるが，f/f_n を高くしても，振動伝達損失があまり得られないので注意が必要である。図 (b) の損失係数一定型の種類として，防振ゴムなどがある。これは，$f/f_n > \sqrt{2}$ の範囲において損失係数が変化しても伝達率はほとんど変わらない。

（2）**防振材料** 防振材料は種類によって効果が得られる周波数範囲が異なる。振動系の設定する固有周波数の低いほうから，一般に空気ばね，コイルばね，防振ゴム，防振パッドとなる。コイルばねの場合には，サージングに注意する。なお，耐久性や耐水性，耐油性，保守のしやすさなども考慮して選定する必要がある。

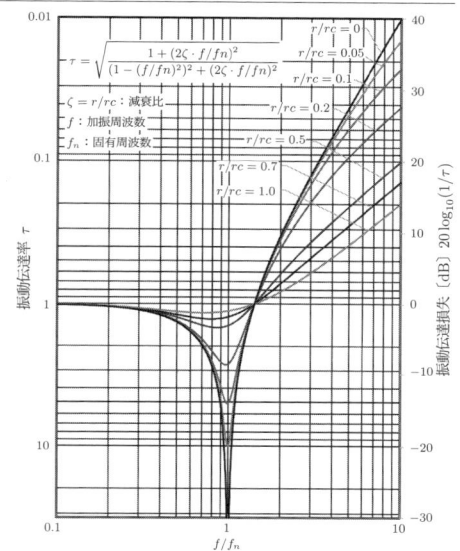

$$\tau = \sqrt{\frac{1+(2\zeta \cdot f/f_n)^2}{(1-(f/f_n)^2)^2+(2\zeta \cdot f/f_n)^2}}$$

$\zeta = r/rc$：減衰比
f：加振周波数
f_n：固有周波数

(a) 抵抗一定型の振動伝達率

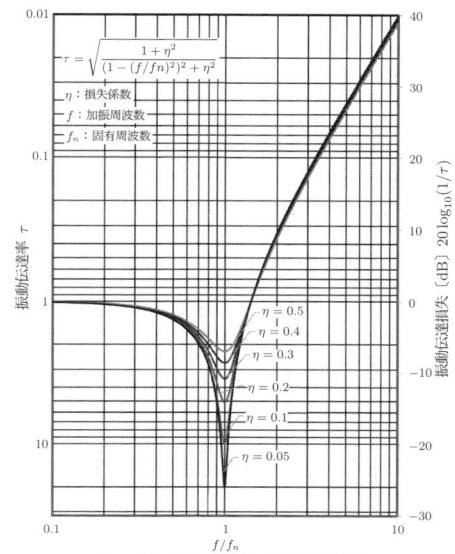

$$\tau = \sqrt{\frac{1+\eta^2}{(1-(f/f_n)^2)^2+\eta^2}}$$

η：損失係数
f：加振周波数
f_n：固有周波数

(b) 損失係数一定型の振動伝達率

◆ **もっと詳しく！**

1) 日本建築学会 編：環境振動・固体音の測定技術マニュアル，オーム社 (1999)
2) 日本建築学会 編：建築設計資料集成 [環境]，丸善 (2007)

重要語句　耳小骨，蝸牛，進行波，気導，骨導，外耳道内放射

骨導補聴器
[英] bone conduction hearing aid

頭蓋骨の振動によって音を聞く骨導（骨伝導）聴力を利用した補聴器。外耳道や鼓膜・中耳を介さずに音が内耳に伝達されるので，外耳道や中耳系に障害を持つ伝音難聴者の補聴手段として有効である。

また，騒音下でも音が聞き取りやすいことから，作業現場や繁華街などでの通信機器や携帯音楽プレーヤーとして，健聴者向けの製品に利用されることもある。

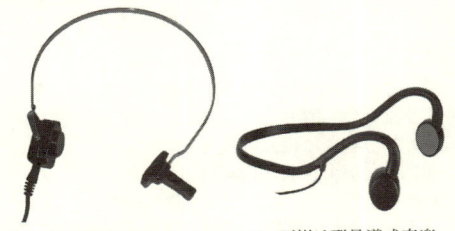

(a) 骨導補聴器RadioEar B71（単耳用）　(b) 耳掛け型骨導式音楽プレーヤー（両耳用）

A. 音の伝わり方

通常，空気の振動としての音は，外耳道を通って鼓膜を振動させ，中耳の**耳小骨**を介して**蝸牛**（内耳）へ送られる。蝸牛ではリンパ液が振動し，基底膜（基底板）に**進行波**と呼ばれる変位運動を引き起こす。その運動は膜上の受容細胞を興奮させ，その興奮（電気信号）は聴神経を通して脳に伝えられ，音の知覚となる。音が空気の振動として伝えられた場合を「**気導**」と呼ぶ。一方，音が頭蓋骨の振動として与えられた場合を「**骨導**」あるいは「**骨伝導**」と呼ぶ。後述するが，骨導には複数の経路が存在する。

B. 骨導補聴器の種類

骨導を利用した補聴器や通信機器の多くは，マイクロホンなどで集音した外界の音や話し声を，骨導振動子というデバイスを用いて，皮膚の上から頭蓋骨へ振動呈示することにより音の伝達を行う。骨導振動子は，電気信号を機械振動に変換する電気機械変換器であり，電磁式，圧電式，磁歪式などの種類がある。中でも，圧電式はピエゾ素子などの圧電効果を利用したもので，比較的安価で，構造的にも小さくできることから，さまざまな製品に応用されている。

骨導音の呈示位置としては，耳の後ろの乳様突起部や耳の前方の側頭骨部がよく利用される。前者は従来の骨導補聴器で，後者は近年の耳掛け型やメガネ型の補聴器や音楽プレーヤーなどで使われる傾向にある（次図）。骨導音の呈示には，振動子を一定の圧力で皮膚に装着し，固定しておく必要がある。例えば，従来の骨導補聴器では4〜5 Nほどの押し付け圧力を出すヘッドセットが利用されてきた。しかし，長時間の装用において，振動子の位置がズレたり，刺激部位の皮膚に痛みを起こしたりするといった問題も多い。

そこで，究極の骨導補聴器として，埋め込み型骨導補聴器（bone anchored hearing aid; BAHA）がある。これは，頭蓋骨に埋め込まれたチタン製のインプラントを介し，直接頭蓋骨を振動させるものである。皮膚や皮下組織を介さないため，エネルギー損失が少なく，よりクリアな音の伝達が可能である。その一方，使用者は外科的手術の負担とインプラント部からの感染症に対する日常的なケアを必要とする。

C. 骨導経路とその知覚メカニズム

骨導方式の利点として，つぎのような商業的な謳い文句を見かけることがある。

- 「骨を通して聞くので，騒音下でも聞き取りやすい」，あるいは「骨導だから騒音に強い」
- 「耳を塞がないので，外の音と同時に聞くことができる」
- 「内耳に直接届くため，鼓膜を痛める恐れがない」あるいは「鼓膜が疲れにくい」，など

このうち，外の音を同時に聞けるのは間違いなさそうだが，骨を通して聞くことが聞き取りやすさの要因なのか，あるいは，そもそも鼓膜は疲れるものなのかなど，その真偽については注意が必要である。そこで，これまでに明らかにされている骨導知覚のメカニズムについて考えてみよう。

次図の矢印(a), (b), (c)に示すように，骨導振動子からの音の伝わり方には大雑把に三つの経路が考えられる。

(a) 気導経路：振動子から直接空気中へ放出された音が，通常の気導経路を通って知覚される。
(b) 骨導経路（外耳道内放射）：骨導音が外耳道内に気導音として放射され，その音が鼓膜を振動し，通常の気導音と同じ経路

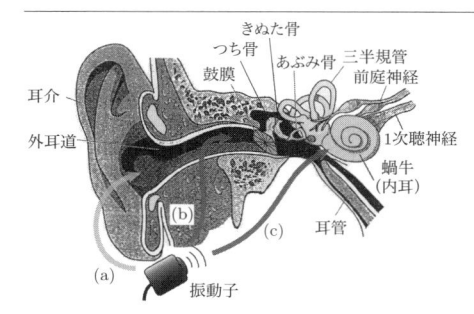

で知覚される。この経路は皮膚を介した骨導音の呈示において顕著であり、また、**外耳道内放射**には外耳道周囲の軟骨や軟組織が大きく寄与することが知られている。

- (c) 骨導経路（その他）：外耳や中耳を経由せず、直接内耳に到達し、蝸牛内の受容器官を刺激して知覚される。外耳道や鼓膜、中耳の耳小骨に障害のある伝音難聴において有効な知覚経路となる。

このうち、(a) は気導経路に、(b) と (c) は骨導経路に分類される。意外に思うかもしれないが、健聴者においては (b) の経路の寄与は結構大きい。これは骨導音を聞いている際に外耳道を耳栓や指などで閉鎖すると、1 kHz 以下の低周波域の音が5〜20 dB 強調されて聞こえる現象（外耳道閉鎖効果）からも推察される。また、(c) の経路はさらに異なる知覚メカニズムを含んでおり、そのいくつかをつぎに紹介する。

（1）耳小骨の慣性　側頭骨が振動させられたとき、中耳の耳小骨連鎖の慣性によって側頭骨との間で位相の異なる相対的な運動が起こり、結果的に蝸牛内に進行波が引き起こされる。この慣性は、耳小骨連鎖の共振周波数（1.5 kHz）周辺の骨導知覚に重要であると考えられる。その根拠として、例えば、耳硬化症などで耳小骨の動きが硬化した場合に 2 kHz あたりの骨導閾値が悪化させられること（Carhart's notch）が知られている。

（2）蝸牛内液の慣性　蝸牛内のリンパ液もまた、側頭骨が振動させられたときに、その慣性によって基底膜上に圧力勾配をもたらし、結果的に進行波を形作る。これは、より低い周波数の骨導知覚に重要であると考えられる。

（3）蝸牛容積の変化　内耳を包む側頭骨が骨導音の振動によって圧縮と拡張を繰り返すことにより、蝸牛内部（および半規管）の容積にも変動がもたらされる。蝸牛が圧縮されるとき、余剰なリンパ液が基底膜を前庭階側から鼓室階側へ押し、蝸牛が拡張されるときはその逆が起こる。その結果、基底膜を振動させ、受容細胞を興奮させる。この容積変化による進行波の生成は、蝸牛内部の構造が前庭階と鼓室階に関して非対称なことが一つの要因とされ、また、4 kHz 以上の高周波の骨導知覚に重要と考えられている。

以上のように、骨導知覚には複数の経路やメカニズムの存在が考えられている。しかし、重要なことは、たとえ骨導音の伝達がどのような経路やメカニズムの組合せで構成されていたとしても、最終的には気導音と同様の進行波を基底膜上に作り出すという点である。これは、骨導聴力が、気導音によって容易に変動させられることを意味する。つまり、骨導聴力は外界の騒音の影響を受けやすいのである。これは骨導純音の知覚が、同じ周波数で逆位相の気導純音によって容易にキャンセルできることからも明らかである。それゆえ、骨導方式の謳い文句にある「骨導だから騒音に強い」は必ずしも正確ではない。では、骨導方式が聞き分けられやすい要因は、ほかに考えられるだろうか。

D. 骨導での両耳聴処理

気導では、二つの耳の間で、到来する音の時間差や強度差を利用して音源の方向定位を行うことができる。しかし、骨導は頭蓋骨を振動させるため、左右の耳でそのような差が生じにくい。

例えば、右側頭部を骨導刺激したとき、右耳ばかりでなく、左耳でも音は減衰することなく同じレベルで聴こえる場合がよくある。この両耳間移行減衰量は、骨導の場合 0〜10 dB 程度ともいわれている。実際、両耳 BAHA 装用の聴取者での両耳聴研究で明らかなことは、骨導での両耳間時間差や強度差による音源方向定位（⇒ p.306）などの両耳聴処理が気導に比べてかなり減退することである。さらに、頭部伝達関数（⇒ p.342）が考慮されていなければ、骨導音の音像定位は頭内に留まるだろう（頭内定位、⇒ p.340）。それゆえ、このような定位感の違いが外界の騒音に対して骨導音の知覚を際立たせ、聞き分けやすくしているのかもしれない。

◆もっと詳しく！

S. Stenfelt: "Acoustic and Physiologic Aspects of Bone Conduction Hearing", in *Implantable Bone Conduction Hearing Aids.*, pp.10–21, Adv. Otorhinolaryngol. Basel, Karger (2011)

重要語句　音色，調絃，音程，平均律，調子，リズム

箏（こと）
［英］(Japanese) koto

　細長い箱型の桐の木の共鳴胴の上面に13本の糸を張り，可動式の柱を立てて調律し，（箏）爪を用いて演奏する撥弦楽器。「1面，2面，…」と数える。

　箏と琴は別の楽器である。箏は柱を用いて音高を調節するのに対し，琴は柱を用いず絃を抑えることにより音高を調節する7絃の楽器である。また，日本古来の和琴，雅楽で使われている箏（楽箏）とも区別される。

A. 歴史・楽器・付属品

　（1）歴史　　原型は奈良時代に雅楽の一構成楽器として伝わった。室町時代末期から江戸時代にかけて，賢順（1534?～1623?）や八橋検校（1614～1685）によって近世箏曲の礎が作られたとされる。

　（2）楽器　　箏の胴に用いられる桐の木は，寒い地域で育った硬くて年輪の詰んだものが最適である。表面は焼き固め処理をしてあるだけなので，木の硬さや使用頻度などにもよるが，本番用としての寿命は20～30年ぐらいで，ヴァイオリンほど長くはない。胴は材木を刳り抜き，裏板をはめる。縦方向にも横方向にも反りがあり，内側に音を乱反射させるための綾杉を彫る場合もある。裏板に開けられた2か所の音穴は，甲に伝わった音を放射させる役割と，糸締め（糸の張り替え）時の作業場所の役割を持つ。下図（●1）に示すように，楽器各部には龍になぞらえた名称が付いている。

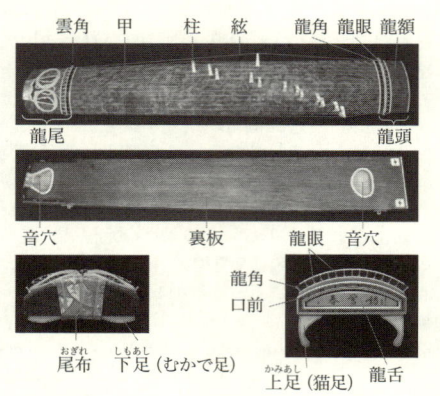

現在多く使われている楽器は，山田検校（1757

～1817）によって改良されたものである。

　（3）絃　　13本の絃には「一二三…十斗為巾」の名前が付いていて，通常同じ太さの糸をほとんど同じ強さに締める。本来は絹糸であるが，強度・耐湿性・価格などの関係で，現在は化学繊維糸がほとんどである。絹糸は毎回の本番ごとに最良の状態にするために締め替えるが，音色の良さ・余韻の長さ・細かな表現のしやすさ・弾きやすさ・体への負担などの点では化学繊維糸におおいに勝る。

　（4）柱　　材質は象牙やプラスチックなどがあり，音質の点では象牙が優れている。龍角と柱の間の長さを調節して音高を決めるほか，絃の振動を甲に伝える役割もある。低い音を出すための通常の柱よりも高さが低い小柱や三段柱，巾の糸専用の巾柱，動きやすいが転倒防止用に幅が広い柱などがある。下図は，左から普通の柱，巾柱，幅広の柱，小柱，三段柱を示している。

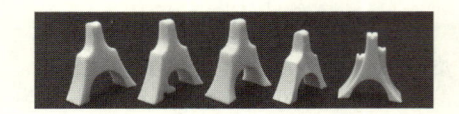

　（5）爪　　各演奏者の指の大きさや形，関節の反り具合に合わせて作り，右手の親指・人差し指・中指の3本にはめる。材質は象牙とプラスチックがあり，音質や弾きやすさ，人間の爪への影響の点から象牙がよい。爪の形は角爪（四角，下図左）と丸爪（三角に近い，下図右）がある。爪の形，大きさ，厚さによって音色や音量が異なる。

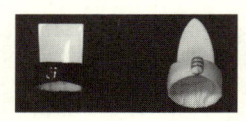

B. 音域

　箏の音域は以下に示す譜のとおりであるが，絃は13本しかないため，1面の箏で同時にすべての音が出せるわけではない。波括弧で括った範囲は，江戸時代の作品から一般的に使用されている音域を示し，波括弧外は宮城道雄（1894～1956）作品に使用されている音域を示す。＊印は，現在の通常の絃の強さでは小柱を使ったり，絃を緩めたりして出す音，※印は押し手で作られる音を示す。

一度に出る音域の例

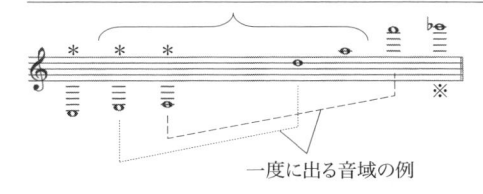

C．調絃・調子
（1）調絃 箏は演奏前に演奏者自身が弾く曲に合わせて**調絃**を行う。基準となる音をチューナーや尺八などからとり，他の12本は耳で完全4度，完全5度，同度，完全8度の音程を使ってうなりがないように合わせる。また，半音は**平均律**（⇒p.70）の半音よりも狭く合わせる（平均律の半音100 centに対し約90 cent）。調絃は習得に苦労するが，熟練者は約197 Hz（G）とそのオクターブ上の調絃において，10 centの違いを200 msの持続時間があれば弁別することができる。調絃が正確になされていることは，絃同士の共鳴にも関わるので重要である。

（2）調子 基本は五音音階で，よく使われる13個の音の並び方には○○調子と名前が付いている。半音を含む調子（平調子など）と半音を含まない調子（乃木調子など），それらの中間に位置するもの，その他がある。調子は相対的な音程関係であるので，音階の始まりの音を決める必要がある。以下によく使われる壱越平調子（Dから始まる平調子）を示す。

一 二 三 四 五 六 七 八 九 十 斗 為 巾

曲の途中で柱を動かし，13個の音の並びを変えることもある（転調）。

D．奏法と音色
（1）右手の奏法 爪（親指がほとんど）で弾くのが基本である。爪の当て方や弾く場所によって，音量・音色が変わる。少し柔らかい音を出したい場合は，通常弾く場所よりも少し左（龍角から離れた場所）を弾き，さらに柔らかい音を出したい場合は薬指や左手を使う。絃を爪でこする音を用いた奏法（輪連，すり爪など）や，宮城道雄が西洋音楽から取り入れた奏法（ハーモニクス，トレモロなど）もある。

爪が絃を乗り越える時間は短いほど雑音が少なくて良い。親指では約30 msである。

（2）左手の奏法 柱より左側の絃を押し張力を増すことで音高を上げる奏法がある（押し手）。押し手によって13個以上の音高が出せるが，現在の絃の強さでは元の音から半音上げる弱押しと，一音上げる強押しがほとんどである。余韻の音高を変化させる奏法では，上げる奏法（後押しなど）と下げる奏法（引き色など），上げて戻す奏法（突き色など）がある。

奏法が違えば音色が異なる。音と音との間と，その余韻の変化を楽しみ，大切にする箏曲ならではの多くの奏法がある。

E．楽譜と唱歌
箏は五線譜でも表記できるが，本来の楽譜は，いつ，どの絃をどの指でどのように弾けばよいかという**絃名譜**（タブラチュア譜）である。縦書きと横書きがあるが，右図に示す縦書き枠式が最も多く使われている。左側にカタカナで書かれているのは**唱歌**で，音高，リズム，奏法，音のニュアンス，フレーズ感を表しており，教習時にも役立つ。

F．その他
（1）糸締め技術 箏の糸締めをする専門技術職人は，本番の日時・場所・天気（特に湿度）・演奏曲目・パート・演奏者の求める音色や絃の強さの好みによって，糸のしごき方や締め方を調節する。糸締め技術によって，音色や弾きやすさが変わったり，糸が切れやすくなったりする。演奏には欠かせない技術であるが，最近は絹糸使用の減少に伴い，絹糸を締められる職人はほとんどいなくなった。

（2）演奏スタイル 正座をして演奏することを座奏，椅子に腰かけて演奏することを立奏，立奏のための箏の台を立奏台という。立奏台に取り付けられている反射板は，音穴から出てきた音を前方に放射させるのに役立っている。

（3）多絃箏 13本より多い絃を持つ多絃箏は何種類かあるが，宮城道雄が1921年に発表した十七絃が最も有名である。

（4）その他 箏は歌いながら弾く（弾き歌い）のが原則で，ほかに三味線，十七絃，胡弓を演奏することもある。

◆ もっと詳しく！
安藤政輝：生田流の箏曲，講談社（1985）

| 重要語句 | ウィーン・ムジークフェラインザール，アムステルダム・コンセルトヘボウ，ボストン・シンフォニーホール，シューボックス，ベルリンフィルハーモニーホール，アリーナ，ヴィニヤード，響き，初期反射音 |

コンサートホール
［英］concert hall

音楽演奏会のための専用会場。劇場のようにプロセニアムで舞台と客席が分けられた形ではなく，基本的に舞台と客席は一体の空間として形成される。

A. コンサートホールの成り立ち
（1）欧米における流れ
音楽演奏は古くから教会・宮殿・貴族のサロンなどで，宗教行事やダンスに代表されるような催しに付随した形で奏でられていた。

徐々にそれは，純粋に音楽演奏が行われ，それを聴くコンサートという形式に発展したが，演奏される場所はまだ主として宮殿などであった。当時の会場の一つ，1700年頃に完成したとされるオーストリア，アイゼンシュタットにあるエステルハージ家の城館にある大広間は，ハイドンザール（500席）として現存している。

その後，近代民主化が進んだイギリスでは，1700年前後から私邸や居酒屋などで興行としてコンサートが行われるようになり，数百人規模ではあるがコンサート用の建物が現れた。有名な例として，1775年頃にロンドンに建設されたハノーヴァ・スクェアルーム（800席）がある。ハイドンやモーツァルトも演奏を行っている。

18世紀後半になり，少し遅れてドイツでも市民を対象としたコンサートが始まる。ライプチッヒでは，世界最古の自主経営オーケストラであるゲヴァントハウス管弦楽団が，1743年に発足した。その演奏会場となったのが，繊維織物商組合会館の図書館を改造したゲヴァントハウス・コンサートホール（400席，1781年）である。

このあとに記述するホールも含め，欧米の主たるコンサートホールのほとんどにはレジデントオーケストラが存在し，コンサートホールの音響はその演奏と深い繋がりを持って語られる。

ゲヴァントハウスは旧ノイエス・ゲバントハウス（1500席，1884年）に引き継がれたが，1944年に戦災で消失，現在のノイエス・ゲバントハウス（1920席，1981年）は3代目である。

バロック・古典派の時代においては，数百席規模の空間に合わせた小編成の演奏形態で音楽が作られていたが，興行的な要素が深まるにつれ，現在のようなオーケストラが生まれた。ロマン派時代には，さらに音楽は複雑化し，また多くの聴衆を収容できるコンサートホールが望まれるようになった。ホールの大型化は，楽器の改良によるパワー増強を促し，楽器編成・演奏人数を増加させた。また，大型化し残響が長くなったホールを想定した作曲が行われることにも繋がっていった。

19世紀後半には，現代においても有名なウィーン・ムジークフェラインザール（1680席，1870年，設計：T.R. von Hansen）（ 1），アムステルダム・コンセルトヘボウ（2206席，1888年，設計：A.L. von Gent），ボストン・シンフォニーホール（2631席，1900年，設計：McKim, Mead and White，音響設計：W.C. Sabine）が登場する。室内音響学の祖W・C・セービンの研究は19世紀後半に始まっており，ボストンのホールの音響設計は，その研究をもとに行われた。

19世紀のホールの形状は，ムジークフェラインザールに代表されるように，シューボックス（shoe-box）と呼ばれる，直方体を基本とした形状がほとんどであったが，20世紀に入ると，新たな形状のホールが作られ始めた。その代表がベルリンフィルハーモニーホール（2218席，1963年，設計：H. Scharoun，音響設計：L. Cremer, J. Nutsch）（ 2）である。客席が舞台を取り囲んで配置されるアリーナ型で，段々畑状に配置された客席は，ヨーロッパのブドウ畑に似ていることからヴィニヤード（vineyard）ステップと呼ばれる。舞台をホールの中心に据えた配置は，建築家の提案に加え，ベルリンフィルハーモニー管弦楽団の芸術監督だったH. von カラヤンの意向が反映されたものといわれている。

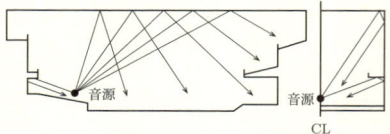

(a) ウィーン・ムジークフェラインザールの縦断面・横断面と反射音線図

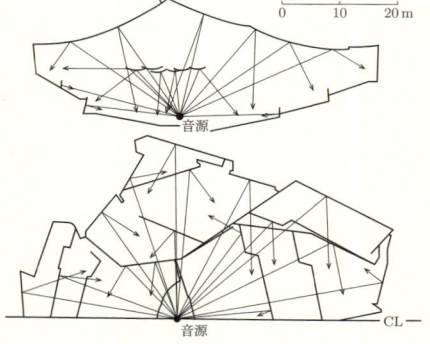

(b) ベルリンフィルハーモニーホールの平面・断面図と反射音線図

このころには，室内音場の研究，反射音効果の研究，室内音響諸量（⇒ p.220）の提案など，コンサートホール音響の研究は大きく進展している．

またその後，アリーナ型で空間側方上部に吊られた大きな反射板が特徴的なクライストチャーチ・タウンホール（2 662席，1972年，設計：Warren and Mahoney，音響設計：A.H. Marshall）や，シューボックス形状のホールの側壁上部背後に残響チャンバーと呼ばれる大空間を持つ，ダラスのメイヤーソンシンフォニーセンター・マグダモットコンサートホール（2 839席，1989年，設計：Pei Cobb Freed & Partners，音響設計：ARTEC Consultants）など，特徴を持つホールが造られている．

（2）日本における流れ　日本における最初のコンサートホールは，1890年に建てられた旧東京音楽学校（現東京藝術大学音楽学部）の奏楽堂（338席，設計：山口半六・久留正道，音響設計：上原六四郎）で，上野公園内に移築後，国の重要文化財に指定され現存している．その後建てられた公会堂建築の中では，日比谷公会堂（2 336席，1929年，設計：佐藤功一，音響設計：佐藤武夫）のように，コンサートで多く使われたものもあるが，基本的にそれらは多目的ホールであった．

第2次世界大戦後，再び各地に公共ホールが建てられ始め，日本で初めての公立音楽専用ホールとして1954年に開館したのが神奈川県立音楽堂（1 461席，設計：前川國男建築設計事務所，音響設計：石井聖光）である．

それに続き，オペラやバレエもできる本格的音楽ホールとして，1961年には東京文化会館（大ホール2 327席，小ホール661席，設計：前川國男建築設計事務所，音響設計：NHK技術研究所）が建てられた（ 3）．

1980年代に入り，大阪のザ・シンフォニーホール（1 702席，1982年，設計：大成建設，音響設計：石井聖光）を皮切りに，その時代の景気も反映して多くの大小コンサートホールが建てられた．日本で初めてのヴィニヤードを採用したコンサートホールは，1986年に開館した東京のサントリーホール（2 006席，設計：安井建築設計事務所，音響設計：永田穂建築音響設計事務所）（ 4）である．現在，日本には数多くのさまざまな形のコンサートホールがある．

B．コンサートホールの響き

ホールに放たれた演奏音は，おのおののコンサートホール特有の**響き**を伴って聴衆の耳に届く．その特有の響きを創るのは，ホールの形状，寸法，仕上げ材料などである．響きの長さを表す指標として残響時間が有名であるが，**初期反射音**と呼ばれる，直接音が届いてから約100 ms以内に届く反射音群によって，響きの質は左右される．

シューボックスは幅の狭い直方体形状で，効率よく初期反射音を生み出す．その代表であるムジークフェラインの響きは，天井高やホール幅の寸法そのもの，バルコニーの配置や女神像などのさまざまな凹凸の要素も含まれて造られている．

アリーナ型は，幅の狭いシューボックスに比べて初期反射音が得られにくい．それを，段々畑状の立体配置であるヴィニヤードステップと呼ばれる客席の配置によって，聴衆に近い反射壁を生み出しそれを補ったのが，ベルリンフィルハーモニーである．ホール全体の壁や天井の位置，形状も，客席へ到達する反射音構造に関連して，それぞれ検討されている．

音は聴くものであるが，音楽を楽しむ空間であるコンサートホールにおいて，建築意匠の影響は大きい．ホール音響の研究の進展，模型実験による音響予測や，コンピュータを用いた3次元でのホール形状の検討などは，建築家とともに新しいホール空間を創造していくのを助けている（⇒ p.160, p.254, p.414）．

C．世界と日本のコンサートホール

ここまでの記述にない，大型コンサートホールの例を表にまとめる．

年	ホール名	席数	国
1973	シドニーオペラハウスコンサートホール	2 679	AUS
1985	ミュンヘン・フィルハーモニー・ガスタイク	2 387	DEU
1989*	カーネギーホール	2 804	USA
1989	オーチャードホール	2 804	JPN
1990	東京芸術劇場大ホール	2 017	JPN
1991	バーミンガムコンサートホール	2 211	GBR
1995	京都コンサートホール	1 840	JPN
1997	札幌コンサートホール・キタラ	2 008	JPN
1997	東京オペラシティコンサートホール	1 636	JPN
1997	横浜みなとみらい大ホール	2 020	JPN
1997	すみだトリフォニーホール	1 801	JPN
1998	新潟市民芸術文化会館コンサートホール	1 900	JPN
1999	ルツェルン文化会議センターコンサートホール	1 892	CHE
2001	キンメル舞台芸術センター・ベリゾンホール	2 519	USA
2002	パルデッラムジカ音楽堂コンサートホール	2 600	ITA
2003	ウォルトディズニーコンサートホール	2 265	USA
2004	ミューザ川崎シンフォニーホール	1 997	JPN
2006*	サル・プレイエル	1 915	FRA
2007*	ロイヤルフェスティバルホール	2 900	GBR
2007	中国国家大劇院コンサートホール	2 019	CHN
2009	国立デンマーク放送局コンサートホール	1 800	DNK
2011	ヘルシンキ・ミュージックセンター大ホール	1 704	FIN
2015	フィルハーモニードゥ・パリ	2 400	FRA

*は改修年を示す

◆ もっと詳しく！

1) レオ・L・ベラネク 著，日高孝之，永田 穂 共訳：コンサートホールとオペラハウス，Springer (2005)
2) 上野佳奈子 編著：コンサートホールの科学，コロナ社 (2012)

重要語句　報知音，ユニバーサルデザイン，統一性，類推性，ソニフィケーション，印象の等価性，了解性，非騒音性

サイン音
[英] auditory signal / auditory display

　情報伝達を目的とした音。ブザーのような単純な音以外に，音楽の1フレーズや，鳥の声のような電気的に合成した環境音も用いられる。「音サイン」や「音案内」，「信号音」という語が使われることもある。「報知音」は家電製品の利便性向上を目的としたサイン音に対して使われる。時間的に極度に長いものや音声は一般にサイン音とは区別されるが，厳密な区分の定義はない。視覚障害者に対するバリアフリーとしても重要である。プロダクト設計，建築設計，音響設計のそれぞれに関わっている。

A. サイン音の特徴
　サインというと，標識や看板，案内板など視覚的なものを想定しがちである。公共的な場所は，視覚的サインで溢れている。その一方，音声は日常的なコミュニケーションとして広く用いられているが，聴覚的なサインもさまざまな場面で用いられている。家庭内では家電製品の**報知音**（レンジの終了音や電話のプッシュ音など）が日々の利便性のために用いられ，都市の交通施設では視覚障害者のためのガイドとしての音案内（横断歩道の音響式信号や盲導鈴など）が，日常の風景ともなっている。バリアフリー（⇒p.64）な社会環境は，現代においては欠かせない。
　視覚情報と聴覚情報それぞれの特徴を，対比的に示す。

1) 実時間性：視覚情報は気づくまでに時間がかかることもあるが，それ自体に注意喚起性がある。聴覚情報は気づきやすい。
2) 到達性：視覚情報は視野内に限定されるが，聴覚情報は全方向的である。睡眠中の人間に対しては覚醒作用を与える。
3) 継続性：視覚情報は継続的に再認識可能だが，聴覚情報は過渡的であり，繰り返す必要がある。
4) 情報量：聴覚情報はやや時間が必要だが，言語（音声）を用いれば，視覚情報と同様に詳細な情報を提供できる。
5) 方向指示：視覚情報は詳細に指示可能である。聴覚情報でもある程度は音像定位によって可能であるが，方向を誤ることも多い。
6) 障害者への対応：相互に補完的である。特に，聴覚情報は視覚障害者にとって有効である。ただし，適切な量の判断が難しい。障害者が聞き逃さず，健常者にとっても快適になり，より利便性が向上するような設計思想がユニバーサルデザイン（⇒p.62）である。

B. サイン音の伝える情報の種類
　サイン音が伝えるべき教示（情報）として代表的なものを分類すると，下表に示されるようなものとなる。どのような情報でも，文法とコード（ルール）が定まっていれば，音によって伝達可能である。音によるサインは，その特性（実時間性）から時間に関する教示を有することが多い。これらの教示は相互に排他的ではないため，時間の教示と行動要請といった複数の情報を同時に伝えることができる。

教示の概要	内容の例
時間	開始（終了），事象の発生（消滅），経過，時刻
空間	位置，方向
事象・状態	異常，正常，安全
反応呈示	受け付け，判定
行動要請	禁止（回避），許可，呼び出し
その他	あらゆる情報（規約によって定まる）

C. サイン音への情報付加方法
　音は，そのままではなにも意味を持たない。情報として音が意味を持つためには，なんらかの音響的差別化が必要である。これは音のさまざまな属性によって実現されるものである。どのような音の属性が記号表現として用いられているか，もしくは用いられる可能性を持っているかを階層的に表したものが，下図である。典型的なサイン音や一般電子音によるサイン音の場合が中心であるが，回数や間隔，音像定位などは他の音でも可能である。

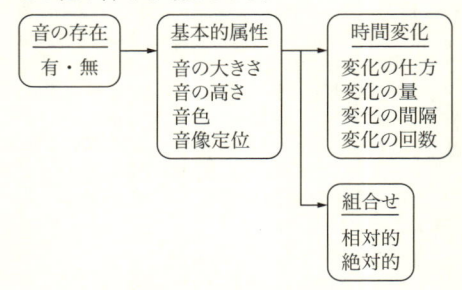

```
音の存在      基本的属性        時間変化
有・無   →   音の大きさ   →   変化の仕方
             音の高さ          変化の量
             音色              変化の間隔
             音像定位          変化の回数
                                  ↓
                              組合せ
                              相対的
                              絶対的
```

　このとき重要なのは，「違い」のわかりやすさである。例えば「音の高さ」を用いてコード化

する場合，音の高さが明確に違うものを用いないと，混同してしまう可能性がある．基本的属性単独では，差を認識するのは難しい．「時間変化」や「組合せ」を用いることで，差別化しやすくなる．

D．コード化の際の留意点

音圧，基本周波数，周波数特性（音色），およびこれらの時間的な変化が，コードとして用いられる．差異が認知できることで，異なる意味を持たせられる．しかし，音と意味を恣意的に結び付けてしまってはわかりにくい．コード化のための方針には，一般的に下記のような手段が考えられる．

（1）統一性　　同じ意味を持つサイン音には同じルールが適用されていなくてはならない．異なる音同士が同じ意味であったり，同じ音同士なのに異なる意味であったりしては，混乱を招く．場合によっては危険な状態になることもある．

（2）類推性　　実在する現象との類似性をうまく使うことで，わかりやすいサイン音とすることができる．周波数の上昇と位置の上昇を対応させることなどは，その一例である．物理現象を特定の方法によって可聴化する技術であるソニフィケーション（⇒p.274）も，その一つといえる．

（3）印象の等価性　　音自体のもたらす聴覚的印象と，サイン音の意味とが乖離すると混乱を招く．「すぐに避難せよ」という避難のためのサイン音が，もしも小さく優しげな音であったら，それを聞いても逃げる気にならないだろう．危険を表す音には，明らかに危機感を感じさせる音響的特性が必要となる．

（4）了解性　　明瞭に聞き取ることができ，意味の解釈を誤らない状態に環境を整備することが望ましい．暗騒音や残響が過多な状態は，音の明瞭性を下げる．また，サイン音の意味が周知されていない状態では，せっかくの音も意味をなさない．社会的な意味での学習が必要である．

（5）非騒音性　　サイン音は，はっきりと聞かせようとするあまり，周囲との調和を失うことがある．周囲の環境全体を考慮した上で，適切な量と質を維持することが重要である．

E．サイン音に用いる音源の特徴

サイン音のための音源の特徴という点について，周波数特性と時間特性の点から示す．

（1）サイン音の周波数特性　　一般的には，3〜4 kHz 程度の高い周波数で，人間の聴覚の感度が最も高くなる．そのため，この領域の音が家電製品などでよく使われていた．しかし，高齢者は高音域の聴力低下が大きい．聞き取りにくい，あるいは聞こえないということもしばしば見られる．現在では，基本周波数が 2.5 kHz 以下が推奨されている（JIS S 0013:2011）．

一方，1 kHz よりも低い音にすると周囲の環境音の音圧レベルも大きい領域となるので，マスキング（⇒p.402）されやすくなる．これも聞き取りにくくなる要因の一つである．また，低音を再生するための装置は大きくなり，コストもかさむ．これらを勘案した上で，設計・設置することが望まれる．

（2）サイン音の時間特性　　継続時間が長すぎると聴覚的負荷が大きくなる．そのため，アノイアンス（⇒p.270）が上昇する可能性が高い．また，その他の音がサイン音にマスキングされてしまい，それが情報伝達のための音であった場合に聞き取りづらくなる可能性もある．

F．サイン音と環境条件

サイン音と受聴者周辺の音に対する A 特性音圧レベルでの SN 比として，10 dB が JIS では推奨されている．SN 比は大きいほうがそのサイン音は目立ちやすいが，大きければ大きいほど良いというものではない．理論的には，A 特性音圧レベルでの SN 比が負であっても，聴取可能な条件は存在する．

また，どんなに必要なサイン音であっても，その数が多くなりすぎるとそれ自体が不明瞭になり，結果として環境悪化も招きかねない．

一方，公共空間や商業施設などでは，雰囲気を作り出すための BGM が流されていることがある．これもあまり大きいとサイン音や会話音が聞き取りづらくなり，サイン音も大きくせざるを得なくなる．特に公共的な場所や商業施設の集積する建物内などでは注意が必要である．空間的な妥当性が欠けると，違和感が生じる．総体として環境を考えなくてはならないが，現実には難しいことが多い．

◆もっと詳しく！

1) 土田義郎ほか：音による情報伝達についての基礎的考察, 日本サウンドスケープ協会誌, **2**, pp.15-22 (2000)
2) 岩宮眞一郎：サイン音の科学, コロナ社 (2012)

重要語句 5.1 サラウンド，振幅パンニング，VBAP，22.2 マルチチャネル音響，Dolby Atmos

サラウンド再生
[英] surround sound reproduction

コンパクトディスクなどのパッケージメディア，ラジオ放送，インターネットによるオーディオ配信など，多くの音声メディアで，聴取者の前方に2台のスピーカを設置して聴取する2チャネルステレオが用いられている。一方，映画やデジタル放送などでは，聴取者の横や後ろにもスピーカを追加し，聴取者を取り囲むようにスピーカを設置して再生する方式が採用されている。これをサラウンド再生という。

A. 5.1 サラウンド

聴取者を取り囲むようにスピーカを配置して音を再生する試みは，空間音響の実験として古くから行われているが，普及型のサラウンド再生の始まりは1970年頃の4チャネルステレオと考えられる。これは2チャネルステレオを聴取者の前方と背後に左右対称に配置する4台のスピーカによるシステムで，当時多くの機器が発売された。4チャネルステレオは普及には至らなかったが，その後多くの提案を経て，現在は **5.1 サラウンド** が広く用いられている。

5.1 サラウンドは，ITU-R 勧告 BS.775 に規定された音響システムであり，下図に示すスピーカ配置により，前方3チャネル，後方2チャネル，そのほかに低域専用に1チャネルを有する。

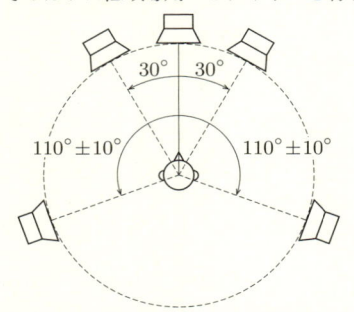

5.1 サラウンドは，空間内に離散的にスピーカを配置する方式であり，スピーカが存在しない方向の音は，**振幅パンニング** により再生する。次図は，2チャネルステレオにおける振幅パンニングを示している。2チャネルステレオの場合，前方の左右2台のスピーカから，同じ信号に異なるゲイン G_L，G_R でレベル差をつけて再生することにより，音の聞こえる方向，すなわち再生音像の方向を制御する。具体的には，同レベルで再生すると音像は正面方向になり，レベル差をつけるに従ってレベルの大きいスピーカの側に音像が移動し，最終的には片側のスピーカの方向となる。

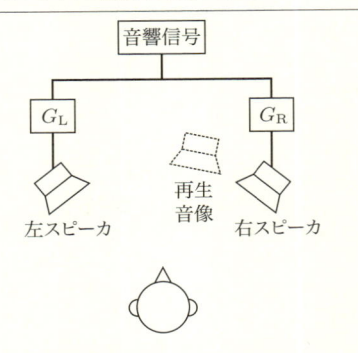

5.1 サラウンドにおいては，2チャネルステレオにおける振幅パンニングを水平面内全体，すなわち前方と同時に横や後ろにも拡張する。これにより，聴取者が左右前後から音に包み込まれる効果が向上し，臨場感や迫力が増大する。このため，5.1 サラウンドは，2チャネルステレオに続く標準的なフォーマットとして，デジタル放送，DVD などのパッケージメディア，ゲームなどで，幅広く採用されている。

B. 5.1 サラウンドを超える方式

技術の発展に伴い，スピーカ配置を高さ方向にも拡張した，5.1 サラウンドを超える立体音響方式も提案されてきた。これらは，つぎの三つに大別される。

チャネルベース方式 2チャネルステレオや 5.1 サラウンドを拡張した，チャネル配置があらかじめ定められた方式。

オブジェクトベース方式 素材音（オブジェクト）とその位置や動きの情報を分けて記録・伝送し，再生環境に合わせて構成する方式。

シーンベース方式 音場全体の物理的な情報を記録・伝送する方式。

これらの方式は，ITU-R 勧告 BS.2051 として国際規格に記載されている。この3方式のうち，チャネルベース方式は，チャネルの位置を左右方向の角度と，高さ方向の角度により規定し，垂直方向に3層以下のチャネルを有する方式として記載されている。例えば，5.1 サラウンドの水平面内にチャネルを追加した7.1 方式や，5.1 サラウンドを高さ方向に2層配置した10.2 方式，

高さ方向に3層のチャネルを配置した22.2ch音響（8Kスーパーハイビジョンの音響方式）などがある。また，BS.2051では，Dolby Atmos（ドルビーアトモス）で用いられているチャネルベース方式とオブジェクトベース方式を組み合わせた方式についても述べられている。

5.1チャネルを超える方式のうち，スピーカを高さ方向にも配置する方式では，振幅パンニングも高さ方向を考慮し，3次元的に考える必要がある。このために，水平面内の2次元パンニング技術を拡張した手法が考案されている。その代表例に**VBAP**（vector base amplitude panning）がある。VBAPは，下図に示すとおり，再生音像を近接した方向の三つのスピーカから再生する際，聴取位置からスピーカに向かう3方向のベクトルl_1, l_2, l_3を，スピーカに与える利得で重み付けして加算した合成ベクトルの向きが，再生音像の方向pと一致するようにレベルを定める方式である。

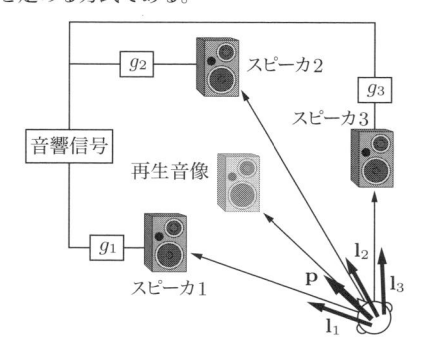

C. 放送・映画での動向

（1）**22.2マルチチャネル音響** 5.1サラウンドを中心とするサラウンド再生は，放送や映画を中心として発展してきたといっても過言ではない。放送の分野では，**22.2マルチチャネル音響方式**がある。これは，HDTVの16倍（7680×4320）の画素数を有する8K映像による，8Kスーパーハイビジョンの音響方式として開発されたものである。

22.2ch音響は，音の方向感だけでなく，高品質な3次元音響空間印象（包み込まれ感）を再現でき，また，映像スクリーン上任意の位置での映像と音像の方向を一致させることもできる方式として開発された。

22.2マルチチャネル音響のスピーカ配置の根拠は，音による包み込まれ感が得られるスピーカ間隔の上限が，水平面内では約45°であるという実験結果に基づいている。さらに，同様の実験を上半球面内の垂直面内でも行い，中層に8チャネル，上層に8チャネル，仰角90°に対応する聴取位置中心の真上に1チャネルの，計17チャネルを配置した。加えて，スクリーンの映像の方向に音が定位する条件を満たすために，中層には，前方左と前方中央の間にそれぞれ1チャネル，スクリーン下半分の音像定位を向上させるために，前方下層に3チャネルを追加している。さらに，低域専用に2チャネルを配置している。

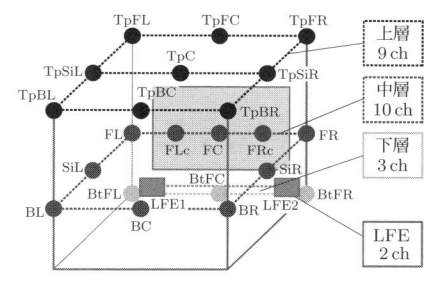

（2）**Dolby Atmos** 映画の音響方式としては，チャネルベース方式を拡張し，オブジェクトベース方式も取り入れた**Dolby Atmos**が提案されている。Dolby Atmosは，Bedsと呼ばれるチャネルベースの方向が固定したチャネル（7.1チャネルなど）と，Objectsと呼ばれる複数の音源，それらのレベルや方向などを記述するメタデータからなる。Objectsはダイアログ，効果音などを担当し，Bedsは主としてダイアログ，音楽，効果音のうち背景音などに属するものを担当する。Beds, Objectsのいずれも，方向，レベルなどを記述したメタデータを有し，BedsやObjectsの音信号とともに記録する。メタデータを有したこれらの音信号は，各映画館に配信され，映画館では専用のプロセッサによってスピーカ用の信号を再構築する。Objectsを用いることにより，映画館ごとに異なるスピーカ配置に適応した再構築が可能となる。

◆もっと詳しく！

小野一穂：マルチチャネルオーディオ，映像情報メディア学会誌, **68**, 8, p.604 (2014)

重要語句 反射音，ブラインド残響除去，逆フィルタ

残響除去
[英] dereverberation

マイク収録音に含まれる反射音成分を，収録音から除去する処理。音源からマイク間の伝達関数を未知のものとして扱って残響を除去する処理は，同伝達関数を既知として処理を行うものと区別するため，ブラインド残響除去と呼ばれる。

A. 残響
残響とは，音が壁や天井などで跳ね返ることで生じる反射音である。室内で収録された音信号には，音源からマイクへ直接到達する直接音に加え，壁や天井などに反射して遅れてマイクへ到達する残響が必ず含まれている。

（1）定式化 残響を含むマイク収録音を定式化する。初めに，下図のように，収録のために M 個のマイクを用いている状況を想定する。すると，m 番目のマイクで観測される残響を含む音声（残響音声）の時間領域信号 $x_m(n)$ は，音源信号である残響のない音声 $s(n)$ と音源とマイク間のインパルス応答 $h_m(n)$ （⇒ p.16）の畳み込みで，以下のように表される。

$$x_m(n) = h_m(n) * s(n)$$

ここで，n は離散時間領域での時間インデックスを表し，$*$ は畳み込み演算子を表す。

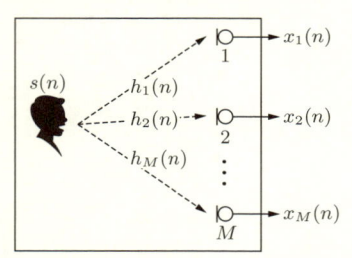

（2）残響により引き起こされる種々の問題
音声に残響が重畳すると，音声信号は次図に示すスペクトログラムのように変化する。図上段は残響のない音声を表しており，下段はその音声に残響が重畳した信号を表している。残響により音声の調波構造は損なわれ，また，無音区間も，その直前の音声に伴って生じた残響成分により埋められている。残響は収録した音声信号の明瞭性を低下させる要因として知られている。また，コンピュータによる自動音声認識をはじめとする多くの音響信号処理アプリケーションの性能低下を招く要因ともなる。

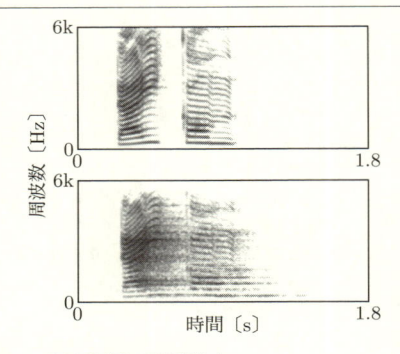

B. 音声信号の残響除去
前述の問題の解決のため，残響除去は古くから音響信号処理の重要基本課題とされてきた。特に，収録条件が与えられていない状況で行う残響除去（＝ブラインド残響除去）は重要な課題であり，多くの提案がなされてきた。ブラインド残響除去とは，$h_m(n)$ や $s(n)$ にかかる明示的な事前情報を用いないで，$x_m(n)$ に含まれる $h_m(n)$ の影響を除去・低減する処理を指す。なお，ブラインド残響除去ではなく，かりに1～M すべてに関するインパルス応答 $h_m(n)$ が既知であれば，最大 $M-1$ 個までの音源の正確な残響除去が可能であることが MINT（multiple-input/output inverse theorem）により示されている。

（1）ブラインド残響除去の難しさ 具体的なブラインド残響除去法を紹介する前に，この問題に含まれる本質的な技術課題を述べる。下図に，残響のない音声 $s(n)$ の生成過程も含めた残響音声 $x_m(n)$ の生成過程を示す。

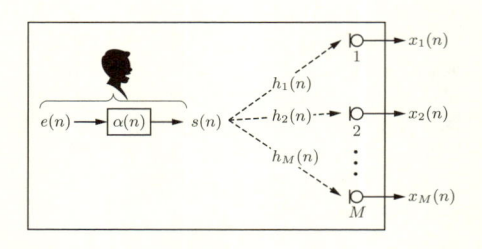

この図からもわかるとおり，残響のない音声 $s(n)$ は，白色の駆動信号 $e(n)$ と声道のインパルス応答 $\alpha(n)$ との畳み込みにより生成され，残響音声 $x_m(n)$ はその残響のない音声 $s(n)$ と $h_m(n)$ との畳み込みにより生成される。結果として，残響音声 $x_m(n)$ の生成過程は以下のよう

に表される。
$$x_m(n) = e(n) * \alpha(n) * h_m(n)$$
$x_m(n)$ だけを観測し，そこから音声 $s(n)$ を回復するには，残響音声の中に含まれる二つの未知の伝達関数 $\alpha(n)$ と $h_m(n)$ を区別し，$h_m(n)$ の影響のみを除去する必要がある．残響音声 $x_m(n)$ のみからこの二つの伝達関数を区別することは非常に困難であるため，音声のブラインド残響除去は，近年まで未解決問題として残されてきた．近年考案されている残響除去技術の多くは，これら伝達関数にかかる情報になにかしらの統計的なモデルを仮定し，その仮定をもとに区別を行っている．

（2）具体的なアプローチ　ブラインド残響除去処理は，一つのマイクを用いて行うシングルチャネル処理と，複数のマイクを用いて行うマルチチャネル処理に大別される．シングルチャネル処理の利点は，最小のマイク構成で処理を行うことが可能であるため，対象となるアプリケーション範囲が広いことである．一方，シングルチャネル処理の欠点としては，$s(n)$ を完全に回復するための残響除去を正確に行うことが原理的に不可能であることが挙げられる．それに対し，マルチチャネル処理を用いれば，一般的な仮定である，有限長・因果的な室内伝達関数の逆特性に関する厳密なモデルを導入することが可能となり，$s(n)$ を完全に回復する残響除去を行うことも原理的には可能となる．モデル化の精度が高くなるため，モデルにそぐわない外乱などに対して脆弱になるという欠点を持つこともあるものの，実効的にはシングルチャネル処理よりも精度の高い残響除去を行うことが可能な場合が多い．以下では，いくつかの代表的なブラインド残響除去法を紹介する．これらの方法を含む種々のブラインド残響除去法に関する詳細については，例えば文献1)を参照されたい．

逆フィルタ処理に基づく残響除去処理　逆フィルタ処理とは，インパルス応答 $h_m(n)$ の逆特性に対応するフィルタをなんらかの方法で推定し，そのフィルタを残響音声 $x_m(n)$ に畳み込むことで，残響音声から $h_m(n)$ の影響を打ち消す方法を指す．多くの場合，逆フィルタ処理はマルチチャネル処理で行われる．

逆フィルタの推定方法には，大きく分けて二つの方法がある．一つ目の方法は，残響音声からインパルス応答 $h_m(n)$ を推定し，その逆特性を MINT に基づき計算する方法である．インパルス応答の正確な推定は（雑音なども存在する）実環境では困難であるため，現時点では，この方法は限定的な環境でのみ高い性能を発揮するに留まっている．二つ目の方法として，残響音声 $x_m(n)$ から信号の2次統計量や高次統計量を計算し，インパルス応答の推定を介さずに，直接逆フィルタを推定するものが提案されている．例えば，2次統計量を用いた逆フィルタ推定方法の代表的なものには線形予測が挙げられる．通常の線形予測で用いられる予測誤差最小化基準では，残響音声 $x_m(n)$ を白色化する逆フィルタを求めることになる．そのため，それを $x_m(n)$ に畳み込むと $h_m(n)$ の影響だけでなく $\alpha(n)$ の影響をも打ち消してしまう．そこで，音声の残響除去の場合は，線形予測の予測誤差が定常白色信号ではなく，（一般的な残響のない音声信号の特徴である）時変有色信号となるように残差信号の確率モデルを仮定し，その仮定のもとに予測誤差を最小化する．このように線形予測を変更し，逆フィルタを推定することで，実環境での高精度な残響除去が可能となっている．

スペクトル強調型処理　シングルチャネル処理では精度の高い逆フィルタ処理は困難であるため，スペクトル強調型処理が用いられることが多い．代表的な方法としては，統計的なインパルス応答モデルに基づき残響成分の振幅スペクトルを推定し，ウィーナーフィルタなどを用いて残響音声の振幅スペクトルから残響成分を抑圧する方法が挙げられる．統計的なインパルス応答モデルによれば，現在信号に含まれる残響成分は，過去の残響音声成分が指数減衰したものとして近似的に表されるため，その仮定に基づき残響成分を推定することができる．この方法では，残響特性のモデル化に多くの近似を導入しているため，精度の高い処理は困難であるが，実装は容易で，外乱などにも比較的頑健であるため，広く用いられている．

また，近年では，非負値行列因子分解・逆畳み込みを用いて残響の振幅スペクトルを推定する方法や，深層学習（⇒p.326）を用いて観測音声信号と残響のない音声信号の複雑なマッピング関数を事前学習し，残響除去を行う方法も検討されている．

◆ もっと詳しく！

1) P. A. Naylor and N. D. Gaubitch: *Speech Dereverberation*, Springer (2010)

重要語句　外有毛細胞，誘発耳音響放射，自発耳音響放射，同時周波数耳音響放射，ひずみ成分耳音響放射，新生児聴覚スクリーニング検査

耳音響放射
[英] otoacoustic emission

密閉した外耳道内において，クリック音などの刺激を呈示すると，反射や共鳴以外に，内耳の能動的な機能（アクティブメカニズム）によって外耳道内に微弱な音が放射される現象。

A. 耳音響放射発見の背景と機序

1949年，ベケシーは死後の人間の頭蓋骨に刺激を与え，内耳の物理的性質により音の周波数分析が可能であることを示した（進行波説または場所説）。しかし，観察された内耳の基底膜振動と心理物理測定から得られるような周波数に対する鋭敏な応答（例えば，心理物理的同調曲線）が一致せず，この進行波説のみでは説明がつかなかった。進行波説と心理物理測定結果のギャップを埋めるべく，1978年Kempらは密閉した外耳道内に小さなマイクロホンとイヤホンを挿入し，クリック音を呈示して外耳道内の音を測定したところ，呈示した刺激音より数十ms以上遅れて微弱な波形を観察することに成功した。この音は，反射音や共鳴音にしては，刺激音呈示後からの応答時間が遅すぎるため，内耳から生成されている音である可能性が示された。そこで，Kempは1977年にFlockらによって報告された「内耳の感覚細胞は運動性のタンパク質を有している」という点に着目し，内耳は能動的な機能を有しており，入力音に反応しより鋭敏な周波数応答が得られるような振る舞いをすると考察した。その後の多くの研究・調査により，この現象は，入力音によって生じた基底膜の振動をトリガーとした**外有毛細胞**の能動的な活動によって，より基底膜振動が鋭敏に増幅され，その際に発生した音が中耳，鼓膜を経て外耳道に放射されると考えられるようになった。

B. 耳音響放射の特徴

耳音響放射は，健聴者であれば通常は検出可能である一方，難聴のように内耳機能の低下が見られると検出できないことが知られている。測定可能な耳音響放射の周波数成分は，鼓膜や中耳などの伝達効率の影響により500 Hz以上である。耳音響放射を測定する手法には，おもに以下の4種類がある。

① **誘発耳音響放射**（transient-evoked otoacoustic emissions; TEOAE またはEOAE）：短いクリック音を刺激として用い測定する放射音。クリック音であるためOAEの定常的な振る舞いを測定することはできないが，入力レベルに応じた応答時間や放射音圧レベルを観察することができる。

② **自発耳音響放射**（spontaneous otoacoustic emissions; SOAE）：刺激音がない状態において，つねに放射される音。きわめて純音に近い音である。最小可聴値以下の音であるため自覚することはほとんどないが，音圧レベル40 dB以上放射されている場合もある。密閉されていない状態においても放射音が検出可能であるため，他人が耳を近づけると放射音を聴取できる場合がある。参考として，8歳男子の約7 kHz，音圧レベル50 dB程度のSOAEが本書に収録されている（🔊1）。このようなSOAEは，外部からの音刺激による放射音の変動は小さく，一般的に20歳を過ぎると音圧レベルが減少することが知られている。

③ **同時周波数耳音響放射**（stimulus frequency otoacoustic emissions; SFOAE）：刺激音を呈示し続けたときに放射される音。純音をスイープさせて呈示すると，放射音と入力音が干渉し，測定音圧が周波数によって変化することで観測できる。入力レベルが大きくなると，干渉の影響が小さくなる。

④ **ひずみ成分耳音響放射**（distortion product otoacoustic emissions; DPOAE）：近接した二つの純音 F_1, F_2 〔kHz〕($F_2 > F_1$) を呈示すると，$2F_1 - F_2$ 成分の純音が生成される。F_1 と F_2 の比が1.15〜1.25程度のとき，最も顕著に放射される。

上記4種以外としては，Electrically evoked otoacoustic emissions（EEOAE；電気誘発耳音響放射）がある。これは，刺激を電気刺激とした手法で，動物実験に用いられる。各OAEの分類を下図に示す。

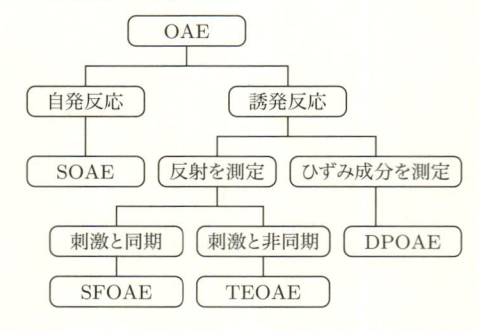

C. 測定方法（DPOAEの場合）

測定は，密閉された外耳道内に高精度の計測用のマイクロホンと刺激呈示用のイヤホンを挿入して行う．外耳道内におけるマイクロホンの位置には，特に制約はない．測定の際に密閉されていることが重要となるため，耳音響放射検査機器は通常，測定前に等価容積などを測定して外耳道が密閉されていることを確認する機能を有している．耳音響放射は通常最少可聴値以下のレベルであるため，刺激を繰り返し呈示して加算平均を行う．

刺激は十数 ms 長の純音，F_1（低周波数側），F_2（高周波数側）とし，それぞれの呈示音圧レベル L_1，L_2 は，同じレベルの場合（例えば L_1，L_2 ともに 70 dB）と，L_1 のほうが大きいレベルの場合（例えば，L_1，L_2 がそれぞれ 65 dB，55 dB）がある．臨床用の検査機器の場合，より放射音レベルを大きくするため，$L_1 > L_2$ の組合せが用いられる．通常，1 kHz 以上の測定が行われるため，下表のような F_1，F_2 の組合せの刺激が呈示され，$2F_1 - F_2$ 成分の音圧レベルを測定する．

刺激音1	F_1	1.667 kHz	2.500 kHz	3.333 kHz
刺激音2	F_2	2.000 kHz	3.000 kHz	4.000 kHz
OAE成分	$2F_1 - F_2$	1.333 kHz	2.000 kHz	2.667 kHz

刺激音の基底膜振動は，F_2 付近で両波形の振動が重なり合っているため，測定された音圧は F_2 の周波数における OAE とされている．下図は，内耳の基底膜を直線に模擬した場合におけるDPOAEの基底膜の振動イメージを示している．

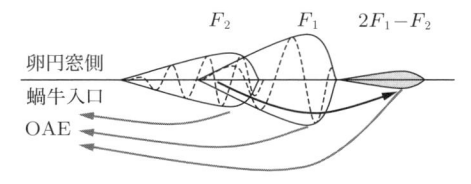

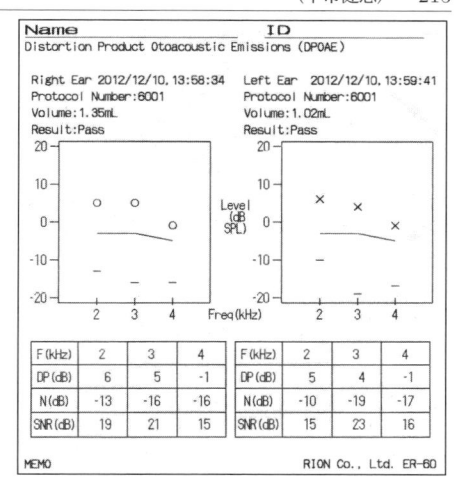

D. 医療検査機器への応用

現在，臨床現場において，DPOAEが最もよく測定されている．DPOAEの測定結果はDPグラムで表される．次図に RION 製 ER-60 による測定例を示す．図中の表には検査音の周波数 F_2 〔kHz〕，$2F_1 - F_2$ の測定音圧レベル DP 〔dB〕，ノイズレベル〔dB〕，SN比〔dB〕が示されている．図中には左右耳の測定結果が記載され，横軸は検査音の周波数 F_2 〔kHz〕，縦軸は $2F_1 - F_2$ の測定音圧レベル〔dB〕を示す．左図中 ○ 印は右耳の測定結果，右図中 × 印は左耳の測定結果，－印は外耳道内における F_2 付近のノイズレベルを示す．判定の指標として，Pass/Refer ライン（図中の折れ線）が表示されている．このラインより測定結果が下になると「Refer：要検査」となる．耳音響放射を臨床応用する最大の利点は，他覚的な測定方法であることであり，また，測定は数分で完了するため，被験者の負担が少ないことも利点に挙げられる．これらの二つの利点の恩恵を最も受けることができる対象が，新生児から乳幼児である．聴覚障害の出生率は1000人に1，2人といわれており，早期発見のため耳音響放射の測定が，**新生児聴覚スクリーニング検査**として導入されている．OAE は放射される音圧が非常に小さいため，耳垢や，中耳炎などによって中耳の伝達効率が低下していると，正しく測定できない場合がある．よって，あくまでもスクリーニングとして用いられ，「Refer：要検査」と判断されると，日本耳鼻咽喉科学会で指定されている医療機関で聴性定常反応検査（ASSR），聴性行動反応検査（BOA），条件詮索反応検査（COR）といった精密検査を受けることになる．

E. 今後のOAEに関する発展

OAEの発見は内耳のアクティブメカニズムを支持する有力な発見となり，内耳の機序の解明に大きく貢献した．今後は，他の心理物理測定結果などと複合させ，さまざまな耳に関する病態の判定に応用されることが望まれる．

◆ もっと詳しく！

田中康夫：耳音響放射活用ガイド，金原出版（2004）

重要語句　スーパーカーディオイド，Line Gradient，干渉管，Unidirectional，2次音圧傾度，ラインアレイスピーカ

指向性集音・再現
[英] directional recording and representation

指向性集音には，厳密に指向性を収録する方法と，狙った方向への収録方法がある。狙った方向の集音には，超指向性マイクロホンでの集音とパラボラ方式での集音がある。また，再現に関しても，厳密に再現する波動再生方式，パラメトリックスピーカ方式，範囲を絞ったラインアレイスピーカ方式がある。

A．指向性集音

指向性集音は，集音したい音以外の環境音が多い中で集音する場合に用いられる。映画やテレビなどでは超指向性マイクロホンを使うのが一般的で，マイクロホンの正面を0°とし，それ以外の角度から来る音を下図X点においてキャンセル処理（⇒ p.400）して，0°の方向から来る音を収録する。このことから，0°以外から来る音をうまく処理できるようにスリットの向きを調整しながら収録したい音が最も大きくなる操作が必要である。このマイクロホンは，一般的にその形状からガンマイクと呼ばれている。また，このマイクロホンは，**スーパーカーディオイド**，ハイパーカーディオイド，ウルトラカーディオイドと呼ばれ，ウルトラが最も指向性が鋭い。また，野鳥の声などを集音する場合はパラボラ方式を用いることが一般的である。いずれの方法においても，マイク正面から来る音を集音するので，適切にマイクを音源に向ける必要がある。以下にそれぞれのマイクの原理を説明する。

（1）指向性集音用マイクロホン

干渉管型　このタイプは**Line Gradient**方式と呼び，マイクロホンユニットの先端にスリットを設けた筒状の管を取り付け，正面の開口部とスリットから来る音のX点での干渉を利用して，指向性を持たせている。干渉管の設計と加工には，高度な知識と技術が必要である。下図に，干渉管型マイクロホンを示す。

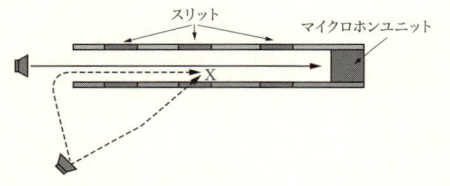

2次音圧傾度型　このタイプは**Unidirectional**方式と呼び，正相と逆相の単一指向性マイクロホンユニット（下図のM1とM2）を用いて電気音響処理（⇒ p.400）により指向性を狭めている。一般的な単一指向性マイクロホンユニットを用いて比較的安価に実現できる。

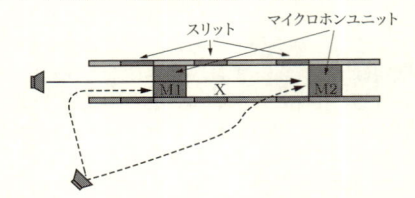

干渉管型は2次音圧傾度型より指向性を強めることができ，かつノイズに対する強度を高めることもできる。コスト面で高額となることから，業務用として使われている。一方，2次音圧傾度型は，一般製品として使われている。

パラボラ集音　音源から来る音を音響レンズ効果により強める方式がパラボラ集音である。パラボラ開口部から入ってきた音は，底辺にあるマイクに集まり感度が高くなる。逆に，パラボラ開口から外れた音は，集約されず弱まる。また，パラボラ開口部から外れた音は，パラボラ開口部自身が遮蔽板となり，集音した音をより強調することが可能となる。集音の感度は，パラボラ開口部の面積とマイクロホンユニットのセンサ部の面積の比で決定される。マイクロホンユニットには無指向性を用いるのが一般的である。

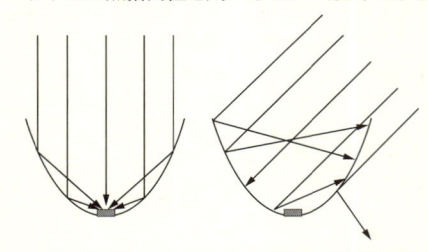

パラボラ型マイクロホンを用いた集音は野外で行われることが多いため，フィールドレコーダーで集音する。環境音が多いため，集音されている音をヘッドホンで聞きながら，的確にパラボラ開口部を音源に向ける必要がある。

（2）集音方法

集音には，これらのマイクロホンと，それを取り付けるブームと呼ばれる棒状のスタンド，そして録音機が用いられる。指向性集音の現場は野外であることが多いため，ポップアップノイズ，埃，そして雨からマイクロホンを保護するために，ジャマーと呼ばれるフードを使うのが一般的である。また，環境音

が多いため,マイクロホンの正面を音源に向け,的確に集音されていることをヘッドホンで確認しながら集音する。

録音機は,現場での移動性を重視した,フィールドレコーダーと呼ばれるバッテリ駆動が可能な可搬型のものを用いる。基本的には一人で集音するため,録音機は片手で操作しやすく,また,集音対象を見ながらブラインドで作業できるものを選択することが重要である。

映画やテレビの撮影現場では,集音対象までの距離が長い場合や,十分な場所が確保できない場合,マイクロホンを持つ人と録音機を持つ人に分かれて集音することがある。この場合,マイクロホンを持つ人に集音している音を聞かせる必要があるため,ヘッドホンの分配器,あるは無線などによるモニタシステムが必要となる。

パラボラ集音は最も古い指向性集音技術であり,現在では,超指向性マイクロホンが高性能化したことや,パラボラ自体が邪魔になることなどから,ごく限られた分野でしか使用されていない。

B. 指向性再生

（1）指向性再生　限定的に指向性を再現するためには,22.2 ch などのサラウンド再生（⇒ p.210）において,各チャネルの音圧を細かく調整して応用する方法がある。厳密には波動再生方式（⇒ p.50）,パラメトリックスピーカ（⇒ p.368）,バイノーラル（⇒ p.356）などを活用するとよい。ここでは,最も簡易なラインアレイスピーカについて説明する。

（2）ラインアレイスピーカ　一般的なスピーカユニットは,点音源と呼ばれ,発音すると水平・垂直方向に音が進み球面状に広がる。そのため,天井や床での反射が多く,音の指向性を再現するのは困難である。下図は,一般的な点音源スピーカによる再生を示している。

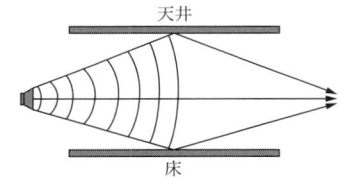

一方,垂直方向には広がらないように,水平方向に広げる技術が,線状音源理論を応用したラインアレイスピーカである。一つのスピーカユニットは点音源であるが,これを縦に一列に並べ,垂直方向への広がりを抑えることにより,ある程度の指向性を再現している。これにより天井や床からの反射が少なくなり,聴者に対して明瞭で指向性のある音を再現することが可能となる。しかし,現実の世界においては理論値よりも水平方向に広がってしまうので,スピーカから距離が離れるにつれ,その特性は失われてしまう。そのため,有効範囲が決まっている。したがって,限定されたエリア内であれば指向性を実現できる技術である。

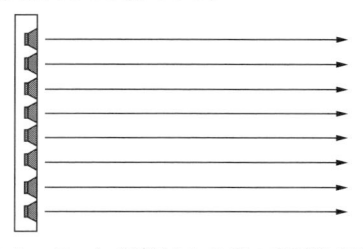

ラインアレイで再現される音の表面積 S は

$$S = 2\pi rh$$

となる。ここで,r は音源からの距離,h はラインアレイスピーカシステムの高さを示す。したがって,倍の距離離れても表面積は2倍にしかならず,よってエネルギーも1/2であり,距離の減衰が少ないことがわかる。この式から,指向性を実現するエリアの決定は,有効距離とスピーカの高さで決まることもわかる。一般的にはエリア自体は決まっていることがほとんどであるので,周波数を一定とし,スピーカの高さを調整することで,目的の指向性を実現する。

（3）再生方法　ラインアレイスピーカは,垂直方向の広がりが少ないため反射が抑えられ,また距離減衰が少ないことから,音響条件の悪い体育館やコンサート会場などにおいてよく用いられる。また,スピーカユニット一つ当りの音量が小さく,スピーカに接近してもハウリングが起こりにくい特徴もあり,音楽コンサートに適している。

◆ もっと詳しく！

ジョン・M・アーグル 著,鈴木 中 訳：ハンドブック・オブ・サウンド・システム・デザイン,ステレオサウンド (2001)

重要語句 地震波, 実体波, 表面波, インフラサウンド

地震波・インフラサウンド
[英] seismic wave and infrasound

固体地球の弾性を復元力とする波を「地震波」と呼び，大気の圧縮性を復元力とする波（音波）の中でも特に可聴音より低周波のものを「インフラサウンド」と呼ぶ。これらの波の伝搬の特徴から，媒質（固体地球・大気）の構造や励起源（地震や火山噴火など）の物理過程が調べられている。

A. 地震波

固体地球の振動として，地震波（seismic wave）から見ていく。2008年の四川地震の際に記録された地震波形の例を下図(a)に示す。横軸は伝搬した距離を表し，縦軸は地震発生からの経過時間を表している。全地球スケールでの地震波伝搬を考える際，第1次近似的に鉛直方向のみ地震波速度が変化すると見なせる。固体地球は大きく分けると，深いほうから6層（内核，外核，下部マントル，上部マントル，地殻，海洋）で構成される。層ごとに構成物質が異なるため，境界では地震波速度が不連続になっている。

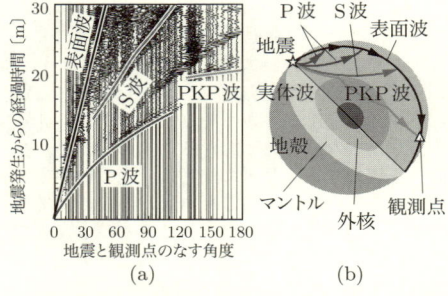

地震学で取り扱う周期帯は $3 \times 10^{-4} \sim 100$ Hz の範囲である。おおよそ 0.01 Hz より高周波数側では進行波として取り扱うことが多く，低周波数側では定在波（地球自由振動）として取り扱うことが多い。

（1）進行波 進行波は，地球内部を伝わる実体波，地表面に沿ってのみ伝わる表面波に大別できる（上図(b)）。

実体波 実体波は波の伝搬方向と平行に振動するP波と，直交する方向に振動するS波に分類できる。P波は圧縮膨張を交互に繰り返す波で，S波はずり変形を伴う波である（次図）。PとSは，primary wave（最初に到着する波）とsecondary wave（2番目に到着する波）に由来する。地殻・マントルの境界（モホロビチッチ不連続面）などの層境界では地震波速度が不連続に変化するため，反射波や変換波（P波⇔S波）が生じる。外核内を通るP波をKで表し，地殻・マントル・外核をP波として伝わる波をPKPと表現する（左段の図(b)）。また，固体の物質は一般に冷たくなると硬くなるため，温度が低下するとP波とS波の速度は速くなる。

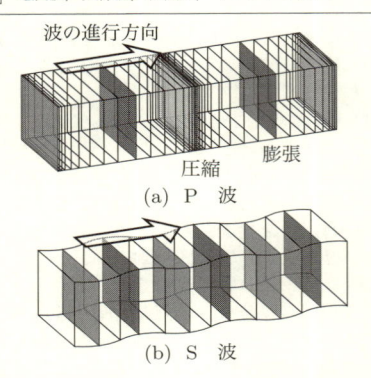

表面波 表面波は体積変化を伴うレイリー波と，進行する方向に対して直交する方向に運動するラブ波に分類される。

（2）定在波 巨大な地震が起こると，0.01 Hz より低周波数の帯域では，地震波が地球を何周も伝わることが知られている。このような場合には，上述した進行波としての取り扱いよりも，定在波を重ね合わせて表現したほうが理解しやすい。

ここでは2004年12月26日にスマトラ島沖で発生した巨大な地震を例に説明する。この地震は，マグニチュードにして9を超える最近50年で最も巨大な地震である。0.01 Hz より低周波数の帯域では表面波が地球を8周する様子が，地震計によって捉えられている。さらに低周波数領域（$< 3 \times 10^{-3}$ Hz）に注目すると，数か月以上にわたって，地球全体が一様に膨張・収縮を繰り返す振動が観測されている。地球自由振動と呼ばれる現象である。地球全体が膨張・収縮を繰り返す振動パターン（モードと呼ばれる）以外にも，フットボールのように全体がひしゃげるモードなど，数多くのモードの存在が知られている。

B. インフラサウンド

大気中を伝搬する低周波音波をインフラサウンド（infrasound）という。P波と同様，大気中の圧縮性を復元力とする。固体地球と違い，大

気はずり変形に対して復元力がないため，S波は存在できない。

伝搬を考える上で地震波と大きく違う点は，(1) 媒質の音速が，大きく時間変化すること，(2) 風速が伝搬に大きく影響することの2点である。音速は温度の平方根に比例するため，固体と違い高温になるほど高速度となる。インフラサウンドとして取り扱う周波数帯は $3 \times 10^{-3} \sim 20$ Hz の範囲である。周波数の下限は大気の密度成層によって決まり，上限は可聴域の下限に相当する。0.01 Hz より低周波数側では，密度成層に起因する重力による復元力も無視できない。

全地球的スケールで伝搬するインフラサウンドは，多くの場合成層圏・中間圏界面（高度50 km程度）もしくは熱圏（高度100 km程度）で屈折する。また，偏西風も東向きの実効音速を上げるため，風下方向に進む音波を対流圏にトラップする効果がある。そのため，インフラサウンドが効率的に長距離伝搬（>1000 km）することも知られている。

C. 観測網

近年，地震波帯域全体をカバーする広帯域地震計が広く用いられるようになってきた。International Federation of Digital Seismograph Networks（FDSN）に属する各機関によって観測されたデータは，Incorporated Research Institutions for Seismology（IRIS）などのデータセンターに集約され，一般に公開されている。特にここ10年ほどでその観測点数は爆発的に増加しており，2010年代には全世界で1000点以上のデータが即時公開されている。

1996年に国連に提出された包括的核実験禁止条約に基づき International Monitoring System（IMS）が全世界に281点展開されている。各観測点は地震計，気圧計，ハイドロホンなどで構成されている。これらの観測データは，地球物理学的研究でも重要な役割を果たしている。

D. 励起源

種々の現象が地震波・インフラサウンドを励起する。以下におもな励起源を挙げる。

地震 地震時の断層面の食い違いは，地震波を励起する。破壊の伝搬速度のスケーリングによって，(1) 通常の地震，(2) 深部低周波微動・超低周波地震・ゆっくり地震の2種類に大別される。多くの場合，地震波のみが観測されるが，大きな地震時にはインフラサウンドも観測されることがある。

火山 火山は多様な地震波・インフラサウンドを励起する。連続的に起こる微動と，過渡的な火山性地震に大別される。噴火活動に伴う流体の移動が地震波・インフラサウンドを励起することも多い。

海洋波浪 0.07 Hz 程度の卓越周波数を持つ海洋波浪は，ちょうど倍の周波数（0.14 Hz）の地震波・インフラサウンドを励起する。この振動は，海から遠く離れた内陸の観測点でも普遍的に観測される。

火球 隕石は大気圏落下時に地震波・インフラサウンドを励起する。

E. 地震波・インフラサウンドを用いた研究

地震波・インフラサウンドを使った研究は，二つに大別できる。

(1) 地球の内部構造の探査 地球内部の状態を知る上で，地震学的な手法は重要な役割を果たしてきた。地震波は，硬い場所を通ってくる場合には観測点に早く到達し，軟らかい場所を通ってくる場合には遅く到達する。1980年代以降，この「ずれ」をCTスキャンに似た方法で調査することによって，地球の3次元的な内部構造が調べられてきた（地震波トモグラフィ）。

また最近では，噴火前後にマグマがどのように移動したのかなど，内部構造の時間変化に着目した研究も行われている。

(2) 振動源の特徴推定 **地震** 地震波の到達時刻を調べることにより，震源位置を精密に決定することができ，振幅からマグニチュード（地震の大きさ）を推定することができる。近年では，波形全体を使い，地震時の破壊伝搬の進む様子も推定できるようになってきた。

火山 火山は多様な特徴を持った地震波・インフラサウンドを励起する。地震波・インフラサウンドの記録は噴火に至る種々のプロセスを反映しているため，噴火に関連するマグマ活動を理解する際の重要な手掛かりとなっている。

火球 隕石がどのような経路で落下したか，地震波・インフラサウンドを使って調べられている。

◆ もっと詳しく！

宇津徳治：地震学 第3版，共立出版 (2001)

重要語句 残響時間，EDT，ストレングス，時間重心，見かけの音源の幅（ASW），音に包まれた感じ（LEV），LF，LG，両耳間相関度（IACC）

室内音響指標
[英] room acoustic parameters

コンサートホールや劇場などの音響効果を評価するために定義された物理量を室内音響指標という．室内音響指標によって，ホール設計時の音響効果を予測したり，完成後の音響効果が設計どおりになっているかどうかを測定して確認したりすることができる．

A. 音響効果
コンサートホール（⇒p.206）や劇場などにおいて空間の響きがもたらす音響効果には，残響感，音の大きさ，音の明瞭性，音の空間印象などさまざまあり，それぞれの音響効果に対応した室内音響指標が提案されている．ほとんどの室内音響指標はインパルス応答（⇒p.16）から計算できる．なお，指標の定義式におけるインパルス応答の時間的始点（$t=0$）は，特に断りのない限り，直接音の到達時刻である．

B. 残響時間
残響時間（reverberation time）T は室内音響特性を表す最も基本的な指標の一つであり，室容積 V，表面積 S，壁面材料の平均吸音率 $\bar{\alpha}$ によって，次式で計算できる．

$$T = 0.161 V / \lfloor -S \cdot \ln(1-\bar{\alpha}) \rfloor$$

壁面材料の吸音率測定法は確立されており，周波数ごとの吸音率データも入手できる．そのため，コンサートホールの設計時に残響時間が計算される．一般に1オクターブごとに計算し，残響時間周波数特性によって響きの音色を調整する．

既存空間の残響時間は，残響減衰曲線から算出される．残響減衰曲線の測定には，ノイズ断続による直接法とインパルス応答による方法がある．残響減衰曲線 $L(t)$ はインパルス応答 $h(t)$ から次式のように計算できる．

$$L(t) = 10\log_{10}\left[\int_t^\infty h^2(\tau)d\tau \Big/ \int_0^\infty h^2(\tau)d\tau\right] \text{[dB]}$$

一般にインパルス応答 $h(t)$ にオクターブ帯域あるいは1/3オクターブ帯域ごとにフィルタリングを施した応答を用いて，周波数領域ごとの残響減衰曲線を求める．残響時間は，残響減衰曲線の $-5 \sim -35\,\text{dB}$ 区間の直線近似によって傾きを求め，60 dB 減衰に要する時間に換算する．以上を周波数ごとに行うことによって，残響時間周波数特性が測定できる．

C. 残響感の指標
残響時間は室全体の音響特性を表す代表的な物理量であるが，必ずしも残響感と対応するわけではない．同じホールでも座席によって残響感が異なることや，同じ残響時間を持つホールであっても残響感が異なることはよく経験する．残響感は残響減衰曲線のごく初期の傾斜に対応するため，残響感の指標として初期減衰時間（early decay time）**EDT** が提案された．EDT は残響減衰曲線の $0 \sim -10\,\text{dB}$ の区間で直線近似によって傾きを求め，60 dB 減衰に要する時間に換算する．EDT が長いと残響感も大きくなる．

D. 音の大きさの指標
ホールの各座席にどの程度の大きさで音が伝わるのかを評価する指標として，**ストレングス**（sound strength）G が定義されている．G は次式のように自由空間（無響室など反射音のない空間）において，音源より 10 m の距離で測定した応答で基準化される．そのため，異なるホール間で音の大きさの相対比較が可能である．

$$G = 10\log_{10}\left[\int_0^\infty h^2(t)dt \Big/ \int_0^\infty h_{10\text{m}}^2(t)dt\right] \text{[dB]}$$

ここで，$h(t)$ は，測定点において無指向性マイクロホンで測定したインパルス応答を表し，$h_{10\text{m}}(t)$ は，室内測定と同一の測定系（音源出力も同じ）を用い，自由空間において音源より 10 m の距離で測定した応答を表す．

E. 音の明瞭性の指標
（1）初期音対後期音エネルギー比 初期音と後期音の主観印象に及ぼす作用は異なり，両者のエネルギーバランスが聴感上重要である．直接音到達後 50 ms までの初期音は，直接音を補強して音声の明瞭度を向上させる効果がある．それを定量化するために，D_{50} が提案された．D_{50} が大きいほど音声の明瞭度（⇒p.120）は大きい．

$$D_{50} = \int_0^{50\,\text{ms}} h^2(t)dt \Big/ \int_0^\infty h^2(t)dt$$

音楽に対しては，初期音と後期音の境界には 80 ms が用いられる．後期音レベルに対して初期音レベルが大きいほど，音楽の明瞭性（definition; clarity）が高くなる．これを評価するのが以下の C_{80} であり，C_{80} が大きいほど音楽の明瞭性が高い．

$$C_{80} = 10\log_{10}\left[\int_0^{80\,\text{ms}} h^2(t)dt \Big/ \int_{80\,\text{ms}}^\infty h^2(t)dt\right] \text{[dB]}$$

（2）時間重心 インパルス応答の2乗応答の1次モーメントである**時間重心**（center time）T_s が以下のように定義されている．

$$T_s = \left[\int_0^\infty t \cdot h^2(t)dt \Big/ \int_0^\infty h^2(t)dt\right] \text{[s]}$$

T_s は D_{50} や C_{80} と高い相関を示し，T_s が小さいほど D_{50} と C_{80} は大きな値を示す。したがって，この指標グループに対応する主観印象はほぼ共通と考えてよい。T_s が小さいほど音声の明瞭度，音楽の明瞭性は大きくなる。また，T_s が大きいほど残響感が増すため，明瞭性と残響感のバランスが評価できる。

F. 音の空間印象の指標

音の空間印象は少なくとも，**見かけの音源の幅**（auditory source width; apparent source width; **ASW**）と**音に包まれた感じ**（listener envelopment; **LEV**）に分けられる。ASW は「直接音方向に直接音と，時間的にも空間的にも融合して知覚される音像の大きさ」であり，LEV は「見かけの音源以外の音像によって，受聴者のまわりが満たされている感じ，あるいは音に浸っている感じ」である。

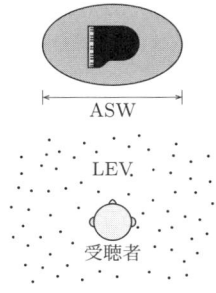

（1）初期側方エネルギー率 受聴者の側方から到来する初期反射音エネルギーが大きいときに ASW が大きくなることが明らかにされている。この初期側方反射音の効果を評価するのが，初期側方エネルギー率（lateral energy fraction）**LF** である。

LF は全初期反射音に対する初期側方反射音のエネルギー比率で定義され，ASW と正の相関がある。

$$LF = \int_{5\,\mathrm{ms}}^{80\,\mathrm{ms}} h_L^2(t)dt \Big/ \int_{0}^{80\,\mathrm{ms}} h^2(t)dt$$

ここで，$h_L(t)$ はゼロ感度方向を音源方向に向けた双指向性マイクロホンで測定した応答を表す。

LF の測定においては，無指向性マイクロホンの感度と双指向性マイクロホンの最大感度の相対値を同じになるように測定前にあらかじめ校正しておくか，計算時に補正する必要がある。

（2）後期側方反射音レベル 直接音到達後 80 ms 以降に側方から到来する反射音レベルが大きいときに，顕著な LEV が得られる。これを評価するのが後期側方反射音レベル（late lateral strength）**LG** で，LEV と正の相関がある。LG は LF と同様に双指向性マイクロホンで測定するが，80 ms 以降の後期音を用いることや，エネルギー率ではなく G と同様の相対レベルとなっているところが異なる。

$$LG = 10\log_{10}\left[\int_{80\,\mathrm{ms}}^{\infty} h_L^2(t)dt \Big/ \int_{0}^{\infty} h_{10\,\mathrm{m}}^2(t)dt\right]\,[\mathrm{dB}]$$

（3）両耳間相関度 両耳に到達する音圧波形の非類似度と音の空間印象とは相関が高いとされている。これを評価する指標として，以下のようなダミーヘッドマイクロホンで測定される**両耳間相関度**（inter-aural cross correlation coefficient）**IACC** がある。IACC が小さいほど，ASW や LEV などの空間印象は大きくなる。

IACC は正規化両耳間相関関数（normalized inter-aural cross correlation function）IACF をもとにして定義され，0〜1 の値をとる。

$$IACF_{t_1,t_2}(\tau) = \frac{\int_{t_1}^{t_2} h_l(t)\cdot h_r(t+\tau)dt}{\sqrt{\int_{t_1}^{t_2} h_l^2(t)dt \int_{t_1}^{t_2} h_r^2(t)dt}}$$

$$IACC_{t_1,t_2} = \max|IACF_{t_1,t_2}(\tau)|$$

ただし，$-1\,\mathrm{ms} < \tau < +1\,\mathrm{ms}$

ここで，$h_l(t)$, $h_r(t)$ は，それぞれ左耳，右耳の外耳道入口のインパルス応答を表す。

一般には，ダミーヘッドマイクロホンの正面を音源方向に向けて測定する。インパルス応答の積分区間 t_1, t_2 に関しては，一般に $t_1 = 0$, $t_2 = \infty$ とするが，初期応答に着目して $t_1 = 0\,\mathrm{ms}$, $t_2 = 80\,\mathrm{ms}$, 後期応答に着目して $t_1 = 80\,\mathrm{ms}$, $t_2 = \infty$ とすることもある。初期応答，後期応答の IACC はそれぞれ，おもに ASW, LEV と負の相関があるとされている。

◆ もっと詳しく！

上野佳奈子 編著：コンサートホールの科学，コロナ社 (2012)

重要語句 残響時間，平均吸音率，ループゲイン，モード，シュレーダー周波数，パルスグライド図形

室内音場制御
[英] sound filed control

どんな部屋にも，その空間にふさわしい響きというものがある．人が音を聴くとき，音源と響きの影響はまったく同列であり，快適な聴取やコミュニケーションのためには，用途に適した音場の設計や制御が不可欠である．建築的な残響可変装置や電気的な音場支援装置は，複数の用途に対応するための音場制御手段として有用である．これらは，響きをエネルギー論的に扱い制御するアプローチといえる．一方，小空間の低音域の音場では，個々のモードに対する波動音響としての制御が必要となる．

A. 建築的手段による残響制御

セービンにより残響時間が定義され，さらに残響理論が導かれ，部屋の大きさや内装材料の吸音性状と残響時間との関係が明らかにされた．

この残響理論が契機となり，波動理論（⇒p.364），統計理論，幾何音響解析（⇒p.160）が導入され，室内音場についてより詳細な解析や設計が可能となった．さらに，室内の音響特性を測定する技術（⇒p.220）の発達や，シミュレータなどを活用した評価実験などにより，室内音場の物理特性を表現する種々のパラメータが提案され（⇒p.120），音場制御や音場設計の目標設定などに活用されている．

残響時間はいまでも，室内音場特性を表現する最も重要な物理量の一つであるといえる．部屋の室容積を V 〔m³〕，表面積を S 〔m²〕とすると，残響時間 T 〔s〕は V/S に比例することが，セービンの残響式から読み取れる．

$$T = K\frac{V}{\overline{\alpha}S}$$

ここで，K は音速に依存する定数で，$K \fallingdotseq 0.161$（20℃）であり，$\overline{\alpha}$ は平均吸音率を表す．

通常は室容積に応じて V/S は大きくなり，残響時間も長くなる．これまでに提案された各用途の最適残響時間も，空間が大きくなるほど長い値が推奨されている．この最適残響時間の推奨値は，平均吸音率を定めたときの残響時間推奨値におおむね合致する．このため，残響設計のための指標として平均吸音率が便利である．例えば，クラシック音楽用コンサートホールは0.2，講堂や教室は 0.25 とするなど，用途のみから設計・制御の基準を設定することが可能となる．

ホールや集会場は，多くは複数の用途が想定され，それに応じて適切に音場を制御したい．多目的ホールでよく見られる舞台反射板形式と幕設備形式の形態転換は，舞台機構を利用した音場制御装置の一種といえる．東京藝術大学の新奏楽堂のように，天井を分割し昇降させて天井位置と室容積を変化させることで，初期反射音と残響時間を制御する例もある．そのほかに，吸音カーテンの開閉や回転式・開閉式の可動壁面などによる例も多く見られる．必要な制御幅を確保するには，かなり大きな面積が必要であり，建築意匠への影響も相当に大きい．例えば，クラシック音楽から講演会に転換するには，平均吸音率で0.05 程度の変化が必要となり，2 000 席クラスのホールでは 100～300 m² 以上の等価吸音面積に相当する．しかも，反射状態のときの吸音力を最小にするため，可動部分に隙間のないようにするなど，細かな配慮も必要である．

B. 電気音響による音場制御

建築的・機械的な手段では，残響を長くすることは容易ではなく，建築意匠への影響も大きい．これを解決する一つの手法として，電気音響による音場制御装置が実用化されている．生音が主体のクラシック音楽への電気音響手段に対する是非の議論はあるが，先入観を持たない聴衆がシステムの使用に気づかないほどに，その音質と効果は高まっている．

残響音を付加する方式では，集音マイクを比較的音源近くに配置し，残響付加装置（リバーブ）を通した信号をスピーカから放射することで残響伸長を図る．残響音の質は，残響付加装置の質に大きく依存するほか，出力信号のコヒーレンスやスピーカの配置も影響する．エコーチャンバーの残響音を利用するタイプや平面アレイなどにより，初期反射音の制御をする例もある．近年では，ホールのインパルス応答を畳み込むタイプのシステムが扱いやすくなり，仮想のホールの音場を実際のホールで再現するタイプのものも現れている．

フィードバックを利用する方法では，集音マイクは音源から臨界距離以上離して設置し，マイク-スピーカ間のオープンループゲインを上昇させることで残響を生成する．大きな効果を得るにはループゲインを高める必要があり，ハウリングやカラーレーションへの対処が必要となる．初めて実用化されたものとして，パーキンらの開発したロンドンロイヤルフェスティバルホールのAR（assisted resonance）の例が有

名である。マイクとスピーカが共鳴器と組み合わされ、天井内のモードの腹の位置に独立多チャネル設置することで安定化を図っている。ヤマハが提案する AFC (active field control) では、付加する反射音への時間変動付与やマイク組合せの準静的な切り替えなど、複数の時変制御手段を採用することでループゲイン周波数特性を平坦化させ、安定化を図っている。

これらはいずれも、主観的な印象に対する制御であるが、そのほかに、音場を物理的に再現する方法も提案・開発されている（⇒p.50, p.210）。

C. 小空間のモード制御

室内の音場は、その空間の持つ多数のモードの重ね合わせとして表現することができる。周波数軸でのモード密度が十分に高い音場は、エネルギー論的にあるいは統計的に扱うことができ、多くの場合、残響理論が適用できる。一方、モード密度が低く、いくつかの孤立したモードが部屋の音響的な挙動を支配する音場では、波動音響的な扱いが必要となる。小さな空間では、低音がこもってブンブンと不快に響くブーミングを感じることがあるが、これはモードが孤立し、周波数や場所による音圧のばらつきが大きくなるためである。モードを適切に制御することが不可欠である。シュレーダーは、波動音響としての扱いが必要となる周波数の上限の目安 f_{sch} 〔Hz〕を下式で示している。

$$f_{\mathrm{sch}} \approx 2\,000\sqrt{T/V}$$

ここで、T は残響時間、V は室容積を示す。

この値はシュレーダー周波数と呼ばれ、部屋の固有周波数の半値幅内にモードの数が3個以上あれば各モードのピークは分離できなくなるとの考え方から導かれたものである。例えば、2,000席クラスの室容積20,000 m³、残響時間2秒のホールでは、シュレーダー周波数はおよそ20 Hzとなり、可聴帯域すべての周波数をエネルギー論的に扱うことができる。一方、学校教室相当の室容積200 m³、残響時間0.8秒の部屋ではおよそ125 Hz、また、6畳間相当の25 m³、残響時間0.4秒の部屋ではおよそ250 Hzとなる。つまり、小さな空間ほど、また残響時間が長いほど、波動音響としての扱いが必要となる周波数の上端は高くなる。

一つのモードは、単一周波数の振動による残響成分と考えることができる。モードの制御・抑制のためには、吸音などの減衰要素を与える

ことが有効である。一般に、多孔質材による吸音（⇒p.164）では波長 λ に応じた空間が必要となり、低音の制御のためには、より大きなスペースが必要になるが、小さな空間では音響処理のためのスペース確保が困難なことも多い。適切に設計された共鳴器や共鳴管による吸音や、空間の共鳴との連成によりモードを制御する手法も有効である。近年、小空間で利用しやすいように音響共鳴管をパネル状に構成した、薄型で、低音域まで効果が得られる音響部材（調音パネル）も実用化されている。

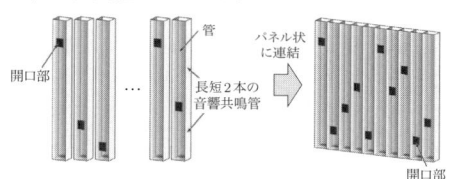

小型の直方体残響室（W2.0×H1.4×D1.2 m）で低音域の音場制御の様子を観測した例を下図に示す。これは、古くにサマービルらにより提案されたパルスグライド図形 (pulsed glide display) を利用したもので、各周波数の残響減衰曲線を一覧表示している。特に、直方体室の隅角部に設置した音源スピーカからの応答を対角の隅角部で観測すると、その空間のすべてのモードを可視化することが可能となる。モード制御をしていない空室時には、モード周波数で長く尾を引き、モード周波数に挟まれた周波数ではうなりを伴う減衰性状が見られる。調音パネルなどにより適切に制御することで、モードが平坦化する様子が観察できる。

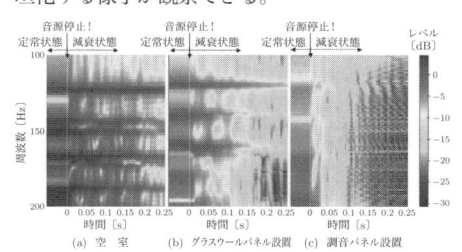

空間の音伝送品質を考える上では、定常状態の周波数特性だけでなく、時刻歴上の減衰特性についても配慮することが求められる。

◆ もっと詳しく！
H・クットルフ 著，藤原，日高 訳：室内音響学，市ヶ谷出版 (2003)

重要語句 音声認識システム，言語モデル，音響モデル，音声区間，話者の自動判別，デコーダ

自動議事録システム
［英］automatic transcription system for meetings

会議の記録（議事録・会議録）の作成を目的として設計された，音声認識およびその結果の編集環境からなるシステム．

A．背景

議会や行政，企業で行われる会議は，音声が書き起こされた議事録・会議録の形で記録される．ここでは，記録のうち，会議の進行と結論を要約して記述したものを議事録と呼び，逆に発言を逐一書き起こしたものを会議録と呼ぶ．会議には記録係が参加・陪席しており，会議中にメモをとって，あるいはICレコーダーなどで録音したものをあとで聴取して記録を作成する．会議録の場合は，国会のように専任の速記者がいる機関もあるが，速記会社などに書き起こし（いわゆるテープ起こし）を依頼することも多い．これらの議事録・会議録はすみやかに作成することが求められるが，特に会議録はすべての発言を人手で書き起こすため，会議が長くなるほど作成に時間を要することになる．

これに対して，音声認識技術により自動的に草稿を作成して編集するシステムが提案され，実際に議会などに導入されている．音声認識は人手よりもはるかに高速に音声を書き起こすことが可能である．したがって，十分な音声認識精度が得られれば，音声認識による草稿を人手でチェックする枠組みとすることで効率的に記録を作成できる．

音声認識の結果には，システムによる認識誤りが必然的に含まれるほか，そもそも話者による言い間違いもありうる．また，会議の音声は話し言葉であるため，「えー」や「あのー」といったフィラー，「ですけれども」といった冗長な文末表現，くだけた口語表現，語句の倒置や省略などが多く見られる．これらは読みづらさに繋がることから，音声を忠実に書き起こしても，そのままでは記録として適切ではない．このため，速記者による高度な整形作業が草稿に対して行われて最終的な記録となる．そこで，自動議事録システムでは，音声認識結果の修正や整形のために設計された編集環境（エディタ）が音声認識システムとあわせて提供される．

以下では，自動議事録システムを構成する主要な要素である**音声認識システム**（⇒p.116）と編集環境，そして実際の導入例について述べる．

B．音声認識システム

ここでは，自動議事録システムに特有の要件を挙げる．

（1）音声認識精度　音声認識結果に含まれる認識誤りは，その都度作業者が音声を聴取して確認・修正を行う．したがって，誤りの数が多いと作業者の負荷が増大し，長い作業時間を要することになり，かえって非効率となる．音声認識結果を草稿として編集する場合，実用的なレベルとするためには，音声認識精度が80％程度あることが望ましい．

（2）言語モデル・単語辞書　会議の話題はそれぞれ異なることから，話題に特有の単語を認識するためには，**言語モデル**（⇒p.174）と発音辞書を会議に合わせて構成しなければならない．また，新しい言葉が使われるようになった際に音声認識が可能となるよう，単語辞書に随時追加できる枠組みが必要である．

なお，議会などでは議事録・会議録に使用できる文字や表記が定められていることがある．この場合は，音声認識システムもその範囲内で認識結果を出力する，すなわち言語モデルや単語辞書を文字・表記の定めに則って構築しておくことが望まれる．

フィラーなどの冗長な表現は通常は会議録に書き起こされないので，認識結果として出力しないか，あとで容易に検出できるようにタグ付けをしておくなどの対処を行う．

（3）音響モデル　音声の収録環境（部屋や収録機材など）に合わせて**音響モデル**（⇒p.96）を構築あるいは適応することで音声認識の性能が改善することは，一般的な音声認識と同様である．話者性については，会議では話者の入れ替わりがあるため，不特定話者モデルが用いられる．話者性に関する正規化や適応を行えば音声認識精度は改善するが，認識処理に先立って話者情報の入手または推定が必要となる．

C．編集環境

音声認識結果の編集のために，通常のテキストエディタとしての機能に加えて，つぎに挙げる機能を持つ専用の編集環境が用いられる．

音声との対応付け　音声認識の際に検出された**音声区間**（⇒p.102），あるいはそれを結合した区間について，音声とその認識結果が対応付けられる．この対応関係をもとに，編集中の区間の繰り返し再生などが可能となる．なお，音声の再生速度が変更可能であるものもあり，ゆっ

くり再生して聞き取りにくい音声を確認する，逆に高速で再生して最終確認をすみやかにすませる，といった利用法がある。

話者名の付与　会議には複数の話者がいることから，会議録ではそれぞれの発言に話者名が付される。このため，音声認識と同時に**話者の自動判別**（⇒ p.436）も行って，音声認識の結果に話者の情報を付与した上で草稿とすることもある。

句読点の挿入　通常，句読点は音声認識結果に含まれないため，挿入すべき位置がなんらかの規則・モデルで推定されて挿入される。ただし，句点の挿入位置は個人差が小さいのに対して，読点の用法は恣意的で個人差が大きいことから，推定が難しい。読点の位置で文意が変わることもあるので，人手による確認や修正が必要である。

D. 実際の例：衆議院会議録作成システム

2011年度より，衆議院では従来の速記に代えて音声認識を利用した会議録作成システムが用いられている。衆議院の各会議室で収録された音声は音声認識システムに入力され，その出力が草稿として衆議院の速記者により編集され，会議録として構成される。このシステムによる実際の会議の音声認識精度は，おおむね90％である。音声認識結果を編集するエディタは，実際に編集を行う速記者の観点から設計されたものが用いられている。

衆議院における会議録作成システムの特徴として，音声認識におけるデコーダや言語モデル・音響モデルの構成法が挙げられる。これらを以下に述べる。

（1）**音声の入力とデコーダ**　会議室では，質問者と答弁者（および議長）に分けて，二つのチャネルで音声が録音されている。ただし，拡声の回り込みなどにより両方のチャネルに音声が録音されることがあるため，自動チャネル選択により主たるチャネルを検出している。また，この音声に対して話者の区分化（インデクシング）を行い，音声の正規化手法を適用している。

会議室からの収録音声は，一定区間（5分）に分割されて音声認識に入力される。認識結果は各区間の収録開始時刻から15分以内に出力されなければならないため，高速に認識処理を行う必要がある。そこで，効率的で高速に実行できる，重み付き有限状態トランスデューサの高速on-the-fly合成法に基づく**デコーダ**（⇒ p.330）が用いられている。

（2）**モデルの学習データ**　音響モデルと言語モデルの学習には，衆議院の実際の会議音声，会議録および書き起こし（こちらは発話に忠実にフィラーなども含まれている）が用いられた。書き起こしのあるデータは225時間分で，このほかに約1900時間の会議音声と，1999年以降のすべての会議録が含まれる（2013年時点）。

（3）**言語モデル**　会議録のテキストは整形されており，忠実な書き起こしではないため，そのまま言語モデルの学習に利用しても，話し言葉の口語表現や冗長表現をカバーすることはできない。このため，会議録と書き起こしが対応付けられている分のデータから，会議録を書き起こしのスタイルに変換するモデルを構築して，このモデルを大量の（書き起こしのない）会議録に適用することで，話し言葉の大規模な言語モデルを構築している。この変換は，実際にはテキストではなく言語モデルの統計量に対して行われている。

この言語モデル構築の過程では，会議録以外の外部のデータを使用していないため，衆議院の定める表記の規則（用字例）に則った認識結果を出力することができる。

（4）**音響モデル**　音響モデルの学習では，書き起こし（ラベル）のない会議音声データを利用するために，準教師付き学習の枠組みが用いられている。すなわち，会議音声の各音声区間に対して，対応する会議録テキストから上述の話し言葉スタイル変換により言語モデルを構築する。この言語モデルは各区間に特化しているため，高い精度で音声を書き起こせることが期待できる。このモデルを用いてそれぞれの区間の音声認識を行い，書き起こしを作成して音響モデルの学習用ラベルとする。

いったん話し言葉スタイル変換モデルを構築すると，言語モデルと音響モデルは会議録と会議音声があれば学習でき，人手で忠実な書き起こしを作成する必要がない。会議録・会議音声は日々生成されていることから，話し言葉スタイル変換に基づく枠組みでは半自動的にモデル更新が可能である。これは，選挙による議員の交代や，社会情勢による話題の変化がある議会の音声認識では大きな利点である。

◆ **もっと詳しく！**

河原達也：話し言葉をテキスト化するシステム—会議録の作成や字幕付与への展開, 日経エレクトロニクス 2014年7月7日号, pp.92-97 (2014)

| 重要語句 | グルーピング，群化，聴覚情景分析，計算論的聴覚情景分析，同時的グルーピング，調波性，経時的グルーピング |

自動採譜
［英］automatic music transcription

　楽器演奏を収録した音響信号から楽譜（またはそれに等価な形式のデータ）を作り出すこと。音楽情報処理における主要な研究テーマの一つとして，30年以上の歴史がある。一般的な音声認識と異なり，複数の音源が混ざって観測される（混合音という）ため，これをどう扱うかが課題となる。

A. 音声認識とどう違うか
　自動採譜と音声認識は，音響信号に含まれる情報を記号的表現で書き起こすという意味で共通する問題である。音の三大要素「高さ」「大きさ」「音色」で考えると，音声の発話内容が「音色」に含まれているのに対し，音楽音響信号の演奏内容は「高さ」に含まれているという違いがある。その意味では，自動採譜は基本周波数推定と関連が深い。また，認識すべき対象が一つか複数かという点でも，自動採譜と音声認識には違いがある。音声認識では，複数の人の声を分離して認識するという試みも行われているが，最もオーソドックスな問題設定は，1人が発声した音声の認識である。雑音下の音声認識も盛んに研究されているが，特定の音声のみが認識対象で，それ以外は不要な音という意味では同様である。一方，音楽において複数の楽器が同時に奏でることはごくごく一般的であり，むしろ単一楽器が単一音のみで演奏するほうが稀なぐらいである。そのため，混合音をどのように扱うかという，通常の音声認識とは異なる課題が重要となる。

B. 一般的な処理の流れ
　自動採譜にはさまざまな手法が提案されているが，多くはおおむねつぎのような流れで処理を行う。ただし，すべての手法に当てはまるものではない。

1. 周波数分析
　　観測した音響信号を，フーリエ変換などを用いて周波数領域に変換する。通常，10 ms ごとに繰り返すなどして時系列を得る。
2. 周波数成分のグルーピング
　　周波数分析により得られる周波数表現（スペクトル）には，複数の音源に由来する周波数成分が重なり合って存在する。これを音源ごとにグルーピング（群化ともいう）し，時間軸方向に同じ音源に由来する周波数成分を繋いでいく（次図参照）。
3. 単音形成
　　前段の結果を音符列に変換する。音符は発音時刻，消音時刻，音の高さ，音の強さの四つのパラメータで表現される。音の強さは省略される場合も多い。
4. ストリーム形成
　　生成した音符列をパートごと（楽器ごと）に分類する。
5. 楽譜化
　　通常の西洋音楽で用いられている楽譜を作るには，拍節を認識して小節線を引いたり調を同定して調号を決めたりする必要がある。発音時刻・消音時刻も物理的な絶対時刻ではなく，四分音符などの音楽的な表現に変える必要がある。最終的な表現形式として，楽譜ではなく MIDI (⇒p.452) を採用する場合は，これらの多くは省略できる。

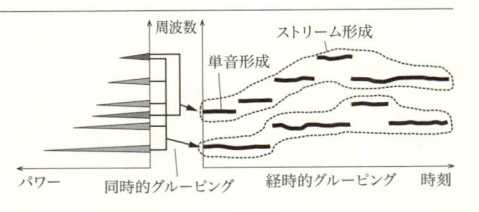

C. なにが難しいのか
　上述したように，複数の音源が混ざり合って観測されることが最大の問題であるといってよい。混合音を人間がどのように聴き分けているかを探求する分野に**聴覚情景分析**（ASA, ⇒p.308）がある。ASA の機能を計算機上で実現する試みを**計算論的聴覚情景分析**（CASA, ⇒p.44）という。自動採譜は CASA と深い関係にあり，ASA の研究によってわかった知見を活用することが多い。ここでは，ASA の用語を一部使いながら混合音の扱いの難しさについて見ていきたい。

　（1）同時的グルーピング　ほとんどの楽器音には倍音が含まれるので，単一楽器で単一の音を奏でたとしても，その音にフーリエ変換などを行ってスペクトルを得ると，いくつものピークが観測される。当然，複数の音を同時に演奏したときのスペクトルには，より多くのピークが観測される。これらを同じ音源に由来するものごとに仕分ける処理を**同時的グルーピング**という。同時的グルーピングを行う手掛かりとしては，**調波性**（周波数が整数倍の関係にあるか）などが用いられる。立ち上がりの同時性や変調の同期性なども重要な手掛かりであるが，

これらを考慮するには，時間的な変化を分析する必要がある．

例えば220 Hz，440 Hz，660 Hzの三つのピークがグルーピングされたとき，これらは220 Hzを基本周波数とする一つの音と見なされる．しかしここに曖昧性が存在する．じつは440 Hzを基本周波数とする別の音が重なっており区別がつかなくなったのかもしれないし，110 Hzが基本周波数で基音といくつかの倍音が観測されなかったのかもしれない．同時発音数や使用楽器の音域などがあらかじめわかっていれば，ある程度解決可能だが，これらは未知の場合が多く，曖昧性を完全に解消することはきわめて困難である．

（2）経時的グルーピング 経時的グルーピングは，自動採譜の文脈では二つの処理を意味する．一つは同じ音に由来するピークを時間的に繋いでいく処理である．例えば「ドー」と1秒間演奏したとき，10 msごとに周波数分析をすると100フレームの間，この音に由来するピークが観測される．これらを繋いでひとまとまりのものとして扱う（「B. 一般的な処理の流れ」における「単音形成」に相当）．もう一つは，同じ楽器が演奏した一連の音をひとまとまりにする処理である．単音形成によって形成された単音（一つの音符に対応する音）を楽器ごと/パートごとに分類する（同じく「ストリーム形成」に相当）．

ストリーム形成は，音色の類似性や音高の近さなどを手掛かりに行うが，音色を混合音から正確に抽出することは困難である．これは複数の音が同じ周波数に倍音を持つため，これらのピークが重なって分離ができなくなるからである．そのため，正確に特徴抽出が行えないという前提で音色の類似性を判断する必要がある．また，音高についても前述のように曖昧性が存在し，曖昧性を前提とした判断が必要となる．

D. 代表的な手法

過去にさまざまな研究者が，さまざまな自動採譜の手法を提案してきた．ここではその代表例として，調波時間構造化クラスタリング（HTC）と非負値行列分解（NMF）を紹介する．

（1）調波時間構造化クラスタリング（HTC） 2005年に亀岡らが発表した手法であり，スペクトログラムを時間軸方向・周波数軸方向の両方に対して複数の正規分布によって近似する点が特徴である．2000年前後から，確率分布を混合ガウス分布（GMM，⇒p.96）

で近似する方法へのアナロジーから，混合音のスペクトルを調波性などに関する制約が付いたGMMで近似する試みがなされるようになった．この処理は同時的グルーピングに相当し，後段の経時的グルーピングは別の手法により行われていた．HTCは，単音を表す数理モデルを時間軸方向にまで拡張することで，同時的グルーピングと経時的グルーピング（の単音形成）を一挙に実現するものである．

（2）非負値行列分解（NMF） 調波性などの手掛かりを用いずに同時的グルーピングなどを実現することもできる．演奏中にm種類の音が現れると仮定し，それらのスペクトルを$w_1, \cdots, w_m$で表す．これらの音が時々刻々と音量が変化しながら現れるものとし，i番目の音の音量の時系列をh_iで表す．さまざまな音が頻繁に鳴ると不協和音の原因となるので，h_iは多くの要素が0かそれに近い値である．これらのベクトルからなる行列$W = [w_1 \cdots w_m]$，$H = [h_1 \cdots h_m]^\mathrm{T}$（T：転置）を考え，この積$V = WH$が観測されたスペクトログラムであると見なし，スペクトログラムVをWとHに分解する（下図参照）．このとき，これらの行列が非負であるという条件を付けることで，分解結果がスパースになることが知られている．分解結果のうちHは演奏内容を表すと解釈できる．この手法をNMFという．この分解処理は同時的グルーピングに相当すると考えられ，経時的グルーピングは別の方法で行う必要がある．

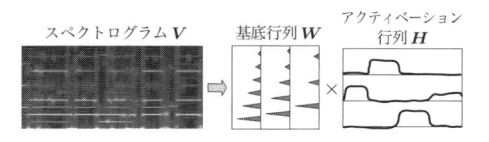

スペクトログラム V　基底行列 W　アクティベーション行列 H

E. 単音形成・ストリーム形成後の楽譜化

上では，おもに周波数成分に対してグルーピングを行って音符列を得る際の難しさについて述べてきたが，その後の処理，つまり楽譜としての成形を行うには，さまざまな難しさが存在する．特に，C♯とD♭のように（少なくとも平均律では）音響信号上は区別できない表記を正しく使い分けるには，音楽の専門知識による解釈が不可欠である．

◆ もっと詳しく！

A. Klapuri and M. Davy (Eds.): *Signal Processing Methods for Music Transcription*, Springer (2006)

重要語句　音響透過損失，質量則，コインシデンス効果，サウンドブリッジ，低域共鳴透過

遮音
[英] sound insulation

ここで述べる遮音とは，壁や窓サッシなどによって空気伝搬音が遮られる効果をいう。一般に，材料の遮音性能は，その重量に従って増加し，コインシデンス効果などの共鳴現象によって増減する。ここでは，遮音性能の基本的な周波数特性を解説する。

A. 遮音構造

最も一般的な構造は，均質な単板すなわち一重壁と，空気層を介して複数の板を組み合わせた多層壁である。

一重壁　合板，せっこうボード，板ガラスなどの比較的薄い板材料をいう。RC壁やPC板などのコンクリート系の材料も含まれる。

多層壁　一般的には2枚の板材料を組み合わせることが多い。これらは二重壁と呼ばれ，複層ガラスやせっこうボードなどで構成した乾式二重壁などが含まれる。

B. 一重壁

これらの材料は，均質な単板として扱えることから，**音響透過損失**において下図のような周波数特性を持つ。非常に低い周波数領域では，音響透過損失は材料のスティフネスで制御されるが，建築音響で扱われる周波数領域（おおよそ100～5000 Hz）では，**質量則**と**コインシデンス効果**によって説明される。

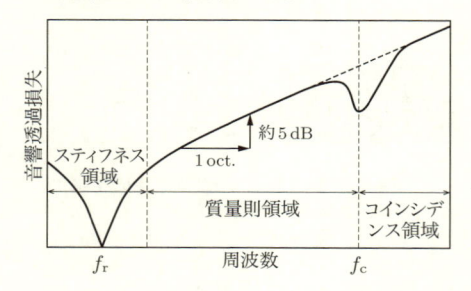

ランダム入射条件における質量則は，下式のように表され，面密度が2倍，周波数が2倍（1オクターブ）になると，音響透過損失 TL が約5 dB増加することをいう。

$$TL = 10\log\left(\frac{\omega m}{2\rho_0 c}\right)^2 - 10\log\left[\ln\left\{1+\left(\frac{\omega m}{2\rho_0 c}\right)^2\right\}\right] \quad (1)$$

ここで，ω は角周波数，m は単位面積当りの質量（面密度），ρ_0 は空気の密度，c は空気中の音速を示す。

つぎに，コインシデンス効果とは，下図のように，斜め（角度 θ）に入射した音波の波長 λ と，材料上を伝わる曲げ波の波長 λ_B が，$\lambda_B = \lambda/\sin\theta$ という関係となり，音波が著しく透過する現象である。

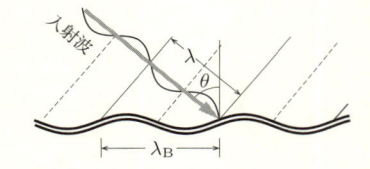

その最も低い周波数をコインシデンス限界周波数 f_c と呼び，下式のように表される。f_c は材料の板厚や剛性が増加すると低下する。

$$f_c = \frac{c^2}{2\pi t}\sqrt{\frac{12\rho(1-\sigma^2)}{E}} \quad (2)$$

ここで，t は材料の板厚，ρ は材料の密度，σ は材料のポアソン比，E は材料のヤング率を示す。

板ガラスを対象にした音響透過損失の実測例を下図に示す。質量則が支配的な100～500 Hzでは，厚さ6 mm（FL6）に比べて厚さ12 mm（FL12）のほうが約5 dB高く，f_c も約2000 Hzから約1000 Hzにシフトしていることがわかる。その結果，1000 Hz付近では，厚いFL12の音響透過損失のほうが低くなり，厚い材料が必ずしも遮音性能が高いとは限らないことがわかる。

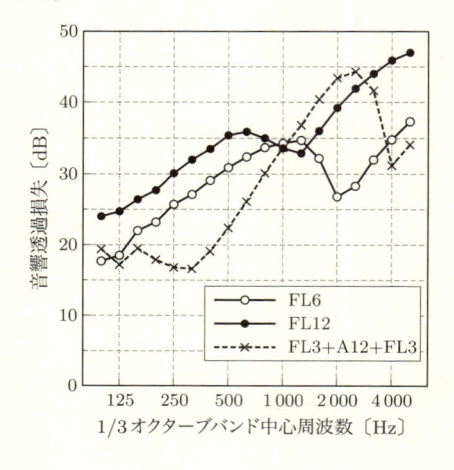

C. 二重壁

一重壁では，2倍の重量になっても遮音性能が5 dB程度しか向上せず，高い遮音性能を得るためには，非常に重い壁が必要である．例えば，式(1)によれば，500 Hzにおいて音響透過損失が45 dBとなる面密度は約170 kg/m²である．これは，約75 mm厚のコンクリート壁に相当する．一方，十分に広い空気層を介して，完全に独立して板材料を二重に配置すれば，その音響透過損失は，1枚の場合に比べて2倍になる．

しかし，下図のように，板材料を支えるために下地（間柱など）が必要であり，そのため完全に独立とは扱えずに，音波がその下地を伝搬し透過する（遮音性能が低下）．この現象を**サウンドブリッジ**と呼ぶ．両面の材料が同じ間柱に固定されないように間柱を千鳥に配置することにより，この効果を低減することができる．

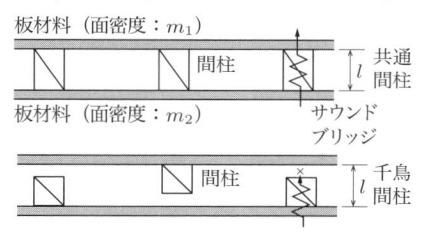

また，板材料－空気層－板材料で構成されるマス－バネ－マス系の共鳴現象が低い周波数領域で生じ，遮音性能が質量則よりも低下する．これを**低域共鳴透過**と呼ぶ．この共鳴透過周波数 f_{rmd} は下式のように表され，板材料の重量または空気層の厚さを増加させることによって，低域にシフトする．

$$f_{rmd} = \frac{1}{2\pi}\sqrt{\frac{m_1 + m_2}{m_1 m_2}\frac{\rho_0 c^2}{l}} \quad (3)$$

ここで，m_1, m_2 は各板材料の面密度，l は空気層の厚さを示す．

前出のグラフで，FL6と空気層12 mmの複層ガラス（FL3+A12+FL3）を比較すると，ガラス総厚が同じであるにもかかわらず，1 000～3 150 Hzでは複層ガラスの音響透過損失のほうが高いが，125～800 Hzでは低域共鳴透過によりFL6よりも大きく低下していることがわかる．

D. 遮音性能の改善手法

コインシデンス効果による遮音性能の低下については，1枚の板材料を用いるのではなく，複数枚を貼り合わせることにより，遮音性能を改善できる．例えば，単板ガラスを合わせガラス（2枚のガラスをフィルムで貼り合わせたもの）にすることによって，f_c での低下が高い周波数にシフトしながら，フィルムによる内部損失が付加され，急激な落ち込みを抑制できる．

二重壁の場合も，両面に同じ厚さの材料を使用せず，異なる厚さにすることにより，f_c が一つの周波数に集中することを回避でき，遮音性能が向上する．

さらに，二重壁の空気層内にグラスウールなどの吸音材料を挿入することにより，遮音性能が大きく向上する．その一例として，空気層内のグラスウールの有無の比較を下図に示す．100 mm厚の空気層内にグラスウール（10 kg/m³，100 mm厚）を挿入することにより，大きく遮音性能が改善することがわかる．

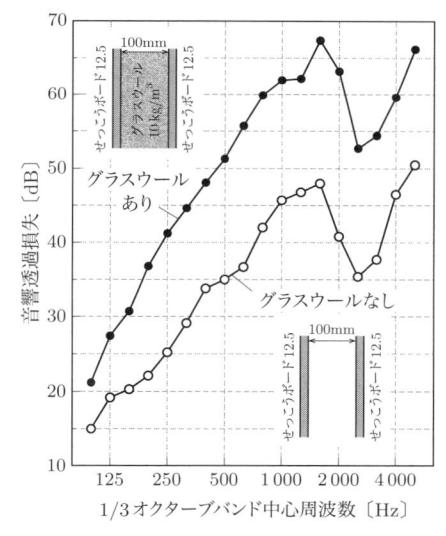

しかし，吸音材料は f_{rmd} 付近の周波数領域では大きな効果を発揮しない．その周波数領域における最も一般的な対策は，壁重量および空気層厚を増加させることにより，f_{rmd} での落ち込みをさらに低い周波数にシフトさせることである．しかし，この対策では壁厚が増加せざるを得ない．そこで，近年では，ヘルムホルツ共鳴器（⇒p.164）や動吸振器といった共鳴器を空気層内に設置することにより，f_{rmd} での遮音性能を改善する試みが検討されている．

◆ もっと詳しく！

永田　穂 編著：建築音響，コロナ社 (1988)

重要語句 社会調査，調査手法，回収率，暴露-反応関係，因果関係

社会調査の手法と事例
[英] methods and examples for social survey

社会調査は社会の生活で課題となる事象を実証的に検証するための方法である。おもなものとして国勢調査や世論調査があるが，騒音・振動の分野では，生活の実態や音源に対する意識などアンケート調査で得た社会反応と，騒音レベルや振動レベルなどの暴露量との関係性（以下，暴露-反応関係とする）を検証するために実施される。

A. 社会調査の流れ

社会調査を実施するにあたって，まず研究対象となる課題（目的）を明確にする必要がある。その課題を検証するために必要な分析手法，調査対象者の抽出やサンプルサイズ，調査手法を決定する。これらに基づき，アンケート内容となる質問項目や質問文，回答形式（選択肢や自由記述）を精査する。既往の研究と比較する場合には，なるべく共通の質問文や評定尺度を使用するなどの工夫が必要である。回収率を上げ，幅広い層からの回答を得ることはバイアスの低減にも繋がるため，回答者が答えやすく，誤読を起こさないような質問文，選択肢を作成するなど，回答しようと思ってもらえるよう配慮する。

B. 社会調査の手法

（1）面接法（インタビュー法）　インタビュアーが回答者に直接質問をして，その場で回答を得る方式である。多くのサンプルを得るためには，インタビュアーの人数や調査期間の配慮が必要となる。また，インタビュアー効果のバイアスを避けるために，インタビュアーには力量が求められるが，無回答や誤読を避けることができる利点がある。

（2）電話法　電話で回答者に質問をして，回答を得る方式である。近年は，自宅に固定電話を所有していない場合や，所有していても電話番号を公開していない場合が多く，調査対象地域を限定した社会調査で多くの回答を得ることは難しい。

（3）郵送法　アンケート票を郵送によって回答者に配布し，回答後には同封した返信用封筒で戻してもらう方式である。回収率が基本的に低いという欠点があり，回収率を高めるための工夫を要する。

（4）留め置き法　調査者が回答者宅を訪問し，アンケート票を留め置いて回答してもらい，後日回収する方式である。最近では訪問されることを嫌う回答者も多いが，調査者が現地の騒音・振動環境を把握できる利点や，郵送方法よりも一般に回収率が高いという利点がある。

（5）インターネット法　インターネットを使用してアンケートの回答および回収を行う方法である。安価で広範囲の調査が可能であり，データの集計がしやすいなど利点が多いが，インターネットを利用できる環境とスキルが必要であるため，現状ではまだ高齢者の回答が得られにくい。また，回答者と騒音や振動などの暴露量との対応をとるための工夫が必要となる。

これら調査手法の選択は，予算と質問項目数，得ようとする回答数，調査期間でおおよそ確定される。いずれの方法にしても，バイアスを低減するための計画と工夫が重要である。

C. 社会調査の事例

ここでは2013年に長野新幹線鉄道沿線の居住地域で実施された社会調査を事例として紹介する。

長野新幹線鉄道からの騒音と振動による居住環境への影響を検討することが，この調査研究のおもな目的であった。調査対象地域が研究者の拠点から離れた場所であったため，現地に人材を長期派遣することが困難であり，調査手法は郵送法が選択された。事前に依頼文で調査の趣旨を伝えたり，アンケート票の郵送時には返信用封筒と記入用のボールペンを謝礼として同封したりして，回収率を高める工夫がなされた。

調査対象の戸建て住宅は648軒であり，1世帯当り1名に回答を依頼した結果，294件の回答が得られた（回収率45.4％）。住宅は地図から抽出し，誕生日法により回答者が無作為となるよう配慮されている。下図に，この調査での回収数と経過日時を示す。アンケート票の1日の回収数はおよそ1週間でピークを迎え，その後の回収数は緩やかに減少し，およそ2か月で返信が

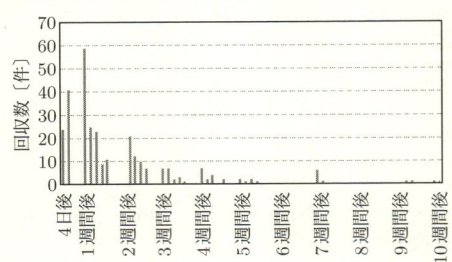

なくなった。回収数が減少してきたタイミングで督促状を送ると，もう少し回収数を増やせたであろう。

このような社会調査で得られたデータは，推計された騒音や振動による**暴露−反応関係**（⇒ p.246, p.270）や，キーとなる要因に関わる物理量以外の要因も含めた**因果関係**がおもに検討される。暴露−反応関係の例を下図に示す。

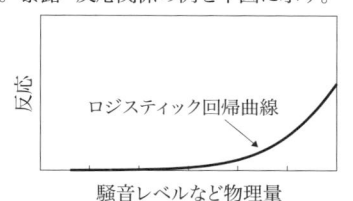

この暴露−反応関係を通して，基準値と反応との対応関係を検討したり，因果モデルを通して，音源によってもたらされる不快感や健康などに影響するさまざまな要因とその影響の度合いを検討したりする。近年では，共分散構造分析の適用により，社会調査で得られた観測変数以外の変数でも，潜在変数としてモデルに組み込んで因果関係を検討できるようになった。因果モデルの例を下図に示す。

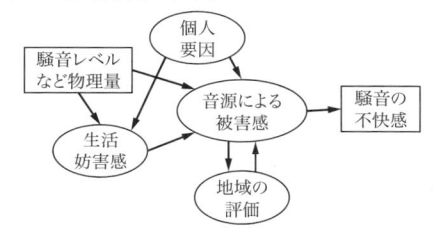

D. 複数の社会調査データの利用

社会調査は居住者の実生活に即した評価を得ることができるため，環境基準やISOなどで基準値を制定する際の知見としてきわめて重要な役割を持つ。しかし，調査には多大な労力と費用を要することや，近年の社会調査のデータ回収率の低さもあり，多くのデータを得ることは非常に難しくなってきた。ここでは，これまでの社会調査結果を複数利用するメタ分析の事例と，社会音響調査データアーカイブについて紹介する。

（1）社会調査データのメタ分析　メタ分析は，次図のように過去に行われた複数の研究成果を統合して，ある基準に則って再分析したり，仮説を検証したりする場合に使われる。

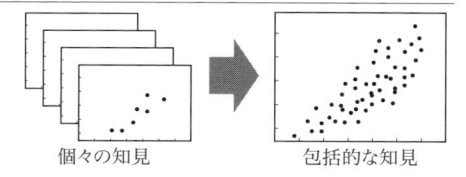

ISO 1996-1:2003 Acoustics内のAnnex Aで示されている補正値の根拠は，このメタ分析からの研究成果による。日本でも，近年このような複数の社会調査結果を利用したメタ分析を可能にする体制ができてきている。そのおかげで，ある目的を持って実施された調査が，違う研究者の異なる視点を通じて新しい知見をもたらしたり，小規模な個々の調査データの統合が大規模な調査データとしての包括的な知見をもたらしたりすることが可能となる。

（2）社会音響調査データアーカイブ　日本で行われた騒音や環境音に関する社会調査データは，2011年に設立された社会音響調査データアーカイブ（SASDA）に保管されてきている。これは，日本騒音制御工学会の分科会の一つである社会調査データアーカイブ分科会によって立ち上げられており，申請によって過去の社会調査データを再利用することができる。データを利用できる申請者は，(1) 日本騒音制御工学会の会員，(2) 日本音響学会の会員，(3) 卒業研究などで(1)または(2)の者の指導を受けている学生，(4) 本データアーカイブへの個票データの寄託者であり，研究費の少ない若手研究者や学生でも利用が可能である。

現時点で23個の社会調査が保管されている。音源種別に見ると，環境音が1調査，道路交通が8調査，在来鉄道が5調査，新幹線鉄道が5調査，航空機が3調査，複合騒音が1調査という内訳であり，航空機に関する調査データがやや少ない。1次分析を終えた社会調査データは，将来の日本の騒音政策を検討するためにも蓄積していくことが望まれる。また，このデータアーカイブは，日本だけでなく，アジア諸国のデータアーカイブとして各国の社会調査データも蓄積しようという試みがなされている。

◆ もっと詳しく！
社会調査データアーカイブ分科会HP：
http://www.ince-j.or.jp/04/04_page/04_doc/bunkakai/shachodata/（2015年7月31日現在）

重要語句 難聴，補聴器，FM，ループ，磁気誘導，赤外線，音場増幅

集団補聴設備（集団補聴器）
[英] group hearing aid

個人用補聴器に対し，おもに複数名以上の難聴児者に向けて同時に補聴を提供する設備。有線式，音場，磁気誘導ループ式，FM式，赤外線式など，さまざまな補聴方法があり，個人用補聴器とあわせて使用する場合が多い。

A．個人用補聴器との違い

難聴者がその身体に装着する増幅装置によって補聴を行う個人用補聴器は，携帯性に優れている一方で，下記の問題がある。

例えば，講演会の会場などでは，話者との距離や周囲の雑音，さらに室内での音反射により，話者の音声が明瞭に聞き取れず聴取困難となる。解決のためには，SN比の向上および残響時間の短縮化が必要であり，このために用いられるのが集団補聴設備である。開発の経緯から「集団」を用いることがあるが，聴取者が単数の場合もある。また，包括して補聴援助システム（assistive listening device）と呼ぶことも多い。補聴器を装用した難聴児者に限って使用でき，使用者が限定される集団補聴設備と，補聴器装用の有無を問わない集団補聴設備がある。後者は通常のPA（public address）ときわめて近い。

B．さまざまな形態

（1）有線式集団補聴設備　昭和50年頃まで聾学校（現在の聴覚特別支援学校）で使用されていたもので，教師が装着したマイク（有線または無線（**FM**））の話声を，児童生徒が使用する机に内蔵された増幅器を経由し，聴覚障害児が装着した高出力のヘッドホンによって出力する設備である。当時，高出力の補聴器がなかったため，難聴児童生徒の保有聴力を活用する方法として全国の聾学校や難聴学級で使用された。のちに，児童生徒が装着したヘッドホンにマイクを付け，児童生徒の相互の会話も増幅できるように設計された相互通話式集団補聴設備も製品化された。昭和50年頃から高出力の箱形補聴器が製品化されたことから，磁気誘導ループ式に移行していった。

（2）磁気誘導ループ式集団補聴設備　有線式集団補聴設備は児童生徒の自由な動きを制限することから，補聴器に内蔵された受信用コイル（Tコイル）に向けて，室内の床もしくは天井に設置した**ループ**から**磁気誘導**の原理を用い，音声を無線伝達できる集団補聴設備が開発された。磁気誘導ループ式集団補聴設備の概要を下図に示す。

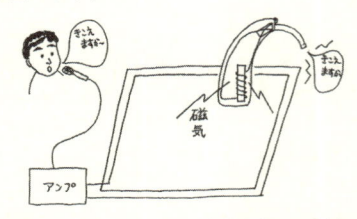

磁気誘導ループ式集団補聴設備の長所は，受信用コイルが内蔵されている補聴器を装用している難聴児者であれば，ループ敷設面内にいるだけで補聴設備の恩恵を受けられ，受信者側に特別な受信装置を必要としない点にある。このため，国内外を問わず，講演会場やホール，窓口，電話の受話器などに広く応用されている。この設備が備えられている場所には，下図のシンボルマークが掲示されている。

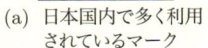

(a) 日本国内で多く利用されているマーク　　(b) 国際的に多く利用されているマーク

あらかじめ聴覚障害者の利用が想定される建物では，新築時に床下にループを埋め込む工事を行うことができる。既築の建物では，ループをじゅうたんやマットなどの下に敷いたり，天井に貼り付けたりする方法が考えられる。ループやループアンプなどの装置一式を室内に固定する使用法と，聴覚障害者が利用する際にのみ設置するために可搬とする使用法がある。

補聴器を使用していない難聴者，あるいは受信用コイルを内蔵していない補聴器装用者からの一時的なニーズに応えるために，ループ専用の受信機の貸し出しを行っている会場もある。

近年，補聴器の小型化とともに受信用コイルを内蔵していない補聴器が増えつつあり，そうした補聴器は磁気誘導ループ式集団補聴設備には対応できない。

出力音の音圧が補聴器の受信コイルの感度によって規定されてしまうことや，ループと補聴器の距離（位置や高さ）や補聴器の（受信コイルの）角度によって出力音が大きく変わること，上下階や隣接した場所に磁気漏れが起きて混信

が起きることがある。これらの問題点を解消しようと考えられたのが、以下のFM式もしくは赤外線式の集団補聴設備である。

（3）FM式集団補聴設備 個別に受信側音圧を変更できる無線式として、無線部分をFM電波に変えた方式がFM式集団補聴設備である。補聴器とFM受信機とを接合して使用する。接合においては、(1) 補聴器と一体化できる小型FM受信機を使用する方法（下図を参照）、(2) 補聴器の外部入力端子を使用して電気的に接合する方法、(3) シルエットインダクタと呼ばれる誘導コイルを耳介に掛けて補聴器に磁気誘導で伝える方法、(4) タイループと呼ばれる誘導コイルを首に掛けて補聴器に磁気誘導で伝える方法などがあり、音圧や周波数特性などを考慮して選択する。

（4）赤外線式集団補聴設備 FM式は、使用できるFM周波数領域が狭く同時使用できるチャネル数が少ないことから、学校では混信が起きる場合がある。これらを解消する方法として、音声を搬送するために赤外線を用いた集団補聴設備がある。屋外では使用できないが、混信が起こることはないという長所がある。FM式と同様、補聴器と赤外線受信機とを接合する方法を選ぶ必要がある。一般的に、(1) 補聴器の外部入力端子を使用して電気的に接合する方法、(2) シルエットインダクタ、(3) タイループの3方式から選択する。赤外線式集団補聴設備の概要を下図に示す。

（5）音場増幅システム 先に述べたように、基本的な仕組みは通常のPAと同一であり、話者の音声を増幅し、聴取者がいる箇所に設置したスピーカより出力するものである。補聴器を使用している者に限らず、話者の音声を明瞭に聞き取れるため、広く使用されている。

特にアメリカでは、補聴器を使用するまでの難聴ではないが、教室内での聞こえに困難がある児童生徒、例えば、中耳炎などにより一時的に聞こえが低下していたり、一側性難聴を有する児童生徒のために多用されており、sound field amplification systemとして、据え置き型から携帯型までさまざまな製品が市販されている。

近年、指向性を有したスピーカにFM受信機・増幅器を一体化した音場増幅集団補聴設備が開発され、聞こえに困難を感じる聴取者のそばに装置を置けば効果的な補聴ができることが認知されつつあり、日本国内でも使用が広がりつつある。狭指向性を有したスピーカによる音場増幅式集団補聴設備の例（フォナックDSF）を下図に示す。

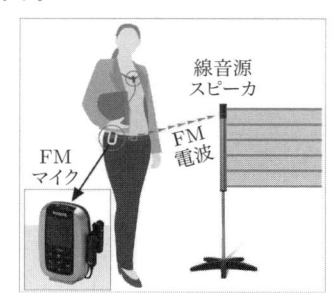

（6）Bluetooth方式 Bluetooth方式を用い、話者もしくはテレビや電話の音を無線で聴取する方法があるが、Bluetoothはその規格上、一対多の通信ができず、集団補聴設備として利用できない。

C. 集団補聴設備の展望

今後、補聴器を装用している高齢者の増加が見込まれる。補聴器を使っても十分な聴取が望めない聴環境では、集団補聴設備が有効な場合が多い。しかし、その効果が十分に認知されているとはいえず、また普及も途上にある。

◆ もっと詳しく！

社団法人 全日本難聴者・中途失聴者団体連合会：「補聴援助システムとリハビリテーション」シンポジウム資料 (1998), https://nippon.zaidan.info/seikabutsu/1998/00256/mokuji.htm

重要語句 音響光学効果，ラマン–ナス回折，ブラッグ反射

シュリーレン法
[英] schlieren method

光学的に透明な媒質中の不均一（特に密度）を観察する手法。流体力学の研究分野では，流れを可視化する手法として用いられている。音響分野では，数MHz以上の超音波を光学的に可視化する手法である。

A. 超音波の可視化手法

超音波の光学的可視化は，音場を評価するための有力な手段である。研究面だけではなく，波動の教育ツールとしても利用され，現在までにさまざまな手法が提案されている。水中の超音波の可視化で，最も多く採用されているのがシュリーレン法である。比較的周波数が低く，回折光の分離が困難な場合は，フレネル法（⇒ p.140）が用いられる。また，透明固体中を伝搬する超音波の可視化には，光弾性法が適している。

B. 音響光学効果

"schlieren" はドイツ語であり，日本語のムラや縞に相当する。シュリーレン法は，光学的に透明な媒質の不均一（特に密度）を観察する手法である。1665年，ロバート・フックが，ろうそくの炎を光源とし，もう一つのろうそくによる "schlieren" を観察したのが最初である。後に，アウグスト・テプラーがシュリーレン可視化装置として提案している。1888年には，弾丸から発生した衝撃波のシュリーレン像が，エルンスト・マッハによって発表されている。

シュリーレン法では，おもに二つの**音響光学効果**（⇒ p.88）を利用する。比較的低周波数（< 10 MHz）の場合や，音波と光の相互作用長 L（超音波ビームの径）があまり長くない場合は，**ラマン–ナス回折**（Raman-Nath）が起こる。光が音波波面を複数回通過するほど周波数が高い場合や，L が長い場合には，**ブラッグ**（Bragg）**反射**が起こる。超音波によるラマン–ナスパラメータ v は

$$v = \frac{2\pi \delta n L}{\lambda}$$

と定義される。ここで，δn および λ は，超音波による媒質の屈折率変化の振幅および真空中の光の波長である。

ラマン–ナス回折では，入射光に対して θ_m の角度に m 次の回折光が生じる。回折角は

$$\sin \theta_m = m \frac{\lambda}{\Lambda}$$

である。なお，Λ は光の波長である。また，m 次の回折光の強度 I_m は

$$I_m = J_m^2(v)$$

と表すことができる。ここでは，入射光強度を1とし，J_m は m 次のベッセル関数である。

ブラッグ反射領域では，入射光に対して，±1次の回折光のみが生じ，その強度は

$$I_{\pm} = \sin^2 \left(\frac{v}{2} \right)$$

となる。どちらの音響光学効果を利用しても，δn が小さい（音圧が小さい）領域では，音圧に比例した回折光強度が得られる。

C. 光学系

典型的なシュリーレン光学系を下図に示す。

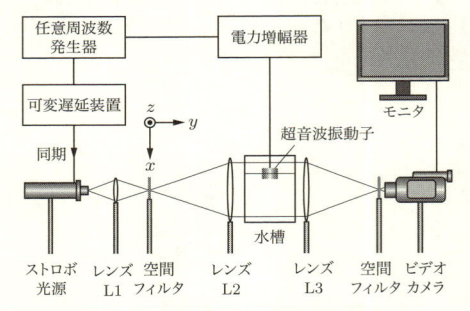

超音波励起に同期した発光時間が数十から数百nsのXeフラッシュランプを光源とする。または，LEDやパルスレーザーなどを光源として用いることができる。ただし，コヒーレント光を用いると，観察映像に干渉縞が現れるため，インコヒーレントの光を用いたほうがよい。レンズL1の焦点面にピンホールやスリットなどの空間フィルタを配置する。大口径のレンズL2を用いて平行光線とし，超音波伝搬領域である水槽へと導く。ここで超音波による回折や反射が起こり，レンズL3の焦点面にあるスリットやストッパ（黒色の小さな円）などの空間フィルタで，任意の次数の回折光を通過させる。超音波の伝搬方向が1方向に限られている場合，伝搬方向に対して直交するようにスリットを配置する。全方向に可視化感度を必要とする場合には，小さな円形ストッパで0次光をカットする手法が有効である。超音波励起とストロボ発光時間の遅れ時間を調整することにより，任意の時間の超音波の静止画を観察できる。また，その遅れ時間を一定の割合で増加させることにより，任意のスピードで伝搬する超音波を動画で観測することも可能である。広い視野が必要な

場合には，レンズの代わりに，凹面鏡を用いることができる。

D．可視化像

シュリーレン法によって可視化した周波数10 MHzの水中の超音波パルスの画像を下図に示す。直径15 mmのディスク型超音波トランスデューサ（⇒p.298）にパルス電圧を印加してから，(a) 5 μs 後，(b) 15 μs 後の様子である。

(a)

(b)

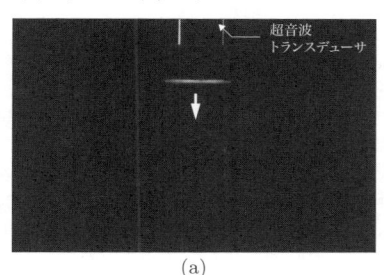

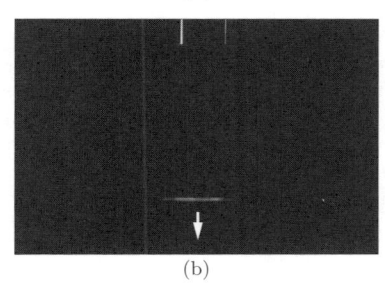

超音波の波長は約150 μmであり，明るい線状の像は10周期程度に相当する。このように，シュリーレン法は高いコントラストで可視化できる優れた手法であることがわかる（🎾1）。可視化像に相当する回折光強度は，前述したようにラマンナスパラメータに含まれる相互作用長（超音波の厚み）に依存する。そのため可視化像は超音波の中心付近が明るく，端は暗くなっているのがわかる。これを光学積分効果と呼んでいる。数MHzの超音波の波面を可視化するには，さらにごく短時間発光する光源が必要となる。または，超音波によるフレネル（Fresnel）回折光をカメラで捉えれば波面の観察をすることができるが，シュリーレン法と比較すると，画像のコントラストの点で劣る。一方，シュリーレン法は回折光の分離方法や非回折光（0次光）の遮り方によって，像の見え方が大きく異なる。

明視野に暗視野の像を観察することもできる。0次光を遮る際に，適度な光の吸収と位相差を与えることによって可視化する位相差法も有効である。

共振周波数10 MHzの超音波振動子（直径8 mm）を斜め上方へ向け，液面と水槽底部の金属板におけるバースト超音波の反射を観察した像を下図に示す（🎾2）。超音波の持続時間は数十μsである。シュリーレン法では，多色（白色）光源を用いると，音圧の分布によって特有の色彩で観察できる。これは，光の波長によって回折角が異なるため，スリットの位置によってカメラが検出する色が変化するためである。また，スリットを大きく開けたとしても，超音波の音圧やビームの厚みによってその波長の回折強度が変化するからである。この画像では，赤色が超音波の音圧の最も高い箇所である。

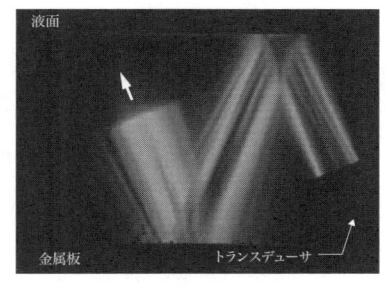

周波数10 MHzの超音波がスリットで回折する様子を下図に示す。超音波の波長が短く，スリット間隔が大きいため，詳細な干渉を確認することはできないが，波動の現象を色彩豊かに観察できる（🎾3）。

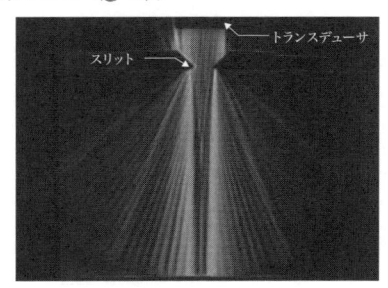

◆ もっと詳しく！
山本　健：シュリーレン法などの原理，超音波TECHNO, 25, 2, pp.40–43, 日本工業出版 (2013)

重要語句 ADコンバータ，DAコンバータ

シリコンオーディオ
[英] silicon audio

シリコンオーディオとは，固体メモリを記憶素子として用いたオーディオ信号記録，再生機器をいう。

A．分類

シリコンオーディオは，以下のように分類できる。

（1）録音機能の有無による分類

録音機能を有するもの　外部からのオーディオ信号入力端子あるいはマイクロホンを内蔵し，オーディオ信号を記録，再生することができる。

録音機能を持たないもの　ディジタル化したオーディオ信号データを再生することができる。データの転送はUSBなどの高速ディジタルインタフェースあるいは取り外し可能な記憶素子によって行われる。

（2）可搬性の有無による分類

可搬性を持たせたもの　全体的に小型であること，電池による動作が可能であることなどを特徴とする。

可搬性のないもの　設備音響の一部としての運用を考慮した大きさ，仕様のものが多い。他機器との接続性を考慮した多彩な入出力端子，商用電源による動作などを特徴とする。

（3）扱う音の対象による分類

楽音録音再生　高忠実度を要求される用途に向けて，広帯域，広ダイナミックレンジを追及したもの。

音声録音再生用途　会議，取材などにおける人間の声を明瞭に録音することをおもな目的としたもの。必ずしも広帯域，広ダイナミックレンジを目的とせず，人の声の明瞭度を改善するような信号処理を伴う場合が多い。

（4）記憶素子の形態による分類

記憶素子が機器内に固定　フラッシュメモリなどの素子を機器内に内蔵することで，周辺素子との一体設計が可能。信頼性，省電力性などにおいて優位。

記憶素子が取り外し可能　本体にメモリスロットを持ち，SDカードやメモリスティックまたはその小型版，あるいはコンパクトフラッシュなどの汎用のメモリカードを記憶素子として使用可能にしたもの。前述の内蔵メモリと併用できるものが多い。

B．シリコンオーディオの構成

シリコンオーディオ機器の内部構成はさまざまであるが，ここでは代表的なものとして可搬型の録音再生機器を例に用いて説明する。下図に，シリコンオーディオのハードウェア構成の例を示す。

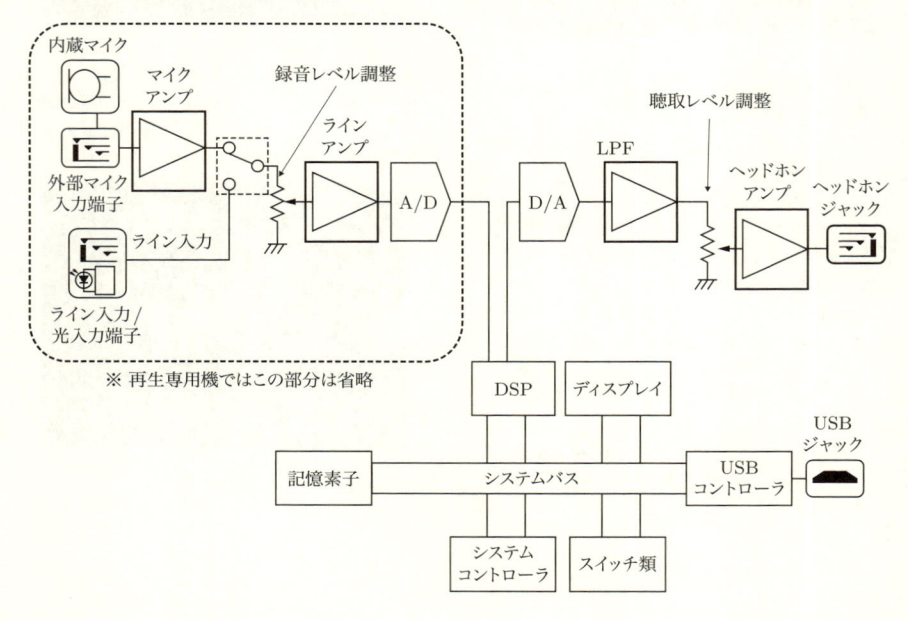

マイクアンプ，ラインアンプ マイクロホンあるいは外部入力装置からの信号をADコンバータの入力範囲に適した振幅に調整する．

ADコンバータ 前述のアナログ入力信号をディジタル符号に変換する．

DAコンバータ DSPより得られたディジタル符号をアナログ信号に変換する．

LPF（低域通過フィルタ） DAコンバータの出力信号よりオーディオ信号を抽出する．

ヘッドホンアンプ DAコンバータより送られた信号を電力増幅し，ヘッドホンを駆動する．

記憶素子 ディジタル化されたオーディオ信号を格納する．一般的にはフラッシュメモリが採用されることが多い．

DSP コーデック処理，エフェクト処理などの各種信号処理を行う．

システムコントローラ システム全体の動作を制御する．

USBコントローラ USB端子とシステムバスを連結することにより，外部接続機器（PCなど）との高速ディジタル通信を可能にする．

C. 動作

大まかな動作は以下のようなものである．

（1）**録音時** 内蔵マイクあるいは外部接続端子より得られたオーディオ信号が，録音レベル調整，ラインアンプを経てADコンバータへ送られ，ディジタル符号に変換される．

ディジタル符号は，DSPにおいてフォーマット変換あるいはオーディオコーデックによるデータ量圧縮過程を経て，記憶素子に送られ，記録が完了する．

（2）**再生時** 記憶素子から取り出されたデータは，DSPにおいてオーディオコーデックによる復号，あるいは，単にDAコンバータによって受信可能なフォーマットに再変換された上で，DAコンバータに送られる．

DAコンバータでは，ディジタル符号をアナログ信号に復調し，LPFにより音声信号のみを切り出した上で，聴取レベル調整を施してヘッドホンアンプに送り，ヘッドホンを駆動する．

（3）**外部との高速ディジタル通信による信号受け渡し** 外部からの内蔵記憶素子へのディジタル符号化されたデータの受け渡しは，USBなどの高速ディジタル通信インタフェースによっても可能である．

この場合，USBコントローラはシステムバスを介して記憶素子と直接通信し，外部からのデータの書き込み・読み出しを行うことによって，オーディオデータのやりとりを高速に行うことができる．

D. シリコンオーディオの音質

音楽の録音再生を主目的としたものと，会話の録音再生を主目的としたものとで若干異なるが，シリコンオーディオに求められる音質の評価には，以下のような客観指標が用いられる．

（1）**周波数特性** 入力に対する出力の振幅比を周波数ごとに表したもの．一般に振幅比が一定の領域が広いほど忠実度が高いとされる．

音楽録音再生用途のものでは，一般に人間の可聴帯域とされる20 Hz～20 kHzで平坦な周波数特性を確保することが一応の目安となるが，最近ではさらに広い帯域を取り扱うことができるものも多い．

一方，音声録音再生用途のものでは，必ずしもこのような広い帯域が必要ではないことから，記憶容量との兼ね合いでもっと狭い周波数範囲しか取り扱わないものも存在する．

（2）**信号対雑音比（SN比）** 基準レベルの信号電力に対する残留雑音電力の比．大きいほうが良いとされる．

（3）**ひずみ率** ひずみとは入力波形に対する出力波形の相似の度合いを測る指標である．一般的には高調波ひずみ率が用いられる．高調波ひずみ率は，正弦波入力に対する出力の全高調波と基本波の電力比である．この値が小さいほど良いとされる．

（4）**サンプリングフォーマット** サンプリングフォーマットは，前述の三つと違って性能指標ではないが，ディジタル化の際の精度を決める重要な指標である．一般的に用いられているPCM符号では，サンプリング周波数，量子化ビット長の二つで与えられる．PCMにおいては，取り扱おうとする周波数範囲の2倍以上のサンプリング周波数を用いる必要がある（標本化定理）．このため，最も多く用いられるのは，可聴上限とされる20 kHzの2倍以上となる44.1 kHzあるいは48 kHz，16ビットのサンプリングフォーマットである．昨今では，これ以上のサンプリング周波数，量子化ビット数が用いられることも多くなってきている．

一方，音声録音再生用途のものでは，22.05 kHz，11.025 kHzといった低いサンプリング周波数も用いられる．

◆ **もっと詳しく！**

北脇信彦：ディジタル音声・オーディオ技術, 電気通信協会 (1999)

重要語句 人体，音波伝搬，FDTD法，弾性波動

人体の音響モデル
[英] acoustic model of human body

人体内部の音波の伝わり方を調べるためには，実測に加えて，シミュレーションを併用することが有用である。人体全体を数値化した3次元音響モデルを使うことで，人体の内部などのセンサ（マイクロホン）を設置できない部位の音の伝わり方などを調べることができる。

A. 音響モデルの作成

人体内部の**音波伝搬**（sound propagation; acoustic propagation; 音波の伝わり方）のシミュレーションを行うためには，モデルの形状データに加えて，各部位がどのような材質でできているかを知る必要がある。

現在は電磁界の解析用に作成されたモデル（Nagaoka, et al., *Phys. Med. Biol.* 53 (2008) 7047）を転用して音響シミュレーションが進められている。オリジナルのモデルでは平均的な日本人の形状が再現されており，空間解像度2 mm × 2 mm × 2 mmの各ボクセルが何の組織（男女各51種類）に対応するかというデータが提供されている。

したがって，各組織の音響定数（密度と音速あるいは弾性係数など）（⇒p.272）がわかれば，音響モデル（音波伝搬を解析するためのモデル）を作成することができる。各組織の詳細な音響定数を反映するのが理想的ではあるが，残念ながら組織の密度と音速値がペアで測定されている組織は限られているため，現時点では各ボクセルを「骨」「骨髄（海綿骨を含む）」「脂肪」「脂肪以外の軟組織」「空気」の5種類のみに分類して，近似的なモデルが作成されている。将来的には，各組織のさらに詳細な密度と音速値を用いるとともに，粘性（媒質による吸収減衰）や異方性（音の伝搬方向によって音速などが異なる性質）を反映したモデルの作成が望まれる。

右段の図(a)の2枚は，このようにして作成された3次元モデル（男性）の音響インピーダンスの透視図（紙面奥行き方向の積算値を白黒の明度として表現したもの）である。X線写真に似ているが，X線ではなく音波を用いて画像化したものに相当する。空間解像度はそれほど高くはないものの，人体の複雑な構造が明確に表現できていることがわかる。

さらに，このモデルは各関節を自由に動かすことができる（図(b)参照）。ここでは，足（股関節および膝関節）を60°曲げた状態のモデル例を掲載している。

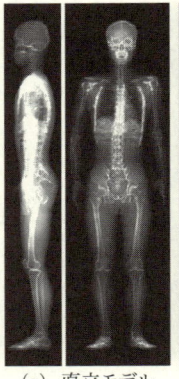

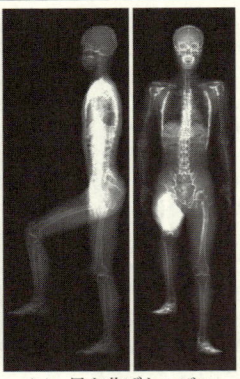

(a) 直立モデル　　(b) 足を曲げたモデル

B. 音波伝搬のシミュレーション手法

音波伝搬シミュレーションを実現する手法は何種類か提案されているが，ボクセル形状データが得られている場合には，**FDTD法**（finite-difference time-domain method, ⇒p.444）が便利である。当然ながら人体の骨は固体（弾性体）であるので，**弾性波動**（縦波と横波）を扱える弾性FDTD法（elastic FDTD method）の利用が適切である。音響FDTD法で扱う音圧値（スカラー値）の代わりに，弾性FDTD法では3方向の垂直応力および3方向のせん断応力を考慮することで，縦波に加えて横波（ずり弾性波）もシミュレートすることができる。3次元弾性FDTD法の支配方程式（x方向またはx-y方向に関する式のみの抜粋）を以下に示す。

$$\frac{\partial \sigma_{xx}}{\partial t} = (\lambda + 2\mu)\frac{\partial v_x}{\partial x} + \lambda \frac{\partial v_y}{\partial y} + \lambda \frac{\partial v_z}{\partial z} \quad (1)$$

$$\frac{\partial \sigma_{xy}}{\partial t} = \frac{\partial \sigma_{yx}}{\partial t} = \mu \left(\frac{\partial v_x}{\partial y} + \frac{\partial v_y}{\partial x} \right) \quad (2)$$

$$\frac{\partial v_x}{\partial t} = \frac{1}{\rho} \left(\frac{\partial \sigma_{xx}}{\partial x} + \frac{\partial \sigma_{xy}}{\partial y} + \frac{\partial \sigma_{zx}}{\partial z} \right) \quad (3)$$

ここで，λおよびμはラメ定数，ρは密度である。また，σ_{xx}はx方向の垂直応力，σ_{xy}はx-y方向のせん断応力，v_xはx方向の粒子速度である。これらの式を差分化し，応力（式(1)と式(2)）と粒子速度（式(3)）を交互に計算することにより，音波伝搬（音場）を逐次（時間遷移に従って）更新していく。この手法により，任意の時刻の任意の点の応力あるいは粒子速度の値を得ることができる。将来的には，弾性FDTD法に

代わり，各組織の粘性も反映した粘弾性FDTD法（viscoelastic FDTD method）が用いられることであろう．

さて，FDTD法では，任意の位置に音源を設置し，計算空間全体の音波伝搬を時間に沿って計算できるため，超音波診断装置使用時や運動時などの体内各部の音波伝搬の時間経過を調べることができる．ただし，現在用いられているモデルの解像度は2mmであるので，数十kHz程度の周波数の音波までしか扱えないという制約がある．将来的にモデルの解像度が上がれば，超音波診断装置などで用いられている周波数の音波まで扱えるようになるだろう．

C. 音波伝搬シミュレーションの例

右段の図（💿1）は，3次元モデルの片側の踵の下に，歩行を想定してパルス音波（20 kHzの正弦波1波長に2乗余弦関数を掛けたもの）を印加した結果である．

図の明度は音圧あるいは垂直応力の絶対値の紙面奥行き方向の積算値に対応している．直立モデルおよび足を曲げたモデルのいずれにおいても，印加された音波は下肢部分を通って胴体部分へと伝わっており，下肢が音響管のように振る舞って平面波が伝わっている様子が見られる．さらに，いずれのモデルにおいても，脛骨（tibia；下肢の2本の骨の太いほうの骨）と腓骨（fibula；細いほうの骨），および大腿骨（femur）を先行して伝わる波の存在が確認できる．この現象は骨の内部の音速が軟組織よりも速いことに起因し，これらの波を体表面から捉えることができれば，例えば骨に加わった刺激（疎密の変化）を非侵襲的に推定できると期待される．

現在これらの波の挙動について，体表面での実測や条件を変えたシミュレーションなどを用いて詳細な検討が始められている．下肢以外の部分の音波伝搬解析も進められており，運動やリハビリ，超音波骨折治療（low intensity pulsed ultrasound; LIPUS）などの効果の定量的評価などへの応用が期待されている．

◆ もっと詳しく！
長谷芳樹：人体の音響モデル，超音波TECHNO，2014.11-12, pp.16-20 (2014)

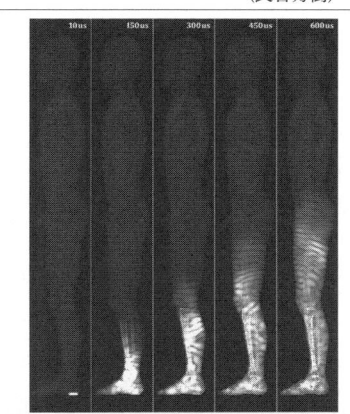

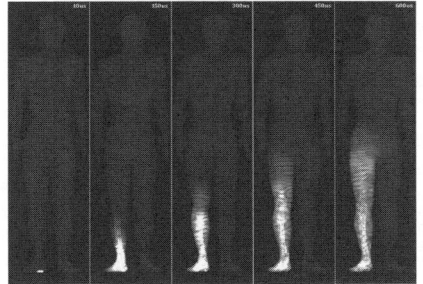

(a) 直立モデル内のシミュレーション例

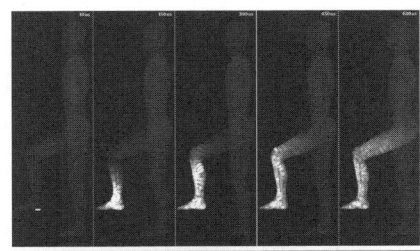

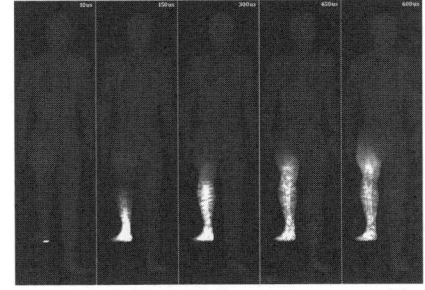

(b) 足を曲げたモデル内のシミュレーション例

重要語句　伝達パワー，固有モード，固有角振動数

振動インテンシティ
[英] structural intensity / vibration intensity

単位時間に単位幅・単位断面を通過する振動エネルギー量（単位：W/m, W/m²）として定義され，速度と応力の積から求められるベクトル量。音響インテンシティの構造版で，構造物内のエネルギー流れを表す。周波数領域では複素数で表され，実部をアクティブインテンシティ（通常これをインテンシティと称する），虚部をリアクティブインテンシティという。

A. 振動インテンシティ

振動インテンシティの定義は，1970年にNoiseuxにより提唱された。はりの曲げ振動インテンシティ（以下SIと称す）はせん断力成分と曲げモーメント成分からなる。平板の場合には，ねじりモーメント成分が加わる。xy面を板面とする一様平板の場合，点(x,y)のSIスペクトルのx成分I_xは以下で表される。

$$I_x = \tfrac{1}{2}\mathrm{Re}\left[-j\omega\left(Q_x\zeta^* + M_y\theta_y^* + M_{xy}\theta_x^*\right)\right]$$

ここで，ζは曲げ変位，θ_yはy軸まわりの角変位，Q_xはせん断力，M_yは曲げモーメント，M_{xy}はねじりモーメント，Re[ ]は実部，jは複素単位，*は複素共役を表す。応力は変位を用いて以下で表せる。

$$Q_x = D\left(\frac{\partial^3 \zeta}{\partial x^3} + \frac{\partial^3 \zeta}{\partial x \partial y^2}\right)$$
$$M_y = -D\left(\frac{\partial^2 \zeta}{\partial x^2} + \nu\frac{\partial^2 \zeta}{\partial y^2}\right)$$
$$M_{xy} = -(1-\nu)D\frac{\partial^2 \zeta}{\partial x \partial y}$$

ここで，Dは板の曲げ剛性，νはポアソン比である。

SIの測定・算出は，一般に応力の直接測定・算出が困難であることから，複数の変位データから有限差分近似によって行われる。SIがわかれば，加振源の同定，**伝達パワー**の評価などに活用できる。SIより振動伝搬経路がわかることから，「伝える」「伝えない」などの視点での振動低減策の創出に有効である。

SIに関する研究成果の多くは，測定技術やFEMによる算出結果の報告であり，SIを振動低減に利用するという報告はアクティブ制御によるものがほとんどで，構造変更などのパッシブ制御による報告はほとんど見られない。どのようなSI分布が振動および放射音の低減に有効であるか，そのためにいかに構造設計するかが研究課題である。

B. 振動インテンシティによる振動制御

SIによる振動制御の可能性は，運動エネルギー（kinetic energy, 以下KEと称す）とSIのモード式の比較から説明できる。

曲げ振動変位ζのモード式は，以下のように表せる。

$$\zeta = \sum_{n=1}^{N} \alpha_n \phi_n$$
$$\alpha_n = \frac{F\phi_n^F}{\omega_n^2(1+j\eta_n) - \omega^2}$$

ここで，Nは採用モード数であり，$\alpha_n, \phi_n, \omega_n, \eta_n$は，それぞれ第$n$次の変位の重み係数，**固有モード**，**固有角振動数**，損失係数である。ϕ_n^Fは固有モードの加振自由度成分，ωは励振角振動数である。

KEのモード式は，上記から以下となる。
$$K_E = \tfrac{1}{2}m'(j\omega\zeta)(j\omega\zeta)^*$$
$$= \sum_{m=1}^{N} \gamma_{mm}\phi_m^2 + \sum_{m=1}^{N}\sum_{n=m+1}^{N} 2\gamma_{mn}\phi_m\phi_n$$
$$\gamma_{mn} = \tfrac{1}{2}m'\omega^2\{\mathrm{Re}[\alpha_m]\mathrm{Re}[\alpha_n]$$
$$+\mathrm{Im}[\alpha_m]\mathrm{Im}[\alpha_n]\}$$

対象構造物を平板とすると，平板の曲げSIのモード式は，SIの定義式と変位の式から

$$I = \sum_{m=1}^{N-1}\sum_{n=m+1}^{N} \beta_{mn}\Phi_{mn}$$
$$\beta_{mn} = \frac{\omega D}{2}(\mathrm{Re}[\alpha_m]\mathrm{Im}[\alpha_n]$$
$$-\mathrm{Im}[\alpha_m]\mathrm{Re}[\alpha_n])$$

と表せる。ここで，Φ_{mn}はクロスモード関数（cross-modal function）であり，空間微分された二つの固有モードの積で表される。

KEとSIのモード式の比較から，同次数成分（mm）には関係がなく，異次数成分（mn）に関係があり，モードの積$\phi_m\phi_n$とクロスモード関数Φ_{mn}が対応する。したがって，第r次共振時（$n=r$）で損失係数が小さい場合など，共振次数成分が支配的となる場合には，KEの同次数成分が大きくなり，SIは同次数成分を有さないため，KEとSIに対応は見られなくなる。一方，共振次数が支配的とならない場合には，異次数成分の影響も強くなり，KEとSIは対応する。

これらの関係の数値シミュレーション結果を次図に示す。図中，×の位置が正弦波加振点である。等高線図でKE分布，ベクトル図でSIを示し，図の上にはそれぞれの最大値を示している。

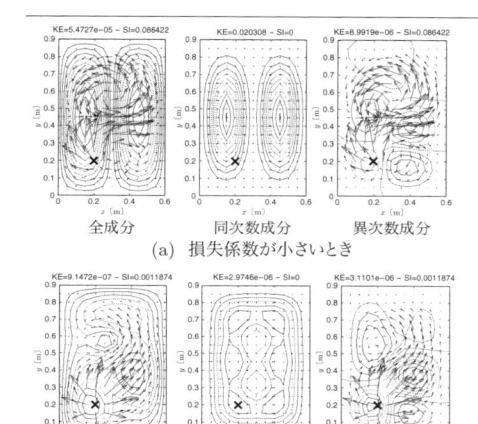

KE=5.4727e-05 · SI=0.086422   KE=0.020308 · SI=0   KE=8.9919e-06 · SI=0.086422

(a) 損失係数が小さいとき

KE=9.1472e-07 · SI=0.0011874   KE=2.9746e-06 · SI=0   KE=3.1101e-06 · SI=0.0011874

全成分　　　　同次数成分　　　異次数成分
(b) 損失係数が大きいとき

損失係数によらず，異次数成分は KE の腹から腹への流れが SI となって対応している。損失係数が小さいと，KE は共振次数 (2,1) モードが支配的となり，KE の同次数成分が支配的となるため，KE と SI は対応しない。損失係数が大きくなると，異次数成分の影響が強くなるため，KE と SI は対応する。したがって，KE と SI の異次数成分は損失係数によらずつねに対応し，共振次数成分が支配的でない条件では，SI による KE (振動) 制御が可能であることが確認できる。

C. SI に基づく振動制御方針の導出

（1）伝達パワーの抑制と促進コンセプト
下図に SI のモード式のイメージを示す。このように，SI は重み係数 β_{mn} とクロスモード関数 Φ_{mn} の重ね合わせである。

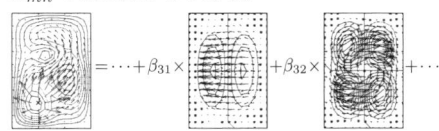

$$\cdots + \beta_{31} \times \boxed{} + \beta_{32} \times \boxed{} + \cdots$$

クロスモード関数は運動と同様，並進流れと回転流れに大別できる。下図のように，回転流れは伝達パワーが 0 であり，これを強く励起 (該当する β_{mn} を大きく) すれば，全体としての伝達パワーは抑制できる。

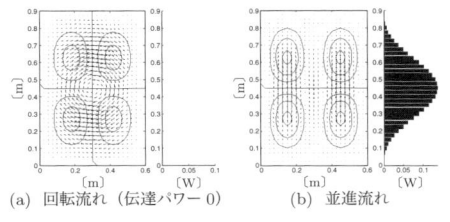

(a) 回転流れ (伝達パワー 0)　　(b) 並進流れ

このことから着想したのが，下図に示す，振動および放射音の低減に結び付く SI 分布のあり方である。これは，振動源からの入力パワーを放射部へ伝えないように，振動伝搬経路途中に回転 (渦) 流れを形成させて伝達パワーを抑制し，抑制したものは放射部と関係ないところに並進流れで伝達パワーを促進する，というものである。

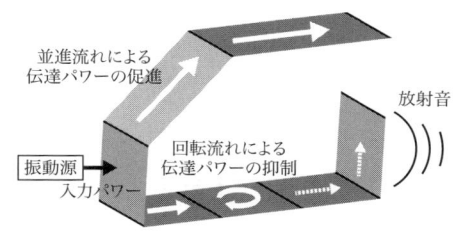

（2）振動伝搬抑制設計　対象物にある程度の減衰があれば，KE と SI の関係から，KE (振動) を抑制したい箇所には主要な SI 分布を形成させなければよい。すなわち，下図の複数の平板で構成される対象を例とすると，平板#1 を入力とし，平板#2，#3，#4 の振動の抑制を考えると，#2，#3，#4 への伝達パワーと KE を抑制することができる。ただし，その代わりに #5 と #6 の伝達パワーと KE は増大する。

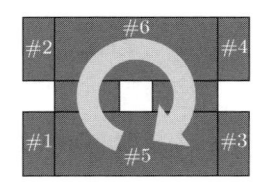

以上のように，SI は振動エネルギー伝搬を表すことから，伝える・伝えないという視点での振動低減策の発案が容易である。今後，そのような目標を満たす SI を実現する構造設計手法の開発が期待される。

◆ もっと詳しく！
沼田　臨, 村上雄太, 山崎　徹：振動エネルギー流れを考慮した低騒音構造設計に向けた新たな指針の提案, 日本機械学会論文集 C 編, **78**, 788, pp.1072–1084 (2012)

| 重要語句 | 円軌跡，位相差，直線軌跡，超音波モータ，圧電セラミックス，共振周波数，縮退モード |

振動おもちゃ―ギリギリガリガリ
[英] scientific toy ― "giri-giri, gari-gari"

刻みを入れた角棒をもう1本の棒でギリギリと擦ると，角棒の先のプロペラが回転するおもちゃ．コツをつかむと，右にも左にも回転方向は自由自在になる．振動を利用した簡単に工作できる教材で，動作原理は超音波モータにそっくりである．

A. 構造

典型的な構造と遊び方を下図（図1）に示す．10 mm角程度の木の角棒（長さ300 mmくらい）の先のほうに，約10 mm間隔で深さ5 mm程度のV溝7〜10個をカッターナイフやヤスリで刻み込む．先端にはプロペラが釘のまわりを回転するように取り付けられている．釘を通す穴は釘の直径よりも十分大きく，ぐらぐらした状態とする．釘は打ち込みすぎず，釘の頭，プロペラ，角棒の間にはそれぞれ数mmの隙間を開ける．角棒とプロペラの間に，ビーズやストローの切れ端を入れてもよいが，なくても動く．プロペラは100 mmくらいの長さの木切れでよいが，ちょうど中央に穴を開けると右にも左にも癖なく回りやすい．小学校高学年以上なら，20分程度で完成する．カッターナイフを使用する場合は，必ず手前から先に切り込むことや，切り込む先に持ち手を置かないことなどを周知する必要があり，危険な場合はヤスリで削らせる．ただし，ヤスリは時間がかかる．

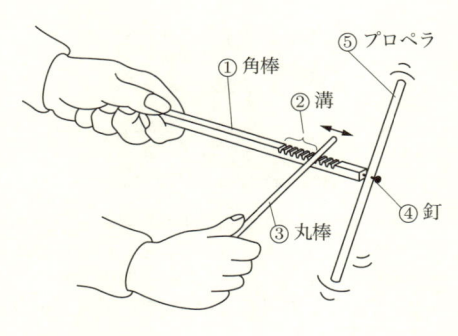

B. 遊び方

遊び方は単純で，左手で角棒の手前側を持ち，右手に持った丸棒でV溝を前後に擦る．左利きの場合は，右手で角棒を持ち，左手で擦る．ただし，ただ擦るだけでは，音ばかり出てプロペラは回らない．V溝による凸凹を擦るだけでは，上下に振動するだけだからである．プロペラを回転させるためには，釘の先が円軌跡を描くように振動させる必要がある（図2）．

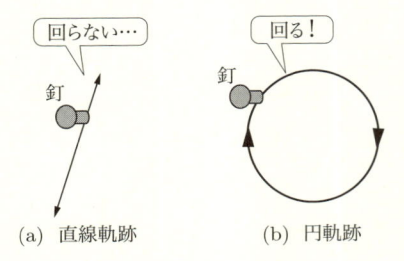

(a) 直線軌跡　　(b) 円軌跡
回らない…　　回る！

では，この**円軌跡**はどのようにすればできるだろうか．リサージュ図形として習うように，振動を2次元平面で二つの直交する方向に分解したときに，それぞれの振動成分の間に時間差（**位相差**）がないと**直線軌跡**になるが，時間差が振動の周期の1/4のとき（位相差90°）のときに円軌跡になる．下図に，二つの直交振動の時間差（位相差）と振動軌跡の形を示す．

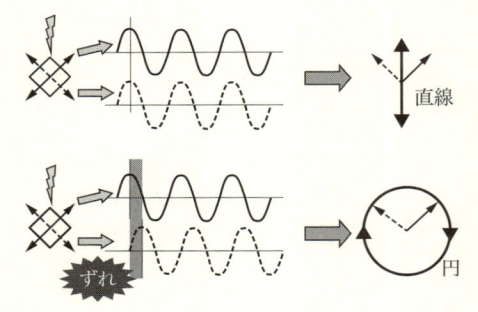

問題は，この時間差はどうしたら与えられるかである．丸棒でV溝を擦る際になんらかの工夫を加える必要がある．いくつか方法が考えられるが，最も効果的なのは，次図(a)のように，丸棒を持った手の親指の先を角棒の側面に押し当てながら擦る方法である．また，図(b)のように，角棒の90°ずれた側面に指を押し付けると，プロペラは逆方向に回転する．円軌跡の回転方向が逆転するためである．冒頭の図のように丸棒を持つ手が角棒から離れていると回らない．この方法では，角棒の側面をしっかり押し付けることが重要で，角棒を支える左手はむしろ緩く握ったほうがよい．V溝を擦る速度の調整も必要ではあるが，回転の様子を見ながらだんだんコツがわかってくる．

角棒

この側面に
押し付ける

丸棒

親指

プロペラ

(a)

角棒

この側面に
押し付ける

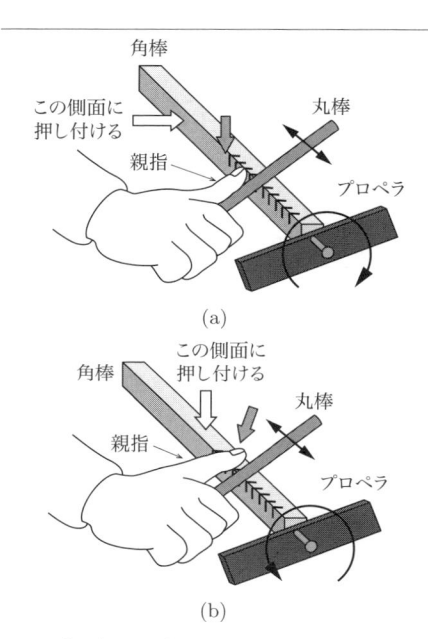

丸棒

親指

プロペラ

(b)

C. なぜ回るのか

指で角棒の側面を押さえながらV溝を擦ると，なぜ二つの振動成分に時間差ができるのだろうか。このことについて，Satonobuらの研究[1]がある。下図は時間差（位相差）が生じるメカニズムを示している。この図は，V溝列の上を擦って動いていく丸棒がどのように作用するかを示したもので，二つの直交する振動成分のうちの片方を表示している。

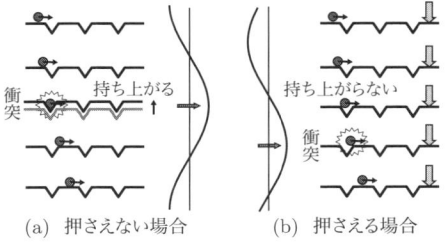

衝突　持ち上がる　　　　持ち上がらない
　　　　　　　　　　　　　　　　　衝突

(a) 押さえない場合　　(b) 押さえる場合

この方向の側面を押さえていないときは，丸棒がV溝のところに来ると，角棒が持ち上がり，V溝の中央に丸棒がはまるように衝突する。一方，側面を押さえた場合には，角棒が持ち上がることができずに，丸棒はV溝の出口の角に衝突する。このわずかな時間差により，押さえたときと押さえないときに発生する振動に位相差が生まれる。したがって，角棒の一つの側面のみを押さえると，押さえない側面の振動との間で，このような位相差が生じ，釘の先端は円軌跡となる。押さえる側面を変えると，位相の進み，遅れの関係が逆になり，回転方向が反転するのである。

D. その他の方法と超音波モータ

このように，角棒の一つの側面を押さえることで，二つの直交する振動を起こすそれぞれの駆動力の間に位相差を作ることがポイントである。したがって，指で側面に触らなくても，角棒を支えるほうの持ち方を変えることでも回転方向を制御できる。しかし，結構な力が必要である。

一般に，直交する二つの振動系があるときには，それぞれを駆動する駆動力を90°ずらせばよい。このことは，振動でロータを擦って動かす**超音波モータ**（⇒p.304）で行われている。超音波モータでは，二つの振動を起こす**圧電セラミックス**にそれぞれ$\cos\omega t$と$\sin\omega t$の電圧を加えることで，これを実現している。また，二つの振動方向が直交し，**共振周波数**が同じ振動（これらを**縮退モード**と呼ぶ）のときには，片方の振動の共振周波数をわずかにずらして縮退を解くと，駆動周波数を選ぶことで，二つの振動の間に90°の位相差が生じる。このような方法は，比較的高周波で共振がはっきりしている振動に応用できる。ギリギリガリガリの場合も，角棒の質量とそれを支持する手の弾性による共振が存在すると考えられ，原理的には縮退を解く方法もありうるが，どちらかというと，先に述べたように，駆動力に位相差をつけた駆動により円軌跡ができていると考えたほうが自然である。

E. 教育への適用

工作することと遊ぶことは小学生でも可能であるが，リサージュ図形などを習った高校生以上であると，教材としての効果も高い。先端にレーザーポインタを付けたり，釘をビデオで撮影したりすれば，振動軌跡を観測できる。振動波形が正弦波ではないので，リサージュも乱れるが，回るときと回らないときの差は歴然である。なお，このおもちゃの起源は不明だが，著者の知る限り，米国やヨーロッパにも存在する。

◆ **もっと詳しく！**

1) J. Satonobu, et al.: "A Study on the Mechanism of a Scientific Toy 'Girigiri-Garigari'", *Jpn. J. Appl. Phys.*, **34**, Part 1, 5B, pp.2745–2751 (1995)

重要語句　相互作用，連成解析，非連成解析，共鳴透過

振動と音響の連成
[英] vibroacoustic coupling

固体運動と流体運動の相互作用を考慮すること。対象とする固体と流体の統合的な支配式を考える場合，もしくは，それぞれに別の支配式を考えた上でそれらの境界での条件を厳密に満足させる場合を強連成と呼び，境界での条件を近似的に満足させる場合を弱連成と呼ぶ。また，一方の運動を求めた上でもう一方の運動を求める場合を非連成と呼ぶ。音響分野で連成といえば，強連成を指す場合が多い。

A. 連成解析と非連成解析

固体運動と流体運動の**相互作用**とは，固体の変形により生じた力が流体を変形させ，また，流体の変形により生じた力が固体を変形させることである。この相互作用を考慮した**連成解析**を行うためには，固体と流体の変形と両者の間に働く力を，それぞれの支配式と境界条件を同時に満足するように決定する必要があり，したがって，すべての系を考慮した連立方程式を解かなければならない。一方，**非連成解析**では，個々の系に仮想的な境界条件を与えるため，比較的容易に解を得ることができるが，条件によっては連成解析結果と大きな乖離を生じる。以下に，いくつかの例について，非連成解析結果と連成解析結果を比較する。

B. 無限大単板の反射率・透過率

ここでは，下図に示すように，ある媒質中に置かれた面密度 m の無限大薄板に単位振幅の平面波が入射する場合を考える。

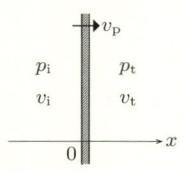

音場の支配式を満たす形として，入射場および透過場の音圧 $p_{i,t}(x)$ と粒子速度 $v_{i,t}(x)$ を

$$p_i(x) = e^{ikx} + Re^{-ikx}$$
$$v_i(x) = (e^{ikx} - Re^{-ikx})/Z$$
$$p_t(x) = Te^{ikx}$$
$$v_t(x) = Te^{ikx}/Z$$

とおく。ここで，時間項は $e^{-i\omega t}$，i は虚数単位，ω は角周波数，k は波数，$Z(=\rho c)$ は媒質の特性インピーダンス，ρ は媒質密度，c は媒質中の音速，R と T はそれぞれ複素音圧反射係数，複素音圧透過係数を表す未知数である。このとき，反射率は $|R|^2$，透過率は $|T|^2$ と表せる。

さて，非連成解析の場合，まずは入射場について，板位置での境界を剛とし，$v_i(0) = 0$ とする。これより $R = 1$ が求められ，$p_i(0) = 2$ となる。続いて，真空中に置かれた板に $p_i(0)$ が作用するとし，運動方程式として $Z_p v_p = p_i(0)$ を考える。ここで，$Z_p = -i\omega m$ であり，v_p は板の振動速度である。これより，$v_p = 2/Z_p$ となる。最後に，透過場に板位置の振動速度が作用するとし，境界条件として $v_t(0) = v_p$ を考えれば，$T = 2Z/Z_p$ が求められる。したがって，非連成解析の場合，反射率は1，透過率は α^2 となる。ここで，$\alpha = 2Z/|Z_p|$ である。

一方，連成解析の場合，板には表裏から $p_{i,t}(0)$ が作用するとし，運動方程式として $Z_p v_p = p_i(0) - p_t(0)$ を考える。また，板に接する媒質の粒子速度と板の振動速度が等しいとし，境界条件として $v_i(0) = v_p = v_t(0)$ を考える。上述の $p_{i,t}(x)$ および $v_{i,t}(x)$ をこれらの式に代入し，R, T, v_p に関する連立方程式として解くことで，$R = Z_p/(2Z + Z_p)$，$T = 2Z/(2Z + Z_p)$ が求められる。したがって，連成解析の場合の反射率は $1/(1+\alpha^2)$，透過率は $\alpha^2/(1+\alpha^2)$ となる。

媒質を空気とし，板の面密度を $6\ \mathrm{kg/m^2}$（ベニヤ板1 cm厚相当）とした場合の反射率と透過率のグラフを以下に示す。

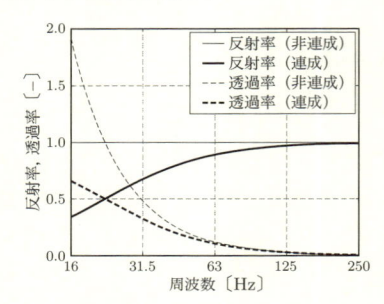

これより，周波数が低くなるにつれて，非連成解析と連成解析の乖離が大きくなることがわかる。しかし，周波数が十分高い場合には非連成解析と連成解析の結果はほぼ一致する。なお，ここでは割愛するが，板の面密度が小さくなれば乖離が大きくなり，逆に面密度が大きくなれば乖離は小さくなる。対象とする最小周波数と媒質の特性インピーダンス，および，板の面密度を考慮の上，非連成と連成のいずれを選択す

るかを決定する必要がある。

C. 無限大二重板の反射率・透過率

つぎに，下図に示すような無限大二重薄板について考える。板の間隔はdとする。

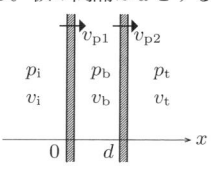

中間層の音圧と粒子速度をそれぞれ$p_b(x)$, $v_b(x)$とし

$$p_b(x) = B^+ e^{ikx} + B^- e^{-ikx}$$
$$v_b(x) = (B^+ e^{ikx} - B^- e^{-ikx})/Z$$

とおく。ここで，$B^{\pm}$は進行波と後退波の振幅を表す未知数である。また，簡単のため，板の面密度はともにmとする。その他の条件は単板の場合と同様とする。

単板の場合にならって非連成解析を行えば，反射率は1，透過率は$\alpha^4/\{4\sin^2(kd)\}$となる。また，連成解析を行えば，反射率は$4\{\sin(kd) - \alpha\}^2/[4\{\sin(kd) - \alpha\}^2 + \alpha^4]$，透過率は$\alpha^4/[4\{\sin(kd) - \alpha\}^2 + \alpha^4]$となる。

単板の場合と同様に，媒質を空気，板の面密度を6 kg/m^{2}とした場合の反射率と透過率のグラフを以下に示す。

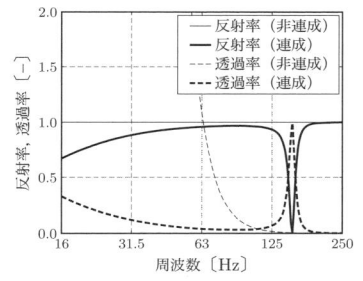

単板の場合と比較して，透過率の乖離が大きいことがわかる。また，連成解析結果の150 Hz付近には，非連成解析結果には見られない特徴的なピークディップが確認される。これは，2枚の板が質量として，また，媒質がバネとして共振系を形成し，その共振周波数（$\sin(kd) = \alpha$を満たす周波数）で遮音性能（⇒ p.228）が著しく低下する現象であり，共鳴透過と呼ばれる。このような現象は板と媒質の相互作用を無視する非連成解析では観測することができないため，注意されたい。

D. 有限大円板の固有振動数

最後に，無限大バフル中に固定支持された半径aの薄円板の固有振動数について考える。

非連成解析の場合，板が真空中にあるとし，振動方程式として$\{\nabla^4 - k_p^4\}w(r) = 0$を考える。ここで，$\nabla^4 = \{\partial^2/\partial r^2 + (\partial/\partial r)/r\}^2$，$k_p^4 = m\omega^2/D$であり，$D$は曲げ剛性，$w(r)$は板の面外方向変位である。この方程式の解は，境界条件$w(a) = 0$より

$$w(r) = A\left\{J_0\left(\frac{\beta}{a}r\right) - \frac{J_0(\beta)}{I_0(\beta)}I_0\left(\frac{\beta}{a}r\right)\right\}$$

と表される。ここで，Aは未知数であり，$\beta = ak_p$である。また，J_0, I_0はそれぞれ第1種0次のベッセル関数，変形ベッセル関数である。さらに，境界条件$\partial w(r)/\partial r|_{r=a} = 0$より

$$\frac{J_1(\beta)}{J_0(\beta)} - \frac{I_1(\beta)}{I_0(\beta)} = 0$$

が導かれ，この関係を満たすβをβ_nとする。ここで，J_1, I_1はそれぞれ第1種1次のベッセル関数，変形ベッセル関数である。また，β_nに対応するk_p, ωをそれぞれk_{pn}, ω_nとし，$k_{pn} = \beta_n/a$を$k_{pn}^4 = m\omega_n^2/D$に代入すれば，固有振動数f_nは

$$f_n = \frac{1}{2\pi}\sqrt{\frac{D}{m}}\left(\frac{\beta_n}{a}\right)^2$$

と求められる。

一方，連成解析の場合，まず，板に接する場の音圧をレイリー積分で定式化し，ノイマンの加法定理を用いることで板表裏上の音圧$p_1(r)$, $p_2(r)$を$w(r)$で表す。つぎに，それらを振動方程式$\{\nabla^4 - k_p^4\}w(r) = p_1(r) - p_2(r)$に代入し，モード展開とハンケル変換を利用することで，固有振動数を求めることができる。

下表に，媒質を空気とし，板の面密度を6 kg/m^2，半径を1 mとした場合の3次までの固有振動数を示す。非連成解析結果は連成解析結果に比べて高周波数側に見積もられており，また，次数が低いほど，連成解析に対する非連成解析の相対誤差が大きいことがわかる。

	1次	2次	3次
非連成	21.2 Hz	71.1 Hz	149.5 Hz
連成	13.1 Hz	54.9 Hz	125.7 Hz

◆ もっと詳しく！

F. Fahy: *Sound and Structural Vibration: Radiation, Transmission and Response*, Academic Press (1985)

重要語句　全身振動，手腕振動，振動数，加速度，知覚閾，振動レベル，周波数重み付け，時間重み付け

振動と人体反応
[英] vibration and human responses

われわれは，日常生活の中でさまざまな振動を受けている。自動車などの乗り物に乗っているときはもちろん，振動することをあまり想定していない建物の中にいるときにも，振動を受けることがある。このような振動に対して，人はなんらかの反応をする。好ましい反応もあれば，避けたい反応もある。これらの反応は，目的に応じてさまざまな形で捉えられ，評価される。

A. 身のまわりの振動

振動が人に与える影響に着目するとき，振動の種類を二つに分けて考えることが多い。一つは乗り物の振動のように人体全体が受ける振動で，これを**全身振動**と呼ぶ。もう一つは電動工具の使用時などにおもに手から受ける振動で，**手腕振動**と呼ぶ。このうち，ここでは，全身振動について述べることとする。手腕振動については，作業者への長期的な暴露が神経系や循環器の障害に繋がることがあり，医学系の分野を中心に研究が進められている。

下図は，身のまわりのさまざまな全身振動（以下，単に振動と呼ぶ）について，その**振動数**と**加速度**の大きさ（振幅）のおおよその目安を示したものである。ここで，振動数とは，周波数と同義語で，1秒間の繰り返し回数を表し，単位はHzである。一方，振動の大きさを表す際には，ここで用いた加速度 $[m/s^2]$ のほか，一般に，速度 $[m/s]$ や変位 $[m]$ が用いられるが，人への影響を考える場合には加速度を用いることが多い。

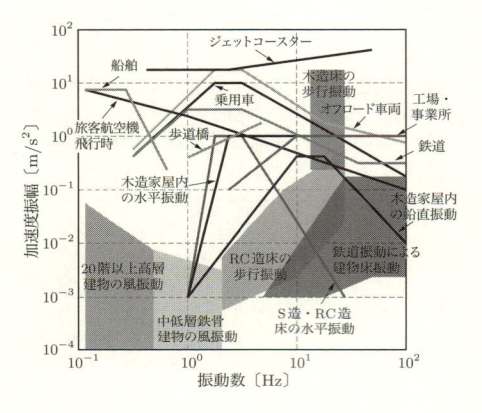

B. 振動による人への影響

遊園地の乗り物系遊具のように，人が振動を楽しむ場合もあるが，多くの場合，振動による人への影響は好ましくないものである。例えば，乗り物の振動が大きければ，乗っている人は乗り心地が悪いと思うであろうし，近隣の建設工事で自宅が振動すれば，住んでいる人は不快に思うであろう。実際に問題となりうる振動による，人へのおもな影響を以下に挙げる。

振動不快感　振動に対する心理的な反応で，乗り物の乗り心地や建物の居住性など，対象物の性能などに関係する。

振動知覚　建物など振動することが想定されていない環境では，人が振動を感じることで問題となる場合がある。振動を感じるか否かの境界を振動知覚閾（感覚閾）と呼ぶ。

睡眠影響　入眠時や睡眠中の振動暴露が睡眠を妨害する場合があり，継続すると不眠症などの健康影響に繋がりうるといわれている。

活動・作業妨害　振動は人の活動や作業を妨害することがある。立位保持や歩行，読書，精密作業など，活動や作業の種類により，影響を与える振動の条件はさまざまである。

動揺病，乗り物酔い　低い振動数（0.5 Hz程度まで）の振動への長時間暴露により生じうる影響である。乗船時に体験することが多い。強風による高層建物の振動も原因となりうる。

背腰部症状　長期間の職業的な振動暴露と，腰痛などの背腰部症状の関連性を示す知見が，疫学的研究により得られている。

人への振動の影響は，振動の条件によってその種類や程度が異なる。振動の大きさが大きければ，人への影響の程度も大きくなることは容易に予想できる。また，振動の継続時間が長くなれば，影響の程度が大きくなることも，上記のほとんどの種類の影響に当てはまるであろう。振動数も重要な要因であり，同じ振動の大きさでも，振動数が異なれば影響の程度も異なる。

このような振動による人への影響の特性に関係する人体反応のメカニズムは複雑であり，未解明な部分も多く残されている。概略的には，受ける振動により励起される人体の運動である機械的（動的）応答，振動を検知する感覚受容器をはじめとした神経系などの反応である生理的応答，振動をどのように感じ判断するかなどが関わる心理的応答の3種類が，たがいに影響

C. 人への影響の評価

実社会において，前述した乗り物の乗り心地や建物の居住性などの良し悪しを判断する必要が出てくることがある。そのためには，振動の物理的条件と人への影響との間の定量的な関係を構築し，それに基づき振動による人への影響を適切に評価することが求められる。このような考え方に基づく振動評価法には，法律や規格，指針などで規定され標準化されているものがある。

それらのうち，ここでは，国内で公害振動や環境振動の評価に用いられている**振動レベル**を例として紹介する。振動レベル L_V は

$$L_V(t) = 10 \log_{10} \frac{\{a_w(t)\}^2}{a_0^2} \quad \text{[dB]}$$

で定義される。ここで，a_w は振動感覚特性に基づく周波数特性で重み付けられた振動加速度の実効値，a_0 は基準の振動加速度（10^{-5} m/s²）である。実効値とは，振動の平均的な大きさを表すために用いられる物理量である。周波数重み付け加速度実効値 a_w を算出するために，人の振動感覚に関する知見に基づき，振動加速度に対する**周波数重み付け特性**と実効値算出の際の**時間重み付け特性**が定められている。

振動感覚特性に基づく周波数重み付け特性については，下図に示すように，鉛直方向と水平方向の振動に対してそれぞれ与えられており，騒音評価に対する A 特性（⇒p.344）などに相当する。

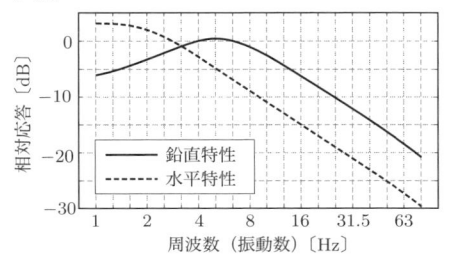

振動感覚特性は，前述の振動不快感のような心理的な応答特性を意味する。周波数重み付け特性は，振動感覚特性の周波数（振動数）依存性を表している。例えば，鉛直振動について，4 Hz の振動の相対応答は 16 Hz のそれより約 6 dB 大きいが，これは，4 Hz で加速度振幅 1 m/s² の振動に対する感覚は，16 Hz で 2 m/s²（4 Hz の 2 倍（+6 dB））の振動に対する感覚と同程度であることを意味する。したがって，16 Hz の振動加速度は，4 Hz の約 1/2（−6 dB）の重みで評価される。このように，周波数重み付け特性は，相対応答が大きい振動数領域では振動加速度に対する人の感度が高く，小さい振動数領域では感度が低いことを，定量的に表すものである。

時間重み付け特性については，数秒程度までの継続時間を持つ振動に対する振動感覚特性に関する実験的知見に基づき，次式のように，時定数 $\tau = 0.63$ s の指数移動平均により実効値を算出するよう規定されている。

$$a_w(t) = \left[\frac{1}{\tau} \int_{-\infty}^{t} \{a_w(\xi)\}^2 \exp\left(-\frac{t-\xi}{\tau}\right) d\xi \right]^{\frac{1}{2}}$$

周波数重み付けされた加速度時刻歴 $a_w(\xi)$ から算出された加速度実効値の時間変化 $a_w(t)$ が，時々刻々特性が変化する振動に対する振動感覚の時間変化とおおむね対応するという意味を持つ。振動レベルの時定数の値は，騒音評価で用いる F 特性や S 特性（⇒p.268）とは異なる。

下図は，振動加速度とそれに対応する振動レベルの時刻歴の例を示している。このように時間変動する振動レベルにより人への影響を評価する際には，一般に，変動パターンに応じた統計処理を行い，振動レベルの代表値を決定する。

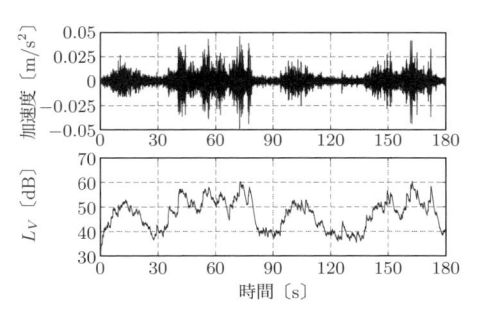

公害振動や環境振動を評価する際には，人への影響として振動不快感などの心理的応答に着目することが妥当であるため，振動レベルの算出にはここで紹介した周波数重み付け特性や時間重み付け特性が用いられているが，人への他の種類の影響に着目して評価することになれば，異なる方法を用いる必要が出てくる。例えば，国際規格 ISO 2631 では，振動評価において着目する人への影響の種類に応じたさまざまな評価法が規定されている。

◆ もっと詳しく！

M. J. Griffin: *Handbook of Human Vibration*, Academic Press (1990)

重要語句 水中音響, 水中環境, 音響ビデオカメラ, 測位, 3次元音響画像

水中環境計測
[英] measurement of underwater environment

海，川，湖沼などの水域において環境変化・状態を計測すること。生物多様性の維持，海洋資源利用に向けたアセスメント，地球温暖化の抑制など，環境保全，修復，改変を目的として，さまざまなデータが計測される。おもに，超音波，光などによる物理的な計測方法や，元素などを利用する化学的な計測方法が用いられる。水中環境はさまざまな要因の影響を受けるため，これらの計測方法は組み合わせて用いられることが多い。

A．ソーナー

ソーナー（SONAR; sound navigation and ranging）は水中を伝搬する音波を用いて，物体を探索，探知，測距する装置である。**水中音響**技術は，光が届きにくい水中において必要不可欠な技術であり，各種超音波利用技術の原点ともいわれる。自ら音を発し，その反射音を利用するアクティブ方式と，自然界に存在する，あるいは人工的に発生している音を利用するパッシブ方式がある。

（1）アクティブ方式 魚群探知機，マルチビームソーナー，サイドスキャンソーナーなどが代表的なアクティブソーナーとして挙げられる[1]。水産資源量調査に用いられてきた魚群探知機に加え，もともとは海底地形計測や沈船の探索などに利用されてきたマルチビームソーナーやサイドスキャンソーナーも，水中生物・水生植物の分布調査などの**水中環境**影響要因の計測に応用されている。

また，これらソーナーの多くでは数百kHz以下の周波数領域の送波信号が用いられていたが，最近では1.1〜3.0 MHz帯域を使用する**音響ビデオカメラ**と呼ばれるイメージングソーナーが開発され，その高い分解能から各種計測に利用され始めている。中心周波数3.0 MHzを送波信号に用いるタイプの音響ビデオカメラでは，標準でビーム幅0.2°（水平）× 14°（垂直），ビーム数128本，レンジ分解能は3 mm〜10 cmという高い分解能を実現しており，計測レンジは5〜15 m程度と短いものの，音響計測における課題の一つとされていた魚類や水生植物の識別をも可能とする新しいデバイスとして期待されている。次図は，ゲンゴロウブナ，コイ，カタシャジクモ，コカナダモの音響画像（左）と光学画像（右）を示している。

(a) ゲンゴロウブナ

(b) コイ

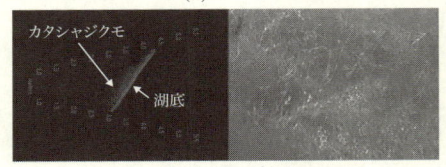

(c) カタシャジクモ

(d) コカナダモ

（2）パッシブ方式 自ら音を発することがないため，周囲環境に対する影響がきわめて小さいことや，自分の存在を相手に悟られることなく対象とする音源の情報を取得できることが，この方式の特徴である。よって，音に敏感な生物（例えばイルカなど）の生態情報計測などに適した方式といえる。

音を聴くための受波器は，その用途に合わせて単体もしくは複数個組み合わせて用いられる。音源の位置を3次元空間内で特定（**測位**）するには，3個以上の受波器を使用し，音源からの信号がそれぞれの受波器に到達する時間差（位相差）を計測することで測位する。時間差が大きいほど測位精度が高くなるが，受波器間隔を大きくとる必要が出てくる。現在の測位方式は，受波器間隔の違いにより，LBL（long base line）方式，SBL（short base line）方式，SSBL（super short base line）方式に分類され，実際に運用可能なシステム規模と必要精度を照らし合わせて，最適な方式が採用される。

次図は，インドのガンジス川に生息するガンジスカワイルカについて，SBL方式で計測した

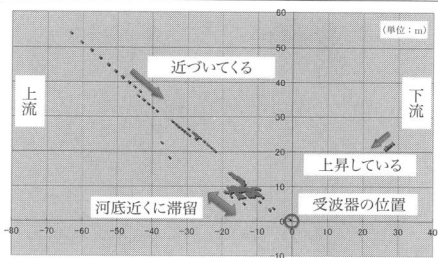

鳴音情報から水中での行動軌跡を推定した結果である。絶滅が危惧されているガンジスカワイルカの生息情報をモニタリングしている。

B. 音響画像処理

アクティブ方式とパッシブ方式のどちらのソーナーで計測するにしても，ただデータを取得するだけでは十分ではない。つまり，データを目的に沿って処理することで，真に知りたい情報を可視化あるいは定量化することができるようになる。特に，船上で計測を行う際は，風や波浪などがデータに影響を与える場合が多く，それを補正しなければならない。アクティブ方式の音響ビデオカメラを用いた水生植物の空間分布計測を例に挙げる。音響ビデオカメラは2次元の音響画像を出力するものであり，それだけでは水中の空間分布を把握することは困難である。つまり，下図に示すように，船が移動しながら2次元のスライス状の音響画像を連続的に計測し，それらを繋ぎ合わせることで，水生植物の空間分布の把握が可能となる。しかしながら，実際には，船は等速移動しない上，動揺するため，音響画像内に現れる対象の位置情報を知るには，それらを補正処理する必要がある。

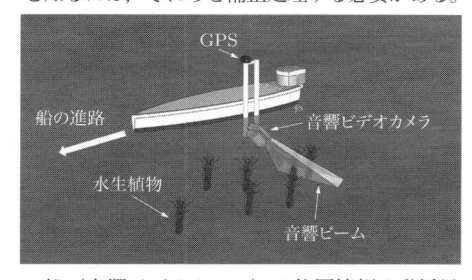

船（音響ビデオカメラ）の位置情報や動揺量は，GPS（global positioning system）やモーションセンサなど，別のセンサを用いて計測される。位置情報は通常，緯度，経度で与えられ，動揺量はオイラー角といわれる三つの回転軸を使って表現される。

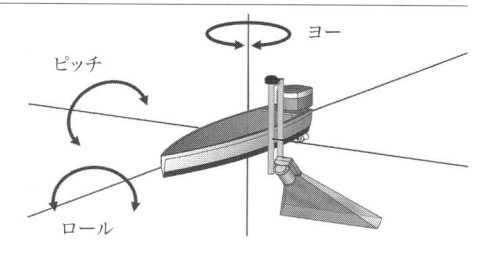

すなわち，GPSのデータをもとに音響ビデオカメラの位置を算出し，動揺量を用いて音響ビームの照射範囲を補正処理することで，音響画像の絶対位置を再現することができる。さらに，この処理を連続した複数枚の音響画像に施すことで，**3次元音響画像**が構築され，水生植物の空間的な広がりを把握し，植物の背丈や体積を計測することが可能となる。フィリピン沿岸域の3次元音響画像を下図に示す。

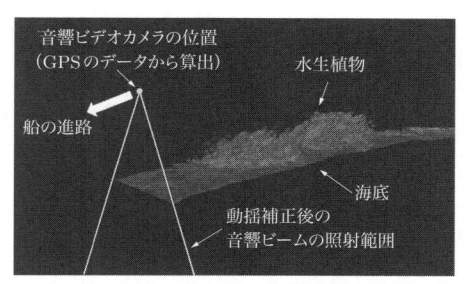

その他，目的に合わせて物体追尾や識別，計数カウントなど，さまざまな音響画像処理が用いられる。

C. 光学画像，化学センサによる計測

（1）衛星・航空画像を用いた方法 効率良く広範囲を計測可能な衛星・航空画像を用いた計測方法も，透明度の高い沿岸域や湖沼などで使用されている。植生，水質，地質，水温，積雪など，さまざまな環境計測が可能である。

（2）化学センサを用いた方法 pH，O_2，CO_2，クロロフィルなどを計測することで，水質や溶存酸素，プランクトン量などを推定する。直接採水して計測する場合や，海中ロボットに化学センサを取り付けて，航行しながら環境を計測する場合などがある。

◆ もっと詳しく！
1) 海洋音響学会 編：海洋音響の基礎と応用，成山堂 (2004)

重要語句　シングルビームソーナー，サイドスキャンソーナー，マルチビームソーナー，3次元ビデオソーナー

水中超音波イメージング
[英] underwater acoustic imaging

水中超音波イメージングとは，超音波を使用し，対象物の位置，形状，形状の変化動態を観察するためのイメージングの総称である。ここでは，特に海中で使用されるものに限定して示す。

A．水中超音波イメージング
水中では光学映像の使用は限定的である。なぜなら，光の減衰が大きく波長が短く遠方まで到達できず，また濁りに弱いためである。一方，超音波は光に比して減衰が小さく遠方まで到達し，また，波長が長く濁りに左右されにくいため，水中イメージングには適している。

B．基本構成
基本構成としては，単一のトランスデューサと，制御・解析および画像を示す表示部からなる。海中を見る場合，トランスデューサを船舶などに取り付け，下方に超音波を照射し，海底からの反射音波を受信し（パルスエコー法），逐次表示することで，海底面や魚群などを画像化する。下図は，単一トランスデューサからなる魚群探知機が自船航行により撮像を取得する様子を示している。

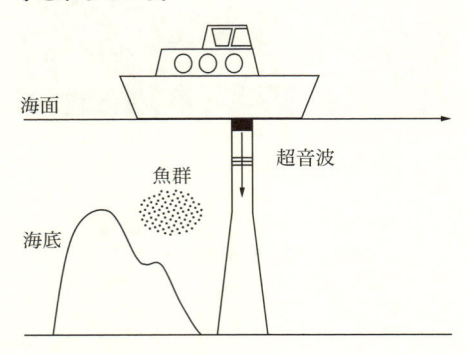

C．距離分解能とパルス幅
パルスエコー法で測深（測距）を行う場合，その最小距離分解能は，送信パルスの幅に依存することが知られている。次図(a)では，超音波パルスを海底に向けて照射し，深度の異なる二つの対象物AおよびBからの反射波を受ける。その受信パルスの模式図が図(b)である。AとBを別の対象物として認識できるためには，xが1波長の間隔（パルス幅）以上離れる必要がある。

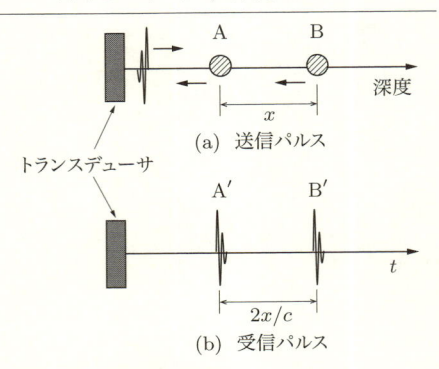

(a) 送信パルス

(b) 受信パルス

D．指向性と方向分解能
トランスデューサからの超音波ビームの指向角 θ は，半径 D 〔m〕，波長 λ 〔1/m〕とすると，次式で示される。

$$\theta = \lambda/D$$

これを用いて，トランスデューサから L だけ離れた場所での超音波ビームの幅 X_0 〔m〕は

$$X_0 = (\lambda/D)L$$

となる。これより，方向方向に並ぶAとBを異なる対象物として認識するためには，$X > X_0$ となる必要がある。

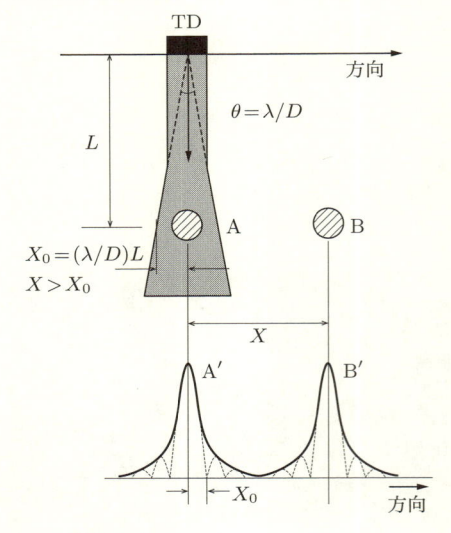

E．撮像方式
水中超音波イメージングでは，基本構成で示したトランスデューサの直下を見る方式（シングルビームソーナー）のほかに，送受信の方式により異なる撮像方式がある。サイドスキャン

ソーナー，マルチビームソーナー，3次元ビデオソーナーなどがよく知られており，用途により使い分けられる。いずれの方式においても，海中を見る場合，トランスデューサを船舶などの移動体に取り付け，船舶を航行させながら水中に超音波を照射し，海底など対象物からの反射音波を受信し，逐次水中を画像化する。

（1）シングルビームソーナー 「A. 水中超音波イメージング」に記述したとおりであり，単一のトランスデューサを用いて音波を連続して送受信する「線的」な測深を行うものである。用途としては，深浅測量，魚群探知が多いが，航行中の水深確認としても利用されている。なお，船体の位置情報を取得するためにGPSを，また，船体の動揺を取得するためにモーションセンサを搭載しており，音響計測とともにそれらのデータを収録する。後処理によりグローバル座標系に座標変換することで，海中のイメージングが可能となる。

（2）サイドスキャンソーナー 単一のトランスデューサを用いて，斜め下方向に音響ビームを照射し，対象物からの反射信号波形を順次並べ，その強弱を濃淡で表示する方式である。非常に細かい起伏や海底面の底質を表現できる。

斜方視であるため，広い範囲を一度に可視化でき，広域探査向きである。用途は海底面調査全般にわたり，特に，漁礁や藻場などの調査，底落下物調査，設ケーブルルート調査，底質判別調査海底地形調査や，沈底物の探査などに使用される。

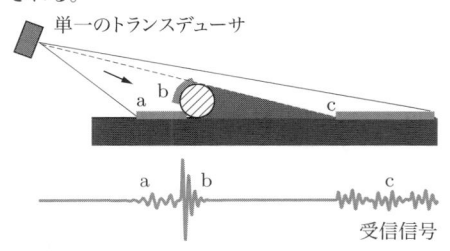

（3）マルチビームソーナー トランスデューサから船舶の左右両舷方向に広く，前後方向に狭い扇型の音響ビームが送信される。一方，海底から反射した音波は，船舶の左右両舷方向に狭く，前後方向に広い，多数の音響ビームで受信される。これらの送信ビームと受信ビームはクロス合成され，複数の鋭い音響ビームが形成される。

なお，マルチビームソーナーでは，船体の位置情報を取得するためにGPSを，また，船体の動揺を取得するためにモーションセンサを搭載しており，音響計測とともにそれらのデータを収録し，後処理によりグローバル座標系に座標変換することで，海中を「面的に」画像化できる。海中の落下物などの突起の抽出や，法面などの複雑な地形の調査，土量計算などに使用される。

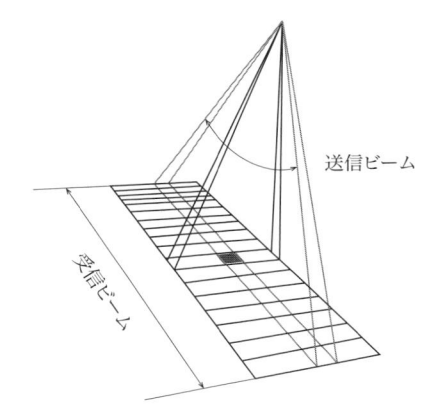

（4）3次元ビデオソーナー 水中空間を3次元として捉え，リアルタイムで画像を逐次更新する。人間の視覚に近い視認が実現するイメージングである。さらに，船体の位置情報を上述と同様に取得すれば，視認情報から測量データを提供することが可能となる。

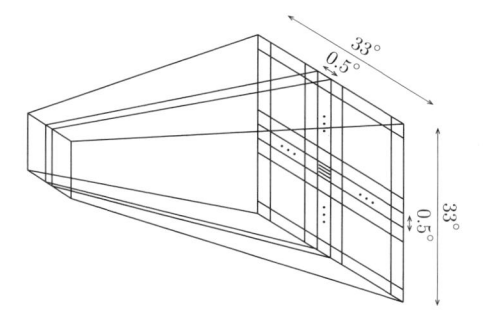

◆ もっと詳しく！
海洋音響学会 編：海洋音響の基礎と応用，成山堂 (2004)

重要語句　隙間，可動部，音響透過損失，共鳴，多孔質型吸音材料，吸音処理

隙間の音響学
[英] sound transmission through aperture

隙間は，窓やドアなどの可動性が重要となる建具の周囲に生じる場合があり，建物の遮音性を劣化させる要因となりうる。これらの隙間がなるべく生じない設計とすることは重要であるが，実際の状況においては，可動性を確保するために余裕を持った構造とすることも必要である。このため，実設計では，戸当たりゴムなどにより可動部の隙間をなくしたり，多孔質型吸音材料などを活用して遮音性能を確保したりすることが必要になる。

A．隙間による遮音劣化

隙間は微小であり，目視で確認できないため，隙間を介した音響透過を認識することは容易ではない。音響インテンシティ法を利用し，アルミサッシ窓からの透過音を計測した事例を示す。100 Hzにおいては，ガラス板からの音響透過が卓越しているが，5 kHzにおいてはサッシ部位から，より多くの音響エネルギーが透過している。これは，サッシの可動部における隙間を介した透過音によるものである。

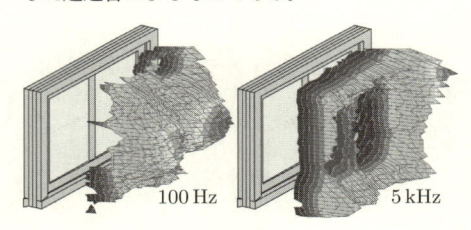

B．隙間を介した音響透過

隙間を介した音響透過を予測するため，Gompertsらは，理論解をベースとした計算法を考案している。これは，隙間内部を単純な1次元音場と仮定し，その内部における音波伝搬を考慮した計算法であるため，簡便に利用できる反面，複雑な隙間形状の音響透過特性の予測には利用できないといったデメリットも有する。さまざまな断面形状を有する隙間を介した音響透過の影響は，音響模型実験や波動理論に基づいた数値計算を活用することによって予測することができる。ここでは，隙間の音響透過特性について，理論解や実験結果[1]を交えて紹介する。

（1）単純な隙間形状　単純な直線形状を有する隙間において，経路長が異なる隙間の音響透過損失（transmission loss）を次図に示す。

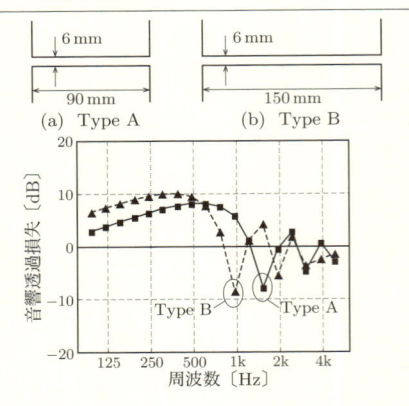

なお，ここに示したのはGompertsらに示された理論解を用いた計算結果である。

隙間を介した音響透過において問題となるのは，隙間内部の共鳴現象による，音響透過損失の著しい低下である。例えば，Type Aの場合，1次共鳴周波数の1.6 kHzにおいて遮音性能が低下している。Type Bでは，隙間の経路長が150 mmと長くなったことで，遮音性能の低下する周波数が1 kHzへ低下している。最も低い1次を基本周波数として，整数倍の周波数で高次の共鳴が生じるのも，隙間を介した音響透過の特徴である。

（2）複雑な隙間形状　例えば，窓のアルミサッシ内部には空洞が存在している場合もあり，隙間を介した透過音は複雑な性状を示す。空洞の大きさが異なる3パターンの隙間形状の音響透過損失を下図に示す。なお，ここに示したのは，隙間の実大模型を利用した実験結果である。

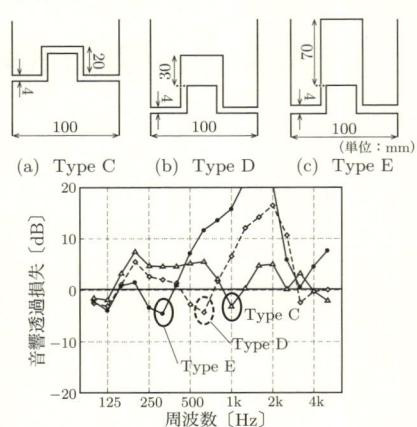

Type C は，曲がり形状ではあるが，隙間幅が一様であるため，直線状の隙間とほぼ同様の考え方で取り扱える。この場合には，隙間の総経路長（132 mm）に対応する 1 kHz 帯域において，1 次共鳴周波数を有する特性となる。Type D および Type E では，共鳴周波数が Type C と比べて低下している。これは，空洞部分で隙間幅が拡大することによる影響である。Type E では，1 次共鳴周波数は 315 Hz へ低下しているが，500 Hz 〜 2 kHz 帯域における遮音性能は向上する。

C. 隙間の吸音処理による遮音性能の向上

隙間による遮音性能の低下は，隙間内部を多孔質型吸音材料（⇒p.164）によって吸音処理することで改善できる。

（1）基本的な吸音効果 隙間内部を吸音する場合には，隙間経路の片側もしくは両側に吸音材の配置スペースを確保することが容易である。下図に示すように，基本形状の隙間（Type F），および隙間経路の片側に吸音材（密度 96 kg/m^3 のグラスウール）を配置した隙間（Type G, H, I），計 4 パターンの音響透過損失を示す。Type F は 1.6 kHz 帯域に 1 次共鳴周波数を有する基本的性質を示すが，Type G, H, I では，1 kHz 以上の周波数領域において遮音性能が改善している。また，吸音材厚みを最も厚くした Type I では，Type G と比較して，より低い周波数領域（500 Hz 帯域程度）から吸音効果が表れている。

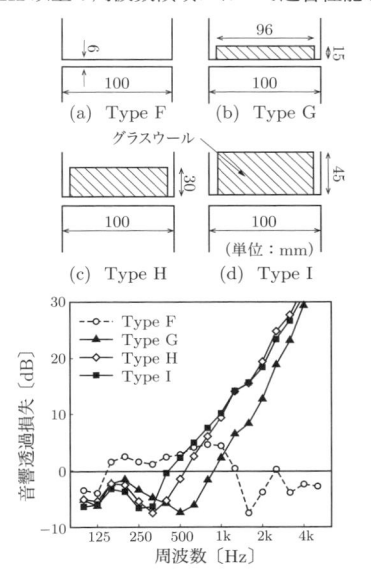

（2）ドア周囲の隙間吸音処理 ドアは，可動性を確保するために建物躯体との取り合い部に余裕を持った構造となり，当部位に隙間が生じる場合がある。ドア板周囲の隙間に対して，グラスウールによる吸音処理を施した場合の効果を計測した事例を示す。なお，ここで示すのは，ドアの内側・外側近傍における特定場所間音圧レベル差（sound pressure level difference）である。

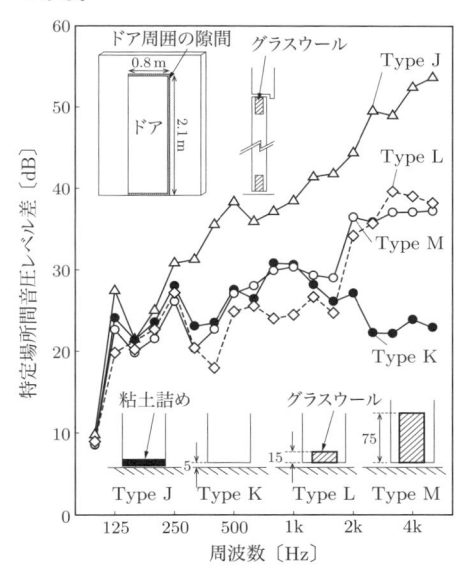

Type J は隙間を粘土詰めした条件であり，ドア板そのものの遮音性能を表している。これに対して，隙間の生じた Type K では，遮音が大幅に低下する。隙間内部を吸音した Type L, M では，ドアそのものの遮音性までの改善は見込めないものの，1 kHz より高い周波数領域において 10 dB 以上の遮音改善効果が得られる。

◆ もっと詳しく！

1) T. Asakura, et al.: "Improvement of sound insulation of doors or windows by absorption treatment inside the peripheral gaps", *Acoust. Sci. Tech.*, **34**, 4, p.241 (2013)

重要語句 フィードバックシステム、評価構造、インパルス応答、室内音響指標、ST (support)、3次元音場再現システム、ロングパスエコー

ステージ音響
[英] stage acoustics

コンサートホールにおいて音楽芸術を創造する立場である演奏家にとって、ホールの響きは演奏表現に影響を与えうる重要な条件である。演奏家にとって望ましい響きとはなにか、それをどのように実現できるか、ステージ上の音響効果に着目するステージ音響について解説する。

A. 演奏家の心理

演奏家は音に関わる高度な技能を持った芸術家であり、ホールに対する演奏家の要請を知るには以下の点に留意する必要がある。

（1）ホールとの相互作用 演奏家にとって、コンサートホール（⇒p.206）の音響空間は聴衆に音楽を伝えるための道具である。演奏家は楽器を自在に操ることで音楽を表現し、ホールの音響空間を感じながら表現を調整し、音響空間を介して聴衆に音楽を伝える技能を持つ。この技能において、演奏家は音響空間を道具として用いると同時に、その特徴を感じ取っている。

演奏家は音を聞くと同時に発しており、ホールと演奏家との間には相互作用的な関係がある。演奏家とホールとの間には、二つの**フィードバックシステム**の存在が想定される。一つは、ノイズ下の発話音量の増大のように、特定の環境下で反射的に起こるフィードバック、もう一つは、演奏意図や経験的知識などが関係する後天的フィードバックである。演奏家は、おもに後者の後天的フィードバックにおいて、聴覚情報から音楽表現やホールの音響空間を認知し、これらや経験的知識をもとに聴衆に届く音を推測しながら演奏する音楽のイメージをつくり、ホールの音響に応じた調整を意識しつつ、身体運動に反映させる。この後天的フィードバックの働きは、演奏家固有の技能といえる。

（2）ホールの評価 上述のように、外部環境との循環的関係を無視できないこと、個別の経験によって培われた後天的技能に裏付けられていることが、演奏家の音響空間の認知の特徴である。日常の演奏活動では、演奏家が認知した音響空間の特徴は演奏表現に反映されており、必ずしも言語化されているわけではないが、言語として抽出するための手続きを工夫すれば演奏家が感じるホールの特徴を知ることができる。

下図は、オーボエ奏者1名についてホールの**評価構造**を調べたものである。演奏家はホールに対して多様な特徴を感じていること、それが独特な言葉として表現されることが表れている。このような評価構造は演奏家ごとに異なっている。ステージ音響において心理評価を調べるには、演奏家は経験を通じて構築された各人に固有の認知構造を持つことや、言語と感覚との対応付けにも個人差があることが重要なポイントである。

B. ステージ音響指標

ステージ上の音響特性の分析・評価には、室内音響の標準的な手法である**インパルス応答**（⇒p.16）の測定が行われる。ただし、演奏者自身に対する響きの特性においては、音源点（楽器）と受聴点（演奏者の耳）が近接していること、すなわち、インパルス応答において直接音が卓越していることが、客席で測定するインパルス応答とは大きく異なる。そこで、残響時間のよう

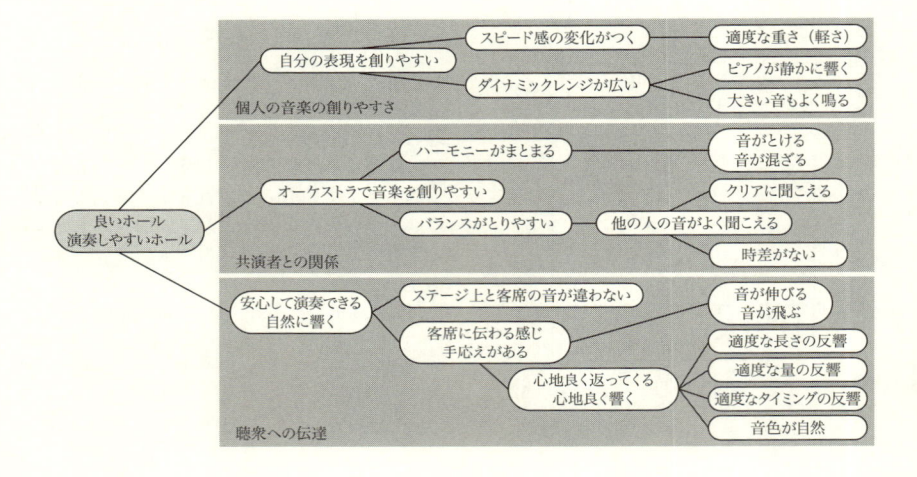

な各ホールに固有の**室内音響指標**（⇒p.220）に加えて，ステージ音響に特有の指標として，反射音のエネルギーを定量化する**ST**（**support**）が提案されている．直接音到達後 100 ms 以内の初期反射音エネルギーを表す $\mathrm{ST_{Early}}$（early support），100 ms 以降の残響音エネルギーを表す $\mathrm{ST_{Late}}$（late support）が以下の式で定義されている．

$$\mathrm{ST_{Early}} = 10 \log_{10} \left\{ \frac{\int_{20\mathrm{ms}}^{100\mathrm{ms}} h^2(t)dt}{\int_{0}^{10\mathrm{ms}} h^2(t)dt} \right\} \text{〔dB〕}$$

$$\mathrm{ST_{Late}} = 10 \log_{10} \left\{ \frac{\int_{100\mathrm{ms}}^{1\,000\mathrm{ms}} h^2(t)dt}{\int_{0}^{10\mathrm{ms}} h^2(t)dt} \right\} \text{〔dB〕}$$

ここで，$h(t)$ は，ステージ上の無指向性音源の中心から 1.0 m の距離において，無指向性マイクロホンで測定したインパルス応答とする．

$\mathrm{ST_{Early}}$ は初期反射音によって直接音が補強される程度を表す．ステージ周囲の反射面の影響を評価する際に有効であり，アンサンブル演奏に求められる条件，特に他の演奏者の音の聞きやすさに関係する．$\mathrm{ST_{Late}}$ は残響音の量を表しており，残響感，すなわち演奏者が感じるホールの音響効果に関係する．

ステージ上の響きは，「板一枚」で大きく変わるといわれており，上記の指標，特に $\mathrm{ST_{Early}}$ は，ステージ上の位置の違いや浮雲，ひな壇など付帯装置の設置条件の違いを反映しうる指標である．ただし，楽器の指向性や演奏者の向きによって変わるような響きの特性や，他の奏者との位置関係が関わる音の聞こえを反映するわけではないことには，留意する必要がある．また，ステージ床の音響特性については，指標化はされていないものの，楽器からの音の放射や演奏感覚と関わる重要なステージ音響要素である．

C．ホールの響きと演奏家の評価との対応

物理的な音響条件と演奏者の感覚・心理量との関係を実験的に調べるには，演奏音に対してリアルタイムに響きを合成してフィードバックする必要があり，空間性，音質，時間遅延などの面で高性能な **3 次元音場再現システム**が用いられる．このようなシステムを用いた実験研究などによって，ステージ上の音響特性と演奏家の感覚については，以下のような対応関係が導かれている．

（1）初期反射音　初期反射音は直接音を補強する役割を果たす．日常的な室空間に比べて，コンサートホールは空間が大きく，反射面までの距離が遠いため，一般に音量が小さく感じられ，音が聞きにくい状況になりやすい．したがって，ステージ周囲や上部からの初期反射音を供給することにより，演奏者自身の音および他の演奏者の音を聞きやすくすることが求められる．特に，アンサンブル演奏において，他の演奏者の音の聞きやすさに初期反射音エネルギーが関係する．

加えて，初期反射音は，空間の大きさの印象や音色にも関係するといわれている．反射音エネルギーが大きければ，音量感は増すが，過度に大きければ楽器そのものの音（直接音）のニュアンスや表現が聞き取りにくくなる．したがって，適正範囲内の条件が好まれる．初期反射音のパターン（時間構造）や遅れ時間も音色や音の聞こえ方に影響するが，主観印象との詳しい関係は解明されていない．

（2）残響音　残響音はそのエネルギーが大きいほど残響感が増し，演奏者もホールの音響効果を感じやすくなる．アンサンブル演奏においては，他奏者の音とのハーモニー（音のまとまり）をつくることを助ける反面，過度に大きければ他の演奏者の音の聞きやすさを阻害する．総じて，心地良く演奏するための条件としてある程度の残響音は必要とされるが，音楽表現を伝えるという面では明瞭性も必要であるため，適正範囲内の条件が好まれる．これらの残響音の効果に対しては，響きの長さ（残響時間）よりも量（残響音エネルギー）の影響が大きいことが示唆されている．

（3）ロングパスエコー　中規模以上のホールでは，ステージから発せられた音が客席の後壁で反射してステージ上に到来し，いわゆる**ロングパスエコー**が生じることがある．このロングパスエコーは遅れ時間が長いために直接音と分離して聴取され，エコー障害の原因として排除すべきとされている．一方で，適度な遅れ時間と強度を持つロングパスエコーは，演奏の支えを感じる，演奏表現が客席に伝わる（音が伸びる，通るなどの言葉が使われる）などの演奏者の主観印象に寄与している．

演奏者のためのホールの音響設計としては，従来，ステージ周囲の反射面の工夫によって十分な初期反射音を供給することに主眼が置かれてきたが，残響音やロングパスエコーも演奏感覚に大きく影響する音響条件であり，ステージ音響の重要なパラメータである．

◆ **もっと詳しく！**

上野佳奈子　編著：コンサートホールの科学，コロナ社 (2012)

重要語句 動電形，ポリフッ化ビニリデン（PVDF），誘電体エラストマー，圧電コンポジット，熱音響効果

スピーカの新技術
[英] new technologies for loudspeaker

動電形スピーカや静電形スピーカなどのすでに実用化されたスピーカとは異なる駆動原理や構造のスピーカが，近年開発されている。

A．スピーカの開発史

スピーカは黎明期にまで遡ると1世紀を超える開発の歴史があり，その間にさまざまなスピーカ用の技術が開発されてきた。しかし，その歴史の長さに比べると，製品化されているスピーカの駆動原理には多様性が少ないといわれる。なぜなら，市場に流通するスピーカの多くは，**動電形**と呼ばれる可動コイルと磁石とを組み合わせた変換機構に基づいており，これは1925年にC・ライスとE・ケロッグによって発明された古典的な構造だからである。その後，幾多のスピーカ技術が開発されたものの，動電形スピーカがスピーカの主役の座から退くことがなかったのは前述のとおりである。

しかし，大きな成功を収めた動電形スピーカにも解決すべき課題は存在する。磁石やボイスコイル，エンクロージャを用いた動電形スピーカの構成は重量や容積が増加しやすいため，近年活況を呈している携帯用機器やフレキシブルデバイスへの搭載には不向きである。今後ますます利便性が求められる生活環境を考慮すると，従来スピーカの制約を打破できる新技術への期待は大きい。品質と機能性（薄さ，軽さなど）を両立させた新しい技術の開発が，今後のスピーカ技術の目標である。

B．高分子を用いた発音体

高分子材料は成形の自由度が高く，大量生産によって製造コストを大幅に下げられる利点がある。一方，動電形スピーカの磁石に用いられているネオジムは稀少な元素であるため，高分子を用いたスピーカの実用化がもたらすインパクトは大きい。

高分子を用いた発音体として最もよく知られているのは，圧電性を持たせた**ポリフッ化ビニリデン（PVDF）**である。PVDFの音響分野への応用の歴史は長いが，超音波トランスデューサ（⇒ p.298）や圧力センサなどスピーカ以外への応用が多かった。ところが近年，スピーカとしての開発例が多数報告されている。その理由の一つとして，電極材料の透明化技術の進展が挙げられる。発音体用途に用いられる100〜1 000 μm程度の厚さのPVDFフィルムは透明な材料であるが，フィルムの厚み方向に電界を印加して逆圧電効果を用いて駆動するため，従来はPVDFの表裏一面にアルミニウムや金などで不透明な電極層を設けていた。しかし，ポリエチレンジオキシチオフェンや酸化インジウムスズなど，透明度の高い電極材料の利用が容易になり，透明な発音体が身近になってきた。透明な発音体は，デジタルサイネージやディスプレイとの組合せなど，応用範囲が広く，早期の実用化が期待される。PVDFを用いた透明スピーカを下図に示す。

ゴム状の弾性を有するエラストマー素材を基板に用いることで，発音効率を高める**誘電体エラストマー**の検討もなされている。誘電体エラストマーはエラストマー基板の表裏両面を電極で挟むシンプルな構造であり，柔軟なアクチュエータ用の素材を応用したものである。駆動の原理は電歪効果による基板の変形であり，直流バイアス電圧を変調することで変形量・変形速度を制御できる。下図に，誘電体エラストマーの動作原理に基づいて，フィルム状に加工した基板の厚み方向の変化が，面方向の変形に変換される様子を示す。

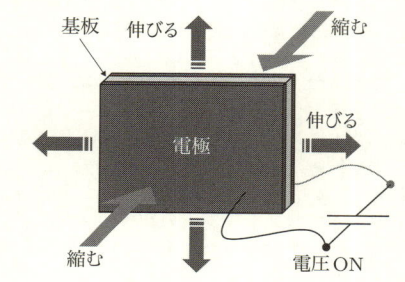

基板の特性によっては，面方向への変化が300％というきわめて大きい変形量を有する。これまでに，アクリルやシリコンをベースにしたエラストマーや，ポリウレタンエラストマー

による研究が報告されている．ポリウレタンを用いた誘電体エラストマーを下図に示す．

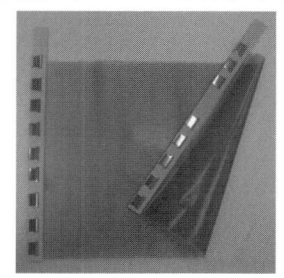

さらに，面方向への変化を効率的に発音に利用するため，誘電体エラストマー発音体の裏面構造を減圧して機械的なバイアスをかけたり，プッシュプル型の構造を導入するなど，スピーカとしての構造や形状の工夫が重ねられてきた．今後，軽量・省スペースなスピーカを必要とする分野への応用が期待される．誘電体エラストマーを用いたプッシュプル型スピーカを下図に示す．

さらに，粘弾性ポリマーと圧電セラミックスを組み合わせた**圧電コンポジット**によるフィルム状の発音体も開発されている．この素材の特徴は，弾性係数の周波数依存性を利用して，周波数ごとに放射効率を最適化している点にあり，従来の電気音響変換理論と新素材の特性とを統合した，ハイブリッドな着眼点の研究として注目されている．

C. 熱音響効果に基づいた発音体

熱音響効果（⇒ p.354）は，機械的な振動を必要としない発音原理である．熱音響効果に基づく発音のメカニズムは，発熱電極で発生したジュール熱が電極に接する空気に伝導し，空気の密度が変化する現象である．ここで，発熱電極で発生するジュール熱を音声信号の変化に追随するように変調すると，発熱電極に接した空気は音声信号に従って密度の増減を繰り返し，結果として音声信号に従った疎密波が生じるため，音波が発生する．なお，発生するジュール熱は，入力信号を2乗した特性を持つことになるので，交流信号を直接入力すると周波数が変化してしまうことに注意を要する．入力信号と出力音圧の関係を下図に示す．

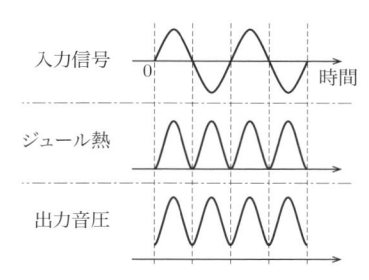

20世紀の初頭にはすでに熱音響効果の研究報告が存在しており，プラチナなどの金属薄膜に電圧を印加し，熱音響効果による発音モデルと実験結果が比較されている．20世紀末になると，発達した半導体プロセス技術を活用して，熱音響変換を高効率化するための構造が提案されるようになった．その一つが，発熱電極の背面を低熱伝導率のポーラスシリコンで構成し，発熱電極表面からの熱伝達の効率を向上させる工夫である．また，発熱電極表面に微細なひだを設けたり，クモの巣状に加工するなど，電極を立体的に成形することで，実効的に発熱電極と空気の接触面積を増やし，発音効率を向上させる提案もなされている．

電極材料の工夫では，カーボンナノチューブを用いて透明かつ柔軟な，フィルム状の発音体を開発した例がある．

さらに，熱音響効果に基づく発音の特徴として，可聴帯域を超える音波の発音が可能な点が挙げられる．これまでにさまざまなグループから報告されているように，100 kHz程度までの周波数領域で考えると，熱音響効果による発音は高周波になるほど音圧が上がることが知られており，超音波トランスデューサとしての応用も期待される．

◆ もっと詳しく！

大賀寿郎：オーディオトランスデューサ工学，コロナ社 (2013)

重要語句 漏洩，明瞭度，サウンドマスキング，妨害

スピーチプライバシー
[英] speech privacy

　スピーチプライバシーは会話に含まれる「個人情報の漏洩」や執務を妨害する「会話の侵害」の感覚を表す主観的印象として使用され，その程度は会話の不明瞭度に対応する。

A. スピーチプライバシーの評価

　スピーチプライバシーは執務の邪魔になる感覚（侵害）と，その場所における会話の秘話性の感覚（漏洩）に分けられる。この主観的印象は会話の不明瞭度と関連があるため，会話音声の不明瞭度評価をもとに，それぞれの主観的印象に対応した明瞭度の数値が求められる。会話音声の不明瞭性の程度については，「会話は聴こえるが，単語は理解できない」「会話中の単語が聞き取れるが，文全体は理解できない」など，会話が聞こえてくるときの状態を表すカテゴリーが使用されている。米国試験材料協会（ASTM）のASTM E1130（2008）では，執務の妨害感を感じない程度を Normal，よりプライバシーのレベルが高い個人情報が漏洩していない程度を Confidential と定義している。また，会話の内容が理解できるかどうかは，受聴者の態度，すなわち会話に注意を向けているか，いないかによって変わるが，American National Standard T.1-523-2001 におけるスピーチプライバシーの定義で述べられているように，注意を向けていない状態と考えることが一般的である。近年，個室間の会話の漏洩の評価を目的に，会話に注意が向いた状態における高い不明瞭性を評価する，スピーチセキュリティという用語が使用され，会話が聞き取れない状態までを含んだ

- Intelligible：単語が一つ聞き取れる
- Cadence：会話の抑揚が聞き取れる
- Audible：音声が聞き取れる

を評価する ASTM E2638（2010）が規格化された。スピーチセキュリティは，スピーチプライバシーよりも不明瞭度が高いレベルを評価対象としている。

　オフィスにおけるスピーチプライバシーの評価を目的とした ISO 3382-3 においては

- 侵害：Distraction（妨害感）
- 漏洩：Privacy（個人情報の保護感）

の用語が使用されている。

　「漏洩」の主観的印象と明瞭度指標の関係について，「個人情報の保護感」と単語了解度を李らが実験により求めた結果を下図に示す。また，執務に対する「妨害感」と明瞭度との関連が検討され，ISO 3382-3 において STI：0.5 が提案されている。

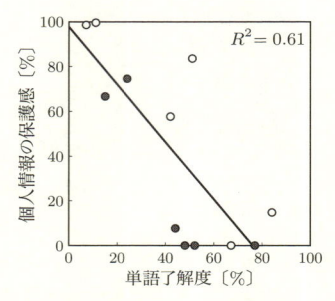

　物理指標については，下図に示すように，会話侵入音の大きさ（T：target）と暗騒音の大きさ（M：masker）の比（TM 比）で，明瞭度が決まることから，従来の物理明瞭度指標が使用されている。

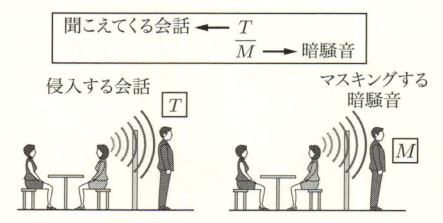

ISO 3382-3 においては Speech Transmission Index（STI）が，また，ASTM においては以下の指標が使用されている。

- A特性音圧レベル差（L_A）
  $$L_A\text{〔dB〕} = T\text{〔dBA〕} - M\text{〔dBA〕}$$
  T：A特性の会話音声レベル
  M：A特性の暗騒音・マスキング音レベル
- 明瞭度指数（AI）とプライバシー指数（PI）
  $$AI = \frac{1}{30}\sum_b wb*[12+\min(\max(Tb-Mb, -12), 18)]$$
  $$PI = 1 - AI$$
  Tb：会話音声のバンドレベル
  Mb：暗騒音・マスキング音のバンドレベル
  wb：周波数の重み係数

- SNRuni32（$Xw(-32)$）
$$Xw(-32) = \sum_b wb * \max(Tb - Mb, -32)$$

SNRuni32はスピーチセキュリティの評価を目的に，明瞭度だけでなく音声の抑揚や会話音声の検知源に使用され，会話内容の了解性から会話音声の聞き取りの有無まで，幅広い明瞭性の感覚に対応可能であることを，B.N. Goverらが示している。SNRuni32では，バンドごとの評価下限値をAIの-12 dBから-32 dBまで評価している。明瞭度の評価用語に対する物理指標の目標値を下表に示す。また，オフィスの音環境評価を目的に提案されているISO 3382-3ではSTIが0.5となる距離を作業妨害距離，そして0.3となる距離をプライバシー距離として評価を行っている。

明瞭性の感覚	物理指標の目標値
Normal Privacy	AI：0.15，STI：0.5
Confidential Privacy	AI：0.05，STI：0.3
Intelligible	SNRuni32：-16 dB
Cadence	SNRuni32：-20 dB
Audible	SNRuni32：-22 dB

B. スピーチプライバシーの音響設計

音響設計では，スピーチプライバシーの物理指標であるTM比をもとに検討を行う「ABCルール」が知られている。会話の明瞭性はターゲット音Tの減衰と暗騒音やマスキング音Mの増加によって制御可能であることから，ABCルールは

1. 吸音処理による音の減衰（**A**bsorb）
2. 直接音・反射音の建築的な遮断による減衰（**B**lock）
3. 暗騒音やマスキング音による侵入音のマスキング（**C**over-up）

からなる項目をもとに設計を行うもので，それぞれの設計の頭文字をとってABCルールと呼ばれている。この設計の考え方は，公共空間においても，響きを適正に制御する必要があるとの根拠ともなっている。ABCルールの建築音響的な解釈については，羽入が詳述している。また，スピーチプライバシーは，室内音響特性だけでなく暗騒音の大きさによっても変化するということに特徴があり，暗騒音の制御を目的とした**サウンドマスキング技術**（⇒ p.402）が北米で開発された。北米では使用する音源として空調音と類似した疑似空調音が多く用いられているが，近年，より小さい音で不明瞭化を可能にするための研究が多く行われ，マスキング効率が高い音声マスカ（音声の特徴を持つマスキング音）や，環境の快適性を考慮した環境音と音声マスカをミックスしたミックスマスカなどが開発され，使用されている。

C. 建築設計への応用

会話の漏洩対策は，個人情報を多く扱う薬局や診察室などの医療施設で実施されている。ABCルールに基づいたスピーチプライバシーの設計例（薬局）を下図に示す。

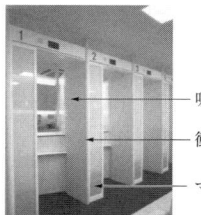

吸音処理（absorb）
衝立（block）
マスキング音の再生（cover-up）

写真提供：クオール株式会社

一方，**妨害感**については，執務効率の向上を目的としたオフィスの会議室やオープンプランのオフィスで検討が行われ，衝立などの遮音対策とマスキング音を組み合わせた対策の検討が進んでいる。

ABCルールの目的は妨害や漏洩が感じない程度に，聞こえてくる会話を不明瞭にすることにあり，遮音設計と同じように二つの空間を遮断する音響技術として考えることができる。両者を比較して考えると

- 遮音設計：音圧レベルを低減することで，音を聞こえなくして遮断する
- ABCルール：不明瞭化することで，会話音声の情報を消して遮断する

となり，ABCルールは，建築的にはオープンな空間でありながら，設計上の工夫を行えば，空間を心理的に遮断する環境制御技術と考えることもできる。

◆ もっと詳しく！

1) 清水 寧：執務空間における音環境の最適化技術，電子情報通信学会誌, **96**, 8, pp.643–648 (2014)
2) 日本建築学会室内音響小委員会 第72回音シンポジウム，スピーチプライバシーの評価と制御—音声情報漏洩の観点から (2013)

| 重要語句 | 非言語情報，パラ言語情報，音声分析合成，音声特徴量，声道特徴量，音源特徴量，言語情報，発話様式，感情表現 |

声質変換
[英] voice conversion

入力された音声波形に対して，言語情報を保持しつつ，所望の非言語情報やパラ言語情報を変換する処理を施す技術。統計的手法に基づく変換処理を用いることで，さまざまな非言語情報・パラ言語情報を対象とした変換処理が可能となる。

A. 声質変換の仕組み

入力された音声波形に対して，所望の**非言語情報**や**パラ言語情報**（⇒p.366）のみを変換する処理を施すために，**音声分析合成**（⇒p.122）の枠組みを利用して，変換処理が行われる。声質変換の仕組みを以下に示す。

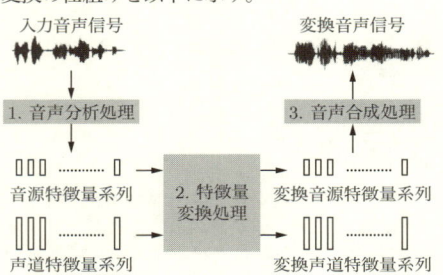

1. 音声分析処理 入力された音声波形に対して，音声分析処理を施し，**音声特徴量**の時系列を抽出する。代表的な音声特徴量として，以下の二つがおもに用いられる。

声道特徴量：音声生成過程における声道の共振特性を表すものであり，音韻や声色など，音声の音色に影響を与える。音声スペクトル包絡パラメータがよく用いられる。

音源特徴量：音声生成過程における音源信号の特徴を表すものであり，声の高さやかすれ具合などに影響を与える。基本周波数パラメータや，非周期成分パラメータなどがよく用いられる。

2. 特徴量変換処理 抽出された各音声特徴量系列に対して，**言語情報**は変化させず，所望の非言語情報・パラ言語情報のみを変化させるような変換処理を施す。ただし，声道特徴量・音源特徴量ともに，言語情報・非言語情報・パラ言語情報の影響が混在するため，各音声特徴量に対して，所望の情報に関連する要因のみを変換する仕組みが必要となる。

3. 音声合成処理 変換された音声特徴量系列から，音声合成処理を用いて音声波形を再合成することで，変換音声信号を生成する。

声質変換の入力として，音声波形のみを取り扱う枠組みが主流であるが，音声波形に加えて対応する言語情報も併用する枠組みもある。

B. 音声特徴量の変換処理

音声特徴量の変換処理として，規則に基づく変換処理と統計的手法に基づく変換処理がある。

（1）規則に基づく変換処理 時間的に変化しない一律な規則に基づく変換処理を用いることで，言語情報を保持した変換が可能となる。代表的な例として，音声スペクトル包絡パラメータに対する周波数軸伸縮処理と，基本周波数パラメータに対する定数倍処理がある。

音声スペクトル包絡パラメータを周波数軸方向に一律に伸縮させることで，声色を変化させることができる。周波数軸を低域方向に縮めると，声道の共振周波数が低くなり，あたかも声道長を長くしたかのような音声スペクトル包絡パラメータへと変換できる。逆に，周波数軸を高域方向へ伸ばすと，声道の共振周波数が高くなり，声道長を短くした際の音声スペクトル包絡パラメータへと変換できる。一方で，基本周波数パラメータを一律に定数倍することで，基本周波数の時系列パターンで表現されるアクセント情報などは保持したまま，声の高さを変化させることが可能である。さらに，両変換処理を組み合わせることで，男性から女性の声への変換や，その逆の変換を行うことも可能である。

単純な規則に基づく変換処理では，変換可能な非言語情報およびパラ言語情報は限定される。例えば，ある話者の声を別の特定の話者の声へと変換する話者変換処理を実現するためには，声道長や声の高さを一律に変化させるだけでは不十分であり，各話者が個々の音韻を発音する際の調音の仕方なども適切に変化させる必要がある。しかしながら，そのような複雑な変換処理を行う規則を定義するのはきわめて困難である。

（2）統計的手法に基づく変換処理 統計的手法に基づく変換処理では，時間的に変化する音韻情報に応じた変換など，複雑な変換処理を実現することができる。そのため，さまざまな非言語情報およびパラ言語情報を対象とした変換処理が可能となる。学習データを活用することで，各音声特徴量に対して，言語情報に関連する要因は変化させず，所望の非言語情報・パラ言語情報に関連する要因のみを変化させる変換関数を自動的に決定する。

統計的手法に基づく変換処理の仕組みを以下に示す。学習データの構築処理，変換関数の学習処理，特徴量変換処理により構成される。

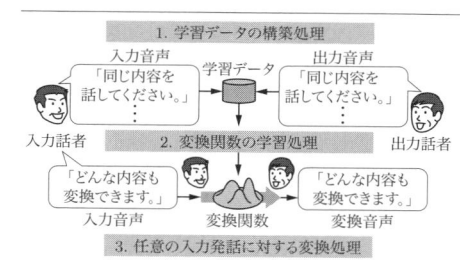

1. 学習データの構築処理　同一の言語情報を共有し，所望の非言語情報・パラ言語情報のみが異なる入力音声データと出力音声データの発話対を用意する。例えば話者変換処理を実現する場合には，入力話者と出力話者が同一内容を発声した入力・出力音声データ対を用いる。このようなデータを，しばしばパラレルデータ（もしくはステレオデータ）と呼ぶ。

入力音声および出力音声に対して音声分析処理を施し，入力音声特徴量系列および出力音声特徴量系列をおのおの抽出する。上記のような話者変換処理を対象とする場合，入力話者と出力話者の発話速度が異なるため，入力音声と出力音声は時間的に同期しない。そのため，入力音声特徴量系列と出力音声特徴量系列に対して，音声スペクトル距離尺度に基づく動的時間伸縮処理などを施すことで，時間フレームの対応付けを行う必要がある。この結果，同一の言語情報を保持しつつ，所望の非言語情報・パラ言語情報のみが異なる入力・出力音声特徴量対が，学習データとして作成される。なお，学習データ構築には，数十文対（時間にして3～5分程度）の音声データが用いられることが多い。

2. 変換関数の学習処理　学習データから，入力音声特徴量系列を出力音声特徴量系列へと変換する変換関数を学習する。変換対象によっては，入力音声の音韻に応じた変換処理が必要となる場合が多く，線形関数に基づく変換関数では十分な変換精度が得られないため，非線形関数や区分線形関数に基づく変換関数が用いられる。学習データを用いて変換関数のパラメータを最適化することで，所望の非言語情報・パラ言語情報のみを変換する変換関数が得られる。

代表的な手法として，確率モデルに基づき変換関数を求める手法がある。例えば，学習データをもとにして，入力特徴量系列 x と出力特徴量系列 y の結合確率密度関数 $p(x,y)$ を，混合正規分布モデルなどの確率モデルによりモデル化しておくことで，任意の入力特徴量系列 x' が与えられた際の出力特徴量系列の条件付き確率密度関数 $p(y|x')$ が導出できる。得られた条件付き確率密度関数に基づき，出力特徴量系列の最小平均2乗誤差推定処理や出力確率密度最大化による推定処理として，変換関数を定める。

3. 任意の入力発話に対する変換処理　学習された変換関数を用いて入力音声特徴量系列を変換することで，入力音声の任意の発話に対して，言語情報を保持したまま所望の非言語情報・パラ言語情報を変換する処理が実現される。時間フレームごとに独立に変換処理を行う枠組みや，発話単位で時系列データに対する変換処理を行う枠組みがある。前者の枠組みでは，オンライン変換処理を容易に実現できる一方で，音声特徴量の時間方向への連続性などを十分に考慮できず，変換精度が低くなる傾向がある。後者の枠組みでは，時間方向の連続性を考慮した高精度な変換処理が可能となる一方で，発話を終えたあとで変換処理を行うことになるため，変換処理に遅延が生じる。ただし，適切な近似処理を導入することで，時間方向の連続性を考慮したオンライン変換処理を実現することも可能である。

統計的手法に基づく変換処理において，しばしば過剰な平滑化という現象が生じる。これは，音声特徴量が元来備えている確率的な変動成分が，統計処理においては雑音と見なされ，除外される現象である。変換誤差などで評価すると，最適な変換特徴量であっても，この変動成分が失われていると，変換音声の音質低下を招く。そのため，変動成分を補償し，過剰な平滑化を緩和する手法が広く研究されている。

C. 声質変換の応用例

統計的手法に基づく声質変換は汎用性が高く，上述の話者変換処理のみでなく，さまざまな非言語情報・パラ言語情報の変換処理へと応用可能である。代表的な例として，狭帯域音声から広帯域音声への拡張による電話音声の高品質化，体内伝導音声から空気伝導音声への変換，発声障害音声から通常音声への変換，**発話様式や感情表現の変換**，雑音抑圧処理としての応用などが挙げられる。また，音声信号から調音運動パラメータの逆推定や，調音運動パラメータからの音声信号生成など，異なるモダリティ間における変換処理への応用も可能である。

◆ もっと詳しく！

戸田智基：確率モデルに基づく声質変換技術，日本音響学会誌, **67**, 1, pp.34-39 (2011)

重要語句 音声生成，声道，母音，音響管，子音，音源フィルタモデル，共鳴

声道模型
[英] vocal-tract model

人間の「声の通り道」である声道を模した物理模型。人間が発する言語音において声道の形状がその響きを決めることから，声道を構成する喉頭，咽頭，口腔，鼻腔の形状を声道模型は模したものになっている。声の「源」となる音源を含めて呼ぶことも多い。

A. 歴史的な背景

声道模型の歴史は古く，18世紀におけるクラッツェンシュタイン（Kratzenstein）とフォン・ケンペレン（von Kempelen）によるものが有名である。特にフォン・ケンペレンは，ふいご，リード，共鳴管からなる機械式音声合成装置を1769〜1791年に製作した。そして1791年には，人間の音声生成（⇒p.110）機構とこの装置について451ページからなる著書を出版している（Dudley, et al. (1950) はアメリカ音響学会誌において，フォン・ケンペレンの偉業を，アナログ回路による音声合成器とともにまとめた）。

1837年，チャールズ・ホイートストン（Charles Wheatstone）はフォン・ケンペレンの装置を改良し復元した。声道は管状の皮革からなり，操作者の手によって声道形状を模擬できるようになっている。肺の代わりとなる「ふいご」によって気流が生み出され，声帯の代わりとなる「リード」の振動が，母音や有声子音のための音源となる。ふいごからの気流は，弁の開閉に応じて，無声子音用に設けられた「笛」にも送られる仕組みとなっている。その復元された装置を見たアレクサンダー・グラハム・ベル（Alexander Graham Bell）は，父親の助けを得ながらベル独自の装置を作ることとなり，そこでの実験がのちの1876年に電話器を発明する礎となった。

20世紀に入ると，千葉勉と梶山正登が，X線による声道の撮像や人工口蓋などを用いて，母音生成時の精密な3次元形状の計測を行った。その成果は，The Vowel（母音）という著書にまとめられ，1942年にTokyo-Kaiseikanより出版された。そこでは，計測した声道の3次元形状を簡素化し，断面が円形の回転体による音響管を日本語5母音について検討している。さらに，その音響管を粘土で製作し，その一端からパルス波を入力することで人間が発する母音と似た音が出力されることを確認している。

その後，梅田規子と寺西立年は，複数の角棒を側面から抜き差しすることにより声道形状を自由に変えられる物理模型を作り，韻質と声質について調べている（日本音響学会誌，1966）。このほかにも，声道模型は，さまざまな話者の多様な声道形状の違いをMRIデータに基づき模擬するなど，音声生成における機構や音響現象の解明などに広く応用されている。

B. 教育分野への応用

声道模型は，教育目的でも利用されてきている。形状の異なる音響管によって，同じ音源からさまざまな母音が作られていくこと自体，純粋な驚きであり，子どもたちから専門家まで音声生成の仕組みを直感的に体験することができる。

実際，世界の科学館や博物館において声道模型が展示されている。例えば，ドイツのミュンヘンにあるドイツ博物館（Deutsches Museum）には，フォン・ケンペレンの機械式音声合成装置がある。アメリカのサンフランシスコにある科学館Exploratoriumでは，カリフォルニア大学バークレー校の教授であったJohn J. Ohalaによる監修のもと，5母音の声道模型と梅田・寺西式の声道模型が体験型展示として公開されている。

一方，前述のThe Vowelの出版60周年を記念して，千葉・梶山による声道模型が荒井隆行（音声研究，2001）によって復元された。下図は，千葉・梶山による模型（左から「イ」「エ」「ア」「オ」「ウ」）である。そして，これらの声道模型やその発展モデル（🖸1）が音声科学や音響音声学などの分野における教育上，有効であることが示されている。

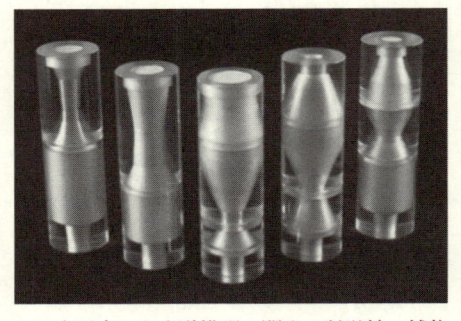

日本国内にも声道模型に関する科学館・博物館での展示はあった。千葉・梶山による声道模型の復元以降，その数は増加している。つぎの写真は「沖縄こどもの国」の例である。ふいごのレバーを押し下げて空気を送り，リードが振動することで作られる音源が声道模型によって母音に変わる様子を体験できる。

声道が屈曲
HS　AP/FL　BL　　　FT

声道がまっすぐ
VTM-T20　　　　　VTM-P10
　　　VTM-S20
VTM-C10　　　UT

0（静的）　1　　3　　10　　∞
　　　　動きの自由度

C. 声道模型の種類

声道模型は，音源に関わる部分と声道模型本体とに大別される。前者については，リード式音源のように物理的な振動を用いる方法のほか，スピーカ出力されるパルス波などを用いる方法もある。リード式音源には呼気やそれに代わるものが必要であるが，ふいごのほか，風船を用いた肺の模型なども用いられている。

右図は，風船を用いた肺の模型と人工喉頭の組合せであり，音源には笛式人工喉頭が用いられている。一般に人工喉頭は電気式のものと笛式のものがあるが，いずれも教具としてたいへん有効である。

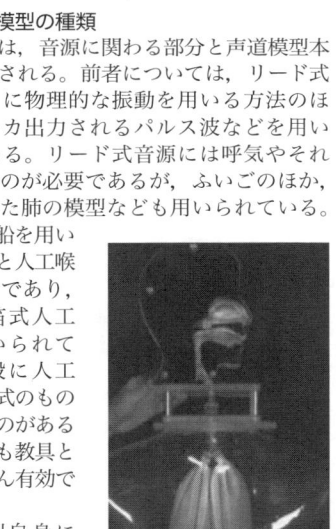

声道模型自身については，形状が固定式のものと可動式のものに大別される。上記で述べた千葉・梶山の声道模型（C10）は固定式である。

一方，梅田・寺西による声道模型（UT）は，側面から角棒を抜き差しできることから，時間とともに声道形状を変えることも可能である。コンピュータ制御により，所望の形状変化を実時間で実現するものも存在する。

声道模型の形状については，簡素化したもの（T20/S20/P10）から，人間の声道形状の忠実に模したもの（HS/FT），また，その中間的な位置付けとして，声道が中央で屈曲し，かつ断面積はシンプルなもの（AP/FL/BL）などが存在する（次図参照）。

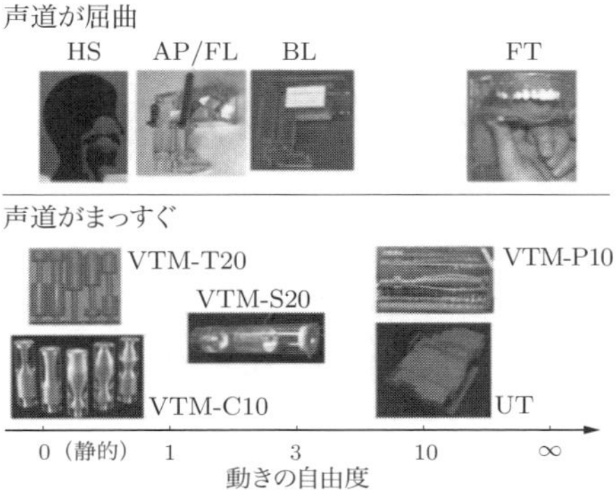

なお，子音の中でも共鳴音を模擬するためには，喉頭部に声帯振動源の代わりとなる音源を配置すればよい。一方，阻害音を模擬するためには，呼気流の代わりになるものを声道に入力させ，声道の途中に閉鎖や狭窄を作ることになる。

D. 声道模型の使用例

声道模型を用いることによって，つぎのようなことがわかる。まず，形状が変わることによって母音の音質が変わるため，両者の関係を体得できる。また，生成過程を線形モデルと見なす**音源フィルタモデル**（⇒ p.110）を説明するのに有効である。この場合，入力である音源が声道フィルタで共鳴を受けた結果，音声が生成されると解釈される。実際には音源と声道の間に相互作用もあるため，その現象を物理モデルで示すことも可能である。

子どもを対象とした声道模型の利用には，上記の科学館・博物館での展示以外に，科学教室などにおける工作も考えられる。例えば，スライド式（VTM-S20など）の声道模型は，声道が外筒とその中をスライドする狭窄用のスライド部だけで構成される。それにリード式音源などを組み合わせることによって，異なる母音を作ることができる。声道模型の展示では，子どもから大人まで，だれもが模型に触れながら「声の不思議」を体験できるような工夫が施されている。何でもコンピュータによるシミュレーションで疑似体験させることが多い時代だが，「実際のモノが音を出す」という基本を忘れないためにも，声道模型は重要な意味を持っているといえる。

◆ もっと詳しく！

荒井隆行：日本音響学会誌，**70**, 5, pp.243–251 (2014)

| 重要語句 | 音質指標，官能指標，音質評価，音響心理学，物理指標 |

製品音
[英] product sound

製品音といってもさまざまであるが，二つの視点で分類できる。一つは音の特性による分類，もう一つは音の性質による各製品音の分類である。また，製品音はいままで騒音レベルの低減（いわゆる騒音制御）に注力していたが，近年は多くの製品音で騒音レベルは改善され，音質の改善にシフトしている。音質を考慮した製品音のデザインも音響心理学の成果の定着とともに実用段階にある。

A．製品音の分類
（1）音の特性による分類　　音の特性としては，定常音と非定常音に分類できる。定常音は音の提示中，ピッチ，大きさ，音色などが変化しない音を指し，それらが変化すると非定常音となる。したがって，両者は個別のものではなく，密接な関係にある。ただ，製品音評価においては定常音を正しく評価しておくことが前提であり，その上で非定常音の問題をどう捉えていくかを考える必要がある。

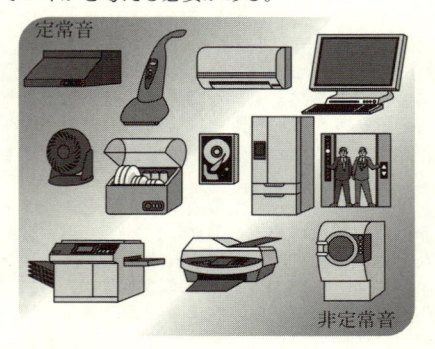

定常音　レベルの変化が小さく，ほぼ時間的に一定な音を指す。ファン，モータなどの音がこれに相当する。単一定常音の場合もあるが，複数の音源（定常音）が混在して定常音を構成していることもあり，また，各音源間の関係が全体音質を決める場合もある。ラウドネス，シャープネスといった**音質指標**が適用可能であり，客観的評価が比較的容易である。製品としては，クリーナー，ドライヤー，換気扇などが代表例である。

非定常音　時間的に大きく変動する音を指す。周期的に変動を繰り返す音（コピー機）もこれに相当する。非定常音とはいっても実際には定常音と非定常音が混在している場合が多い。また，変動音，間欠音，衝撃音など，さらに細かく分類できる。間欠音，衝撃音などを扱える音質指標が存在せず，客観的評価が困難である。一方で，非定常音は複数の音源から構成されているので，これらをうまく制御することにより，"心地良い音" を実現できる可能性がある。

（2）音の性質による分類　　音の性質に着目して，以下の四つに分類する。

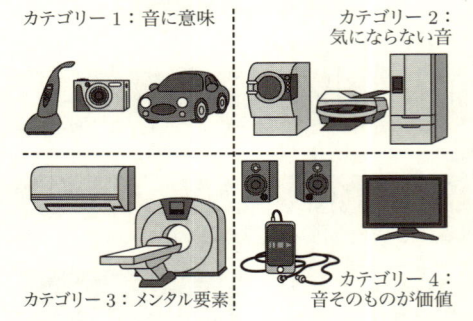

カテゴリー1　製品らしさを必要とするもの，すなわち，音が製品価値になる可能性がある場合である。まったく音がしないと不自然な製品（カメラ），音に意味を持たせることが可能な製品（自動車）が該当する。製品らしさをどう定義するかや，ブランドイメージとの関連などの問題を明確にする必要がある。目標とすべきことはわかっていても，これを具体的仕様に落とし込むことは容易ではない。しかし，これを目指すのが製品音のデザインである。

カテゴリー2　製品らしさを必要としないもの，すなわち，音に製品価値を見出しにくい場合である。可能な限り音は小さいほうがよいが，実際に簡単にはいかないので，音質的に気にならない音を目指すことが多い。事務機器，一部の家電機器がこれに該当する。このカテゴリーの製品が最も多い。目標が明確でないので，目標設定から始める必要がある。

カテゴリー3　心地良さといったメンタルな要素が大きく寄与するもの。対象とする人による依存度が大きい。医用機器，エアコンが該当する。カテゴリー1, 2で用いる音の評価法に加えて，照明，空気といった要素を含む他の要因とのマルチモーダル的検討が必要となる。

カテゴリー4　音そのものが製品価値となるもので，音響機器が該当する。製品音のデザイ

ンの究極である。ブランドイメージ，形状，触感などの高度な取り扱いが必要となる。

B. 製品音のデザイン

製品が発する音の人にとっての心地良さは，音の音圧レベルのみで評価することはできない。そこで，機器の発する音と心地良さの関係を分析評価することにより，音質性能の高い機器の設計手法を具体化する。この製品音のデザインを行うには，二つの指標を定義する必要である。まず，対象とする製品音を人（使い手）がどう感じるかを評価する官能試験による印象評価がある。印象評価は複数の被験者に対象とする複数の音を聴いてもらい，音に対する潜在的な顧客の声をSD法（semantic differential method, ⇒ p.100）や一対比較法などで答えてもらう。回答結果は，多変量解析などにより指標に落とし込む。印象評価によって得られた指標を，ここでは**官能指標**と呼ぶ。

官能指標は対象とする音に関しての人の感じ方を定量化する重要な指標ではあるが，これだけでは製品音設計（製品設計）に結び付けることは困難である。そこで，対象とする音を物理的に表現する必要がある。このための方法が客観評価である。幸いなことに，**音質評価**（⇒ p.100）に関しては，いくつかの基本指標が**音響心理学**の研究成果として定義されている。ラウドネス（音の大きさ），シャープネス（音の鋭さ），ラフネス（音の粗さ），変動強度がそれであり，音質の4大基本指標と呼ばれている。これら基本指標は，音圧のように完全に物理的に定義されているわけではなく，多くの官能評価の結果を経て指標化されている点に注意する必要がある。これら指標をそのまま客観評価の指標として用いてもよいが，一般的すぎるので，これらの指標をベースに，多変量解析などにより新たな指標を定義する必要がある。また，製品音によっては，4大基本指標では定義できない場合もあり（この場合が実際には多い），原理原則から指標を定義する必要がある。このようにして，客観評価を指標化したものを**物理指標**と呼ぶことにする。

製品音のデザインを行うには，官能指標を指針として用いるのが一般的である。しかしながら，官能指標から直接音質設計（製品設計）を行うことは，目標が数値化（物理指標化）されていないため困難である。そこで，官能指標を物理指標で表現して製品設計に反映することになる。このためには，物理指標と官能指標の関係を表す指標が必要となる。実際には，物理指標も官能指標も多次元性を有するため，多面的に評価を行い，物理指標と官能指標の有意な関係を導出する必要がある。

官能指標と物理指標の対応付け（音のものさし）ができたら，つぎに，目標とする音を音のものさし上で設定する。音のものさし上で設定した目標音は，物理指標領域に展開され，目標音が定義される（物理指標に展開された目標音は，一つとは限らない）。最終的に，その実現可能性（容易性）を考慮して目標音を決定する。この目標音は，製品設計の最初に提示する価値ある音を実現する音質設計のための設計仕様となる。

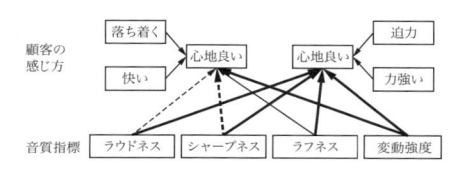

(a) 顧客ニーズの抽出

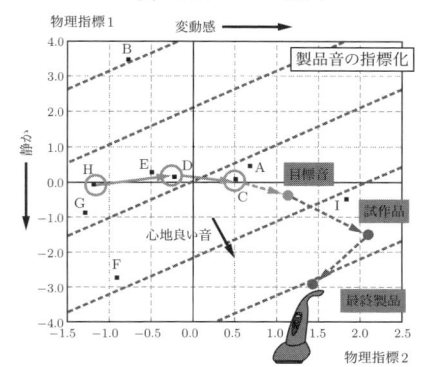

(b) 音のものさし（目標音の設定）

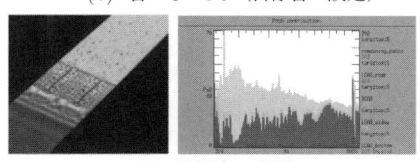

(c) 目標音の実現

◆もっと詳しく！

Richard Lyon: *Designing for Product Sound Quality (Mechanical Engineering)*, CRC Press (2000)

重要語句 クロマ，ハイト，オクターブ等価，音高同定課題，オクターブ伸長現象，位相固定，臨界期，ミッシングファンダメンタル

絶対音感
[英] absolute pitch / perfect pitch

絶対音感とは一般に，「他の外的基準を与えられなくても，ある音の音高を音楽的音名を用いて言い当てることができる」あるいは「指定された任意の音高を作り出すことができる」能力のことと定義されている。

音高（ピッチ）とは，「それによって音を音階上に順序付けることができる聴覚の属性」，もしくは「そのバリエーションがメロディとして関連付けられるような聴覚の属性」と定義される主観的（心理的）な属性である。

A．絶対音感の諸相

絶対音感を持つ者は，例えばピアノの音を聞いて，他の音を基準にして考えたりすることなく，瞬時にその音を「ド」(C)であるとか「レ」(D)であるとか答えることができる。あるいは，「ド」(C)の音を出すようにいわれて，その高さの音を（歌うことなどによって）出すことができる。また，絶対音感保持者の中には，楽器音以外の音，例えば救急車のサイレンやコップを叩く音，鳥の鳴き声などであっても，音名を特定できる者がいる。音楽的音名を用いなくても音高の同定ができるケース，例えば車のレーサーがエンジン音の音高からその回転数を同定するといった能力も，広義の絶対音感と考えられ，非常に興味深い現象ではあるが，本項目では上述の定義に則り，音楽的音名を同定する能力に限定して紹介する。

（1）クロマとハイト　音楽的音高は「ドド♯レレ♯ミファファ♯ソソ♯ララ♯シド…」というように，1オクターブで1周する円環状の構造（**クロマ**; chroma; 音名）と，ピアノの鍵盤でいうならば左から右へというように，しだいに高くなっていく直線的な構造（**ハイト**; height; オクターブ位置）からなる螺旋状の構造（⇒p.54）を持つ。

例えばC4とC5の音は，クロマは同じでハイトが異なる。このように同じクロマを持ちハイトが異なる音は，類似したものとして知覚される。このような現象は**オクターブ等価**（octave equivalence）と呼ばれる。

（2）絶対音感の測定　最も基本的な絶対音感の測定法は，**音高同定課題**である。これは，ある音域内の音を1音ずつランダムに提示し，そのクロマとハイトを答えさせるというものである。最も簡便に広い音高範囲についての測定が可能であることから，ピアノ音がよく用いられる。しかし，ピアノ音には音高以外の手掛かりも含まれているため，厳密な測定を行う場合には，純音を用いることが推奨されている。ただし，純音を用いる場合には，ピアノ音を用いる場合よりも使用できる音域が限定される。それは，純音の低音域の音高の明瞭性が低いことや，**オクターブ伸長現象**（octave enlargement phenomenon）によって物理的な音高と知覚される音高にずれが生じることなどによる。

なお，ピアノ音では音名の同定が可能だが純音では困難であるという人の能力は，ピアノでの絶対音感（absolute piano）と呼ばれ，絶対音感とは区別される。

（3）オクターブエラー　オクターブエラー（octave error）とは，クロマは正しいがハイトの位置付けが誤っている反応であり，絶対音感保持者が音高を判断する場合に見られる，特徴的な反応である。

一般に絶対音感保持者は，クロマは正確に同定できても，ハイトはクロマほどには正確には同定できない場合が多い。一方，非絶対音感保持者であっても，ハイトは大まかに分類できる場合が多い。これらのことから，ハイトの同定能力には，絶対音感・非絶対音感保持者に大きな違いはなく，違いがあるのはクロマの同定能力ではないかと考えられている。

したがって，絶対音感という名称はあまり適切ではなく，絶対クロマ感（absolute chroma）というほうが適切ではないかという議論がある。なお，絶対音感保持者がクロマを同定できる上限の周波数は，約4〜5 kHzである。この値は，後述する，聴神経が**位相固定**（phase lock）する上限と一致する。

（4）絶対音感の獲得と臨界期　かつて絶対音感はきわめて稀な生得的な能力であると考えられていた。しかし，現在では，絶対音感は幼少期のなんらかの学習によって成立するものであると考えられている。早期学習を支持する証拠としては，音楽訓練開始年齢と絶対音感テストの正答率に負の相関が見られること，絶対音感保持者の多くがだいたい6歳前後に音楽訓練を開始していること，成人に絶対音感を身に着けさせる訓練の成功例が現在までないことなどが挙げられている。

絶対音感獲得の**臨界期**は，だいたい6歳頃で

あるといわれている。しかしながら、6歳以前に音楽訓練を始めたら必ず絶対音感保持者になるというわけではなく、絶対音感の獲得メカニズムは現在も謎である。

多くの絶対音感保持者は物心ついたときにはすでに絶対音感を保持しており、まわりの人々も自分と同じように音を聴いていると思っている。成長するに従って、自分の聴き方が他人と異なるということに気がついて、衝撃を受けるようである。

B. 絶対音感と基礎的聴覚能力

一般に絶対音感保持者は「耳が良い」、つまりすべての聴覚能力に優れていると考えられている場合が多い。また、絶対音感保持者自身もそのように考えている場合が多いようである。しかしながら、基礎的聴覚能力という意味においては、絶対音感であるからといって「耳が良い」わけではなさそうである。

Fujisaki & Kashino (2002) は、すべての聴覚能力の基礎である周波数分解能、時間分解能、空間分解能について、検出課題や弁別課題を用いて、絶対音感保持者と非保持者の比較を行った。その結果、いずれの項目についても絶対音感の有無による違いは認められなかった。

では、基礎的聴覚能力に差がないとしたら、絶対音感と非絶対音感の知覚メカニズムの違いはどこにあるのだろうか？　絶対音感とは音楽的音高の同定能力であるから、非絶対音感との違いは、音楽的音高知覚に直接関わるメカニズムにある可能性が高い。以下では、音楽的音高知覚のメカニズムと絶対音感の関係について述べる。

C. 音楽的音高知覚メカニズムと絶対音感

われわれが日常耳にする音にはさまざまな周波数成分が含まれているが、音高知覚は基本周波数を推定するプロセスの結果として生じると考えられている。音高を知覚するために必ずしも音に基本周波数成分が含まれている必要はなく、例えば基本周波数成分を取り去って倍音成分のみを呈示しても、存在しないはずの基本周波数に相当する音高（ミッシングファンダメンタル）が知覚される場合がある。

音高知覚のメカニズムについてはまだ解明されていない点が多いが、つぎに述べる2種類の符号化が関連していると、現在のところ考えられている。一つは基底膜上の特定位置に由来する聴神経の発火頻度による符号化（rate-place coding）であり、もう一つは、聴神経の発火の周期性による符号化（periodicity coding）である。

音波が耳に届くと基底膜が振動する。振動のピークは周波数が低いときには奥側、高いときには手前側に来る。このとき振動が大きいほどその位置に由来する聴神経の発火頻度が高くなる。そのため、入力信号は、基底膜上のどの位置に由来する聴神経の発火頻度が高いかによって、大まかに符号化できる。これは"rate-place coding"と呼ばれている。

一方、周波数が4〜5 kHz以下の場合、各聴神経は刺激波形の特定位相に同期して発火する（位相固定）。つまり、聴神経は1 000 Hzでは1/1 000 sごとに1回というようなリズムを刻んで発火する（実際には必ずしも毎周期発火するとは限らないが、発火と発火の時間間隔は、音の1周期の整数倍を保っている）。この情報を周波数間で統合することによっても、基本周波数が推定できる。これは"periodicity coding"と呼ばれている。

これらの2種類の符号化から得られる有効な手掛かりを統合することによって音高知覚が生じるのではないかと、現時点では考えられている。

Fujisaki & Kashino (2005) は、絶対音感保持者と非保持者で、これら二つの方法で符号化された音高情報の利用特性が異なるかどうかを、純音（両情報が利用可能）、狭帯域雑音（おもにrate-place codingによる情報が利用可能）、反復リプル雑音（おもにperiodicity codingによる情報が利用可能）を用いて調べた。その結果、絶対音感保持者のクロマの同定にはperiodicity codingが主要な役割を果たしていること、また一方で、ハイトの判断には、絶対音感保持者の場合も非保持者の場合もrate-place codingが重要な役割を果たしていることが示された。

この結果から絶対音感の獲得過程について考えてみると（あくまでスペキュレーションにすぎないが）、臨界期より前にperiodicity codingから得られる手掛かりのほうに重み付けするような経験（例えばオクターブ等価や転回音程の類似性に注目するなど）をした場合に絶対音感が獲得されやすくなるのではないかと推測される。

◆ もっと詳しく！

Fujisaki W. & Kashino, M.: *Perception & Psychophysics*, **67**, 2, pp.315–323 (2005)

重要語句　マイクロホン，周波数重み付け，A特性，時間重み付け，音響校正器

騒音計（サウンドレベルメータ）
[英] sound level meter

A. 騒音計とは

音は大気圧の微小な圧力変化であり，パスカル〔Pa〕で表される。人間の聞くことのできる音圧は20 μPaから200 Paと1000万倍にもなり，また，人間が感じる音の大きさは，音圧の対数に比例する法則がある。騒音計では，最小可聴値である20 μPaを基準値として音の大きさを対数化し，単位をデシベル〔dB〕とする音圧レベルで表す。

$$L_p = 10 \log_{10}\left(\frac{P^2}{P_0^2}\right) \text{〔dB〕}$$

ここで，Pは音圧，P_0は20 μPaである。音圧と音圧レベルの関係は，下図のとおりである。

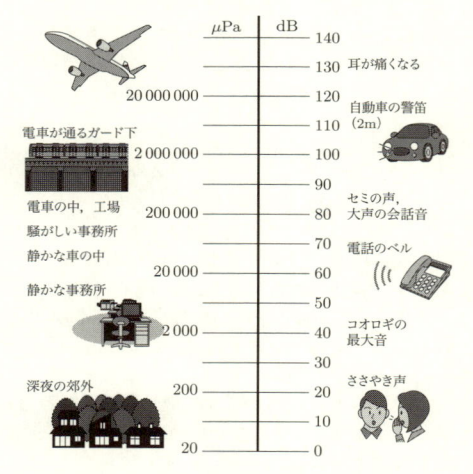

騒音計は，音響に関わる研究，建築物の遮音性能，工業製品の音響性能評価のほか，環境基準や騒音規制法で求められる騒音レベルの測定など，さまざまな分野で用いられる。なお，騒音レベルはA特性音圧レベル（⇒p.344）のことである。

B. 構造

騒音計は，マイクロホン，増幅器，レンジ切換器，レベル調整器，周波数特性回路，実効値検出回路，表示器から構成される。次図に，騒音計のブロック図を示す。

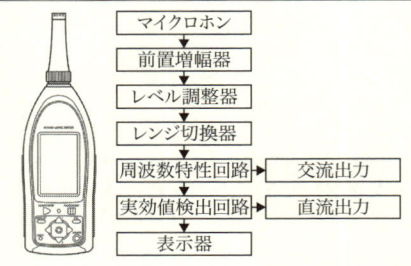

（1）マイクロホン　音圧を電気信号に変換するセンサ。振動膜と背極によって形成されるコンデンサの容量変化を検出するコンデンサ型マイクロホンが使用される。指向特性は全指向性で，自由音場において平坦な特性を示すものが一般的である。周波数範囲はクラス1で10 Hz～20 kHzであるが，最近は低周波音も測定できるよう1 Hzから測定できるマイクロホンも開発されている。

（2）前置増幅器（プリアンプ）　マイクロホンから出力される電気信号はインピーダンスが高いので，これを低インピーダンスに変換する。

（3）レベル調整器　マイクロホンの感度は環境条件や経年変化などによって若干変わることがある。その変化を音響校正器によって調整する。

（4）レンジ切換器　測定する騒音レベルの範囲は電気回路が扱えるレベル範囲より広いため，適切な範囲で扱えるように，信号の増幅または減衰を行う。近年では，技術の進歩により，レンジ切換器がなくても全測定範囲をまかなえる騒音計も開発されている。

（5）周波数特性回路　周波数特性の重み付けを行う。周波数重み付け特性A/C/Zが，JISやIEC規格で下図に示すように定められており，測定の目的によって選択する。騒音および人の聴感に関する測定の場合にはA特性（⇒p.344）が，また，物理量としての測定を行う場合にはCまたはZ特性がおもに用いられる。

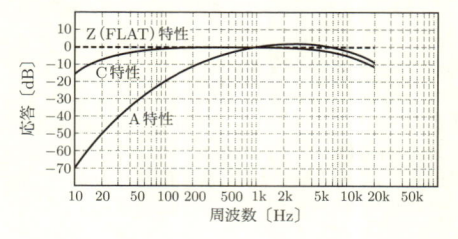

（6）実効値検出回路　音圧信号を2乗し，積分して実効値を算出する。**時間重み付け特性F/S**が規格で定められている。F特性の時定数は 125 ms で，人の聴感に近い時間応答として用いられる。S特性（時定数1 s）はF特性より指示値の変動がゆっくりになり，読み取りやすくなる。F特性とS特性の応答の違いを下図に示す。また，2乗した信号を一定時間にわたってエネルギー平均する時間平均または時間積分の方法も，近年よく用いられている。

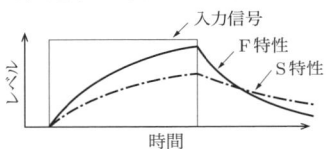

（7）表示器　実効値を対数化し，騒音レベルもしくは音圧レベルとして表示する。

C. 耐環境性能

騒音計に求められる耐環境性能には静圧，温度，湿度，電磁界などがあり，これらはJISやIEC規格に定められている。クラス1の場合，静圧に関しては 85 kPa 以上 108 kPa 以下において，基準静圧に対して ±0.4 dB，また，65 kPa 以上 85 kPa 未満において，±0.9 dB の範囲でなければならない。温度に関しては，−10 °C ～ +50 °C において基準温度に対して ±0.5 dB，湿度に関しては，基準相対湿度に対して ±0.5 dB の範囲でなければならない。このほか，電磁界に関する性能規定として静電気放電，電源周波数磁界や無線周波電磁界などが規定されている。

D. 性能に関する法律や規格

騒音計の性能を定めた規格には，日本工業規格 JIS C 1509-1:2005，国際規格としては IEC 61672-1:2013 がある。これらの規格において騒音計はサウンドレベルメータ（sound level meter）と呼ばれている。また，騒音計は計量法において特定計量器として定められており，取引または証明を目的として騒音レベルを測定する場合に用いられる。性能仕様については特定計量器検定検査規則（検則）に定められているが，平成27年（2015年）の改正において，検則のために制定された JIS C 1516 を参照するようになった。この規格は IEC 61672-1/-2 および JIS C 1509-1/-2 に整合している。

騒音計（サウンドレベルメータ）には，クラス1とクラス2があり，クラス1のほうが精度などの要求事項が厳しくなっている。検則における精密騒音計はクラス1に，普通騒音計はクラス2に相当する。

E. その他の事項

（1）音響校正器　騒音計の指示値の点検および精度の維持のために音響校正器が用いられる。音響校正器を騒音計に装着した例を下図に示す。測定の前後には必ず音響校正器を用いて騒音計の指示値の点検もしくは調整をする必要がある。音響校正器は IEC 60942:2003 および JIS C 1515:2004 に性能が規定されている。なお，特定計量器として騒音計を使用する場合には，騒音計が内部に備える校正信号で校正をしなくてはならないものもあるので，注意が必要である。

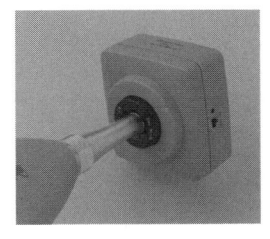

（2）ウインドスクリーン　屋外で測定する場合には，風雑音の影響を低減するためにウインドスクリーンを装着して測定する。騒音計によっては，ウインドスクリーンを装着したときでも規格に適合するものがある。下図にウインドスクリーンの装着例と風雑音低減効果を示す。

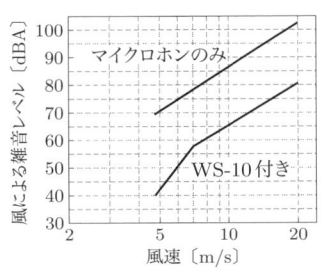

◆もっと詳しく！

1) JIS C 1509-1:2005, 電気音響—サウンドレベルメータ（騒音計）第1部：仕様

2) IEC 61672-1:2013, Electroacoustics — Sound level meters – Part 1: Specifications

重要語句　アノイアンス，社会調査，ロジスティック回帰分析，健康，障害調整生存年

騒音による心理的影響
[英] psychological effects of noise

騒音による「うるささ」や「不快感」が，その代表的なものである。種々の騒音（航空機騒音，道路交通騒音，鉄道騒音など）について，騒音暴露量との関係が報告されている。また，近年では，環境騒音による身体的な健康影響との関連も議論されている。

A. アノイアンス

音は，われわれの生活において不可欠な役割を担っている一方で，時に，騒音として，われわれを悩ませることもある。ある音が騒音であるかどうかは，人々の主観的な判断により決まる。ある人にとっては快い音であっても，他の人にとっては不快に感じられることもあり，また，時間や場所など聞く状況によっても，その判断は異なることがありうる。

騒音によって，種々の心理的影響が生じることが知られている。「うるささ」や「不快感」は，その代表的なものであり，英語では"annoyance"と表現される。英語の"annoyance"に相当する日本語表現は，その言葉が含む意味を正確かつ端的に和訳することが難しいことから，議論のあるところである。本項目では「アノイアンス」と表記することにする。

騒音が人々に及ぼす影響については，さまざまなものが知られているが，その中でも，アノイアンスのような心理的影響は，一般市民に広く認知されているものといえる。

B. 騒音暴露量とアノイアンスとの関係

騒音暴露量とアノイアンスとの関係については，種々の騒音（交通騒音など）を対象に，数多くの調査研究が行われている。これらの研究では，**社会調査**（⇒p.230）（アンケート調査など）により尋ねたアノイアンスについて，"highly annoyed"と回答した人の割合（％highly annoyed; ％HA）と，回答者の騒音暴露量との関係を分析するという方法が，一般的に採用されている。

目的変数であるアノイアンスは，highly annoyedか否かの二値データとなるため，**ロジスティック回帰分析**により，説明変数（騒音暴露量など）との関連を調べることができる。騒音暴露量に対しては，L_{Aeq}（等価騒音レベル，⇒p.154），L_{den}（時間帯補正等価騒音レベル，⇒p.180）など，さまざまな指標が用いられる。

例えば，highly annoyed（1）か否（0）かの二値データを目的変数，L_{den} を量的データとして説明変数に含めたロジスティック回帰分析を行うと，以下のようなロジスティック回帰式が得られる。

$$\log \frac{p}{1-p} = \beta_0 + \beta_L \times L_{den}$$

ここで，p は％HA（0〜1），β_0 は定数項，β_L は L_{den} に関するオッズ比の対数値である。ロジスティック回帰分析の結果については，オッズ比とその95％信頼区間を示すことが一般的である。この例の場合，$\exp(\beta_L)$ が，L_{den} の1dB増加に対するオッズ比である。なお，オッズ比は，目的変数と説明変数との間の関連の強さを示しており，両者の間に関連がなければ1となる。オッズ比が1より大きければ，両者の間には正の関連，オッズ比が1より小さければ，両者の間には負の関連があることを意味する。

先述の式を，％HAを求める形に変形すると，以下のようになる。

$$p = \frac{\exp(\beta_0 + \beta_L \times L_{den})}{1 + \exp(\beta_0 + \beta_L \times L_{den})}$$

ロジスティック回帰分析の場合，％HAの予測値が0〜1（0〜100％）の範囲になるという長所がある。また，騒音暴露量以外の要因（性別や年齢など）についても説明変数に含めることで，これらの影響を調整した上で，騒音暴露量とアノイアンスとの関係を検討することも可能である。なお，上記の例では，L_{den} を量的データとして説明変数に含めているため，アノイアンスの対数オッズと L_{den} との間に直線的な関係を仮定したことになる。直線的な関係がない場合には，L_{den} をいくつかのカテゴリーに分けて（例えば，5dB間隔で層化するなど），名義尺度と見なして説明変数に含める分析などを行う必要がある。

騒音暴露量とアノイアンスとの関係については，調査結果が蓄積されており，これらの調査結果を統合し，騒音に対するアノイアンスを騒音暴露量から予測する関係式が提案されるようになっている。これらの関係式では，％HAが，騒音暴露量の関数（2次関数，3次関数，ロジスティック関数など）で表されており，騒音暴露量から住民のアノイアンスを，ある程度予測することができる。これらの関係式は，その意味するところの明快さから，騒音政策を検討する際にしばしば引用される。

C. 環境騒音による疾病負荷

騒音は,「感覚公害」と呼ばれる。しかし,近年では,環境騒音の暴露によって,アノイアンスのような心理的影響や生活妨害のみではなく,身体的な健康影響が生じることが指摘されるようになった。

例えば,1999年に世界保健機関（World Health Organization; WHO）が示した「環境騒音ガイドライン」(Guidelines for community noise)では,航空機騒音や道路交通騒音の長期暴露による心臓血管系への影響について言及があり,$L_{Aeq,24h}$が65dB以上の地域で,虚血性心疾患が増加することが述べられている。2009年にWHO Regional Office for Europeが示した「欧州夜間騒音ガイドライン」(Night noise guidelines for Europe)においても,心臓血管系への影響に関する記述が見られる。この文書では,睡眠への影響なども含めてさまざまな影響について言及した上で,L_{night}（夜間の等価騒音レベル）を指標として,ガイドライン値（40dB）および暫定目標値（55dB）が示されている。

WHOによると,健康とは,単に病気ではないとか虚弱ではないというだけではなく,身体的,精神的,社会的に完全に良好な状態であることと定義されている。この定義によると,アノイアンスのような心理的影響も健康影響であるといえる。

疾病負荷の指標の一つとして,**障害調整生存年**(disability-adjusted life years; DALY)がある。DALYは,損失生存年数（years of life lost; YLL）と障害生存年数（years lived with disability; YLD）の和である。すなわち,DALYは,疾病などにより死亡が早まることによる損失（YLL）のみではなく,健康ではない状態で生活することによる損失（YLD）も考慮される指標であり,死亡に至らない疾病や障害による影響を含むという特徴がある。DALYは,国や地域などを対象に算定され,1年当りの健康損失年数として表される。

2011年に,WHO Regional Office for Europeは,「環境騒音による疾病負荷」(Burden of disease from environmental noise)と題する文書において,西欧における環境騒音のDALYを,近年の騒音影響に関わる調査結果に基づき算出している。心臓血管系疾患,子どもの認知障害,睡眠妨害,耳鳴り,アノイアンスの5項目に注目した結果,西欧において,年間少なくとも100万年の健康損失があると推計されている。西欧におけるDALYの推計結果では,アノイアンスのDALY（654 000年）は,睡眠妨害（903 000年）についで高い値となっている。西欧においては,道路交通騒音に関わる睡眠妨害とアノイアンスが,環境騒音による疾病負荷の大半を占めているという。

D. 身体的影響とアノイアンスとの関連

環境騒音による身体的な健康影響が生じるメカニズムは必ずしも明確には解明されていないが,騒音による心理的ストレス（アノイアンスなど）が内分泌系や自律神経系に影響を及ぼしている可能性とともに,騒音による睡眠妨害が同様の生理学的影響を生じさせている可能性が指摘されている。

騒音による影響は,睡眠妨害,聴取妨害,アノイアンスなど多岐にわたるが,特定の騒音影響を経由して身体的影響が生じているのであれば,基準値の策定も含め,より効率的な対策が可能になると考えられる。近年では,WHO Regional Office for Europeの欧州夜間騒音ガイドラインが示されるなど,睡眠妨害を防止・軽減することの重要性が指摘されている。良質な睡眠が健康のために重要であることは,公知の事実であろう。

一方で,アノイアンスは,騒音によって生じるさまざまな影響の総合的な反応と見なされることが多い。近年では,身体的影響とアノイアンスとの関連についても議論されている。身体的影響と,アノイアンスのような心理的影響との関連については,さらなる検討が必要と考えられる。

E. おわりに

騒音の影響は多岐にわたる。アノイアンスのような心理的影響については,身体的な健康影響との関連も含めて,数多くの調査研究が行われている。より詳しく知りたい場合には,ICBEN (International Commission on Biological Effects of Noise)の2011〜2014年の研究レビュー[1]を参照されたい。また,本文中で述べたWHOおよびWHO Regional Office for Europeによる三つの文書についても参照されたい。

◆ もっと詳しく！

1) M. Basner, et al.: "ICBEN review of research on the biological effects of noise 2011–2014", *Noise Health*, **17**, 55, pp.57–82 (2015)

重要語句 ヤング率，せん断弾性係数，ひずみ，せん断波，超音波顕微鏡，超音波CT，音響放射力，エラストグラフィ，高フレームレート超音波計測法

組織弾性計測
[英] tissue elasticity measurement

　生体組織の硬さ分布を計測すること。生体組織を加圧することによって生じるひずみ分布や，加振することによって発生するせん断波の速度分布を超音波により計測することで，組織の硬さ分布を非侵襲的に推定できる。

A. 生体組織の硬さ
　組織の硬さ（弾性）は，その病理状態と深く関連している。例えば，乳癌は正常な乳房組織よりも硬くなることが知られている。そのため，組織弾性は診断において重要な指標となる。非侵襲的な組織弾性計測法としては，超音波を用いた方法とMRIを用いた方法があるが，ここでは超音波を用いた計測法について述べる。

B. 弾性係数および関連した物理量
　組織の硬さを表す弾性係数としては，**ヤング率**，**せん断弾性係数**，体積弾性係数などがある。ただし，超音波を用いた計測では，以下に示す弾性係数に関連した物理量を計測して組織弾性を推定する。

（1）ひずみ　　生体組織に圧力（応力）を加えると，生体内で**ひずみ**が生じる。同じ大きさの応力に対して，軟らかい組織ではひずみが大きく，硬い組織ではひずみが小さくなる。ここで，応力 σ とひずみ ε との間には，次式の関係がある（フックの法則）。

$$\sigma = E\varepsilon$$

この比例係数 E がヤング率である。よって，応力を一定と仮定すると，ひずみとヤング率は反比例の関係にあるため，ひずみ分布から組織の硬さ分布がわかる。

（2）せん断波速度（横波速度）　　生体組織に対して振動を加えると，**せん断波**（横波）が発生し，生体内を伝搬する。このとき，軟らかい組織ではせん断波速度が遅く，硬い組織ではせん断波速度が速い。ここで，せん断波速度 c_s とせん断弾性係数 G との間には，次式の関係がある。

$$c_s = \sqrt{G/\rho}$$

ただし，ρ は密度であり，軟組織の場合，約 $1\,000\,\mathrm{kg/m^3}$ である。よって，せん断波速度からせん断弾性係数を求めることができる。

（3）音速（縦波速度）　　生体組織に対して超音波を伝搬させると，軟らかい組織では音速が遅く，硬い組織では音速が速い。ここで，音速 c_L と体積弾性係数 K との間には，次式の関係がある。

$$c_L = \sqrt{K/\rho}$$

よって，音速から体積弾性係数を求めることができる。ただし，音速計測はおもに**超音波顕微鏡**（⇒p.294）や**超音波CT**（⇒p.90）などを用いて行われているため，ここではひずみとせん断波速度を用いた計測法について述べる。

C. 生体組織に対する加圧・加振方法
　生体内にひずみを生じさせたり，せん断波を伝搬させたりするためには，生体に対し加圧や加振を行う必要がある。この励起法としてはおもに以下に示す方法がある。

（1）手動による加圧　　超音波プローブを手で操作して生体組織に対し，体表から準静的な加圧を行う。ただし，生体深部の計測では体表からの圧力が伝わりにくいため，心臓や血管の拍動によって生じる圧力を用いる場合もある。

（2）機械的加振　　加振器を用いて体表から生体組織に振動を与える。

（3）音響放射力による加圧・加振　　超音波パルスを照射すると，超音波の伝搬方向に次式で表される強さの**音響放射力** F（⇒p.92）が生じる。

$$F = 2\alpha I/c_L$$

ここで，I は照射した超音波パルスの時間平均強度，α は組織の超音波吸収係数である。よって，この音響放射力を用いて組織内部を直接加圧することができる。また，パルス状の超音波を照射した場合，組織は一瞬だけ押されるため，このときの音響放射力を特に音響放射力インパルス（acoustic radiation force impulse; ARFI）と呼び，この音響放射力インパルスを用いて生体内部から組織を加振することができる。

D. 組織弾性計測法の分類
　超音波を用いた組織弾性計測法は，計測対象となる物理量，および加圧・加振方法の違いにより次ページの表のように分類されている。なお，**エラストグラフィ**（elastography）とは，組織弾性イメージング法のことである。

ストレイン・エラストグラフィ（strain elastography）　　手動による加圧あるいは拍動によって生じる生体内のひずみ分布を計測し画像化する方法。

ARFIイメージング（ARFI imaging）　　音響放射力によって生じる変位分布を計測し画像化する方法。

励起法＼物理量	ひずみ（または変位）	せん断波速度
手動加圧（拍動も含む）	ストレイン・エラストグラフィ	―
音響放射力	ARFIイメージング	シアウェーブ・エラストグラフィ
機械的加振	―	トランジェント・エラストグラフィ

シアウェーブ・エラストグラフィ（shear wave elastography） 音響放射力によって発生するせん断波の伝搬速度を計測し画像化する方法．

トランジェント・エラストグラフィ（transient elastography） 機械的加振によって発生するせん断波の伝搬速度を計測し画像化する方法．

E. 各組織弾性計測法の原理

（1）ストレイン・エラストグラフィ 生体内のひずみ分布を計測するためには，まず加圧によって生じた生体内の変位分布を計測する．変位とは，加圧によってある点の位置が変化したときの移動量のことである．この変位分布推定法としては，ドプラ法（自己相関法）や空間相関法（テンプレートマッチング），あるいはこれらを組み合わせた方法などが提案されている．変位分布が求められれば，変位分布を空間微分することでひずみ分布が求められる．通常，ストレイン・エラストグラフィでは，このひずみ分布を画像化し，相対的な硬さ分布を評価する．ただし，ひずみ分布から逆問題的にヤング率分布を推定する手法も，いくつか提案されている．

（2）ARFIイメージング 超音波パルスを生体内のある点に集束させて照射すると，音響放射力によりその点は押されて移動する．この際の変位を，超音波によるドプラ法などを用いて計測する．この音響放射力に伴う変位計測を生体内の各点で繰り返し行うことで，生体内部の変位分布を求めることができる．なお，この場合の変位は自然長からの伸び縮み，すなわち，ひずみに相当するため，各点での音響放射力の強さは一定と仮定すると，ここでの変位はヤング率に反比例する．よって，通常，ARFIイメージングでは，この変位分布を画像化し，相対的な硬さ分布を評価する．

（3）シアウェーブ・エラストグラフィ 超音波パルスをある点（あるいは順番に複数点）に集束させて照射すると，音響放射力インパルスによって焦点近傍からせん断波が発生する．このせん断波の伝搬を高フレームレート超音波計測法（⇒p.192）により計測する．そして，ドプラ法などによりフレーム間の変位分布を求め，フレーム間変位をフレーム間隔時間で割ることで粒子速度分布を求める．粒子速度分布の時間変化からせん断波の伝搬の様子が観測できる．ある2点における粒子速度時間波形の相互相関関数から2点間を伝わるせん断波の伝搬時間が推定でき，この伝搬時間を2点間の距離で割ることでせん断波速度を求めることができる．これを空間的に計測すると，せん断波速度分布が求められる．また，次式により，せん断波速度 c_s からせん断弾性係数 G を求めることができる．

$$G = \rho c_s^2$$

なお，軟組織の場合，ヤング率 E はせん断弾性係数 G の約3倍となる（$E \cong 3G$）．したがって，通常，シアウェーブ・エラストグラフィでは，せん断波速度分布またはヤング率分布を画像化している．

（4）トランジェント・エラストグラフィ 加振器を用いて体表から生体組織に振動を与え，せん断波を発生させる．現在，実用化されている装置は加振器と超音波探触子が一体となっており，パルス加振によりパルス状のせん断波を発生させる．発生したせん断波はおもに深さ方向に伝搬する．この際，超音波計測は1走査線上のみで行われる．シアウェーブ・エラストグラフィと同様に，走査線上の粒子速度分布の時間変化を求めることで，せん断波の伝搬が観測できる．そして，各深さにおけるせん断波パルスの到達時間を求め，最小2乗法などにより走査線上を伝搬するせん断波の平均速度を求める．通常，トランジェント・エラストグラフィでは，超音波走査線上の平均せん断波速度あるいは平均ヤング率を求めている．ただし，トランジェント・エラストグラフィを用いてせん断波速度分布を画像化する方法も提案されている．

F. 組織弾性計測の応用例

現在，多くの超音波診断装置に組織弾性計測ができる機能が搭載されており，広く臨床現場で使用されている．組織弾性計測の応用例としては，乳腺腫瘍において悪性腫瘍（癌）のほうが良性腫瘍よりも硬くなることを利用した腫瘍の良悪性鑑別，び慢性肝炎において線維化が進行するほど肝臓が硬くなることを利用した肝線維化ステージ診断，甲状腺癌や前立腺癌の診断などがある．

◆ **もっと詳しく！**

特集 エラストグラフィ最前線, Medical Imaging Technology, **32**, 2 (2014)

重要語句	聴覚アイコン，イヤコン，サイン音，オーディフィケーション，時系列，瞬時音圧，パラメータマッピング，モデルベース，知覚化

ソニフィケーション
[英] sonification

任意のデータや情報を音響化すること。マッピング手法によりデータを音声以外の音に変換・提示し，聴覚的表現や分析の対象とする。

A. ソニフィケーションの範囲

データや情報の聴覚ディスプレイ（⇒p.310）という定義はかなり曖昧で，音響化の手法や音の果たすべき役割の違いなどによって，ソニフィケーションという言葉はかなり異なる活動分野を指す。例えば，HCI（human-computer interaction）における，ユーザー入力に応じたフィードバック音などに用いる**聴覚アイコン**（auditory icon）や**イヤコン**（earcon），**サイン音**（⇒p.208）などはソニフィケーションの範疇で論じられる。

GUI操作に伴う疑似クリック音や，メール送信の「飛行音」などに代表される聴覚アイコンは，現実に根ざした音の採用によってコンピュータ操作という本来抽象的な作業に具体性を付加し，ユーザーエクスペリエンスの向上に役立つ。また，音響的対応物を現実に見出すことが難しいような抽象的な情報も多くあり，そのような情報の提示には，合成音や楽音を用いた短い旋律や音色の組合せで提示するイヤコンやサイン音が採用される。

これらに共通する記号的な音の扱いは音楽的であり，音設計のノウハウは，一般的にはサウンドデザインの枠組みで考えると理解しやすいだろう。情報を音で提示するという点ではソニフィケーションとの対応が見られるものの，あらゆるデータを対象とした音響化において，これらの概念や手法がつねに有効とは限らない。つまり，データをどのように音響化するかによって，聴覚ディスプレイの手法や機能の分類が可能であり，そのような分類はソニフィケーションの実践において重複的であり組合せも可能である。上述した音の記号的な扱いも，ソニフィケーションの方法の一部をなすことがある。

さらには，視覚に代わる表現の可能性や音の空間性への関心の高まりから，ソニフィケーションを表現方法として用いる動向がある。例えばサウンドデザイン（⇒p.58, p.80）やサウンドアート，メディアアート（⇒p.412）の制作にソニフィケーションが用いられており，そのような実践において，科学的な厳密性が第一義的でないにもかかわらず，研究主眼のプロジェクトと同様の方法論やツールが用いられる場合が多くある。これは創作における手法が，しばしば体系性や一貫性を持つことを示している。翻って，ソニフィケーションを手法に用いる研究に作曲家やサウンドアーティストを含める動きも多く高まり，今後もそのような学際的な交流が加速化していくことが予測される。

以下に例示するソニフィケーション手法は，よりデータに近いレベルで実践される可視化であり，これまでに示した記号的な音デザインの視点を反映しつつも，狭義のソニフィケーションの中で独自に発展した方法である。

B. おもなソニフィケーション手法

聴覚ディスプレイの方法を，下図のように記号性の度合いに沿って分類することがある。最も類似的（analogic）な手法であるオーディフィケーション（audification）においては，データと音響との間に直接的で本質的な対応が見られ，対極に位置する記号的な方法としては，音声を用いた情報提示が例として挙げられる。

```
                    モデルベース
オーディフィケーション          聴覚アイコン  イヤコン
           パラメータマッピング              音声による指示
← 類似的 ─────────────────────── 記号的 →
```

（1）オーディフィケーション　データを最も直接的に音響化する手法。おもに**時系列**を**瞬時音圧**に変換することでデータを音波として可聴化する。直接的かつ単純であり，データ変換の任意性が最小限である。音自体がデータの聴覚的結果であるので，非常に多様な音となる。

あるシステムの時間変化を直接音響化するという意味では，古くは1819年に発明された聴診器もオーディフィケーションの先例として挙げられる。オーディフィケーションは，広義には，可聴範囲外の音響（超音波や低周波）を録音・移高を通じて聴く（生物音響学において，コウモリやクジラの生態を研究するのに役立つ）ことも指す。

地震波（⇒p.218）のように，弾性の媒体を介して伝わる波は汎音響データとして考えられ，音波と物理的性質を共有するためオーディフィケーションが有効な可聴化の手段となり，聴覚的にも自然な結果となることが多い。自然に聞こえるということは，耳による分析が有効に働くことを意味し，ソニフィケーションの醍醐味が味わえるということでもある。

もちろん，上記以外のあらゆるデータを音響として聴くことが可能であるが，電磁波のように音波と比較して反射・屈折・回折などの条件が

異なる場合や，株価データのようにシステムの振る舞いが物理的な機構に根ざさない抽象的なデータにおいては，音響化の結果が日常耳にする音と著しく異なり，有意義な情報を聴き取ることが難しい場合が多くなる。とはいえ，コンピュータの発達に伴い，比較的簡単な手続きで上記のような可聴化が行えるようになったこともまた事実であり，興味の赴くままデータに「耳を傾ける」ことも研究の発端となる可能性がある。

ウェブ版 The Sonification Handbook（URL は本項目末を参照）には，ここで紹介したオーディフィケーション以外の手法も含めた多様なソニフィケーション研究の実例が音サンプル付きで公開されていて，一聴に値する。

（2）パラメータマッピング　ソニフィケーションで最も多く用いる手法。データを周波数や振幅など，音響合成のパラメータにマッピングし可聴化する。合成技術の選択（振幅/周波数変調，加算/減算合成など）は任意であり，データの仕様（長さやサンプリングレート，同時に記録するデータの数など）や，合成のパラメータ数，提示したい特徴との兼ね合いなどから選ぶ。

先の図でパラメータマッピングが広い範囲にまたがっているが，これはマッピングの仕方によって結果が大きく異なり，適用範囲が広いことを示している。例えば，オーディフィケーションとも近い形で，データと音に一対一の対応を持たせることも可能であるし，解析を経てより抽象化した情報をもとに聴覚提示することも考えうる。後者において，合成音の特質と元データとの直接的な結び付きが薄い場合などは，すでに述べたイヤコンとも分類上かなり近くなる。

前者の単純な例としては，時系列を正弦波などの周波数変化としてマッピングする場合である。音の印象はオーディフィケーションとはかなり異なるものの，音圧変化にデータを用いたところを周波数変化に替えただけである。データが時系列の場合，オーディフィケーションでは超低周波は速度を上げて聴く必要があり，時間スケールが圧縮されてしまうが，周波数の変化にマッピングする場合，再生速度を変えずに可聴範囲でデータを聴くことが可能である。

また，データ可聴化に細粒合成を用いる場合を考えると，図に示した類似的/記号的分類がさらに曖昧になる例が考えられる。この音響合成法においては，細かな「音の粒子」を高速で大量に用いて音響的な連続面を作り，音のきめ細かな操作を可能とする。例えば，細粒合成の周波数変化に音階を用いるケースを考える。類似的/記号的分類でいえば，音楽は音階や旋律，和声，リズムによって抽象的なシステムを構成し，言語とも近く記号的であるとされるが，音階を使った細粒合成を行った場合，音響の印象は連続的でデータに類似的であるにもかかわらず，音程の変化は旋律的で，音楽的に聴いたり記憶したりすることが可能となる。つまり，このような可聴化は，手法の分類上曖昧であるだけでなく，データとの類似的な呼応関係をある程度保持しつつ，抽象的で記号的な聴き方に対しても開かれているという点において，両アプローチの長所を引き出す可能性があるということである。

（3）モデルベース　上述のように，オーディフィケーションやパラメータマッピングは，時系列を直接的に音響化したり，時間に対応した音の変化として扱ったりするので，時間変化するデータの可聴化に有効であるが，そうでないデータも多くある。例えば，化合物の特定に使われる構成成分の割合を記録したデータなどが考えられるが，このようなデータを一方向に直線的に進む音響として聴く場合，その進行とデータとの関係をどう扱うかが問題となる。

モデルベースのソニフィケーションでは，代わりに，音発生の仕組みに着目し，仮想の発音モデルとしてデータの関係を定義する。ユーザーはさまざまな方法でモデルを「鳴らす」ことで異なる音の反応を聴き，データ構造を聴取する。時間的順序の制約を受けないデータ，あるいは時系列でないデータには，モデルベースソニフィケーションを用いて，ユーザーアクションに応答するパラメータ空間としてデータを可聴化することが可能である。

C.　まとめ

ソニフィケーションは聴覚ディスプレイの方法であり，学際的色彩が濃く，種々の研究分野での応用が期待される。それに伴い方法の精緻化も課題であり，音響心理学，音響合成，音デザイン，サラウンド再生（⇒ p.210）や，スピーカの新技術（⇒ p.256）の知見や成果を反映しながら，通常のデータ可視化によるディスプレイを補う形で，視聴覚ディスプレイ，あるいはより総体的な**知覚化**（perceptualization）を構成する重要な要素として発展することが望まれる。

◆ もっと詳しく！
The Sonification Handbook ホームページ：http://sonification.de/handbook/（2015年4月16日現在）

重要語句　レイリー収縮，OHラジカル，結晶核生成

ソノケミストリー
[英] sonochemistry

溶液に超音波を照射した際に発生するキャビテーション気泡が，膨張に引き続いて激しく収縮し，気泡内温度と圧力が，瞬間的に数千度，数千気圧以上になることが知られている。その際に，気泡内部の酸素や水蒸気が熱分解や化学反応し，OHラジカルなどのラジカルが発生する。それらにより引き起こされる化学を，ソノケミストリーという。

ソノケミストリーには，ラジカルの効果以外に，キャビテーション気泡表面での結晶核生成や，収縮する気泡のもたらす物理作用に基づく高分子の切断，揮発性溶質が気泡内に蒸発して入り熱分解する現象なども含まれる。

A. 気泡内でのラジカルの生成

キャビテーション気泡は，強力な超音波の照射により，超音波ホーンの先端や容器の壁，溶液中の固体粒子表面などで発生しやすい。気泡内部は，溶液に溶けていた気体（空気など）と，水蒸気（他の溶媒の場合は，その蒸気）で満たされている。圧力の時間変動が波動として伝搬する超音波により，気泡は圧力の時間変動を受け，減圧時に膨張する。そして，引き続く加圧時に，激しく収縮する。これを，**レイリー収縮**という。

右段の図は，周波数300 kHz，音圧振幅3 bar（約3気圧）の超音波が照射されている場合の気泡の膨張，収縮に関する数値シミュレーションの結果であり，図(a)は超音波1周期3.3 μs の間における，液体中の圧力と気泡半径の時間変化を示している。時刻2.9 μs 付近で，レイリー収縮が見られる。

レイリー収縮の際，気泡の収縮速度は液体中の音速程度に達し，周囲の液体から気泡になされる仕事のうち，熱伝導で周囲の液体に逃げていく熱量は時間が短いために限定的となり，多くのエネルギーが気泡内部の温度を上昇させることに使われる。そのため，気泡収縮の最終段階においては，気泡内部の温度は数千度以上，圧力は数千気圧以上になる。図(b)は，気泡収縮前後0.15 μs の間における，気泡半径と気泡内温度の時間変化を示している。

その結果，気泡内部の酸素や水蒸気が熱分解，化学反応を起こし，過酸化水素（H_2O_2），ヒドロペルオキシルラジカル（HO_2），酸素原子（O），

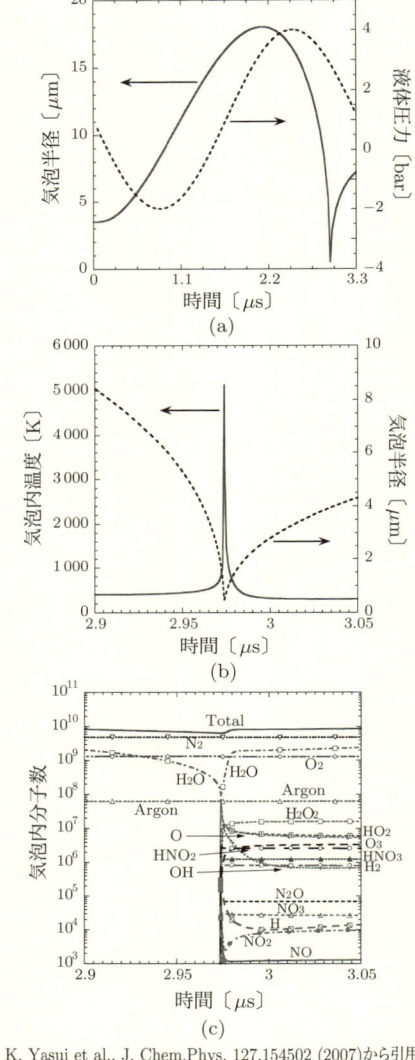

K. Yasui et al., J. Chem.Phys. 127, 154502 (2007)から引用
Copyright (2007), AIP Publishing LLC

オゾン（O_3），亜硝酸（HNO_2），硝酸（HNO_3），水素（H_2），そして**OHラジカル**などが生成する。図(c)は図(b)と同じ時間軸で表した気泡内分子数の時間変化である。

これらが，気泡周囲の液体中に溶け出し，有害物質などの溶質を分解することができる（次図）。このような化学を，ソノケミストリーという。

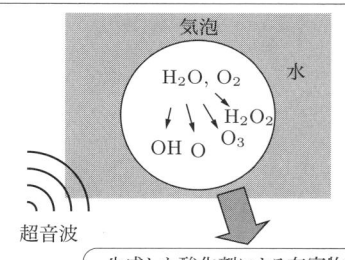

気泡
水
超音波
H₂O, O₂ → H₂O₂, O₃
OH O

生成した酸化剤による有害物質の分解，有機溶質のラジカル化（微粒子の合成への利用）など

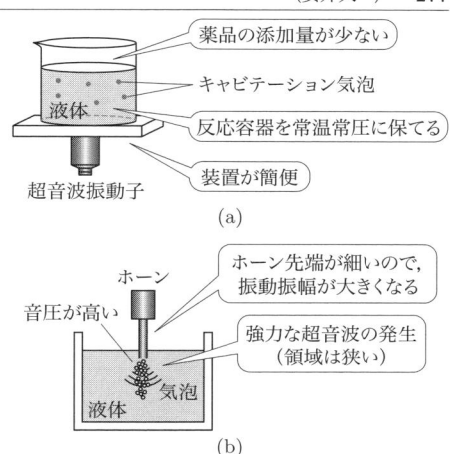

薬品の添加量が少ない
キャビテーション気泡
反応容器を常温常圧に保てる
装置が簡便
液体
超音波振動子
(a)

ホーン先端が細いので，振動振幅が大きくなる
強力な超音波の発生（領域は狭い）
音圧が高い
ホーン
気泡
液体
(b)

B. ラジカル以外の効果

気泡内部で生成するラジカル以外にも，キャビテーション気泡によってもたらされる化学効果が知られている．その一つは，激しく収縮する気泡のもたらす物理作用によって，溶液中の高分子が切れて分子量が低下し，溶液の粘度が減少する効果である．高分子がどのようにして切れるのかについては未解明であるが，だいたい高分子の真ん中付近で分子鎖が切れるといわれている．

ほかには，これも詳細なメカニズムは未解明だが，**結晶核生成が促進されること**が知られている．この現象は超音波晶析（sonocrystallization）と呼ばれ，医薬品などの結晶サイズを揃えることなどに使われている．また，超音波照射によりナノ粒子を合成する場合などにおいても，この効果により，粒子径分布が狭くなることが知られている．

また，メタノールやエタノールのように，揮発性の物質が水溶液に含まれる場合，それらが水蒸気とともに気泡内に蒸発して入り，気泡内の高温高圧にさらされて，直接熱分解することも知られている．気泡内に入らない物質でも，界面活性剤のように気泡界面に多く存在すると，気泡界面の高温のために，熱分解することがある．ただし，気泡界面での温度がどの程度上昇するかは，未解明の問題である．

C. ソノケミストリーの有用性

ソノケミストリーの有用性は，おもに三つある．一つは，ラジカルは液体に溶けている酸素や水蒸気から生成するので，薬品を添加する必要がないか，ある場合でも添加量を減らせることである．二つ目は，次図(a), (b) のように反応装置が簡便であることである．そして三つ目は，高温高圧になるのはあくまで気泡内部と界面領域だけで，装置自体は常温常圧に保たれることである．さらに，ある種のソノケミカル反応では，他の手法では得られない化合物が得られることも報告されている．図(a)に列挙した有用性は，図(b)にも当てはまる．

D. ソノケミストリーの課題

上記のような有用性にもかかわらず，ソノケミストリーの産業応用はあまり進んでいない．その理由は，おもに三つあると考えられる．一つは，エネルギー効率が良くないことである．ソノケミカル反応は，活性な気泡の内部か，その周辺でしか起こらず，溶液中のほとんどの領域ではなにも起こらない（"遊び領域"が大きい）．二つ目は，工業用に使われる大型反応装置の開発が進んでいないことである．ほとんどのソノケミストリーの実験は，大学や研究所の実験室レベルのスケールでしか行われてこなかった．三つ目は，現象が複雑で，詳細な反応メカニズムの解明が進んでいないことである．さらにもう一つ挙げるとするならば，工場などで働く化学工学などのエンジニアの間で，ソノケミストリーに関する認知度がまだ低いこともある．これらの課題が解決されて，実用化が進むことが期待される．

◆もっと詳しく！
崔 博坤，榎本尚也，原田久志，興津健二 編著：音響バブルとソノケミストリー，コロナ社 (2012)

重要語句 キャビテーション気泡，シングルバブル・ソノルミネセンス（SBSL），マルチバブル・ソノルミネセンス（MBSL），気泡ダイナミクス，ソノケミルミネセンス（SCL），発光スペクトル

ソノルミネセンス
[英] sonoluminescence

ソノルミネセンスまたはソノルミネッセンスとは，液体に強力な超音波を照射すると発光する現象を指す。ただし，実際に発光しているのは液体自体ではなく，その中に生じた微小な気泡である。この微小気泡は，（音響）キャビテーション気泡と呼ばれ，超音波の疎密周期に従い膨張・収縮を繰り返し，つぶれる瞬間に数千度・数百気圧以上の高温高圧になって，発光する。

A. シングルバブルとマルチバブル

ソノルミネセンスという現象は，1934年にドイツのフレンツェル（H. Frenzel）とシュルテス（H. Schultes）によって偶然発見された。彼らは，写真現像プロセスの促進効果を期待して，現像液中の写真乾板に超音波を照射した際，感光が起こることに気づいた。そして，それが音場からの発光が原因であるとした（なお，1933年にフランスのマリネスコ（N. Marinesco）とトリヤ（J.J. Torillat）も同様の現象を見つけたが，彼らはそれを発光ではなく，超音波によるハロゲン化銀の反応が原因とした）。その後，この発光は多数のキャビテーション気泡からの発光であることがわかり，音を意味する「ソノ」と熱によらない発光現象を意味する「ルミネセンス」を合わせて，「ソノルミネセンス」と呼ばれるようになった。

ソノルミネセンス現象の理解が急速に進んだのは，1989年にアメリカのガイタン（F. Gaitan）が，脱気した水中で1個の安定なキャビテーション気泡を作り，そこからソノルミネセンスが出ることを発見してからである。この現象はシングルバブル・ソノルミネセンス（single-bubble sonoluminescence; **SBSL**）と呼ばれ，それに対して，それまでの多数気泡からの発光はマルチバブル・ソノルミネセンス（multibubble sonoluminescence; **MBSL**）と呼ばれるようになった（なお，世界的には認知されていないが，1962年に，音響放射圧の研究でも著名な大阪大学の吉岡勝哉らが，SBSLを日本音響学会で発表した）。上図は，水中24.5 kHz SBSLと140 kHz MBSLを示している（🎬1）。

SBSL研究によって，キャビテーション気泡の径変化や動的挙動（気泡ダイナミクス）が実験的にも詳細に観察できるようになり，発光は気泡がつぶれる瞬間の数百ピコ秒（ps = 10^{-12} s）の短パルスで超音波に同期して毎周期生じていることがわかった。下図は，24.5 kHz SBSLと気泡ダイナミクスの実験的観測を示している（🎬2：シングルバブルのストロボ観察）。

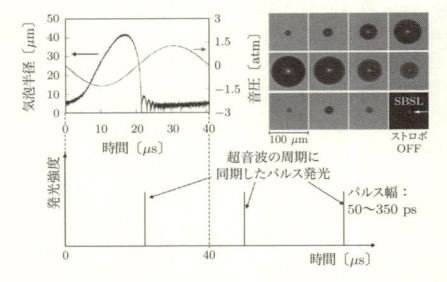

シングルバブルが定在波音場の音圧の腹に捕捉されるのに対して，マルチバブルは数m/sの高速で特定経路を連なって流れるように移動し，かつ，径振動して発光しているので，発光と各気泡のダイナミクスを対応させるのは難しい。ただし，定在波音場中のMBSLはシュリーレン法（⇒ p.234）で可視化した音場とよく対応しており，音圧の腹の領域だけ光るため，半波長間隔の縞模様として観察される。下図は，発光場 (a), (c) とシュリーレン法で可視化した音場 (b), (d) の比較を示している（(a), (b) は 130 kHz，(c), (d) は 140 kHz）（🎬3）。定在波音場のシュリーレン像は，明るい部分が音圧の腹を示す。発光はルミノールのソノケミルミネセンスである。

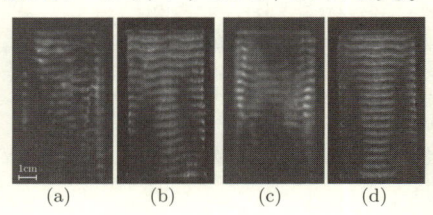

(a) 24.5 kHz SBSL (b) 140 kHz MBSL

(a)　(b)　(c)　(d)

B. カラフルなソノルミネセンス

水をはじめとした純溶媒からのソノルミネセンスは青白色をしている。これは，そのスペクトルが短波長側に強度が大きくなる連続スペクトル成分を持つからである。水のMBSLではその上に励起したOHラジカルの発光が310 nmに現れる。一方，SBSLでは音圧が非常に低い場合を除いて，通常は連続スペクトル成分だけである。

しかし，アルカリ金属やアルカリ土類金属の塩を溶かすと，励起金属原子からの発光が観察される（ただし，溶存ガスを希ガスにする必要がある）。これは，化学実験や花火などで知られる炎色反応と同様のものである。このことは，反応場が火炎のように高温であることの証拠ともいえる。一方で，どのように発光するのかという問題を提起する。すなわち，発光は励起した中性原子からであるため，液体中に存在している陽イオンがどのように還元・励起されるのかという問題である。現在，イオンは気泡界面の乱れで微小液滴として気泡内に入って発光しているという説が主流である。下図は，(a) LiCl, (b) NaCl, (c) $CaCl_2$, (d) $SrCl_2$の水溶液（モル濃度：1 mol/L）のMBSL（95 kHz）のスペクトルを示している。発光分布のカラー写真はDVDに収録してある（💿4）。

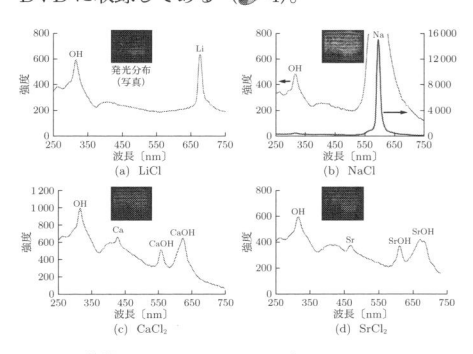

(a) LiCl
(b) NaCl
(c) $CaCl_2$
(d) $SrCl_2$

C. 非常に明るいソノルミネセンス

水のMBSLは，裸眼では暗闇で数分間目を慣らさないと見えない。それに対し，SBSLは数倍明るく，一点で光っていることも手伝って，周囲が多少明るくても見える。MBSLでも，ルミノールという（血痕の科学捜査で使われる）試薬を少量加えると明るくなる。ただし，これは気泡内が光っているのではなく，気泡内の水蒸気分解により生成したOHラジカルが液体内に溶出し，それがルミノールと化学反応して光るので，ソノケミルミネセンス（sonochemiluminescence; **SCL**）と呼ばれ，区別される。純水でMBSLをより明るくするためには，希ガスを溶かすとよい。希ガスの原子量が大きいほどMBSLは明るくなり，特にキセノンは明るく，水中MBSLはSCL並みの明るさになる。

ソノルミネセンス発光強度のそれまでの常識を打ち破ったのは，フラニガン（D.J. Flannigan）とサスリック（K.S. Suslick）であり，2005年に濃硫酸中のSBSLを報告したことに端を発する。彼らは水に比べて千倍以上明るいSBSLを得た。濃硫酸中のMBSLも非常に明るく，また，濃リン酸中のソノルミネセンスも非常に明るい。下図（💿5）は，濃リン酸中（(a), (b), (c), 💿6）とNa_2SO_4を溶解した濃硫酸中（モル濃度：1 mol/L）((d), (e), (f), 💿7)の20 kHz超音波ホーンによるMBSLを示している。

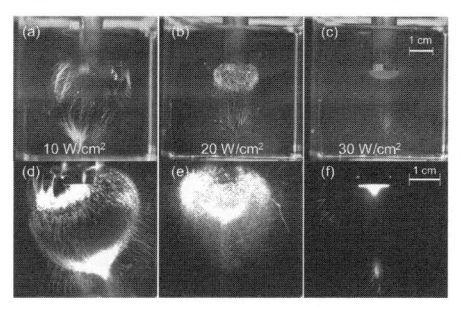

D. ソノルミネセンスの意義

ソノルミネセンスは，ソノケミストリー（⇒p.276）の反応源と同じ，キャビテーション気泡の極限環境場に起因している。そのため，反応場，すなわち，気泡の温度や圧力を知るためのプローブとして重要である。**発光スペクトル解析により，気泡内の温度，圧力がそれぞれ約5 000度，500気圧であることが示され，硫酸SBSLでは1万度以上，1 700気圧以上になることも示された**。現在，発光機構は断熱圧縮説が主流であり，それによって気泡内は弱電離プラズマと考えられてきた。しかし，ソノルミネセンスの解析により，硫酸・リン酸中では高密度のプラズマコアがあることが示唆され，他の方法による実験結果もこれを支持した。ソノルミネセンスの解析によって，キャビテーション気泡内外の極限環境反応場の機構解明が期待される。

◆もっと詳しく！
崔　博坤，榎本尚也，原田久志，興津健二　編著：音響バブルとソノケミストリー，コロナ社 (2012)

重要語句 SLA，母語干渉，音声知覚，発話，臨界期仮説

第二言語習得
[英] second language acquisition

　学習者が第一言語のつぎに学ぶ言語の習得過程を科学的に解明する分野。第二言語習得には第一言語，年齢，海外在住経験，学習年数などさまざまな要素が影響するため，関わる分野は言語学のほか，心理学，教育学，脳科学など幅広い。

A. 第二言語習得とは：第一言語習得との違い

　第二言語習得を語るには，まず第一言語習得について知る必要がある。第一言語とは，「人が生まれて初めて習得する言語」のことを指す。生まれたばかりの赤ん坊はいわばまっさらな状態にあり，どの国で生まれようが，どのような言語背景を持つ両親に生まれようが皆同じ状態で，どのような言語でも習得できるといわれている。逆にいえば，ある人の第一言語は生まれた環境によって形成される。例えば，民族的には日本人であったとしても，アメリカで生まれ育った場合，第一言語は英語になる。つまり，生まれたばかりの赤ん坊は特定の言語（＝第一言語となる）を介した周囲からの音声刺激を受けることで，徐々に第一言語に特有の規則を習得していくのである。

　これに対して，第二言語習得とは，第一言語のつぎに言語を習得する過程を科学的に解明する分野である。英語ではsecond language acquisitionといい，その頭文字を取って**SLA**と略される。生まれた直後に二つ以上の言語環境に置かれる完全なバイリンガルを除き，多くの学習者は第一言語を習得したのちの習得になるため，その過程は複雑で多くの要素から影響を受ける。

B. 第二言語の音声知覚

　人は第二言語の音声をどのように知覚しているか。これは，学習者がどのような言語環境を通じて第二言語と関わってきたかによる。第二言語習得に影響を与える要因は，第一言語，学習開始年齢，第二言語が話されている地域での在住期間，第一言語と第二言語の使用頻度，第二言語インプットの質と量，モチベーションなど多岐にわたる。ここでは，おもに第一言語からの影響（**母語干渉**という）について考えてみる。

　日本人は英語の [r] と [l] の区別が苦手である，という例がよく挙げられるが，これも第一言語である日本語が影響しているといえる。例えば，英語のright（右）とlight（明かり）は日本語ではどちらも「ライト」と表し，[r] と [l] の区別が反映されない。日本語には [r] と [l] の区別が存在しないからである。第一言語が日本語である人にとっては日本語で生活を送る上で [r] と [l] の区別は必要がないため，その違いを習得していない。その結果，[r] と [l] の区別が重要である英語を第二言語として学習する際，これまでは「別々の音」として認識していなかった [r] と [l] の区別に苦労するのである。

　第二言語習得においてハードルとなるのは，[r] と [l] のような単音の区別だけではない。つぎに紹介するのは子音が二つ以上連続する（「子音連続」という）際に，日本語話者が子音と子音の間に「あるはずのない母音」を聞いてしまう例である。まず，日本語の五十音図を思い浮かべてみよう。「あいうえお」から始まり，「ん」で終わることは周知の事実だが，ここで注目していただきたいのは一つ一つの構造である。「あいうえお」は [a, i, u, e, o]，つまり母音一つで構成される。では，「かきくけこ」はどうだろうか。カ行は [ka, ki, ku, ke, ko] のように，子音と母音が対になっている。五十音の最後の「ん」は子音一つ [N] で構成されているが，それ以外はカ行と同様，子音と母音の対である。つまり，日本語の構造は基本的に「母音」，または「子音と母音」の組合せであり，子音が二つ以上連続することはない。

　上記を踏まえ，フランスの研究者Emmanuel Dupouxを含む研究チームは，第一言語の音素配列（子音と母音の配列規則）が第二言語の**音声知覚**にどのように作用するか調査を行った。彼らは「配列の規則は言語によって異なる」という点に着目して，日本語話者が，日本語とは異なる規則を持つ音声を聞いたときにどのような影響を受けるか調べた。知覚実験に参加したのは子音連続を許容するフランス語話者，および子音連続を許容しない日本語話者である。[ebuzo]（母音 [e] －子音 [b] －母音 [u] －子音 [z] －母音 [o]）という無意味語の [u] の長さを6段階で調整し，まったく [u] のない [ebzo] から，[u] が完全に挿入された [ebuzo] までの音の連続体を人工的に作って実験参加者に聞かせた結果，子音連続を許容するフランス語話者は [u] が長くなるほど「母音がある」と答え，逆に短くなるほど「母音がない」と答えた（つまり，[u] の長さと比例した）。しかし，子音連続を許容しない日本語話者は [u] が長い場合も「母音がある」，そして [u] が短い，または [u] がない場合も同じ

く「母音がある」と答える傾向があったのである。つまり，日本語話者は「あるはずのない母音」を聞き取っていたことになる。理由は前述したとおり，日本語話者は「子音の後には母音がある」という日本語の音の並びの規則を習得しているため，子音連続を含む配列であっても同じ規則を当てはめて聞いてしまうのである。

C. 第二言語の発話

知覚と同様に，第二言語の発話も第一言語の影響を受けることが報告されている。例えば，生まれた国を離れて移民として外国に渡った人々は，年齢にもよるが第一言語に触れたあとで第二言語を学ぶことになるため，第二言語を発話する際に第一言語の影響が「訛り」として現れることがある。

移民を対象とした第二言語習得の研究として有名なのは，James Emil Flegeを中心として行われた研究である。2歳から23歳までの間にカナダに移住したイタリア語話者がどの程度イタリア語訛りを持って英語を発話するかを，英語話者が彼らの発話に含まれる「訛り」の有無を判定する方法で調べた結果，実験を行った時点ですでに15～44年もの間カナダに在住していたにもかかわらず，移住した年齢と訛りの間に相関関係が認められたのである。また，イタリア語話者に英語発音の自己評価をしてもらったところ，移住年齢が12歳以前の話者は「イタリア語よりも英語の発音のほうが良い」と申告し，反対に移住年齢が12歳以降だった話者は「英語よりもイタリア語の発音のほうが良い」と申告したという。ここでは第二言語の学習開始年齢が影響しているといえる。

最後に，言語習得における「臨界期仮説 (critical period hypothesis)」を紹介しよう。この仮説では，生物がある技能を習得するには生涯の中で特定の時期に刺激を受ける必要があり，その時期に刺激を受けなかった場合は習得することが困難，またはまったく習得することができなくなってしまうという。言語学に特化した狭義の臨界期仮説では，言語を母語話者と同等のレベルで習得するにはある時期までに刺激を受ける必要があることを指す。言語習得に関する臨界期仮説で最も有名な研究者はEric Lennebergであろう。彼は1967年に発行された著書の中で，言語を習得する能力は年齢と深い関係があると提唱した。具体的には，言語の臨界期といわれる期間（幼児期から思春期の間）のみ習得が可能で，それ以降に学習した場合は母語話者と同程度の言語習得は不可能であるとした。言語習得の臨界期に関しておそらく最も有名な例は，生まれてから13年間家の中で監禁され，言語刺激をほとんど受けることなく育ったアメリカのGenieという少女の事例であろう。彼女のケースは第一言語習得と臨界期の関係性についてなのでここでは割愛するが，興味がある方はぜひ調べていただきたい。

Johnson & Newportという研究者らは，3歳から39歳の間にアメリカに移住して英語を学び始めた中国語・韓国語話者を対象とした英文法の正誤判断実験の結果を1989年に論文として発表した。学習開始年齢と正誤判断の正答率の関係を調べたところ，7歳程度までは英語話者とほぼ変わらない結果となったが，学習開始年齢が上がるにつれて母語話者との差が開くことが確認された。臨界期と呼ばれる年齢が何歳であるかはさまざまな意見があるが，学習開始年齢が上がれば上がるほど母語話者から遠ざかるという傾向は，いくつもの研究で確認されている。

日本語話者による英語の[r]と[l]の発話と年齢の関係について考えてみよう。ある研究では，2年のアメリカ在住経験を持つ日本語話者でも[r]と[l]の正しい発話が難しかったと報告されている。つまり，[r]と[l]のような日本語にない音は，知覚のみならず発話にも影響を与えるということである。ただし，知覚と同様に「第二言語＝習得できない」という式は必ずしも成り立たない。臨界期仮説で言語習得の限界といわれている思春期を過ぎてから[r]と[l]の訓練を受けた日本語話者が，英語話者と変わらない評価を得たという報告もある。冒頭でも記述したように，第二言語習得は年齢以外にも言語使用頻度，第二言語インプットの質と量，モチベーション，個人差などさまざまな要因が影響するため，一般的にいわれている「幼少期から第二言語に触れないと英語話者と同等にはなれない」という定説には沿わないケースもたくさんあるのである。心理学，教育学，脳科学などといったさまざまな分野が交差するじつに学際的な分野でもある。第二言語習得の研究は，だからこそおもしろい。

◆もっと詳しく！

佐野富士子, 岡　秀夫, 遊佐典昭, 金子朝子 編：第二言語習得, 大修館書店 (2011)

重要語句 韻律，幼児語（育児語），発達，情動性

対乳児発話
[英] infant-directed speech

対乳児発話は，乳幼児に対する語りかけ全般を指し，マザリーズ (motherese)，ペアレンティーズ (parentese)，ベビートーク (baby talk) などとも称される。対乳児発話は言語獲得を含めた乳幼児期の学習・発達に寄与していると考えられている。その種々の言語的特徴は，成人同士の会話におけるものと大きく異なり，音声・音響面では特に韻律情報が誇張されている点に特色がある。

A. 対乳児発話の特色

対乳児発話は，**韻律**面で以下のような音声・音響特徴を持つ。

- 基本周波数が高い
- 基本周波数の変動幅が大きく，抑揚豊か
- 発話速度が遅い
- 発話が短い
- 発話間のポーズが長い

対乳児発話および対成人発話のF0の軌跡を下図に示す。

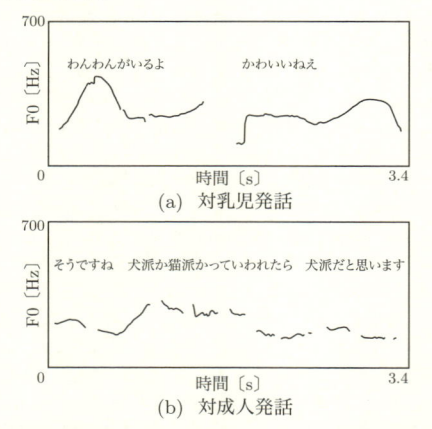

(a) 対乳児発話

(b) 対成人発話

対乳児発話の韻律特徴は，日本語を含む複数の言語にある程度共通して現れるため，特定の言語・文化的背景に限定されない普遍的な現象だと考えられる。一方で，たとえイギリス人とアメリカ人のように同じ言語の話者であっても，乳児に対する発話音声の特徴は完全には一致しない。したがって，細かく見れば，各言語や文化に固有の対乳児発話が存在する。

これまで，音韻面では母子音を明瞭に発音することが対乳児発話の特徴であるとされてきた。しかし，最近の研究からはこの主張の妥当性が疑問視されており，対乳児発話には，明瞭なものから不明瞭なものまでバラエティに富んだ発音が含まれていることが指摘されている。

対乳児発話には，統語的，談話的にも，文法構造が単純である，冗長で繰り返しや聞き返し，質問が多いといった特徴がある。語彙的には，**幼児語（育児語）**と呼ばれる独特の単語を多用する。幼児語はオノマトペ（擬音語・擬態語，⇒ p.66）が多く，音の繰り返しによる独特のリズムパターンを持つ。特に日本語は，「わんわん」，「ぶーぶー」，「くっく」のように幼児語が数多く存在する言語である。日本語の幼児語の特徴は，特殊拍（撥音「ん」，促音「っ」，長音「ー」，拗音「ゃ，ゅ，ょ」）を含む3～4モーラの繰り返し構造にある。また，接尾辞「〜ちゃん」「〜さん」（例：くまさん）や接頭辞「お」（例：おて）を付与する傾向も，特徴的である。

B. 対乳児発話に対する乳児の反応

乳児は，新生児の段階から対乳児発話を聴取すると特異的な脳活動を示し，注意を向けることが知られている。妊娠中の母親は，おそらく日常的には成人同士で会話する機会のほうが多い。そのため，新生児の持つ対乳児発話への指向性は，胎内で高頻度に聴取した音声の学習結果ではなく，生得的な反応である可能性が高い。その証拠に，新生児や1か月齢の若い乳児の場合，つい最近まで胎内で頻繁に聞いていた自分自身の母親の対成人発話に対しては，対乳児発話と同程度か，それ以上に注意を向ける。

また，対乳児発話への指向性は**発達**段階によって変化していく。日本語を母語とする乳児を対象とした研究からは，対乳児発話への選好反応が生後7～9か月頃にいったん消失し，その後1歳前後になって再度出現することが報告されている。この選好反応の一時的な消失は，選好の背後にあるメカニズムの転換を反映しているのかもしれない。新生児期の指向性は，対乳児発話の普遍的な音声特徴に対する生得的なものである。その後，母語を学習することで，母語の音声特徴を明確に備えた音声として対乳児発話を捉え直し，今度は親密性に基づく選好反応を示すようになる。その過程が，U字型の発達軌跡となって現れるのではないだろうか。

対乳児発話が乳児の注意を引き付ける理由の一つは，基本周波数の高さや変動の大きさといった韻律的な音響特徴が聴覚的に際立っているためだろう。実際に対乳児発話への選好は，乳児の持つ高い周波数の音への感受性が一つの要因となっていることが指摘されている。しかしそ

れ以上に，乳児に対する語りかけに自然に含まれる快や喜びといったポジティブな情動性が，大きく寄与しているようだ。例えば，声の高さは異なるが，同程度の**情動性**を含む2種類の対乳児発話を乳児に示すと，高い声で発声される対乳児発話に対する明確な選好反応は得られない。さらに，基本周波数の高さと変動幅が同じ対乳児発話では，乳児はよりポジティブな情動情報を含む発話を選好する。

実際の対乳児発話場面では，発話者の口の動きや表情，動作といった視覚的な情報も誇張される。発話に含まれる幼児語の独特のリズムパターンも乳児の注意を引き付ける。したがって，乳児の選好反応は，対乳児発話における複数の要因によって引き出されるのであろう。

C. 対乳児発話に影響を与える種々の要因

実際の子育て場面で，どのような話しかけをするかは，話し手である親の側のさまざまな要因によって変化する。例えば，親の年収や教育レベルといった社会経済的地位，子どもの発達に対する知識や理解，愛情や信頼形成に関わるホルモンであるオキシトシンの分泌量，うつ病や統合失調症などの精神疾患の罹患が，子どもへの話しかけの質や量に影響を与える。特に，うつ病の親では対乳児発話の大きな特徴である基本周波数の高さが見られなくなり，抑揚も小さくなることが報告されている。

話し手がだれであるかも，発話に影響を与えるようだ。対乳児発話は古くから「マザリーズ」と呼ばれてきたこともあり，その話し手は母親に限られるという印象を与えるかもしれない。しかし実際には，父親や，子どもによる乳児への語りかけでさえも，多かれ少なかれ対乳児発話の特徴を伴う。一方で，対乳児発話の発話意図や基本周波数の変動パターン，対乳児発話を聴取した際の脳内処理などにおいて，父母間で違いが見られる。ただし，対乳児発話研究の多くは母親の発話を対象とし，かつ母親が主たる養育者であるケースがほとんどであるため，こうした違いが話し手の母性によるものなのか，それとも養育経験の豊かさによるものなのかは明確に示されてはいない。

発話の聞き手である子どもの側の要因，例えば子どもの年齢も対乳児発話に影響を与える。対乳児発話における基本周波数の高さは最初の数か月で上昇したのちに下降に転じ，2歳頃までにしだいに一定のレベルへ収束する。基本周波数の変動パターンも年齢に応じて変化する。さらに，発話意図も，あやすことを目的とした情緒的なものから，教示的な発声へとしだいに変化していく。このような年齢に伴う対乳児発話の変化は，大人が自分の語りかけに対する子どもの応答に感受性を持ち，言語発達段階に応じて発話を調整しているという知見と一致する。また，子どもの性別も，対乳児発話に影響を与える可能性が指摘されている。

D. 対乳児発話の役割

対乳児発話は，その音声・音響的特徴の性質上，聴覚的に際立ち，雑音に頑健である。その点で，聴覚機能が発達の途上にある乳児にとって，聞き取りやすいという単純な利点がある。

また，乳児の注意を強く引き付ける対乳児発話の性質は，学習効率の向上に貢献すると考えられる。実際に，言語を含むさまざまな学習の前提となる他者の視線方向への感受性や，特定の刺激同士もしくは刺激と反応の間の連合学習が，対乳児発話によって促進される。さらに，音の聞き分け，単語の切り出しや記憶，認識，語の意味学習などの言語獲得の諸側面でも，対乳児発話の有効性が報告されている。

一方，対乳児発話の韻律が持つ情動性は，乳児に発話者の意図や気分を効果的に伝え，発話内容の理解を促し，乳児の情緒を安定させると考えられている。成人は，低域通過フィルタをかけ，音韻情報を除去し韻律情報を残した対乳児発話からでも，話し手の意図（例：相手の注意を引こうとしているのか，慰めようとしているのか）を理解できる。同様に，乳児に低域通過フィルタをかけた対乳児発話を提示すると，褒める声には笑顔を含めたポジティブな反応を見せ，一方で叱り声に対しては顔をしかめるといったネガティブな反応を見せる。このことは，乳児が対乳児発話の韻律の持つ情動性を検知するだけでなく，その内容に応じて反応することを示している。

乳児は対乳児発話に対する優れた感受性と指向性を備えている。一方で，大人はどこかで教えられたわけでもなく，ごく自然に対乳児発話を使って乳児に語りかけ，状況に応じて柔軟に発話を調整する。こうした対乳児発話をめぐる話し手（養育者）と聞き手（乳児）の無意識な相補関係が，音声言語獲得を含めた乳児の発達を下支えする環境を醸成していく。

◆ もっと詳しく！

Saint-Georges C., et al.: "Motherese in Interaction: At the Cross-Road of Emotion and Cognition?", *PLoS ONE*, **8**, 10: e78103 (2013)

重要語句	音声認識，機械翻訳，音声合成，言語モデル，ディープラーニング，同時音声翻訳，非言語情報，パラ言語情報，言語横断声質変換，感情表現

多言語音声翻訳
[英] multi-lingual speech translation

さまざまな言語を対象に，音声を入力として翻訳すること．音声認識，機械翻訳，音声合成の順を基本として，音声から音声への翻訳を行う．音声合成をせずにテキストで表示する，音声からテキストへの翻訳もある．

A．機械翻訳

音声翻訳は下図のように，**音声認識**（⇒p.116），**機械翻訳，音声合成**（⇒p.450）を行う．この中で大きな役割を担う機械翻訳は，入力された「原言語」のテキストから，出力したい「目的言語」のテキストへの翻訳を行う．機械翻訳では，原言語文 F の単語に対して適切な訳語を選択し，さらに目的言語の文法規則に沿った語順で，目的言語文 E として出力する必要がある．正しい訳語を選択する「語彙選択」と目的言語の文法規則に従った「並べ替え」は機械翻訳における大きな問題であり，いずれも失敗すると理解できない誤訳が生成されてしまう．

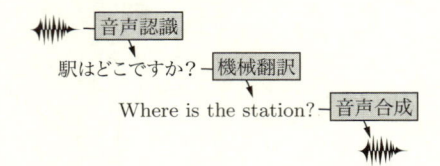

このような二つの問題に対処する高度な翻訳システムを構築する方法は，大きく分けて二つ存在する．

- **規則に基づく翻訳** 原言語と目的言語両方に精通したエンジニアが人手で語彙選択や並べ替えを行う規則を構築し，システムを作成する．
- **統計的機械翻訳** 原言語と目的言語の対訳データを用意し，統計的な学習アルゴリズムで語彙選択と並べ替えを行う統計モデルを獲得する．

この中で，特に多言語を対象にした場合に必要となる構築の容易さと分野に依存しない精度の高さという面から，統計的機械翻訳が広く使われるようになっている．

B．統計的機械翻訳

統計的機械翻訳システムの構築方法を次図に示す．

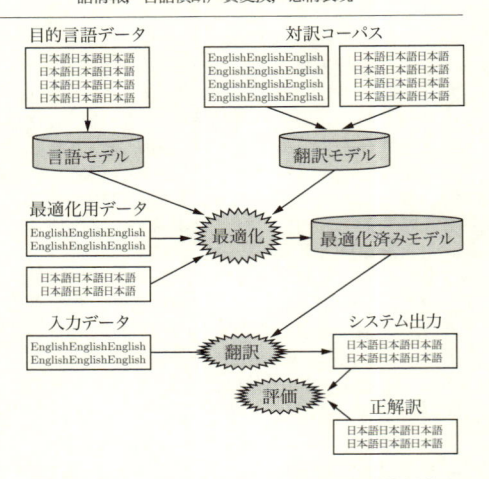

この中で四つの手続きを経て統計的機械翻訳システムを学習する．

言語モデル構築 言語モデル（⇒p.174）は，目的言語の文に対する確率 $P(E)$ を計算し，出力の自然性を担保する．直前の単語からつぎの単語の確率を推定する N-gram など，比較的単純なモデルを利用するため，大規模な単言語学習データから効率的に取得可能である．

翻訳モデル構築 翻訳モデルは，原言語文と目的言語文からなる対訳コーパスから構築する．具体的には，対訳文中の単語がどのように対応するかを自動的に発見する単語の対応付けを行う．この単語対応に基づき，複数の単語からなる翻訳規則を抽出する．最後に，各規則に対して，原言語の単語列が目的言語の単語列へと翻訳される確率などの統計量を計算し，翻訳モデルとして格納する．

最適化 パラメータの最適化を行うために，翻訳モデルの学習に用いなかった対訳データを用意し，そのデータに対して翻訳精度が高くなるように，パラメータを決定する．言語モデルと翻訳モデルの相対的な重み，文の長さを調整する単語ペナルティなどがパラメータの一例である．

評価 最後に，学習されたモデルのテストデータに対する精度や，実際の環境下において翻訳を実施した際の性能を評価する．人間の翻訳者が翻訳した正解文と，機械翻訳システムが出力した文を比較し，類似していればしているほど高いスコアを返すような評価尺度で評価することが多い．

統計的機械翻訳という大まかな枠組みの中で，さまざまな翻訳手法が存在する．例えば，原言語文を短い単語列に分割し，それぞれの単語列を翻訳モデルに格納されている翻訳ルールで目的言語の単語列に置き換えてから並べ替えることで翻訳を行う「フレーズに基づく機械翻訳」は，標準的な手法の一つである．また，日本語と英語など，文法構造が大きく異なる言語対で並べ替えを正確に行う手法として，原言語文の文法構造を構文解析してから翻訳を行う「構文情報に基づく機械翻訳」も高い精度を実現している．さらに，通常の単語アラインメントとルール抽出を行う代わりに，**ディープラーニング**（⇒ p.326）に基づくニューラルネットワークを用いて翻訳関数を学習する「ニューラル機械翻訳」も近年注目されている．

C. 音声翻訳における課題

上記の翻訳システムは，おもにテキストを前提としている．音声を翻訳する際には，テキストの翻訳にはない難しさが生じる．例えば，以下のような課題を音声翻訳の際に考慮する必要がある．

翻訳単位の決定　テキストでは，基本的には「文」を翻訳の単位とする．この場合は句読点などを手掛かりに文の境界を探し出すことが比較的容易である．しかし，音声には文の明示的な境界がない．例えば，日本語では「ですね」は文の終わりなのか，考える時間を稼ぐための言いよどみなのかが明らかでない．このため，音声翻訳を行う場合は「文境界の特定」を行うところから始まることが多い．

さらに，文の境界を正確に探し出せたとしても，必ずしも音声翻訳にとって最適な翻訳単位であるとは限らない．話し言葉の中で1文が非常に長くなることが多く，文の境界まで待ってから翻訳を開始すると，聞き手が翻訳結果を待つ時間が長くなり，理解が阻害されることもある．このため，文の境界よりも早いタイミングで翻訳を開始する**同時音声翻訳**が研究されており，翻訳性能を劣化させずになるべく早く翻訳を開始する手法がいくつか提案されている．

認識誤りに頑健な音声翻訳　音声翻訳のもう一つの特徴として挙げられるのは，不完全な音声認識結果を受け取ることである．誤った音声認識結果を入力とすると，翻訳精度に悪影響を与えることが多いため，対処することが必要となる．対処する方法として，音声認識器から「複数の音声認識結果」を受け取ってから，翻訳の段階で最も適している認識結果を選択する手法がある．また，多くの音声認識結果を同時に考慮するために，音声認識ラティスなどのコンパクトなデータ構造に対して翻訳を行うこともある．

認識誤りでなくても，話し言葉の特徴が翻訳に悪影響を与えることもある．例えば，発話に「あのー」「えーっと」などの言いよどみや，「それ，それです」などの言い直しが含まれている際，忠実に翻訳を行うと翻訳精度が低下する原因となる．このため，あらかじめ「言いよどみや言い直しの特定・除去」などの対策がとられる．

パラ言語情報を考慮した音声翻訳　最後に，声には感情や個人性など，テキストに含まれない豊富な**非言語情報**や**パラ言語情報**（⇒ p.366）が含まれている．通常の音声翻訳はテキストを経由して翻訳を行うため，これらの情報が失われるが，これらの情報を保持したまま翻訳を行う取り組みもある．例えば，原言語で話者の声質を認識し，目的言語で類似した声質を反映する**言語横断声質変換**（⇒ p.260）が挙げられる．また，話者の個人性とは別に，声に含まれる**感情表現**を認識して目的言語に反映させたり，原文の中で強調された単語を認識し，目的言語で同一の単語が強調されるように処理を行ったりする取り組みもある．

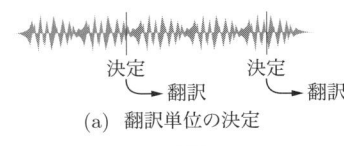

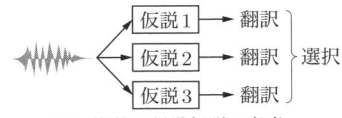

(a)　翻訳単位の決定

(b)　複数の認識仮説の考慮

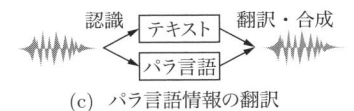

(c)　パラ言語情報の翻訳

◆ もっと詳しく！
渡辺太郎, 今村賢治, 賀沢秀人, G. Neubig, 中澤敏明：機械翻訳, コロナ社 (2014)

重要語句	弾性表面波, SAW 物理センサ, SAW 化学センサ, ワイヤレス SAW センサ, においセンサ, バイオセンサ, 液体センサ

弾性表面波センサ
[英] surface acoustic wave (SAW) sensor

　弾性表面波（SAW）は，弾性体表面にエネルギーを集中して伝搬する波である。表面を伝搬する SAW は，表面と接する媒質または表面の物理的・化学的変化の影響を受け，伝搬速度や振幅が変化する。この変化を電気信号として検出すれば，物理・化学センサとして利用することができる。また，近年ではワイヤレス化が進められている。

A. SAW の基礎
　弾性表面波（surface acoustic wave; SAW; 表面弾性波ともいう）は，1885年にレイリー卿により解析的に見出された。その後，地震学などの分野で研究が進められた。SAW が電子デバイスとして注目されたのは，1965年の White らによるすだれ状電極（interdigital transducer; IDT）によるところが大きい。IDT を下図に示す。圧電結晶表面に IDT を設けることにより，圧電効果を利用して電気信号と SAW の変換することが可能となった。IDT の形状（電極幅，電極間隔）によって決まる周波数を持つ電気信号が IDT に入力されると，SAW は励振される。この SAW は圧電結晶表面を伝搬し，もう一つの IDT で再び電気信号に変換される。

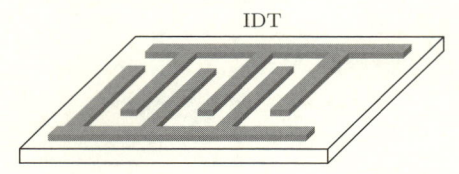

　さまざまな周波数の中から特定の周波数を選ぶことができるこの特徴を利用すると，フィルタが実現できる。移動体通信機器などには SAW フィルタが使用されている。SAW デバイスは，共振子型と遅延線型に分類することができる。

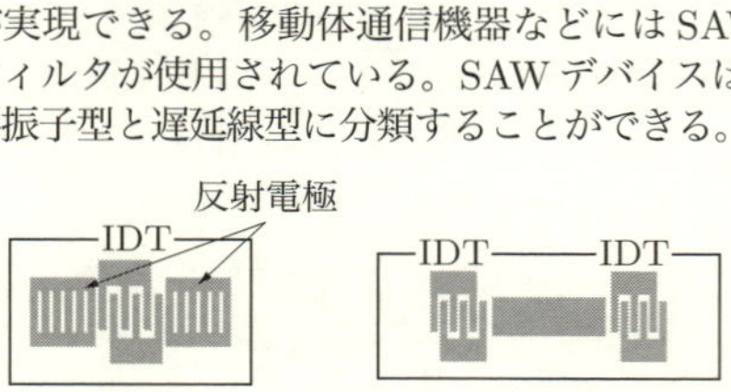

(a) 共振子型　　(b) 遅延線型

B. SAW センサの検出原理
　フィルタなど電子デバイスへの応用では，SAW が外部環境の変化によって影響を受けない工夫がなされている。これに対し，外部変化による SAW 変化を積極的に利用したのが，SAW センサである。圧電結晶を伝搬する SAW は，ひずみ（粒子変位）と圧電効果により生じるポテンシャルが結合して伝搬する波である。どちらも表面付近に集中し，圧電結晶の深さ方向に減衰する特性を持つ。ひずみは機械的，ポテンシャルは電気的な変化により影響を受ける。前者を機械的摂動，後者を電気的摂動と呼ぶ。

C. SAW センサの測定系
　SAW センサの測定系として，さまざま報告されている。その中で，おもな測定系を3種類紹介する。

　発振周波数法　SAW 素子を発振回路に組み込み，摂動により生じる発振周波数変化を測定する。自動利得調整増幅器（AGC-amp）を利用すると，振幅（ゲイン）も測定可能である。

　位相差法　信号発生器からの出力を二つに分割し，一方はセンサへの入力信号とする。他方とセンサからの出力信号の位相を検出する。また，振幅も測定可能である。

　反射法　バースト波を利用した測定法である。この手法は，ワイヤレス SAW センサでよく利用されている。

D. SAW センサの分類
　SAW センサは測定対象により，物理センサと化学センサに分類できる。**SAW 物理センサ**は，温度，圧力，ひずみなどを測定対象としている。一方，**SAW 化学センサ**は，におい/ガス，免疫反応，液体の物性値などを測定対象としている。また，SAW センサと計測器間を有線接続した測定系以外に，SAW センサとアンテナを接続した**ワイヤレス SAW センサ**も実現されている。

E. SAW 物理センサ
　SAW を用いたセンサとして，古くから知られているのが温度センサである。圧電結晶の物性値は温度に依存するので，圧電結晶を伝搬する SAW の伝搬速度もその影響を受ける。この温度変化による伝搬速度変化を利用すれば，SAW 温度センサが実現できる。最近では，数百度以上での温度計測用を目指した研究が進められている。

　IDT と反射電極を設けた SAW 素子にバースト波を入力したとする。このとき観測される反射波の応答時間は，IDT と反射電極間の距離に依存する。フォトリソグラフィで作成された IDT と反射電極の距離は変化しない。しかし，SAW 素子がわずかにでも変形すれば，距離が変化する。その結果，応答時間が変化する。これが，SAW を用いたひずみセンサや圧力センサの

検出原理である．圧力センサの場合，SAW伝搬面の一部を薄膜化している場合もある．圧力センサの応用の一つがタイヤ空気圧センサである．

F．SAW化学センサ

SAW化学センサは，においセンサ，バイオセンサ，液体センサなどに分類される．

（1）においセンサ においセンサはガスセンサとも呼ばれる．同じ特性のSAWデバイス（共振子型，遅延線型）を複数（例えばN個）用い，$N-1$個のSAWデバイス表面に異なるガス分子認識用の膜をコーティングする．残り1個は参照用として用いる．コーティングしたSAWセンサデバイスと参照用SAWデバイスの差を検出する．ガス種と膜材料間の吸着度の違いにより，同じガスが吸着してもセンサ応答は識別用膜により異なる．このことを利用して，ガス種の識別が可能となる．センサ応答の評価方法として，多変量解析，ニューラルネットワークなど，ケモメトリクス手法が利用される．測定対象が既知の場合，ガス種の識別と濃度計測は容易である．しかし，対象が不特定である場合，すべてのガス種に対する情報を取得しておくことは困難なため，識別は難しい．また，センサの個数が多くなると，その情報処理も複雑になる．このため，SAWセンサの前にガス種を分離できるように，カラムを設けた装置も提案されている．

（2）バイオセンサ バイオセンサは，分子認識層，インタフェース層，トランスデューサから構成される．分子認識層には抗体や酵素が含まれており，試料中に含まれる抗原や基質と反応する．インタフェース層は，分子認識層をトランスデューサに固定化するために用いられる．トランスデューサは，分子認識層で生じる反応を電気信号に変換する装置である．SAWバイオセンサでは，トランスデューサにSAWデバイスを利用している．バイオセンサの測定対象は液体中に含まれる抗原や基質であるため，液相系でも利用できる横波型弾性表面波（SH-SAW）が一般的に利用されている．SAWバイオセンサを用いることにより，抗原抗体反応（免疫反応）が実時間で測定可能となる．ところで，SH-SAWバイオセンサの原理は，従来，質量負荷効果と考えられてきた．しかし，最近では，質量負荷よりも反応に伴う粘度変化やずり弾性係数変化の寄与が大きいことが，数値解析や実験により示されている．

（3）液体センサ SH-SAWセンサを用いると，液体の粘度，ずり弾性係数，誘電率，導電率が同時に検出できるだけでなく，それらの変化も検出できる．この特徴を利用した燃料電池用センサ，液体識別用センサなどが報告されている．液体の機械的特性と電気的特性を同時に検出できることがSAWセンサの大きな特徴である．

G．ワイヤレスSAWセンサ

SAWを励振するには，IDTで決まる周波数を持つ正弦波信号のみを入力すればよい．半導体素子のような直流バイアスを必要としない．このため，信号源および計測器とIDTを有線で接続する以外に，それぞれの間にアンテナを設け，無線で信号の送受を行うことも可能である．この特徴を利用したのがワイヤレスSAWセンサである．信号源および計測器とセンサ間のワイヤレス化により，配線の手間が省けるだけでなく，軽量化も実現できる．温度，ひずみ，圧力を計測する物理センサへワイヤレスSAWセンサを応用する研究が進められている．例えば，回転しているタイヤは，ワイヤレスSAW空気圧センサの重要な応用分野の一つである．また，化学センサのワイヤレス化も重要な課題である．インピーダンス負荷ワイヤレスSAWセンサを，下図に示す．

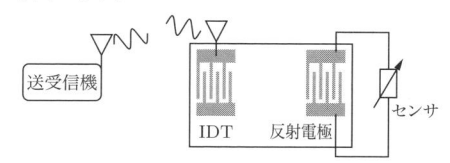

ワイヤレスSAWセンサには，物理センサ，化学センサ以外に，反射電極にインピーダンスが変化するセンサを接続したインピーダンス負荷SAWセンサもある．この場合，SAWデバイスは計測ではなく通信用として利用されている．反射電極に接続されたセンサのインピーダンス変化により，反射電極の反射率が変化する．その結果，反射波の振幅が変化する．このため，反射波振幅の測定により，反射電極に接続されたセンサの情報を得ることができる．通常のセンサでは，電源を必要とする．しかし，SAWデバイスとの組合せにより，センサ部の無電源化が可能となる．ワイヤレスSAWセンサは，SAWデバイスの特徴を生かしており，今後さらなる発展が期待できる．

◆ **もっと詳しく!**
日本学術振興会弾性表面波素子技術第150委員会 編：弾性波デバイス技術，オーム社 (2004)

重要語句　地震波，音響トモグラフィ，パルス圧縮，アコースティックイメージング

地中音響映像
[英] underground acoustical imaging

　地中を伝搬した音波の波動情報を利用し，地中媒質の音速や反射率などの音響特性を求め，その結果を映像として表す技術の総称。空気，水，金属などに比べて地中媒質の音速のバラツキが大きく，また，音波吸収減衰が大きいので，一般により低い周波数が用いられている。

A. 中深層地中探査概要

　深さ数十 m ～ 数 km の鉱物探査や数十 km までの地殻構造調査が含まれる。音速数十 m/s の土砂から数 km/s の岩盤までが探査対象となる。一般的に，発振器として爆薬を，受振器として可動コイル電磁式のジオフォンを用いる。解析に用いる受信波形の周波数成分はおもに数 Hz ～ 数十 Hz の超低域であり，受信感度を確保するために，ジオフォンは固有振動数をそれに合わせて使用する。探査対象と波形の特性によって，このような技術は，**地震波**（⇒p.218）解析とも呼ばれる。地表面に設置されたジオフォンにより受信した反射波を利用することが多いが，探査目的によって，複数地点でのボーリングに垂直受信アレイを設置し，多チャネルの直接波信号に**音響トモグラフィ**（⇒p.90）技術を適用する場合もある。反射波形を用いた場合には，おもにつぎの処理が施される[1]。

　（1）**デコンボリューション**　インパルス応答を用いて受信波形に**パルス圧縮**（⇒p.370）処理を行い，伝搬特性などの影響で劣化した時間分解能を向上させる。

　（2）**ムーブアウト重合**　チャネルごとの反射波伝搬経路長に対応する反射波パルスを重合させ，反射信号のみを強調することで SN 比を向上させる。

　（3）**マイグレーション**　反射面の形状変化による反射点の偏移と反射経路の誤差を修正し，これらによる映像のひずみを補正する。

B. 浅層地中埋設物の映像化探査

　土木工事に先立つ地下管路などの探査や埋蔵文化財の調査など，地下数 m 程度にある比較的浅い埋設物の映像化探査が目的である。特に電界物質や水分の多い場所，または比誘電率は土砂との差が少ない埋設物の探査など，電磁波を利用した地中探査レーダが適用困難となる場合，音響的手法の有効性が期待される。浅層地中では，おもに音速が数十 m/s ～ 数百 m/s の土砂となるので，土砂中での音波高周波数成分の減衰が大きいことによる分解能の低下，表面波や横波の干渉，土砂中の音響特性の不均一性による信号 SN 比の劣化など，地中音響映像にいくつかの問題点がある。これらの問題点に配慮し，電磁誘導型音源と振幅相関合成法を併用した地中埋設物の 3 次元映像化方法が考案されている[2]。

　（1）**電磁誘導型音源**　キャパシタに蓄えられた電気エネルギーを瞬間的にコイルに加えることで，コイルとそれに対置したアルミニウム振動板との間に衝撃的な電磁反発力を発生させ，アルミニウム振動板で地面を叩き，地中に強力なインパルス音波を放射させるものである。

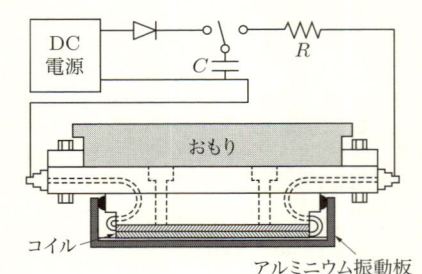

　放射音場の指向特性は

$$R(\theta)=\frac{\mu^2\cos\theta\,(\mu^2-2\sin^2\theta)}{(\mu^2-2\sin^2\theta)^2+4\sin^2\theta\sqrt{(1-\sin^2\theta)(\mu^2-\sin^2\theta)}}$$

より表される。ここで $\mu^2=2(1-\sigma)/(1-2\sigma)$，$\sigma$ は土砂のポアソン比である。また，中心軸上遠距離放射音圧の時間関数部分は

$$\exp\left(-\frac{2}{\pi}\omega_e t\right)\left\{\sin\left(2\omega_e t+\tan^{-1}\frac{1}{\pi}\right)-\frac{1}{\sqrt{1+\pi^2}}\right\}$$

となり，$2f_e$ を中心とした比較的に広帯域，すなわち時間幅の短いパルス波形となっている。放射パワーはキャパシタの充電電圧により制御でき，電気駆動中心周波数 f_e はキャパシタンスとインダクタンスの選択により調整できる。

　したがって，電磁誘導型音源は，送信パルスが安定で再現性が良いこと，地中に大勢力のインパルス音波の放射が可能であること，送波パルスの主周波数成分が比較的容易に制御できること，構造が簡単で取り扱い操作が比較的容易であること，といった各条件を兼ね備え，浅層地中探査用インパルス音源として有効である。

　（2）**受振器アレイ**　2 次元断面映像を得るために，直線状受振器アレイがよく用いられている。反射点の 3 次元位置を特定するには，非

同一直線上の3点の受信が最小限必要であるが，受波器アレイの設置には，地中埋設物探査における受信信号のSN比劣化の問題，受波器の配置による映像化する場合での虚像出現の可能性，さらに野外現場でのデータ収録の効率などを配慮する必要がある．3次元映像化用円形受波器アレイの例を下図に示す．

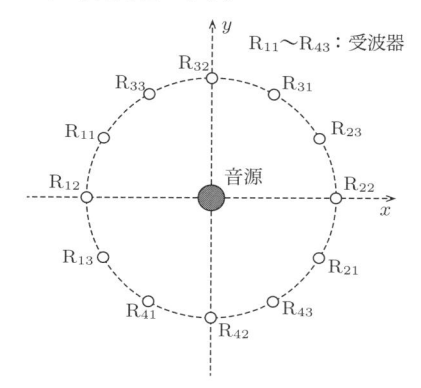

R_{11}〜R_{43}：受波器

中深層地中探査の場合より高く，数百Hz程度の周波数成分が受信できるので，分解能向上のために受波器として圧電型加速度センサを使用する．加速度センサの固有共振周波数は数kHz以上で高くなるが，地中反射波の帯域では比較的平坦な応答特性を有し，短パルス波形の受信に適している．

（3）映像化処理 一般的な媒質中では，受波器アレイのパルス反射波形を用いて反射体の形状を再現する**アコースティックイメージング**（⇒p.4）の方法として，合成開口法が最も基本的である．中深層地中探査のムーブアウト重合処理と類似しているが，ここでは大きな反射面ではなく，探査点ごとに，各チャネルの受信信号から反射経路長に対応する時刻の振幅を抽出し，それらを合成する．探査点が反射点と重なる場合，この合成値が大きくなり，反射体として映像化される．線形合成処理なので反射点の反射率に比例した映像値が得られる．

しかし，浅層地中映像化探査の場合，受信信号のSN比と時間分解能がともに低いので，反射率との線形関係を犠牲にし，分解能良く反射体の位置の判断を優先させるように，非線形処理により反射パルス信号を強調する振幅相関合成処理法が考案されている．

12個の受波器からなる円形受波器アレイの場合を例として説明する．まず，各受波器からの受信波形に対して，チャネルごとの振幅バラツキや受信パルス波形ピーク値位置の初期時間シフトなどの補正処理を行う．その後，探査点Pに対応する各チャネルの出力を抽出する．

$$a_{Pij} = s_{ij} \left(\frac{r_{P0} + r_{Pij}}{c} \right)$$

$$(i = 1, 2, 3, 4,\ j = 1, 2, 3)$$

12個の受信出力a_{Pij}を，音源の前後左右四つの受波器グループから1個ずつ抽出し，受信出力の組合せを作成し，各組合せの4個の受信出力に極性条件付き乗算を行い，その結果を合成することでP点での映像値H_Pを求める．

$$H_P = \left| \sum_{k,l,m,n=1,2,3} C\left(a_{P1k}, a_{P2l}, a_{P3m}, a_{P4n}\right) \right|$$

$$C(\alpha, \beta, \chi, \delta) = \begin{cases} \text{sgn}(\alpha) \cdot \alpha \cdot \beta \cdot \chi \cdot \delta, & \text{すべて同極性} \\ 0, & \text{その他} \end{cases}$$

下図に示す映像結果例を比較すると，振幅相関合成法による分解能の向上が確認できる．

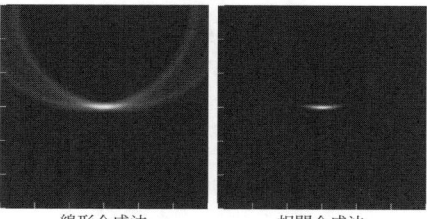

線形合成法　　　　相関合成法
(a) 1反射点のシミュレーション映像例

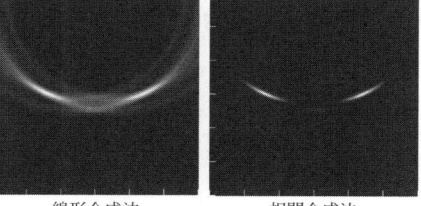

線形合成法　　　　相関合成法
(b) 2反射点のシミュレーション映像例

◆もっと詳しく！
1) Oz Yilmaz: *Seismic Data Analysis*, Society of Exploration Geophysicists (2001)
2) 陶 良，本岡誠一：地中埋設物の三次元映像化探査における受波器アレーの配置方法，電子情報通信学会論文誌，**J94-A**, 11, pp.870–877 (2011)

重要語句　超音波エレクトロニクス

超音波
[英] ultrasonic wave / ultrasound

「超音波」の定義は人間の聴覚に準拠し，「周波数が20kHzを超える音波あるいは弾性波動」とされている。しかし，音波を物理現象として考える場合，可聴音も超音波も同じ波動である。したがって，超音波は周波数に関係なく，「物理的な利用が可能で，人が聞くことを目的としていない音」ともいえる。

超音波関連技術は近年「超音波エレクトロニクス」と総称されており，超音波のエネルギー応用，通信・計測応用，デバイス応用に大別される。

A.　「音」と「超音波」

有史以来，人類は音，そして音楽に囲まれて生活してきた。しかし，素晴らしい音楽も，その物理的実態はなんとも味気ない大気の振動（音波）である。この波はさまざまな周波数成分で構成されているが，このうちわれわれが知覚できる周波数範囲は，20Hz～20kHz程度である。しかも，この可聴周波数範囲は，個人や年齢に大きく依存する。このため，たとえ物理的に同じ音を聞いていたとしても，知覚される「音」には個人差が存在し，音を「聞こえ」として客観的に評価することは難しい。一方，音を「音波」として捉えて物理的側面のみを考えると，その取り扱いは比較的容易になる。この立場では聴覚は関係せず，音波の物理現象が対象となる。「超音波」とは，一般的には「聞こえない音」として定義される場合が多いが，上述のようにこの定義自体が曖昧であるため，物理的な立場からは「超音波とは物理的な利用が可能で，人が聞くことを目的としていない音」と定義できよう。したがって，可聴域，さらには低周波数領域における音波の応用も，近年は超音波技術として扱われている。

なお，波長が分子間隔以下となると音波は定義できないので，超音波の周波数上限は10THz程度と考えるのが妥当と考えられる。現実には，携帯電話などに組み込まれている超音波デバイスの周波数領域（数十GHz程度）が，実用上の超音波の上限周波数と考えられる。一方，下限の周波数としては，海洋音響トモグラフィ（⇒p.90）の超長距離音波伝搬計測に用いられる200Hz程度の低周波音波が挙げられる。もちろん，この「超音波」の周波数領域は，さまざまな応用技術の進展とともに拡大する傾向にある。

B.　「超音波エレクトロニクス」の発展

よく知られているように，超音波が社会的に不可欠な技術として明確に認識された原点は，1912年のタイタニック号の沈没事故であった。1513名もの犠牲者を出したこの大惨事の原因は，進路を阻んだ水面下の巨大な氷山の発見が遅れたためである。当時，光が届かない水中での物体探査技術はまだ開発されていなかった。この事故を契機に，水中探査技術の検討が始まったが，1914年に勃発した第1次世界大戦には間に合わず，英仏連合軍はドイツ軍のUボートに大きな犠牲を払うことになった。タイタニック号のような巨大な船舶を沈没させる氷山でさえ見つけることができない当時の技術では，Uボートのような小さな潜水艦に対抗することはもとより，探知することも不可能であった。

しかし，1916年にフランスのポール・ランジュバン（Paul Langevin）による圧電材料（⇒p.6）を用いたランジュバン型振動子の発明が大きな転機となった。海中における音波の送受波が成功し，長距離で音波の送受波が可能になったのである。さらに，この技術は，氷山や潜水艦のように水と大きく異なる性質を持つ物体探査にも応用された。このような探査は，短いパルス状の音波が用いられたため，パルスエコー法（⇒p.370）と呼ばれ，現在もさまざまな超音波応用技術で活用されている。また，このような圧電材料の利用は，その駆動システムでもある発振回路を中心とした電子工学技術（エレクトロニクス）と超音波技術の連携の始まりとなった。

超音波利用技術は，この後もさまざまな科学技術分野においてエレクトロニクスの技術進展と軌をともにすることになる。現在でも超音波技術の多くはエレクトロニクスやICT技術と併用されるため，総称として「超音波エレクトロニクス」と呼ばれ，さまざまな新しい技術と融合しながら進化を続けている。

C.　超音波応用技術

この超音波エレクトロニクス技術は，超音波の特性を生かしたエネルギー応用，通信・計測応用，デバイス応用の三つに大別される。

エネルギー利用技術では，超音波加工，超音波溶接，超音波洗浄，超音波浮揚などのように，超音波の局所的に大きな加速度やそれに伴って発生する熱，キャビテーション，放射圧などを利用する。これらは，胆石破砕などの医療的技術として，あるいは眼鏡洗浄，プラスチック溶

接などの身近な技術としても知られている。また，デジタルカメラの光学系自動焦点システムなどに用いられる超音波モータ（⇒p.304）や，熱と音の可逆変換である熱音響現象（⇒p.354），ソノケミストリー（⇒p.276）も超音波のエネルギー利用の一つであり，分野を横断して大きな広がりを見せている。

通信・計測応用では，パルスエコー法を基盤として用いる技術群が中心となる。波動を用いた物体検知，距離計測，イメージングでは，対象物体の大きさよりも短い波長の波が必要となるため，光に比べて格段に伝搬速度が遅い超音波はきわめて有利となる。例えば，おもに非破壊検査（⇒p.378）や超音波診断装置で用いられる1 MHzの周波数では，生体内における音波の波長は約1.5 mmであり，体内臓器のサイズより十分に小さい。しかし，同じ1 MHzの電磁波では，波長が300 mにもなってしまう。このように，超音波は比較的扱いやすい周波数領域の計測で高い空間分解能を得ることができる。この特長を生かして，超音波顕微鏡（⇒p.294）が材料評価や生体組織の評価に応用されている。

超音波を利用したデバイス応用では，弾性表面波（SAW，⇒p.286, p.392），ジャイロやトランス（⇒p.8）などの圧電デバイス・センサや音響光学デバイスが中心となる。これらは高機能性デバイスとも呼ばれ，固体中の超音波（弾性波）の特性を利用している。また，圧電性や可撓性の優れた新規材料開発も盛んに進められている。

なお，可聴音と比較すると，超音波技術は比較的大きな音圧を用いることが多い。このため，今後より高周波化する超音波エレクトロニクス技術では，音波の非線形伝搬現象に十分に注意しておく必要がある。もっとも，この現象を利用した超音波技術も実用化されている。超音波診断装置に搭載されているハーモニックイメージング技術や，音響スポットライトとして知られるパラメトリックスピーカ（⇒p.368）は，生体組織や大気など伝搬媒質の非線形性を利用した技術である。後者はその狭ビーム特性を生かして，オーディオ以外にも用途が広がりつつある。

他方，近年は生物学・環境学と超音波の接点も見受けられるようになってきた。コウモリやイルカなどのエコーロケーションシステムの工学的応用や環境計測など，新しい視点の研究も進められつつある。さまざまな最新の超音波技術については，以下の参考文献とともに本書の各項目を参考されたい。

◆ もっと詳しく！
超音波便覧編集委員会 編：超音波便覧, 丸善 (1999)

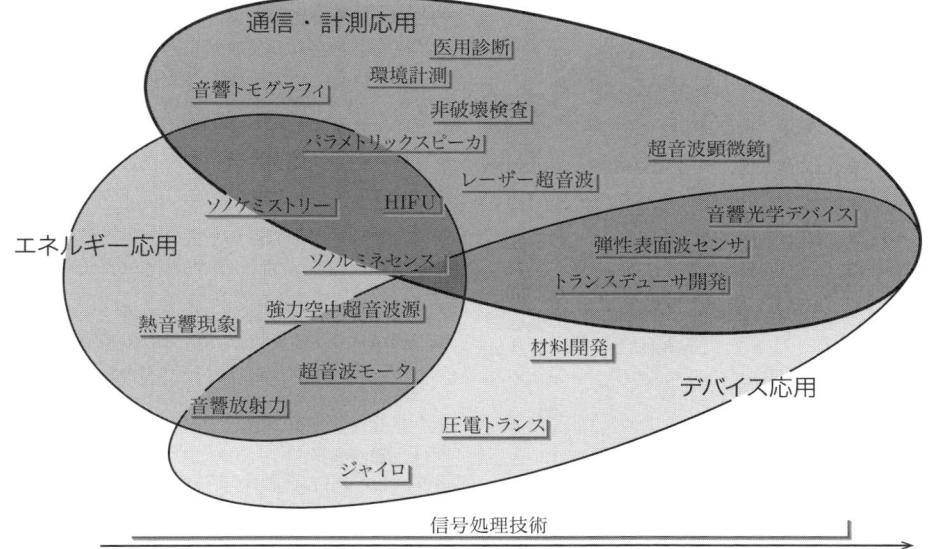

重要語句 高速フーリエ変換, フィルタ, 相互相関, ビームフォーミング

超音波計測の信号処理
[英] signal processing in ultrasound measurement

超音波により測定対象の有無や位置，形状，速さを計測するときに，受信した信号に対して行う処理について概説する．近年はディジタル信号で処理することが多い．ディジタル信号への変換方法，および信号処理法の基礎となるフーリエ変換について述べたのち，超音波計測に必須であるフィルタと解析信号について説明する．さらに，超音波計測によく使用される五つの信号処理法を概説する．

A. ディジタル信号
受信する超音波信号は，時間軸上で連続関数であるアナログ信号である．コンピュータを用いた処理を行うためには，標本化と量子化を行い，アナログ信号からディジタル信号へ変換する必要がある．

（1）**標本化** 時間軸上で連続関数である信号を，離散的な関数によって代表させることである．代表となる点を標本点と呼ぶ．信号が有限の周波数領域 B〔Hz〕を持つ場合，$1/2B$〔s〕以下の間隔で標本化すると，信号の持つ情報すべてを保持できる．

（2）**量子化** 各時間における信号の値を離散的な値で近似することである．量子化により生じる誤差を小さくするには量子化間隔を小さくすればよいが，量子化後の情報量が大きくなる．

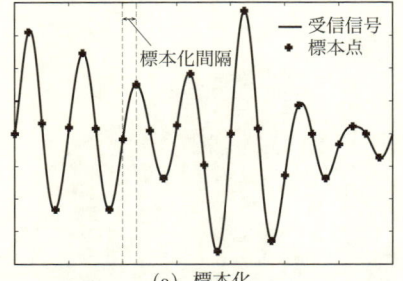

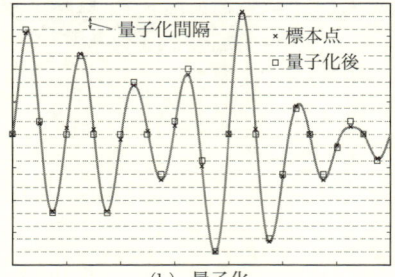

B. フーリエ変換
時間軸上で得られる信号を周波数領域の信号へ変換する．ある周期で同じ波形を繰り返す信号を周期関数と呼ぶが，これはすべての周期関数は正弦波の級数に分解できるというフーリエ級数展開の考えを，非周期関数へ拡張したものである（⇒ p.382）．

高速フーリエ変換は離散フーリエ変換の計算を効率的に行う．一般に標本点数 N が2のべき乗である場合に適用されるが，N があまり大きくない素因数に分解できる場合も計算量低減が可能であり，その計算方法を混合基底高速フーリエ変換と呼ぶ（⇒ p.188）．

C. フィルタ
入力信号を別の信号へ変換するもの．ハードウェアだけでなく，アルゴリズムなども含まれる．下記の**フィルタ**は信号の周波数領域に対して適用されることが多い．

低域通過フィルタ 閾値より高い周波数成分を除去もしくは減弱させるフィルタ．

高域通過フィルタ 閾値より低い周波数成分を除去もしくは減弱させるフィルタ．

帯域通過フィルタ 指定された周波数領域以外の周波数成分を除去もしくは減弱させるフィルタ．

逆フィルタ 推定したい目標信号から観測される信号への変換が既知の場合，この逆変換を行うことで観測信号から目標信号を推定できる．この逆変換が逆フィルタである．雑音が存在しない場合，正確な推定が可能となる．

ウィーナーフィルタ（Wiener filter） 雑音が存在する条件下で，観測信号から目標推定を行うものである．平均2乗誤差を最小とするため，最適フィルタとも呼ばれる．

時間領域または空間領域に対して適用されるフィルタとして，信号の微細な変化を抑圧し滑らかにするものや，エッジを強調するものなどがある．

D. 解析信号
受信した超音波信号は実関数であり，解析信号とはこれを複素信号に変換したものである．与えられた実信号をヒルベルト変換したものを虚部とし，もとの実信号に加えることで求められ

る。与えられた信号が離散信号の場合，フーリエ変換して負の周波数成分を除去したのち，正の周波数成分を2倍して逆フーリエ変換することによっても求められる。

解析信号の絶対値は各時間の振幅を表し，信号の包絡線を描く。

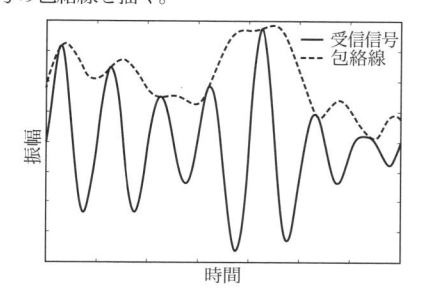

E．相互相関
二つの信号間の類似性を表す。**相互相関**を調べる際には，次式で表される正規化相互相関関数がよく用いられる。

$$c(u,\tau) = \frac{\int_{t=u-W}^{u+W} f(t)g(t+\tau)dt}{\sqrt{\int_{t=u-W}^{u+W} f(t)^2 dt}\sqrt{\int_{t=u-W}^{u+W} g(t+\tau)^2 dt}}$$

ここで，$f(t)$ は参照信号，$g(t)$ は相関を調べる信号，t は時間，u は参照窓の中央，$2W$ は参照窓幅，τ はシフト量を表す。

正規化相互相関関数の最大値は，二つの信号間の類似性の強さを表す。相互相関を用いて，対象物の速度を推定できる。

F．適応型信号処理
受信信号の情報が既知でない場合，受信信号に適したパラメータを設定することで信号処理性能が向上することが多い。信号処理過程で受信信号に応じて特性が変化する機能を持つものを，適応型信号処理と呼ぶ。信号や雑音の統計的性質が変化し，事前に予測できない場合などに用いられる。

G．一定誤警報確率
誤って信号が検出される確率を一定に保つ閾値設定法。目標信号が受信されたかを判定する場合，閾値を設定し，その閾値以上の信号強度を受信したかどうかを調べる。目標信号が受信されていないが，雑音で閾値以上の信号強度が受信されることがあり，この場合は誤って信号を受信したと判定される。この確率を誤警報確率と呼ぶ。

雑音の性質が推定できれば，設定する閾値と誤警報確率の関係がわかる。目標信号が受信されていないと考えられるときの受信信号強度から雑音の性質を推定し，誤警報確率が一定となるよう閾値を設定する。

H．ビームフォーミング
複数の超音波素子で信号を受信する場合，その信号を加算することで目標信号を強調することができる。測定位置からの信号が強調されるように遅延時間を与えて加算することで，横方向分解能を改善できる。これを受信ビームフォーミング（横方向）と呼ぶ。

また，パルス波の送受信を行う場合，受信信号には複数の周波数成分が含まれる。測定距離からの信号が強調されるように位相補正を与えて加算することも，広い意味での受信ビームフォーミング（距離方向）である。横方向・距離方向のビームフォーミングの概念を下図に示す。

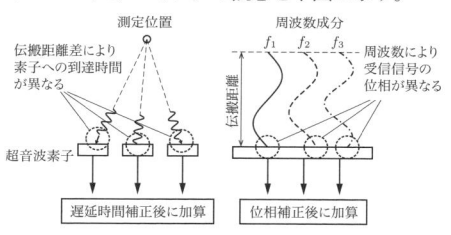

加算する際に与える位相補正などの重みを受信信号に適したものに設定する方法が提案されており，適応型ビームフォーミングと呼ばれる。適応型ビームフォーミングの一つである拘束条件付き出力電力最小化法は，超音波計測の空間分解能改善によく用いられる。

I．開口合成
複数の送受信信号を利用して，高分解能な測定を行う技術。広い開口面を持つ超音波送受信器ほど高い分解能を持つため，さまざまな位置から超音波を送信して得られた信号を利用し，等価的に広い開口面を実現して高分解能化を図る。ただし，この技術はすべての送受信を行う間に測定対象が動かないことを前提としており，多数の送受信信号を使用する場合，時間分解能が大きく低下する。符号化超音波の同時送信により時間分解能の低下を防ぐことはできるが，虚像の発生が問題となる。

◆ もっと詳しく！
佐藤 亨ほか：情報通信工学，オーム社（1993）

重要語句 音響レンズ，点集束ビーム，直線集束ビーム，$V(z)$ 曲線

超音波顕微鏡
[英] ultrasonic microscopy

超音波顕微鏡は，100 MHz ～ 数GHzの超高周波超音波を用いて，物質・材料のミクロな部分を観察する装置である。数GHz帯の超音波の波長は可視光と同程度あるいはそれ以下となること，また，光学顕微鏡で得られる屈折率あるいは誘電率を介した情報とはまったく異なり弾性特性を介した情報が得られることから，微視的な領域の観察装置として開発が進められてきた。また，音響特性（音速，減衰など）の定量計測法の開発も行われ，物質・材料の特性解析装置としても用いられている。

A. 開発の歴史

実用的な超音波顕微鏡として，1971年にレーザー走査型超音波顕微鏡（scanning laser acoustic microscope; SLAM），1973年に機械走査型超音波顕微鏡（mechanically scanned acoustic microscope; SAM）が開発された。SLAMは，試料を水に浸し，そこを通過した平面超音波信号をレーザー光の走査によって読み取る。SAMは**音響レンズ**（⇒ p.98）などの集束デバイスにより，円錐状に集束された点集束ビーム（point-focus-beam; PFB）を機械的に走査する。SAMを用いた場合，水をカプラとして2000 Å，液体ヘリウムをカプラとして200 Åの分解能が達成されている。

また，定量計測法の開発も進められてきた。1981年には，物質の音響特性を定量的に測定する直線集束ビーム超音波顕微鏡（line-focus-beam (LFB) acoustic microscope）が開発された。また，1984年には，生体組織の音響特性を定量的に測定する方法が開発された。

B. 超音波顕微鏡の構成

超音波顕微鏡の最大の特徴は，集束ビームを用いることである。試料表面近傍の観察を行う場合には，開口半角が60°程度と大きいレンズを用いて表面波を励起する。試料内部を観察する場合には，開口半角が10°程度と小さいレンズを用いる。また，超音波を励振する電気信号として，通常高周波（RF）バースト波が用いられるが，時間分解能を高めるために，インパルス波も用いられる。

また，超音波デバイスの配置により，二つの集束超音波デバイスが共焦点となるように配置される透過型と，超音波の送受に一つの超音波デバイスを用いる反射型に分けられる。

システムは，基本的に，集束超音波デバイス，機械操作部，画像表示，信号処理を含めた電気回路部から構成される。

C. 超音波デバイス

集束方式には，音響レンズ方式と凹面トランスデューサ方式があるが，前者が広く実用されている。音響レンズ方式は，音響レンズのロッドとその平らな端面に形成された超音波トランスデューサにより構成される。超音波トランスデューサから発せられた平面波は，音響レンズにより液体中に集束される。音響レンズ表面には，効率良く超音波を放射するために，4分の1波長音響整合層が形成される。

音響レンズ材料として，Z-cut サファイア棒がよく用いられている。超音波トランスデューサとしては，ZnO圧電薄膜，高分子薄膜，$LiNbO_3$ 薄板などが使用されている。

点集束ビーム（PFB）と**直線集束ビーム**（LFB）は，それぞれ球面レンズと円筒レンズによって形成される。また，PFBには，通常のもののほかに，方向性を持たせた方向性PFBがある。PFBは画像計測と定量計測の両方に使用され，LFBは定量計測に使用される。

D. 画像計測法

PFB音響レンズの模式図を下図に示す。図のように，PFB超音波デバイスを用いて，x-y 方向に機械的に2次元走査し，反射信号の変化を画像表示する。

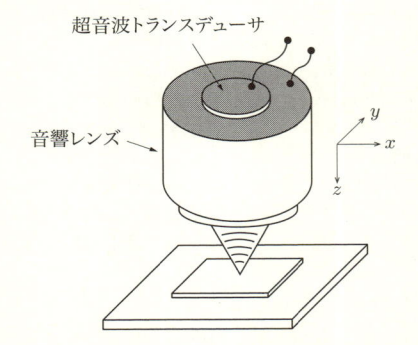

高コントラストの超音波画像を得るために，光学顕微鏡とは異なり，集束ビームの焦点より少し内側の位置に試料面を設置するデフォーカス操作を行うことが特徴的である。画像のコントラストの要因として，(1) 固有音響インピーダンス，(2) 漏洩弾性表面波（leaky surface acoustic wave; LSAW) の伝搬特性，(3) 試料表面の凸凹の三つが挙げられる．また，表面近傍に欠陥が存在する場合のモデルも検討されており，欠陥の検出ならびに評価に用いられている．

試料表面に垂直な亀裂が入っている場合には，表面波が亀裂境界で反射されるため，干渉縞が形成される．また，表面に平行な亀裂が存在する場合には，LSAWモードの代わりに漏洩ラム波モードを考えなければならない．

E. 定量計測法

（1）固体試料に対する計測 固体試料のLSAWの伝搬特性（音速と減衰）を測定するためには，LFB超音波材料解析システムを用いることが有用である．下図は，LFB超音波デバイスの断面図であり，$V(z)$ 曲線による音響特性測定の計測モデルを示すものである．

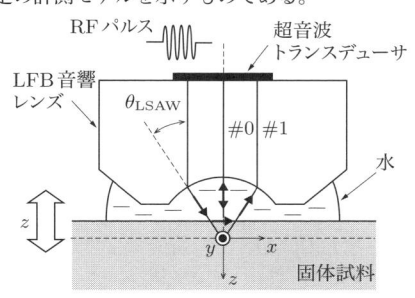

$V(z)$ 曲線の形成には，図中に示す#0（試料表面からの直接反射成分）と#1（水と試料の境界面分）が大きく寄与する．LFB超音波デバイスと試料の間の距離 z を変えたとき，超音波トランスデューサ出力 $V(z)$ は，下図に示すような周期 Δz の干渉波形となり，LSAWの位相速度 V_{LSAW} と Δz の間には

$$V_{LSAW} = \frac{V_W}{\left\{1 - \left(1 - \frac{V_W}{2f\Delta z}\right)^2\right\}^{\frac{1}{2}}}$$

という関係式が成立する．ここで，V_W はカプラ（通常は水）の位相速度，f は超音波周波数である．得られた $V(z)$ 曲線からLSAWの伝搬特性を得るための $V(z)$ 曲線解析法が考案されており，伝搬特性の定量計測が行える．

（2）生体組織に対する計測 生体組織に対して音速，厚さ計測を行うための実験構成を下図に示す．

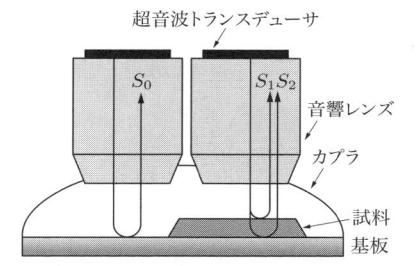

基板からの反射信号を S_0，試料表面および裏面からの反射信号を S_1, S_2 とし，それらの信号の時間差を計測し，カプラの音速をリファレンスとして試料の音速と厚さを同時に計測する方法が提案されている．また，S_1 と S_2 を時間的に分離できない場合の解析法として，周波数領域で解析を行うパルススペクトル法が提案されている．2.4 mm×2.4 mmの領域の300点×300点を100秒以内で，Cモード像だけでなく，厚さと音速の計測が可能なシステムも開発され，市販されている．

F. 応用分野

超音波顕微鏡は，固体材料から生体組織，細胞まで幅広く応用されている．

不透明な試料にも適用できるという特徴を活かし，超音波顕微鏡はICパッケージ内部の剥離，気泡，クラックなどの検出に用いられている．

測定対象の大きさや深さによって，異なるパラメータ（超音波周波数，開口角など）の超音波デバイスが使用される．

固体材料に対しては，LFB超音波材料解析システムを中心とした，超音波マイクロスペクトロスコピー技術による材料評価法が検討されており，圧電材料，強誘電体材料，ガラス材料に適用され，有用性が実証されている．

また，生体組織・細胞に対しては，光学顕微鏡では得られない硬さの情報が得られることから，応用の開拓が進められているところである．

◆ もっと詳しく！
超音波便覧編集委員会 編：超音波便覧，丸善 (1999)

重要語句 内部気体，薄膜，微小気泡，Rayleigh-Plesset 方程式，散乱断面積，吸収断面積

超音波診断用造影剤
[英] ultrasound contrast agent

超音波診断画像のコントラスト改善用に用いられる微小気泡。超音波に対する良好な散乱特性を有する。

A. 構造

造影剤は**内部気体**とそれを覆う**薄膜**から構成される。造影剤の直径は数ミクロン程度であり，毛細血管と同程度かそれよりも小さくなるように設計されている。造影剤の構造を下図に示す。

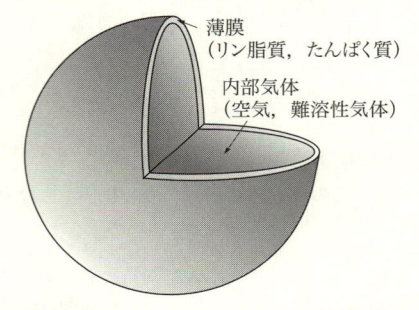

薄膜
(リン脂質，たんぱく質)

内部気体
(空気，難溶性気体)

内部気体には空気，もしくは難溶性気体が用いられる。微小気泡の寿命は短く，それに対する対策として，フッ化炭素系の難溶性気体が用いられることが多い。光学顕微鏡で観察した微小気泡を下図に示す。

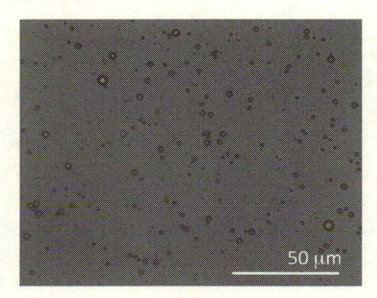

50 μm

液体中において，気泡内部の圧力は表面張力による自己加圧効果により上昇する。気体はヘンリーの法則に従い周囲液体へ溶解するため，小さい気泡ほど溶解しやすく寿命は短くなる。例えば，直径 5 μm の薄膜を持たない空気気泡の場合では，溶解に要する時間が 125 ms，また，直径 3 μm では 32 ms と理論的に見積もられている。難溶性気体を用いることで長寿命化を図っている。通常，造影剤は静脈注射で投与され，血液中に溶解した内部気体は呼気として排出されると考えられている。

気泡を覆う薄膜には，生体適合性を有する物質を用いる必要がある。膜の粘弾性的性質，膜厚が散乱特性に強く影響し，良好な散乱特性を得るためには比較的柔軟性に富む材料を使用する必要がある。また，薄膜には内部気体の周囲液体への拡散・溶解を防止する役割もある。

薄膜材料として，リン脂質，アルブミンなどが用いられることが多い。膜厚に関して，変性アルブミンを使用する場合では 15 nm，リン脂質の単分子膜の場合では 1〜2 nm と考えられている。

B. 散乱特性

微小気泡内部の気体は周囲の液体（生体組織，⇒ p.272）に比べて体積弾性係数が小さく，周囲の圧力変化に同期した膨張・収縮運動を行うという特徴がある。つまり，気泡自身が振動することにより新たな 2 次的音源として作用するという特徴があり，剛体球のような振動しない散乱体と比べてはるかに強い散乱効果が得られる。また，その振動は共振系により支配されるため，散乱特性には強い周波数依存性が表れる。

気泡形状が球形形状から逸脱しないという前提において，その振動特性は気泡半径 R に関する 1 次元の問題として解くことで解析できる。薄膜を持たない気泡の場合，その運動は **Rayleigh-Plesset 方程式** と呼ばれる非線形常微分方程式として記述でき，キャビテーション気泡の動的挙動解析にもよく用いられる（⇒ p.276, p.278）。気泡の振動振幅がその半径に比べて十分に小さい場合（$R = R_0 + \Delta R = R_0(1 + \varepsilon)$，$\varepsilon \ll 1$），線形常微分方程式に変形できる。

$$\ddot{\varepsilon} + \beta\dot{\varepsilon} + \omega_0^2 \varepsilon = F(t)$$
$$\omega_0^2 = \frac{1}{\rho R_0^2}\left\{3\kappa P_0 - \frac{2\sigma}{R_0}(3\kappa - 1)\right\}$$
$$\beta = \beta_A + \beta_T + \beta_V$$

β_A, β_T, β_V はそれぞれ再放射，熱伝導，粘性による制動係数であり，ω_0 は固有角振動数である。F は音響的な駆動力である。P_0 は大気圧であり，σ は表面張力係数，κ は気体の準断熱過程を記述するためのポリトロープ指数である。

超音波を物体に照射した場合，音響エネルギーは散乱および吸収により減衰する。散乱による減衰は音波が周囲に再放射されることによる損失であり，吸収による減衰は音響エネルギーが熱エネルギーに変換されることに基づく損失である。造影剤による散乱特性，吸収特性は**散乱**

断面積 σ_s（⇒ p.184），吸収断面積 σ_a を用いて評価することができる。

$$\sigma_s = \frac{4\pi R_0^2}{\left(\left(\frac{\omega_0}{\omega}\right)^2 - 1\right)^2 + \left(\frac{\beta}{\omega}\right)^2}$$

$$\sigma_a = \sigma_s \frac{\beta_T + \beta_V}{\beta}$$

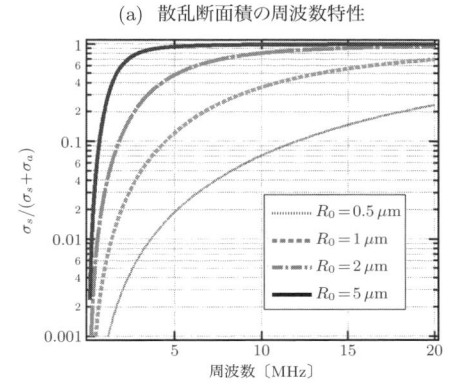

(a) 散乱断面積の周波数特性

(b) 散乱断面積と減衰断面積の比の周波数特性

気泡半径が一定の場合，散乱断面積は共振周波数で最大値に達する．共振周波数は気泡半径が小さくなるほど高くなる．$R_0 = 5\,\mu\mathrm{m}$ の場合，共振周波数は約 0.6 MHz であり，散乱断面積の最大値は実際の断面積の 50 倍程度にも達する．散乱断面積の値は共振周波数以下では周波数の 4 乗に比例し，共振周波数以上では実際の断面積に漸近する．気泡半径が大きくなるにつれて，共振特性は鋭くなる．これは，気泡半径が小さくなるほど，粘性によるエネルギー損失が支配的になるためである．音響エネルギーを熱エネルギーに変換する吸収損失の増大は，気泡の造影効果を低下させる要因になる．散乱断面積と吸収断面積の和を減衰断面積と定義し，散乱断面積と減衰断面積の比の周波数依存性を計算すると，共振周波数より高い周波数において吸収による損失を抑え，効率良く音波を再放射できることがわかる．

C．非線形振動の利用

大音圧の超音波を照射すると，気体と液体の体積弾性係数の違いから，気泡振動は入射音波に対して非線形的に応答する．このような場合には，再放射される音波の周波数成分に高調波成分が含まれる．第 2 高調波成分を利用することで取得画像のコントラスト向上を図る手法は，コントラストハーモニックイメージングと呼ばれ，広く利用されている．音圧をさらに上昇させると，気泡からの散乱波には，高調波成分に加えて分調波成分が含まれるようになる．生体内環境では分調波成分が発生する要因は気泡以外になく，このことから，高調波成分を利用するよりもさらにコントラストを改善できると期待されている．しかし，分調波成分を発生させるためには，比較的長い波数の音波を照射する必要があり，距離分解能を犠牲にしなければならない．

D．生体機能を利用した選択的造影効果

血流分布，血管走行の異常を判断するために造影剤が用いられることが多いが，生体の免疫系の作用（特定の細胞による貪食作用，抗原抗体反応など）を利用し，部位特異的な造影効果を得る手法がある．例えば，ソナゾイド® と呼ばれる造影剤は，肝臓内のクッパー細胞に貪食されることが知られている．クッパー細胞の機能低下や分布の不均一さなどで病変部位の造影効果が変化することを利用し，肝腫瘍の鑑別診断や肝小病変の検出が行われている．また，特定の生体分子を特異的に認識するリガンドを造影剤表面に固定化することで，生体内に存在する分子を選択的に造影する手法も提案されている．PET，MRI を用いた分子イメージングと比較して感度や定量性は乏しいが，簡便性に優れた手法として期待できる．P-セレクチン，E-セレクチン，VEGFR2 などの分子を標的にした研究が行われている．

◆ もっと詳しく！

T. G. Leighton: *Acoustic bubble*, Academic Press (1997)

重要語句 超音波イメージング，圧電材料，圧電効果，電気機械結合係数，等価回路

超音波トランスデューサ
[英] ultrasonic transducer

電気的エネルギーを機械的エネルギーに変換して音波を放射し，またその逆を行うデバイスを超音波トランスデューサと呼ぶ。ここでは縦波の超音波を励振または受信するトランスデューサについて説明を行う。

A. 超音波トランスデューサの構造

縦波の超音波(⇒p.290)は，超音波顕微鏡(⇒p.294)，水中超音波イメージング(⇒p.250)など，工業分野や医療分野のさまざまな用途で利用されている。超音波医用診断において超音波の送受信を行う超音波プローブの構造の一例を，下図に示す。

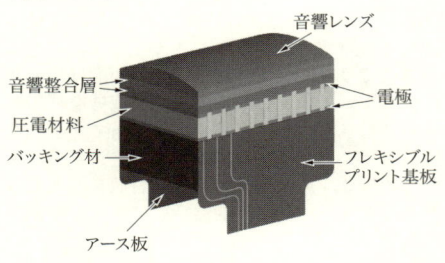

（図：音響レンズ，音響整合層，圧電材料，バッキング材，アース板，電極，フレキシブルプリント基板）

これは1次元アレイ振動子と呼ばれ，現在，多くの超音波診断装置に搭載されている超音波プローブである。基本構造は，超音波送受信を行う**圧電材料**，バッキング材，音響整合層，音響レンズ(⇒p.98)からなる。そして，このような超音波送受信を行うために，電極が取り付けられた圧電材料部分を，超音波トランスデューサという。

B. 超音波トランスデューサの材料と特性

超音波トランスデューサの材料として，さまざまな機能性材料が提案されているが，一般的には圧電性結晶で構成される圧電材料(セラミックスや単結晶，高分子の結晶など)を用いる場合が多い(項目「圧電材料」(⇒p.6)や「ポリ尿素圧電膜」(⇒p.398)を参照)。

結晶に機械的な圧縮力，張力あるいは滑り応力を加えてひずみを起こさせると，結晶物質に分極が発生し，その両端面に正負の電荷が現れることがある。これを圧電正効果という。逆に，この結晶に電圧を加えると，結晶にひずみが生じ，機械的な応力が発生する。これを圧電逆効果という。これらを総称して**圧電効果**といい，この効果を持つ結晶を利用して超音波の送受信が行われる。圧電性を示す結晶では，応力およびひずみという機械量と，電界および電気変位あるいは分極という電気量とが，圧電効果を介してたがいに関連している。例えば，下図のように，板状の圧電材料に対して分極方向 P に沿って電界 E_3 を加えると，P の方向および反対方向に応力 T_3 とひずみ S_3 が発生する。発生する電界が交流であれば，それに従って圧電材料は振動することになる。

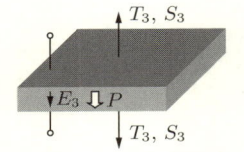

（図：T_3, S_3，E_3，P，T_3, S_3）

これを圧電材料の圧電縦効果による厚み振動といい，以下の圧電方程式が成り立つ。

$$T_3 = c_{33}^E S_3 - e_{33} E_3$$
$$D_3 = e_{33} S_3 + \varepsilon_{33}^S E_3$$

粒子変位を ζ とすると $S_3 = \Delta\zeta/\Delta z$ であり，D_3 は Z 方向の電気変位，c_{33}^E は電界一定の場合の弾性スティフネス，ε_{33}^S はひずみ一定の場合の誘電率である。e_{33} は電界に対して発生する応力，またはひずみに対する電荷密度に関する圧電定数である。このようなひずみによる振動モードの**電気機械結合係数**は，k_t として表される。k_t は，加えた電気的エネルギー Ue_i のうち，どの程度の割合が機械的エネルギー Um_o に変換されるかを示すもので，次式で表される。

$$k_t^2 = \frac{Um_o}{Ue_i} = \frac{Ue_o}{Um_i}$$

また，これは，機械的エネルギー Um_i が加えられた場合に出力される電気的エネルギー Ue_o の比と同じである。

例えば k_t が 0.707 ($k_t^2 = 0.5$) の場合，入力された電気的エネルギーの半分が機械的エネルギーに変換出力されることになる。材料の電気機械結合係数はその分極と振動モードにより分類されるが，超音波診断装置のような縦波の超音波送受信を行うには，この圧電縦効果による厚み振動が利用される。超音波トランスデューサの性能は，圧電効果の大きさと，電気機械結合係数の大きさに左右される。

厚み方向への縦振動を利用すると，超音波トランスデューサに接している媒質中に，振動方向と同一方向に縦波の超音波を放射することが可能となる。また，超音波トランスデューサに

接している媒質中から縦波の超音波が入射してくると，応力およびひずみが発生し，分極方向と平行に電界が発生することになる。ここで，超音波トランスデューサの厚み方向の共振周波数を利用すれば，効率良く超音波を放射，または受信することができる。厚み方向における振動の共振周波数は，超音波トランスデューサの内部に1/2波長もしくは1/4波長で定在波が現れる状態が，その基本周波数となる。超音波トランスデューサの縦波の音速とその厚みによって，共振周波数が決まることがわかる。空間分解能の向上で考えると，使用する超音波を高周波化すれば波長が短くなり，空間分解能が向上する。しかし，高周波化すると，媒質内を伝搬する超音波の減衰は大きくなり，超音波の伝搬距離は短くなる。生体組織や水などにおける超音波の減衰特性は，周波数依存性を示すことが知られている。そこで，測定する部位により使用する周波数は異なってくる。

以上のような超音波トランスデューサの振動特性を詳細に検討する際は，その厚み振動モードをモデル化することが重要である。そこで，構造設計を行う際は，伝達関数モデルを作成して，用いる圧電材料の材料定数から振動特性について予想し，実験と比較検討が行われる。伝達関数モデルについては，圧電方程式を解き，超音波トランスデューサをメイソンの**等価回路**によって表すことが一般的である。メイソンの等価回路については，文献1)に詳しい説明が掲載されている。このメイソンの等価回路を用いると，超音波トランスデューサの周辺に取り付ける材料の等価回路と超音波トランスデューサの等価回路を連結して，その振動特性を検討できるようになり，超音波プローブおよび超音波トランスデューサの最適設計が可能となる。代表的な超音波トランスデューサの等価回路を下図に示す。

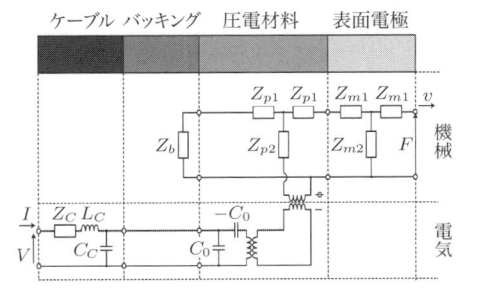

電気端子側では，V は印加電圧，I は電流，C_0 は制動容量である。ϕ は電気機械結合係数，音響端子（機械）側では，Z_p は圧電材料の音響インピーダンス，Z_m は非圧電材料の音響インピーダンス，F は力，v は振動速度を表す。

例えば，超音波トランスデューサの背面に接続するバッキング層 Z_b は，背面へ放射される音を吸収することにより，反射波をなくすことや，圧電材料内部への反射を少なくすることを目的としている。圧電材料内部に残る振動（残留振動）を抑えることで広帯域な動作が可能となり，超音波送受信における空間分解能は向上する。超音波トランスデューサの送信面に接続する音響マッチング層は，圧電材料と生体との音響インピーダンスの差を緩和し，音響インピーダンスが異なる境界面において生じる超音波の反射を少なくすることにより測定対象に超音波を効率良く透過させることを目的としている。

C. 医療用超音波トランスデューサへの要求

超音波診断装置の性能の向上を図るには，超音波プローブ内に構成される超音波トランスデューサ自体の高性能化が最重要である。そこで，圧電材料の圧電定数および電気機械結合係数の改善や，音響インピーダンスの低減（なるべく生体組織に近づくように）を目的として，結晶の育成法や圧電材料の作製法などの研究も盛んに行われている。特に近年はトランスデューサの小型化が進み，血管内に挿入するカテーテルの先端に超音波トランスデューサを取り付けて超音波計測を行うというように，微小領域で高周波を用いた測定が行われている。使用する周波数を 30 MHz と考えると，圧電材料（⇒p.6）の厚みは数十 μm となる。そこで，微細加工や複雑形状加工の適用およびその研究もなされている。

縦波の超音波を励振または受信する超音波トランスデューサへの要求をまとめると，高い圧電定数と電気機械結合係数，音響インピーダンスの制御，広帯域化，微細および複雑加工，高周波数化，高出力動作に耐える耐久性となる。しかし，実際には上記の要求をすべて同時に満たすような圧電材料はいまだなく，このような項目を同時に満たす材料が実現できれば，縦波超音波応用の分野において技術的ブレイクスルーを起こせるものと期待される。

◆ もっと詳しく！
1) 中村僖良 編：超音波, コロナ社 (2001)

重要語句　音響放射力利用デバイス，超音波マニピュレーション，FDTD法，CIP法，BEM，FEM

超音波浮揚のシミュレーション
[英] simulation on ultrasonic levitation

超音波浮揚は，定在波音場中で音響放射力を用いて物体を空間中に捕捉する技術である。空気圧や静電気力，磁力による浮揚技術とともに，物体を非接触かつ清潔な状態で搬送する方法として期待されている。浮揚体の捕捉位置や運動のシミュレーションは，音響解析を用いて行う。

A. 超音波浮揚と音響放射力

下図にピストン振動子と反射板間で超音波浮揚する液滴を示す。

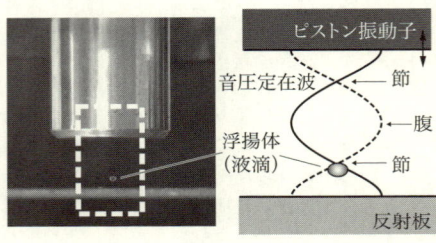

（図：ピストン振動子，音圧定在波，節，腹，浮揚体（液滴），節，反射板）

超音波浮揚は，**音響放射力利用デバイス**（⇒p.92）や**超音波マニピュレーション**（⇒p.302）と同様に，音響放射力を利用する超音波応用の一つであり，浮揚のシミュレーションにはこの音響放射力の計算が必要である。単位面積に作用する音響放射力 f〔Pa〕は，音圧 p〔Pa〕と粒子速度 u〔m/s〕から算出される。

$$f = -(\langle e_p \rangle - \langle e_k \rangle)n - \langle (u \cdot n)u \rangle$$

n は浮揚体表面の外向き法線ベクトル，$\langle \cdots \rangle$ は超音波の数周期程度の時間平均操作であり，音のポテンシャルエネルギーおよび運動エネルギーである $\langle e_p \rangle$ と $\langle e_k \rangle$ は，下式で算出する。

$$\langle e_p \rangle = \frac{\langle p^2 \rangle}{2\rho_0 c^2}, \quad \langle e_k \rangle = \rho_0 \frac{\langle u^2 \rangle}{2}$$

ρ_0 は媒質の密度，c は媒質の音速を示す。

特例として，波長に対して十分小さい球を浮揚させる場合の音響放射力は，浮揚体が存在しない音場の計算結果から予測できる。このときの音響放射力 F_s〔N〕は，音響放射力ポテンシャル Φ〔Pa〕の勾配力として扱うことができる。

$$F_s = -V\nabla\Phi$$

$$\Phi = (1-\delta_1/\delta_0)\langle e_p \rangle - \frac{3(\rho_1 - \rho_0)}{2\rho_1 + \rho_0}\langle e_k \rangle$$

V は浮揚体の体積，ρ_1 は浮揚体の密度，δ_1/δ_0 は浮揚体と媒質の圧縮率の比である。

定在波音場中においては，$\langle e_p \rangle$ は音圧の腹で極大，$\langle e_k \rangle$ は粒子速度の腹つまり音圧の節で極大となるので，音響放射力ポテンシャル Φ は音圧の腹で極大，節で極小となる。小球浮揚体が音圧の節に捕足されるのは，節における音響放射力ポテンシャルが低いため，節から離れると節に向かう音響放射力が復元力として働くからと理解できる。

B. 音場の解析

音響放射力は有限振幅音波により発生する非線形作用であり，各種音響解析手法を用いて求めた線形音場の結果から計算することができる。**FDTD法**（⇒p.444），**CIP法**（⇒p.442）などの過渡解析の結果を利用する場合と，**BEM**（⇒p.438），**FEM**（⇒p.446）などで調和振動解析が利用可能な場合とで，前述の時間平均演算 $\langle \cdots \rangle$ の取り扱いが異なる。また，音圧と粒子速度で計算点が異なる計算手法を用いる場合には，計算メッシュから結果を内挿して，どちらかの計算点に合わせる必要がある。

（1）過渡解析の場合　　時間変化する二つの物理量 $a(t), b(t)$ の積の時間平均 $\langle ab \rangle$ を求めるには，過渡解析が十分定常状態に達した時間 $t = T_S$ から数周期 mT の間（$m = 1 \sim 5$ 程度，T は周期）の数値積分

$$\langle ab \rangle = \frac{1}{mT}\int_{T_S}^{T_S+mT} a(t)b(t)dt$$

を行うか，超音波の半分程度の周波数をカットオフとするディジタル低域通過フィルタを解析プログラムに組み込む。

（2）調和振動解析の場合　　音圧および粒子速度の結果は，複素数で出力される。片振幅(0-p)値の複素数物理量 α, β の積の時間平均 $\langle \alpha\beta \rangle$ を求めるには，片方の複素共役 α^* をとったのち，乗算結果の実部を取得する。

$$\langle \alpha\beta \rangle = \frac{[\alpha^*\beta]_r}{2} = \frac{\alpha_r\beta_r + \alpha_i\beta_i}{2}$$

ここで，r, i はそれぞれ実部，虚部をとる操作を示す。

C. 浮揚体が受ける力の計算例

ピストン振動する円形振動子と反射板に挟まれた定在波中の音響放射力を取り扱う。駆動周波数は25 kHz，振動子と反射板の半径，および振動子と反射板との距離はともに1波長であるものとする。振動子に1 m/sの入力を与えると，次図（下）のような2.3 kPa程度の音圧定在波が得られる（💿1）。

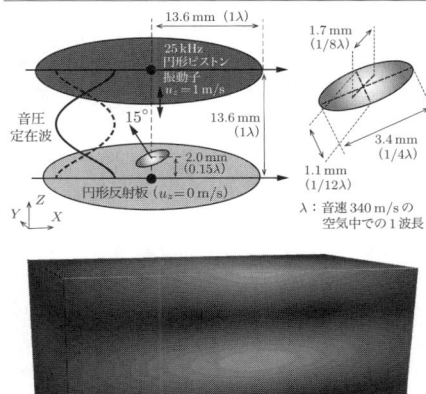

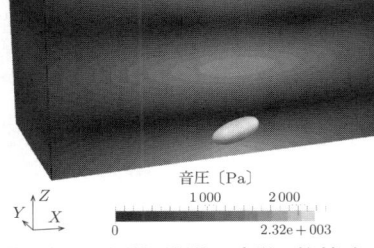

運動方程式に従って浮揚体を微小変位したあとは，音響散乱が変化する．このため，運動方程式と音響解析を反復的に実行することで，浮揚体の運動や最終的な捕捉位置を算出しなければならない．この場合，音響解析においては移動境界問題としての取り扱いが必要となる．具体的には，FDTDなど直交格子で音響解析をした場合は，境界点や境界値の変更で対応する．FEMなど適合格子で音響解析をした場合は，境界節点の移動で対応し，計算メッシュの品質が低下した際には再メッシュをする必要がある．

最終的な浮揚位置・浮揚形態のみを知りたい場合には，運動方程式にある程度大きな流体抵抗の項を配置するか，無重力・低振幅から始めて徐々に振幅と重力を現実に近づけるなど，慣性の影響を小さくした条件で解析を行うとよい．

D．小球浮揚体の場合の計算例

一般的な超音波浮揚の計算が上記のような反復計算を必要とするのに対して，浮揚小球の計算は音響解析を一度のみ行えば，浮揚体の運動を知ることができる．「C．浮揚体が受ける力の計算例」における楕円体浮揚体の代わりに，直径1/8波長程度の小球水滴がある場合を考える．この場合，浮揚体が存在しない音場を計算したのち，下図のような音響放射力ポテンシャル Φ の分布を算出する．Φ はそのまま小球の有する位置エネルギーとして捉えることができ，小球は Φ の勾配を降りるように運動し，最終的には位置エネルギーの谷に捕捉される．

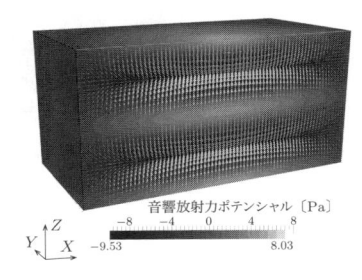

楕円体状の剛体浮揚体を音場の節付近に配置して音場解析を実行したのち，出力した音圧と粒子速度から，時間平均の項を処理して，下図のような音響放射力 f のベクトル場として表示する．

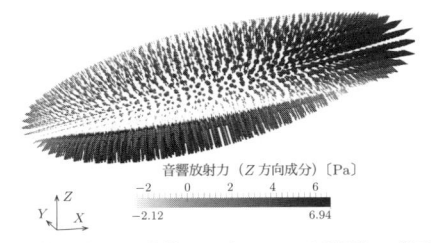

音響放射力を計算したあとは，浮揚体の変形を考慮しないならば，剛体の運動方程式に音響放射力を浮揚体表面で面積分したものを入力する．

$$m\ddot{\boldsymbol{x}}_0 = -m\boldsymbol{g} + \iint \boldsymbol{f} dS$$

$$I\ddot{\boldsymbol{\theta}} = \iint (\boldsymbol{x} - \boldsymbol{x}_0) \times \boldsymbol{f} dS$$

m は浮揚体の質量，$\boldsymbol{g}$ は重力加速度ベクトル，I は慣性モーメント，$\boldsymbol{x}_0$ は浮揚体の重心位置，θ は浮揚体の回転角度である．

上の計算例では，浮揚体の重心位置において，並進方向には $(0.013, 0.0, 0.220)$ 〔mN〕の音響放射力が作用し，楕円体の傾きを直す方向に $(0.0, 65.3, 0.0)$ 〔nN·m〕のトルクが作用する．

小球の運動を記述する場合は，ポテンシャル場の勾配の演算を行う必要がある．音響解析を行った直交格子や適合格子自身の数値微分手法を利用し，空間微分をとることで勾配を計算し，質点の運動方程式を解けばよい．

◆ もっと詳しく！

鎌倉友男 編著：非線形音響，コロナ社 (2014)

重要語句　定在波音場，超音波，音響放射圧，シュリーレン，空気中，マニピュレーション

超音波マニピュレーション
[英] ultrasonic manipulation

流体中を進む超音波を物体で遮ると，その物体を音の進行方向に押す力が生じる。この力は音響放射圧と呼ばれ，非接触で物体に力を作用させることができる。超音波による音響放射圧は微弱であるが，超音波を集束させたり，定在波音場を形成したりすることにより，微小領域への力の集中が可能である。このため，微小物体を対象とするマイクロマシン技術において，クリーンな非接触マイクロマニピュレーションとしての応用が期待される。

A. 定在波音場による微小物体の捕捉
定在波音場は，同じ周波数の音波が異なる方向から干渉することで形成される。音源と反射板を平行に設置して超音波（⇒p.290）を放射すると，定在波音場が形成される。定在波音場中では，半波長間隔で音圧の節が存在し，波長に比べて十分に小さい微小物体を投入すると，その物体は音圧の腹から節に向かう音響放射圧（⇒p.92, p.300）による力を受け，半波長間隔で捕捉される。定在波音場の概念図と実験写真（水中，1.75 MHz）を下図に示す。

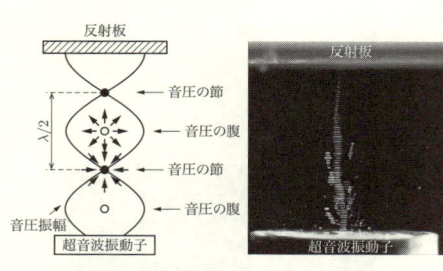

B. 集束進行波による微小物体の操作
超音波を集束させることで，強力な力を作用させることも可能である。凹面型振動子から放射された超音波は，幾何学的な焦点位置に向けて集束する。次図は垂直方向の定在波により捕捉された粒子に，水平方向から集束させた進行波を照射した際に，音響放射圧により粒子がはじき飛ばされる様子を示している。図(a)は集束超音波による粒子操作，図(b)は集束超音波のシュリーレン（⇒p.140, p.234）画像（水中，5.6 MHz）である。

凹面型振動子全面から放射された超音波は，焦点において波長のオーダーまで集束され，非常に大きな力となって物体に作用する。この力を利用すれば，超音波により任意の微小物体を搬送することが可能である。

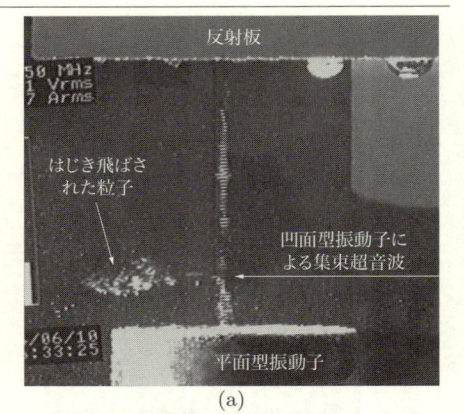

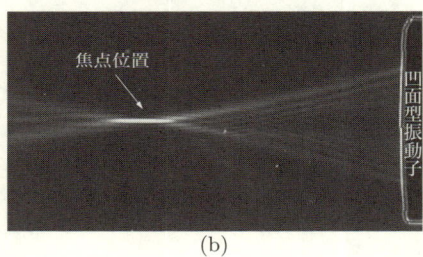

C. 周波数変化による微小物体の操作
音圧の節に微小物体を捕捉した状態で音場を変化させると，音圧の節の位置の移動に伴い微小物体も移動する。音圧の節は音波の伝搬方向に半波長間隔で形成されるため，周波数を変化させると波長が変化して音圧の節の位置が移動する。音圧の節に物体を捕捉している場合，捕捉された物体も同時に移動する。なお，振動子には固有の共振周波数があり，共振周波数から離れると効率が悪くなる。共振周波数付近で周波数スイープを行うことで，一方向に移動させることも可能である。下図は，周波数変化による捕捉粒子の移動を示している。

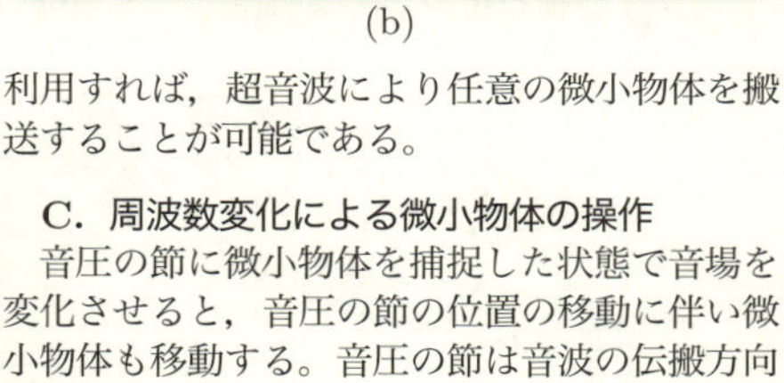

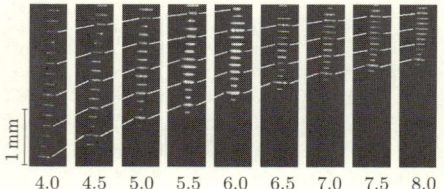

D. 複数音源による定在波音場

定在波音場は，同じ周波数の音波が異なる方向から干渉することで形成されるため，複数の音源を用いて形成することもできる．複数の音波を用いる場合，定在波音場を多次元化でき，2次元または3次元に広がりを持つ音場ができる．また，独立してそれぞれの音源を制御できるため，各音波の位相を変化させることで定在波音場内の音圧の節の位置を移動させることができる．正三角形の各頂点に3音源を配置して，三角形の中心で音軸が交差するように配置した点対称な音場では，音波の位相を変化させると，定在波音場は音波の伝搬方向に平行移動することができる．下図は3音源による定在波音場を示す（左：数値計算による音圧分布，右：粒子操作実験の多重写真）．

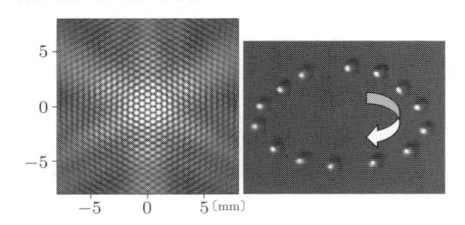

E. 空気中でのマニピュレーション

空気中（⇒ p.168）でも水中と同様に，定在波音場による微小物体の**マニピュレーション**が可能である．ただし，空気中では水中のようなMHzオーダーの高周波数の音波を発生させることが困難であるため，数十kHzの周波数を用いる．水中に比べて波長が長くなるため捕捉物体は大きくなり，また浮力がないため，軽量な物体に限られる．空気中での発泡スチロール球の捕捉を下図に示す（左：数値計算による音圧分布，右：実験画像，40 kHz）．

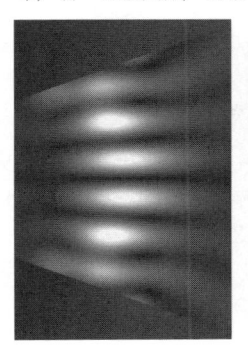

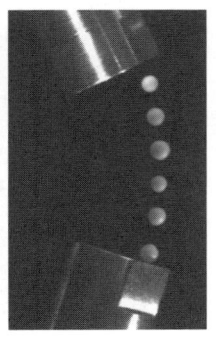

F. マイクロ流路中でのマニピュレーション

超音波は，伝搬する媒質があれば，離れたところに音源を配置することも可能である．固体壁に囲まれた微細流路中に超音波を放射する場合，周囲を囲む物体を介してその外側から超音波を放射することで，流路内に定在波音場を形成することが可能である．下図(a)に示すように，ガラス板上に分岐する流路を作成し，微粒子が水中で分散した懸濁液を流路の上端より投入すると，上端から流れてきた懸濁液は，中央の半円形の分岐点で，二つに分岐して下端と右端より排出される．ガラス板の左端に超音波振動子を密着させて超音波を放射すると，半円形の分岐点では図(b)のように複雑な定在波音場を形成して，粒子は音圧の節に捕捉される．この状態で周波数をスイープさせると，粒子は音源から離れる方向（周波数増加，図(c)）および近づく方向（周波数減少，図(d)）に力が作用する．このように，分岐する微細流路中に定在波音場を形成して粒子を捕捉し，音場を制御することで，任意の出口に誘導することが可能である．

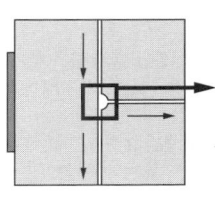

(a) マイクロ流路 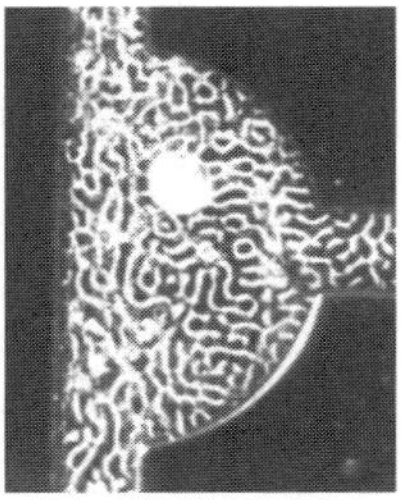　(b) 周波数固定時の粒子パターン

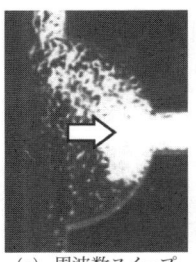

(c) 周波数スイープ（増加） 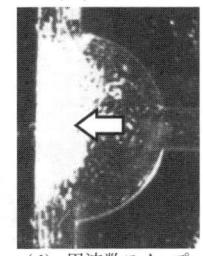　(d) 周波数スイープ（減少）

本項目の内容について，解説付きの動画を用意した（🖸1）．

◆もっと詳しく！
小塚晃透：超音波を用いた非接触マニピュレーション技術, 応用物理, **76**, 7, pp.776–779 (2007)

重要語句　固有振動モード，多重モード振動子，縮退，モード結合，多自由度モータ

超音波モータ
[英] ultrasonic motor

超音波振動を利用し，おもに摩擦力を介してロータやスライダなどの可動体を動かす動力発生機。ステータ（固定子）の振動を連続的に可動体に与えることで，ステータの振動振幅より大きい可動体の移動量が得られる。

A. 動作原理

（1）超音波振動の発生方法　ステータを振動させる方法としては磁歪や電磁などを問わないが，実用化された方式を含め，提案されている超音波モータの多くは，圧電材料（⇒p.6）と高周波電源を用いた電気-機械振動変換による方法をとっている。ほぼ圧電材料のみを用いる構成もあるが，金属などの弾性体に圧電材料を貼り付けあるいは挟み込むなどして，圧電材料から生じる駆動力によって構造全体の共振モードを発生させる方法が多用される。圧電を用いた超音波モータでは，弾性体材料の選択により非磁性化も可能となる。

ステータの振動から気体あるいは液体に音響放射力（⇒p.92）を発生させ，これにより可動体を動かす非接触超音波モータも試作・検討されている。ただし，ほとんどの超音波モータは，ステータと可動体を接触させ，その間の摩擦力で駆動する。

（2）振動片型による原理的な方法　摩擦駆動の単純なモデルとして，振動片型や突っつき型と呼ばれる方式の概要を下図に示す。

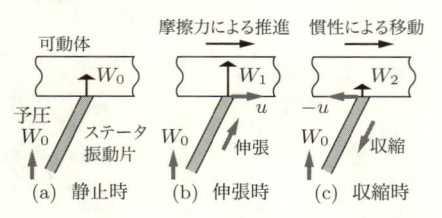

予圧として，W_0の力でステータを可動体に押し付けておく(a)。これによって，非駆動時でも可動体には保持力が生じる。ここでステータが振動すると，伸張時(b)には，予圧をさらに増すように接触面の垂直抗力がW_1に変化するとともに，接線方向への変位uによって可動体は推進される。収縮時(c)には，垂直抗力W_2が減少して摩擦力が低下する間に，ステータの接触点は逆方向に滑って戻る。このように，ステータからの摩擦駆動力は脈動的に生じるが，可動体は超音波周波数の変化に追従できず，慣性によって結果的に滑らかに移動する。

ただし，上記の方法は左右両方向への切り替え動作を得るには適さない。両方向に動作させるために，一方向に推進する振動片を複数用いる方法もあるが，一般にはつぎのように垂直方向変位wと水平方向変位uを組み合わせて使う。

（3）接触点の楕円軌跡を用いた方法　下図(a)のように，ステータの接触点の変位u,wを次式に従い独立に制御できる場合を考える。

$$u = u_0 \cos(\omega t)$$
$$w = w_0 \cos(\omega t - \phi)$$

ここでu_0, w_0は振動変位振幅，ω, ϕは振動の角周波数と位相である。

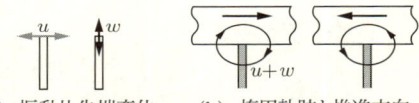

(a) 振動片先端変位　　(b) 楕円軌跡と推進方向

u, wを同時に励振し，位相ϕを$+90°$あるいは$-90°$とすれば，合成された変位は図(b)の楕円軌跡となり，軌跡の回転方向すなわち可動体の推進方向は電気的に制御できる。

（4）進行波を用いる方法　ステータ振動の楕円軌跡を摩擦駆動に用いる場合，上記のように一点での接触とする以外に，駆動点を連続的に配置して面で駆動する構造も一般的である。例として，下図は板状のステータに右向きの屈曲（たわみ）進行波が生じている状態を示している。

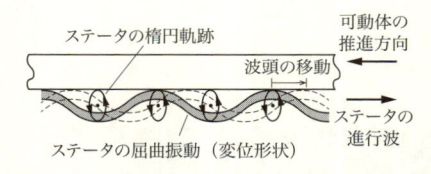

このとき，ステータ表面の質点はいずれも反時計回りの楕円軌跡となっており，したがって，可動体を接触させると，摩擦力を受けて左方向に推進される。このように，可動体の推進方向とステータの進行波の進む方向は逆になる。

有限長のステータに進行波を生じさせるために，屈曲振動などを一方で加振し，他方で振動を吸収する方法のほか，フィルタなどに用いられるのと同様の構造で励振された弾性表面波（⇒p.286）によっても，モータ動作が得られている。

B. 特徴

圧電方式の摩擦駆動型超音波モータの一般的な特徴として以下が挙げられる．

- 可聴域外の周波数を用いるため静粛
- 電磁波の発生がほとんどない
- 外部電磁界からの影響をほとんど受けない
- 巻き線が不要で，小型化しやすく，単純構造にしやすい
- 低速・高トルクでギアなし駆動に適する
- 高速応答特性を得やすい
- 停止時は無電力でブレーキ作用（自己保持力）がある
- 設計形状に自由度があり，円筒形のほか，中空リング形など多くの形状を作りうる
- 出力トルク（推力）に対して回転数（移動速度）は垂下特性を持つ

ただし，つぎのような問題点，今後の課題や，若干の使いにくさも存在する．

- 摩耗への対策が必要
- 高周波電源が必要
- 駆動・制御回路が汎用化されていない

C. 共振現象を用いた構成方法

弾性体には多数の**固有振動モード**と，それぞれに対応した固有振動数すなわち共振周波数が存在し，超音波モータの多くはステータの共振を用いて大きな振動振幅を得るように設計される．楕円軌跡を利用する場合，これを生成するのに適切な振動成分を持った振動モードを複数組み合わせて，**多重モード振動子**とする．

代表的な構造として，下図の矩形板振動子では，長手方向の縦1次振動モードと面内の屈曲2次振動モードが用いられる．

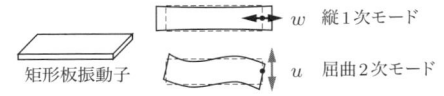

矩形板振動子　　w　縦1次モード
　　　　　　　　u　屈曲2次モード

面内で等方性の材料を用いるとこの二つのモードは直交し，圧電材料と電極の配置を工夫すると各振動モードは独立に駆動でき，したがって，位相の異なる二つの電源を用いて楕円軌跡が生成できる．ただし，両モードの共振周波数が離れていると，振幅の低下や位相ずれが生じる．このため，両モードの共振周波数を一致させる**縮退**の設計が必要となる．矩形板振動子の場合には，長さに対する幅の比を約0.26とすることで，異形モード縮退振動子が得られる．縮退可能な異形モードも多く存在し，これらの組合せが超音波モータ形状の設計自由度に寄与している．

別の例として，円板あるいはリング形状が挙げられる．この場合，下図のように，振動モード形状は同じだが，振動の節と腹の位置が入れ替わった同形縮退モードが存在する．このとき双方は直交モードの関係にある．

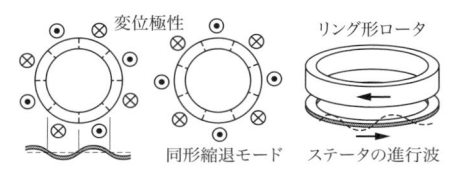

変位極性　　　リング形ロータ

同形縮退モード　　ステータの進行波

この同形縮退モードを時間的にも直交（位相差90°）させて駆動すると，ステータ表面には進行波が生じる．慣例的にこれを進行波型超音波モータと称するが，構成方法としてはモード回転型とも呼ばれる．これは縮退設計が容易な超音波モータの代表的な構造の一つである．

以上のモード縮退を基本として，ステータ振動子の一部に質量を付加したり，反射面を傾けたり，異方性材料を適用したりすることなどによってモード間の独立性が失われると，**モード結合振動子**となる．このような振動子は単一の電源で楕円軌跡が得られ，駆動周波数を変えることで軌跡の回転方向を変えられる．これは単相駆動型超音波モータの構成方法の一つである．

三つ以上の振動モードを縮退させて，例えば下図のように縦振動 w と二つの屈曲振動 u, v を組み合わせると，このうち二つのモードを選択的に駆動して x, y の2方向への動作が可能となる．

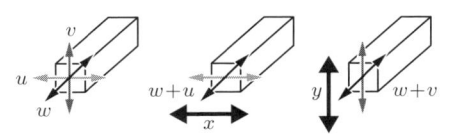

v　　　　　y
u　　$w+u$　　　$w+v$
w　　　x

このような多重モード振動子を用いて，球状ロータの3軸回転，並進-回転，並進-並進（平面2自由度）といった**多自由度モータ**も提案されている．

以上のような原理と構成により，特に単一の接触点で駆動するステータの超音波モータの多くは，回転型とリニア型の両構成が容易である．

◆もっと詳しく！
K. Uchino, J. R. Giniewicz 著，内野研二，石井孝明 訳：マイクロメカトロニクス─圧電アクチュエータを中心に，森北出版 (2007)

重要語句 両耳間時間差，両耳間レベル差，下丘外側核，上丘，視聴覚統合

聴覚空間地図
［英］auditory space map

外界のそれぞれの「音」の方向に選択的に反応するニューロンが脳内で規則的に配列することで形作られる，音響空間の脳内表象のこと。音の方向判断に寄与する重要な神経基盤と考えられている。

A. 多感覚系に存在する空間地図

空間地図は，聴覚系だけではなく視覚系や体性感覚系においても同様に観察される。下図は，それぞれの方向の音や光に反応するニューロン（左側の1～4）が，脳内で外界の刺激の方向を反映するように規則正しく並んでいる様子を示している（右側の1～4）。

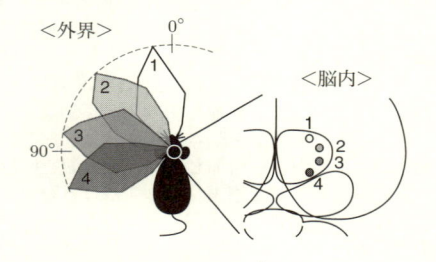

B. 「聴覚」空間地図の特殊性

視覚系や体性感覚系において観察される空間地図は，もともと空間的に配置されている網膜や体表の神経配列に基づいている。すなわち，視覚系や体性感覚系の末梢に位置する感覚細胞レベルで，すでに空間地図が表現されているといえる。よって，視覚や体性感覚の中枢神経系に空間地図が存在したとしても驚くに値しない。一方，聴覚系では事情が異なる。なぜなら，音の方向は聴覚系の末梢神経レベルでは表現されていないため，外界の音の方向をニューロンの配置としてマッピングするためには，方向を判断するための音響的手掛かりを対象に脳内で計算処理を行わなければならないからである。よって，このような聴覚空間地図が脳内に存在することは驚きに値する。

C. 方向を知るための音響的手掛かり

音の方向を知るための音響的な手掛かり（音源定位手掛かり）として，両耳間の音の到来時間差である**両耳間時間差**（interaural time difference; ITD）と音圧差である**両耳間レベル差**（interaural level difference; ILD）（両耳間音圧差，両耳間強度差ともいう），さらに耳介の形状（正確には頭部も含む）に由来する鼓膜面での音のスペクトル形状が知られている（⇒ p.310, p.340, p.342）。下図(a)は左右の耳に入ってくる音の間に音圧差と時間差が生じる様子を示している。また，図(b)は，外耳への音の入射角度に依存して鼓膜面での音の周波数スペクトルの形状が変化する様子を示している。

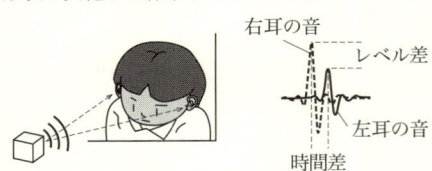

(a) 両耳間レベル差と時間差

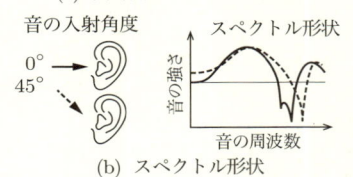

(b) スペクトル形状

D. 音源定位手掛かりの神経処理経路

両耳に入った音情報は，左右の蝸牛で周波数分解され（⇒ p.314），各周波数に選択的に反応する聴神経によって中枢神経系に送られる。このとき聴神経は，各周波数チャネルにおける音の強度情報を発火頻度，位相情報を発火タイミングとして符号化する。このように聴覚系の場合，末梢の感覚細胞レベルでは地図形成に必要な音源定位手掛かりですら表現されていない。

音源定位手掛かりのうち，両耳間時間差は，上オリーブ内側核（medial superior olive; MSO）で，両耳間レベル差は上オリーブ外側核（lateral superior olive; LSO）で処理され，三つ目の音源定位手掛かりであるスペクトル情報は，複雑

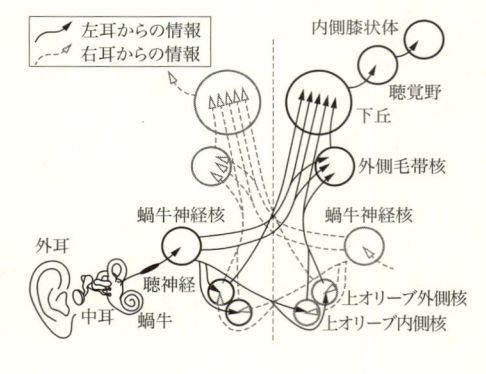

な周波数応答を示すニューロンが観察される蝸牛神経核背側核で処理されると考えられている。

聴覚空間地図の形成に必要となる三つの音源定位手掛かりは，それぞれ別の神経核で専門的に処理され，それぞれの神経核からの情報が収斂する下丘（inferior colliculus; IC）において統合処理されると考えられている。上図は，主要な聴覚経路（上行性経路のみ）を示している。

E．メンフクロウの聴覚空間地図の形成過程

メンフクロウ（鳥類）は，暗闇でも音だけを頼りに獲物を捕らえることができる音源定位能力が格段に優れた動物である。聴覚空間地図は，1978年にメンフクロウで初めて発見された。

下丘は，神経核の中心部に位置する下丘中心核（central nucleus of the IC; ICc）と側面に位置する下丘外側核（external nucleus of the IC; ICx）などから構成される（下図参照）。

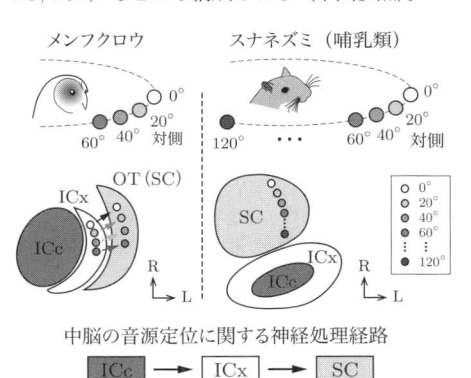

下位の神経核からの音源定位情報は，まず下丘中心核へ入力される。下丘中心核にはトノトピー（⇒p.348）が存在する。すなわち，ニューロンは反応周波数に従って並んでおり，それぞれの反応する音の周波数の範囲は狭い。一方，下丘中心核から神経投射を受ける下丘外側核では，トノトピーは存在せず，ニューロンの反応する音の周波数範囲は広い。

下丘外側核において，下丘中心核からの音源定位情報が周波数間で統合され，聴覚空間地図が初めて作り出される。完成した聴覚空間地図はその後，視蓋（optic tectum; OT）（哺乳類では上丘（superior colliculus; SC）に相当）へ送られる（上図）。上丘では視覚系などの空間情報との統合処理が行われる。

F．哺乳類の聴覚空間地図の形成過程

哺乳類であるモルモットやネコなどの「上丘」で聴覚空間地図が見つかったことから，哺乳類の聴覚空間地図の形成過程はメンフクロウと同じであると考えられていた。しかし，最近になってメンフクロウとスナネズミ（哺乳類）では，地図の形成過程が異なることが明らかにされた。

スナネズミの下丘外側核では，音圧レベル依存の不完全な地図しか形成されず，下丘外側核から入力を受ける上丘で初めて音圧レベルによらない完全な空間地図が形成されることが明らかにされた。メンフクロウはネズミなどの獲物を捕らえるために，スナネズミよりも速く聴覚空間地図を完成するように進化したと考えられる。

G．感覚間地図統合のための神経表現の変換

ニューロンの空間情報を符号化する方法として，下図に示すように，「反応時刻」の違いに基づく方法と「反応数」の違いに基づく方法がある。

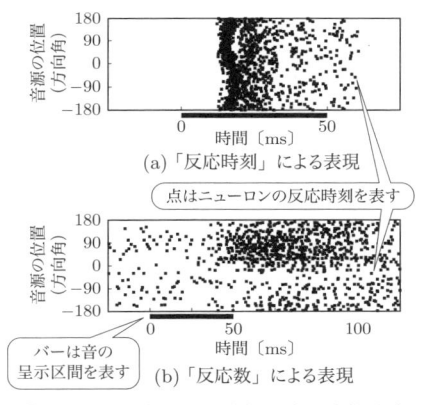

「反応時刻」表現は，末梢器官の応答速度が速い聴覚独自のものである。他の感覚系のほとんどは，感覚情報を「反応数」で符号化する。

上丘における視覚系の空間地図は「反応数」で表現されている。そのため，上丘で聴覚系の空間地図と視聴覚統合を行うためには，聴覚系のほうが「反応時刻」を含む表現形式から「反応数」による表現形式へ変換を行う必要がある。哺乳類の聴覚系では，下丘中心核から下丘外側核を経て上丘に至る経路でこのような空間表現形式の変換が起こっていることが確認された。

◆ もっと詳しく！

E.I. Knudsen: "Instructed learning in the auditory localization pathway of the barn owl", *Nature*, **417**, pp.322–328 (2002)

重要語句　音像，ゲシタルト心理学，音像分離，音脈，音脈分凝，聴覚的注意

聴覚情景分析
［英］auditory scene analysis

聴覚が，左右の耳から入力される音信号を分析し，まわりの音風景を聴覚的な情景として知覚的に形成する働き。音を成分に分解し，それぞれの成分の時間－周波数的な関係性によって各成分を音像ごとに分類し，どこから，どんな音が，どのように到来しているのかを知覚する過程を聴覚情景分析と呼ぶ。

A. 聴覚情景分析の基本的な考え方

われわれのまわりには，至るところに音源が存在しており，異なる音色を持つ音が発生している。この複数の音源からそれぞれ発生した音は，たった二つの音信号に混合された状態でわれわれの左右の耳に到達する。ヒトの聴覚は，この二つの音信号から，まわりに存在するさまざまな音の知覚像（**音像**）（音声，ピアノの音，エアコンの音，靴音など）を分離して知覚的な音空間上に配置することができる。では，混合信号からどのようにして個々の音像の情報を分離しているのか？　聴覚に関する研究は数多く行われているが，その多くはこの疑問が根底にあったといえる。1990年にブレグマンは，自らの研究も含めてそれまでに行われた多くの聴覚研究を体系的に整理し，さまざまな音の情報を分離抽出する際に用いられるいくつかの基本的な法則性をまとめた書を著した[1]。この著書名にもなっている Auditory Scene Analysis の日本語訳が聴覚情景分析である。

ブレグマン以前は，ある音の物理的な音響特徴の変化とそれに対応する知覚印象の変化との関係を一つ一つ網羅的に調べる研究が多かった。さまざまな音響特徴の集合である音の知覚印象が，個々の音響特徴に対応する知覚の集合として規定されるのであれば，個々の要素を一つ一つ解明することで，総合的な音の知覚過程の解明に到達可能である。しかし実際には，音響特徴の組合せによって知覚印象が変容し，個々の知覚の総和で説明できない場合も多い。そこでブレグマンは，「最終的に知覚空間に配置される音像の知覚印象は，個別の知覚の総和ではなく，全体的な枠組みによって規定される」という**ゲシタルト心理学**の概念を導入することで，聴覚で生じるさまざまな知覚現象が説明可能になることを示した。つまり，聴覚的な情景には聴覚的な情景としてのそれっぽさ（整合性）があり，聴覚は，この整合性に基づいて個々の知覚要素を再構成しているのである。その際に，個々の要素から得られた知覚がその整合性に即している場合には問題ないが，外れている場合には整合性が優先され，個々の知覚と不整合が生じてしまう場合もある。聴覚情景分析の概念が提唱されてからは，この聴覚情景としてのそれっぽさ（整合性）とは具体的に何なのかを探求する研究が多く見られるようになった。

B. 音像分離と音脈分凝

一般的に，音は複数の周波数成分によって構成されている。この音が耳に入力されると，基底膜上で周波数分析が行われ（聴覚フィルタ，⇒p.314），各周波数成分に分解されて大脳皮質聴覚野まで伝達される（トノトピシティ，⇒p.348）。聴覚は，各周波数領域の情報を分離し並列で処理しているといえる。しかし，ヒトはこの複数の処理結果をそのまま知覚しているわけではない。並列処理された情報を統合し，一つの音像として知覚している。その際に，すべての情報がある一つの音像と関係している場合には，単純にすべての情報を統合してしまえばよいので簡単である。しかし，いくつかの音像と関係する情報が混在している場合には，なんらかの基準で情報を選別し，音像を分離して統合する必要がある。このような聴覚の働きをここでは**音像分離**と呼ぶ（音源分離（⇒p.142, p.386）ではない点に注意）。

さらに，個々の音像は現れては消えていく事象であるため，時間軸上に点在する複数の音像を一つの音の流れ（**音脈**）として知覚的に体制化する時間方向の統合も，聴覚では重要になる。例えば，過去に呈示された音像間の時間関係（時間の格子）を基準に，未来に呈示されるであろう音像の時間的位置を推測することによって，リアルタイムで音脈の時間構造を把握することができる（リズム知覚，⇒p.418，⇒p.420）。この音脈を知覚する際にも，音像間の時間－周波数的な手掛かりの関係性によって複数の音脈が分離して知覚される場合がある。このような聴覚の働きを**音脈分凝**と呼ぶ。

C. 音像を分離する際の手掛かり

音像の知覚と音脈の知覚とは密接に関連しているが，音脈分凝については独立した項目（⇒p.130）として本書で解説されているため，ここでは音像分離に関わるいくつかの法則性について述べる。

以下の図は，音像を分離する三つの手掛かりを示している。

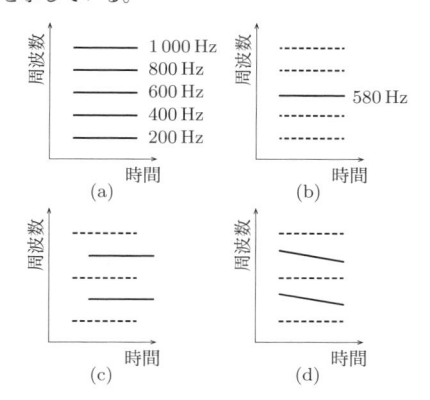

```
周波数                          周波数
   ―――――― 1000 Hz
   ―――――― 800 Hz               - - - - - -
   ―――――― 600 Hz               ―――――― 580 Hz
   ―――――― 400 Hz               - - - - - -
   ―――――― 200 Hz               - - - - - -
           時間                           時間
           (a)                            (b)

周波数                          周波数
   - - - - - -                 - - - - - -
   ――――  ――――                  ＼＿＿＿＿
   - - - - - -                 - - - - - -
   ――――  ――――                  ＼＿＿＿＿
   - - - - - -                 - - - - - -
           時間                           時間
           (c)                            (d)
```

調波性　周波数が整数倍の成分は，一つの音像にまとまりやすい。

図(a)に示すように，各成分間の周波数間隔が等しい場合には，各成分を個別に知覚することは難しく，一つの音像として知覚される。しかし，ある成分の周波数を調波構造から逸脱させると，図(b)のように，四つの成分が統合された音像（破線）と，580 Hz の成分のみで構成された音像（実線）の二つに分離して知覚される。

音の始まりと終わり　同時に始まり同時に終わる成分は，一つの音像にまとまりやすい。

図(c)に示すように，図(a)の成分のうち二つを時間的後方にずらすと，三つの成分が統合された音像（破線）と，二つの成分が統合された音像（実線）の二つに分離して知覚される。また，音の始まりと終わりが知覚的に一つにまとまる法則性を聴覚の文法として記述する試みも行われている。

共変調　周波数や音圧が同じように時間変動する成分は，一つの音像にまとまりやすい。

図(d)に示すように，図(a)の成分のうち二つに時間変動を加えると，時間的に変動しない音像（破線）と共変調する音像（実線）の二つに分離して知覚される。ただし，図(d)の例では，成分間の調波性も崩れているため，共変調による影響のみを正確に表せているわけではない。共変調の影響を見るためには，非調波複合音を用いるなどの工夫が必要である点に注意されたい。

到来方向　同じ方向から到来したと感じられた成分は，一つの音像にまとまりやすい。

左右の耳に入力された信号の差分をおもに使うことで，音の到来する方向を知覚することができる（⇒p.340）。この情報を用いることで，同じ方向から到来したと知覚された成分は一つの音像に統合されやすい。

D. 聴覚的注意の影響

上述の法則性は，一つの音源から発生した音の成分は物理的にこうあるべきだという刺激駆動型の整合性をもとにしており，各成分の物理的なパラメータをさまざまに変化させた研究が行われている。一方で，『なにを聴いているか』という**聴覚的注意**によって聴覚情景が大きく変化することは，カクテルパーティ効果（⇒p.136）として広く知られているにもかかわらず，このようなトップダウンの要因が聴覚情景に与える影響についての研究は進んでいない。その原因の一つは，聴取者の聴覚的注意を客観的に観察するのが非常に難しいことである。近年，聴覚的注意に関連する生理指標の研究が進められており，実現すれば聴覚的注意の遷移過程のモデル化が大きく進むと考えられる。また，音に対する脳反応を詳細に分析できる脳計測手法の発展によって，音に対する脳地図を直接観測してしまおうという試みも行われている。今後は，聴覚的注意を加味した目標駆動型の聴覚情景分析が大きなトピックとなるかもしれない。

E. 計算機による聴覚情景分析（CASA）

マイクで集音した音信号を使って，ヒトと同じようにまわりの音環境を計算機上で把握する試みを computational auditory scene analysis（CASA，⇒p.44）と呼ぶ。もともと CASA のコンセプトは，ヒトの頑健な聴覚処理を模擬することで，少ない資源での効率的な音環境把握を可能にすることであった。しかし，さまざまな音が蓄積されたビッグデータを統計的に分析し，音環境を把握しようという試みも，CASA のセッションで議論されている。ごく稀に，ヒトの聴覚過程をまったく加味していない統計的手法を用いているにもかかわらず，CASA の研究であるからこの手法は聴覚メカニズムに基づいている，という本末転倒な記述を見かけることもあるので注意が必要である。

◆ もっと詳しく！

Albert S. Bregman: *Auditory scene analysis*, MIT Press (1990)

重要語句　ソニフィケーション，立体音響，可聴化，仮想聴覚ディスプレイ，バイノーラル再生，頭部伝達関数

聴覚ディスプレイ
[英] auditory display

聴覚に対して情報を呈示する装置。広義には，音によってなんらかの情報を呈示するすべての装置が含まれるが，視覚をはじめとした他の感覚情報の聴覚による代替的な呈示やデータの聴覚的表現，あるいは，空間情報を含めた形での聴空間の呈示の装置を指して用いられることが多い。

A. 聴覚ディスプレイの種類

「聴覚ディスプレイ」という用語が表す範囲は，明確には定義されていないのが現状である。広義には，音によって情報を呈示する装置全般を指すとも捉えられるが，この場合「聴覚ディスプレイ」という用語が意味するところは，電話機やラジオなども含んだ広範なものとなってしまう。

しかし，聴覚ディスプレイの研究開発を議論の対象とするフォーラムである ICAD (International Community for Auditory Display) およびその国際会議である ICAD (International Conference on Auditory Display) では，聴覚ディスプレイにおけるおもな研究対象分野として，以下が挙げられている。

- ソニフィケーション（sonification）と音によるデータ探索
- 芸術としてのソニフィケーション
- 立体音響（spatial audio）
- 可聴化（auralization）
- ヒューマン-コンピュータインタフェースにおける音の利用
- 仮想環境とテレオペレーション環境における音

上記によれば，聴覚ディスプレイという用語が示すおもな研究分野は，**ソニフィケーション**，**立体音響**，**可聴化**の三つ，およびこれらのコンピュータインタフェースや仮想環境・テレオペレーション環境への応用といえるであろう。立体音響再生を目的とした聴覚ディスプレイは，特に「仮想聴覚ディスプレイ」（virtual auditory display）として区別して呼称される場合が多い。

B. ソニフィケーション

ソニフィケーション（⇒p.274）とは，音を利用してデータ・情報を表現あるいは分析する技術全般を指す用語である。コンピュータのデスクトップ画面の GUI でデータの内容を視覚的に表現するアイコンと同様に聴覚的にこれを表現するイヤコン（earcon）などがソニフィケーションの代表例である。

例えば，放射線量を計測するガイガーカウンターの「ガリガリ」という検出音なども，データの聴覚的表現という意味でソニフィケーションの一種といえる。

C. 仮想聴覚ディスプレイ

仮想聴覚ディスプレイは，受聴者に対して音場が有する空間情報を保持したまま音空間を呈示するための装置であり，ヒトの聴覚が元来有する空間知覚機能を考慮して音響再生を行うものである。おもに仮想現実感（virtual reality; VR）や拡張現実感（augmented reality; AR）の環境構築，高臨場感通信の実現，音響空間の可聴化などを目的として，研究が行われている。仮想聴覚ディスプレイの実現のために主として，以下のような原理および手法が提案されている。

（1）バイノーラル方式　バイノーラル（binaural）方式とは，両耳への聴覚入力を制御することにより，受聴者に立体的な音空間を呈示する方法である。ヒトは二つの耳を有しており，両耳の間には頭部が存在するため，両耳に到達する音波にはその到来方向に応じて到来時間差と強度差が生じる。それぞれ両耳間時間差（interaural time difference; ITD）および両耳間音圧差（interaural level difference; ILD）と呼ばれる（⇒p.306）。また，ある方向から受聴者に向けて到来した音波は，受聴者の両耳の鼓膜に到達するまでに，耳介，頭部，胴体などによる反射や回折といった音響的影響を受ける。これらの影響は，音波の到来方向に依存した周波数特性の変化として表れる。ヒトはこういった両耳間差と周波数特性上の手掛かり（spectral cue）の両方を用いて，音波の到来方向などを判断している。

両耳間時間差と両耳間音圧差を下図に示す（実際にはどちらも周波数により異なることに注意）。

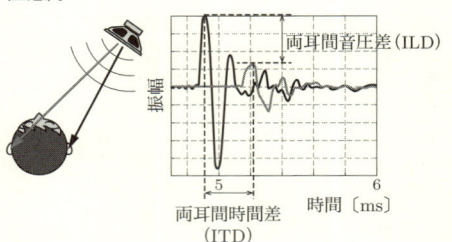

バイノーラル再生（⇒p.356）では，ダミーヘッドや実頭を用いて両耳間差および周波数特性を含んだ両耳信号を収録し再生することで，受聴者に立体的な聴空間を呈示する。また，両耳間差や周波数特性といった情報は，音源から両耳までの音響伝達関数を表す**頭部伝達関数**（HRTF，⇒p.342）に含まれているため，頭部伝達関数を事前に取得しておけば，これを利用して計算機により両耳信号を作成し任意の聴空間を呈示するバイノーラル合成が可能である。

しかし，頭部伝達関数には個人差があるため，収録や頭部伝達関数の取得の際にダミーヘッドや他者の実頭を用いた場合には，頭内定位（⇒p.340）などの聴空間のひずみが生じる。両耳信号の再生にはヘッドホンが用いられることが多いが，クロストークキャンセラを用いて少数のスピーカで再生するトランスオーラル再生についても研究が行われている。

下図は，頭部伝達関数を用いたバイノーラル合成を示している。

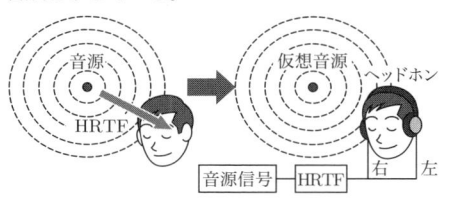

（2）波面合成 頭部を含む空間領域の音場を合成・再現することで立体的な聴空間を呈示するための方法である。合成音場における有限領域あるいは半無限領域の境界面上の音圧と音圧勾配の両方あるいはいずれかを原音場と一致するように制御することで実現される。

波面合成は，物理的には上図に示すホイヘンスの原理に基づいたものであり，数学的には波動方程式から導出されるキルヒホッフ－ヘルムホルツ積分方程式やレイリー積分といった積分方程式に基づいて定式化される。こういった理論に基づいて波面合成を実際のシステムとして実現するためには，領域境界面上の離散的な点群における音圧とその勾配あるいはいずれかを制御する必要があるが，離散間隔が波長に対して十分に小さくない場合には空間エイリアシングが生じて正確な波面を合成できず，また，所望の波面以外の波面が生じてしまう。したがって，可聴域全体にわたって物理的に正確な波面合成を行うためには多数の離散点での制御を行う必要があり，結果として大規模な装置が必要とされる。

（3）アンビソニックス アンビソニックス（ambisonics）は，ある受音点における音圧をその入射指向性とともに収録し再生することで，立体的な聴空間を呈示する方法である。音波の入射指向性は球面調和関数により展開され，スピーカアレイによる再生時の入射指向性が収録時の入射指向性と一致するようにスピーカ出力を決定することで実現される。入射指向性の再現精度は球面調和関数による展開の次数に依存するため，より正確な再現には高次の展開が必要となり，これに応じて必要なマイクロホンおよびスピーカの数も増加する。

なお，波面合成やアンビソニックスに基づいたスピーカアレイによる再生系を，前述のバイノーラル合成によって模擬することで立体音響再生を行う手法も提案されている。

D. 可聴化

可聴化（auralization）とは，物理的・数学的モデリングによって，ある空間および音源により生じる音場を，モデル化された空間内のある位置における両耳聴による体験を模擬する形で聴覚的にレンダリングすることである（⇒p.52）。

言い換えれば，可聴化とは，ある空間内の音場をなんらかの方法で計算機により予測した結果を，音場の空間情報を保持したままユーザーに呈示することであり，音環境の設計やVRへの応用が期待される。

例えば，幾何音響シミュレーション（⇒p.160）や波動場解析（⇒p.364）などによって予測された音場の物理情報を，上述した仮想聴覚ディスプレイを用いてユーザーに立体的に呈示することで可聴化は実現される。

◆もっと詳しく！
鈴木陽一, 西村竜一：超臨場感音響の展開, 電子情報通信学会誌, **93**, 5, pp.392–396 (2010)

| 重要語句 | 音声生成，フィードフォワード制御，フィードバック制御，ロンバード効果（反射），遅延聴覚フィードバック（DAF），変形聴覚フィードバック（TAF），聴覚抑制 |

聴覚フィードバック
[英] auditory feedback

ヒトの音声生成におけるフィードバック情報の一つ。ヒトの安定した発声は，自らが発声した音声を聞きながら（聴覚フィードバックを利用しながら）行われることで実現される。

A. 音声生成におけるフィードバック

ヒトの音声生成（⇒p.110）においては，発声したい音韻の音響特徴（例えば，フォルマント周波数や基本周波数）および調音特徴（例えば，顎や舌の位置や口唇の閉鎖）を実現するように調音運動の制御が行われている。

しかしながら，音声生成が**フィードフォワード制御**でのみ行われた場合，突然の変化に対して修正がなされず，安定した発声が難しいという問題がある。そこでヒトは，音響特徴および調音特徴が実現されているかどうかをリアルタイムに自らモニタし，問題があれば調音運動を修正する**フィードバック制御**を組み合わせることで，安定な発声を行っている。これらモニタリングをそれぞれ聴覚フィードバック，体性感覚フィードバックという（下図参照）。

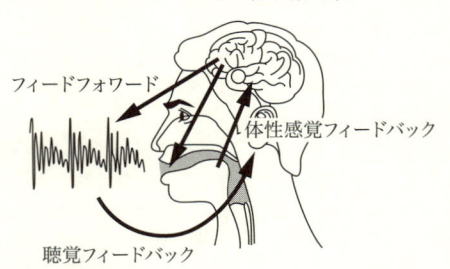

騒音や残響など，発声時の聴覚フィードバックが阻害される要因は多く存在するため，聴覚フィードバックに関する研究は古くから行われている。例えば，耳栓をした状態で大音量の雑音が流れるヘッドホンを装着し，聴覚フィードバックを遮断した状態で発声を行うと，発声が安定しなかったり，不安な気持ちになったりする。

音声生成における聴覚フィードバックは，乳幼児がことばを学ぶ際に，音声を真似て発声するためにも重要である（⇒p.104）。先天的難聴の場合，ことばの獲得が困難になる一方で，ことばを獲得したのちの後天的難聴の場合，これまで獲得してきたフィードフォワード制御により，比較的流暢に発声できることが知られている。先天的難聴の場合でも，人工内耳を装用することで，ことばの獲得ができるようになり，音韻を区別して発声することや，安定な発声ができるようになるが，訓練が重要である。

以下，ヒトの発声における聴覚フィードバックの重要性を示すために，聴覚フィードバックが適切に与えられない場合のヒトの発声について調べた研究を紹介する。

B. ロンバード効果

雑踏の中で携帯電話を使って会話している際に，電話の相手に「そんなに大声を出さなくても聞こえる」といわれた経験はないだろうか。これは，静かな環境とは異なり，雑音環境下で発声を行うと無意識のうちに声が大きくなってしまうためである。この現象を**ロンバード効果（反射）**という。声が大きくなる以外にも，ゆっくり発声する，声の高さが高くなるなどの現象も見られる。いずれの現象も，発声時の自らの音声をモニタリングしやすいようにするためであると考えられている。

工学的応用として，ロンバード効果を利用した雑音環境下での自動音声認識（⇒p.116）の研究が行われている。

C. 遅延聴覚フィードバック

自らが発声した音声を 200 ms 程度遅らせ，それを聞きながら発声を行うと，どもるようになる，間延びした発声になるなど発声が困難になる現象が見られる。この**遅延聴覚フィードバック（DAF）**による現象は，発声したい音韻の音響特徴の予想と，聞こえてくる音響特徴が時間的にずれているため，脳がそれを修正しようとした結果生じると考えられている。

このことは，音声生成において聴覚フィードバックが利用されていることを裏付ける証拠である。発声への影響は 200 ms 程度の遅延が最大であり，それよりも大きな遅延では発声への影響が軽減されることがわかっている。ロンバード効果とは異なり，訓練などにより，遅れて聞こえてくる音声を無視して発声を行うことができるようになれば，DAFによる発声への影響をなくすことができる。

健常者にDAFを行うと，吃音のような現象が見られることから，古くから吃音とDAFの関係について調べられてきた。吃音の治療にDAFを用いることで，症状が改善することが報告されているが，吃音には複数の要因が存在するため，改善する理由についてはよくわかっていない。また，DAFの原理を応用した，おしゃべ

りな人の話を阻害して強制終了させる Speech-Jammer という装置が，2012年にイグ・ノーベル賞を受賞している。

自らが発声した音声が遅れて聞こえてくることは，衛星電話での遅延や長い残響など物理的に起こりうる。一方で，自らが発声した音声が発声するよりも前に聞こえるという物理的に起こり得ない状況を，あらかじめ録音した音声を発声のタイミングよりも先に再生することで実現できる。この先行聴覚フィードバック（PAF）による発声への影響は DAF とは異なることが報告されている。

D. 変形聴覚フィードバック

遅延聴覚フィードバックは，発声した音声の時間タイミングを変化させるが，発声した音声の基本周波数やフォルマント周波数をリアルタイムに変換し，ヘッドホンを通じてその音声を聞きながら発声を行う**変形聴覚フィードバック（TAF）**も行われている。これらは周波数情報の変換であるため，遅延聴覚フィードバックと区別するために変形聴覚フィードバックと呼ばれる。

フォルマント周波数を変換する例を述べる。発声した音声の第1フォルマント周波数（F1）を変換により高くした（調音運動の観点では舌を下げた）音声を聞きながら発声を行うと，目標となる音声が自らに聞こえるように，変換した方向とは反対に F1 を低くして発声するようになる。具体的には，F1 を高くする変換を行う場合に「え」を発声すると，「あ」に聞こえてくるため，目標となる「え」が聞こえるように F1 を低くする，つまり「い」と発声するようになる。このとき，自らはヘッドホンを通じて「え」と聞こえる一方で，まわりは「い」と聞こえる。

このようにリアルタイムに摂動を与え，その補償動作を調べる実験を摂動実験という。摂動実験はこれまで腕運動などで多く行われてきたが，音声には音韻カテゴリーが存在し，また，聴覚と体性感覚の二つのフィードバック情報が存在することから，詳細な検討が必要である。

変形聴覚フィードバック実験を行うにあたり，いくつか注意すべきことがある。まず，リアルタイム（20 ms以内）に音声から基本周波数やフォルマント周波数を精度よく抽出し，それらを適切に変換し，話者に音声をフィードバックするためのシステムの構築が必要である。また，

発声時の骨導音の影響を考慮する必要がある。骨導音は，自らがいつも聞いている声と録音した声が違って聞こえることと関係している。自らが発声した音声は，空気中を伝搬し外耳から内耳の蝸牛に伝えられる経路と，頭蓋骨を通じて直接蝸牛に伝えられる経路の2通りから聞こえている。それぞれ気導音，骨導音という（⇒p.202）。録音した自らの声は気導音のみで聞くためいつもとは違って聞こえるのである。変形聴覚フィードバックは気導音のみを変換するため，変換していない自らの声が骨導音を通じて聞こえてしまい，実験がうまくいかない可能性がある。骨導音の影響を軽減させるために，変形聴覚フィードバックの際に音声に雑音を混ぜたり，適切なヘッドホンを使用したりすることが有効であるとされているが，課題も残されている。

変形聴覚フィードバックの際の脳機能計測も行われており，聴覚フィードバックに関する神経基盤がわかりつつある。DIVA（directions into velocities of articulators）モデルは，脳機能計測の結果をもとにコンピュータ上に構築した発話脳機能モデルである。この DIVA モデルを用いて変形聴覚フィードバックの際の補償動作を模擬することや，吃音のモデルを構築することで，聴覚フィードバックに関する新たな知見が得られている。DIVA モデルでは，フィードフォワードとフィードバックの重みが検討されており，健常者の場合，フィードフォワードの重みを 0.8，フィードバックの重みを 0.2（重みの合計は 1）とすることで，ヒトの音声生成を模擬できるとされている。

E. 聴覚抑制

発声時に自らの音声を聞くときの聴覚野の脳活動の大きさは，コンピュータから再生した同じ音声を聞くときと比較して減少することが知られている。これを**聴覚抑制**（speaking-induced auditory suppression）という。この抑制は周波数依存性を持っていることが明らかになっているが，その機能については未解明である。また，変形聴覚フィードバックの際には，聴覚抑制が起こらないことが報告されている。

◆ もっと詳しく！

J. Perkell: "Movement goals and feedback and feedforward control mechanisms in speech production", *J. Neurolinguistics*, **25**, 5, pp.382–407 (2010)

重要語句 臨界帯域，マスキングのパワースペクトルモデル，興奮パターン，ERB，離調聴取，ノッチ雑音法

聴覚フィルタ
[英] auditory filter

聴覚末梢における，中心周波数に対する周波数成分の通過特性を説明する説の一つ。聴覚フィルタでは，周波数帯が連続的に重なり合う仮想のフィルタバンクが形成される。

A. 歴史と概念

20世紀前半に，ベケシーによって周波数に対する内耳基底膜の振動が局所的であることが観察された。同時期にフレッチャーらの実験によって，**臨界帯域**（critical band）という概念が生まれた。フレッチャーの実験では，純音に対するマスカ（⇒p.402）として，純音の周波数を中心周波数とする帯域雑音を使用した。雑音の帯域幅が拡大すると純音の閾値も上昇するが，ある帯域幅を超えると，それ以降は純音の閾値が一定になることを彼らは示した（「D. 簡易な実験」🔊 1）。このように，ある中心周波数に対して影響が及ぶ範囲（帯域通過フィルタ）を臨界帯域と呼んだ。この結果から，フレッチャーは聴覚末梢において周波数帯が連続的に重なり合う仮想のフィルタバンクが形成されていると考えた。このフィルタの概念は，現在「聴覚フィルタ」と呼ばれている。信号の閾値が聴覚フィルタを通過する雑音の量によって決定されるという考え方，つまり，閾値は聴覚フィルタの出力におけるSN比の信号の強さで決まるという考え方を**マスキングのパワースペクトルモデル**（power spectral model of masking）といい，フィルタの形状が既知である場合にはよく当てはまることが知られている。

雑音の帯域幅に対する純音閾値（もしくは聴き取りに必要な純音のレベル）の概念を下図に示す。

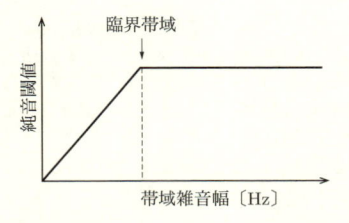

臨界帯域幅はBark（Barkhausenの名にちなみZwickerが命名）で表され，中心周波数ごとに，その帯域幅が変化する。中心周波数が高くなるに従って帯域幅が増加し，1kHz以上では約1/3オクターブ幅となる。

ケンブリッジ大学を中心としたグループは，聴覚生理学的な測定として内耳有毛細胞の急峻な周波数選択特性を示す同調曲線と，心理実験から得られた同調曲線が対応することを示した。ムーアらはroex (rounded-exponential) 関数を用いて聴覚フィルタの形状を示した。

$$W(g) = (1 + pg) \exp(-pg)$$

gは正規化された中心周波数（$g = |f_c - f|/f_c$），pはフィルタの傾き（急峻さ）を表す値である。入力する信号の音圧により，圧縮特性がかかる。

下図は，ノッチ雑音（「B. 測定方法」参照）の帯域幅を関数とした純音閾値（左図，実測値）と，roex関数とのフィッティングにより得られた聴覚フィルタ形状（右図）を示している。

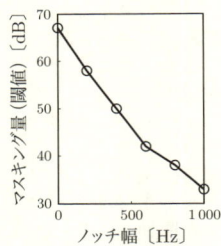

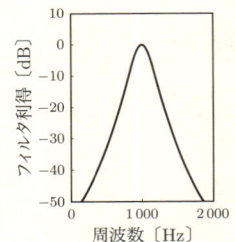

聴覚フィルタの出力を**興奮パターン**（excitation pattern）と呼ぶ。得られたマスキングパターンは，狭帯域雑音によるマスキングパターンと同じく，高周波数側が緩やかな形状となる。

聴覚フィルタの出力エネルギーを矩形で表現した際の帯域幅を**ERB**（equivalent rectangular bandwidth，読み方は「アーブ」）と呼ぶ。これまでのヒトを対象とした測定により，周波数F〔kHz〕に対して下記の近似式が導かれている。

$$\mathrm{ERB} = 24.7(4.37F + 1)$$

近年では聴覚時間領域も考慮に入れたガンマトーン（gammatone）フィルタやガンマチャープ（gammacharp）フィルタが導入されている。聴覚フィルタは音の大きさや時間分解能など，聴覚のモデルの基礎となっている。なお，ISOで策定されているラウドネス（⇒p.344）測定法においては，Zwickerらの臨界帯域の概念に基づく手法（ISO/CD 532-1）とムーアらによる聴覚フィルタの概念に基づく方法（ISO/CD 532-2）の両方が協議されている。

B. 測定方法

フレッチャーらによる帯域雑音を用いた方法では，異なる中心周波数の聴覚フィルタの影響を受け（**離調聴取**; off frequency listening），単一の聴覚フィルタの反応を測定しているとは言いにくかった。そこで，パターソンらは，プローブ周波数の周辺が削られた帯域雑音（ノッチ雑音）を用いた**ノッチ雑音法**（notched noise method）により，中心周波数に対応する聴覚フィルタの形状を測定した（「D. 簡易な実験」2)）。中心周波数に対し，左右のノッチ幅を変えることにより，非対称の測定が可能である。1 000 Hzの純音をプローブとした際のノッチ雑音（灰色部分）を下図に示す（$\Delta f = 200$ Hz）。

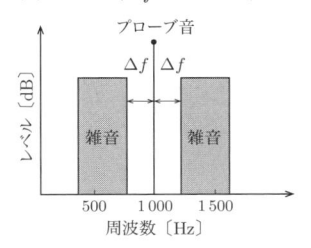

ノッチ雑音法は中心周波数・音圧・ノッチ幅などのパラメータが多く，3区間3肢強制選択法（3I3AFC）などによって繰り返し測定を行うため，実験時間が長くなる傾向にある。そのため，臨床での応用には時間的な制限があった。最近は，簡易的な測定方法（および測定器，例えばRION HD-AF）も提案されており，臨床での検査においても使用が試みられている。

C. 聴覚障害との関係

文献（Glasberg and Moore, JASA, 1986）によると，聴覚障害のある側の耳では，フィルタ形状が広がる。彼らは，これによって周波数弁別能が低下し，音声明瞭度が低下することを報告している。このような障害は，補聴器による音圧増幅では改善が難しい。スペクトルやフォルマントの山・谷を強調するなど，広がった聴覚フィルタの周波数弁別を補償することを目的としたさまざまな補聴処理が試みられているが，これまでのところ，主観的な音質評価として改善が見られるものの，客観的な明瞭度の改善は限定的である（さまざまな補聴処理については，項目「補聴装置」（⇒ p.394）を参照）。

次図は，健聴耳（破線）と聴覚障害耳（実線）の聴覚フィルタの広がりを示している。

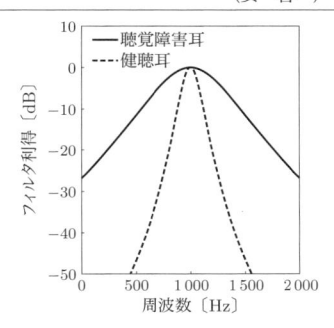

D. 簡易な実験

ここでは，帯域雑音による臨界帯域幅の測定（🎧1）とノッチ雑音による測定（🎧2）を示す。呈示レベルが5 dBずつ低下する2 000 Hzの純音系列が2回繰り返される。下図の左の列の上から何番目まで聴こえたかを数え，○をチェックする。つぎの純音系列以降では，① 帯域雑音，もしくは ② ノッチ雑音が重畳されるので，同じように○をチェックする。最後に，雑音重畳条件でチェックされた○を線で結ぶと，それぞれの雑音に対する純音閾値が得られる。

① 帯域雑音を用いる方法は，フレッチャーの実験のように純音閾値が一定になる境目の帯域幅が臨界帯域幅を示している。② のノッチ雑音により得られた閾値をroex関数などによりフィッティングすることによって，聴覚フィルタ形状が推定できる。

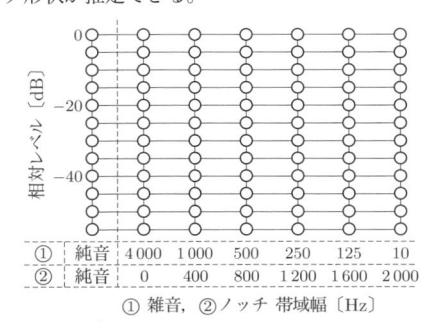

◆ もっと詳しく！

1) B. C. J. Moore: *An Introduction to the Psychology of Hearing*, 6th Edition, BRILL (2013)
2) A. J. M. Houtsma, T. D. Rossing and W. M. Wagenaars: "Auditory demonstrations on compact disc", *J. Acoust. Soc. Am.*, 83, S58 (1988)
3) 入野俊夫：はじめての聴覚フィルタ，日本音響学会誌, **66**, 10, pp.506–512 (2010)

重要語句　反射, 回折, 音響透過

超高層建物閉鎖型解体工法
[英] enclosed demolition method for a high-rise building

建物解体時に発生する騒音を低減するために考案された解体工法の一つ。最上階躯体を有効に利用して閉鎖空間を構築し、その中で解体工事を行うことを特徴としている。

A. 超高層建物閉鎖型解体工法の概要

従来の解体工法は、建物の全外周部に養生足場と養生材（防音パネルなど）を設置しているが、上部が開放されているため、解体騒音が近隣に伝搬してしまう。それに対し、超高層建物閉鎖型解体工法（以下、本工法）は、既存の最上階躯体を有効に利用して、閉鎖空間を構築し、その中で解体工事を行うことを特徴としている。内装・設備機器撤去に続き、躯体を解体する前に閉鎖空間を構築する。

建物は最上階から、1フロアずつ下階に解体を進める。1フロア解体後の閉鎖空間の盛り替えは、全体を支える仮設支柱に組み込んだ自動降下装置を使用し、安全かつ敏速に行うことができる。この閉鎖型解体工法によって、外部への解体材の飛散・落下のリスクをなくすとともに、粉塵飛散の低減、通常の解体工法に比較して20 dB程度の騒音低減が可能となる。

下の写真は、超高層建物閉鎖型解体工法の外観（上）と自動降下装置によるジャッキダウンの様子（下）を示している。

B. 建物の解体騒音と遮音性能

建物の解体工事のおもな騒音源は圧砕機とコンクリートカッター（次図）であり、近傍での最大騒音レベルは90〜100 dB程度になる。

(a) 圧砕機

(b) コンクリートカッター

重機4台が下図に示す位置で実際に解体作業をしているとする。

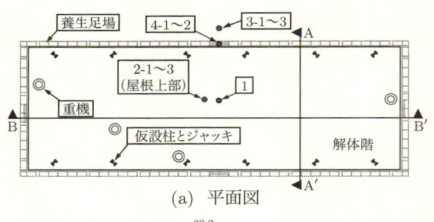

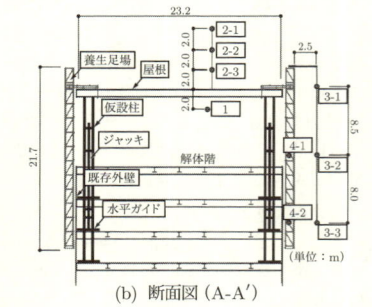

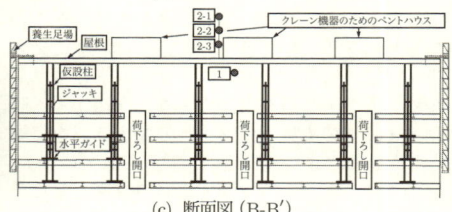

(a) 平面図

(b) 断面図 (A-A')

(c) 断面図 (B-B')

閉鎖空間内の測定点1における騒音の周波数特性（5分間の等価音圧レベル、騒音レベルで基準化）を次図に示す。発生音の卓越周波数は1 kHz帯域で、非常に耳につく音である。

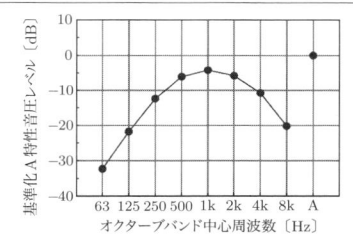

各測定点の測定結果をもとに，閉鎖空間内上部の測定点1を基準にして音圧レベル差を求めた結果を下図に示す。屋根や防音パネルの遮音効果は，おおむね20 dB程度であることがわかる。

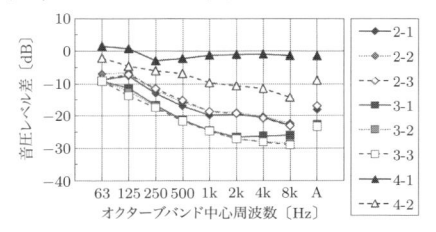

C．騒音伝搬予測

本工法を適用する際は，事前にその効果を確認するために騒音伝搬予測を行う。ここでは，閉鎖空間内部における多重反射や，閉鎖空間内外の音響透過，建物周囲における反射・回折現象およびそれらの相互作用を同時に解析できる拡張エネルギー積分方程式法を紹介する。

拡張エネルギー積分方程式法では，音場の境界面をいくつかの要素に分割し，それら要素間でのエネルギー収支に関する連立方程式を構築して各要素の入射インテンシティを先に求め，その結果から受音点での音圧を求める。要素間でのエネルギー収支を関連付ける係数を計算する際に，**反射・回折・音響透過**などの波動現象をエネルギーレベルで近似的に考慮する。

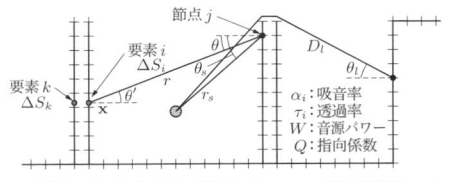

α_i：吸音率
τ_i：透過率
W：音源パワー
Q：指向係数

上図に示すような音場において，要素節点j上の入射インテンシティI_jは次式で与えられる。

$$I_j = \sum_{i=1}^{N}\left[\iint_{\Delta S_i} I(\mathbf{x}_i)\frac{1-\alpha_i}{\pi}\frac{\cos\theta\cos\theta'}{r^2}dS_i\right]$$
$$+ \sum_{k=1}^{N}\left[\iint_{\Delta S_k} I(\mathbf{x}_k)\frac{\tau_i}{\pi}\frac{\cos\theta\cos\theta'}{r^2}dS_k\right]$$
$$+ W\left(\frac{Q\cos\theta_s}{4\pi r_s^2} + \sum_{l=1}^{L_{\text{diff}}} QD_l\cos\theta_l\right)$$

ここで，Nは全要素数，ΔS_iは要素i，ΔS_kは要素iの裏側の同一形状の要素k，$I(\mathbf{x})$は要素内$\mathbf{x}$点における入射インテンシティである。また，D_lはl番目の回折経路のエネルギー伝達率，L_{diff}は回折経路数である。実際の数値計算では，要素内の積分は内挿関数を使用して節点における入射インテンシティで近似する。上式の第1項は拡散反射，第2項は音響透過，第3項は直接音および回折音の計算である。すべての節点に関する連立方程式を構築し，節点入射インテンシティを算出する。

この計算法で前ページで示した圧砕機4台による解体状況を予測した結果は，下図のように測定結果と良い対応を示す。

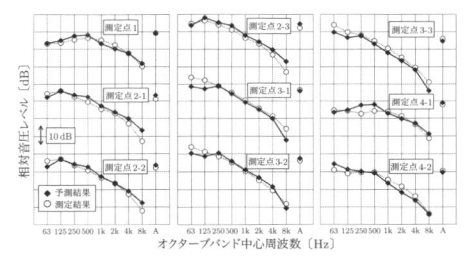

最後に，下図(a)に示す騒音源の条件で従来工法と本工法の騒音伝搬について予測した結果（A特性音圧レベルの等値面）を図(b)に示す。屋根がない従来工法では近隣の建物への影響が大きいのに対し，閉鎖型の本工法は外部へ騒音が広がりにくいことがわかる。

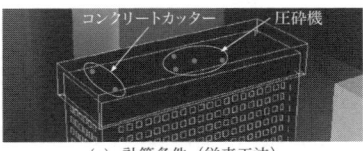

(a) 計算条件（従来工法）

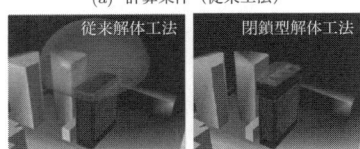

(b) 騒音伝搬予測結果

◆ もっと詳しく！
山口ほか：超高層建物閉鎖型解体工法の騒音伝搬性状，日本建築学会技術報告集 **19**, 42, p.615 (2013)

重要語句 和声的調性，旋律的調性，和音，和声，機能和声，調性音楽

調性と和声
[英] tonality and harmony

調性とは，音楽を構成する音組織（音階）において，ある中心的な役割を担う音（主音）とそれに対して従属関係にある音の継時的連なりによって確立される音楽的秩序である。現代音楽に見られる無調音楽や非音階的な一部の民族音楽を除けば，ほとんどは調性を持つと考えられるが，特に17世紀以降の西洋音楽およびこの影響を色濃く受けているポピュラー音楽においては，長短2種の音階システムに基づく主音あるいは主和音による和声的な支配性を意味することから，和声的調性と呼ばれ，一般に調性という語は和声的調性の意で用いられる。

A. 歴史
（1）旋律的調性 西洋音楽の歴史を紐解くと，古代ギリシアの音楽にまで遡る。当時の音楽は，旋法と呼ばれる音組織（音階内で主音の位置を変更することによって音階（⇒p.70）を細分化する概念）に基づくモノフォニー（単旋律）音楽であった。やがてギリシアの音楽文化はヨーロッパに渡り，約1000年の年月を経て，複数の旋律を積み重ねることにより独立した多声部の旋律的な流れを表現するポリフォニー音楽へと発展した。このような音楽においても調性は存在するが，これはあくまで各声部における旋律音の継時的運動によって得られるものであり，つぎに述べる和声的調性と区別して**旋律的調性**と呼ばれる。

（2）和声的調性 ポリフォニー音楽は後期ルネサンスにおいて完成され，その後，同時に響く複数の異なる音高の集合を**和音**という形で捉え，これらの継時的連なりによって音楽を構築する方法が確立される。この和音の継時的な連なりを**和声**と呼び，個々の和音に音楽的な機能を持たせ，和声を各和音の機能的連結として捉える考え方を**機能和声**と呼ぶ。機能和声の誕生は，音楽の様式やその構築方法のみならず，調組織そのものに対しても大きな変革をもたらした。

旋法の衰退と長短2調の調組織の確立 和声的欲求すなわち和音の機能的役割を明確にするため，これまで用いられてきた種々の旋法から両者の性格が顕著であるイオニア旋法とエオリア旋法の2種が台頭し，それぞれが長音階および短音階として用いられることにより，長・短2種の調組織が確立された。

ホモフォニー音楽の台頭 和声が確立することにより，主旋律となる一つの声部とそれを和声的に支持する複数の声部によって構成される音楽が台頭する。このように旋律と伴奏によって形作られる音楽はホモフォニー音楽と呼ばれ，独立した多声部の旋律的流れ（水平的な流れ）を重視するポリフォニー音楽に対し，局所的時間領域における音の集合の響き（垂直的な響き）を重視する音楽であると考えられる。ハイドン，モーツァルト，ベートーベンに代表される古典音楽や，今日われわれが耳にするポピュラー音楽のほとんどがホモフォニー音楽である。

機能和声に基づく調性は和声的調性と呼ばれ，一般に和声的調性を有する音楽を**調性音楽**と呼ぶ。調性音楽は，長調および短調のどちらかに限られ，楽曲を構成する主音あるいは主和音の存在によって特定の調に対する調性的引力（調性感）を有する。これによって，他の調への遷移（転調）と主調への回帰による調性感の変化が頻繁に見られるようになり，これが新たな音楽の表現方法として確立した。

（3）汎調性および無調 19世紀後半になると，主音や主和音の支配性を排除することにより長短両調の調性感から著しく逸脱した音楽が見られるようになる。このように調性感が希薄なものを汎調性と呼ぶ。さらに20世紀になると，音階内のすべての音を等価なものと捉えて無調を作り出す技法（十二音技法）が生まれ，機能和声に基づく和声的調性は衰退した。

B. 調性の仕組み
（1）和音の機能 和音は，「異なる二つ以上の音高が同時に響くことによって合成される音」と定義される。機能和声においては，基準となる音（根音）に3度ずつ堆積することによって得られた合成音を和音の基本的な形としており，3和音と呼ぶ。以下に，和音の形成を図示する。

$$7\text{度}\left[5\text{度}\left[3\text{度}\begin{bmatrix}\text{第7音}\\ \text{第5音}\\ \text{第3音}\\ \text{根音}\end{bmatrix}3\text{和音}\right]\right]7\text{の和音}$$

調性音楽を形成する長短2種の音階について，各音を根音として3和音を形成すると，おのお

のの和音は根音の音度（I, II, …, VII）によって標記することができ，これを音度記号と呼ぶ。ここで，主音とその上下5度に相当する音を根音とする3和音を，順に主和音，属和音，下属和音と呼び，これらは調の主音と長・短調を決定する上で重要な働きを持つことから，主要三和音と呼ばれる。特に，属和音においては，主和音への強い進行感を得るために，第5音の上にさらに第7音を付与した属七和音が用いられ，主要三和音とともに主要和声とも呼ばれる。これらは固有の和声的機能を有し，主和音をT（トニック），属和音をD（ドミナント），下属和音をS（サブドミナント）と標記する。残りの3和音は，主要三和音の機能の代理的役割を持つ。

ハ長調音階上（C-dur）の3和音を下図に示す。

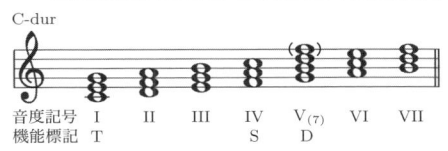

音度記号	I	II	III	IV	V(7)	VI	VII
機能標記	T			S	D		

(2) **和音の機能的連結** 機能和声においては，いくつかの和音の機能的連結（例えばT→S→D→Tなど）により音楽的なまとまりを形成することができ，これを終止形（カデンツ）と呼ぶ。カデンツは音階における主音あるいは主和音とそれに従属的に関わる音の機能的役割を明確にし，これによって調性が確立されると考えられる。

(3) **正格終止による調性の確立** カデンツを構成する和音の連結において，正格終止（D→T）は調性の確立に対して最も重要な働きを持つ。特に属七和音においては，根音の4度上行（5度下行）進行によって得られる力強い進行感の上に，これに内包される増4度の不協和音程（第3音と第7音）が主和音の協和音程（根音と第3音）に進行することによって得られる和声の解決感が加わり，主和音を中心とする強い調性感を生む。

正格終止を下図に示す。

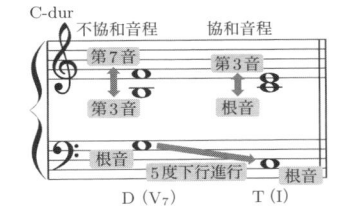

C. 関連用語・概念の解説

（1）**調** 調性音楽においては，音楽を構成する音階の主音，あるいは主音によって決定される調性を意味する。一般には後者の意味で用いられることが多く，例えば，ある楽曲がハ音を主音とする長音階で構成されている場合はハ長調，イ音を主音とする短音階で構成されている場合はイ短調と呼ぶ。音階の主音となりうる音高は12種であるから，これらと長・短2種の音階との組合せを考慮すると全24種の調が確立される。

（2）**近親調と遠隔調** ある調における他の調との和声的な近親関係は等価ではなく，たがいに近しい関係にあるものを近親調，遠い関係にあるものを遠隔調と呼ぶ。一般には，ある調の属調（5度上の調），下属調（5度下の調），同主調（主音を同じにして音階が異なる調），および平行調（調号を同じにして音階が異なる調）を近親調と呼ぶ。

（3）**転調** 楽曲の途中で調が他の調に変化することを指す。調性音楽においては，主調からの逸脱による調性感の変化を表現する方法として非常に重要である。一般には近親調への転調が多いが，より複雑な転調も見られる。

（4）**移調と移旋** 移調は，楽曲の調を音の相対的音程関係を保持しながら他の調に変更することを指す。一般には歌曲において行われることが多く，伴奏者が歌手の声域に応じて調を変更して演奏する。

移旋は，楽曲の旋法を他の旋法に変更することを指すが，調性音楽においては長調を短調に，または短調を長調に変更することを指す。

（5）**和声法** 調性音楽における和音の機能とその連結方法に対する体系的規範である。最も古い文献はツァルリーノによる和声教程（1558）とされるが，調性音楽の和声を，和音記号を用いた機能的観点によって説明した最も古い文献は，ラモーによる和声論（1722）である。ラモーの和声論は機能和声理論のパイオニアとしてこれ以降に提案された多くの和声法に多大な影響を与えた。わが国においては，池内友次郎らによる和声（1964）が有名である。

◆もっと詳しく！
池内友次郎ほか：新音楽辞典「楽語」，音楽之友社（1977）

重要語句　音の高さ，音の大きさ，音色，スペクトル，周波数，音圧レベル

聴能形成
［英］technical listening training

音響に関するさまざまな仕事に従事するためには，音に関する幅広い知識，最新の技術動向に関する知見とともに，音に対する鋭い感性が必要とされる。「聴能形成」とは，音響技術者に必要とされる「音に対する感性」を体系的に修得する訓練方法のことである。このような音に対する感性は，これまでは現場での経験によって養われるものであった。音響技術者は，日々の業務の中でのさまざまな体験を通して，音に対する感性を磨いてきた。聴能形成は，疑似的なものではあるが，さまざまな音を聴く体験を多角的かつ体系的に受講生に与える教育プログラムである。

A. 歴史

聴能形成の教育は，九州芸術工科大学が開学した当時（1968年）から音響設計学科のカリキュラムの一環として開始され，九州大学に統合されたあとも継続して実施されている。開学当初は，「聴覚形成」という科目名で，ドイツのデトモルト北西ドイツ音楽アカデミー（現 デトモルト音楽大学）におけるトーンマイスター養成課程の Gehörbildung を参考に開設された。当初は，音楽教育のソルフェージュに似たものであったといわれている。

1969年に北村音一が九州芸術工科大学に赴任し，音響設計学科の教育目的に合わせて，聴覚形成の内容を再構成し，名称も「聴能形成」と改め，現在の聴能形成の基礎を作った。

B. 訓練の事例

「音に対する感性」と呼ばれるものには，いくつかの要素がある。音のプロフェッショナルに求められる感性は，以下のようにまとめられている。

1. 音の大きさ，高さ，音色（音の3属性，⇒ p.54）の違いがわかる
2. 聴覚的な音の違いを，音の物理的な性質の違いと関連付けることができる
3. 音の物理的な性質が示されたときに，その音を想像することができる

これは，そのまま聴能形成の学習フェーズを表しているが，カリキュラム策定の立場から，上記を書き直すと，以下のようになる。

1. 音の弁別訓練
2. 音の物理的パラメータの識別（認知）訓練
3. 音を想像する力，説明する力の訓練

これらの能力は，個人に身につくものであるが，集団において聴能形成を実施した場合，「音を表現することば」や「音色や音質のイメージ」を組織内で一致して共有できることが予想され，意志の疎通がスムーズになることが期待できる。

以下に，訓練の事例として，九州大学音響設計学科の授業計画の概略を述べる。

最も基本的な能力は，「音の違いを聴き分ける」ことである。音の違いに気がつく能力を養成する訓練が，聴能形成の最初のステップである。実際の訓練は，ペアにした二つの音の違いを答える訓練から開始する。「高さの弁別訓練」では，周波数の異なる純音のペアを学生に提示し，どちらの音が高いのかを答えさせる。**音の高さ**以外にも，**音の大きさ**（どちらの音が大きいのか），**音色**（**スペクトル**）（同じか違うか）に関する弁別訓練を行っている。この種の弁別訓練では，判定は対提示された音のペアごとに行う。解答カテゴリーは，「高い」「低い」「大きい」「小さい」といった二つの選択肢で構成される。

このような違いを聴き分ける弁別訓練を数回（数週）行ったのち，音の違いを識別する訓練に移行する。音の識別訓練では，音の違いに気づくだけでなく，その違いを生じさせている音響特性が識別できるような能力を養成する。音響技術者の世界では，音の物理的特徴を表すために，さまざまな専門用語が用いられる。音響技術者には，音のきこえの違いを，音響の専門用語を使って適切に表現できる能力が必要とされる。

初級（1年次）の訓練では，最も基本的な音の物理的性質である，**周波数，音圧レベル**，スペクトルについての識別訓練を行っている。このような訓練を通して，音響に関する基本的な物理的性質に対する「勘」を養うことができる。識別訓練では，訓練用音源を一通り学生に聴かせ，この間に音の特徴を覚えさせる。その後，聴き分け訓練を行う。

例えば，周波数の単位である Hz（ヘルツ）に対する「勘」を養うために，「純音の周波数の識別訓練」を行う。訓練では，125 Hz，250 Hz，500 Hz，1 kHz，2 kHz，4 kHz，8 kHz の純音をランダムに提示し，受講生にはその周波数を判定させる。バンドノイズを用いてその中心周波数を判定する訓練も実施している。

「音圧レベル差の判定訓練」は，音の主観的な大きさの違いを，音の物理的な音圧レベルの差

と対応付ける能力を養うためのものである．音響関係の分野では，音量の単位としてはdB（デシベル）が広く用いられている．dBという単位に対する「勘」を養うことは，音響設計技術者としては欠かせない．この訓練では，基準音（音楽再生音の一部など）と基準音を減衰させた音を対提示して，何dB低下したかをあらかじめ用意したカテゴリーで答えさせる．解答カテゴリーは，10 dB刻み，5 dB刻み，2 dB刻みと設定し，訓練の目的や習熟度に合わせて難易度を設定する．

スペクトルに関する課題の一つ「周波数特性の山付け周波数判定訓練」では，音楽再生音のオクターブ間隔の周波数領域（中心周波数は125 Hz，250 Hz，500 Hz，1 kHz，2 kHz，4 kHz，8 kHz）を増幅させ，中心周波数を答えさせる．受講生には，加工を加えない原音と比較することにより，どの周波数領域が増幅されたのかを判定させる．音のスペクトル構造に関わる訓練では，ほかにも，ある帯域以上／以下をカットしたときの遮断周波数の判定訓練（高域カット，低域カットの周波数判定訓練）も行っている．これらの訓練も，加工を施さない原音との比較で行う．

スペクトルを対象にした訓練では，コンピュータで合成した調波複合音を使って，その成分数判定やスペクトルエンベロープの傾き判定訓練も行っている．

上級（2年次）の訓練では，録音編集（ミキシング）された音楽中のあるパートだけレベルを上昇または下降させて，そのレベル差を判定するといった，ミキシングの現場の状況に近い条件での訓練や，各種の量子化ビット数で符号化した音楽再生音をシミュレーションし，有効な量子化ビット数を判定する訓練を行う．さらに，振幅変調音の変調周波数の判定訓練や，残響時間，信号対雑音比（SN比），量子化ビット数の違いを聴き分ける訓練なども実施している．

C．他の試みと聴能形成の特徴

聴能形成は，広義の「イヤートレーニング」の一種だと考えられる．ポーランドのFryderyk Chopin University of Musicにおいては，Timbre Solfege（音色のソルフェージ）という科目名でイヤートレーニングが行われている．英語圏においては，テクニカルイヤートレーニング（technical ear training; TET）と呼ばれることが多い．TETでは，特に録音エンジニア向けに，パラメトリックイコライザーの特性判定や，ダイナミックレンジ，残響などの課題を取り扱うことが多いようである．

多くの聴能形成の試みは，スピーカからの一斉提示による集団訓練として行われることが多い．九州大学音響設計学科の場合は，1クラス40〜50名ほどの人数である．

これに対して，TETは，受講生1人に対して1セットの音響機器またはPCを使い，非同時の個別訓練として行われることが多い．PCソフトウェアとしては，Jason Coreyによる "Audio Production and Critical Listening: Technical Ear Training"（Focal Press, 2010）に付属されたものが広く使われている．また，ミキシングコンソールやイコライザーなどの機器を実際に操作する実践的な訓練も行われている．

聴能形成は，録音エンジニア向けだけでなく，建築音響やディジタル信号処理などを含む音響技術全般の課題を含んだカリキュラムとなっていることが特徴である．また，訓練だけでなく，訓練に関連する事項の講義（解説）にも十分な時間をとっていることも特徴といえる．特に初級者にとっては，音響学の導入として位置付けられていることが多い．

D．研究動向

聴能形成およびイヤートレーニングに関連して，訓練システム開発に関する研究や，訓練効果の評価方法の研究が行われている．また，より効果的な訓練のための音源提示方法についても研究が行われている．

聴能形成やイヤートレーニングが音楽作品制作や音響技術設計に与える効果についても議論が行われている．良い作品制作や良い設計に直接的に効果があるというよりも，エンジニアや関係者相互のコミュニケーションの基盤となるという考え方が受け入れられやすいようである．

聴能形成は，「聴脳形成」と書き間違えられることがある．音の聴覚的な印象と音の物理的な性質を対応付けることが教育プログラムの目的であるから，脳をトレーニングすることでもある．そのため「聴脳形成」という表現は見当外れではないかもしれない．その意味では，今後，脳科学の分野と連携した研究が期待される．

◆もっと詳しく！

岩宮眞一郎：聴能形成—音に対する感性を育てるトレーニング，日本音響学会誌，**69**，4，p.197 (2013)

重要語句　GIS，日本測地系 2000，平面直角座標系，基盤地図情報，地理情報標準プロファイル，騒音暴露人口

地理情報システムと騒音
[英] geographic information system and noise

わが国では，1999年に施行された「騒音に係る環境基準」により，ある一定の地域ごとに，地域内に立地する建物すべてについて面的に環境基準の達成率を評価するようになった。その際，すべての建物について騒音レベルを計測することは不可能であるため，推計を認めることになり，地形・地物情報を活用した面的な騒音レベルの推計が要求されることとなった。一方，欧州では2002年のEU指令により，加盟国に戦略的騒音マップの作成を義務付けた。このような動きには情報技術の発展が大きく寄与しており，中でも地理情報システムの高度化と地理空間情報の整備が重要な役割を担っている。

A. 地理情報システム

地理情報システム（**GIS**）とは，コンピュータ上で地理的な位置情報（緯度・経度や平面直角座標などの座標系，もしくは住所や郵便番号，市外局番などの識別子系で位置を表現したもの）を持ったデータ（地理空間情報）を総合的に作成・加工・管理・分析・可視化し，その結果を用いて意思決定などを行うためのシステムである。GISの始まりは1970年代のCanada GIS（CGIS; カナダの土地利用・資源管理のための地理情報システム）にある。その後，情報技術の発展に伴いGISも高度化し，ナビゲーションや医療・福祉，防災など，さまざまな分野で広く活用されている。近年のGISに関するおもな議論は，高度な3次元化やオープンデータ（自治体などが無償公開する地理空間情報）の活用，WebベースのGISなどとなっている。

B. 地球のモデル化と測地系

GISでは，実空間を2次元もしくは3次元でモデル化するため，空間のモデル化に関する理解が必要となる。ここでは，騒音予測と最も深い関係を持つ座標系を用いた空間のモデル化について概説する。実空間をモデル化するには，最初に地球をモデル化する必要がある。ジオイドと呼ばれる地球全体を覆う仮想的・平均的な海水面を地球の形と考え，ジオイドを回転楕円体としてモデル化する。かつては国ごとに異なる回転楕円体が用いられていたが，国際的に共通な回転楕円体に対する需要が高まり，国際測地学・地球物理学連合がGRS80楕円体を提案，合意され，現在わが国を含む多くの国で採用されている。GPSや海域を対象とする場合は，WGS84楕円体が用いられているが，おおむねGRS80楕円体と同一と見なせる。

ジオイドをモデル化するだけでは現実空間のモデル化には不十分であるため，回転楕円体と地球との位置関係を決定する測地系を定義しなければならない。現代の一般的な測地系（世界測地系）では，回転楕円体と地球の重心を，また，回転楕円体の短軸と地球の自転軸を，世界時の起点方向に経度0°を，それぞれ一致させる。ただし，地球の重心や自転軸には観測誤差や揺らぎがあるため，どの時点の値を採用するかにより，何種類もの世界測地系が存在する。わが国では国際地球回転・基準系事業IERSが定めたITRF94を基準としており，GRS80楕円体とITRF94に基づいた日本測地系2000を標準としている。世界測地系の一種である**日本測地系2000**は，2002年3月末までわが国の公共測量などで用いられてきたベッセル楕円体を基準とした日本測地系とは，呼称は似ているものの，まったくの別物であるため注意が必要である。

C. 座標系

3次元直交座標系や地理座標系（緯度・経度），UTM座標系など，さまざまな座標系が存在し，地理空間情報の利用目的によって用いる座標系が異なる。ここでは，騒音（ミクロな環境物理量）の評価を対象とするため，その使途に最も適している**平面直角座標系**について概説する。なお，座標系の異なる種々の地理空間情報を併せて用いることもあるが，その際は座標変換により座標系を統一する必要がある。座標変換はGISが有する一般的な機能の一つであり，国土地理院のWebサイトで各種ツールが公開されている。

平面直角座標系は，わが国では公共座標系もしくは19座標系と呼ばれる投影座標系の一種であり，国土交通省告示第九号において定められている。同じ投影法（ガウスクリューゲル図法）を用いるUTM座標系は経度により系を分けているが，平面直角座標系では距離のひずみが±1万分の1程度に収まるよう，日本全国に19系の原点を設けている。それぞれの原点の座標は(0 m, 0 m)となり，東西方向にY軸，南北方向にX軸をとる。一般的な座標軸とは異なるため，注意が必要である。

D. さまざまな地理空間情報

平成19年8月，地理空間情報活用推進基本法が施行された。同法には，GIS，衛星測位の両施策による地理空間情報の高度活用の環境を整備

することを目指すことが，基本理念として盛り込まれた。それまでは国や地方公共団体などが独自に作成していた地理空間情報を，国土地理院が共通の基準により**基盤地図情報**として整備し始めた。基盤地図情報には，測量の基準点や海岸線，道路縁，軌道の中心線，標高，建築物の外周線などが2500分の1の精度で含まれており，無償公開されている[1]。また，国土政策局は平成13年より，国土計画の策定や推進の支援を目的に，国土に関するさまざまな情報を整備し，数値化したデータを無償公開しており[2]，近年は公開データの種類を増やしてきている。国土（水・土地）や政策区域，地域，交通に関する90種以上のデータを公開している。総務省統計局はWebサイト（政府統計の総合窓口）で，国勢調査や経済センサス，農林業センサスなど，主要統計調査の結果を，市区町村や町丁字境界のデータとともに無償公開している。ほかにも，気象庁のWebサイトでは，10分ごとの降水量や気温，相対湿度，風向・風速（平均および最大値）が公開されている。観測所の緯度・経度と標高も併せて公開されているため，地理空間情報として活用することができる。

これらのデータの多くは，**地理情報標準プロファイル**（JPGIS）に準拠した形で提供されている。JPGISとは，地理空間情報のデータ設計方法，品質，仕様書の記述方法などを定めた日本の標準規格であり，11種類のJIS規格をベースにしている。また，ファイル形式はXMLベースのGMLファイルが一般的である。ほかにも，ESRI社が開発したオープン標準であるShapefile形式で提供されているデータも多くある（Shapefileは，世界的に最もよく用いられる地理空間情報のファイル形式である）。

民間企業からもさまざまな地理空間情報を入手することができる。Google社のGoogle MapsおよびGoogle EarthはGISとして有用なツールであり，地理空間情報の作成を強力に支援してくれるツールでもある。Google EarthのKMLファイルをShapefile形式に変換できるツールも数多く存在する。また，建物の表札情報や階数情報を持つ住宅地図や，航空レーザー測量により計測した数値表層モデル（DSM）データ，航空・衛星画像など，さまざまな地理空間情報が販売されている。

E. GISを活用した騒音評価

国立環境研究所では，自動車騒音の常時監視結果をWebサイト（環境GIS）で公開しており，監視対象道路の騒音レベルと沿道の環境基準達成状況を見ることができる。他の騒音源ではこうしたサービスは提供されていないが，すでにこれらの騒音源を対象にした予測計算ツールが普及していることもあり，情報公開の議論を経たのちに公開されることが望まれる。環境GISはあくまで「見せる」ためのGISであるが，評価するためにもGISを活用することができる。すでに市販の騒音評価ソフトウェアがいくつか発売されている。それらはオープンデータをそのまま読み込むことができ，環境アセスメントなどで活用されている。しかしながら，いわゆるGISではなく，あくまで騒音予測計算に特化したものとなっている場合が多い。

欧州では，騒音評価指標として**騒音暴露人口**の算出が重要になってきている（⇒p.30）。わが国でも今後，GISを活用した騒音暴露人口の算出方法を開発する必要がある。また，GISを活用することで，「騒音に係る環境基準」で規定されているAA地域を抽出して評価できるだけでなく，個別の療養施設や社会福祉施設（これらの地理空間情報は国土数値情報で公開されている）がどの程度の騒音に暴露されているかを推定することも可能となる。さらに，パーソントリップ調査結果と重ね合わせることで，個人の1日の総暴露量を推定することもできる。このように，騒音推計結果と他の地理情報とを重ね合わせて分析することで，新たな問題を見出すことが可能となる。

騒音評価にGISを活用するメリットを述べたが，現在一番強く求められているのは，評価の際にベースマップとなる，各種騒音源による騒音マップを全国的に作成することである。騒音マップ作成時の問題点も山積している。一つは，地理空間情報の精度である。基盤地図情報で最も精度の高いものは1/2500の縮尺であるため，印刷紙面上の1mmの誤差が実空間では2.5mの誤差となる。また，基盤地図情報などの建物形状は屋根伏図となっており，外壁からなる平面形状とは異なる。もう一つは，騒音伝搬に影響を及ぼす未整備な地理空間情報の存在である。例えば，遮音壁や地表面の性状，住宅地のブロック塀などが挙げられる。騒音マップがどの精度で得られたものか，つねに念頭に置く必要がある。

◆ もっと詳しく！
1) 国土地理院・基盤地図情報：http://www.gsi.go.jp/（2015年8月現在）
2) 国土交通省・国土数値情報：http://nlftp.mlit.go.jp/ksj/（2015年8月現在）

重要語句 強力集束超音波（HIFU），超音波トランスデューサ，超音波イメージング，キャビテーション気泡，HITU

治療用超音波
[英] therapeutic ultrasound

超音波は診断のみならず治療にも応用されている。代表的な治療用超音波としては，腫瘍の加熱凝固治療などに用いられる強力集束超音波（HIFU），骨折治療などに用いられる低出力パルス超音波（LIPUS）が挙げられる。HIFU治療は，非侵襲に癌などを治療できる手法として，近年注目を集めている。

A. HIFU治療とは

強力集束超音波（high-intensity focused ultrasound; **HIFU**）治療では，体外で発生させた超音波をターゲットとなる腫瘍などに集束させ，その組織を加熱凝固させる。生体の超音波減衰は光の減衰などに比べて十分に小さく，体を切らずに体内深部に超音波のエネルギーを集めて治療することができる。国内でも前立腺肥大，子宮筋腫などを対象に臨床応用が始まり，現在では前立腺癌，乳癌，肝癌，膵癌，骨転移などへの適用が進められている。

超音波を集束させる最も簡単な方法は，球面の一部を切り取ったお椀型の**超音波トランスデューサ**（⇒p.298）を用いることである。典型的なHIFU治療では，1〜4MHz程度の超音波を用い，数秒から数十秒程度の照射によって集束領域（焦点領域）の組織の温度を60℃以上に上昇させて，組織変性をもたらす。下図に，球面形状の超音波トランスデューサを用いたときのHIFU音場分布の数値計算例（座標の原点がHIFU焦点に対応する）を示す（💿1）。

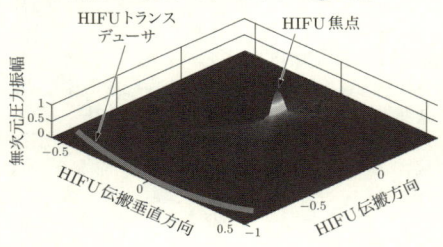

典型的なHIFUの焦点領域は，HIFU伝搬方向に波長の数倍程度，垂直方向に波長程度のラグビーボール形状となる。生体の軟部組織の音速は1500 m/s程度であるから，1 MHzから4 MHzの超音波を用いる場合，mmオーダーの組織選択性が得られることになる。また，生体組織の超音波吸収係数は0.5 dB/cm/MHz程度とすると，2〜8 cmの深さのターゲットにおいて発熱量が最大になる周波数が4〜1 MHz程度に対応する。これらの特徴から，治療する対象に応じて適切な周波数が決まることとなる。例えば，経直腸的に前立腺を治療するHIFU装置では，治療対象である前立腺が直腸壁直下に存在するため，3〜4 MHz程度の周波数のHIFUが用いられている。一方，子宮筋腫などを対象としたHIFU装置では，対象の深さは皮下数cm以上となるため，1 MHz程度の周波数のHIFUが用いられている。

B. HIFU治療と治療ガイド

HIFU治療では非侵襲に治療を行うため，非侵襲な治療ガイドを必要とする。現在のHIFU臨床では，MRIもしくは**超音波イメージング**（⇒p.192）が治療ガイドとして用いられており，HIFU研究においても，同様にこの二つが研究対象となっている。

MRガイド下での超音波治療における最大の利点は，リアルタイムに温度マップを表示できることである。これによって，HIFU治療の作用・副作用領域の判定を行うことができる。本質的な欠点は，治療システムが大規模になり，コストがかかることである。温度マッピングの更新頻度が秒オーダーに留まること，脂肪組織の温度マッピングができないことも欠点として挙げられるが，これらを改善すべくさまざまな研究開発が進められている。

超音波ガイド下での超音波治療における利点は，フレームレートがMRIに比べて1桁以上高く，リアルタイム性に優れること，装置が比較的小型・安価に実現できることである。また，空間的に不均質である生体においては，照射されたHIFUは屈折の影響を受けるが，超音波イメージングも同様に屈折の影響を受けるため，画像内でのHIFU焦点位置がずれにくいという利点もある。超音波ガイドの欠点は，MRガイドで可能な温度マッピングができないことである。原理的に不可能というわけではないものの，超音波画像上の変位を音速変化と熱膨張（もしくは収縮）に場所ごとに分解して解析する必要があり，難易度が非常に高い手法となっている。そのため，現状では超音波温度マッピングは基礎研究の段階である。臨床応用により近い研究としては，HIFU治療による作用領域を温度以外のパラメータで評価するための研究が盛んに行

われている。

C. HIFU 治療の技術動向

HIFU 治療の研究開発としては，HIFU トランスデューサなどのデバイス開発，HIFU ビームフォーミングや HIFU シーケンスなどの HIFU 照射方法の開発，MRI・超音波イメージングによる治療モニタリング技術の開発などが行われている。また，薬剤を併用するなどした新しい治療法の研究や，音場評価などのデバイス評価手法の開発，それに関係した HIFU に関する国際標準規格の策定なども進められている。

HIFU トランスデューサとしては，多数の素子からなるアレイトランスデューサが用いられるようになってきている。治療装置の中には，1000 を超す素子を持つものもある。アレイトランスデューサは，多数の小型トランスデューサ，もしくはピエゾコンポジットトランスデューサの電極面を多数に分割したものからなる。最近では，MEMS 技術を用いて作成した CMUT (capacitive micromachined ultrasonic transducers) を診断用のみならず治療用の超音波トランスデューサに応用する研究もある。

HIFU 照射方法では，効率的に加熱凝固させるために HIFU 焦点を高速に走査するなどして広い領域を均一に加熱する手法，気泡を利用して発熱効率を高める手法などが研究されている。気泡は，超音波音場中に存在すると，周囲の軟部組織よりも軟らかいために大きく変形し，結果として超音波のエネルギー散逸が大きくなって超音波吸収を増強することが知られている。以前は，超音波診断用のマイクロバブル造影剤（⇒p.296）が用いられる研究が多かった。最近では，生体内での気泡領域の制御性の良さから，強力な超音波を照射したときに減圧沸騰によって生じる**キャビテーション気泡**や，超音波刺激によって相変化を起こしてマイクロバブルとなるようなナノサイズの液滴などを用いる手法の研究が増えている。気泡と HIFU を組み合わせた治療では，単に熱的な効果だけでなく，気泡から発生する衝撃波を用いた細胞の機械的な破壊，気泡内が高温高圧になったときに生じる化学種による化学的な生体作用もあり，これらを積極的に利用する研究も行われている。強力なパルス超音波を集束させたときに焦点近傍に生じたキャビテーション気泡の高速度撮影写真を，下図に示す。このように，超音波焦点領域に対応した狭い領域のみに気泡を発生させることが可能である。

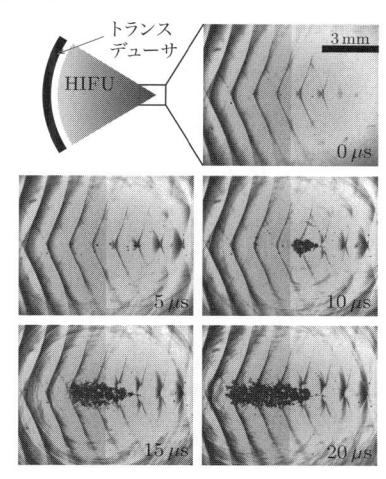

HIFU 治療イメージングでは，MR 温度マッピングのフレームレート向上，脂肪組織対応，超音波イメージングによる温度マッピングによらない治療効果判定など，現状の欠点を改善するための手法に関する研究が進められている。超音波イメージング研究についての最近の変化としては，プログラマブルな超音波送受信装置が研究開発プラットフォームとして研究機関に浸透してきており，研究開発の裾野と自由度が広がってきた点が挙げられる。これによって，例えば，送信波として平面波などを用いた高速性重視の超音波イメージング手法を気泡イメージングに用い，従来の分解能重視のイメージング手法をターゲッティングに用いるなど，目的に合わせて超音波イメージング技術を自由に組み合わせる研究開発が比較的容易になった。

このようにさまざまな新しい技術の研究開発と並行して，HIFU 装置の性能や安全性などの評価手法についての研究開発や，治療用としての HIFU である **HITU** (high-intensity therapeutic ultrasound) に関する IEC の国際標準規格の策定なども進められている。

◆ もっと詳しく！

梅村晋一郎：集束超音波治療の基礎, 超音波医学, **41**, 5, p.677 (2014)

重要語句 深層ニューラルネットワーク，多層パーセプトロン，確率的勾配降下法

ディープラーニング
[英] deep learning

音声特徴抽出のプロセスと，特徴の識別プロセスの双方を深い階層構造を持つニューラルネットワーク（典型的には多層パーセプトロン）で表現することで，これらを区別せずに学習する技術。

ディープラーニングは，2000年代後半から2010年代前半に検討された音声認識高精度化のための手法の中でも，ひときわ認識率の改善が大きく，多くの研究機関からの注目を集めた。

A. 深層ニューラルネットワーク

ディープラーニングの応用例は多岐にわたっているが，音声認識におけるディープラーニングの最も典型的な応用は，音響モデル（⇒ p.96）に用いられる**深層ニューラルネットワーク**（deep neural network; DNN）である。以降，本項目ではDNN音響モデルについて説明する。

DNNは多くの層を持つ**多層パーセプトロン**のことを表す。下図に，一例として3層の多層パーセプトロンの模式図を示す。

```
入力  o
 ↓
隠れ層1   h^(1) = φ(z^(1)),  z^(1) = W^(1)o + b^(1)
 ↓
隠れ層2   h^(2) = φ(z^(2)),  z^(2) = W^(2)h^(1) + b^(2)
 ↓
出力    p(q|x) ∝ e^{b_q + Σ_j w_{q,j} h_j^(2)}
```

多層パーセプトロンは，図のような階層状の層構造を持つ。各層は一つ前の層の出力ベクトルをアフィン変換し，活性化関数と呼ばれる非線形の関数 ϕ を適用したものを出力する。このときのアフィン変換のパラメータ $W^{(u)}$ と $b^{(u)}$ が深層ニューラルネットワークのパラメータである。

DNNを音声認識に適用する際には，DNN/HMMハイブリッド方式と呼ばれる方式が広く用いられている。ハイブリッド方式では，特徴量ベクトル o に対応するHMM状態変数 q の確率分布 $p(q|o)$ を表現するように学習されたDNNを，以下のベイズ則に基づく関係性を用いて，音響モデルの出力確率分布の計算に代入する。

$$p(o|q) = \frac{p(q|o)}{p(q)} p(o)$$

ここで，$p(o)$ は音声認識を実際に利用する段階，すなわち最適な q を探す段階では定数とすることができるため，無視できる。$p(q)$ は学習データのビタビアラインメントにおける q の出現回数に比例する離散確率分布とする。

学習段階では，最適なパラメータ $\Theta \stackrel{\text{def}}{=} \{W^{(u)}, b^{(u)} | \forall u\}$ を学習データから推定する。以降，学習データをビタビアラインメントによって得られたHMM状態 q_t と，対応する特徴量ベクトル o_t の集合とし，その全フレーム数を T とする。

典型的な学習法として，正解のHMM状態 q_t が出てくる確率を最大化するよう，以下の規準で最適化を行うことが多い。

$$\underset{\Theta}{\text{maximize}} \sum_t \underbrace{\log p(q_t|o_t)}_{\ell_t}$$

以降，$\log p(q_t|o_t)$ を ℓ_t と表す。

DNNのような複雑なモデルに対する現実的な最適化法として，**確率的勾配降下法**（stochastic gradient descent; SGD）が知られている。SGDは，以下のように表される更新を繰り返すことによって行われる。

$$\Theta \leftarrow \Theta + \eta \sum_{t \in R} \nabla_\Theta \ell_t$$

ここで，R は $1 \sim T$ の添え字集合の中からランダムに複数個抽出した集合である。また，$\eta > 0$ は学習率と呼ばれるハイパーパラメータである。

B. 特徴抽出器と識別器の統合

DNNは特徴抽出器と識別器を統合したモデルである。

DNNは $p(q|o)$ をモデル化することで，与えられた入力信号 o がどのラベル q に対応しているかを推定する識別器であるといえる。反面，層構造の中間で得られる中間表現（上図における $h^{(1)}, h^{(2)}$）に着目すると，DNNの各隠れ層は，入力を識別しやすい表現に変形する特徴抽出器であるともいえる。DNNの利点は，単一の学習規準によって，この双方の側面，すなわち，識別器に適した特徴抽出器とその特徴に基づく識別器を同時に学習できる点である。

特徴抽出を学習できるという利点を活かして，DNN音響モデルでは，混合ガウス分布による音響モデル（⇒ p.96）より原始的な入力特徴量を用いる場合が多い。DNNは冗長な入力信号を識別に有利な特徴に変換することができるため，先見的な知識に基づいて構築された特徴より有

利な特徴を見つけることもある。

具体的には，DNNの入力として，MFCCの計算から離散コサイン変換による次元削減を省略した，対数メルフィルタバンク出力ベクトルが用いられることがある。このようなアプローチは，学習によってDNNの内部で適切な次元削減を実現することを目指している。

C. ディープラーニング技術の進展

DNNの学習を先述したSGDのみで行うことは困難である。多層パーセプトロン自体は80年代から提案されている技術であるが，深い構造を持つパーセプトロンは学習が難しく，有効性の検証がされてこなかったため，利用は進まなかった。DNNの価値が見直されたのは，2000年代の後半からである。

学習の困難性がこの時期に大幅に緩和されたのは，事前学習法の進展，計算機の進展，学習を助けるモデル構造に関する知見の蓄積によるところが大きい。

（1）事前学習 事前学習は実際の学習に先立って行われる，DNNの初期値を求めるステップである。

事前学習にはさまざまな手法があるが，ほぼすべての手法で入力に近い層のパラメータから1層ずつ学習していく方法がとられる。単純にすべてのパラメータを同時に学習することは非常に困難であるが，1層ずつならDNNの学習の困難性に影響されることなく学習を進めることができる。このようにして，1層ずつ準最適な状態にしたのち，実際の学習をスタートすることで，全体の学習時間を現実的なレベルまで減らすことができる。

ここでは，一例として対称自己符号化器による事前学習を取り上げる。自己符号化器による事前学習では，層uのパラメータ$(\boldsymbol{W}^{(u)}, \boldsymbol{b}^{(u)})$の初期値を，以下の最適化によって得られる$\{\boldsymbol{W}', \boldsymbol{b}'\}$で定義する。

$$\underset{\boldsymbol{W}', \boldsymbol{b}', \boldsymbol{c}'}{\text{minimize}} \sum_t \|\boldsymbol{h}_t^{(u-1)} - \boldsymbol{r}_t\|^2$$

ここで，$\boldsymbol{r}_t$は2層対称自己符号化器の出力であり，以下のように定義される。

$$\boldsymbol{r}_t \stackrel{\text{def}}{=} (\boldsymbol{W}')^\mathsf{T} \phi(\boldsymbol{W}' \boldsymbol{h}_t^{(u-1)} + \boldsymbol{b}') + \boldsymbol{c}'$$

また，$\boldsymbol{h}^{(u-1)}$はそれまでに求められた初期値を用いて計算されているとし，便宜上，$\boldsymbol{h}_t^{(0)} = \boldsymbol{o}_t$とおく。

上の自己符号化器の隠れ層出力$\boldsymbol{h}' = \phi(\boldsymbol{W}' \boldsymbol{h}_t^{(u-1)} + \boldsymbol{b}')$は，対応する入力を$(\boldsymbol{W}')^\mathsf{T} \boldsymbol{h}' + \boldsymbol{c}'$によって復元できることから，入力を記憶した表現であるといえる。このように，自己符号化器のパラメータは，前の層の情報をなるべく減らさず，つぎの層に伝えることができる。入力情報が最終層まで適切に伝わっている状態を初期値としたDNNの学習は，最初からすべてを学習する場合よりも効率的であることが知られている。

（2）計算機の進展 学習に利用できるデータ量が増大したことから，近年の音響モデルの学習には，並列計算が必須となっている。しかし，SGDを複数の計算ノードを持つ分散システム上で並列化することは難しい。SGDの計算時間の大部分は勾配の計算に用いられるが，勾配の計算はパラメータに依存するため，パラメータが更新されるたびに，新しいパラメータを全計算ノードで共有しなければならない。DNNはパラメータのサイズが大きい上，SGDはパラメータの更新を頻繁に行うため，複数の計算機間でのパラメータの共有は困難である。

そこで，ディープラーニングの高速化では，複数の計算機を用いた分散並列化をあきらめ，代わりにGPUを用いた単一計算機内での並列化が行われることが多い。こうした計算の高速化によって，多少困難な最適化問題でも時間をかければ実行可能になったという点も，ディープラーニングを可能にした一つのポイントである。

（3）学習を助けるモデル構造 学習の困難性は，モデルの定義を工夫することで緩和することもできる。例えば，ReLU (rectified linear unit)と呼ばれる活性化関数$\phi(z) = \max\{z, 0\}$は，事前学習なしのディープラーニングを可能にする活性化関数の一つである。

畳み込みニューラルネットワーク（convolution neural network）やLSTM（long-short term memory）と呼ばれるニューラルネットワークもReLUと同様，学習の困難性を緩和するといわれており，音声認識分野でも導入が進んでいる。

◆もっと詳しく！

人工知能学会 監修，神嶌敏弘 編，麻生英樹，安田宗樹，前田新一，岡野原大輔，岡谷貴之，久保陽太郎，ボレガラ・ダヌシカ 著：深層学習，近代科学社 (2015)

重要語句　圧迫感・振動感，建具のがたつき，超過減衰，超低周波音

低周波音
[英] low frequency sound / infrasound

日本ではおよそ100 Hz以下の音を「低周波音」，そのうち20 Hz以下を「超低周波音」と呼ぶことが多い。ヘリコプター，トンネル発破，ダムの放流などから発生する音には低周波成分が含まれているため，家屋の建具をがたつかせたり，人間が圧迫感を感じたりするなどの環境問題を引き起こすことがある。

A. 低周波音の影響と研究
（1）圧迫感・振動感　40 Hz付近の音は，通常の音として聞くことができるが，音圧レベルが大きくなると，胸部が圧迫されたり，振動したりする感覚が生じる。これは胸部の共鳴現象が原因と考えられている。花火の音がお腹に響く感覚も同じ現象である。圧迫感・振動感などに対する人間の感覚を調べる聴感実験は，大口径のスピーカを複数設置した低周波音実験室で行われる。下図はウーファ16台を設置した低周波音実験室である。

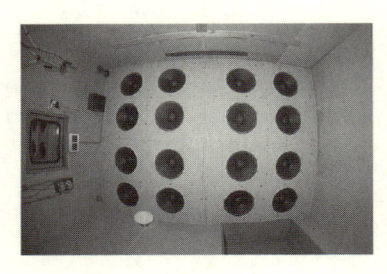

（2）建具のがたつき　5〜50 Hz付近の音は，ある大きさ以上になると，家屋の窓やふすまなどを振動させ，ガタガタという2次音を発生させることがある。20 Hz以下の音が原因である場合，周波数が低いためにその音自体を耳で聞くことは困難であるが，建具振動で発生する音には20 Hz以上の周波数成分を含んでいるため，2次音として聞くことができる。そのため，原因となる音は聞こえないのに，窓がガタガタと音を立てることになり，この現象を知らない人はポルターガイスト現象などと誤解することになる。なお，20 Hz以下の音であっても，大音圧の場合は「耳ツン」などの感覚として知覚することがある。これは，高層ビルのエレベーターに乗ったときに生じる気圧変動による感覚と似ている。建具のがたつきが始まる音圧レベル（がたつき閾値）を調べる実験は，下図のように家屋外近傍に設置したスピーカから低周波音を出して調べる方法や，低周波音が実際に発生している現場で調べる方法などがある。

B. さまざまな低周波音
（1）自然界の低周波音　身近な例としては雷鳴などが挙げられる。そのほかに，火山の噴火，地震，津波，隕石の落下などの自然現象でも低周波音が発生することがある（⇒p.218）。近年では，これらの音を多点計測して早期検知する検討が始まっている。低周波音は空気吸収などの超過減衰（⇒p.34, p.38）が少なく，また，自然現象で発生する音響パワーは大きいため，これらの音は遠方まで伝搬する。九州の桜島の噴火の音（空振と呼ぶことがある）が，1 000 km離れた千葉県で観測されたこともある。

（2）人工的な低周波音　ヘリコプター，トンネル発破，ダムの放流以外にも，エアコンの室外機，高架道路や橋梁における車両の通過，爆発などでも低周波音が発生する。また，航空機などの超音速飛行時に発生するソニックブームは，主として衝撃波に起因する衝撃音として知覚されるが，波形全体としては低周波成分が卓越している。さらに，核実験でも超低周波音（infrasound）が発生するため，核実験を監視する全世界観測網がある。対象は大気中の爆発実験であるが，地下核実験でも地表の陥没や振動により，超低周波音が発生することがある。日本では千葉県のいすみ市に観測点があり，日本気象協会が管理・計測している。

大太鼓やベースギターなどの楽器や，スピーカ（サブウーファ），ヘッドホンなどからも100 Hz以下の低い音が出る。オーディオ機器の分野では「重低音」といわれることが多い（周波数領域の定義は低周波音と異なる）。これらの音は「迫力がある」などの好印象を人間に与える。低周波音は悪い面だけでなく，良い面も持ち合わせている。

（3）動物の低周波音　アフリカ象は低周波音を使って会話をしていることが知られている。体が大きい象は，波長の長い音を発生することができるため，音が減衰しにくい低周波音の伝搬特性を利用して遠方にいる仲間と交信する。

C．近年の研究

近年は，空気圧駆動源と大型アルミハニカム振動板を利用することで，20 Hz 以下の超低周波音を屋外で定常的に発生させることが可能になっている（下図）。

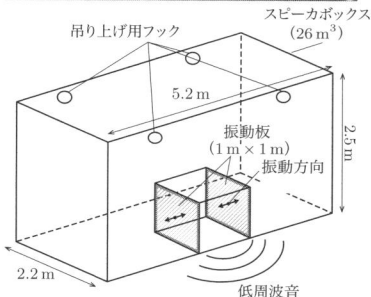

下図は，この装置を用いて 4 Hz と 20 Hz の音の室内音圧分布を計測した結果を示している（相対音圧レベル〔dB〕）。4 Hz の場合は均一な音場になっているが，20 Hz の場合は窓があるにもかかわらず，片側が開口端であるときのようなモードが形成されている。低周波数領域では，窓や壁を固定端と見なす通常の室内音響理論では説明できない現象が起こりうることが明らかになっている。

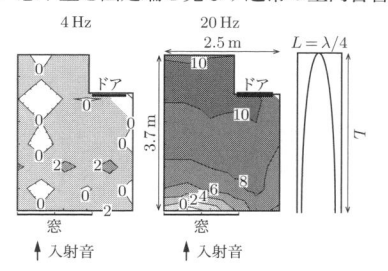

ほかにも，振動と低周波音を同時に知覚した場合の人間の反応を調べたり，低周波音を共鳴器や ANC（⇒p.2）で低減させたりする研究などが報告されている。

D．低周波音の計測方法

低周波音の計測には，低周波数領域まで周波数特性が平坦である「低周波音計」などを使用する。環境省からは「低周波音の測定方法に関するマニュアル」が示されている。屋外で低周波音を計測する際には，風によるノイズ成分を把握し，低減する必要がある。そのため，大型防風スクリーンの開発や風ノイズ低減についての研究が行われている。下図に低周波音計測用の大型ウインドスクリーンを示す。

E．低周波音の評価方法

（1）G 特性　1～20 Hz の音の人体感覚を評価するための周波数特性であり，ISO 7196 に規定されている。

（2）低周波音の評価　道路，鉄道，航空機の騒音などには環境基準などがあるが，低周波音を評価するための公の基準はない。そのため，建具のがたつき，圧迫感・振動感，睡眠影響などに関するこれまでの研究・調査結果を参考にして影響を判断しているのが現状である。なお，環境省から示されている「低周波音問題対応の手引書」の参照値は，地方公共団体の担当者などが，寄せられた苦情に対応するための値であり，低周波音の影響を評価する値ではないことに注意する必要がある。

◆ もっと詳しく！

土肥哲也 編著：低周波音，コロナ社（2016 年出版予定）

| 重要語句 | 大語彙連続音声認識, 隠れマルコフモデル, N-gram, デコーディンググラフ, 時間同期ビタビビーム探索, 重み付き有限状態トランスデューサ, WFST |

デコーダ
[英] decoder

音声認識システムにおいて，入力された音声信号に対して音響的にも言語的にも最も適合する単語列を探索する機能モジュールまたはそのコンピュータプログラム。

A. デコーダの役割

現在広く用いられている音声認識技術は，確率モデルに基づいている。デコーダは事前に用意された音響モデルや言語モデルなどの確率モデルを知識源として利用し，入力音声に最も適合する単語列を次式に従って求める。

$$\hat{W} = \mathop{\mathrm{argmax}}_{W} P(O|W) P(W)$$

ここで，O は入力音声信号，W は任意の単語列を表す。$P(O|W)$ は単語列 W の音声信号が O である確率密度（音響尤度）であり，音響モデルによって計算される。$P(W)$ は W の言語としてのもっともらしさを示す確率（言語確率）であり，言語モデルによって計算される。そして，$\hat{W}$ はこれらの確率の積を最大とする単語列であり，音声認識システムの出力となる。

デコーダに求められるのは，誤りなく，素早く，最良の単語列 $\hat{W}$ を探し出すことである。しかし，**大語彙連続音声認識**（一般に数万単語以上の語彙を対象とする文章の音声認識を指す）を考えた場合，わずか数単語の長さの単語列であっても，その候補数は莫大である。例えば，5万単語を登録したシステムで，3単語からなる単語列が発声されたなら，その候補 W には $(5万)^3$ 通りもの可能性がある。実際には発声された単語数も未知であることから，候補数はさらに多い。したがって，デコーダが素早く解を見つけるには，多数の候補から効率的に単語列を探し出す高度な探索技術が必要となる。

B. デコーダの基本原理

音声認識システムには，音声単位（例えば音素）ごとの音響的特徴を表す音響モデル，個々の単語の発音を登録した発音辞書，文法規則や単語同士の連鎖確率を与える言語モデルが含まれる。一般に，音響モデル（⇒p.96）には**隠れマルコフモデル**（hidden Markov model; HMM），言語モデル（⇒p.174）には正規文法や **N-gram** が用いられる。音声認識では，これらの知識源を組み合わせた**デコーディンググラフ**を事前に構築しておく。

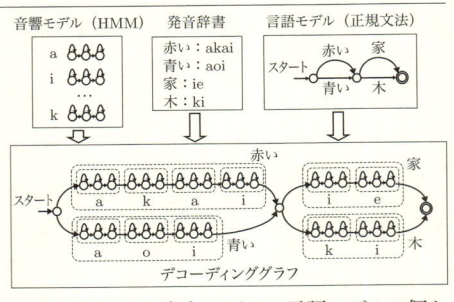

デコーディンググラフとは，言語モデルの個々の単語に音素列，個々の音素に HMM が埋め込まれたネットワーク構造である。このグラフから入力音声に最も適合する経路を探索し，その経路に割り当てられた単語列を認識結果とする。

最適経路の探索には，**時間同期ビタビビーム探索**が用いられる。この方法は，入力音声に沿ってグラフの始端から遷移可能な状態の音響尤度と言語確率を累積し，音声の終端に到達した時点で累積確率最大の経路を選択する。途中で累積確率が相対的に小さい経路を削除（枝刈り）することで計算量を抑えられるが，枝刈りを厳しくすると最適経路が求められず，認識精度が低下する。

C. WFSTデコーダ

近年，大規模で複雑な音声認識システムを効率的に構築するため，デコーディンググラフを**重み付き有限状態トランスデューサ**（weighted finite-state transducer; **WFST**）で表現する方法が広く用いられるようになった。WFST とは，有限の状態集合と状態遷移集合から構成される有限オートマトンの一種であり，次図のように表される。

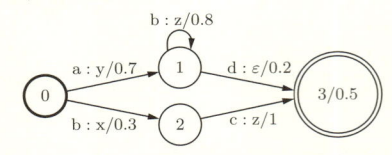

WFST は，初期状態から終了状態に至る経路によって記号列を変換する規則を表現する。図の WFST は，例えば "abbd" という記号列を "yzz" という記号列に変換できる。個々の状態遷移は，入力記号，出力記号，重みの情報を持ち，「入力記号：出力記号/重み」の形式で表される。"ε" が入力記号の場合は入力なしで状態遷移し，出力記号の場合はなにも出力しない。また，二重線で囲まれた終了状態には「状態番

号/重み」の形式で重みが割り当てられる。

WFSTを用いる利点は，つぎの三つに集約される。

1. WFSTには最適化演算が存在し，事前に最適なデコーディンググラフにしておくことで，高速な音声認識が可能になる。
2. 個別に設計したWFSTをさまざまな演算で組み合わせることで，複雑な音声認識の規則を容易に実現することができる。
3. デコーディンググラフの構築とデコーダのプログラムとは切り離して考えられるため，デコーダの保守・拡張が容易になる。

WFSTのデコーディンググラフは，四つの基本的なWFSTとしてH, C, L, Gを用意し，これらを合成・最適化することで構築される。ここで，HはHMMの状態系列を対応するトライフォン（音響モデルの精度を高めるため，各音素を前後の音素に依存させた音声単位）の系列に変換するWFST，また，Cはトライフォンの系列をその接続制約を考慮した上で音素列に変換するWFST，Lは音素列を単語列に変換するWFST，Gは単語列に対して接続規則や言語確率に相当する重みを与えるWFSTである。HMM, 正規文法，N-gramはもともと有限状態のモデルであるため，HやGは比較的容易に構築できる。また，発音辞書に対応するLも，下図のように表すことができる。

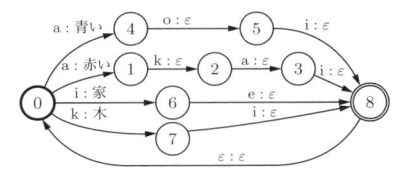

合成演算を"○"で表すと，デコーディンググラフは次式のように構築できる。

$$N = H \circ C \circ L \circ G$$

合成演算は，二つのWFSTを用いて2段階で適用される記号列変換を1回で行えるようなWFSTを生成する。具体的には，前段のWFSTと後段のWFSTの状態遷移過程を求め，対応する状態遷移過程における出力記号列を受理する状態および状態遷移を合成する。したがって，合成結果 N は，HMMの状態系列を言語モデルに従う単語列に直接変換するWFSTとなる。ただし，最適化していないWFST同士の合成は非常に大きなWFSTになることが多いため，次式のようにステップごとに最適化しながら合成する。

$$N = \min(\det(H \circ \det(C \circ \det(L \circ G))))$$

ここで，det( )は決定化，min( )は最小化の最適化演算を表す。この手順に従うと，例えば先に示したデコーディンググラフは，ページ下部の図のような冗長性のないWFSTになる（単語「赤い」と「青い」の接頭辞と接尾辞のHMMの状態が共有されていることに注意）。

これにより，探索過程において考慮すべき経路数が削減され，探索効率が大きく向上する。

D. WFSTデコーダの進展

WFSTデコーダが提案されて以来，多くの音声認識タスクにおいてWFSTが有効であることが示されてきた。しかし，WFSTの合成や最適化には比較的長い時間を要するため，単語の追加やモデルの更新があった場合に，WFSTを再構築するオーバーヘッドが大きいという課題があった。また，大規模なモデルを用いた場合に，合成したWFSTが巨大になる問題もあった。このような問題には，WFSTのオン・ザ・フライ合成（on-the-fly composition）が有効である。オン・ザ・フライ合成は，最適経路の探索過程で必要となった部分だけを合成する方法であり，メモリ使用量を大幅に抑えることができる。認識時には合成によるオーバーヘッドを伴うが，そのオーバーヘッドを最小限に抑える高速オン・ザ・フライ合成法も提案されている。

◆ もっと詳しく！

Takaaki Hori and Atsushi Nakamura: *Speech Recognition Algorithms Using Weighted Finite-State Transducers*, Morgan & Claypool Publishers (2013)

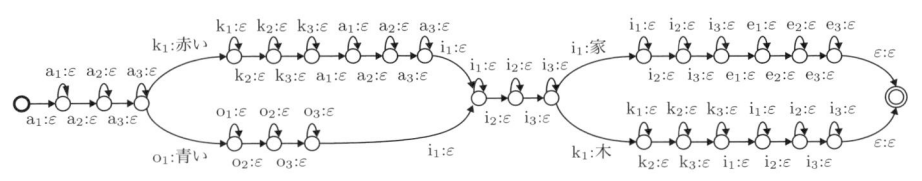

重要語句 騒音低減対策，新幹線鉄道騒音，音源探査，在来鉄道騒音，騒音予測モデル

鉄道騒音
[英] railway noise

鉄道騒音は，新幹線鉄道騒音と在来鉄道騒音の2種類に分類される。これは，走行速度帯域が大きく異なるために，転動音や車両空力音などの各音源からの寄与度が異なるためである。ただし，騒音発生メカニズムには共通点が多い。

A. 鉄道騒音の代表的な発生源

鉄道列車には種々の騒音発生部位があり，それぞれ発生メカニズムが異なるが，代表的な騒音源としては以下のものが挙げられる。

転動音 列車が走行するとき，車輪とレールの接触面に存在する微小な凹凸によって車輪とレールが振動して発生する音。

衝撃音 車輪にタイヤフラット（車輪の一部が削れて円形でなくなった状態）が存在する列車が走行する際，もしくはレール継目や分岐器などのレールの不連続部を通過する際に発生する衝撃的な音。

きしみ音 列車が急曲線区間を走行中に，車輪が進行方向に対して横方向に微小に滑ることで車輪が励振され，車輪の固有振動数で大きく振動することによって発生する音。

構造物音 列車が高架橋や鉄桁橋などの構造物上を走行することによって発生した振動がレールから軌道，構造物に伝わり，構造物の表面から放射される音。

車両機器音 ディーゼルエンジンや主電動機ファン，ギア，コンプレッサ，空調装置などの車両に搭載した機器から発生する音。

集電系騒音 集電系から発生する騒音。パンタグラフが風を切ることで発生する空力音や，パンタグラフと架線の間で電気的に発生するスパーク音，パンタグラフと架線が滑りながら動くことによって発生する摺動音から構成される。

車両空力音 列車が高速走行する際に，空気の渦と車体表面の相互作用によって，車体の凹凸や車両の隙間などで発生する音。

B. 騒音低減対策

沿線の環境保全や利用者の快適性向上のために，上述した各音源の**騒音低減対策**としてさまざまな研究開発がなされている。ここではその例をキーワード的に列挙するので，興味のある読者は参考文献や鉄道総研報告などを参考にされたい。

発生源の対策 レール削正，車輪転削，弾性車輪，内扇型主電動機ファン，ロングレール，伸縮継目，弾性まくらぎ，T形パンタグラフ，トンネル緩衝工など。

伝搬系の対策 吸音バラスト，継目用防音材，防音壁用吸音材，逆L字型などの先端改良型防音壁など。

C. 新幹線鉄道騒音の音源探査

新幹線については環境基準が定められており，速度向上による時間短縮などの利便性を向上させるためには騒音低減対策が必要である。そのためには騒音源の位置や発生パワー，周波数特性などを正確に把握しておく必要がある。音源探査の手法として，マイクロホンアレイ（⇒p.400）やパラボラ型集音マイク（⇒p.216）などの指向性を利用した計測手法が開発されているが，音響インテンシティ（⇒p.84）を用いた**音源探査**も可能である。

新幹線の騒音源探査および各音源の分布および寄与度を計測した例として，走行する新幹線の騒音源を複数のインテンシティマイクロホンを用いて調査している様子を下図（🔵1）に示す。

音響インテンシティを詳細に計測するには，マイクロホンを測定対象の近傍に設置する必要があり，この例では鉄道事業者の協力を得て，車両から約1m離れた位置に設置している。列車通過時の音圧記録から，10msごとの音響インテンシティレベルを算出することで得られた騒音源分布をコンターマップの形でまとめたものを下図（🔵2）に示す。

このように騒音の発生強度を可視化することによって，台車部，パンタグラフ部，車両継目

部，車両先頭部が新幹線の走行騒音の主要な音源であることが明瞭にわかる。

D. 在来鉄道騒音の対策と予測

現在のところ，在来線については環境基準が定められておらず，オーソライズされた**騒音予測モデル**がないなど，在来鉄道騒音に関する研究報告は他の交通騒音と比べて少ない。研究開発を促進させるためには，一般の技術者が鉄道敷地外から騒音予測モデルの基礎データを集めるための技術開発も重要である。

騒音予測のためには，騒音源の音響モデルを仮定し，その原理に基づいて騒音発生特性を測定する必要がある。提案されている音源モデルの例として，下図に無指向性点音源列モデルを示す。これは非常に簡素な音源モデルで，定常的に音を放射しながら列車とともに移動する転動音や車両機器音などを走行音としてまとめて取り扱い，各車両に一つの無指向性点音源（走行音）があると仮定したものである。

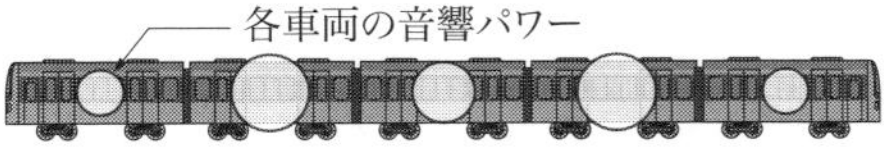

ここで，無指向性点音源が反射面上の直線上を一定速度 v [m/s] で移動する場合を考えると，音源の A 特性音響パワーレベル $L_{WA,j}$ [dB] と受音点における単発騒音暴露レベル $L_{AE,j}$ [dB] の間には，次式の関係が導かれる。

$$L_{WA,j} = L_{AE,j} + 10\log_{10}(d) + 10\log_{10}(v) + 3$$

ここで，d は受音点から走行軌道までの最短距離 [m]，j は車両の番号を表す。

すなわち，列車の走行速度と軌道までの距離，車両ごとの L_{AE} を測定できれば，上式から各車両の L_{WA} を求めることができる。各車両の L_{AE} は，収録した A 特性音圧波形を時間で区切って分析することで，近似的に求めることができる。

音源モデルの適用例として，関東近郊の路線を対象として実施した旧型車両と新型車両の騒音発生量の測定結果を紹介する。下図は，新旧車両が同一線路をほぼ同じ速度で走行したときの騒音レベル波形を示したものである。新型車両に更新されたことで発生騒音が低減した様子が明瞭にわかる。

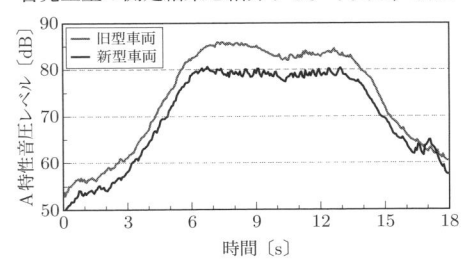

このデータについて，上述の音源モデルを仮定して算出した各車両と列車全体の L_{WA} を下図に示す。まず列車全体に着目すると，4.7 dB ほど走行音の音響パワーが低減していることがわかる。つぎに各車両の低減量に着目すると，モータ車のほうが付随車に比べて騒音低減量が大きい傾向が見られる。これは，主電動機ファンが外扇型から内扇型に変わったことによる影響が大きいと考えられる。

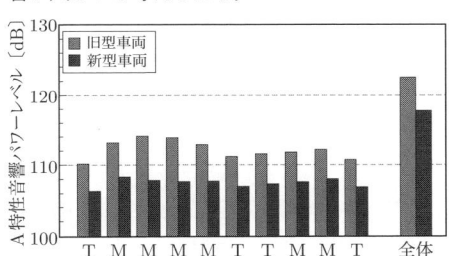

なお，紹介した音源モデルでは点音源を仮定していることから，騒音予測計算における伝搬過程の各種補正項に道路交通騒音（⇒p.346）で培われた予測計算技術が応用できると考えられる。ただし，その適用可能性については，今後詳細に検討する必要がある。

E. おわりに

鉄道騒音の測定には，事業者の協力が必要な場合が多いが，紹介事例のように鉄道敷地外からだれでも可能な「鉄ちゃん測定」でも検討可能なことはあるので，ぜひ挑戦していただきたい。本項目では，鉄道騒音に関する低減対策，音源探査，伝搬予測などを中心とした事例を紹介した。鉄道騒音については，音の観点からのみではなく，構造や流体（⇒p.422）などとの連成問題を実験および数値計算技術によって解明する研究などもある。興味があれば文献を調査されたい。

◆ もっと詳しく！
1) 長倉 清：鉄道騒音問題への取り組み，日本音響学会誌，**66**, 11, pp.571–576 (2010)
2) 小林知尋：在来鉄道の騒音予測モデルに関する研究，音響技術，**42**, 3, pp.36–41 (2013)

重要語句 鉄道騒音，サウンドスペクトログラム，FFT分析，SD法，可聴閾

鉄道における高周波音
[英] high-frequency sounds radiated from railway

曲線軌道を走行する列車の車輪やレールから発生する周波数10 kHzを超える音を高周波音と呼ぶ。新幹線鉄道，在来鉄道の双方で発生事例が報告されており，走行騒音に占める寄与度が5割を超える場合も少なくない。しかし，その発生メカニズムはまだ解明されていない。

A. 鉄道における高周波音の特徴

鉄道騒音(⇒p.332)の主要な発生源には，車輪とレールの相互作用によって生じる転動音，車両搭載の機器から発生する車両機器音，高速で走行する車両と空気の相互作用で発生する車両空力音，急曲線区間での車輪の微小な横滑りによって生じるきしみ音，コンクリート高架橋や鉄桁橋などの構造物の振動から発生する構造物音がある。

4 kHz付近に大きな周波数成分を持つきしみ音を除けば，いずれの発生源も250 Hz〜2 kHzが主要な周波数領域である。ところが，近年，新幹線鉄道や在来鉄道の曲線軌道の沿線で，10 kHzを超える高周波音の発生事例が報告されている。

高周波音の発生事例 20 kHzまで測定可能なマイクロホンと収録装置を用いて，在来鉄道の平地の曲線軌道で，近接軌道から距離8 m，地上1.2 m高さで測定した通勤型電車の走行音を例に，鉄道における高周波音の発生状況について説明する。

下図は，動力車(M) 6両と付随車(T) 4両が連結した通勤型電車の走行騒音のレベル波形を表している。

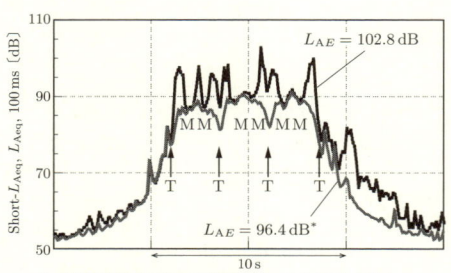

*：遮断周波数10 kHzの低域通過フィルタを通した場合

この通勤型電車の高周波音が走行騒音に占める寄与度は非常に高く，1列車当りの騒音の総エネルギー量(L_{AE})における高周波音の寄与度は75%以上である。遮断周波数10 kHzの低域通過フィルタで高周波音を除外した騒音レベル（グレーの線）を見ると，付随車と比べて主電動機などの車両機器を搭載した動力車から，より大きな走行音が発生している。しかし，高周波音を含めた走行騒音（黒の線）を見ると，動力車や付随車のどちらの車両からも高周波音が発生していて，動力車と付随車の高周波音の騒音レベルに大きな差はない。この事例は，動力車と付随車の両方に共通する車輪などが高周波音の発生源と推測される，一つの証拠である。

下図は，曲線軌道に沿って100 m間隔で並べた三つの観測点で測定した通勤型電車の走行音の**サウンドスペクトログラム**である。サウンドスペクトログラムとは，時間的に変動する列車の走行音の特性を見やすく表現するために，横軸を時間軸，縦軸を周波数軸として，短い時間間隔で**FFT分析**(⇒p.188)した時々刻々の走行音のスペクトル成分の強弱を濃淡で表現したものである。

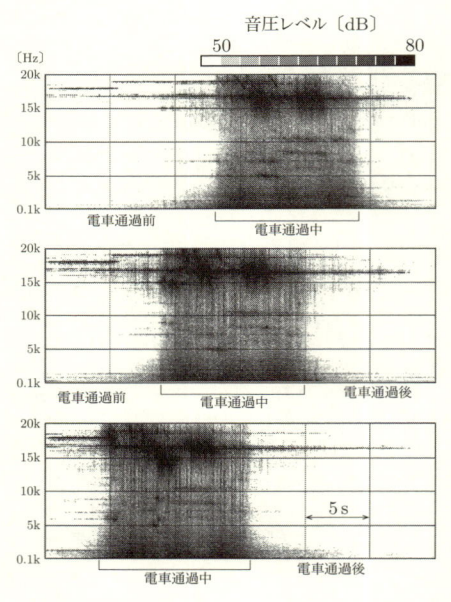

三つの観測点のサウンドスペクトログラムを見ると，観測点を通勤型電車が通過する際に高周波音が発生しているとともに，電車が通過する前や通過したあとにも高周波音が発生していることがわかる。三つの地点間で通過前後に観

測された高周波音のレベル波形の時間的なズレを比較したところ，通過前後の高周波音は，曲線軌道を走行する電車で発生した高周波振動が約 3 100 m/s の伝搬速度でレール中を伝わり，各観測点付近のレールから放射された音であることがわかった（空気中の音速 340 m/s では観測点間の時間差は説明できない）。

これらの測定事例から，鉄道における高周波音は曲線軌道を走行する際の車輪レール間の接触状況によって車輪やレールから発生する音であると推測されるが，現在のところ，詳細な発生メカニズムの解明には至っていない。

B. 高周波音が走行音の印象に与える影響

10 kHz を超える高周波音は，新幹線鉄道や在来鉄道の走行音の印象にどのような影響を与えるかについて，聴感実験で調査した結果を紹介する。

参加者 聴感実験の参加者は，10 歳代 10 名（平均年齢 17.5 歳），30 歳代 9 名（35.9 歳），50 歳代 10 名（54.8 歳）の計 29 名で，その中の 6 名が女性である。聴感実験の終了後，参加者全員について，8, 10, 12.5, 16 kHz の四つの純音の閾値を，ヘッドホンを用いて片耳ずつ計測した。

試験音 新幹線鉄道と在来鉄道の曲線軌道沿線で収録した列車の走行音を加工し，高周波音を含む試験音と高周波音を除外した試験音を 14 個ずつ，計 28 個作成した。試験音の呈示時間は 30 秒で，高周波音の有無によるレベル差は L_{AE} で 0.3〜4.2 dB（走行騒音に占める高周波音の寄与度は 7〜62％）である。

実験手順 実験では，ランダムな順番に並べた 28 個の試験音に 2 個の練習用の試験音を加えた計 30 個の走行音を，無響室内で参加者にスピーカ再生で聴かせた。無響室での試験音の呈示レベルと参加者の閾値から，10 kHz 超の高周波音は 10 歳代や 30 歳代には聴こえる可能性が高く，50 歳代には聴こえないと考えられる。参加者には，個々の試験音の印象を「不快な−快い」「大きい−小さい」「うるさい−うるさくない」「好ましい−好ましくない」などの 12 個の形容詞対を用いた **SD 法**（⇒p.100）で評価させた。

実験結果 下図に，不快感に関する SD 法の評価点と試験音の単発騒音暴露レベル L_{AE} の関係を示す。10 歳代と 50 歳代の参加者についての，在来鉄道の試験音に対する形容詞対「不快な−快い」（不快感）の評価結果である。

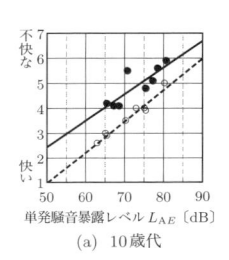

● 高周波音を含む試験音
○ 高周波音を除外した試験音

(a) 10 歳代

(b) 50 歳代

10 歳代，50 歳代のいずれの年齢層も，試験音の呈示レベル L_{AE} に比例して不快感が増していくという，典型的な量−反応関係である。しかし，高周波音の有無で不快感の評価結果を比べると，10 歳代の結果に明確な違い（統計的に有意な差）が現れている。また，同じことが 10 歳代（および 30 歳代）における「うるさい」「耳につく」「気になる」「好ましくない」などに関する評価結果にも表れていて，高周波音が聴こえる者にとって，高周波音は走行音の印象に悪影響を及ぼしている可能性がある。

C. 高周波音を含む鉄道騒音の問題

高周波音が聴こえるか否かという問題は，10 kHz を超える高周波数領域での**可聴閾**（⇒p.182）に大きく依存する。こうした高周波可聴閾は個人差が大きいが，若年層やより若い幼児や児童ほど高周波音が聴こえる可能性が高い。そのため，低年齢層にとっては，高周波音を含む走行音はより不快でうるさく，好ましくない騒音なのかもしれない。高周波数領域の聴力の差がもたらす不快さやうるささの違いなど，高周波音を含む鉄道騒音の取り扱いについて，今後さらに研究が進むことが期待される。

◆ もっと詳しく！
1) 廣江ほか：鉄道沿線での高周波音の発生状況に関する実態調査―過年度調査事例，騒制講論（春），pp. 71-74 (2012)
2) 廣江：高周波音が鉄道騒音の印象に与える影響，騒制講論（春），pp.67-70 (2012)

重要語句　ピッチ，高齢者，テレビ受信機

テレビ番組の話速変換
[英] speech rate conversion system for TV program sounds

　高齢者の中には，放送の音声が早口に感じられて聞き取りづらいと感じている人が少なくない。「早口の聞きにくさ」は，加齢による脳中枢の処理機能の低下がおもな原因といわれており，中枢より前段の機能を補償する補聴器で補うことは難しい。話速変換技術はその補聴手段として，受信機側で音声をゆっくりと聞き取りやすく加工することを目的に開発された技術である。

A. 話速変換技術の歴史

　1960年代から数十年の間に，ラジオ放送やテレビ放送の番組出演者の話速が速くなっている。ニュース番組については，1960年代までは約300字/分であったのが，いまや350〜400字/分，話者によってはそれ以上というデータがある。

　こうした早口の話速を変換するための技術としては，レコードの回転数を変える方法や，磁気テープに記録されたアナログ音声を再生時に回転数を変えるという手法が60年以上前から実現されていた。また，PCやレコーディング機器などで録音・再生されるディジタル音声ならば，標本化周波数を変えることによって，再生を速くしたり，ゆっくりしたりすることができる。

　しかし，人の声には基本周期（ピッチ）と呼ばれる5〜10 ms程度の短い時間で繰り返される波形があり，この波形の長さが声の高さを決めている。磁気テープの回転数や，標本化周波数を変えると，声の基本周期が変化してしまう。また，変換した音声の明瞭度は低下し，声質も変わってしまう。ゆっくりと再生すると基本周期の低い声になり，速く再生すると，基本周期が高くなってカン高い声になってしまう。こうした音声は高齢者には聞きとりにくい。そこで，話速変換後も声の高さや特徴を保持し，できるだけ音声の明瞭さを保つ音質劣化の少ない技術が必要とされてきた。さらに，放送用の話速変換では，テレビ視聴時に音声のみをゆっくり再生すると映像からの遅れが蓄積し，番組視聴に支障が生じる場合がある。そこで，聴感的なゆっくり感を保ちつつ，時間遅れを逐次解消する手段が必要になる。

B. 話速変換技術の仕組み

　話速変換技術では，人の声の基本周期であるピッチ波形を切り出して，この単位で音を挿入したり，間引いたりすることにより，声の質や高さを変えずに話速を変えることができる。この話速変換技術をテレビ番組のリアルタイム視聴に使うためには，一様に時間が伸びる方法（一様モード）ではなく，時間遅れを蓄積しない方法（適応モード）を用いる。以下に，このように話す速さを変える方法（テープレコーダーと話速変換処理の違い）を図示する。

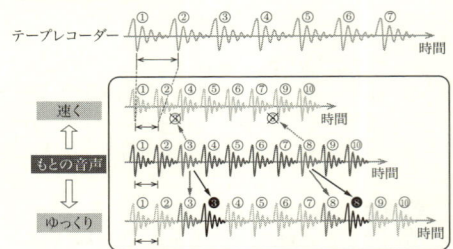

　下図に，適応的な話速変換（適応モード）を示す。この方法は，入力される発話の音響的な特徴に応じて，聞き取りに影響の小さそうな部分の話速を速めたり，逆に大切そうなところを遅くしたり，また時間的に冗長な "ま" を短縮したりするなど，リアルタイムの適応動作を特徴とする。「発話の冒頭や，声の高さや大きさの変化が大きい部分は聞き取りに大切である場合が多い」というアナウンサーの知見を盛り込んでアルゴリズムが決定されている。

　放送サービスはリアルタイムが身上である。ゆっくり音声を聞いていたら，緊急速報が1分遅れたということになってはならない。

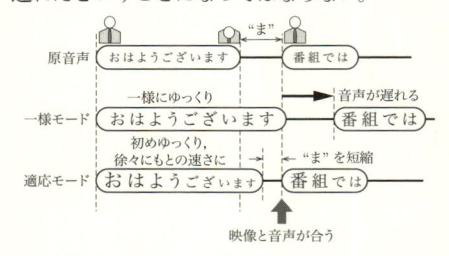

（1）適応モードの効果　ニュース番組を適応モードで変換した音声の聴取印象について，100名以上の高齢者を対象にアンケート調査を実施したしたところ，70歳以上の約80％から「ききやすい」「落ち着いている」という肯定的

な評価を得た．一方，「語尾が速い」「"ま"が短い」などの否定的な評価は特に見られなかった．一口に高齢者の聴力といっても個人差が大きいが，一般的な高齢者向けの聞き取り改善方法として，その有効性が確認された．

（2）話速変換技術の広がり　話速変換機能付きのラジオ，テレビの実用化以外に，NHKのホームページでは，ラジオニュースの再生速度を選んで聴くことができるオンデマンドサービスが提供されている（2004年～）．約2倍速の高速再生が，適応モードにより聞き取りやすくなっていることが特徴である．このサービスで選ぶことができるのは，「ゆっくり」「ふつう」「はやい」の三つであるが，アクセスログを解析したところ，「はやい」のアクセス数が多いという傾向が見られた．これにより，ゆっくりだけでなく，効率的に音声情報が取得できる「はやい」話速変換サービスにもニーズがあることが明らかになった．この高速再生については，従来から視覚障害者の間では，人が読み上げた録音図書を効率的に聴取する目的で需要が高いことが知られている．これは，晴眼者が本を斜め読みすることと同様のニーズであり，高速再生を聞き取りやすくするための手段として，適応モードの録音図書再生機への応用検討が進められている．

上図は，話速変換テレビ・ラジオとNHKのホームページを示している．

C．より聞き取りやすい放送サービスを目指して
高齢者に聞き取りやすい放送サービスを実現するための課題として，早口以外に「背景音がうるさくてセリフが聞き取れない」という課題が残されていた．また，テレビと話速変換を組み合わせる場合には，「映像と口の動きが合っていないことが気になるときがある」という課題も残されていた．この二つの課題を解決するため，デジタル放送の映像と音のタイミングを合わせて再生することができる装置が開発されている．装置のブロック図とテレビ受信機に実装したイメージを下図に示す．

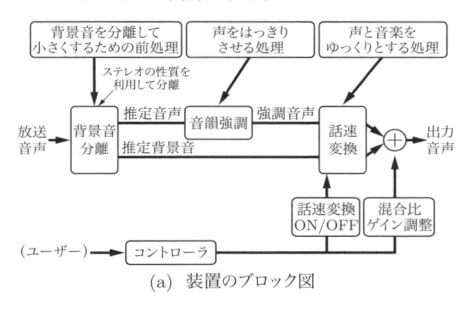

(a) 装置のブロック図

(b) お年寄りにも聞きやすいテレビ受信機器イメージ

この装置は，話速変換の遅延量に合わせて映像を遅延させる機能と，ステレオ音声の左右のチャネルの信号の相関から背景音の成分を推定して，これを抑圧する機能を備えている．これに音韻成分を強調する機能も加えた装置を試作し，高齢者を対象に総合的に評価した結果，背景音の抑圧，音韻強調いずれも聞きやすさに有効であり，話速変換の効果を一層高めることがわかった．

◆ もっと詳しく！
今井：特別講演 ゆっくり話せば話がはやい──話速変換技術，信学技報，CQ2007-29(2007-7)，pp.85-89 (2007)

重要語句　音楽制作，MIDI，音響効果，音源方式

電子楽器
[英] electro musical instrument

電鳴楽器に属する電子的に音を発生する楽器の総称。電子オルガン，シンセサイザーなどがある。一番若い楽器群ではあるが，100年を超す歴史がある。他の楽器群に比べて物理的な制約が少なく，楽器のバリエーションの自由度が大きい。

A. 電子楽器の特徴と構造

電子楽器の代表的なものとして，電子オルガン，シンセサイザーがある（下図(a), (b)）。近年ディジタル化され，ディジタル信号処理技術が駆使されている。ディジタル化されたことによりコンピュータとの相性が良くなり，ソフトウェアによって電子楽器を作ることも可能になった。CPUの処理能力の向上に伴ってリアルタイムに近い応答速度が実現した。**音楽制作**（⇒ p.76）にも利用されている。

(a) 電子オルガン　（提供：ヤマハ株式会社）

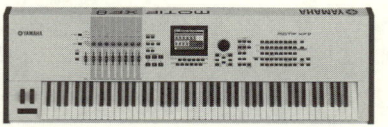

(b) シンセサイザー　（提供：ヤマハ株式会社）

電子楽器の構造の概略を下図に示す。大きな特徴は，電源があることである。一般に，アコースティックな楽器の音は人間の運動エネルギーが変化したものであるが，電子楽器は発する音のエネルギーが電源から供給される。

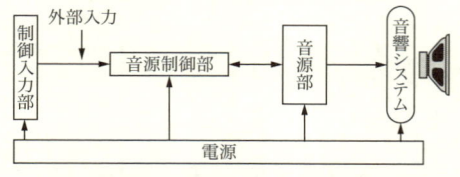

制御入力部は，演奏を入力する鍵盤などの部分や，音色などを設定するディスプレイやスイッチなどの部分で構成される楽器の顔となる情報入力部分である。複雑な機能を，いかにわかりやすく使いやすいインタフェースにするかが大切である。**MIDI**（⇒ p.452）などを使って演奏情報を外部から入力する楽器もある。

音源制御部は，制御入力部から来た信号に従って音源部を制御する信号を作る部分である。音源方式に合わせて演奏情報など入力情報を変換し，各発音チャネルへ音色/音高/強さなどの情報を送る。音源の資源の利用具合を判断して発音チャネルの割り当てを行う。レベルの低い音は発音を止めて，資源の有効利用も行う。音色の組合せのレジストレーションや自動伴奏，シーケンサなどの機能も，ここで実現される。現在では，この部分はコンピュータ化されている。

音源部は音源制御部からの情報を受けて楽音データを作成する部分である。楽音データを作成する方式を電子楽器の音源方式と呼んでいる。楽音データは，最終的に残響などの**音響効果**（⇒ p.86）が付加されて，音響システムに至る。

音響システムは，音源で作られた楽音データ（電子信号，ディジタル信号）を音響信号に変換する部分である。この部分は音の出口であり，最終的に品質を決める重要な要素である。一般的にはスピーカが用いられるが，オンドマルトノのように独特のシステムを持つものもある。楽器の放射特性が考慮されている製品も出てきている。

B. 演奏入力装置

電子楽器は音を発する上で物理的な制約が少ないので，いろいろな形態の楽器が考えられる。鍵盤型の入力装置が多いが，下図に示すような管楽器型の装置もある。

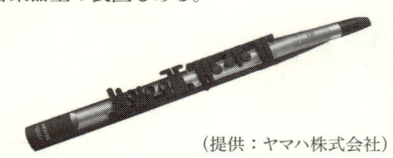

（提供：ヤマハ株式会社）

演奏情報は，鍵盤を押す速さ（ベロシティ）や鍵盤を押す力（押鍵圧力），管楽器型では息の流量やマウスピースを咥える力などを音量や音色に反映させることが多い。ピアノのように初期状態で音量・音色が確定するものはベロシティのみで制御するのが適当であるが，持続音では押鍵圧力でも音量などを制御する。両者を時間的に矛盾なくうまく繋ぐためには，ノウハウが必要である。

鍵盤ではタッチ感も重要である。特に電子ピアノでは，ピアノのようなタッチが求められる。

静的な特性だけでなく，動的な特性，レットオフ感も重要であり，鎚のつけ方などにいろいろな工夫がされている。

アコースティックな楽器や人の歌声では，つぎの音へ移る繋がりが大切である。鍵盤では押鍵されたときに発音するので，この繋がりを実現することは難しい。リアルタイムの歌声楽器の実現が困難な理由である。

C. 発音の原理と音作り

電子的な波を作る**音源方式**の原理は

1) 発電機を利用する
2) 発振回路を利用する
3) 数列を作り出し，それをDA変換する

と変遷してきた。2)の例として，アナログシンセサイザーのブロック図を下図に示す。この方式では，電圧で制御される発振器（VCO），フィルタ（VCF），増幅器（VCA）を用い，基本波形（矩形波や三角波など）をフィルタで加工して音を作っている。

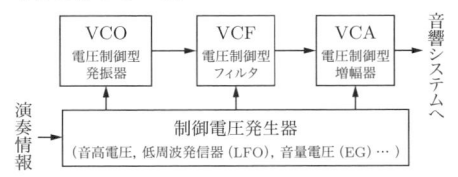

```
┌─────┐  ┌─────┐  ┌─────┐
│ VCO │→│ VCF │→│ VCA │→ 音響システムへ
│電圧制御型│  │電圧制御型│  │電圧制御型│
│ 発振器 │  │ フィルタ │  │ 増幅器 │
└──↑──┘  └──↑──┘  └──↑──┘
     └────────┼────────┘
         ┌────┴────┐
演奏情報→│制御電圧発生器│
         │(音高電圧, 低周波発信器(LFO), 音量電圧(EG)…)│
         └─────────┘
```

現在は大部分の電子楽器がディジタル化され，3)の方法で音を作っている。数列を作る原理はいろいろ考えられるが

1) 数式を利用するもの
2) 変調を利用するもの
3) 現実の波形を録音し編集するもの
4) アナログの発振をシミュレートするもの

などがある。いずれにせよ，音楽で利用できるようにするためには，少ないパラメータで音の3要素を制御できなければならない。一般には，3)の方式が広く用いられている。

電子楽器を製品化するにあたっては，楽器に魂を吹き込むという意味で，音作り作業が非常に重要な意味を持つ。これは，電子楽器に内蔵される各音色の情報（時間方向，音高方向，強さ方向，音色その相互バランス，演奏データを入力したらどのような音を出すか）を入れ込む作業である。現在では電子楽器に内蔵される音色の数が多くなり，1台で曲ができるようになっている。演奏される曲全体のバランスを考慮した音質や，音の繋がり（アーティキュレーション）などが問題になる。いろいろな音響効果を付与するエフェクターを使うこともあり，音作りには，高度な音に対する知識のみならず，音楽性も要求されるようになっている。

D. これからの電子楽器

電子楽器はまだまだ改良の余地が大きい。鍵盤型の楽器が主流であるが，電子楽器の黎明期には，手とアンテナとの距離で音高や音量を制御するテルミンのような楽器も存在し，また，体全体の動きで音を制御する試みは，コンピュータ音楽などで行われてきた。近年新たな演奏入力装置を持った新しいタイプの楽器も現れている（下図(a)）。

コンピュータでいろいろな方法を用いて数列を発生できれば，ディジタル技術を使って音を発することができる。MAX/MSPなど，このためのコンピュータ環境も整ってきている。

また，タブレットコンピュータの出現によっても電子楽器に新たな可能性が広がっている。従来の電子楽器と同様な楽器や下図(a)に示した楽器が，タブレットコンピュータ上に作成されている（下図(b)）。タブレットコンピュータはタッチパネルやいろいろなセンサを装備しているので，それらを演奏入力装置として使うことができる。それらを利用した新しい形態の電子楽器の出現が期待される。

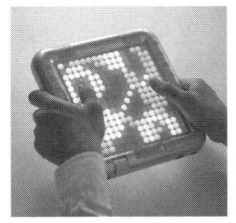

(a) 新しい電子楽器 TENORI-ON
(提供：ヤマハ株式会社)

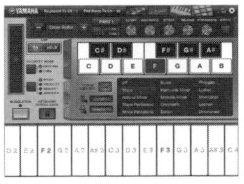

(b) タブレットコンピュータ上の電子楽器画面
(提供：ヤマハ株式会社)

◆ もっと詳しく！
加藤充美 著，長島洋一ほか編：電子楽器の変遷と音楽音響の研究課題，（コンピュータと音楽の世界，第2章-1），共立出版 (1998)

重要語句　音像，音像定位，頭外定位，頭部伝達関数，頭内定位，バイノーラル

頭内定位と頭外定位
[英] lateralization / inside-head localization and sound localization / out-of-head localization

頭内定位とは，音の像が頭の内側に知覚されることである。例えば，イヤホンで音楽を聴く場合，通常，音は頭の内側で鳴っているように聴こえる。頭外定位とは，音の像が頭の外に知覚されることである。例えば，普段の生活の中で音を聴く場合，周囲の音は頭の外側で鳴っているように聴こえる。

A. 音像定位
ヒトは普段の生活の中で，周囲の音の方向や距離を判断し，危機回避やコミュニケーションに繋げている。このとき，聴こえてくる音の一つのまとまりを音像という。

バンドの演奏を聴いた際には，ボーカルの音，ピアノの音，ギターの音などを別々のまとまりに分けて聴くことができるが，このようなまとまりの一つ一つが音像といえる。そして，音像の方向と距離を定めることを音像定位という。一方，音が出ている場所を定めることを「音源定位」という。

音像定位と音源定位はよく同じに思われるが，実際には異なるものである。二つのスピーカによるステレオ再生では，音源位置はそれぞれのスピーカ位置であるのに対し，音像はスピーカの間にも定位される。また，イヤホンでの音の呈示では，音源位置は耳の近傍であるのに対し，音像は頭の中に定位される。つまり，音源定位は物理的なものであるのに対し，音像定位は心理的なものである。

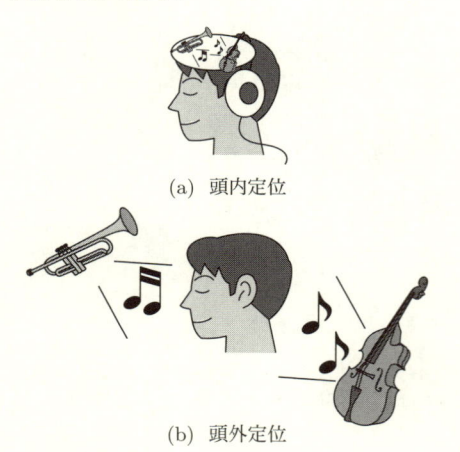

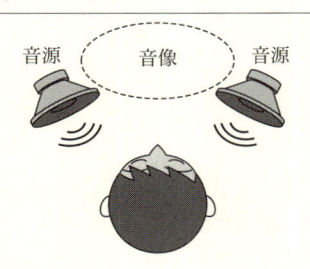

(a) 頭内定位

(b) 頭外定位

B. 頭外定位
普段の生活の中で音を聴いた際や，バンドの演奏を生で聴いた際などに，音像は頭の外側に定位される。これが頭外定位である。音を頭外定位するのは，音が音源から鼓膜までを伝達する間に，伝達経路の影響で変形されるからである。この音の変形から得られる情報や，両耳までの経路の違いによる音の変形の左右差から得られる情報によって，頭外定位が可能になる。音源から鼓膜までの音の変形のうち，頭や耳介といったヒトの身体の影響を表すものは，特に頭部伝達関数（⇒p.342）と呼ばれている。この頭部伝達関数は頭部に対する音源の位置によって異なるもので，音像定位に重要な情報を含んでいる。

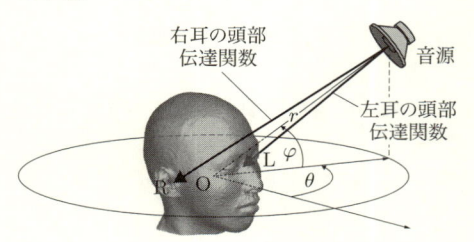

左右方向の定位には，頭部伝達関数の左右差から得られる，両耳間で音の到達する時間が異なる両耳間時間差や，両耳間で到達する音圧が異なる両耳間音圧差が，特に重要な特徴である（⇒p.306）。また，上下方向の定位には，頭部伝達関数の周波数特性に見られるピークやノッチといったスペクトルキューと呼ばれる情報が，重要な特徴である。スペクトルキューは上下方向の定位だけでなく，音像の前後の定位にも重要な手掛かりとなっている。一方，頭部伝達関数は音源がある程度遠い場合，距離による変化が小さく，距離の定位には，音圧レベルや床や壁からの反射音の遅延時間が重要な特徴である。水平面の方向の定位では，正面付近が最も音像方向の角度の弁別が細かく可能で，後方は正面

より音像方向の角度の弁別が難しく，側方の場合に最も音像方向の角度の弁別が困難になる。一方，正中面では真上の場合に最も音像方向の角度の弁別が困難になる。また，距離の定位では，音源が一つの場合であっても，音源距離に対して音像距離は近くに知覚され，音源と音像の位置が一致しないことが報告されている。

そのほかにも，音源の位置が聴き手の動きで相対的に変化することによって生じる，両耳間時間差や両耳間音圧差，スペクトルキューといった情報の時間的変化も頭外定位に大きく寄与している。また，視覚からの情報によって音像を知覚する位置が変化する腹話術効果（⇒ p.408）といった現象もある。このように，頭外定位は，非常に多くの情報を統合して行われている。

これらの音像定位に利用される情報や，得られた音像の方向・距離の情報は，単純に音像の位置の知覚だけでなく，聴覚情景分析（⇒ p.308）やカクテルパーティ効果（⇒ p.136）といった他の聴知覚現象にも寄与している。そのため，補聴器などの技術（⇒ p.202, p.394）においても，これらの音像定位に利用される情報が用いられ始めている。

C. 頭内定位

イヤホンなどを用いて耳元で音を出力するシステムで楽曲を聴いた場合，通常，音像は頭の内側に定位される。これが**頭内定位**である。音を頭内定位するのは，両耳から得られた情報に頭外定位に必要な情報が十分に含まれていないために，頭外定位ができなくなってしまうからである。

ステレオ再生を意図して作られている市販のCDに収録された音では，左チャネルと右チャネルの間で音圧差や時間差が付与されている。音像位置は，音圧が大きいチャネル側に移動し，また，先に呈示するチャネル側に移動する。スピーカによる再生の場合，これらの情報によって音像位置は頭外定位のまま移動することになる。サラウンド再生（⇒ p.210）では，複数のスピーカで受聴者のまわりを囲み，同様の効果を利用することで，受聴者の周囲全体から頭外定位する音を呈示することが可能になっている。しかし，イヤホンでの再生など耳元で音を出力している場合，音像は頭内で左右に広がって定位される。つまり，チャネル間の音圧差や時間差で音像位置を操作することはできるが，これらの情報を付与しただけでは頭外定位に必要な情報として不十分である。

D. バイノーラル

耳元で音を出力するシステムで頭外定位する音を聴くためには，出力された音に，頭外定位に必要な情報が十分に含まれていればよい。これを行う方法がバイノーラルシステム（⇒ p.356）である。これは，ダミーヘッドと呼ばれるヒトの頭部を模したものの鼓膜付近や外耳道入口のマイクでバイノーラル音を収録し，これをそのまま受聴者に呈示する方法である。

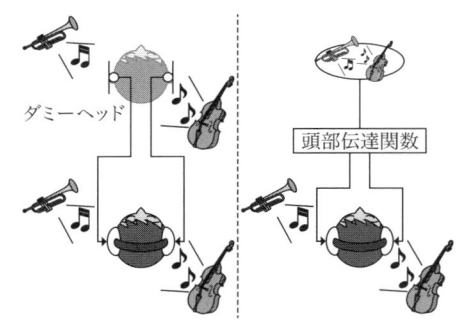

バイノーラル音には，頭部伝達関数などの頭外定位に必要な情報が十分に含まれているため，ステレオ再生を意図した音をイヤホンで受聴した場合と異なり，頭外定位が可能になる。また，バイノーラル音は，音に頭部伝達関数を時間領域で畳み込むことによっても得ることができる。ただし，ダミーヘッドで収録した場合と異なり，床や壁からの反射は含まれないことになる。

バイノーラルシステムは，制御を行う両耳2点に直接音を呈示するため，立体的な音を再生するシステム（⇒ p.50, p.310）の中でも実装が容易である。ただし，頭部形状は個人間で大きく異なるために，頭部伝達関数も個人間で大きく異なる。そのため，他者のダミーヘッドや他者の頭部伝達関数によって得られたバイノーラル音は頭内定位されることが多い。これを改善するために，受聴者に合わせた頭部伝達関数を選ぶ方法の検討や，受聴者の動きに合わせてダミーヘッドを動かしたり，合成する頭部伝達関数を変化させたりすることで，それぞれの情報に時間的な変化を与えるシステムが提案されている。

◆ もっと詳しく！

イェンス・ブラウエルト，森本政之，後藤敏幸：空間音響，鹿島出版会 (1986)

重要語句 頭外定位感，聴覚ディスプレイ，音空間ディスプレイ，ロボット聴覚

頭部伝達関数
[英] head related transfer function; HRTF

音による空間知覚や音源方向定位に関わる特性を表現した音響伝達関数。頭部や耳介による音波の反射や回折の影響を含み、この頭部伝達関数と任意の音源信号とを畳み込むことにより、音像位置制御や頭外定位が可能となる。

A. 頭部伝達関数の定義

音源から発せられた音波は、頭部や外耳において反射や回折の影響を受け鼓膜へ到達する。このような音響特性を表現したものが、頭部伝達関数 (HRTF) と呼ばれる音響特性関数となる。頭部中心を原点とする極座標系を考えた場合、HRTF $H(f,\theta,\phi)$ はつぎのように定義される。

$$H(f,\theta,\phi) = \frac{A(f,\theta,\phi)}{B(f,\theta,\phi)}$$

ここで、$A(f,\theta,\phi)$ は、音源と外耳道内の1点との間で決まる伝達特性、$B(f,\theta,\phi)$ は測定対象を除外した条件での音源と原点との間の伝達特性であり、それぞれ無響室のような自由空間で測定する。なお、f は周波数、θ,ϕ は音源位置の角度である。伝達特性 $A(f,\theta,\phi)$ は、プローブマイクロホンを使って鼓膜位置で測定する方法と、外耳道を塞ぐようにマイクロホンを設置して測定する方法がある。なお、頭部伝達関数を時間領域で表現したものを、頭部インパルス応答 (head-related impulse response; HRIR) と呼ぶ。

このようにして測定された頭部伝達関数を任意の音源信号に畳み込むことで、バイノーラル信号が生成される。

B. 頭部伝達関数の評価

頭部伝達関数の精度は、客観評価ならびに主観評価により評価される。客観評価には、信号対残差比やスペクトルひずみといった尺度が用いられるが、これらの指標は目標となる特性とのずれの度合いを表すものであることに留意して使う必要がある。

また、測定条件の違いによっても頭部伝達関数が変化することにも注意が必要である。下図のようにダミーヘッドに帽子などを装着した場合、帽子からの反射波や頭髪による音波の減衰が生ずる。

このような条件で測定した頭部伝達関数を比較した図を以下に載せる。なお、これらの測定は複数研究機関をまたぐ頭部伝達関数測定プロジェクト Club fritz において測定した結果の一部である。なにも装着しない標準状態を基準としてスペクトルひずみを算出したところ、帽子を装着した場合で1.55 dB、ウィッグ (1) の場合で2.85 dB、ウィッグ (2) の場合で3.08 dB となった。このように容姿の変化によりスペクトルひずみ値も変わるが、聴感上では差異がない場合も多い。そのため、ピークやノッチの周波数を比較するなど、別の指標を取り入れた客観評価手法の検討も必要となる。

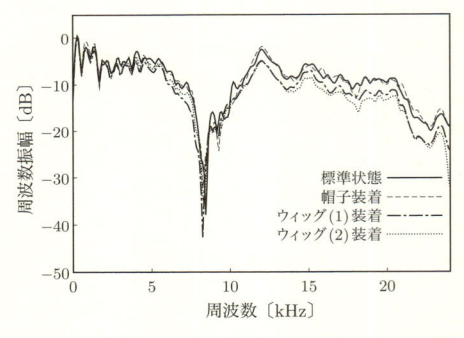

また、主観評価においては、音像定位や**頭外定位感**（⇒ p.340）を問う聴取実験を行うことが多いが、被験者にどのような回答を求めるか、また被験者への教示の有無や学習効果など実験への慣れといった影響を考慮して実施する必要がある。

C. 頭部伝達関数の課題

頭部伝達関数は、個人ごと、音源方向・距離ごとに異なる特性を持つことから、個人ごとにあらゆる音源位置に対応した頭部伝達関数を用意することが理想である。しかし、頭部伝達関数の測定には多くの時間を要するなど、測定対象者への負担も大きい。そのため、限られた条件のもとで任意の音源方向の頭部伝達関数を得る試みや、測定対象者の負担が少ない測定法の開発などが行われている。

また、音源位置の変化がわずかであれば、頭部伝達関数の変化もわずかであったり、両耳への到達時間差などは、頭部の大きさに依存して

決まったりする。このように，すべての条件に対応した頭部伝達関数が必要となるわけではなく，すでに測定してあるデータから未測定のデータを推定したり，物理的条件に即したモデルをもとに頭部伝達関数を求めることが可能であると考えられる。このような観点から，頭部伝達関数の分類，補間，ならびに推定といった研究が多くなされている。

(1) **頭部伝達関数データベース** 頭部伝達関数を測定するには，無響室など特別な環境が必要となり，測定は容易であるとはいえない。この問題に対して，ダミーヘッドや人を対象に測定したデータがインターネットで公開されており，測定することなしに多様な頭部伝達関数を得ることが可能である。最も初期の公開データとして，MIT（Massachusetts Institute of Technology）Media Lab.で公開されたKEMARマネキンを対象としたデータベースが挙げられる。その後，国内外で多数の頭部伝達関数データベースが公開されるに至り，測定対象の多様化はもとより，音源距離，音源方向間隔，標本化周波数など，測定条件の異なるデータが入手可能となっている。ただし，これらのデータベースは，公開機関ごとに音源方向の定義や，データファイルの仕様が異なっているなど，取り扱う際には注意が必要である。そのため，これらの差異の解消を目的の一つとしたプロジェクト（SOFA; Spatially Oriented Format for Acoustics）も進行している。

(2) **頭部伝達関数の分類（クラスタリング）** 対象者間での類似性が存在すると仮定したクラスタリング手法が提案されている。例えば，ケプストラム特徴量を用いて k-means クラスタリングする方法では，各クラスタの重心に最も近い特徴を持った頭部伝達関数を利用することで，ユーザーに適した頭部伝達関数が得られる。ただし，適切なクラスタをどのように選択するかといった課題があり，耳介寸法を用いた選択方法などが検討されている。

(3) **頭部伝達関数の補間** 頭部伝達関数の補間は，音源方向の変化に対する補間と，時間軸・周波数軸に関する補間が挙げられる。音源方向の変化に対する補間では，音源位置の変化が微少であれば，線形補間を利用することで，任意方向の頭部伝達関数が得られる。また，ガウス過程（Gaussian process）と呼ばれる確率統計モデルを使い，測定された音源方向の頭部伝達関数から，測定されていない音源方向の頭部伝達関数を求める試みもなされている。

時間軸・周波数軸に関する補間では，限られた数の時間軸上の標本，または周波数軸上の標本を利用して，それぞれの領域における解像度を向上させることが目標となる。

(4) **頭部伝達関数の推定** 頭部伝達関数の推定とは，測定することなしに，ユーザーに適した頭部伝達関数を得ようとするものである。頭部・耳介形状との線形・非線形関係を仮定して対応付けを行う手法では，重回帰分析による方法やニューラルネットワークを用いた方法が提案されている。また，頭部・耳介形状をもとに数値解析を行う手法では，頭部・耳介形状の3次元計測技術や計算機能力の向上に伴い，数値解析によって高い精度の伝達特性が容易に得られるようになっている。また，多くのデータの中から好みの伝達特性を得る方法として，主観評価試行を繰り返すことで，本人が好む頭部伝達関数を選択させる手法も提案されている。

D. 頭部伝達関数の応用

頭部伝達関数を用いた応用は，バーチャルリアリティや臨場感通信，コンピュータゲームなどに代表されるような，実音場や仮想音場を再現する**聴覚ディスプレイ**（⇒p.310）や**音空間ディスプレイ**（⇒p.50）において利用されることが多い。また，**ロボット聴覚**（⇒p.432）などへの応用も模索されている。

頭部伝達関数は，音響空間の再現や生成が可能となる非常に有益なフィルタであるが，その特性はきわめて複雑であるため，単一種類の伝達関数を用いるだけでは，すべてのユーザーに同じサービスを提供することができない。そのため，通信やゲームなど，さまざまな応用が期待されているにもかかわらず，利用実績や知名度は必ずしも高くない。しかし，ユーザーの慣れや学習効果といった聴感上の特徴も報告されていることから，これまで以上に頭部伝達関数を用いたサービスが提案されて広く認知されることで，頭部伝達関数への理解が深まり，さらに利用機会が増えるのではないかと期待される。そのため，頭部伝達関数に関する研究の基礎を理解することはもちろん重要であるが，この可能性を秘めた伝達関数を，まずは利用し楽しんでみることも重要な課題といえる。

◆ もっと詳しく！

飯田一博，森本政之 編著：空間音響学，コロナ社 (2010)

重要語句　音の大きさ，ラウドネス，ISO 226，最小可聴値

等ラウドネスレベル曲線
［英］equal loudness level contour

等ラウドネスレベル曲線は，聴覚の周波数特性を表す基礎的な特性の一つである。純音または狭帯域音の周波数を変化させて，その音の大きさが同じに聞こえる音圧レベルを結んだ曲線が等ラウドネスレベル曲線である。

A. 等ラウドネスレベル曲線とは

音の大きさ感覚（＝ラウドネス）は，音の強さだけではなく，音の周波数スペクトルにも強く依存する。すなわち，純音（正弦波音）や狭帯域音の場合は，音の強さ（音圧レベル）が同じでも，周波数によってラウドネスは大きく異なる。そこで，純音の周波数を変化させ，ラウドネスが一定であると知覚される音圧レベルを結ぶことにより，1本の曲線が得られる。これが等ラウドネスレベル曲線である。等ラウドネス曲線や聴覚の等感曲線とも呼ばれる。

下図は，国際規格 **ISO 226**:2003 で定める等ラウドネスレベル曲線である。これは，自由音場において聴力正常な18〜25歳の人で測定したデータをもとに求めた等ラウドネスレベル曲線であり，自由音場における純音の正常等ラウドネスレベル曲線と呼ばれる。最下部の曲線は最小可聴値（聴覚閾値とも呼ばれる）を示し，その上に 20〜100 phon までの5本の等ラウドネスレベル曲線が描かれている。

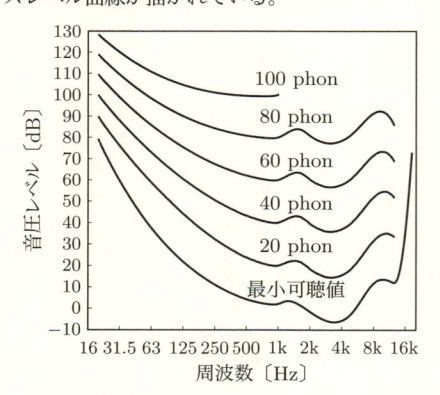

B. 音の大きさの単位

phon は音の大きさを表す単位の一つであり，ラウドネスレベルと呼ばれる。ラウドネスレベルは，1 kHz 純音の音圧レベルで表現される。例えば，音圧レベル 40 dB の 1 kHz 純音と同じ大きさに聞こえる音は，周波数が何 Hz の純音であっても，また，どんな周波数特性を持った広帯域音であっても，ラウドネスレベルは 40 phon であると表現する。

なお，この phon を単位とするラウドネスレベルは順序尺度であることに注意する必要がある。例えば，80 phon は 40 phon の 2 倍の音の大きさではなく，単に，40 phon より 80 phon のほうがラウドネスが大きいことを示しているだけである。

比例尺度で表される音の大きさは，単位を sone で表現し，単にラウドネスと呼ばれる。例えば，4 sone は 2 sone の 2 倍の音の大きさを示す。1 sone は，音圧レベル 40 dB の 1 kHz 純音の音の大きさである。

C. 等ラウドネスレベル曲線からわかること

上図の 40 phon の等ラウドネスレベル曲線を見ると，125 Hz では音圧レベル 61 dB，4 kHz では音圧レベル 37 dB であり，これらが音圧レベル 40 dB の 1 kHz 純音と同じ音の大きさで聞こえることを示している。逆に，音圧レベル 40 dB の純音のラウドネスは，125 Hz で 16 phon，4 kHz で 43 phon である。これは，40 dB という同じ音圧レベルであっても，125 Hz 純音は 1 kHz 純音より小さい音に聞こえ，一方 4 kHz 純音は 1 kHz 純音より大きな音に聞こえることを示している。図の等ラウドネスレベル曲線の全般的な形状より，同じ音圧レベルであれば，1 kHz より低い周波数の純音は，周波数が低くなるほど小さい音に聞こえ，4 kHz 付近で最も大きく聞こえ，それより高い周波数では再び小さく聞こえることがわかる。すなわち，等ラウドネスレベル曲線は，音の大きさ感覚の周波数特性を示している。

つぎに，等ラウドネスレベル曲線の間隔に注目する。例えば，図の 20 phon 曲線と 80 phon 曲線の差は 1 kHz では当然 60 dB であるが，125 Hz では 46 dB 程度に狭くなっている。このことは，1 kHz 純音より 125 Hz 純音のほうが音圧レベルの増加に対するラウドネスの増加が急であることを示している。すなわち，等ラウドネスレベル曲線は，音圧レベルの増加率に対するラウドネスの増加率の周波数特性も表している。100 Hz 以下の周波数で，等ラウドネスレベル曲線の間隔がより狭くなっていることから，この周波数帯の音の音圧レベルを徐々に上げた場合，音が聞こえ始めたら急に大きく聞こえるという現象が起こる。

D. 最小可聴値と可聴周波数範囲

上図の最下部に描かれている曲線は最小可聴値である。最小可聴値は、聞き取ることができる最も低い音圧レベルである。すなわち、最小可聴値が小さいほど聞こえの感度が高く、大きいほど感度が低いことを示す。図を見ると、最も低いのが 4 kHz 付近で約 −6 dB である。そこから周波数が低くなるに従い最小可聴値が大きくなり 20 Hz で約 80 dB、逆に周波数が高くなるに従い最小可聴値が大きくなり、12.5 kHz から 16 kHz にかけて急に最小可聴値が上昇する。

一般に人が聞き取ることができる音は、おおむね 20 Hz 〜 20 kHz といわれているが、このことは、この最小可聴値曲線から導かれたものである。

なお、最小可聴値でもラウドネスは 0 ではなく、しかも周波数依存性を持つ。そのため最小可聴値曲線は等ラウドネスレベル曲線ではないと考えられるものの、実際的には等ラウドネスレベル曲線の下限を表現するものとして取り扱われている。

E. 等ラウドネスレベル曲線の利用例

騒音計（⇒ p.268）には、人の聴覚の感度特性を反映させるための聴感補正回路が組み込まれている。この回路の特性（聴感補正特性）は A 特性と呼ばれ、A 特性によって重み付された音圧レベルは騒音レベル（単位：dB）と呼ばれ、騒音の大きさの尺度として用いられている。

ただし、多数の周波数成分を含む騒音の騒音レベルは、その騒音のラウドネスを推定しているわけではない。なぜなら、等ラウドネスレベル曲線はあくまでも純音の特性であるためである。多数の周波数成分を含む広帯域音のラウドネスをより正確に推定するには、マスキング（⇒ p.402）の影響を考慮する必要がある。マスキングを考慮したラウドネス推定値の算出法として、Zwicker のラウドネス算出法があり、ISO 532B として規格化されている。また、Zwicker の方法を改良した方法がムーアなどにより提案され、ANSI S3.4 として規格化されている。なお、このラウドネス算出法の基礎データとして等ラウドネスレベル曲線が使われている。

上記のほか、等ラウドネスレベル曲線は、オーディオ機器のラウドネス補正回路や音楽のディジタル圧縮のための基礎データなどに使われている。

F. 等ラウドネスレベル曲線の歴史

以上のように、等ラウドネスレベル曲線は聴覚および音響計測の基本特性として重要であることから、古くから多数の測定が行われてきた。代表的な曲線として、1930 年代に測定されたフレッチャー−マンソン曲線と 1950 年代に測定されたロビンソン−ダッドソン曲線が有名である。先ほど紹介した騒音計の聴感補正回路（A 特性）は、フレッチャー−マンソン曲線をもとに設計された。ロビンソン−ダッドソン曲線は、ISO R226:1961（その後 ISO 226:1987）として国際規格になった。

1980 年代になり、ロビンソン−ダッドソン曲線の特徴である 400 Hz 付近のたるみが実際には観測されないという、ドイツからの報告があった。これを受けて、日本、デンマーク、ドイツの研究者グループが、大規模な等ラウドネスの再測定を実施した。その結果は、ドイツの報告を裏付けるものであった。先の図に示した ISO 226:2003 は、再測定のデータをもとに作成した等ラウドネスレベル曲線である。この曲線には、日本で測定したデータが約 40% 含まれており、曲線はラウドネス成長モデルに基づいて日本の研究者により描かれた。下図に、過去の等ラウドネスレベル曲線（40 phon）との比較を示す。図からわかるように、40 phon では新曲線（ISO 226:2003）はフレッチャー−マンソン曲線に近いものとなった。このことは、騒音計の聴感補正特性である A 特性に対して、あらためて一定の根拠を与えたといえる。

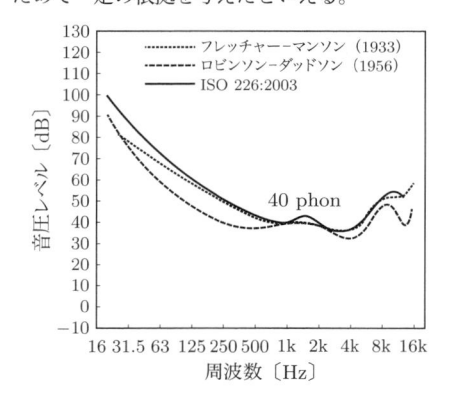

◆ もっと詳しく！

森 周司 編、香田 徹 編著：聴覚モデル、コロナ社 (2011)

重要語句　等価騒音レベル，エンジン系騒音，タイヤ/路面騒音，ASJ RTN-Model 2013

道路交通騒音
[英] road traffic noise

道路を走行する車両から発生される騒音。時間的に不規則に変動する騒音で，環境騒音の中でも最も身近な問題である一方で，国際的にも解決すべき問題の一つとなっている。

A. 音響的特徴と現状

自動車が近づくと音のレベルが大きくなり，離れると小さくなる。この現象が不規則かつ連続的に繰り返されるため，道路交通騒音は時間的に変動する騒音の典型的な例である。道路交通騒音の基本的な測定量は，騒音レベル（A特性音圧レベル）で，その測定値に基づいて求められる**等価騒音レベル**（$L_{\mathrm{Aeq},T}$）を評価量としている。

道路は，国民生活を支え，経済社会活動に必要な基盤施設である。わが国の道路ネットワークは継続的に整備拡大され，平成23年度末には道路実延長は127万キロに達し，自動車保有台数も7900万台を超えている。このような状況の中，道路交通騒音に関する環境基準（環境保全上維持されることが望ましい基準として定められる行政上の目標）の達成率は，緩やかな改善傾向が見られるが，交通量の多い幹線道路周辺では依然として厳しい状況である。道路交通騒音は大都市だけでなく地方にまで及ぶ身近な環境問題であり，国際的にも解決すべき課題である。わが国では，道路交通騒音の問題に対して，下図に示すようにさまざまな法規制により行政的対応が講じられ，それに基づいて測定，評価，予測，対策が実施されている。なお，「自動車騒音」という用語も用いられるが，これは法規制の対象とする車両が異なるためである。

B. 発生要因

道路交通騒音の音源は，道路を走行する自動車である。おもな発生源は，**エンジン系騒音**（エンジン，排気系，冷却系，吸気系，駆動系から発生する騒音）と**タイヤ/路面騒音**に大別できる。発生源の寄与は自動車の走行状態により変化するが，法規制によりエンジン系騒音の低減が図られ，近年は相対的にタイヤ/路面騒音の寄与が増大している。

C. 予測方法

道路交通騒音の予測が必要な場面は，道路建設の際の環境影響評価（将来予測），環境基準の達成状況を把握する際の騒音推計（常時監視）や環境保全措置の検討（環境対策）などである。

道路交通騒音の予測計算方法に関しては，昭和49年に日本音響学会に組織された道路交通騒音調査研究委員会が中心となって調査研究を行い，節目ごとに予測モデルを発表している。最新版は，平成26年に発表された**ASJ RTN-Model 2013**である。この予測モデルは，等価騒音レベル$L_{\mathrm{Aeq},T}$を騒音評価量とするエネルギーベースの予測計算方法である。予測の考え方は，道路上を無指向性点音源と仮定した1台の自動車が走行したときの予測点における騒音レベルの時間変化$L_{\mathrm{A},i}$（ユニットパターン）を

$$L_{\mathrm{A},i} = L_{WA,i} - 8 - 20\log_{10} r_i + \Delta L_{\mathrm{cor},i}$$

のように，自動車のパワーレベル$L_{WA,i}$，予測

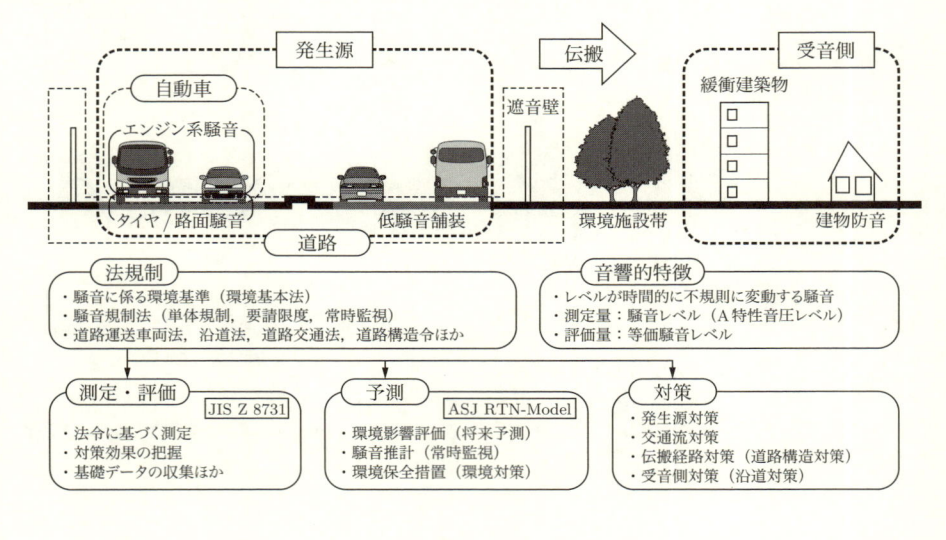

点までの直達距離 r_i，音の伝搬に関わる各種要因による減衰 $\Delta L_{\mathrm{cor},i}$ から求めることを基本としている。そして，ユニットパターンの時間積分値に交通条件（交通量，車種構成など）を考慮して，予測点における等価騒音レベルを算出する。ここで，i 番目の音源位置から予測点に至る音の伝搬に影響を与える各種の減衰に関する補正量 $\Delta L_{\mathrm{cor},i}$ は

$$\Delta L_{\mathrm{cor},i} = \Delta L_{\mathrm{dif},i} + \Delta L_{\mathrm{grnd},i} + \Delta L_{\mathrm{air},i}$$

のように，遮音壁（⇒p.36）などの回折に伴う減衰に関する補正量 $\Delta L_{\mathrm{dif},i}$，地表面（⇒p.38）効果による減衰に関する補正量 $\Delta L_{\mathrm{grnd},i}$，空気の音響吸収（⇒p.34）による減衰に関する補正量 $\Delta L_{\mathrm{air},i}$ から計算する。これらの補正量以外に，気象（⇒p.32）の影響も考慮することができる。ASJ RTN-Model 2013では，インターチェンジ，信号交差点部，トンネル坑口周辺部，掘割・半地下部，高架・平面道路併設部などの道路特殊箇所も対象としている。また，高架構造物音や建物・建物群による減衰も計算することができる。ただし，この予測モデルには課題が残されており，引き続き検討が行われている。

D．対策方法

道路交通騒音の対策には，行政の施策としての発生源対策，交通流対策，伝搬経路対策（道路構造対策），受音側対策（沿道対策）がある。

（1）**発生源対策**　自動車単体からの騒音は，法規制の強化によりエンジン系騒音の低減が進み，相対的にタイヤ/路面騒音の寄与が大きくなっている。その対策が，タイヤと路面からそれぞれ検討されている。タイヤ単体の対策としては，タイヤメーカーがタイヤ本来の機能・性能を確保しつつ，騒音の低減技術に取り組んでいるが，さらなる低減を目指し，平成30年よりタイヤ騒音規制が車種別に順次導入される予定である。また，四輪車の加速走行騒音規制の導入に向けた検討も行われており，エンジン系騒音のさらなる低減も期待される。道路舗装については，一般の舗装路面に比べて空隙がある排水性舗装（低騒音舗装，高機能舗装と呼ぶこともある）が開発され，一般に普及している。近年，さらなる低減効果の向上を目指した2層式排水性舗装（排水性舗装を上下2層に分け，上層に小粒径の骨材を使用）などの新たな舗装も開発され，普及し始めている。しかし，減音効果の持続性の確保などが課題として残されている。

（2）**交通流対策**　バイパスなどの整備による自動車交通の分散，大型車の通行規制，自動車の速度規制などが行われている。

（3）**伝搬経路対策（道路構造対策）**　最も一般的な伝搬経路対策は遮音壁の設置である。近年では高さが8 mを超える巨大な遮音壁も設置されるようになり，このことが，電波障害や景観の悪化などの2次的な問題を生んでいる。その対応策として，減音効果を維持しつつ高さを抑えるために，遮音壁先端の形状や音響特性に工夫を凝らした先端改良型遮音壁と呼ばれる装置が開発されている。また，高架道路の裏面やトンネル坑口内部などからの反射音に対しては，吸音板による対策が講じられている。

道路構造対策としては，道路から受音側までの間隔をあけるために環境施設帯が設けられている。その他，騒音対策上最も有効な方策としては，道路を完全に地下トンネル化して騒音を遮蔽することである（例：首都高速道路中央環状線）。この地下トンネル形式に近い構造として，掘割・半地下構造道路がある。道路が地盤より下にあるので，視覚的にも地域の景観を損なうことがなく，環境配慮型の道路形式として有効である（例：名古屋第2環状自動車道）。ただし，道路内部で生じる多重反射の影響を低減するために，道路内部の吸音対策や，上部開口部に調光機能や換気機能も有する吸音ルーバーを設置するなどの対策が必要である。

（4）**受音側対策（沿道対策）**　わが国における土地利用の実態を考えると，前述した対策と同時に，緩衝建築物（バッファビル）の誘導や騒音の影響を受ける建物の外壁やサッシの高遮音化など，受音側の対策についても考える必要がある。

E．今後の展望

わが国では，三大都市圏環状道路などの道路基幹ネットワークの整備や高速道路の老朽化に伴う大規模更新も予定されており，ITS (intelligent transport systems; 高度道路交通システム）技術の高度化や，ハイブリッド車や電気自動車などの低公害車のさらなる普及なども含めて，道路交通騒音を取り巻く状況は大きく変化していくと考えられる。道路交通騒音に残されたさまざまな問題点を解決するための調査研究が進むことを期待する。

◆ もっと詳しく！

日本音響学会：道路交通騒音の予測モデル "ASJ RTN-Model 2013" の解説と手引き (2014)

重要語句 聴覚フィルタ，トノトピー，レチノトピー，ソマトピー，聴覚皮質，特徴周波数，可塑性，周波数時間受容野

トノトピシティ
[英] tonotopicity

聴覚神経系において，音の周波数が部位的に局在して表現されていること。この局在（トノトピー）は，蝸牛内耳の基底膜における周波数分解に起因し，蝸牛神経核，上オリーブ複合体，下丘，内側膝状体，聴覚皮質などの各中枢経路において見られる。

A. 蝸牛基底膜の周波数軸

蝸牛へ音波が伝わると蝸牛基底膜の振動（進行波）を引き起こすが，その振幅は，音波の周波数が高い場合は基部に近い場所で，また周波数が低い場合は先端部に近い場所で最大となる。すなわち，蝸牛基底膜には中心周波数の異なる帯域通過フィルタが並んでいると考えることができ，これを**聴覚フィルタ**（⇒p.314）という。このような蝸牛基底膜における周波数軸は，聴覚中枢系の各神経核において活動部位の違いとして保持されており，この周波数局在のことを**トノトピー**（tonotopy）という。この言葉は，ギリシア語の tono（音調）＋ topos（場所）に由来する。トノトピーは，網膜の相対的位置関係が視神経系において再現されている**レチノトピー**（retinotopy）や，体表の相対的位置関係が体性感覚系において再現されている**ソマトピー**（somatotopy）と対比される。

B. 聴覚経路の各神経核におけるトノトピー

ヒトを含む哺乳類聴覚系での神経活動を計測した研究から，ヒト聴覚経路における各神経核でのトノトピーについては，おおむね以下のように想定される。なお，下図は中脳以降の求心性経路におけるトノトピーを模式的に示している。

蝸牛基底膜から1次聴神経へ伝わったニューロン活動は，延髄（脳幹）の蝸牛神経核（cochlear nucleus; CN）へ，さらに橋（脳幹）の上オリーブ複合体（superior olivary complex; SOC）へ伝達される。蝸牛神経核の下位領域である前腹側核（AVCN），腹側核（VCN），背側核（DCN），および上オリーブ複合体の下位領域である内側核（MSO），外側核（LSO），台形内側核（MNTB）などの各領域にトノトピー表現があることが示されている。

蝸牛神経核および上オリーブ複合体でのニューロン活動は，外側毛帯を経て中脳（脳幹）の下丘（inferior colliculus; IC）へ収束し，そこから視床（間脳）の内側膝状体（medial geniculate nucleus; MG）へ，さらに大脳皮質外側溝内の横側頭回を中心に位置する**聴覚皮質**（auditory cortex; AC）へ伝わる。この伝導路において，下丘中心核（ICc）から内側膝状体腹側核（MGv）を経て聴覚皮質の中心領域（core area）へ至る求心性経路には明瞭なトノトピーがあり，この経路が音の周波数分析の主要な役割を担っていると考えられる。ただし，近年の動物生理

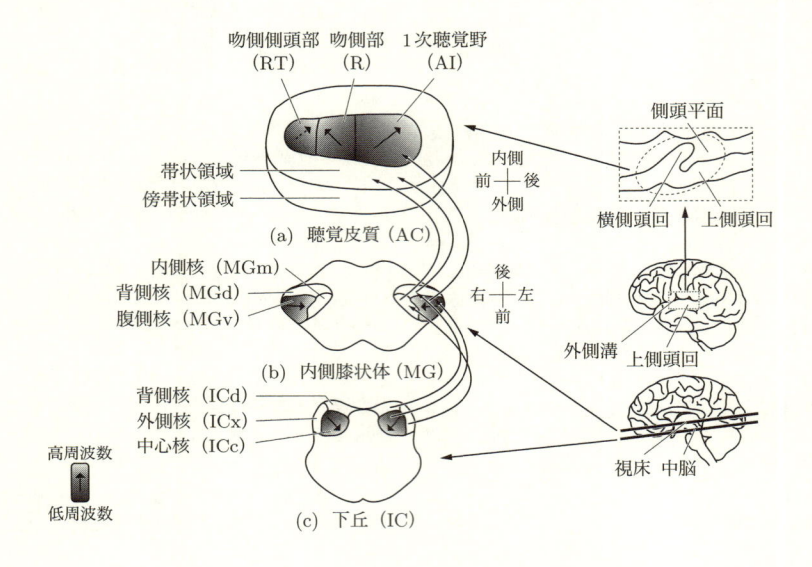

学研究において，視覚/体性感覚刺激に対する興奮活動が聴覚皮質の中心領域でも観察されており，この経路の役割が必ずしも音の周波数弁別に特化しているわけではないことが示唆されている。

他方，下丘外側核（ICx）から内側膝状体内側核（MGm）へ，また下丘背側核（ICd）から内側膝状体背側核（MGd）へ至りそれぞれ聴覚皮質へ投射する求心性経路において，トノトピーは明瞭でない。これらの経路では，他の感覚経路との連絡や辺縁系の扁桃体（amygdala）への投射が示されており，マルチモーダルな感覚統合/学習の役割がより重要になると考えられる。例えば下丘外側核を通って上丘へ至る投射があり，この経路は聴覚空間地図（⇒ p.306）の形成に寄与することが示されている。また，これらの経路の下丘/内側膝状体の各領域へは，聴覚皮質の中心領域のみでなく広範囲の皮質からの遠心性の投射があり，注意を向けるべき音の特徴を取捨選択する上でより重要な役割を担っている可能性がある。

近年のニューロイメージング研究によって，ヒト聴覚皮質の中心領域には少なくとも二つのトノトピー軸があり，中心領域の後方から前方へ向かって高周波数から低周波数を表現する1次聴覚野（AI）と，低周波数から高周波数を表現する吻側部（R）がV字状にトノトピーを形成していることがわかってきた。また，前方には再び低周波数の広がる吻側側頭部（RT）がしばしば観察されている。他の霊長類と同様に，これらの中心領域の周囲を取り囲むように帯状領域（belt area）があり，その側方には傍帯状領域（parabelt area）があると考えられている。

C. 聴覚皮質におけるトノトピーの特色

一般に，聴覚皮質のニューロンは複雑な周波数同調特性を持っており，応答する周波数領域は音圧によって大きく変化する。そのため，聴覚皮質中心領域においてトノトピシティが明瞭になるのは，電位感受性色素を用いた光計測法などによりニューロン集団の細胞膜変化を観察した場合や，各ニューロンのスパイクの閾値まで刺激音圧を下げたときの周波数を電気生理学的手法などにより計測した場合に限られる。なお，この閾値において応答する周波数のことを特徴周波数（characteristic frequency; CF）と呼ぶ。

大脳皮質は6層構造からなるが，聴覚皮質の深さ方向においてニューロンの特徴周波数はほぼ同一である。また，皮質表面においてトノトピー軸と直交する方向には，同様の特徴周波数を持つニューロンが等周波数軸を形成しており，周波数表現という点においてトノトピーは冗長性を持っているといえる。なお，近年，聴覚皮質での特徴周波数の詳細な分布を2光子励起イメージングなどにより観察した結果から，例えば視覚皮質でのレチノトピーと比べると，聴覚皮質のトノトピーはそれほど精密な表現ではなく，粗い周波数勾配となっていることが示されている。

D. 聴覚皮質におけるトノトピーの変化

聴覚系のニューロンの周波数応答特性はさまざまな要因によって変化する。これをニューロンの**可塑性**（plasticity）という。特に聴覚皮質ニューロンには強い可塑性があり，例えば特定の周波数の音が給餌/給水，電気ショックなど，その動物の利害と結び付くと（連合学習），当の周波数に応答する皮質領域の拡大や，周波数同調特性の先鋭化などの変化が生じる。また，下位の聴覚経路でのトノトピー軸の損傷や加齢などによっても，聴覚皮質でのトノトピー表現は大きく変化する。

ニューロンの周波数応答特性の変化は持続的であるとは限らない。あるニューロンが音のどの周波数に対してどのタイミングで興奮または抑制的な応答を示すかを電気生理学的手法により調べたものを，そのニューロンの**周波数時間受容野**（spectro-temporal receptive field; STRF）という。哺乳動物を用いた近年の研究により，与える音の種類（音声/人工音）や，課題依存的な特定の音への注意などによって，聴覚皮質ニューロンの周波数時間受容野が瞬時に変化することが示されている。すなわち聴覚中枢系は，音の文脈に応じて応答特性を適応的に変化させ，抽出すべき音の時間周波数特徴をその状況ごとに表現する性質を備えていると考えられる。

◆ もっと詳しく！
平原達也, 蘆原 郁, 小澤賢司, 宮坂榮一：音と人間, コロナ社 (2012)

重要語句 反復，マンドリン，持続音，振幅変調音

トレモロ奏法
[英] tremolo

トレモロは「震わす」ことを意味しており，楽器演奏において，一つの高さの音または高さが異なる二つの音を繰り返し鳴らす奏法である。演奏楽器によって，演奏の仕方が若干異なる。

A．楽器による演奏の仕方

声楽や打楽器では，一つの高さの音を急速に反復する。弦楽器では，弓を急速に上下して一つの高さの音を反復する。または，弓を返さずに，二つの高さの音を急速に反復する。ピアノ（⇒p.374）では，8度や5度などの音程（⇒p.70）の2音を急速に反復する，あるいは，同一音を急速に連打して反復する。

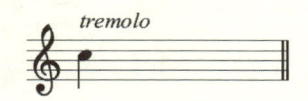

(a) 楽譜におけるトレモロ表記

(b) トレモロの演奏方法例

B．類似する奏法との違い

トレモロ奏法と類似するものとして，トリルがある。トリルは，楽譜に書かれている音（記譜音）とその音より高い隣接音を数回にわたり，交互に細かく演奏する装飾音である。トレモロと同じように，トリルも「震わす」ことを意味している。

このように，トリルはトレモロと類似しているところがあるが，トリルでは同一音を交互に繰り返すことはなく，その点でトレモロとは異なっている。

(a) 楽譜におけるトリル表記

(b) トリルの演奏方法例

C．トレモロ奏法を用いる演奏例

トレモロ奏法は，上述したように，声楽や弦楽器，ピアノで用いられる。トレモロをおもに使って演奏する楽器として，マンドリンがある。

マンドリンは，弦を弾くことによって演奏される撥弦楽器の一つであり，ギターのようにネックがある。ただし，ギターとは異なり，指板上のフレットが響孔の上に少しだけ突き出している。

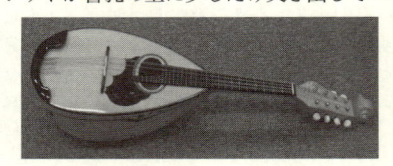

ヴァイオリン（⇒p.18）やギター（⇒p.162）と異なり，マンドリンは完全5度の関係で調弦された金属製の複弦を4対持ち，各対はほぼ同じ高さに調弦された2本の弦から成り立つ。つまり，マンドリンは4対，計8本の弦を持つ。そして，マンドリンの調弦はA4の音を442 Hzに設定することが多く，それを基準に第4対をG3，第3対をD4，第2対をA4，第1対をE5の音高に調弦する。

マンドリン演奏におけるトレモロ奏法では，ピックを用いて1対の弦を上下方向に撥弦させることを繰り返す。この方法によって持続音を演奏することが可能となる。ピックを下方向に動かすことをダウンピッキング，上方向に動かすことをアップピッキングという。

マンドリンの第3対（上から二つ目の対）をトレモロ演奏する方法について説明する。

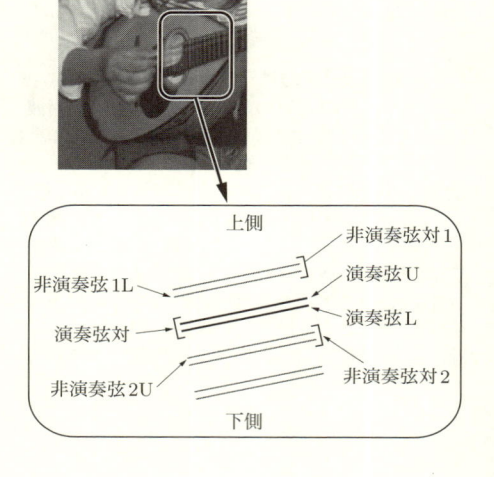

上側
非演奏弦対1
非演奏弦1L
演奏弦U
演奏弦対
演奏弦L
非演奏弦2U
非演奏弦対2
下側

ここではトレモロ演奏で撥弦する2本の弦を「演奏弦対」と呼び、それ以外の3対6本の弦をそれぞれ「非演奏弦対」と呼ぶことにし、上図のように各弦を定義しよう。各対において、奏者の頭に近い上側の弦には"U"を付与し、下側の弦には"L"を付与することにする。また、演奏弦対よりも上側の非演奏弦対を「非演奏弦対1」、演奏弦対よりも下側の非演奏弦対を「非演奏弦対2」と呼ぶことにする。

このように定義した演奏弦対のトレモロ演奏をダウンピッキングからスタートする場合、最初に、演奏弦対の上方に隣接する非演奏弦1Lにピックを接触させる。つぎに、演奏弦Uにピックを移動させ、ピックを下方に移動させて二つの演奏弦UおよびLをほぼ同時に撥弦させる。そして、非演奏弦2Uにピックを接触させたのち、演奏弦Lにピックを移動させ、ピックを上方に移動させて二つの演奏弦をほぼ同時に撥弦させ、再度、非演奏弦1Lにピックを接触させる。この操作を繰り返す奏法が、マンドリン演奏におけるトレモロ奏法の一例である。

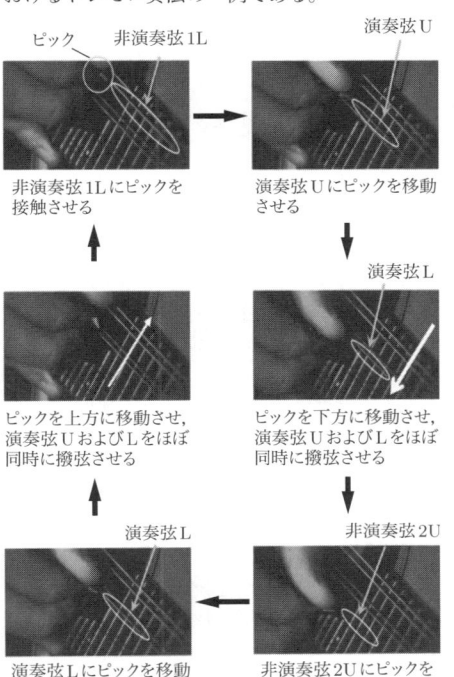

ここでは非演奏弦にピックを接触させているが、それを行わなければならない、またはピックを非演奏弦に接触させない演奏が誤りであるということはないといわれている。非演奏弦1Lや2Uなどの非演奏弦を弾いてしまった場合、誤った音が演奏されてしまうため、そのようなことが生じないように手の動きを制御する必要がある。上記で説明したトレモロ奏法、トレモロ音の録音波形を示す。減衰音を連続して演奏しているため、トレモロ音が**振幅変調音**のような音に聞こえることが、波形からもわかる。

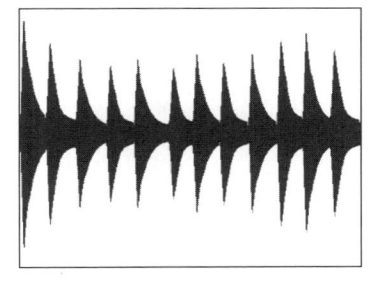

トレモロ演奏における撥弦操作の速度は、一般に決められておらず、奏者間で特に基準はないといわれている。しかし、トレモロ音が途切れて聴こえる速さでは遅く感じられるので、その速さ以上で演奏するべきといわれている。また、大半の奏者は、マンドリンの先生の指示により、あるいは熟達者のトレモロ音を真似て、速度を習得すると考えられている。

マンドリン演奏においては、トレモロ奏法以外に、1対の弦を1回だけ弾く、ピッキング奏法が用いられる。楽曲の演奏時、楽譜に奏法の指定がない場合、楽譜上にスラーが記譜されているときはトレモロ奏法で演奏し、スタッカートが記譜されているときはピッキング奏法で演奏すると決められている。また、曲のテンポによってどちらの奏法を用いるかを奏者が判断することもある。

◆ もっと詳しく！

金澤正鋼 監修：新編音楽小辞典, 音楽之友社 (2004)

重要語句　音色，主観評価，尺度，SD法，隠れ基準付3刺激2重盲検法

音色と音質の評価
[英] evaluation of timbre and sound quality

音色と音質の評価法として，さまざまな方法が考案されている。代表的なものとして，心理学的測定法，心理学的尺度構成法，SD法が挙げられる。また，オーディオの音質評価法として，隠れ基準付3刺激2重盲検法がある。

A. 音色と音質

音の3要素（⇒p.54）とは，音の大きさ，「高い－低い」で表現される音の高さ，**音色**（timbre）である。音の大きさも音の高さも同じで違う音の場合に，音色が異なると定義されている。

音色と対応すると考えられる物理量には，周波数スペクトル，立ち上がり，減衰特性，定常部の変動，成分音の調波/非調波関係，ノイズ成分の有無などが挙げられる。また，一般的には音色と音質（sound quality）はほぼ同義として扱われている。

B. 音色や音質の評価に使える手法

（1）心理学的測定法　心理学的測定法には，恒常法，極限法，調整法などがある。恒常法は，刺激をランダムに提示し，標準刺激と比べて2件法（「より大きい」「より小さい」などで判断する）や3件法（2件法に「同じ」という判断が加わる）で評定者に判断させ，主観的等価値（同じと感じる値）を求める方法である。極限法は，標準刺激に対して比較刺激を上昇系列と下降系列で提示し，2件法や3件法を繰り返し，主観的等価値などを求める方法である。調整法は，評定者がダイヤルなどを動かし，刺激の強度を変化させて主観的等価値を求める方法である。

（2）心理学的尺度構成法　評価で多用される**主観評価**手法であり，対応する物理量と関わりなく主観的印象を測定することにより尺度値と物理量などの相関を求めて示すことが多い。これらの手法で用いられる**尺度**の4水準には，それぞれ異なる性質を含む名義尺度，順序尺度，距離尺度，比率尺度がある。ここからは，多用される手法について説明する。

評定尺度法・一対比較法・ME法　評定尺度法は，ある印象を尺度上に当てはめた数値で回答させる方法であり，例えば，「鋭い－鈍い」を5段階で評価させる方法などがこれに当たる。10個の音源を評価するのに10回の評価ですむので，実験規模を比較的小さくできる。その代わり，評定者の内部にある判断基準は，10回の評価中で変化してしまう場合もある。

一対比較法は相対的判断を示す方法である。基準音に対する評価音の印象を判断するので，評定者の内部の判断基準が多少変化しても，基準音にも同様の影響があるであろうことから，相対的な判断への影響は小さいと見なせる。ただし，対象とする刺激音を総当たりで比較させるので，実験規模は大きくなる。

シェッフェの一対比較法では，音の「好ましさ」に関して5段階や7段階で評価させる際に，基準音と比較する評価音の相対的な評価を行わせる。尺度値は評価値の平均で求められる。評価に慣れた評定者に適した評価法である。

一方，サーストンの一対比較法では，「どちらが好きか？」などの2択判断を，対象の刺激音について総当たりで行わせて，各刺激対の選択確率を求める。すべての対で，この選択確率の差を求めて平均すると，各刺激音に対する尺度値が得られる。2択での評価なので，評価に慣れてない評定者にもやりやすい。

ME（magnitude estimation；マグニチュード推定）法は，直接的に比率尺度を得ることができる評価法であり，音の大きさの測定のほか，音色や音質の評価にも使われることがある。基準となる刺激音源に対して，評価音源の対象となる評価の属性ごとに，例えば2倍の大きさ，3倍の大きさなどの比率で回答する。

多次元尺度構成法・多変量解析・SD法　多次元尺度構成法とは，対象同士の評価結果から距離（音色の評価なら，類似しているほど数値は小さくなる）を求めて，多次元の配置に対象を布置する手法である。次元の軸は評価の要素となる軸と考えられ，これにより対象同士の関係が理解しやすくなる。

多変量解析には重回帰分析，主成分分析，因子分析，クラスタ分析など多くの分析法があり，これも多次元的な性質に対応する手法である。

SD（semantic differential）**法**（⇒p.100）とは，複数の形容詞対を利用して，音も含めた印象評価を行い解析する手法である。複数の形容詞対（「明るい⇔暗い」「厳しい⇔やさしい」など，10〜30の形容詞対）で得られた評価結果の相関係数（似ている度合い）を計算することで，感情因子としてまとめられる言葉の意味を含んだ因子を抽出できる。具体的には，美的因子，金属性因子，迫力因子を代表的な音色因子としてまとめた研究結果が報告されている。

C. 高音質なオーディオ信号の評価

音色や音質の評価においては多次元の印象を評価することになるが，非常に小さな差異を多次元尺度で評価することは，困難な場合がある。

高音質なオーディオ信号の評価法はITU-RのBS.1116に勧告があり，基本品質と呼ばれる多次元の印象を評価の基準としながら，1次元の劣化尺度による評価を推奨している。近年のオーディオ圧縮技術は音質劣化が小さく，圧縮後も音の大きさや音の高さの変化がきわめて少ない。結果として，オーディオ圧縮技術の評価は，音色や音質の変化を評価しているといえる。そこで，BS.1116の勧告内容を紹介する。

（1）音源の選定 専門家による評価音源の選定が推奨されている。評価試験を適正に行うためには，下限の評価値を想定した劣化の大きいアンカー（anchor）と呼ばれる音源の選定が重要である。

（2）基本品質 オーディオの評価をする際には，ITU-R BS.1284に勧告される基本品質に関して評価することが示されている。基本品質（basic audio quality）には，空間的印象（spatial impression），ステレオ感（stereo impression），透明性（transparency）（表現する言葉の例：クリアな/濁った），音のバランス（sound balance），音色（timbre），雑音やひずみのなさ（freedom from noise and distortions）（電気雑音，音響雑音，騒音，ビット誤り，ひずみなどのさまざまな妨害現象の不在），主印象（main impression）などの多次元の印象が記載されている。

（3）劣化尺度 基本品質には多くの印象が含まれているが，基準音と評価音の差を1次元の尺度となる5段階劣化尺度で評価する（下図）。

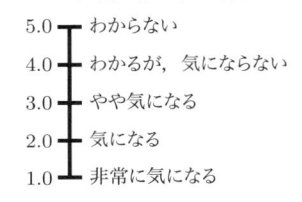

- 5.0 わからない
- 4.0 わかるが，気にならない
- 3.0 やや気になる
- 2.0 気になる
- 1.0 非常に気になる

（4）トレーニング この実験の前に，参加者グループでアンカー音源を中心に試聴し，基本品質の差に関する討議を行う。討議により各評定者の検知能力の向上を図り，アンカー音源程度の劣化は，例えば2.0程度に評価するよう教示する。これは，評定者ごとの劣化の検知限のばらつきを小さくし，回答する評価値の範囲を広げる効果がある。

（5）評価法 非常に小さな差異を評価するには，隠れ基準音付3刺激2重盲検法が適している。再生装置の構成を下図に示す。基準音はRから再生されるが，AとBからは基準音と評価音がランダムに提示される。評価者は，AとBのどちらかを基準音と判断し，必ず5.0点をつける。評価音に対しては，劣化を4.9～1.0までの数値で評価する。

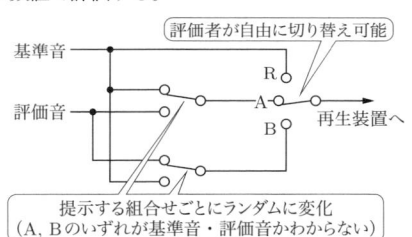

（6）評価結果 結果は評価音と基準音の評価点の差分値（Diff grade ＝（評価音点数）－（基準音点数））で評価する。Diff gradeは，評価音と基準音の判断が正しければ負の値となる。ステレオ素材のオーディオ圧縮であるMPEG-2 AAC（advanced audio coding）のメインと，LC（low complexity）プロファイル128 kbps，MPEG-1 レイヤーII 192 kbps，MPEG-1 レイヤーIII（MP3）128 kbpsの主観評価結果を下図に示す。MP3の128 kbpsでの音質劣化は，普通の試聴では気づくことは難しいが，ピッチパイプやハープシコードの評価値は非常に低い値で評価され，MP3などと比較してAACの音質劣化がきわめて小さいことが示されている。

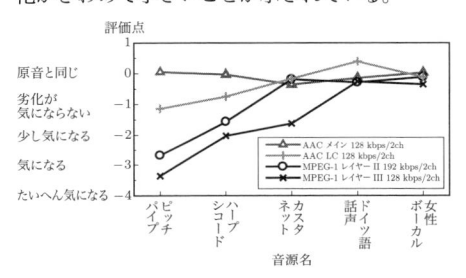

◆ もっと詳しく！
岩宮眞一郎 編著：音色の感性学，コロナ社 (2010)

重要語句　温度勾配，エネルギー輸送，エネルギー変換，プライムムーバー，ヒートポンプ，スタック

熱音響
[英] thermoacoustic

　熱音響とは，これまでの音響学ではあまり注目されてこなかった音と熱の関わりに着目した現象である。音や熱のエネルギー輸送，音波から熱あるいは熱から音へのエネルギー変換が可能となる。

A. 熱音響現象とは

　これまで，音波は非常に短い時間内に圧縮・膨張し，また，周囲が広い自由空間であり，熱が移動しやすい状態ではないため，熱の移動を伴わない断熱過程として取り扱われている。しかし，ある条件においては，このような断熱変化だけでない音響現象も存在する。例えば，狭い空間に音波を伝搬させると，壁と流体において音波を通じた熱交換が行われ，壁には音波伝搬方向と同じ向きに**温度勾配**が生じる。この現象を通じ，音波は本来の音のエネルギーの輸送に加えて，熱のエネルギーの輸送の機能を持つことが可能となる。これらの現象は，熱音響現象と呼ばれ，音波による**エネルギー輸送**と，音から熱あるいは熱から音への**エネルギー変換**の二つの側面を持つ。したがって，熱音響現象を利用すると，音のエネルギーを熱のエネルギーに，熱のエネルギーを音のエネルギーに変換する新たなシステムの構築が可能となる。

　日本で最も古くから知られていた熱音響現象として，1776年に出版された上田秋成の『雨月物語』に「吉備津の釜」として登場する釜鳴り現象がある。また，西欧ではパイプオルガンをバーナーで修理しているときに音が鳴ったという報告がある。

B. 熱音響冷却システム

　熱音響現象の応用として注目されている熱音響冷却システムを例として，現象の簡単な原理について説明する。熱音響冷却システムでは，上で述べた熱音響現象を組み合わせた自励的なエネルギー相互変換を利用している。すなわち，熱のエネルギーを音のエネルギーにいったん変換したのち，熱のエネルギーに再変換することによって冷却を行う。2回の変換を行うため効率的には不利となるが，冷却のための新たな駆動エネルギー源が不要であること，有害冷媒が不必要であることや，入力となる熱の種類を選ばないという大きな長所を持っている。

　次図(a)は説明する熱音響冷却システム（ループ管）の外観写真，図(b)は概念図である。

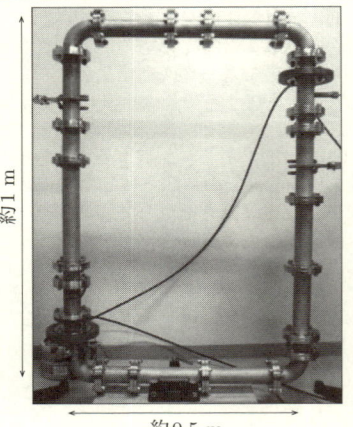

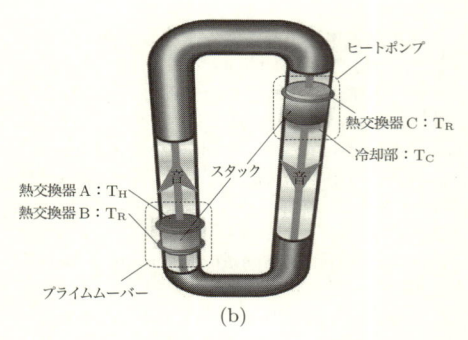

(a) 約1 m × 約0.5 m

(b) ヒートポンプ，熱交換器C：T_R，冷却部：T_C，スタック，熱交換器A：T_H，熱交換器B：T_R，プライムムーバー

　このループ管は，直径42 mmのステンレス製パイプで構成され，高さ約1 m，幅約0.5 m，全長約3 mである。ループ管内では，熱のエネルギーから音のエネルギーへの変換と，その逆の音のエネルギーから熱のエネルギーへの変換が行われている。前者のエネルギー変換は**プライムムーバー**と呼ばれる部分で行われ，後者は**ヒートポンプ**と呼ばれる部分で行われる。プライムムーバーは，外部からの熱を取り込む熱交換器Aとシステムの基準温度を与える熱交換器Bの二つの熱交換器と，細管群で構成される熱音響冷却システムの基本部品である**スタック**で構成される。スタックの上下を熱交換器で挟み，スタック内に温度勾配を実現している。このシステムでは，熱交換器Aには電気ヒーターから熱を供給し，熱交換器Bは循環水を用いて基準温度としている。

　一方，ヒートポンプは，システムの基準温度を与える熱交換器Cとスタックで構成される。上

図では，熱交換器Cには熱交換器Bと同じ温度の循環水を還流させ，この実験系の基準温度としている．ループ管の最終的な冷却部はヒートポンプのスタックの下部となり，実験ではこの部分の温度を測定している．スタックでは，ループ管内に満たされた音波伝搬媒質（作業流体）とスタック壁の間で行われる直接的な熱交換を通じて，音と熱の相互エネルギー変換が行われる．このため，スタックはループ管において最も重要な部品である．ループ管における代表的な冷却特性（冷却部の温度変化）を下図(a)に示す．図において，システム内に封入する作業流体はHeとArの大気圧混合流体であり，入力熱エネルギーは約300 Wである．一般的な家庭用冷凍室の温度である-20℃と同程度の温度低下を実現していることがわかる．そのときのループ管内のエネルギーの流れを簡単に示すと，下図(b)のようになる．図中の実線が音のエネルギーの流れを示し，破線が熱のエネルギーの流れを示す．横軸正方向のエネルギーの流れを縦軸の正方向に定義している．横軸の0はプライムムーバースタックの下端を示し，網掛けの部分はスタック設置位置を示している．プライムムーバーで熱エネルギーが音エネルギーに変換され，ヒートポンプで，逆手順で熱エネルギーへの再変換が行われる．その後，熱エネルギーに変換されなかった音エネルギーはループ管内を伝搬し，プライムムーバーに戻る．この周回を続けることによって，ループ管は動作を継続する．図中のΔI_{PM}はプライムムーバーにおける音のエネルギー増幅量を表し，ΔI_{HP}はヒートポンプにおける減少量を示している．ΔQ_{PM}はプライムムーバーにおける熱のエネルギーの減少量，ΔQ_{HP}はヒートポンプにおける増幅量を示している．

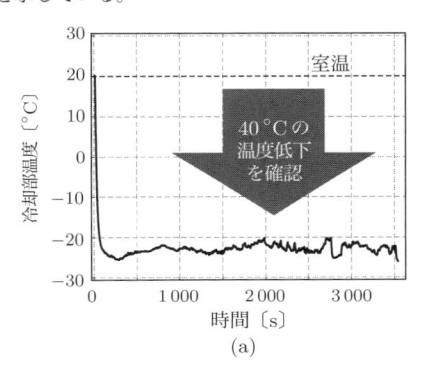

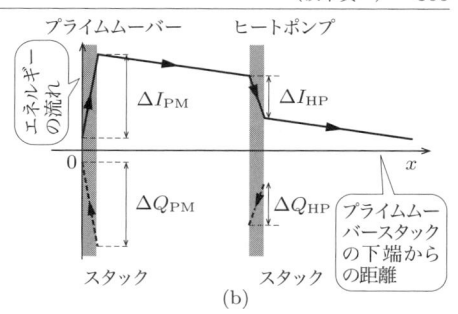

プライムムーバーに熱の供給を開始すると，スタックの上下方向に大きな温度勾配が形成される．この温度勾配によって，音波の伝搬媒質である作業流体とスタック壁の間で熱交換が行われ，ループ管長で決定される自励振動へと発展して音波が生成される．つまり，熱から音へのエネルギー変換が行われたことになる．エネルギーの流れは，上図(b)に示すように，プライムムーバー内の熱のエネルギーの流れの変化量ΔQ_{PM}が，音のエネルギーの流れの変化量ΔI_{PM}に変換されている．作業流体を大気圧の空気とすると，上図(a)の例では，発振周波数約100 Hz，音圧レベル160 dB以上の非常に強い音波が発生する．

このように，入力された熱のエネルギーの一部は音のエネルギーとしてループ管内を運ばれ，ヒートポンプ側のスタックにおいて，先ほどの逆手順で熱のエネルギーへの再変換が行われる．この変換を通じて，冷却部の熱が熱交換器Cへ引き抜かれるために，結果として冷却部の温度が低下する．ヒートポンプにおけるエネルギーの流れは，上図(b)に示すように，音のエネルギーによって熱が移動させられ，減少する音のエネルギーの流れの変化量ΔI_{HP}に対応して熱のエネルギーの流れの変化量ΔQ_{HP}を増加させる．その後，残りの音のエネルギーはループ管内を伝搬し，プライムムーバーに戻る．この周回を続けることによって，ループ管は動作を継続する．上図(a)に示すように，冷却部の温度は，熱投入後にすみやかに室温から-20℃まで約40℃低下し，その後，安定した長時間の継続的な運転が行われることがわかる．

◆もっと詳しく！
1) 富永　昭：熱音響工学の基礎，内田老鶴圃 (1998)
2) 坂本眞一，渡辺好章：音と熱のコラボレーション —熱音響冷凍機実現に向けて，電子情報通信学会誌, **90**, 11, pp.993–997 (2007)

重要語句　バイノーラル信号, 立体音, ITD, ILD, 音像定位

バイノーラルシステム
[英] binaural system

イヤホンを用いて，左右の耳の受音点における瞬時音圧を制御することにより，立体音を再生するシステム．

A. バイノーラルシステムの原理

バイノーラルシステム，すなわちバイノーラル録音・再生方式の原理は，イヤホンを用いて左右の耳に再生した音の瞬時音圧 $p_L^{\text{Rep}}(t)$, $p_R^{\text{Rep}}(t)$ が受聴者の左右の耳に届いた生の音の瞬時音圧 $p_L(t)$, $p_R(t)$ と同じならば，受聴者は両者の聴こえの違いを区別しようがない，というものである．すなわち

$$\begin{cases} p_L^{\text{Rep}}(t) = p_L(t) \\ p_R^{\text{Rep}}(t) = p_R(t) \end{cases} \quad (1)$$

が満たされる場合，受聴者はイヤホンで再生した音を聴いたときに，生の音を聴いたときと同じ立体的な音像を知覚する．

音源 s から放射された音波を $s(t)$，s から受聴者の左右耳の受音点までの音響インパルス応答を $h_L(t)$ と $h_R(t)$ とすると

$$\begin{cases} p_L(t) = s(t) \otimes h_L(t) \\ p_R(t) = s(t) \otimes h_R(t) \end{cases} \quad (2)$$

となる．$h_L(t)$ と $h_R(t)$ の周波数領域表現である複素伝達関数は，頭部伝達関数と等価である．

受聴者の両耳に置いたマイクロホンで録音した**バイノーラル信号**をイヤホンで再生する場合，マイクロホンのインパルス応答と，マイクロホンアンプ，AD/DA 変換器，イヤホンアンプなど電気音響系全体のインパルス応答と，イヤホンの実耳装着時のインパルス応答を畳み込んだインパルス応答を $h_L^{\text{aud}}(t)$ と $h_R^{\text{aud}}(t)$ とすると

$$\begin{cases} p_L^{\text{Rep}}(t) = s(t) \otimes h_L(t) \otimes h_L^{\text{aud}}(t) \\ p_R^{\text{Rep}}(t) = s(t) \otimes h_R(t) \otimes h_R^{\text{aud}}(t) \end{cases} \quad (3)$$

となる．

式 (1) が満たされるのは，$h_L^{\text{aud}}(t)$ と $h_R^{\text{aud}}(t)$ が単位インパルスのとき，すなわち，それらの周波数領域表現である複素伝達関数 $H_L^{\text{aud}}(\omega)$ と $H_R^{\text{aud}}(\omega)$ が 1 のときである．しかし，そのようなマイクロホンも電気音響機器もイヤホンも現実には存在しないので，逆フィルタで $H_L^{\text{aud}}(\omega)$ と $H_R^{\text{aud}}(\omega)$ を補正することになる．

B. バイノーラル録音

両耳に届く音波をバイノーラル録音する場合，受音点をどこにし，マイクロホンをどのように設置するかという問題があるが，原理的には，外耳道内のどこであっても構わない．

実験室では，マイクロホンの設置のしやすさとバイノーラル信号の再生精度の高さから，外耳道入口付近を受音点として，外耳道を閉塞した状態でバイノーラル信号を録音することが多い．この条件でのバイノーラル録音には，外耳道入口付近に充填したシリコーン印象材に小型 ECM (electret condenser microphone) を埋め込んだ個人用の耳栓マイクロホンが用いられる．

実験室の外では，市場にあるさまざまなバイノーラルマイクロホンが用いられているが，それらは必ずしも音響的に正確なバイノーラル信号の録音を目的としたものとは限らない．

バイノーラル録音用耳栓マイクロホンの一例を下図に示す．

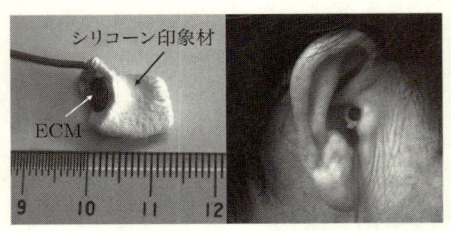

他人の頭部やダミーヘッドを用いて録音されたバイノーラル信号は $h_L(t)$ と $h_R(t)$ が自分の頭部のものとは異なるので，それらを補正しないと式 (1) が満たされない．また，自分の頭部で測った $h_L(t)$ と $h_R(t)$ があれば，式 (2) を用いて計算機上でバイノーラル信号を合成することもできる．

バイノーラルシステムの例を下図に示す．

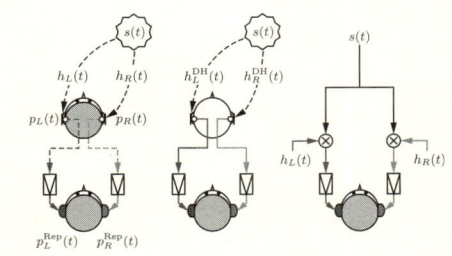

(a) 実頭で録音したバイノーラル信号を再生
(b) ダミーヘッドで録音したバイノーラル信号を再生
(c) 合成バイノーラル信号を再生

C. バイノーラル再生

バイノーラルシステムにおいて，現代のマイクロホンと電気音響機器は大きな問題にはならない．それらの伝達特性は可聴帯域で十分に平坦であり，ハムノイズやヒスノイズが少なく，電気的なクロストーク特性とひずみ特性が良好なものを用いればよい．これに対して，バイノーラル信号再生に適したイヤホン（ヘッドホン）は少なく，その選択は大きな問題になる．

まず，多くのイヤホンは実耳に装着したときの伝達特性が平坦ではない．また，左右のイヤホンドライバはまったく同じ特性ではないし，耳介形状の個人差は大きく，その左右差も少なくない．すなわち，式(1)を満たすためには，受聴者の左右耳それぞれで，使用するイヤホンの実耳装着時伝達特性を補正する逆フィルタが必要となる．

つぎに，外耳道閉塞条件で録音したバイノーラル信号を再生する場合，イヤホン装着時にイヤホンから外耳道内と外側を見込んだ音響インピーダンスが等しいことが要求される．この FEC (free equivalent coupling to the air) 条件を満たすイヤホンはなく，いくつかの開放型イヤホンが辛うじてこの条件に準じる．しかし，開放型イヤホンは，その構造上，左右チャネル間の音響クロストークが大きく，式(1)を満たすにはそれをキャンセルする必要がある．

ところが，適切な開放型イヤホンを用い，上述した逆フィルタやクロストークキャンセラを実装して，式(1)をほぼ満たすバイノーラル信号を再生しても，生の音を聴いたときと同じ**立体音**が知覚されないことが多い．例えば，前方から出した音を後方に定位したり，正面の遠方から出した音を頭部の近くや頭内に定位したり，水平面背面から出した音を少し高い仰角に定位したり，正中面から出した音の仰角の定位が曖昧になったりする．

じつは，われわれは実音源を実耳受聴しても，その音像を完全に定位できるわけではない．例えば，30度間隔に置いたラウドスピーカから放射した持続時間数秒の白色雑音を，目を閉じて頭部を動かさずに受聴したとき，水平面では約96%，正中面の上半面では約75%しか音像の方向を正しく定位できない．われわれの聴覚の最小弁別角度は，真正面の音源に対しては水平角で1度，仰角で数度であるが，これに比べて音像の定位能力は低い．また，われわれは真正面にある音源に対する音像距離を過小評価しがちで，音像は頭部の近くに定位されやすい．

D. 静的および動的バイノーラル信号

静止した頭部で録音したバイノーラル信号や，時不変な頭部インパルス応答を畳み込んで合成した静的バイノーラル信号を再生した場合，上述したように音像の定位が曖昧になることが多い．これに対して，受聴者の頭部や体の動きを反映した動的バイノーラル信号を再生した場合，音像はより正確に定位できる．

実世界で音を聴くとき，われわれは頭部や体を意識的に動かしたり，あるいは頭部や体は無意識的に動いたりするため，両耳に届く音は時変となる．その場合，脳は，静的両耳特徴（⇒p.306）である両耳間時間差（**ITD**）とレベル差（**ILD**）と静的単耳特徴であるスペクトルキュー（SC）に加えて，それらの時間変化（ΔITD, ΔILD, ΔSC）という動的な聴覚情報と頭部運動に伴う平衡感覚などの情報も利用できるので，音像位置の多義性が解消される．実際，頭を回転させながら実音源を受聴すると，前後誤りや定位の曖昧さが減る．また，頭部運動追従型ダミーヘッド（テレヘッド）や動的聴覚ディスプレイを用いて，受聴者自身の自発的な頭部運動に応じた動的バイノーラル信号を再生する場合，他人の $h_L(t)$ と $h_R(t)$ を用いても，厳しい音響条件を満たさないイヤホンを用いても，前後誤りや頭内定位が減り，正確に音像を定位できる．このとき，追従遅延が多少あっても，追従軌跡が正確でなくても，**音像定位**（⇒p.340）に大きな影響はない．

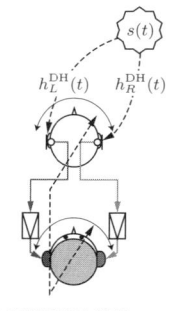

(a) 頭部運動追従型の
ダミーヘッドで録音した
動的バイノーラル信号

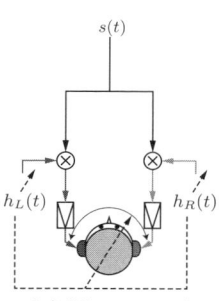

(b) 合成動的バイノーラル信号

◆ もっと詳しく！

平原達也，蘆原　郁，小澤賢司，宮坂榮一：音と人間，コロナ社 (2013)

重要語句　視覚障害者，サウンドデザイン，ラウドネス，道路交通騒音

ハイブリッド車などの静音性問題
［英］new noise problem on hybrid or electric vehicles

　電気自動車（EV）やハイブリッド車（HEV）に代表される次世代自動車の多くは，従来の内燃機関自動車よりも静かであり，その静音性ゆえに，歩行者が車の接近に気づかず危険に感じるという問題が指摘されている。

　これを受けて，車両に設置したスピーカから車両接近通報音を発生させることで歩行者に車両の接近などを知らせる対策が検討されている。このような音の適切な設計のため，多様な研究が実施されているとともに，国際基準の議論も進んでいる。また，本来は，この静音性は道路交通騒音対策の観点からは歓迎されるものであり，静音車の普及による道路交通騒音の変容の予測も重要な課題である。

A. 問題の背景

　近年普及が進んでいるEVやHEVは，低速域でのモータ走行時には動力源に由来する騒音が小さく，従来の内燃機関自動車（ICEV）よりも静かであるという特徴を有するものが多い。しかし，走行音が環境騒音と比べてあまりにも静かであれば，その音を車の存在や接近を知るための情報として利用することが困難になる。特に視覚障害者にとって自動車の位置がわからないことは，単独歩行するとき困難が増し，重大な危険性に繋がる可能性がある。この点が「静音性ゆえの新しい騒音問題」と指摘され，世界盲人連合（WBU）や全米視覚障害者連合（NFB）からも，この危険性への対策要請が出されている。国土交通省や米国・運輸省道路交通安全局（NHTSA）では，静音自動車の静粛性は歩行者の安全を脅かす問題であると捉え，接近通報音を利用することの義務化や，その音に関する要求項目の検討が行われている。

　国内では，2010年1月に「ハイブリッド車等の静音性に関する対策のガイドライン」が公表された。国際的には，国連・自動車基準調和世界フォーラム（UN/ECE/WP29）において，日本のガイドラインを原案とした国際ガイドラインが採択されている。これらのガイドラインでは，「内燃機関が停止状態，かつ，電動機のみによる走行が可能な電気式ハイブリッド車，電気自動車及び燃料電池自動車」を対象として，「歩行者等に車両の接近等を知らせるため（中略）車両に備えるための発音装置」の要件が示され，その音は「車両の走行状態を想起させる連続音」であること，音量については「内燃機関のみを原動機とする車両が時速20 kmで走行する際に発する走行音の大きさを超えない程度」であることなどが示されている。米国では，2010年に"Pedestrian Safety Enhancement Act"（歩行者安全強化法）が成立し，米国・運輸省道路交通安全局（NHTSA）において，車両に備える発音装置の音の種類や音量に関する検討が行われている。

B. 問題の本質と解決の方策

　この問題の本質を考えると，接近音の利用というのは理想的（ideal）な解決ではなく，一つの現実的（practical）な対策であるといえる。

　複数の研究によって，都市環境騒音下で車両の接近を走行音により検知できる距離が衝突回避距離未満となりうる可能性が示されているが，このような結果はいくつかのICEVでも見られる場合がある。また，Yamauchiらにより日本とドイツで実施された調査では，回答者の1.6％のみがEV/HEVを運転している者だったにもかかわらず，51.6％の回答者が「歩行者が自車の接近に気づかなかったために危険や不満を感じた経験がある」と回答している。Nagahataは，大型車の走行音や駐車車両のアイドリング音などによって，手掛かりとしたい自動車走行音が他の音にマスクされて歩行が困難になることが，EV/HEVが出現するより以前から視覚障害者らによって言及されていることを指摘している。

　つまり，この問題は，本質的には，手掛かりとなる車両走行音が環境騒音にマスクされてしまうという従来からの問題のバリエーションであり，EV/HEVに限定される問題ではない。低速度域でEV/HEVが従来のICEVより静かであることが問題をより顕著にしている側面はあるものの，少なくとも，従来車と同様の音を同程度の音量で再現することにより解決される状況は，きわめて限定的であると結論付けられる。

　しかし，静音車走行音をマスクしてしまうような騒音源対策には，相当の時間を要すると考えられる。また，各種センサによる歩行者検知や自動ブレーキシステムなどの非音響的解決も，多大な効果が期待されるが，いずれも短中期的に実現できるものではない。接近通報音を設計し，利用することが，当面の現実的対策として求められている。

C. 現実的対策としての接近音の設計

　接近通報音を利用するのであれば，どのよう

なサウンドデザイン（⇒ p.208）が適当であろうか。検討すべき要件は多岐にわたるが，最も基礎的かつ重要な側面として，環境音下での検知容易性が挙げられる。

1/3オクターブバンドレベルを指標として，環境騒音との相対レベルを設定するような接近通報音設計事例や，制度設計が進められている。しかしながら，高齢者では特に高周波数領域での感度が低下するため，若年者に検知されるレベルでは十分でない場合もある。国内の自動車メーカーでは，このような高齢者の聴覚特性に加え，典型的な都市環境騒音の周波数特性などを考慮した接近通報音を利用している事例もある。

加えて，実験室などの状況で集中して聴取する場合の検知レベルと，実環境で車両の接近を認識できるレベルは等しくない。Yamauchiらは，下図のような位置関係にある車両から発せられる接近通報音の音量について，いくつかの検討を行っている。

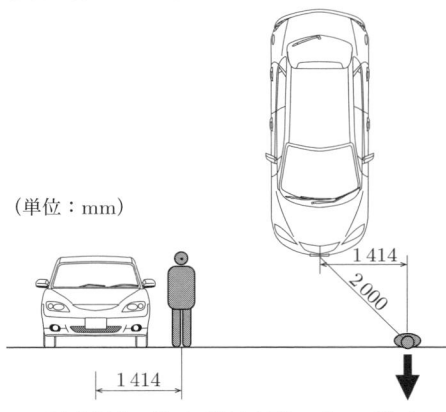

（単位：mm）

環境音刺激と接近通報音刺激を重ねて提示し，被験者に接近通報音の音量を「車の存在に気づくために必要なちょうどよい音量」（最適聴取レベル），および「最低限聴こえる音量」（検知レベル）に調整するよう求めた実験では，最適聴取レベルが検知レベルの＋10〜15 dB程度で，環境騒音の等価騒音レベルの値と同程度という傾向が示されている。この傾向は，異なる音源刺激を用いた検討や，異なる文化的背景を持つ被験者群を対象とした比較検討においても同様に示されている。車両接近通報音として安心して受容できる音量としては，単に検知できる音量より相当量大きな音量が求められているといえる。しかしながら，喧噪な環境騒音条件においても，そのA特性等価騒音レベル値と同等かそれ以上の大きな音を発することは現実的ではない。付加的な音を発することで車両の接近を歩行者に知らせ安全を確保するという策が有効な状況は，限定的であるといえる。

現実の環境音や接近通報音の時間変動の影響を考慮するには，非定常音のラウドネス（⇒ p.344）やマスキング効果（⇒ p.402），また振幅変調と気づきやすさの定性的関係の検討などについても，今後さらなる検討が必要である。

D. 静音車普及による騒音低減効果

ハイブリッド車・電気自動車などの静音性は，元来，道路交通騒音（⇒ p.346）対策の観点からは歓迎されるべきものである。これまで長きにわたって，環境騒音問題の一つとして道路交通騒音低減が重要な課題とされ，主としてその発生源である車両の排出騒音の低減対策が重ねられてきた。このような歴史的経緯を鑑みれば，静音自動車は音環境の観点からも環境に優しい「音環境対応車」であると評価できる。

EV/HEVなどの普及は，その静粛性による道路交通騒音の低減の効果が期待される。しかしながら，その効果は特定の状況に限られるようである。試験車両を用いた一般道路でのHEVとICEVの走行騒音パワーレベルを比較した検討事例を見ると，20 km/hでの定常走行時ではHEVのほうが5 dB程度低いが，50 km/hの定常走行時では1 dB程度のレベル差であった。HEVの騒音低減効果は車速が低い場合に大きいと示唆される。他の調査においても，20 km/h程度以下の低速度域でEV/HEVの騒音低減効果が顕著であろうことが示されている。騒音低減が期待される環境は，信号交差点付近や，路地などの低速度走行が主となる交通状況の道路近辺のみと予想される。ただし，このような環境は住宅地域内に多く見られるものであり，騒音からの保護がたいへん重要な地域と重なる。EV/HEVなどの普及が，このような地域の騒音低減に貢献することが期待される。

しかしながら，EV/HEVの音源パワーレベルに関する知見，特にその特徴が顕著であろうと考えられる低速度域に関する知見はいまだ乏しく，一層の調査や検討が期待されている。

◆ もっと詳しく！

山内勝也：ハイブリッド車・電気自動車などの静音性対策の動向―車両接近報知音のデザイン，日本音響学会誌, **68**, 1, pp.31–36 (2012)

重要語句　物理的展示，電気的展示，可視化，音響機器・楽器，科学教室

博物館や科学館における展示
［英］exhibitions in science or musical museums

音に関するさまざまな展示が，博物館や科学館に見られる。一般的に，博物館では希少な物品の展示とその解説が主であり，科学館では科学的な展示とその体験が主となる。体験展示は，固定された装置あるいは可動部を持つ装置により音波そのものの現象を扱う物理的展示と，マイクロホンやスピーカなどの電気音響変換器や電気装置を必要とする電気的展示とに大きく分類できる。さらに，近年ではコンピュータを介した体験展示も多く見られる。それらの展示内容は，時期や年ごとに変わる場合がある。

A. 代表的な音に関する体験展示

物理的展示では，見学者自身が音源を作り出し，音を聴く。物理的展示の代表的なものを以下に挙げる。

パラボラ集音器　パラボラ形状の集音器（直径は1～2m程度，⇒p.216）を，10～20m程度離して対向させる。一方のパラボラの焦点で話し，もう一方の焦点で聴くと，距離が離れているにもかかわらず，意外に相手の声が大きく聞こえる。反射によって指向性のある波を作り出すこと，また，反射した音が焦点で強め合うという波動の一般的性質を体験することができる。浜松科学館のパラボラ集音器を下図に示す。

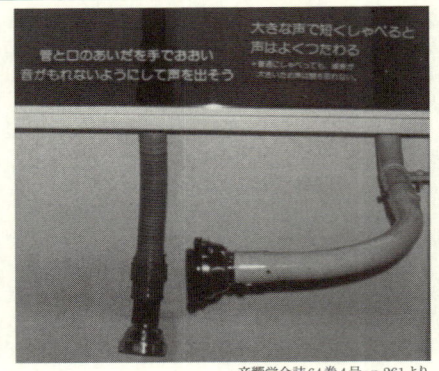

音響学会誌64巻4号, p.261より

声道模型　人間の「声の通り道」である声道を音響管で模擬した物理的な模型（⇒p.262）。声道は声門より上方の共鳴腔で，喉頭，咽頭，口腔，鼻腔から構成される。ブザー音に近い音色の音を，声道形状を模した筒や空洞に導くことで，母音の音色を体験することができる。プレートを操作することで空間形状を変え，異なる音色を一つの装置で創り出すことができるタイプも存在する。音源は電気的に作ることができるが，ふいごからリードへ空気を送って発音させる音源を使うものが多い。静岡科学館の声道模型を下図に示す。

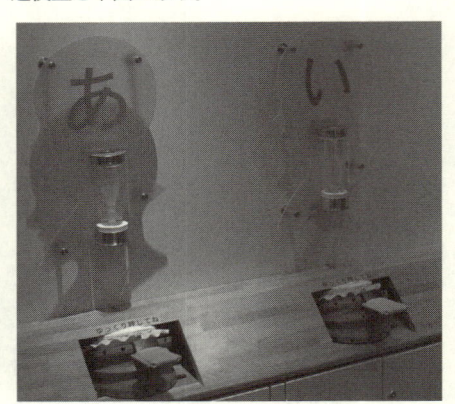

音響学会誌63巻4号, p.239より

伝声管　長い管の一端で声を発し，もう一端からその声を聴く。管の中では平面波に近い状態で伝搬することで，管が長くても（100m程度），よく音が聴こえる。両端を近接させ，それらを一人で扱うことにより，音の伝搬速度によって音が遅れることを体験できる。バンドー神戸青少年科学館の伝声管を次図に示す。

音響学会誌63巻8号, p.470より

電気的展示の代表的なものを以下に挙げる。

定在波の可視化　いわゆる「クントの実験」を行うもので，管（1次元音場）や箱（2次元音場）の中に，トレーサとなる粉末や液体を敷き詰め，端部に音源となるスピーカを設置した装置が用いられる（⇒p.140）。スピーカから再

生される音の周波数をツマミで変えながら，トレーサが激しく振動する位置（腹）を観察し，腹と腹の間隔から定在波の波長を目で見ることができる．音響学会誌71巻3号には，このときにできる縞模様の謎について迫った記事が掲載されている．

空気中での音の伝搬　密閉された透明な空間でチャイムなどの音源を鳴らし続け，中の空気を抜いていく．気圧を30 hPa程度にまで下げていくと，しだいに音が聴こえにくくなっていく．

クラドニ図形　板の上に細かい砂を撒いておき，スピーカから純音を再生するなどして板を振動させると，固有振動の腹に当たる部分の砂は激しく振動して押しのけられ，節の部分に集まり溜まる（⇒p.140）．この節線のパターンを観察することで，平面板の振動を**可視化**する方法である．加振周波数によって，さまざまなパターンが観測できる．

その他の電気的な展示としては，防音室内での音圧レベル体験や最小可聴値の簡易測定，音‒光変換，電話を例にした音声の多重伝送，AD変換，HRTFを用いた3次元音響到来方向のヘッドホン再生（⇒p.50），無限音階などが挙げられる．

科学館の展示物は，長時間にわたって不特定多数の来場者により操作される厳しい環境にある．また，展示装置が複雑になるに従い，その維持管理の負担も大きくなる．特に電気的展示の場合，仕様どおり動いているかの定期的な点検が必須である．残念なことに，機器が正常に動作しないまま展示されている場合もある．さらに，音に関する展示から発せられる音が他の展示の邪魔にならないよう，配置などを工夫する必要が生じる場合もある．

B. 音に関する珍しい展示

普段は接することの少ない珍しい**音響機器・楽器**も，博物館には展示されている．

見学者が展示品を自由に扱える模造楽器として，実際に演奏できるテルミン（ミュンヘンのドイツ博物館，スウェーデンのストックホルム音楽博物館）が挙げられる．ドイツ博物館には，テーブルの上にマイクロホンを接続したオシロスコープとパルス音再生器が展示されており，積み木の位置を自由に変えて，反射音の時間遅れ構造が変わる様子を観察できる．

金沢蓄音機館には電気増幅器を使わない蓄音機が各種展示されており，円盤あるいは円筒レコードと蓄音機を用いた再生が毎日定期的に行われている．

一方で，珍しい機器はガラスケース内での展示と説明のみとなるのが一般的である．米国のシカゴ科学産業館には，透明なマネキン人形に装着された人工内耳が展示されている．上野の国立科学博物館地球館には，日本で最初に円筒に巻いた錫箔に音を記録し再生したといわれる蘇言機（そごん）の複製品が展示されている．小林理学研究所音響科学博物館には，増幅器を使わないラッパ状の補聴器から始まる歴代の補聴器や，音の粒子速度を計る歴史的装置であるレイリー盤（⇒p.140）などが所蔵されており，まさに国内における最大の音響装置博物館といえる．東京都港区のNHK放送博物館には，放送に使われてきた音響・映像機器が数多く展示されている．

C. 楽器の博物館

楽器をおもに展示する博物館として，国内では浜松市楽器博物館，国立音楽大学楽器学資料館が挙げられる．前者には，チェンバロやクラビコード，ピアノ（⇒p.374）などの鍵盤の機構が展示されており，その発音の仕組みを，見学者自身が操作して確認することができる．

海外では，パリの音楽博物館が所蔵品・展示の充実度では群を抜くだろう．主要な展示楽器を用いた演奏は，無料貸し出しの赤外線ヘッドホンを使って展示の前で聴くことができる．

D. 展示以外の博物館・科学館の魅力

博物館・科学館では，展示だけではなく，**科学教室**，実験の実演など，さまざまな体験活動も行っている館が多い．日本音響学会の音響教育調査研究委員会が主体となって，国立科学博物館の「夏休みサイエンススクエア」に出展し，音・音声に関する実演や体験，振動を利用したおもちゃ（⇒p.242）の体験工作などを提供している．また，同館での「音の科学教室」では，同調査研究委員会が主導し，声道模型や，スピーカ，ヘッドホンの作成をこれまで実施している．

◆ **もっと詳しく！**

日本音響学会誌 連載企画：音の博物館，62巻12号〜66巻12号の偶数号で連載，http://www.asj.gr.jp/journal/museum.html（2006〜2010）

重要語句　食道発声，T-Eシャント法，電気式人工喉頭，拡大代替コミュニケーション，VOCA，重度障害者用意思伝達装置

発話障害者のための支援機器
[英] assistive device for speech-impaired

なんらかの疾患や異常により声を出すことが困難な状況になった場合，代替の意思疎通手段が必要になる。代替手段には，手話，文字，絵カード，絵記号など，音声を用いない手段と，人工喉頭，食道発声法，T-Eシャント法，音声出力意思伝達支援装置など，音声による手段がある。ここでは後者を扱う。

A. 発話の原理と障害の原因

音源フィルタモデル（⇒p.110）によれば，ヒトの発話は，(1) 肺から気管に空気が送り込まれ，(2) 声帯が振動して喉頭原音が生じ，(3) 喉頭原音が声道での共鳴により特徴付けられ，言語情報を含んだ音声として発せられる。

厚生労働省の身体障害認定基準では，「音声機能・言語機能の障害」として，つぎの三つを示している。

　a. 喉頭の障害または形態異常によるもの
　b. 構音器官の障害または形態異常によるもの
　c. 中枢性疾患によるもの

これら三つのほかに，聴覚障害で音声の知覚が困難であることに起因するものもある。ヒトの発声の原理と音声・言語障害を下図にまとめる。

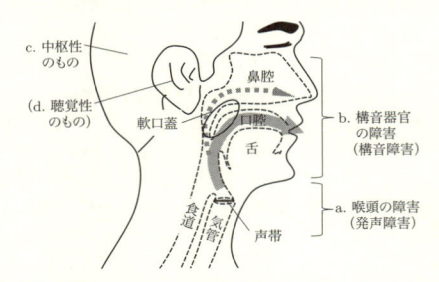

喉頭の障害の場合，喉頭原音が失われるが，原理的には，原音をなんらかの方法で補うことができれば声を出せる。食道発声法，T-Eシャント法（気管食道シャント法），電気式人工喉頭による方法がこれにあたる。

構音器官の障害や中枢性のものでは，言語聴覚士（ST）によるリハビリや，音声出力による支援機器が用いられる場合が多い。構音器官の障害では，歯科的な技術で形状を補うスピーチ支援や軟口蓋挙上装置といったものもある。

B. 原音の生成を支援する機器・方法

食道発声法は，食道内に蓄えた空気を逆流させ，意識的にゲップを出す要領で食道の入口部分の粘膜を振動させて，原音を生成する方法である。習得には練習が必要であり，食道発声の上達を支援するボランティア団体が全国に複数存在する。道具を必要とせずに声が出せる利点の一方で，1回の空気量が少ないため長い発声が困難であることや，雑音が多い荒い声になってしまうという難点もある。

T-Eシャント法は，気管と食道との間に弁の付いた管を通し，肺からの空気を駆動力として食道粘膜を振動させる方法である。発声時には気管孔を指で塞ぎ，空気が食道に流れるようにする。肺から送り出せる空気量が多いため，食道発声よりも自然で聴きやすい発声が可能である。ただし，衛生のために約3か月ごとに外来診療で管の交換を要し，費用がかかることや，1日に数回，気管孔から専用ブラシで管の掃除が必要であるといった課題がある。

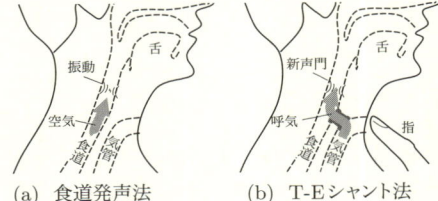

(a) 食道発声法　　(b) T-Eシャント法

電気式人工喉頭は，スイッチを押すと先端の振動子が振動してブザー音のような音が出る装置で，喉に押し当てると喉頭原音の代替となる。スイッチを押すだけで，メンテナンスや練習を要さずにすぐに使える利便性がある一方，機器からの直接音が漏れて雑音となってしまうことや，機械音のような声になってしまうといった課題がある。最近では，抑揚スイッチを備えたものも発売され，より自然に近い声が出せるように改良されてきている。

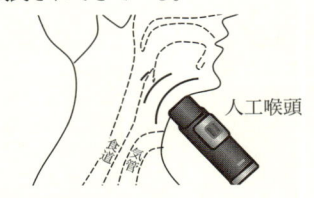

C. 音声出力による支援機器

絵シンボルカード，文字盤，スイッチ装置，音声出力機器などの道具や機器を用いて意思

疎通を行うことを，**拡大代替コミュニケーション**（augmentative and alternative communication; **AAC**）という。このうち音声出力による支援機器は，特に音声出力意思伝達支援装置（voice output communication aid; **VOCA**）と呼ばれる。

VOCAには，絵シンボルの描かれたボタンを押すと登録されていた声が出力されるものや，文字をキー入力して任意の文や単語をテキスト音声合成により音声出力できるものがある。最近では，タブレット端末アプリとして販売されているものも多く，インターネットに接続してメールなどができる機能を備えたものもある。代表的なVOCAのイメージを下図に示す。

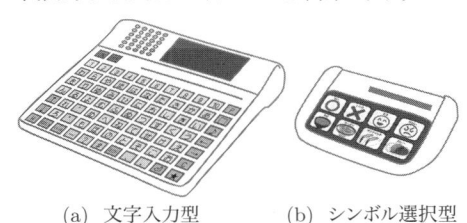

(a) 文字入力型　　(b) シンボル選択型

重度の筋萎縮性側索硬化症（ALS）患者などの筋・神経疾患患者では，通常のキー入力が困難となり，特別な入力手段を要する。その場合，パソコンに専用ソフトウェア，スイッチ，コントローラ類を組み合わせた**重度障害者用意思伝達装置**を用いる。入力方式には，文字盤上をカーソルが移動し，一つのスイッチを適切なタイミングで押して文字を入力していく「走査入力方式」や，脳波や脳血流量により選択をしていく「生体現象方式」がある。スイッチは瞬きや呼気などのわずかな力や動きでも検出できることが求められ，電気接点方式のほかに，帯電式，呼気（吸気）式，光電式，圧電素子式，筋電式などがある。

これらの選定や設置は，患者の病気の進行による変化も考慮しながら行われる必要があり，知識やノウハウが必要となる。日本リハビリテーション工学協会では，『「重度障害者用意思伝達装置」導入ガイドライン』を公開している。

D．その他の取り組み

テキスト音声合成では，患者自身の声を再現できるデータベースも構築可能であるが，それには相応量の声を録音する必要があり，声が出しにくい患者には負担が大きい。これに対し，モーラ単位の声や，限られた単語音声を録音し，一音ずつの音声を連続再生する方式がある。流暢ではない音声であっても，患者自身の人格を感じられる声であるため，患者のみならず患者を支える家族の精神的な支えにもなる。また，自らの録音単語を少しずつ増やしていくことが，闘病生活中の楽しみの一つとなる場合もあるようである。このような録音音声を利用する取り組みは症例としてはいまだ多くないが，2013年に日本神経学会ALSガイドラインにも加えられ，今後の発展が期待される。

このほか，音声出力機器として，テキスト音声合成ではない方式の音声生成器も開発されている。例えば，下図(a)に示すスマートフォンアプリは，画面上に示された母音や子音を示す点や線を指で適切になぞると，声が楽器のようにリアルタイムに生成される。下図(b)は"おはよう"の例である。画面上の点や線は，声道の共振周波数であるホルマント周波数に基づいて配置されており，ヒトが発話するときの舌の狭めの位置と類似している。この意味で，構音器官の動きを指の動きで置き換えた方式といえる。このような，従来とは異なった方法による発展途上の音声支援機器もいくつか存在している。

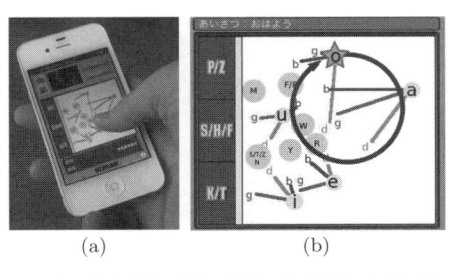

(a)　　(b)

以上，代表的な方法，製品，取り組みを挙げたが，当然のことながら，患者の生活様式や，声に対する考え方はさまざまである。機器の研究開発や選定の際には，患者の多様性に応じ，単に声や言葉を出力するだけではなく，あらゆる場面を想定し，患者やその周囲の人々の生活を豊かにすることが主目的であることに，注意が払われる必要がある。

◆ もっと詳しく！

伊福部達：音の福祉工学，コロナ社 (1997)

| 重要語句 | 波動方程式，変数分離法，固有モード，ヘルムホルツ方程式，境界積分方程式，基本解 |

波動場解析
[英] wave field analysis

空間における音波の振る舞いは，波動方程式に従う。したがって，ある空間中の音波の挙動を知るためには，その空間を規定する境界条件のもとで波動方程式を解けばよいが，これが非常に難しい。減衰のない線形音波の波動方程式は時間と空間に関する2階の微分方程式となり，条件が単純な場合に限って解くことができる。

A. 矩形室における過渡応答

音圧 p〔Pa〕に関する**波動方程式**は，音速を c〔m/s〕として以下の微分方程式となる。

$$\frac{\partial^2 p}{\partial x^2}+\frac{\partial^2 p}{\partial y^2}+\frac{\partial^2 p}{\partial z^2}-\frac{1}{c^2}\frac{\partial^2 p}{\partial t^2}=0 \quad (1)$$

下図のように，奥行き L_1〔m〕，幅 L_2〔m〕，高さ L_3〔m〕の剛な反射性の壁で囲まれた矩形室内の音の伝搬は，境界条件(2)および初期条件(3),(4)のもとで式(1)を解くことによって計算することができる。

$$\left.\frac{\partial p}{\partial x}\right|_{x=0}=\left.\frac{\partial p}{\partial x}\right|_{x=L_1}=\left.\frac{\partial p}{\partial y}\right|_{y=0}=\left.\frac{\partial p}{\partial y}\right|_{y=L_2}$$
$$=\left.\frac{\partial p}{\partial z}\right|_{z=0}=\left.\frac{\partial p}{\partial z}\right|_{z=L_3}=0 \quad (2)$$

$$p(x,y,z,0)=f(x,y,z) \quad (3)$$

$$\frac{\partial p}{\partial t}(x,y,z,0)=0 \quad (4)$$

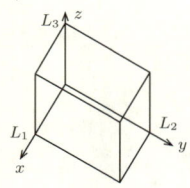

この問題を，**変数分離法**によって解いてみよう。まず，時空間の関数である音圧 $p(x,y,z,t)$ が，各軸および時間の1変数関数の積で表されると仮定する。すなわち

$$p(x,y,z,t)=X(x)\cdot Y(y)\cdot Z(z)\cdot T(t) \quad (5)$$

とする。式(5)を式(1)に代入して整理すると

$$\frac{1}{X}\frac{\partial^2 X}{\partial x^2}+\frac{1}{Y}\frac{\partial^2 Y}{\partial y^2}+\frac{1}{Z}\frac{\partial^2 Z}{\partial z^2}-\frac{1}{c^2}\frac{1}{T}\frac{\partial^2 T}{\partial t^2}=0 \quad (6)$$

が導かれ，式(6)左辺の4項が独立であるから

$$\frac{1}{X}\frac{\partial^2 X}{\partial x^2}=\alpha,\ \frac{1}{Y}\frac{\partial^2 Y}{\partial y^2}=\beta,\ \frac{1}{Z}\frac{\partial^2 Z}{\partial z^2}=\gamma,\ \frac{1}{T}\frac{\partial^2 T}{\partial t^2}=c^2\tau \quad (7)$$

($\alpha,\ \beta,\ \gamma,\ \tau$ はすべて定数)，かつ
$$\alpha+\beta+\gamma=\tau$$

が得られる。式(7)はすべて1変数関数であることから容易に解が得られ，かつ境界条件(2)および初期条件(4)より，その解が

$$p(x,y,z,t)=\cos\left(\frac{l\pi x}{L_1}\right)\cos\left(\frac{m\pi y}{L_2}\right)\cos\left(\frac{n\pi z}{L_3}\right)$$
$$\times\cos\left(c\sqrt{\left(\frac{l}{L_1}\right)^2+\left(\frac{m}{L_2}\right)^2+\left(\frac{n}{L_3}\right)^2}\pi t\right) \quad (8)$$

となる。ただし，l,m,n は0以上の整数を表す。
式(8)に現れる関数

$$\Phi_{l,m,n}(x,y,z)=\cos\left(\frac{l\pi x}{L_1}\right)\cos\left(\frac{m\pi y}{L_2}\right)\cos\left(\frac{n\pi z}{L_3}\right) \quad (9)$$

は，この矩形音場の**固有モード**と呼ばれ，音場解析の理論の上で重要である。

式(8)によれば，l,m,n の組合せによって，この問題の条件を満たす解がさまざまに考えられるので，一般解はすべての解の線形結合として，下記のような無限級数和で与えられる。

$$p(x,y,z,t)=\sum_{l=0}^{\infty}\sum_{m=0}^{\infty}\sum_{n=0}^{\infty}A_{l,m,n}$$
$$\times\cos\left(\frac{l\pi x}{L_1}\right)\cos\left(\frac{m\pi y}{L_2}\right)\cos\left(\frac{n\pi z}{L_3}\right)$$
$$\times\cos\left(c\sqrt{\left(\frac{l}{L_1}\right)^2+\left(\frac{m}{L_2}\right)^2+\left(\frac{n}{L_3}\right)^2}\pi t\right) \quad (10)$$

$A_{l,m,n}$ は l,m,n の各組合せに対する固有モードの振幅値であり，初期条件(3)を満たすように決定しなければならない。ここで，すべての成分は三角関数の積で表されているので，その直交性を利用して，それらの値を以下のように求めることができる。

$$A_{l,m,n}=\frac{F(l)F(m)F(n)}{L_1L_2L_3}\times\int_0^{L_1}\int_0^{L_2}\int_0^{L_3}f(x,y,z)$$
$$\cdot\cos\left(\frac{l\pi x}{L_1}\right)\cos\left(\frac{m\pi y}{L_2}\right)\cos\left(\frac{n\pi z}{L_3}\right)dxdydz \quad (11)$$

ただし，$F(0)=1$，非ゼロの整数 i に対して $F(i)=2$ である。応答を三角関数の和で表現し，各成分の値を三角関数の直交性を利用して求める手続きは，フーリエ変換と非常に類似している ($\Rightarrow$ p.382)。計算例として，3.6 m (D) × 2.7 m (W) × 2.1 m (H) の小室において，隅に置いた音源からパルス (計算上はガウスパルス) を発したときの床面中央 (R1) および床面隅角部 (R2) における音圧応答を下図に示す。

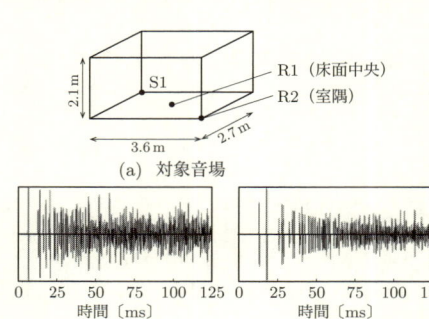

(a) 対象音場

(b) 音圧応答R1

(c) 音圧応答R2

B. 矩形室における定常応答

（1）ヘルムホルツ方程式　周期的定常の条件とは，場の音圧が角周波数 ω で周期的に変動する，すなわち $\tilde{p}(x,y,z)$ を空間位置 (x,y,z) における音圧の複素振幅として

$$p(x,y,z,t)=\tilde{p}(x,y,z)\cdot e^{j\omega t} \quad (12)$$

と表される条件である．定常状態の場合，振幅だけでなく，観測位置が異なるときに音圧変化のタイミングがどれくらいずれているか，いわゆる位相のずれも考慮しなければならないため，複素量として扱う必要がある．

時空間の関数である波動方程式 (1) に式 (12) を代入し，両辺に共通の時間項 $e^{j\omega t}$ を省略すると，以下の**ヘルムホルツ方程式**が導かれる．

$$\frac{\partial^2\tilde{p}}{\partial x^2}+\frac{\partial^2\tilde{p}}{\partial y^2}+\frac{\partial^2\tilde{p}}{\partial z^2}+k^2\tilde{p}=0 \quad (13)$$

ここで，k は ω/c に等しく，波数（wave number）と呼ばれる．

（2）境界積分方程式と基本解　ヘルムホルツ方程式に対する**境界積分方程式**は，以下のように表される．

$$\tilde{p}(\mathbf{r_p})=\int_\Gamma\left\{\tilde{p}(\mathbf{r_q})\frac{\partial G(\mathbf{r_p},\mathbf{r_q})}{\partial n_q}-\frac{\partial \tilde{p}(\mathbf{r_q})}{\partial n_q}G(\mathbf{r_p},\mathbf{r_q})\right\}dS_q \quad (14)$$

ここで，Γ は境界，$\mathbf{r_p}$, $\mathbf{r_q}$ は受音点 p，境界上の点 q の位置（ベクトルで表現），$\partial/\partial n$ は法線方向（内向きを正と定義）微分を表す．$G(\mathbf{r_p},\mathbf{r_q})$ はヘルムホルツ方程式の**基本解**と呼ばれる 2 点関数で，以下を満たす．

$$\frac{\partial^2 G}{\partial x^2}+\frac{\partial^2 G}{\partial y^2}+\frac{\partial^2 G}{\partial z^2}+k^2 G=-\delta(\mathbf{r_p}-\mathbf{r_q}) \quad (15)$$

ただし，$\delta(\ )$ はデルタ関数を表す．前出のような矩形室における定常応答を求めるために，この基本解を固有モードの重ね合わせとして導出してみよう．すなわち

$$G(\mathbf{r_p},\mathbf{r_q})=\sum_{n=0}^\infty b_n\Phi_n(\mathbf{r_p}) \quad (16)$$

とする．ここで，b_n はモード次数 n に対応した未知の係数である．固有モード $\Phi_n(\mathbf{r_p})$ は，その定義より固有波数 k_n においてヘルムホルツ方程式を満たす．

$$\frac{\partial^2\Phi_n}{\partial x^2}+\frac{\partial^2\Phi_n}{\partial y^2}+\frac{\partial^2\Phi_n}{\partial z^2}+k_n^2\Phi_n=0 \quad (17)$$

また，固有モードは，前出したように直交性を有している．すなわち

$$\int_\Omega \Phi_n\Phi_m d\Omega=\begin{cases}V=L_1L_2L_3 & (n=m)\\ 0 & (n\ne m)\end{cases} \quad (18)$$

である．式 (15) に式 (16) を代入し，固有モードの直交性 (18) を考慮し，さらに式 (17) の関係を考えると，次式となることがわかる．

$$G(\mathbf{r_p},\mathbf{r_q})=\sum_{n=0}^\infty\frac{\Phi_n(\mathbf{r_p})\Phi_n(\mathbf{r_q})}{(k_n^2-k^2)V} \quad (19)$$

（3）矩形室内任意の点の音圧の導出

式 (19) のように基本解として固有モードを採用した場合，その法線方向微分はゼロとなるので，解くべき積分方程式も単純化される．

$$\tilde{p}(\mathbf{r_p})=-\int_\Gamma\frac{\partial \tilde{p}(\mathbf{r_q})}{\partial n_q}G(\mathbf{r_p},\mathbf{r_q})dS_q \quad (20)$$

対象とする矩形室の境界を剛面 Γ_0，インピーダンス境界 Γ_Z，振動境界 Γ_V に分けると，それぞれの境界条件は以下のようになる．

$$\frac{\partial\tilde{p}(\mathbf{r_q})}{\partial n_q}=\begin{cases}0 & q\in\Gamma_0\\ -j\omega\rho\frac{\tilde{p}(\mathbf{r_q})}{z} & q\in\Gamma_Z\\ j\omega\rho v & q\in\Gamma_V\end{cases} \quad (21)$$

ただし，z, v はそれぞれ q 点における垂直入射音響インピーダンス（各面内で一定），および振動面の法線方向粒子速度（振動面内で一定），ρ は空気密度を表す．式 (19),(21) を式 (20) に代入して整理し，再び固有関数の直交性を利用することによって，受音点 p における音圧を以下のように計算することができる．

$$\tilde{p}(\mathbf{r_p})=-j\omega\rho v\sum_{n=0}^\infty\frac{\Phi_n(\mathbf{r_p})\int_{\Gamma_V}\Phi_n(\mathbf{r_q})dS_q}{V(k_n^2-k^2)+j\omega\rho\sum_{\Gamma_i\in\Gamma_Z}\frac{S_i}{z_i}} \quad (22)$$

計算例として，先の図 (a) と大きさが同じで，全周壁の垂直入射吸音率が 5 ％ である小室で，79 Hz（(1,1,0) モード周波数に相当）および 200 Hz の純音を励起した定常状態における床面上の音圧分布を下図に示す．79 Hz の場合には (1,1,0) モードのモード形状が，やや左右対称性を失った形で現れている．200 Hz の場合には複雑な音場を形成している様子がわかる．

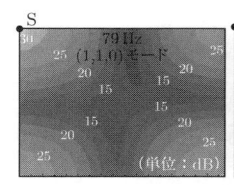

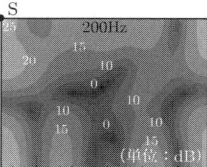

C. その他の方法

形状および境界条件がこれよりも複雑になると，解析的に解を求めることはできず，FDTD 法（⇒p.444），CIP 法（⇒p.442），BEM（⇒p.438），FEM（⇒p.446）などの，対象音場を細かく離散化して近似解を求める波動数値解析手法を用いなければならない．本項目で紹介した手法は，応用の面ではほとんど役に立たないが，上述の離散化手法を開発する際には，厳密な解を得られる本項目の手法をキャリブレーションとして有効に用いることができる．

◆ もっと詳しく！

P. A. Nelson and S. J. Elliot: *Active Control of Sound*, ACADEMIC PRESS (1992)

重要語句　声質，言語情報，非言語情報，態度，発話の意図，感情，韻律

パラ言語情報
[英] paralinguistic information

音声コミュニケーションにおいて，話し手が伝えようとして聞き手に伝わる情報から，言語情報を除外したもの。発話の意図（談話行為）の区別，話し手の態度の違いなどは，音声が伝える代表的なパラ言語情報の例である。

A. パラ言語

ギリシア語由来の"para-"という接頭辞は，「側にいる」(beside)を意味する。Paralanguageは言語に付随するものを表す造語であり，本来は伝統的な言語学が扱ってこなかったピッチ，ラウドネス，話速，**声質**といった現象を指す用語であった。

パラ言語と呼べる現象の範囲には，共通の合意がない。最も狭い定義では，言語音と同時並行的に生成される音声の特徴に限られる（「D. 音声のパラ言語的特徴」を参照）。また，笑い声やため息のように，音声器官により生成される非言語音を含める場合もある。最も広い定義では，表情・視線・身体動作などのノンバーバルコミュニケーション要素も，パラ言語的現象に含まれる。

B. パラ言語情報の定義

音声が伝える情報は藤崎（1996）によって分類されている。それによれば，音声が伝える情報は，**言語情報**，パラ言語情報，**非言語情報**の三つに分類される。

言語情報，すなわち語の情報は，音韻の有限集合の組合せで表され，したがって離散的な情報である。これに対し，実際に発話された語は，話された語についての情報（言語情報）に加え，その語がどのように話されたのかに関係する情報をももたらす。良い知らせを聞いてともに喜ぶときの「そうですか」や，反対に悪い知らせを聞いて同情するときの「そうですか」，自分の考えと違う意見に反論するときの「そうですか？」，単なる相槌の「そうですか」というように，言語情報は同じでも，話し手の**態度**や**発話の意図**の違いによって，話し方には聞き手に知覚できる違いが生じる。話し方，すなわちパラ言語によって伝えられる情報のことを，言語情報と区別する意味でパラ言語情報と呼ぶ。

パラ言語情報は，言語情報と異なり，連続的な変化を有しうる。「そうですか」によって伝えることのできる喜びの度合いは，抑揚の大きさや話速などによって連続的に変化させることができる。

パラ言語情報は，言語情報と同じく，話し手が聞き手に伝えようとして意図的に生成した結果もたらされるものである。これに対し，音声が伝える情報には，発話内容とは無関係に，意図せず伝わる種類の情報もある。話し手の性別，年齢，体格などの個人性情報は，主として話し手の音声生成に関わる物理的性質によって決まる。また，体調が原因で音声の性質が変化することがあるが，これも話し手の意図とは無関係である。これらは非言語情報と呼ばれている。悲しみに打ちひしがれたときなどには，話し手にそのつもりがなくとも，感情が声に現れてしまう。このように，話し手の意図と無関係に音声に影響するという意味で，感情も非言語情報の一つとされている。

藤崎の定義では，伝達の意志を有することがパラ言語情報の要件である。一方，音声による感情の表出を相互行為の一部として広く解釈する立場では，伝達の意志をもって表出された感情もパラ言語情報に含まれる。また，伝達の意志を前提とせずにparalinguisticという用語が使われることもしばしばある。例えば，感情，話者の年齢，発達障害の有無などは，藤崎の分類では非言語情報であるが，音声からこれらの情報を推定するコンテストがParalinguistic Challengeと銘打って開催されたことがある。

C. パラ言語情報の種類

ここでは，いくつかの代表的なパラ言語情報の種類を取り上げる。ただし，これまでの研究では体系立った分類を可能とするほどには整理が進んでおらず，以下は単純化した説明にすぎないことに注意してほしい。例えば，前述した4種類の「そうですか」の違いが意図・態度・感情のどれに相当するかは明確ではない。

（1）意図　話し方の違いによって伝達される情報の一つは，発話の意図である。「疲れた？」と上昇調で発音した場合には，これは疲れているか否かについての回答を相手に要求する意図で発話されたものと解釈できるが，「疲れた」と下降調で発音した場合には，質問ではなく自分が疲れていることを相手に知ってほしいという意図で発話されたものと解釈できる。談話分析の観点からは，これらは異なる談話行為がパラ言語により表現されたものと見なせ，それぞれ例えば＜真偽情報要求＞，＜情報伝達＞

のように分類することができる。

また，上昇調の発話がいつも質問とは限らない。冗談めかして「疲れてないよね」と聞かれたのに応えて「疲れた！」と強い調子でいう場面では，上昇調で発音されていても回答を要求しているわけではない。これら2種類の上昇調の発話を聞いて話者の意図がどちらであるかを推定することは人間には難しくないが，これらのパラ言語情報を区別する音響的手掛かりは，まだ完全には解明されていない。

（2） 態度と感情　もう一つの情報は，話し手の態度である。「お昼ごはん，マクドナルドなんかどう？」という誘いに対し，「マクドナルドかあ」と応答する場面では，話し方の違いにより，肯定的な態度も否定的な態度も伝えることができる。「私が悪うございました」という言明も，話し方次第では，反省の色が全然ない投げやりな態度を伝えることになる。

話し手の態度と感情は密接に関係している。宇都宮大学パラ言語情報研究向け音声対話データベース（UUDB）では，発話から知覚されるパラ言語情報のラベルとして，話者個人の感情，対人関係，態度に関連した6次元の評価値が与えられている。

（3） フォーカス　発話中の特定の要素が，周囲から際立つように強調されて発音されることがある。このような強調もまたパラ言語の一種であり，その代表的な機能はフォーカスの付与である。「象は鼻が長いんだ」という文は3文節からなっているが，どの文節にもフォーカスを置くことができる。「カバの鼻は長くないけど，」に続くときは「象」にフォーカスが，「首は長くないけど，」に続くときは「鼻」にフォーカスが，「鼻が短い象なんているものか。だって」に続くときは「長い」にフォーカスが置かれるのが自然である。

D. 音声のパラ言語的特徴

（1） 韻律　パラ言語情報の担い手となる音声の特徴の中で主要な地位を占めるのは，**韻律**である。韻律とは，ピッチ（声の高さ），ラウドネス（声の大きさ），リズムやテンポといった，分節音よりも大きい単位で音声を特徴付ける性質を指す。これらの韻律的特徴にそれぞれ対応する音声の音響パラメータは，基本周波数（F0），音の強さ（音圧レベル），持続時間や話速である。

中でもピッチは最も重要なパラ言語的特徴で

あり，ピッチパターンの測定値であるF0軌跡，および発話単位または句単位のF0の統計量（平均値，レンジ，標準偏差など）は，パラ言語情報の基本的な音響関連量である。また，F0軌跡から2次的に得られるパラメータとして，基本周波数生成過程モデル（いわゆる藤崎モデル）パラメータや，ピッチアクセントのタイミングなどが分析に使用されることも多い。

下図は，男性話者1名に，6種類のパラ言語情報（感心，落胆，強調，無関心，中立，疑い）の伝達の意図をもって，同一の文「そうですか」を発話させたF0軌跡の例である[1]。

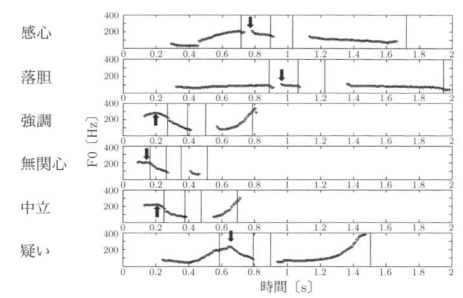

この例からは，(1) 落胆ではF0レンジが狭い，(2) 感心と疑いでは句頭の上昇のタイミングが遅く上昇幅が大きい，(3) 感心，落胆，疑いではアクセントを有する音節「ソ」ではなく，それよりもあとの音節から下降が始まっている，(4) 強調，中立，疑いでは発話末が上昇調であり，疑いだけ上昇の形が異なる，などの特徴が観察できる。

（2） 声質　音声の分節的特徴もパラ言語情報の音響的手掛かりの一つである。例えば，肯定的な態度や快感情は，開口度の増大や口角の引き上げのため，母音/a/の第1フォルマント周波数の上昇として現れることがある。

また，パラ言語情報は声帯音源に由来する声質によっても伝達される。例えば，緊張した声（pressed voice）は不信な態度や非難の表明に，また，息もれ声（breathy voice）は不安や落胆などの不快感情に付随することがある。これらの声質は，基本周波数の揺らぎや声帯音源のスペクトル傾斜などの音響パラメータに反映される。

◆もっと詳しく！

1) 森　大毅, 前川喜久雄, 粕谷英樹：音声は何を伝えているか, コロナ社 (2014)

重要語句　有限振幅音波，波形ひずみ，パラメトリック効果，差音，仮想音源，パラメトリックアレイ，自己復調，包絡変調方式

パラメトリックスピーカ
[英] parametric loudspeaker

超音波を利用した超指向性スピーカで，音のスポットライトとも呼ばれ，鋭い指向性を持つ。可聴音信号で変調した強力な超音波を空間中に放射し，伝搬に伴う波形ひずみにより，空間中に可聴音が復調される。同じ指向性を持つアレイスピーカに比べ，小型であること，また，サイドローブレベルが低いことも特徴である。

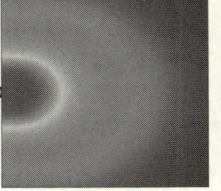

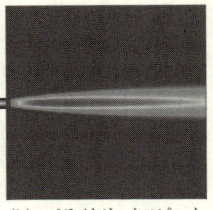

(a) 通常のスピーカ　　(b) パラメトリックスピーカ

1 m　　　　　65 SPL〔dB〕85

A. パラメトリックスピーカの原理

1次波として，強力な音波(**有限振幅音波**)を媒質中に放射すると，媒質の非線形性により，2次波として放射音波周波数の整数倍の高調波が生じる。その結果，音波の**波形ひずみ**が発生する。この波形ひずみは，瞬時音速が音波振幅に依存して変化する**パラメトリック効果**に起因する。

さらに，1次波として周波数のわずかに異なる2種類（例えば周波数 f_1, f_2）の有限振幅音波を同方向かつ同時に放射する。すると，おのおのの高調波（$2f_1, 2f_2, 3f_1, 3f_2, \cdots$）はもちろん，結合音，すなわち放射音波の和や差周波数（$f_1+f_2, |f_1-f_2|$）の音波も2次的に発生する。こうした2次波は，1次波の伝搬に伴い，蓄積的に振幅を増す。そして，1次波が吸収や球面拡散によって減衰するまで，その振幅増幅は持続する。

1次波として超音波を利用すると，**差音の仮想音源**は，1次波の非線形作用が発生する狭い伝搬領域内でのみ生じる。仮想音源とパラメトリックアレイの生成の概念を，下図に示す。

f_1　　　　　　　　　　　　　　$f_d=|f_1-f_2|$
f_2
　f_1, f_2
超音波エミッタ　仮想音源　　　パラメトリック差音

これはアンテナ工学におけるエンドファイアアレイ（縦型アレイ）に似ており，**パラメトリックアレイ**とも呼ばれる。

このパラメトリックアレイの特徴は，何といっても指向性の鋭さにある。すなわち，差音は低周波であるにもかかわらず，線形理論（同一開口の音源から放射された低周波音波）で予測されるよりビーム幅より狭く遠くまで伝搬する。次図に，空気中における放射音場（開口径20 cm，周波数1 kHz）を示す（🔊1）。図(a)は通常のスピーカ，図(b)はパラメトリックスピーカ（1次波周波数39, 40 kHz）である。また，指向性音源に付き物のサイドローブレベルが小さいことも特徴である。

1963年のWestervelt によるパラメトリックアレイの理論報告以来，ソーナー用音源としての研究が行われた。その後，空中におけるパラメトリックアレイの利用として，1983年にYoneyama らによってスピーカへの応用が報告された。すなわち，差音周波数が可聴周波数になるように変調した1次波を空気中に放射すると，鋭い指向性のパラメトリックアレイが形成され，スポットライトのようなオーディオ信号ビームが形成される。これがパラメトリックスピーカである。

ところで，近接周波数の可聴音波が存在すると，ビート（うなり）が聞こえる。しかし，差音発生とビートが聞こえることとは異なる現象である。また，ビートが聞こえる場所にマイクロホンを設置しても，ビートに相当する成分（スペクトル）は観測されないが，差音中では差音周波数成分が観測される。例えば，39 kHz と 40 kHz の有限振幅音波が放射されると，媒質の非線形性から 1 kHz の差音が発生する。しかし，線形領域（低音圧）で 1 kHz のビートは聞こえない。そもそも，ビート周波数が 5, 6 Hz 以下の場合にビートは聞こえる。また，39, 40 kHz は超音波であるため，もともと聞こえない。

B. エミッタの駆動方法と自己復調

通常，次図のように，パラメトリックスピーカは多数の超音波トランスデューサ（センサ）を並列接続で構成した超音波エミッタを利用する。周波数の異なる2信号の加算信号でこの超音波エミッタを駆動させ，空間に強力な超音波を放射すると，差音が発生する（もちろん，すべての超音波トランスデューサを並列接続ではなく2系統に分割した超音波エミッタを，2種類の信号で別々に駆動してもよい）。ただし，このような単純な方法では，含まれる周波数が時々刻々と

変化する可聴音の再生は難しい．すなわち，音楽などの再生のためには超音波エミッタの駆動に工夫が必要である．

パラメトリックスピーカの場合，1次波の周波数を40 kHz付近（キャリア周波数f_c）に選ぶことが多い．そして，そのキャリア超音波をオーディオ信号（周波数f_s）で振幅変調し，超音波エミッタから放射する（AM方式）．このとき，1次波としてキャリア成分（f_c）とサイドバンド成分（$f_c \pm f_s$）が放射され，それらの差周波数成分として可聴音（周波数f_s）が生成される．すなわち，媒質の非線形性により，変調波自らが空間内でもともとの信号を復調する**自己復調**が行われる．

音源における1次波音圧が$P_0 E(t) \sin \omega t$で与えられるとき，音軸上の遠距離zにおいて自己復調された差音音圧$p(t, z)$は

$$p(t,z) \propto \frac{P_0{}^2}{z} \frac{\partial^2 E^2(t)}{\partial t^2} \quad (1)$$

となる．ただし，tは時間，$E(t)$は1次波の包絡関数，P_0は音源面音圧振幅である．

AM方式の場合，オーディオ信号を$s(t)$とすると，1次波の包絡関数は

$$E(t) = 1 + ms(t) \quad (2)$$

となる（$0 < m \leq 1$は振幅変調度）．これでは無信号時でも超音波が放射され，電力消費や超音波暴露の問題がある．また，式(2)を2乗することから，ひずみ$m^2 s^2(t)$が発生し，音質が低下する．

AM方式のひずみ改善のため，1次波の包絡関数を

$$E(t) = \sqrt{e(t) + s(t)} \quad (3)$$

とする**包絡変調方式**が提案された．ここで，$e(t)$はオーディオ信号の包絡関数である．このとき，式(3)を式(1)へ代入して，差音は

$$p(t, z) \propto \frac{P_0{}^2}{z} \frac{\partial^2}{\partial t^2} \{e(t) + s(t)\} \quad (4)$$

となる．$e(t)$は十分低い周波数信号であるため，聴覚的に無視でき，自己復調された差音$p(t, z)$はオーディオ信号$s(t)$のみからなる．すなわち，包絡変調方式はひずみのない理想的な変調方式だといえる．実際には，平方根処理のため，変調波の周波数領域が広がり，広帯域な超音波トランスデューサが必要になってくる．

現在では，ひずみ改善のため，SSB（single side-band）方式，また，SSB方式とその他の方式のハイブリッド変調方式の検討が行われている．また，超音波暴露量を減らすために，エミッタの駆動方法の改良も行われている．

C．パラメトリックスピーカの使用例

現在，パラメトリックスピーカはいくつかの国で製品化され，販売されている．これらは，特定対象（領域）だけに音響情報を伝達することが可能であり，例えば展示会場や博物館，科学館などの各展示ブースごとの音声伝達デバイスとして利用されている．また，壁などで反射させることで，エミッタを直接設置することができない位置に音源を作ることが可能である．つまり，バーチャルリアリティなどでも有効な音源である．

ところで，近年，多くの場所で騒音問題が生じている．例えば，交差点における音響信号の音や，駅ホームに設置されたスピーカからのアナウンスは，近隣住民にとって騒音となる場合がある．そういった環境においても，パラメトリックスピーカの利用が有効である．さらには，アクティブノイズコントロール用として，積極的に騒音問題に応用することも検討されている．

オーディオ用途ではないが，パラメトリックアレイの特徴を活かし，海底堆積物を調査するためのサブボトムプロファイラ用音源，海水中の気泡径分布測定用音源への適用が行われている．また，狭ビーム特性を活かし，比較的小さい試料の低周波音響特性測定への適用も試みられている．

◆ もっと詳しく！
W.-S. Gan, J. Yang, T. Kamakura: "A Review of Parametric Acoustic Array in Air", *Appl. Acoust.*, **73**, 12, p.1211 (2012)

重要語句 相互相関処理，エコーロケーション，線形周波数変調（LFM）信号，線形周期変調（LPM）信号，M系列

パルス圧縮による超解像手法
[英] super resolution by pulse compression

周波数掃引変調した音波や疑似ランダム符号でコード化した音波を送信し，受信信号と送信信号，または受信信号と送信信号に対応する参照信号との相互相関処理を行うこと。送信信号の自己相関特性に応じて，受信した音波のエネルギーが時間方向に圧縮されるため，空間情報の計測・可視化における空間分解能や信号対雑音比が向上する。

A. パルスエコー法

パルスエコー法は，音波を用いた空間情報の計測・可視化手法の一種である。時間幅の短いパルス波を送信し，空気と構造物や生体軟組織と骨組織など異なる固有音響インピーダンスの境界面から反射したエコーを受信することで，音波の伝搬経路上の空間情報を計測する。得られた受信信号では，エコーの受信時間が対象までの距離を，エコーの大きさが対象の反射強度（反射境界の形状や固有音響インピーダンスの差）を示している。受信信号の振幅包絡線を表示するA（amplitude）モードや，振幅包絡線の値を輝度で表示するB（brightness）モードによって，空間情報を可視化することができる。

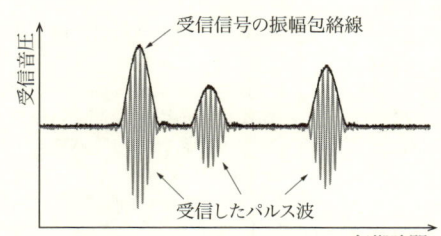

パルスエコー法では，パルス幅が短いほど空間分解能（解像度）が高くなるが，信号対雑音比（signal to noise ratio; SN比）が小さくなるため，環境雑音の影響を受けやすくなる。送信するパルス波の音圧レベルを上げることでSN比を向上させることができるが，振動子の定格以上の電圧を印加することはできない。また，きわめて短いパルスを送信することで解像度を向上させることができるが，非常に帯域の広い振動子が必要となる。

B. パルス圧縮

パルス圧縮とは，鋭い自己相関特性を持つ信号を送信し，受信信号と送信信号，または受信信号と送信信号に対応する参照信号との相互相関処理（⇒ p.292）を行うことで，受信した送信信号のエネルギーを時間方向に圧縮する信号処理手法である。ディジタル信号処理における自己・相互相関処理（積和演算）は，以下のように表せる。

$$a(\tau) = \sum_{i=1}^{N} r(\tau + i) \cdot r(i)$$
$$c(t) = \sum_{i=1}^{N} s(t + i - N) \cdot r(i)$$

ここで，$a(\tau)$は自己相関関数，$c(t)$は相互相関関数，$s(t)$は受信信号，$r(i)$は送信・参照信号，Nは送信・参照信号のサンプル数である。自己相関特性が鋭い信号とは，周波数掃引変調した信号や疑似ランダム符号でコード化した信号，雑音信号などである。これらの信号の自己相関関数では，遅れ時間τが0の場合，つまり二つの信号が重なる場合に高い相関値となり，それ以外の場合は低い相関値となる。

パルス圧縮を適用したパルスエコー法では，エコーを受信した時間の相互相関関数に鋭いピークが現れるため，解像度が向上する。さらに，送信信号に無相関な信号との相関値も低くなるため，環境雑音が低減され，SN比が向上する。

C. 周波数掃引変調信号

周波数掃引変調信号はチャープ信号とも呼ばれ，周波数が時間とともに変化するように変調された正弦波である。コウモリのエコーロケーション（⇒ p.28）にも用いられており，線形周波数変調，線形周期変調，非線形な周波数変調などの変調方式がある。ここでは線形周波数変調（linear frequency modulated; **LFM**）信号と線形周期変調（linear period modulated; **LPM**）信号について述べる。

周波数が時間に対して線形に変化するLFM信号$f(t)$は，以下のように表せる。

$$f(t) = \sin\left\{2\pi\left(f_0 + \frac{f_b}{2l}t\right)t\right\}$$

ここで，f_0は初期周波数〔Hz〕，f_bは周波数の掃引幅〔Hz〕，lは信号長〔s〕である。また，信号周期が時間に対して線形に変化するLPM信号$p(t)$は，以下のように表せる。

$$p(t) = \sin\left[2\pi \frac{l}{T_b}\left\{\ln\left(t + \frac{T_0 \cdot l_0}{T_b}\right) - \ln\left(\frac{T_0 \cdot l_0}{T_b}\right)\right\}\right]$$

ここで，T_0は初期周期〔s〕，T_bは周期の掃引幅

〔s〕である。これらの信号の自己相関関数には，$\tau = 0$ を中心に鋭いピークが現れる。周波数掃引変調によるパルス圧縮ではLFM信号がよく用いられるが，対象の移動によってドプラシフトしたLFM信号は，参照信号との相関がとれなくなってしまう。LPM信号はドプラシフトしても参照信号の相関がとれるため，対象が移動する場合にはLPM信号が用いられる。

例えば，LFM信号の自己相関関数の振幅包絡線 $f_{ae}(\tau)$ は，以下のように表せる。

$$f_{ae}(\tau) = \sqrt{f_b l} \left| \frac{\sin(\pi f_b \tau)}{\pi f_b \tau} \right|$$

$\sqrt{f_b l}$ は圧縮利得と呼ばれ，周波数成分が掃引帯域にある雑音信号の振幅は，相互相関処理によって $1/\sqrt{f_b l}$ 倍になる。よって，LFM信号を用いたパルス圧縮では，掃引幅を広く，信号長を長くすることでSN比を向上させることができる。また，振幅包絡線の形状はLFM信号の掃引幅で決まるsinc関数となるため，掃引幅を広くすることで解像度を向上させることができる。

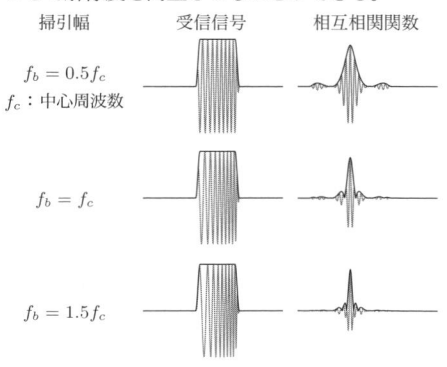

掃引幅　受信信号　相互相関関数

$f_b = 0.5 f_c$
f_c：中心周波数

$f_b = f_c$

$f_b = 1.5 f_c$

D. コード化信号

送信信号のコード化に用いられる疑似ランダム符号とは，ランダム雑音を模擬した2値の符号列である。疑似ランダム符号は，線形帰還シフトレジスタ（linear feedback shift resister; LFSR）というディジタル回路から比較的簡単に生成することができる。LFSRから生成される疑似ランダム符号は，移動体通信における符号分割多元接続（code division multiple access; CDMA）にも用いられており，**M系列**（maximum length sequence）やGold系列，嵩系列などがある。ここでは，M系列によるコード化について述べる。

M系列とは，一つのLFSRから生成される最長の疑似ランダム符号列である。LFSRの長さがM系列の次数に対応しており，n 次M系列は系列長が 2^{n-1} の周期的な符号列となる。次数が同じでも，原始多項式から導き出される帰還タップの数や位置によって，異なるM系列が生成される。

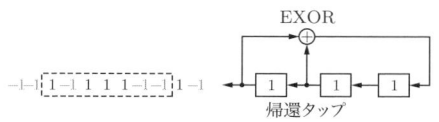

(a) 生成される3次M系列符号　(b) 線形帰還シフトレジスタ

例えば，M系列符号の "1" に正弦波1波を，"-1" に逆位相の正弦波1波を割り当てたM系列変調信号を送信信号とする。そして，参照信号はその間隔が正弦波の信号周期と等しく，正負がM系列に対応するデルタ関数列とする。すると，得られる相互相関関数は，受信信号と参照信号の符号が等しい場合は振幅が 2^{n-1} 倍の正弦波1波，それ以外の場合は振幅が -1 倍の正弦波1波となる。このとき，白色性の雑音信号の振幅は，相互相関処理によって $\sqrt{2^{n-1}}$ 倍になるため，SN比は $\sqrt{2^{n-1}}$ 倍向上することになる。よって，M系列を用いたパルス圧縮では，M系列の次数（符号数）を増やすことで，SN比を向上させることができる。ただし，解像度を向上させるには，1符号当りに時間幅の短いパルスを割り当てなければならない。

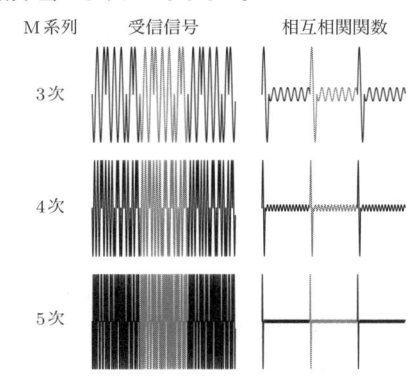

M系列　受信信号　相互相関関数

3次

4次

5次

◆ もっと詳しく！

横山光雄：スペクトル拡散通信システム，科学技術出版 (1988)

重要語句　ピストン振動面，サイドローブ，直接波，回折波

パルス音場と連続波音場
[英] acoustic fields of pulse wave and continuous waves

超音波振動子から放射される音場は，送波する波の数が単一のパルス励振と十分多数の連続波励振とでは，その様子が異なる。サイドローブやヌル，近距離音場での振幅変化は連続波で顕著となる。これらの音場の特徴を説明する。

A. パルス音場と連続波音場の違い

水中に置かれた幅10 mmの平面ピストン振動面から周波数2 MHzの連続波とパルス波が送信されたときの音場の違いを，数値シミュレーションの結果により見てみよう。**ピストン振動面**とは，どこでも振動振幅が一様な振動面のことである。

下図に2次元モデルでの振動面前方の音場（の数値シミュレーション）結果を示す。連続波を模した正弦波30波を送波した場合と，パルス波として正弦波の負の半周期分を送波した場合の二つを計算した。媒質は水としている。

サイドローブ　ヌル

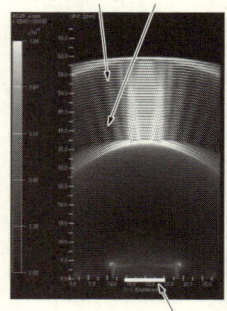

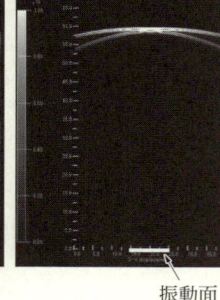

(a) 連続波　　　(b) パルス波
振動面　　　　　振動面

連続波では，振幅が大きい部分と小さい部分が横方向に交互に発生している。振動面の正面方向以外の場所で振幅が極大になる**サイドローブ**と振幅極小になる**ヌル**（ゼロ輻射角）が交互に発生する。一方，パルス波では，横方向に振幅の大きな変化が発生しておらず，正面方向に振動面と平行な波面が進んでいく。また，振動面の端部から同心円状に広がる波も観測できる（🔍1）。ここでは，前者を**直接波**，後者を**回折波**（エッジ波と呼ばれることもある）と呼ぼう。本来これらは不可分の回折現象であることを忘れてはいけないが，ここでは便宜上，これらの二つの波により音場の特徴を説明する。

B. 回折波

回折波（エッジ波）は，振動面の端部をあたかも点波源（線波源）としたかのようにして広がっていく，波面が円弧状の波である。凹面型の振動面の場合は，直接波の波面が凹型になり集束する。ここで，かりに下図のように，回折波のうち振動面の外側に広がるものを外側回折波，内側に広がるものを内側回折波と呼ぶことにしよう。

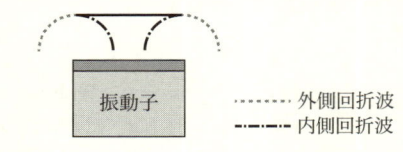

振動子　......外側回折波
　　　　-・-・-内側回折波

正の正弦パルスを送波した場合の数値シミュレーション結果を下図に示す。正の振幅を白，負の振幅を黒で表示している。外側回折波は正面に進む波と同位相，内側回折波は逆位相となっていることがわかる。

外側回折波　直接波

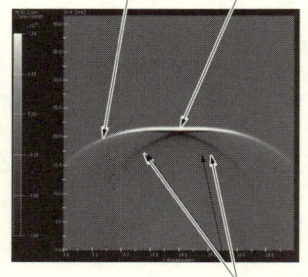

内側回折波

C. サイドローブとヌルの発生

ここで，連続波の場合にサイドローブやヌルが発生する現象を，下図のピストン振動面の音場で説明する。わかりやすくするために内側回折波は振動面の左側から発生したものだけを描いている。

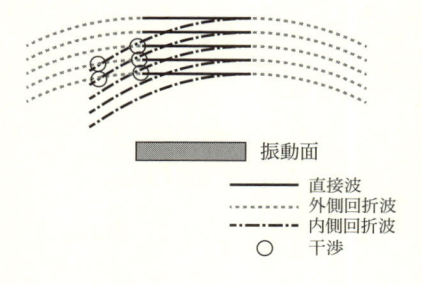

振動面

――― 直接波
...... 外側回折波
-・-・- 内側回折波
○　　干渉

この図で，最初の内側回折波が，黒い丸で囲んだ部分のように2波目以降の直接波や外側回折波と重なる。このとき，重なった二つの波の伝搬距離差が半波長や1.5波長である場合には振幅が大きくなり，波長の整数倍の場合には振幅が小さくなる。そのため，振幅が大きくなる箇所と小さくなる箇所が交互に発生し，サイドローブやヌルが交互に発生する。また，最初の図の(a)に示した連続波の音場において，先頭付近の波や最後尾付近の波ではサイドローブやヌルが発生していないことから，回折波と直接波の干渉によりこれらの現象が発生していると解釈できる。

D. 中心軸上の振幅変化

つぎに，振動面正面の中心軸上の振幅変化について考える。内側回折波と直接波が中心軸上で重なって干渉すると考えよう。内側回折波と直接波は位相が逆であるので，これらの間の伝搬距離差が半波長や1.5波長のとき振幅が大きくなり，波長の整数倍のとき振幅が小さくなる。したがって，振幅の大きい箇所と小さい箇所が中心軸に沿って交互に発生する。

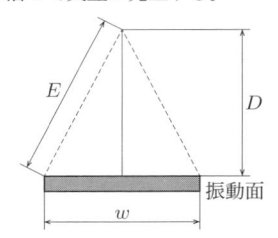

上図のように，直接波の伝搬距離をD，回折波の伝搬距離をEとすると，伝搬距離差$E-D$は超音波が伝搬するにつれて小さくなる。これが半波長に等しくなるときが，最後に振幅極大となる点である。振動面の幅をw，波長をλとすると，その条件は次式となる。

$$D = \frac{1}{4}\left(\frac{w^2}{\lambda} - \lambda\right) \quad (1)$$

中心軸上において，上式の位置より手前で振幅が変動し，このような音場は近距離音場といわれる。近距離音場の限界距離x_0は

$$x_0 = \frac{w^2}{4\lambda} \quad (2)$$

で示される場合も多い。これよりも遠方では，距離に応じて振幅が小さくなっていく。

つぎに，文献1)にある理論により，連続波とパルス波の場合について，ピストン振動面中心軸上の振幅を計算した結果を下図に示す。

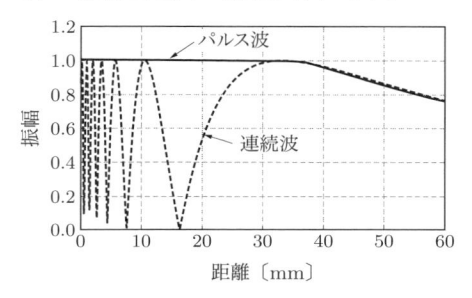

ここで，幅10 mmの振動面から周波数2 MHzで連続波と1波の正の正弦パルス波が水中に送信されたとしている。波長は0.75 mmであり，近距離場の限界は，式(2)より約33 mmである。連続波のときは近距離音場において振幅が変動し，パルス波のときは振幅がほぼ一定となっている。それより遠い領域では，どちらも同じように振幅が距離に応じて減少している。

E. 実験による音場観測

直径10 mmの円形振動子を用いて，周波数2 MHzで30波の正弦波を送波した場合の音場分布をハイドロホンで観測した結果を下図に示す。1本のハイドロホンを機械的に2次元走査しており，位置を変えるごとに送波して同じタイミングで記録した。図はその値を測定後に2次元プロットしたものである。2波目以降でサイドローブやヌルが発生している様子がわかる。

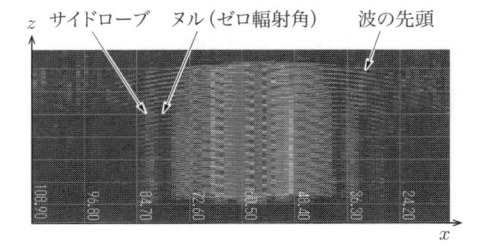

◆ もっと詳しく！

1) 超音波便覧編集委員会 編:超音波便覧, pp.26–41, 丸善 (1999)

重要語句 グランドピアノ，減衰振動系，ピアノの物理モデル，インハーモニシティ，2段減衰

ピアノ
[英] piano

1700年前後にイタリアのフィレンツェで発明された打弦鍵盤楽器。発明者のバルトロメオ・クリストフォリ（Bartolomeo Cristofori）は，そのころ普及していたチェンバロでは困難な音の抑揚をつけるため，弦をハンマで打つ機構を考案した。当時のピアノのキーの数は50程度であり，音量もチェンバロに劣っていたが，その後の構造の変化により，格段に大きな音を出すことが可能になった。1900年頃までには現在とほぼ同一の構造のピアノが完成しており，現在の標準的なピアノでは88のキーを有する。

A. 音を出す仕組み

下の図はグランドピアノの蓋を外して上から見たところである。グランドピアノでは弦が水平に張られている。88個のキーを有する鍵盤の向こうにフレームあるいはプレートと呼ばれる金属製の板が見える。フレームはボルトで木製のケースに取り付けられている。フレームには弦が張られており，その下部には，響板と呼ばれる木製の振動板がある。

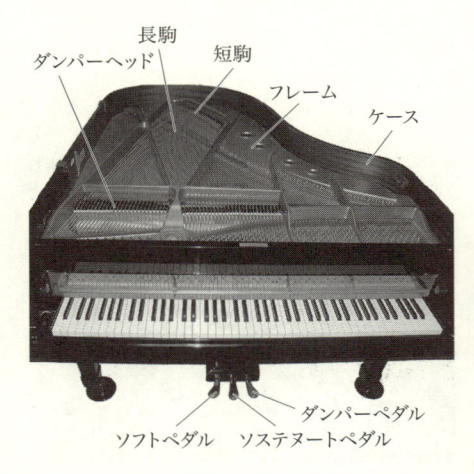

ピアノのキーの動きは，アクションと呼ばれる機構により，ハンマヘッドに伝わる。次図は，グランドピアノのアクションを取り出して，横から見た写真である。左側にはハンマヘッドが並んでいる。キーを押し下げると，その動きがハンマヘッドに伝わり，弦を下方から打つ。

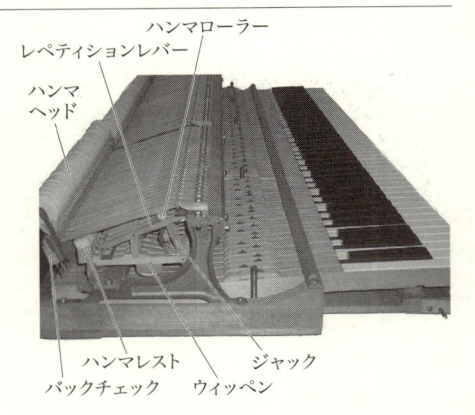

グランドピアノの弦と駒の一部を下図に示す。弦は，手前の調律ピンから，駒を経由して，奥のヒッチピンに至る。中高音部の弦は，二つある駒のうち手前の長駒の上面に埋め込まれた駒ピンを経由してフレーム上にあるヒッチピンに至る。一方，低音部の弦は，手前の長い駒の上の空間を通って奥の短駒の上面の駒ピンを経由し，フレーム上のヒッチピンに至る。ハンマヘッドが弦に到達する前にダンパーヘッドが上昇し，弦を開放する。ハンマヘッドにより引き起こされた弦の振動は，駒を経由して響板に伝わり，空気中の音波となってわれわれの耳に届く。弦はおもにアグラフ（あるいはカポダストロバー）と駒の間で振動し，この部分の長さをスピーキングレングスと呼ぶ。

B. 音響学の対象としてのピアノ

ピアノは，100年以上基本構造が変化してい

ないという意味では古典的な楽器といえるかもしれないが，現在でも音響学的な興味の対象であり，精力的に研究が進められている．

特に，ピアノの発音機構の物理的側面を数理的にモデル化し，ピアノの演奏者から聴取者に至る過程を定量的に評価できる物理モデルが構築できれば，これまで経験に頼ることの多かったピアノの設計をコンピュータシミュレーションなどの技術を用いて，より合理的に進めることや，シンセサイザー（⇒p.338）などのピアノ音源の制作が可能となる．しかし，これらの技術は現在でも開発途上であり，数多くの課題が存在する．

C．ピアノの物理モデル

ピアノでは，キーの動きにより発音したあとは，外部からのエネルギーの供給はなく，**減衰振動系**と呼ばれる．擦弦楽器であるヴァイオリン（⇒p.18）など，継続的に発音が持続するメカニズムそのものが興味の対象となる楽器と比較すると，シンプルな印象を与えるかもしれない．しかしながら，ピアノの発音機構にはさまざまな要因が関係している．そのいくつかの例を示す．

（1）**ピアノハンマ**　初期のピアノでは動物の皮などが用いられていたが，現代のハンマの外面にはフェルトが巻き付けてある．このフェルトの形状や硬度により，ピアノ音は大きく変化する．ピアノ調律においては，ハンマに針を刺すことなどにより，音を調整する．ハンマの形状やサイズは同じピアノでも音の高さによって異なっており，**ピアノの物理モデル**においてはこのハンマの力学的特性をいかにモデル化するかが一つの鍵となる．

（2）**インハーモニシティ**　ピアノに限らず，弦を有する楽器にとって基本となるのが理想弦モデルである．しかしながら，実際のピアノでは弦の曲げ変形に対する抵抗が無視できない．これを考慮すると，固有振動数は高くなり，高次になるにつれて第1次振動数の整数倍からの差が大きくなる．この**インハーモニシティ**と呼ばれる性質は，ピアノの特徴の一つとなっている．このインハーモニシティの存在は，どんな調律方法を選択してもピアノの和音ではうなりが生じることを意味しており，ピアノ調律をする上でも重要である．

（3）**ピアノ弦の運動**　ピアノをフォルテで弾いた場合，最初に大きな音が出てそれが急速に小さくなる．その後，大きさの変化は小さくなり，時間をかけて音が小さくなっていく．この音の大きさの変化の様子は**2段減衰**と呼ばれており，ピアノ音の特徴の一つであるが，これには複数弦の連成と弦の回転運動が寄与していると考えられている．

一つのハンマで同時に打弦された複数の弦は，一緒に運動して駒の振動を引き起こす．このとき，複数の弦を引っ張る力のわずかなずれによってしだいに駒に力を及ぼすタイミングが変化し，最終的には，弦から駒に及ぼす力がたがいに打ち消し合うタイミングに落ち着くと考えられている．そのようなタイミングに落ち着くと，弦のエネルギーはなかなか駒に伝わらず，その分，振動が長続きすることになる．また，グランドピアノに例をとると，弦は下からのハンマの突き上げにより最初は上下に運動するが，駒に付いたピンの傾きなどの影響で水平方向の動きも加わり，結果的に弦は回転する．このとき，上下方向の運動成分は響板に伝わりやすいので速く減衰するが，水平方向の運動は響板に伝わりにくく，緩やかな減衰になると考えられている．ピアノ弦の回転運動の例（A3音）を下図に示す．

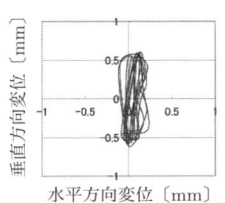

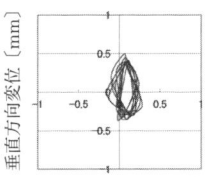

(a) 打弦直後　　(b) 打弦1秒後

また，特に中低音域の音色に関係しているのが弦の長手方向の振動である．弦の長手方向に縦振動が生じることは古くから知られていたが，響板に対して垂直方向の振動との連成振動が着目されたのは近年のことである．

D．これからのピアノ研究

20世紀以降，製造方法の多様化などの変化はあるものの，ピアノの基本構造は変化していない．しかしながら，音響学的な観点からはまだまだ改良の余地がある．この点に関する見解の一つについては，下記の文献を参照されたい．

◆ **もっと詳しく！**
西口磯春 編著：ピアノの音響学, コロナ社 (2014)

重要語句　光ファイバ干渉計，ファイバブラッググレーティング，光弾性効果，ブラッグ波長

光ファイバハイドロホン
[英] fiber-optic hydrophone

　水中音響を測定するための光ファイバセンサであり，光ファイバをセンシング素子とするパッシブな受信用ソーナーのことである。また，広い意味では，海底地震計などの水中で用いる光ファイバ振動センサのほか，光音響計測や医用超音波計測における液浸型の光ファイバ超音波プローブを指す。

A. 光ファイバセンサ

　通常の光ファイバは，光に対して透過率が非常に高い石英ガラスからできており，光が伝搬するコアと呼ばれる部分とその外周を覆うクラッドと呼ばれる部分からなる。特に通信用の単一モード光ファイバでは，細径（数 μm）のコア部分に微量の酸化ゲルマニウムを添加してその屈折率をクラッドよりもわずか（～0.2%）に高めることで，コア部分を光が単一のモードで導波するようになっている。現在では，この光ファイバにより，細径・軽量（直径125 μm，線密度3 g/cm）で長尺（無中継で～100 km）な光通信線路が実現されている。

　すでに光通信分野で普及している光ファイバは，センサ用途においても以下に示すような有用な特性を持っており，従来の電気的なセンサに置き換わる技術，新しい計測分野を開拓する技術として期待され，音響計測のほかにも，さまざま分野で各種センサが開発されている。

1. 細径・軽量で柔軟な光導波が可能
2. 低損失で光の長距離伝送が可能
3. 電磁誘導の影響を受けない
4. 火花を出すことがなく安全
5. 絶縁性に優れる
6. 耐久性・耐食性に優れる

　これらはいずれも従来の電気的なセンサに比べて優れた利点であり，これらの特長を活かした，長距離・遠隔計測や狭空間での計測，ならびに，強電磁雑音環境下，可燃性や腐食性の高い雰囲気中など特殊環境における計測が可能になっている。また，光通信で用いられている多重化技術により，1本の伝送路に多数のセンサを連ねた多点型センサが実現されている。

B. 光ファイバハイドロホンの基本方式

　基本的な構成は，レーザーなどで光を供給する光源部，音響波を検知するセンサ部，光電変換を行って音響信号を得る光検出部，および，これらを光ファイバで結ぶ伝送部からなり，音響検出の方式によって，(1) **光ファイバ干渉計型**，(2) 光ファイバプローブ型，(3) **ファイバブラッググレーティング**（FBG）型に大別される。干渉計型は高感度測定が可能で，微弱な音波を検出するソーナーに向いており，一方，プローブ型は検出部位が非常に小さく，小型の超音波プローブに適している。また，FBG型は検出感度および検出部の大きさにおいて，それぞれ，干渉計型およびプローブ型に及ばないものの，FBGを用いたひずみや温度の計測がすでに広く実用化されていることから，ハイドロホンへの応用にも期待が寄せられている。

C. 干渉計型ハイドロホン

　この方式による代表的な構成を下図に示す。これらの2光束干渉計において，干渉計の腕となる光ファイバの一方に音圧が印加されると，光ファイバの伸縮や**光弾性効果**による屈折率変化によって，光路長すなわち位相が変化する。

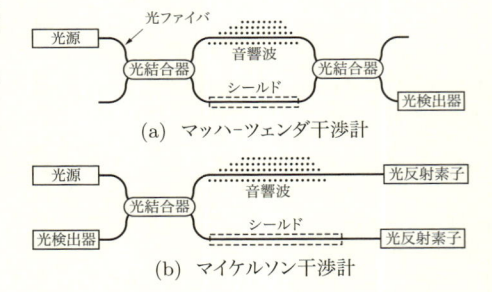

(a) マッハ−ツェンダ干渉計

(b) マイケルソン干渉計

　干渉計を用いた音響検出の原理を下図に示す。図において，I_o は干渉計で合波される2光波おのおのの強度の和，γ と $\Delta\phi$ はそれぞれ干渉する2光波間のコヒーレンス度と位相差を示している。したがって，干渉計の光強度（I）は2光波間の位相差によって正弦波状に変化し，これに

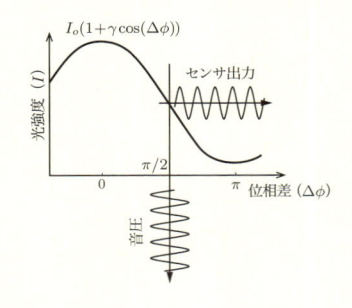

$I_o(1+\gamma\cos(\Delta\phi))$

より音響検出が可能となる．また，干渉計の音圧に対する感度は，干渉計の腕となるセンサ部の光ファイバを長くすることで容易に高めることができるので，微弱な音響波や音響放出（AE）波の計測が可能となる．

高感度なセンシングにおいては，温度揺らぎなど擾乱の影響も大きくなるが，音響波やAE波は周波数領域で温度揺らぎなどから容易に弁別できるため，早い時期から実用化されている．長尺の光ファイバを圧力変化に敏感なダイヤフラムやマンドレルに貼り付けたり巻き付けたりする，あるいは，音響インピーダンスを考慮した高分子膜で光ファイバを覆う，といった方法により，さらに高感度化が達成されており，従来の手法によるものよりも感度を2桁も上回る光ファイバ水中音響センサが実現されている．また，干渉計における光波の遅延を利用した時分割多重化（TDM）技術による多点化が実用化されているほか，光波の可干渉性を利用したコヒーレンス分割多重化（CDM）技術による多点型のセンサも提案されている．

D．プローブ型ハイドロホン

この方式は，光ファイバの先端部がセンサとして機能し，下図に示すように検出部位が非常に小さく，PVDFを用いた圧電型の超音波プローブに比べても，より小型で堅牢なセンサを実現することができる．

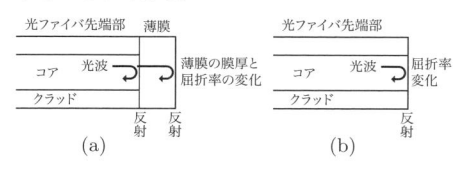

図 (a) のセンサ部は先端部にポリマーなどによる低反射率の膜が形成されており，ファブリ－ペロー干渉計として機能する．反射率が低いため，干渉による出力は先に述べた2光束干渉に近い正弦波状に変化し，音圧による薄膜の膜厚や屈折率の変化によって生じる位相変化が光ファイバ反射光の強度変化として得られる．

図 (b) は，音圧による液体自身の屈折率変化を利用する方式で，光ファイバ先端の光の反射率が水の屈折率に応じて変化することを利用している．わずかな屈折率変化による微弱な強度変動を検出するため，SN比は小さいが，単純な構成により取り扱いが簡便で再現性の高いセンシングが可能となっている．

E．FBG型ハイドロホン

FBGは，下図 (a) に模式的に示すように，光ファイバのコアに周期的な屈折率変化（グレーティング）を形成することで作製される小型（数cm）の光ファイバ型のデバイスである．図 (b) に示すように，ブラッグ波長を中心に鋭い波長選択性を持った反射特性を与えることができる．なお，ブラッグ波長は $\lambda_B = 2 n_c \Lambda$（$n_c$ はコアの平均屈折率，Λ は周期）で与えられ，λ_B がグレーティング部位の音圧による伸縮や屈折率変化によって変化することを利用して，音響波を検出する．

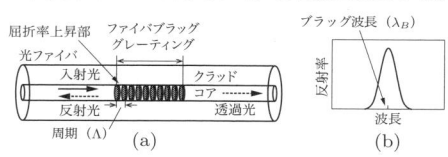

波長測定においては，広帯域の光源を用いて反射波長の測定を行う手法のほか，波長可変レーザーの発振波長を走査する手法などがとられるが，音圧測定のためには，いずれも波長検出速度が速い機器が必要となる．この方式のセンサは，干渉計型に比べて感度は低いが，センサをFBGに局在化できること，ブラッグ波長の異なる複数のFBGにより容易に波長分割多重化（WDM）技術が適用できることなどが大きな利点となっている．また，反射スペクトルの傾斜部分に同調した狭帯域レーザー光を用いることで，ブラッグ波長の変化をFBGからの一部反射光の強度変化として計測する手法も提案されている．

F．その他

ハイドロホンとして提案されている光ファイバセンサとしては，以上のほか，偏波保持単一モード光ファイバと呼ばれる二つの独立した直交偏波モードが伝搬可能な光ファイバを用いて1本の光ファイバで偏波干渉計を構成するもの，コア部分に高い反射率を持つ一対の反射鏡を形成して光ファイバ内に鋭い共振特性を持つファブリ－ペロー干渉計を実現したもの，光ファイバレーザー自体をセンサとして利用するものなどが提案されている．また，近年の光ファイバの製造技術や加工技術の進展により，音響センサ用途に特化した独特な構造を持つ光ファイバを用いたセンサが開発されている．

◆ もっと詳しく！

保立和夫，村山英昌 監修：光ファイバセンサ入門，光防災センシング振興協会 (2011)

重要語句　圧電センサ，レーザー超音波センサ，磁歪，電磁超音波センサ，ローレンツ力

非破壊検査
[英] nondestructive inspection

おもに各種機器，プラント，社会基盤構造物などに使用される工業材料に対し，材料を切断したり加工したりすることなく，内部の欠陥を検出する検査をいう。欠陥の発生に繋がる材料の性質の変化の検出に対しても適用される語である。超音波を用いたさまざまな検査法が提案されている。

A. 超音波検査

電磁波（光を含む）では不透明な金属などの深部を見ることができないが，超音波はこれを可能にするため，金属材料の非破壊検査に対して広く用いられている。超音波の振幅（強度），音速，減衰などの変化を利用する。

（1）振幅　超音波パルスを材料に入射し，欠陥（亀裂）からの反射エコーを受信する。エコーの到達時間とエコー高さにより，欠陥の位置とサイズをそれぞれ推定する。入射後からt秒後にエコーを受信したとすると，欠陥は入射位置から$tv/2$の距離に存在することになる。ここでvは音速である。超音波の波長に比べて欠陥のサイズが小さいとき，欠陥によって散乱された超音波の振幅は欠陥サイズと相関を持つため，振幅を計測することにより，欠陥サイズを推測することができる。

（2）音速　超音波が欠陥において散乱や回折を起こすと，位相が乱されて伝搬時間が変化する。これは見かけの音速が変化したことに相当するため，欠陥を含む領域を伝搬した超音波の音速を計測することにより，欠陥のサイズを評価することが可能となる。また，音速は，材料の密度と弾性係数（材料を構成する原子間の結合力の指標）によって決まるため，原子レベルの性質が変化しても，それが局所的でなければ音速に反映される。この性質を利用して，音速を計測することにより，材料の性質（転位組織，析出物，原子間距離）の変化を評価することができ，欠陥発生の兆候を発見できる場合がある。

（3）減衰　超音波は材料内の伝搬に伴ってエネルギーを失い，振幅は低下していき，やがて消滅する。振幅は伝搬距離に対して指数関数的に低下していく。その指数係数を減衰係数という。欠陥により超音波は散乱され，主進行方向に伝わるエネルギーが低下して減衰係数が大きくなることから，減衰計測による欠陥評価が可能となる。また，転位などの原子レベルの欠陥（亀裂などのミリ・サブミリサイズの欠陥と異なる。こうした欠陥を格子欠陥と呼ぶ）は，超音波のエネルギーを吸収して不可逆的な運動を行うため，減衰係数の変化から格子欠陥の形態変化や運動を評価することもできる。

B. 超音波センサ

超音波検査において超音波の送受信に利用されるセンサには，圧電センサ，レーザー超音波センサ，電磁超音波センサなどがある。

（1）圧電センサ　水晶や特殊なセラミックス材料は，圧電材料（圧電体）である。電位差が加えられると変形し，逆に変形すると分極して電位差を生じる。高周波の電位差を与えると同じ周波数で振動し，超音波の音源となる。また，超音波を受けるとその周波数に応じた電気分極の振動が発生し，電気的な負荷を介して電圧振動として受信することができる。このように，圧電センサは超音波の送信と受信の両方を担うことができる。超音波と電気信号間の変換効率も高い。ただし，音響結合剤と呼ばれる物質をセンサと検査体表面に塗布する必要がある。例えば，下図は圧電センサの使用例である。樹脂くさびを介して，斜角に超音波を送受信する。樹脂くさびと検査材料との間には，音響結合剤が必要となる。欠陥（亀裂）から反射した超音波の振幅は，音響結合剤の塗布量（薄さ）やセンサの押し付け圧力に強く依存して変化するため，測定者によるばらつきが発生する。また，横波の送受信には粘度の高い音響結合剤が必要であり，さらにばらつきが大きくなる。

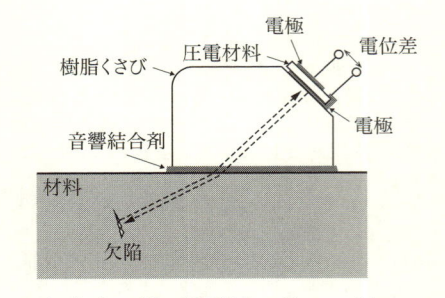

（2）レーザー超音波センサ　パルスレーザーを材料表面に集光すると，過渡的な熱膨張・収縮が起こり，これが音源となって超音波が放射状に発生する。欠陥から反射した超音波は，干

渉計などを用いて光学的に検出される（下図）。**レーザー超音波センサ**の最大の利点は，非接触計測が可能となることである。このため，材料が動いている場合や高温の場合にも適用することができる。ただし，光学系を用いるため，励起部と検出部の設置を精密に管理しなければならない。

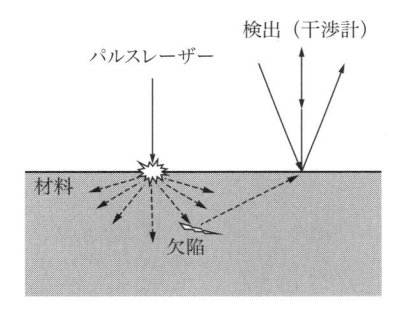

(3) 電磁超音波センサ　金属材料に対して，電磁気的な相互作用により超音波を送信・受信できるセンサである。非接触測定が可能であり，センサ自体も小型で設置も容易である。ただし，超音波への変換効率が低いため，超音波の励起には圧電センサに比べて大電力を要する。駆動する原理から，ローレンツ型および**磁歪型**が存在する。ローレンツ型の横波送受信用**電磁超音波センサ**の構造と作動原理を下図 (a), (b) に示す。磁極が異なる一対の垂直方向の永久磁石と，トラック状に巻かれた渦巻きコイルからなる。金属材料表面に近づけて渦巻きコイルに高周波電流を流すと，材料表面近傍に渦電流が励起される。この渦電流と磁石の磁場との相互作用により，**ローレンツ力**が水平方向に発生する。コイルに流れる電流の向きが変わると，ローレンツ力の方向も変わる。結果，水平方向のローレンツ力が高周波で振動し，垂直方向に伝搬する横波が励起される。磁石とコイルの幾何学的な配置を変えると，さまざまなモードの超音波を発生させることができる。

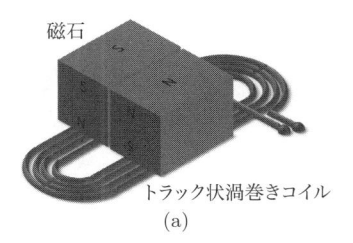

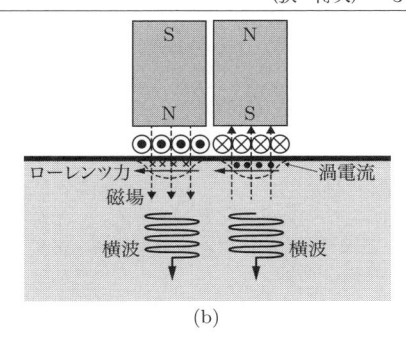

また，下図は磁歪効果を利用した電磁超音波センサである。蛇行コイルの直線部に平行に静磁場を印加する。ローレンツ力は発生しないが，磁歪効果により表面にせん断力が生じ，表面波横波（表面SH波）を励起する。

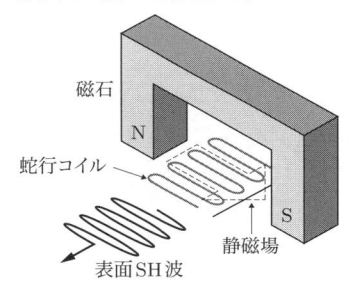

C. 最近の動向

レーザー超音波計測においては，フェムト秒パルスレーザーを用いた超音波の励起によって，超高周波数の超音波計測が実現している。その周波数は 100 GHz を超え，波長は可視光の波長より短く（100 nm 以下），薄膜材料やナノ材料内の非破壊検査において重要な手法として開発が進んでいる。例えば，厚さが 10 nm 程度の薄膜の弾性定数の計測や，幅 300 nm の金属細線内の微小欠陥の評価が可能となっている。

また，電磁超音波センサにおいては，コイルと磁石の幾何学的な関係を工夫することにより，材料内の超音波の集束化が実現されており，減衰の大きいステンレス鋼においても 2 MHz の横波を用いることにより，サイズが 50 μm 以下の欠陥の検出が可能となっている。

◆ もっと詳しく！
1) 日本機械学会 編：非破壊計測技術，朝倉書店 (1990)
2) 肥後矢吉 編著：小さなものをつくるためのナノ/サブミクロン評価法，コロナ社 (2015)

重要語句　風力発電，空力音，機械音，振幅変調音，AM音，残留騒音

風車騒音
[英] wind turbine noise

風力発電は再生可能エネルギー利用の一つの手段であり，世界中で風力発電施設の建設が進められている。一方で風力発電施設から発生する騒音が問題になることも多い。わが国でも2000年頃から商用の風力発電が本格化し，それにあわせて風車周辺の住民から騒音苦情が寄せられるようになった。

A. 風力発電装置

風力発電装置にはいくつかの形式があるが，最も多いのは水平軸プロペラ型である。風力発電装置は，タワーなどの構造部，発電機や増速機などで構成されナセルに収納された発電機部，ブレード（羽根）やローターなどのローター部から構成されている（下図参照）。1機当りの定格発電量は，1～3 MW程度が多い。

B. 風車騒音

風車騒音には大きく分けて，風車のブレードで発生する空力音（⇒p.422）と，ギアボックスや発電装置からの機械音がある。

定格回転時のブレード先端の速度は70～80 m/s程度になり，新幹線並みの速さである。これはマッハ数に換算すると0.2～0.25程度であり，ブレード先端が測定点に近づく際には，空気が大きく圧縮されることにより音圧が増大し（広義のドプラ効果），このため風車周辺では周期的に騒音がレベル変動する。風車騒音の空力音は，ブレード後縁部に発生した渦が音源となり，この渦がブレードの回転に伴い高速で移動することによりレベル変動する騒音である。この騒音は振幅変調音（amplitude modulation sound；AM音）やswish音などと呼ばれ，風車周辺においては広帯域騒音のブレードの通過周期での騒音レベル変動が観測される。ブレードの通過周期の逆数をBPF（blade passing frequency）と呼ぶ。風車騒音の空力音は指向性があり，時間平均騒音レベルは側方よりも前後が大きく，AM音の変動幅は前後に比べて側方が大きい。

機械音は，おもに発電機などの回転系機械により発生する純音性の騒音であり，ナセルの開口部から漏れ出る空気音と，タワーなどの構造物を加振して放射される固体音がある。機械音は，発電機のギアレス化や，防振支持，あるいはナセルの通気口の遮音対策などにより低減が可能である。なお，空力音についても，ブレード後縁部の形状変更による低騒音化が検討されているが，風力発電において避けられない騒音である。

風力発電施設は，風況が適した山頂部や尾根，あるいは海岸部に設置されることが多い。これらの地域は静穏な場所が多いため，風車騒音の騒音レベルは比較的小さいが，周囲が静穏なためによく聞こえ，苦情となることが多い。下図は，国内の29風力発電施設周辺の家屋付近の164地点で測定された風車騒音の度数分布である。最頻値は41～45 dBの階級であり，40 dB前後の騒音レベルが多い。これは住居系（AおよびB類型）地域の夜間の環境基準値程度である。一方，風車地域と類似しているが風車がない静穏な地域の残留騒音（⇒p.154）は16～35 dB程度であり，風車地域の風車騒音は残留騒音よりも平均15 dB大きいことになる。

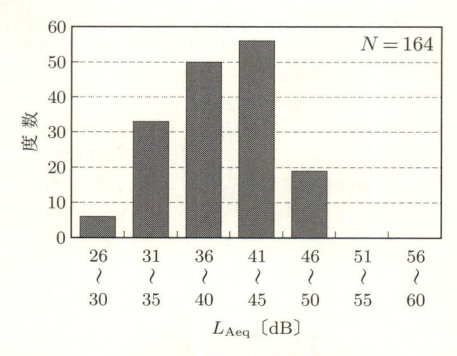

次図に，民家位置での風車騒音のスペクトル（29風車地域の164地点の測定値 $L_{peq}(f)$）を示す。図からわかるように，風車騒音のスペクトルは，平均的には-4 dB/octaveで減衰する広帯域の騒音である。ただし，特定の周波数で純音性の機械音が観測されている例もある。20 Hz

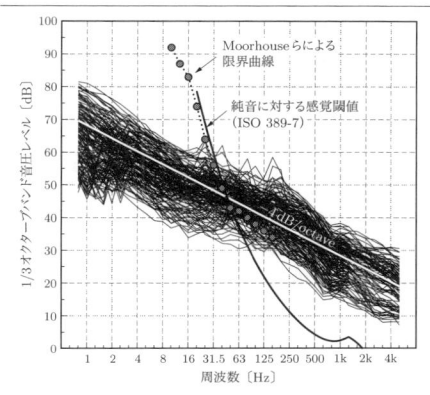

以下の超低周波域（⇒ p.328）では，BPF あるいはその倍音に成分が見られるデータがある。ただし，すべての地点で純音に対する感覚閾値（ISO 389-7）や低周波音問題の有無を判定する限界曲線（Moorhouse, et al.）よりも十分小さい。したがって，風車騒音に関する苦情は可聴域の騒音（AM音や機械音（純音））に起因していると考えられる。なお，風車騒音の評価は基本量としてA特性音圧レベルで行われており，多くの国で L_{Aeq} が採用されている。総暴露量として L_{Aeq} で評価した上で，さらに振幅変調成分や純音成分の程度に応じてペナルティを課している。

C. 振幅変調音（AM音）

AM音は，風力発電施設周辺の住民のアノイアンス（⇒ p.270）の増加の一因となっている。風車近傍と居住地域の騒音レベルの時間変動を下図に示す（風車からの水平距離は，M0（37 m），M1（173 m），M5（563 m），M7（1 152 m））。いずれも BPF に対応した約 1 s の周期でレベル変動している。また，風車近傍の測定点 M0 では安定した幅で変動しているが，距離が離れた測定点 M1, M5, M7 では，長周期で不規則な変動（トレンド）に周期的な振幅変調成分が重畳したレベル変動である。

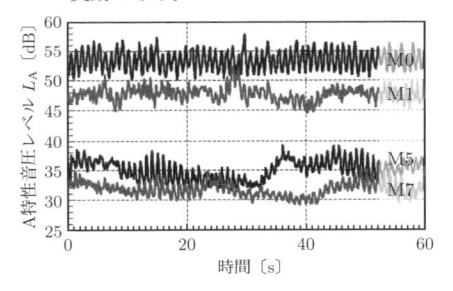

下図（🎧1）に，風車から 560 m 離れた地点における風車騒音のスペクトルの時間変動を示す。居住地域で観測される AM音は 250～500 Hz を中心として 100 Hz ～ 1 kHz 程度の広い周波数領域で観測されることが多い。

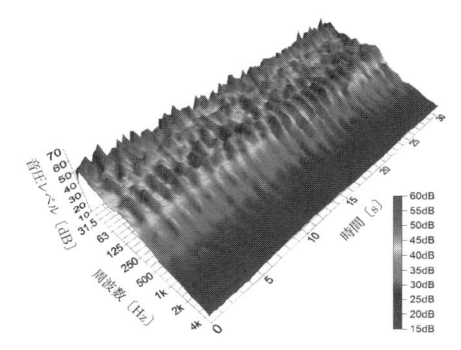

AM音の定量的で実務的な測定方法として，トレンドを $L_{A,S}(t)$ で近似し，$L_{A,F}(t)$ と $L_{A,S}(t)$ のレベル差をトレンドを除外した振幅変調成分とし，そのレベル差の 90 % レンジを振幅変調深さ D_{AM} として算出する方法がある。下図は，AM音が確認できた 18 風車施設の居住地域 81 測定点での D_{AM} の実態である。D_{AM} は 1～5 dB の範囲であり，最頻値は 2.0～2.4 dB で，幅がある。D_{AM} が大きくなると脈動性を強く感じることになるので，AM音は重要な評価要因である。

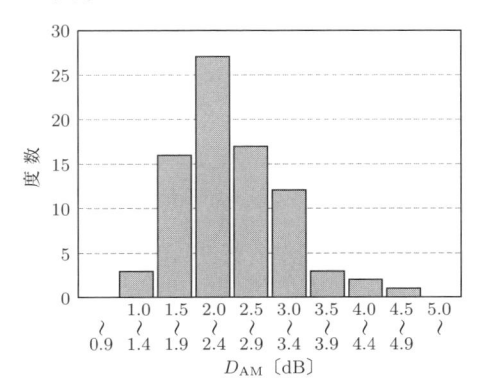

◆ もっと詳しく！

特集号 風車騒音に関する最近の研究動向, 騒音制御, **38**, 6 (2014)

重要語句 フーリエ級数,フーリエ係数,複素フーリエ級数,オイラーの公式,線スペクトル,連続スペクトル

フーリエ変換
[英] Fourier transform

音圧の変化は時間とともに変化する時間領域の信号であり,その信号を時間領域から周波数領域へ,もしくは逆に周波数領域から時間領域へ変換する際に,フーリエ変換もしくは逆フーリエ変換を用いる。周波数領域に変換することにより,信号の周波数成分を分析したり,任意周波数成分を増減させたりすることができる。フーリエ変換は,昨今のディジタル信号処理において欠かせない。

A. フーリエ級数

まず,連続時間における周期信号を取り扱うことを考える。周期が T〔s〕である正弦波信号は,振幅と時刻0における位相(初期位相)を考慮すると,正弦(サイン; sin)と余弦(コサイン; cos)を用いてつぎのように表される。

$$x(t) = a_1 \cos\left(2\pi \tfrac{1}{T}t\right) + b_1 \sin\left(2\pi \tfrac{1}{T}t\right)$$
$$= \sqrt{a_1^2 + b_1^2} \cos\left(\tfrac{2\pi t}{T} - \theta_1\right) \quad (1)$$

この式における信号の振幅は $\sqrt{a_1^2 + b_1^2}$,時刻0における θ_1 は初期位相を表し,$\tan^{-1}(b_1/a_1)$ である。また,この信号の周波数は $f_0 = 1/T$〔Hz〕である。つぎに,周期が T〔s〕である一般の信号について考えてみる。このような信号は,振動しない成分(直流成分)と,$1/T = f_0$〔Hz〕の整数倍の周波数を持つ正弦波成分の重ね合わせで表現できることが知られている。すなわち,周期 T の時間信号 $x(t)$ は,つぎのような無限級数の式で表現できる。

$$x(t) = a_0 + \lim_{n\to\infty}\left\{a_1\cos\left(2\pi\tfrac{1}{T}t\right) + a_2\cos\left(2\pi\tfrac{2}{T}t\right)\right.$$
$$\left. + \cdots + a_n\cos\left(2\pi\tfrac{n}{T}t\right)\right\}$$
$$+ \lim_{n\to\infty}\left\{b_1\sin\left(2\pi\tfrac{1}{T}t\right) + b_2\sin\left(2\pi\tfrac{2}{T}t\right)\right.$$
$$\left. + \cdots + b_n\sin\left(2\pi\tfrac{n}{T}t\right)\right\}$$
$$= a_0 + \sum_{n=1}^{\infty} a_n \cos\left(2\pi\tfrac{n}{T}t\right) + \sum_{n=1}^{\infty} b_n \sin\left(2\pi\tfrac{n}{T}t\right) \quad (2)$$

基本周波数 f_0〔Hz〕を用いて式(2)を表現すると次式になる。

$$x(t) = a_0 + \lim_{n\to\infty}\{a_1\cos(2\pi f_0 t) + a_2\cos(4\pi f_0 t)$$
$$+ \cdots + a_n\cos(2\pi n f_0 t)\}$$
$$+ \lim_{n\to\infty}\{b_1\sin(2\pi f_0 t) + b_2\sin(4\pi f_0 t)$$
$$+ \cdots + b_n\sin(2\pi n f_0 t)\}$$
$$= a_0 + \sum_{n=1}^{\infty} a_n\cos(2\pi n f_0 t) + \sum_{n=1}^{\infty} b_n\sin(2\pi n f_0 t) \quad (3)$$

このように,周期信号 $x(t)$ を直流成分と sin,cos の和で表現したものを**フーリエ級数**という。また,式中の係数 a_n,b_n は**フーリエ係数**といい,周波数 nf_0〔Hz〕の周波数成分の大きさを示す値である。

複数の sin と cos の和によって周期信号を表した,高調波の加算による矩形波の合成例を下図に示す。図中の一番上の波形は,$n=1$ の場合,すなわち基本周波数成分である。n の値が増えるにつれ,周波数が高くなることがわかる。一番下の波形は,$n=1\sim19$ までの奇数次高調波をすべて加算した波形であり,矩形波に近づいていることが見て取れる。

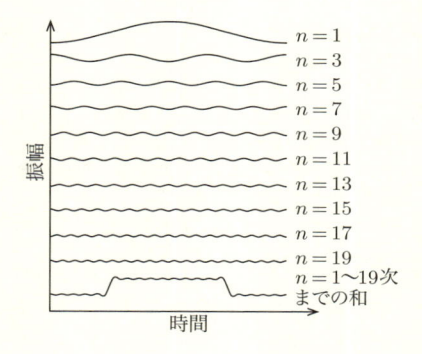

(振幅 — 時間)
$n=1$
$n=3$
$n=5$
$n=7$
$n=9$
$n=11$
$n=13$
$n=15$
$n=17$
$n=19$
$n=1\sim19$次までの和

ここまでは,複数の sin,cos とフーリエ係数を使って周期信号 $x(t)$ を表現する方法,すなわち周波数成分を時間信号に変換する方法について述べた。逆に,$x(t)$ からフーリエ級数を求めることができれば,それは $x(t)$ に含まれる特定の周波数成分の振幅および位相を求めることを意味する。すなわち,時間領域の信号を周波数領域に変換することが可能になる。

連続時間における周期 T〔s〕の信号から,ある周波数での振幅および位相を求めることを考える。これは,周期信号を用いて a_n と b_n を表現できればよい。具体的には,信号を $x(t)$ とし,連続時間での積分 $\int$ を用いて,つぎの式(4)でフーリエ係数が求められる。

$$\left.\begin{array}{l} a_0 = \tfrac{1}{T}\int_0^T x(t)\,dt \\ a_n = \tfrac{2}{T}\int_0^T x(t)\cos\left(2\pi\tfrac{n}{T}t\right)dt \\ b_n = \tfrac{2}{T}\int_0^T x(t)\sin\left(2\pi\tfrac{n}{T}t\right)dt \end{array}\right\} \quad (4)$$

ここで,式(4)は連続時間での信号 $x(t)$ と正弦もしくは余弦の積を任意の区間で加算することを意味する。ここで得た振幅 $\sqrt{a_n^2 + b_n^2}$ と位相

θ_n を用いると，式(2)は次式のようになる。

$$x(t) = a_0 + \sum_{n=1}^{\infty} \left\{ a_n \cos\left(2\pi \frac{n}{T} t\right) + b_n \sin\left(2\pi \frac{n}{T} t\right) \right\}$$

$$= a_0 + \sum_{n=1}^{\infty} \sqrt{a_n^2 + b_n^2} \cos\left(\frac{2\pi n t}{T} - \theta_n\right) \quad (5)$$

ここまで述べたフーリエ級数を複素数で表現するのが，**複素フーリエ級数**である。複素フーリエ級数は，つぎのように求めることができる。**オイラーの公式** $e^{ix} = \cos(x) + i\sin(x)$ を用いると，sin, cos は

$$\cos\theta = \frac{1}{2}\left(e^{i\theta} + e^{-i\theta}\right)$$
$$\sin\theta = \frac{1}{2i}\left(e^{i\theta} - e^{-i\theta}\right) \quad (6)$$

と表せる。

これを用いると，式(2)は

$$x(t) = a_0 + \sum_{n=1}^{\infty} a_n \cos\left(2\pi \frac{n}{T} t\right) + \sum_{n=1}^{\infty} b_n \sin\left(2\pi \frac{n}{T} t\right)$$

$$= a_0 + \sum_{n=1}^{\infty} \left\{ a_n \cos\left(2\pi \frac{n}{T} t\right) + b_n \sin\left(2\pi \frac{n}{T} t\right) \right\}$$

$$= a_0 + \sum_{n=1}^{\infty} \left\{ \frac{a_n - ib_n}{2} e^{i 2\pi \frac{n}{T} t} + \frac{a_n + ib_n}{2} e^{-i 2\pi \frac{n}{T} t} \right\} \quad (7)$$

となる。ここで

$$X_n = \frac{a_n - ib_n}{2}, \quad X_{-n} = \frac{a_n + ib_n}{2}, \quad X_0 = a_0 \quad (8)$$

とおくと

$$x(t) = \sum_{n=-\infty}^{\infty} X_n e^{i 2\pi \frac{n}{T} t} \quad (9)$$

となる。なお，X_n を求めるには，式(4)と同じ考えに基づく次式を求めればよい。

$$X_n = \frac{1}{T} \int_{-T/2}^{T/2} x(t) e^{-i 2\pi \frac{n}{T} t} dt \quad (10)$$

式(10)の n/T が周波数に対応し，この周波数における振幅は $|X_n|$，パワーは $|X_n|^2$ である。n を変化させて得られる振幅およびパワーの変化は，おのおの振幅スペクトル，パワースペクトルと呼ばれる。

複素フーリエ級数で表現することにより，良いことが二つある。一つ目は，級数の式が簡潔になることである。式(2)や式(5)では cos と sin の両方が必要だったのに対して，複素フーリエ級数では複素指数関数 $e^{-i 2\pi \frac{n}{T} t}$ の和だけで表現でき，簡潔である。二つ目は，ある周波数成分の大きさと位相が，両方とも一つの係数 X_n に含まれることである。式(2)のフーリエ級数では，ある周波数成分の振幅と位相は，a_n, b_n という二つの係数から求める必要があった。これに対し，複素フーリエ級数では，周波数成分の振幅は複素フーリエ係数 X_n の絶対値であり，位相は同じく X_n の偏角である。

B. フーリエ変換

フーリエ級数の一例として，下図(a)のような，振幅 A，周期 T，$x(t)=1$ の幅が W の矩形波のフーリエ係数は次式(11)となる。

$$X_n = \frac{1}{T} \int_{-T/2}^{T/2} x(t) e^{-i 2\pi \frac{n}{T} t} dt$$

$$= \frac{1}{T} \int_{-W/2}^{W/2} A e^{-i 2\pi \frac{n}{T} t} dt$$

$$= \frac{A}{T} \frac{1}{-j 2\pi n/T} \left(e^{-j \frac{\pi n W}{T}} - e^{j \frac{\pi n W}{T}} \right)$$

$$= \frac{AW}{T} \frac{\sin \frac{\pi n W}{T}}{\frac{\pi n W}{T}} \quad (11)$$

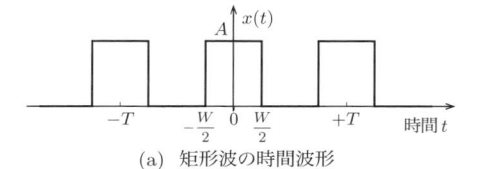

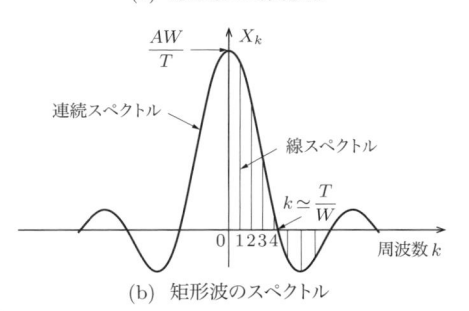

(a) 矩形波の時間波形

(b) 矩形波のスペクトル

n/T を周波数と解釈すれば，図(b)に示すように，X_n は周波数ごとに存在する周波数スペクトルの振幅および位相を表す。これを**線スペクトル**という。式(10)の周期 T〔s〕を長くすると周波数間隔 $1/T$ は小さくなるため，T を限りなく大きくすると周波数間隔がきわめて小さいスペクトルが得られ，極限においては，あらゆる周波数で振幅と位相が定義される。これを**連続スペクトル**という。矩形波の連続スペクトルは図(b)に示される包絡線の形状である。これがフーリエ変換であり，逆に周波数領域から時間領域への変換を逆フーリエ変換という。

◆ もっと詳しく！

城戸健一：ディジタルフーリエ解析（I, II），コロナ社 (2007)

重要語句 波動方程式，フーリエ変換，ヘルムホルツ方程式，有限要素法，境界要素法，立体音響，レーザードプラ振動計

物理モデルを用いた音場復元
[英] PDE-based sound field reconstruction

物理現象をモデル化する偏微分方程式 (PDE) を用いることで，ノイズの乗った不正確な測定データしか得られない場合にも，その測定データを与えた音場の状態を推定することができる．

A. 音の物理モデル

われわれが日頃耳にする可聴音は，**波動方程式**（⇒p.364, p.442, p.444）によってモデル化される．これを時間に関して**フーリエ変換**（⇒p.382）すると，時間の代わりに角周波数 ω を変数とする**ヘルムホルツ方程式**（⇒p.94, p.438, p.446）

$$(\triangle + k^2)u(x,\omega) = 0, \quad x \in \Omega \subset \mathbb{R}^d \quad (1)$$

を得る．ただし，$\triangle = \sum_i \partial^2/\partial x_i^2$ はラプラス作用素，$d \in \{2,3\}$ はユークリッド空間の次元，$k = \omega/c$ は波数を表す．また，ここで考える領域 Ω は，音源や反射体などを含まないように選んだとする．周波数領域（ヘルムホルツ方程式）のほうが時間領域（波動方程式）に比べて理論的に扱いやすいので，多くの音響信号処理やシミュレーション手法において，音場の周波数領域表現が用いられている．

B. 音場の復元問題

マイクロホンなどのセンサを複数個用いることで，さまざまな位置で音を測定することができる．測定された音をそれぞれ時間に関してフーリエ変換すれば，ヘルムホルツ方程式の解 $u(x,\omega)$ を各測定位置 $\{x_n\}_{n=1}^N$ でサンプリングした測定データ $\{u(x_n,\omega)\}_{n=1}^N$ が得られたと解釈できる．しかし，測定データはセンサ位置での情報のみしか与えず，各センサの間で音場がどのような状態にあるかはわからない．そこで，いくつかの点で観測された情報のみから，音場全体の状態，すなわち測定していない点での音の状態を推定することを考える．これが，音場の復元問題である．一般的に測定データは，ノイズの混入やセンサ性能の限界などにより不正確である．したがって，不正確なデータから，もとの音場を推定しなければならない．

この復元問題は，ヘルムホルツ方程式を満たす関数の中で最も測定データに近い解を探す問題と捉えることができる．一般的に偏微分方程式（partial differential equation; PDE）の解は無限次元関数空間の元なので，計算機で扱うには種々の数値解析手法，すなわちシミュレーション手法を考える必要がある．言い換えれば，シミュレーションによって得られる式 (1) の近似解のうち，なんらかの尺度に関して最も測定データに近いものを見つける問題である．

C. ヘルムホルツ方程式の解の表現

シミュレーション手法としては，**有限要素法**（⇒p.446）や**境界要素法**（⇒p.438）が広く用いられている．一方，ヘルムホルツ方程式の解空間の基底を考え，その線形結合で近似解を表現することもできる．

式 (1) を満たすあらゆる関数 u は，式 (1) を厳密に満たすある特定の関数 ϕ の重ね合わせ

$$u(x) = \sum_n \beta_n \phi_n(x)$$

によって，いくらでも良く近似できることが知られている．そのような関数のうち，おそらく最も有名なものは平面波

$$\phi_n(x) = \exp(ikx \cdot v_n)$$

であろう．また，一般化調和多項式（球面波）

$$\phi_{\ell,m}(x) = \begin{cases} J_\ell(kr)\exp(i\ell\theta) & (d=2) \\ j_\ell(kr)Y_\ell^m(\theta,\varphi) & (d=3) \end{cases}$$

も**立体音響**（⇒p.50）などで広く用いられている．一方，対象としている領域 Ω の外に特異点 $y \notin \overline{\Omega}$ を持つ基本解（点音源）

$$\phi_n(x) = \begin{cases} \dfrac{i}{4} H_0^{(1)}(k\|x-y_n\|_2) & (d=2) \\ \dfrac{\exp(ik\|x-y_n\|_2)}{4\pi\|x-y_n\|_2} & (d=3) \end{cases}$$

も，特異点の配置を適切に選ぶことで，上述のように解を表現することができる．ただし，$i = \sqrt{-1}$ であり，$a \cdot b$ は位置ベクトル a と b のスカラー積，$v_n \in \mathbb{S}^{d-1}$ は平面波の進行方向を定める単位ベクトル，J はベッセル関数，j は球ベッセル関数，Y は球面調和関数，$H_0^{(1)}$ は 0 次第 1 種ハンケル関数，$\|\cdot\|_p$ は ℓ_p ノルム，$\overline{X}$ は X の閉包，(r,θ) および (r,θ,φ) は位置 x の極座標と球座標による表示をそれぞれ表す．

これらの関数はそれ自身が式 (1) を満たしているので，どのようなスカラー β_n による足し合わせでも，式 (1) を満たすことができる．したがって，適切な β_n の組合せを選ぶことで境界条件を満たせば，ヘルムホルツ方程式の境界値問題（boundary value problem; BVP）を解いたことになる．そのような考え方のシミュレーショ

ン手法は一般的にトレフツ法や，MPS (method of particular solutions), MFS (method of fundamental solutions) などと呼ばれている．同様に，このような関数の線形結合による表現を用いれば，音場の復元問題は各関数 ϕ_n に係る係数 β_n を測定データに合うように選ぶ問題と捉えることができる．

D. 最小2乗法による推定

ヘルムホルツ方程式の近似解の中で最も測定データに近いものを選ぶにあたり，「近さ」を定義しなければならない．ここでは，最も一般的だと考えられる ℓ_2 ノルムから誘導されたユークリッド距離によって解の近さを測るとする．ある周波数 ω を固定して，誤差 ε の乗った測定データ $\tilde{u}(x_n) = u(x_n, \omega) + \varepsilon_n$ をすべてまとめて $\bm{u}_i = \tilde{u}(x_i)$ とベクトルで表記し，足し合わせによる表現をベクトル $\bm{\beta}_i = \beta_i$ と行列 $\bm{\Phi}_{ij} = \phi_j(x_i)$ を用いて $\bm{\Phi}\bm{\beta}$ と略記すれば，測定データと推定解との2乗距離 $\|\bm{u} - \bm{\Phi}\bm{\beta}\|_2^2$ を最も小さくする係数ベクトル $\bm{\beta}$ を求めることで，音場を推定することができる．しかし，行列 $\bm{\Phi}$ は悪条件であり，また測定データの数が十分でないことが多いので，計算機上で $\|\bm{u} - \bm{\Phi}\bm{\beta}\|_2^2$ を小さくできる近似解は無数に存在する．そこで，チホノフ正則化を行い，最小化問題

$$\min_{\bm{\beta}} \|\bm{u} - \bm{\Phi}\bm{\beta}\|_2^2 + \lambda\|\bm{\beta}\|_2^2$$

の解として $\bm{\beta}$ の推定値を定義すれば，目的関数は強凸かつ滑らかなので，微分を0とおくことで唯一解 $(\bm{\Phi}^H\bm{\Phi} + \lambda\bm{I})^{-1}\bm{\Phi}^H\bm{u}$ を求めることができる．ただし，この方法では，正則化パラメータ $\lambda > 0$ を適切に選べたとしても，復元する周波数 ω に対して測定データの数が十分に多くないと，妥当な推定結果を得ることは難しい．

E. 音源の空間的スパース性に基づく推定

妥当な推定をするのに十分な情報をデータが持っていない場合，推定対象に対する事前知識を導入することで，妥当な解を得やすくなる．そこで，一般的に音源が全方向に密に存在することは稀であり，一部の方向にのみ少数の音源が存在する状況が自然であるという事前知識を用いて，スパース最適化を行うことを考える．

行列やベクトルがスパース（疎）であるとは，その要素のうち多くが0であることをいう．ϕ として基本解（点音源）を選び，Ω の外に大量に点音源を配置すれば，測定データを与えた音源の近傍に存在する点音源 ϕ に対応する係数 β のみが値を持ち，その他の位置の点音源に対応する係数は0としても，もとの音場をよく近似することができる．すなわち，ϕ として大量の点音源を用いることで，推定すべき係数 β をスパースにすることができる．推定すべき係数ベクトルがスパースであると事前にわかっていれば，正則化項に ℓ_1 ノルムを用いた凸最適化問題

$$\min_{\bm{\beta}} \|\bm{u} - \bm{\Phi}\bm{\beta}\|_2^2 + \lambda\|\bm{\beta}\|_1$$

を解くことによって多くの場合に好ましい結果が得られることが，近年の圧縮センシングやスパース信号処理の研究で示されている．ℓ_1 ノルムは原点などにおいて微分不可能な凸関数であるが，近接勾配法などの一般的な凸最適化手法によって容易に近似解を得ることができる．

本項目で説明した音場復元手法の適用例を下図に示す．**レーザードプラ振動計**（⇒ p.426）を用いて測定した実音場に対して，上述のスパース最適化を用いて測定データの復元および補間を行った．音による空気の屈折率変化は微弱なので，測定データ（図 (a)）には多くのノイズが乗っており，実際の音とノイズを見分けることは難しい．一方，復元手法を適用した図 (b) では，大部分のノイズが除去され，スピーカから再生されたパルス波が明確に視認できる．

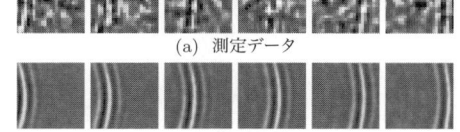

(a) 測定データ

(b) 復元結果

本項目では音場の復元手法の一例を紹介したが，そのほかにも物理モデルを用いたさまざまな定式化が考えられる．また，本項目で説明したような音源の空間的スパース性を利用する場合に，ℓ_1 ノルム以外のスパース正則化項を用いて定式化することも可能である．

◆ **もっと詳しく！**
矢田部浩平，及川靖広：スパース表現に基づく音場の復元と光学的音響測定データへの応用，日本音響学会誌，**71**, 11, pp.639–646 (2015)

重要語句 音声認識システム，独立成分分析，インパルス応答，ビームフォーマ，IVA，NMF

ブラインド音源分離
[英] blind source separation

複数の音源信号が混在して観測された場合にその中に含まれる音源信号を同定する技術を，音源分離と呼ぶ。特に，観測信号以外の情報を参照せずに音源を同定する技術は，ブラインド音源分離（BSS）と呼ばれる。

A. 音源分離の意義

一般に高精度なハンズフリー通信や遠隔会議システム，雑音に対してロバストな**音声認識システム**（⇒ p.116）を構築する場合，その前処理として目的音の強調が必要不可欠である。さらに，この目的音強調は，刻一刻と変化する外乱に適応するため，観測信号以外の情報，すなわち音源や伝達系に関する事前情報（しばしば「教師情報」と呼ばれる）を参照せずに動作することが望ましい。これを実現するため，近年，**独立成分分析** (independent component analysis; ICA) をはじめとして，教師なし最適化の観点から音源を分離する手法が多く検討されている。例えばICAにおいては，複数マイクロホンで受音することに加え，音源同士が統計的に独立であるという仮説を導入することで，マイクロホンと同じ個数の音源を分離することができる。また，これらのブラインド音源分離（BSS）は，各マイクロホンの位置・利得，音源方向，ダブルトーク区間などの事前推定が不要であることから，センサネットワークやプラグイン動作での使用が可能である。

B. 音響信号混合問題の定式化

一般に，L個の音源信号$s_l(t)$ ($l=1,\cdots,L$) が線形に混合してK点で観測される場合，その観測信号$x_k(t)$ ($k=1,\cdots,K$) は，以下のように書くことができる。

$$\boldsymbol{x}(t) = \sum_{n=0}^{N-1} \boldsymbol{a}(n)\boldsymbol{s}(t-n) = \boldsymbol{A}(z)\boldsymbol{s}(t) \quad (1)$$

ここで，$\boldsymbol{s}(t) = [s_1(t),\cdots,s_L(t)]^T$は音源信号ベクトル，$\boldsymbol{x}(t) = [x_1(t),\cdots,x_K(t)]^T$はマイクロホンアレイにおける観測信号ベクトルである。また，$\boldsymbol{A}(z)$は，音源-マイクロホン間における長さNの**インパルス応答**$\boldsymbol{a}(n)$（⇒ p.16）からなる伝達関数行列であり，以下のように与えられる。

$$\boldsymbol{A}(z) = \sum_{n=0}^{N-1} \boldsymbol{a}(n)z^{-n}$$

$$= \left[\sum_{n=0}^{N-1} a_{kl}(n)z^{-n}\right]_{kl} \quad (2)$$

ここで，zは単位遅延演算子であり，便宜上$z^{-n} \cdot s(t) = s(t-n)$と表記する。また，$[X]_{ij}$は$i$行$j$列要素に$X$を有する行列を表す。一般の小部屋での残響時間は約300 msといわれているので，インパルス応答$a_{kl}(n)$はじつに数千タップのFIRフィルタに相当する。実環境において音響信号を取り扱うには，このような複雑な畳み込み混合問題を考えなければならない。

C. ビームフォーミングに基づく音源分離

従来より，音響信号の分離のために**ビームフォーマ**が用いられてきた。これは，複数のマイクロホンで得られた信号群を重み付き加算することによって，目的の信号を強調し，不要な外乱・雑音を低減するものである。古くからさまざまなものが提案されているが，特に，固定の重み係数を用いる「遅延和型」や，雑音の空間分布に応じて適応的に重み係数を変化させる「適応型」などがよく用いられている。これらの手法は，比較的簡便な処理によって実現できるという利点がある。一方で，高精度な分離を達成するためには，音源に関する事前情報が必要とされる。例えば，遅延和型であれば音源の方向が必要であるし，適応型においては，音源方向だけでなく雑音のみが観測される時間区間が必要とされる。これらは，目的音がいつ何時到来するかどうかわからない一般の音響信号応用において，大きな欠点となってしまう。

D. 初期のBSS

上記に挙げたビームフォーマの欠点を解決するため，教師情報なしで音源を分離する手法が提案されている。これは「事前情報を知らない」という意味で，「ブラインド」音源分離と呼ばれる。古典的なものとしては，1980年代より開発されてきたバイナリマスキング（時間-周波数マスキング）がよく知られている。これは，音源信号の各周波数成分が時間軸であまり重ならないことを仮定するものであり，複数マイクロホン間において最も振幅強度の強いものを選択・抽出することによって目的音を再構成する。簡便な演算で音源を分離できるが，音源信号間に重なりが多い場合には大きく分離信号がひずんでしまうという問題があった。

E. ICAに基づくBSS

前記の欠点を解決するため，1990年代後半より，ICAに基づくBSS技術が提案された．本音源分離処理は，分離フィルタ行列

$$\boldsymbol{W}(z) = \sum_{n=0}^{D-1} \boldsymbol{w}(n) z^{-n} \quad (3)$$

を観測信号ベクトルに乗じることにより

$$\boldsymbol{y}(t) = \boldsymbol{W}(z) \boldsymbol{x}(t) \quad (4)$$

という形で実行される．ここでは線形時不変フィルタを用いるため，非線形ひずみが比較的少なく，良好な音質を保つことが可能である．下図に，ICAにおける信号の流れ（$K = L = 2$の場合）を示す．

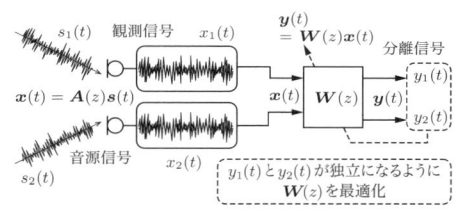

ICAに基づくBSSにおいては，「それぞれの音源信号はたがいに統計的独立な信号である」と仮定して分離フィルタ行列の推定を行う．代表的な反復アルゴリズムとして以下がある．

$$\boldsymbol{w}^{[j+1]}(n) \\ = -\alpha \sum_{d=0}^{D-1} \text{off-diag} \left\langle \boldsymbol{\varphi}(\boldsymbol{y}^{[j]}(t)) \right. \\ \left. \boldsymbol{y}^{[j]}(t-n+d)^{\text{T}} \right\rangle_t \cdot \boldsymbol{w}^{[j]}(d) + \boldsymbol{w}^{[j]}(n) \quad (5)$$

ここで，α はステップサイズパラメータ，$[j]$ は j 番目の反復を表すインデックス，$\langle \cdot \rangle_t$ は時間平均操作，off-diag$\boldsymbol{X}$ は行列 $\boldsymbol{X}$ の対角項が零の行列を表す．また，$\varphi(\cdot)$ は適当な非線形関数であり，例えば $\boldsymbol{\varphi}(\boldsymbol{y}(t)) = [\tanh(y_1(t)), \cdots, \tanh(y_L(t))]^{\text{T}}$ で与えられる．式 (5) の持つ意味を簡単に解説しよう．この式において肝要なのは，(高次の) 相関行列を計算している $\langle \boldsymbol{\varphi}(\boldsymbol{y}^{[j]}(t)) \boldsymbol{y}^{[j]}(t-n+d)^{\text{T}} \rangle_t$ 部である．式 (5) においては，この部分が対角化すれば反復学習は終了する．まず，非線形関数による影響を除いて考えれば，この行列における「対角項」は各音源信号の自己相関，「非対角項」は音源信号間の相互相関値に相当する．つまり，この部分の非対角項を零にすれば，各出力は無相関化される．また，非線形関数を付与することにより，信号の高次相関値も間接的に評価の対象となり，結果として出力は高次無相関化された信号，すなわち独立な成分へと帰着されるわけである．

F. さらに進んだBSS手法

実音響環境では非常に複雑な畳み込み型混合となるため，前述の基本アルゴリズム単体では十分な分離性能を得られない．そこで，さまざまな改良が加えられたものが多数提案されている．例えば，分離性能や収束速度を向上させるため，geometric source separation 法などに代表される，ビームフォーマとBSSの併用処理が提案されている．同様に，ICAとビームフォーマを反復学習中で切り替えるものも提案されている．また，背景雑音など，点音源として取り扱うことのできない空間的に拡散した雑音と目的音を分離するため，ICAの後段に非線形雑音抑圧処理を繋げたものも提案されている．

ICA自体を拡張して，より多様な音源信号を取り扱うことができるようなアルゴリズムも提案されている．例えば，**IVA**（independent vector analysis）は，時間周波数分析されたスペクトログラム上において周波数間で共起する成分をベクトルと見なし，そのベクトル間の独立性に基づいて音源を分離する．これにより，周波数領域間で各音源成分が入れ替わった分離音が発生することを防ぎ，分離音の品質を向上させる．

上記の考え方をさらに一般化したものが，**NMF**（nonnegative matrix factorization）に基づくBSSである．これは，時間周波数分析されたスペクトログラム上において，少数の周波数基底（代表的な周波数成分を表すベクトル）と少数のアクティベーション（前記基底が生起する時間を表すベクトル）の直積で音源を低ランク近似し，その低ランク近似された音源スペクトログラム同士の独立性を利用する手法である．これにより，音声信号のみならず，楽器音（⇒ p.142）や環境音など，さまざまな音源をモデル化することができ，分離音の精度向上を図ることが可能になる．

◆もっと詳しく！

Aapo Hyvärinen, Erkki Oja, Juha Karhunen 著, 根本 幾, 川勝真喜 訳：詳解 独立成分分析―信号解析の新しい世界, 東京電機大学出版局 (2005)

重要語句　アンブシュア，倍音構造，流速，偏心，身体動作

フルートの音色と演奏
[英] timbre and performance of flute

発音源により分類すると，フルートは気鳴楽器のエアリード楽器の一種である。フルートの倍音数は，シングルリード楽器・ダブルリード楽器・リップリード楽器と比較すると最も少ない。しかし，少ない倍音数ながらフルートの倍音構造はさまざまに変化しており，フルートの演奏音の音色は演奏者や楽曲の表情によりさまざまに変化する。

A. 発音原理と音域

エアリード楽器（⇒ p.146）は，なぜ楽器自体にリードがないにもかかわらず発音するかという点で，古くから研究対象となっていた。しかし，発音原理に関する定量的な解析理論が発表されたのは，1970年代に入ってからである。

エアリード楽器であるフルートは，奏者の呼気がリードの役割を果たす。フルート奏者は，頭部管にあるリッププレートに下唇を触れながら，両唇で平たい隙間（アパチュア）を作り，歌口のエッジに呼気を吹きかける。その呼気はエッジで二分され，歌口から管内に流れ込むと，管内の気柱が振動し，歌口で空気が出入りし始める。この空気の出入りにより，奏者の呼気がリードのように上下に振動する。

しかし，ただ呼気を吹きかけるだけでは音は発生せず，アパチュアの形状や呼気の流速などが適切に制御されることにより，管内の気柱と呼気の振動がたがいに強め合い，音が発生する。

フルートは口の構え（アンブシュア）の自由度が高いため，初心者には音を発生させることが困難である。しかし，この自由度の高さのため，フルートの演奏音では音色をさまざまに変化させることが可能である。

フルートには，C管とH管があり，最低音が異なる。C管の場合，音域はC4～C7であるが，H管の場合，最低音がC4より半音低いB3となる。最低音～B4を低音域，C5～B5を中音域，C6～C7を高音域と呼ぶ。

B. フルート音の特徴

（1）倍音構造　フルート音は，他の気鳴楽器と比較すると倍音数が少ない。倍音を比較的多く含む低音域でも第7～10倍音程度までであり，高音域では第2，第3倍音までしか含まれない。後述するが，フルート音の倍音構造は弱奏の場合と強奏の場合とで異なり，低音域の数音を強奏した場合以外は，基本音が最も強く，平均的に高い倍音が含まれる割合は低くなっている。このような単純な倍音構造が，フルート音に澄んだ印象を与える要因といわれている。

（2）音の立ち上がり　楽器音の立ち上がりの速さや，各倍音の立ち上がりの速さは，その楽器の音らしさを決定する重要な物理量である。立ち上がりの速さは，発音の時刻から音の持続状態におけるレベルよりも3dB低いレベルに達するまでにかかる時間とする。フルート音の立ち上がり速度はリード楽器と比較すると遅くなっており，フルート音に柔らかい印象を与える要因といわれている。特に，低音域の立ち上がりが遅い。

（3）ビブラート　ビブラートは奏者により付けられるものである。ビブラートをかける楽器では，ビブラートをかけた音のほうが自然といえる。なぜなら，プロフルート奏者にビブラートをかけないでロングトーンを吹奏するように指示しても，無意識的にかかってしまうことがあるためである。

多くのフルート奏者のビブラートは，5～6Hzの周波数で振動している。そして，基本音のレベル変動は小さいのに対して，高次倍音の成分のレベルは大きく変動する。

C. 音色と演奏

フルートは，倍音数が少ないにもかかわらず，さまざまな音色を出すことができるが，そのためには，フルートを鳴らす条件によって発生音の倍音構造や立ち上がりの速さなどの物理量が大きく変化することが必要である。フルートを鳴らす条件としては，呼気の流速・厚み・幅，唇の隙間から歌口エッジまでの距離，唇の隙間と歌口エッジとの角度，呼気の偏心などが挙げられている。これらのうち，発生音の物理量の制御に最も重要な条件は，呼気の流速と偏心である。

（1）偏心　呼気の偏心は，下図に示すように，唇の隙間から出た呼気の厚みの中心面が歌口エッジに対してどれだけ管内方へ偏っているかを表したものである。図中，実線は呼気の厚みの中心を示している。

偏心距離により変化する発生音の物理量は，偶数次倍音と奇数次倍音のレベル差である．偶数次倍音と奇数次倍音のレベル差は，エアリード楽器では音色の変化，個性などに関わる重要な倍音構造のパラメータである．安藤らの測定によると，A4の音の第2, 4, 6倍音の平均レベルと第3, 5, 7倍音の平均レベルの差は，偏心距離がわずか0.4 mm変化するだけで最大10 dB変化する場合がある．つまり，発生音の波形が偏心距離により変化することになる．

偏心のもう一つの重要な効果は，低音域から中音域へ跳躍する流速の境界値を変化させることである．フルートでは，奏者は呼気の流速を変化させることで低音域と中音域の吹き分けを行っており，偏心距離が0.8〜1.2 mmの場合は，小さい流速で中音域に跳躍する．小さい流速で吹奏すると音量は小さくなるので，偏心距離がこの範囲内の場合，低音域では弱奏程度の音量でしか吹奏できないことになる．一方で，偏心距離が1.6〜2.0 mmの場合，大きな流速にならないと中音域に跳躍しない．つまり，低音域の音を強奏の音量でも吹奏できる．これらより，偏心距離の変化は，低音域において得られる最大音量の変化となる．

（2）流速　呼気の流速は，全音域における発生音圧，および低音域における倍音の豊富さに影響する．

フルートでは，偏心距離を一定に保った場合，流速の変化により低音域と中音域を吹き分けているため，中音域の音が吹奏可能となる流速には範囲がある．最低流速の付近では，流速の約4乗に比例して音圧が大きくなる．一方で，最高流速付近では流速に対する音圧の比例係数は小さくなる．そして，最低流速の約2倍の流速の付近で比例係数が1になるところがあり，その付近では音が安定しているため実用される．

つぎに，低音域の音の第2〜7倍音までの成分の基本音に対する平均の相対レベルを，流速を変化させながら測定した結果によると，流速が大きくなるとともに平均の相対レベルも大きくなることが報告されている．つまり，低音域においては流速とともに倍音が豊富になるといえる．倍音の豊富な音は，音圧レベルが同じであっても，倍音の乏しい音よりも大きく聞こえる．弱奏と強奏による倍音構造の変化は低音域において最も顕著であるが，他の音域においても弱奏の場合に高次倍音のレベルが低くなる．

D. 演奏者の身体制御

フルートに限らず，トランペットなどの金管楽器も初心者には音を出すことが困難な楽器とされる．これらの楽器ではアンブシュアの自由度が高いため，初心者にとっては，唇まわりの筋肉をどのように制御し動かせば適切なアンブシュアを形成でき，偏心および流速を適切に制御できるかがわかりづらい．そのため，熟練奏者の吹奏に関係する**身体動作**を唇まわりの筋肉の活動などから解析し，吹奏音との関係を調べる試みも行われている．

近年，人間を計測するためのセンシング技術が進歩しており，非侵襲でさまざまな身体データの計測が可能になってきている．演奏動作の解析に用いることが可能な非侵襲の計測技術として，MRI (magnetic resonance imaging; 核磁気共鳴画像)，高速度カメラ，EMG (electromyography; 筋電図) の一種である表面筋電図が挙げられる．

（1）MRI　MRI装置は，強力な磁石の中で電波を使って体内の水素分布を測定することで，組織の形や働きを測定する装置である．これにより，体の断面の画像や3次元形状を得ることができる．演奏動作解析への応用を考えるならば，楽器吹奏中の舌の位置や，口腔内形状を計測することができる．また，フルートの吹奏において重要となる唇の形の計測も可能となる．

（2）高速度カメラ　高速度カメラを用いると，演奏者の唇まわりの皮膚表面の移動方向や移動量を計測できるため，アンブシュア形成に関する適切な口の動かし方や，吹奏中の口唇周囲の形状変化を把握することができる．後述する表面筋電図と組み合わせた計測を行うと，筋肉の収縮様式を推定することができ，さらには管楽器吹奏における口唇周辺の筋肉の役割を明らかにすることが可能となる．

（3）表面筋電図　表面筋電図は表面電極を用い筋肉の活動電位を記録したものである．これにより，筋肉の活動パターンを分析できる．表面電極では，比較的皮膚表面に近い筋肉しか測定できず，深層筋については測定できない．そのため，フルートやトランペット，フレンチホルンを用いた実際の研究においては，吹奏に関係すると考えられている口唇周辺の表情筋である，口角下制筋，口角挙筋，口輪筋，頬筋などの筋肉の活動と吹奏音との関係が分析されている．

◆ もっと詳しく！

安藤由典：楽器の音響学, 音楽の友社 (1996)

重要語句　センサネットワーク，指向性制御，音源分離，音源定位，非同期

分散型マイクロホンアレイ
[英] distributed microphone array

複数の録音機器を空間的に分散配置させ，これらを用いてマイクロホンアレイ信号処理を行う枠組みを，分散型マイクロホンアレイと呼ぶ．

A. 分散型マイクロホンアレイの目的

通常のマイクロホンアレイは，複数のマイクロホンを規則的に並べて固定し，これらを同一のAD変換器に有線接続することにより，音場を多チャネル同時録音する一つの機器として構成される．これに対し，ノートPC，ボイスレコーダー，スマートフォンなどのモバイル機器，ビデオカメラ，もしくはネットワーク機能を有する音響センサノードなど，録音機能を有する複数の機器を空間的に分散配置させ，これらを用いてマイクロホンアレイ信号処理を行う枠組みを，分散型マイクロホンアレイと呼ぶ．あらかじめ用意された機器ではなく，その場で（アドホックに）構成されるという意味で，アドホックマイクロホンアレイと呼ばれたり，録音機器同士の無線通信を仮定する場合には，ワイヤレスアコースティックセンサネットワークと呼ばれたりすることもある．

マイクロホンアレイ信号処理では，一般に，用いられるマイクロホンの数が多いほど**指向性制御**（⇒ p.400）の自由度が増加し，また，マイクロホンを広範囲に配置できるほど空間分解能が向上し，**音源分離**（⇒p.386）や**音源定位**の性能向上が期待できる．しかしながら，通常のマイクロホンアレイの場合，多素子化のためには多チャネルAD変換器が，分散配置のためには大きな配線コストが必要となってしまう．分散型マイクロホンアレイの目的は，汎用的な録音機器の利用や有線接続の排除によりシステムの構成を大幅に簡便化し，多素子化や広範囲な分散配置を容易にすることで，「音の分散センシング」を実現することである．実応用としては，室内での会話音声の分離・強調による音声認識から，屋外での騒音や交通量のモニタリング，ならびに異常音・危険音の検出まで多岐にわたる．

B. チャネル同期

分散型マイクロホンアレイは魅力的な枠組みであるが，通常のマイクロホンアレイでは生じない，分散型マイクロホンアレイならではの問題もある．その一つがチャネル同期である．

一般的なマイクロホンアレイ信号処理では，すべての録音チャネルが厳密に同期していることを前提としている．これは，各マイクロホンで録音される信号間の微小な時間差が，音源の空間情報の主要な手掛かりとなるためである．音速はおよそ340 m/sであるから，例えば，3.4 cm間隔のマイクロホン間を音が伝搬するのにかかる時間は，わずか100 μs である．こうした微小な時間差を検出するため，通常のマイクロホンアレイでは，すべてのマイクロホンは同一の多チャネルAD変換器に接続され，各マイクロホンで観測された音響信号は同時サンプリングにより，同期したディジタル信号に変換される．

しかしながら，音響信号が複数の録音機器のAD変換器で独立にディジタル信号に変換された場合には，得られた多チャネルディジタル信号は，一般には非同期となる．

非同期のおもな要因には，録音開始時刻が同一でないこと，サンプリング周波数がずれていることの二つがある．前者はチャネル間に一定の時間シフトを生じる．チャネル間の相互相関が最大となるように信号をシフトすれば，大まかにはこの時間シフトは取り除かれるが，この場合，チャネル間の平均的な時間差は必ず0になってしまうため，音源の到来時間差の情報は失われてしまう．よって，音源定位や位置情報を用いたビームフォーミングを行うためには，この定常シフトはマイク位置推定とともに，より厳密に取り除かれなければならない．

一方，後者もマイクロホンアレイ信号処理においては重要な問題となる．二つの録音機器がたとえ同じ公称サンプリング周波数を持っていたとしても，それらのクロック信号は同一ではないため，実際のサンプリング周波数は微小なずれ（ミスマッチ）を持つ．例えば，機器間の相対誤差を 10 ppm（ppm は parts per million の略で，10^{-6} を表す）の数倍程度と考え，録音機器1，2のサンプリング周波数を 16 000 Hz，16 000.5 Hz とすると（相対誤差は31.25 ppm），

同時に録音を開始したとしても，10 秒後には，録音機器 1 では 160 000 サンプル，録音機器 2 では 160 005 サンプルを録音するため，5 サンプルもずれてしまう。このように，サンプリング周波数のミスマッチは，離散時間軸上での波形の伸縮を引き起こし，多くのアレイ信号処理で前提としている線形時不変の伝達系の仮定を崩してしまうため，なんらかの同期処理が必要となる。

チャネル同期の方法には

1) 録音機器同士が無線など別のチャネルでたがいに通信できることを想定して同期をとる手法
2) NTP など，なんらかの基準時刻情報をネットワークから取得する手法
3) 基準位置から既知の音響信号を発信し，それを手掛かりにする手法
4) 録音信号のみを用いて信号処理的に同期をとる手法

などが検討されている。また，時間周波数領域での位相を用いないで，振幅ないしはパワーのみを用いることにより，同期誤差に頑健なアレイ信号処理を行う手法も研究されている。

C. マイクロホン位置推定

音源位置を推定したり，特定位置にある音源を強調したりするためには，まずマイクロホン位置の情報が必要である。通常のマイクロホンアレイではマイクロホンは設計された位置に固定されるため，その位置は既知であるが，分散型マイクロホンアレイでは，個々の録音機器の位置はあらかじめ決まっているわけではないので，マイクロホン位置を推定する必要がある。スマートフォンを用いる場合には，GPS（global positioning system）の利用も考えられるが，室内環境での測位精度が一般に十分でないし，GPS の受信位置とマイクロホン位置は厳密には一致しないため，マイクロホンで観測された音自体を用いて推定する手法が重要となる。

音源定位と同様にマイク位置情報の大きな手掛かりになるのは，到来時間差である。マイク 1，マイク 2 の間の到来時間差から，マイク 1 と音源の距離，マイク 2 と音源の距離の差がわかる。音源位置，マイク位置の両方が不明な場合には，一見，推定しようがないようにも思えるが，マイク数，音源数が十分にあり，各音源について到来時間差を観測することができる場合には，観測量の数が未知量の数を上回り，推定可能になる。これは，チャネル同士が非同期で，未知の時間シフトを含む場合でも同様である。ただし，チャネルごとの時間シフトという未知数が増えるため，より多くのマイク数，音源数が必要になる。いずれの場合にも，到来時間差とマイク位置，音源位置，時間シフトの関係式は非線形であり，効率的な反復解法や，閉形式の解法などが研究されている。到来時間差だけでなく，観測信号間の相互相関を用いて，マイク間の距離を直接推定する手法も試みられている。

D. サブアレイ構造

ステレオ録音機器など，各録音機器が 2 個以上のマイクロホンを有する場合には，それらの位置関係は定まっており，チャネルも同期しているため，それ自体を小規模な従来型のマイクロホンアレイと見なすことができ，サブアレイなどと呼ばれる。単一マイクロホンではなく，サブアレイを分散配置させる場合には，まず個々のサブアレイ内で処理（例えば音源方向推定やビームフォーミングなど）を行い，つぎにサブアレイ間で結果を共有して再び処理を行うような階層的処理が可能になる。こうした構成では，録音機器間でやりとりする情報量も少なく効率的であるため，サブアレイ構造は，マイクロホンの位置推定やブラインド音源分離などでも積極的に検討されている。

E. 分散処理

分散型マイクロホンアレイでは，録音信号の集約と処理にもさまざまなやり方がありうる。各録音機器が録音信号を蓄積し，録音後にそれらを処理する場合や，各録音機器の録音信号をネットワーク上のサーバに蓄積して処理する場合には，全録音信号を利用して信号処理を行うことができる。一方，録音機器間の無線通信を想定する場合には，全録音信号の共有には大きな通信帯域が必要で，遠くの録音機器との通信には大きな送信電力が必要となるため，限られた通信帯域で部分的な情報をやりとりし，各録音機器で信号処理自体を分散して行う，いわゆる分散処理の枠組みも検討されている。

◆ もっと詳しく！

小野，宮部，牧野：非同期分散マイクロホンアレイに基づく音響信号処理，日本音響学会誌，**70**, 7, pp. 391–396 (2014)

重要語句 弾性表面波，回折，集束，コリメートビーム，すだれ状電極

ボールSAWセンサ
[英] ball SAW (surface acoustic wave) sensor

球を伝搬する弾性表面波（SAW）は，音源の長さが波長と球の直径の幾何平均となる場合に自然なコリメートビームを形成し，著しい長距離を伝搬する。この現象を利用したボールSAWセンサは，小型・高速・高感度なガスセンサを実現できる。

A. 球面を伝搬するSAWのコリメートビーム

球を伝搬する弾性表面波（surface acoustic wave; SAW, ⇒p.286）の模式図を下図に表す。a は音源の長さ，λ は波長，D は球の直径を表す。

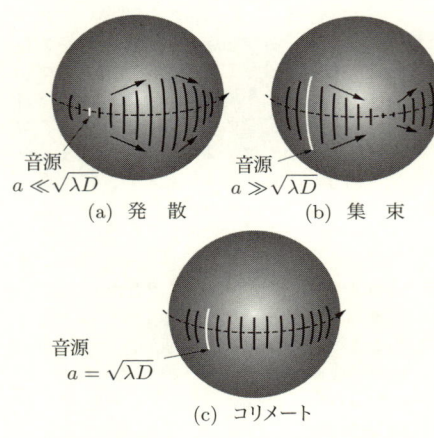

(a) 発散 音源 $a \ll \sqrt{\lambda D}$

(b) 集束 音源 $a \gg \sqrt{\lambda D}$

(c) コリメート 音源 $a = \sqrt{\lambda D}$

$a \ll \sqrt{\lambda D}$ の場合，放射されたSAWは**回折**により発散する（図(a)）。反対に $a \gg \sqrt{\lambda D}$ の場合，SAWは90°伝搬した位置で球の幾何学的特性により同一の点に集まり，**集束**する（図(b)）。ここで，音源の長さを

$$a = \sqrt{\lambda D}$$

に調節すると，集束と発散がバランスして，どこまで伝搬しても広がらずに同じ幅を保つ**コリメートビーム**を励起できる（図(c)）。

自然に形成されるコリメートビームは，波動の物理として新しく，赤道周囲のごく狭い領域だけを通るため，支持部や欠陥などの影響を受けない。このため，多い場合には数百回も周回する。

B. ボールSAWセンサ

この原理を応用して，ボールSAWセンサが開発された。その構造と測定される多重周回波形の模式図を次図に表す。

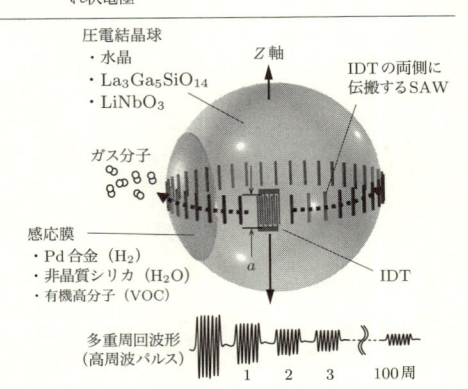

圧電結晶球
・水晶
・La$_3$Ga$_5$SiO$_{14}$
・LiNbO$_3$

Z軸

IDTの両側に伝搬するSAW

ガス分子

感応膜
・Pd合金（H$_2$）
・非晶質シリカ（H$_2$O）
・有機高分子（VOC）

IDT

多重周回波形（高周波パルス） 1 2 3 100周

例えば水晶などの圧電結晶球の Z 軸に垂直な赤道上に**すだれ状電極**（interdigital transducer; IDT）を形成し，高周波パルスを印加してSAWを送信し，同じIDTで受信すると，多重周回波形が測定される。ここで，伝搬経路に検出対象ガスを吸収して音響特性（音速・減衰）を変える感応膜を作製すると，ガスセンサになる。このセンサは，ガスによる音速と減衰の変化が小さくても遅延時間と振幅変化は周回数に比例して増加することを利用して，高感度な検出を実現する。また，感応膜を薄くでき，ガス分子の溶解平衡に必要な時間を短縮して，応答を高速化できる。多重周回による高感度化を下図に示す。

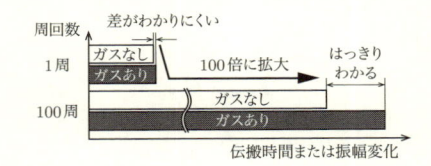

周回数 差がわかりにくい
1周 ガスなし／ガスあり 100倍に拡大 はっきりわかる
100周 ガスなし／ガスあり
伝搬時間または振幅変化

下図(a)に直径 1 mm の水晶球製センサ（150 MHz）を示す。図(b)は，長さ140 μm，線幅 5 μm のIDTである。結晶球にはランガサイト（La$_3$Ga$_5$SiO$_{14}$; LGS）やニオブ酸リチウム（LiNbO$_3$）も利用でき，実用的には直径 3.3 mm の素子や温度補償に有用な高調波素子も開発されている。

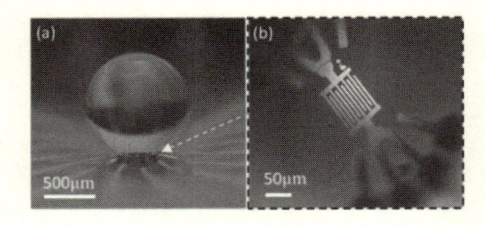

(a) 500μm (b) 50μm

大気中で測定された直径3.3 mmのLGS製センサ（150 MHz）の受信波形を下図に示す．100周（1 m）以上も周回したことは，音源の長さがわずか0.23 mmだったことを考慮すると，驚くべき長距離である．

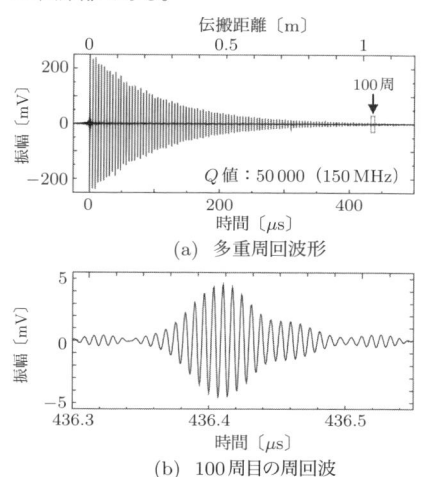

(a) 多重周回波形

(b) 100周目の周回波

C．ガスセンサへの応用

（1）H_2 ガスセンサ　水素ガスに高感度なPdを厚さ20〜40 nm製膜した水晶製センサ（45 MHz）の50周目の周回波形を下図に示す．多重周回の効果でArに3%のH_2を入れたときの波形シフトと振幅の減少が，高感度に測定された．高濃度のH_2に耐久性のあるPd-Ni合金を水晶製センサ（150 MHz）に製膜した結果，検出範囲が10 ppm〜100%と，きわめて広いセンサを実現することができた．

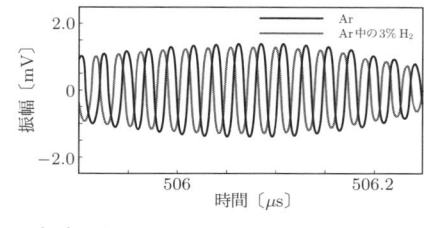

（2）微量水分センサ　水分計用にゾルゲル反応で合成した非晶質シリカを製膜して，拡散管法で発生した6〜810 nmol/mol（ppb）の水分濃度に対する出力を測定し，キャビティリングダウン分光器（cavity ring-down spectroscopy; CRDS）の結果と比較した（次図）．CRDSは1000 nmol/mol以下の領域で最も高精度な手法である．ボールSAWセンサは，CRDSと同等の感度でこれらの水分濃度を検出できただけでなく，CRDSよりも約10倍迅速に応答した．これは，CRDSの光学共振器の容積が数十ml必要なのに対して，ボールSAWセンサのセルの容積は0.3 mlで十分であることに起因する．

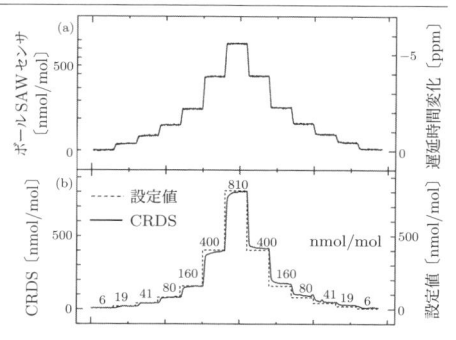

（3）携帯型ガスクロマトグラフ　ボールSAWセンサは感応膜を変えることで多種類のガスに対応でき，微細加工技術による金属製ガス分離カラムと組み合わせた携帯型ガスクロマトグラフの開発も進んでいる．世界初のUSB駆動の携帯型ガスクロマトグラフを実現した．

◆ もっと詳しく！
山中一司：応用物理, **84**, 3, pp.218–223 (2015)

重要語句 難聴，補聴器，マルチチャネルコンプレッション処理，雑音抑圧処理，指向性処理，ハウリング抑制処理，人工内耳

補聴装置
[英] hearing aid device

耳（聴覚）の聞こえを補う装置。健聴であれば必要とされないが，耳が聞こえなくなってきた場合や難聴と診断された場合に適応される補聴器や人工内耳といった補聴器具の総称。

A．難聴

難聴は二つに大別することができる。すなわち，音を伝音する器官（外耳，中耳）が障害されることによって起こる伝音性難聴と，音を感じる器官（内耳，蝸牛神経）が損傷することによって生じる感音性難聴である。伝音性難聴は，音が小さく聞こえる，小さい音が聞こえないといった主訴が多く，感音性難聴は，さまざまではあるが，特に雑音下での聞き取りが悪くなるといった主訴が多い。

つぎに，聴覚機能の面から考える。感音性難聴になると，最小可聴値の上昇に加えて，周波数選択性の劣化，時間分解能の低下，リクルートメント現象が認められる。このような聴覚機能の低下により，音が小さく聞こえるだけではなく，雑音下や残響下で特に聞き取りが悪くなる場合や，どこから音が聞こえたかを判断できなくなる場合がある。

B．補聴器

補聴器とは，人と人とを繋ぐ音コミュニケーションツールといえる。補聴器の歴史は，音を多く集めることを目的に，耳の後ろに手を当てることによる工夫から始まり，手の代わりにラッパや法螺貝が用いられてきた。その後，音を増幅することを目的に，真空管を用いた補聴器，トランジスタを用いた補聴器と経て，現在のディジタル補聴器が開発された。現在の補聴器は，下図のようなポケット型，耳掛け型，耳あな型がある。

ポケット型補聴器　　耳掛け型補聴器　　耳あな型補聴器

ポケット型は，マイクロホンとイヤホンが離れていることから，マイクロホンを聞きたい音源に近づけることでSN比が改善でき，ハウリングしにくいというメリットを持つ。しかし，イヤホンとマイクロホンがコードで繋がっていることから，コードや補聴器本体と服がこすれて異音が発生する場合や，これらの振動がマイクロホンに伝わって増幅された音がイヤホンから出力されるといった布ずれ音が発生する場合がある。また，ポケット型はマイクロホンの位置が耳の位置にないことも多い。

耳掛け型は，軽度難聴から重度難聴までさまざまなバリエーションを持つが，耳の後ろに装用するため，汗で腐蝕しやすく，眼鏡やマスクなど耳に掛けるものと競合するといった欠点を持つ。そのため，最近では耐汗性能に優れたタイプの需要が高まっている。

耳あな型は，装用していることに気づかれにくく，耳介効果が期待できるが，こまめな手入れが必要となる。

補聴器の基本的構造は，マイクロホン，補聴処理部，イヤホンであり，空気電池で動作する。補聴処理部は，入力音を増幅する**マルチチャネルコンプレッション処理**などの基本的な処理のほかに，**雑音抑圧処理**や**指向性処理**，**ハウリング抑制処理**など，さまざまなディジタル機能を有する。

（1）マルチチャネルコンプレッション

難聴者は個々に聴力が異なり，また周波数ごとにも聴力レベルが異なる。例えば，高音急墜形や高音漸傾形のようなオージオグラムを持つ難聴者を考える。

この場合，低周波数領域よりも，高周波数領域の利得を大きく与える必要がある。補聴器では周波数ごとに帯域分割され，チャネルごとに利得を独立に調整できる（マルチチャネル処理）。このため，オージオグラムに応じて必要な利得を周波数領域ごとに設定することが可能である。

リクルートメント現象が認められる場合，小さな音は聞きづらいが大きな音は健聴耳と同じような大きさに聞こえる。このような難聴者の聞こえを補償するためには，入力音圧に依存して利得が変化する処理が必要である。補聴器では，補聴器の入力音圧が小さい場合は大きく増幅し，入力音圧が大きい場合には増幅を抑えることができる（コンプレッション処理）。また，この増幅を抑える率は，難聴者ごとに異なる比率で設定可能である。このため，リクルートメント現象の有無に応じ，この比率を個人に合わせて周波数領域ごとに調整することが可能である。

（2）雑音抑圧　　騒音抑制処理には，定常雑音を抑制する定常雑音抑圧処理と，衝撃音を抑制する衝撃音抑制処理がある。定常雑音抑圧処理は，空調音や交通騒音などの背景雑音によ

る不快感を低減する目的で提案され，衝撃音抑制処理は，食器のぶつかる音やドアが閉まる音などがもたらす不快感を低減する目的で提案された。これら処理方法には，スペクトルサブトラクションが多く用いられている。

（3）**適応型指向性**　　人と対話する場合など，聞きたい音のほとんどは前方から到来すると考えられる。このため，前方からの音を聞きたい音，後方からの音を雑音と仮定する。前方からの音を増幅し，後方からの音を抑制することで，SN比を改善することができると考えられる。

補聴器では，二つ以上の複数のマイクロホンを搭載することで，適応的に指向特性を生成し，後方から到来する音を減衰させることでSN比の改善を行う。適応型指向性処理のブロック図を以下に示す。ここでは，マイクロホン間距離 d mm である二つのマイクロホンが補聴器本体に搭載された場合を示している。二つのマイクロホン入力から前向きと後向きのカージオイド（cardioid）を生成し，適応係数 $h(n)$ を調節することで，後方から到来する音源方向にヌル（null）点を形成する。

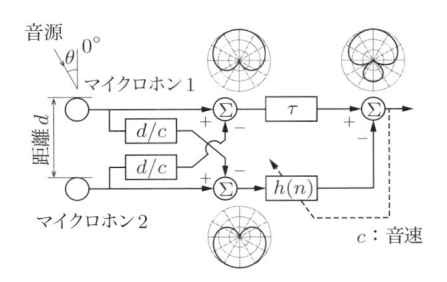

（4）**ハウリング抑制**　　補聴器におけるハウリングは，補聴処理によって増幅された音が外耳道と外界とを繋ぐ通気口（ベント）や耳と耳栓の隙間からマイクロホンに帰還し，それが繰り返されることによって発生する発振現象である。そのため，ハウリングは補聴器という器具を使うことで起こる2次的な問題である。補聴器とハウリングには切っても切れない関係があり，補聴器を開発する上で解決されなくてはならない問題である。

アナログ補聴器では，密閉度の高い耳栓や，補聴器の通気口の形状を変化させることで，マイクロホンへの帰還量を低減する方法がとられてきた。一方，ディジタル補聴器では，利得の制限や，フィードバック音を含む周波数領域のノッチフィルタで対処されてきた。現在では，イヤホンからマイクロホンへ帰還する音の成分を適応的に推定することでフィードバック音をキャンセルする信号を生成し，そのキャンセル信号をマイクロホン入力に加算してハウリングを抑制する方法が最も多く採用されている。

C．人工内耳

人工内耳は，難聴者の内耳の蝸牛に電極を挿入し，電極が聴覚神経を直接電流で刺激することにより外部の音を聴覚に伝える器具であり，人工臓器の一つである。電極が有するチャネルの数に限界があるため，健聴である場合に得られる聴覚刺激本来の信号は得られないが，かなりの程度で言葉を聞き取れるようになるなど，聞こえを補償することができる。ただし，有効性に個人差があり，また，手術直後から完全に聞こえるわけではなく，リハビリテーションが必要だといわれている。人工内耳は，聴力レベルが90 dBHL以上の高度難聴であり，補聴器を使用しても効果がほとんど認められない場合に適応となる。また，人工内耳は言語習得の臨界期（⇒p.280）の影響もあり，幼少期に適応となることが多く，2歳～3歳の就学前が最も多い。健康保険の適用により手術費用負担が少なくなったこともあり，近年人工内耳の適応例が増加している。

人工内耳は，体外に装着，装用するマイクロホン，補聴処理部，送信コイル，体内に埋め込まれる受信装置，電極で構成されており，空気亜鉛電池またはリチウムバッテリで動作する。補聴処理部は，マルチチャネルコンプレッション処理や雑音抑圧処理など，補聴器と類似した機能が搭載されている。ただし，出力は電極で行うためハウリングは発生せず，ハウリング抑制は搭載されていない。

補聴器は気軽に着脱可能であるが，人工内耳は侵襲性の外科手術により電極の埋め込みを伴うため着脱が困難である。そのため，MRI検査などにも耐えうる必要がある。現在の人工内耳では，埋め込んだ装置を取り外すことなく1.5テスラのMRI検査が可能であるものが多いが，近年のMRI装置は高磁場のものも多く，さらなる耐性の向上が期待されている。

◆ もっと詳しく！

Harvey Dillon 著，中川雅文 訳：補聴器ハンドブック，医歯薬出版 (2004)

重要語句 皮質骨，海綿骨，骨梁，不均質性，異方性，高速波，低速波

骨の音響特性
[英] acoustic properties in bone

骨は，強い「異方性」と「不均質性」を有する媒質である。特に海綿骨は，固体と流体が混在する複雑な構造となっている。このような構造が，骨の音響特性に大きく関連する。また，骨診断や骨折治療では1 MHz前後の超音波が用いられるため，MHz帯域の音響特性（超音波特性）を把握することが重要となる。

A. 骨の構造

骨は，マクロな視点（構造）から**皮質骨**（cortical bone）と**海綿骨**（cancellous bone）に分類される。骨の構造を下図に示す。

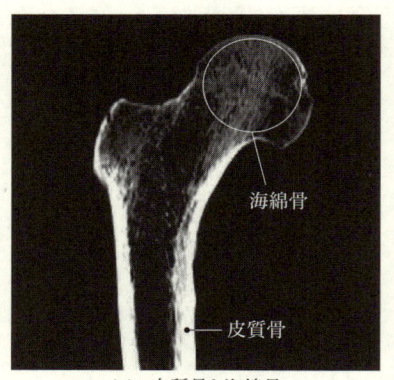

(a) 皮質骨と海綿骨

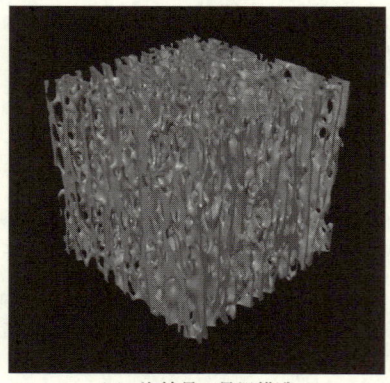

(b) 海綿骨の骨梁構造

皮質骨は緻密骨とも呼ばれる高密度（低い間隙率）の骨であり，海綿骨は多孔性構造を有する低密度（高い間隙率）の骨である。一般に，皮質骨は骨の表層に，海綿骨は内部に見られる。上図(a)からわかるように，大腿骨のような長骨の骨幹部は管状の皮質骨で構成され，その内部は骨髄で満たされている。骨端部は大部分が海綿骨で構成され，海綿骨の周囲を薄い皮質骨が覆っている。かかとの骨のような短骨は，長骨の骨端部と同様に，海綿骨と薄い皮質骨で構成されている。

（1）皮質骨 皮質骨は同心円状の層板構造を有し，骨層と水平・垂直な方向に数十 μm オーダーの管（ハバース管，フォルクスマン管）が存在する。

（2）海綿骨 海綿骨は棒状あるいは板状の骨（骨梁）が相互に連結し，多孔性のネットワーク構造を形成している（上図(b)参照）。その間隙は数百 μm オーダーであり，骨髄で満たされている。海綿骨の密度（間隙率）および骨梁配向は部位によって大きく変化し，強い**不均質性**と**異方性**を示す。

皮質骨の骨層および海綿骨の骨梁を形成する骨基質は，コラーゲンとハイドロキシアパタイトから構成される。

B. 皮質骨の超音波特性

長骨の骨幹部（円筒部）を構成する皮質骨の超音波特性は，骨軸・径・円周方向において異なる。厳密には完全な軸対称ではなく，前方・後方（脚の骨の場合はつま先側が前方，腕の骨の場合は手のひら側が前方），近位・遠位（胴体に近い側が近位）などの部位によっても異なる。これは皮質骨の構造と関連するが，MHz帯域では超音波の波長に比べて管の径が小さいため，構造による影響は比較的小さい。その一方で，微細なコラーゲンやハイドロキシアパタイトの配向が伝搬速度の異方性に影響を与えることも示されている。

ヒトの骨試料の入手は難しいため，ウシなどの大型動物の骨の超音波特性を測定することが多い。しかし，ヒトとウシの皮質骨の超音波特性に大きな差異は見られない。

（1）伝搬速度 皮質骨中の縦波の伝搬速度は骨軸方向が径・円周方向より速く，3 800〜4 500 m/sである。径方向と円周方向の速度は，3 000〜3 800 m/sである。円周方向が径方向より速い傾向が見られるが，これに関しては議論の余地が残されている。また，乾燥骨の速度のほうが5〜10％速い。これらの値は，部位によって10〜20％変動する。さらに，周波数に対してわずかに速くなり，その変化率は10 m/s/MHz

程度である。

（2）減衰 皮質骨中の縦波の減衰は周波数に比例して増加する傾向があり，その値は数～十数 dB/cm/MHz である。骨軸方向が径・円周方向より有意に小さいが，径方向と円周方向の間に有意差は見られない。伝搬速度と同様に，減衰は部位によって変化する。

C. 海綿骨の超音波特性

骨梁および間隙の寸法が MHz 帯域での超音波波長と同程度であるため，海綿骨における超音波特性は骨梁・間隙の影響を大きく受ける。その際たるものが，**高速波**（fast wave）と**低速波**（slow wave）と呼ばれる 2 種類の縦波の存在である。高速波と低速波はそれぞれ，骨梁と間隙の部分を主として伝搬する波である（付録 DVD に高速波と低速波の伝搬の様子を表す動画（FDTD 法による数値シミュレーションの結果）を掲載した（💿1）ので，参照されたい）。海綿骨の超音波特性は海綿骨構造（密度および骨梁配向）に依存するが，特に高速波の特性はこれらの依存性が大きい。

皮質骨と同様に，ヒトとウシの海綿骨の超音波特性は類似しており，どちらの海綿骨においても高速波と低速波の二波が伝搬する。

（1）伝搬速度 高速波の速度は密度および骨梁配向に応じて幅広く変動し，2 000 m/s 以下になる場合もあれば 3 000 m/s 以上になる場合もある。この速度変化によって，海綿骨中の超音波伝搬波形は大きく変化する。右段の図は，中心周波数 1 MHz のパルス超音波をウシ海綿骨中に伝搬させた場合の波形の一例である。骨梁配向が強くなると，高速波の伝搬速度は速くなる。そのため，配向が強い方向に超音波を伝搬させると，図 (a) のように高速波と低速波の二波が分離して明瞭に観測できる。配向が弱い方向では，高速波が低速波に接近して二波が重畳するため，図 (b) のように一波だけであるかのように観測される。

高速波の速度は主として配向の強さ（厳密には骨梁の長さ）に依存するが，微細構造による影響を受けて骨梁の幅，骨梁の数，骨梁の間隔などのパラメータとも関連する。高速波の速度は周波数に対して速くなる傾向があるが，高速波と低速波が重畳した一波では，周波数に対して速度が減少しているように見えることがある。低速波の速度は 1 500 m/s 程度であり，間隙を満たす流体中（骨髄中あるいは水中）の速度と

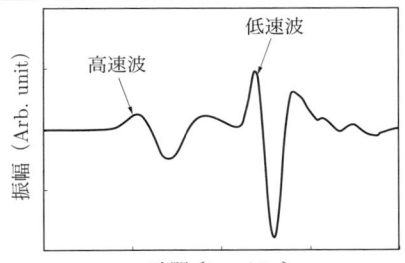

(a) 伝搬方向の骨梁配向が強い場合

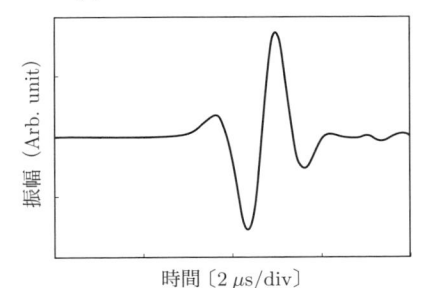

(b) 伝搬方向の骨梁配向が弱い場合

ほぼ同じである。また，密度・配向による変動は小さい。

（2）減衰（振幅） 高速波の減衰は，1 MHz 程度までは周波数に比例して増加する傾向がある。それ以上の周波数では，間隙による散乱の影響が大きくなるため，減衰は急激に増大する。低速波の減衰は，MHz 帯域では周波数に比例する傾向がある。ただし，高速波・低速波それぞれの減衰の周波数特性を測定することは，二波の重畳のため困難である。そのため，パルス波を用いてそれぞれの波の振幅のみを測定することが多い。また，二波を分離する方法もいくつか提案されている。

高速波は骨梁中を主として伝搬する波であるので，密度が高く（骨梁の割合が高く）なると振幅が大きくなる。一方，低速波は間隙中を主として伝搬する波であるので，密度が低く（間隙の割合が高く）なると振幅が大きくなる。高速波・低速波の振幅ともに，密度以外に微細構造の影響も受ける。

◆ もっと詳しく！

P. Laugier and G. Haïat (Eds.): *Bone Quantitative Ultrasound*, Springer (2011)

重要語句 高分子圧電材料，蒸着重合法，MEMSセンサ

ポリ尿素圧電膜
[英] polyurea piezoelectric film

蒸着重合法によって作製される厚さ数μmの圧電高分子膜。ポリ尿素は無機圧電材料と比較して，加工性，耐衝撃性，屈曲性などに優れており，高周波超音波トランスデューサ，MEMSセンサへの応用可能性がある。

A. ポリ尿素の圧電特性および特徴

おもな圧電材料（⇒ p.6）の特性を下表に示す。PZT-4 に代表される圧電セラミックスと比較し，ポリ尿素（PU）やPVDFなどの高分子圧電材料は，比誘電率 ε_r が小さい，柔軟性が高い，圧電 g 定数が大きい（感度が高い），音響インピーダンス Z_a が小さい（水や生体組織との整合性が高い），トランスデューサの性能を示す電気機械結合係数 $k_{\rm eff}$ が小さいといった特徴がある。中でもPUは使用最大温度が 200 ℃と最も高く，Z_a が 3.16〔10^6 Nsm^{-3}〕と最も水の値（=1.5）に近い。また，有機溶媒に不溶であり，微細加工プロセスに耐える。

		PU	PVDF	P(VDF/TrFE)	PZT-4
ρ	10^3 kgm^{-3}	1.45	1.78	1.88	7.5
v_{33}	kms^{-1}	2.18	2.26	2.37	4.6
c_{33}	GPa	6.9	9.1	11.3	-
$\varepsilon_3/\varepsilon_0$		4.4	6.2	5.3	635
$k_{\rm eff}$		0.1	0.2	0.3	0.51
k_{31}		0.08	0.16	0.16	0.39
d_{31}	10^{-12} CN^{-1}	10	28	12	-123
e_{33}	Cm^{-2}	0.06	0.14	0.22	15.1
e_{31}	10^{-3} Cm^{-2}	22	60	90	-5200
g_{33}	10^{-3} VmN^{-1}	-	320	380	25
g_{31}	10^{-3} VmN^{-1}	280	200	339	10
h_{33}	GVm^{-1}	1.7	2.6	4.7	2.7
Z_a	10^6 Nsm^{-3}	3.16	4.63	4.46	34.8
$T_{\max}$	℃	200	100	120〜180	300

B. ポリ尿素圧電膜の製作方法

PU 圧電膜に関して最も特徴的な点は，その製作方法であろう。PU の製作方法である蒸着重合法はドライプロセスであるため，任意形状への成膜，任意基板への成膜が可能であるという特徴がある。これにより，さまざまな形状のセンサやトランスデューサを製作することができる。

次図に PU の化学反応式および蒸着重合装置を示す。PU 圧電膜は芳香族ジイソシアネート（4,4′-ジフェニルメタンジイソシアネート；MDI）と芳香族ジアミン（4,4′-ジアミノジフェニルエーテル；ODA）を真空中で加熱して蒸発させることによって成膜する。MDI と ODA（モノマー）をそれぞれ 62 ℃，122 ℃で加熱する。蒸発したモノマーは，15 ℃に制御した基板上に蒸着する。これにより，基板上にポリ尿素のオリゴマーが堆積する。基板を蒸着装置から取り出して加熱すると，高分子化しポリマーとなる。加熱中に直流高電界を印加する分極処理を施すことで，尿素結合が配向し，圧電性が発現する。

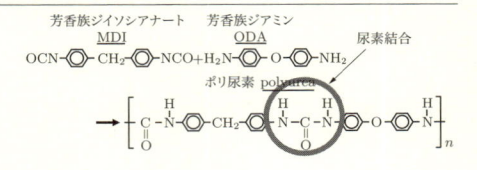

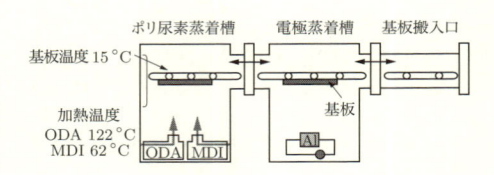

右図はコロナ放電を用いた分極法であり，負の直流高電圧（数 kV）をポリ尿素から数センチ上空から印加させる。コロナポーリングは電極端子を必要としない分極法であるため，複雑な電極パターンや微細化に適している。

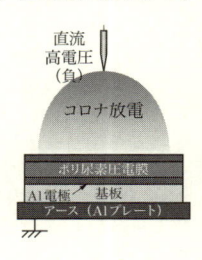

超音波トランスデューサ（⇒ p.298）の性能の一つに機械結合係数があるが，これを向上する手段として積層化がある。電極膜と PU 圧電膜を成膜するための 2 層式の蒸着装置を使用すると，真空から取り出すことなく積層構造を実現することができる。

C. ポリ尿素圧電膜の応用

（1）高機能高周波超音波トランスデューサ
医療応用や非破壊検査を目的とした，100 MHz で駆動するフィルム型の高周波超音波トランスデューサが提案されている。例えば，下図に示す成形加工したアルミ膜に PU を蒸着して点集束型トランスデューサ，膜を屈曲させて焦点位置を制御できる可変集束トランスデューサなどを製作可能である。微細アレイ化についても研究が行われている。

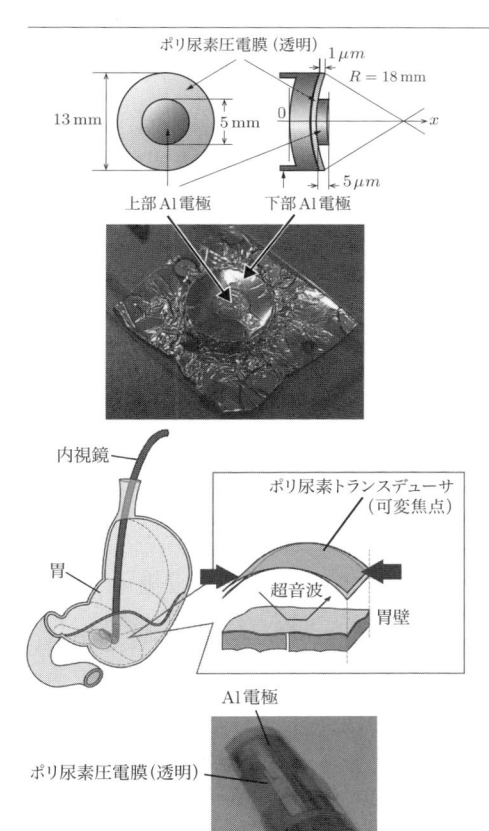

ポリ尿素圧電膜（透明）／上部Al電極／下部Al電極／$R = 18\,\mathrm{mm}$／$13\,\mathrm{mm}$／$5\,\mathrm{mm}$／$1\,\mu\mathrm{m}$／$5\,\mu\mathrm{m}$

内視鏡／胃／胃壁／超音波／ポリ尿素トランスデューサ（可変焦点）

Al電極／ポリ尿素圧電膜（透明）／ポリイミド膜

（2）加速度センサ　　下図に示す十字梁を形成した厚さ 0.1 mm のリン青銅基板上にPU圧電膜を 3.5 μm 蒸着して製作する3軸加速度センサ（他軸感度 7.35 ％以下）が報告されている．電極の微細化による**MEMS**センサの実現可能性についても，基礎検討がなされている．

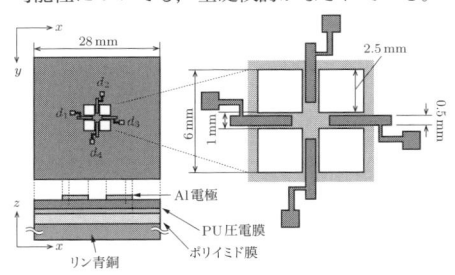

Al電極／PU圧電膜／ポリイミド膜／リン青銅

Al電極

（3）イヤホン／マイクロホン　　ポリ尿素圧電膜トランスデューサを金属性リングに接着すると，太鼓と同じ原理により，イヤホンやマイクロホンとして使用できる．携帯機器などの薄型・軽量なスピーカへの応用が期待されている．

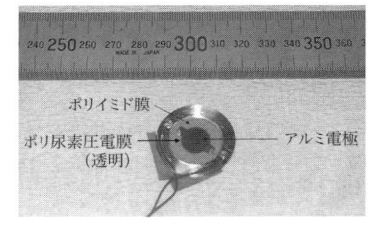

ポリイミド膜／ポリ尿素圧電膜（透明）／アルミ電極

（4）エナジーハーベスト　　近年では，新たなエネルギー資源の確保のため，圧電材料が振動すると電気を発生することを利用したエナジーハーベストの研究開発が盛んになってきている．PUの適用についても検討されている．

D．おわりに

PUをはじめとする高分子圧電材料は，電気機械結合係数などの圧電性能が，汎用的に使用されているPZTよりも低いという問題がある．PUの圧電性能を向上する一つの可能性は，PUを成膜するためのモノマー材料（例えば脂環族）の選択であろう．PUの得意とする柔軟性，耐水性，任意形状への成膜などを活かした応用技術が社会で活用されることが期待される．

◆ もっと詳しく！
1) 中村健太郎：ポリ尿素圧電膜を用いた高機能音響トランスデューサ，精密工学会誌，**74**, 7, pp.696–699 (2008)
2) M. Nakazawa, T. Kosugi, H. Nagatsuka, A. Maezawa, K. Nakamura, and S. Ueha: "Polyurea thin film ultrasonic transducers for non-destructive testing and medical imaging", IEEE Trans. Ultrason., Ferroelect., Freq. Contr., **54**, pp.2165–2174 (2007)

重要語句 マイクロホンアレイ，遅延和アレイ，死角制御アレイ，適応アレイ，空間的エイリアシング

マイクロホン指向性制御
[英] microphone array beamforming

マイクロホンアレイ（複数のマイクロホンを配列したもの）出力に遅延や振幅の操作を加えることにより，指向性（音の到来方向による受音感度特性）を制御する技術．

A. 指向性制御方式

音声など目的とする音（目的音）を受音する際，騒音や妨害音声などの不要な音（雑音）をなるべく受音しないようするために，指向性制御が利用される．高い SN 比で受音を行うためには，目的音の到来方向に対しては感度が高く，雑音の到来方向には感度が低い指向性を形成する必要がある．この指向性を形成するために，複数のマイクロホンから構成された**マイクロホンアレイ**が用いられる．空間的に配置された複数のマイクロホンで受音すると，各マイクロホン出力信号の間には時間差や振幅差などが生じ，この信号の差を利用することによって指向性を制御できる．指向性制御の方式はマイクロホン出力の操作の種類により分類され，代表的なものとして**遅延和アレイ，死角制御アレイ，適応アレイ**がある．その他の線形なアレイ処理（例えば，独立成分分析など）の指向性制御は，上記三つの方式が基本となる．

（1）**遅延和アレイ** 下図のように，ある方向から到来する平面波を，間隔 d で並べた二つのマイクロホンで構成されたマイクロホンアレイで受音する場合を考える．

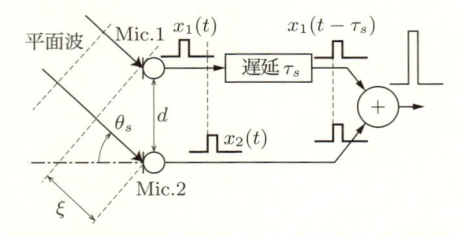

θ_s 方向から到来した平面波は，まず Mic.1 において受音される．つぎに，距離 $\xi = d\sin\theta_s$ だけ余分に進んで Mic.2 に到達し，受音される．したがって，Mic.2 の出力信号 $x_2(t)$ は，Mic.1 の出力信号 $x_1(t)$ と比べて音が距離 ξ 進行するのに要する時間 τ_s（$= \xi/c$，c は音速）だけ遅れた信号になっている．ここで，$x_1(t)$ を時間 τ_s 遅延させると，θ_s 方向から到来する平面波に対しては $x_2(t)$ と同じ時間遅れを持つ信号となる．これらの信号を加算することで，θ_s 方向から到来した音が強調され，それ以外の方向に比べて高感度な指向特性が形成される．このような遅延と加算のみの操作で行う指向性制御方式を遅延和アレイという．さらにマイクロホンの数を増やすことで，目的音方向に対して，より鋭い指向性を得ることができ，雑音を抑圧して高 SN 比で受音できる．遅延和アレイによる鋭い指向性形成の例（マイクロホン 8 個）を下図に示す．

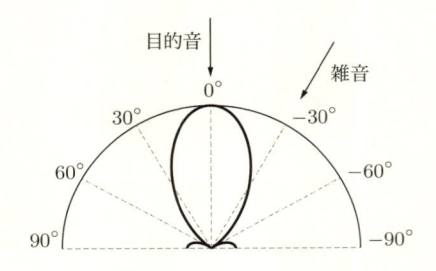

（2）**死角制御アレイ** 遅延和アレイでは，Mic.1 の出力信号を遅延させ Mic.2 の出力信号と同相化して加算したが，雑音方向に対して同相化した二つ信号の差をとることで，雑音方向からの音を消去することができる．このように，ある音の到来方向に指向性の死角（感度が低い方向）を形成することを死角制御という．死角制御アレイによる雑音方向への死角形成の例（マイクロホン 2 個）を下図に示す．

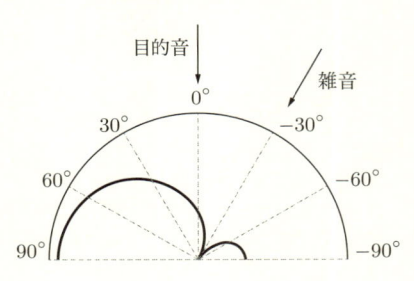

この場合，目的音の方向に鋭い指向性を向けるというよりは，雑音の方向に死角を形成することによって，高い SN 比での受音を実現する．死角制御アレイは，遅延和アレイに比べて，低周波数においてアレイサイズが小さくても高 SN 比受音を行うことができる．ただし，目的音方向に対しては位相がずれて減算されるため，目的音に周波数スペクトルひずみが発生し補償が必要となる．

（3）適応アレイ　死角制御アレイでは雑音の到来方向を事前に知っている必要があるが，周囲の雑音環境に応じた指向性を自動的に形成する方式を適応アレイと呼ぶ．適応アレイでは雑音パワーを最小化するように学習することによって，雑音方向に自動的に死角を形成することが可能である．ここでは，代表的な適応アレイとして，Griffiths-Jim 型指向性制御（一般化サイドローブキャンセラとも呼ばれる）について説明する．この適応アレイは，マイクロホンアレイと目的音強調部，目的音除去部，適応フィルタ部から構成される．

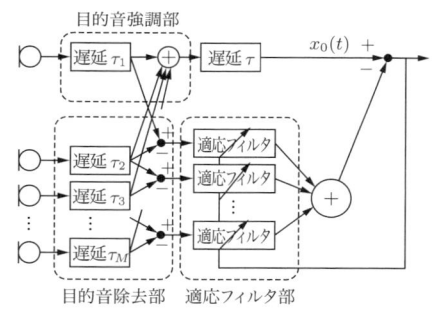

目的音強調部では，遅延和アレイにより目的音方向の音を強調する．目的音除去部においては，隣り合う二つのマイクロホンによる死角制御アレイで目的音方向に死角を形成し，目的音をブロックして雑音成分のみを通過させる．この雑音成分を適応フィルタに通したあと，目的音がブロックされていない信号 $x_0(t)$ から減算し，雑音成分を低減した出力を得る．適応フィルタでは，出力信号のパワーが最小になるようにフィルタ係数が計算される．目的信号を含まない雑音信号を用いて，出力信号パワーを最小化しているので，目的信号は影響を受けずに雑音パワーのみを最小化できる．指向性の観点から見ると，目的音方向の感度は落とさず雑音方向に死角を向けることに相当する．下図に，適応アレイの指向性形成の例を示す．

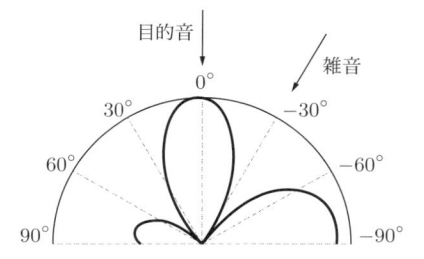

この適応アレイは，雑音が多数の方向から到来する場合は遅延和アレイの指向性に近づき，一方向からのみ到来する場合は死角制御アレイの指向性に近づく．

B．指向性制御の設計パラメータ
指向性制御においては，マイクロホンアレイのマイクロホン間隔，アレイサイズ，マイクロホン数が，性能を決める重要な設計パラメータとなる．

（1）マイクロホン間隔　マイクロホンアレイは，音波をマイクロホン位置において空間的にサンプリングしていることに相当する．このため，空間的なサンプリング定理を満たすには，マイクロホンの間隔を，音に含まれる最高周波数の半波長以下としなければならない．この条件が満たされない場合は，空間的なエイリアシングが生じ，目的音方向以外にも感度の高い指向性が形成される．この**空間的エイリアシング**は，周波数領域のエイリアシングのように折り返しひずみとして聞こえるわけではないが，空間的エイリアシングによって生じた感度の高い方向から雑音が到来すると抑圧して受音できない．

（2）アレイサイズ　鋭い指向性を形成するためには，マイクロホンアレイ全体の大きさを音の波長に対して十分大きくしておかなければならない．特に，遅延和アレイでは，低周波数領域（数百 Hz）において高 SN 比受音をするには数 m の大きさのアレイが必要になる．一方，死角制御アレイ，適応アレイでは，雑音方向に死角を向けて雑音を抑圧するため，遅延和アレイに比べて小さなサイズのアレイで高 SN 比での受音が可能である．

（3）マイクロホン数　遅延和アレイにおいては，同じマイクロホン間隔であれば，マイクロホン数が多いほどアレイサイズを大きくすることができ，鋭い指向性を形成できる．また，適応アレイにおいては，マイクロホン数に比例して空間的な自由度が増えるため，形成できる死角の数も増加し，抑圧できる雑音方向が多くなる．

◆**もっと詳しく！**
浅野 太：音のアレイ信号処理，コロナ社 (2011)

重要語句　同時マスキング，非同時マスキング，順向性マスキング，逆向性マスキング，共変調マスキング解除

マスキング
〔英〕masking

ある音の聴き取りが別の音の存在に影響して聴き取りできなくなること。一般に聴取目的となる音を信号音，それを妨害する音をマスカと呼び，そのマスカの影響により，信号音の聴覚検知閾（いきち）が上昇する現象そのもの，あるいはその閾値が上昇する量をマスキングという。

A. マスキングの定義
マスキングは，日本工業規格（T 1201-1:2011）においてつぎのように定義されている。
(a) 別の音の存在によって，音の聴覚閾値が上昇する現象。
(b) 聴覚閾値レベルが上記によって上昇した値。単位はデシベル（dB）で表す。

マスキングはわれわれが日常でよく経験するものであり，MP3をはじめとする知覚符号化技術でも利用されている。聴覚研究では，聴覚系による信号音の周波数分析能力を明らかにするためにマスキングの研究が行われてきた。

B. マスキングの種類
マスキングはつぎのように分類される。
（1）時間的な配置による分類
(i) 同時マスキング　信号音とマスカが時間的に同じところに配置されたときに生じるマスキング（下図(a)）。
(ii) 非同時マスキング　信号音とマスカが時間的に違うところに配置されたときに生じるマスキング。
(ii-a) 順向性マスキング　マスカのあとに信号音が呈示されたときに生じるマスキング（図(b)）。「継時マスキング」とも呼ばれる。
(ii-b) 逆向性マスキング　マスカの前に信号音が呈示されたときに生じるマスキング（図(c)）。

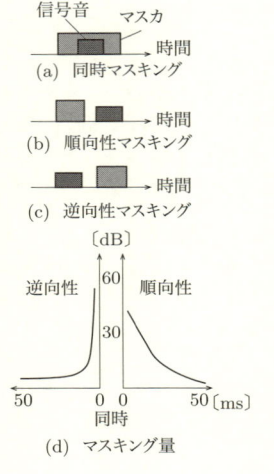

例えば，図(d)のように，信号音とマスカが同時に存在するときのマスキング量を基準として，その変化を考える。順向性マスキングでは，信号音がマスカよりもあとに呈示されるほどマスキング量はゆっくりと減衰する。これに対し，逆向性マスキングでは，信号音がマスカより先行して呈示されるほどマスキング量は急激に減衰する。常識的に，目的音の聴き取りがそのあとに呈示される音に妨害されることは想像できないかもしれないが，信号音とマスカの周波数的な関係によっては起こりうることである（蝸牛でのリンギングの影響など）。

（2）周波数的な配置による分類　マスキングは，聴覚フィルタ（⇒p.314）の形状推定で最もよく研究されており，信号音とマスカの定常性を仮定した周波数スペクトルの関係（マスキングのパワースペクトルモデル）に基づいて検討されてきた。マスキング特性は，信号音の周波数と音圧レベルを固定した上でマスカの周波数と音圧レベルを調整（逆の場合もある）して信号音の検知閾値を調べたものである。代表的なものにつぎの三つがある。

(i) 心理物理的同調曲線（psychoacoustic tuning curve; PTC）　信号音を純音，マスカを純音あるいは狭帯域雑音とした場合のマスキング特性（下図）。PTCの形状は聴覚フィルタ形状を上下反転させたものに近く，マスカが信号音より周波数的に離れるほどマスカレベルを上げないと，信号音をマスクできないことを示している。信号音とマスカの周波数が近いとうなり現象が生じるため，測定の際，気をつけなければならない。

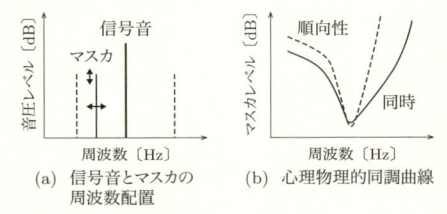

(ii) 帯域幅拡張によるマスキング　信号音を純音，マスカを帯域雑音とした場合のマスキング

特性（下図，フレッチャー(1940)による臨界帯域の概念の基礎となる有名な実験）。この特性は，マスカの帯域幅を変化させたときの信号音の検知閾値の変化を表したものである。検知閾値は帯域幅の増加とともに上昇するが，その変化はある帯域幅を超えたところで止まり，それ以降は飽和した。このときの帯域幅は臨界帯域と呼ばれ，当時，聴覚フィルタの帯域幅と考えられた。また，フィルタ形状は対称であると考えられた。

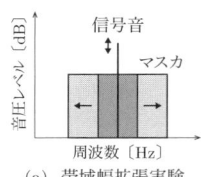

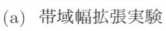

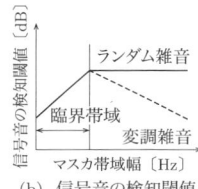

(a) 帯域幅拡張実験
(b) 信号音の検知閾値の変化

(iii) **ノッチ雑音マスキング** 信号音を純音，マスカをノッチ雑音（信号音を中心に二つの帯域雑音を配置したもの）とした場合のマスキング実験（下図，Patterson (1976) による聴覚フィルタ形状の推定のための実験）。この実験では，マスカレベルを固定し，ノッチ幅を高域・低域へ対称・非対称に変化させたときの信号音の検知閾値を測定し，その変化を調べた。検知閾値はノッチ幅の増加とともに下降するが，ノッチ幅の対称・非対称な変化によって検知閾値の変化が異なることがわかった。このことから，聴覚フィルタ形状が非対称であることが示された。

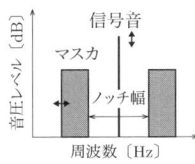

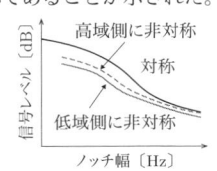

(a) ノッチ雑音マスキング
(b) マスキング閾値の変化

（3）興奮と抑圧の効果による分類

(i) **興奮性マスキング** 目的音に対する興奮がマスカの興奮によってかき消されてしまい，信号音を聴き取りできなくなるマスキングのことである。マスカが引き起こす神経興奮パターンに相当するマスキングパターンを作成して影響量を見積もりできるが，聴覚フィルタ形状からも同様の興奮パターン（次図）を推定することもできる。この結果から，低い周波数の音は高い周波数の音をマスクしやすく，さらにその量は音のレベルが増加するとともに急激に大きく

なる。これは，「マスキングの上方への広がり」と呼ばれる。

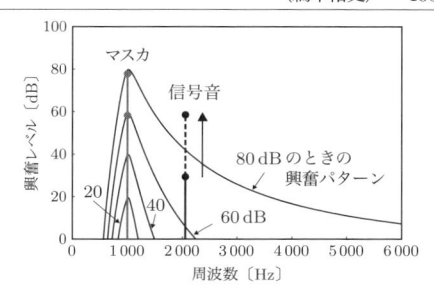

例えば，1 000 Hz で四つのレベル（20, 40, 60, 80 dB）のマスカがあったとき，上図のような興奮パターンが得られる。2 000 Hz, 30 dB の信号音を聴く場合，マスカレベルが 20, 40, 60 dB のときは信号音がその興奮より上にあるためマスクされず聴き取りできるが，80 dB のときはその興奮に埋もれるため聴き取りできない。この状況で聴き取りできるようにするためには，その興奮を超える信号レベル（例えば 60 dB）が必要である。

(ii) **抑圧性マスキング** これは，信号音に対する興奮がマスカの存在によって抑圧され，聴き取りできないときのマスキングである。先に示した心理物理的同調曲線の図からわかるように，順向性マスキングでの PTC は，同時マスキングのものよりも狭くなる。両者の違いは，抑圧性マスキングによるものである。同時マスキングでは興奮性マスキングと抑圧性マスキングの両方が混在しているため，興奮性マスキングのみを測定したい場合は非同時マスキングを検討しなければならない。

C. 共変調マスキング解除

特殊なマスキング現象がいくつか知られている。代表的なものの一つが，**共変調マスキング解除**である。上述のフレッチャー(1940) の実験において，マスカが帯域制限された変調雑音であるとき，臨界帯域以降で閾値の飽和が見られず，逆に帯域幅の増加とともに閾値が下降した（マスキングが解除された）。これは隣接する聴覚フィルタ出力から得られる振幅包絡線上の共変調な変化（共変調）を手掛かりとすることで，信号音を聴き取りやすくなることに由来する。

◆ もっと詳しく！

森 周司 編, 香田 徹 編著：聴覚モデル, コロナ社 (2011)

重要語句 音響教育，シミュレータ教材，可視化，可聴化，アニメーション

マルチメディア教材
[英] multimedia teaching materials

近年，コンピュータの性能向上やストレージの大容量化が進んでいる。これにより個別のコンテンツであった写真，動画像，音声などのメディアをプレゼンテーションソフトウェアで統合することが可能となった。また，プログラムによって数理化された自然現象を数値計算し，時間・空間軸を伸縮して振動現象などを可視化・可聴化するシミュレータ教材を開発・利用することも可能となった。

これらのコンテンツを統合し，学習者にとって身近な現象を写真や動画像で説明し，その後シミュレータ教材を用いて理論を可視化するなど，順序立てて説明することができる。このような統合されたコンテンツ群をマルチメディア教材と呼ぶ。

A. 音響教育

音響教育の分野は，物理学だけでなく聴覚や心理学などさまざまな学問と結び付いており，多岐にわたる基礎学力が学習者に求められる一方で，媒質中の波動現象のように視覚的に確認しにくい題材が多く，新しい学習支援が求められている。中でも理工学の専門教育で取り扱う概念や現象は，時間的あるいは空間的に変動する要因が多く含まれ，従来の板書と教科書による教育方法では十分な会得が難しく，学生の学習意欲衰退が著しい。マルチメディア教材を積極的に活用した音響教育が期待されている。

B. シミュレータ教材の分類

マルチメディア教材は，シミュレータ教材を中心として構成されている。**シミュレータ教材**は，理論に従って定量的に計算を行い，その結果を可視化・可聴化することをコンセプトとしている。シミュレータ教材は，おもに講師が学習者に説明する際に使用することを念頭に開発されているが，テーマによっては学習者が自学自習に使用することも考慮している。シミュレータ教材を機能ごとに分けると，おおむね以下のように分類される。

（1）汎用測定器を模した教材 入力データを与えることによって，一般の計測器と同様の分析を行える教材群を指す。一例として，音声データを与えると，そのボイススペクトルを分析する教材が存在する。次図は，上から入力波形，スペクトル，ボイススペクトルを表す。

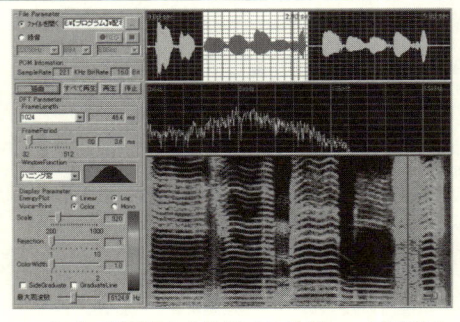

（2）時間変化を伸縮する教材 高速あるいは低速で時間変化する現象を，時間を伸縮して可視化する教材群を指す。一例として，空間内の共振現象をアニメーション表現により可視化する教材が存在する。

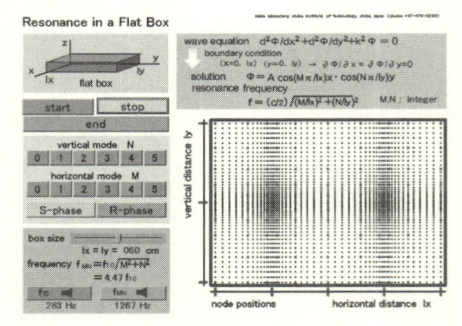

（3）3D-CG 表示教材 2次元の図では断片的にしか表すことのできない現象を，3D-CGの技法を取り入れることで立体的に表現し，あらゆる角度から観察できる教材群を指す。一例として，振動モードを変化させて円形膜振動を可視化する教材が存在する。

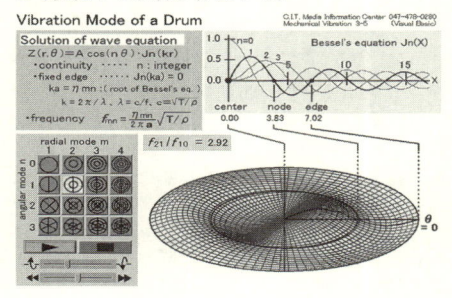

（4）可聴化教材 視覚では確認が難しい音響現象を，合成音を用いて聴覚的に確認できる教材群を指す。一例として，楽器の音色の特

微やビブラートの強弱などのパラメータを設定すると，そこに含まれる倍音成分を計算し，可聴化する教材が存在する．

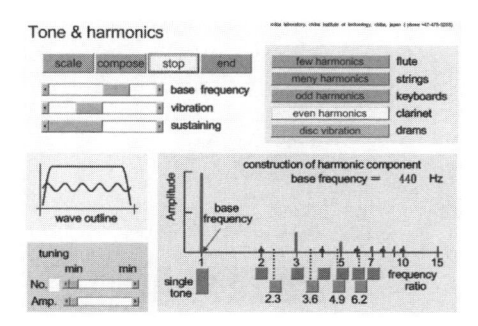

（5）その他のアニメーション教材　シミュレーションの計算結果を用いて，直感的・現実的なアニメーション技法に基づきビットマップ画像で表現する教材群を指す．一例として，二つの音源から発生した音波の干渉によって作成される干渉縞や音圧の高低をアニメーションで表現する教材が存在する．

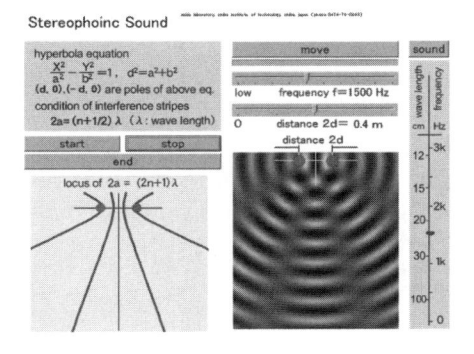

C. マルチメディア教材による解説例

シミュレータ教材を活用するため，マルチメディア教材全体では，事象を説明するための解説用スライドや，理論解説のための関係スライド，写真，動画像などの組合せで構成されている．

解説用スライドを用いた事象の説明と前後して，動画像などを用いて事象を体験させ，つぎにシミュレータ教材を用いて説明することで，学習者の理解度に寄与している．

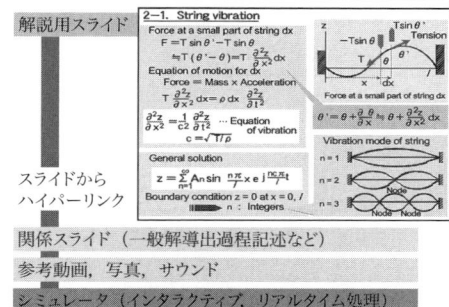

解説用スライドの例を以下に示す．このスライドは，B.(3) で示した円形膜振動の解説用スライドである．事象を説明したのち，動画像を用いて，ドイラ（中央アジアに伝わるタンバリンのような楽器）を叩く際，叩き方によって振動モードが変化して音に高低がつく様子を示す．これにより学習者に振動モードの存在を気づかせ，その後，B.(3) に示したシミュレータ教材により振動モードと音の高低の関係を見せて，最後に，数式による説明を加えている．

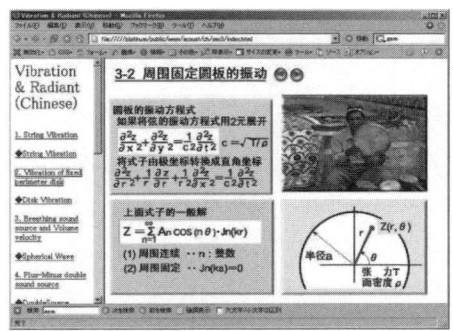

D. ウェブ版シミュレータ教材

近年のスマートフォンやタブレット端末の性能向上とウェブブラウザのAPIの多機能化により，ウェブブラウザをプラットフォームとしたシミュレータ教材の開発が可能となった．実際にいくつかのシミュレータ教材を試験的に移植し，インターネット上で公開している．各種ウェブAPIを駆使することで，いずれのシミュレータ教材もPC版と遜色ない速度で動作し，学生の主体的な学習に寄与している．

◆もっと詳しく！

音響科学 e-Learning 教材：http://w.mesh.cx/
（2015年8月現在）

重要語句 画像特徴量，マルチストリーム HMM，ストリーム重み

マルチモーダル音声認識
[英] multimodal speech recognition

一般に，雑音環境下では音声認識性能は低下してしまう。この性能低下を防ぐ方法の一つとして，雑音の影響を受けない音声以外の情報（モダリティ）を用いる手法がある。モダリティの例として，口唇画像，筋電，3次元情報（深度）などがある。このように，音声を含めた複数のモダリティを併用する音声認識を「マルチモーダル音声認識」という。用いるモダリティやその数によって，「視聴覚音声認識」や「バイモーダル音声認識」などとも呼ばれる。

A. 初期統合と結果統合

以下では，「音声情報と口唇画像情報を用いるマルチモーダル音声認識」を例にとって説明する。マルチモーダル音声認識の認識手法は，複数のモダリティの統合方法によって，大きく2種類に分類することができる。

初期統合（early integration） 音声モダリティから音声特徴量を，画像モダリティから画像特徴量をそれぞれ計算する。つぎに，音声特徴量と画像特徴量を統合し，音声・画像特徴量を生成する。この音声・画像特徴量を用いて音声認識を行う。特徴量を統合するため，"feature fusion" とも呼ばれる。

結果統合（late integration） 音声モダリティにおいて，音声特徴量を用いて音声認識を行い，認識結果（または中間表現）を求める。画像モダリティにおいても同様に，画像特徴量による認識（いわゆる読唇）を行い，認識結果を得る。それぞれの結果を統合することで，最終的な認識結果を得る。"decision fusion" とも呼ばれる。

マルチモーダル音声認識では，人間の発話という事象を複数のモダリティで観測するため，モダリティ間には通常なんらかの関連性・相関がある。初期統合では，この関連性は統合後の特徴量空間に反映される。一方，結果統合においてモダリティごとに得られる認識結果には，この関連性は初期統合ほどには反映されない。加えて，初期統合では，特徴量統合後は既存の音声認識技術をそのまま用いることが可能であるのに対し，結果統合では，各モダリティの認識結果をどのように統合するかという問題が残る。このため，モダリティ，環境，タスクにもよるが，マルチモーダル音声認識では，初期統合による手法が用いられることが多い。

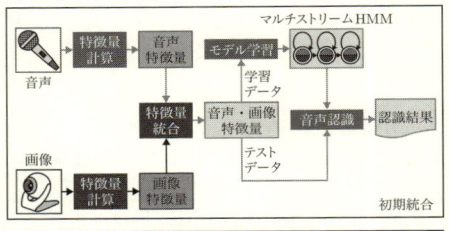

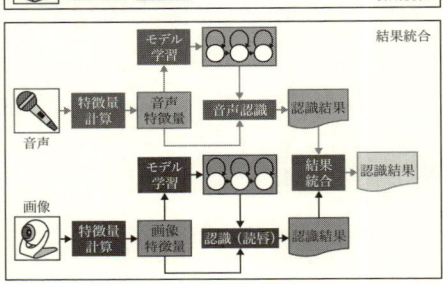

B. マルチモーダル音声認識の流れ

初期統合による，音声と口唇画像を用いたマルチモーダル音声認識について説明する。

（1）特徴量計算 前述のとおり，各モダリティにおいて特徴量を計算する。音声特徴量には MFCC などが用いられる。**画像特徴量**はさまざまなものが提案されており，それらは大きく2種類に分けることができる。

Appearance特徴量 口唇画像をラスタスキャンして画素情報をベクトル化し，これに信号処理などを施すことで，特徴量に変換する。代表的なものとして，主成分分析（PCA），2次元離散コサイン変換（2D-DCT），線形判別分析（LDA）などが挙げられる。

Shape特徴量 口唇画像に対して，口唇抽出や顔モデルのフィッティングなどを行って形状情報を抽出し，これを特徴量として用いる。例えば，口唇の輪郭を曲線関数で近似して得られるパラメータを用いたり，モデルフィッティングした際のパラメータを取得したりするなどの方法がある。

（2）特徴量統合 音声特徴量と画像特徴量を統合する。通常，両者のフレームレートは異なるため，フレームレートの低いモダリティにおいて隣接フレームの特徴量などを用いて補間を施し，統合前にフレームレートを一致させておく。統合処理は単純に，フレームごとに音声特徴量ベクトルと画像特徴量ベクトルを連結することが多い。

（3）モデル学習　マルチモーダル音声認識では，後述するように各モダリティの重み付けが重要となることから，隠れマルコフモデル（HMM, ⇒ p.96）の一種である**マルチストリームHMM**が広く用いられている。マルチストリームHMMの学習方法は，基本的に通常のHMMと同様であり，学習用の音声・画像特徴量を用いてEMアルゴリズムによりモデルパラメータの推定を行う。別の方法として，音声特徴量を用いて音声モデル，画像特徴量を用いて画像モデルを構築し，両者を統合することでマルチストリームHMMを得る方法もある。

（4）音声認識　HMMにビタビアルゴリズムを適用することで認識が行われる。しかし，認識時には，音響雑音や，照明変動・オクルージョン（口唇が別の物体で遮蔽されて見えなくなること）など画像外乱によって，各モダリティの性能・信頼性は変化する。そこで，マルチストリームHMMでは，それぞれのモダリティを「ストリーム」という単位にまとめ，**ストリーム重み**と呼ばれる重み付けパラメータを導入している。フレームtの音声特徴量をo_{at}，画像特徴量をo_{vt}，音声・画像特徴量をo_{avt}とおき，o_{at}に対する音声ストリームの対数尤度を$b_a(o_{at})$，o_{vt}に対する画像ストリームの対数尤度を$b_v(o_{vt})$とすると，マルチストリームHMMにおけるo_{avt}の対数尤度$b_{av}(o_{avt})$は

$$b_{av}(o_{avt}) = \lambda_a b_a(o_{at}) + \lambda_v b_v(o_{vt})$$

のように表すことができる。このストリーム重みλ_a, λ_vを適切に設定することで，認識性能を向上させることが可能となる。

C. 現状と課題

マルチモーダル音声認識の研究は，音声認識の進展やカメラなど収録技術の発展に伴い，1990年代後半から増え始め，現在に至るまで数多くなされている。また近年，スマートフォンなどモバイル端末の普及が著しく，音声認識機能への注目が集まっている中，より高精度な音声認識の一手法として，マルチモーダル音声認識への期待も高まりつつある。

一方，マルチモーダル音声認識の実用化に向けては，克服すべき課題も多い。以下では，それら課題と最近の取り組みについて概説する。

（1）データベース　マルチモーダル音声認識の研究開発には，大規模コーパスが必要である。しかし，利用可能なものは少なく，収録・整備にも多大な労力を要する。また，評価には実環境で収録されたデータも必要となる。音声・口唇画像のマルチモーダル音声認識におけるCENSREC-1-AVやAusTalkなど，近年，少しずつではあるものの，データベースが充実しつつある。

（2）特徴量　各モダリティにおいて，いかに有効な特徴を取り出すかは重要な問題である。従来はそれぞれのモダリティに精通した研究者が特徴抽出法を設計することが多かったが，現在では深層学習（⇒ p.326）による特徴抽出に期待が集まっている。

（3）音声区間検出　マルチモーダル音声認識の基本的枠組みは，音声認識の前処理である音声区間検出（⇒ p.102）にも適用可能である。マルチモーダル音声区間検出の研究や，これとマルチモーダル音声認識を組み合わせた研究も行われている。

（4）認識モデル　音声認識では深層学習（⇒ p.326）による認識モデルが普及しつつあり，これをマルチモーダル音声認識に適用する試みがなされている。また，前述のように，結果統合を用いた手法も考えられる。

（5）適応手法　音声認識で用いられるモデル適応の活用が考えられ，マルチモーダルの枠組みを利用した適応手法が提案されている。また，ストリーム重みを自動的に決定する手法もある。このように，利用者や環境に応じた効果的な適応法の研究が進められている。

（6）システム化　マルチモーダル音声認識ではリアルタイム処理や高速化など実用面での技術開発が必要となる。アプリケーションによっては言語モデル（⇒ p.174）と連携した大語彙システムの開発も求められる。

近年，音声認識のみならず，他の分野でも，複数の情報を統合する枠組みは注目を集めている。音響分野発の成果として，マルチモーダル音声認識の諸技術が，さまざまな分野の発展に寄与することが望まれる。

◆ **もっと詳しく！**

Alan Wee-Chung Liew and Shilin Wang: *Visual Speech Recognition: Lip Segmentation and Mapping*, Medical Information Science Reference (2008)

重要語句　多感覚研究，マガーク効果，腹話術効果，交差・反発錯覚，ダブルフラッシュ錯覚，ラバーハンド錯覚

マルチモーダル／クロスモーダル知覚
[英] multimodal/cross-modal perception

複数の感覚器官を通して自己や外界の状態を知る働きのこと。われわれは，自己や外界を安定して知覚するために，複数の感覚器官から入力される情報を並列的に処理し，また異種の感覚情報を統合的に処理している。その情報処理過程では，感覚情報間の相互作用が生じることで知覚体験の変容がもたらされることがある。

A. ユニモーダル知覚研究からマルチモーダル／クロスモーダル知覚研究へ

一般に生物は，その種の生存に適した感覚能力を持ち，そこから得られる情報を処理しながら生きている。例えば，人間の感覚には，五感（five senses）と呼ばれる視覚，聴覚，嗅覚，味覚，触覚（もしくは皮膚感覚）のほかに，平衡感覚，運動感覚，内臓感覚などが存在する。

これらの感覚の種類は感覚様相（sensory modality）と呼ばれており，色，音，味，匂い，手触りなど，それぞれ特有の知覚体験を生み出す。そのため，従来の研究においては，単一の感覚様相から得られる知覚体験を取り扱ったユニモーダル知覚研究が主流であった。

しかしながら，日常世界においては「明るい音」や「柔らかい色」などという表現の存在からも示唆されるように，人々は複数の感覚様相が密接に関連した知覚体験を共有している。そして，われわれが知覚する世界は，多くの場合，複数の感覚様相から得られる異種感覚情報を統合することによって生み出されている。例えば，食事場面を考えてみよう。われわれは，料理の色，音，味，匂い，食感などのすべての情報を統合して食事を楽しんでいることは明らかである。

このように，われわれは各感覚様相から得られる異種感覚情報を，並列的に，そして統合的に処理することで，自己や外界を知覚している。この情報処理過程では，感覚情報間の相互作用が生じることがあり，それに伴って知覚体験の変容がもたらされることがある。

そのため，最近の研究では，単一の感覚様相から得られる知覚体験のみを取り扱うユニモーダル知覚だけではなく，複数の感覚様相間の情報処理過程や相互作用から得られる知覚体験を取り扱うマルチモーダル／クロスモーダル知覚に関する研究が盛んになってきている。一般的に，この学問領域は，多感覚研究（multisensory research）と呼ばれることが多い。

B. 視覚と聴覚の相互作用

多感覚研究の中でも，視覚と聴覚の情報がどのように統合されるのか，それによってどのような知覚体験がもたらされるのかについては，これまで多くの研究が行われてきた。

その中でも**マガーク効果**（McGurk effect）や**腹話術効果**（ventriloquism effect）は視聴覚統合における視覚優位を示す現象として広く知られている。

（1）マガーク効果　視覚情報と聴覚情報が矛盾しているときに，視覚情報が優先されることによって引き起こされる現象である。例えば，「ガ」と発音している人の映像に「バ」音声を付けて再生する。すなわち，「ガ」という視覚情報に「バ」という聴覚情報を組み合わせて提示すると，視聴者には「バ」とは聞こえず，「ダ」に聞こえる現象が起きる。その際，視聴者は，視覚情報と聴覚情報が一致していないことに気づかないことが多い。マガークというのは発見者の名前（McGurk, H.）に由来する。

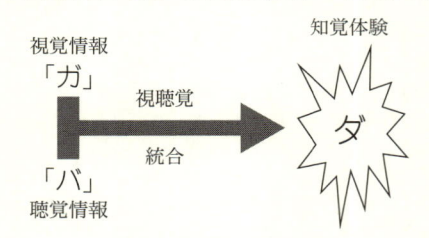

（2）腹話術効果　テレビを見ているときに，実際はテレビのスピーカからタレントの音声が聞こえているのに，テレビ画面のタレントの口から音声が聞こえてくるように感じられることがある。この効果は，腹話術師が話しているにもかかわらず，あたかも腹話術師が操る人形が話しているように感じられる現象に由来する。腹話術効果は，音源の位置を判断する際に，聴覚情報よりも視覚情報が重視されて情報統合が行われていることを示している。

マガーク効果や腹話術効果が示すように，視聴覚統合においては視覚が優先されるという考えが長い間支配的であった。しかしながら，近年，**交差・反発錯覚**（stream-bounce illusion）や**ダブルフラッシュ錯覚**（double-flash illusion）のように，視聴覚統合における聴覚優位を示す現象が相次いで報告されている。

（3）交差・反発錯覚　例えば，視聴者に小さな円がたがいに接近・交差して行き過ぎるという実験刺激を提示する．この刺激には，2種類の見え方がある．一つは，左右の円が交差して行き過ぎたという見え方，もう一つは左右の円が衝突して反発したという見え方である．ほとんどの視聴者は，左右の円が交差して行き過ぎたという見え方がしたと回答するが，二つの円が最接近した瞬間に短い音を鳴らすと，左右の円が衝突して反発したという見え方が強まることが知られている．

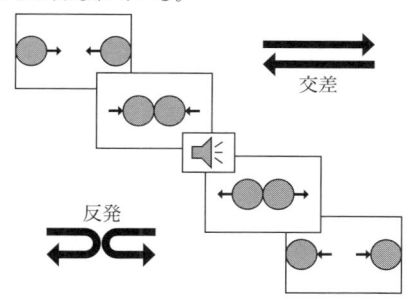

（4）ダブルフラッシュ錯覚　例えば，視聴者に，黒い画面上に均質な白い円盤を非常に短い時間提示する（フラッシュ）．それと同時に，視聴者にさまざまな回数のビープ音を提示する．そうすると，フラッシュの回数は実際には1回であったとしても，複数のビープ音を提示することで，複数回のフラッシュが起きたと感じられる錯覚が生じる．これまでの研究から，ビープ音を加えない場合は，ほぼ実際と同じフラッシュの回数が報告されること，一つの音に複数回のフラッシュを提示しても音が複数回鳴ったようには聞こえないことが明らかにされている．

ここで紹介した視聴覚統合現象は，視覚情報と聴覚情報が同期しているときにその効果が高まり，時間がずれていくとその効果は減少することが知られている．すなわち，視聴覚統合では，視覚情報と聴覚情報のそれぞれが同一の事象から発生したと感じられる時空間的な同時性が存在することが重要となる．

視聴覚統合において感覚情報間に矛盾がある場合は，信頼性の高い感覚情報を重視した情報統合が行われることが指摘されている．具体的には，視覚は聴覚よりも空間的な精度が高いことから，腹話術効果のように，空間的な不一致があるときは視覚情報に重み付けられた処理がなされる．一方，聴覚は，視覚よりも時間的な精度が高いことから，ダブルフラッシュ錯覚のように，時間的な不一致があるときは聴覚情報に重み付けられた処理がなされる．このように，われわれがある事象を経験し，それに対して複数の感覚情報を統合する際は，その中で最も信頼がおける利用可能な感覚情報に依拠した情報統合が実行される．

C．多感覚研究の現在

現在，多感覚研究では，視覚と聴覚だけではなく，多様な異種感覚情報間の相互作用が積極的に検討されている．

例えば，**ラバーハンド錯覚**（rubber hand illusion）では，視触覚相互作用によって驚くべき知覚体験が生じる．この錯覚では，ゴムで作った手を机の上に置き，実験参加者の片腕を見えないように衝立で隠して机の上に置く．そして，実験参加者には，ゴムの手を見つめるように求め，さらにゴムの手と本物の手に一定時間同期した触刺激を与え続ける．そうすると，実験参加者はゴムの手に触刺激を感じるようになることが報告されている．さらに，視触覚相互作用を活用することによって，自己が自身の肉体の外に抜け出てしまったように感じられる体外離脱経験（out-of-body experience）を実験的に生み出すことに成功した研究も報告されている．このことからも明らかなように，現在，多感覚研究は，われわれがどのようにリアリティを知覚しているのかを紐解く上で重要な役割を果たしている．昨今，バーチャルリアリティ技術の発展は著しいものがあるが，多感覚研究から得られる知見は，さらなる技術革新を実現する上できわめて有益であるだろう．

そして，現在，多感覚研究はまさに興隆期にある．専門的な学術集会（例えばInternational Multisensory Research Forumなど）が開催され活発な研究交流が行われているだけではなく，専門学術誌の *Multisensory Research* が刊行されるなど，多感覚研究の研究成果とその応用に対して，これまで以上に高い関心が寄せられている．

◆もっと詳しく！
ローレンス・D・ローゼンブラム 著, 齋藤慎子 訳：最新脳科学でわかった五感の驚異, 講談社 (2011)

重要語句 注意資源，系列再生課題，自由再生課題，短期記憶，音韻ループ，聴覚情景分析，対象指向エピソード記録モデル，音脈分凝，明瞭性評価

無関連音効果
[英] irrelevant sound effect; ISE

　無関連音効果は，視覚を通じて呈示された項目を数秒から数十秒程度の間，記憶し，呈示された順番どおりに再生する課題（系列再生課題）の成績が，課題とは無関連な音を同時に呈示されることで有意に低下する現象を指す言葉である。かつては「無関連音声効果」と呼ばれた。しかし，音声には聞こえないが，ある程度複雑な時間的変化を伴う音でも成績低下が見られるので，「無関連音効果」[1]と呼ぶほうが適切である。

A．ながら族
　「ながら族」という言葉がある。ラジオやステレオを聞きながら，本来の作業である仕事や勉強をする習慣のある人を呼ぶ言葉である。中には，「そのほうが仕事（勉強）がはかどる」と主張する人もいる。単調な作業を続けるためには，少し興味を引かれるがさほど深刻ではない内容の会話を聞きながら，あるいは適度な刺激となるがさほど込み入っていない音楽を聞きながら別の作業をするということが，一定の覚醒水準を維持し続けるために役立つのかもしれない。
　しかし，人間の持つ**注意資源**(attentional resource)には限界があるので，同時に二つの作業をこなそうとすれば，それぞれの作業に割り当てることのできる注意資源は，いずれか一方の作業のみを行った場合と比べて減少すると考えられる。特に，注意の焦点を当てていない，あるいは積極的に無視しようとしている場合でも，ある程度の処理が自動的に行われることによって，重要な情報を逃さないようにつねにアンテナを張っているのは，聴覚系の特性であるともいえる。この点から見れば，注意を要する作業の傍ら呈示される，作業内容とは無関係な聴覚刺激は，その処理に必ずある程度の量の注意資源を消費することで，本来の作業に割り当てられるべき注意資源を減少させる効果を持つことになる。無関連音効果は，このような状況の一面に相当するような効果を，実験によって示したものと考えることができる。

B．実験の枠組みとデータ例
　Colle and Welshがパイオニアとなった，無関連音効果に関する実験の基本的な枠組みは，以下のとおりである。刺激は，視覚呈示される数字や文字などと，それとは関係のない音や音声である。視覚刺激として数字を，聴覚刺激として文を読み上げた音声を呈示する場合を例にとると，それぞれの試行で，0から9の数字がランダムな順番で一度ずつ，1秒間に1項目のペースで呈示され，実験参加者はその系列を記憶するよう教示されている。数秒の保持期間ののち，実験参加者は呈示された項目を，呈示された順番どおりに再生することを求められる（**系列再生課題**; serial-recall task）。また，視覚刺激の呈示期間および保持期間中に，記憶再生課題とは無関連な音声が聞こえてくる場合もあるが，「音声は聞こえてきても無視するよう」教示されている。
　このような実験で得られた結果の一例[2]を下図に示す（図中のエラーバーは標準誤差を表す）。無関連な音声が呈示された実験条件（日本語を母語とする実験参加者20人に，知らない言語（ドイツ語）の文を読み上げた音声を呈示）では，無音の対照条件と比べて，視覚呈示された数字系列の記憶課題における誤り率が有意に，かつ大幅に（対照条件の倍近くにまで）増加していることがわかる。

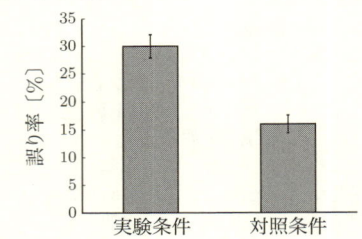

　なお，系列再生課題では無関連音効果が見られるが，**自由再生課題**（free-recall task）（呈示された項目を，呈示された順番とは関係なく，できるだけたくさん再生することを求める課題）では，効果が見られないとされている。

C．記憶のしくみ：短期記憶と音韻ループ
　当初，Baddeleyらにより，無関連音として音節や無意味単語，有意味単語などの音声と雑音などを用いた実験が行われた。意味のあるなしにかかわらず音声を呈示した場合のみ劇的な成績の低下（誤り率の上昇）が見られたので，この効果は音声に特有のなにかが影響していると考えられた。また，**短期記憶**（short-term memory）（数秒から数十秒間，5～9個程度の項目を保持できる記憶）では，視覚呈示された数字や文字も聴覚情報に符号化され，貯蔵される。そ

のままでは聴覚情報となった記憶が時間とともに徐々に減衰するが，リハーサルを行うことによって**音韻ループ**（phonological loop）を作り，短期記憶貯蔵庫に記憶を保持し続けることができることと，無関連音効果とが結び付けて考えられた．すなわち，音韻ループに無関連な音声が干渉を起こすため，系列再生課題の成績低下が生ずると考えられた．

D. 音声か非音声か

聴覚呈示される刺激が「音声であること」が無関連音効果をもたらす決定的な要因であるならば，同じ音節を繰り返し呈示した場合でも，効果は生じるはずである．しかし，実際には効果は消失する．また，音韻ループに対して干渉が生ずることが効果の本質なのであれば，無関連音声の音韻が，記憶されるべき音節と類似している場合のほうが成績が低下するはずであるが，この点に関して研究結果は一致していない．

その一方で，音声ではなくても，ある程度複雑な時間的変化（状態遷移）を伴う音であれば，成績低下は生ずるので，それまで無関連音声効果と呼ばれていた現象は，無関連音効果と呼ばれることになった[1]．

E. 対象指向エピソード記録モデル

Jonesらは，**聴覚情景分析**（⇒p.308）を組み込んだ，**対象指向エピソード記録モデル**（object-oriented episodic record model; O-OER model）を提案した．このモデルはいわゆる黒板モデルの一種である．聴覚刺激では，空白ないしは急激な時間的変化によって境界が示されることで一つ一つの対象が形成される．黒板に書き込まれた対象は**音脈分凝**（⇒p.130）の規則によって自動的に繋がりが作られ，音脈を形成する．同じ対象が繰り返される場合は，新たに繋がりが形成されることはない．無関連音効果の実験状況では，視覚由来の対象について，それらが生起した順序に従って繋がりが形成される．この繋がりは，リハーサルによって維持される必要がある．そこへ状態遷移を伴う聴覚刺激が呈示されると，繋がりが壊され，系列再生課題の成績低下が生ずると考える．

このモデルは，これまでの実験事実の大部分をうまく説明できるが，なぜ音の大きさの変化は，無関連音効果を生じさせることができないのかといったことは説明しづらい．また，音声の第1フォルマントから第3フォルマントまでの軌跡を三つの正弦波でなぞって合成した，正弦波音声を用いた研究の結果も説明が難しい．通常，正弦波音声でも無関連音効果が生ずるが，三つの成分のうち，二つの成分の時間軸を逆転させた条件では，効果が生じなかった．全体の変化の量は，一部の成分の時間軸を逆転させても変わらないのであるから，無関連音効果は，単に刺激の変化量が大きければ生ずるのではなく，三つのフォルマント軌跡の組合せが，音声に存在するような時間的パターンを表しているときに生ずることになる．このことは，対象形成の初期段階における周波数軸方向の群化が結果を左右する場合もあることを示している．

F. 今後の展望

無関連音効果は，被験者間のばらつきも，実験間のばらつきも，比較的大きい場合が多い．その中で，単純な繰り返しではない音声を呈示したときの効果は，平均的には最も大きい．

音声として知覚されることの効果を，音声と知覚される刺激から非音声と知覚される刺激まで，徐々に変化させた刺激を作って組織的に調べようと，雑音駆動音声（音声をいくつかの周波数帯域に分割し，それぞれの帯域における振幅変化を抽出して雑音源を変調し，合成した音声）を用いた実験が行われた[2]．その結果，帯域数が減少するに従って，音声の明瞭性が低下し，それと同時に無関連音効果も減少することが示された．この実験結果は音の粗さやSTIといった指標（**明瞭性評価**，⇒p.120）では説明できない．今後は，どのような特徴が存在すれば音声として知覚されるのかを，さらに詳細に調べる必要がある．

◆ もっと詳しく！

[1] W. Ellermeier and K. Zimmer: "The psychoacoustics of the irrelevant sound effect", *Acoust. Sci. & Tech.* **35**, 1, pp.10–16 (2014), 【邦訳】ヴォルフガング・エレマイアー，カリン・ツィマー 著，上田和夫 訳：無関連音効果の音響心理学，日本音響学会誌, **69**, 12, pp.638–648 (2013)

[2] W. Ellermeier, F. Kattner, K. Ueda, K. Doumoto, and Y. Nakajima: "Memory disruption by irrelevant noise-vocoded speech: Effects of native language and the number of frequency bands", *J. Acoust. Soc. Am.* **138**, 3, pp.1561–1569 (2015)

重要語句　バーチャルリアリティ，バイノーラル録音，ビッグデータ

メディアアートにおける音
[英] sound in media art

メディアアートは新しい技術を用いて制作された作品で，現在ではディジタル技術を活用したアートとして広く親しまれている．視覚的な要素に音や音楽が付随し，映像作品やアニメーションから，インタラクティブ性を伴った作品まで，現代アートの主流となっている．

A. メディアアートの歴史

20世紀中頃から，ビデオやコンピュータなどの新しい技術を用いて作り出された美術作品を，一般的にメディアアートと呼ぶ．

また，このような芸術作品のことをニューメディアアートとも呼び，その歴史は19世紀後半の写真の発明時期に遡る．20世紀後半には，アメリカを中心に，映画から分岐した実験映像がナム・ジュン・パイク（Nam June Paik, 1932–2006）によってビデオアートとして普及し，また，ジョージ・マチュナース（George Maciunas, 1931–1978）が提唱した前衛芸術運動フルクサス（Fluxus）では，マルチメディア作品が発表された．

その後，コンピュータグラフィックスなどのディジタル技術を取り入れた作品が登場し，現在では広くメディアアートとして確立されている．特徴としては，従来の芸術分野の枠を越えて，複数の領域を融合した表現方法がとられており，そのため，メディアアートにおいては音や音楽は重要な表現の一部となっていることが挙げられる．

この中で，音のみで構成された作品はサウンドアートと呼ばれる．従来の音楽表現とは違い，物語性や調性感などの要素が排除され，音響によって空間と時間を構成する作品となっている．21世紀に入って，メディアアートは情報技術の発展によってさらに表現の幅が広がってきた．

日本国内では，ダムタイプ（dumb type）などの前衛芸術の流れとは別に，1990年代から広告などのデザイン領域やコンピュータゲームなどの商業分野において発展を見せている．現在では，前衛的な芸術作品だけではなく，アニメーションやアプリケーションなどもメディアアートの範疇とし，文化庁主催のメディア芸術祭は，アート，エンターテインメント，アニメーション，マンガの4部門で構成されている．

1) アート部門：ディジタル技術を用いて作られたアート作品（インタラクティブアート，メディアインスタレーション，映像作品，映像インスタレーション，グラフィックアート，ネットアート，メディアパフォーマンスなど）
2) エンターテインメント部門：ディジタル技術を用いて作られたエンターテインメント作品（ゲーム，映像・音響作品，空間表現，ガジェット，ウェブ，アプリケーションなど）
3) アニメーション部門：アニメーション作品（劇場アニメーション，短編アニメーション，テレビアニメーション，オリジナルビデオアニメーションなど）
4) マンガ部門：マンガ作品（単行本，雑誌連載，コンピュータや携帯端末などで閲覧可能なマンガ，同人誌などの自主制作マンガなど）

このように，マンガ部門以外の作品のほとんどは音を伴う作品である．マンガにおいてもオノマトペ（⇒ p.66）が使用されることを考えれば，メディアアートは視覚と聴覚による現代の情報伝達技術を利用した芸術作品といえる．

B. インタラクティブアート

インタラクティブアート（interactive art）とは，現代のメディアアートの作品形態の一つであり，鑑賞者が作品になんらかの形で参加することによって成立する作品である．最近では，画像認識技術やセンサなどによって，コンピュータに鑑賞者の動きなどを認識させ，その反応によって映像や音が表現される作品もある．

インタラクティブアートの意義は，鑑賞者と作品が双方向に対話することにより芸術的なイメージを鑑賞者に与えることであるため，表現される音や映像も鑑賞者の反応によって変化する．そのため，従来のような時間的な構成が決まった作品ではなく，仕掛けを用意して，反応に応じて映像や音を表現する作品となる．よって，作品の制作方法も従来の絵画や彫刻，音楽，あるいは映画のような手法ではなく，コンピュータプログラミングによってリアルタイムに制御するシステムを制作することになる．

メディアアートにおいて主流となっている作品制作ツールとしては，MaxやPure Dataなどの音楽や映像をグラフィカルにプログラミングできる統合開発環境があるが，あらかじめ用意されたオブジェクトを繋ぎ合わせることにより，

音楽家や芸術家でも比較的簡単にプログラミングできるため，多くのアーティストが表現の道具として利用している．

また，グラフィックスを重視したプログラミング言語のProcessingもメディアアートでは多く利用されており，オープンソースのため，さまざまなライブラリを利用することが可能となっている．特に画像認識のライブラリの一つであるOpenCVは，鑑賞者を認識するためのツールとして多くのインタラクティブアートで利用されている．

最近ではキネクト（Kinect）を利用してジェスチャーや音声認識（⇒p.116）によって動く作品も多い．出力される音に関しては，サンプリングされたものや，波形合成したものが使用され，あらかじめプログラミングされた条件に沿って音が出力される．

また，インタラクティブアートにおいては，センシングが重要な要素となるため，センサデバイスが必要となる．このようなデバイスに利用されているのが，入出力ポートを備えたAVRマイコンのArduinoである．Arduinoはスタンドアロン型のインタラクティブデバイスとしてメディアアートの作品で主流であるが，センサ値をMaxやPure Data，Processingなどに送り，Maxから制御することも可能である．そのため，センサ部分はArduinoを使い，シリアル通信によってセンサ値をコンピュータに送り，音の生成や加工はMaxで制御し，オーディオインタフェースを通じてスピーカから出力させることが多い．逆に，スタンドアロン型デバイスとして利用する際は，Mozziなどのサウンドライブラリを利用して，Arduino本体で演算を行い，音を出力させる．音と人とのインタラクションに関しては，ソニックインタラクションデザイン（sonic interaction design; SID）分野[1]がある．

C. メディアアートの発展

メディアアートは新しい技術を使った作品であるため，時代とともに表現方法や技術が変化している点が特徴である．特に情報技術の変化は目覚ましいものがあり，表現方法も日進月歩である．最近では，プロジェクションマッピングがブームとなっているが，プロジェクタが日常的なものとなり，技術開発が進んだことにより，高輝度の製品が登場し，建物への投影が可能となった．また，ロボット技術の発展によって，ロボットに演奏させたり，演劇にロボットを出演させたりと，芸術表現にも利用されている．さらに，**バーチャルリアリティ（VR）** 分野においては，エンターテインメント性の強い作品が多く，ここでも音が重要となっている．Oculus RiftはVR用のヘッドマウント型ディスプレイであるが，空間没入型の映像となるため，当然のことながら音にもリアリティが必要となる．仮想空間の没入感を高めるためには，音が重要な要素となっている．特にヘッドホンで楽しむようなコンテンツでは，**バイノーラル録音**（⇒p.356）によって，臨場感を演出している．さらに，ゲームコンテンツでは，物理モデリングを使ったシミュレーションによってリアリティを高める手法もとられている．

現在，急速に進歩している技術は，ビッグデータに関わる技術である．メディアアートにおいても，**ビッグデータ**を利用した作品を多く見かけるようになり，このようなジャンルをデータアート，あるいはデータエンターテインメントと呼ぶ．この分野の先駆的な作品を作り出しているメディアアーティストの真鍋大度は，クラウド上に存在するビッグデータを芸術表現の素材として利用している．

2014年に文化庁メディア芸術祭のエンターテインメント部門で大賞を受賞した《Sound of Honda / Ayrton Senna 1989》は，1989年のF1日本グランプリ予選におけるアイルトン・セナの世界最速ラップの走行データを利用して，そのときの走りを光と音で再現した作品である．エンジンやアクセルの動きを走行データから解析し，実際のF1マシンから録音したエンジン音をそれに合成して再現し，鈴鹿サーキットのコースに無数のスピーカとLEDを設置して，走行データどおりに1989年のセナの走りを再現した作品である．データから音を合成する方法として，ソニフィケーション（⇒p.274）があるが，単なるデータ変換ではなく，芸術表現として音をコントロールすることが重要となる．

メディアアートは情報技術の発展とともに一層多様化しており，音への関心がますます高まっている．

◆ もっと詳しく！

1) K. Franinović, et al.: *Sonic Interaction Design*, The MIT Press (2013)

重要語句 縮尺模型,相似則,内装材料の吸音特性,空気吸収,ホール,音響設計

模型実験
[英] scale model experiment

ホールや劇場など室内の音響性能を予測,解析するため縮尺模型を用いて行う音響実験。幾何音響シミュレーションに対し,波動現象を捉えることが可能となる利点がある。音響設計では,1/10 縮尺模型が用いられることが多い。

A. 模型実験における基本相似則

縮尺模型を用いて音響現象を予測するためには,対象とする物理量について実物と模型とで一定の関係(相似則)を満足させる必要がある。$1/n$ 縮尺模型実験では,以下の関係となる。
$$L_m = L_r/n, \quad T_m = T_r/n, \quad f_m = n * f_r$$
$$p_m = p_r, \quad u_m = u_r, \quad P_m = P_r/n^2$$
ここで,L は長さ,T は時間,f は周波数,p は音圧,u は粒子速度,P は音響パワーであり,添え字 r は実物,添え字 m は模型を表す。

すなわち,$1/n$ 縮尺の模型実験では,実物に対して距離は $1/n$,実験周波数は n 倍,時間は $1/n$ の関係となる。また,**内装材料の吸音特性**に関しては,上記の関係式より,吸音率 α に関してつぎの関係を成立させる必要がある。
$$\alpha_m(f_m) = \alpha_r(f_r)$$
すなわち,実物で対象とする周波数の吸音率と,$1/n$ 縮尺模型実験での n 倍の周波数の吸音率とを合わせ込む必要がある。

B. 空気吸収の影響

音波が伝搬する際には,**空気吸収**により音の強さが減衰する。$1/n$ 縮尺模型実験においては周波数を n 倍とするため,空気吸収の影響が無視できなくなる。音の強さ (I) の減衰は次式で表される。
$$I = I_0 e^{-mx}$$
$$m = m_{cr} + m_{vib,O} + m_{vib,N}$$
ここで,m は音の強さの減衰率 [m^{-1}],x は距離 [m] を表す。m_{cr} は空気の粘性,熱伝導および回転緩和現象に起因する吸収による減衰,また,$m_{vib,O}$, $m_{vib,N}$ は,それぞれ水蒸気との共存下で生じる O^2 分子,N^2 分子の振動緩和現象に起因する吸収による減衰となる。それぞれの計算式より算出した減衰率の例を,次図に示す。この結果より,数 kHz 以下では $m_{vib,N}$ が支配的となり,それ以上では $m_{vib,O}$ が支配的となることがわかる。

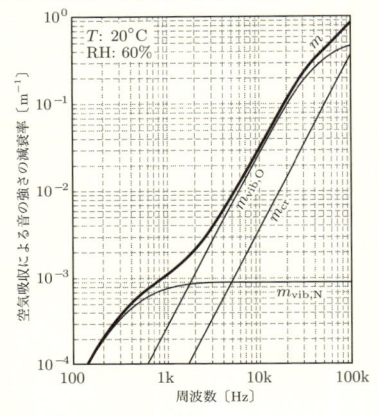

$1/n$ 縮尺模型実験では,基本相似則から周波数を n 倍とし,$1/n$ になった行程を音が進む間の媒質の音響吸収による減衰を実物と等しくする必要がある。そこで,減衰率 m について以下の関係とする必要がある。
$$m_m(f_m) = n * m_r(f_r)$$
つぎに示す図は,m_{cr} と,1/10 縮尺模型実験で実現すべき減衰率 m_m との関係を示したものである。m_{cr} と m_m が広い周波数範囲でほぼ一致していることがわかる。そこで,実物で空気吸収が問題となる数 kHz 以上の帯域(1/10 縮尺模型では数十 kHz 以上)については,減衰率を m_{cr} と一致させればよいことになる。

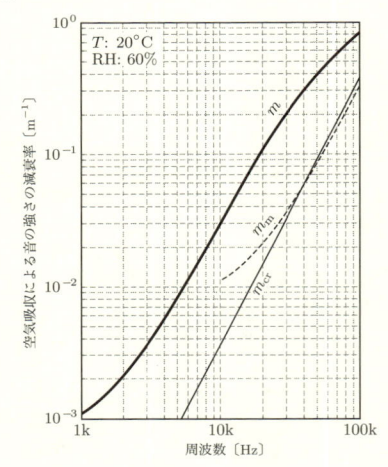

上述のとおり,数 kHz 以上では $m_{vib,O}$ が支配的となるため,O^2 分子または水蒸気分子のいずれかを除去すればよいことになる。通常,比較的簡易な手法として,O^2 分子を空気とほぼ同じ組成である N^2 分子に置き換える方法が用いられる。このとき,O^2 分子の濃度を約 3% 以下とすることで空気吸収の影響をほぼ取り除くことができる。

C. ホールの1/10縮尺模型実験

初期の模型実験では，無響室録音の音楽演奏を速度変換して模型内で再生・録音し，それを実物周波数に再変換して試聴する手法がとられていた。現在では，実空間での測定と同様，インパルス応答（⇒p.16）を測定する手法が主流となっている。

(a) 実物ホール

(b) 1/10縮尺模型

模型実験の音源としては，実測と同様の無指向性点音源として，高周波数を再生可能な小型スピーカや，再現性の高いスパーク放電パルス音源が開発されている。受音マイクには高周波数まで集音できる小型マイクが用いられ，また，聴感実験などに用いられるステレオ集音として，耳介位置に小型マイクを取り付けた1/10縮尺のダミーヘッドマイクも開発されている。

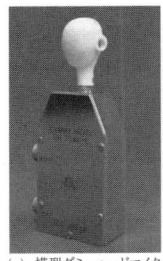

(a) 模型ダミーヘッドマイク　(b) スパーク放電パルス音源

スパーク放電パルスを用いた実験では，単一パルスのエネルギーが小さいため，多数回の同期加算を行うことで十分なSN比を確保する。また，パルスの周波数特性はフラットでないため，逆フィルタリング処理によってインパルス応答を算出する。これらの処理により，高い精度の応答が得られる。模型ダミーヘッドを用いて測定したバイノーラルのインパルス応答と，無響室で録音された楽音（ドライソース）とを畳み込み演算することで，聴感による音場の確認も可能となる。

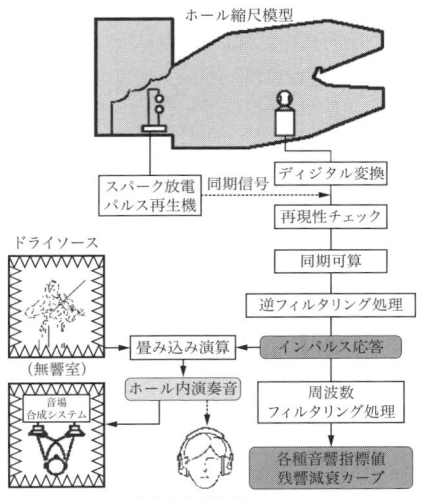

(a) 縮尺模型実験解析ブロック図

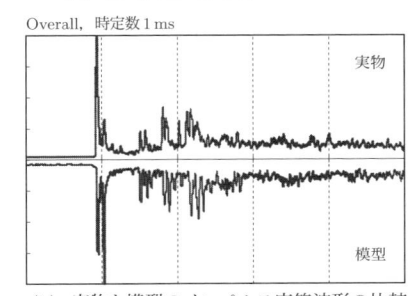

(b) 実物と模型のインパルス応答波形の比較

このように，1/10縮尺模型実験は**ホール音場**を高い精度で予測できるが，模型の製作には時間とコストが非常にかかる。また，1/10縮尺模型ともなると，設置するための広いスペースも必要となる。そこで，幾何音響シミュレーションによる検討をベースに，詳細検討を部分模型や波動音響シミュレーションにより行うことでより効率的な検討を行う，**音響設計**の手法も提案されている。

◆ もっと詳しく！

上野佳奈子 編著：コンサートホールの科学，コロナ社 (2012)

重要語句　固体伝搬音，剛性，大スパン，乾式二重床

床衝撃音
[英] floor impact sound

建物において，上階にいる人の生活や行動によって衝撃力が床に加えられることで床が振動し，このために下階に放射される衝撃音を床衝撃音という。音の大きさや音色は，加えられた力の特性や床仕上げ構造などによって変化する。

A. 床衝撃音の発生

上階で歩く，走る，飛び跳ねるなどの人の動きだけでなく，ボールやコインなどを床に落とすことによっても生じる。衝撃力が加えられることにより発生する**固体伝搬音**（⇒p.200）の一種である。

建物において床衝撃音の遮断性能比較をするためには，決められた衝撃源を一定の高さから落下させ，そのときに下室で発生した音圧を測定する。加えられる力は，加振源の質量や硬さだけでなく，力を加えられる側の特性にも依存する。入力パワーは，力を受ける側の床が柔らかければ，その分低下する。低い周波数領域では，床の振動場と受音室の音響場の波動性の影響を受ける。

床衝撃音は，衝撃力の特性に着目し，重量床衝撃音と軽量床衝撃音に分類される。

重量床衝撃音　素足での歩行，飛び跳ねやバスケットボールのドリブルなど，比較的重く柔らかい衝撃源によるもの。標準衝撃源として，バングマシン，ゴムボールがある。

軽量床衝撃音　ハイヒールなど硬い靴による歩行音や，コインの落下など，比較的軽く硬い衝撃源によるもの。標準衝撃源として，タッピングマシンがある。

B. メカニズムと対策

床が加振されることで振動し，加振された床自体や周辺の壁などに振動が伝搬し，その振動によって周辺の空気が励起され，音として室内に伝搬する。

床に入力される力の特性は，衝撃源と床の柔らかさによって変化する。衝撃源から床へ衝撃力を加えている間の反作用によっても，衝撃力が変化する。すなわち，衝撃時間内に周辺の梁などからの周波数依存性のある曲げ振動の反射波が影響する。

軽量床衝撃音を低減する方法には，床仕上げをカーペットなどで柔らかくすることが挙げられる。一方，重量床衝撃音を低減するには，床構造の**剛性**を上げるなどの対応が必要となる。具体的には，床厚を増す，梁を付加するなどの対応になるため，建築計画の初期段階での対応が望まれる。また，重量床衝撃音遮断性能は，床スラブの固有振動数による共振も影響する。スラブを**大スパン**化させると，1次固有振動数が可聴域以下の周波数領域となるため，比較的安定して良好な性能が得られる。静的なたわみとは，必ずしも一対一対応の関係にはない。

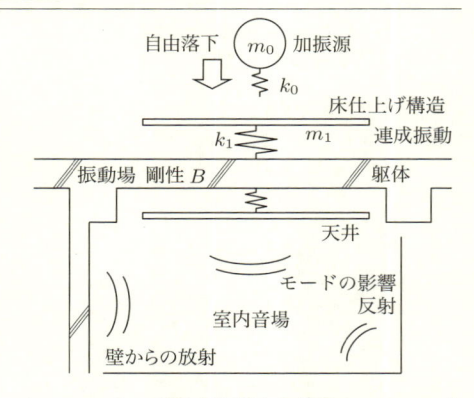

床スラブなど振動が伝搬する構造体の寸法を考慮すると，評価対象としては，構造体中を曲げ波として伝搬するものが主体となる。

近年の集合住宅では，温熱環境の快適さや設備配管のメンテナンス上の有利さ，転倒時の安全性などを重視し，**乾式二重床**が採用されることが多い。

二重床や天井を付加することは，中高音域での遮音性能を向上させるが，63 Hz帯域など比較的低い周波数領域では，かえって性能が低下する傾向がある。これは，一定の間隔で設置される支持脚のゴムと床下の空気層のばね，および，有限な大きさの二重床と床スラブによって共振系が形成され，増幅するためである。この現象は，連成振動系を形成するため，上部構造だけの単体性能として評価することが難しい。

また，二重床の床衝撃音遮断性能は，際根太（端部の二重床支持部）の防振の有無や，幅木や壁との接触状況などにも影響するので，施工時の管理が重要である。

C. 測定と評価

わが国では，JIS A 1418に，軽量床衝撃源（タッピングマシン）と重量床衝撃源（バング

マシン，ゴムボール）による測定方法が規定されており，それぞれを独立した性能として評価する。軽量床衝撃音は，約500gのハンマを40mmの高さから連続的に落下させて床を加振し，受音室での等価音圧レベルを測定する。一方，重量床衝撃音は，単発暴露に対して，速い動特性の最大音圧レベルを測定して評価する。そのため，後者は，評価値に受音室の吸音の効果や床の振動の損失などの効果の違いが反映されにくい。

逆A特性をもとに決められた評価曲線がJIS A 1419-2の付属書1に規定されており，接線法により評価する。軽量床衝撃音については，受音室の吸音性能を残響時間や等価吸音面積をもとに補正する標準化床衝撃音レベルや規準化床衝撃音レベルが規定されている。

欧米では，軽量床衝撃音のみを評価に用いるが，近年，歩行音などを評価するための標準衝撃源として，ゴムボールも着目されている。

バングマシン　　ゴムボール　　タッピングマシン

一方，ISO 717-2では，JIS A 1419-2の付属書1とは異なる基準曲線によって軽量床衝撃音遮断性能を評価する方法が規定されている。この方法では，特に遮音性能の高い材料では，実際に発生するA特性音圧レベルと乖離する傾向にあるので留意が必要である。

対策の施された場所での測定では，低い周波数成分が主体となるため，暗騒音の影響を受けやすい。測定時のSN比を大きくするためには，力の大きい衝撃源が望まれるが，過大な力を加えると，非線形な挙動を生じる領域に達する可能性もあるため留意が必要である。

コンクリート床上に付加した床仕上げ構造の床衝撃音低減性能を評価する方法として，実験室において床仕上げ構造の施工前後の床衝撃音遮断性能を測定し，その差を周波数領域ごとに床衝撃音レベル低減量として求める方法がJIS A 1440に規定されている。床仕上げ構造の種類によって，以下のカテゴリーごとに試験方法が規定されている。

- カテゴリーI：カーペット，じゅうたん，直張り防音フローリング，ビニール系床材など，軟質で薄い床材
- カテゴリーII：乾式二重床，発泡プラスチック系床材など，比較的曲げ剛性の高い材料を持つ複層の床材
- カテゴリーIII：張力を用いて施工するじゅうたんなど，床面全面を覆い張力を用いて仕上げる柔軟なもの

実務的な予測方法としては，インピーダンス法や，FEM（⇒p.446）などにより床スラブの振動加速度応答特性を算出して，その結果からエネルギー的に室内音圧を求める方法などが用いられている。

床衝撃音遮断性能の予測評価をするための基本的なパラメータとして，面積無限大の板の駆動点インピーダンス $Z_b = 8\sqrt{Bm}$（B：曲げ剛性，m：面密度）が挙げられる。床構造の共振や損失などの影響も考慮しなければならないが，おおむね床衝撃音は Z_b に反比例の関係にあり，およそ床厚の3～4乗に反比例する。

重量床衝撃音遮断性能を高めるために，軽量化しつつ剛性を上げる方法として，ボイドスラブが用いられることがある。ボイドスラブの断面性能の評価をする場合，代表的な断面について面密度と曲げ剛性を算出し，等価な Z_b を持つ均質板の厚さ（相当スラブ厚）を算出する。

遮音設計にあたっては，対象とする周波数と室寸法の関係から，室内の音響モードや，床スラブの持つ固有振動数などに起因して，床衝撃音遮断性能が大きく変化する可能性があるため，これらに留意することが必要である。また，同様の理由から，周波数領域によっては，測定結果が加振点位置・受音点位置に依存して大きくばらつくことがある。

なお，測定の際には，加振した室内での発生音が空気伝搬音として伝わる成分も存在するので，影響を把握しておく必要がある場合もある。下階に対してだけではなく，同一階や上階の室にも伝搬することがある。床衝撃音の評価に関する規格などは居室を対象としているが，実際には，評価方法の決められていない階段や廊下などでの歩行音が問題になることも少なくない。

◆もっと詳しく！

日本建築学会 編：建物の床衝撃音防止設計，技報堂出版（2009）

重要語句 リズム，時間間隔，充実時間錯覚，時間縮小錯覚

リズムと時間知覚
[英] rhythm and time perception

言葉や音楽のリズムは，人が聴かなければ意味を持たない。その基礎となるのは，次々に鳴らされる音の始まりによって示された時間間隔であり，数百ms以下の短い時間間隔が特に重要である。このような時間間隔に関して，機械などを用いて正確に測定した物理的な長さと，聴いて感じる主観的な長さとが食い違う場合もあり，そのことを示す錯覚現象も報告されている。

A. 音楽や言葉のリズム

リズムはメロディやハーモニーと並んで音楽の3要素に数えられており，楽曲を特徴付ける重要な要素である。また，話し言葉においても，リズムが変化するだけで単語の意味が左右されることがあり（例えば，日本語の場合は「地図」と「チーズ」，「坂」と「作家」など），音の長さや音と音との間隔など音の時間構造を捉え，リズムを知覚することは，音声コミュニケーションを行う上でも不可欠である。

音楽も話し言葉も，単純化すると，次々に鳴らされる音の連なりであると考えることができる。リズム知覚の最も重要な手掛かりは，「音の始まりによって示された**時間間隔** (inter-onset interval)」であると考えられている。つまり，われわれは次々に鳴らされる音の中から，音の始まりを検知し，その音の始まりからつぎの音の始まりまでの時間間隔の長さを感じることによって，リズムを知覚していると考えられる。下図は，音の始まりによって示された数百ms程度の時間間隔がリズム知覚の基礎となることを示している。

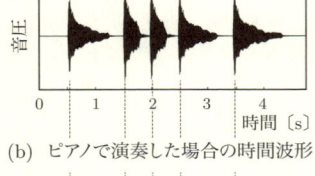

(a) リズムを楽譜で表したもの

(b) ピアノで演奏した場合の時間波形

(c) 音の始まりによって示された時間間隔

厳密にいえば，音の「物理的な始まり」よりも，「知覚的な始まり」のほうがリズム知覚において重要であると考えられる。音の知覚的な始まりは，音の立ち上がりの鋭さや音の持続時間などの影響を受け，音の物理的な始まりとは必ずしも一致しない。

B. リズムと関連する時間範囲

二つの音が時間をおいて鳴らされるとき，この時間間隔が非常に短ければ，二つの音は別々の音としてではなく，融合して一つの音として聴こえる。逆に，時間間隔が非常に長ければ，二つの音をまとまりのある一つのパターンとして聴くことは難しくなる。リズムと関連する時間間隔の長さは，それぞれの音が別々の音として聴こえ，しかも隣り合う音が知覚の上で結び付くような，比較的狭い範囲に限られる。具体的には，おおむね150〜2000msの範囲内にある時間間隔がリズムの基本となるようである。

特に，数百ms以下の短い時間間隔は，音楽や音声において重要である。西洋音楽では，150〜290ms程度の短い時間間隔と，300〜900ms程度の長い時間間隔とが，どちらも頻繁に現れることが示されている。音声においては，多くの場合（日本語では約98〜99％，英語では約85％），1音節当りの長さが300ms以下であると報告されている。

C. 時間の錯覚

一般に，演奏されているリズム（物理的な時間間隔）と，われわれが聴いて感じるリズム（主観的な時間間隔）とは同じであると思われている。しかし，実際には物理的な時間間隔と主観的な時間間隔とが対応しない場合もある。このことを鮮やかに示す錯覚現象は，それ自体がおもしろいだけでなく，われわれの時間知覚の仕組みを探るための重要な手掛かりとなる。時間に関する錯覚現象のうち，二つを選んで簡単に紹介する。

（1）**充実時間錯覚** 音を用いて時間間隔を示すとき，一つの持続音の始まりから終わりまでの音が鳴っている時間間隔（＝充実時間; filled interval）として示すことができる一方，二つの別々の音の間の無音の時間間隔（＝空虚時間; empty interval）として示すこともできる。それでは，充実時間（音の長さ）と空虚時間（無音の長さ）とは，物理的に同じ長さであれば，同じ長さに聴こえるのだろうか？

デモンストレーション（💿1）では，次図に示すように，七つの音が次々に聴こえる。一つ一つの音の長さ（充実時間）と，音と音との間の無音部分の長さ（空虚時間）のどちらが長いかに注意を向けて聴いてみてほしい。

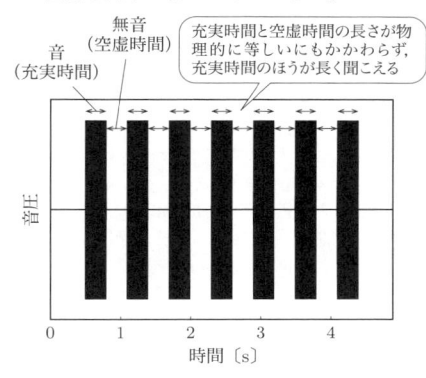

音（充実時間）　無音（空虚時間）

充実時間と空虚時間の長さが物理的に等しいにもかかわらず，充実時間のほうが長く聞こえる

音圧

時間〔s〕

(a) では，T_2 が T_1 よりもわずかに長いにもかかわらず，T_1 と T_2 はほぼ等間隔であるように聞こえる

(b) は (a) の前後を逆転させただけのものであるが，この場合は等間隔には聞こえない

音圧

時間〔s〕

このデモンストレーションでは，充実時間を示す音の物理的な長さは 300 ms（立ち上がり部および減衰部，それぞれ 10 ms を含む）であり，空虚時間である無音区間の物理的な長さも 300 ms である。つまり，充実時間と空虚時間とは物理的に等しい長さである。しかし，実際に聴いてみると，充実時間のほうが空虚時間よりも長いと感じられることが多い。この現象は，**充実時間錯覚**（filled duration illusion）と呼ばれ，40 年以上前から報告されている。なお，空虚時間を音の終わりからつぎの音の始まりではなく，二つのたいへん短い音の始まりの間の（無音区間が大部分となる）時間間隔とする場合もある。

（2）**時間縮小錯覚**　三つのたいへん短い音が次々に鳴らされる場合，この三つの音の始まりによって二つの隣り合う時間間隔が示される。このような音パターンにおいて，第一の時間間隔（T_1）と第二の時間間隔（T_2）が知覚の上でたがいに影響し合うことはあるのだろうか？

つぎのデモンストレーション（💿2）では，T_1 と T_2 とが隣接するような音パターンが二つ鳴る（次図の (a) と (b)）。それぞれの音パターンについて，T_1 と T_2 が等間隔に聞こえるかどうかに注意して聴いてみてほしい。

最初の音パターン (a) では，隣接する時間間隔の物理的な長さは順に 140 ms（T_1）と 200 ms（T_2）である。つまり，T_2 は T_1 よりも 60 ms 長いが，実際に聴いてみると，T_1 と T_2 とはほぼ等間隔に聞こえることが多い。これは，200 ms ある T_2 が縮小して知覚されるためである。

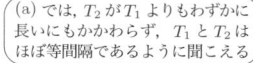

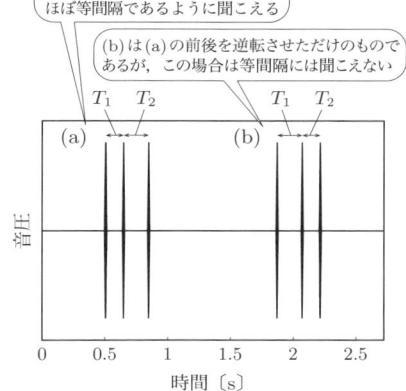

このように，T_2 が T_1 よりもわずかに長い場合に，T_2 が過小評価される現象は，**時間縮小錯覚**（time-shrinking）と呼ばれる。時間縮小錯覚が生じやすいのは，T_1 が約 200 ms 以下の場合で，さらに T_1 と T_2 の差（$T_2 - T_1$）が約 100 ms 以内のときである。時間縮小錯覚が生じることにより，物理的には等間隔ではなくても，等間隔と感じられる時間パターンの範囲が広がる。なお，続く音パターン (b) は，(a) の時間間隔の前後を入れ替えたものである。隣接する時間間隔の物理的な長さは順に 200 ms（T_1）と 140 ms（T_2）であり，T_1 と T_2 の差は音パターン (a) と同じ 60 ms であるが，この場合は時間縮小錯覚が生じないため，T_1 と T_2 とはもはや等間隔には聞こえない。

最近の研究では，T_1 と T_2 の差（$T_2 - T_1$）が約 240 ms を超えると，T_2 が（時間縮小錯覚とは逆に）過大評価されるという現象も報告されている。

数百 ms 程度の短い時間間隔の知覚は，音楽や言葉のリズムを捉える上で重要であるが，その仕組みについては明らかになっていないことが多い。実験心理学や神経科学など，さまざまな視点からの研究が続けられている。

◆ もっと詳しく！

中島祥好，佐々木隆之，上田和夫，G・B・レメイン：聴覚の文法，コロナ社 (2014)

重要語句 知覚的体制化，拍節構造，自発的テンポ，リズム感，失リズム症

リズムとテンポ
[英] rhythm and tempo

リズムは現象の知覚的なまとまりや周期性を表す概念であり，自然現象（寄せる波）や生物現象（心拍や呼吸）から芸術作品（詩や音楽）まで，非常に広範囲な対象に対して用いられる。

一方，テンポは単位時間当りに知覚された要素の数，もしくは要素の持続時間そのものを表す概念であり，リズムの知覚を決定付ける重要な変数である。

A. 聴覚的リズムの知覚

単なる音の連なりからは，リズムは生じない。その中になんらかの時間的な秩序があり，さらにその秩序をわれわれが知覚することで初めてリズムが生じる。リズム知覚の本質は音の時間軸上での分節化と群化のメカニズムであり，これらをあわせて**知覚的体制化**という。

知覚的体制化は，音の特徴に基づいて自動的にまとまりが形成されるデータ駆動型の処理と，経験あるいは知識に基づく認識の枠組み（スキーマ）によって音がまとめられる概念駆動型の処理が作用することでなされる。時間的に近接した音や似ている音が群を形成するのは，データ駆動型処理の例である。また，同じ音からなる系列であっても二つあるいは四つごとに音をまとめて聴いてしまうことは，スキーマに基づく概念駆動型処理の例である。後者は主観的リズムとも呼ばれ，脳波（EEG）のような客観的な生理学的指標によってもその実在が確認されている。

（1）単純な音列のリズム知覚
さまざまな長さ，強さ，高さの音が混在した音列の場合は，長い音，強い音，高い音が知覚的なアクセントとなり，その音を中心として他の音が体制化されてリズムが知覚される。音の強さ，長さ，高さの間には密接な相互作用があり，より強い音はより長く高く，より長い音やより高い音はより強く知覚される傾向がある。

また，個々の音がまとまりを形成することによって異なる時間間隔が同じように知覚されたり，逆に対比によって違いが強調されて知覚されたりすることもある。例えば，三つの音を60 ms，100 msという異なる時間間隔で呈示すると，二つ目のやや長い100 msの時間間隔は，一つ目のやや短い60 msの影響を受けて，より短く知覚される。これは時間縮小錯覚と呼ばれている。

（2）音楽のリズム知覚
音楽の場合は，まず周期的ななんらかの音の変化に基づいてパルスや拍（ビート）という基本要素が知覚される必要がある。そして，それらが拍子や小節のような大きな構造（**拍節構造**）を形成することで，リズムが知覚される。パルスは音列から誘導された均等な時間間隔であり，拍はパルスが知覚的に強弱のアクセントを付けられたものである。また，拍子は拍をどのようにグルーピングするかを決める構造である。

拍節構造には大小さまざまなレベルからなる階層性があり，拍節構造の階層レベルごとにリズムの知覚や記憶のしやすさに違いがある。われわれが自然と手を叩いてしまう階層レベルは，適度なテンポで最も規則的に要素が繰り返されるレベルであり，聴き手が自らの内的なリズム（内的クロック）をうまく適合させることができるレベルである。

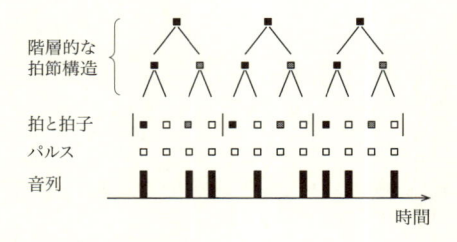

B. テンポの知覚

さまざまな時間間隔を含む音列や音楽の場合，一定の時間内にどれだけのパルスやパターンが知覚されるかによって，テンポの知覚が左右される。つまり，テンポの知覚はリズムの知覚に依存している。一方，リズムの知覚もまた，テンポの知覚に大きく左右される。テンポが速すぎると音と音を区別することが不可能になり，逆に遅すぎると音と音がまとまりを形成しなくなる。

リズムを知覚できるテンポの範囲は，音と音の時間間隔で約120〜1 800 msといわれる。また，速いテンポのリズムは統合的，直接的，受動的に知覚されるが，遅いテンポでのリズムは分析的，推論的，能動的に知覚されるともいわれている。

自然に打拍させたときの速さは**自発的テンポ**（パーソナルテンポ，心的テンポともいう）と呼ばれ，好みのテンポとも一致する。自発的テンポは音の時間間隔でおよそ380〜880 msであり，600 ms程度が代表値とされる。自発的テン

ポは個人差が大きい反面，個人内ではかなり一貫している。例えば，さまざまな外的要因により自発的テンポは変化するが，時間の経過とともに元のテンポに戻る。このことから，自発的テンポは生理的な負荷を最小にし，身体効率を最大にする速さであるといわれている。

C. 視覚的・触覚的リズムの知覚

リズムが聴覚的に（音によって）呈示される場合と，それが視覚的に（光の点滅や動きによって）あるいは触覚的に（振動や皮膚への接触によって）呈示される場合とで，知覚しやすさに違いは見られるのであろうか。

まず，聴覚的リズムは視覚的リズムと比較して，より知覚しやすく記憶されやすいことが知られている。これは，聴覚が視覚よりも時間的な処理に優れているためであると考えられている（聴覚優位性）。ただし，視覚の場合でも動きがある場合や，聴覚的なリズムを体験したあとは，リズムを知覚しやすくなる。特に，後者の場合は視覚的リズムが脳内で聴覚的リズムに変換されて符号化されている可能性も示唆されている。触覚的リズムの知覚は，聴覚的リズムと同程度の知覚しやすさであることが示されている。触覚も聴覚も同じように振動を検出する感覚であることが両者の類似性の一因かもしれない。

D. リズムへの同期

（1）リズムに同期する能力　人間はリズムに対して無意識的に同期して身体を動かしてしまう傾向を持っている。1歳未満の新生児も成人同様にリズムの拍節構造を知覚できるようであるが，リズムに同期して身体を動かすことは，少なくとも4～5歳にならないと上手にできない。

音楽のリズムに同期して身体を動かす能力は人間に固有のものであると長らく考えられてきたが，少なくともオウムなどの鳴鳥類には可能であることが最近の研究で示されている。注目すべきは，人間に非常に近い種であるチンパンジーですらリズムへの同期は非常に困難であるという事実である。では，なぜチンパンジーにはできないことがオウムにできるのであろうか。人間とオウムの大きな共通点は，声を真似る能力に非常に長けていることである。このことから，リズムに同期して身体を動かす能力は，複雑な音声学習を行うための神経回路と密接に関係していることが示唆されている。

（2）リズム感　リズムに同期して身体を動かす能力はしばしば**リズム感**といわれ，時間知覚や運動制御の正確さと関係付けられることが多い。

Seashoreはリズム感を運動制御の側面から区別し，主として知覚的な側面から「繰り返される感覚の印象を正確にまた生き生きと，時間または強さ，もしくはその両方の側面でグループ化する本能的な傾向」と定義した。それは，(1) 時間の感覚，(2) 強さの感覚，(3) 聴覚イメージ，(4) 運動イメージ，(5) リズムに対して身体を動かしたくなる衝動，という五つの基本的な能力からなる。この定義からわかるように，リズム感には，聴覚や時間知覚の鋭敏さ（感覚，知覚），音や運動を生き生きとイメージする能力（認知），リズムに同期しようとする衝動（運動），という異なる側面がある。

リズム感という言葉は，個人差を表現する際にもよく用いられる。日本人と欧米人のリズム感を比較した研究からは，日本人と欧米人とでリズムの知覚や表出に違いが見られた。母語の時間構造の違いがこのようなリズム表現の違いの一因であると考えられている。

（3）リズムの知覚と表出の障害　脳梗塞などの後遺症により，リズムの知覚と表出がうまくできなくなってしまう**失リズム症**という障害がある。

失リズム症の患者はリズムパターンの再生や弁別がうまくできず，音楽をリズミカルに演奏することや音楽に同期して身体を動かすことが困難になる。失リズム症は旋律の知覚や表出の障害（失メロディ症）とは独立して生じることがある。このことは，リズムの知覚と旋律の知覚が，ある程度独立した処理であることを示唆している。失リズム症については，単純な音列に対しては身体を同期させることができるにもかかわらず，音楽のリズムに対しては身体を同期させることが困難であるという事例も報告されている。このような事例は，音楽のビートを知覚しそれに同期することは，単純に見えてじつは複雑な処理であるということを如実に物語っている。

◆ もっと詳しく！

P. Fraisse: *The psychology of Music*, "Rhythm and tempo" (D. Deutsch ed.), pp.149–180, Academic Press (1982), 【邦訳】寺西立年，大串健吾，宮崎謙一 監訳, 津崎 実訳：音楽の心理学,「リズムとテンポ」, pp.181–220, 西村書店 (1987)

重要語句 音圧スペクトル，空力音響学的フィードバック，分離計算，直接計算，ライトヒル方程式

流体騒音
[英] aerodynamic noise

空気などの流れから発生する騒音。固体振動によらず流体中の渦の運動や衝撃波などから発生する。流体騒音は流速の6～8乗に比例して大きくなることが知られており，高速車両や流体機械において問題となる。

A. 流体騒音の分類

流体騒音は，さまざまな工業製品において問題となっており，ファンや風車（⇒p.380）といった回転体まわりの流れや，自動車，新幹線（⇒p.332, p.334），飛行機（⇒p.180）といった高速輸送機関まわりの流れにおいて，その低減は大きな課題となっている。

騒音の評価としては，周波数ごとの音圧パワーの分布を表す**音圧スペクトル**を用いることが多い。単一の周波数で強いパワーを持つ音を狭帯域騒音と呼び，広い周波数においてパワーを持つ音を広帯域騒音と呼ぶ。

（1） 狭帯域騒音 ピーク音とも呼ぶ。溝部（キャビティ）や翼などを通り過ぎる流れから発生することが知られている。音響共鳴や流体と音が相互に作用し合う**空力音響学的フィードバック**が原因となり発生する。

（2） 広帯域騒音 乱流が原因となって発生することから，乱流騒音とも呼ばれる。乱流はさまざまな周波数の渦の運動を含むため，発生する音も広帯域なパワーを有する。

B. 流体騒音の数値予測手法

製品の開発において設計段階で流体騒音を予測するため，流体騒音の数値予測手法の開発が活発に行われている。手法には，大きく分けて**分離計算**と**直接計算**の二つがある。分離計算とは，まず流体現象や近傍音場を数値計算により予測し，その結果を用いて音響計算により遠方音場を求める方法である。分離計算の基礎となる方程式は，以下の**ライトヒル方程式**である。

$$\frac{\partial^2 \rho}{\partial t^2} - a_0 \nabla^2 \rho = \frac{\partial^2 T_{ij}}{\partial x_i \partial x_j}$$

$$T_{ij} = \rho v_i v_j + (p - a_0^2 \rho)\delta_{ij} + \mu_{ij}$$

この式で，t は時間を表す。x_i は空間座標で，添え字 $i, j = 1$～3 は x, y, z を表す。変数 ρ は空気の密度，p は圧力である。v_i は速度で，添え字 $i, j = 1$～3 に従い各座標軸方向の成分を示す。T_{ij} はライトヒルテンソルと呼ばれる。δ_{ij} はクロネッカーのデルタ，μ_{ij} は粘性応力のテンソルである。ライトヒルの方程式は，圧縮性流体の支配方程式であるナビエ－ストークス方程式から厳密に導かれる式である。この方程式は，音響場が，一様媒質中でのライトヒルテンソルを音源とした波動方程式の解と等価であることを意味している。こうした対比を音響学アナロジー（acoustic analogy）と呼ぶ。

一方，直接計算とは，圧縮性ナビエ－ストークス方程式を支配方程式として，時々刻々の流れと音の変化を予測する手法である。こうしたやり方は，計算コストが非常に大きくなるデメリットはあるものの，流体と音の相互作用を厳密に解くことが可能となるため，先に挙げた空力音響学的フィードバックにより発生する音に関しても予測可能である。

C. 流体騒音の実験計測

流体音に関する実験の場合，マイクロホンで音を測定する以外に，音源となる流れの情報を得る必要がある。現在では，PIV（particle image velocimetry），LDV（laser Doppler velocimetry）など，さまざまな手法が用いられている。例として，平板列からの流体騒音に関して，マイクロホンと熱線流速計を用いて行った実験の装置概観を下図に示す。

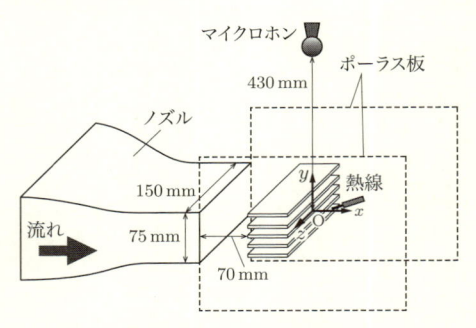

平板列まわりの流れでは，音響共鳴と平板列まわりでの渦放出が連成し，ある特定の流速で強いピーク性を持つ音が発生することが知られている。次図に，平板列（板枚数 $N = 5$）および単独平板（$N = 1$）まわりの流れにおいて，主流の流速を変化させた際の音圧レベル（SPL）の変化について，マイクロホンによる測定値を，直接計算による予測値や6乗則の傾

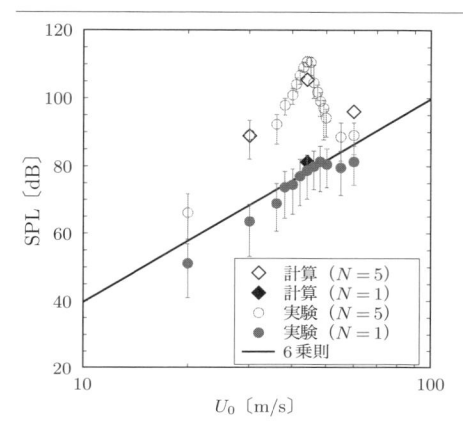

きとともに示す。単独平板においてはおおむね6乗則に沿って音圧レベルが増大するものの，平板列においては流速 $U_0 = 44\,\mathrm{m/s}$ で極大値を持つことがわかる。この際，共鳴現象が発生している。

共鳴現象が起きている流速 $U_0 = 44\,\mathrm{m/s}$ と起きていない流速 $U_0 = 30,\,55\,\mathrm{m/s}$ の条件のもとで，平板列後流において測定した速度変動に関する，スパン方向に $\Delta z/b$（b は板厚）離れた2点間のコヒーレンスを下図に示す。図からわかるように，共鳴が起きている流速においては十分に大きい Δz でも高いコヒーレンスとなっており，これはスパン方向に同期した渦が発生していることを表す。このように共鳴現象の有無は，渦と密接に関係している。

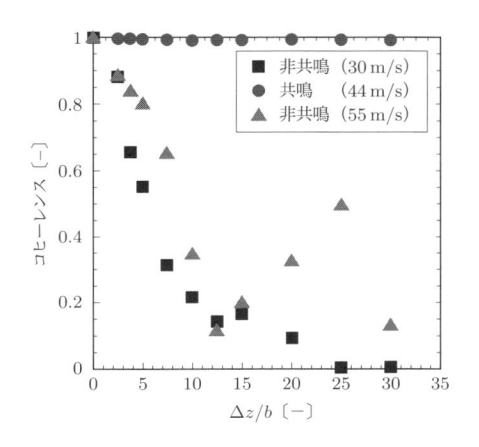

D．数値計算による流れ場・音場の解明

近年では数値計算の精度はかなり向上しており，平板列まわりの音圧スペクトルの実験対数値計算の比較（下図）からわかるように，音圧スペクトルを高い精度で定量的に予測することができる。

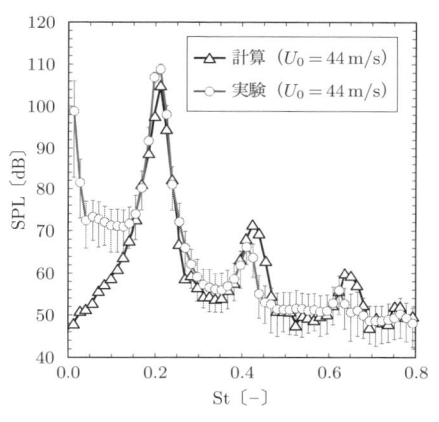

また，実験では見ることが難しいさまざまな物理量を得ることができる。下図はその一例であり，平板列まわりの圧力変化の分布を表示している（$U_0 = 44\,\mathrm{m/s}$）。隣り合う平板間隔ではちょうど逆相の定在波が形成されていることが，はっきりとわかる。こうした数値計算により，発生機構の解明がさらに進んでいくと考えられる。

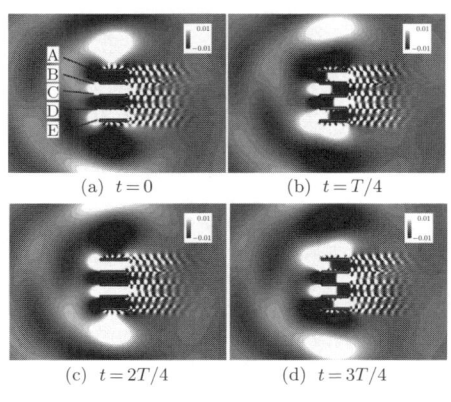

◆もっと詳しく！

吉川 茂，和田 仁 編著：音源の流体音響学，コロナ社 (2007)

重要語句 パルスレーザー光，ピコ秒レーザー超音波法，ポンプ光，プローブ光，時間分解2次元イメージング

レーザー超音波
[英] laser ultrasonics

レーザー超音波法は，レーザー光を用いて物質中に超音波を生成し，その伝搬をレーザー光を用いて検出することで，物質中の傷や内部構造を調べる測定手法である。

A．通常の超音波診断とレーザー超音波

超音波はすべての物質中を伝搬するので，これを用いて物質内部の情報を得ることが広く行われている。例えば，身近なものとして，超音波を用いた内臓の検査が挙げられる。これは電気信号を超音波に変換するトランスデューサを用いて体内に数MHz領域の超音波を送出し，体内からの反射超音波を再びトランスデューサで電気信号に変換して検出する。反射波による信号を解析することにより，体内の疾患などの知見を得る。この方法では，被験体とトランスデューサが密着している必要がある。

レーザー超音波法では，上述の超音波の生成と検出をレーザー光を用いて行う。典型的な方法では，**パルスレーザー光**を被験物に照射し，光吸収による熱膨張などを介して超音波を発生させ，被験物中に伝搬させる。被験物の内部構造によって散乱された超音波が被検物の表面に戻ってくると，被験物の表面が変位し，また，その光反射率が変化する。これらの変化をレーザー光を用いて検出する。この方法では，超音波の生成と検出を光を用いて遠隔地から非接触に行うので，高温，低温，高圧力，高い放射線といった極端な環境下においても測定が可能であり，例えば高温のシームレス鋼管の製造工程におけるオンライン検査や原子炉内構造物の検査などにも用いられている。

超音波を用いて物質内部の構造を探る際，その空間分解能は，光や電子線といった他の波動による観測と同様に，回折限界による制限を受ける。すなわち，検出したい構造の特徴的な長さに比べて，超音波の波長が短くなくてはならない。この点においても，レーザー超音波法は有利である。光パルス照射によって熱膨張過程を介して超音波を生成する場合，生成される超音波の最高周波数成分は，光パルスの時間強度プロファイルを構成する最高周波数成分を超えることはない。しかしながら，容易に入手できるns程度の時間幅を持つ光パルスを生成するレーザーを用いた場合でも，この制限はGHz領域にあり，μmオーダーの構造の検出が可能である。さらに，現在では数十fs程度の時間幅を持つ光パルスを生成するレーザーが市販されており，その取り扱いも容易である。このような超短光パルスを用いるレーザー超音波法は，ピコ秒レーザー超音波法と呼ばれており，THz超の超音波の生成・検出も報告されている。対象物質にもよるが，この周波数領域では超音波の波長はnmオーダーとなり，超高空間分解能の計測も期待されている。

以下では，特に近年広がりを見せつつあるピコ秒レーザー超音波法とその派生技術であるGHz超音波の時間分解2次元イメージングについて，それらの原理と適用例を紹介する。

B．ピコ秒レーザー超音波法

ピコ秒レーザー超音波法の原理を下図に示す。

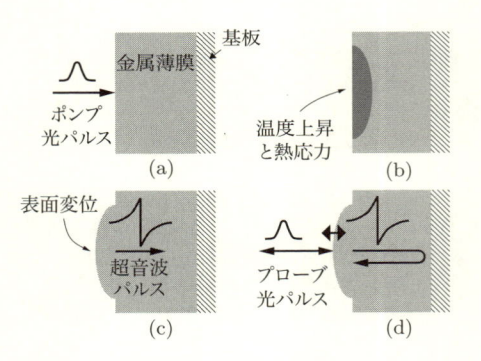

一般的なピコ秒レーザー超音波法では，数百fs以下の時間幅を持つ可視域の光パルスを測定に用いる。この光パルス（以下，**ポンプ光パルス**と呼ぶ）を例えば金属薄膜試料に照射すると（図(a)），表面近傍で吸収された光エネルギーが温度上昇を引き起こし，これによる熱応力（図(b)）がきっかけとなって膜の厚み方向に伝搬する超音波パルスが発生する（図(c)）。超音波パルスは薄膜基板界面で一部反射され，表面に戻ってくる。表面に到達した超音波パルスによるひずみは，光弾性効果によって物質の誘電率を変化させ，ひいては試料の光反射率を変化させる（図(d)）。また，超音波パルスが試料表面へ到達すると，試料の表面が変位する。この変位による光伝搬距離の変化もまた，試料の（複素）光反射率変化の一種と見なせる。これらの光反射率の過渡的な変化を，ポンプ光パルスに対して遅延された光パルス（**プローブ光パルス**と呼ぶ）を用いて観測する。

下図に典型的なピコ秒レーザー超音波法の測定系の概略を示す。パルスレーザーは，波長830 nm，パルス幅100 fs，繰り返し周波数80 MHzの光パルス列を発生する。この光パルスを第2高調波発生結晶により波長415 nmの光パルスに変換する。波長415 nmの光をポンプ光，830 nmの光をプローブ光として用いる。これらはいずれもレンズによって試料上の直径1～10 μm程度の領域に集光される。遅延光路を用いて，ポンプ・プローブ光の試料への到達時間差（遅延時間）を変化させながら，試料からの反射光強度を光検出器を用いて測定する。プローブ光の検出がポンプ光によって阻害されないよう，光検出器の前には赤透過フィルタが置かれる。

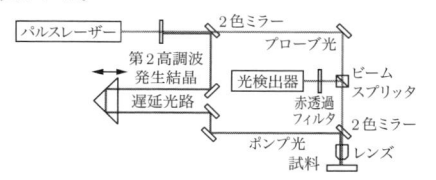

下図は，ガラス基板上に蒸着されたタングステン薄膜における測定結果の例である。光反射率変化が遅延時間の関数としてプロットされている。遅延時間0で試料の光反射率は大きく変化する。その後，遅延時間120 ps付近に，パルス様の光反射率変化が認められる。これが，試料表面で生成された超音波パルスがタングステン薄膜中を1往復して再び試料に戻ってきたことによる信号である。タングステン薄膜中の縦波音速として5.2 km/sを用いると，膜の厚さは3.1×10^2 nmであることがわかる。測定結果の詳細な解析から，試料の構造に加えて，励起電子の超高速緩和ダイナミクスや超音波減衰についての情報も得られる。

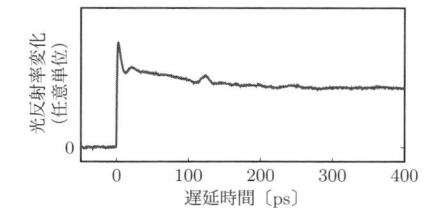

C. GHz帯超音波の時間分解2次元イメージング

試料にポンプ光パルスが吸収されると，先述の深さ方向に伝搬する超音波（バルク波と呼ばれる）に加えて，試料表面に沿って伝搬する表面波も生成される。先に図示した測定系に，プローブ光の試料上のスポット位置を2次元的に走査する機構を加え，遅延時間とプローブ位置の関数として信号を取得すると，表面波の伝搬状況の**時間分解2次元イメージング**が可能となる。検出感度を高めるために，通常は検出部に干渉光学系が用いられる。イメージの水平分解能はポンプ光およびプローブ光の回折限界のため1 μmとなり，したがって生成・検出できる超音波の波長の下限も同程度，周波数領域にしてGHz程度となる。この周波数領域の表面波は，携帯電話などの無線機器で使用されるフィルタデバイスでも用いられており，応用上も重要である。

表面波の時間分解2次元イメージングの測定例を下図に示す。(a) は金薄膜/クラウンガラス基板試料の200×200 μm^{2}領域，(b) は金薄膜/TeO$_2$(001)面基板試料の150×150 μm^{2}領域の中央付近にポンプ光パルスを照射したときの表面波イメージである。ポンプ・プローブ遅延時間は(a)では7 ns，(b)では4.9 nsである。(a) では，試料の等方性を反映して励起点から同心円状の波束が観測されている。(b) では，TeO$_2$結晶の強い弾性的異方性を反映して，複雑な形状の波束が観測されている。この測定方法は，より複雑な構造を持つ試料にも適用され，振動モードの可視化や伝搬の周波数依存性など，さまざまな超音波物性の評価に用いられている。

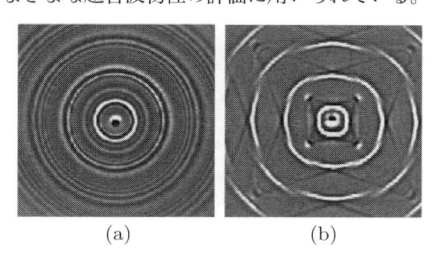

◆ もっと詳しく！

1) O. Matsuda and O. B. Wright: "Generation and Observation of GHz–THz Acoustic Waves in Thin Films and Microstructures Using Optical Methods", in Frontiers in Optical Methods, chapter 7, K. Shudo, I. Katayama, and S. Ohno (eds.), Springer Series in Optical Sciences 180, pp.129–151, Springer, Heidelberg (2014)
2) 松田 理：ピコ秒光パルスによる超音波パルス生成・検出を利用した超高速分光，オリバーライト，光学，**34**, 2, pp.69–74 (2005)

重要語句　屈折率，Gladstone-Daleの法則，レーザー干渉計，レーザードプラ振動計，計算断層撮影法

レーザードプラ振動計による音場計測

[英] sound field measurement using a laser Doppler vibrometer

高い可干渉性や強い指向性といったレーザー光の特徴を利用し，音場を非侵襲に可視化・計測する手法の一つ．空間上のある一点の情報ではなく，光路上の音を積分した情報が得られるという特徴がある．

A. 音場と屈折率の関係

レーザー光の位相は進行方向の散乱光と重なり合い，透過する媒質の**屈折率**に応じて変化する．媒質を進む間に散乱は繰り返されるので，この位相変化は累算される．累算された位相変化は光路長として表現することができる．光路 S を通って音場を透過するレーザー光の光路長は，時刻 t における点 $\mathbf{x}$ の屈折率 $n(\mathbf{x}, t)$ を用いることで

$$L_S(t) = \int_S n(\mathbf{x}, t) ds$$

と表すことができる．音圧 $p(\mathbf{x}, t)$ は，大気圧 p_0 に対する差分として定義されるので，一様な大気の屈折率 n_0 に対する音による微小な屈折率変化 $\Delta n(\mathbf{x}, t)$ を計測することによって，音圧の計測が可能となる．音による空気の密度変化を断熱変化として考えると，**Gladstone-Dale の法則**から屈折率と音圧には次式の関係が成り立つ．

$$\left(1 + \frac{p(\mathbf{x}, t)}{p_0}\right)^\gamma = 1 + \frac{\Delta n(\mathbf{x}, t)}{n_0 - 1}$$

ここで γ は比熱比である．

B. レーザードプラ振動計による音場の計測

音によるレーザーの位相変調の計測には，**レーザー干渉計**を用いることができる．ここでは，一般に物体の振動の計測に用いられる**レーザードプラ振動計**（laser Doppler vibrometer; LDV）の音場計測への適用について紹介する．簡単のため，LDVが基礎とするマイケルソン干渉計の原理を用いて，レーザー干渉計を利用した音場計測の原理を説明する．

まず，レーザー光はビームスプリッタによって二つに分けられる．分けられた片方のレーザー光は測定対象となる音場を透過したのち，振動しないと仮定できる剛体で反射し，再び音場を透過し戻ってくる．その後，もう一方の音場を透過していないレーザー光（参照光）と重ね合わせる．検出器上に生じる干渉縞の移動を計測することで，音場による光路長変化の計測が可能となる．

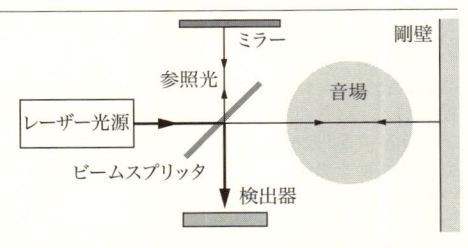

また，LDVのようにレーザー光の照射と受光が同じ位置で行われる計測器の場合，鏡を用いてレーザー光の照射角度を上下左右に細かく制御することが可能である．したがって，スピーカによって駆動される音場のように，再現性の高い音場に対して，スピーカへの入力信号と同期しながらレーザー光を逐次走査することで，同一音場に対する複数の光路の測定が容易になる．走査型LDVを用いた音場の観測例をいくつか示す．

定常的な音場の測定例として，2-wayスピーカと平面スピーカへ4 kHzの正弦波を入力し，スピーカの横からレーザーを走査し測定した光路長変化についての振幅情報を下図（🎦 1, 2 および 🎦 3, 4）に順に示す．

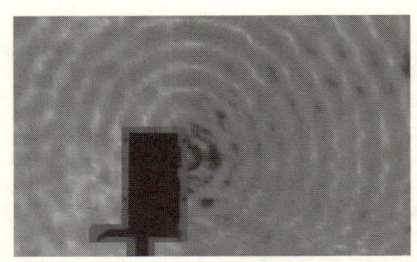

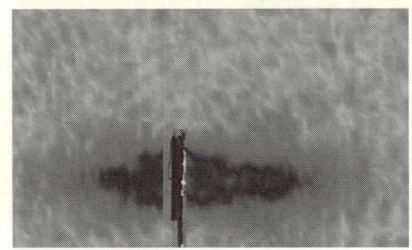

2-wayスピーカではツィータのみが駆動され，スピーカ正面方向に向かって同心円状に音が伝搬しているのに対し，平面スピーカでは，スピーカと同等のサイズの面で伝搬しており，放射特

性の違いを見て取ることができる。

過渡的な音場の測定例として，連なった平面スピーカに4kHzの正弦波1周期分の信号を入力し，横から観測した結果を下図（🔊5）に示す。

図は，測定器からのカメラ画像上に，計測された光路長差の大小を表すグラデーションを乗せている。これはスピーカに信号が入力されて約2 ms後の様子であるが，左側に設置された平面スピーカから出力された平面波が右側に向かって伝搬している様子が観察される。さらに1 ms後の様子を下図に示す。

斜め45度に設置された音響反射板によって，平面波が上方に向かって鏡面反射している様子が見て取れる。ただし，レーザーで計測された情報はあくまで光線上の音場を線積分した情報であり，いわば音場の投影情報を観測していることに注意が必要である。

C. 投影情報からの音場情報の復元

多くの既存の音響測定との対応を考えるには，投影情報であるレーザーの計測結果から，特定の点の情報を復元する必要がある。これには，測定対象となる音波に対して平面波を仮定するなど，特定の条件の仮定や近似によって復元をする方法も考えられる。一方で，複数の音場の投影情報から特定の点の情報を復元する逆問題を解く方法も可能である。複数の投影情報からその内部情報を復元する手法は，一般に計算断層撮影法（computed tomography; CT）として医療などで広く知られている（⇒p.90）。

音場の場合，複数の投影情報を得ることは困難であるが，例えば，スピーカから出力される直接音の投影情報は，スピーカ自体を回転させて複数の方向からレーザーで計測することによって得ることが可能である。CTを用いて音場情報を復元した例を下図に示す。

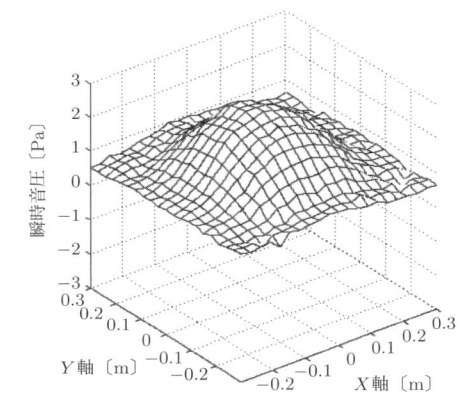

これは，4 kHzの正弦波を入力した平面スピーカに対して，スピーカと平行な面（距離20 cm）の音場情報を再構成した結果の一例である。ここでは，スピーカを回転させて得た測定面に対する複数の1次元音場投影情報から，2次元平面の音場情報を復元している。計測結果から平面スピーカの形状に対応した特定の領域に強く音波が伝搬していることがわかる。同様にして，2次元投影情報から3次元の音場情報の復元も可能である。

また，音による光の位相変調が微弱であることから，レーザーを用いた音場計測はSN比が非常に悪い場合が多い。したがって，超音波のような高い音圧の音波を測定対象にすることや，あるいは，スピーカによって駆動される音場のように再現性の高い音場に対して測定結果の同期加算を行うことなどによって，SN比を改善する必要がある。そこで，音の物理モデルを先見情報として用いることで，大きなノイズを含む測定情報から音場情報のみを復元するという効果的な手法が提案されている（⇒p.384）。

◆ もっと詳しく！
池田ほか：レーザトモグラフィを用いた進行波の観測，日本音響学会誌，**64**, 3, pp.142–149 (2008)

重要語句 擬塑性流体, ダイラタント流体, ビンガム流体, 応力緩和現象, クリープ現象, 細管粘度計, 回転粘度計

レオロジー計測と音響振動
[英] rheology and acoustic oscillation

レオロジーは流れや変形に対する物質の挙動を分野横断的に取り扱う概念あるいは学術分野である。波動の伝搬をおもに扱う音響学では、弾性係数が主要な物性パラメータとなる一方、流動の形態や流動に対する抵抗をおもに扱うレオロジーでは、粘度が代表的な物性パラメータとなる。

A. レオロジーと粘性

粘性とは、物質が示す内部摩擦の一形態であり、おもに気体や液体の流動を考える際の流れやすさ/流れにくさを表す指標となる。この粘性を定量的に比較するために数値化した係数が粘度であり、単に粘度と呼ぶ場合は絶対粘度を指すことが一般的である。

(1) (絶対)粘度と動粘度 管の中あるいは壁に囲まれた流路を流体が流れる場合、壁付近と壁から離れた地点では流速が異なり、速度勾配が生じる。

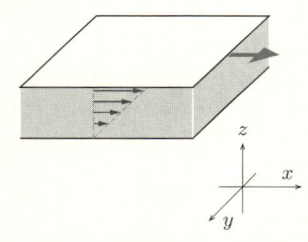

例えば、上図のように2枚の平板のうち片方に応力 σ を印加し引っ張ったときの流れを考えると、v_x の z 方向の速度勾配に対して

$$\sigma = \eta \cdot \frac{\partial v_x}{\partial z}$$

という関係式が成立する。これをニュートンの摩擦法則あるいは粘性法則と呼び、式中の比例係数 η が粘度(絶対粘度)となる。速度勾配の単位は $(m/s)/m \longmapsto 1/s$ であり、単位時間当りのひずみ量を表す「ひずみ速度」と同義となる。また、応力の単位は Pa であることから、粘度の単位は $Pa \cdot s$ となる。

一方、動粘度は流れ場の時間発展を考える際に重要となる物理量であり、粘度 η を流体の密度 ρ で除算した表式となる。例えば、静止した流体に接する壁面が突然動き出すような状況を仮定すると、壁面近くの流体が引きずられて流れが生じ、その流れに引きずられて壁面からや離れた箇所にも流れが生じ、という具合に、流れの伝搬が起こる。このとき、流れ場中の微小体積要素にはわずかに速い層の応力とわずかに遅い層の応力との差分が作用することから、一般化された運動方程式は次式となる。

$$\rho \frac{\partial v}{\partial t} = \eta \left(\frac{\partial^2}{\partial x^2} + \frac{\partial^2}{\partial y^2} + \frac{\partial^2}{\partial z^2} \right) v$$

ここで、両辺を ρ で除すれば、動粘度 ν が時間発展方程式の係数になっていることがわかる。

$$\frac{\partial v}{\partial t} = \nu \left(\frac{\partial^2}{\partial x^2} + \frac{\partial^2}{\partial y^2} + \frac{\partial^2}{\partial z^2} \right) v$$

動粘度は濃度や温度の拡散係数と同様に m^2/s という単位で表され、流動によってどのくらい運動量が拡散するかを決める基礎物性値である。

(2) 非ニュートン流体 純液体、液-液混合体、希薄溶液系などはおおむねニュートンの粘性法則に従うことがわかっており、このような流体をニュートン流体と呼ぶ。一方、懸濁液や乳濁液などのようにひずみ速度に応じて粘度が変化する流体のことを非ニュートン流体と呼ぶ。これは、応力とひずみとの間に比例関係が成り立つというフックの法則から外れ、ひずみ硬化やひずみ軟化を示す物質を非フック弾性体あるいは非線形弾性体と呼ぶのと同様である。

非ニュートン流体の典型例として、ひずみ速度の増加に伴い粘度が低下する**擬塑性流体**、ひずみ速度の増加に伴い粘度が上昇する**ダイラタント流体**、ある一定以上の応力をかけたときのみ流動が起こる**ビンガム流体**などが挙げられる。このように複雑な粘度変化の挙動を調べることで、実際に流体を使用する環境下でのひずみ速度において適切な粘度となるように、素材を選定したり配合を見極めたりといった産業応用に役立てることがレオロジーの目指すところである。

(3) 粘弾性挙動 時間や周波数によって同じ物質が粘性体(液体)として振る舞ったり弾性体(固体)として振る舞ったりする性質、すなわち「粘弾性」の挙動解析は、レオロジー研究における重要課題の一つである。粘弾性体の力学応答はフック弾性体を弾性係数 G のばね、ニュートン粘性体を粘度 η のダッシュポットとして表し、これらを組み合わせた力学モデルによって簡単に考えることができる。

応力緩和現象は、二つの要素を直列に繋いだマックスウェル模型によって説明できる。応力 σ は共通であり、全体のひずみ γ が各要素のひ

ずみの和になる，すなわち
$$\sigma = G\gamma_1 = \eta\frac{d\gamma_2}{dt}, \ \gamma = \gamma_1 + \gamma_2$$
が成り立つことから，関係式
$$\frac{d\gamma}{dt} = \frac{1}{G}\frac{d\sigma}{dt} + \frac{\sigma}{\eta}$$
が得られ，$t = 0$で一定のひずみ（$\gamma = \gamma_0$）をステップ状に印加した場合の応力変化は
$$\sigma(t) = G\gamma_0 e^{-t/\tau} \quad (\tau = \eta/G)$$
となり，指数関数的に減少することがわかる。

一方，**クリープ現象**は，二つの要素を並列に繋いだフォークト模型によって説明可能であり，応力とひずみの間に
$$\sigma = G\gamma + \eta\frac{d\gamma}{dt}$$
が成り立つので，一定の応力（$\sigma = \sigma_0$）をステップ状に印加した場合のひずみは
$$\gamma(t) = \frac{\sigma_0}{G}(1 - e^{-t/\lambda}) \quad (\lambda = \eta/G)$$
という関数に従って，長時間ののちに一定値に達することがわかる。

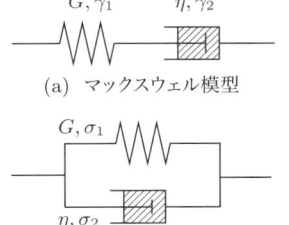

(a) マックスウェル模型

(b) フォークト模型

B．粘度計測法

粘度を，用途に応じた環境により近い状況下で，かつ，より正確に測定するために，さまざまな測定器具が市販されている。細管内部を試料物質が流れ落ちるのにかかる時間から粘度を計測する**細管粘度計**は，測定精度が高く，粘度標準を決める際にも使用されている。レオメータに代表される**回転粘度計**は，試料物質に接する回転子が受ける抵抗力あるいは応答の時間差から粘度を測定する手法であり，ずり速度に依存した流動特性の評価や粘弾性挙動の解析まで行うことができるため，普及率も高い。

近年，流体シミュレーションの発展や微少スケールでの流体工学の需要増によって，特に水（1 mPa·s）と同程度の粘度評価の必要性が高まってきており，低粘度液体の高精度測定を特長とする計測法に期待が寄せられている。

（1）音叉型振動粘度計 左右で対となる構造の振動子を試料物質に浸液して一定振幅・一定周波数で共振させ，このとき必要となる加振力を測定して粘度を求める手法である。細管法ほどの精度はないが，水程度の低粘度から水の1万倍程度までの粘度を一つの装置で測定することができ，ダイナミックレンジの広さに優れる。試料セルの形状を問わず振動子を浸すだけで計測可能であり，試料交換時の洗浄も容易であるが，測定周波数を連続的に変化させるのが困難な点や，測定時のずり速度が曖昧となる点に課題が残る。

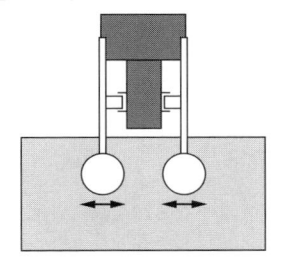

（2）EMS粘度計 回転粘度計の一種に分類されるが，電磁作用を用いて試料中のプローブに非接触でトルクを印加する方式（Electro-Magnetically Spinning法）によって低トルク側の検出感度を向上させ，低粘度評価を可能にした手法である。測定系と駆動系が切り離されているため，密閉環境やディスポーザブルへの対応が柔軟であり，従来技術では粘度計測そのものが困難であった揮発性試料や生体試料なども扱える。球が回転することによる見かけのずり速度の信頼性や，粘弾性体の測定を可能にするトルク印加方式の確立などが，今後の課題である。

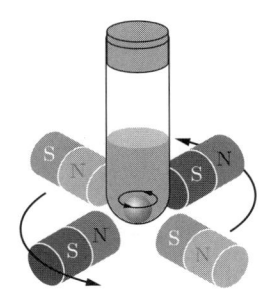

◆ もっと詳しく！
上田隆宣：測定から読み解くレオロジーの基礎知識，日刊工業新聞社 (2012)

重要語句 音声符号化, 線形予測分析, エントロピー符号化, 音響符号化

ロスレス符号化
［英］lossless speech/audio coding

　圧縮しても元のデータをひずみなく復元できる符号化をロスレス符号化と呼ぶ。近年，通信速度が向上し，記憶媒体の容量も増大しているため，音声や音楽向けのロスレス符号化も普及しつつある。ひずみのある符号化と比べて大きなビットレートを必要とするが，ロスレス符号化はビットストリームから元の音声音響波形を完全に復元することができ，音質の劣化を気にせずにすむため，安心して素材音源や文化的音源を伝送・保存することができる。

A. 音声音響符号化技術

　音声音響符号化技術は，現代のディジタル通信において大きな貢献をしてきている。例えば，携帯電話，VoLTE（voice over long term evolution），VoIP（voice over internet protocol），デジタル放送，携帯音楽プレーヤー，ミニディスク，光ディスクなどは圧縮符号化技術を用いており，生活に役立っている。現在広く普及しているひずみのある音声音響符号化技術は，40年以上にわたる分野横断的な研究成果に基づき，元のビットレート（情報量）の約10分の1の大きさにまで圧縮できる。信号処理だけではなく聴覚や脳科学の知識も用いて，人間が気づきにくいひずみを許すことにより，効率良く音声音響信号を実時間で伝送している。

　一方，身のまわりで使われているひずみのない圧縮符号化技術として，文書ファイルやプログラムファイルのように1ビットの誤りもあってはならないデータを圧縮する方法が挙げられる。例えば，電子メールにファイルを添付して送るときに，ファイル全体を一つのパッケージに圧縮するZIPなどの方式が使われている。ZIPなどの万能ロスレス符号化と音声音響信号のロスレス符号化との大きな違いは，前者は事前知識を使わず，また，ファイル全体を一つの塊とする点である。このため，音声音響信号の圧縮に利用するには限界があり，リアルタイムの配信には向かない。一方，後者は時系列信号に適応した予測などで圧縮性能が高く，また，フレームごとに独立に次々と圧縮伝送を行うことができる。

　圧縮符号化方式は，ITU（International Telecommunication Union），ISO（International Organization for Standardization），IEC（International Electrotechnical Commission）などで標準化されることが多い。通信や放送で使うためには，独自規格ではなく皆が同じ規格を用いることにより相互接続性が確保でき，機器の普及にも繋がる。また，世界的な協力によって策定されるため，一部の国や企業に利益が集中することも少なく，長期的なメンテナンスも期待できる。

　音声音響信号のロスレス符号化には，大きく分けて，時間領域の信号処理に基づくものと，周波数領域の信号処理に基づくものがある。時間領域のロスレス符号化は，携帯電話などで使われている**音声符号化**の技術をもとにしている。**線形予測分析**と**エントロピー符号化**を組み合わせており，単純な方法であるため，少ない演算量での実装が可能である。例えば，MPEG-4 ALS（audio lossless coding），ITU-T G.711.0などが挙げられる。周波数領域のロスレス符号化は，デジタル放送などで使われている**音響符号化**の技術をもとにしている。ひずみのある符号化を内包しつつ，原音を復元するために必要な情報量を追加しているため，ひずみのある符号化の部分だけを取り出すこともできる方式である。例えば，MPEG-4 SLS（scalable lossless coding）は広く普及しているMPEG-2/4 AAC（advanced audio coding）をコアに持ち，ロスレスに至るまでスケーラブルに符号化することができ，AACだけを取り出して再生することも可能である。さらに，1 bitオーディオのロスレス符号化としてMPEG-4 DST（direct stream transfer）があり，SACD（super audio compact disc）で使われている。ブロックごとに予測とエントロピー符号化を組み合わせており，時間領域のロスレス符号化に近い処理が行われる。

　ここでは，演算量やフレーム長の柔軟性を重視し，さらに音声音響信号以外の地震波や生体

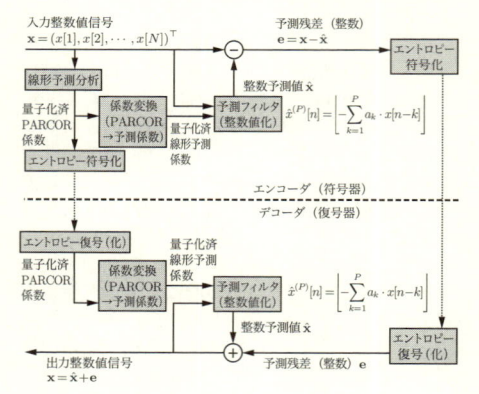

信号（脳波や心電波形など）のような時系列信号にも適用可能な，時間領域の信号処理を行う線形予測ロスレス符号化について説明する。上に示した概略図のように，線形予測分析および可逆性を保証するフィルタ処理により，入力信号よりも振幅値が小さくなる予測残差を求め，0付近に集中したシンボル（振幅値）を効率よく圧縮するエントロピー符号化を用いて伝送することにより，ビットレートを低くしつつ，ひずみなく原音を復元することが可能となる。

B．線形予測ロスレス符号化

（1）線形予測分析　ひずみのある音声符号化と同様に，自己相関法やBurg法などにより，PARCOR（partial auto-correlation）係数を算出する。量子化されたPARCOR係数をエントロピー符号化により伝送することで，エンコーダ・デコーダの両方で同じ値を使うことができ，それらから算出される量子化済線形予測係数も同じ値になるため，予測フィルタの出力も同一のものになり，ひずみのない圧縮が可能となる。次式のように整数値演算を行うため，予測値にも整数値化の処理が行われ，実装環境に依存せずにまったく同じ値を復元できる。

$$x[n] = \left\lfloor -\sum_{k=1}^{P} a_k \cdot x[n-k] \right\rfloor + e[n]$$

ここで，$x[n]$は入出力で同じ整数値となる信号，Pは予測次数，a_kは予測係数，$e[n]$は予測残差（整数値）である。予測残差をすべて正確に送ることにより，ひずみなく波形を復元することができるようになる。ちなみに，予測残差をそのまま送らずに，ピッチ周期やゲインを用いて低ビットでモデル化した疑似予測残差をデコーダ側で使うものが，VOCODER（voice encoder）やCELP（code excited linear prediction）である。これらは，ひずみのある音声符号化で広く使われている。このように，時間方向の冗長性である自己相関を利用することで，予測残差の値を小さくすることにより，エントロピー符号化が効きやすくなり，圧縮率を改善することができる。

（2）エントロピー符号化　出現確率の高いシンボルに短い符号を割り当て，出現確率の低いシンボルに長い符号を割り当てることにより，平均的に符号量を少なくするのがエントロピー符号化である。出現確率が均等の場合には圧縮することができない。予測残差は入力信号に比べて振幅値が小さくなり，0付近に集中する傾向がある。0を中心とするラプラス分布に従うことが実験的に調べられており，Golomb-Rice符号によって符号化されることが多い。ほかにも，算術符号化の一種であるBGMC（block Gilbert-Moore code）やエスケープ符号付きハフマン符号などが用いられる。いずれにせよ，0付近の値に短い符号を割り当て，絶対値の大きい値には長い符号を割り当てることにより，平均的に入力信号の振幅語長よりも小さいビットで表すことが可能となる。なお，予測残差の値は入力信号に依存するため，ロスレス符号化は可変ビットレートとなり，最悪の場合はまったく圧縮できないこともある。

C．今後の展望

超高精細度テレビジョン放送で利用可能な方式として，ARIB（Association of Radio Industries and Businesses）の標準B32では，MPEG-4 ALSが利用可能であると規定されており，日本の超高精細度テレビジョン放送の音声符号化方式として使われる可能性がある。ロスレス符号化により，制作者の意図した音をそのまま家庭へ届けられる日が近いうちにやってくることが期待できる。また，派生した標準として，ALSのビットストリームをディジタルアンプなどの外部機器へ伝送するIEC 61937-10や，音源などの長期保存を考慮したアーカイブフォーマットであるMPEG-A PAAF（professional archival application format）があり，今後の普及が期待される。

IETF（Internet Engineering Task Force）では，世界中で広く普及しているG.711（対数圧伸PCM，A則/μ則）のバックボーンでの情報量を減らすために，音声のみならずFAXやモデム信号も伝送するG.711を効率良くロスレス符号化するG.711.0の利用の検討が行われている。

ロスレス符号化の国際標準は安心して長期保存が可能となるため，文化的にも重要な技術である。また，圧縮しても音声音響信号を元に戻せる技術であるため，今後もユーザーの気づかない部品として利用される可能性が高い。

◆ もっと詳しく！

D. Salomon & G. Motta: *Handbook of Data Compression*, Springer (2009)

重要語句 音環境理解，アクティブ聴覚，マルチモーダル情報統合，実環境・実時間処理，システム統合

ロボット聴覚
[英] robot audition

ロボットの耳を実現するための技術および研究分野。音環境理解，アクティブ聴覚，マルチモーダル情報統合，実環境・実時間処理，システム統合が，おもな研究課題である。機能としては，聴覚に関連の深い，音源定位，音源分離，音声認識がおもに扱われている。近年では，実環境を扱う技術として，ロボット以外のさまざまな分野へのロボット聴覚技術の適用が試みられている。

A. ロボット聴覚の課題

ロボット聴覚は，ロボットに備わったマイクロホンを利用して実環境でも動作可能な制約条件のより少ない聴覚機能を実現する分野として，2000年に奥乃・中臺によって提案された日本発の研究分野である[1]。おもに，下記の課題を扱い，音源定位，音源分離，音声認識といったロボット聴覚の機能実現を目指す。

- 音環境理解
- アクティブ聴覚
- マルチモーダル情報統合
- 実環境・実時間処理とシステム統合

（1）音環境理解 ロボットを取り巻く音環境は，ユーザーとロボット搭載マイクロホンが離れているため，目的音声以外にもさまざまな音源からの信号が混ざった「混合音」が入力となることを前提に，聴覚処理を実現する必要がある。雑音には，方向性雑音，拡散性雑音，残響音といった音響信号処理でよく扱われる雑音に加えて，ロボット自身が作り出す「自己雑音」も扱う必要がある。また，複数の音源を同時に聞きたい場合，音楽を聴きたい場合，車の音を聞きたい場合など，目的音と雑音がその時々で変わってしまう。われわれ人間は，このような問題をうまく扱って，混合音を聞いた場合でも，どこで，いつ，なにが起きているかといった「聴覚情景理解」をある程度行うことができる。

ロボットにも人間と同等の聴覚機能，つまり**音環境理解**を実現するために，複数の音源が存在する環境下で，それぞれの音源の方向を推定し（音源定位・追跡），任意の音源に耳を傾け（音源分離，音声強調），耳を傾けて聞いた音を認識する（分離音認識）を主要な機能として位置付け，これらの機能を実現するロボット聴覚研究が盛んに行われている。

音源定位は，人や動物に習い両耳間位相差・両耳間強度差に基づいて処理を行う両耳聴音源定位（⇒p.306）と，マイクロホンアレイ処理による音源定位に大別できる。両耳聴音源定位に関しては，移動音源・複数音源の定位，頭部回転やロボット動作による定位性能の向上といった原理探究的な課題に積極的な取り組みが行われている。マイクロホンアレイ処理では，従来から，雑音に頑健であることが知られている MUSIC (multiple signal classification) 法を拡張し，目的音パワーが雑音より小さい場合でも実時間定位が可能な手法が報告されるなど，より実用に向けた研究が行われている。

音源分離についても，両耳聴処理，マイクロホンアレイ処理の両方の研究が行われている。両耳聴処理では，マイクロホンの数よりも音源数が多い劣決定条件での音源分離技術が報告されている。マイクロホンアレイ処理は，一般的な遅延和型のビームフォーミングから，ブラインド分離，ビームフォーミングとブラインド分離のハイブリッド型などさまざまな手法が報告され，これらの実時間処理化や動的環境への適応といった拡張が多く報告されている。また，パラメータ自動最適化というコンテキストでベイズモデルの適用も積極的に行われている。

分離音認識については，音源分離のポストフィルタとしての音声強調処理，ロボットやユーザーの移動によって音響環境が変化する場合でも性能の良い残響抑圧手法，音声区間の検出，分離音声と音声認識の親和性を高めるミッシングフィーチャ理論といった課題の研究が行われている。

また，一般には，音声以外の音源も扱う必要があることから，分離音源の音源同定，音楽のビート検出，環境音を認識するための擬音語認識といった課題にも取り組みが行われている。

（2）アクティブ聴覚 人や動物は，能動的に行動することによって，自らの知覚を向上している（アクティブパーセプション）。ロボットも能動的に動くことができるため，動作を適切に用いれば，聴覚を向上することができるはずである（**アクティブ聴覚**）。しかし，ロボットでアクティブ聴覚を実現するためには，大きく分けて二つの課題がある。一つは，よく音を聴こうと動作をすると，その動作によって雑音が発生してしまうというパラドックスであり，もう一つは，よく聴くためにどのように動作を行えばよいのかという動作計画の問題である。

前者に関しては，自己動作雑音抑圧技術が研究されている．ロボットが自分の動作に関する情報を完全な形でないとしても取得できることを利用し，スペクトル減算や非負値行列分解（NMF）と組み合わせた手法が報告されている．同様のことが，ロボットの自己発話についても当てはまる．ロボットが発話中にユーザーの発話がある（バージイン），自己発話が邪魔になってユーザーの発話を検出できない．また，自分の発話をユーザー発話と勘違いし，誤検出をしてしまう場合もある．こうした課題に対しては，エコーキャンセラ（⇒ p.26）を用いる手法や，自分の発話音声信号は既知であることを積極的に利用したセミブラインド独立成分分析法が報告されている．

後者については，前述のように，動作によって音源定位が向上することを示す研究が多い．行動計画まで踏み込んだ研究例も見受けられるものの，現状では盛んに研究が行われているとはいえない．今後の研究が期待される分野である．

（3） マルチモーダル情報統合　　ロボットでは，つねに信頼できるセンサ情報を得ることは難しく，すべてのセンサはエラーを含んでいることを前提に扱う必要がある．このため，単一の情報（モダリティ）に頼るというアプローチでは実環境での処理性能を向上させることは難しく，Brooks らが提唱しているように，複数情報を統合し処理のロバスト性を確保することが肝要である．ロボット聴覚でも，**マルチモーダル情報統合**に関するさまざまな研究が行われている．視聴覚を利用した複数の人物のロバストな追跡・同定や視聴覚音声認識などが報告されている．動作も一つのモダリティと考え，アクティブ聴覚を包含するアクティブ視聴覚統合フレームワークの提案，SLAM（simultaneous localization and mapping）の音情報への適用，視聴覚環境地図作成といった研究が開始されている．

（4） 実環境・実時間処理とシステム統合　　ロボットの実用化には，**実環境・実時間処理**は必須であろう．このためには，実環境で実機を用いたテストが容易にできることが求められる．こうした環境では，実時間処理性を保ったまま，テスト中でも簡単にシステム構成を変更できる**システム統合**フレームワークが必要である．

実環境・実時間処理とシステム統合を実現するアプローチとして，オープンソースソフトウェアの利用が挙げられる．例えば，ロボット聴覚用オープンソースソフトウェアとして公開されている HARK（Honda Research Institute Japan Audition for Robots with Kyoto University）が利用可能である（http://www.hark.jp/）．HARK は，関数コールベースでモジュール間統合を行う FlowDesigner をミドルウェアに採用しているため，音響信号をフレーム単位（10 ms）で高速に，かつ連続的に処理を行うモジュール同士でも実時間統合が可能である．特長としては，音響信号の入力から音源定位・音源分離・音声認識までの一通りを Windows, Linux 向けに提供している点，GUI を用いてフレキシブルにシステムカスタマイズが可能である点，比較的安価で入手が容易な市販デバイスが利用可能である点が挙げられる．ユーザーが自分のモジュールを HARK のモジュールとして実装したり，TCP/IP で接続したり，ロボットで一般的なミドルウェアである ROS とシームレスに接続したり，といったこともできるため，評価実験やプロトタイピングにも利用可能である．普及を促進するため，年 1 回程度のバージョンアップと無料講習会も行われている．ロボット聴覚分野では多くの研究者に利用されており，HARK を研究者間で共有することによって，研究領域全体の活性化が図られている．

B．ロボット聴覚技術の展開

ロボット聴覚技術は，異分野も含めた展開活動が行われている．屋外・極限環境への適用では，被災地での迅速かつ広範囲な救助活動に役立てるため，マルチローターにマイクロホンアレイを搭載し，飛行雑音下での音源定位・同定を実現する研究，ホース型ロボットにマイクロホンとスピーカを複数個搭載し，ロボットの自己姿勢推定と瓦礫に埋もれた人の声検出・定位を同時に行う研究，変電所などの屋外環境での異常音の検出を目的とした研究などが行われている．動物行動学への適用では，HARK で検出したカエルや鳥の鳴き声を分析して，個体間のコミュニケーションや生態を研究する試みが行われている．また，自動車やバイクでのドライバーディストラクション（driver distraction）問題に対応するためのハンズフリー音声処理技術としてのロボット聴覚技術の応用も，有望であろう．

◆ もっと詳しく！

1) K. Nakadai, T. Lourens, H.G. Okuno and H. Kitano: "Active Audition for Humanoid", *Proc. of 17th National Conference on Artificial Intelligence (AAAI-2000)*, pp.832–839 (2000)

|重要語句| 話者セグメンテーション，話者クラスタリング，リセグメンテーション，階層的凝集型クラスタリング，i-vector

話者ダイアライゼーション
[英] speaker diarization

音声信号に対して，「だれがいつ話したか」(Who spoke when?) を明らかにする技術。話者ダイアライゼーションにより得られた情報は，複数人による会議の議事録作成支援や，音声認識における話者適応に利用される。

A. 概要

典型的な話者ダイアライゼーションは，音声区間検出（⇒p.102），**話者セグメンテーション**（話者交替検出），**話者クラスタリング**，**リセグメンテーション**という要素技術からなる。話者ダイアライゼーションの構成例を下図に示す。

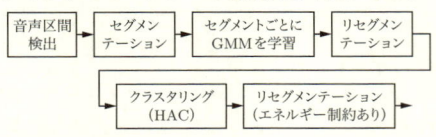

```
音声区間検出 → セグメンテーション → セグメントごとにGMMを学習 → リセグメンテーション
              → クラスタリング(HAC) → リセグメンテーション(エネルギー制約あり)
```

音声区間検出 音声と非音声（無音，雑音，音楽など）が混在した信号から，音声区間のみを抽出する。

話者セグメンテーション 音声区間を短時間のセグメントに分割する。話者の切り替わり時刻を検出し，一人の音声のみからなるセグメントに分割することが望ましい。

話者クラスタリング 話者セグメンテーションによって得られたセグメント群に対して，どのセグメントが同一話者によるものかを推定する。得られたクラスタに対して話者の属性を関連付ける処理が行われる。

リセグメンテーション 話者セグメンテーションで得られたセグメント境界（話者交替位置）の誤りをビタビアルゴリズムを用いて修正する。単語の途中での不適切なセグメントの分割などを修正することができる。

（1）話者セグメンテーション 話者セグメンテーションの目的は，話者の瞬時的な切り替わり時刻（セグメント境界）を発見することである。一人の音声のみを含み，かつその話者を特徴付けるのに十分な継続長を持つセグメントを得ることが望ましい。

時刻 t が話者交替位置となることのもっともらしさは，例えば，「音声区間 X が同一話者の発話である」という仮説 H_0 と，「時刻 t の前後の音声区間 Y と Z は異なる話者による発話である」という仮説 H_1 のもっともらしさをそれぞれ計算して比較することで評価できる（次図）。そこ

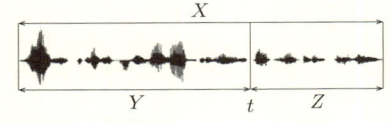

$L_0 = \log p(X|\theta_X)$
 X が同一話者の音声であるもっともらしさ
$L_1 = \log p(Y|\theta_Y) + \log p(Z|\theta_Z)$
 Y と Z が異なる話者の音声であるもっともらしさ
$\theta_X, \theta_Y, \theta_Z$：確率モデルパラメータ（GMM など）
$LR = L_1 - L_0$ が大きければ，話者交替位置と見なせる

で，隣接する二つのウィンドウをスライドさせながら，ウィンドウ境界時刻 t が話者交替位置となることのもっともらしさを測っていき，その値が大きくなる箇所を話者の切り替わり位置と見なす。この話者交替に関するもっともらしさを測る基準としては，GLR (generalized likelihood ratio)，BIC (Bayesian information criterion)，CLR (cross likelihood ratio) などが用いられる。このとき，各話者のデータ（各ウィンドウに対応するデータ）は，ガウス分布や混合ガウス分布（Gaussian mixture model; GMM, ⇒ p.96）に従うと仮定することが多い。

（2）話者クラスタリング 話者セグメンテーションにより得られた音声セグメント群に対し，同一の話者によるセグメントを束ねる処理が，話者クラスタリングである。**階層的凝集型クラスタリング**（hierarchical agglomerative clustering; HAC）と呼ばれる枠組みが最も広く用いられている。この枠組みにおいては，まず，各セグメントをそれぞれ一つのクラスタとして初期化し，最も類似した二つのクラスタを統合するという処理を，終了条件を満たすまで繰り返す。クラスタの類似性を評価する尺度としては，話者セグメンテーションと同様に，BIC や CLR などが用いられる。つまり，二つのクラスタの音声が同一話者によると見なすことのもっともらしさと，異なる話者によると見なすことのもっともらしさを比較することで，どのクラスタを統合すべきかが評価される。

（3）リセグメンテーション 話者セグメンテーションで得られたセグメント境界を修正する処理である。一般的に，各話者（話者クラスタ）は GMM などの確率分布により表現されるので，各クラスタを状態とする隠れマルコフモデルを仮定し，ビタビアルゴリズムを用いることで，セグメントの境界を修正することができる。このとき，発話の切り替わりが生じてい

る箇所では音声のエネルギーが小さいという仮定のもと，話者交替位置を推定値の近傍1秒以内で最もエネルギーの小さい位置に移動させるという処理の有効性も知られている．

B. 話者の表現

話者ダイアライゼーションでは，発話者の類似性を評価可能な形で音声セグメントや話者クラスタを表現する必要があり，その精度はセグメンテーション，クラスタリングといった要素技術の性能のみならず，最終的な話者ダイアライゼーションの性能にも直結する．

音声セグメントや話者クラスタは，音響特徴ベクトル空間上の分布またはそれに準ずるものとして表現される．音響特徴ベクトルは，音響信号から10 msごとに抽出される数十次元のベクトルであり，MFCC（mel-frequency cepstrum coefficient）などが広く用いられている．上述した典型的なシステムにおいては，音声セグメントや話者クラスタは，MFCC空間におけるガウス分布や混合ガウス分布として表現される．

一方，近年，音声信号を1 s間隔で均等に分割したスーパーフレームと呼ばれる単位ごとに，i-vectorと呼ばれる話者表現を抽出し，話者ダイアライゼーションに用いる試みがなされている．i-vectorは話者認識（⇒p.436）において話者を識別するのに有効な特徴ベクトルとして知られている．また，i-vector間の類似性の評価に用いられている確率的線形判別分析のスコアをクラスタリングにおける評価尺度として用いる試みもなされ，BICに基づくHACの性能を大幅に改善することが知られている．

さらに，音響的な情報のみを用いて話者を表現することに加え，複数人対話における発話の切り替わりを，対話参加者の属性（役職や会議中における役割）などの情報を用いてモデル化する試みもなされている．

C. クラスタリング技術

BICに基づくHACのほかにも，さまざまな話者クラスタリング方式が利用されている．

（1）K平均クラスタリング　クラスタの平均を用いて，与えられたクラスタ数Kにデータを分類する．話者ダイアライゼーションでは，i-vectorなどの話者特徴ベクトルで表現されたスーパーフレームのクラスタリングなどに用いられる．クラスタ数Kは事前に与えておく必要がある．また，スペクトルクラスタリングにおいては，得られた固有ベクトルを新たな話者表現としてK平均クラスタリングを行うことで，雑音やデータの違いなどの音環境の変動に頑健な話者クラスタリングを実現できる．

（2）ベイズ学習によるクラスタリング
セグメントあるいはスーパーフレームが各クラスタに属する確率（データのクラスタへの割り当て）をベイズ学習の枠組みで推定することができる．推定には，変分ベイズ法や階層的ディリクレ過程などが用いられる．クラスタ数を陽に与える必要はなく，データの話者クラスタへの対応付けと話者クラスタ数の推定を共通の評価基準（自由エネルギー）の最大化問題として同時に行えるという特徴がある．

D. 音声コーパスツール

欧州では，AMIやAMIDAなど，複数人会話（少人数の会議）の認識と理解を目的とした大規模な研究プロジェクトが推進され，その中で話者ダイアライゼーションの研究も積極的に行われた．構築されたAMIコーパス（http://groups.inf.ed.ac.uk/ami/corpus/）には，ヘッドセットマイクロホンで収録した音声（individual headset microphone; IHMタスク）に加え，マイクロホンアレイで収録した遠隔発話音声（multiple distant microphone; MDMタスク）も収録されている．MDMタスクは残響や他者の声もマイクロホンに混入するため，よりチャレンジングなタスクといえるが，アレイ信号処理技術を適用可能であり，推定した話者の位置情報を新たな話者の特徴として利用することもできる．話者ダイアライゼーションは，ラジオやテレビのおもにニュース放送音声に適用することも検討されてきた．古くは，NIST Rich TranscriptionやESTERなどの評価キャンペーンにおいて，最近では，フランスのテレビ番組のデータに対する人物認識を目的としたREPEREチャレンジにおいても，話者ダイアライゼーションの研究が行われている．

ソフトウェアとしては，DiarTk（http://www.idiap.ch/scientific-research/resources/speaker-diarization-toolkit）というマルチストリーム入力に対応した話者ダイアライゼーション用のツールキットが公開されている．

◆ もっと詳しく！

C. Barras, et al.: "Multistage speaker diarization of broadcast news", *IEEE Trans. Audio Speech Lang. Process.*, **14**, 5, pp.1505–1512 (2006)

重要語句 話者識別, GMM, UBM, 話者照合, i-vector

話者認識
[英] speaker recognition

音声に含まれる個人性情報を用いて，だれの声であるかを自動的に判定する処理を話者認識という。話者認識の形態は，話者識別と話者照合の二つに大別できる。

A. 用途

話者認識は，電話・インターネットによるバンキングや買い物サービス，クレジットコール，コンピュータのリモートアクセス，建物や特殊な場所への非登録者の侵入防止のための音声キーなどに応用されている。また，会議や討論といった多人数会話のディジタルアーカイブ化や議事録の作成支援として，各発話を話者ごとに自動分類する話者分類や，特定の発話を検索する話者検索にも適用されている。さらに，多人数会話に対して音声認識を行う際に，話者分類の結果を用いて分類された各話者の発話を学習データとして用いて，音声認識に利用する音響モデルを認識対象の話者に適応する話者適応を行うことで，音声認識精度の向上に寄与することも明らかになっている。

B. 話者識別

話者識別とは，入力音声が，あらかじめ登録されている話者の中でだれの声であるかを識別するものである。話者識別の処理の流れを下図に示す。まず認識対象とする話者のモデルをあらかじめ学習しておき，入力音声と学習されたすべての話者モデルとの類似度を計算し，類似度が最も大きかった話者に識別を行う。

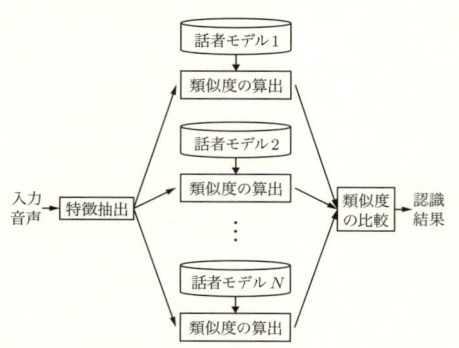

特徴抽出部では，音声認識でもおもに用いられているMFCC (mel-frequency cepstrum coefficient) を抽出し，特徴量としている。話者モデルには，**GMM** (Gaussian mixture model,

⇒p.96) が最もよく用いられている。近年では，多数話者の音声データを用いて多数の混合分布からなるGMMを学習し，事前知識として用いている。このGMMを**UBM** (universal background model) と呼ぶ。認識対象とする話者モデルを学習する際は，このUBMを初期モデルとして当該話者の音声データを用い，例えばMAP (maximum a posteriori) 推定を行うことで，限られた音声データで頑健な話者モデルを構築することができる。

MAP推定は，次式により当該話者の学習データ x から事後確率を算出し，得られた事後確率をもとに，UBMの i 番目の正規分布の平均ベクトル μ_i を当該話者に適応することで行われる。なお，α は適応の割合を制御するパラメータである。

$$p(i|x_t) = \frac{w_i p_i(x_t)}{\sum_{j=1}^{M} w_j p_j(x_t)}$$

$$n_i = \sum_{t=1}^{T} p(i|x_t)$$

$$E_i(x) = \frac{1}{n_i} \sum_{t=1}^{T} p(i|x_t) x_i$$

$$\hat{\mu}_i = \alpha_i E_i(x) + (1-\alpha_i)\mu_i$$

認識時には，各認識対象話者のGMMと入力音声の特徴量との対数尤度 Z を次式により計算し，最も対数尤度が大きい話者に識別する。なお，w はGMMの混合分布の重み，Σ はGMMの混合分布の分散共分散行列を表している。

$$Z = \operatorname*{argmax}_{i} \sum_{j=1}^{M} w_j^i \log p(x|\lambda_j^i)$$

$$\log p(x|\lambda_j^i) = -\frac{d}{2}\log 2\pi - \frac{1}{2}\log |\Sigma_j^i|$$
$$-\frac{1}{2}(x-\mu_j^i)^t \Sigma_j^{i-1}(x-\mu_j^i)$$

C. 話者照合

話者照合とは，入力音声と同時に自分がだれであるかのIDを入力し，入力音声がそのIDに対応する人の発話であるかを照合するものである。

なお，話者照合の形態は，任意の内容を発話してよいテキスト独立型，あらかじめ決められた内容（キーワード）を発話するテキスト依存型，使用するたびにシステム側から発話の内容を提示するテキスト指定型に分けることができる。

話者照合の処理の流れを下図に示す。認識対象とする話者のモデルをあらかじめ学習しておき，入力音声と入力された ID に対応した話者モデルとの類似度を計算する。あらかじめ設定された閾値とこの類似度を比較して，入力音声が本人であると判定されれば受理され，他人であると判定されれば棄却される。

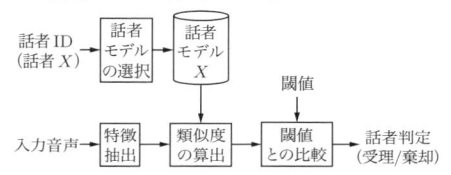

特徴抽出部では，話者識別と同様に MFCC がおもに用いられている。話者モデルも，話者識別と同様に GMM がおもに用いられている。

D. JFA と i-vector

近年，マイクのチャネル特性と話者性を次式のようにモデル化し，因子分析によりパラメータを求める JFA（joint factor analysis）が主流となっている。

$$s = m + Vy + Ux + Dz$$

s は話者性を表すスーパーベクトル（UBM から適応した GMM の混合分布の平均ベクトルを束ねた高次元ベクトル），m は UBM のスーパーベクトル，V は多数話者の音声データから学習した固有声空間の基底からなる行列，y は話者性を表す共通因子，U はチャネル特性を表す部分空間の基底からなる行列，x はチャネル特性を表す共通因子，D はその他の成分を表す対角行列，z はその他の成分を表す共通因子を表している。

さらに，JFA のみでは十分に話者性とチャネル特性を分離できないと考えられ，因子分析では話者性とチャネル特性を分けずに，次式に示すようにこれらの全変動空間にスーパーベクトルを写像する **i-vector** が提案され，現在最もスタンダードな手法となっている。

$$M = m + Tw$$

M は与えられた発話から得られた話者とチャネル依存のスーパーベクトル，m は UBM から得られる話者とチャネル依存のスーパーベクトル，T は話者とチャネル特性の全変動空間の基底からなる行列，w は与えられた発話に対する i-vector を表している。

i-vector は話者とチャネル特性を表す部分空間上のベクトルであるため，LDA（linear discriminant analysis）と WCCN（within-class covariance normalization）をさらに適用してチャネルなどの変動を抑制することの有効性が明らかになっている。識別・照合時は，入力音声から得られた i-vector と照合対象の話者モデルから得られる i-vector とのコサイン類似度を算出して行われる。

話者認識における類似度（以下スコアと呼ぶ）は，発話内容，発話時期，発話環境などの影響により変動するため，これらの変動を抑制するためにスコアの正規化が行われる。一般的には，申告話者のモデルに対するスコアを UBM から得られるスコアで正規化したり，コホートと呼ばれる正規化のために選択された詐称者のモデルから得られるスコアで正規化が行われる。

近年，スコア正規化には，Z-norm（zero normalization），H-norm（handset score normalization），T-norm（test normalization）といった手法がよく用いられている。Z-norm は，大量の詐称者モデルから得られるスコアの統計量を用いて正規化を行う。H-norm は，入力デバイスの周波数特性の差異を考慮したもので，デバイスごとのスコアの統計量を用いて正規化を行う。T-norm は，複数のコホート話者モデルを用いてスコアを計算し，そのスコアから得られる統計量を用いて正規化を行う。また，これらの手法を組み合わせた方法も提案されている。

E. 話者認識データベース

最後に，海外の研究機関で共通に使用されている話者認識データベースについて紹介しておく。

米国立標準技術研究所（NIST）が NIST Speaker Recognition Evaluation（SRE）という話者認識データベースを作成し，競争型評価ワークショップ（コンテスト）を開催している。このコンテストは，共通のデータセットと評価条件で，話者照合に関する精度を競うものである。評価に使用される音声データは電話会話とインタビュー会話で，使用言語は原則英語である。評価条件は，学習の条件とテストの条件の組合せが複数セット設定されており，コアテストと呼ばれる評価は参加者すべてが結果を提出する義務があり，それ以外のセットの提出は任意である。

◆ もっと詳しく！

黒岩眞吾ほか：話者認識に関する研究の動向，日本音響学会誌, **69**, 7 (2013)

重要語句　定常音場, 非定常音場, ヘルムホルツ方程式, 音響アドミッタンス, 音響インピーダンス, FDTD法, FEM, 音場制御, 音場再現

BEM
[英] boundary element method

境界要素法。離散化解析手法の一つであり，音響分野ではヘルムホルツ方程式や波動方程式に適用され波動音響解析に用いられる。他の離散化解析手法と異なり，境界のみを離散化すればよいことから，自由空間中の放射・散乱・回折問題に対して特に威力を発揮する。

A. 概要

BEMは，場を記述する微分方程式と等価な積分方程式を，境界要素を用いて離散化し，数値計算により解く手法である。**定常音場，非定常音場**（⇒p.364）のいずれの解析も可能であるが，ここではより一般的な定常音場解析のためのBEMについて概説する。

（1）積分方程式の導出　場を記述する微分方程式に，以下の3段階の手順を施すことで導出される。

重み付き残差法の適用　微分方程式に試験関数を乗じ，解析領域全域で積分する。

弱定式化　グリーンの定理を適用し，領域積分の一部を境界積分に変換する。

基本解の導入　試験関数として微分方程式の基本解を導入し，領域積分を消去する。

最終的に，境界上の積分のみからなる積分方程式が導かれる。定常音場を記述する**ヘルムホルツ方程式**（⇒p.364）に対しては，次式となる。

$$\varepsilon(\boldsymbol{r}_\mathrm{p})p(\boldsymbol{r}_\mathrm{p}) = p_\mathrm{d}(\boldsymbol{r}_\mathrm{p})$$
$$+ \int_\Gamma \left[p(\boldsymbol{r}_\mathrm{q})\frac{\partial G(\boldsymbol{r}_\mathrm{p},\boldsymbol{r}_\mathrm{q})}{\partial n_\mathrm{q}} - \frac{\partial p(\boldsymbol{r}_\mathrm{q})}{\partial n_\mathrm{q}}G(\boldsymbol{r}_\mathrm{p},\boldsymbol{r}_\mathrm{q}) \right] dS_\mathrm{q} \quad (1)$$

ここで，Γは境界，pは音圧，p_dは領域内音源からの寄与，$\boldsymbol{r}_\mathrm{p}, \boldsymbol{r}_\mathrm{q}$はそれぞれ観測点p，境界上の点qの位置ベクトル，$\partial/\partial n_\mathrm{q}$は点qにおける境界面法線方向微分（領域内向きが正），$\varepsilon(\boldsymbol{r}_\mathrm{p})$は観測点pから領域を見込んだ角度（立体角）の割合（点pが領域内の場合は$\varepsilon=1$，滑らかな境界上の場合は$\varepsilon=1/2$，領域外の場合は$\varepsilon=0$）である。また，Gはヘルムホルツ方程式の基本解であり，3次元空間では次式で表される。

$$G(\boldsymbol{r}_\mathrm{p},\boldsymbol{r}_\mathrm{q}) = \frac{\exp(jkr_\mathrm{pq})}{4\pi r_\mathrm{pq}} \quad (2)$$

ここで，jは虚数単位，kは波数，$r_\mathrm{pq} = |\boldsymbol{r}_\mathrm{p}-\boldsymbol{r}_\mathrm{q}|$である。式(1)は，境界上の音圧とその法線方向微分値（音圧勾配）から領域内の任意の点pの音圧が算出可能であることを示している。

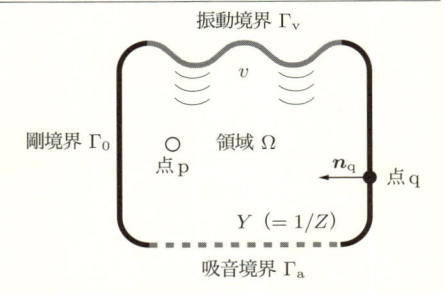

（2）境界条件　剛境界Γ_0，振動境界Γ_v，吸音境界Γ_aの3種の境界を設定し，局所作用を仮定した上で，$\partial p(\boldsymbol{r}_\mathrm{q})/\partial n_\mathrm{q}$に対して以下の条件式を適用する。

$$\frac{\partial p(\boldsymbol{r}_\mathrm{q})}{\partial n_\mathrm{q}} = \begin{cases} 0 & \mathrm{q} \in \Gamma_0 \\ j\omega\rho v(\boldsymbol{r}_\mathrm{q}) & \mathrm{q} \in \Gamma_\mathrm{v} \\ -j\omega\rho Y(\boldsymbol{r}_\mathrm{q})p(\boldsymbol{r}_\mathrm{q}) & \mathrm{q} \in \Gamma_\mathrm{a} \end{cases} \quad (3)$$

ここで，vは法線方向振動速度（領域内向きが正），$Y=1/Z$は垂直入射**音響アドミッタンス**，Zは垂直入射音響インピーダンス（⇒p.364），ωは角周波数，ρは媒質密度である。

（3）離散化と連立1次方程式の導出　領域内の任意の点における音圧を算出するために，式(1)に対して以下の手順を適用する。

境界の離散化　境界を要素に分割し，要素上に未知変数を定義する節点を設定する。

境界上の音圧の算出　観測点pを各要素節点と一致させ，式(1)をもとに節点数Nと同数の離散化方程式を導く。これらを連立させることで以下のN元連立1次方程式を得る。

$$\left(-\frac{1}{2}\boldsymbol{I} + \boldsymbol{H} + \boldsymbol{D}\right)\boldsymbol{p} = \boldsymbol{G}\boldsymbol{v} - \boldsymbol{p}_\mathrm{d} \quad (4)$$

ただし，$\boldsymbol{p}, \boldsymbol{v}, \boldsymbol{p}_\mathrm{d}$はそれぞれ要素節点上の音圧，振動速度，領域内音源からの寄与からなるベクトルであり，$\boldsymbol{I}$は単位行列，行列$\boldsymbol{H}, \boldsymbol{G}, \boldsymbol{D}$の各成分は以下のとおりである（要素上の値を1節点で代表させる一定要素（0次要素）を用いた場合）。

$$H_{ij} = \int_{\Gamma_j} \frac{\partial G(\boldsymbol{r}_i,\boldsymbol{r}_\mathrm{q})}{\partial n_\mathrm{q}} dS_\mathrm{q} \quad (5)$$

$$G_{ij} = j\omega\rho \int_{\Gamma_{\mathrm{v},j}} G(\boldsymbol{r}_i,\boldsymbol{r}_\mathrm{q}) dS_\mathrm{q} \quad (6)$$

$$D_{ij} = j\omega\rho Y(\boldsymbol{r}_j) \int_{\Gamma_{\mathrm{a},j}} G(\boldsymbol{r}_i,\boldsymbol{r}_\mathrm{q}) dS_\mathrm{q} \quad (7)$$

式(4)を解くことにより要素節点上の音圧が算出される。

領域内の音圧の算出　得られた節点上の音圧値を，式(1)から得られる離散化方程式に代入することで，領域内の任意の観測点pにおける音圧が算出される。

B. 特徴

(1) 外部問題の解析　BEMは境界のみを離散化する手法であることから，自由空間中の物体からの放射・散乱・回折問題など，境界の外側を解析領域とする問題（外部問題）の解析が，原理的に容易である。これは，FDTD法(⇒p.444)やFEM(⇒p.446)といった領域離散化型の解析手法にない大きな長所である。

(2) 解の一意性問題　BEMで外部問題を解析する際，対応する内部問題の固有周波数において解の一意性が保証されない。この問題への対処方法として，通常の積分方程式（式(1)）とそれを法線方向に微分した式（法線微分型）を線形結合させて解くBurton-Miller法や，内部付加点における積分方程式をさらに連立させて解くCHIEF法が知られている。また，薄い物体を解析するための縮退境界（厚み0の境界）を導入し，内部の境界面を吸音性にして解く方法も提案されている。

(3) 特異積分　数値計算の実行にあたっては要素積分（式(5)〜(7)の積分）が必要であるが，$i = j$のとき，被積分関数が特異性を持つ（値が発散する）ことから特別な処理が必要となる。これを特異積分と呼ぶ。

(4) 計算効率　BEMの未知数は境界上の節点数Nであり，これは領域離散化型の解析手法に比べて著しく小さい。しかしながら，式(4)の係数行列は$N \times N$の密行列となることから，計算効率は必ずしも高いとはいえない。

C. 適用対象拡大のための手法

(1) 薄い物体の解析手法　薄い物体に通常のBEMを適用すると，要素積分の被積分関数が特異性を持つ一方で，物体両面の要素が近接することに起因して，計算精度が保証されない。この問題への対処方法として，厚み0の縮退境界を導入し，法線微分型の積分方程式を用いて解く方法などが知られている。

(2) 領域分割法　BEMでは解析領域が均質な媒質であることが前提であり，不均質媒質や複数媒質の問題は直接取り扱うことができない。複数媒質の問題については，媒質ごとに積分方程式を立式し，媒質間境界における連続条件を用いて解く領域分割法を適用する必要がある。領域分割法は，吸音材内部の音響伝搬を考慮した解析や，掘割道路のような半屋外空間の解析などに利用されている。

D. 発展・応用

(1) 高速多重極法の適用による効率化
BEMに高速多重極法（fast multipole method; FMM）を導入し，計算効率を著しく向上させた高速多重極BEM（FMBEM）が開発されている。FMMとは，多体間でのポテンシャルの寄与計算を，多重極展開・局所展開を用いてグループ化して評価する手法であり，理想的な条件下では$O(N)$の計算効率を実現できる。ヘルムホルツ方程式のためのFMBEMに関しても，著しい効率化が実現されている。下の図は，FMBEMによる小ホールの解析結果である（🎥1）。

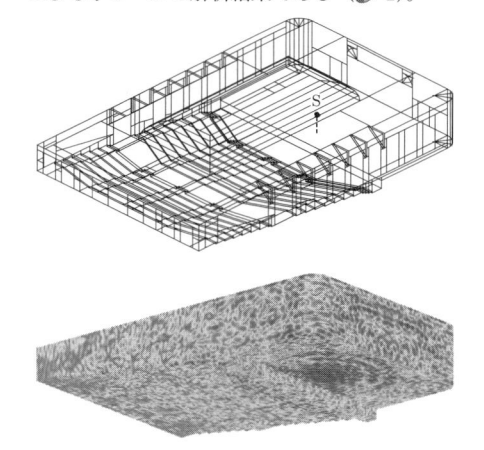

(2) 音場制御・音場再現への応用　式(1)は，境界上の音圧と音圧勾配を原音場と等しくなるよう制御することで原音場を厳密に再現できることを示している。このことを利用した**音場制御**(⇒p.2)・**音場再現**(⇒p.50)技術が研究されている。近年では遠隔地との音場共有システムも開発されている。

◆ もっと詳しく！

日本建築学会 編：音環境の数値シミュレーション—波動音響解析の技法と応用，第4章ほか，日本建築学会 (2011)

重要語句　外国語，支援，学習，教育，語学

CALLシステム
[英] CALL system

コンピュータ支援型言語学習（CALL）を行うためのシステム。教師の語学授業を支援するシステム，コンピュータを語学教師とするシステム，コンピュータを語学学習ツールとして使うシステム，人間同士のコミュニケーションを支援するシステムなどがある。

A. CALLシステムの意義

CALL（computer-assisted language learning）システムは，コンピュータを用いた授業支援のために使われ始めた。教師はマルチメディア教材を利用できるようになり，授業を目的に沿ってより効率的に行えるようになった。その後，学習者が主体的に学べるようにと，教師を必要としないCALLシステムが登場し，さらに，専用の教室を利用しないCALLシステムが発展して，場所と時間を選ばずに主体的に学ぶことができるようになってきた。コンピュータを教師の代わりとするシステムだけではなく，コンピュータをツールとするタイプや，人間同士の**外国語**によるコミュニケーションを**支援**するインフラタイプのCALLシステムも発展してきており，多様な**学習・教育**の方法が可能となってきている。

日本においては，小学校での外国語活動の目標に，「外国語を通じて，言語や文化について体験的に理解を深め，積極的にコミュニケーションを図ろうとする態度の育成を図り，外国語の音声や基本的な表現に慣れ親しませながら，コミュニケーション能力の素地を養う」（文部科学省　小学校学習指導要領）ことが掲げられており，このような教育において，CALLシステムの果たせる役割は大きいと考えられる。また現在，政府により観光立国の実現に向けた取り組みが行われており，訪日外国人の数が増加している。日本語を学ぼうとする外国人や，訪日外国人を対象としたサービスを展開する国内の事業者にとっても，CALLシステムへの期待は一層高まっていくと考えられる。

今後は，**語学**やコンピュータに詳しくない一般ユーザーが，専門家なしでも使えるようなCALLシステムへの発展が望まれる。

B. CALLシステムの分類

CALLシステムの分類にはさまざまな観点がある。教育論と発展史の観点からの分類が伝統的であり，Behavioristic CALL, Communicative CALL, Integrative CALLと分類される。

ここでは，コンピュータの役割という観点からの分類を考える。この場合

- コンピュータを教師やチュータとするタイプのCALLシステム
- コンピュータを言語学習のツールとするタイプのCALLシステム
- コンピュータを学生と教員，学生同士の協調のためのインフラとするタイプのCALLシステム

に分類できるであろう。

（1）教師・チュータタイプのCALL

学習者の自習のためにコンピュータを教師やチュータとして利用するCALLシステムは多い。その典型的なものとして，ドリル演習（drill and practice）型のCALLシステムを挙げることができる。これは，コンピュータが教師やチュータとなって学習者に教材を提示し，学習者の回答を採点し，フィードバックを与えるタイプのCALLシステムである。教材は，CD-ROMのような媒体にあらかじめ含まれていてもよいし，教師が適宜指定できてもよい。コンピュータが自動的にインターネット上から選んできてもよい。

語学の4技能（読む，書く，聞く，話す）のうち，「読む」「聞く」に焦点を当てたCALLシステムは，機械的な評価が容易であり（例えば，理解度測定テストなど），さまざまなシステムがある。

一方，「書く」「話す」という出力側の能力に焦点を当てたCALLシステムは，評価（能力の自動測定）について工夫が必要であり，発展途上である。「書く」能力については，スペルや構文などのチェック，穴埋めや言い換えテストなどを行うことで評価が可能であるが，自由度が高い作文については評価が困難であろう。後者については，機械翻訳機を利用する方法，N-gram言語モデルを利用する方法，人間（ネイティブ）の評価値と相関の高い評価値を推定するモデルを用いる方法などが研究されている。

「話す」能力の評価については，システムへの入力（発話）の変動が大きく，評価に一層の困難が伴う。同じ内容の発話であっても，音響特徴（フォルマント，基本周波数，韻律などの特徴）が異なるので，話者の影響を受けにくい特徴を取り出して，評価を行う必要がある。自動音声認識（⇒ p.116）や音声合成（⇒ p.450）

の技術を応用したさまざまな研究が続けられており，用意された内容（テキスト）を学習者に発話させて，その音声の発音評価を行うシステムなどが実現している．典型的な発音評価法としては，与えられた音声が正解音素列と誤りパターンを含む音素列のどちらに音響的に近いかを計算し，誤りパターンに近い場合に誤りと判定する手法が挙げられる．なお，このような発音誤り検出システムの設計においては，誤りパターンを網羅的に記述する必要がある上に，誤りパターンの学習者の母語依存性を考慮する必要があることから，設計が難しく，誤りを検出できない「検出漏れ」の原因となりうる．また，たとえ検出漏れがなくなるように設計できたとしても，教示という観点から見ると，誤り検出の誤り，つまり「誤検出」（正しい発音を間違っていると教示すること）を避けること，すなわち，ある程度の検出漏れは許容して，なるべく誤検出を減らすことの重要性も指摘されている．「話す」能力については，音声の韻律的な側面からの評価についても研究が行われている．発音と同様に，正解（モデル）を用意して学習者の発話とモデルの近さに基づいて行う方法や，人間（ネイティブ）の評価値と相関の高い評価値を推定するモデルを用いて行う方法がある．

さらに，「書く」「話す」（特に「話す」）の学習支援においては，正解（目標）をどう設定すべきか，学習者の作文や発話が目標と遠い場合はどのように近づけていけばよいか，ということも課題とされている．例えば，目標を「ネイティブと同等のレベル」とする場合と「通じるレベル」とする場合では，評価のあり方が異なるため，目標設定が重要であるという指摘である．「通じるレベル」を目標とするのであれば，どの点から修正すべきか，例えば，韻律と個々の音素の発音のいずれを先に修正すべきかなどを考えていくことも必要といえる．

（2）言語学習のツールタイプのCALL
言語学習のツールタイプのCALLシステムでは，コンピュータには学習者の言語活動を支援するツールとしての役割や，教師による教材選択，学生の学習状況の把握などを支援するツールとしての役割が与えられる．コンピュータは指導を行うことはないが，代わりに学習者や教師にとって有益と思われるさまざまな情報を提示する．例えば，採点は行わないものの，言語活動履歴や反応速度などから推定した学習者の現在の語学能力を提示することや，Web上のテキストや動画などの教材候補に対して推定した難易度などを提示することが挙げられる．これらの情報は，自習においても，教師による指導においても有益といえるであろう．

さらに拡大して解釈すれば，学習者や教師を支援できるもの全般，例えばスペルチェック，文法解析，機械翻訳を指して支援型CALLシステムと呼ぶことも可能であろう．音響面からの支援を行えるものとしては，スペクトログラム，フォルマント，基本周波数の可視化を行うソフトウェアから，発話速度の変換，音声認識や音声合成プログラムを挙げることができる．

発話速度の変換は「聞く」能力の学習において有益であり，音声合成はテキストがどのように読まれるか/読むべきかを学習するのに役立てることができる．母語話者モデルを用いた音声認識では非母語話者の音声をうまく認識できないことを逆手にとれば，学習者が自身の発音や文法がネイティブらしいかを「正しく認識されるか」という点からチェックするといった使い方も考えられる．教師側への支援としては，ネイティブ教師にとっては，習熟度が低い学習者の発話を理解できないことがあるので，学習者が読んでいるテキストと発話を音声認識のモデルを用いて自動で対応付け，カラオケ字幕のように現在の発音箇所を提示する評価支援もある．

ただし，語学やコンピュータの専門家以外には，これらのツールの利用方法や語学学習との関連を理解するのが難しく，一般ユーザー向けのCALLシステムへの発展が望まれる．

（3）インフラタイプのCALL このタイプでは，コンピュータには人と人の協調を助ける役割が与えられている．システムを介して学習者同士や学習者と教師が空間や時間を超えて繋がり，協調的に学べる．電子掲示板，電子メール，チャットシステムを用いたCALLシステムが典型的である．インターネット上のブログや動画投稿・共有サイトなどをCALLシステムに利用することも考えられる．

利用者が外国語の技能を，場合によっては学習していると意識せずに，自然に身につけられる環境を提供できるかが今後の鍵であろう．

◆ もっと詳しく！
河原達也，峯松信明：音声情報処理技術を用いた外国語学習支援，電子情報通信学会論文誌，**96-D**, 7, pp. 1549–1565 (2013)

重要語句　特性曲線法，特性法，MM-MOC法，移流方程式，エルミート補間，コロケート格子，数値分散，空間微分値，数値散逸

CIP法
[英] constrained interpolation profile method

時間領域数値解析法の一つ。CIP法のオリジナルは，流体力学分野でYabeらによって提案された。この手法が他の手法と大きく違うのは，解くべき場の空間微分値を陽に計算に組み込んで，同時に解くという点である。そして，この工夫により，広帯域にわたって数値分散誤差を小さく抑えることができるのである。

A. CIP法と音響数値解析

音響数値解析にCIP法を適用する場合，支配方程式（運動方程式，連続の式）は移流方程式の形に変形され，いわゆる進行波と後退波に分離されて計算が行われる。この移流方程式に変形して計算を行うという考え方は，**特性曲線法**または**特性法**（method of characteristics; MOC）と呼ばれ，1970年代以前から知られていたテクニックである。

したがって，音響CIP法は，従来あった特性曲線法をベースに，空間微分値も同時に解くという考え方を組み合わせた手法ということもできる。このような考え方に基づけば，正式にはCIP-MOC法と呼ぶべきかもしれない。もっと踏み込むならば，音響解析におけるCIP法とは，特性曲線法（MOC）にmulti-moment（MM）という考え方を組み合わせた手法であることから，**MM-MOC法**などと呼ぶほうがわかりやすいかもしれない。ただ，一方で，「特性曲線法で解く」ということも含めてCIP法と考える場合もあり，単にCIP法と呼んでしまうこともある。

同じ時間領域解法であるため，CIP法とFDTD（finite-difference time-domain）法がしばしば比較されるが，支配方程式（⇒ p.444, B.の最初の式）に対する最初のアプローチが決定的に違う。支配方程式をそのまま差分するFDTD法と，特性曲線法で解くCIP法には，それぞれにメリット/デメリットがあるので，解析対象によって適切な手法を選ぶことで効率的な音響数値解析が可能となる。

B. 特性曲線法と音響数値解析

音場の支配方程式（連続の式と運動方程式）より

$$\frac{\partial}{\partial t}(p \pm Zu_x) \pm c\frac{\partial}{\partial x}(p \pm Zu_x) = 0$$

のように，x方向に対して$p \pm Zu_x$の**移流方程式**が得られる。ただし，Zは特性インピーダンス，cは媒質中の音速である。

さて，CIP法が従来の特性曲線法と大きく異なるのは，ここからである。CIP法では，音圧，粒子速度という物理量に加えて，その空間微分値も陽に計算に組み込む。すなわち，上式の両辺をxで偏微分して

$$\frac{\partial}{\partial t}(\partial_x p \pm Z\partial_x u_x) \pm c\frac{\partial}{\partial x}(\partial_x p \pm Z\partial_x u_x) = 0$$

を得る。CIP法では，これらの式に基づいて，$p \pm Zu_x$および$\partial_x p \pm Z\partial_x u_x$に対して，**エルミート**（Hermite）**補間**を用いて移流計算を行う。下図にCIP法による移流計算のモデルを示す。

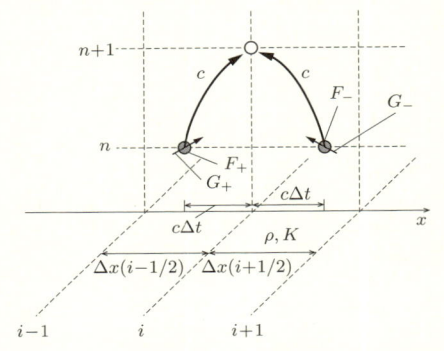

このモデル図より移流を考えると，伝搬速度がcで，タイムステップがΔtであるので，以下の式に示すように，$(n+1)\Delta t$の時刻の物理量は，求めるべき点から$c\Delta t$だけ離れた点での$n\Delta t$時刻における値となることがわかる。

$$F^{n+1}_{x\pm}|_{i\Delta x} = F^{n}_{x\pm}|_{i\Delta x \mp c\Delta t}$$
$$G^{n+1}_{x\pm}|_{i\Delta x} = G^{n}_{x\pm}|_{i\Delta x \mp c\Delta t}$$

ただし，実際の計算では$F^{n}_{x\pm}(i\Delta x \mp c\Delta t)$および$G^{n}_{x\pm}(i\Delta x \mp c\Delta t)$はグリッド上の点でないために，存在しない値である。したがって，前後のグリッド上の値を利用した補間計算によって求めることになる。

C. CIP音響数値解析のグリッドモデル

CIP法を実装・計算するためのグリッドモデルは，**コロケート格子**（collocated grid）である。したがって，離散化したすべての場の値（音圧と粒子速度）が同じグリッド上に存在するモデルであり，FDTDのスタガード格子（staggered grid）モデルとは大きく異なる。この二つのグリッドモデルには，それぞれメリット/デメリットがある。例えば，媒質パラメータの配置についてコロケート格子は1/2グリッドのずれがな

いため，媒質間境界の位置を厳密に設定することができる．CIP 解析の 2 次元グリッドモデルを下図に示す．

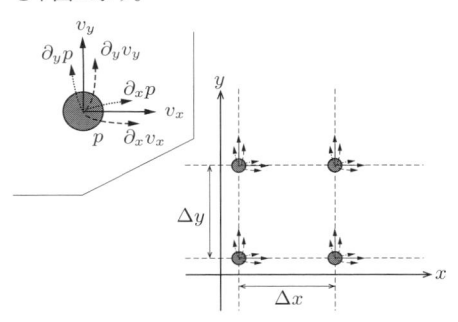

D．数値分散と CIP 法の考え方について

時間領域の数値解析法の一番の利点は，計算の過程で波動伝搬の様相が見えることであるため，波形ひずみの影響は無視できず，計算手法としては数値分散誤差が小さいことが重要となる．特に，パルス性の波の伝搬においては，パルス幅に対してグリッドサイズを十分に小さく設定できない場合，数値分散誤差が大きい手法では，この誤差の効果により本来のパルス波形が大きくひずんでしまう．

これは，シミュレーション結果として得られた波形が伝搬過程で物理的な要因によって変化したのか，または手法の持つ数値分散性によって変化したのか，という疑問を発生させる．したがって，パルス性の波の伝搬を扱う場合，広い周波数領域にわたって数値分散誤差が小さいことが求められる．下図に数値分散のイメージを示す．図から，伝搬に伴い波形がひずむことがわかる．

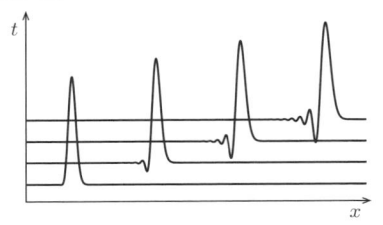

これに対して，CIP 法は単に空間離散化の刻み（グリッドサイズ）を小さくするのではなく，グリッド上の場の値（音圧および粒子速度の値）に加えて，グリッド上のそれらの**空間微分値**も同時に計算し伝搬させる手法である．つまり，数値分散を低減するためにグリッドサイズを小さくするのではなく，グリッドサイズはそのままに空間微分値を用いて高精度化を行うのである．この工夫により，CIP 法は従来法に比べて数値分散誤差の小さい結果が得られ，数値的な波形のひずみを低減させることができる．

E．外部吸収境界の取り扱い

もう一つの CIP 法の重要な特徴として，外部吸収境界条件について述べる．外部吸収境界は開放空間を計算機上で作るのに必要なテクニックである．一方，CIP 法は特性曲線法であり，自動的に平面波成分は吸収されるため，原理的には新たな吸収境界を設ける必要はない．ここで，特性曲線法で自動的に設定されることになる外部吸収領域については平面波吸収に対する精度が保証されるので，1 次元解析では無反射終端の条件を満たすが，多次元化したときには，完全な平面波となっていない成分はある程度反射してしまうことは知っておく必要があるだろう．より高い吸収精度が求められるときは，PML といった仮想吸収層などを利用する必要がある．

F．媒質間境界の取り扱い

解析領域に，異なる媒質が存在するモデルを計算する場合，媒質間の境界条件を計算に組み込む必要がある．CIP 法は計算に陽に場の空間微分を用いているため，以下に示す音圧と粒子速度のディリクレ条件およびノイマン条件を考慮し，空間微分についての透過係数および反射係数を与える必要がある．

$$p_1 = p_2, \quad v_{x1} = v_{x2}$$
$$\frac{1}{\rho_1}\partial_x p_1 = \frac{1}{\rho_2}\partial_x p_2, \quad K_1 \partial_x v_{x1} = K_2 \partial_x v_{x2}$$

ただし，ρ_1, ρ_2, K_1, K_2 は，二つの媒質 1, 2 の密度と体積弾性係数を表している．

G．数値散逸とその問題点について

CIP 法があらゆる場面で万能であるということはない．数値分散が小さく波形がひずまないという特徴は非常に有効であるが，一方で CIP 法は数値的にエネルギーが保存されず，**数値散逸**による誤差が生じる．解析対象によっては，この数値散逸誤差が問題となるため，その解決法として 2 階微分やマルチサポートポイントを用いる方法が提案されている．

◆ もっと詳しく！
日本建築学会 編：はじめての音響数値シミュレーション プログラミングガイド，コロナ社 (2012)

重要語句　中心差分近似，スタガードグリッド，リープフロッグアルゴリズム，安定性，分散性

FDTD法
[英] finite-difference time-domain method

数値解析手法の一つ。微分方程式中の微分係数を有限個の離散値を用いた差分商で近似する有限差分法のうち，時間領域で処理を行うもの。その中でも特に，K. S. Yeeによって提案された手法，すなわち，スタガードグリッド上に定義された物理量をリープフロッグアルゴリズムに基づいて時間発展的に求める手法を指す場合が多い。

A. 中心差分近似

連続で微分可能な関数 $f(x)$ の $x=x_0$ における微分係数を，正の実数 Δx を用いて

$$\left.\frac{df}{dx}\right|_{x=x_0} \approx \frac{f\left(x_0+\frac{\Delta x}{2}\right)-f\left(x_0-\frac{\Delta x}{2}\right)}{\Delta x}$$

と近似する。これを**中心差分近似**と呼び，2点の関数値を参照する差分近似の中では，下図に示すように前進差分近似，後退差分近似よりも近似精度が高い。FDTD法では，この近似を効率的に用いることで，簡便ながら比較的精度の高い計算を可能としている。

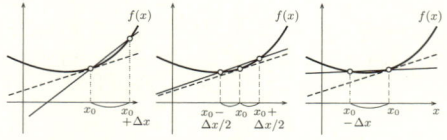

(a) 前進差分近似　(b) 中心差分近似　(c) 後退差分近似

B. 音場解析への適用

簡単のため，つぎの運動方程式と連続方程式で支配される1次元音場を考える。

$$\rho\frac{\partial v}{\partial t}=-\frac{\partial p}{\partial x}$$

$$\frac{\partial p}{\partial t}=-\kappa\frac{\partial v}{\partial x}$$

ここで，ρ は密度，v は粒子速度，p は音圧，κ ($=\rho c^2$) は体積弾性係数，c は音速である。本来，粒子速度や音圧は時間 t と空間 x に関して連続的に変化する物理量であるが，計算機では連続な関数を扱うことができないため，離散化を行ってこれを近似する。FDTD法では，次図のように粒子速度と音圧の参照点を時間的にも空間的にもずらして配置する。

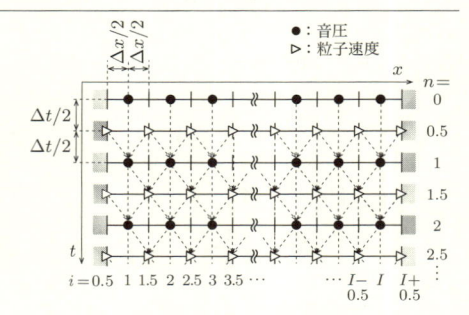

この互い違いに配置された格子を**スタガードグリッド**と呼ぶ。また，Δx を空間離散化幅，Δt を時間離散化幅と呼ぶ。ここで，x 方向に関して何番目の音圧参照点であるかを i，時間に関して何番目の音圧参照点であるかを n を用いて表すこととする。i を空間ステップ，n を時間ステップと呼ぶ。ここでは，空間ステップが i で時間ステップが n の参照点の音圧を p_i^n と表記する。粒子速度の参照点は，音圧の参照点より時間的にも空間的にも半ステップずれた位置に定義されているため，上図のように ± 0.5 を付してこれを表現する。音圧の表記と同様に，空間ステップが $i+0.5$，時間ステップが $n+0.5$ の粒子速度を $v_{i+0.5}^{n+0.5}$ と表記する。

このような離散化のもと，運動方程式内および連続方程式内の偏微分係数に中心差分近似を適用すれば，支配式はつぎのように変形される。

$$\rho\frac{v_{i+0.5}^{n+0.5}-v_{i+0.5}^{n-0.5}}{\Delta t}=-\frac{p_{i+1}^n-p_i^n}{\Delta x}$$

$$\frac{p_i^{n+1}-p_i^n}{\Delta t}=-\kappa\frac{v_{i+0.5}^{n+0.5}-v_{i-0.5}^{n+0.5}}{\Delta x}$$

これらの式を最も時間ステップの大きい物理量についてまとめれば，つぎのようになる。

$$v_{i+0.5}^{n+0.5}=v_{i+0.5}^{n-0.5}-\frac{\alpha}{Z}(p_{i+1}^n-p_i^n)$$

$$p_i^{n+1}=p_i^n-\alpha Z(v_{i+0.5}^{n+0.5}-v_{i-0.5}^{n+0.5})$$

これらを更新式と呼ぶ。ここで，α ($=c\Delta t/\Delta x$) はクーラン数と呼ばれ，後述する安定性や分散性に強い関わりを持つパラメータである。また，Z ($=\rho c$) は特性インピーダンスである。これらの式によれば，$n-0.5$ ステップ時の粒子速度の値と n ステップ時の周囲の音圧から $n+0.5$ ステップ時の粒子速度を，n ステップ時の音圧と $n+0.5$ ステップ時の周囲の粒子速度から $n+1$ ステップ時の音圧を，それぞれ求めることができる。したがって，初期条件として0ステップ時の音圧分布と0.5ステップ時の粒子速度分布

が与えられれば，1ステップ時の音圧分布を計算することができ，つぎに，0.5ステップ時の粒子速度分布と先ほど求めた1ステップ時の音圧分布から1.5ステップ時の粒子速度分布を計算することができる．この処理を繰り返すことで，対象領域の端点以外のすべての参照点の値を得ることが可能となる．このように，半時間ステップごとに音圧分布と粒子速度分布を交互に，かつ，逐次的に計算する方法を，リープフロッグアルゴリズムと呼ぶ．

端点に配置された$i = 0.5$, $I + 0.5$の粒子速度については，$i = 0$, $I+1$の音圧参照点が定義されていないため，上述の更新式では計算することができない．そこで，対象領域の端に境界条件を設定し，これらを算出する．例えば，剛な境界であれば，$v_{0.5}^{n+0.5} = 0$, $v_{I+0.5}^{n+0.5} = 0$とすればよく，また，表面インピーダンスが実数zで表現される境界であれば，$v_{0.5}^{n+0.5} = -p_1^n/z$, $v_{I+0.5}^{n+0.5} = p_I^n/z$とすればよい．

C. 安定性と分散性

FDTD法は，空間離散化幅と時間離散化幅によって，解が発散したり，波形が乱れたりする場合があるため，注意が必要である．

解が発散するなどの異常な現象が現れない性質を**安定性**と呼び，それを確保するための条件を安定条件と呼ぶ．安定条件を導出するため，純音の進行波を考え，$v_{i+0.5}^{n+0.5} = v'X^{n+0.5}e^{-jk(i+0.5)\Delta x}$, $p_i^n = p'X^n e^{-jki\Delta x}$とおく．ここで，$v'$, p'は初期振幅，Xは複素振幅増幅率，jは虚数単位，kは波数である．これらを更新式に代入すれば，v', p'に関する連立方程式となるが，この方程式が自明でない解を持つための条件から$X = \zeta \pm \sqrt{\zeta^2 - 1}$が求められる．ここで，$\zeta = 1 - 2\alpha^2 \sin^2(\pi\Delta x/\lambda)$，$\lambda$は波長である．解が発散しないための条件は$|X| \leqq 1$であり，上述の式を代入して整理すれば，$\alpha \leqq 1$となる．すなわち，クーラン数が1以下であれば解は安定し，逆に少しでも1を超えれば解は発散する．

さて，解が安定であれば正確な計算ができるかというと，そうではない．FDTD法は，周波数によって，また，2次元音場や3次元音場の場合には伝搬方向によっても，位相速度に誤差を生じる性質を持つ．これを**分散性**と呼ぶ．Δt当りの理想的な位相変化量は，ωを角速度とすれば$\omega\Delta t$であるが，FDTD法では上述の式より，$\angle X = \tan^{-1}(\sqrt{1-\zeta^2}/\zeta)$となる．$\alpha = 0.4$, 0.8, 1とした場合の位相変化量の相対誤差を$\Delta x/\lambda$の関数として表したグラフを下図に示す．αが1でない場合には，$\Delta x/\lambda$の値が大きくなるほど，すなわち，周波数が高くなるほど，誤差も大きくなることがわかる．一方，αが1の場合には，周波数によらず，誤差が0となる．差分近似そのものは離散化幅が小さいほど近似精度が高くなるが，FDTD法による解の精度はクーラン数，すなわち，位相速度と時空間の離散化幅の関係によって決まることに注意されたい．

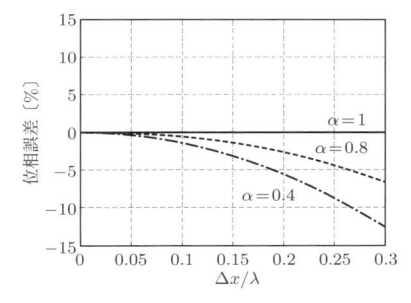

D. 利点と欠点

FDTD法の利点はその簡便さである．手法そのものの本質は微分係数を差分商で近似するという単純なものであるため，理解も実装も比較的容易であり，基本的には誤差の要因もそこに集約される．計算処理も単純であるため，並列計算（⇒ p.52, p.448）との相性が良く，また，微分方程式さえ明らかであれば，音場（⇒ p.364），振動場，連成場（⇒ p.244）のいずれであっても同様の考え方で計算が可能であるため，その適用範囲は広い（⇒ p.238）．

一方，欠点は，多次元場の境界形状を階段近似しなければならない点である．FDTD法で採用される近似は1次元的な内挿に基づいたものであるため，空間の離散化は必ず構造格子上で行わなければならず，その結果，参照点は座標軸に対して平行に並ぶことになる．したがって，軸に平行でない斜面や曲面は構造格子のグリッドに沿って階段状に近似せざるを得ない．その場合，その面の境界条件が階段形状でも適切に実現されるよう工夫が必要となる．さらに，軸のとり方を変えると，同じ解析対象であっても近似形状が変わり，計算結果も変化してしまうことに注意されたい．

◆ もっと詳しく！

豊田政弘 編著：FDTD法で視る音の世界，コロナ社（2015）

重要語句　固有周波数，固有値問題，モード解析，離散化運動方程式，連立1次方程式，FDTD法，BEM

FEM
[英] finite element method

有限要素法。連続体を離散的な節点からなる要素の集まりと見なし，変位や応力などを求める手法で，音響分野でも，BEMやFDTD法と同様に，音の波動性を考慮した数値解析手法の一つとして広く用いられている。

A. 概要

1950年代に構造解析の手段として登場したFEMは，60年代中頃には音響分野へも適用され始めた。初期の間は小規模空間の固有周波数の算定やダクトの解析などが試みられていたが，コンピュータの発展や，高速・大規模化手法の開発に伴い，複雑な3次元音場や大規模な音場解析も可能となりつつある。

音響問題を対象とした場合，FEMは空間領域を要素（element）に分割することから，基本的にはFDTD法同様閉空間を解析対象とする。周波数・時間領域両方の解析が可能であり，さらに音場全体を構成する行列の**固有値問題**から**モード解析**を直接的に行える。振動連成解析(⇒p.244)や不均質な媒質の取り扱いも比較的容易で，拡張性に優れている。

B. 離散化運動方程式

音響問題としてその対象を音圧とした場合，(1) 音圧はたがいに連結した節点（node）間のみを伝わる，(2) 要素内部および隣接する要素間で音圧は連続する，(3) 要素内部の音圧場を内挿関数への要素節点の音圧の代入により近似する，を原則として構成した汎関数へ変分原理を適用する，あるいは波動方程式へGalerkin法を適用することで，**離散化運動方程式**が導出される。ここでは，矩形の領域 Ω 内の音場（媒質密度 ρ，音速 c）を6面体要素 e により分割する場合を例に説明する。

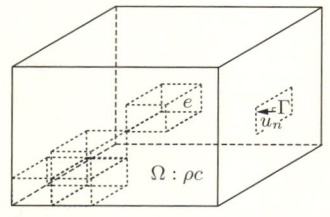

ある要素 e 内任意点 $Q(x,y,z)$ の音圧 p は，要素節点音圧ベクトル $\boldsymbol{p}_e$ から内挿関数ベクトル $\boldsymbol{N}(x,y,z)$ により，次式のように近似する。

$$p(x,y,z) = \boldsymbol{N}(x,y,z)^T \boldsymbol{p}_e$$

このとき，音圧 p が面 Γ に作用した際の垂直方向変位成分を u_n として，上記手順により導出される離散化運動方程式は

$$(\boldsymbol{K} + j\omega \boldsymbol{C} - \omega^2 \boldsymbol{M})\boldsymbol{p} = -\rho\omega^2 u_n \boldsymbol{W}$$

となる。ただし，ω は角周波数とする。また，式中の各マトリクスおよびベクトルは，以下の要素ごとに計算するマトリクスおよびベクトルから系全体に対して算出されたものである。

$$\boldsymbol{K}_e = \int_e \left(\boldsymbol{N}_{,x}\boldsymbol{N}_{,x}^T + \boldsymbol{N}_{,y}\boldsymbol{N}_{,y}^T + \boldsymbol{N}_{,z}\boldsymbol{N}_{,z}^T\right) dV$$

$$\boldsymbol{M}_e = \frac{1}{c^2} \int_e \left(\boldsymbol{N}\boldsymbol{N}^T\right) dV$$

$$\boldsymbol{C}_e = \frac{1}{c} \int_{\Gamma'} \frac{1}{z_n} \left(\boldsymbol{N}\boldsymbol{N}^T\right) dS$$

$$\boldsymbol{W}_e = \int_{\Gamma_e} \boldsymbol{N} dS$$

なお，$\boldsymbol{N}_{,x} = \partial \boldsymbol{N}/\partial x$, $\boldsymbol{N}_{,y} = \partial \boldsymbol{N}/\partial y$, $\boldsymbol{N}_{,z} = \partial \boldsymbol{N}/\partial z$ とし，吸音性を持つ壁面 Γ' の垂直入射音響インピーダンス(⇒p.364)を z_n とする。モード解析を利用して固有値問題，もしくは**連立1次方程式**として上記の離散化方程式を解けば，Ω 内全節点の音圧が得られる。

一方，逆フーリエ変換(⇒p.382)することにより，以下の半離散化運動方程式が得られる。

$$\boldsymbol{M}\ddot{\boldsymbol{p}} + \boldsymbol{C}\dot{\boldsymbol{p}} + \boldsymbol{K}\boldsymbol{p} = \rho \dot{v}_n \boldsymbol{W}(=\boldsymbol{f})$$

ここで，"·"と"··"はそれぞれ時間 t に関する1階微分，2階微分，v_n は法線方向粒子速度を表す。また，$\boldsymbol{f}$ は外力項である。さらに，直接時間積分法を適用すれば，時間領域における Ω 内の全節点の音圧 $\boldsymbol{p}$ が算出される。

C. 音響要素と分割数

複雑な形状を有する3次元音場の解析では，一般に4面体や6面体の音響要素が用いられる。また，6面体の音響要素としても，各頂点にのみ節点のある8節点要素や，そのすべての間に節点のある27節点要素のほか，20節点や32節点の要素なども提案されている。他の離散化解析手法と同様，有限要素法も基本的に要素分割を細かくすると解析精度は上昇するが，両者の関係は用いる要素により異なる。ここでは，比較の容易な8節点6面体要素と27節点6面体要素について述べる。

ある有限要素の節点 $Q_i(\xi_i, \eta_i, \zeta_i)$ におけるポテンシャル（音圧など）を用いて補間近似により要素内任意点 $Q(\xi, \eta, \zeta)$ のポテンシャルを求めるための関数を内挿関数と呼び，さらに，同一の節点と関数を形状の近似にも適用し構成し

た要素をアイソパラメトリック（isoparametric）要素と呼ぶ．有限要素法では，この内挿関数を構成するために，ラグランジュ関数が広く用いられているが，27節点6面体要素に対して自然スプライン（spline）関数を適用する要素も提案されている．

下図は，8節点6面体要素（Lin8）を適用した場合を例に，全面剛壁の音響管内音場の固有振動数を前述の離散化方程式より求めた値と解析値との差を誤差（ε）とし，節点間距離に対する波長の割合（λ/d）と誤差との関係を示したものである．

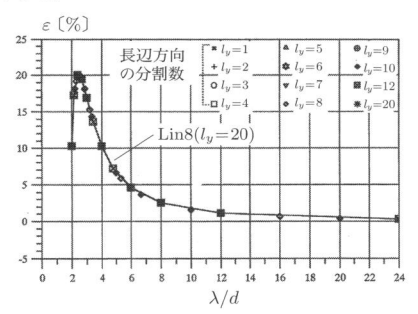

長辺方向の分割数（l_y）が異なる結果をあわせて示しているが，分割数や周波数にかかわらず，誤差はλ/dで決定していることがわかる．また，λ/dが4を超える分割数を用いると誤差10％未満の解析精度が見込めるが，誤差1％未満の解析精度が必要な場合，16以上のλ/dが必要になる．

内挿関数としてラグランジュ関数を用いた27節点6面体要素（Lag27），同じく自然スプライン関数を用いた27節点6面体要素（Spl27）を適用した場合で同様の数値実験を行うと，Lin8同様，誤差はλ/dで決定し，$\lambda/d=4$で誤差約10％となったが，$\lambda/d>4$で誤差が急激に減少し，誤差1％未満の解析精度が見込めるλ/dはLag27を用いた場合で6，Spl27を用いた場合で4.8であった．

D. 特徴と計算効率化

FEMは，前述のように室内空間を分割する必要があるが，**FDTD法**（⇒p.444）は基本的に連立1次方程式を解く必要がないのに対し，前述の離散化方程式を連立1次方程式として解く必要があるため，計算記憶容量，時間ともに多くなる傾向にある．ただし，上で示した分割数は，同様の解析精度を求める場合，一般的にFDTD法に比べて少なくできるため，自由度数は少なくなる．

一方，境界のみを分割する**BEM**（⇒p.438）に比べると，必要な自由度数が多くなり，さらに，外部問題（開領域）を扱うには無限要素などの導入が必要となる．しかし，BEMが基本的に係数行列が密行列であるのに対し，FEMの係数行列は，27節点6面体要素を適用する場合は1行当り125個，8節点6面体要素を適用する場合は1行当り27個の非ゼロ成分からなる．下図にFEMで用いる行列の非ゼロ要素の例を示す．このように，大部分の要素がゼロである疎行列となる．

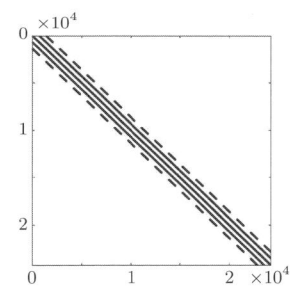

この性質を利用して，連立1次方程式の解法に反復解法を適用すると，係数行列として非ゼロ要素のみを保持すればよいため，計算記憶容量の大幅な削減が可能である．反復解法を適用し，単純な立方体を想定した場合の，前述のλ/d，解析上限周波数$f_{\max}$〔Hz〕，室容積V〔m^3〕と必要記憶容量RM〔byte〕の関係は，下式で概算される．

$$\mathrm{RM} \approx a \cdot V \cdot \left(\frac{\lambda/d \cdot f_{\max}}{c}\right)^3 \text{〔byte〕}$$

ここで，aは定数であり，周波数応答解析では$a=1000$，時間応答解析では$a=1600$である．この式によると，$\lambda/d=5$とした場合，例えば，20 000 m^{3}程度の室の500 Hzまでの応答を求めようとすれば，周波数応答解析では8 GB程度，時間応答解析では13 GB程度の記憶容量で解析が可能となる．

また，計算時間に関しては，反復解法の収束性に依存することになるが，近年の適用例によると，時間応答解析では対象とする音場，周波数によらず20回以下の疎行列ベクトル積演算で収束している．

◆ もっと詳しく！
日本建築学会 編：音環境の数値シミュレーション―波動音響解析の技法と応用，第3章ほか，日本建築学会（2011）

重要語句 並列処理，メニーコアアーキテクチャ，超並列計算，GPGPU，計算高速化，マルチGPU，リアルタイム可視化

GPUを利用した高速計算
［英］GPGPU (general-purpose computation on graphics processing units)

GPUとはgraphics processing unitの略称であり，本来はグラフィック処理専用ハードウェアで，コンピュータの画像表示・描画を担うユニットである。このユニットはいまや3000個を超えるプロセッサコアを有しており，この膨大なコアによる並列計算を汎用計算に応用しようとする取り組み（メニーコアアーキテクチャを用いた超並列計算アプローチの一つ）がGPGPUである。

A. GPUを利用した計算機環境

（1）コンピュータの利用　　近年の計算機環境の向上は目覚ましく，音響工学においてもいまやコンピュータを利用しない研究・開発のアプローチはほぼないだろう。数値シミュレーションや大規模データ解析，大容量信号処理など，コンピュータなしには成立しない。

一方で，コンピュータの性能に目を向けると，近年ではCPUクロック周波数の向上に頼る計算性能向上はほぼ頭打ちとなり，クロック周波数至上主義は終焉を迎え，代替の高性能化法として**並列処理**が重要な技術となっている。

（2）GPGPUの利用　　そのような並列化による高速化法の中で，メニーコアアーキテクチャを用いた**超並列計算**を利用するアプローチが注目を浴びている。GPGPUはそうしたメニーコアを用いた超並列計算手法の一つである。GPUは本来コンピュータの画像表示・描画を担うユニットであるが，このユニットはいまや3000個を超えるプロセッサコアを有しており，この膨大なコアを汎用計算に応用しようとする取り組みが**GPGPU**である。

（3）GPUの特徴と性能　　GPUのコア1個当りの演算処理能力はCPUのコア1個当りの演算処理能力には劣るものの，GPUの有する膨大なコアに同時並行で演算させることで，GPGPUはトータルの演算性能を向上させるというアプローチをとっている。

現在のGPUの演算性能は数年前と比較して飛躍的に向上しており，最新のGPUボードは1機当りに3000個程度のコアを搭載し，計算アクセラレータとしてCPUクラスタや小型スーパーコンピュータに匹敵する演算性能を秘めていると考えられる。

したがって，大型の計算機を使用しなくとも，下図のようにパソコンのPCIスロットにGPUを接続することで，高速計算を行うことができるのである。さらに，複数のGPUを利用するマルチGPU計算も可能であり，これはまさに，パーソナルスーパーコンピュータと呼べるだろう。**計算高速化**を実現する手段において，GPUはコストパフォーマンスの高いアクセラレータとして位置付けられるといえる。

B. CUDAの利用とプログラミング

（1）CUDAの登場　　GPUは，ハードウェアの性能としては2005年前後から急速に向上し，ソフトウェア的にはGPUコンピューティングの開発環境としてCUDA (compute unified device architecture) が2006年にリリースされたのを契機に多くのシェアを獲得し，さまざまな分野で応用・実用化が進んでいる。

（2）CUDAの利用とGPUコンピューティングの発展　　CUDAはGPUベンダーのNVIDIA社が提供しているGPUコンピューティング向けのC言語をベースとした統合開発環境である。C言語標準の型が使えず開発の敷居が高かったCgなどのグラフィックス用言語とは異なり，CUDAはC言語の型を用いてC言語ライクに開発できるため，汎用数値計算を容易に行えるようになった。

CUDAにおける最小実行単位はスレッドと呼ばれ，スレッドを32個まとめたものをワープと呼ぶ。また，CUDAではスレッドのまとまりをブロック，ブロックのまとまりをグリッドと呼び管理する。

C. 計算のボトルネックについて

（1）メモリへのアクセスとコアの演算速度の関係　　FDTD法を含む現在の主流となっている時間領域数値解析法（⇒p.442, p.444）や音響信号処理（⇒p.52, p.326）などでは，計算のボトルネックとなっているのは，メモリとコアの間の転送速度である。コンピュータを用いた計算プロセスはおよそ次図のように表せる。この図を見るとわかるように，コアで計算を行うためには，メモリから計算に使用するデー

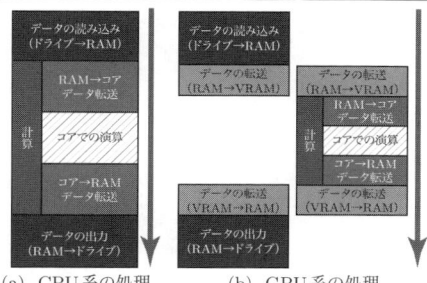

(a) CPU系の処理　(b) GPU系の処理

タを読み込み，さらに計算したものをメモリに書き込みするプロセスが必要となる．ここで重要なことは，この「読み込み・書き込みにかかる時間」と「コアの演算速度」のバランスで「トータルの計算時間」が決まるということである．

すなわち，いくらコアの演算性能が良くても，メモリの読み込み・書き込みの速度が遅ければ，メモリへのアクセス待ち状態が続き，コアの最大性能を引き出すことができず，トータルの計算時間は長くなってしまう場合がある．

（2）メモリ帯域幅　この読み込み・書き込みの性能には，計算機のスペックのうちメモリ帯域幅（例えば200 GB/sというように表記される）と呼ばれる項目が大きく関わっており，演算回数に比べてデータの読み込み・書き込みの比率が多い場合，このメモリ帯域幅の数値が大きいほどトータルの計算時間を短くすることができる，といえるだろう．

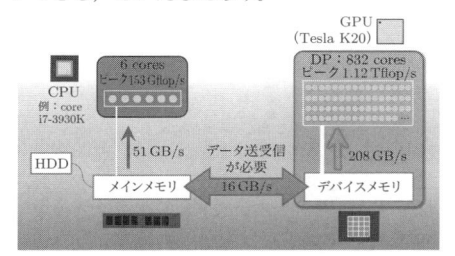

上図は，一般的なGPUを搭載したコンピュータ（CPU：core i7-3930K，RAM：クワッドチャネルアクセス，GPU：Tesla K20，接続：PCIe3.0）を示している．この例では，CPU計算で用いるRAMの帯域幅は51 GB/s（理論性能），これに対してGPU計算では，VRAMの帯域幅は208 GB/sであり（2015年上期で最新のGPUは300 GB/sを超える），多くのアプリケーションで，この差がトータルの計算時間に最も影響する．

したがって，GPUの良さは，多数のコアを用いた並列処理とともに，コアとデバイスメモリ間のメモリ帯域幅の広さということになる．

D．マルチGPU計算

ビデオカード（GPUボード）に搭載されているVRAMの容量は有限であり，大規模領域を計算する方法として必要となるのは，複数のGPUを並列に動作させ計算させる**マルチGPU**と呼ばれる技術である．コンピュータによっては，マザーボードにPCI Expressバスのスロットが複数搭載されており，この場合，GPGPU用ビデオボードを同時に複数枚搭載できる．

E．GPGPUの応用例

下図に，3次元計算領域の音響FDTD法（⇒p.444）の計算をCPUとGPUで実行した場合の計算時間をそれぞれ示す（単精度型，計算領域256×256×256セル，計算回数1 024回）．

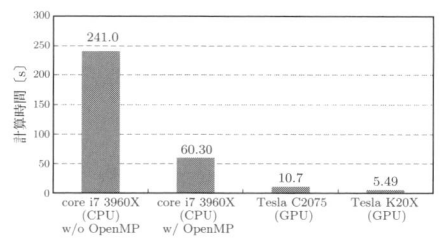

計算例では，GPUとしてTesla K20XとC2075を使用している．ただし，計算には単精度型を用いている．この図より，FDTD法ではシングルGPU（K20X）でCPU（Core i7 3960X（OpenMPで12スレッド並列））の約11倍の高速化が実現できている．

F．GPGPUの課題と未来

GPUコンピューティングにおけるさらなる応用としては，描画用ライブラリとの連携によるGPGPU **リアルタイム可視化技術**がある．

一方，現状ではGPGPUにはCUDAの使用が必須であり，C言語ライクとはいえ，プログラム中に登場する<<<grids, threads>>>の記述について，ビギナーは戸惑うことがあるだろう．今後さらに多くのシェアを得るためには，現在開発が進められているOpenACCなど，ディレクティブ記述によるGPUプログラミングの発展が必要だろう．

◆もっと詳しく！
CUDA Toolkit Documentation: http://docs.nvidia.com/cuda/（2015年8月現在）

重要語句　音源フィルタモデル，スペクトル，基本周波数，メルケプストラム，発話様式

HMM音声合成
[英] HMM-based speech synthesis

統計的パラメトリック音声合成手法の一つ。音声データベースから分析された音響パラメータを隠れマルコフモデル (HMM) を用いてモデル化し，与えられた入力テキストに従って連結した HMM から生成した音響パラメータを合成フィルタに通すことで，音声波形を再現する。

A. 概要

音声の生成過程は，下図に示すような**音源フィルタモデル**により模擬することができる (⇒ p.110)。

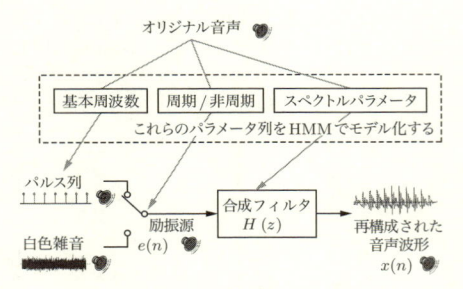

音声波形から抽出された (1) **スペクトルパラメータ**，(2) **基本周波数**，(3) 周期/非周期情報からなるパラメータの列を用いることで，もとの自然音声を聴感的に良く近似することができるため，これらの音響パラメータの列を入力テキストから推定することができれば，あらゆるテキストから音声を合成することが可能となる。HMM音声合成では，このような音響パラメータの列とそれに対応するテキストの関係を HMM (hidden Markov model; 隠れマルコフモデル) によってモデル化する。下図の観測系列が音響パラメータの列に対応しており，HMM は各状態における遷移確率と出力確率分布をモデルパラメータとして保持する。

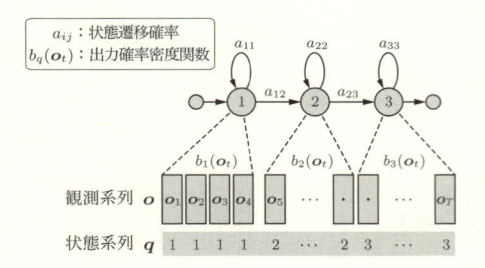

a_{ij}：状態遷移確率
$b_q(o_t)$：出力確率密度関数

B. HMMによる音響パラメータ列のモデル化

HMM 音声合成システムのブロック図は，下に示すようなものとなる。

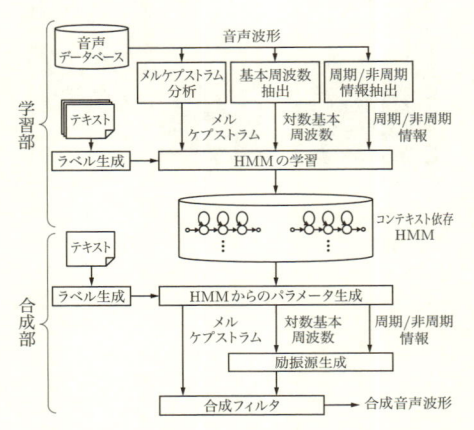

図の上側がHMMの学習部である。通常，HMMは音素などの音声単位に対応する長さの音響パラメータ列をモデル化する。モデルパラメータである遷移確率と出力確率分布は，期待値最大化 (expectation maximization; EM) アルゴリズムによって推定することができる。以下，HMMによる音響パラメータ列のモデル化において用いられる手法について述べる。

状態出力分布　音声認識 (⇒ p.116) の分野では，スペクトルパラメータ列のみを HMM によりモデル化することが一般的だが，音声には音の高さなども含まれるため，音声を再構成するために必要となる (1) スペクトルパラメータ，(2) 基本周波数，(3) 周期/非周期情報を連結したベクトルを用いる。スペクトルパラメータとしては，メルケプストラムや線スペクトル対 (line spectral pairs; LSP)，メル一般化ケプストラムなどが用いられる。基本周波数としては対数基本周波数が用いられるが，無声部で値がないという特殊な時系列であるため，このような時系列を扱うことのできる多空間確率分布HMM (multi-space probability distribution HMM; MSD-HMM) を用いる。いずれのパラメータも，学習用の音声データベースから自動抽出され，モデル学習に利用される。

動的特徴　音響パラメータ列には，動的特徴と呼ばれる各パラメータ列の時間方向の1次微分および2次微分に対応するパラメータ (Δパラ

メータおよびΔΔパラメータ）を付加して学習する。これは，HMMが時系列の時間方向の相関関係をモデル化しにくい点を補うもので，音声認識などでも広く用いられている手法である。

状態継続長モデル　音声の中に含まれる各音素の長さは，アクセントや品詞，発話様式などによって変動する。時系列の時間方向の収縮変動は，HMMの状態遷移確率によりモデル化されるが，音声の時間的な構造をより精度良くモデル化するために，HMMに明示的な状態継続長分布を導入した隠れセミマルコフモデル（hidden semi-Markov model；HSMM）が用いられる。

コンテキスト依存モデル　音声認識などにおいて，各音素HMMは，先行・後続音素を考慮したトライフォンと呼ばれるコンテキスト依存モデルを用いるが，HMMテキスト音声合成ではそれらのコンテキストに加えて，アクセント，品詞，フレーズ内位置，文長などの言語的なコンテキストを考慮する必要がある。これは，スペクトルパラメータが主として音素コンテキストに影響を受けるのに対し，基本周波数パラメータや継続長は言語的な情報に大きな影響を受けるためである。スペクトルパラメータ，基本周波数，周期/非周期情報の出力確率分布はもとより，継続長モデルの分布に関しても，コンテキスト依存のモデル化を行う。

モデルクラスタリング　コンテキストの組合せから，コンテキスト依存モデルの数は膨大なものとなり，個々のモデルに対するデータ量は極小量となってしまうため，自動的に類似した分布を統合するコンテキストクラスタリングと呼ばれる手法が用いられる。スペクトルパラメータ，基本周波数，周期/非周期情報，継続長モデルはそれぞれ異なるコンテキストに影響を受けるため，それぞれの分布は独立にクラスタリングされる。

以上により構築されるHMM音声合成システムは，声質を表すスペクトル情報，声の高さを表す基本周波数情報，周期/非周期情報，それらの長さを表す時間情報がすべてモデル化されることになり，音声の再現に必要となるすべてのモデルパラメータが自動学習により同時最適化される枠組みとなっていることがわかる。これにより，声質や音量はもとより，発声時間長も自動学習するため，時間構造によって表現される発話様式についても自動学習によりモデル化・再現することができる。

C. 音声波形の再構成

前ページのブロック図の下側が音声の合成部である。まず，入力テキストから推定されたラベル列（コンテキスト依存モデルのモデル名の列）に従って音素単位のHMMを連結することにより得られるHMMから，音響パラメータ列を生成する。音響パラメータ列の生成は，HMMの出力確率が最大化されるように行われるが，時間的に滑らかに変化する系列を得るために，動的特徴を考慮した生成アルゴリズムが用いられる。つぎに，生成された音響パラメータ列を合成フィルタに入力することにより，音声波形が再構成される。

D. 音声データベース

HMMの学習には，特定の話者による音声波形と，それに対応するテキストを数百文用意する。テキストは，あらかじめ音素，アクセント，品詞などを推定し，ラベル列に変換しておく。発話間違いなどもモデル化され，合成される音声に影響を及ぼす可能性があるため，学習に用いる音声とテキストは正しく対応がとれている必要があり，また，発話様式も統一されている必要がある。

E. 特徴

ダイフォン音声合成やユニットセレクション音声合成のように，音声波形を切り貼りする手法では，音声波形をランタイムのシステムに蓄積する必要があるため，通常，10 MBから数百MB，場合によっては数GBのメモリ容量を必要とするが，HMM音声合成ではHMMなどの統計モデルのパラメータのみを蓄積するため，特別な工夫をしないままでも，数MB程度のメモリ容量しか必要としない。冗長なパラメータを削除するなどの工夫をすることにより，数百KB程度でも明瞭性のある音声を得ることができるため，携帯端末や情報家電などにおける組込み用途への応用が比較的容易であるという特徴を持つ。また，HMMのモデルパラメータを適切に変換することにより，さまざまな声質や発話様式の合成音声を得ることができることも，他の手法では実現困難な特徴であり，声を真似る「話者適応」，声を混ぜる「話者補間」，声を作る「固有声」などのアルゴリズムが存在する。

◆ もっと詳しく！

徳田恵一：統計的パラメトリック音声合成技術の動向, 日本音響学会誌, **67**, 1, pp.17–22 (2011)

重要語句 電子楽器, 演奏・操作情報, DTM, DAW

MIDI
[英] musical instrument digital interface

　MIDIは, 電子楽器やコンピュータなどのメーカーや機種を問わず楽器演奏上の情報を伝達するための統一規格である。1981年に日本の電子楽器メーカーが中心となって規格化し, 1982年1月に米国で行われた会合で発表した。

A. MIDIによる演奏情報伝達の基礎

　MIDI規格によって**電子楽器**(⇒p.338)やコンピュータの間で伝達される情報は,「鍵盤を弾く」(音程・強弱),「ペダルを操作する」,「コントロールを操作する」といった演奏・楽器操作の情報であり, 音響・音声の情報とは異なる。音響・音声情報と**演奏・操作情報**のそれぞれをアナログとディジタルに分類したものを下表に示す。

	音響・音声情報	演奏・操作情報
アナログ	レコード カセットテープ	オルゴール
ディジタル	CD・MD WAV・MP3データ 着うた*	MIDI 着信メロディ

*着うたは株式会社ソニー・ミュージックエンタテインメント(SME)の登録商標(第4743044号ほか)

　オルゴールは, 金属のシリンダーやディスクにピンや突起を付けて櫛状の金属板などを弾くことにより演奏を行う。レコードのように音の振動などが記録されているのではなく, 音になる前の演奏の情報が記録されている。MIDIも, 音の情報ではなく演奏の情報を扱うものであり, オルゴールをディジタルにしたものといえる。

　MIDIメッセージ(演奏情報)は, 下図のように, MIDIケーブルで接続されたMIDI OUT端子からMIDI IN端子へ伝達される。演奏のほとんどを占める鍵盤操作はノートデータといい, 鍵盤を押すと, ①鍵盤を押す制御(ノートオン), ②その鍵盤を示す数値(ノートナンバー), ③強弱を示す数値(ベロシティ)の3バイトが伝達される。

①ノートオン	②ノートナンバー	③ベロシティ
90_H	40_H	64_H

MIDI IN　　　　　　　　　　MIDI OUT

電子楽器B　　　　　　　　　電子楽器A

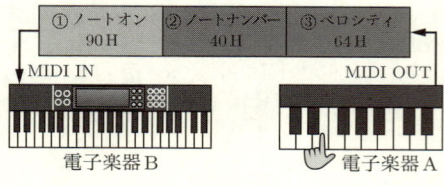

　MIDIメッセージは, 8ビット(1バイト)単位で構成されており, その数値(00_H～FF_H)の内容は下表のようになっている。

数値		内容・意味
データ バイト	00_H ～ $7F_H$	0～127:メッセージの内容や数値
ステータス バイト	$8n_H$	ノートオフ:音を止める, 鍵盤を離す
	$9n_H$	ノートオン:音を出す, 鍵盤を押す
	An_H	ポリフォニックキープレッシャー:ノートオン後, さらに押す(鍵盤ごと)
	Bn_H	コントロールチェンジ:ボリュームやペダルなどを制御
	Cn_H	プログラムチェンジ:音色を切り替える
	Dn_H	チャネルプレッシャー:ノートオン後, さらに押す(チャネルごと)
	En_H	ピッチベンドチェンジ:音程を上下させる
	Fx_H	システムメッセージ:MIDI機器全体を制御

n:0_H～F_HのMIDIチャネルナンバー
x:0_H～F_HのMIDI機器全体の設定の命令ナンバー

　数値のMSB(最上位ビット)が0の場合をデータバイトとして, さまざまなMIDIメッセージ内の数値などを表し, MSBが1の場合をステータスバイトとして, 制御する演奏操作の種類を表している。先述のノートオンの場合, ①がステータスバイト, ②と③がデータバイトである。MIDIメッセージの多くは, ステータスバイトに続き1～2個のデータバイトが送られる形式となっており, このデータバイトで制御の詳細な内容を伝達する。データバイトは7ビットで0～127となるが, 制御内容によっては二つのデータバイトを同時に使用し, 14ビットで0～16383を扱うことも可能である。また, ステータスバイトが直前と同じ場合は省略するなど, 伝達するバイト数, ひいては信号の遅れを減らす工夫が多くされている。MIDIメッセージはシンプルな構造なので, 処理するアルゴリズムは簡潔になり, ハードウェアおよびソフトウェアでの処理も高速に行うことが可能になる。

　MIDIケーブルでの情報伝達には, 送信速度31.25 Kbit/sの非同期方式シリアル転送が使用されている。これは, MIDI規格が発表された1980年代には高速な伝達手段であった。2000年代からは, より高速なUSBやIEEE1394ケーブルでの接続方法が利用され, MIDIケーブルの約400～1600倍の速度での伝達が可能になっている。

B. コンピュータによるMIDIの活用

　メーカーや機種を越えて電子楽器同士を接続し, 演奏情報の伝達を可能にしたMIDIである

が，そのほかにも，つぎのようなことが可能になっている。

（1）**コンピュータによる制御**　MIDIメッセージの伝達手段をコンピュータに持たせたことで，シーケンスソフトウェアが開発され，ハードウェアによるシーケンサよりも高速かつ大容量，大画面での操作が可能となり，個人の自宅などでも容易に音楽が作成できる環境（desk-top music; **DTM**）となった。また，シーケンスソフトウェアと同一のコンピュータで実行されるMIDI音源ソフトウェアを用いる場合，MIDIメッセージはソフトウェア間で通信され，外部ケーブルで伝える必要がないため，より高速化できる。

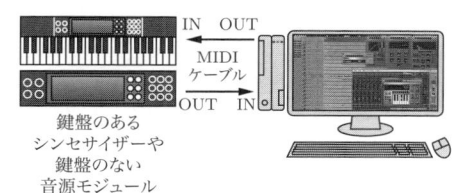

鍵盤のある
シンセサイザーや
鍵盤のない
音源モジュール

（2）**MIDIを活用した研究テーマ**　音楽音響に関する研究分野にも，演奏情報であるMIDI信号はおおいに活用されている。おもな研究テーマとその概要を下表に示す。

研究テーマ	概　要
音楽聴取 自動採譜（⇒ p.226）	音響信号からMIDIへの変換／音響信号から楽譜への自動変換
音楽分析 楽曲理解	楽譜情報やMIDIからその楽曲の構造を自動的に判断
自動演奏 自動伴奏	リアルな（演奏家のような）自動演奏／人の演奏に追従する自動伴奏
音声合成（⇒ p.20） 楽器音合成	歌声や楽器音をリアルに再現するシンセサイザー（MIDI音源）の開発
新楽器 インタフェース開発	従来の楽器とは異なる新しい演奏方法による電子楽器の開発
新たなアート表現	上記の研究成果などを利用した新しいアート表現の追及

（3）**検定試験による知識習得**　日本国内においてMIDI規格の標準化・管理を行っている一般社団法人 音楽電子事業協会（**AMEI**）が，MIDIを理解し活用できる人材育成を目的としたMIDI検定試験を実施している。この検定は4級から1級までである。各級の目標とする人材を下表に示す。MIDIを活用した作品制作や研究活動に取り組むためには，約300ページのMIDI規格書を一気に習得することも，また，この検定試験を利用して徐々にステップを踏むことも可能である。

	目標とする人材
1級	楽譜からの音楽情報を正確かつ表現力豊かに作品として創造するプロレベルの技能を持つ人材
2級	音楽制作（⇒ p.76）現場で実務レベルとしてMIDIに関する制作や監修に携わることができる人材
3級	MIDIの基本知識を理解し，音楽情報を数値化し，数値化されたデータを音楽情報として捉えることのできる人材
4級	オーディオとMIDIの違いなどを理解し，パソコンなどを使用した音楽の楽しみ方など，ミュージックメディアに関する知識を持った人材

C．新技術を取り込むMIDIの発展

MIDIは楽器やコンピュータの分野に留まらず，通信カラオケ，携帯電話の着信メロディ，ステージやホールの照明装置や各種スイッチングの自動制御など，さまざまな分野へ広がっている。

コンピュータは高速化と大容量化が進み，音楽制作においては，サイズの小さいMIDIデータとサイズの大きい音響（オーディオ）データを併用したソフトウェア（digital audio workstation; **DAW**）が使用されている。DAWでは従来の音響ミキサー卓を模したコントロールサーフェス（フェーダーやツマミを持つ機器で，フィジカルコントローラともいう）が用いられ，この制御にもMIDIが使用される。下図のようにコントロールサーフェスもタブレット端末上のアプリとして実装され，MIDIをWi-FiやBluetoothなどのワイヤレス通信に載せることで，遠隔での制御も可能となっている。

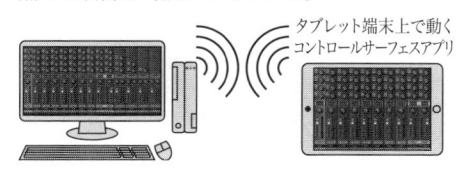

タブレット端末上で動く
コントロールサーフェスアプリ

このようなさまざまな分野への広がりや，タブレット端末やスマートフォンのDAWソフトウェアやソフトウェア音源などのアプリ開発の発展は，演奏情報が非常にコンパクトに規格化され，処理アルゴリズムが簡潔であるMIDIだからこそ可能になったものといえる。

◆ **もっと詳しく！**
一般社団法人 音楽電子事業協会：MIDI 1.0 規格書（1998）

重要語句 MPEGオーディオ,国際規格,AAC,オーディオ圧縮

MPEGオーディオ圧縮
[英] MPEG audio compression

ISO/IECで標準化されたオーディオ圧縮の国際規格。デジタルテレビ放送,携帯オーディオプレーヤーや携帯電話,音楽配信など,さまざまな用途に利用されている。

A. MPEGオーディオの歴史と特徴

MPEG(moving picture experts group)オーディオはISO/IECにおけるオーディオ圧縮の**国際規格**であり,1988年にその制定作業を開始した。これまで25年間にMPEG-1,MPEG-2/BC（backward compatible),MPEG-2/**AAC**（advanced audio coding),MPEG-4 Audioの規格化を達成し,MPEG-4 Audioの機能拡張ののち,MPEG-Dとして新たな**オーディオ圧縮**の規格化作業が進められている。

MPEG-1 コンパクトディスクなど蓄積系のメディアをおもな対象としており,これ以降に制定された規格の基本となる。

MPEG-2/BC MPEG-1を多チャネル・低サンプリング周波数に拡張した方式である。主として放送・通信系および映画などの娯楽系に用いられる。

MPEG-2/AAC 国内のデジタル放送などに利用される標準的なオーディオ圧縮標準として位置付けられる。MPEG-1やMPEG-2/BCに対して音質改善されている。

MPEG-4 蓄積,インターネット通信,携帯電話,テレビ電話など多様な応用に利用するため,MPEG-2/AACを中心に機能拡張されている。例えば,高周波数領域をより効率的に圧縮するスペクトル帯域複製（spectral band replication; SBR）ツールや,ステレオ信号の圧縮効率を改善するPS（parametric stereo）ツールを含む高音質パラメトリックオーディオ圧縮ツールにより機能拡張されている。また,オーディオ信号を無ひずみに約1/2に圧縮するロスレス圧縮ツールも規格化されている。SBRをAACと組み合わせた構成はHE-AACプロファイルとして定義されており,携帯電話の着信音楽や,ワンセグ放送の音声圧縮方式として利用される。

MPEG-D 5.1CHなどマルチチャネル信号の圧縮効率を改善するためAACを基本アルゴリズムとして,SBRツールおよびPSツールをマルチチャネル信号に拡張したサラウンド圧縮規格である。

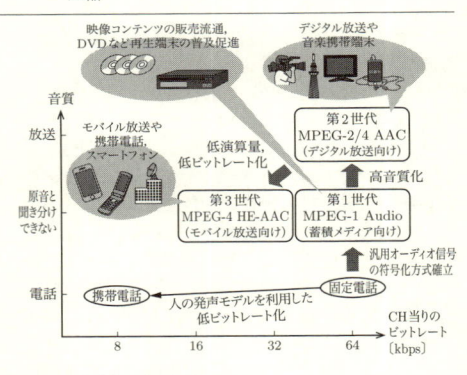

B. 圧縮のしくみ

MPEG-1/MPEG-2は「コンパクトディスク（CD）と同等の音質を有する信号に含まれる情報を,人間に知覚できる劣化なしに,1/6〜1/12に圧縮する」という聴感的な圧縮方式に基づいている。この代表例として,MPEG-2/AACの圧縮処理を解説する。

（1）周波数変換 入力信号は,時間領域からMDCT（modified discrete cosine transform; 修正離散コサイン変換）により周波数領域へ写像される。MDCTのブロック長は2048（ロングブロック）または256（ショートブロック）であり,適応ブロック長変換符号化が採用されている。ブロック長の選択は,予測不可能性を用いた心理聴覚エントロピーに基づいて行われる。

（2）時間領域ノイズ整形 MDCT係数は時間領域量子化ノイズ整形（temporal noise shaping; TNS）により,予測処理が施される。TNSは,量子化ノイズを信号波形の振幅値に応じて整形することにより,音声信号に対する品質向上を図る。圧縮時には,MDCT係数の一部を時系列と見なして線形予測分析し,線形予測係数を用いたトランスバーサルフィルタ処理を,MDCT係数系列に施す。復号時には,復号したMDCT係数に逆処理である巡回型フィルタ処理を施す。これらの処理によって,量子化ノイズは信号波形の振幅が大きいところに集中する。

（3）ステレオ相関除去 インテンシティステレオとMS（middle-side）ステレオの2種類のステレオ処理は,左右チャネル信号間の相関を使用して情報量を圧縮する。インテンシティステレオは,両チャネルの和信号と各チャネル信号の比を,本来の2チャネル信号の代わりに

用いる．MS ステレオは，両チャネルの和信号と差信号を，本来の2チャネル信号の代わりに用いる．MS ステレオは最も簡単な2点直交変換であり，両チャネルの相関が大きいときには，得られた和信号と差信号の情報差が大きくなり，エネルギー偏在によるデータ圧縮効果が期待できる．

（4）心理聴覚分析と量子化制御　量子化におけるビット割り当てを行うために，心理聴覚特性に基づいた量子化誤差のマスキングレベルが計算される．

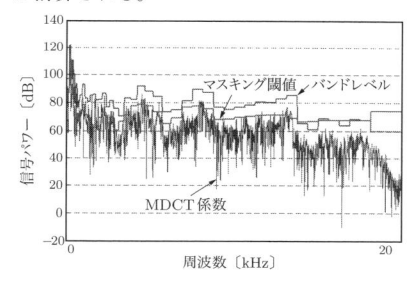

MDCT 係数は，心理聴覚モデルに基づいたビット割り当てに従って非線形量子化される．復号は，サイド情報として送られたビット割り当てに基づいて復号，逆量子化が行われる．逆量子化信号を逆写像することで，時間領域信号が復元される．

つぎに，AAC の圧縮率を大幅に改善する HE-AAC 圧縮の仕組みを解説する．HE-AAC は，SBR ツールにより復号側で低域信号を用いて高域信号を複製することによって，圧縮率を向上させる技術である．入力信号の低域成分は，間引きによって高域成分と分離されたのち，AAC により圧縮される．入力信号はまた，フィルタバンクによって 64 帯域に分割される．AAC の1 フレームは 2048 サンプルなので，各帯域の信号は 1 フレーム当り 32 サンプルとなる．これらの帯域別サンプルを分析して，包絡線情報を符号化するための時間分解能と周波数分解能を決定する．時間・周波数分解能に応じた範囲のサブバンドパワー値を平均化し，求めたスケールファクタを出力する．最後に，AAC 圧縮の出力と，包絡線情報，SBR 関連パラメータ推定値を多重化し，ビットストリームを形成する．

SBR 復号器では，分解したビットストリームから取り出した低域成分のデータを AAC 復号器で復号し，分析フィルタバンクによって帯域分割し，高域成分を生成する．生成された高域成分を，ビットストリームが定める時間分解能と周波数分解能に対応したスケールファクタを用いて，高域成分を補正する．このようにして最終的に得られた高域成分とフィルタバンクから出力される低域成分を合成することで，広帯域の再生オーディオ信号を得る．

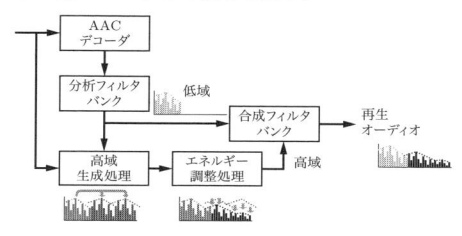

C. 音質

MPEG オーディオ標準の根幹をなす AAC ファミリーに属するアルゴリズムに関して，相互のビットレートと音質の関係を下図に示す．

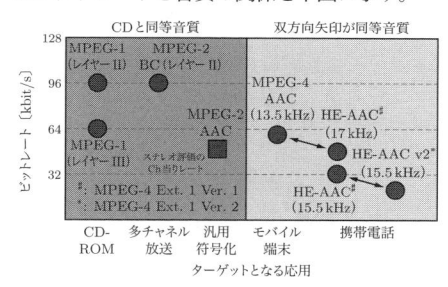

図の左半分は 20 kHz 帯域の CD 音源と主観的に同等の音質を達成するために必要なビットレートを表す．MPEG-2/AAC は 5 チャネルを 320 kbit/s で圧縮した際に，欧州放送連合（European Broadcasting Union; EBU）が定めた放送品質を達成できる．右半分は，MPEG-4 AAC，HE-AAC，HE-AAC v2 に関して，主観音質が同等となるビットレートを双方向矢印で対応させたものである．例えば，HE-AAC から HE-AAC v2 に進化することによって，主観音質を低下させることなく，およそ 25% のビットレート低減が達成されたことがわかる．同様のことが，MPEG-4 AAC から HE-AAC への進化にも当てはまる．後者では，同時に帯域を 13.5 kHz から 17 kHz に拡張することも達成されている．

◆ もっと詳しく！

野村俊之：高音質オーディオ符号化方式の開発と MPEG 標準化, 信学技報 (2013)

重要語句　大気レーダ，大気屈折率の変動，ドプラ効果，音速と気温

RASS
[英] radio acoustic sounding system

　大気中の風速を測定する大気レーダと音波発射源を地上の近傍に設置して気温（正確には仮温度）を測定する方法。レーダで音速を捉え，音速が仮温度に依存する性質を利用して，上空の仮温度を得る。昼夜や降雨の有無に関係なく気温を観測できることから，降雨を伴う激しい気象現象の観測に適する。

A. 観測原理

　RASSの観測原理を下図に示す。地上に設置された**大気レーダ**の近傍に大出力スピーカを設置し，音波を上空に向けて発射する。音波は大気密度の疎密波となり，上空に伝搬する。これが**大気屈折率の変動**を引き起こし，電波伝搬に影響を与える。

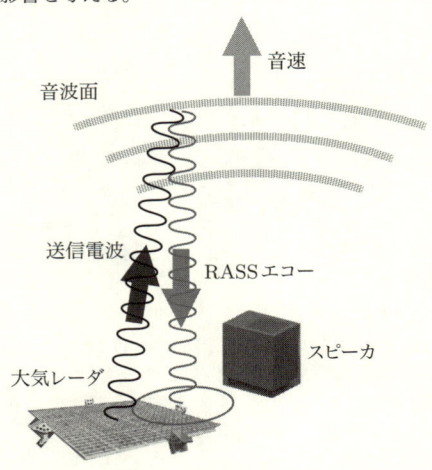

　上空に形成された音波面に向けて，大気レーダのアンテナから強力な電波を照射すると，音波による屈折率の変動により電波のごく一部が散乱され，地上に到達する。これをアンテナで受信する。

　音波は上空に向けて音速で遠ざかっているため，**ドプラ効果**を受けて，受信電波の周波数は送信波周波数より若干低くなる。このドプラ周波数遷移を捉え，**音速と気温**（正確には仮温度）の関係から気温を導出する。

B. 音速と仮温度の関係

　大気中を伝搬する音波が気温に依存することは，よく知られている。流体力学を用いて定式化することとする。音波を，圧縮性流体が断熱変化により大気密度（ρ）が変化する疎密波の伝搬と捉える。このときの波動方程式は

$$\frac{\partial^2 \rho}{\partial t^2} = -c_a^2 \nabla^2 \rho$$

となる。ここでtは時間である。音速c_aは

$$c_a = \sqrt{\gamma \frac{p_0}{\rho_0}}$$

となる。γは比熱比，p_0とρ_0は気温と気圧の基本状態を示す。基本状態での大気の状態方程式は

$$p_0 = \rho_0 R_0 T_0$$

であり，R_0は大気気体定数，T_0は気温である。大気中の気体定数は

$$R_0 = \frac{R^*}{M}$$

となる。R^*，Mは一般気体定数と大気の平均分子量を示し，分子組成により決定される。地球の大気組成は，水蒸気を除けば一定と見なせる。大気中の水蒸気は時間・空間的変動が激しく（⇒p.34），分子量（約18.0）が大気の平均分子量（約28.8）よりも小さいため，分離して考える必要がある。結果として，音速c_a〔m/s〕と仮温度T_v〔K〕は，以下のように関係付けられる。

$$c_a = K_d \sqrt{T_v}$$

ここで，$K_d = 20.047$である。上式を用いて，レーダで測定された音速を仮温度に変換する。仮温度は

$$T_v = (1 + 0.608q) T_0$$

となる。qは比湿と呼ばれる数で，全体の空気の質量と水蒸気質量の比である。

C. RASS観測における風の影響

　大気中の音波は，伝搬媒体である大気の動き（風）により流される性質がある（⇒p.32, p.40）。このため，RASSで観測される音速は，大気風速の影響を受けており，正確な仮温度を得るにはそれを差し引く必要がある。

　大気レーダはもともと風速を観測する観測機器なので，RASS観測と同時に通常の風速観測を行い，それぞれの観測値を差し引くことで，この問題を回避する。

　さらに，RASS観測では風によって音波面がひずむことにも考慮が必要である。下図[1](a)のように，無風時には原点から発射した音波は同心円状に伝搬していくが，図(b)のように上空ほど強い風が吹いている状況では，音波面は風下側に流されて音波面がひずむ。

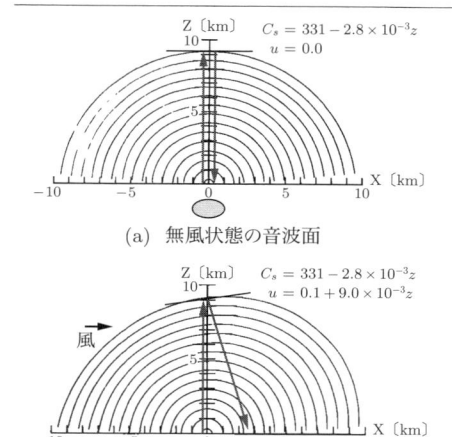

(a) 無風状態の音波面 $C_s = 331 - 2.8 \times 10^{-3} z$, $u = 0.0$

(b) 左から右に風が吹いているときの音波面 $C_s = 331 - 2.8 \times 10^{-3} z$, $u = 0.1 + 9.0 \times 10^{-3} z$

音波面による電波の散乱（RASSエコー）が地上に戻ってくる位置を考えると，上図(a)では，真上に発射した電波は音波面で散乱しレーダと同じ地点に戻ってくるが，図(b)の風を考慮した場合は，真上に発射した電波は，レーダから遠く離れた風下に戻ってきてしまい，レーダアンテナでRASSエコーを捉えることができないことがわかる．

この問題を解決するため，レーダのビームの発射方向やスピーカの位置を変えてみることを考える．左段下の図[1]は，ビーム方向を変えたときにRASSエコーがレーダアンテナに戻ってくる範囲のみの音波面を示したものである．左から右に風が吹いているときにRASSエコーが得られる有効領域を示している．図(b)は図(a)より風が強いときの結果である．

図(a)より，直線で示したように風上側にレーダビームを傾けることで，より高い距離まで観測可能であることがわかる．一方，より風の強い図(b)では，RASSエコーが得られる領域は狭くなり，よりビームを傾けて観測することが必要になる．

図中のrは，スピーカをr [m]だけ風上側に移動させたときの結果を示している．図(b)でrごとの結果を見ると，高高度でのRASSエコーを得るには，風上側にスピーカを設置することが有効であることもわかる．

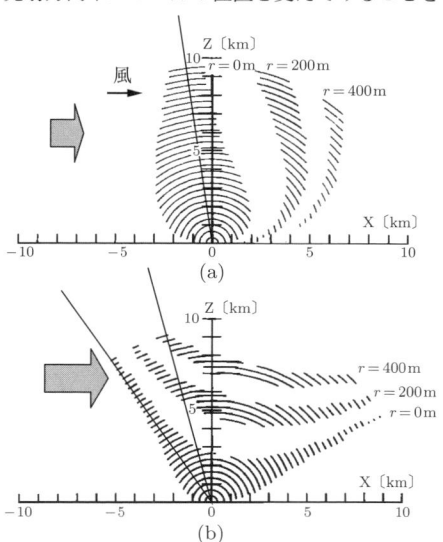

D. RASSで得られた温度分布

RASSで得られた寒冷前線通過時の仮温度の時間高度分布を下図に示す（⚫1）．気温を色で，同時に得られた風速を矢印で示している．気温の高いところが暖色，低いところが寒色である．矢印の水平・鉛直方向成分は，水平風・鉛直流を示している．図では，前線内部の微細な構造が明らかになっている．同時に得られた風速分布より，対流活動が活発な大きな鉛直流域と温度の微細な変動の対応がよく見えている．

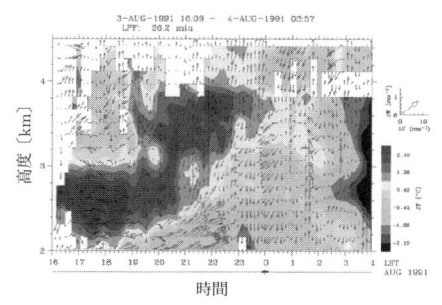

◆ もっと詳しく！

1) Masuda, Y.: "Influence of wind and temperature on the height limit of a radio acoustic sounding system", *Radio Sci.*, 23, pp.647-654 (1988)
2) 小林隆久 編：ウィンドプロファイラー——電波で探る大気の流れ，気象研究ノート第205号，日本気象学会 (2004)

重要語句　World Wide Web，HTML5，Web Audio API，WebRTC

Web音声インタフェース
[英] Web speech interface, Web voice interface

音声認識や音声合成などの音声情報処理技術を組み込んだ World Wide Web システムの UI（ユーザーインタフェース）全般のこと．広義では，アップル社の Siri や NTT ドコモ社の「しゃべってコンシェル」のように，Web 技術を応用したアプリケーションのための音声入出力 UI 全般を指す．

A．Web における音声 UI の開発と HTML5

World Wide Web は，1990 年代以降，インターネットやスマートフォンの普及とともに利用が拡大し，ICT（情報通信技術）の技術基盤となっている．2015 年現在では，Web の標準化団体である W3C（World Wide Web Consortium）によって，HTML（HyperText Markup Language）の新標準である **HTML5** の規格化が進んでいる．

新しい規格の作成と並行して，ユーザビリティやアクセシビリティの向上を目指し，音声認識機能（⇒p.116），音声録音機能，音声合成機能（⇒p.122）などを応用した高度な音声出力機能を Web システムに導入する試みが増えている．

Web 上で動作するアプリケーションは，OS やハードウェアに依存せず，PC やスマートフォンなど，異なる環境で同じプログラムが動作することが多い．しかし，従来の Web システムでは，動画再生や音声入力を有するリッチコンテンツの開発には，アドビシステムズ社の Adobe Flash やマイクロソフト社の Silverlight，もしくは Java を用いる必要があった．HTML5 では，これらに代えて，JavaScript をプログラミング言語として組み合わせることでリッチコンテンツの記述が可能である．以下に述べる音声 UI の開発に必要な API も，JavaScript API である．

HTML5 は，標準規格であることに利点がある．豊富な API 群を利用できるとともに，クラウドコンピューティングサービスやインターネット上で公開されている Web API を組み合わせた開発が容易となる．

Web Audio API は，音響信号を処理・加工・合成するための高レベル API である．プログラムから波形生成ができるほか，周波数分析やフィルタ，エフェクトなどの API が用意されている．このため，シンセサイザーやサウンドビジュアライザなどの応用を含め，高度な音響信号処理を可能にする．以前からある audio 要素（<audio>タグ）は，単に埋め込まれたオーディオデータを再生するためのものである．

WebRTC は，ブラウザ間のボイスチャット，ビデオチャット，ファイル共有などを実現するリアルタイムコミュニケーション用 API である．マイクやカメラから信号を直接取り出す API（getUserMedia）が提供されている．前述の Web Audio API と組み合わせることによって，インタラクティブな音声入力 UI を実装することができる．

Matt Diamond による Recorder.js は，マイクからの録音，WAV 形式での収録データのエクスポートを行うことができる JavaScript ライブラリである．MIT ライセンスによって配布されているオープンソースソフトウェア（⇒p.114）であり，HTML5 による開発に有用である．

なお，HTML5 の最新 API の対応状況は Web ブラウザによってさまざまである．本項目の執筆時点では，PC 版や Android OS 版の Google Chrome や Firefox ブラウザが Web Audio API と WebRTC に対応しており，今後は，他のブラウザも対応が進むものと考えられている．

Web Speech API は，音声合成と音声認識のための API である．短い JavaScript のコードを追加するだけで，Web サイトに音声認識によるテキスト入力や，音声の読み上げ機能を追加できる．ただし，Web ブラウザに依存した実装であり，利用者や開発者が音声認識エンジンの設定を自由に変更することはできない．Web システム向け音声 UI の最も手軽な実装手段であるが，Google Chrome でしか利用できない．

ほかにも，HTML5 には，MIDI デバイスを制御するための Web MIDI API などがある．

B．Web 音声認識 UI のシステム基本構成

一般に，Web システムは，利用者が利用するクライアント側の Web ブラウザと，Web サーバ側のプログラムが通信して連動することで動作する．音声認識などの負荷が高い処理をクライアントとサーバのどちらに導入するかで，システムの構成は大きく異なる．ここでは，音声認識の UI を例に説明する．

(1) クライアント側に音声認識システムを導入する場合，Web ブラウザからサーバにアップロードする情報は，音声認識の結果

である。テキストデータの送受信となるため，通信量を抑えることができる。また，サーバの負荷も少ない。ただし，利用者が使用する端末に音声認識システムの導入が必要となる。
(2) サーバ側に音声認識システムを導入する場合，録音した音響信号そのもの（データフォーマットはWAV形式やFLAC形式を使うことが多い），もしくは抽出した特徴量データをアップロードすることになる。このため，通信量は増大する。また処理が集中するため，サーバの負荷が高くなる。しかしながら，端末に音声認識システムの導入が不要であり，利用者の立場からの利便性は(1)の場合に比べて高い。

以前は，(1)の構成をとることが多かったが，サーバ側のCPUやメモリの資源が豊富なクラウドコンピューティング環境の充実，ブロードバンドネットワークの普及とも相まって，(2)の構成が多くなっている。(2)の場合，Webブラウザの処理は，おもに，録音（と特徴量抽出），アップロード，結果の受信となり，スマートフォンなどの限られた資源でも支障はない。また，サーバ側の処理は，音声認識に限る必要がないため，アップロードされた音響信号を入力にしたさまざまなサービスに応用が可能である。HTML5による実装は，(2)の構成が基本となる。

C. Web音声UI開発のこれまで

HTML5より前は，Web音声UIの開発に，デファクトスタンダードと呼べるような方法は存在しなかった。おもなものを振り返る。

Javaの規格化の流れでは，早い時期から音声認識や音声合成のAPIの整備が進み，1998年にはJava Speech APIが公開された。このAPIを利用したプログラムは，Javaアプレットとして Webブラウザの中で実行することができた。前述のシステム構成のうち，(1)の構成を基本としており，対応した音声認識，音声合成エンジンの製品が発売されている。また，フリーソフトウェアの音声認識，合成の実装の中にもこのAPIに対応したものが存在する。

VoiceXML (VXML) は，音声対話型システムを記述できるXML規格であり，W3Cによって作られた。音声認識，音声合成，対話管理，音声再生などを指示するタグを有する。VoiceXMLのインタプリタであるボイスブラウザ上で動作する。また，サーバや通信プロトコル（HTTP）などは既存のWebシステムと共有する。音声認識，音声合成を含む開発，実行環境が発売されており，コールセンターの電話応対システムなどで利用されている。

前述の(2)の例では，1999年に本項目の著者（西村）が，C言語で実装した録音プログラムをWebブラウザにプラグインとして導入する方法を提案している。2003年には，Java言語によって実装し，w3voiceシステムと名付けてオープンソースで公開した。当時，Javaは多くのシステムに導入されており，ほとんどのPCで動作した。2014年には，HTML5で再実装したUIの開発キットの配布を開始した。

また，Adobe Flashでは，バージョン10.1から音響信号処理の機能が強化されている。Microphoneオブジェクトに対し，`SampleDataEvent.SAMPLE_DATA`イベントを使用してマイクの信号を直接取り出すことが可能である。これによって(2)のシステムが構築できる。Flashは，スマートフォンでは動作しないが，PCでのWeb音声UIの実装方法としては，いまも現役である。

D. Web音声UIのデザイン指針

音声認識は，いまや夢の技術ではない。例えば，NTTアイティ社の"SpeechRec for Browser"は，最新の音声認識のJavaScript APIを提供している。非専門家がWeb音声UIを開発する機会が増えるだろう。

これからは，だれもが真に使いやすいWeb音声UIに向けたデザインの検討が求められる。GUI (graphical user interface) では，アップル社のヒューマンインタフェースガイドラインのように，開発者が守るべきデザイン指針が存在する。低品質なデザインのUIの増加は，音声認識をはじめ，音声情報処理技術に対する評判を下げる要因となる恐れがある。UIのデザインをユーザー中心設計の考えに基づいて評価し，デザイン指針をまとめる必要があると考えられる。

◆ もっと詳しく！

Boris Smus: *Web Audio API*, O'Reilly Media (2013)

索 引

索引

【あ】

アクティブインテンシティ〔active sound intensity〕 84
アクティブ聴覚〔active audition〕 432
アクティブノイズコントロール〔active noise control〕 **2**
アクティブリスニング〔active listening〕 50
アコースティックイメージング〔acoustic imaging〕 **4**, 289
圧電効果〔piezoelectric effect〕 298
圧電コンポジット〔piezoelectric composite〕 257
圧電材料〔piezoelectric material〕 **6**, 298
圧電セラミックス〔piezoelectric ceramics〕 243
圧電体センサ〔piezoelectric sensor〕 378
圧電定数〔piezoelectric constant〕 6
圧電トランス〔piezoelectric transformer〕 **8**
圧迫感・振動感〔oppressive/vibratory sensation〕 328
アニメーション〔animation〕 405
アノイアンス〔annoyance〕 270
アフィン射影アルゴリズム〔affine projection algorithm〕 27
アムステルダム・コンセルトヘボウ〔Amsterdam Concertgebouw〕 206
アリーナ〔arena〕 206
アルゴリズミック作編曲〔algorithmic composition〕 **10**
暗騒音〔background noise〕 154, 178
安定性〔stability〕 445
アンブシュア〔embouchure〕 388

【い】

異音や不思議音〔abnormal noise, strange sound〕 12
育児語〔baby talk〕 282
位相固定〔phase locking〕 266
位相差〔phase difference〕 242
板〔board〕 145
板(膜)振動型吸音材料〔panel (membrane) sound absorber〕 164
1ビット〔1 bit〕 194
1ビットオーディオ〔1bit audio〕 **14**
移転補償〔compensation for removal〕 181
異方性〔anisotropy〕 396
意味的調和〔semantic congruency〕 23
イヤコン〔earcon〕 274
イリアック組曲〔Illiac Suite〕 11
移流方程式〔advection equation〕 442
因果関係〔causality〕 231
印象的側面〔impression point of view〕 55
印象の等価性〔equivalence of impression〕 209
インハーモニシティ〔inharmonicity〕 162, 375
インパルス応答〔impulse response〕
　　　　　　　　16, 26, 87, 153, 170, 254, 386
インフラサウンド〔infrasound〕 218
韻律〔prosody〕 282, 367
韻律的特徴量〔prosodic feature〕 158

【う】

ヴァイオリン〔violin〕 **18**
ウィーン・ムジークフェラインザール〔Vienna, Grosser Musikvereinssaal〕 206
ヴィニヤード〔vineyard〕 206
歌声合成〔singing voice synthesis〕 **20**, 123
埋め込むデータの量〔amount of embedded data〕 56

【え】

映像メディアにおける音〔sound in audiovisual media〕 **22**, 58
液体センサ〔liquid sensor〕 287
液体表面の振動〔oscillation of liquid surface〕 **24**
エコーキャンセラ〔echo canceller〕 **26**, 150
エコー経路〔echo path〕 26
エコーロケーション〔echo location〕 **28**, 370
エネルギー変換〔energy conversion〕 354
エネルギー輸送〔energy transfer〕 354
エバネッセント〔evanescent〕 95
エフェクター〔effector〕 77
エフェクト〔effect〕 86
エラストグラフィ〔elastography〕 272

項目名となっている語句のページは太字で示している。

エルミート補間〔Hermite interpolation〕 442
エレクトレットコンデンサマイクロホン〔electret condenser microphone; ECM〕 198
円軌跡〔circular locus〕 242
エンジン系騒音〔engine noise〕 346
演奏・操作情報〔performance and operation information〕 452
エントロピー符号化〔entropy coding〕 430

【お】

オイラーの公式〔Euler's formula〕 84, 383
欧州の環境騒音事情〔environmental noise situation in Europe〕 **30**
応力緩和現象〔stress relaxation phenomenon〕 428
オーケストラピット〔orchestra pit〕 68
オーディオ圧縮〔audio compression〕 454
オーディフィケーション〔audification〕 274
オーバードライブ〔overdrive〕 87
オープンソースソフトウェア〔open source software〕 114
オープンプラン型〔open plan type〕 149
屋外拡声システム〔open-air / outdoor loudspeaker broadcasting system〕 40
屋外伝搬〔outdoor sound propagation〕 17
屋外の伝搬と気象〔meteorological effect on outdoor sound propagation〕 **32**
屋外の伝搬と空気の音響吸収〔effect of atmospheric absorption on outdoor sound propagation〕 **34**
屋外の伝搬と遮音壁〔outdoor sound propagation over barrier〕 **36**
屋外の伝搬と地表面〔outdoor sound propagation along ground surface〕 **38**
屋外防災拡声〔outdoor mass notification system to cope with disaster〕 **40**
オクターブ伸長現象〔octave enlargement phenomenon〕 266
オクターブ等価〔octave equivalence〕 266
音環境〔sound environment〕 42, 62, 152
音環境デザイン〔sound environmental design〕 **42**, 58
音環境デザインコーディネーター〔coordinator of sound environmental design〕 43
音環境理解〔computational auditory scene analysis〕 **44**, 432
音空間情報/音源情報の把握〔grasp of sound spatial information / sound source information〕 **46**
音空間センシング〔sound space sensing〕 **48**
音空間ディスプレイ〔sound space display〕 **50**, 343
音空間レンダリング〔sound field rendering〕 **52**
音支援〔acoustic barrier-free〕 64
音づくり〔sound production〕 80
音に包まれた感じ〔listener envelopment; LEV〕 221
音によるシーン理解〔sound scene analysis〕 82
音の大きさ〔loudness〕 **54**, 320, 344
音の3属性〔three attributes of sound〕 **54**
音の透かし〔audio watermark〕 **56**
音の高さ〔pitch〕 **54**, 320
音のデザイン〔sound design〕 42, **58**
音の伝搬〔sound propagation〕 140
音の到来方向〔direction of arriving sound〕 152
音の名所〔famous place of sound / sound mark〕 **60**
音のユニバーサルデザイン〔universal design of sound〕 **62**
音バリアフリー〔barrier-free of acoustic〕 **64**
音風景〔soundscape〕 61
音粒子〔sound particle〕 160
オノマトペ〔onomatopoeia〕 55, **66**
オプティカルレバー法〔optical lever method〕 25
オペラハウス〔opera house〕 **68**
重み付き有限状態トランスデューサ〔weighted finite-state transducer; WFST〕 117, 330
親局〔master station〕 40
音圧スペクトル〔sound pressure spectrum〕 422
音圧レベル〔sound pressure level〕 158, 169, 320
音韻〔phoneme〕 108
音韻バランス〔phonemic balance〕 109
音韻ループ〔phonological loop〕 411
音階と音律〔musical scale and temperament〕 **70**
音楽芸術〔artistic expression of music〕 81

音楽検索〔music retrieval〕 151
音楽情報検索〔music information retrieval〕 **72**
音楽情報処理〔music information processing〕 72
音楽信号解析〔music signal processing〕 **74**
音楽推薦〔music recommendation〕 73
音楽スタイル〔music style〕 138
音楽制作〔music production〕 **76**, 138, 338
音楽聴取行動と気分〔music listening behavior and mood〕 **78**
音楽における音のデザイン〔sound design in music〕 **80**
音楽の感情的性格〔emotional characters of music〕 78
音楽理論〔music theory〕 138
音響アドミッタンス〔acoustic admittance〕 38, 438
音響イベント〔acoustic event〕 82
音響イベント検出〔acoustic event detection〕 **82**
音響インテンシティ〔sound intensity〕 **84**
音響インピーダンス〔acoustic impedance〕 38, 438
音響インピーダンス管〔impedance tube〕 166
音響管〔acoustic tube〕 262
音響機器・楽器〔instruments〕 361
音響教育〔education in acoustics〕 404
音響効果〔sound effect〕 **86**, 150, 338
音響光学効果〔acousto-optic effect〕 88, 234
音響光学周波数シフタ〔acousto-optic frequency shifter〕 88
音響光学デバイス〔acousto-optic devices〕 **88**
音響光学波長可変フィルタ〔acousto-optic tunable filter〕 89
音響光学変調素子〔acousto-optic modulator〕 88
音響校正器〔sound calibrator〕 269
音響障害〔acoustic defect〕 60
音響情報伝達〔transmission of sound information〕 178
音響信号処理〔acoustics signal processing〕 44
音響心理学〔psychoacoustics〕 265
音響設計〔acoustical design〕 69, 415
音響テレビ〔acoustic television〕 46
音響透過〔sound transmission〕 317
音響透過損失〔sound reduction index〕 228, 252

音響特異現象〔acoustic peculiar phenomena〕 60
音響トモグラフィ〔acoustic tomography〕 **90**, 288
音響ビデオカメラ〔acoustic video camera〕 248
音響フィルタ〔acoustic filter〕 111
音響符号化〔audio coding〕 430
音響放射圧〔acoustic radiation pressure〕 302
音響放射力〔acoustic radiation force〕 92, 169, 193, 272
音響放射力利用デバイス〔applied ultrasonic devices using acoustic radiation force〕 **92**, 300
音響ホログラフィ〔acoustic holography〕 **94**
音響モデル〔acoustic model〕 **96**, 117, 224
音響流〔acoustic streaming〕 169
音響レンズ〔acoustic lens〕 **98**, 294
音源〔sound source〕 150
音源位置推定〔estimation of sound source position〕 186
音源探査（定位）〔sound source localization〕 332, 390
音源特徴量〔voice source feature〕 260
音源フィルタモデル〔source-filter model〕 111, 122, 143, 263, 450
音源分離〔sound source separation〕 186, 390
音源方式〔synthesis types〕 339
音高同定課題〔pitch identification task〕 266
音質指標〔sound quality index〕 264
音質評価〔sound quality assessment〕 58, **100**, 132, 265
音質評価指標〔sound quality evaluation index〕 58
音質劣化〔sound quality degradation〕 56
音象徴〔sound symbolism〕 66
音声学的特徴〔phonological feature〕 66
音声記号〔phonetic symbol〕 20
音声区間〔voice section〕 102, 224
音声区間検出〔voice activity detection〕 **102**
音声言語獲得〔spoken language acquisition〕 **104**
音声合成〔speech synthesis〕 115, 284
音声合成技術〔speech synthesis technology〕 150
音声合成におけるモデル適応〔model adaptation for speech synthesis〕 **106**

音声信号処理〔speech signal processing〕 115
音声親密度〔speech familiarity〕 **108**
音声生成〔speech production〕 **110**, 262, 312
音声素片〔speech element / voice element〕 21
音声対話〔speech dialogue〕 115
音声知覚〔speech perception〕 280
音声ドキュメント〔spoken document〕 112
音声ドキュメント検索〔spoken document retrieval〕 **112**
音声特徴量〔speech feature〕 124, 260
音声におけるオープンソース〔open-source software for speech processing〕 **114**
音声認識〔speech recognition〕 284
音声認識システム〔speech recognition system〕 **116**, 123, 138, 224, 386
音声の構造的表象〔structural representation of speech〕 **118**
音声の明瞭性とその評価〔speech clarity and its evaluation〕 **120**
音声符号化〔speech coding〕 430
音声分析合成〔speech analysis and synthesis〕 **122**, 124, 260
音声モーフィング〔voice morphing / speech morphing〕 123, **124**
音声要約〔speech summarization〕 **126**
音線〔sound ray〕 160
音線法〔sound ray tracing method〕 160
音像〔sound image〕 308, 340
音像定位〔sound localization〕 340, 357
音像分離〔perceptual segregation of sound images〕 308
音速と気温〔speed of sound and temperature〕 456
音速の高度分布〔vertical variation of sound speed〕 32
音速プロファイル〔sound speed profile〕 32
音素修復〔phonemic restoration〕 **128**, 137
音程〔musical interval〕 70, 205
温度〔temperature〕 34
温度勾配〔temperature gradient〕 354
音場再現〔sound field reproduction〕 439
音場制御〔sound field control〕 439
音場増幅〔sound field amplification〕 233

音波伝搬〔sound propagation〕 238
音場の空間情報〔spatial information in sound fields〕 170
音脈〔auditory stream〕 129, 308
音脈分凝〔auditory stream segregation〕 44, **130**, 136, 308, 411

【か】

快音〔comfortable sound〕 **132**
快音化〔comfortable sounding〕 132
快音設計〔design of comfortable sound〕 132
外国語〔foreign language〕 440
外耳道内放射〔sound radiation into external ear canal〕 203
回収率〔response rate〕 230
回折〔diffraction〕 317, 392
回折トモグラフィ〔diffraction tomography〕 90
回折波〔diffracted waves〕 372
階層的凝集型クラスタリング〔hierarchical agglomerative clustering〕 434
回転粘度計〔rotational viscometer〕 429
海綿骨〔cancellous bone〕 396
外有毛細胞〔outer hair cell〕 214
海洋音響トモグラフィ〔ocean acoustic tomography〕 91
科学教室〔science program〕 361
蝸牛〔cochlea〕 202
下丘外側核〔external nucleus of inferior colliculus〕 307
拡散音場〔diffuse sound field〕 134, 167
拡散体〔diffuser〕 134
拡散と散乱〔diffusion and scattering〕 **134**
学習〔learning〕 440
学習同定法〔learning identification method〕 27
学習プログラム〔learning program〕 149
拡大代替コミュニケーション〔augmentative and alternative communication〕 363
カクテルパーティ効果〔cocktail party effect〕 **136**
角度スペクトル〔angular spectrum〕 94
楽譜追跡〔musical score tracking〕 75
確率的勾配降下法〔stochastic gradient descent method〕 326

確率的手法による自動作曲〔automatic composition with probabilistic methods〕 **138**
確率的潜在意味解析〔probabilistic latent semantic analysis〕 175
隠れ基準付3刺激2重盲検法〔triple-stimulus hidden-reference double-blind approach〕 353
隠れマルコフモデル〔hidden Markov model; HMM〕 96, 330
加算合成〔additive synthesis〕 144
可視化〔visualization〕 140, 186, 361, 404
可視化教材〔visualization of sound and vibration on education in acoustics〕 **140**
仮想音源〔virtual sound source〕 161, 368
仮想音源分布〔virtual sound source distribution〕 170
仮想聴覚ディスプレイ〔virtual auditory display〕 310
画像特徴量〔image feature〕 406
加速度〔acceleration〕 246
可塑性〔plasticity〕 349
可聴閾〔hearing threshold〕 335
可聴音〔audible sound〕 182
可聴化〔auralization〕 39, 310, 404
楽器音分離〔separation of musical instrument sounds〕 **142**
楽器の物理モデル〔physical model for musical instruments〕 **144**
楽器の分類〔classification of musical instruments〕 **146**
楽曲構造解析〔music structure analysis〕 75
学校〔school〕 148
学校の音響設計〔acoustic design of spaces for children〕 **148**
カデンツ〔cadence〕 10
可動部〔movable parts〕 252
カバーエリア〔cover area〕 41
カラオケの周辺技術〔peripheral technology of karaoke〕 **150**
管〔tube〕 145
感覚閾〔sensory threshold〕 246

環境音の集音と再生〔recording/reproduction of environmental sounds〕 **152**
環境騒音〔environmental noise〕 **154**
乾式二重床〔dry double floor〕 416
感情〔emotion〕 366
感情音声の認識と合成〔emotional speech recognition/synthesis〕 **156**
感情音声の分析〔analysis of emotional speech〕 **158**
干渉管〔interference tube〕 216
感情表現〔emotion expression〕 156, 261, 285
感性語〔sensitivity word / kansei word〕 138
官能指標〔sensory evaluation index〕 265
官能評価法〔sensory evaluation〕 100

【き】

気圧〔atmospheric pressure〕 34
擬音語〔onomatopoeia (sound-onomatopoeia / giongo)〕 12, 66
機械音〔machinery sound〕 380
機械学習〔machine learning〕 82
機械翻訳〔machine translation〕 115, 284
幾何音響シミュレーション〔geometrical acoustics based simulation〕 **160**
疑似エコー〔pseudo echo〕 26
擬情語〔onomatopoeia (mimetic word / gijyougo)〕 66
擬声語〔onomatopoeia (sound-onomatopoeia / giseigo)〕 66
擬塑性流体〔pseudoplastic fluid〕 428
ギター〔guitar〕 **162**
擬態語〔onomatopoeia (mimetic word / gitaigo)〕 66
期待値最大化アルゴリズム〔expectation-maximization algorithm; EM algorithm〕 97
気導〔air conduction〕 202
機能和声〔functional harmony〕 318
基盤地図情報〔fundamental geospatial data〕 323
気分〔mood〕 78
気分調整理論〔mood management theory〕 79
気泡ダイナミクス〔bubble dynamics〕 278

基本解〔basic solution〕	365
基本周波数（F0）〔fundamental frequency〕	21, 110, 122, 124, 158, 450
気鳴楽器〔aerophone〕	146
逆2乗則〔inverse square law〕	36
逆フィルタ〔inverse filter〕	16, 213
逆向性マスキング〔backward masking〕	402
キャビテーション気泡〔cavitation bubble〕	278, 325
吸音〔sound absorption〕	148, 178
吸音材料〔sound absorption material〕	**164**
吸音処理〔sound absorption treatment〕	253
吸音率測定法〔measurement methods of sound absorption coefficient〕	**166**
吸収断面積〔absorption cross section〕	297
球状マイクロホンアレイ〔spherical microphone array〕	49
球面調和関数〔spherical harmonics〕	48
教育〔education〕	440
境界積分方程式〔boundary integral equation〕	365
境界要素法〔boundary element method; BEM〕	384
共振周波数〔resonance frequency〕	243
共振スイッチング〔resonant switching〕	9
競争型ワークショップ〔competition workshop〕	82
鏡像法〔method of mirror images〕	161
協調フィルタリング〔collaborative filtering〕	73
共変調マスキング解除〔co-modulation masking release〕	403
共鳴〔resonance〕	18, 140, 252, 263
共鳴器型吸音材料〔resonance type sound-absorbing material〕	164
共鳴透過〔resonance transmission〕	245
強力空中超音波〔high-intensity airborne ultrasonic wave〕	**168**
強力集束超音波〔high-intensity focused ultrasound; HIFU〕	324
虚音源〔image sound source〕	161
虚像法〔image source method〕	161
近距離場音波浮揚〔near-field acoustic levitation〕	92
近接4点法〔closely located four point microphone method〕	**170**
近接4点法マイクロホン〔closely located four point microphone〕	170

【く】

グイード・ダレッツォ〔Guido d'Arezzo〕	10
グイードの手〔Guidonian hand〕	10
空間印象〔spatial impression〕	152
空間的エイリアシング〔spatial aliasing〕	401
空間の標本化定理〔spatial sampling theory〕	194
空間微分値〔spatial differential value〕	443
空間分解能〔spatial resolution〕	192
空気音〔airborne sound〕	176, 200
空気吸収〔air absorption〕	414
空気中〔in the air〕	303
偶然性〔uncertainty〕	10
空中超音波計測〔airborne ultrasonic measurement〕	**172**
空力音〔aerodynamic sound〕	380
空力音響学的フィードバック〔aeroacoustical feedback〕	422
屈折現象〔diffraction phenomenon〕	32
屈折率〔refractive index〕	426
クラス言語モデル〔class linguistic model〕	174
グランドピアノ〔grand piano〕	374
クリープ現象〔creep phenomenon〕	429
グルーピング〔grouping〕	226
クロマ〔chroma〕	266
群化〔grouping〕	226

【け】

計算高速化〔acceleration of a calculation speed〕	448
計算断層撮影法〔computed tomography〕	427
計算論的聴覚情景分析〔computational auditory scene analysis〕	226
経時的グルーピング〔temporal grouping〕	227
系列再生課題〔serial-recall task〕	410
ゲシュタルト心理学〔Gestalt psychology〕	308
結晶核生成〔crystal nucleation〕	277
弦〔string〕	145
言語〔language〕	174

健康〔health〕 271
言語横断声質変換〔cross-language voice conversion〕 285
言語情報〔linguistic information〕 260, 366
言語モデル〔language model〕 117, 138, **174**, 224, 284
減衰係数〔attenuation coefficient〕 34
減衰振動系〔damped vibration system〕 375
喧噪〔noisiness〕 178
現代音楽〔contemporary music〕 80
建築設備騒音〔noise generated by machinery and equipment in building〕 **176**
弦鳴楽器〔chordophone〕 146

【こ】

語彙爆発〔vocabulary spurt〕 104
コインシデンス効果〔coincidence effect〕 228
公共空間〔public space〕 178
公共空間の音響設計〔acoustic design of public space〕 **178**
航空機騒音〔aircraft noise〕 **180**
攻撃耐性〔attack resistance〕 57
交差・反発錯覚〔stream-bounce illusion〕 408
高周波音〔high-frequency sound〕 182
高周波音と高周波可聴閾〔high-frequency noise and hearing threshold〕 **182**
高周波超音波による組織診断〔tissue characterization by high-frequency ultrasound〕 **184**
剛性〔stiffness〕 416
構造的調和〔formal congruency〕 23
構造的表象〔structural representation〕 118
高速度カメラ〔high-speed camera〕 186
高速度カメラによる音・振動情報の可視化〔visualization of sound and vibration using high-speed camera〕 **186**
高速波〔fast wave〕 397
高速標本化1bit信号処理〔high speed sampling 1bit signal processing〕 14
高速フーリエ変換〔fast Fourier transform; FFT〕 27, **188**, 292
交通振動〔traffic vibration〕 **190**

交通振動の対策〔countermeasure for traffic vibration〕 191
行動観察〔behavior observation〕 104
高バイパス化〔high-bypass〕 180
高フレームレート超音波計測法〔high frame rate ultrasound measurement〕 273
高フレームレート超音波診断〔high frame rate diagnostic ultrasound〕 **192**
高分子圧電材料〔polymer piezoelectric material〕 398
興奮パターン〔excitation pattern〕 314
高密度MEMSマイクロホンアレイ〔high-density MEMS microphone array〕 **194**
高齢者〔elderly person〕 196, 336
高齢者支援〔assistance for elderly person〕 64
高齢者・障害者の音環境〔auditory environment for the elderly and disabled people〕 **196**
語学〔language〕 440
小型音響機器〔compact acoustic system〕 **198**
小型スピーカ〔small loudspeaker〕 199
子局〔slave station〕 40
国際規格〔international standard〕 454
固体音〔solid-borne sound〕 176, 200
固体伝搬音〔solid-borne sound〕 416
固体伝搬音と防振技術〔structure-borne sound, vibration isolation〕 **200**
骨導〔bone conduction〕 202
骨導補聴器〔bone conduction hearing aid〕 **202**
骨梁〔trabecular bone〕 396
5.1サラウンド〔5.1 surround〕 210
箏（こと）〔(Japanese) koto〕 **204**
子どもの可聴閾値〔hearing threshold of children〕 183
固有音響特性〔intrinsic acoustic impedance〕 185
固有角振動数〔natural angular frequency〕 240
固有声〔eigen voice〕 106
固有周波数〔eigenfrequency〕 446
固有振動モード〔normal mode of vibration〕 305
固有値問題〔eigenvalue problem〕 446
固有モード〔eigen mode〕 3, 240, 364
コリメートビーム〔collimated beam〕 392
コロケート格子〔collocated grid〕 442
混合ガウス分布〔Gaussian mixture model〕 97

コンサートホール〔concert hall〕	**206**		散乱断面積〔scattering cross section〕	296
コンポニウム〔componium〕	10		残留騒音〔residual noise〕	154, 380

【さ】

【し】

細管粘度計〔capillary viscometer〕	429		地〔ground〕	131
最小可聴値〔threshold of hearing〕	344		子音〔consonant〕	263
ザイデル収差〔Seidel aberrations〕	98		支援〔aid〕	440
サイドスキャンソーナー〔side scan sonar〕	251		耳音響放射〔otoacoustic emission〕	**214**
サイドローブ〔side lobe〕	372		視覚障害者〔visually impaired person〕	196, 358
最尤線形回帰〔maximum likelihood linear regression〕	106		死角制御アレイ〔null beamforming array〕	400
在来鉄道騒音〔conventional railway noise〕	333		時間重み付け〔time weighting〕	247, 269
サイレント映画〔silent film〕	22		時間間隔〔inter-onset interval〕	418
サイン音〔sign sound / auditory signal / auditory display〕	58, **208**, 274		時間重心〔center time〕	220
サウンドスケープ〔soundscape〕	42, 58, 61		時間縮小錯覚〔time-shrinking illusion〕	419
サウンドスケープデザイン〔soundscape design〕	42		時間同期ビタビビーム探索〔time synchronous Viterbi beam search〕	330
サウンドスペクトログラム〔sound spectrogram〕	334		時間分解２次元イメージング〔time-resolved two-dimensional imaging〕	425
サウンドデザイン〔sound design〕	132, 359		時間分解能〔temporal resolution〕	192
サウンドトラック〔sound track〕	22		識別的側面〔identification point of view〕	55
サウンドブリッジ〔sound bridge〕	229		磁気誘導〔magnetic induction〕	232
サウンドマスキング〔sound masking〕	259		時系列〔time series〕	274
サウンドレベルメータ〔sound level meter〕	**268**		指向性集音・再現〔directional recording and representation〕	**216**
差音〔difference tone〕	368		指向性処理〔directional processing〕	394
ささやきの回廊〔whispering gallery〕	60		指向性制御〔directivity control〕	390
雑音抑圧処理〔noise reduction processing〕	394		指向性パターン〔directivity pattern〕	170
錯覚〔illusion〕	131		自己復調〔self-demodulation〕	369
擦弦楽器〔bowed string instrument〕	18		耳小骨〔ossicles〕	202
サブワード〔sub word〕	113		地震波〔seismic wave〕	218, 288
サラウンド再生〔surround sound reproduction〕	50, **210**		地震波・インフラサウンド〔seismic wave and infrasound〕	**218**
残響時間〔reverberation time〕	134, 220, 222		システム統合〔system integration〕	433
残響室〔reverberation room〕	167		自然知能〔natural intelligence〕	104
残響除去〔dereverberation〕	**212**		持続音〔continuant〕	350
３次元音響画像〔three dimensional acoustic image〕	249		視聴覚統合〔audiovisual integration〕	307
３次元音場再現システム〔three dimensional sound reproduction system〕	255		実環境・実時間処理〔real environment and real-time processing〕	433
３次元ビデオソーナー〔three dimensional video sonar〕	251		実体波〔body wave〕	191, 218
			室伝達関数〔room transfer function〕	51
散乱体〔scatterer〕	184		室内音響指標〔room acoustic parameters〕	87, **220**, 255
			室内音場制御〔sound filed control〕	**222**

失リズム症〔arrhythmia〕	421
質量則〔mass law〕	228
自動議事録システム〔automatic transcription system for meetings〕	**224**
自動採譜〔automatic music transcription〕	143, **226**
自動作曲〔automatic composition〕	138
自発耳音響放射〔spontaneous otoacoustic emissions〕	214
自発的テンポ〔spontaneous tempo〕	420
地盤振動伝搬〔propagation of ground vibration〕	191
時不変性〔time invariance〕	16
シミュレータ教材〔simulator based teaching material〕	404
シャープネス〔sharpness〕	100
遮音〔sound insulation〕	**228**
遮音壁〔noise barrier〕	36
社会調査〔social survey〕	230, 270
社会調査の手法と事例〔methods and examples for social survey〕	**230**
尺度〔scale〕	352
遮蔽〔screen〕	178
重回帰隠れセミマルコフモデル〔multiple regression hidden semi-Markov model; MRHSMM〕	157
自由再生課題〔free-recall task〕	410
充実時間錯覚〔filled duration illusion〕	419
集束〔focusing〕	392
集束音場〔focused sound field〕	99
住宅防音工事〔soundproofing works for residents〕	181
集団補聴設備（集団補聴器）〔group hearing aid〕	**232**
重度障害者用意思伝達装置〔augmentative and alternative communication〕	363
周波数〔frequency〕	34, 320
周波数重み付け〔frequency weighting〕	247, 268
周波数時間受容野〔spectro-temporal receptive field; STRF〕	349
周波数特性〔frequency characteristics〕	153, 154
シューボックス〔shoebox〕	206
重要文抽出〔important sentence extraction〕	127
主観評価〔subjective evaluation〕	352
縮尺模型〔scale model〕	414
縮退〔degeneracy〕	305
縮退モード〔degenerate mode〕	243
シュリーレン〔schlieren〕	302
シュリーレン法〔schlieren method〕	**234**
シュレーダー周波数〔Shroeder frequency〕	223
手腕振動〔hand-transmitted vibration〕	246
純音成分〔pure tone component〕	177
純音聴覚閾値測定〔measurement of hearing threshold using pure tone〕	182
順向性マスキング〔forward masking〕	402
瞬時音圧〔instantaneous sound pressure〕	274
消音施設〔soundproofing facility〕	180
障害者支援〔assistance for disability person〕	64
障害調整生存年〔disability-adjusted life year〕	271
上丘〔superior colliculus〕	307
条件付き確率場〔conditional random field〕	175
乗算性ひずみ〔multiplicative distortion〕	118
蒸着重合法〔vapor deposition polymerization method〕	398
焦点距離〔focal length〕	98
情動性〔emotionality〕	283
情報障害者〔information illiterate〕	196
情報ハイディング〔information hiding〕	56
初期反射音〔early reflection〕	207
食道発声〔esophageal speech〕	362
シリコンオーディオ〔silicon audio〕	**236**
シリコンコンサートホール〔silicon concert hall〕	53
磁歪〔magnetostriction〕	379
新幹線鉄道騒音〔Shinkansen railway noise〕	332
シングルバブル・ソノルミネセンス〔single-bubble sonoluminescence; SBSL〕	278
シングルビームソーナー〔single beam sonar〕	251
信号強調〔signal enhancement〕	47
人工内耳〔cochlear implant〕	395
進行波〔traveling wave〕	202
新生児聴覚スクリーニング検査〔newborn hearing screening test〕	215

索引　471

深層ニューラルネットワーク〔deep neural network〕　326
人体〔human body〕　238
身体動作〔body motion〕　389
人体の音響モデル〔acoustic model of human body〕　**238**
振動〔vibration〕　200
振動インテンシティ〔structural intensity / vibration intensity〕　**240**
振動おもちゃ―ギリギリガリガリ〔scientific toy ― "giri-giri, gari-gari"〕　**242**
振動加速度レベル〔vibration acceleration level〕　200
振動苦情〔complaint against vibration〕　190
振動数〔frequency〕　246
振動数特性〔frequency characteristics of vibration〕　190
振動絶縁〔vibration isolation〕　200
振動伝達率〔transmissibility〕　201
振動と音響の連成〔vibroacoustic coupling〕　**244**
振動と人体反応〔vibration and human responses〕　**246**
振動モード〔mode of vibration〕　141
振動レベル〔vibration level〕　247
振幅パンニング〔amplitude panning〕　210
振幅変調音〔amplitude modulation sound〕　351, 380
親密度〔familiarity〕　108
心理音響指標〔psychoacoustical index〕　100

【す】

図〔figure〕　131
水中音〔sound in water〕　176
水中音響〔underwater acoustics〕　248
水中環境〔underwater environment〕　248
水中環境計測〔measurement of underwater environment〕　**248**
水中超音波イメージング〔underwater acoustic imaging〕　**250**
数値散逸〔numerical diffusion〕　443
数値分散〔numerical dispersion〕　443
スーパーカーディオイド〔super cardioid〕　216
隙間〔gap/aperture〕　252
隙間の音響学〔sound transmission through gap/aperture〕　**252**
スタガードグリッド〔staggered grid〕　444
スタック〔stack〕　354
すだれ状電極〔interdigital electrodes〕　392
スティック-スリップ運動〔sticking slip motion〕　18
ステージ音響〔stage acoustics〕　**254**
ステガノグラフィ〔steganography〕　56
ストリーム重み〔stream-weight〕　407
ストレングス〔strength〕　220
スネルの法則〔Snell's law〕　98
スパース性〔sparseness〕　142
スピーカ〔loudspeaker〕　152
スピーカの新技術〔new technologies for loudspeaker〕　**256**
スピーチプライバシー〔speech privacy〕　**258**
スペクトル〔spectrum〕　320, 450
スペクトル傾斜〔spectral tilt〕　158
スペクトル包絡〔spectral envelope〕　21, 122, 124
スペックルパターン〔speckle pattern〕　184
スマートサウンドスペース〔smart sound space〕　133

【せ】

制御理論〔control theory〕　2
正弦波モデル〔sinusoidal model〕　122
声質〔voice quality〕　366
声質変換〔voice conversion〕　21, 106, 123, **260**
声道〔vocal tract〕　262
声道特徴量〔vocal tract feature〕　260
声道模型〔vocal-tract model〕　**262**
製品音〔product sound〕　58, **264**
生物ソーナー〔bio sonar〕　28
赤外線〔infrared〕　233
積層一体焼結構造〔co-fired multilayer structure〕　8
節〔node〕　163
絶対音感〔absolute pitch / perfect pitch〕　**266**
線形周期変調（LPM）信号〔linear-period-modulated signal〕　370
線形周波数変調（LFM）信号〔linearly frequency modulated signal〕　370

線形変換性ひずみ〔linear transformational distortion〕 118
線形予測分析〔linear predictive analysis〕 430
センサネットワーク〔sensor network〕 390
全身振動〔whole-body vibration〕 246
線スペクトル〔line spectrum〕 383
選択的聴取〔selective listening〕 137
せん断弾性係数〔shear modulus〕 272
せん断波〔shear wave〕 272
旋律的調性〔melodic tonality〕 318
戦略的騒音マップ〔strategic noise map〕 30

【そ】

騒音計〔sound level meter〕 54, **268**
騒音軽減運航方式〔noise abatement operation〕 180
騒音低減対策〔noise mitigating measure〕 332
騒音による心理的影響〔psychological effects of noise〕 **270**
騒音暴露人口〔noise exposure population〕 323
騒音予測モデル〔noise prediction model〕 333
総合騒音〔total noise〕 154
相互作用〔interaction〕 244
相互相関〔cross-correlation〕 170, 293
相互相関関数〔cross-correlation function〕 370
相似則〔similarity rule〕 414
相対湿度〔relative humidity〕 34
測位〔positioning〕 248
組織弾性計測〔tissue elasticity measurement〕 272
ソーナー〔sonar〕 5, 28
ソニフィケーション〔sonification〕 209, **274**, 310
ソノケミストリー〔sonochemistry〕 **276**
ソノケミルミネセンス〔sonochemiluminescence; SCL〕 279
ソノルミネセンス〔sonoluminescence〕 **278**
ソマトトピー〔somatotopy〕 348

【た】

大気屈折率の変動〔change in refractive index of air〕 456
大気レーダ〔air radar〕 456

大語彙連続音声認識〔large vocabulary continuous speech recognition; LVCSR〕 330
対象指向エピソード記録モデル〔object-oriented episodic record model; OOER model〕 411
対処療法仮説〔symptomatic therapy hypothesis〕 78
大スパン〔long-span〕 416
態度〔behavior〕 366
第二言語習得〔second language acquisition〕 **280**
対乳児発話〔infant-directed speech〕 **282**
タイムストレッチ処理〔time strech processing〕 151
体鳴楽器〔idiophone〕 146
タイヤ/路面騒音〔tire/road noise〕 346
ダイラタント流体〔dilatant fluid〕 428
多感覚研究〔multi sensory research〕 408
多言語音声翻訳〔multi-lingual speech translation〕 **284**
多孔質型吸音材料〔porous sound-absorbing material〕 164, 253
多重音解析〔multipitch analysis〕 74
多自由度モータ〔multi-degree-of-freedom motor〕 305
多重モード振動子〔multi-mode vibrator〕 305
多層パーセプトロン〔multi-layer perceptron〕 326
畳み込み積分〔convolution integral〕 16
建具のがたつき〔rattling of windows/doors〕 328
ダブルトーク〔double talk〕 26
ダブルフラッシュ錯覚〔double-flash illusion〕 408
多様性〔diversity〕 101
たわみ振動〔bending vibration〕 168
短期記憶〔short-term memory〕 410
単語親密度〔word familiarity〕 120
単語抽出〔word extraction〕 126
単語了解度〔word intelligibility〕 109
探査〔probe〕 13
弾性波動〔elastic wave〕 238
弾性表面波〔surface acoustic wave; SAW〕 286, 392
弾性表面波センサ〔surface acoustic wave (SAW) sensor〕 **286**
弾性表面波フィルタ〔surface acoustic wave (SAW) filter; SAW filter〕 7

【ち】

遅延聴覚フィードバック〔delayed auditory feedback; DAF〕 312
遅延和〔delay and sum〕 195
遅延和アレイ〔delay and sum beamforming array〕 400
知覚閾〔sensory threshold〕 246
知覚化〔perceptualization〕 275
知覚的体制化〔perceptual organization〕 420
地中音響映像〔underground acoustical imaging〕 **288**
注意〔attention〕 130, 137
注意資源〔attentional resource〕 410
中心差分近似〔central difference approximation〕 444
中全音律〔meantone temperament〕 71
調音結合〔coarticulation〕 129
超音波〔ultrasonic wave / ultrasound〕 28, **290**, 302
超音波イメージング〔ultrasonic imaging〕 298, 324
超音波エレクトロニクス〔ultrasonic electronics〕 290
超音波計測の信号処理〔signal processing in ultrasound measurement〕 **292**
超音波顕微鏡〔ultrasonic microscopy〕 5, 272, **294**
超音波式可変焦点レンズ〔ultrasonic variable-focus lens〕 93
超音波診断装置〔ultrasonic diagnostic equipment〕 4
超音波診断用造影剤〔ultrasound contrast agent〕 **296**
超音波断層像〔ultrasonic tomogram〕 192
超音波トモグラフィ〔ultrasonic tomography〕 90
超音波トランスデューサ〔ultrasonic transducer〕 **298**, 324
超音波非接触アクチュエータ〔ultrasonic noncontact actuator〕 92
超音波浮揚のシミュレーション〔simulation on ultrasonic levitation〕 **300**
超音波マニピュレーション〔ultrasonic manipulation〕 93, 300, **302**
超音波モータ〔ultrasonic motor〕 243, **304**
超音波 CT〔ultrasonic computerized tomography〕 272
聴覚アイコン〔auditory icon / earcon〕 274
聴覚空間地図〔auditory space map〕 **306**
聴覚障害者〔audibly impaired person〕 196
聴覚情景分析〔auditory scene analysis〕 44, 130, 136, 226, **308**, 411
聴覚ディスプレイ〔auditory display〕 **310**, 343
聴覚的注意〔auditory attention〕 309
聴覚皮質〔auditory cortex〕 348
聴覚フィードバック〔auditory feedback〕 **312**
聴覚フィルタ〔auditory filter〕 **314**, 348
聴覚抑制〔auditory suppression〕 313
超過減衰〔excess attenuation〕 328
調絃〔tuning〕 205
超高層建物閉鎖型解体工法〔enclosed demolition method for a high-rise building〕 **316**
調査手法〔survey method〕 230
調子〔Choushi〕 205
調推定〔key estimation〕 74
調性音楽〔tonal music〕 318
調性と和声〔tonality and harmony〕 **318**
超低周波音〔infrasound〕 328
聴能形成〔technical listening training〕 **320**
調波性〔harmonicity〕 226
調波打楽器音分離〔harmonic and percussive sound separation〕 75
超並列計算〔massively parallel computing〕 448
直接計算〔direct calculation〕 422
直接波〔direct waves〕 372
直線軌跡〔linear locus〕 242
直線集束ビーム〔line-focus beam〕 294
直交検波〔quadrature detection〕 173
地理情報システムと騒音〔geographic information system and noise〕 **322**
地理情報標準プロファイル〔profile for geographic information standards〕 323
治療用超音波〔therapeutic ultrasound〕 **324**

【つ】

通気性膜材料〔breathable membrane material〕 165
ツーファイブ〔two five〕 11

【て】

低域共鳴透過〔mass-air-mass resonance〕 229
ディープラーニング〔deep learning〕 285, **326**
ディザ〔dither〕 14
定在波音場〔standing wave field〕 302
ディジタル録音技術〔digital recording technology〕 76
低周波音〔low frequency sound / infrasound〕 **328**
定常音場〔steady sound field〕 438
ディストーション〔distortion〕 87
低速波〔slow wave〕 397
低ランク性〔rank deficiency〕 142
ディレイ〔delay〕 86
データベース〔database〕 114
適応アレイ〔adaptive array〕 400
適応フィルタ〔adaptive filter〕 26
テキスト要約〔text summarization〕 126
デコーダ〔decoder〕 225, **330**
デコーディンググラフ〔decoding graph〕 330
鉄道騒音〔railway noise〕 **332**, 334
鉄道における高周波音〔high-frequency sounds radiated from railway〕 **334**
ΔΣ変調〔delta sigma modulation〕 14
テレビ受信機〔television receiver〕 337
テレビ番組の話速変換〔speech rate conversion system for TV program sounds〕 **336**
電気機械結合係数〔electromechanical coupling coefficient〕 6, 298
電気式人工喉頭〔electrolarynx〕 362
電気的展示〔display aided by electrical device〕 360
電子楽器〔electro musical instrument〕 **338**, 452
電子透かし〔digital watermark〕 56
電磁超音波センサ〔electromagnetic acoustic transducer〕 379
点集束ビーム〔point-focus beam〕 294

伝達関数〔transfer function〕 39
伝達関数法〔transfer function method〕 166
伝達パワー〔transmission power〕 240
伝搬子〔propagator〕 94
伝搬波〔propagating wave〕 95
電鳴楽器〔electrophone〕 146

【と】

統一性〔uniformity〕 209
頭外定位〔sound localization / out-of-head localization〕 340
頭外定位感〔out of head sound image localization〕 342
等価回路〔equivalent circuit〕 299
等価騒音レベル〔equivalent continuous A-weighted sound pressure level〕 346
透過損失〔transmission loss〕 36
同期加算〔synchronous overlap〕 16
統計信号処理〔statistical signal processing〕 44
同時音声翻訳〔simultaneous speech translation〕 285
同時周波数耳音響放射〔stimulus frequency otoacoustic emission〕 214
同質性仮説〔homogeneity hypothesis〕 78
同質の原理〔iso-principle〕 79
同時的グルーピング〔simultaneous grouping〕 226
同時マスキング〔simultaneous masking〕 402
動電形〔electrodynamic〕 256
動電形スピーカ〔electrodynamic loudspeaker〕 198
動電形変換器〔electrodynamic transducer〕 199
頭内定位〔lateralization / inside-head localization〕 341
頭内定位と頭外定位〔lateralization / inside-head localization and sound localization / out-of-head localization〕 **340**
頭部伝達関数〔head related transfer function; HRTF〕 48, 50, 311, 340, **342**
等ラウドネスレベル曲線〔equal loudness level contour〕 54, **344**
道路交通振動〔road traffic vibration〕 190
道路交通騒音〔road traffic noise〕 **346**, 359
トーキー映画〔talkie〕 22

特性曲線法〔method of characteristics〕 442
特性法〔method of characteristics〕 442
特徴周波数〔characteristic frequency〕 349
特徴量〔feature value〕 102
特定騒音〔specific noise〕 154
独立成分分析〔independent components analysis〕 386
トノトピー〔tonotopy〕 348
トノトピシティ〔tonotopicity〕 **348**
トピック〔topic〕 174
ドプラ効果〔Doppler effect〕 28, 172, 456
ドプラシフト補償〔Doppler shift compensation〕 29
トレモロ奏法〔tremolo〕 **350**
ドロップボイシング〔drop voicing〕 11

【な】

内装材料の吸音特性〔absorption characteristics of interior finishing materials〕 414
内部気体〔internal gas〕 296
内容に基づくフィルタリング〔content-based filtering〕 73
鳴き竜〔fluttering echo〕 60
難聴〔hearing disorder〕 232, 394

【に】

においセンサ〔smell sensor / odor sensor〕 287
にぎわい〔activity〕 178
2次音圧傾度〔secondary pressure gradient〕 216
22.2マルチチャネル音響〔22.2 multi channel sound system〕 211
2段減衰〔two step damping〕 375
日本測地系2000〔Japan geodetic system 2000〕 322
2マイクロホン法〔2 microphone method〕 84
ニューラルネットワーク〔neural network〕 97, 115, 117

【ね】

音色〔timbre / sound quality〕 19, 55, 87, 162, 204, 320, 352
音色因子〔attributes of timbre〕 101

音色と音質の評価〔evaluation of timbre and sound quality〕 **352**
熱音〔sound caused by heat〕 12
熱音響〔thermoacoustic〕 **354**
熱音響効果〔thermoacoustic effect〕 257

【の】

ノイズシェーピング〔noise shaping〕 14
能動的音楽鑑賞インタフェース〔active music listening interface〕 73
ノッチ雑音法〔notched-noise method〕 315
伸ばし音〔sustained voice〕 21

【は】

バーチャルリアリティ〔virtual reality〕 413
バイオセンサ〔biosensor〕 287
倍音〔harmonics〕 162
倍音構造〔harmonic structure〕 388
排水性舗装〔drainage asphalt pavement〕 39
ハイト〔height〕 266
バイノーラル〔binaural〕 341
バイノーラル再生〔binaural reproduction〕 311
バイノーラルシステム〔binaural system〕 50, **356**
バイノーラル信号〔binaural signal〕 356
バイノーラル録音〔binaural recording〕 413
パイプサイレンサ〔pipe silencer〕 176
ハイブリッド車などの静音性問題〔new noise problem on hybrid or electric vehicles〕 **358**
ハイレゾリューションオーディオ〔high-resolution audio〕 14
バイロイト祝祭劇場〔Bayreuther festspielhaus / Bayreuth festival theatre〕 68
ハウリング抑制処理〔howling suppression processing〕 394
拍節構造〔metrical structure〕 420
博物館や科学館における展示〔exhibitions in science or musical museums〕 **360**
薄膜〔thin film〕 296
暴露−反応関係〔dose response relationship〕 231
波形ひずみ〔waveform distortion〕 368
波数空間〔wave number space〕 94
バタフライ演算〔butterfly computation〕 189
発音源〔sound source〕 146

発光スペクトル〔emission spectrum〕 279
発達〔development〕 282
発話〔utterance〕 281
発話障害者のための支援機器〔assistive device for speech-impaired〕 **362**
発話速度〔speech rate〕 158
発話の意図〔speech intension〕 366
発話様式〔speaking style〕 157, 261, 451
馬蹄形劇場〔horse-shoe shaped theatre〕 68
波動場解析〔wave field analysis〕 **364**
波動方程式〔wave equation〕 364, 384
バネ上〔spring〕 191
バネ下〔unspring〕 190
ハミング検索〔humming search〕 72
波面〔surface wavefront〕 140
パラ言語情報〔paralinguistic information〕 260, 285, **366**
パラメータマッピング〔parameter mapping〕 275
パラメトリックアレイ〔parametric array〕 368
パラメトリック効果〔parametric effect〕 368
パラメトリックスピーカ〔parametric loudspeaker〕 **368**
バリアフリー〔barrier-free / accessibility〕 62, 64
パルス圧縮〔pulse compression〕 172, 288
パルス圧縮による超解像手法〔super resolution by pulse compression〕 **370**
パルスエコー法〔pulse-echo method〕 4, 192
パルス音場と連続波音場〔acoustic fields of pulse wave and continuous waves〕 **372**
パルスグライド図形〔pulsed glide display〕 223
パルスドプラ法〔pulsed Doppler ultrasonography〕 5
パルスレーザー光〔pulsed laser〕 424
反射〔reflection〕 317
反射音〔reflected sound〕 212
反射波〔reflection wave〕 134
反復〔repetition〕 350

【ひ】

ピアノ〔piano〕 **374**
ピアノの物理モデル〔physical model of a piano〕 375
ビート解析〔beat analysis〕 75
ヒートポンプ〔heat pump〕 354
ビームステアリング〔beam steering〕 5
ビームフォーマ〔beamformer〕 386
ビームフォーミング〔beamforming〕 4, 293
非音声区間〔non-voice section〕 102
光弾性〔photoelasticity〕 19
光弾性効果〔photoelastic effect〕 376
光てこ法〔optical lever method〕 25
光ファイバ干渉計〔optical fiber interferometer〕 376
光ファイバハイドロホン〔fiber-optic hydrophone〕 **376**
非球面レンズ〔aspheric lens〕 98
非言語情報〔nonlinguistic information〕 260, 285, 366
非言語的特徴〔nonlinguistic feature〕 118
ピコ秒レーザー超音波法〔picosecond laser ultrasonics〕 424
微細穿孔板〔micro perforated panel; MPP〕 165
皮質骨〔cortical bone〕 396
微小気泡〔micro bubble〕 296
ピストン振動面〔piston vibrating surface〕 372
ひずみ〔strain〕 272
ひずみ成分耳音響放射〔distortion product of otoacoustic emissions〕 214
非線形現象〔nonlinear phenomenon〕 169
非線形振動方程式〔nonlinear vibration equation〕 163
非騒音性〔non-noisality〕 209
ビッグデータ〔big data〕 413
ピッチ〔pitch〕 336
ピッチ変換処理〔pitch conversion processing〕 151
非定常音場〔non-steady sound field〕 438
非同期〔asynncronous〕 390
非同時マスキング〔nonsimultaneous masking〕 402
非破壊検査〔nondestructive inspection〕 **378**
響き〔reverberance〕 207
非負値行列分解〔nonnegative matrix factorization; NMF〕 142
評価構造〔evaluation structure〕 254

表情豊かな音声合成〔expressive speech synthesis〕 157
表面張力〔surface tension〕 24
表面張力波〔capillary wave〕 24
表面波〔surface wave〕 191, 218
非連成解析〔non-coupling analysis〕 244
ビンガム流体〔Bingham fluid〕 428

【ふ】

ファイバブラッググレーティング〔fiber Bragg grating〕 376
ファズ〔fuzz〕 87
フィードバックシステム〔feedback system〕 254
フィードバック制御〔feedback control〕 2, 312
フィードフォワード制御〔feedforward control〕 2, 312
フィルタ〔filter〕 292
風車騒音〔wind turbine noise〕 **380**
フーリエ級数〔Fourier series〕 382
フーリエ係数〔Fourier coefficient〕 382
フーリエ切断定理〔Fourier slice theorem〕 90
フーリエ変換〔Fourier transform〕 16, 39, 173, **382**, 384
風力発電〔wind turbine generator〕 380
フォルマント〔formant〕 110, 124
フォルマント周波数〔formant frequency〕 158
不均質性〔heterogeneous property〕 396
複素音響インテンシティ〔complex sound intensity〕 84
複素フーリエ級数〔complex Fourier series〕 383
腹話術効果〔ventriloquism effect〕 408
不思議音の発生原因〔cause of occurance of strange sound〕 12
藤崎モデル〔Fujisaki model〕 158
物理指標〔physical index〕 265
物理的展示〔display of physical device〕 360
物理モデル〔physical model〕 144
物理モデルを用いた音場復元〔PDE-based sound field reconstruction〕 **384**
不等分音律〔unequal temperament〕 71
プライムムーバー〔prime mover〕 354
ブラインド音源分離〔blind source separation〕 **386**
ブラインド残響除去〔blind dereverberation〕 212
ブラッグ回折〔Bragg diffraction〕 88
ブラッグ波長〔Bragg wavelength〕 377
ブラッグ反射〔Bragg reflection〕 234
フルートの音色と演奏〔timbre and performance of flute〕 **388**
フレネルゾーン〔Fresnel zone〕 36
プローブ光〔probe light〕 424
分散型マイクロホンアレイ〔distributed microphone array〕 51, **390**
分散性〔dispersiveness〕 445
文短縮〔sentence compression〕 126
文抽出〔sentence extraction〕 127
分布間距離〔distance between distributions〕 118
分離計算〔separate calculation〕 422

【へ】

平均吸音率〔average sound absorption coefficient〕 222
平均声モデル〔average voice model〕 107
平均律〔equal temperament〕 70, 205
平面直角座標系〔Japan plane rectangular coordinate system〕 322
並列処理〔parallel processing〕 448
ヘルムホルツ〔Helmholtz〕 18
ヘルムホルツ方程式〔Helmholtz equation〕 365, 384, 438
ベルリンフィルハーモニーホール〔Berlin philharmony hall〕 206
変化パターンの調和〔congruence between changing patterns〕 23
変形聴覚フィードバック〔transformed auditory feedback; TAF〕 313
偏心〔eccentricity〕 388
変数分離法〔separation of variables〕 364
変動強度〔fluctuation strength〕 100

【ほ】

保育空間〔nursery space〕 149
ホイヘンスの原理〔Huygens' principle〕 36
母音〔vowel〕 262
妨害〔disturbance〕 259
防振材料〔vibration isolation material〕 201

報知音〔alarm signal〕 208
包絡変調方式〔envelope modulation〕 369
ボーカルキャンセル〔vocal cancel〕 151
ホール〔hall〕 415
ボールSAWセンサ〔ball SAW (surface acoustic wave) sensor〕 **392**
母語干渉〔mother-language (L1) interference〕 280
母子相互作用〔mother-infant interaction〕 104
ボストン・シンフォニーホール〔Boston symphony hall〕 206
補聴器〔hearing aid〕 232, 394
補聴装置〔hearing aid device〕 **394**
骨の音響特性〔acoustic properties in bone〕 **396**
ポピュラー音楽〔popular music〕 80
ポリ尿素圧電膜〔polyurea piezoelectric film〕 **398**
ポリフッ化ビニリデン〔polyvinylidene fluoride; PVDF〕 256
ポンプ光〔pump light〕 424

【ま】

マイクロホン〔microphone〕 152, 268
マイクロホンアレイ〔microphone array〕 46, 48, 400
マイクロホン指向性制御〔microphone array beamforming〕 **400**
前川チャート〔Maekawa's chart〕 37
マガーク効果〔McGurk effect〕 408
膜〔membrane〕 145
膜鳴楽器〔membranophone〕 146
マスキング〔masking〕 **402**
マスキング可能性の法則〔masking potential rule〕 129
マスキングのパワースペクトルモデル〔power spectrum model of masking〕 314
窓関数〔window function〕 189
マニピュレーション〔manipulation〕 303
マルチストリームHMM〔multi-stream HMM〕 407
マルチチャネルオーディオインタフェース〔multi-channel audio interface〕 49
マルチチャネルコンプレッション処理〔multi-channel compression processing〕 394

マルチトラック録音〔multitrack recording〕 77
マルチバブル・ソノルミネセンス〔multi-bubble sonoluminescence; MBSL〕 278
マルチビームソーナー〔multibeam sonar〕 251
マルチメディア教材〔multimedia teaching materials〕 **404**
マルチモーダル〔multimodal〕 137
マルチモーダル音声認識〔multimodal speech recognition〕 **406**
マルチモーダル/クロスモーダル知覚〔multimodal/cross-modal perception〕 **408**
マルチモーダル情報統合〔multimodal information integration〕 433
マルチGPU〔multi-graphics processing unit〕 449
マンドリン〔mandolin〕 350

【み】

見かけの音源の幅〔auditory source width; ASW〕 221
ミッシングファンダメンタル〔missing fundamental〕 267

【む】

無関連音効果〔irrelevant sound effect; ISE〕 **410**

【め】

明瞭性評価〔evaluation of speech clarity〕 411
明瞭度〔articulation〕 108, 120, 178, 258
メディアアートにおける音〔sound in media art〕 **412**
メニーコアアーキテクチャ〔many-core architecture〕 448
メルケプストラム〔Mel cepstrum〕 450
面積効果〔area effect〕 167

【も】

モード〔mode〕 223
モード解析〔mode analysis〕 446
モード結合〔mode coupling〕 305
模型実験〔scale model experiment〕 **414**
モデルベース〔model-based〕 275

【や】

ヤング率〔Young's modulus〕 272

【ゆ】

有限振幅音波〔finite-amplitude acoustic wave〕 368
有限要素法〔finite element method; FEM〕 3, 384
誘電体エラストマー〔dielectric elastomers〕 256
誘発耳音響放射〔evoked otoacoustic emissions〕 214
床衝撃音〔floor impact sound〕 **416**
ユニバーサルデザイン〔universal design〕 43, 62, 64, 208

【よ】

幼児語〔baby talk〕 282

【ら】

ライセンス〔license〕 114
ライトヒル方程式〔Lighthill equation〕 422
ラインアレイスピーカ〔line array loudspeaker〕 217
ラウドネス〔loudness〕 54, 100, 344, 359
ラバーハンド錯覚〔rubber hand illusion〕 409
ラフネス〔roughness〕 101
ラプラス圧〔Laplace pressure〕 24
ラマン-ナス回折〔Raman-Nath diffraction〕 88, 234
乱反射率〔scattering ratio〕 134

【り】

リアクティブインテンシティ〔reactive sound intensity〕 84
リアルタイム可視化〔real-time visualization〕 449
リープフロッグアルゴリズム〔leap frog algorithm〕 445
離散化運動方程式〔discrete equations of motion〕 446
離散フーリエ変換〔discrete Fourier transform〕 188
リズム〔rhythm〕 205, 418
リズム解析〔rhythm analysis〕 74
リズム感〔rhythmic sense〕 421
リズムと時間知覚〔rhythm and time perception〕 **418**
リズムとテンポ〔rhythm and tempo〕 **420**
リセグメンテーション〔re-segmentation〕 434
離調聴取〔off-frequency listening〕 315
立体音〔spatial sound〕 357
立体音響〔stereophonic sound / 3-dimensional (3D) sound〕 310, 384
リバーブ〔reverberation〕 86
リプロン〔ripllon〕 25
粒子速度〔particle velocity〕 141, 186
流速〔flow velocity〕 388
流体騒音〔aerodynamic noise〕 **422**
了解性(度)〔intelligibility〕 120, 129, 209
量子化雑音〔quantization noise〕 14
両耳間時間差〔interaural time difference〕 136, 306
両耳間相関度〔interaural cross correlation; IACC〕 221
両耳間レベル差〔interaural level difference〕 136, 306
両耳室伝達関数〔binaural room transfer function〕 51
臨界期〔critical period〕 266
臨界期仮説〔critical period hypothesis〕 281
臨界帯域〔critical band〕 314

【る】

類推性〔analogy〕 209
ループ〔loop〕 232
ループゲイン〔loop gain〕 222

【れ】

レイリー収縮〔Rayleigh collapse〕 276
レイリー分布〔Rayleigh distribution〕 185
レーザー干渉計〔laser interferometer〕 426
レーザー超音波〔laser ultrasonics〕 **424**
レーザー超音波センサ〔laser ultrasonic sensor〕 379
レーザードプラ振動計〔laser Doppler vibrometer〕 385, 426

レーザードプラ振動計による音場計測〔sound field measurement using a laser Doppler vibrometer〕 **426**
レオロジー計測と音響振動〔rheology and acoustic oscillation〕 **428**
レチノトピー〔retinotopy〕 348
劣決定〔underdetermined〕 142
連成解析〔coupling analysis〕 244
連続スペクトル〔continuous spectrum〕 383
連続聴効果〔continuity effect / illusory continuity of tones〕 129
連立 1 次方程式〔simultaneous linear equations〕 446

【ろ】

漏洩〔leak〕 258
ローカルリアクティブ〔locally reactive〕 38
ローゼン型圧電トランス〔Rosen-type piezoelectric transformer〕 8
ローレンツ力〔Lorentz force〕 379
6 チャネル集音・再生システム〔6 channel sound recording/reproduction system〕 152
ロジスティック回帰分析〔analysis of logistic regression〕 270
ロスレス符号化〔lossless speech/audio coding〕 **430**
ロバスト主成分分析〔robust principal component analysis; RPCA〕 143
ロボット聴覚〔robot audition〕 343, **432**
ロングパスエコー〔long-path echo〕 41, 255
ロンバード効果 (反射)〔Lombard effect (reflex)〕 312

【わ】

ワイヤレス SAW センサ〔wireless SAW sensor〕 286
和音〔chord〕 318
和音推定〔chord estimation〕 74
話者クラスタリング〔speaker clustering〕 434
話者識別〔speaker identification〕 436
話者照合〔speaker verification〕 436
話者正規化学習〔speaker adaptive training〕 107
話者セグメンテーション〔speaker segmentation〕 434
話者ダイアライゼーション〔speaker diarization〕 **434**
話者認識〔speaker recognition〕 **436**
話者の自動判別〔automatic speaker identification〕 225
和声〔harmony〕 318
和声的調性〔harmonic tonality〕 318
ワンポイント録音〔one-point recording〕 76

【A】

A 特性〔A-frequency weighting〕 268
AAC〔advanced audio coding〕 454
AD コンバータ〔analogue to digital converter〕 237
AM 音〔amplitude modulation sound〕 380
ASJ RTN-Model 2013 346

【B】

BEM〔boundary element method〕 300, **438**, 447

【C】

CALL システム〔CALL system〕 **440**
CIP 法〔constrained interpolation profile method〕 300, **442**
CNOSSOS-EU 31

【D】

DA コンバータ〔digital to analogue converter〕 237
DAW〔digital audio workstation〕 77, 453
Dolby Atmos 211
DTM〔desktop music〕 453
DTW〔dynamic time warping〕 113

【E】

EDT 220
END〔environmental noise directive〕 30
ERB〔equivalent rectangular bandwidth〕 314

索引　481

【F】

FDTD法〔finite-difference time-domain method〕　33, 52, 238, 300, 439, **444**, 447
FEM〔finite element method〕　300, 439, **446**
FFT分析〔fast Fourier transform analysis〕　334
FM〔frequency modulation〕　232
FM音源〔FM sound synthesis〕　144
FPGA〔field-programmable gate array〕　53, 194
F0パターン生成過程モデル〔F0 contour generating process model〕　158

【G】

GIS〔geographic information system〕　322
Gladstone-Daleの法則〔Gladstone-Dale relation〕　426
GMM〔Gaussian mixture model〕　436
GPGPU〔general-purpose computation on graphics processing units〕　448
GPU〔graphics processing unit〕　53, 180
GPUクラスタ〔graphics processing unit cluster〕　53
GPUを利用した高速計算〔general-purpose computation on graphics processing units〕　**448**

【H】

HITU〔high-intensity therapeutic ultrasound〕　325
HMM音声合成〔HMM-based speech synthesis〕　21, 106, 123, 125, 157, **450**
HTML5　458

【I】

ILD〔interaural level difference〕　357
ISO 17534　31
ISO 226　344
ITD〔interaural time difference〕　357
IVA〔independent vector analysis〕　387
i-vector　435, 437

【L】

LF　221
LG　221
Line Gradient　216

【M】

M系列〔maximum length sequence (M-sequence)〕　371
M系列信号〔maximum length sequence (M-sequence) signal〕　17
MEMS技術〔micro electro mechanical systems microphone technology〕　198
MEMSセンサ〔micro electro mechanical systems sensor〕　399
MEMSマイクロホン〔micro electro mechanical systems microphone〕　194
METAR　35
MIDI〔musical instrument digital interface〕　138, 150, 338, **452**
MLS法〔MLS method〕　17
MM-MOC法〔multi-moment method of characteristics〕　442
MPEGオーディオ〔moving picture experts group audio〕　454
MPEGオーディオ圧縮〔MPEG audio compression〕　**454**

【N】

NLMSアルゴリズム〔normalized least mean square algorithm〕　27
NMF〔nonnegative matrix factorization〕　387
N-gram　330
N-gram言語モデル〔N-gram linguistic model〕　174

【O】

OHラジカル〔hydroxyl radical〕　276

【P】

PCM方式〔pulse code modulation〕　144
PE法〔PE method〕　33
PIV法〔particle image velocimetry〕　186
PTV法〔particle tracking velocimetry〕　186

【Q】

Q値〔quality factor〕 6

【R】

RASS〔radio acoustic sounding system〕 **456**
Rayleigh-Plesset方程式〔Rayleigh-Plesset equation〕 296

【S】

SAW化学センサ〔SAW chemical sensor〕 286
SAW物理センサ〔SAW physical sensor〕 286
SCR〔spoken content retrieval〕 112
SD法〔semantic differential method〕 101, 335, 352
SLA〔second language acquisition〕 280
SRT〔speech recognition threshold〕 109
ST〔support〕 255
STD〔spoken term detection〕 112
STI〔speech transmission index〕 121
Swept-Sine法〔swept-sine method〕 17

【T】

TRECVID〔text retrieval conference video retrieval evaluation〕 83

T-Eシャント法〔T-E shunt〕 362

【U】

U値〔U value〕 121
UBM〔universal background model〕 436
Unidirectional 216

【V】

VAH〔virtual artificial head〕 48
VBAP〔vector base amplitude panning〕 211
VOCA 363
Vocoder〔voice coder〕 122
$V(z)$曲線〔$V(z)$ curve〕 295

【W】

Web音声インタフェース〔Web speech interface〕 458
WebRTC 458
Web Audio API 458
WFST〔weighted finite-state transducer〕 330
word2vec 175
World Wide Web 458

音響キーワードブック
Acoustic Keyword Book　　　　　　Ⓒ 一般社団法人 日本音響学会 2016

2016 年 3 月 22 日　初版第 1 刷発行

|検印省略|

編　　者　一般社団法人
　　　　　日 本 音 響 学 会
　　　　　東京都千代田区外神田 2-18-20
　　　　　ナカウラ第 5 ビル 2 階
発 行 者　株式会社　コ ロ ナ 社
　　　　　代 表 者　牛 来 真 也
印 刷 所　三美印刷株式会社

112-0011　東京都文京区千石 4-46-10
発行所　株式会社　コ ロ ナ 社
CORONA PUBLISHING CO., LTD.
Tokyo Japan
振替 00140-8-14844・電話(03)3941-3131(代)
ホームページ http://www.coronasha.co.jp

ISBN 978-4-339-00880-7　（新宅）　（製本：牧製本印刷）G

Printed in Japan

本書のコピー，スキャン，デジタル化等の無断複製・転載は著作権法上での例外を除き禁じられております。購入者以外の第三者による本書の電子データ化及び電子書籍化は，いかなる場合も認めておりません。

落丁・乱丁本はお取替えいたします

音響入門シリーズ

(各巻A5判, CD-ROM付)

■日本音響学会編

配本順				頁	本体
A-1	(4回)	音響学入門	鈴木・赤木・伊藤 佐藤・苣木・中村 共著	256	3200円
A-2	(3回)	音の物理	東山 三樹夫 著	208	2800円
A-3	(6回)	音と人間	平原・宮坂 蘆原・小澤 共著	270	3500円
A		音と生活	橘 秀樹 編著		
A		音声・音楽とコンピュータ	誉田・足立・小林 小坂・後藤 共著		
A		楽器の音	柳田 益造 編著		
B-1	(1回)	ディジタルフーリエ解析(I) ―基礎編―	城戸 健一 著	240	3400円
B-2	(2回)	ディジタルフーリエ解析(II) ―上級編―	城戸 健一 著	220	3200円
B-3	(5回)	電気の回路と音の回路	大賀 寿郎 梶川 嘉延 共著	240	3400円
B		音の測定と分析	矢野 博夫 飯田 博一 共著		
B		音の体験学習	三井田 惇郎 須田 宇宙 共著		

(注:Aは音響学にかかわる分野・事象解説の内容, Bは音響学的な方法にかかわる内容です)

音響工学講座

(各巻A5判, 欠番は品切です)

■日本音響学会編

配本順				頁	本体
1.	(7回)	基礎音響工学	城戸 健一 編著	300	4200円
3.	(6回)	建築音響	永田 穂 編著	290	4000円
4.	(2回)	騒音・振動(上)	子安 勝 編	290	4400円
5.	(5回)	騒音・振動(下)	子安 勝 編著	250	3800円
6.	(3回)	聴覚と音響心理	境 久雄 編著	326	4600円
8.	(9回)	超音波	中村 僖良 編	218	3300円

定価は本体価格+税です。
定価は変更されることがありますのでご了承下さい。

図書目録進呈◆

音響テクノロジーシリーズ

(各巻A5判，欠番は品切です)

■日本音響学会編

				頁	本体
1.	音のコミュニケーション工学 ―マルチメディア時代の音声・音響技術―	北脇信彦編著		268	3700円
2.	音・振動のモード解析と制御	長松昭男編著		272	3700円
3.	音の福祉工学	伊福部達著		252	3500円
4.	音の評価のための心理学的測定法	難波精一郎 桑野園子 共著		238	3500円
5.	音・振動のスペクトル解析	金井浩著		346	5000円
7.	音・音場のディジタル処理	山﨑芳男 金田豊 編著		222	3300円
8.	改訂 環境騒音・建築音響の測定	橘秀樹 矢野博夫 共著		198	3000円
9.	アクティブノイズコントロール	西村正治 伊勢史郎 宇佐川毅 共著		176	2700円
10.	音源の流体音響学 ―CD-ROM付―	吉川茂 和田仁 編著		280	4000円
11.	聴覚診断と聴覚補償	舩坂宗太郎著		208	3000円
12.	音環境デザイン	桑野園子編著		260	3600円
13.	音楽と楽器の音響測定 ―CD-ROM付―	吉川茂 鈴木英男 編著		304	4700円
14.	音声生成の計算モデルと可視化	鏑木時彦編著		274	4000円
15.	アコースティックイメージング	秋山いわき編著		254	3800円
16.	音のアレイ信号処理 ―音源の定位・追跡と分離―	浅野太著		288	4200円
17.	オーディオトランスデューサ工学 ―マイクロホン，スピーカ，イヤホンの基本と現代技術―	大賀寿郎著		294	4400円
18.	非線形音響 ―基礎と応用―	鎌倉友男編著		286	4200円

以下続刊

音声・オーディオ信号の符号化技術 ―技術動向から音質評価まで―	日和崎祐介 原田登 恵木則次 高橋玲 共著	熱音響デバイス	琵琶哲志 上田祐樹 矢崎太一 共著
超音波モータ	青柳学 黒澤実 中村健太郎 共著	頭部伝達関数の基礎と3次元音響システムへの応用	飯田一博著
物理と心理から見る音楽の音響	三浦雅展編著	社会と音環境	石田康二著
建築におけるスピーチプライバシー ―その評価と音空間設計―	清水寧編著	音響情報ハイディング技術	鵜木祐史編著

定価は本体価格＋税です。
定価は変更されることがありますのでご了承下さい。

図書目録進呈◆

音響サイエンスシリーズ
(各巻A5判)

■日本音響学会編

			頁	本体
1.	音色の感性学 ―音色・音質の評価と創造― ―CD-ROM付―	岩宮 眞一郎編著	240	3400円
2.	空間音響学	飯田一博・森本政之編著	176	2400円
3.	聴覚モデル	森 周司・香田 徹編	248	3400円
4.	音楽はなぜ心に響くのか ―音楽音響学と音楽を解き明かす諸科学―	山田真司・西口磯春編著	232	3200円
5.	サイン音の科学 ―メッセージを伝える音のデザイン論―	岩宮 眞一郎著	208	2800円
6.	コンサートホールの科学 ―形と音のハーモニー―	上野 佳奈子編著	214	2900円
7.	音響バブルとソノケミストリー	崔 博坤・榎本尚也 原田久志・興津健二 編著	242	3400円
8.	聴覚の文法 ―CD-ROM付―	中島祥好・佐々木隆之 上田和夫・G.B.レメイン 共著	176	2500円
9.	ピアノの音響学	西口 磯 春編著	234	3200円
10.	音場再現	安藤 彰男著	224	3100円
11.	視聴覚融合の科学	岩宮 眞一郎編著	224	3100円
12.	音声は何を伝えているか ―感情・パラ言語情報・個人性の音声科学―	森 大毅 前川 喜久雄 共著 粕谷 英樹	222	3100円
13.	音と時間	難波 精一郎編著	264	3600円
14.	FDTD法で視る音の世界 ―DVD付―	豊田 政弘編著	258	3600円

以下続刊

実験音声科学 ―音声事象の成立過程を探る―	本多 清志著	水中生物音響学 ―声で探る行動と生態―	赤松 友成 市川光太郎 共著 木村 里子	
低周波音 ―低い音の知られざる世界―	土肥 哲也編著	音のピッチ知覚	大串 健吾著	
コウモリの声と耳の科学	力丸 裕著	音声言語の自動翻訳 ―コンピュータによる自動翻訳を目指して―	中村 哲編著	
聞くと話すの脳科学	廣谷 定男編著			

定価は本体価格+税です。
定価は変更されることがありますのでご了承下さい。

図書目録進呈◆